图 1.2　艺电/DICE 的《战地 4》(*Battlefield* 4) (PC, Xbox 360, PlayStation 3, Xbox One, PlayStation 4)

图 1.3　顽皮狗的《杰克 2》(*Jak II*) (Jak, Daxter, Jak & Daxter, Jak II©2013, 2013/^{TM} SCEA。由顽皮狗创作及开发, PlayStation 2)

图 1.4　英佩的《战争机器 3》(*Gears of War 3*) (Xbox 360)

图 1.5　南梦宫的《铁拳 3》(*Tekken* 3) (PlayStation)

图 1.6 艺电的《拳击之夜 4》(*Fight Night Round* 4) (PlayStation 3)

图 1.7 Polyphony Digital 的《跑车浪漫旅 6》(*Gran Turismo* 6) (PlayStation 3)

图 1.8　Ensemble Studios 的《帝国时代》(*Age of Empires*) (PC)

图 1.9　艺电洛杉矶的《命令与征服 3》(*Command & Conquer* 3) (PC, Xbox 360)

图 1.10　暴雪的《魔兽世界》(*World of Warcraft*) (PC)

图 1.11　Bungie 的《命运》(*Destiny*) (Xbox 360, Playstation 3, Xbox One, PlayStation 4)

图 1.12　Media Molecule 的《小小大星球 2》(*Little Big Planet* 2) (PlayStation 3), ©2014 欧洲索尼电脑娱乐

图 1.13　Media Molecule 的《撕纸小邮差》(*Tearaway*) (PlayStation Vita), ©2014 欧洲索尼电脑娱乐

图 1.14　Markus "Notch" Persson/Mojang AB 的《我的世界》(*Minecraft*) (PC, Mac, Xbox 360, PlayStation 3, PlayStation Vita, iOS)

图 10.20　以无纹理的方式渲染《最后生还者》的一个场景 (©2013/™ SCEA, 由顽皮狗创作及开发, PlayStation 3)

图 10.21　以只含纹理的方式渲染同一个《最后生还者》场景 (©2013/^{TM} SCEA, 由顽皮狗创作及开发, PlayStation 3)

图 10.22　以完整光照方式渲染同一个《最后生还者》场景 (©2013/^{TM} SCEA, 由顽皮狗创作及开发, PlayStation 3)

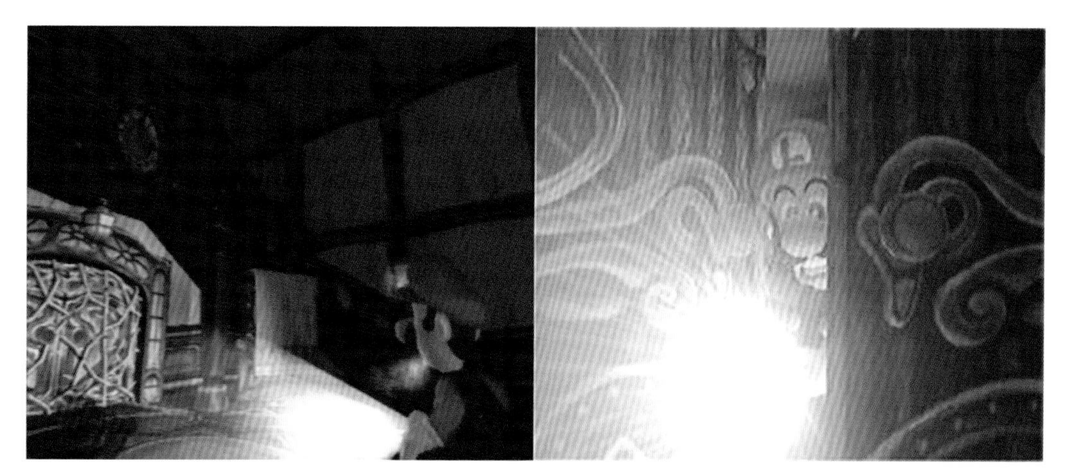

图 10.30　在任天堂的《路易士鬼屋》(Wii) 中, 其手电筒由多个视觉效果组成, 包括一个模拟光线的圆锥形半透明几何体、一个动态聚光源照亮场景、一个位于透镜的放射光贴图, 以及朝向摄像机的镜头光晕

图 10.45　无抗锯齿 (左)、4× MSAA (中) 和 NVIDIA 的 FXAA 预设置 3 (右)。图片来自 NVIDIA 的 FXAA 白皮书 (http://developer.download.nvidia.com/assets/gamedev/files/sdk/11/FXAA_WhitePaper.pdf), 作者 Timothy Lottes

图 10.55　在艺电《拳击之夜 3》(*Fight Night Round 3*) 的截图中，展示了光泽贴图如何在表面的每个纹素上控制镜面反射程度

图 10.59　《最后生还者》(©2013/^{TM} SCEA，由顽皮狗创作及开发，PlayStation 3) 中的镜像反射。它先把场景渲染至纹理，再把纹理贴到镜子表面

图 10.62　这些图片为 Guerrilla Games 的《杀戮地带 2》(*Kill Zone 2*) 的截图, 展示了延迟渲染中几何缓冲的典型成分。上方的图是最终的渲染影像。在该图之下, 从上至下、从左至右, 分别是反照率 (漫反射) 颜色、深度、观察空间法线、屏幕空间运动矢量 (供运动模糊之用)、镜面幂及镜面强度

图 10.63　《神秘海域 3: 德雷克的欺骗》(©2011/™ SCEA, 由顽皮狗创作及开发, PlayStation 3) 中的火焰、烟和弹道的粒子效果

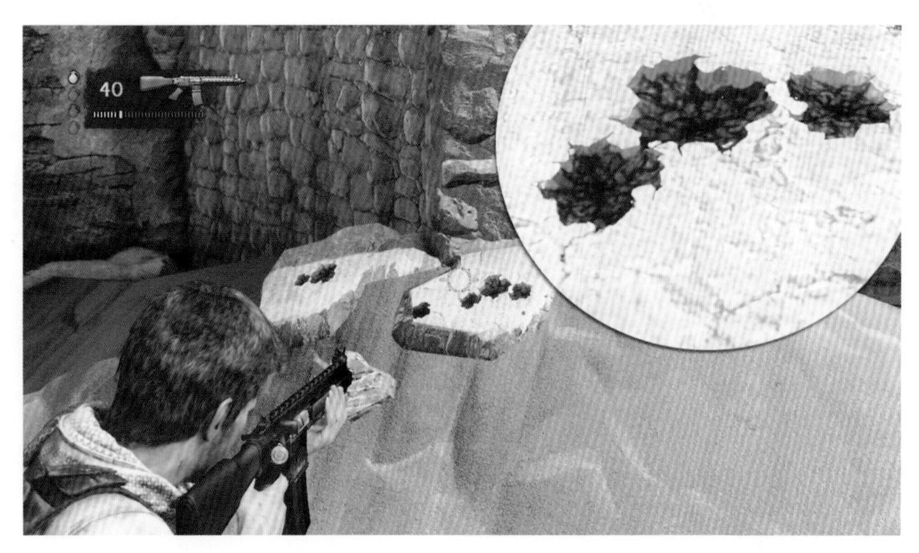

图 10.64 《神秘海域 3: 德雷克的欺骗》(©2011/™ SCEA, 由顽皮狗创作及开发, PlayStation 3) 中的视差贴图贴花

图 14.6 CryEngine 3 的 Sandbox 编辑器

第2版

游戏引擎架构

[美]Jason Gregory 著

叶劲峰 译

Game Engine Architecture

(Second Edition)

電子工業出版社

Publishing House of Electronics Industry

北京•BEIJING

内容简介

《游戏引擎架构》（第 2 版）涵盖游戏引擎软件开发的理论及实践知识，并在第 1 版的基础上对多个主题进行了更新。本书中讨论的概念及技巧被实际应用于现实中的游戏工作室（如艺电及顽皮狗）。虽然书中采用的例子通常依托于一些专门的技术，但是讨论范围远超某个引擎或API。另外，书中提供的参考文献及引用也非常有价值，可让读者继续深入游戏开发的任何特定方向。

本书为大学程度的游戏编程课程而编写，但也适合软件工程师、游戏开发业余爱好者，以及游戏产业的从业人员阅读。通过阅读本书，资历较浅的游戏工程师可以巩固他们所学的游戏技术及引擎架构的知识，专注某一领域的程序员也能从本书全面的介绍中获益。

Jason Gregory: Game Engine Architecture, Second Edition, ISBN: 978-1-4665-6001-7

版权贸易合同登记号　图字：01-2015-4571

图书在版编目（CIP）数据

游戏引擎架构：第2版 /（美）杰森·格雷戈瑞（Jason Gregory）著；叶劲峰译. —北京：电子工业出版社，2019.12

书名原文：Game Engine Architecture, Second Edition

ISBN 978-7-121-37529-3

Ⅰ. ①游… Ⅱ. ①杰… ②叶… Ⅲ. ①三维动画软件－游戏程序－程序设计 Ⅳ. ① TP391.414

中国版本图书馆 CIP 数据核字（2019）第 213714 号

责任编辑：张春雨
印　　刷：三河市良远印务有限公司
装　　订：三河市良远印务有限公司
出版发行：电子工业出版社
　　　　　北京市海淀区万寿路 173 信箱　　邮编：100036
开　　本：787×980　1/16　　印张：60.75　　字数：1361 千字　　彩插：6
版　　次：2014 年 2 月第 1 版
　　　　　2019 年 12 月第 2 版
印　　次：2024 年 8 月第 10 次印刷
定　　价：219.00 元

凡所购买电子工业出版社图书有缺损问题，请向购买书店调换。若书店售缺，请与本社发行部联系，联系及邮购电话：（010）88254888，88258888。

质量投诉请发邮件至 zlts@phei.com.cn，盗版侵权举报请发邮件至 dbqq@phei.com.cn。

本书咨询联系方式：010-51260888-819，faq@phei.com.cn。

奉献给

Trina、Evan 及 Quinn Gregory

纪念我们的英雄

Joyce Osterhus、Kenneth Gregory 及 Erica Gregory

推荐序 1

最初拿到 *Game Engine Architecture* 一书的英文版, 是电子工业出版社博文视点公司的编辑侠少邮寄给我的打印版。他建议我接下翻译此书的重任。当时我正在杭州带领一个团队开发 3D 游戏引擎, 我和我的同事都对这本书的内容颇有兴趣, 两大本打印的英文书稿立刻在同事间传开。可惜那段时间个人精力实在有限, 精读近千页的英文读物后再将其翻译成中文对个人的业余时间来说是一个极大的挑战, 不能担此翻译任务颇为遗憾。

不久以后听说 Milo Yip (叶劲峰) 已开始着手翻译, 甚为欣喜。翻译此巨著, 他一定是比我更合适的人选。我和 Milo 虽未曾谋面, 但神交已久, 在网络上读过一些他的成长经历, 和我颇为相似, 心有戚戚。他对游戏 3D 实时渲染技术研究精深为我所不及, 我们曾通过 Google Talk 讨论过许多技术问题, 他都有独到的见解。Milo 是香港人, 英文技术术语在香港的中文译法和内地有许多不同, 但此书由内地出版社出版, 考虑到面对的读者主要是内地程序员, Milo 希望能更符合内地程序员的用词习惯, 所以在翻译开始时就通过 Google Docs 创建了协作页面, 邀请大家共同探讨书中技术术语的中文译法。从中我们可以一窥他作为译者的慎重。

三年之后, 有幸在出版之前就拿到了完整的译本。这是一本用 LaTeX精心排版的 800 多页的电子书, 我只花了一周时间, 几乎是一口气读完。流畅的阅读享受, 绝对不仅仅是因为原著精彩的内容, 精美的版面和翔实的译注也加分不少。

在阅读本书的过程中, 我不止一次地与作者产生共鸣。例如在第 5 章的内存管理系统的介绍中, 作者介绍的几种游戏特有的内存管理方法我都曾在项目中用过, 而这是第一次有书籍专门将这些方法详尽地记录下来; 又如第 11 章动画系统的介绍, 我同样也有在 3D 引擎开发过程中改进原有动画片段混合方法的经历。虽然书中介绍的每个技术点都可能在某篇论文、某本书的某个章节、某篇网络博客上见过, 但之前却无一本书可以把这些内容放在一起相互参照。对于从事游戏引擎开发的程序员来说, 了解各种引擎在处理每个具体问题时的方案是相当重要的。而每种方案又各有利弊, 即使不做引擎开发工作而是在某一特定游戏引擎上做游戏开发, 也可以从中理解引擎的局限性以及可能的改进方法。尤其是第 14 章介绍的对游戏性相关系统的设计, 每个开发人员几乎都是凭经验设计, 很少有书籍对这些知识点进行总结。对于基于渲染引擎做开发的游戏程序员, 这是必须面对的工作, 这一章有很大的借鉴意义。

本书作者是业内资深的游戏引擎开发者, 他所参与研发的《神秘海域》和《最后生还者》游戏都是我个人的最爱。在玩游戏的过程中, 出于游戏程序员的天性, 自然会不断地猜想各个技术点是如何实现的, 背后需要怎样的工具支持。这些能在书中一一得到印证是一件让人特别开心的事情。另外, 作者反复强调代码实践的重要性, 在书中遍布着 C++ 代码。我不认为这些代码有直接取来使用的价值, 但它们极大地帮助了读者理解书中的技术点。书中列出的顽皮狗工作室用 lisp 方言编写游戏配置脚本的范例也给了我很大的启发, 有了这些具体的代码示例以及作者本身一线工程师的背景, 让我确信书中那些与主机游戏开发相关等我所没有接触过的内容都绝非泛泛之谈。

国内游戏开发社区的壮大, 主要随最近十年的 MMO 风潮而生。而就在大型网络游戏于国内有些偏离电子游戏的游戏性趋势时, 我们有幸迎来了为移动设备开发游戏的大潮。游戏开发的重心重新回到游戏性本身。我们更需要借鉴单机游戏是如何为玩家带来更纯粹的游戏体验的, 我相信书中记录的各种技术点会变得对广大读者更有帮助。

云风 (@ 简悦云风)

推荐序 2

在我认识的许多游戏业开发同仁中，只有少数香港同胞，Milo Yip (叶劲峰) 却正是这样一位让我印象非常深刻的、优秀的香港游戏开发者。我俩认识是在 Milo 加入腾讯互动娱乐研发部引擎技术中心后，至今也只是两年多的时间。其间，他谦逊务实的为人，对待技术问题的严谨求真态度，对算法设计和性能优化的娴熟技术，都为人所称道。Milo 一丝不苟的工作风格，甚至表现在对待技术文档排版这类事情上 (Milo 常执着地用 LaTeX将技术文档排版到完美)，我想这一定是他在香港读大学、硕士及在香港理工大学的多媒体创新中心从事研究员，一贯沿袭至今的好作风。

我很高兴腾讯游戏有实力吸引到这样优秀的技术专家，即使 Milo 已从上海迁回香港家中，依然选择到深圳腾讯互动娱乐总部工作。从此，Milo 工作日每天早晚过关，来往香港和深圳两地，虽有舟车劳顿，但是兼顾了对家庭的照顾和在游戏引擎方面的专业研究，希望这样的状况是令他满意的。

认识 Milo 时，我便知道他在进行 Jason Gregory 所著的 *Game Engine Architecture* 一书的翻译工作。因为自己从前也有业余翻译游戏开发相关书籍的经历，所以我能理解其中的辛苦和责任重大，对 Milo 也更多了一分钦佩。我以为，本书以及本书的中文读者最大的幸运便是，遇到 Milo 这位对游戏有着如同对家对国般强烈责任感，犹如“游戏科学工作者”般的专业译者!

现在 (2013 年年末) 无疑是游戏史上对独立游戏制作者最友好的年代，开发设备方便获得 (相对过去仅由主机厂商授权才能获得专利开发设备，现在有一台智能手机和一台个人电脑就可以开发游戏)、技术工具友好、调试过程简单方便，且互联网上有丰富的教程和开源代码可供参考，还有网上社区便于交流。很多游戏爱好者能够很快地制作出可运行的游戏原型，其中一些还能发布到应用商店。

但是不全面掌握各方面知识，尤其是游戏引擎架构知识，往往只能停留在勉强修改、凑合重用别人提供的资源的应用程度上，难以做到极限的性能改进，更妄谈革命式的架构创新。这样的程度是很难从成千上万的游戏中脱颖而出的。我们所认可的真正的游戏大作必定是在某方面大幅超越用户期待的产品。为了打造这样的产品, 游戏内容创作者 (策划、美工等) 需要 “戴着镣铐跳舞” (在当前的条件下争取更多的创作自由度), 而引擎架构合理的游戏可以经得起——也值得进行——反复优化, 最终可以提供更多的自由度, 这是大作出现的技术前提。

书的作者、译者、出版社的编辑, 加上读者, 大家是因书而结缘的有缘人。因 Milo 这本《游戏引擎架构》译著而在线上线下相识的读者们, 你们是不是因 “了解游戏引擎架构, 从而制作/优化好游戏” 这样的理想而结了缘呢?

亲爱的读者, 愿你的游戏作品有一天因谜题巧妙绝伦、趣味超凡、虚拟世界气势磅礴、视觉效果逼真精美等专业因素取得业界褒奖, 并得到玩家真诚的赞美。希望届时曾读过 Milo 这本《游戏引擎架构》译著的你, 也可以回馈社会, 回馈游戏开发的学习社区, 帮助新人。希望你也可以建立微信公众号、博客等, 或翻译游戏开发书籍, 造福外语不好的读者, 所以如果你的外语 (英语、日语、韩语对于游戏行业来说比较重要) 水平仍须精进, 现在也可以同步加油了!

沙鹰 (yingsha@qq.com)

第 2 版译者序

不知不觉,《游戏引擎架构》(第 1 版) 已出版十年。十年前, iPhone 3GS 面世,《愤怒的小鸟》在同年上架 AppStore。随着智能手机的渗透率不断增长, 全球范围内移动端游戏极速超越 PC 和游戏机, 成为用户最多及收入最高的游戏平台。我开始翻译本书时, 正任职于麻辣马开发 PC/游戏机平台游戏, 之后幸运地在 2011 年加入腾讯, 从事游戏引擎技术的研发工作, 因此亲历了这个浪潮。

2013 年, 国内《天天爱消除》和《天天酷跑》这两款 2D 手游成为行业爆款, 而我在当年第 1 版译序中写下"还可预料, 现时单机/游戏机的一些较高级的架构及技术, 将在不远的未来着陆移动终端平台。"那时候, 不少人认为手机只适合这些休闲游戏, 也许不需要前沿技术。然而, 随后各种游戏类型陆续出现, MOBA 的王者属《王者荣耀》, ACT 有《火影忍者》, FPS 有《穿越火线》以至本年的《和平精英》。我回看这十多年的游戏硬件发展, 虽然移动平台的性能和顶级游戏机有稳定十年的差距, 但在架构和技术上, 移动平台的游戏已逐渐贴近前沿。

在端游时代, 游戏项目的技术选型多姿多彩, 有选择自研游戏引擎的 (如《天涯明月刀》的 QuickSilver 引擎) , 也有选择各种商业和开源游戏引擎的。但在 2013—2017 年间, 除了网易继续自研引擎, 国内大部分手游项目都选择了 Unity。Unity 引擎具有非常友好的工具及编程环境, 它采用 C# 语言也减轻了开发者的负担, 令游戏团队能非常高效地进行生产。但与此同时, 它的黑盒性质也极大地影响了这一代游戏程序员。这种情况在我做公司内部晋级评审时深有感受: 以往一些工作可能需要深入了解技术原理, 并寻找适合项目的最优方案, 然后把技术从无到有地实现出来, 在这个过程中对开发人员的技术成长很有帮助; 而面对黑盒, 很多时候是通过猜想个中的实现, 再尝试以打补丁的方式去解决问题, 很少有机会完整地实现一些技术, 使开发人员更易缺失对底层的开发能力。但当手游竞争越趋激烈时, 游戏开发周期从 3 个月上升至 3 年, 开发团队的技术能力也变得越来越重要。2015 年, Unreal 提供源代码给所有人, 并且大力增强对移动平台的支持, 开始成为手游项目的另一可行选项。如果仅考虑对开发人员的成长, 我会建议尽量使用具源代码的工具, 并多了解它的内部是如何运作的, 在适当时候做出修改。期待我们能继续提升技术水平, 并发挥创新能力, 进一步提升游戏的品质。

在《游戏引擎架构》(第 1 版) 出版以来, 我收到大量读者反馈, 一些错漏之处也在每次印刷中进行修正。不时有朋友告诉我, 他们因为读这本译作而对游戏引擎技术产生兴趣, 最后还加入了这个行业, 身为译者的我深感欣慰。2014 年, 我在美国三藩市游戏开发大会遇到原作者 Jason Gregory, 是令人十分兴奋的时刻。但对于一直期待第 2 版的朋友, 面对以年为单位的等待, 本人实在难辞其咎。虽然百辞莫辩, 也必须做出一些交代。除了繁忙的工作, 在数年里我花了不少工余时间在知乎上回答问题及写技术文章, 学习并实践多方面的兴趣, 也在近不惑之年才开始注重身体健康而去系统锻炼。由于个人的能力及时间有限, 我也希望能和其他人合作去推动知识分享, 例如刚出版的《腾讯游戏开发精粹》便是我通过腾讯游戏学院发起的项目, 而另一本和同事合译的作品《基于物理的建模与动画》(暂名) 希望也能尽快与大家见面。

由于有些读者已读过第 1 版, 所以我特意在新增的章节标题中加入剑标符 †, 以方便挑选阅读。最后, 期望这本书能引发你对游戏技术的兴趣, 在未来可以玩到你的游戏作品。

叶劲峰 (Milo Yip)

2019 年 9 月

第 1 版译者序

数千年以来，艺术家们通过文学、绘画、雕塑、建筑、音乐、舞蹈、戏剧等传统艺术形式充实人类的精神层面。自 20 世纪中叶起，计算机的普及派生出另一种艺术形式——电子游戏。游戏结合了上述传统艺术以及近代科技派生的其他艺术（如摄影、电影、动画），并且完全脱离了艺术欣赏这种单向传递的方式——游戏必然是互动的，“玩家”并不是“读者”、“观众”或“听众”，而是进入游戏世界、感知并对世界做出反应的参与者。

基于游戏的互动本质，游戏的制作通常比其他大众艺术复杂。商业游戏的制作通常需要各种人才的参与，而制作人员需要依赖各种工具及科技。游戏引擎便是专门为游戏而设计的工具及科技的集成。之所以称为引擎，如同交通工具中的引擎，提供了最核心的技术部分。因为复杂、研发成本高，人们不希望制作每款游戏时都重新设计引擎，重用性是游戏引擎的一个重要设计目标。

然而，各游戏本身的性质以及平台的差异，使研发完全通用的游戏引擎变得极为困难，甚至不可能。市面上出售的游戏引擎，有一些虽然已经达到很高的技术水平，但在商业应用中，很多时候还需要因不同的游戏项目对引擎进行改造、整合、扩展及优化。因此，即使能使用市面上最好的商用引擎或自研引擎，我们仍需要理解其中的架构、机制和技术，并且分析及解决在制作中遇到的问题。这些也是译者就职于上海两家工作室时的主要工作范畴。

选择翻译此著作，主要原因是在阅读时产生了共鸣，并且从中能了解一些知名游戏作品实际中所采用的方案。有感市面上大部分游戏开发书籍并不是由业内人士执笔的，内容只够应付一些简单的游戏开发，欠缺宏观比较各种方案的内容，技术与当今实际情况也有很大的差距。而一些 Gems 类丛书虽然偶有好文章，但受形式所限欠缺系统性、全面性。难得本书原作者身为世界一流游戏工作室的资深游戏开发者[1]，他在繁重的游戏开发工作之余，还在大学教授游戏开发课程以及编写本著作。此外，从与内地同事的交流中，我了解到许多从业者不愿意阅读外文书籍。为了普及知识及回馈业界，译者希望能尽自己的一份绵薄之力。

或许有些人以为本著作是针对单机 / 游戏机游戏的，并不适合国内以网络游戏为主的环境。但译者认为这是一种误解，许多游戏本身所涉及的技术是具有通用性的。例如，与游戏性相关的游戏性系统、场景管理、人工智能、物理模拟等部分，许多时候也会同时用于网络游戏的前台和后台。现在，一些以动作为主、非 MMO 的国内端游甚至会直接在后台运行传统意义上的游戏引擎。至于与前台相关的技术，单机游戏和端游的区别更小。此外，随着近年移动终端的兴起，其硬件性能已超越传统掌上游戏机，开发手游所需的技术与开发传统掌上游戏机游戏的并无太大差异。还可预料，现在单机 / 游戏机的一些较高级的架构及技术将在不远的将来着陆移动终端平台。

译者认为，本书涵盖游戏开发技术的方方面面，同时适合入门及经验丰富的游戏程序员阅读。书名中的架构二字，并不只是表示给出一个系统结构图，还表示描述了每个子系统的需求、相关技术及与其他子系统的关系。对译者本人而言，本书的第 11 章 (动画系统) 及第 15 章 (运行时游戏性基础系统) 是本书特别精彩之处，包含许多少见于其他书籍的内容。而第 10 章 (渲染引擎) 由于是游戏引擎中的一个极大的部分，有限的篇幅可能未能覆盖广度及深度，推荐读者阅读参考文献 [1][2]，人工智能方面也须参考其他专著。

本译作采用 LaTeX排版[3]，以 Inkscape[4] 编译矢量图片。为了令阅读更流畅，内文中的网址都统一改为脚注标示。另外，由于现在游戏开发相关的文献以英文为主，而且游戏开发涉及的知识面很广，本译作尽量以括号注释的形式保留英文术语。为了方便读者查找内容，在附录中增设中英文双向索引 (索引条目与原著中的不同)。

本人在香港成长、学习及工作，至 2008 年才赴内地游戏工作室工作，不谙内地的中文写作及用词习惯，翻译中曾遇到不少困难。有幸得到出版社人员以及良师益友的帮助，这才得以完成本译作。特别感谢周筠老师支持本书的提案，并耐心地给予协助及鼓励。编辑张春雨老师和

---

1 原作者是顽皮狗 (Naughty Dog)《神秘海域》(*Uncharted*) 系列的通才程序员、《最后生还者》(*The Last of Us*) 的首席程序员，之前还曾在 EA 和 Midway 工作过。

2 中括号表示引用附录中的参考文献。一些参考条目中加入了中译本的信息。

3 具体使用的是 CTEX 套装 (`http://www.ctex.org/`)，它在 MiKTeX(`http://www.miktex.org/`) 的基础上增加了对中文的支持。

4 `http://inkscape.org/`

卢鸫翔老师,以及好友余晟给予了大量翻译方面的帮助及指导。也感谢游戏业界专家云风、大宝和 Dave 给予了许多宝贵意见。此书的翻译及排版工作比预期更花时间,感谢妻子及儿女们的体谅。此次翻译工作历时三年半,因工作及家庭事宜导致严重延误,唯有在翻译及排版工作上更尽心尽力,希望得到等待此译作的读者们的谅解。无论是批评或建议,诚希读者朋友通过电子邮件[1]、新浪微博[2]、豆瓣[3]等渠道不吝赐教。

叶劲峰 (Milo Yip)

2013 年 10 月

1 mailto:miloyip@gmail.com
2 http://weibo.com/miloyip/
3 http://www.douban.com/people/miloyip/

目　录

第 I 部分　基　础

第 II 部分 底层引擎系统

第 Ⅲ 部分　图形、运动与声音

第 IV 部分 游 戏 性

第 2 版序言†

游戏及计算机是紧紧相连的。从第一款数字电脑游戏的出现——1962 年的 *Spacewar*, 到今天最先进的游戏系统, 通过计算机的逻辑及数学本质, 使得游戏中的各个程序方面得以完美结合。数字游戏向我们展示出一个未来世界, 系统思想、互动及编程基础将带来人类发明、发现及想象的新纪元。这个未来是复杂的——所有人都需要好的指南。

开门见山: 本人认为, 本书是同类书籍中最好的, 你找到它是一种幸运。本书以简明、清楚的方式覆盖游戏引擎架构这个庞大领域, 并巧妙地平衡了此领域的广度与深度, 它提供了足够的细节, 即使初学者也能很容易地理解其中的各种概念。而作者 Jason Gregory 不单是该领域的世界级专家, 他还是一位在职程序员, 富有成品品质的知识, 并参与过许多已发行的游戏项目。他与顽皮狗的游戏工程师一起工作, 顽皮狗是世界一流的游戏制作工作室之一, 制作了多款被广泛认为是史上最佳的游戏。除此以外, 他还是有着丰富经验的教育家, 曾在北美排名靠前的大学教授游戏开发课程。

为什么你应该相信我, 因为你正在看的是一颗罕有的“宝石”, 这本书将会成为你的游戏开发参考藏书的重要成员。以下我将尽力加强你对我这一主张的信心。

成年以后, 我一直以专业游戏设计师为业。其中大部分时间, 我在顽皮狗以首席游戏设计师身份工作, 而顽皮狗是索尼旗下的工作室——对, 就是那个创造了 *Crash Bandicoot* 及 *Jak and Daxter* 系统游戏的那个工作室。首次认识 Jason Gregory 是在顽皮狗, 现在我认识他已很长时间了, 在顽皮狗, 他与我荣幸地参与了全部三集叫好又叫座的《神秘海域》(*Uncharted*) 系列游戏。Jason 还继续参与了顽皮狗的下一个极其成功的讲故事动作游戏《最后生还者》(*The Last of Us*)。

我的游戏设计师生涯始于英国的 MicroProse 公司, 在加入顽皮狗之前, 我在 Crystal Dynamics 工作, 参与制作了 *Gex* 和 *Legacy of Kain: Soul Reaver* 等游戏系列。在顽皮狗工作的 8 个奇妙年头中, 我学到了非常多的东西, 现在成了南加州大学戏剧艺术学院互动媒体及游戏部门的老师。我教授南加州大学的游戏课程, 并在该校的游戏创新实验室设计游戏。南加州大学与顽皮狗工作室有着紧密的联系，Jason 也在南加州大学的 Viterbi 工程学院教授游戏课程中的编程课。

当我初识 Jason 时，他刚从我们附近的艺电转到顽皮狗来，他任职于艺电时有许多非常优秀的工作成果，包括高技术水平及艺术驱动的游戏动画方面的工作成果。我们两人几乎能即时合拍工作。他承担了许多复杂的任务，其中之一是协助开发脚本语言及其专门的编辑环境，这让我的游戏设计师前辈与我能把各种美术资源、动画、音频、视觉特效及代码连接在一起，成为可以震撼《神秘海域》玩家的章节。所以我有第一手经验，知道 Jason 如何把复杂的概念变得清晰。他有一套参与开发的工具，是我平生用过的最好的工具；而且，通过与他一起工作，我知道他把同样强大的技术与清晰的沟通能力带进了专业生涯中的每一款游戏系统里，以及本著作。

当代的视频游戏开发是一门大学科。从设计到开发，从 AAA[1]到独立游戏，从渲染、碰撞到工具编程，要做一个游戏，需要很多交叉的系统及技巧。说起我们现有的游戏制作工具，其功能与复杂度是不匹配的，本书中的许多详细代码示例及实现示例能帮助读者读取并理解这些碎片是如何拼凑成一个好游戏的。通过这种方式帮助读者，Jason 的书也许能令你超越史上最好的游戏设计师及实现开发者做过的最大胆的梦。

本书提供了一个概览，但它不仅停留在知识表面，还挖掘至足够深度，令我们有机会理解每个所提及的题目。我的好友 Ian Dallas (Giant Sparrow 的创意总监、*The Unfinished Swan* 的创作者) 曾手按本书，以他带有丰富感情色彩的语言发誓：这本书给了我们一个机会去“吃大象的一块”——用这包含巨大学问的“大局观”作为开始，不然我们难以踏出第一步去理解这么广阔的题目。

现在也是接触游戏软件工程的好时机。全世界都有学校提供高质量的课程，由经验丰富的游戏创作者教授各种技术及艺术方面的技能。游戏也正在进入难以想象的复兴时期，受独立游戏及艺术游戏的一些影响，它为我们的世界带来了新声音及新角度，这些都同时加强了主流计算机、游戏机及移动端游戏非常健康及创新的发展。

让我们迎着众多扣人心弦、未知的数字游戏未来而行，此领域对娱乐、艺术及商业来说，只会变得越来越有趣，对文化越来越有影响力，也越来越具创新性。没有比这本书更好的跳板，或是比 Jason Gregory 更好、更明智的向导，让它和他引领我们开始这个迷人的游戏开发世界终身学习之旅吧!

Richard Lemarchand

2013 年 11 月 14 日

1 在游戏业界，AAA(通常读作 triple A) 游戏是指开发成本最高及市场预算最高的大作。——译者注

第 1 版序言

最早的电子游戏完全由硬件构成, 但微处理器 (microprocessor) 的高速发展完全改变了游戏的面貌。现在的游戏是在多用途的 PC 或专门的电子游戏主机 (video game console) 上玩的, 凭借软件带来绝妙的游戏体验。从最初的游戏诞生至今已有半个世纪, 但很多人仍然认为游戏是一个未成熟的产业。即使游戏可能是一个年轻的产业, 若仔细观察, 会发现它正在高速发展。现在游戏已成为一个价值上百亿美元的产业, 覆盖不同年龄、性别的广泛受众。

千变万化的游戏, 可以分为从纸牌游戏到大型多人在线游戏 (massively multiplayer online game, MMOG) 等多个种类 (category) 和类型 (genre)[1], 也可以运行在任何装有微芯片 (microchip) 的设备上。你现在可以在 PC、手机及多种特别为游戏而设计的手持/电视游戏主机上玩游戏。家用电视游戏通常代表最尖端的游戏科技, 又由于它们会周期性地推出新版本, 因此有游戏机"世代"(generation) 的说法。最新一代[2]的游戏机包括微软的 Xbox 360 和索尼的 PlayStation 3, 但一定不可忽视长盛不衰的 PC, 以及最近非常流行的任天堂 Wii。

最近, 剧增的下载式休闲游戏, 使这个多样化的商业游戏世界变得更复杂。虽然如此, 大型游戏仍然是一门大生意。今天的游戏平台非常复杂, 有让人难以置信的运算能力, 这使软件的复杂度得以进一步提升。所有这些先进的软件都需要由人创造出来, 这导致团队人数增加, 开发成本上涨。随着产业变得成熟, 开发团队要寻求更好、更高效的方式去制作产品, 可复用软件 (reusable software) 和中间件 (middleware) 便应运而生, 以补偿软件复杂度的提升。

由于有这么多风格迥异的游戏及多种游戏平台, 因此不可能存在单一理想的软件方案。然而, 业界已经发展出一些模式, 也有大量的潜在方案可供选择。现今的问题是如何找到一个合

---

1 genre 一词在文学中为"体裁"的意思。在电影和游戏里通常译作"类型"。不同的游戏类型可见 1.2 节。——译者注

2 按一般说法, 2005 年至今属于第 7 个游戏机世代。这 3 款游戏机的发行年份为 Xbox 360 (2005)、PlayStation 3 (2006)、Wii (2006)。有关游戏机世代的相关知识可参考 http://en.wikipedia.org/wiki/List_of_video_game_consoles。——译者注

适的方案去满足某个项目的需要。再进一步, 开发团队必须考虑项目的方方面面, 以及如何把各方面集成。对于一个崭新的游戏设计, 鲜有可能找到一个完美适配游戏设计各方面的软件包。

如今业界的老手, 入行时都是“开荒牛”。我们这代人很少是计算机科学专业出身的 (Matt 的专业是航空工程、Jason 的专业是系统设计工程), 但现在很多学院已设有游戏开发的课程和学位。时至今日, 为了获取有用的游戏开发信息, 学生和开发者必须找到好的途径。对于高端的图形技术, 从研究到实践都有大量高质量的信息。可是, 这些信息经常不能直接应用到游戏的生产环境中, 或者没有一个生产级质量的实现。对于图形以外的游戏开发技术, 市面上有一些所谓的入门书籍, 没提及参考文献就描述很多内容细节, 像自己发明的一样。这种做法根本没有用处, 甚至经常带有不准确的内容。另一方面, 市场上有一些高端的专门领域书籍, 例如物理、碰撞、人工智能等。可是, 这类书或者啰唆到让你难以忍受, 或者高深到让部分读者无法理解, 又或者内容过于零散而难于融会贯通。有一些甚至会直接和某项技术挂钩, 软硬件一旦发生变化, 其内容就会迅速过时。

此外, 互联网也是收集相关知识的绝佳工具。可是, 除非你确实知道要找些什么, 否则链接失效、不准确的资料、质量差的内容也会成为学习的障碍。

好在, 我们有 Jason Gregory, 他是一位拥有在顽皮狗 (Naughty Dog) 工作经验的业界老手, 而顽皮狗是全球高度瞩目的游戏工作室之一。Jason 在南加州大学教授游戏开发课程时, 找不到概括游戏架构的教科书。值得庆幸的是, 他承担了这个任务, 填补了这一空白。

Jason 把可应用到实际发行游戏的生产级别知识, 以及整个游戏开发的大局编集于本书。他凭经验, 不仅融汇了游戏开发的概念和技巧, 还用实际的代码示例及实现例子去说明怎样贯通知识来制作游戏。本书的引用及参考文献可以让读者更深入探索游戏开发过程的各个方面。虽然例子经常是基于某些技术的, 但是概念和技巧是用来实际创作游戏的, 它们可以超越个别引擎或 API 的束缚。

本书是一本我们入行做游戏时想要的书。我们认为本书能让入门者增长知识, 也能为有经验者开拓更大的视野。

Jeff Lander[1]

Matthew Whiting[2]

---

1 Jeff Lander 现在为 Darwin 3D 公司的首席技术总监、Game Tech 公司创始人, 曾为艺电首席程序员、Luxoflux 公司游戏性及动画技术程序员。——译者注

2 Matthew Whiting 现在为 Wholesale Algorithms 公司程序员, 曾为 Luxoflux 公司首席软件工程师、Insomniac Games 公司程序员。——译者注

第 2 版前言†

我对《游戏引擎架构》(第 2 版) 的希望有三方面。首先, 我希望更新本书, 以包含最新、最令人兴奋的内容, 包括 C++ 编程语言的最新版本 C++11, 以及第 8 代游戏机——Xbox One 和 PlayStation 4。

第二, 我希望填补原作内容中的空白。最显著的是, 我决定添加关于音频的全新章节。此决定部分是因为你——忠实及总是愿意帮忙的读者——的要求。此决定也部分基于, 以我所知, 市面上没有讲述开发 AAA 游戏音频引擎的物理、数学及技术的书籍。在任何优秀的游戏中, 音频都扮演着重要的角色, 我衷心地希望本书的音频一章对推广游戏音频技术能做出微小的贡献。

第三, 我希望修正读者反馈的众多错误。谢谢你们! 我希望你们能发现, 你们找到的所有错误都已被修正, 以及为了本书第 3 版继续反馈给我新出现的错误!

当然, 如我之前所说, 游戏引擎编程的范畴几乎是无法想象的广和深, 一本书无法包含所有主题。因此, 本书的主要目的还是作为一个开阔视野的工具, 以及进一步学习的跳板。我希望本版能帮助你走过游戏引擎架构那迷人、面向多景观之旅。

---

†: 正文中带有 † 标志的内容为第 2 版新增内容

第 1 版前言

欢迎来到《游戏引擎架构》的世界。本书旨在全面探讨典型商业游戏引擎的主要组件。游戏编程是一个庞大的主题，有许多内容需要讨论。不过相信你会发现，我们讨论的深度将足以使你充分理解本书所涵盖的工程理论及常用实践的方方面面。话虽如此，令人着迷的漫长游戏编程之旅其实才刚刚启程。与此相关的每项技术都包含丰富内容，本书将为你打下基础，并引领你进入更广阔的学习空间。

本书的焦点在于游戏引擎的技术及架构。我们会探讨商业游戏引擎中各个子系统的相关理论，以及实现这些理论所需要的典型数据结构、算法和软件接口。游戏引擎与游戏的界限颇为模糊。我们将把注意力集中在引擎本身，包括多个低阶基础系统 (low-level foundation system)、渲染引擎 (rendering engine)、碰撞系统 (collision system)、物理模拟 (physics simulation)、人物动画 (character animation)，以及一个我称之为*游戏性基础层* (gameplay foundation layer) 的深入讨论。此层包括游戏对象模型 (game object model)、世界编辑器 (world editor)、事件系统 (event system) 及脚本系统 (scripting system)。我们也将会接触游戏性编程 (gameplay programming) 的多个方面，包括玩家机制 (player mechanics)、摄像机 (camera) 及人工智能 (artificial intelligence, AI)。然而，这类讨论会被限制在游戏性系统和引擎接口范围内。

本书可以作为大学中级游戏程序设计中两到三门课程的教材。当然，本书也适合软件工程师、业余爱好者，以及游戏行业的从业人员阅读。通过阅读本书，资历较浅的游戏程序员可以巩固他们所学的游戏数学、引擎架构及游戏科技方面的知识，专注某一领域的资深程序员也能从本书更为全面的介绍中获益。

为了更好地学习本书的内容，你需要掌握基本的面向对象编程概念并至少拥有一些 C++ 编程经验。尽管游戏行业已经开始尝试使用一些新的、令人兴奋的编程语言，然而工业级的 3D 游戏引擎仍然是用 C 或 C++ 编写的，任何对自己有较高要求的游戏程序员都应该掌握 C++。我们将在第 3 章重温一些面向对象编程的基本原则，毫无疑问，你也会从本书学到一些 C++

的小技巧，不过 C++ 的基础最好还是通过阅读参考文献 [41]、[31] 及 [32] 来获得。如果你对 C++ 已经有点生疏，建议你在阅读本书的同时最好能重温这几本书籍或者类似书籍。如果你完全没有 C++ 经验，在看本书之前，可以考虑先阅读参考文献 [41] 的前几章，或者尝试学习一些 C++ 的在线教程。

学习编程技能最好的方法就是写代码。在阅读本书时，强烈建议你选择一些特别感兴趣的主题付诸实践。举例来说，如果你觉得人物动画很有趣，那么可以首先安装 OGRE，并测试一下它的蒙皮动画示范。接着还可以尝试用 OGRE 实现本书谈及的一些动画混合技巧。下一步你可能会打算用游戏手柄控制人物在平面上行走。等你能玩转一些简单的东西了，就应该以此为基础，继续前进！之后可以转移到另一个游戏技术范畴，循序渐进。这些项目是什么并不重要，重要的是你在实践游戏编程的艺术，而不是纸上谈兵。

游戏科技是一个活生生、会呼吸的家伙，你永远不可能将之束缚于书本之上。因此，附加的资源、勘误、更新、示例代码、项目构思等已经发到本书的网站[1]。

1 http://gameenginebook.com

致　谢

书籍从来不会凭空出现, 本书亦然。没有家人、朋友、行业同仁的帮助, 本书或你手持的其第 2 版就不可能出版。我衷心地感谢他们及所有曾协助我完成本书的人们。

当然, 受写作项目影响最严重的莫过于我的家庭。所以我想再一次向我的妻子 Trina 致以特别的感谢。在撰写本书期间, 她是我的精神支柱, 之后她也总是为我提供支持及无价的帮助。在这个艰难时期, 她成为家庭的力量支柱。当我忙于敲打键盘时, 她昼夜无间地照顾我们的两个儿子 Evan (10 岁) 和 Quinn (7 岁)。我要感谢她, 因为她放弃了自己的计划去适应我的时间表, 她完成自己及我分内的家务 (通常多于我想承认的), 她经常在我最需要的时刻给我鼓励。我也希望向儿子们表示感谢, 特别是我的写作计划影响到他们——他们热切地期望下载最新的《我的世界》(*minecraft*) 的扩展包或《盖瑞模组》(*Garry's Mod*) 的插件, 而我却延后了这些事情。即使因我缺乏时间而导致他们很沮丧, 但他们仍然给予我无条件的爱及支持。

我还要向我第 1 版书的编辑 Matt Whiting 及 Jeff Lander 致以特别的感谢。他们适时的反馈极具洞察力和针对性, 常常恰到好处。此外, 他们丰富的行业经验坚定了我将本书写得尽可能精准及前沿的信心。能跟这么老练的专家合作, 既是愉快的经历, 也是我的荣幸。感谢 Jeff 替我和 Alice Peters[1] 穿针引线, 使这一项目起初能得以顺利开展。

许多顽皮狗的同事也为本书做出了很大的贡献。他们要么提供了反馈意见, 要么帮助我制定了某些章节的结构和主题内容。感谢 Marshall Robin 和 Carlos Gonzalez-Ochoa 对渲染章节的指导及监督, 同时感谢 Pål-Kristian Engstad 对该部分的文字及内容提供的建议。还要感谢 Christian Gyrling 对本书多个章节的反馈, 包括动画一章 (动画是他的专长之一)。我要向 Jonathan Lanier 致以特别的感谢, 他是顽皮狗常驻的非凡资深音频程序员, 提供给我音频这一新章节大量的第一手资料, 当我有问题时也总能和他交流, 并且他审读初稿时给予我很多一语中的、无价的反馈。另外, 需要感谢顽皮狗工程团队同仁制作了优秀的游戏引擎系统, 它

1　Alice Peters 是本书原出版社 A K Peters 的创始人之一。——译者注

成为本书的亮点。

特别感谢艺电的 Keith Schaeffer, 他提供了 12.1 节中关于物理对游戏影响的原始材料。也要感谢艺电的 Paul Keet (我在艺电时他是《荣誉勋章》的首席工程师) 和圣达戈 Midway 的 Steve Ranck (他是 *Hydro Thunder* 项目的首席工程师) 多年来的教导。虽然他们没有直接参与本书的工作, 但他们都以不同形式影响了几乎本书每一页的内容。

这本书的素材源自我在南加州大学的信息技术课程 (Information Technology Program) 中所开发的一门课——ITP-485: 游戏引擎编程 (Programming Game Engines)——的笔记, 这门课程到现在已经讲授了差不多 4 年。感谢 Anthony Borquez 博士, 正是当时身为资讯技术计划总监的他, 聘请我开发 ITP-485 这门课程。我也要感谢现在的课程总监 Ashish Soni 继续支持及鼓励我去发展 ITP-485。

还要感谢亲友们的不断鼓励, 包括他们常常在我写作时照顾我的妻子和两个儿子。我要感谢我的小姨子 Tracy Lee、小舅子 Doug Provins、姻表兄 Matt Glenn, 以及好朋友 Kim Clark 和 Drew Clark、Sherilyn Kritzer 和 Jim Kritzer、Anne Scherer 和 Michael Scherer、Kim Warner 和 Mike Warner。在我少年时, 父亲 Kenneth Gregory 写了一本关于股票投资的书, 让我萌生了写作的念头。对此及其他事情, 我永远都要感激他。也要感谢母亲 Erica Gregory, 一部分是因为她坚持希望我着手这一项目, 一部分是因为在我小时候, 她花费了很多心血教导我写作的艺术, 我的写作技巧 (以至于我的工作态度和古怪的幽默感) 完全得自于她!

我还要感谢 Alice Peters、Kevin Jackson-Mead 及 A K Peters 所有员工为出版本书第 1 版做出的巨大努力。之后, A K Peters 被 CRC Press 收购, 后者是泰勒弗朗西斯集团 (Taylor & Francis Group) 的科学及工程书籍的主要制作部门。我祝愿 Alice 及 Klaus Peters[1] 拥有美好的未来。

我还要感谢泰勒弗朗西斯的 Rick Adams 和 Jennifer Ahringer, 他们对《游戏引擎架构》(第 2 版) 的创作过程给予了耐心的支持, 并感谢 Jonathan Pennell 为第 2 版创作的封面。

本书第 1 版出版后, 我惊讶得知它被翻译成日文。我非常感谢湊和久 (Kazuhisa Minato)[2] 及他在万代南梦宫的团队承担了此艰巨任务, 并且做得非常出色。我也想感谢出版日文版的软银创意公司 (Softbank Creative, Inc.) 的相关人员。我也知道最近本书被翻译成中文, 我想感谢叶劲峰 (Milo Yip) 的努力及贡献。

1 Klaus Peters (1937—2014) 是著名的数学出版人, 曾为 Springer 的董事, 在 1992 年与妻子创立了 A K Peters, 享年 77 岁。更多相关信息可参阅 `http://www.ams.org/notices/201503/rnoti-p264.pdf`。——译者注

2 湊和久在 2016 年加入了育碧的大阪工作室。——译者注

许多读者花费时间给我反馈，并告诉我第 1 版中的错误，在此我由衷地感谢所有的贡献者。我要特别感谢 Milo Yip 及 Joe Conley，他们的贡献完全超越读者的职责。两人都给了我多页文档，包含大量勘误，以及难以想象的宝贵且具有深刻见解的建议。我已尽力把所有这些反馈纳入第 2 版。请继续给予反馈!

Jason Gregory

2013 年 9 月

第 I 部分

基　　础

第 1 章　导　　论

在 1979 年, 笔者获得了人生中第一台游戏主机——美泰 (Mattel) 公司超酷的 Intellivision[1], 当时“游戏引擎 (game engine)”一词还没出现。那时候, 多数成年人认为电子游戏和街机游戏 (arcade game) 只是玩具而已, 而游戏的软硬件都是为某游戏特制的。到 2008 年, 游戏已经成为价值上百亿美元[2]的主流产业, 无论是市场规模还是普及程度, 游戏产业都不逊于好莱坞。这些现在无处不在的三维游戏世界, 都由游戏引擎驱动。游戏引擎, 例如 id Software 公司[3]的 Quake 及 Doom 引擎、Epic Games 公司的虚幻引擎 4 (Unreal Engine 4)、Valve 公司的 Source 引擎、Unity 游戏引擎等, 都已变成具有完整功能的可复用软件开发套件。厂商可以取得这些游戏引擎的授权, 用这些引擎来制作几乎任何能想象到的游戏。

虽然各个游戏引擎的结构和实现细节千差万别, 但无论是可公开授权使用的引擎, 还是私有的内部引擎, 都显现出一些粗粒度模式。几乎所有的游戏引擎都含有一组常见的核心组件, 例如渲染引擎、碰撞及物理引擎、动画系统、音频系统、游戏世界对象模型、人工智能系统等。而在这些组件内也开始显现一些半标准的设计方案。

市面上有许多讲述各游戏引擎子系统的书籍, 比方说, 在三维图形方面就有描述非常详尽的著作。另有一些书籍, 将多个游戏技术领域的技巧集合成书。但笔者尚未找到一本著作, 能让读者全盘了解组成现代游戏引擎的各个组件。本书的目标, 就是引导读者走进这庞大、复杂的游戏引擎架构世界。

从本书中, 读者能学习到以下内容。

1　Intellivision 是世界上第一款 16 位电子游戏机, 比任天堂的 8 位红白机 (Famicom) 还早 4 年。——译者注

2　原文为 multi-billion, 即数十亿。但根据美国娱乐软件协会的资料, 2008 年美国的计算机及电视游戏软件的销售额达 117 亿美元, 因此做出修正。——译者注

3　游戏公司 id Software 名字中的 id 并非 identity(身份) 或 identifier(标识符) 的缩写, 而是弗洛伊德提出的精神分析学说中, 精神三大部分——本我 (id) 、自我 (ego) 与超我 (superego)——之一。id 的发音像 kid 去除 k 后的发音, 而非读为 I-D。——译者注

- 如何架构工业级生产用游戏引擎。
- 现实中的游戏开发团队是怎样组织及运作的。
- 有哪些主要子系统及设计模式不断出现在几乎所有游戏引擎里。
- 每个主要子系统的典型需求。
- 有哪些子系统与游戏类型或具体游戏无关, 有哪些子系统是为某游戏类型或具体游戏而设计的。
- 引擎和游戏的边界位于何处。

在本书中我们会先学习一些流行游戏引擎的内部运作, 例如雷神之锤及虚幻。也会讨论一些知名的中间件 (middleware) 包, 例如 Havok 物理库、OGRE 渲染引擎及 Rad Game Tools 公司的 Granny 三维动画几何管理工具箱。

在正式开始之前, 我们会从游戏引擎的背景出发, 回顾大规模软件工程中的一些技巧及工具, 包括:

- 逻辑软件架构和物理软件架构的区别。
- 配置管理 (configuration management)、版本控制 (revision control) 及生成系统 (build system)。
- 最常用的 C/C++ 开发环境 —— 微软 Visual Studio —— 的窍门及技巧。

本书假设读者对 C++ (多数游戏开发者所选择的编程语言) 有充分理解, 并明白一些基本的软件工程原理。同时, 也假设读者懂得一些线性代数、三维矢量、矩阵、三角学 (尽管我们会在第 4 章重温一些核心概念) 知识。读者最好能事先了解一些实时及事件驱动编程的基本概念。但无须顾虑, 本书会扼要重温这些内容, 也会提供适当的参考资料供读者学习。

1.1 典型游戏团队的结构

在开始钻研游戏引擎之前, 我先简单介绍一下典型游戏团队的人员配置。游戏工作室 (game studio) 通常由 5 个基本专业领域的人员构成, 包括工程师 (engineer)、艺术家 (artist)、游戏设计师 (game designer)、制作人 (producer) 及其他管理/支持人员 (市场策划、法律、信息科技/技术支持、行政等)。每个专业领域可细分为多个分支, 以下逐一介绍。

1.1.1 工程师

工程师设计并实现软件, 使游戏及工具得以运行。有时候, 工程师分为两类:运行时程序员 (runtime programmer)和工具程序员 (tool programmer)。运行时程序员制作引擎和游戏本身; 工具程序员制作离线工具, 供整个团队使用, 以提高团队的工作效率。运行时与工具两方面的工程师都各有专长。有些工程师在职业生涯里专注单一的引擎系统, 诸如渲染、人工智能、音效或碰撞/物理; 有些工程师专注于游戏性 (gameplay)[1]和脚本编程 (scripting); 也有一些工程师喜欢系统层面的开发, 而不太关心游戏实际上怎么玩[2]; 还有一些工程师是通才 (generalist), 博学多才, 能应付开发中不同的问题。

资深工程师有时候会被赋予技术领导的角色。比如, 首席工程师 (lead engineer) 通常仍会设计及编写代码, 但同时协助管理团队的各项安排, 并决定项目的整体技术方向。从人力资源的角度来说, 首席工程师有时候也会直接管理下属。

有些公司设有一位或多位技术总监 (technical director, TD), 负责从较高层面监督一个或多个项目, 确保团队能注意到潜在的技术难点、业界走势、新技术等。某些工作室可能还有一个和工程相关的最高职位, 这就是首席技术官 (chief technical officer, CTO)。CTO 类似整个工作室的技术总监, 并履行公司的重要行政职务。

1.1.2 艺术家

游戏界有云: “内容为王 (content is king)。” 艺术家肩负制作游戏中所有视听内容的重任, 而这些内容的品质能够决定游戏的成败。下面来了解一下艺术家的不同分工。

- 概念艺术家 (concept artist) 通过素描或绘画, 让团队了解游戏的预设最终面貌。概念艺术家的工作始于游戏开发的概念阶段, 一般会在项目的整个生命周期里持续担任美术指导。游戏成品的屏幕截图常会不可思议地贴近概念艺术图 (concept art)。
- 三维建模师 (3D modeler) 为游戏世界的所有事物制作三维几何模型。这类人员通常会再细分为两类: 前景建模师 (foreground modeler) 及背景建模师 (background modeler)[3]。前

1 gameplay 又译作游戏玩法、可玩性。——译者注

2 有些公司以游戏程序员 (gameplay programmer, GPP) 和引擎程序员 (engine programmer) 区分。本人曾获引擎工程师 (engine engineer) 的职衔, 英文比较拗口。——译者注

3 又被称为关卡建模师 (level modeler)、环境建模师 (environment modeler) 或关卡美术设计师 (level artist)。——译者注

景建模师负责制作物体、角色[1]、载具 (vehicle)、武器及其他游戏中的对象, 而背景建模师则制作静态的背景几何模型 (如地形、建筑物、桥梁等)。

- *纹理艺术家* (texture artist) 制作称为纹理 (texture) 的二维影像。这些纹理用来贴附于三维模型之上, 以增加模型的细节及真实感。
- *灯光师* (lighting artist) 布置游戏世界的静态和动态光源, 并通过颜色、亮度、光源方向等进行设定, 以加强每个场景的美感及情感。
- *动画师* (animator) 为游戏中的角色及物体加入动作。如同动画电影制作, 在游戏制作过程中, 动画师充当演员。但是, 游戏动画师必须具有一些独特的技巧[2], 以制作符合游戏引擎技术的动画。
- *动画捕捉演员* (motion capture actor) 提供一些原始的动作数据。这些数据经由动画师整理后, 置于游戏中。
- *音效设计师* (sound designer) 与工程师紧密合作, 制作并混合游戏中的音效及音乐。
- *配音演员* (voice actor) 为游戏角色配音。
- *作曲家* (composer) 为游戏创作音乐。

如同工程师, 资深艺术家有时候会成为团队的领导。一些游戏有一位或多位*艺术总监* (art director), 他们是资深的艺术家, 负责把控整个游戏的艺术风格, 并维持所有团队成员作品的一致性。

1.1.3 游戏设计师

游戏设计师 (game designer) 负责设计玩家体验的互动部分, 这部分一般称为*游戏性*。不同种类的游戏设计师, 从事不同细致程度的工作。有些 (一般为资深的) 游戏设计师在宏观层面上设定故事主线、整体的章节或关卡顺序、玩家的高层次目标。其他游戏设计师[3]则在虚拟游戏世界的个别关卡或地域上工作, 例如设定哪些地点会出现敌人、放置武器及药物等补给品、设计谜题元素等。其他游戏设计师会在非常技术性的层面上和游戏性工程师 (gameplay engineer) 紧密合作。部分游戏设计师是工程师出身, 他们希望能更主动地决定游戏的玩法。

有些游戏团队会聘请一位或多位*作家* (writer)。游戏作家们的工作范畴很宽, 例如, 与资深游戏设计师合作编制故事主线, 甚至包括编写每句对话。

---

1 由于人物建模和其他物体或场景的建模在技术及工作方式上有很大区别 (例如前者需和动画师紧密合作), 所以很多公司有独立的角色建模师 (character modeler) 或称为角色艺术家 (character artist)。——译者注

2 游戏和动画电影的主要不同之处在于, 游戏的角色能回应玩家的输入。这种互动性需要各个动画片段能互相结合, 所以其制作过程也和动画电影有所不同。——译者注

3 一般称作关卡设计师 (level designer)。——译者注

如同其他游戏专业领域, 有些资深游戏设计师也会负责管理团队。很多游戏团队设有游戏总监 (game director) 一职, 负责监督游戏设计的各个方面, 帮助管理各项安排, 并保证每位游戏设计师的设计在整个游戏中具有一致性。资深的游戏设计师有时候会转行为制作人。

1.1.4 制作人

在不同的工作室里, 制作人 (producer) 的角色不尽相同。在有些游戏公司里, 制作人负责管理开发进度, 并同时承担人力资源经理的职责。在有些游戏公司里, 制作人主要做资深游戏设计师的工作。还有些游戏工作室要求制作人作为开发团队和商业部门 (财政、法律、市场策划等) 之间的联系人。有些工作室甚至完全没有制作人, 例如在顽皮狗 (Naughty Dog) 工作室, 几乎所有员工, 包括两位副总裁, 都直接参与游戏制作, 工作室的资深成员分担团队管理工作及公司事务。

1.1.5 其他工作人员

游戏开发团队通常需要一支非常重要的支持团队, 包括工作室的行政管理团队、市场策划团队 (或一个与市场研究公司联系的团队)、行政人员及 IT 部门。IT 部门负责为整个团队采购、安装及配置软硬件, 并提供技术支持。

1.1.6 发行商及工作室

游戏的市场策划、制造及分销, 通常由*发行商* (publisher) 负责, 而非开发游戏的工作室本身。发行商通常是大企业, 例如艺电 (Electronic Arts, EA)、THQ、维旺迪 (Vivendi)、索尼 (Sony)、任天堂 (Nintendo) 等。很多游戏工作室并不隶属于个别发行商, 这些工作室把他们制作的游戏, 卖给出最好条件的发行商。还有一些工作室让单一发行商独家代理他们的游戏, 其形式可以是签署长期发行合同, 或是成为发行商全资拥有的子公司。例如, THQ 的游戏工作室都是独立运作的, THQ 拥有这些工作室, 并对它们有最终的控制权。艺电更进一步, 直接管理其下属工作室。另外, *第一方开发商* (first-party developer) 是指游戏工作室直接隶属于游戏主机生产商 (索尼、任天堂、微软)。例如, 顽皮狗是索尼的第一方开发商。这些工作室独家为母公司的游戏硬件制作游戏。

1.2 游戏是什么

“游戏”是什么,每个人都有自己非常直观的理解。“游戏”一词泛指棋类游戏 (board game),如象棋和《大富翁》(*Monopoly*); 纸牌游戏 (card game), 如梭哈 (poker) 和二十一点 (blackjack); 赌场游戏 (casino game), 如轮盘 (roulette) 和老虎机 (slot machine); 军事战争游戏 (military war game)、计算机游戏、孩子们一起玩耍的多种游戏等。学术上还有个“博弈论 (game theory)”,它是指在一个明确的游戏规则框架下, 多个代理人 (agent) 选择战略及战术, 以求自身利益的最大化。在游戏主机及计算机娱乐的语境中,“游戏”一词通常会使我们的脑海里浮现一个三维虚拟世界, 玩家可以控制人物、动物或载具。老一辈的玩家可能会想起一些二维的经典游戏,如《乒》(*Pong*)、《吃豆人》(*Pac-Man*)、《大金刚》(*Donkey Kong*) 等。在《快乐之道: 游戏设计的黄金法则》(*A Theory of Fun for Game Design*) 一书中, 拉夫·科斯特 (Raph Koster) 把游戏定义为一种互动体验, 为玩家提供一连串渐进式挑战, 玩家最终能通过学习而精通该游戏[26]。科斯特的命题把学习及精通作为游戏的乐趣 (fun)。这正如听一个笑话时, 只有发现其中的奥妙, 明白笑点的一瞬间该笑话才变得有趣一样。

基于本书主旨, 我们会集中讨论游戏的一个子集, 子集里的游戏由二维或三维虚拟世界组成, 并有少量的玩家 (1~16 个左右)。本书大部分的内容也可以应用到互联网上的 Flash 游戏、纯解谜游戏, 如《俄罗斯方块》(*Tetris*) 或大型多人在线游戏 (massively multiplayer online games, MMOG)。但我们主要集中讨论一些游戏引擎, 这些游戏引擎可以用来开发第一人称射击、第三人称动作/平台游戏、赛车游戏、格斗游戏等。

1.2.1 电子游戏作为软实时模拟

大部分二维或三维的电子游戏, 会被计算机科学家称为*软实时互动基于代理的计算机模拟* (soft real-time interactive agent-based computer simulation) 的例子。以下, 我们把这个词组分拆讨论, 以便理解。

在大部分电子游戏中, 会用数学方式来为一些真实世界 (或*想象*世界) 的子集*建模* (model),从而使这些模型能在计算机中运行。明显地, 我们不可能模拟世界上的所有细节, 例如到达原子或夸克 (quark) 的程度, 所以这些模型只是现实或想象世界的简化或近似版本。也因此, 数学模型是现实或虚拟世界的*模拟*。近似化 (approximation) 和简化 (simplification) 是游戏开发者最有力的两个工具。若能巧妙地运用它们, 就算是一个被大量简化的模型, 也能非常接近现实, 难辨真假, 而能带来的乐趣也比现实更多。

基于代理的模拟是指，模拟中多个独立的实体 (称为代理) 一起互动。此术语非常符合三维电子游戏的描述，游戏中的载具、人物角色、火球、豆子等都可视为代理。由于大部分游戏都有基于代理的本质，所以多数游戏采用面向对象 (object-oriented) 编程语言，或较宽松的基于对象 (object-based) 编程语言，也不足为奇了。

所有互动电子游戏都是*时间性模拟的* (temporal simulation)，即游戏世界是*动态的* (dynamic)——随着游戏事件和故事的展开，游戏世界的状态随着时间改变。游戏也必须回应人类玩家的输入，这些输入是游戏本身不可预知的，因而也说明游戏是*互动时间性模拟的* (interactive temporal simulation)。最后，多数游戏会描绘游戏的故事，并实时回应玩家的输入，这使游戏成为*互动实时模拟的* (interactive real-time simulation)。显著的反例是一些回合制游戏，如计算机化的象棋及非实时策略游戏，尽管如此，这些游戏通常也会向用户提供某种形式的实时图形用户界面 (graphical user interface, GUI)。因此基于本书的目标，将假设所有电子游戏至少都会有一些实时限制。

时限 (deadline) 是所有实时模拟的核心概念。在电子游戏中，明显的例子是需要屏幕每秒最少更新 24 次，以制造运动的错觉。(大部分游戏会以每秒 30 帧或 60 帧的频率渲染画面，因为这是 NTSC 制式显示器刷新率[1]的倍数。) 当然，电子游戏也有其他类型的期限。例如物理模拟可能需要每秒更新 120 次以保持稳定。一个游戏角色的人工智能系统可能每秒最少要“想一次”才能显得不呆。另外，也可能需要每 1/60 秒调用一次声音程序库，以确保音频缓冲有足够的声音数据，避免发出一些短暂失灵声音。

“软”实时系统是指一些系统，即使错过期限也不会造成灾难性后果。因此，所有游戏都是*软实时系统* (soft real-time system)——如果帧数不足，人类玩家在现实中不会因此而死亡。与此相比，*硬实时系统* (hard real-time system) 错过期限可能会导致操作者损伤甚至死亡。直升机的航空电子系统和核能发电厂的控制棒 (control rod)[2]系统便是硬实时系统的例子。

模拟虚拟世界许多时候要用到数学模型。数学模型可分为*分析式* (analytic) 或*数值式* (numerical)。例如，一个刚体因地心引力而以恒定加速度落下，其分析式 (闭型, closed form) 数学模型可写为:

$$y(t) = \frac{1}{2}gt^2 + v_0t + y_0 \tag{1.1}$$

分析式模型可为其自变量 (independent variable) 设任何值来求值。例如在上面的公式中，给予初始条件 y_0、v_0、常量 g，就能设任何时间 t 来求 $y(t)$ 的值。可是，大部分数学问题并没有闭型解。在电子游戏中，用户输入是不能预知的，因此不应期望可以对整个游戏完全用分析

1 NTSC 制式是美洲国家和日韩等国家的常用电视广播制式，其刷新率大约是 59.94Hz。——译者注

2 控制棒由能吸收中子的材料制成，是用来控制核分裂速率的设备。——译者注

式建模。

刚体受地心引力落下的数值式模型可写为:

$$y(t + \Delta t) = F(y(t), \dot{y}(t), \ddot{y}(t), \ldots) \quad (1.2)$$

即是说, 该刚体在未来时间 $(t + \Delta t)$ 时的高度, 可以用目前的高度、高度的第一导数、高度的第二导数及目前时间 t 为参数的函数来表示。为实现数值式模拟, 通常要不断重复计算, 以决定每个离散时步 (time step) 的系统状态。游戏也是如此运作的。一个主“游戏循环 (game loop)”不断执行, 在循环的每次迭代中, 多个游戏系统, 例如人工智能、游戏逻辑、物理模拟等, 就会有机会计算或更新其下一离散时步的状态。这些结果最后可渲染成图形显示、发出声效, 或者输出至其他设备, 例如游戏手柄的力反馈 (force feedback)。

1.3 游戏引擎是什么

“游戏引擎”这个术语在 20 世纪 90 年代中期形成, 与第一人称射击游戏 (first person shooter, FPS) 如 id Software 公司开发的非常受欢迎的游戏《毁灭战士》(*Doom*) 有关。《毁灭战士》的软件架构被相当清楚地划分成核心软件组件 (如三维图形渲染系统、碰撞检测系统和音频系统等)、美术资产 (art asset)、游戏世界、构成玩家游戏体验的游戏规则 (rule of play)。这么划分是很有价值的, 若另一个开发商取得这类游戏的授权, 只要制作新的美术、关卡布局、武器、角色、载具、游戏规则等, 对引擎软件做出很少的修改, 就可以把游戏打造成新产品。这一划分也引发了 mod 社区的兴趣。mod 是指, 一些特殊游戏玩家组成的小组, 或小规模的独立游戏工作室, 利用原开发商提供的工具箱修改现有的游戏, 从而创作出新的游戏。

在 20 世纪 90 年代末, 一些游戏, 如《雷神之锤 III 竞技场》(*Quake III Arena*) 和《虚幻》(*Unreal*), 在设计时就照顾到复用性和 mod。使用脚本语言, 譬如 id 公司的 Quake C, 可以非常方便地定制引擎。而且, 游戏工作室对外授权引擎, 已成为第二个可行的收入来源。今天, 游戏开发者可以取得一个游戏引擎的授权, 复用其中大部分关键软件组件去制作游戏。虽然这种做法还要开发一些定制软件工程, 但比工作室独立开发所有的核心软件组件要经济得多。

通常, 游戏和其引擎之间的分界线是很模糊的。一些引擎有相当清晰的划分, 一些则没有尝试把二者分开。在一款游戏中, 渲染代码可能特别“知悉”如何画一只妖兽 (orc); 在另一款游戏中, 渲染引擎可能只提供多用途的材质及着色功能,“妖兽”可能完全是用数据去定义的。没有工作室可以完美地划分游戏和引擎。这不难理解, 因为随着游戏设计的逐渐成形, 这两个组件的定义会经常转移。

数据驱动架构 (data-driven architecture) 或许可以用来分辨一个软件的哪些部分是引擎，哪些部分是游戏。若一个游戏包含硬编码逻辑或游戏规则，或使用特例代码去渲染特定种类的游戏对象，则复用该软件去制作新游戏就会变得困难甚至不可行。因此，这里说的“游戏引擎”是指可扩展的软件，而且不需要大量修改就能成为多款游戏软件的基础。

很明显这不是一个非黑即白的区别方法。我们可以根据每个引擎的可复用性，把引擎放置于一个连续图谱之上。图 1.1 在这个连续图谱上对几款知名的游戏/引擎进行了定位。

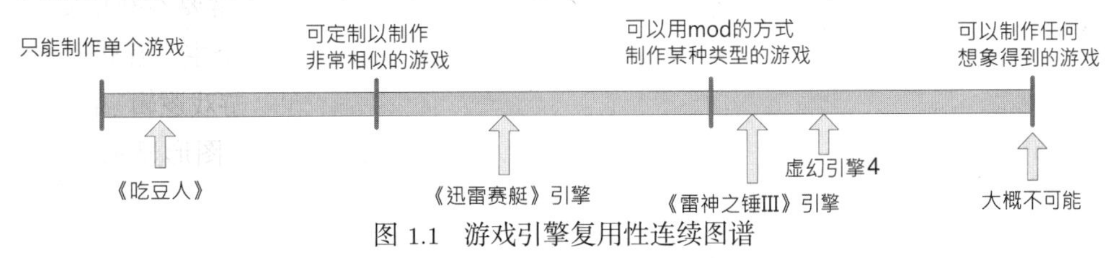

图 1.1 游戏引擎复用性连续图谱

有些人可能以为游戏引擎能变成一个通用软件 (像 Apple QuickTime 或微软的 Windows Media Player)，去运行几乎任何可以想象到的游戏内容。可是，这个设想至今尚未 (或许永远不能) 实现。大部分游戏引擎是针对特定游戏及特定硬件平台所精心制作及微调的。就算是一些较通用的游戏引擎，其实也只适合制作某类型的游戏，例如第一人称射击或赛车游戏。我们完全可以说，游戏引擎或中间件组件越通用，在特定平台运行特定游戏的性能就越一般。

出现这种现象是因为设计高效的软件总是需要取舍的，而这些取舍是基于一些假设的，像一个软件会如何使用及在哪个硬件上运行等。例如，一个渲染引擎为紧凑的室内环境而设计，一般就不能很好地渲染广阔的室外场景。室内引擎可能使用二元空间分割树 (binary space partitioning, BSP tree) 或入口 (portal) 系统，不会渲染被墙或物体遮挡的几何图形。室外引擎则可能使用较不精确的 (甚至不使用) 遮挡剔除，但它大概会更充分地利用层次细节技巧，以保证较远的景物用较少的三角形来渲染，而距摄像机较近的几何物体则用高清晰的三角形网格。

随着计算机硬件速度的提高及专用显卡的应用，再加上高效的渲染算法及数据结构，不同游戏类型的图形引擎差异已经缩小。例如，现在可以用第一人称射击引擎去做实时策略游戏。但是，通用性和最优性仍然需要取舍。按照游戏/硬件平台的特定需求及限制，经常可以通过微调引擎制作更精美的游戏。

1.4 不同游戏类型的引擎差异

通常在某种程度上，游戏引擎是为某游戏类型 (genre) 而设计的。为两人在拳击台上格斗而设计的游戏引擎，有别于大型多人在线游戏 (MMOG)、第一人称射击 (FPS) 游戏或实时

策略游戏 (RTS) 引擎。可是, 各种引擎也有很大的重叠部分, 例如, 无论是什么类型的三维游戏, 都需要某种形式的低阶用户输入 (如从游戏手柄/键盘/鼠标)、某种形式的三维网格渲染、某种形式的平视显示器 (heads-up display, HUD)[1] (包括渲染不同字体的文本)、强大的音频系统等。例如, 虽然虚幻引擎是为第一人称射击类游戏而设计的, 但它同样能制作其他类型的游戏, 例如英佩游戏 (Epic Games) 工作室的第三人称射击畅销游戏《战争机器》(*Gears of War*)、Rocksteady Studios 的畅销游戏《蝙蝠侠: 阿卡姆疯人院》(*Batman: Arkham Asylum*) 及《蝙蝠侠: 阿卡汉城市》》(*Batman: Arkham City*)。

以下介绍几种常见的游戏类型, 并探讨每种类型的技术需求。

1.4.1 第一人称射击游戏

第一人称射击游戏的典型例子是《雷神之锤》(*Quake*)、《虚幻竞技场》(*Unreal Tournament*)、《半条命》(*Half-Life*)、《反恐精英》(*Counter-Strike*) 和《战地》(*Battlefield*) (见图 1.2)。历史上, 这些游戏中的角色, 以相对较慢的走路方式移动, 并漫游于可能很大但主要为走廊的场景。可是, 现代的 FPS 可以在不同的场景中进行, 例如开阔的室外范围及狭小的室内范围。

图 1.2 艺电/DICE 的《战地 4》(*Battlefield* 4) (PC, Xbox 360, PlayStation 3, Xbox One, PlayStation 4)

1 平视显示器这个术语来自现代航空器, 原意指一种不用低头看仪表就能把数据显示于机师面前的仪器。在游戏中, HUD 是指画面中游戏世界上浮动的用户界面, 例如一直显示在画面上的玩家血条。——译者注

现代 FPS 的角色移动机制可包括行走、轨道载具、地面载具、气垫船 (hovercraft)[1]、船只及飞机等。FPS 的概况可参考维基百科。[2]

FPS 是开发技术难度极高的游戏类型之一。能与之相比的或许只有第三人称射击/动作/平台游戏, 以及大型多人在线游戏。这是因为 FPS 要让玩家面对一个精细而超现实的世界时感到身临其境。也难怪游戏业界的巨大技术创新都来自这种游戏。

FPS 游戏常会注重技术, 例如:

- 高效地渲染大型三维虚拟世界。
- 快速反应的摄像机控制及瞄准机制。
- 玩家的虚拟手臂和武器的逼真动画。
- 各式各样的手持武器。
- 宽容的玩家角色运动及碰撞模型, 通常使游戏有种"漂浮"的感觉。
- 非玩家角色 (NPC, 如玩家的敌人及同盟) 有逼真的动画及智能。
- 小规模在线多人游戏的能力 (通常支持多至同时 64 位玩家在线), 以及无处不在的死亡竞赛 (death match) 游戏模式。

FPS 中使用的渲染技术几乎总是经过高度优化, 并且按特定场景类型仔细调整过的。例如, 室内"地下城爬行 (dungeon crawl)"[3] 游戏通常会利用二元空间分割树或基于入口的渲染系统。室外 FPS 游戏使用其他种类的渲染优化, 例如遮挡剔除 (occlusion culling), 或游戏在运行前预先把游戏世界分区化 (sectorization), 以自动或手动方式设定每个分区是否能见到另一个分区。

当然, 要让玩家在超现实游戏世界中有如身临其境, 除了具有经优化的高质量图形技术, 还需要具备更多条件。在 FPS 中, 角色动画、音效音乐、刚体物理、游戏内置电影及大量其他技术都必须是最前沿的。因此, 这个游戏类型的技术需求是业界里最严格也最全面的。

1.4.2 平台及其他第三人称游戏

"平台游戏 (platformer)"是指基于人物角色的第三人称游戏 (third person game)。在这类游戏中, 主要的游戏机制是在平台之间跳跃。经典的例子在二维时代有《太空惊魂记》(*Space*

1 hovercraft 的中文译名可能会引起误会, 事实上气垫"船"也可以在陆地及冰上行走。——译者注

2 `http://en.wikipedia.org/wiki/First-person_shooter`

3 地下城爬行原指幻想游戏中英雄在地下谜宫里对付怪兽和寻宝等的情景, 是《龙与地下城》等游戏的常用术语。——译者注

Panic)、《大金刚》(*Donkey Kong*)、《森林寻宝历险记》(*Pitfall!*) 及《超级马里奥》(*Super Mario Brothers*), 三维时代有《超级马里奥 64》(*Super Mario* 64)、《古惑狼》(*Crash Bandicoot*)、《雷曼 2》(*Rayman* 2)、《音速小子》(*Sonic the Hedgehog*)、《杰克与达斯特》(*Jak and Daxter*) 系列 (见图 1.3)、《瑞奇与叮当》(*Ratchet & Clank*) 系列, 以及近期的《超级马里奥银河》(*Super Mario Galaxy*)。对这个游戏类型的详细探讨, 可参考维基百科。[1]

图 1.3 顽皮狗的《杰克 2》(*Jak II*) (Jak, Daxter, Jak & Daxter, Jak II©2013, 2013/™ SCEA。由顽皮狗创作及开发, PlayStation 2)

从技术上说, 平台游戏通常可以和第三人称射击/动作/历险游戏类型一并考虑, 例子有《死亡空间》(*Dead Space* 2)、《战争机器 3》(*Gears of War* 3) (见图 1.4)、《神秘海域》(*Uncharted*) 系列、《生化危机》(*Resident Evil*) 系列、《最后生还者》(*Last of Us*) 等。

第三人称游戏和第一人称射击游戏有许多共通之处, 但第三人称游戏比较看重主角的能力 (ability) 及运动模式 (locomotion mode)[2]。除此以外, 这种类型游戏的主角化身 (avatar) 需要高度逼真的全身动画, 相比起来, 典型的 FPS 里主角的"漂浮手臂"的动画是比较简单的。要注意, 因为大部分 FPS 游戏都会有多人在线模式, 所以除了第一人称的手臂外往往还需要渲染主角的全身动画。不过, 在 FPS 游戏中, 玩家化身的逼真程度一般并不及非玩家角色 (NPC), 更不能和第三人称游戏的玩家化身相比。

在平台游戏中, 游戏主角通常是比较卡通而不是很真实或细腻的。但是, 第三人称射击游戏通常使用非常真实的人形玩家角色。这两种类型都需要非常丰富的行为和动画。

1 `http://en.wikipedia.org/wiki/Platformer`
2 运动模式在这里是指动物的运动, 例如行走、跳跃、游泳、飞行等。——译者注

图 1.4 英佩的《战争机器 3》(*Gears of War 3*) (Xbox 360)

第三人称游戏特别注重的技术如下所述。

- 移动平台、梯子、绳子、棚架及其他有趣的运动模式。
- 用来解谜的环境元素。
- 第三人称的"跟踪摄像机"会一直注视玩家角色，也通常会让玩家用手柄右摇杆 (在游戏主机上) 或鼠标 (在 PC 上) 旋转摄像机 (虽然在 PC 上有很多流行的第三人称射击游戏，但平台游戏类型几乎是游戏主机上独有的)。
- 复杂的摄像机碰撞系统，以保证视点不会穿过背景几何物体或动态的前景物体。

1.4.3 格斗游戏

格斗游戏 (fighting game) 通常是两个玩家控制角色在一个擂台上对打。典型的例子有《灵魂能力》(*Soul Calibur*) 和《铁拳 3》(*Tekken* 3) (见图 1.5)。维基百科[1]介绍了这种游戏类型。

传统格斗类型游戏注重以下技术。

- 丰富的格斗动画。
- 准确的攻击判定。
- 能侦测复杂按钮及摇杆组合的玩家输入系统。
- 人群或相对静态的背景。

1 http://en.wikipedia.org/wiki/Fighting_game

图 1.5 南梦宫的《铁拳 3》(*Tekken* 3) (PlayStation)

由于这些游戏的三维世界比较小, 而且摄像机一直位于动作的中心, 以往这些游戏只有很少甚至不需要世界细分 (world subdivision) 或遮挡剔除。同样地, 这些游戏不要求使用高阶的三维音频传播模型。

最尖端的格斗游戏, 如艺电的《拳击之夜 4》(*Fight Night Round* 4) (见图 1.6), 把技术提升到另一个层次, 该作品有以下一些特点。

图 1.6 艺电的《拳击之夜 4》(*Fight Night Round* 4) (PlayStation 3)

- 高清的角色图形, 包括仿真的皮肤着色器 (shader)。着色器模拟了次表面散射 (subsurface scattering, SSS) 及冒汗效果。

- 逼真的角色动画。
- 基于物理的布料及头发模拟。

值得留意的是, 一些格斗游戏, 如《天剑》(*Heavenly Sword*), 是在一个大型的环境下而不是受限的竞技场中进行的。事实上, 很多人认为这是另一种游戏类型, 有时称其为 *brawler*[1]。这种格斗游戏的技术需求与第三人称游戏及实时策略游戏比较接近。

1.4.4 竞速游戏

竞速游戏 (racing game)[2]包括所有以在赛道上驾驶车辆或其他载具为主要任务的游戏。这种游戏类型有几个子类别。着重模拟的竞速游戏 (sims) 力求模仿真实的驾驶体验, 如《跑车浪漫旅》(*Gran Turismo*)。街机 (arcade) 竞速游戏偏好娱乐性多于真实感, 如《洛杉矶赛车》(*San Francisco Rush*)、《极速狂飙》(*Cruis'n USA*)、《迅雷赛艇》(*Hydro Thunder*)。一个较新的子类型是来自街头竞速 (street racing) 的亚文化, 这种类型的游戏里采用可改装的汽车。卡丁赛车 (kart racing) 也是一个子类型, 有时候会使用一些平台游戏或电视卡通角色作为主角, 驾驶怪诞的汽车, 如《马里奥赛车》(*Mario Kart*)、《杰克 X》(*Jak X*)、《捍卫战士》(*Freaky Flyers*)。竞速游戏也不一定是和时间有关的比赛, 例如, 一些卡丁车游戏让玩家去射击对手、收集物品, 或参与其他计时或不计时的任务。有关竞速游戏的讨论, 可见维基百科。[3]

竞速游戏通常是非常线性的, 这比较像旧式的 FPS 游戏。但移动速度一般比 FPS 游戏快许多。因此, 这类游戏经常使用非常长的走廊式赛道和环形赛道, 有时候加入一些可选分支或捷径。竞速游戏把图形的细节集中在载具 (vehicle)、赛道及近景上。但是, 卡丁车游戏还需要将足够的渲染及动画资源投放到驾驶角色上。图 1.7 所示的是知名竞速游戏系列《跑车浪漫旅 6》(*Gran Turismo* 6) 最新版本的屏幕截图, 它由 Polyphony Digital 开发, 索尼电脑娱乐发行。

典型竞速游戏有以下技术特性。

- 使用多种“窍门”去渲染遥远的背景, 例如使用二维纸板形式的树木、山岳和山脉。
- 赛道通常切开成较简单的二维区域, 称为分区 (sector)。这些数据结构用来实现渲染优化、可见性判断 (visibility determination), 帮助非人类玩家操控车辆的人工智能及路径搜寻, 以及解决很多其他技术问题。

1 有时候也将其称为 beat 'em up (痛殴他们)。在这类游戏中, 玩家以单人或多人合作方式, 在关卡中不断击倒敌人。以刀剑武器为主的同类游戏又称为 hash and slash(切和斩)。——译者注

2 日式缩写为 RAC, 但此缩写在西方不流行。——译者注

3 `http://en.wikipedia.org/wiki/Racing_game`

图 1.7 Polyphony Digital 的《跑车浪漫旅 6》(*Gran Turismo* 6) (PlayStation 3)

- 第三人称视角摄像机通常追随在车辆后面, 第一人称摄像机有时候会置于驾驶舱里。
- 如果赛道经过天桥底下及其他狭窄空间, 必须花精力防止摄像机和背景几何物体碰撞。

1.4.5 实时策略游戏

现在的实时策略 (real-time strategy, RTS) 游戏类型可以认为是由《沙丘魔堡 2》(*Dune II: The Building of a Dynasty*, 1992) 奠定的。同类游戏包括《魔兽争霸》(*Warcraft*)、《命令与征服》(*Command & Conquer*)、《帝国时代》(*Age of Empires*) 及《星际争霸》(*Starcraft*)。在这类游戏中, 玩家在一个广阔的场地里, 利用兵工厂策略部署作战单位 (battle unit) 来试图压倒对手。游戏世界通常会以斜面俯视 (oblique top-down view)[1]的视角显示。关于这个游戏类型的讨论可参考维基百科[2]。

RTS 通常不允许玩家改变视角以观看不同距离的景物。这个限制使开发者能在 RTS 渲染引擎上采用各种优化。

较老的同类游戏基于栅格 (grid-based, 或称为基于单元, cell-based) 去构建游戏世界, 并使用正射投影 (orthographic projection)[3], 这两个技巧大大简化了渲染系统。例如, 图 1.8 显示了

1 很多 RTS 游戏使用等角投影 (isometric projection), 即屏幕上 3 个轴的夹角均为 (或接近)120°, 如图 1.8 所示。——译者注

2 http://en.wikipedia.org/wiki/Real-time_strategy

3 正射投影, 即 3 个轴投影到屏幕时仍然是平行的。和透视投影 (perspective projection) 相反, 正射投影不会有远小近大的效果。——译者注

经典 RTS《帝国时代》的屏幕截图。

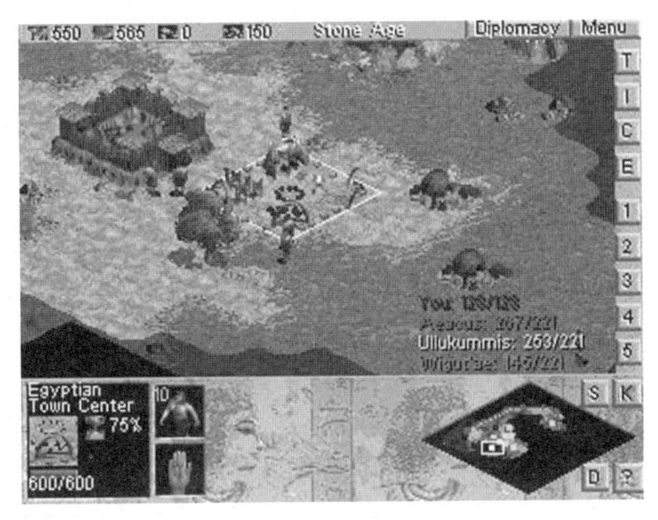

图 1.8 Ensemble Studios 的《帝国时代》(*Age of Empires*) (PC)

现在的 RTS 游戏也会使用透视投影及真三维世界，但这些游戏可能仍使用栅格排列系统，以保证作战单位和背景元素 (如建筑物) 能适当地对齐。例如，如图 1.9 所示的《命令与征服 3》。

图 1.9 艺电洛杉矶的《命令与征服 3》(*Command & Conquer* 3) (PC, Xbox 360)

RTS 游戏的惯用手法如下。

- 每个作战单位使用解析度相对较低的模型，使游戏能支持同时显示大量单元。

- 游戏的设计和进行多是在高度场地形 (height field terrain) 画面上展开的。
- 除了部署兵力, 游戏通常准许玩家在地形上兴建新的建筑物。
- 用户的互动方式通常为单击及以范围选取单位, 再加上包含指令、装备、作战单位种类、建筑种类等的菜单及工具栏。

1.4.6 大型多人在线游戏

大型多人在线游戏 (massively multiplayer online game, MMOG 或 MMO) 的典型例子有 AreaNet/NCsoft 的《激战 2》(*Guild Wars* 2)、989 Studios/SOE 的《无尽的任务》(*EverQuest*)、暴雪的《魔兽世界》(*World of Warcraft*) 及 SOE/Lucas Arts 的《星球大战: 星系》(*Star Wars Galaxies*)。MMOG 定义为能同时支持大量玩家 (由数千至数十万个) 在非常大的持久世界 (persistent world) 里进行的游戏 (持久世界是指其状态能持续一段很长的时间, 比特定玩家每次玩的时间长很多)。除了同时在线人数和持久性外, MMOG 的游戏体验和小型的多人游戏是相似的。MMOG 的子类型有 MMO 角色扮演游戏 (MMORPG)、MMO 实时策略游戏 (MMORTS) 及 MMO 第一人称射击游戏 (MMOFPS)。关于这些游戏类型, 可参考维基百科[1]。图 1.10 是极度流行的 MMORPG《魔兽世界》的截图。

图 1.10 暴雪的《魔兽世界》(*World of Warcraft*) (PC)

MMOG 的核心是一组非常强大的服务器。这些服务器维护游戏世界的权威状态, 管理用户登入/登出, 也会提供用户间文字对话或 IP 电话 (voice over internet protocol, VoIP) 等服

1 http://en.wikipedia.org/wiki/MMOG

务[1]。几乎所有 MMOG 都要求用户定期支付服务费用,也可能在游戏内或游戏外支持小额交易 (micro-transaction)。这些都是开发商的主要收入来源,因此中央服务器最重要的角色可能是处理账单及小额交易。

因为 MMOG 的游戏场景规模和玩家数量都很大,所以 MMOG 里的图形逼真程度通常稍低于其他游戏。

图 1.11 展示了 Bungie 最新的、获高度期待的 FPS 游戏《命运》(*Destiny*)。有人称此为 MMOFPS,因为它整合了一些 MMO 游戏类型的特性。然而,Bungie 更喜欢称它为共享世界 (shared world) 游戏,因为在传统 MMO 中,玩家可见到该服务器上的所有玩家并与他们互动,而《命运》则是提供"游戏中单局匹配 (on-the-fly match-making)"。这种方式令玩家只与服务器所匹配的玩家互动。而且,与传统 MMO 不一样,《命运》具有同代游戏中最流畅的画面。[†]

图 1.11 Bungie 的《命运》(*Destiny*) (Xbox 360, Playstation 3, Xbox One, PlayStation 4)

1.4.7 玩家创作内容[†]

自社区媒体飞速发展以来,游戏从本质上加入了更多的协作元素。近期游戏设计的一个趋势是玩家创作内容 (player-authored content)。例如,Media Molecule 的《小小大星球》(*Little Big Planet*) 系列 (见图 1.12) 。从技术上来说是解谜平台游戏,但它最著名及独特的地方是鼓

1 此处谈及的服务器功能是 MMOG 相对其他小型线上游戏的特点。一些小型线上游戏不需要专用服务器 (dedicated server),而是以一个玩家的客户端同时兼任服务器,或使用点对点 (peer-to-peer) 模式。但 MMOG 服务器的一个重要功能,是让所有玩家同步互动。——译者注

励玩家创作、上传及分享他们自己的游戏世界。在这种很有前途的类型中, Media Molecule 的最新作品是 PlayStation Vita 上的《撕纸小邮差》(*Tearaway*) (见图 1.13)。

图 1.12 Media Molecule 的《小小大星球 2》(*Little Big Planet* 2) (PlayStation 3), ©2014 欧洲索尼电脑娱乐

图 1.13 Media Molecule 的《撕纸小邮差》(*Tearaway*) (PlayStation Vita), ©2014 欧洲索尼电脑娱乐

也许今天最流行的玩家创作内容类型的游戏是《我的世界》(*Minecraft*) (见图 1.14)。它最出色的地方在于简单:《我的世界》的游戏世界由简单的正方体体素式元素构建而成, 体素贴上低解析度纹理以表现不同材质。每一格可以是固体, 也可以包含物品, 如火炬、铁砧、路标、围栏及玻璃窗格。游戏世界中居住着一个或多个玩家的角色, 也有如鸡、猪等动物, 以及多种 mob——好人如村民、坏人如丧尸及无所不在的*爬行者*(creeper), 后者会悄悄地溜到无戒心的玩家背后并自爆 (只会以点燃导火线的嘶嘶声提醒玩家)。

图 1.14 Markus “Notch” Persson/Mojang AB 的《我的世界》(*Minecraft*) (PC, Mac, Xbox 360, PlayStation 3, PlayStation Vita, iOS)

在《我的世界》中，玩家可生成随机的世界，然后在生成地形中挖掘，以创造隧道及大洞穴。玩家也可以建造自己的建筑物，从简单的地形、草丛，到大型复杂的房屋及机械皆可。*红石* (redstone) 可称为《我的世界》中的神来之笔，它做“接线”之用，让玩家制作线路去控制活塞、漏斗、矿车及游戏中其他动态元素。因此，玩家能创造几乎任何能想象到的东西，然后去托管服务器与朋友分享创作成果，并邀请他们在线上玩。

1.4.8 其他游戏类型

还有很多游戏类型，不在此详述，例如：

- 体育游戏 (sports)[1]，各主要体育项目是其子类型 (如橄榄球、篮球、足球、高尔夫球等)。
- 角色扮演游戏 (role playing game, RPG)。
- 上帝模拟游戏 (god game)，如《上帝也疯狂》(*Populous*)[2] 和《黑与白》(*Black & White*)。
- 环境或社会模拟游戏 (environmental/social simulation)，如《模拟城市》(*SimCity*) 和《模拟人生》(*The Sims*)。
- 解谜游戏 (puzzle)，如《俄罗斯方块》(*Tetris*)。

1 日式缩写为 SPT，但此缩写在西方不流行。——译者注
2 原文 Populus 并不正确。——译者注

- 非电子游戏的移植, 如象棋、围棋、卡牌游戏等。
- 基于网页的游戏, 例如艺电公司 Pogo 网站提供的游戏。
- 其他游戏类型。

各种游戏类型有其特殊的技术需求, 因此传统上游戏引擎因游戏类型而有些差异。然而, 不同游戏类型的技术需求也有很大的共通之处, 尤其在单个硬件平台上, 共通之处特别多。由于硬件性能的不断提升, 因考虑优化而产生的游戏类型差异将会缩小。因此, 现在把一项引擎技术应用于不同游戏类型, 甚至不同硬件平台, 变得越来越可行。

1.5 游戏引擎概览

1.5.1 雷神之锤引擎家族

一般认为, 首个三维第一人称射击游戏 (FPS) 是《德军总部》(*Castle Wolfenstein 3D*) (1992 年) 。这款 PC 游戏由美国得克萨斯州的 id Software 公司制作, 它引领游戏工业进入令人兴奋的新方向。id Software 公司相继开发了《毁灭战士》(*Doom*)、《雷神之锤》(*Quake*)、《雷神之锤 2》(*Quake II*) 及《雷神之锤 3》(*Quake III*)。这些引擎在架构上非常相似, 所以本书将它们统称为雷神之锤引擎家族。Quake 的技术曾用来制作很多游戏, 甚至用来制作其他引擎。例如,《荣誉勋章》(*Medal of Honor*) PC 版本的引擎血统大约是:

- 《雷神之锤 3》(id Software 公司)。
- 《原罪》(*SiN*)[1] (Ritual 公司)。
- 《重金属》(*F.A.K.K.2*) (Ritual 公司)。
- 《荣誉勋章: 联合行动》(*Medal of Honor: Allied Assault*) (2015 & Dreamworks Interactive)。
- 《荣誉勋章: 血战太平洋》(*Medal of Honor: Pacific Assault*) (洛杉矶艺电)。

其他许多基于雷神之锤技术的游戏, 其引擎血统同样复杂, 也历经了多个游戏及工作室。事实上, Valve 公司的 Source 引擎 (用来开发《半条命》) 也能追溯到雷神之锤技术。

《雷神之锤》和《雷神之锤 2》的源代码可免费获得, 而原始雷神之锤引擎的架构相当优秀并且整洁(虽然代码有点过时, 并且完全用 C 语言编写)。这些代码库都是非常好的例子, 能说

1 原文 Sin 的大小写不正确。——译者注

明工业级游戏引擎是怎样制作的。完整的《雷神之锤》和《雷神之锤 2》源代码可在 id Software 的网站下载。[1]

若拥有《雷神之锤》或《雷神之锤 2》游戏, 就可以在 Visual Studio 中编译那些代码, 并利用游戏盘上的真实游戏资产, 在调试器里执行该游戏。这样做一遍是非常有启发性的。也可以先设置断点执行游戏, 之后单步执行代码, 分析引擎如何运作。笔者强烈建议下载一两个这类引擎, 并用上面所说的方式去分析源代码。

1.5.2 虚幻引擎

1998 年, Epic Games 公司通过传奇的游戏《虚幻》(*Unreal*) 闯入 FPS 世界。自此, 在 FPS 的世界里, 虚幻成为雷神之锤的主要竞争对手。虚幻引擎 2 代 (UE2) 是《虚幻竞技场 2004》(*Unreal Tournament 2004*) (UT2004) 的基础, 此引擎也曾用来制作无数的 mod, 其中包括大学项目及商业游戏。虚幻引擎 4 代 (UE4) 是其下一个进化阶段, 号称拥有业界最好的工具和最丰富的引擎功能。例如, 它有方便且强大的图形用户界面去制作着色器 (shader), 又有一个名为 Kismet[2]的图形用户界面供编写游戏逻辑之用。近年来很多游戏皆用 UE4 制作, 包括 Epic Games 的当红之作《战争机器》(*Gears of War*)。

虚幻引擎以其全面的功能及内聚易用的工具著称。但虚幻引擎并非完美, 大部分开发者会以不同方式优化它在具体硬件平台上的运行状况。[3]虚幻引擎是极为强大的原型制作 (prototyping) 工具和商业游戏平台, 可用来制作几乎任何第一或第三人称的 3D 游戏 (也可用来制作其他类型的游戏)。

虚幻开发者网络 (Unreal Developer Network, UDN) 提供所有虚幻引擎发行版本的丰富文档及其他信息。[4]部分文档可供免费阅读。然而, 获引擎授权的人才能访问全部文档。互联网上有许多关于虚幻的网站及维基, 一个流行的网站是 Beyond Unreal[5]。

令人欣慰的是, Epic 现在提供了完整虚幻引擎 4 的源码及所有资料, 只需低价的月费及你发行游戏的分成[6]。这一举措令 UE4 成为小型独立游戏工作室的可行选择。[†]

1 https://github.com/id-Software/Quake-2

2 Kismet 在土耳其语和乌尔都语里, 有命运或天命的意思。——译者注

3 除了优化外, 很多开发者也会修改或扩展引擎的功能以符合个别游戏的特殊需求。这也是译者目前的主要工作。——译者注

4 http://udn.epicgames.com/Main/WebHome.html

5 http://www.beyondunreal.com

6 2015 年 3 月, Epic 宣布免除月费, 用作教育、建筑、VR 等用途时完全免费, 而游戏也只是超过一定收入才需要分成。

1.5.3 Source 引擎

Valve 公司使用自主开发的 Source 引擎制作了红极一时的《半条命 2 》(*Half Life 2*)、其续作《半条命 2: 第一/二章》(*HL2: Episode One/Two*)、《军团要塞 2 》(*Team Fortress 2*)、《传送门》(*Portal*) (这 5 个作品都包含在《橙盒》(*The Orange Box*) 游戏套装里)。Source 引擎的质量相当不错, 其图形能力和工具套件可与虚幻引擎 4 媲美。

1.5.4 DICE 的寒霜引擎†

寒霜引擎 (Frostbite) 是 DICE 工作室为 2016 年的《战地: 叛逆连队》(*Battlefield: Bad Company*) 所开发的游戏引擎。之后, 寒霜引擎成为艺电最为广泛应用的引擎, 例如它被使用在艺电的关键作品系列《质量效应》(*Mass Effect*)、《战地》(*Battlefield*)、《极品飞车》(*Need for Speed*) 和《龙腾世纪》(*Dragon Age*) 中。寒霜引擎拥有强大的统一资产创作工具 FrostEd、一组称为 Backend Services 的强大工具管道, 以及强大的运行时游戏引擎。写作本书之际, 其最新版本为寒霜引擎 3, 用于 DICE 的当红游戏《战地 4 》(PC, Xbox 360, Xbox One, PlayStation 3, PlayStation 4), 以及《命令与征服》、《龙腾世纪》和《质量效应》系列的新作中。

1.5.5 CryEngine†

Crytek 公司的强大游戏引擎 CryEngine[1], 原本是为 NVIDIA 开发的技术演示程序。当 Crytek 确信这个技术具有潜力时, 就把演示程序改编成完整游戏, 诞生了《孤岛惊魂》(*Far Cry*)。此后, 有许多以 CryEngine 制作的游戏, 包括《孤岛危机》(*Crysis*)、《战争前线》(*Warface*) 和《崛起: 罗马之子》(*Ryse: Son of Rome*)[2]。经过多年的发展, Crytek 提供的最新版本为 CryEngine 3。这个强大的游戏开发平台提供了一组强大的资产创作工具, 以及具丰富功能并能渲染高品质实时图形的运行时引擎。CryEngine 3 可用于制作多个目标平台的游戏, 包括 Xbox One、Xbox 360、PlayStation 4、PlayStation 3、Wii U 和 PC。[3]

1 原文的大小写为 CryENGINE, 现在官方网页上用 CRYENGINE, 而这里采用维基上较常见的 CryEngine。——译者注

2 原文中还列出了 *Codename Kingdoms*, 但该作品之后被正式命名为 *Ryse: Son of Rome*, 故删去前者。——译者注

3 现在最新的版本为 CryEngine V。另外, 亚马逊公司在 2015 年获 Crytek 授权, 基于 CryEngine 的基础架构开发了 Amazon Lumberyard 引擎。——译者注

1.5.6 索尼的 PhyreEngine†

为了更容易地开发 PlayStation 3 平台上的游戏，索尼在 2008 年游戏开发者大会 (Game Developer's Conference, GDC) 上公布了 PhyreEngine。在 2013 年，PhyreEngine 已发展为一个强大及功能全面的游戏引擎，提供引人注目的功能集，例如高级光照及延迟渲染。许多工作室利用此引擎制作发行了超过 90 个游戏，包括 thatgamecompany 的《流》(*flOw*)、《花》(*Flower*) 和《风之旅人》(*Journey*)，VectorCell 的《艾米》(*Amy*)，From Software 的《恶魔之魂》(*Demon's Soul*) 和《黑暗之魂》(*Dark Souls*)。现在 PhyreEngine 支持索尼的 PlayStation 4、PlayStation 3、PlayStation 2、PlayStation Vita 和 PSP 平台。PhyreEngine 3.5 让开发者能使用 PS3 Cell 架构的高度并行能力、PS4 的高级演算能力，以及新世代的游戏世界编辑器及其他强大游戏开发工具。索尼的授权者可免费随 PlayStation SDK 获取此游戏引擎。

1.5.7 微软的 XNA Game Studio

微软的 XNA Game Studio 是一个既易用又方便的游戏开发平台。该平台鼓励玩家自创游戏，作品可在在线游戏社区分享，如同 YouTube 鼓励分享自制视频一样。

XNA 基于微软的 C# 语言及公共语言运行库 (Common Language Runtime, CLR)。XNA 的主要开发环境为 Visual Studio 或其免费版本 Visual Studio Express。Visual Studio 能管理游戏项目里的一切资料，包括源代码和游戏美术资产 (art asset) 等。游戏开发者可以用 XNA 创作 PC 及微软 Xbox 360 的游戏。缴纳少许费用后，开发者就可以把游戏上传到 Xbox Live 网络，与朋友分享。[1]微软提供的这些工具，既优秀又免费，使一般人都能创作游戏。XNA 显然有一个光辉迷人的未来。

1.5.8 Unity†

Unity 是一个强大的跨平台游戏开发环境及运行时引擎，它支持广泛的平台。开发者可使用 Unity 将他们的游戏部署到移动平台 (苹果 iOS、谷歌 Android、Windows Phone、黑莓 10 设备)、游戏机 (微软的 Xbox 360 和 Xbox One、索尼的 PlayStation 3 及 PlayStation 4、任天堂的 Wii 及 Wii U)，以及桌面电脑 (微软 Windows、苹果 Macintosh 及 Linux)。它甚至支持在

---

1 微软自 2008 年年末起，允许开发者用 XNA 制作 Xbox Live Indie 游戏，置于 Xbox Live Marketplace 售卖。可惜目前对开发者和顾客都有地域限制。详情可见 XNA Creators Club Online 网站 `http://creators.xna.com/`。——译者注

各主要网络浏览器上部署 Webplayer。

Unity 的主要设计目标是容易开发及跨平台游戏开发。因此, Unity 提供容易使用的整合编辑环境, 你可以在此环境中创造及处理游戏世界中的资产及实体, 并能快速地在编辑器中预览游戏运行的样子, 或直接在目标硬件上运行。Unity 还提供了一组强大的工具, 让你为每个目标平台分析及优化游戏。它提供的全面资产调节管道, 可以为每个部署平台独立调节性能与品质以达到二者的平衡。Unity 支持 JavaScript[1]、C# 和 Boo[2]三种脚本语言。Unity 还有一个强大的动画系统, 支持动画重定位目标 (animation retargeting, 意指在角色上播放为另一完全不同角色而设的动画[3])。它也支持网络多人游戏。

有大量不同种类的已发行游戏采用 Unity 制作, 包括 N-Fusion/Eidos 蒙特利尔的《杀出重围: 人类革命》(*Deus Ex: The Fall*)、Gamerizon 的 *Chop Chop Runner* 和 Mike Mobile 的《僵尸小镇》(*Zombieville USA*)。

1.5.9 供非程序员使用的二维游戏引擎†

随着休闲网页游戏和移动平台游戏 (苹果 iPhone/iPad 及谷歌 Android) 的爆发, 二维游戏变得极为流行。有不少游戏 / 多媒体制作工具套件应运而生, 供小型游戏工作室及独立开发者制作这些平台上的二维游戏。这些工具套件注重易用性, 并让使用者通过图形用户界面去创作游戏, 无须使用编程语言。在 YouTube 上可以看一下这些工具所创作的游戏。[4]

- *Multimedia Fusion 2*[5] 是由 Clickteam 开发的二维游戏/多媒体创作工作套件。业界专业人士采用 Fusion 来创作游戏、屏幕保护及其他多媒体应用程序。Fusion 及其简化版 Games Factory 2 用于一些教育团体如 PlanetBravo[6]去教小孩子有关游戏开发及编程/逻辑的概念。Fusion 支持 iOS、Android、Flash、Java 及 XNA 平台。
- *Game Salad Creator*[7]是另一个图形游戏/多媒体创作工作套件, 针对非程序员而设, 在许多方面与 Fusion 相似。
- *Scratch*[8]是一个创作工具套件及图形化编程语言, 可用于创作互动演示程序及简单游戏。

1 Unity 原来被称为 UnityScript, 它与 JavaScript 有一些区别。后来在 Unity 2017.2 中被淘汰。——译者注

2 Unity 在 2014 年宣布, Boo 在 Unity 5.0 会被淘汰。——译者注

3 详见 11.4.4.1 节。——译者注

4 https://www.youtube.com/watch?v=3Zq1yo0lxOU

5 http://www.clickteam.com/multimedia-fusion-2

6 https://www.planetbravo.com/

7 https://gamesalad.com/developers/

8 https://scratch.mit.edu/

Scratch 是一个非常好的让年轻人学习编程概念的工具，例如条件、循环及事件驱动编程。Scratch 是 2013 年由美国麻省理工媒体实验室的 Mitchel Resnick 主导、Lifelong Kindergarten group 开发的。

1.5.10 其他商业引擎

此外，市面上还有许多商业游戏引擎。尽管独立开发者的预算可能不足以购买引擎，但很多产品都有很好的在线文档或维基，这些都可作为研究游戏引擎及游戏编程的优质信息。例如，由 Eric Lengyel 于 2001 年创办的 Terathon Software 公司所开发的 C4 引擎[1]，其文档可于该公司网站上阅读，C4 引擎的维基也提供了更多的详细资料[2]。

1.5.11 专有内部引擎

许多公司会开发并维护自己的游戏引擎。艺电的许多 RTS 游戏都基于由 Westwood 工作室开发的 Sage 引擎。顽皮狗公司的《古惑狼》(*Crash Bandicoot*) 和《杰克与达斯特》(*Jak and Daxter*) 也都是在 PlayStation、PlayStation 2 专用引擎上开发出来的。而《神秘海域》系列则使用的是顽皮狗专门针对 PlayStation 3 硬件开发的全新引擎。此引擎继续发展成为顽皮狗之后的大作——《最后生还者》——所使用的引擎，使顽皮狗自然过渡至 PlayStation 4。当然，大部分可商业授权的引擎，如雷神之锤、Source、虚幻引擎 3、CryEngine 3 及 Frostbite 2，一开始都是专有内部引擎。

1.5.12 开源引擎

开源三维游戏引擎是由业余及专业开发者制作，并在网上免费发布的。开源 (open source) 通常意味着源代码可免费获得，并且其开发模式是全部公开的，即任何人都可以对代码做贡献。若有指明授权方式 (licensing)，通常都使用 GNU 通用公共许可证 (GNU General Public License, GPL) 或 GNU 宽通用公共许可证 (GNU Lesser General Public License, LGPL)[3]。GPL 允许免费使用其代码，但其衍生作品也必须为 GPL，即作品的代码也要免费供他人使用；后者则允许在盈利的产品中使用。此外还有其他免费或半免费授权模式的开源项目。

---

1 `http://www.terathon.com`

2 `http://www.terathon.com/wiki`

3 原文 Gnu Public License 和 Lesser Gnu Public License 并不正确。——译者注

互联网上有众多的开源引擎。有些质量相当不错, 有些表现平平, 有些糟糕透顶! 游戏引擎的列表可在此网站[1]找到, 登录后读者或许会感叹, 原来现有游戏引擎如此之多。

OGRE是一个架构优良, 易学又易用的三维渲染引擎。OGRE 自诩拥有含高阶照明及阴影的全功能三维渲染系统、良好的骨骼角色动画系统、用作平视显示器 (heads-up display, HUD) 和图形用户界面 (graphical user interface, GUI) 的二维覆盖层 (2D overlay) 系统, 以及用作全屏幕效果 (如敷霜效果) 的后期处理 (post-processing) 系统。OGRE 的作者坦言, OGRE 并非一个完整的游戏引擎, 但它提供了差不多所有引擎都需要的许多基础组件。

以下列出其他一些知名的开源引擎。

- Panda3D是基于脚本的引擎。引擎的主要接口采用了基于 Python 的脚本语言。其设计目标是方便快捷地制作三维游戏及虚拟环境。
- Yake是近期基于 OGRE 而开发的全功能引擎。
- Crystal Space是一个含扩充模组架构的游戏引擎。
- Torque[2] 及 Irrlicht都是知名且广泛使用的游戏引擎。

1.6 运行时引擎架构

游戏引擎通常由工具套件和运行时组件两部分构成。本节先探讨运行时部分的架构, 下节再阐述工具方面的架构。

图 1.15 显示了一个典型三维游戏引擎的主要运行时组件。是的, 此图很庞大! 而且此图并未包含工具方面。由此可见, 游戏引擎无疑是大型软件系统。

如同所有软件系统, 游戏引擎也是以*软件层* (software layer) 构建的。通常上层依赖下层, 下层不依赖上层。当下层依赖上层时, 称为*循环依赖* (circular dependency)。在任何软件系统中, 都要极力避免循环依赖, 不然会导致系统间复杂的耦合 (coupling), 也会使软件难以测试, 并妨碍代码重用。对于大型软件系统, 如游戏引擎, 此问题尤其重要。

本节会逐一简介图 1.15 里展示的每个组件。本书余下部分会深入探讨这些组件, 并学习如何将这些组件整合至实际系统中。

---

1 https://en.wikipedia.org/wiki/List_of_game_engines

2 Torque 并非一般意义上的开源项目, 可能因其商业授权比较便宜并提供源代码, 而产生这种错觉。——译者注

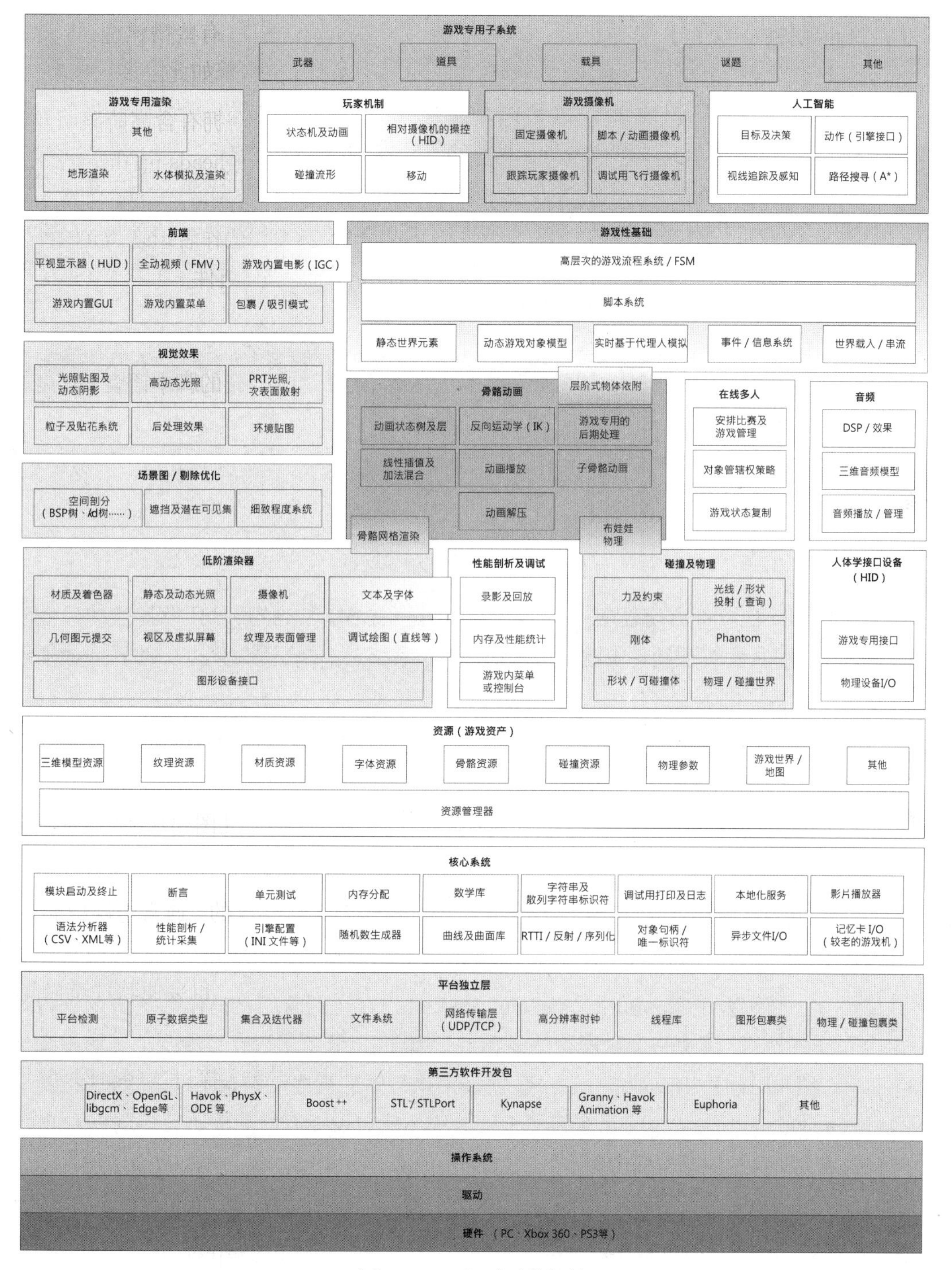

图 1.15 运行时引擎架构

1.6.1 目标硬件

图 1.16 显示了孤立的目标硬件层，它代表用来执行游戏的计算机系统或游戏主机。典型平台包括基于微软 Windows、Linux 或 macOS 的 PC；移动平台如苹果的 iPhone 及 iPad、谷歌的 Android 智能手机和平板电脑、索尼的 PlayStation Vita 及亚马逊的 Kindle Fire 等；游戏机如微软的 Xbox/Xbox 360/Xbox One、索尼的 PlayStation/PlayStation 2/PlayStation 3/PlayStation 4、任天堂的 NDS/GameCube/Wii/Wii U。本书大部分的内容是平台无关的，但也会提及 PC 和游戏主机之间的区别对设计的影响。

硬件 （PC、Xbox 360、PS3等）

图 1.16 硬件层

1.6.2 设备驱动程序

如图 1.17 所示，设备驱动程序 (device driver) 是由操作系统或硬件厂商提供的最低阶软件组件。驱动程序负责管理硬件资源，也隔离了操作系统及上层引擎，使上层的软件无须理解不同硬件版本的通信细节差异。

驱动

图 1.17 设备驱动层

1.6.3 操作系统

在 PC 上，操作系统 (operating system, OS) 是一直运行着的。操作系统协调一台计算机上多个程序的执行，其中一个程序可能是游戏。图 1.18 显示了操作系统层。操作系统如微软 Windows，使用时间片 (time-slice) 方式，使多个执行中的程序能共享硬件，这称为抢占式多任务 (preemptive multitasking)。这意味着 PC 游戏不能假设拥有硬件的所有控制权，PC 游戏需要“礼貌地”配合其他系统中的程序。

操作系统

图 1.18 操作系统层

在游戏主机上，操作系统通常只是一个轻量级的库，链接到游戏的执行文档里。在游戏主机上，游戏通常“拥有”整台机器。可是，随着 Xbox 360 和 PlayStation 3 的出现，这一说法变得不太准确。例如，在这些新主机和后继主机 (即 Xbox One 及 PlayStation 4) 中，操作系统会中断游戏的执行，接管某些系统资源以显示在线信息，或允许玩家暂停游戏以进入 PS3 的跨界导航菜单 (Xross Media Bar, XMB) 或 Xbox 360 的 Dashboard。所以 (不管是好是坏) 游戏机和 PC 开发的界正慢慢变窄。

1.6.4 第三方软件开发包和中间件

大部分游戏引擎都会借用第三方软件开发包 (software development kit, SDK) 及中间件 (middleware)，如图 1.19 所示。SDK 提供基于函数或基于类的接口，一般称为应用程序接口 (application programming interface, API)。以下会介绍几个例子。

图 1.19 第三方软件开发包层

1.6.4.1 数据结构及算法

如同任何软件系统，游戏也非常依赖数据结构 (data structure) 集合，以及操作这些数据的算法 (algorithm)。例如，以下是一些提供这方面功能的第三方库。

- *STL*: C++ 标准模板库 (standard template library, STL) 提供了很丰富的代码及算法去管理数据结构、字符串及基于流 (stream) 的输入、输出。
- *STLport*: 这是一个可移植的、经优化的 STL 实现。
- *Boost*: Boost 是非常强大的数据结构及算法库，采用 STL 的设计风格。(Boost 的在线文档是一个学习计算机科学的好地方。)
- *Loki*: Loki[1]是强大的泛型编程 (generic programming) 模板库，它尤其擅长绞尽你的脑汁！

游戏开发者可分为两类：在他们的游戏引擎中使用 STL 模板库之类的，以及不使用的。一些开发者认为 STL 的内存分配模式 (memory allocation pattern) 不高效，会导致内存碎片问题 (见 5.2.1.4 节)，使 STL 不能在游戏中使用。一些开发者认为 STL 的强大和方便性超过它的问题，而且大部分问题实际上可以变通解决。笔者认为 STL 在 PC 上可以无碍使用，因为 PC

1 Loki 是源于《C++ 设计新思维》的范例。另外，Loki(洛基) 是北欧神话中的神祇。——译者注

上有高级的虚拟内存 (virtual memory) 系统, 使必须谨慎地分配内存变得不那么重要 (虽然开发者仍要非常谨慎)。在游戏主机上, 只有有限的 (甚至没有) 虚拟内存功能, 而且缓存命中失败 (cache miss) 的代价极高, 因此游戏开发者最好编写自定义的数据结构, 保证其是可预期和/或有限的内存分配模式。(在 PC 上做同样的事情肯定也错不了。)[1]

1.6.4.2 图形

大多数游戏渲染引擎都是建立在硬件接口库之上的, 例如:

- *Glide*是三维图形 SDK, 专门用于古老的 Voodoo 显卡。此 SDK 曾在硬件转换及照明 (hardware transform and lighting,hardware T&L) 的年代之前很流行。从 DirectX 7 开始支持硬件 T&L。
- *OpenGL*是获广泛使用的跨平台三维图形 SDK。
- *DirectX*是微软的三维图形 SDK, 也是 OpenGL 的主要竞争对手。
- *libgcm*是索尼提供给 PlayStation 3 RSX 图形硬件的低阶直接接口, 在 PlayStation 3 上比 OpenGL 更高效。
- *Edge*是由顽皮狗和索尼为 PlayStation 3 制作的强大高效渲染及动画引擎。

1.6.4.3 碰撞和物理

碰撞检测 (collision detection) 和刚体动力学 (rigid body dynamics)(在游戏开发社区里被简单称作“物理”) 可由以下知名的 SDK 提供。

- *Havok*是一个流行的工业级物理及碰撞引擎。
- *PhysX*是另一个流行的工业级物理及碰撞引擎, NVIDIA 提供免费下载。[2]
- *Open Dynamics Engine(ODE)* 是知名的开源物理及碰撞引擎包。[3]

1.6.4.4 角色动画

市面上有许多商用的角色动画包, 如下所述。

1 有关 STL 标准在游戏中应用的问题及解决方案, 可参考艺电的 EASTL 论述, http://www.open-std.org/jtc1/sc22/wg21/docs/papers/2007/n2271.html。——译者注

2 NVIDIA 在 PhysX (曾被命名为 NovodeX) 中加入了 GPU 加速以促进其显卡功能, 只有 PC 版的 PhysX 是免费的。——译者注

3 现在另一个流行的开源物理引擎是 *Bullet* (http://bulletphysics.org), 它应用在多个商业游戏上, 而且有些平台专用优化, 反而 ODE 已经多年没有更新了。——译者注

- *Granny*: Rad Game Tools 公司的流行 Granny 工具套件, 包含健壮的三维模型导出器 (exporter), 其支持主要的三维建模及动画软件, 如 Maya、3ds Max 等。Granny 也包括负责读取及操作导出模型和动画数据的运行时库, 以及强大的运行时动画系统。笔者认为, 无论是商用或私有的 API, Granny SDK 拥有笔者见过设计得最好也最合逻辑的动画 API, 它在时间处理方面尤其优秀。
- *Havok Animation*: 因为游戏角色变得越来越真实, 物理和动画之间的分界线变得越来越模糊。制作知名 Havok 物理 SDK 的公司, 决定制作一个附送的动画 SDK, 使融合物理和动画变得十分容易。
- *Edge*: 为 PS3 而设的 Edge 库是由顽皮狗的 ICE 团队、美国索尼计算机娱乐 (SCE) 的工具及技术组、欧洲的索尼高阶技术组联合制作的。Edge 包含强大及高效的动画引擎, 以及为渲染而设的高效几何处理引擎。

1.6.4.5 人工智能

- *Kynapse*: 直至不久前, 每个游戏都是以自有方式处理人工智能 (artificial intelligence, AI) 的。可是, Kynogon 公司开发了一个名为 Kynapse 的中间件 SDK[1], 提供低阶的 AI 构件, 例如, 路径搜寻 (path finding)、静态和动态物体回避 (avoidance)、空间内的脆弱点 (vulnerabilities) 辨认 (例如, 一扇开着的窗可能会有埋伏), 以及相当好的 AI 和动画间接口。

1.6.4.6 生物力学角色模型

- *Endorphin* 和 *Euphoria*: 这两个动画套件, 利用真实人类运动的高阶生物力学模型 (biomechanical model) 去产生角色动作。[2]

如前面提及的, 物理和动画之间的分界线开始变得模糊。软件包, 如 Havok Animation, 尝试用传统方式结合动画和物理, 先由动画师利用 Maya 之类的工具制作基本动作, 再在执行时利用物理去扩充那些动作。直至最近, Natural Motion 公司制作了一个产品去尝试重新定义怎样在游戏或其他数字媒体中处理角色动作。

Natural Motion 公司的第一个产品 Endorphin, 是一个 Maya 的插件, 可让动画师在角色上运行生物力学模拟, 并产生如同手工制作的动画效果。生物力学模型同时考虑了角色的重心、

1 Kynogon 公司已于 2008 年 2 月被 Autodesk 公司收购。另外, Kynapse 这个名字应来自神经元的突触 (synapse)。——译者注

2 这两个产品命名来自医学词汇。Endorphin 是内啡肽 (一种脑内分泌的镇痛剂), Euphoria 是欣快症。——译者注

体重分布, 以及人类在地心引力及其他作用力影响下, 会如何平衡及运动。

第二个产品 Euphoria 是实时版本的 Endorphin, 其目标是在执行时根据不能预知的外力, 实时生成物理和生物力学上准确的角色动作。[1]

1.6.5 平台独立层

大多数游戏引擎需要运行于不同的平台上。像艺电、Activision Blizzard 这样的公司, 经常需要游戏支持多个目标平台, 从而覆盖最大的市场。通常, 只有第一方工作室, 例如索尼的顽皮狗和 Insomniac 工作室, 无须为每个游戏同时支持两个或以上的目标平台。因此, 大部分游戏引擎的架构都有一个平台独立层 (platform independence layer), 如图 1.20 所示。平台独立层在硬件、驱动程序、操作系统及其他第三方软件之上, 以此把其余的引擎部分和大部分底层平台隔离。

图 1.20 平台独立层

平台独立层包装了常用的标准 C 语言库、操作系统调用及其他基础 API, 确保包装了的接口在所有硬件平台上均为一致。这是必需的, 因为不同平台间有不少差异, 即使所谓的“标准”库, 如标准 C 语言库, 也有平台差异。

1.6.6 核心系统

游戏引擎以及其他大规模复杂 C++ 应用软件, 都需要一些有用的实用软件 (utility), 本书把这类软件称为核心系统 (core system)。图 1.21 显示了典型的核心系统层。以下是核心系统层的一些常见功能。

- 断言(assertion): 断言是一种检查错误的代码。断言会插入代码中捕捉逻辑错误或找出与程序员原来假设不符的错误。在最后的生产版本中, 一般会移除断言检查。
- 内存分配: 几乎每个游戏引擎都有一个或多个自定义的内存分配系统, 以保证高速的内存分配及释放, 并控制内存碎片所造成的负面影响 (见 5.2.1.4 节)。

---

1 《侠盗猎车手 4》(*Grand Theft Auto IV*) 是一个利用了 Euphoria 的知名游戏。NPC 会对其外在环境生成自然反应的动作。——译者注

- **数学库**: 游戏本质上就是高度数学密集的。因此, 每个游戏引擎都有一个或多个数学库, 提供矢量 (vector)、矩阵 (matrix)、四元数 (quaternion) 旋转、三角学 (trigonometry)、直线/光线/球体/平截头体 (frustum) 等的几何操作、样条线 (spline) 操作、数值积分 (numerical integration)、解方程组, 以及其他游戏程序员需要的功能。
- **自定义数据结构及算法**: 除非引擎设计者想完全依靠第三方软件包, 如 STL, 否则引擎通常要提供一组工具去管理基础数据结构 (链表、动态数组、二叉树、散列表等), 以及算法 (搜寻、排序等)。这些数据结构及算法有时需要手工编码, 以减少或完全消除动态内存分配, 并保证在目标平台上的运行效率为最优。

各个核心引擎系统将会于本书第二部分详述。

核心系统								
模块启动及终止	断言	单元测试	内存分配	数学库	字符串及 散列字符串标识符	调试用打印及日志	本地化服务	影片播放器
语法分析器 (CSV、XML等)	性能剖析/ 统计采集	引擎配置 (INI 文件等)	随机数生成器	曲线及曲面库	RTTI / 反射 / 序列化	对象句柄/ 唯一标识符	异步文件I/O	记忆卡 I/O (较老的游戏机)

图 1.21 核心系统层

1.6.7 资源管理器

每个游戏引擎都有某种形式的资源管理器, 提供一个或一组统一接口, 去访问任何类型的游戏资产及其他引擎输入数据。有些引擎使用高度集中及一致的方式 (例如虚幻的包、OGRE 的 `ResourceManager` 类)。其他引擎使用专设 (ad hoc) 方法, 比如让程序员直接读取文件, 这些文件可能来自磁盘, 也可能来自压缩文件 (如雷神之锤引擎使用的是 PAK 文件)。图 1.22 显示了典型的资源管理层。

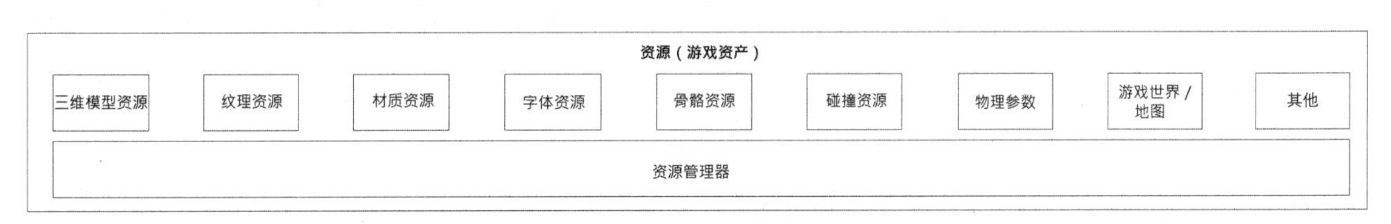

图 1.22 资源管理器

1.6.8 渲染引擎

在任何游戏引擎中, 渲染引擎都是最大及最复杂的组件之一。渲染器有很多不同的架构方式。虽然没有单一架构方式，但是大多数现在的渲染引擎都有一些通用的基本设计哲学，这些哲学大部分是由底层三维图形硬件驱动形成的。

渲染引擎的设计通常采用分层架构 (layered architecture)，以下会使用这些行之有效的方法。

1.6.8.1 低阶渲染器

如图 1.23 所示的低阶渲染器 (low-level renderer) 包含引擎中全部原始的渲染功能。这一层的设计着重于高速渲染丰富的几何图元 (geometric primitive) 集合，并不太考虑那些场景部分是否可见。这个组件可以拆分为几个子组件，以下分别讨论。

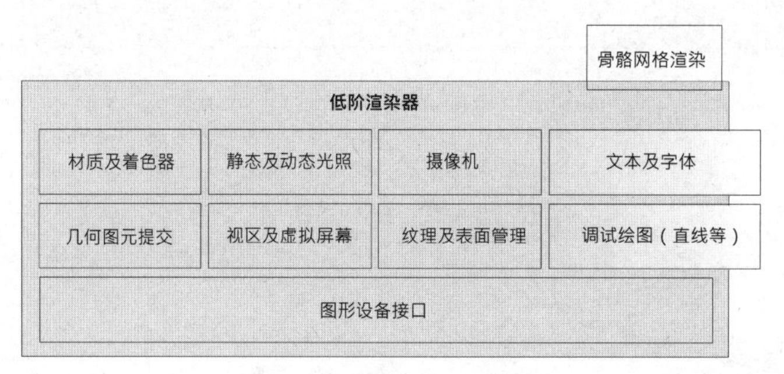

图 1.23 低阶渲染引擎

图形设备接口 使用图形 SDK，如 DirectX 及 OpenGL，都需要编写不少代码去枚举图形设备，初始化设备，建立渲染表面 (如后台缓冲、模板/stencil 缓冲) 等。这些工作通常由笔者称为*图形设备接口* (graphics device interface) 的组件负责 (然而各个引擎都有自己的术语)。

在 PC 游戏中，程序员需编写代码把渲染器整合到 Windows 消息循环中。通常要编写“消息泵 (message pump)”去处理等待中的 Windows 消息，其余时间则尽快不断地执行渲染循环。这样做，会使游戏的键盘轮询和渲染器的屏幕更新挂钩。这种耦合令人不快，我们可以再进一步使这种依赖最小化。以后会深入探讨这个课题。

其他渲染器组件 低阶渲染器的其他组件一起工作，目的是要收集需提交的*几何图元* (geometric primitive，又称为*渲染包*，render packet)。几何图元包括所有要绘制之物，如网格 (mesh)、线表 (line list)、点表 (point list)、粒子 (particle)、地形块 (terrain patch)、字符串等。最后，把收集到的图元尽快渲染。

低阶渲染器通常提供视区 (viewport) 抽象，每个视区将摄像机结合至世界矩阵 (camera-to-world matrix) 及三维投影参数，如视野 (field of view)、近远剪切平面 (near/far clipping plane)

的位置等。低阶渲染器也使用材质系统 (material system) 及动态光照系统 (dynamic lighting system) 去管理图形硬件的状态和游戏的着色器 (shader)。每个已提交的图元都会被关联到一个材质及被照射的 n 个动态光源。材质是描述当渲染图元时, 该使用什么纹理 (texture), 设置什么设备状态, 并选择哪一对顶点着色器 (vertex shader) 和像素着色器 (pixel shader)。光源则决定如何将动态光照计算应用于图元上。光照和着色是一个复杂的课题, 计算机图形学有很多优质书籍, 参考文献 [14]、[44]、[1] 中深入探讨了这个课题。

1.6.8.2 场景图/剔除优化

低阶渲染器绘制所有被提交的几何图形, 不太考虑那些图形是否确实为可见的, 除了使用背面剔除 (back-face culling) 和摄像机平截头体的剪切平面。一般需要较高层次的组件, 才能基于某些可视性判别算法去限制提交的图元数量。图 1.24 显示了这个软件层。

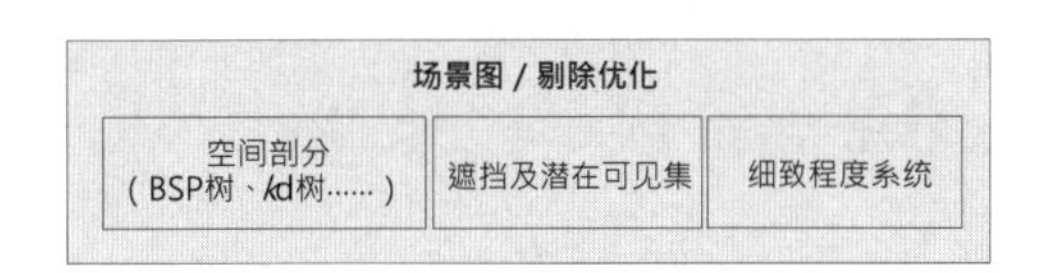

图 1.24 典型的场景图/剔除优化层, 负责剔除优化

非常小的游戏世界可能只需要简单的平截头体剔除 (frustum cull) 算法 (即去除摄像机不能“看到”的物体)。比较大的游戏世界则可能需要较高阶的空间细分 (spatial subdivision) 数据结构, 这种数据结构能快速判别潜在可见集 (potentially visible set, PVS), 令渲染更有效率。空间分割有多种形式, 包括二元空间分割树 (binary space partitioning, BSP tree)、四叉树 (quadtree)、八叉树 (octree)、kd 树、包围球树 (bounding sphere tree) 等。空间分割有时候称为场景图 (scene graph), 尽管技术上场景图是另一种数据结构, 并不归入空间分割。此渲染引擎软件层也可应用入口及遮挡剔除等方法。

理论上, 低阶渲染器无须知道其上层使用哪种空间分割或场景图。因此, 不同的游戏团队可以重用图元提交代码, 并为个别游戏的需求精心制作潜在可见集判别系统。开源渲染引擎 OGRE[1] 正是运用这一原则的好例子。OGRE提供即插即用的场景图架构。游戏开发者可以选择其中一个已实现的场景图设计, 或是自定义一个。

1.6.8.3 视觉效果

如图 1.25 所示, 当代游戏引擎支持广泛的视觉效果, 包括:

1 http://www.ogre3d.org

- 粒子系统 (particle system), 用作烟、火、水花等。
- 贴花系统 (decal system), 用作弹孔、脚印等。
- 光照贴图 (light mapping) 及环境贴图 (environment mapping) 。
- 动态阴影 (dynamic shadow)。
- 全屏后期处理效果 (full-screen post effect) [1], 在渲染三维场景至屏外缓冲 (off-screen buffer) 后使用。

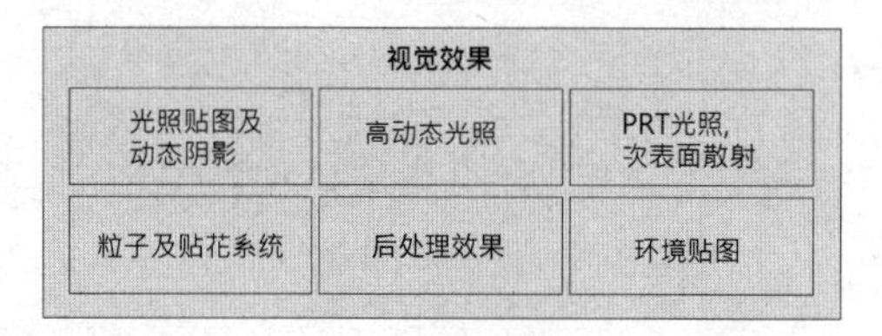

图 1.25 视觉效果

一些全屏幕后期处理效果如下。

- 高动态范围 (high dynamic range, HDR) 色调映射 (tone mapping) 及敷霜效果 (bloom)。
- 全屏抗锯齿 (full-screen anti-aliasing, FSAA)。
- 颜色校正 (color correction) 及颜色偏移 (color-shift) 效果, 包括略过漂白 (bleach bypass)、饱和度 (saturation)、去饱和度 (desaturation) 等。

游戏引擎常有效果系统组件, 专门负责管理粒子、贴花及其他视觉效果的渲染需要。粒子和贴花系统通常是渲染引擎的独立组件, 并作为低阶渲染器的输入端。另一方面, 渲染引擎通常在内部处理光照贴图、环境贴图、阴影。全屏后期处理效果可以在渲染器内实现, 或在运行于渲染器输出缓冲的独立组件内实现。

1.6.8.4 前端

大多数游戏为了不同目的, 都会使用一些二维图形去覆盖三维场景。这些目的包括:

- 游戏的平视显示器(heads-up display, HUD)。
- 游戏内置菜单、主控台、其他开发工具 (可能不会随最终产品一起发行)。
- 游戏内置图形用户界面 (graphical user interface, GUI) 让玩家操作角色装备, 配置战斗单元, 或完成其他复杂的游戏任务。

1 比较流行的写法是 “(full-screen) post-processing effect”, 所以这里采用 “全屏后期处理效果” 的译法。——译者注

图 1.26 显示了前端层。这类二维图形通常会用附有纹理的四边形 (quad) (一对三角形) 结合正射投影 (orthographic projection) 来渲染。另一种方法是用完全三维的四边形公告板 (billboard) 渲染, 这些公告板能一直面向摄像机。

图 1.26 前端图形

这一层也包含了全动视频 (full-motion video, FMV) 系统, 该系统负责播放之前录制的全屏幕电影 (可以用游戏引擎录制, 也可以用其他渲染软件录制)。

另一个相关的系统是游戏内置电影 (in-game cinematics, IGC) 系统, 该组件可以在游戏本身以三维形式渲染电影情节。例如, 玩家走在城市中, 两个关键角色的对话可用 IGC 实现。IGC 可能包括或不包括玩家角色, 它可以故意暂停游戏, 在这期间玩家不能控制角色; IGC 也可悄悄地整合在游戏过程中, 玩家甚至不会发觉有 IGC 在运行。

1.6.9 剖析和调试工具

游戏是实时系统, 因此, 游戏工程师经常要剖析游戏的性能, 以便优化。此外, 内存资源通常容易短缺, 开发者也要大量使用内存分析工具 (memory analysis tool)。图 1.27 显示了剖析和调试工具层。这层包括剖析工具和游戏内置调试功能。调试功能包括调试用绘图、游戏内置菜单、主控台, 以及能够录制及回放游戏过程的功能, 方便测试和调试。

图 1.27 剖析和调试工具

市场上有很多优秀的通用软件剖析工具 (profiling tool), 例如:

- Intel 公司的 *VTune*。

- IBM 公司的 *Quantify*和 *Purify*(Purify 是 *PurifyPlus* 工具套件的一部分)。
- Compuware 公司的 *Bounds Checker*。

可是, 多数游戏会加入自制的剖析及调试工具, 常包括以下功能。

- 手工插入测量代码, 为某些代码计时。
- 在游戏进行期间, 在屏幕上显示性能统计数据。
- 把性能统计写入文字或 Excel 文件。
- 计算引擎及子系统所耗的内存, 并显示在屏幕上。
- 在游戏过程中或结束时, 把内存使用率、最高使用率、泄漏等数据统计输出。
- 允许在代码内布满调试用打印语句 (print statement), 可以开关不同的调试输出种类, 并设置输出的冗长级别 (verbosity level)。
- 游戏事件录制及回放的能力。这很难做得正确, 倘若做对, 便是追踪 bug 的非常宝贵的工具。

PlayStation 4 提供了一个强大的核心转储 (core dump) 设施去协助程序员调试崩溃的问题。PlayStation 4 会一直录制最后 15 秒的游戏视频, 令玩家可以按下手柄上的分享按钮去分享游戏经历。因为有此特性, PS4 的核心转储功能除了自动为程序员提供有关程序崩溃时的完整调用堆栈信息之外, 还包括崩溃那一刻的屏幕截图, 以及展示崩溃前 15 秒发生了什么事情的视频。当游戏崩溃时, 其核心转储文件会被自动上传至游戏开发者的服务器, 甚至在游戏发行后也会做这件事情。这些设施彻底改革了崩溃分析及修复的工作。†

1.6.10 碰撞和物理

碰撞检测 (collision detection) 对每个游戏都很重要。没有碰撞检测, 物体会互相穿透, 并且无法在虚拟世界里合理地互动。一些游戏包含真实或半真实的动力学模拟 (dynamics simulation)。这在游戏业界被称为物理系统 (physics system), 但比较正规的术语是刚体动力学模拟 (rigid body dynamics); 因为游戏中通常只考虑刚体的运动 (motion), 以及产生运动的力 (force) 和力矩 (torque)。[1]研究运动的物理分支是运动学 (kinematics), 而研究力和力矩的是动力学 (dynamics)。图 1.28 显示了这一软件层。

碰撞和物理系统一般是紧密联系的, 因为当碰撞发生时, 碰撞几乎总是由物理积分及约束满足 (constraint satisfaction) 逻辑来解决的。时至今日, 很少有游戏公司会编写自己的碰撞及

1 刚体在游戏中最常见, 但也有些游戏使用软体动力学 (soft body dynamics)、流体动力学 (fluid dynamics) 或其他物理分支, 应用在游戏性或视觉效果上。——译者注

图 1.28 碰撞和物理子系统

物理引擎。取而代之，引擎通常使用第三方的物理 SDK，例如：

- *Havok*是今天的业界标准，功能丰富，在不同平台上也运行顺畅。
- *PhysX*是由 NVIDIA 公司提供的另一个优良的碰撞及动力学引擎，已整合到虚幻引擎 4，也可以在 PC 游戏开发时免费使用。PhysX 原来是为 Ageia 公司的物理加速硬件而开发的接口，但 PhysX 现在已属于 NVIDIA 公司，并由 NVIDIA 公司负责发行。NVIDIA 公司也改写了 PhysX，使它能运行在该公司的最新 GPU 上。

互联网上也有开源的物理和碰撞引擎。最知名的是 Open Dynamics Engine(ODE)。[1]此外，I-Collide[2]、V-Collide[3]和 RAPID[4]是流行的非商业碰撞检测系统[5]。这 3 个系统都是由北卡罗来纳大学 (University of North Carolina, UNC) 研发的。

1.6.11 动画

含有机或半有机角色 (人类、动物、卡通角色，甚至机器人) 的游戏，就需要动画系统。游戏会用到 5 种基本动画。

- 精灵/纹理动画 (sprite/texture animation)。
- 刚体层次结构动画 (rigid body hierarchy animation)。

1 http://www.ode.org
2 http://gamma.cs.unc.edu/I-COLLIDE
3 http://gamma.cs.unc.edu/V-COLLIDE
4 http://gamma.cs.unc.edu/OBB
5 此处列出的几个系统都是学术性比较重的，具有工业强度的开源实时碰撞侦测系统有 Bullet (http://bulletphysics.org)。译者估计，Bullet 是因为支持连续碰撞侦测 (continuous collision detection) 而得名 (非连续的系统容易让高速子弹穿过薄墙)。另外，Bullet 使用了 GJK 算法，比 ODE 更容易支持不同的几何图形。——译者注

- 骨骼动画 (skeletal animation)。
- 顶点动画 (vertex animation)。
- 变形目标动画 (morph target animation)。

骨骼动画让动画师使用相对简单的骨头系统, 去设定精细三维角色网格的姿势。当骨头移动时, 三维网格的顶点就跟随移动。虽然有些引擎支持变形目标及顶点动画, 但在现今的游戏中, 骨骼动画仍然是最流行的动画方式。因此, 本书会集中讨论骨骼动画。图 1.29 显示了一个典型的骨骼动画系统。

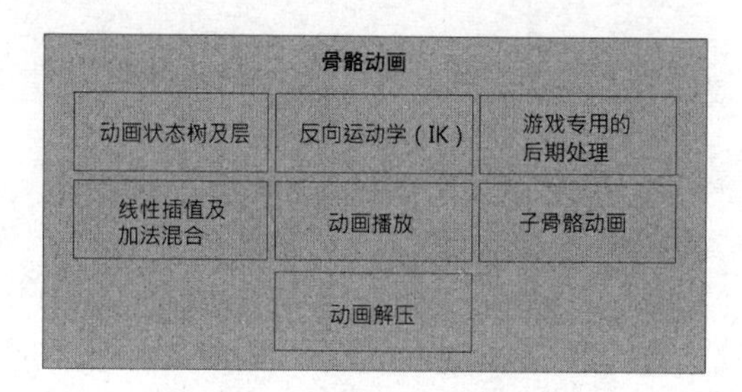

图 1.29　骨骼动画子系统

在图 1.15 中, 骨骼网格渲染组件是连接渲染器和动画系统的桥梁。虽然这些组件能非常紧密地合作, 但它们的接口还是有明确定义的。动画系统生成骨骼中所有骨头的姿势, 这些姿势以矩阵调色板 (matrix palette) 形式传至渲染引擎。之后, 渲染器利用矩阵表转换顶点, 每个顶点用一个或多个矩阵生成最终混合顶点位置。此过程称为蒙皮(skinning)。

当使用布娃娃 (ragdoll) 时, 动画和物理系统便产生紧密耦合。布娃娃是无力的 (经常是死了的) 角色, 其运动完全由物理系统模拟。物理系统把布娃娃当作受约束的刚体系统, 用模拟来决定身体每部分的位置及方向。动画系统计算渲染引擎所需的矩阵表, 用来在屏幕上绘制角色。

1.6.12　人体学接口设备

游戏都要处理玩家输入, 而输入来自多个人体学接口设备 (human interface device, HID), 例如:

- 键盘和鼠标。
- 游戏手柄 (joypad)。

- 其他专用游戏控制器，如方向盘、鱼竿、跳舞毯、Wii 遥控器 (Wiimote)[1]等。

该组件有时被称作玩家输入/输出 (player I/O) 组件，因为除了输入功能，一些人体学接口设备也提供输出功能，如游戏手柄的力反馈/震动、Wii 遥控器的音频输出等。图 1.30 显示了典型的人体学接口设备层。

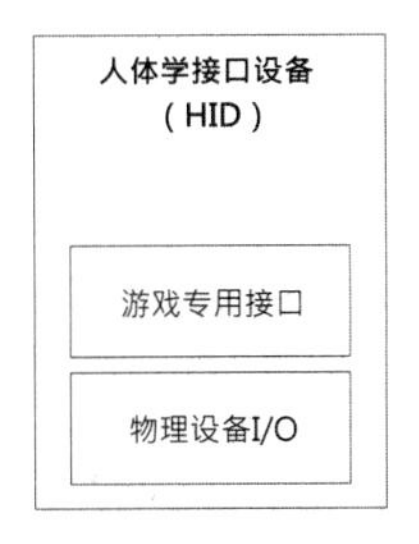

图 1.30 玩家输入/输出系统，也称人体学接口设备 (HID) 层

在架构 HID 引擎时，通常让个别硬件平台游戏控制器的低阶细节与高阶游戏操作脱钩。HID 引擎从硬件取得原始数据，为控制器的每个摇杆 (stick) 设置环绕中心点的死区 (dead zone)[2]，去除按钮抖动 (debounce)，检测按下和释放按钮事件，演绎加速计 (accelerometer) 的输入并使该输入平滑 (例如，来自 PlayStation Dualshock 手柄)，以及其他处理等。HID 引擎通常允许玩家调整输入配置，即自定义硬件控制到逻辑游戏功能的映射。HID 引擎也可能包含一个系统，负责检测弦 (chord，即数个按钮一起按下)、序列 (sequence，即按钮在时限内顺序按下)、手势 (gesture，即按钮、摇杆、加速计等输入的序列)。

1.6.13 音频

游戏引擎中的音频和图形同样重要。不幸的是，相对于渲染、物理、动画、人工智能及游戏性，音频通常容易被忽视。事实证明，程序员经常在编程时关闭音箱！(实际上，笔者认识一些程序员，他们连音箱或耳机都没有。) 然而，没有出色的音频引擎，就没有完整的优秀游戏。音频层如图 1.31 所示。

音频引擎的功能差异很大。Quake 和虚幻的音频引擎只提供了非常基本的功能，一些游戏团队会为这些引擎加入自定义功能，或用内部方案替换。虚幻引擎 4 提供了相当稳健的三维音

1 其正式名称为 Wii Remote。Wii 遥控器也可接配多种延伸设备，例如双节棍 (Nunchuk)、经典控制器 (classic controller)、Wii MotionPlus 等。——译者注

2 因摇杆是模拟 (analog) 输入，并不能精准表示中心点。当玩家放开摇杆让其复位时，取得的数值可能抖动。因此要设置一个范围，忽略范围内的输入，即死区。——译者注

图 1.31 音频子系统

频渲染引擎 (可参阅参考文献 [40]), 它的功能集比较有限, 许多游戏团队很可能希望对它做出修改, 为他们的游戏加入一些专门的高级功能。[†]微软为 DirectX 平台 (PC、Xbox 360 和 Xbox One) 提供了一个优秀的音频工具包, 名为 XACT, 以及在运行时提供了功能丰富的 XAudio2 及 X3DAudio API。艺电也开发了内部的音频引擎 SoundR!OT。美国索尼计算机娱乐 (SCEA) 向其第一方游戏工作室, 如顽皮狗, 提供了一个强大的三维音频引擎 Scream, 这个引擎已应用在多个 PS3 作品上, 如顽皮狗的《神秘海域: 德雷克的诡计》和《最后生还者》等。然而, 即使游戏团队使用既有的音频引擎, 开发每个游戏时仍然需要大量的定制软件开发、整合工作及需注意的细节, 才可以制作出有高质量音频的最终产品。

1.6.14 在线多人/网络游戏

许多游戏可供多位玩家游玩于同一个虚拟世界里。多人游戏最少有如下 4 种基本形式。

- 单屏多人 (single-screen multiplayer): 两个或以上的 HID (游戏手柄、键盘、鼠标等) 接到一台街机、PC、游戏主机上。多位玩家角色同聚于一个虚拟世界, 一台摄像机将所有角色置于画面中。例子有《任天堂明星大乱斗》(*Super Smash Brothers*)、《乐高星球大战》(*Lego Star Wars*)、《圣铠传说》(*Gauntlet*)。
- 切割屏多人 (split-screen multiplayer): 多个角色同聚于一个虚拟世界, 多个 HID 连接到一台游戏机器, 但每个角色有自己的摄像机。画面分割成多个区域, 使每位玩家可以看到自己的角色。
- 网络多人 (networked multiplayer): 多台计算机或游戏主机用网络连接在一起, 每台机器接待一位玩家。
- 大型多人在线游戏 (massively multiplayer online game, MMOG) : 数百至数千位玩家在一个巨大、持久 (persistent)、在线游戏世界里玩。这些虚拟世界由强大的服务器组运行。

图 1.32 显示了多人网络层。

图 1.32 在线多人网络子系统

多人游戏和单人游戏有许多相似的地方。然而, 支持多人游戏, 会极大地影响某几个游戏引擎组件的设计。游戏世界对象模型、人体学接口设备系统、玩家控制系统、动画系统等都会受到影响。把一个现有的单人引擎改装为多人引擎, 并非不可能, 但会是一个让人望而生畏的任务。然而, 有些游戏团队仍可完成这个任务。但是如果可以, 最好还是在项目之初就设计多人游戏的功能。

有趣的是, 如果进行反向思维——改装多人游戏为单人游戏, 问题就再简单不过了。事实上, 许多游戏引擎把单人游戏模式当作多人游戏的特例, 换言之, 单人游戏模式是一个玩家参与的多人游戏。一个知名例子就是雷神之锤引擎的*客户端于服务器之上* (client-on-top-of-server) 模式。运行单人游戏模式时, 该可执行文件在单台 PC 上执行, 这台 PC 同时作为客户端和服务器。

1.6.15 游戏性基础系统

游戏性 (gameplay) 这一术语是指: 游戏内进行的活动、支配游戏虚拟世界的规则 (rule)、玩家角色的能力 (也称为玩家机制, player mechanics)、其他角色和对象的能力、玩家的长短期目标 (goal and objective)。游戏性通常用两种编程语言实现, 除了使用引擎其余部分采用的原生语言, 也可用高阶脚本语言, 又或者两者皆用。为了连接低阶的引擎子系统和游戏性代码, 多数游戏引擎会引入一个软件层, 因无标准术语, 笔者称之为*游戏性基础层*(gameplay foundation layer), 如图 1.33 所示。该软件层提供一组功能, 以方便实现以上所述的游戏专有逻辑。

1.6.15.1 游戏世界和游戏对象模型

游戏性基础层引入游戏世界的概念, 游戏世界包含动态元素及静态元素。游戏世界的内容通常用面向对象方式构建 (多数使用面向对象语言, 但也有例外)。在本书中, 组成游戏的对象类型集合, 称为*游戏对象模型* (game object model)。游戏对象模型为虚拟游戏世界里的各种对

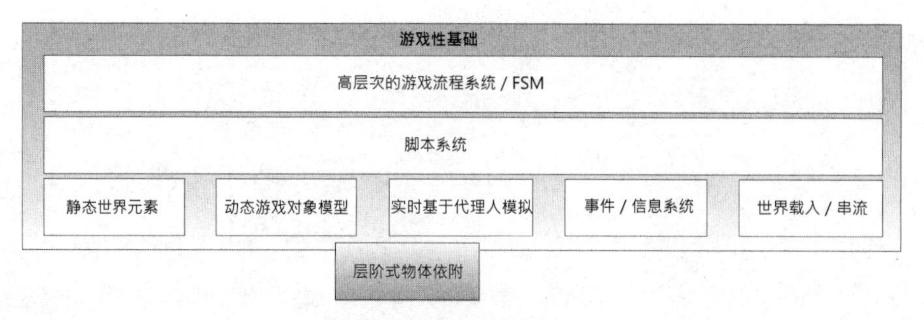

图 1.33 游戏性基础系统

象集合提供实时模拟。

典型的游戏对象包括:

- 静态背景几何物体, 如建筑、道路、地形 (常为特例) 等。
- 动态刚体, 如石头、饮料罐、椅子等。
- 玩家角色 (player character, PC)。
- 非玩家角色 (non-player character, NPC)。
- 武器。
- 抛射物 (projectile)。
- 载具 (vehicle)。
- 光源 (可在运行时用于动态场景, 也可离线用于静态场景)。
- 摄像机。

游戏对象模型与*软件对象模型* (software object model) 紧密结合, 并且渗透于整个引擎中。软件对象模型是指, 用于实现面向对象软件的一组语言特征、原则 (policy)、惯例 (convention)。在游戏引擎的语境中, 软件对象模型要回答以下问题。

- 游戏引擎是否使用面向对象方式设计?
- 使用什么编程语言? C、C++、Java 还是 OCaml?
- 怎样组织静态类层阶? 一个巨大的层阶, 或很多低耦合组件?
- 使用模板 (template) 及基于原则设计 (policy-based design), 或传统的多态 (polymorphism)?
- 如何参考对象? 简明的旧式指针、智能指针 (smart pointer) 还是句柄 (handle)?
- 如何独一无二地标识对象? 只凭内存地址、用名字, 或用全局统一标识符 (global unique identifier, GUID)?
- 如何管理对象的生命周期?

- 如何随时间模拟对象的状态?

15.2 节会深入探讨软件对象模型及游戏对象模型。

1.6.15.2 事件系统

游戏对象总要和其他对象通信。有多种方法可完成通信, 例如, 对象要发消息, 可简单调用接收对象的成员函数。事件驱动架构 (event-driven architecture), 常用于典型图形用户界面, 也常用于对象间通信。在事件驱动系统里, 发送者建立一个称为*事件* (event) 或*消息* (message) 的小型数据结构, 其中包含要发送的消息类型及参数数据。事件传递给接收对象时, 调用接收对象的*事件处理函数* (event handler function)。事件也可存储于队列上, 以推迟在未来处理。

1.6.15.3 脚本系统

很多游戏引擎使用脚本语言, 使游戏独有游戏性的规则和内容, 能更容易、更快地进行开发。没有脚本语言, 每次改动引擎中的游戏逻辑或数据结构, 都必须重新编译链接方可执行程序。若将脚本语言集成至引擎, 要更改游戏逻辑或数据, 只需修改脚本代码并重新载入即可。有些引擎允许在游戏运行中重载脚本, 其他引擎则需要终止后才能重编脚本。但两种形式所需的作业时间, 总比重编、重链程序快得多。

1.6.15.4 人工智能基础

一般而言, 人工智能 (artificial intelligence, AI) 一直是为个别游戏专门开发的软件, 一般并不隶属于游戏引擎。但近期游戏开发商找到一些差不多每个 AI 系统都共有的模式, 使这些基础部分逐渐进入游戏引擎的范畴。

有一家名为 Kynogon 的公司开发了一个名为 Kynapse 的中间件 SDK, 它提供的基础层技术可用来开发商业水平的游戏 AI。此技术被 Autodesk 收购后, 被 Kynapse 原班人马重新设计的 AI 中间件 Gameware Navigation 所取代。此 SDK 提供了基础的 AI 构件, 例如导航网格 (navigation mesh) 生成、寻路、静态/动态物体回避、游戏空间中的弱点识别 (如打开的窗户可能会被伏击), 以及 AI 和动画之间定义明确的接口。Autodesk 也提供了一个视觉化编程系统及运行时引擎 Gameware Cognition, 可与 Gameware Navigation 结合使用, 令制作规模宏大的游戏 AI 系统变得容易多了。[†]

1.6.16 个别游戏专用子系统

在游戏性基础软件层和其他低阶引擎组件之上，需要游戏程序员和设计师合作实现游戏本身的特性。游戏性系统通常变化很大，并且针对特定游戏来开发。如图 1.34 所示，这些系统包括但不局限于玩家机制、多种游戏内摄像机、控制非玩家角色的 AI、武器系统、载具等。如果可以清楚地分开引擎和游戏，这条分界线会位于特定游戏专用子系统和游戏性基础软件层之间。实际上，这条分界线永远不会是完美的。一些游戏的特定知识，总会向下渗透到游戏基础软件层中，更有甚者，会延伸至引擎核心。

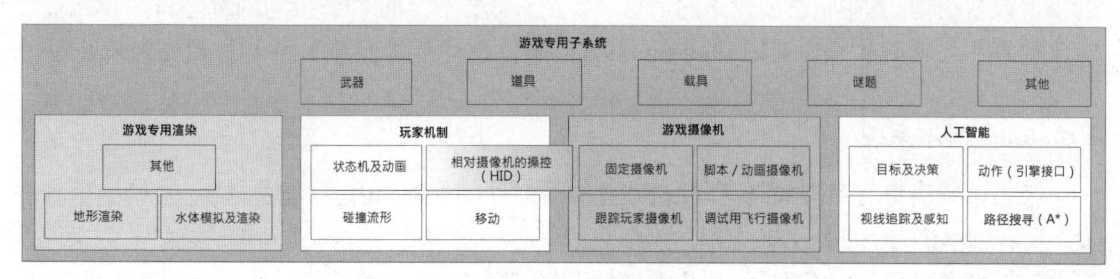

图 1.34 个别游戏专用子系统

1.7 工具及资产管道

游戏引擎需要读取大量数据，数据形式包括游戏资产 (game asset)、配置文件、脚本等。图 1.35 描绘了现代游戏引擎中常见的游戏资产。在图 1.35 中，黑色粗线箭头，表示数据如何从制作原始资产的工具一直流到游戏引擎本身；灰色细线箭头，表示各类资源会参考或应用到其他资源。

1.7.1 数字内容创作工具

游戏本质上是多媒体应用。游戏引擎的输入数据形式广泛，例如三维网格数据、纹理位图、动画数据、音频文件等。所有源数据皆由美术人员使用数字内容创作 (digital content creation, DCC) 应用软件制作。

DCC 应用软件通常是为制作某一类数据而开发的，但也有些工具能制作多种数据。例如，Autodesk 公司的 Maya 和 3ds Max 常用来制作三维网格及动画数据，Adobe 公司的 Photoshop 和其家族成员用于创作及修改点阵图 (纹理)，Sound Forge 是制作音频片段的流行工具。然而，

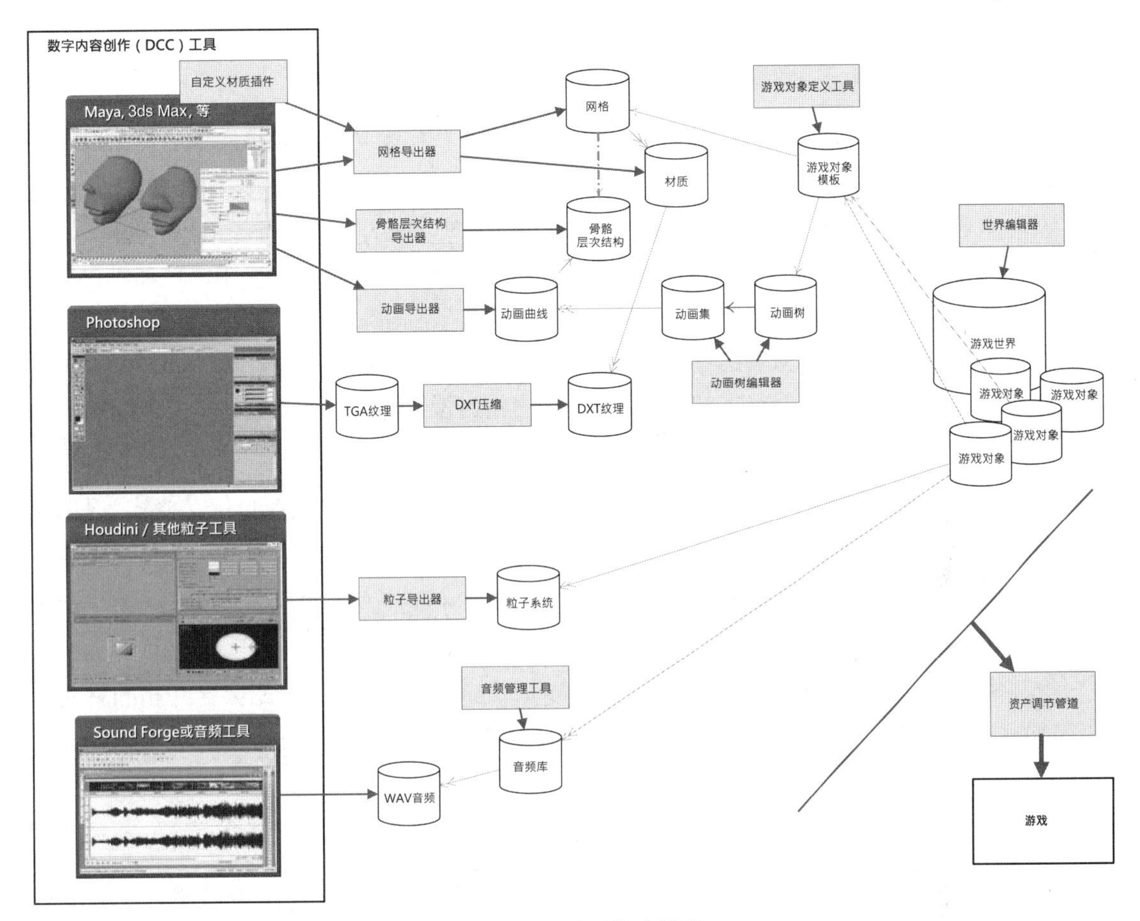

图 1.35 工具及资产管道

有些游戏数据并不能用现成的 DCC 应用软件去制作。例如，多数游戏引擎提供专门的编辑器，用来设计游戏世界。也有一些引擎使用现成工具去编辑游戏世界。笔者见过有些游戏团队，使用 3ds Max 或 Maya 作为世界编辑工具，有些团队甚至会开发插件去辅助游戏开发者在这些软件上工作。若去问一些较有经验的游戏开发者，他们大多数可能会记得，曾使用简单的位图编辑器去制作地形高度图 (height field)，或直接把世界布局手动写到文本文件里。工具不需要精美，只要能完成工作即可。话虽如此，但游戏团队要想及时开发高完成度的产品，工具必须相对易用，并且绝对可靠。

1.7.2 资产调节管道

DCC 应用软件所使用的数据格式, 鲜有适合直接用于游戏中的, 原因有二。

1. DCC 软件在内存中的数据模型, 通常比游戏所需的复杂得多。例如, Maya 的场景节点, 以有向无环图 (directed acyclic graph, DAG) 存储, 包含复杂的互相连接的网络。Maya 还存储了该文件的所有编辑历史记录。Maya 场景中每个物体的位置、方向、比例, 都以完整的三维变换表示, 此变换又由平移 (translation)、旋转 (rotation)、缩放 (scale)、切变 (shear) 所组成。游戏引擎通常只需这些信息的一小部分就能在游戏中渲染模型。
2. 在游戏中读取 DCC 软件格式的文件, 其速度通常过慢。而有些格式更是不公开的专有格式。

因此, 用 DCC 软件制作的数据, 通常要导出为容易读取的标准格式或自定义格式, 以便在游戏中使用。

当数据自 DCC 软件导出后, 有时必须经过再处理, 才能放在游戏引擎里使用。若工作室要为游戏开发多个平台, 这些中间文件必须按平台做不同处理。例如, 三维网格 (3D mesh) 数据可能导出为某中间文件格式, 如 XML 或简单的二进制格式; 之后, 可能会合并相同材质的网格, 或把太大的网格分割成引擎允许的大小; 最后, 为方便每个平台读取, 用最适合的方式组织网格数据, 并包装成内存影像。

从 DCC 到游戏引擎的管道, 有时候被称为*资产调节管道*(asset conditioning pipeline)。每个引擎都有某种形式的资产调节管道。

1.7.2.1 三维模型/网格数据

你在游戏中所见到的几何体通常是由三角网格 (triangle mesh) 组成的。在一些早期游戏中也会使用到一种称为*笔刷* (brush) 的几何体。下面我们会简单介绍这两种几何数据, 在第 10 章还将深入描述三维几何体及渲染技术。

三维模型 (网格) 网格是由三角形和顶点 (vertex) 组成的复合形状, 也可以使用四边形和高次细分曲面 (higher order subdivision surface) 建立可渲染的几何体。但现在的图形硬件, 几乎都是专门为渲染光栅化三角形而设计的, 渲染前必须把所有图形转换为三角形。每个网格通常使用一种或多种*材质*(material), 以定义其视觉上的表面特性, 如颜色、反射度 (reflectivity)、凹凸程度 (bumpiness)、漫反射纹理 (diffuse texture) 等。在本书中, 以“网格”一词代表可渲染的图形, 并以“模型”一词代表一个组合对象, 它可能包含多个网格、动画数据和为游戏而设置的其他元数据 (metadata)。

网格通常在三维建模软件里制作, 如 3ds Max、Maya、SoftImage。Pixologic 公司的 ZBrush 是一个强大且流行的工具, 可用直观方式制作超高分辨率的模型, 并向下转为有法线贴图 (normal map) 的低分辨率模型, 以模拟高频率的细节。

我们必须编写导出器 (exporter) 才能从 DCC 工具获取数据并存储为引擎可读的格式。DCC 软件提供许多标准或半标准的导出格式, 但通常都不完全适合游戏使用 (COLLADA 可能是例外)。因此游戏团队经常要建立自定义格式及专门的导出器。

笔刷几何图形 笔刷几何图形 (brush geometry) 由凸包 (convex hull) 集合定义, 每个凸包则由多个平面定义。笔刷通常直接在游戏世界编辑器中创建及修改凸包。这种制作可渲染几何图形的方法比较“土”, 但仍然应用在一些引擎中。

其优点为:

- 制作方法迅速简单。
- 便于游戏设计师用来建立粗略关卡, 制作原型。
- 既可以用作碰撞体 (collision volume), 又可用作可渲染几何图形。

其缺点为:

- 分辨率低, 难以制作复杂图形。
- 不能支持有关节的 (articulated) 物体或运动的角色。

1.7.2.2 骨骼动画数据

骨骼网格 (skeletal mesh) 是一种特殊网格, 为制作关节动画而绑定到骨骼层次结构 (skeletal hierarchy) 之上。骨骼网格在看不见的骨骼上形成皮肤, 因此, 骨骼网格有时候又被称为皮肤(skin)。骨骼网格的每个顶点包含一组关节索引 (joint index), 表明顶点绑定到骨骼上的哪些关节。每个顶点也包含一组关节权重 (joint weight), 决定每个关节对该顶点的影响程度。

游戏引擎需要 3 种数据去渲染骨骼网格。

1. 网格本身。
2. 骨骼层次架构, 包含关节名字、父子关系、当网格绑定到骨骼时的姿势 (bind pose)。
3. 一个至多个动画片段 (animation clip), 指定关节如何随时间而动。

网格和骨骼通常由 DCC 软件导出成单个数据文件。可是, 如果多个网格绑定到同一个骨骼, 那么骨骼最好导出成独立的文件。而动画通常是分别导出的, 特定时刻可只将需要的动画载入内存。然而, 有些引擎支持将动画库 (animation bank) 导出至单个文件, 有些引擎则把网格、骨骼、动画全部放到一个庞大的文件里。

未优化的骨骼动画以每秒 30 帧的频率，对骨骼中每个关节 (像真的人型角色可能有 500 个或以上) 采样 (sample)，记录成一串 4×3 矩阵。因此，动画数据生来就是内存密集的，通常会用高度压缩的格式存储。各引擎使用的压缩机制各有不同，有些是专有的。为游戏准备的动画数据，并无单一标准格式。

1.7.2.3 音频数据

音频片段 (audio clip) 通常由 Sound Forge 或其他音频制作工具导出，有不同的格式和采样率 (sampling rate)。音频文件可为单声道 (mono)、立体声 (stereo)、5.1、7.1 或其他多声道配置 (multichannel configuration)。Wave 文件 (.wav) 最普遍，但其他格式如 PlayStation 的自适应差分脉冲编码 (ADPCM) 文件 (.vag 及.xvag) 也是很常见的。音频文件通常组织成音频库 (audio bank)，以方便管理、容易载入及串流。

1.7.2.4 粒子系统数据

当今的游戏采用复杂的粒子效果 (particle effect)。粒子效果由专门制作视觉特效的设计师制作。一些第三方工具，如 Houdini，可制作电影级别的效果。可是，大部分游戏引擎不能渲染 Houdini 制作的所有效果。因此，多数游戏引擎有自制的粒子效果编辑工具，只提供引擎支持的效果。定制的编辑器，也可以让设计师看到与游戏一模一样的效果。

1.7.3 世界编辑器

游戏引擎的所有内容都集合在游戏世界中。以笔者所知，并没有商用游戏世界编辑器 (world editor) (即和 Max 或 Maya 软件等同的游戏世界版本)。然而，不少商用游戏引擎提供优良的世界编辑器。

- 不同版本的 *Radiant* 游戏编辑器[1]，应用在基于 Quake 技术的游戏引擎上。
- 《半条命 2》的 Source 引擎提供名为 *Hammer* 的世界编辑器。
- *UnrealEd* 是虚幻引擎的世界编辑器。这款强大的工具同时也作为资产管理工具，管理引擎支持的所有资产类型。

优秀的游戏世界编辑器虽难以编写，但它却是优秀游戏引擎的极重要部分。

1 id Software 公司的版本是 GtkRadiant，网址为 `http://www.qeradiant.com/`。——译者注

1.7.4 资源数据库†

游戏引擎需要处理许多种资产类型, 例如可渲染几何体、材质、纹理、动画数据, 以及音频等。这些资产的部分定义来自美术人员, 例如他们使用 Maya、Photoshop 或 Sound Forge 等工具所制作的原始数据。然而, 每种资产也带有大量的*元数据* (metadata)。例如, 当动画师在 Maya 中制作了一个动画片段, 其元数据为资产调节管道及最后的游戏引擎提供以下信息:

- 用于在运行时识别该动画片段的唯一标识符。
- 原始 Maya (.ma 或.mb) 文件名及路径。
- *帧范围* (frame range)——动画开始及结束的帧。
- 动画是否用于循环播放。
- 动画师所选择的压缩技术及程度。(有些资产能高度压缩且不会在视觉品质上有影响, 而另一些可能需要较少压缩或不压缩以保持在游戏中能正常显示。)

每个游戏引擎都需要某种数据库去处理游戏资产所带的元数据。可以使用真正的关系数据库如 MySQL 或 Oracle 来实现, 也可以使用一组文本文件去实现, 并以 Subversion、Perforce 或 Git 等版本控制系统管理。在本书中我们称这些元数据为*资源数据库* (resource database)。

无论使用什么格式去存储和管理资源数据库, 必须提供一些用户界面供使用者创造及编辑那些数据。在顽皮狗, 我们用 C# 编写了一个称为 Builder 的自制 GUI。在 6.2.1.3 节我们会展示 Builder 及其他几个资源数据库用户界面的更多信息。

1.7.5 一些构建工具的方法

可用不同方式去构建游戏引擎工具套装。一些工具可能是独立的软件, 如图 1.36 所示。一些工具可能构建在运行时引擎使用的低阶软件层之上, 如图 1.37 所示。还有一些工具可能嵌入游戏本身。例如, 基于 Quake 和虚幻的游戏都提供游戏内部控制台, 供开发者及 modder 在游戏运行期间输入调试和配置命令。有些类型的工具越来越倾向采用基于网页的用户界面。

一个有趣且独特的例子是虚幻引擎的世界编辑器 UnrealEd, 它同时也作为资产管理工具, 构建在运行时游戏引擎之内。要执行编辑器, 就要执行游戏并在命令行参数中加入“editor”。图 1.38 显示了这种独特的架构风格。这种架构, 允许工具存取引擎全部的数据结构, 避开了一个常见问题——需要两份数据结构的表示方式, 一份用于运行时引擎, 一份用于工具。此外, 在编辑器里执行游戏是极迅速的 (因为事实上游戏已在运行中)。通常, 要实现游戏内现场编辑 (live in-game editing) 功能, 是非常棘手的事情。若编辑器是游戏的一部分, 这一功能就比

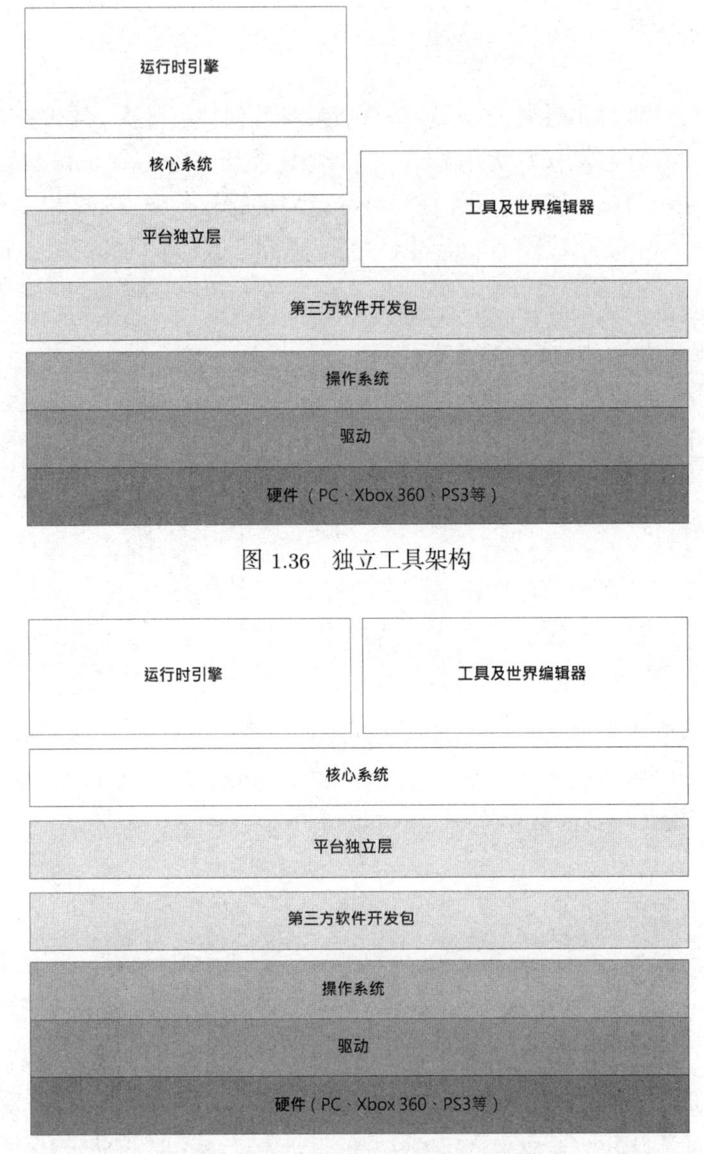

图 1.36 独立工具架构

图 1.37 工具与游戏皆构建在相同框架上

较容易开发。然而，游戏内编辑器的设计，也有其独特问题。例如，当引擎崩溃时，工具也一样变得不稳定。因此，引擎和工具的紧密耦合，总体来看会降低开发效率。

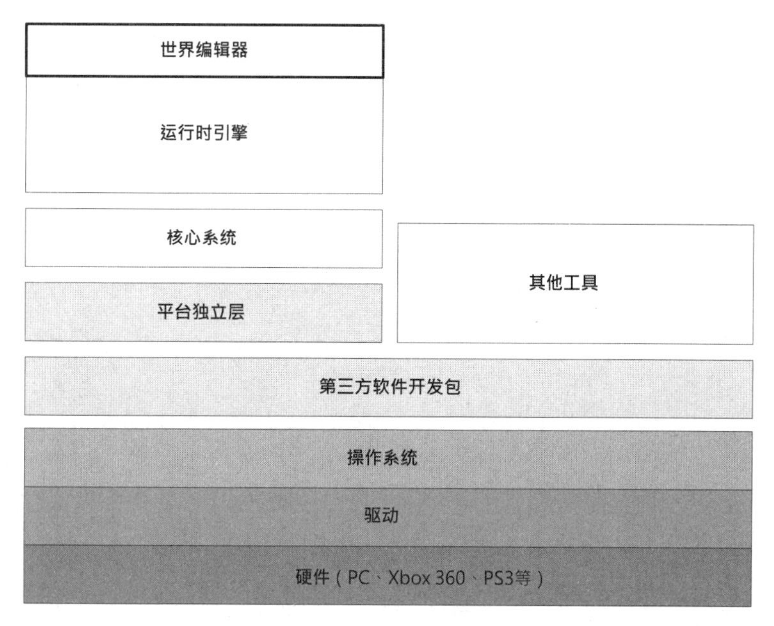

图 1.38 虚幻引擎的工具架构

1.7.5.1 基于网页的用户界面†

对某些类型的游戏开发工具而言, 基于网页的用户界面 (web-based user interface) 很快变成常态。在顽皮狗, 我们使用大量基于网页的 UI。顽皮狗的本地化工具是本地化数据库的前端入口。而 *Tasker* 也是一个网页界面, 供所有顽皮狗员工创建、管理、安排时间、交流、协作游戏制作中的开发任务。另一个 *Connector* 网页界面作为多种调试信息流的窗口, 这些信息流是游戏引擎在运行时产生的。游戏会把其调试文本按多个具名的频道分拆, 每个频道关联到某个引擎系统 (动画、渲染、AI、声音等)。这些数据流由轻量的 Redis 数据采集。最后, 用户通过基于浏览器的 Connector 界面去方便地检视、过滤这些信息。

相对于传统的独立 GUI 应用, 基于网页的 UI 有多种优势。首先, 相比以 Java、C# 或 C++ 等语言开发的独立应用, 开发及维护网页应用通常更简易、更快捷。网页应用不需特别安装, 用户只需要一个兼容的网页浏览器即可。更新网页界面时也可直接推送给用户, 无须安装步骤, 用户只需刷新网页或重启浏览器便可获得更新。网页界面还迫使我们把工具设计成主从式架构 (client-server architecture)。这种设计使我们可以把工具发布给更广的用户群。例如, 顽皮狗的本地化工具直接供全球的外包合作方使用, 他们通过这个工具向我们提供语言翻译服务。当然, 独立工具仍有它们的价值, 特别是一些涉及三维可视化的特殊 GUI。若你的工具只需要让用户编辑表格或表列数据, 基于网页的工具也许是最佳选择。

第 2 章　专 业 工 具

在带领读者踏入美妙的游戏引擎架构旅程之前, 我们要充分准备一些基本工具及必需品。接下来的两章我们会回顾软件工程的概念及实践, 两者都是旅程所必备的。本章会探讨大部分专业游戏工程师所采用的工具。为了做进一步准备, 第 3 章会回顾几个重要主题, 覆盖面向对象编程、设计模式及大型 C++ 编程等范畴。

在各类软件工程中, 游戏开发是要求最高、覆盖最广的领域之一。所以请相信笔者, 必须要准备充足, 才能安全地渡过一些凶险难关。有些读者可能对这两章的内容非常熟悉, 但笔者还是建议, 不要完全略过这些内容。因为读者除了可以轻松地重温这些知识, 或许还能学到一两招诀窍。

2.1　版 本 控 制

版本控制系统 (version control system) 允许多位开发者在同一组文件上工作。由于版本控制系统记录了每个文件的历史, 所以它可以追踪文件中的每个改动, 需要时还可以把改动还原。版本控制系统允许多位用户同时修改文件, 甚至修改同一个文件, 并避免互相破坏成果。因为版本控制系统主要供程序员管理源代码使用, 所以有时候又称其为*源代码控制* (source control)。版本控制系统也可以用来管理其他类型的文件, 一般以文本为佳, 下文将探讨其中的原因。许多游戏工作室使用单一版本控制系统, 同时管理文本类型的源代码, 以及以二进制文件为主的游戏资产, 如纹理、三维网格、动画、音频文件等。

2.1.1　为何使用版本控制

多位工程师组成团队合作开发软件时, 版本控制至关重要。版本控制系统有以下功能。

- 提供中央版本库 (repository), 工程师们可以共享其中的代码。
- 保留每个源文件的所有更改记录。
- 提供为某些版本加上标签的机制, 供以后提取已加标签的版本。
- 允许代码从主生产线上建立分支 (branch)。这一功能经常用来制作示范程序, 或是为较旧的软件版本制作补丁 (patch)。

源代码控制系统甚至在单人开发的项目里也有所应用。单人开发的项目虽然用不上多人开发的功能, 但是其版本控制功能, 如维护历史修改记录、为版本添加标签、建立示范程序/补丁的分支、追踪缺陷等, 仍然是非常有用的。

2.1.2 常见的版本控制系统

也许在读者的游戏工程师生涯里, 会接触到以下这些最常见的版本控制系统。

- *SCCS* 和 *RCS*: 源代码控制系统 (Source Code Control System, SCCS) 和版本控制系统 (Revision Control System, RCS) 是两个古老的版本控制系统。两者皆使用命令行界面, 主要用于 UNIX 上。
- *CVS*: 并发版本管理系统 (Concurrent Version System, CVS) 是高强度、专业级、基于命令行接口的版本控制系统, 原本建立在 RCS 之上 (但 CVS 现在已成为独立工具)。CVS 在 UNIX 上应用较多, 但在其他开发平台如微软 Windows 也能使用。CVS 是开源的, 并按 GPL 授权。CVSNT (也称为 WinCVS) 是一个原生的 Windows 实现, 基于 CVS 并和 CVS 兼容。
- *Subversion*: Subversion (简称 SVN) 是一个开源版本控制系统, 其目标是取代并改进 CVS。因为 Subversion 开源且免费, 是个人项目、学生项目和小工作室的首选。
- *Git*: Git 是开源版本控制系统, 用于许多受人敬佩的项目, 包括 Linux 内核。在 Git 开发模型里, 程序员把文件的变更提交到一个分支上。之后, 该程序员可以轻易地把其修改合并到任何一个分支上, 因为 Git "知道"如何回溯文件的区别 (diff), 并把区别重新应用在新的基修订版 (base revision) 上, 这个过程 Git 将之称为衍合 (rebasing)。此开发模型使 Git 在处理多个代码分支时非常高效和快捷。有关 Git 的更多信息可参考官网[1]。
- *Perforce*: Perforce 是专业级的源代码控制系统, 同时支持基于文本和 GUI 的接口。Perforce 成名之处在于其*变更列表* (changelist) 的概念。变更列表, 指被视为同一个逻辑单元而进行修改的源文件集合。变更列表会以原子方式 (atomically) 签入 (check-in) 版本库, 即, 要

1 http://git-scm.com

么整个变更列表成功提交, 要么没有东西提交进去。许多游戏公司使用 Perforce, 包括顽皮狗和艺电。

- *NxN Alienbrain*: Alienbrain 是针对游戏产业而特别设计的强大版本控制系统, 具有丰富的功能。其最著名的特点是支持包含文本及二进制游戏资产的海量数据库, 并配合可定制的用户界面, 以针对特定的人员, 如美术设计师、制作人及程序员等。
- *ClearCase*: ClearCase 是专业级的源代码控制系统, 是为超大规模的软件项目而开发的。ClearCase 功能强大, 并且提供独特的用户接口, 以扩展 Windows 资源管理器的功能。笔者未曾见过游戏业界内使用 ClearCase, 可能是因为其价格较为昂贵。
- *微软的 Visual SourceSafe*: SourceSafe 是轻量级的源代码控制软件包, 已成功地应用于一些游戏项目中。

2.1.3 Subversion 和 TortoiseSVN 概览

本书选择 Subversion 做重点介绍, 原因如下。首先, Subversion 是免费的, 免费总是好事。以笔者的经验, Subversion 可以工作得既好又可靠。设置 Subversion 的中央版本库颇为容易, 而且, 如果读者不想自己设置版本库, 互联网上也有不少免费的版本库服务器可供使用。此外, 网上还有许多优秀的 Windows 和 Mac 的 Subversion 客户端, 例如 Windows 上有免费的 TortoiseSVN。虽然 Subversion 并不是大规模商业项目的首选 (对于这类项目, 笔者的个人首选是 Perforce), 但是笔者认为 Subversion 非常适合小型个人和教育性项目。以下介绍如何在 Windows 开发平台上设置及使用 Subversion, 同时复习一些核心概念, 这些概念能应用到几乎任何版本控制系统上。

如同其他大部分版本控制系统, Subversion 采用客户端/服务器架构 (client-server architecture)。服务器负责管理中央版本库, 版本库内存储受版本控制的目录层次结构。客户端能连接到服务器并发出操作请求, 例如签出某目录树的最后版本、提交一个或多个文件的改动、为修订版加上标签、建立版本库分支等。在此不赘述如何设置服务器, 相反, 笔者假设读者已有服务器, 将集中介绍客户端的设置及使用方法。有关如何设置服务器, 读者可参阅参考文献 [38] 的第 6 章。也许读者永远不需要设置服务器, 因为可以选择免费的 Subversion 服务器, 例如 Google 提供的免费 Subversion 代码代管服务。[1]

1 Google Code 只允许开源项目, 所有代管文件都是公开的。所以对于非开源项目, 读者可能要自己设置服务器。——译者注

2.1.4 在 Google 上设置代码版本库

开始使用 Subversion 的最简单方法就是登入 `http://code.google.com/`, 设置一个免费的 Subversion 版本库。若没有账号, 可先创建一个。单击"Project Hosting (项目代管)"(见图 2.1), 再单击 "Create a new project (创建新项目)", 之后输入适当的项目名称, 如"mygoogleusername-code"。若读者愿意, 还可以输入项目摘要、描述及标签, 让全世界的用户都能搜索到该项目。设置完毕, 便可单击"Create Project (创建项目)"按钮。

图 2.1 Google Code 主页中的 Project Hosting 链接

创建项目之后, 可在 Google Code 网站上进行管理。项目管理者能加入或移除用户、设置选项及执行进阶任务。但读者下一步真正需要做的是设置客户端及开始使用该版本库。

2.1.5 安装 TortoiseSVN

TortoiseSVN 是一个流行的 Subversion 前端程序, 它对 Windows 资源管理器进行扩展, 加入方便的右键菜单, 并能在文件图标上叠加信息, 显示受版本控制的文件和文件夹状态。

要想获得 TortoiseSVN, 可登录 `http://tortoisesvn.net/`, 便可在"download"页面下载最新版本。双击已下载的.msi 文件, 并按照向导指示进行安装[1]。

TortoiseSVN 安装完成后, 在 Windows 资源管理器中右键单击任何一个文件夹, 都会显示 TortoiseSVN 的延展菜单。要连接至现有的代码版本库, 例如建立在 Google Code 上的版

1 TortoiseSVN 官方网站提供简体中文的说明文档, `http://tortoisesvn.net/docs/release/TortoiseSVN_zh_CN/index.html`。——译者注

本库, 可以在本地硬盘中建立一个文件夹, 之后在该文件夹上单击右键, 选择“SVN Check-out...”, 就会显示图 2.2 所示的对话框。在“URL of repository”处输入版本库的网址。若使用 Google Code, 网址为 https://*myprojectname*.googlecode.com/svn/trunk, 其中 *myprojectname* 是建立项目时的名称 (如 *mygoogleusername*-code)。

若忘了版本库的网址, 可登录 http://code.google.com/ 进入“Project Hosting”页面, 单击右上角的“Sign in”链接进行登录, 再单击右上角的“Settings”链接, 然后可在“My Profile”选项卡里看到所有项目。项目网址为 https://*myprojectname*.google code.com/svn/trunk, 其中的 *myprojectname* 是“My Profile”选项卡里显示的项目名字。

在“Checkout”对话框中单击“OK”按钮之后, 就会显示图 2.3 所示的对话框。用户名称 (Username) 是 Google 登录名。但 Password 并非 Google 的登录密码, 而是一个自动生成的密码。该密码可以在 Google Code 的“Settings”页面上获得 (见上一段落)。勾选对话框中的“Save authentication”(存储身份验证) 复选框, 以后就不用再次登录了。在自己的计算机上工作时可勾选此复选框, 在共享的计算机上则万万不可。

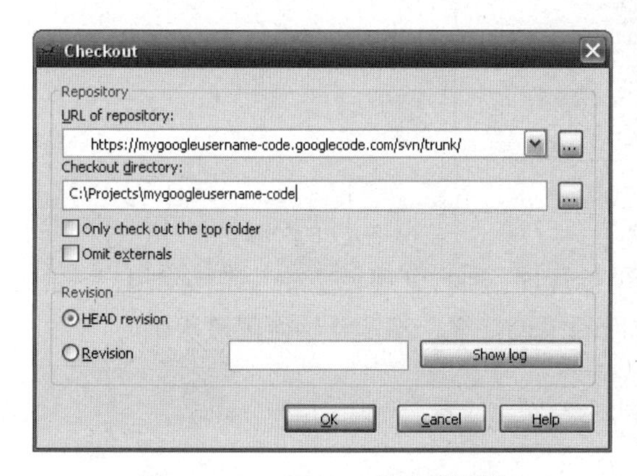

图 2.2 TortoiseSVN 签出对话框

图 2.3 TortoiseSVN 用户身份验证对话框

身份验证后, TortoiseSVN 会将 (“签出”) 整个版本库的内容下载至本地磁盘。若是刚设置的版本库, 下载的内容就会是——什么都没有! 刚才建立的本地文件夹仍然是空的。然而, 该文件夹已经连接上 Google Code (或其他 Subversion 服务器)。刷新 Windows 资源管理器窗口 (按 F5 键), 就会看到文件夹图标上多了一个绿底白色小钩。此图标表示该文件夹已连接至 Subversion 版本库, 并且其内容是最新的。[1]

1 这个小钩代表该文件夹 (或文件) 是正常状态, 不代表是最新的版本。——译者注

2.1.6 文件版本、更新和提交

如之前提及的，所有版本控制系统，如 Subversion 等，其最关键功能之一就是可以在服务器里维护中央版本库，即所有源代码的“主 (master)”版本，以允许多位程序员在同一软件代码库上工作。服务器维护每个文件的版本历史，如图 2.4 所示。此功能对于大规模的多程序员项目来说是至关重要的。例如，某人提交了包含错误的代码，导致“生成失败”，版本控制系统就可以轻易回溯，还原那些改动，并能从日志 (log) 里找到“肇事者”！此外，还可以取得任何时间的代码快照 (snapshot)，用来工作、示范或修正该软件之前的版本。

每位程序员都可在其计算机上取得本地副本。以 TortoiseSVN 作为例子，如之前所述，可以“check-out (签出)”版本库取得初始的工作副本。用户应定期更新本地副本，以取得其他程序员的改动。也可右击文件夹，从弹出菜单中选择“SVN Update”命令以更新本地副本。

在本地副本上修改代码，并不会影响到其他程序员 (见图 2.5)。当准备好和其他人分享改动时，便可以提交 (commit) 改动至版本库 (也称为提交或签入)。可右击想要提交的文件夹，从弹出菜单中选择“SVN Commit...”命令，便会弹出如图 2.6 所示的对话框，让用户确认改动。

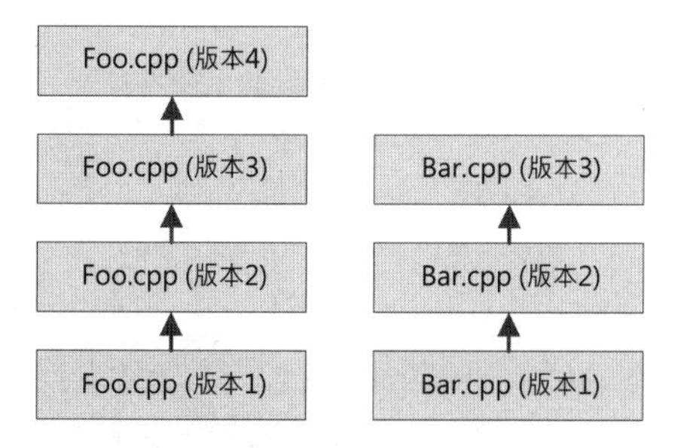

图 2.4 文件的版本历史

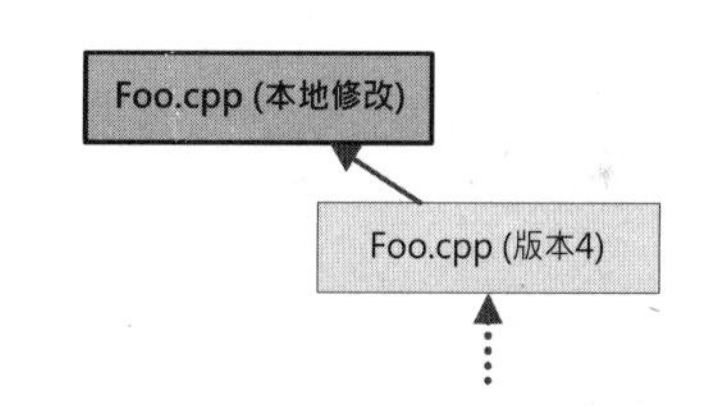

图 2.5 在本地副本上修改代码

进行提交操作时，Subversion 会针对每个文件产生其本地版本和最新版本之间的区别 (diff)。术语“区别”是指差异 (difference)，通常由逐行比对文件的两个版本而来。在 TortoiseSVN 的提交对话框中 (见图 2.6) 双击一个文件，就可以看到该文件的本地版本和服务器上最新版本的区别 (即该用户做出的本地改动)。只有改动过的文件 (即任何“有区别”的文件) 才可以提交。提交后，该用户的本地版本成为服务器上的最新版本，服务器中也会增加一笔版本历史记录。提交时预设会忽略没改动的文件 (即本地版本和版本库中的最新版本一致)。图 2.7 显示了一个提交操作的例子。

若用户在提交前创建了新的本地文件，这些文件会在提交对话框中列为“non-versioned (未受版本控制)”。只要勾选这些文件旁边的复选框，就可以把该文件添加至版本库。在本地删除

的文件，会在列表中显示为“missing (缺少的)”。若勾选这些文件的复选框，则这些文件就会从版本库中被删除。此外，还可以在提交对话框中撰写注释，这些注释将会被加到版本库的历史日志里，将来该用户及其他团队成员便可知道为何提交那些文件。[1]

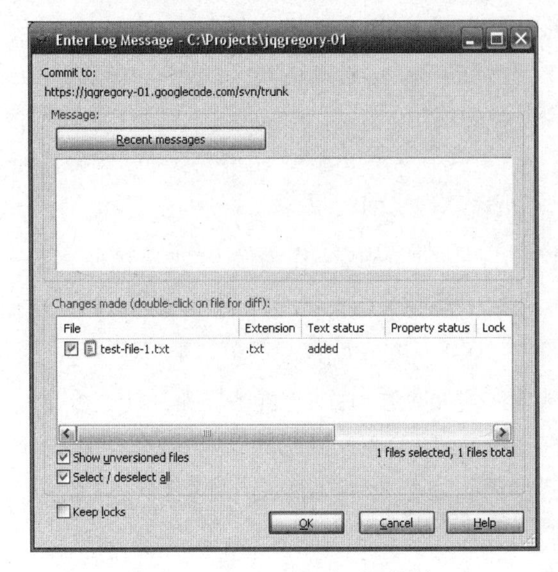

图 2.6 TortoiseSVN 提交对话框

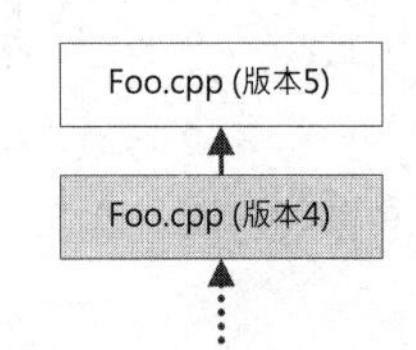

图 2.7 提交本地改动至版本库

2.1.7 多人签出、分支及合并

一些版本控制系统需要*独占签出* (exclusive check-out)。即，若用户试图修改某文件，必须首先签出和锁定该文件。签出后的文件在本地磁盘中变成可写入的，而这些文件不能被其他人签出。其他受版本控制的文件在本地磁盘中是只读的。修改文件完成后，可以签入该文件。此操作会为文件解锁，并将改动提交至版本库，使其他人能分享这些改动。独占锁定文件的机制，确保不会有两人同时修改同一个文件。

Subversion、CVS、Perforce 及许多其他高质量版本控制系统都提供*多人签出* (multiple check-out) 功能——一位用户在编辑某个文件的同时，其他人也可以修改该文件。哪位用户首先提交文件，该文件就能成为版本库内的最新版本。之后，其他人提交该文件时，便必须把自己的改动和之前已提交的文件合并。

由于同一个文件有多于一组改动 (区别)，所以版本控制系统必须*合并* (merge) 这些改动，

1 要尽量使每个提交都完整独立、意图清晰，例如新增了某个功能，或修正了某个 bug。把提交的意图写进注释对版本管理很重要。良好的注释可以让团队成员更快速地追踪问题。——译者注

以产生该文件的最终版本。合并通常并非难事, 实际上版本系统可自动解决很多合并冲突。例如, 若一位程序员修改了 `f()` 函数, 而另一位程序员修改了 `g()` 函数, 那么两人在同一文件的修改行数范围便不一样。在这种情况下, 合并二人的改动并无冲突, 可自动合并。然而, 若二人同时修改函数 `f()`, 第二位提交者便必须进行三路合并 (three-way merge) (见图 2.8)。

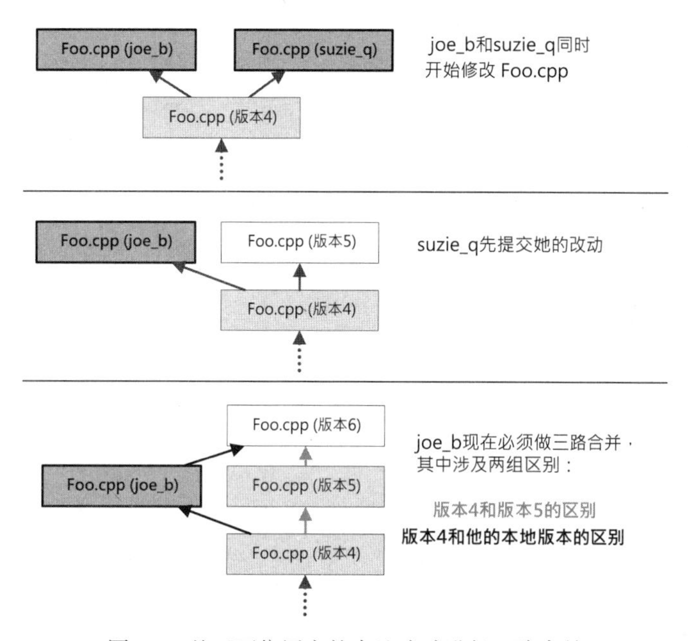

图 2.8　基于两位用户的本地改动进行三路合并

为了支持三路合并, 版本控制系统需要足够聪明, 知道用户目前的本地文件是哪个版本。当合并文件时, 系统就能得知文件是基于哪个版本的 (即共同的祖先版本, 如图 2.8 所示中的第 4 个版本)。

Subversion 允许多人签出, 事实上 Subversion 根本不需要用户明确地签出文件。用户可简单地修改本地文件, 任何时候所有本地文件都是可写入的。(顺带一提, 笔者认为这是 Subversion 不能延伸应用至大规模项目的原因之一。为找到被修改的文件, Subversion 必须搜索整个目录下的源文件, 而这个过程可能很慢。版本控制系统如 Perforce, 则会明确地跟踪那些被修改的文件, 这样管理大量代码时就更方便了。但对于小型项目, Subversion 的工作方式没有什么问题。)

右击任何一个文件夹, 并从弹出菜单中选择 "SVN Commit..." , 就可做提交操作。提交时可能会有提示, 需要与其他人的修改进行合并。但若更新本地副本之后, 并无其他人提交修改, 该用户提交时并不需要额外的操作。此功能很方便, 但可能是危险的。建议每次提交时, 都小心检查提交内容, 保证不会提交了无意要修改的文件。当 TortoiseSVN 显示提交对话框时, 可以双击每个文件去显示其区别, 最后再单击“OK”按钮提交。

2.1.8 删除

从版本库中删除一个文件时, 该文件并非完全消失了。该文件其实仍保留在版本库中, 只是其最后版本被简单标记为“已删除”。这么做的原因是, 用户取得最新版本时, 本地副本便不会再包含该文件。用户仍然可以查看及存取该文件之前的版本, 方法是右击该文件所在的目录, 并在 TortoiseSVN 菜单里选择“Show log (显示日志)”命令。

用户可以撤销删除 (undelete) 文件操作, 方法是更新本地目录到刚删除前的版本, 并重新提交该文件。此操作用删除前的版本替换已删除的版本, 实际效果就是对该文件撤销删除操作。

2.2 微软 Visual Studio

编译式语言, 如 C++, 需要使用编译器 (compiler) 及链接器 (linker), 把源代码转换成可执行程序。市面上有不少 C++ 的编译器/链接器, 而在微软 Windows 平台上, 最常用的套装软件应该是微软 Visual Studio。配备全功能的 Visual Studio 专业版 (professional) 可在微软官方商城线上购买。另外, Visual Studio 速成版 (Express), 即 Visual Studio 的轻量级版本, 可于网站[1]免费下载。微软开发者网络 (Microsoft Developer's Network, MSDN) 也提供了 Visual Studio 及 C/C++ 标准库的在线文档。[2]

Visual Studio 不只是编译器和链接器, 更是一个集成开发环境 (integrated development environment, IDE), 包含为源代码而设置的高质量全能型文本编辑器 (text editor), 以及强大的源代码层级 (source-level) 和机器层级 (machine-level)调试器 (debugger)。本书的主要焦点是 Windows 平台, 因此会较深入地探讨 Visual Studio。但本节的大部分内容, 也可应用于其他编译器、链接器、调试器。所以笔者建议, 即使读者不打算使用 Visual Studio, 也应稍微了解一下本节有关一般编译器、链接器、调试器的使用技巧。

---

1 现在微软以 Community 取代 Express 版本, 可在 `https://www.visualstudio.com/downloads/` 下载。——译者注

2 `http://msdn.microsoft.com/en-us/library/52f3sw5c.aspx`

2.2.1 源文件、头文件及翻译单元

用 C++ 编写的程序由源文件 (source file) 所组成。常见的 C++ 源文件的扩展名为 .c、.cc、.cxx 和 .cpp, 这些文件中包含程序的大量源代码。因为编译器每次只翻译一个 C++ 源文件至机器码, 所以在技术上, 源文件被称为翻译单元 (translation unit)。

有一种特殊的源文件被称为头文件 (header file)。头文件通常用于在多个翻译单元之间分享信息, 例如类型声明及函数原型。C++ 编译器并不 "了解" 头文件, 实际情况是, C++ 预处理器 (preprocessor) 预先把每个 `#include` 语句替换为相对应的头文件内容, 然后再把翻译单元送交编译器。这是头文件和源文件之间一个细微但非常重要的区别。从程序员角度来看, 头文件是独立的文件, 但多亏有预处理器把头文件展开, 编译器接收到的才都是翻译单元。

2.2.2 程序库、可执行文件及动态链接库

编译翻译单元后, 输出的机器码会存储在对象文件 (在 Windows 下采用 .obj 扩展名, 在基于 UNIX 的系统里则是 .o) 中。对象文件中的机器码具有如下特征。

- 可重定位的 (relocatable): 未决定代码的内存地址。
- 未链接的 (unlinked): 未解决的外部函数参考, 以及翻译单元外定义的全局数据。

对象文件可以集合成程序库 (library)。程序库只是一个简单的存档 (archive), 像 ZIP 或 tar 文件一样, 包含零到多个对象文件。程序库只是为方便而设置, 允许把大量的对象文件集合成单个易用的文件。

链接器把对象文件和程序库链接成可执行文件 (executable)。可执行文件包含完全解析的机器码, 操作系统可载入及执行这些机器码。链接器的工作包括:

- 计算全部机器码的最终相对地址, 即当程序执行时机器码在内存中的分布。
- 确保正确地解析每个翻译单元 (对象文件) 的所有外部函数参考和全局数据。

谨记可执行文件里的机器码仍然是浮动的, 即文件中的所有指令和数据地址相对于一个任意的基址, 而非绝对地址。直至程序载入内存, 在执行之前, 程序的最终绝对基址才会决定下来。

动态链接库 (dynamic linked library, DLL) 是一种特殊的库, 其行为像正常的静态链接库和可执行文件的混合体。DLL 的行为像库, 因为它包含函数, 供其他多个不同的可执行文件调用。然而, DLL 的行为也像可执行文件, 因为操作系统能独立地载入 DLL, 而且 DLL 可包含

启动及终止代码，其执行方式和 C++ 可执行文件的 `main()` 函数相似。

使用了 DLL 的可执行文件含有未完全链接 (partially linked) 的机器代码。在最后的可执行文件中，已解析大多数函数及数据参考，但是存于 DLL 的函数和数据参考则维持未链接的状态。当运行可执行文件时，操作系统需要解析所有未链接的函数。在此过程中，操作系统会找出合适的 DLL 文件，若该 DLL 文件不在内存中则要载入，之后需要修正一些内存地址。载入动态链接库是操作系统非常重要的功能，因为这样就可以只更新个别 DLL，而不需要更新使用到这些 DLL 的可执行文件。

2.2.3 项目及解决方案

理解了库、可执行文件和动态链接库的区别之后，我们便可学习如何创建它们了。在 Visual Studio 里，*项目* (project) 是源文件的集合。编译项目会产生库、可执行文件或 DLL。在 Visual Studio 2010 和 2012 中，项目被存储为以 .vcxproj 为后缀的项目文件。这些文件是 XML 格式的，方便人们阅读，甚至在有需要时可进行手工编辑。

从第 7 版 (Visual Studio 2003) 开始，Visual Studio 的各版本都采用*解决方案文件* (solution file) (扩展名为.sln 的文件)，负责容纳及管理项目的集合。解决方案是项目的集合，包含彼此有依赖性及没有依赖性的项目，用以生成一个或多个库、可执行文件及 DLL。在 Visual Studio 的图形用户界面中，如图 2.9 所示，*解决方案资源管理器* (Solution Explorer) 通常显示在主视窗的左侧或右侧。

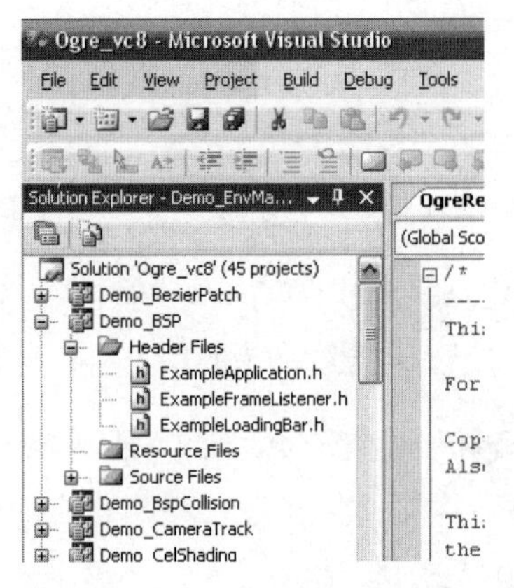

图 2.9 Visual Studio 解决方案资源管理器

解决方案资源管理器是一个树状视图。方案本身置于根节点，而项目则是方案的直系子代。源文件和头文件被视为项目的子代。项目可包含任意数量的用户自定义文件夹，可嵌套至任何深度。文件夹只作为组织用途，和文件在本机磁盘上的目录结构无关。然而，按照磁盘上的目录结构来设立项目文件夹是常见惯例。

2.2.4 生成配置

C/C++ 的预处理器、编译器和链接器都提供了大量选项，用来控制代码生成的方式。这些选项通常由执行编译器的命令行设定。例如，使用微软编译器，生成一个翻译单元的典型命令行如下：

```
C:\> cl /c foo.cpp /Fo foo.obj /Wall /Od /Zi
```

此命令行告诉编译器和链接器编译但不链接（/c）foo.cpp 翻译单元，将结果输出到 foo.obj 对象文件（/Fo foo.obj），打开所有警告（/Wall），关掉所有优化（/Od）并产生调试信息（/Zi）。

现代的编译器提供了大量选项，每次生成代码时都重新指定这些选项，这既不现实又易犯错，因此*生成配置*（build configuration）应运而生。生成配置是解决方案内个别项目的预处理器、编译器和链接器的选项集合。程序员可设置任意数量的生成配置，可任意命名，并在每个生成配置中设定不同的预处理器、编译器和链接器选项。默认把同一组选项应用到项目中的每个翻译单元，但也可以在个别翻译单元上做特殊设置，以替代项目的全局设置。（笔者建议，如非必要，避免使用此设置方式，因为很难分辨哪些 .cpp 有自定义设置，哪些没有。）[1]

多数项目都至少有两个生成配置，通常名为"调试（Debug）"和"发布（Release）"。发布生成做最终软件出版之用，而调试生成则做开发之用。调试生成比发布生成运行得慢，但调试生成向程序员提供了宝贵的开发及调试信息。

2.2.4.1 常用生成选项

本节会列举一些游戏引擎项目生成设置中最常见的选项。

预处理器设置 C++ 预处理器处理 #include 文件的展开，以及处理 #define 宏（macro）的定义和替换。所有现代的 C++ 预处理器皆有一个极强大的功能，就是可以通过命令行定义预处理宏（因而也能通过生成配置定义）。用这种方式定义宏，和在代码中编写 #define 指令等效。多数编译器提供此功能的命令行选项为 -D 或 /D，此选项可出现多次。

此功能让生成选项和代码沟通，而不需要修改代码本身。举一个常见的例子，在调试生成中必然会定义 _DEBUG 符号，而在发布生成中会定义 NDEBUG 符号进行替代。源代码可以

1 有些情况下，可以在源文件或头文件中使用 #pragma 指令去设置一段代码的编译选项。例如，#pragma optimize("", off) 可以关闭优化，方便调试某个翻译单元，甚至某个函数。——译者注

检查这些符号，去“了解”目前是生成调试模式还是发布模式。这称为*条件编译* (conditional compilation)。例如:

```
void f()
{
#ifdef +\textbf[_DEBUG]
    printf("Calling function f())\n");
#endif
    // …
}
```

编译器也可以基于其编译环境和目标平台的信息，自由地将“魔法”预处理宏加入代码中。例如，当编译一个 C++ 文件时，大多数编译器会定义 __cplusplus 宏，从而能编写代码自动地适应 C 或 C++ 编译。

又例如，每个编辑器都会通过一个“魔法”宏，让代码识别编译器。当用微软的编译器编译代码时，编译器会定义 _MSC_VER 宏；当使用 GNU 编译器 (gcc) 时，则会定义 __GNUC__ 宏，其他编译器也如是。[1] 与此相似，执行代码的目标平台也是用宏来定义的。例如，生成 32 位 Windows 机器的执行代码时，就会定义 _WIN32 符号。可以利用这些关键功能去编写跨平台代码，因为这些宏使代码“了解”目前被哪个编译器编译，并需要编译至哪个目标平台。

编译器设置 控制编译器产生的对象文件是否包含*调试信息* (debugging information) 是最常见的编译选项之一。调试器使用此信息去逐步执行代码、显示变量的值等。调试信息会增大磁盘上的可执行文件大小，也会方便黑客做反向工程。因此，最终发布的可执行文件必会去除这些调试信息。然而，在开发期间，调试信息是无价之宝，应该经常包含在生成的代码中。

另外，也可以控制编译器是否展开*内联函数* (inline function)。如关掉内联函数展开，每个内联函数在内存中只有一份，有唯一的内存地址。这样设置，使用调试器追踪代码时就容易得多，但其明显的代价是放弃了正常内联函数执行速度的提升。

内联函数展开是被称为*优化* (optimization) 的泛代码转换例子之一。可以使用编译器选项控制编译器去尝试优化代码的进取性 (aggressiveness)，以及使用哪些优化方法。优化可能会打乱代码里的语句次序，完全去除一些变量，把变量移到不同地方，或在函数里将 CPU 寄存器 (register) 作为新用途重复使用。经优化的代码常会迷惑大多数调试器，令调试器以不同方式对用户“说谎”，并难以观察真实的执行情况。因此，在调试生成中，通常会关上优化选项。这样一来，每个变量、每行代码都会和原来编写的保持一致。但是，未经优化的代码，执行时较

---

1 _MSC_VER 的值为微软编译器的版本号，如用 9.0 版本编译时，_MSC_VER 的值为整数 1500。__GNUC__ 和 __GNUC_MINOR__ 则是 gcc 的主要及次要版本号。——译者注

完全优化的代码会慢许多。

链接器设置 链接器也提供了多个选项, 例如, 控制输出文件的类型 (如可执行文件或 DLL), 指定将哪些外部库链接至可执行文件, 以及指定搜索哪些程序库的路径。惯例之一, 调试时, 可执行文件链接调试用的库, 发布版本则链接优化的库。

链接器选项也可控制堆栈大小、程序载入内存时的首选基址、代码在哪些平台上执行 (以做平台相关的优化), 以及许多其他细节选项, 不在此展开叙述。

2.2.4.2 典型生成配置

通常, 游戏项目不止有两种配置。以下是笔者在游戏开发中遇到的一些常见配置。

- *调试* (Debug): 调试生成版本是非常慢的程序版本。此版本关闭了各种优化, 禁用了所有函数内联, 并且包含完整的调试信息。此生成版本用来测试新代码, 以及调试在开发过程中出现的几乎所有最不平凡 (nontrivial) 的问题。
- *发布* (Release): 发布生成版本是较快的程序版本, 但仍然保留调试信息并开启断言 (assertion)。(关于断言可见第 3.3.3.3 节。) 游戏能表现接近最终产品的运行速度, 并留有机会去调试问题。
- *制作* (Production): 制作生成配置是为生成最终发行给消费者的游戏版本而设置的。此配置有时也被称作 “最终 (Final)” 或 “光盘 (Disk)” 配置。制作生成配置与发布生成的差别在于前者去除了所有调试信息, 通常关闭了所有断言, 并完全启动优化。调试制作生成版本非常棘手, 但制作生成版本是最快及最精干的生成类型。
- *工具* (Tools): 有些游戏工作室的工具和游戏本身会共用代码库。在此方案中, 加入 “工具” 生成配置很合理, 用于为工具条件编译共用代码。工具生成配置一般会定义一个预处理宏 (如 `TOOLS_BUILD`), 以告之代码当前是在生成工具用的版本。例如, 某个工具可能需要一些 C++ 类提供编辑用函数, 而这些函数在游戏中并不需要, 那么就可以用 `#ifdef TOOLS _BUILD... #endif` 指令包围这些函数。由于工具通常也要分调试和发布版本, 所以开发者会建立两个工具生成, 如命名为 “ToolsDebug” 及 “ToolsRelease”。

混合生成版本 混合生成版本 (hybrid build) 是指在其配置中, 大部分翻译单元是发布模式, 只有一小部分翻译单元为调试模式。使用这种配置, 容易调试当前要监视的代码, 而其余的代码能继续以全速运行。

基于文本的生成工具, 如 `make`, 能很容易地设置混合生成。用户能以翻译单元为单位把某些翻译单元设置为调试模式。大致做法是: 定义一个 make 变量, 如 `$HYBRID_SOURCES`, 列举所有要设置为调试模式的翻译单元 (.cpp 文件); 设置生成规则, 编译所有翻译单元的调试及发布两个版本, 并将每个对象文件 (.obj/.o) 按其版本分别输出到两个文件夹; 设定最终的链接规则, 链接 `$HYBRID_SOURCES` 列举的对象文件调试版本, 以及其他对象文件的发布版本。若设置正确, `make` 的依赖规则能处理余下的工作。[1]

可惜, 在 Visual Studio 中并不容易做到同样的事情。因为 Visual Studio 的生成配置是以项目为单位, 而不是以翻译单元为单位的。问题的症结在于不能列举要生成调试模式的翻译单元。然而, 若源代码已经组织成库, 就可以在解决方案层面上, 设立“混合”生成配置。此配置可挑选所需项目, 并为每个项目 (也因而为每个库) 选择采用调试版本还是发布版本。虽然这不如按每个翻译单元设置那么有弹性, 但若库的粒度足够细, 仍是一个不错的方法。

生成配置和可测试性 项目支持的生成配置越多, 也就越难测试。虽然配置之间可能相差无几, 但一些 bug 仍有可能只出现在某个配置中, 而不出现在其他配置中。因此, 每个配置都必须彻底测试。多数游戏工作室并不正式测试调试生成版本, 因为调试配置主要用于开发新功能时, 以及在其他配置遇到问题时做调试之用。然而, 若测试人员花大部分时间测试发布配置, 那么并不能在制作母片 (gold master)[2] 的前夜, 直接制作出游戏的制作生成版本, 并期望它的 bug 状况与发布生成版本一模一样。实际上, 在 alpha 到 beta 测试阶段, 测试团队应同样彻底地测试发布及制作生成版本, 保证制作生成版本不会暗藏任何烦扰人的意外情况。保持最少数量的生成配置, 最有利于测试。事实上, 有些工作室为此而不加入制作生成配置, 彻底地测试发布生成后, 就直接发行发布生成 (但这去除了调试信息)。

2.2.4.3 项目配置教程

在解决方案资源管理器中右键单击一个项目, 在快捷菜单中选“属性 (Properties)”命令就会出现“项目属性页 (Project Property Pages)”对话框。对话框左侧的树状视图中显示了各类设置, 其中最常用的 4 个种类是常规 (General)、调试 (Debugging)、C/C++ 和链接器 (Linker)。

配置下拉组合框 注意, 在对话框的左上角有标示为“配置 (Configuration)”的下拉组合框。属性页内显示的所有属性, 都会应用于个别的生成配置。如果在调试配置里设定了一个属性, 不意味着在发布配置中也有同样的设定。

单击配置下拉组合框, 可以在列表中选择一个或多个配置, 并有“所有配置 (All Configurations)”可供选择。这意味着不会在发布配置中也有同样的设定。根据经验, 最好选择“所有

---

1 因为链接只依赖部分调试和发布版本的对象文件, 所以 `make` 就能自动找到对应的翻译单元。并且, 每个翻译单元只会编译一个版本 (调试或发布)。——译者注

2 gold master 是指把软件拿去生产 (如复制零售光盘) 的版本。——译者注

配置 (All Configurations)” 去编辑大部分的生成配置。这么做，不需要为每个配置重复编辑，可避免在某个配置中意外犯错。然而，一些在调试和发布配置中的设置需要有所区别。例如，内联函数和代码优化的设置，在调试和发布生成中就截然不同。

常规属性页 在图 2.10 所示的常规 (General) 属性页中，最有用的属性如下。

- **输出目录** (Output Directory)：决定生成的最终产品 (一个或多个文件) 放于哪个目录之下。编译器/链接器最终输出可执行文件、库和 DLL。[1]
- **中间目录** (Intermediate Directory)：定义中间文件在生成时输出的目录。中间文件主要为对象文件 (扩展名为 .obj)。中间文件不需要包含在最终程序发行版里，而只是在生成可执行文件、库和 DLL 过程时所需。因此，将中间文件和最终产品 (.exe、.lib、.dll 文件) 放在不同的目录里是不错的主意。

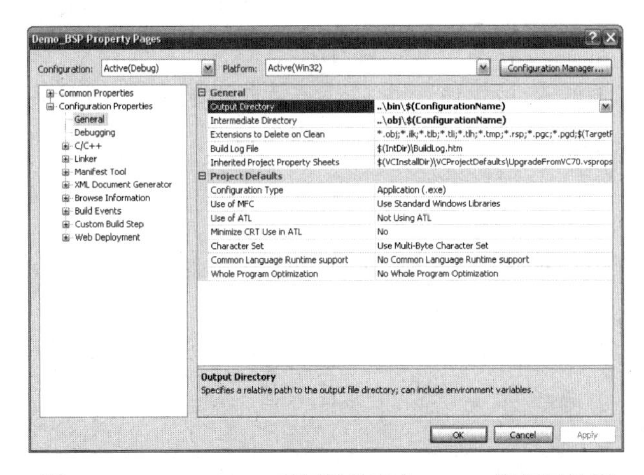

图 2.10 Visual Studio 项目属性页之一——常规属性页

注意，Visual Studio 提供了宏 (macro) 功能，这些宏能用来在项目属性页中设置目录或其他属性。宏的本质是命名变量 (named variable)，变量的值是按项目配置而全局设置的。

只要把宏的名字用括号包围并前置美元符号 (如 `$(ConfigurationName)`) 便可使用。一些常用的宏列举如下。

- `$(TargetFilename)`：项目生成的最终可执行文件、库或 DLL 的文件名。
- `$(TargetPath)`：最终可执行文件、库或 DLL 的绝对路径。
- `$(ConfigurationName)`：生成的配置名称，典型的值为 “Debug” 或 “Release”。
- `$(OutDir)`：在该对话框 “输出目录 (Output Directory)” 中设置的值。

1 这些文件都是由链接器 (而非编译器) 产生的。——译者注

- `$(IntDir)`: 在该对话框“中间目录 (Intermediate Directory)”中设置的值。
- `$(VCInstallDir)`: 安装 Visual C++ 的目录。

相对手工硬性指定属性值, 使用宏的好处是, 修改宏的全局值会自动影响所有使用该宏的设置。而且, 一些宏如 `$(ConfigurationName)` 能按生成配置自动改变其值, 因而可以在所有配置中使用一样的设置。

要查看所有可用的宏, 单击输出目录 (Output Directory) 或中间目录 (Intermediate Directory) 属性右方的下拉箭头, 选择“Edit (编辑)...”, 在弹出的对话框中单击“Macros(宏)”按钮。

调试属性页 在调试 (Debugging) 属性页中, 可指定要调试的可执行文件的名称及所在位置。在本页中也可指定命令行参数, 在运行时传递至程序。调试程序的方法会在稍后详细讨论。

C/C++ 属性页 C/C++ 属性页控制编译期的语言设置, 影响代码如何从源文件编译至对象文件 (扩展名为 .obj)。本页的设置并不影响对象文件最终链接到可执行文件或 DLL。

在这里, 鼓励读者探索 C/C++ 属性页中的各个分页, 了解有什么设置可用。以下介绍一些常用的设置。

- *常规属性页/附加的包含目录* (General Property Page/Additional Include Directories): 此区域列举了当读取 `#include` 头文件时所搜寻的目录。[1]

  重要提示: 最好使用相对路径及/或 Visual Studio 提供的宏去设置这些目录, 如 `$(OutDir)`、`$(IntDir)`。这么做, 即使把生成目录移到磁盘中的其他位置或其他计算机, 编译仍然可以照常运行。[2]
- *常规属性页/调试信息格式* (General Property Page/Debug Information Format): 此区域控制是否产生信息格式。一般来说, 调试及发布配置都包含调试信息, 方便在开发游戏时追查问题。最终的制作生成应该去除所有调试信息, 防止程序被他人修改。
- *预处理器属性页/预处理器定义* (Preprocessor Property Page/Preprocessor Definitions): 此区域可方便地列出任意数量的 C/C++ 预处理符号, 当编译源文件时这些符号会被定义。之前的 2.2.4.1 节包含了对预处理定义符号的讨论。

链接器属性页 链接器 (Linker) 属性页控制对象文件如何链接成可执行文件或 DLL。再次鼓励读者探索各个分页。一些常用的设置介绍如下。

1 多个目录可用分号分隔。——译者注
2 这里指尽量不使用绝对路径。——译者注

- 常规属性页/输出文件 (General Property Page/Output File): 设置生成最终产品 (一般为可执行文件或 DLL) 的文件名及所在目录。
- 常规属性页/附加库目录 (General Property Page/Additional Library Directories): 如同 C/C++ 属性页的附加包含目录属性, 当链接时要读取库或对象文件, 就会搜寻此属性列出的目录。
- 输入属性页/附加依赖项 (Input Property Page/Additional Dependencies): 此区域列出需要和可执行文件或 DLL 链接的外部库。例如, 要生成使用 OGRE 的应用程序, 就在此属性中加入 OGRE 的库。

此外, 要注意, Visual Studio 提供了一些"魔法咒语"指定需要链接哪些库。例如, 源代码中的特殊 `#pragma` 指令, 用来告诉链接器去自动链接某个库。因此, 不能从"附加依赖项"中看到所有实际上会链接的库 (事实上, 这是此属性称为*附加*依赖项的原因)。读者或许会注意到, 例如, 在 DirectX 应用程序中不需在附加依赖项手工列出所有的 DirectX 库, 仍能正常链接, 其中就是运用了 `#pragma` 指令。

2.2.5 调试代码

任何程序员都必须学习的最重要技巧之一就是如何高效地调试代码。本节提供一些有用的调试窍门和招式。其中有一些能应用在任何调试器中, 另一些是微软 Visual Studio 专用的。然而, 通常可在其他调试器中找到对应 Visual Studio 的调试功能。因此, 即使不使用 Visual Studio 去调试代码, 本节对读者也有帮助。

2.2.5.1 启动项目

Visual Studio 的解决方案可含有多个项目。其中一些项目会生成可执行文件, 其余的生成库或 DLL。在一个解决方案中, 可能含有多个生成可执行文件的项目。然而, 某一刻不能调试多于一个程序。因此, Visual Studio 提供了一个名为"Start-Up Project (启动项目)"的设置。程序员每次调试项目时, 会设置单个启动项目, 但也可以同时调试多个项目, 可参考网站[1] 上的介绍。调试器把启动项目视为当前要调试的项目。

在解决方案资源管理器中, 启动项目以粗体显示。默认地, 若启动项目生成可执行文件, 按 F5 键会生成启动项目, 并在调试器中运行生成的 .exe 文件。(从技术上来说, 按 F5 键能运行调试属性页面中任意设定的命令, 不限于运行项目所生成的 .exe 文件。)

1 http://msdn.microsoft.com/en-us/library/0s590bew(v=vs.100).aspx

2.2.5.2 断点

断点 (breakpoint) 是代码调试的基本所需。每个断点都可以使得调试器在程序中的某行停下来，以便观察程序当时的运行状况。

在 Visual Studio 中，可选择某行代码并按 F9 键切换断点。当程序运行到含断点的代码行时，调试器便会停止运行程序。此谓断点被命中 (hit)。如图 2.11 所示，一个小箭头表示 CPU 的程序计数器 (program counter) 目前位于哪行代码。

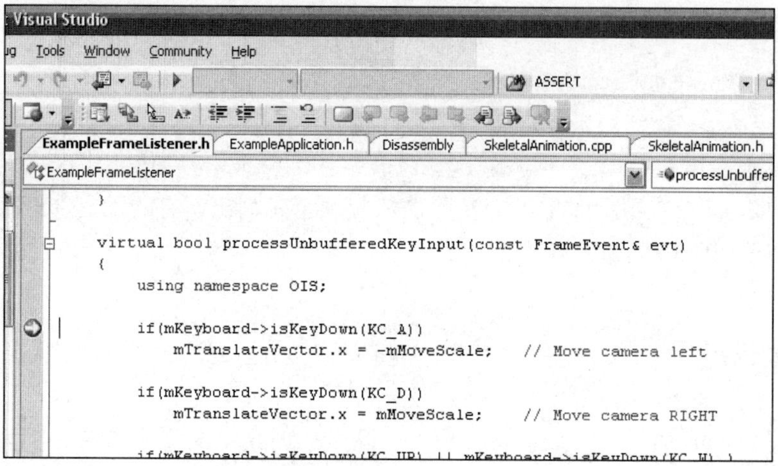

图 2.11 在 Visual Studio 中设置断点

2.2.5.3 单步执行代码

当断点被命中时，可按 F10 键单步执行代码。黄色程序计数器会移动，显示程序执行的代码行。按 F11 键能逐语句进入 (step into) 函数调用 (即下一行代码是被调用函数的首行)，而按 F10 键则逐过程 (step over) 而不进入函数调用 (即调试器以全速调用函数，并在调用结束后再次停下来)。

2.2.5.4 调用堆栈

如图 2.12 所示的调用堆栈 (call stack) 窗口能显示任何时刻的函数调用堆栈。可在主菜单栏选择 "Debug → Windows → Call Stack (调试 → 窗口 → 调用堆栈)" 以显示调用堆栈窗口。

命中断点时 (或手动暂停程序)，双击调用堆栈窗口中的条目，就可在调用堆栈里上下移动。此操作非常有用，能检查从 `main()` 开始调用至目前代码行的一连串函数调用。例如，有时候在深层的嵌套函数调用中，此方法能往上追查父代函数，从而找出 bug 的源头。

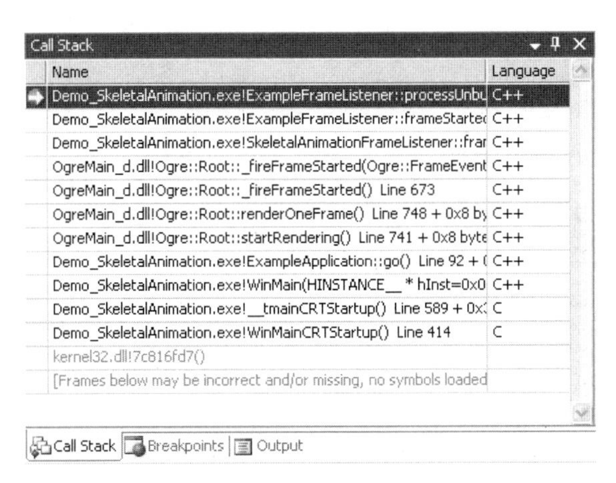

图 2.12 调用堆栈窗口

2.2.5.5 监视窗口

当单步执行代码并在调用堆栈里上下移动时，程序员需要检查程序中变量的值。**监视窗口** (watch window) 就是为此而设置的。要打开监视窗口，可在主菜单栏中选择“Debug → Windows → Watch (调试 → 窗口 → 监视)”，然后选择监视 1 至监视 4(Visual Studio 允许同时开启 4 个监视窗口)。开启监视窗口以后，可在窗口键入变量的名字，或从源代码直接将表达式拖动至窗口。

从图 2.13 可看到，简单数据类型的变量，其值会在变量名右方直接显示。复杂数据类型的变量，其值会以树状视图显示，可展开节点往下观看到几乎所有嵌套结构。一个实例的基类总是显示为其派生类的首个子节点。因此，不但可以检查类的数据成员，而且可以检查其多个基类的数据成员。

在监视窗口中可以输入几乎任何有效的 C/C++ *表达式* (expression)，Visual Studio 会对这些表达式取值，并尝试显示其结果。例如，输入“5+3”，Visual Studio 会显示“8”。我们也可以使用 C/C++ 的语法转换变量的类型。例如，在监视窗口输入“`(float)intVar1/(float)intVar2`”，会以浮点数显示两整数变量之比。

监视窗口除了可显示变量的值，还可以*调用程序中的函数*。Visual Studio 会自动重新为监视窗口内的表达式取值，因此，若在监视窗口内输入包含函数的表达式，每次命中断点或单步执行代码时都会调用那些函数。此技巧可帮助用户在调试器中，运用程序本身去诠释要检查的数据。例如，假设某游戏引擎提供了一个名为 `quatToAngleDeg()` 的函数，可把四元数 (quaternion) 转换为旋转角度的度数。程序员便可以在监视窗口调用此函数，可更容易地在

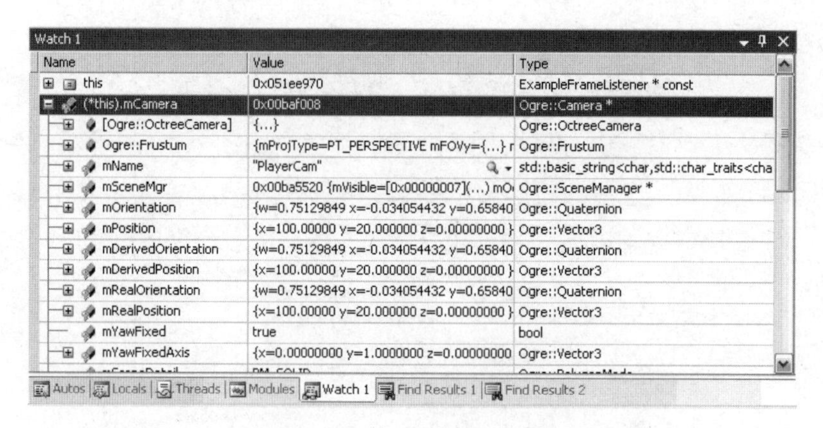

图 2.13 Visual Studio 的监视窗口

调试器中检查任何四元数的旋转角度。

此外, 也可以使用几个后缀去改变 Visual Studio 显示数据的方式, 如图 2.14 所示。

- “,d”后缀强制把值以十进制数显示。
- “,x”后缀强制把值以十六进制数显示。
- “,*n*”后缀 (n 为任意正整数) 强制 Visual Studio 把该值视为一个有 n 个元素的数组。此后缀可以用来展开以指针参考的数组数据。

当在监视窗口中展开特大型的数据结构时, 请务必小心, 因为这么做有时候会使调试器速度变慢, 甚至严重到不能使用的地步。

Watch 1

Name	Value	Type
mCamera->mSceneMgr->mLastFrameNumber,x	0x0000512c	unsigned long
mCamera->mSceneMgr->mLastFrameNumber,d	20780	unsigned long
mCamera->mCullFrustum->mFrustumPlanes,6	0x0000010c {normal={...	Ogre::Plane [6]
[0x0]	{normal={...} d=??? }	Ogre::Plane
[0x1]	{normal={...} d=??? }	Ogre::Plane
[0x2]	{normal={...} d=??? }	Ogre::Plane
[0x3]	{normal={...} d=??? }	Ogre::Plane
[0x4]	{normal={...} d=??? }	Ogre::Plane
[0x5]	{normal={...} d=??? }	Ogre::Plane

图 2.14 在 Visual Studio 监视窗口中使用逗号后缀

2.2.5.6 数据断点

常规的断点触发条件是 CPU 的程序计数器命中某个机器指令或代码行。然而, 现在的调试器提供另一个极有用的功能, 就是能够设立另一种断点, 其触发条件是数据写入 (即改变) 某指定地址，所以这种断点称为*数据断点* (data breakpoint)。由于它是通过 CPU 的一个特殊功能而实现的，该功能可以在指定地址被写入时引发一个中断 (interrupt)，所以这种断点又称为*硬件断点* (hardware breakpoint)。

以下介绍数据断点的典型用法。例如，在追查一个 bug 时，发现某个对象的成员变量 `m_angle` 的值为零 (`0.0f`)，而此变量的值*应该*永不为零。程序员可能不知道哪个函数可能把零写入了此变量，但是程序员知道该变量的地址 (可从监视窗口键入"`&object.m_angle`"取得)。要找出"肇事者"，可在 `object.m_angle` 的地址中设立数据断点，之后让程序继续执行。当该变量的值被改动时，调试器就会自动停下来。那时便可以检查调用堆栈，肇事的函数就能被捉个正着。

在 Visual Studio 中设置数据断点，有以下几个步骤。

1. 在主菜单栏中选择"Debug → Windows → Breakpoints (调试 → 窗口 → 断点)"，打开"断点"窗口 (见图 2.15)。
2. 在窗口的左上角单击"New (新建)"下拉按钮。
3. 选择"New Data Breakpoint (新建数据断点)"。
4. 键入原始地址或结果为地址的表达式，例如"`&myVariable`"(见图 2.16)。

"Byte Count (字节计数)"字段一般填入 4。因为 32 位奔腾 CPU 只能原生地检查 4 字节 (32 位) 的值。如果设置其他数值，调试器需要做一些特殊处理，这有可能会令程序运行慢如蜗牛 (假如能运行的话)。

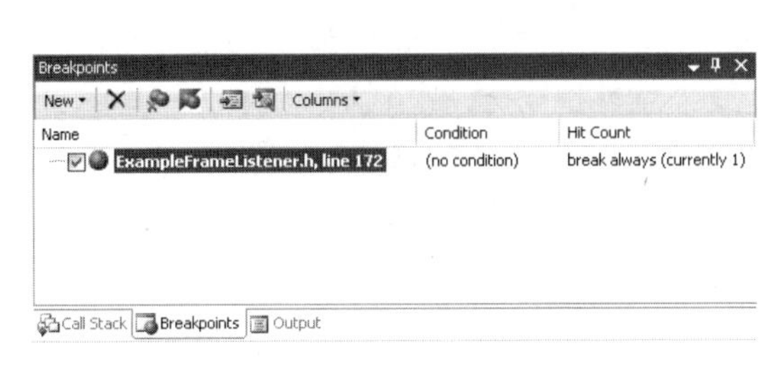

图 2.15 Visual Studio 断点窗口

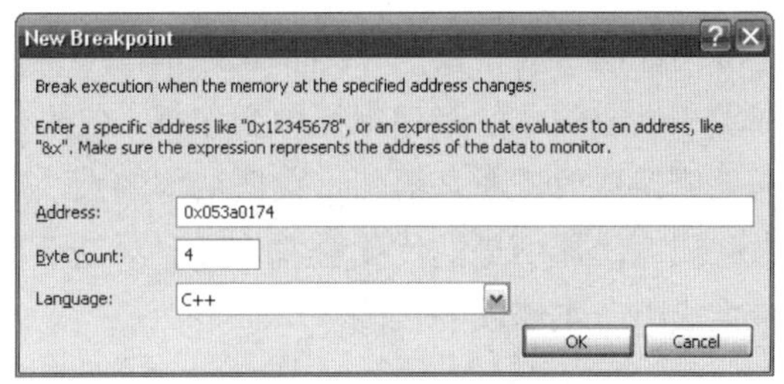

图 2.16 设置数据断点

2.2.5.7 条件断点

读者或许会发现，在"断点"窗口中，任何种类的断点 (数据断点或常规的代码行断点) 都可以设置条件 (condition) 和命中次数 (hit count)。

条件断点 (conditional breakpoint) 使调试器在每次断点被命中时, 都对输入的 C/C++ 表达式进行评估。若表达式为真 (true), 调试器会暂停程序, 让用户检查程序运行情况。若表达式为假 (false), 调试器会忽略断点, 继续运行程序。这个功能可以用来建立一种断点, 当一个函数被某个实例调用时才触发。例如, 假设一个游戏关卡中有 20 辆坦克, 程序员希望第 3 辆坦克被调用时暂停程序。如果第 3 辆坦克的内存地址为 `0x12345678`, 便可以设置断点条件为 "`(uintptr_t)this == 0x12345678`", 以限制断点只命中第 3 辆坦克实体。

另外, 设置命中次数之后, 调试器每次命中时就会令该计数器减 1, 直至计数器变为零才触发暂停程序。这种设置对位于循环中的断点很有用。例如, 要检查循环中第 376 个迭代的情况 (例如数组中的第 376 个元素), 不可能人工慢慢地去按 F5 键 375 次! 但你可以设置命中次数, 让 Visual Studio 自动完成任务。

有一点要小心, 如果设定了条件断点, 那么每次命中时调试器都要对表达式取值, 因而会减慢调试器和游戏的运行速度。

2.2.5.8 调试已优化的生成

之前提及, 使用发布版本调试问题是非常棘手的, 这主要缘于编译器优化代码的方式。在理想情况下, 程序员都宁愿选用调试生成进行调试。然而, 这经常不可行。有时候, 一个 bug 重现率很低, 当 bug 出现时就要好好把握调试机会, 甚至有时候某个 bug 只出现在别人机器的发布生成中。另外, 一些 bug 只出现在发布生成中, 在调试生成中又会神奇地消失。这些只出现在发布生成的可怕 bug, 有时候是由未初始化变量造成的。因为在调试模式中变量和动态分配的内存通常会被设为零, 而在发布模式中这些内存没有初始化, 内容为随机值。bug 只出现在发布生成版本的其他常见原因包括, 在发布生成中意外地略去一些代码 (例如, 一些重要代码被错误地放进断言语句), 数据结构的大小或数据成员打包方式在调试和发布模式间有差异, 内联或编译器引进的优化触发 bug, (罕见情况下) 编译器的优化器本身的 bug, 也会导致在发布生成中产生错误的代码。

显然, 每位程序员都必须有调试发布生成的能力, 即使这看上去并不是一件轻松的事情。减轻调试优化代码之痛, 最佳办法是多练习, 并且在有机会时扩展这方面的技能。以下是一些窍门。

- 学习在调试器中阅读及单步执行反汇编 (disassembly): 在发布生成中, 调试器经常不能正确地显示目前正在执行的代码行。"感谢"指令乱序, 在源代码检示模式中, 经常会看见程序计数器不规律地在函数内游走。然而, 若使用反汇编检示模式, 则一切都变得正常 (即能逐条执行汇编语言指令)。每位 C/C++ 程序员都应该稍稍了解目标平台的架构和汇编语言。如能这样, 即使调试器受迷惑了, 程序员也不会被迷惑。

- *运用寄存器去推理变量的值或地址*: 有时候, 调试器不能在发布生成中正确显示变量的值或对象的内容。但是, 如果程序计数器距离变量的初次使用不远, 那么有很大机会该变量的值或地址仍然存于其中一个 CPU 寄存器里。若可以向前追踪反汇编, 找到变量第一次载入寄存器的位置, 就可以不断检查该寄存器以得知变量的值或地址。可使用寄存器窗口, 或在监视窗口键入寄存器名字, 检查寄存器内容。
- *使用地址去检查变量及对象内容*: 知道变量或数据结构的地址, 就可以在监视窗口中转换为适当的类别去检查其内容。例如, 一个 `Foo` 类的实体位于 `0x1378A0C0`, 就可在监视窗口键入"`(Foo*)0x1378A0C0`", 那么调试器就会诠释该地址为指向一个 `Foo` 对象的指针。
- *利用静态和全局变量*: 就算经过优化的生成版本, 调试器通常也能够检查静态和全局变量。若不能推算出一个变量或对象的地址, 则可以看看可能直接或间接地存有该地址的静态和全局变量。例如, 若要找一个物理系统内部变量的地址, 可能会发现它是存于 `PhysicsWorld` 全局变量中的一个成员变量。
- *修改代码*: 若想相对简单地重现一个只出现在发布生成版本中的 bug, 可考虑修改源代码以协助调试问题。增加打印语句去显示情况, 引入全局变量使在调试器里检查问题变量或对象更容易, 加入代码以检测问题状态, 加入代码去孤立一个类的某个实例。

2.3 剖析工具

游戏通常是高性能的实时系统。因此, 游戏程序员经常要寻求加速代码执行的方法。有一个尽管不太科学但很有用的经验法则, 称为*帕累托法则* (Pareto principle)[1] 。此法则指出, 在很多情况下, 一些事件 80% 的后果只取决于 20% 的原因, 所以它又被称为 *80-20 规则* (80-20 rule)。计算机科学常使用此法则的变种, 称为*90-10 规则* (90-10 rule), 指任何程序的 90% 挂钟时间 (wall clock time)[2] 消耗在运行仅 10% 的代码上。换句话说, 优化那 10% 的代码, 带来的总体运行速度提升可达完全优化的 90%。

那么, 如何得知需优化的那 10% 的代码*在哪里呢*? 答案就是使用*剖析器* (profiler)。[3] 剖

1 `http://en.wikipedia.org/wiki/Pareto_principle`

2 挂钟时间指现实中的时间。——译者注

3 profiler 又译作探查器、(性能) 分析器等。因 profile 有轮廓、外形之意, 而"剖"指切开、分析, 同时"剖面"一词也有分析物体轮廓之意, 故选择剖析 (profile)、剖析器 (profiler)、剖析工具 (profiling tool) 的译法。——译者注

析器能度量代码的执行时间,并能告之每个函数所花的时间。这些数据可引导程序员去优化占"狮子份额"[1] 执行时间的函数。

一些剖析器也能告之每个函数的调用次数,这也是一个必须了解的重要数据。某个函数耗用大量时间,原因有二:(a) 运行函数本身需很长时间,(b) 函数被频繁调用。例如,一个函数运行 A* 算法[2] 搜寻游戏世界里的最优路径,每帧可能执行的数次,而函数本身就需要花较多的时间。另一方面,一个计算点积 (dot product) 的函数,运行可能只需几个时钟周期,但每帧此函数可能会被调用数十万次,从而拖慢游戏的帧率 (frame rate)。

若使用恰当的剖析器,则能进一步获取更多信息。一些剖析工具能报告调用图 (call graph),可告之某函数被哪些函数调用 (称为*父函数*, parent function),以及该函数调用了哪些函数 (称为*子函数*, child function, 或*后代*, descendant)。甚至可以知道函数的运行时间花在后代的*百分比*,以及每个函数占整体运行时间的百分比。

剖析器大致可分为两类。

1. *统计式剖析器* (statistical profiler): 此类剖析器是不唐突的 (unobtrusive),意指启动剖析器后,目标代码的执行速度差不多和没使用剖析器时相同。这些剖析器的原理是,周期性地为 CPU 的程序计数器寄存器采样,并以此获得正在执行的函数。由每个函数的采样数目,可计算出该函数占整体执行时间的近似百分比。对于运行于 Pentium 机器上的 Windows 平台,Intel 的 VTune软件是统计式剖析器中的不二之选,现在还提供了 Linux 版本。[3]
2. *测控式剖析器* (instrumental profiler): 此类剖析器能提供最精确、最详尽的计时数据,但是却要以不能实时运行程序为代价——当启动剖析器后,目标程序慢如蜗牛。此类剖析器必须预处理可执行文件,为其中每个函数安插特殊的初构代码 (prologue code) 和终解代码 (epilogue code)。初构代码和终解代码会调用剖析器的库,调查程序的堆栈并记录所有细节,包括调用该函数的父函数、父函数调用子函数的次数。此类剖析器甚至可以设定监察每一行源代码,告之执行每行代码所花的时间。这些剖析结果极精准和详细,可是启动剖析器会令游戏慢得几乎无法玩。IBM 的 Rational Quantify软件[4] (Rational Purify Plus 工具套装之一) 是一个优秀的测控式剖析器。

微软也发行了混合这两种类型的剖析器,名为 LOP,代表低开销剖析器 (Low Overhead Profiler)。它使用统计方法,周期性地对处理器的状态采样,对程序速度的影响很小。但是,每

---

1 "狮子份额" (Lion's share) 取自伊索寓言,狮子和同伴共同捉到猎物,原本要分享成果,狮子却以强者身份宣告一切都归它所有。正文中指占大部分时间的函数。——译者注

2 A* (读作 A star) 是一种常见搜寻算法,能在一个图 (graph) 的两点之间搜寻最优路径。A* 的特点是利用启发函数 (heuristic function) 加速搜寻,同时能保证获得最优解。——译者注

3 `http://software.intel.com/en-us/intel-vtune-amplifier-xe`

4 `http://www.ibm.com/developerworks/rational/library/957.html`

个采样都会剖析调用堆栈, 从而找出每个采样的一连串父函数。因此, LOP 提供一般统计式剖析器无法提供的数据, 例如被父函数调用的分布。

2.3.1 剖析器列表

市面上有许多优良的剖析器。维基提供了一份相当详细的列表。[1]

2.4 内存泄漏和损坏检测

困扰 C/C++ 程序员的另外两个问题是内存泄漏 (memory leak) 和内存损坏 (memory corruption)。如果一块内存在分配后永不释放, 就会产生内存泄漏。泄漏会浪费内存, 最终造成致命性的内存不足 (out of memory)。内存损坏则指, 程序不慎把数据写进内存的错误位置, 覆盖了该位置原来的重要数据, 同时也未能把数据写到应该写的位置。两个问题皆可毫不含糊地归咎于同一个语言特征 —— 指针 (pointer)。

指针是强大的工具, 用得其所固然有益, 但也很易化益为弊。若指针指向已释放的内存, 或者指针被意外地赋值为非零整数或浮点数, 那么这些指针就化为内存损坏的危险工具, 因为数据最终会被写入几乎任何地方。同样, 若用指针来跟踪已分配的内存, 也极容易在用完后忘记释放内存, 导致内存泄漏。

避免因指针问题造成内存泄漏的方法之一, 是养成良好的编程习惯。这种习惯无疑可以确保编写理论上永不发生内存损坏和内存泄漏的可靠代码。当然, 帮助检测内存泄漏和内存损坏的工具也必不可少。幸运的是, 现在有许多这类现成的工具。

笔者的首选是 IBM Purify Plus 工具套装中的 Rational Purify。[2] Purify 必须在程序运行前安插测控代码, 为所有指针解引用 (dereference) 及内存分配释放代码加入挂钩 (hook)钩子函数(hook function)。在 Purify 下运行代码, 能现场报告代码中的即时及潜在问题。程序结束后, Purify 能产生详尽的内存泄漏报告。每个问题都直接链接至问题成因的源代码, 使追踪和修正这些问题变得十分轻松。

另一个流行工具是 CompuWare 公司的 Bounds Checker[3], 其用途和功能与 Purify 相似。

1 http://en.wikipedia.org/wiki/List_of_performance_analysis_tool
2 http://www-306.ibm.com/software/awdtools/purify
3 https://www.microfocus.com/products/devpartner/

2.5 其他工具

游戏程序员的工具箱里还有许多其他工具。本文不会深入探讨这些工具,但以下的列表能让读者知道这些工具的存在,并可以按需学习。

- *区别工具* (difference/diff tool): 区别工具用来比较一个文本文档的两个版本,找出版本之间的差异 (关于区别工具的详细讨论可参见维基[1])。区别工具通常以行为基准计算区别,但一些新的区别工具也能显示一行之中改动了的字符。多数版本控制系统都附带一个区别工具。有些程序员如对区别工具有偏好,可在版本控制系统里自行设置。流行的区别工具有 ExamDiff[2]、AraxisMerge[3]、WinDiff (能在 Windows 的一些 Option Pack 及一些独立网站找到)、GNU 区别工具包[4]。
- *三路合并工具* (three-way merge tool): 当两人修改同一个文件时,就会产生两组区别。能把两组区别合并成含二人改动的最终文件的工具,称为三路合并工具。"三路"是指合并事实上使用的 3 个版本——原版本、用户 A 的版本、用户 B 的版本。(维基有关于二路和三路合并技术的讨论)。[5] 很多合并工具附有连带的区别工具。流行的合并工具有 AraxisMerge、WinMerge[6]。Perforce也附有杰出的三路合并工具。[7]
- *十六进制编辑器* (hex editor): 十六进制编辑器用于查看及修改二进制文件的内容。数据通常以十六进制整数显示,因而得名。大部分好用的十六进制编辑器,能把数据以整数 (1~16 字节)、浮点数 (32 位或 64 位)、文本 (ASCII) 方式显示。十六进制编辑器在追查二进制文件格式问题,或对未知的二进制格式文件做反向工程时特别有用。而这两种工作在游戏引擎开发圈里比较常见。市面上有数不尽的十六进制编辑器,笔者使用 Expert Commercial Software 公司的 HexEdit[8],读者的选择也许不同。

毫无疑问,游戏引擎开发者需要更多的工具,以使工作变得更轻松。希望本章介绍的主要工具能满足读者日常工作之用。

1 http://en.wikipedia.org/wiki/Diff
2 http://www.prestosoft.com/edp_examdiff.asp
3 http://www.araxis.com
4 http://www.gnu.org/software/diffutils/diffutils.html
5 http://en.wikipedia.org/wiki/3-way_merge#Three-way_merge
6 http://winmerge.org
7 http://www.perforce.com/perforce/products/merge.html
8 http://www.hexedit.com/

第 3 章　游戏软件工程基础

本章将扼要地重温面向对象编程 (OOP) 的基础概念, 继而探索一些进阶课题。对于任何软件工程 (尤其是游戏开发), 这些课题皆是极有用的。比如第 2 章, 笔者希望读者不要完全略过。在旅程开始前, 配备充足的工具及储备, 至关重要。

3.1　重温 C++ 及最佳实践

由于 C++ 可算是游戏业界中最常用的语言, 本书将主要聚焦于 C++。然而, 我们将讨论的大部分概念也同样适用于任何面向对象编程语言。当然, 游戏业界也应用到许多其他编程语言——命令式语言, 如 C; 面向对象语言, 如 C# 和 Java; 脚本语言, 如 Python、Lua 和 Perl; 函数式语言, 如 Lisp、Scheme 和 F#; 例子不胜枚举。我强烈推荐每个程序员都去学习最少两种高级语言 (多多益善), 并同时学习一些*汇编语言* (aseembly language) 编程。你学习到的每种新语言都能进一步拓展你的视野, 让你以更深刻和精通的方式去思考编程这件事。然而, 我们现在首先把注意力放到面向对象编程概念上, 并以 C++ 为具体例子。†

3.1.1　扼要重温面向对象编程

本书中的大部分内容, 都会假设读者对面向对象设计原理有深刻的了解。若读者对这些内容感到有点生疏, 可把本节当作一次轻松快捷的复习。但是, 若读者对本章内容不知所云, 在继续阅读本书余下章节之前, 笔者建议先选读一两本关于面向对象编程的书籍 (如参考文献 [5][1]) 及 C++ 的专门书籍 (如参考文献 [41] 及 [31])。

1　关于面向对象编程, 译者推荐《冒号课堂: 编程范式与 OOP 思想》。——译者注

3.1.1.1 类和对象

类 (class) 是属性 (数据) 和行为 (代码) 的集合, 共同组成既有用又有意义的整体。可将类视为规格 (specification), 这些规格描述类的个别实例 (instance) —— 又称为对象 (object) —— 的构造方法。例如, 一只叫阿旺的狗是 "dog" 类的一个实例。因此, 类和其实例之间存有一对多的关系。

3.1.1.2 封装

封装 (encapsulation) 是指, 对象向外只提供有限接口, 隐藏对象的内部状态和实现细节。封装简化了类的使用方法, 因为用户只需理解类的有限接口, 而非类的内部实现细节, 后者可能错综复杂。同时, 程序员在编写类时, 也可以通过封装使类的实体总是保持逻辑上的一致。

3.1.1.3 继承

继承 (inheritance) 能借着延伸现有的类去定义新的类。新类可修改或延伸现有类的数据、接口和行为。若一个名为 `Child` 的类延伸名为 `Parent` 的类, 可以说 `Child`继承自或派生自`Parent`。在此关系中, `Parent` 称为基类 (base class) 或超类 (superclass), 而 `Child` 则称为派生类 (derived class) 或子类 (subclass)。显然, 继承会产生类的层次 (树状结构) 关系。

继承使类之间产生 "是一个 (is-a)" 关系。例如, 圆形是一个图形种类。若要编写二维绘图应用软件, 从基类 `Shape` 派生出 `Circle` 类, 是很合乎情理的做法。

我们可采用统一建模语言 (Unified Modeling Language, UML) 定义的表示法, 描述类的层次结构图。在 UML 表示法里, 长方形代表类, 空心三角形箭头代表继承。继承箭头由子类指向父类。图 3.1 是一个 UML类图[1], 表示一个简单的类层次结构。

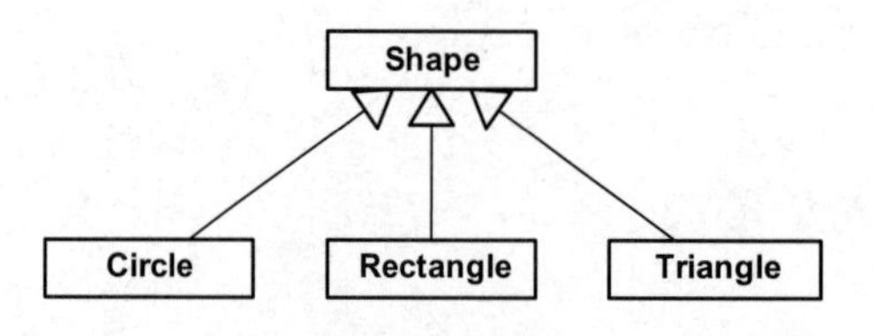

图 3.1 一个简单的类层次结构的 UML 类图

多重继承 一些编程语言支持多重继承 (multiple inheritance, MI)。多重继承是指一个类有一个以上的父类。理论上, 多重继承是颇优雅的, 但在实际应用中, 这种设计通常会产生

1 原文为 UML static class diagram, 但 UML 类图是用于表示静态结构的, 一般不会加入 "静态" 二字, 故略去。——译者注

很多混淆和技术困难。[1]这是由于多重继承把由类组成的简单的树 (tree) 变成可能很复杂的图 (graph)。由类组成的图会产生很多问题, 而这些问题不会在简单的树上发生, 例如致命的菱形继承问题 (diamond problem)。[2]在菱形继承问题中, 一个派生类最终包含了两份祖父类 (见图 3.2)。(C++ 可以使用虚继承去掉重复祖父类的数据。) 多重继承也会令类型转换变得更复杂, 因为指针的实际地址会随转换的目标基类而改变。之所以出现这种情况, 是由于对象存在多个 vtable 指针。

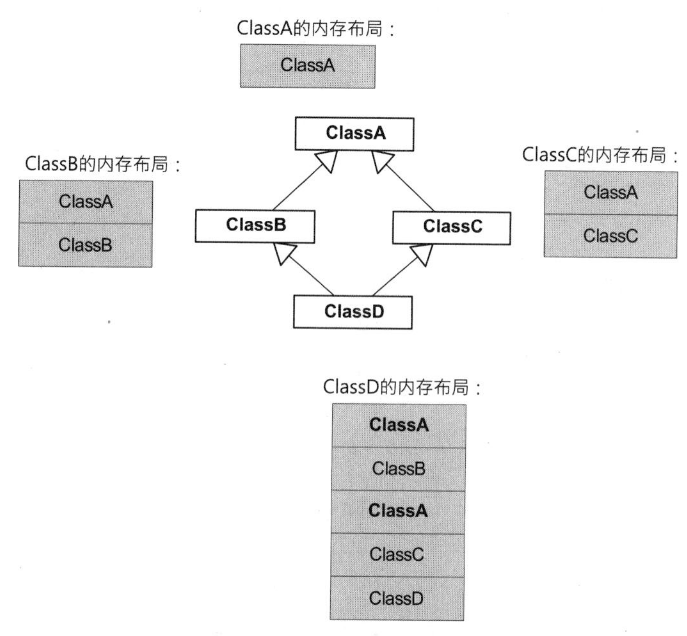

图 3.2 多重继承中的“致命菱形”

大多数 C++ 软件开发者都会完全避免使用多重继承, 或只允许有限制地使用。常见的惯例是, 只允许从一个单继承层次结构中多重继承一些简单且无父的类。这些类有时被称为嵌入类 (mix-in class), 因为它可在类树中的任何位置加入新功能。图 3.3 所示的是一个嵌入类的例子。

3.1.1.4 多态

多态 (polymorphism) 是一种语言特征, 允许采用单一共同接口操作一组不同类型的对象。共同接口能使异质的 (heterogeneous) 对象集合从使用接口的代码来看显得是同质的 (homoge-

1 http://en.wikipedia.org/wiki/Multiple_inheritance
2 http://en.wikipedia.org/wiki/Diamond_problem

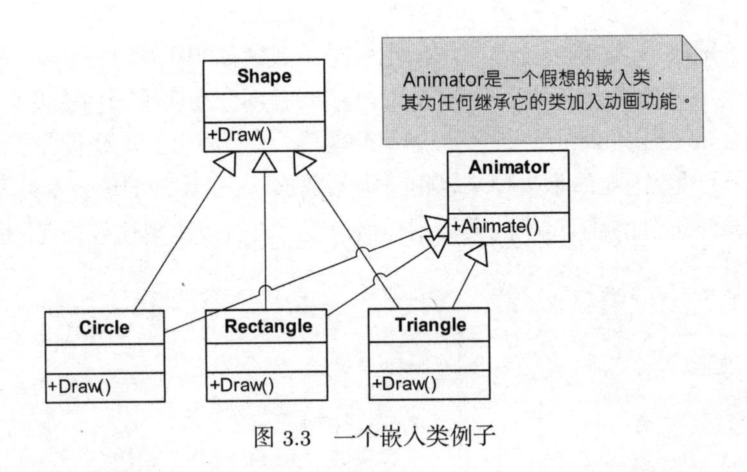

图 3.3 一个嵌入类例子

neous)。

例如, 一个二维绘图程序要把一个形状列表绘于屏幕上, 列表里有不同的形状。绘出这个异质形状集合的一种方法是, 按不同形状类型, 用 switch 语句区分并执行不同的绘制指令。

```
void drawShapes(std::list<Shape*> shapes)
{
    std::list<Shape*>::iterator shapeItr = shapes.begin();
    std::list<Shape*>::iterator shapeEnd = shapes.end();

    for (; shapeItr != shapeEnd; ++shapeItr)
    {
        switch ((*shapeItr)->mType)
        {
        case CIRCLE:
            // 绘制圆形
            break;

        case RECTANGLE:
            // 绘制矩形
            break;

        case TRIANGLE:
            // 绘制三角形
            break;
        // …
```

```
        }
    }
}
```

这种方式的问题是,`drawShapes()` 函数需要“知悉”所有可以绘制的形状类型。在简单例子里还好, 但随着代码量的增加和代码复杂度的提高, 在系统里新增形状类型变得越来越困难。每加入一个新形状类型, 必须搜索所有“知悉”各种形状类型的代码, 如在例子里的 `switch` 语句中添加新的 case 去处理该新类型。

解决方法是把类型的内容从大部分代码中隔离出来。为了实施这个隔离, 可以把每种要支持的形状定义为类。而所有这些类, 都继承自一个共同的基类 `Shape`。在基类 `Shape` 中可以定义名为 `Draw()` 的虚函数(virtual function) (C++ 语言的主要多态机制), 并在每个不同形状的类中, 以不同方式实现这个函数。绘制时不需“知悉”给予的是何种形状, 只需逐一简单地调用形状对象的 `Draw()` 函数便可。

```
struct Shape
{
    virtual void Draw() = 0; // 纯虚函数
};

struct Circle : public Shape
{
    virtual void Draw()
    {
        // 绘制圆形
    }
};

struct Rectangle : public Shape
{
    virtual void Draw()
    {
        // 绘制矩形
    }
};

struct Triangle : public Shape
{
```

```
    virtual void Draw()
    {
        // 绘制三角形
    }
};

void drawShapes(std::list<Shape*> shapes)
{
    std::list<Shape*>::iterator shapeItr = shapes.begin();
    std::list<Shape*>::iterator shapeEnd = shapes.end();

    for (; shapeItr != shapeEnd; ++shapeItr)
    {
        (*shapeItr)->Draw(); // 调用虚函数
    }
}
```

3.1.1.5 合成及聚合

合成 (composition) 是指, 使用一组互动的对象去完成高阶任务。合成在类之间建立“有一个 (has-a)”和“用一个 (uses-a)”的关系。(从技术上说, “有一个”的关系称为合成, “用一个”的关系称为聚合, aggregation)。例如, 一艘太空船有一台引擎, 引擎又有一个燃料缸。使用合成/聚合常常使各个类变得更简单、更专注。缺乏面向对象经验的程序员常会过分依赖继承, 而忽视合成及聚合。

例如, 如果要设计一个图形用户界面 (graphical user interface, GUI) 用作游戏的前端。假设定义了 `Window` 类表示任何长方形的 GUI 元素, 另外还定义了 `Rectangle` 类封装数学上长方形的概念。缺乏经验的程序员可能会从 `Rectangle` 类派生 `Window` 类 (使用 `Window` “是一个” `Rectangle` 的关系)。但更具弹性且封装更好的方法是,`Window` 类引用或包含一个 `Rectangle` 类 (使用“用一个”或“有一个”的关系)。这样, 每个类变得更简单、更专注, 也更容易被测试、调试、重用。

3.1.1.6 设计模式

当同一类型的问题反复出现, 而不同的程序员却采用相似的方案去解决这些问题时, 就可以说, 该问题引发了一个设计模式 (design pattern)。在面向对象编程中, 已经有很多常见的设计模式获得识别及描述。其中最知名的, 是“四人组 (Gang of Four, GoF)” 著作内的 23 个设计模式[17]。以下是几个常见的通用设计模式。

- *单例* (singleton): 此模式确保某个特殊类只有一个实例 (这个就是*单例实例*, singleton instance), 并提供这个单例的全局存取方法。
- *迭代器* (iterator): 迭代器提供高效存取一个集合的方法, 同时不需要暴露该集合之下的实现。
- *抽象工厂* (abstract factory): 抽象工厂提供一个接口, 创造一组相关或互相依赖的类, 而不需要指明那些类的具体类 (concrete class)[1]。

游戏工业有自己的一套设计模式, 以应对渲染、碰撞、动画、音频等各领域的问题。从某种意义上来说, 本书所有内容都是关于现在三维游戏引擎设计中流行的高阶设计模式的。

3.1.2 编码标准: 为什么及需要多少

工程师之间讨论编码约定 (coding convention) 时, 经常能引起热烈的"宗教"辩论。笔者不希望在此引发那种辩论, 但我提议, 应该至少遵循以下这些编码标准 (coding standard) 的最小集合。编码标准之所以存在, 有两个主因。

1. 一些标准使代码更易读、更易理解、更易维护。
2. 另一些约定能预防程序员做蠢事, 自找麻烦。例如, 某编码标准可能会促使程序员只使用编程语言中更易测试、更不易出错的一小部分功能。由于 C++ 语言充满滥用的可能性, 所以这类编码标准对使用 C++ 来说特别重要。

   笔者认为, 编码约定中最需要做到的事情如下。

- *接口为王*: 保持接口 (.h 文件) 整洁、简单、极小、易于理解, 并有良好的注释。
- *好名字便于理解及避免混淆*: 坚持使用能直接反映类、函数、变量用途的直观名字, 应花些时间确定合适的名字。如果有一种命名方法, 需要程序员查表才能理解代码的意义, 就要避免使用这种命名方法。谨记, 像 C++ 这样的高级编程语言是为了供人阅读而设计的 (若读者不同意, 就问一问自己为何不直接用机器语言来编写你的全部软件)。
- *不要给命名空间添乱*: 使用 C++ 命名空间或统一的名字前缀, 以确保自己的符号 (symbol) 不会和其他库的符号冲突。(但慎防过度使用命名空间或嵌套过深。) 为宏命名时更要小心, 因为 C++ 预处理器的宏只是文本替换, 所以宏会跨越全部 C/C++ 作用域及命名空间范围。

---

1 具体类 (concrete class) 是指可以产生对象的类。相反, 抽象类 (abstract class) 含未定义的虚函数而不能产生对象。——译者注

- **遵从最好的 C++ 实践**: 一些书籍提供了卓越的指导方针, 可使程序员避开麻烦, 例如, Scott Meyers 的 *Effective C++* 系列 (见参考文献 [31]、[32])、*Effective STL* (见参考文献 [33]), 以及 John Lakos 的 *Large-Scale C++ Software Design* (见参考文献 [27])。
- **始终如一**: 笔者会使用以下的规则, 若从零开始写代码, 可以自由地创造你的编码约定, 然后坚持遵守约定。当编辑一些已有的代码时, 无论那里有什么约定, 都请尝试遵从。
- **显露错误**:Joel Spolsky 写了一篇关于编码约定的出色文章《让错误代码显得错误》(*Making Wrong Code Look Wrong*)。[1]文中提出, 所谓最“整洁”的代码, 并不需要是表面看来简洁整齐的代码, 而更重要的是, 代码的编写方法能容易显露常见的编程错误。Joel 的文章有趣且富有教育意义, 笔者极力推荐此文。

3.1.3 C++11†

C++11 是 C++ 编程语言标准的最新版本。国际标准化组织 (ISO) 在 2011 年 8 月 12 日通过此标准, 取代 C++03 (C++03 取代的是第一个语言标准 C++98)。C++11 之前被称为 C++0x。

C++11 引入了许多强大的语言功能。由于已有大量的网上资源及书籍仔细讲解了这些新功能, 所以我们不会尝试在此介绍所有这些功能。取而代之, 我们将介绍一些关键的功能, 希望读者以此作为跳板去扩展阅读。然而, 我们会深入介绍*移动语义* (move semantics), 因为相关的概念比较难理解。

3.1.3.1 `auto`

`auto` 并不是 C++ 语言的新关键字, 但在 C++11 中改变了它的语义。在 C++03 中, `auto` 是一种*存储类指定符* (storage class specifier), 这些修饰符还有 `static`、`register` 和 `extern`。每个变量只能使用这四者其中之一, 而默认的存储类指定符是 `auto`, 它表示变量为局部作用域, 应分配于寄存器 (如有足够的寄存器) 或程序堆栈中。在 C++11 中, `auto` 关键字被用作变量类型推导, 即它可用于代替类型指定符, 编译器从变量初始化表达式的右侧推导出变量的类型。

```
// C++03
float f = 3.141592f;
__m128 acc = _mm_setzero_ps();
std::map<std::string, std::int32_t>::const_iterator it
```

---

1 http://www.joelonsoftware.com/articles/Wrong.html

```
                                    = myMap.begin();
// C++11
auto f = 3.141592f;
auto acc = _mm_setzero_ps();
auto it = myMap.begin();
```

3.1.3.2 nullptr

在之前版本的 C 和 C++ 中, NULL 指针使用字面量 0 来表示, 有时候会转型为 (void*) 或 (char*)。这种做法欠缺类型安全性, 并且可能因为 C/C++ 的隐式整数转换而造成问题。C++11 中加入了类型安全的显式常数值 nullptr 表示空指针, 它是类型 std::nullptr_t 的实例。

3.1.3.3 基于范围的 for 循环

C++11 扩展了 for 语句去支持一种简写的“foreach”循环风格。这个新扩展可让你迭代 C 风格的数组, 以至任何数据结构, 只需数据结构提供非成员函数 begin() 和 end()。

```
// C++03
for (std::map<std::string, std::int32_t>::const_iterator it
        = myMap.begin();
     it != myMap.end();
     it++)
{
    printf("%s\n", it->first.c_str());
}

// C++11
for (const auto& pair : myMap)
{
    printf("%s\n", pair.first.c_str());
}
```

3.1.3.4 override 及 final

C++ 中的 virtual 关键字可导致令人迷惑和错误的代码, 因为语言没有把这个关键字的多个用途分开:

- 在类中加入一个新虚函数;
- 覆盖 (override) 一个继承而来的虚函数, 及
- 实现一个叶子 (leaf) 虚函数, 该虚函数不计划被子类覆盖。

而且, C++ 根本不需要程序员用 `virtual` 关键字去覆盖虚函数。为了纠正部分现状, C++11 引入了两个新指定符, 放置于虚函数声明的最后, 从而把程序员的意图告诉编译器和代码的其他读者。`override` 指定符表示该函数会覆盖一个基类现有的虚函数。而 `final` 指定符标记该虚函数不能再被子类覆盖。

3.1.3.5 强类型的 enum

在 C++03 中, `enum` 会把其枚举项输出至该作用域, 而枚举项的类型由编译器按枚举里的值决定。C++11 引入了新的强类型枚举, 它以关键字 `enum class` 来声明, 其枚举项的作用域像类或结构体的成员, 也让程序员可以指明底层的类型。

```
// C++11
enum class Color : std::int8_t { Red, Green, Blue, White, Black };
Color c = Color::Red;
```

3.1.3.6 标准化的智能指针

在 C++11 中,`std::unique_ptr`、`std::shared_ptr` 和 `std::weak_ptr` 提供了一个扎实的智能指针设施, 可满足我们一直期待的所有需求 (如 Boost 库的智能指针系统)。当我们要让指向的对象维持具有独占的拥有权时, 便可使用 `std::unique_ptr`。若需要令多个指针指向单个对象, 应该使用多个具有引用计数功能的 `std::shared_ptr`。另外,`std::week_ptr` 的作用类似于 `std::shared_ptr`, 但它不影响指向对象的引用计数。因此, `std::week_ptr` 常常用作“反向指针”, 或用于其他指针“图”包含循环的情况。

3.1.3.7 lambda

lambda 是匿名函数。它可用于任何需要函数指针、函子 (functor) 或 `std::function` 的地方。术语 *lambda* 借用自 Lisp 和 Scheme 等函数式语言。

可以用 lambda 内联实现一个函子, 而无须在外部声明一个具名函数, 然后把该函数作为参数传入。例如:

```
void SomeFunction(const std::vector& v)
{
```

```
    auto pos = std::find_if(std::begin(v),
                            std::end(v),
                            [](int n) { return (n % 2 == 1); });
}
```

3.1.3.8 移动语义与右值引用

在 C++11 之前, 处理对象拷贝是 C++ 语言一个较低效的地方。例如, 假设某函数的功能是把 `std::vector` 中的每个值乘以一个固定倍数, 然后返回一个新 `std::vector` 作为结果。

```
std::vector<float>
MultiplyAllValues(const std::vector<float>& input,
                  float multiplier)
{
    std::vector<float> output(input.size());
    for (std::vector<float>::const_iterator
         it = input.begin();
         it != input.end();
         it++)
    {
        output.push_back(*it * multiplier);
    }
    return output;
} void Test() {
    std::vector<float> v;
    // 对 v 填充一些值……
    v = MultiplyAllValues(v, 2.0f);
    // 使用 v 做一些事情……
}
```

任何 C++ 老手都会阻止这个实现, 因为这段代码至少会拷贝一次 (甚至两次) 函数要返回的 `std::vector`。第一次拷贝在把局部变量 `output` 返回调用方的时候——编译器很可能通过返回值优化 (*return value optimization, RVO*) 来优化掉这次拷贝。但第二次拷贝无法避免: 它出现在把返回值拷贝回 vector v 的时候。

有时候拷贝数据是有需要而且是我们所希望的。但这里 (比较人为) 的例子中, 拷贝是完全没必要的, 因为来源对象 (指函数返回的 vector) 是一个临时对象, 它在拷贝至 v 之后便会立即被销毁。多数优秀的 C++ 程序员 (重申是指 C++11 之前) 很可能会建议重写该函数至以下形式, 以避免不必要的拷贝:

```
void MultiplyAllValues(std::vector<float>& output,
                       const std::vector<float>& input,
                       float multiplier)
{
    output.resize(0);
    output.reserve(input.size());

    for (std::vector<float>::const_iterator it = input.begin();
        it != input.end();
        it++)
    {
        output.push_back(*it * multiplier);
    }
}
```

又或者, 我们可考虑把这个函数写成较不通用的形式, 令它直接在原位修改输入数据。

C++11 提供了一个机制, 允许我们纠正这类拷贝问题, 但又无须改变函数签名去把输出对象以指针或引用参数方式传入函数。此机制称为*移动语义* (move semantics), 它依赖于可以区分拷贝*左值* (lvalue) 对象和拷贝*右值* (rvalue) (临时) 对象。

在 C 和 C++ 中, *左值*表示在计算机寄存器或内存中的实际存储位置。而*右值*是临时数据对象, 它只是逻辑上存在但非必须占用内存。当我们写 `int a = 7;` 时, 变量 `a` 是左值, 而字面值 `7` 是右值。你可以为左值赋值, 但不能为右值赋值。

在 C++03 及之前, 我们无法对右值和左值采用不同的拷贝策略。因此, 拷贝构造函数和赋值运算符都假设了最坏的情况, 把一切都当作左值。例如拷贝一个如 `std::vector` 的容器, 拷贝构造函数和赋值运算符都会进行*深度拷贝* (deep copy) —— 不单拷贝容器本身, 还需对其存储的全部数据逐一拷贝。

在 C++11 中, 我们可声名一个变量为*右值引用* (rvalue reference), 方法是采用 `&&` 而不是 `&` (如, `int&& rvalueRef` 而不是 `int& lvalueRef`)。然后我们便可以分别为拷贝构造函数和赋值运算符各写两个重载版本 —— 一个用于左值, 一个用于右值。当拷贝一个右值时 (如临时对象), 不需要进行深度拷贝。取而代之, 只需简单地 "盗取" 临时对象的内容, 把它们直接*移动*至目标对象 —— 因此它的术语为*移动语义*。例如, 在一个简化的 `std::vector` 实现中,

其拷贝构造函数和赋值运算符可写成类似这样:

```
namespace std
{
    template<typename T>
    class vector
    {
    private:
        T* m_array;
        int m_count;

    public:
        // 左值拷贝构造函数
        vector<T>(const vector<T>& original)
            : m_array(nullptr)
            , m_count(original.size())
        {
            if (m_count != 0)
            {
                m_array = new T[m_count];

                if (m_array != nullptr)
                    memcpy(m_array, original.m_array,
                           m_count * sizeof(T));
                else
                    m_count = 0;
            }
        }

        // 右值“移动”构造函数
        vector<T>(vector<T>&& original)
            : m_array(original.m_array) // 盗取数据
            , m_count(original.m_count)
        {
            original.m_array = nullptr; // 数据被盗了!
            original.m_count = 0;
        }
```

```
        // 左值赋值运算符
        vector<T>& operator=(const vector<T>& original)
        {
            if (this != &original)
            {
                m_array = nullptr;
                m_count = original.size();

                if (m_count != 0)
                {
                    m_array = new T[m_count];
                    if (m_array != nullptr)
                        memcpy(m_array, original.m_array,
                               m_count * sizeof(T));
                    else
                        m_count = 0;
                }
            }
            return *this;
        }

        // 右值“移动”赋值运算符
        vector<T>& operator=(vector<T>&& original)
        {
            if (this != &original)
            {
                m_array = original.m_array; // 盗取数据
                m_count = original.m_count;
                original.m_array = nullptr; // 数据被盗了！
                original.m_count = 0;
            }
            return *this;
        }

        // ...
    };
}
```

此处还有一个细节。右值引用本身也是一个左值 (不是一般人理解的右值)。换言之, 你可以对右值引用变量赋值或做出修改。因此上例中我们才可以把 `original.m_array` 设为 `nullptr`。那么, 如果你想对一个右值引用变量显式调用移动构造函数或移动赋值运算符, 可以把该变量包裹在 `std::move()` 调用之中, 迫使编译器把你的右值引用当作右值。糊涂了吗? 不用害怕, 只需做一些练习就会发现所有事情都合情合理。关于移动语义的更多信息, 可参考此网页。[1]

3.2 C/C++ 的数据、代码及内存

3.2.1 数值表达形式

在游戏引擎开发中 (或在所有软件工程中), 我们做的任何事情都和数值密不可分。每位软件工程师都应该了解, 数值在计算机里是如何表达及存储的。本节将讨论这方面的基础知识, 而这些知识是阅读本书余下章节所必需的。

3.2.1.1 数值底数

人们最自然地会使用*底数 10* (base ten) 的方式思考, 这称之为*十进制* (decimal) 记法。在这种记法里, 使用 10 个不同的数字 (digit) (0~9), 每个数字由右到左代表下一个 10 的最高次幂。例如, 数值 $7803 = (7 \times 10^3) + (8 \times 10^2) + (0 \times 10^1) + (3 \times 10^0)$。

在计算机科学里, 数学上的量, 如整数、实数, 需要存储在计算机内存里。我们都知道, 计算机以*二进制* (binary) 格式存储数值, 换句话说, 即只使用 0 和 1 两个数字。这又称为*底数 2* (base two) 记法, 因为每个数字由右至左代表下一个 2 的最高次幂。计算机科学家有时候使用 "0b" 前缀去表示二进制数值。例如, 二进制数值 0b1101 等同于十进制数 13, 因为 $0b1101=(1 \times 2^3) + (1 \times 2^2) + (0 \times 2^1) + (1 \times 2^0)$。

在计算机领域中, 另一种常见记法是*十六进制* (hexadecimal), 或称为*底数 16*。在这种记法中, 使用数字 0~9 和英文字母 A~F, 其中 A~F 分别代表 10~15。C/C++ 编程语言使用 "0x" 作为十六进制数的前缀。十六进制之所以流行, 是由于计算机分组存储数据, 每 8 位一组, 又称为*字节* (byte), 而一个十六进制数刚好是 4 位, 所以两个十六进制数字恰好能代表一个字节。例

1 https://www.cprogramming.com/c++11/rvalue-references-and-move-semantics-in-c++11.html

如, 0xFF=0b11111111=255 是 8 位 (1 字节) 能存储的最大数值。十六进制数的每个数字, 由右至左代表下一个 16 的最高次幂。因此, 例如 0xB052=$(11\times16^3)+(0\times16^2)+(5\times16^1)+(2\times16^0)=45,138$。

3.2.1.2 有符号及无符号整数

在计算机科学中, 我们同时使用有符号整数 (signed integer) 及无符号整数 (unsigned integer)。其实, "无符号整数" 有点用词不当。在数学上, *自然数* (natural number)[1]的范围是由 0 (或 1) 至正无穷, 而整数的范围则是负无穷至正无穷。虽然如此, 本书还是采用计算机术语, 统一用"有符号整数"和"无符号整数"。

多数个人计算机和游戏主机能轻易处理 32 位或 64 位整数 (虽然在游戏编程中也经常用到 8 位及 16 位的整数)。要表示一个 32 位无符号整数, 只需把数值简单地编码为二进制记法。32 位无符号整数的可表示数值范围从 0x00000000 (0) 至 0xFFFFFFFF (4,294,967,295)。

要用 32 位表示有符号整数, 需要一个方法去分辨正值和负值。最简单的方法之一就是*原码法* (sign-and-magnitude encoding), 把最高有效位 (most significant bit, MSB) 用作*符号位* (sign bit)——符号位为 0 代表数值为正,1 代表数值为负。余下的 31 位则是数值的模 (magnitude), 实际上即是把模的范围缩小至一半 (但这样能表示每个模的正负两个版本, 包括正负零)。

大多数微处理器采用更高效的技巧为负整数编码, 此技巧称为*二补数* (two's complement) 记法。对于数字零, 二补数有唯一的表示方式, 而简单使用符号位则会造出两个零的表示方式 (正零及负零)。在 32 位二补数记法里, 0xFFFFFFFF 值代表 -1, 其他负值就从这个值倒数。任何最高有效位为 1 的值都代表负值。所以, 从 0x00000000 (0) 至 0x7FFFFFFF (2,147,483,647) 的值代表正整数, 从 0x80000000 $(-2,147,483,648)$ 至 0xFFFFFFFF (-1) 代表负数。[2]

3.2.1.3 定点记法

除了用整数记法表示整数, 若要表示分数和无理数, 就需要用不同的格式来表达小数点的概念。

计算机科学家曾采用的方法之一是*定点* (fixed-point) 记法。定点记法可随意选择整数部分及小数部分各用多少位去表示。如果从左到右 (即从最高有效位至最低有效位) 观察一个定点记法的值, 整数部分的位表示 2 的递减幂 $(\cdots, 16, 8, 4, 2, 1)$, 而小数部分的位表示 2 的递

1 原文此处还提及*完整数* (whole number), 基本上和自然数同义,但因这一术语有歧义,所以忽略。——译者注

2 原文没提及二补数在哪方面比原码法高效。事实上,补码在加减法中,也可以当作无符号数值处理。详情可参考 `http://en.wikipedia.org/wiki/Two's_complement`。——译者注

减倒数幂 ($\frac{1}{2}, \frac{1}{4}, \frac{1}{8}, \frac{1}{16}, \cdots$)。例如, 要把 -173.25 用 32 位定点记法存储, 32 位中 1 位是符号位, 16 位为整数, 15 位为小数。首先, 把符号部分、整数部分、小数部分分别转为二进制 (负数=0b1、173=0b0000000010101101、0.25=1/4=0b010000000000000)。之后就可以把这些值打包成一个 32 位整数。如图 3.4 所示, 最终结果为 0x8056A000。

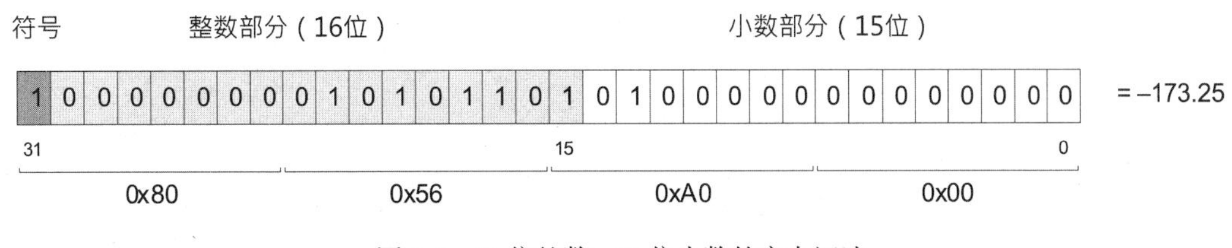

图 3.4 16 位整数、15 位小数的定点记法

定点记法的缺点在于, 它限制了可表示整数部分的范围及小数部分的精度。例如一个 32 位定点小数, 其中有 16 位整数、15 位小数、1 位符号。此格式去除小数部分, 其表示范围只是 $\pm 65,535$, 并不一定足够。要解决此问题, 可使用浮点记法。

3.2.1.4 浮点记法

在浮点 (floating-point) 记法里, 小数点可以任意移动至不同位置, 此位置仍是由指数 (exponent) 控制的。一个浮点数由 3 部分组成: *尾数* (mantissa) 含有包括小数点前后的相关数字, *指数* (exponent) 决定那串数字的小数点位于哪里, 而*符号位*理所当然就是显示该值为正数或负数。虽然有不同的方式去安排这 3 部分在内存中的格式, 但最流行的标准是 IEEE-754。IEEE-754 标准中定义的 32 位浮点数, 其最高有效位是符号位, 紧随的是 8 位指数和 23 位尾数。

若使用符号位 s、尾数 m、指数 e 去表达一个值 v, 则 $v = s \times 2^{(e-127)} \times (1+m)$。

符号位 s 的值为 $+1$ 或 -1。指数 e 在存储时加上偏移量 127, 使 e 能轻松表示负数。尾数的第 1 位是隐含的 1, 这个隐含位不存储于内存中, 而之后的位则代表 2 的倒数幂。所以, 若尾数位存储小数部分 m, 其实是表达 $1+m$。例如, 图 3.5 的位模式代表了 0.15625。其中, $s = 0$ (代

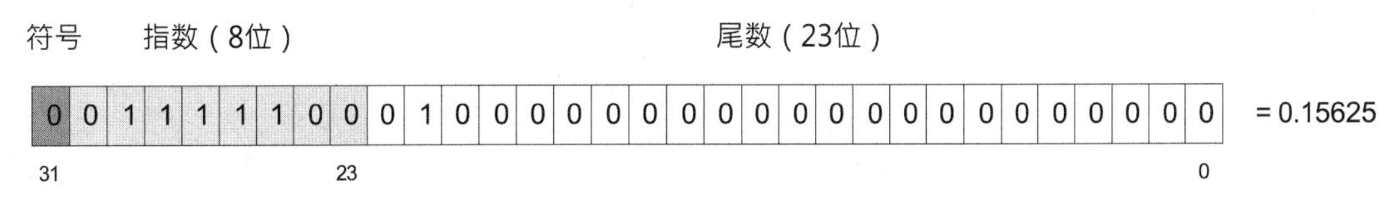

图 3.5 IEEE-754 32 位浮点格式

表正数)、e=0b0111100=124、m=0b01000... $= 0 \times 2^{-1} + 1 \times 2^{-2} = \frac{1}{4}$, 因此:

$$\begin{aligned} v &= s \times 2^{(e-127)} \times (1+m) \\ &= (+1) \times 2^{(124-127)} \times \left(1 + \frac{1}{4}\right) \\ &= 2^{-3} \times \frac{5}{4} \\ &= \frac{1}{8} \times \frac{5}{4} \\ &= 0.125 \times 1.25 = 0.15625 \end{aligned}$$

范围和精度的取舍 浮点数的精度增加, 可表示范围则缩小, 反之亦然。这是因为, 若使用固定数目的位去表示浮点数, 尾数和指数所占的位数此消彼长。尾数位越多, 精度越高; 指数位越多, 可表示范围越大。物理中常使用*有效数字* (significant figure) 去描述此概念。[1]

为了理解范围和精度的取舍, 可分析一下 IEEE 32 位浮点数的最大值 `FLT_MAX`$\approx 3.403 \times 10^{38}$, 其表示为 0x7F7FFFFF。我们来解读一下此表示。

- 23 位尾数的最大值为十六制数 0x00FFFFFF, 即二进制中连续 24 个 1。此 24 个 1 为 23 位的尾数和隐含的首个 1。
- 在 IEEE-754 格式中, 把指数设为 255 有特别的意义, 用来代表数值是 NaN 或无穷大, 正常的指数并不能使用 255。因此最大的 8 位指数实际是 254, 减去偏移量 127 之后, 表示指数为 127。

因此, `FLT_MAX` 为 0x00FFFFFF $\times 2^{127} =$ 0xFFFFFF00000000000000000000000000。换句话说, 二进制中 24 个 1 向左移了 127 位, 在尾数的最低有效位后剩下 $127 - 23 = 104$ 个二进制 0(或 $104/4 = 26$ 个十六进制 0)。这些尾随的 0 并不对应 32 位浮点数里任何实际位, 只是通过指数无中生有得来的。如果从 `FLT_MAX` 中减去一个很小的数 (所谓小, 指任何小于 26 位的十六进制数), 其结果仍然为 `FLT_MAX`, 因为该 26 个十六进制的位从未存在于浮点记法中。

当尾数远远小于 1 (即非常接近 0) 时, 浮点数也会带来相反的效果。在这种情况下, 指数为很大的负值, 有效位就会移至小数点右方。我们用更大的尾数表示范围, 去换取高精确度。总而言之, 浮点数有不变数目的*有效数字* (更准确地说是*有效位*), 而指数则用来把有效位推移到较高或较低的尾数范围。

另一个要注意的细微之处是, 每种浮点记法的零和最小非零值都存在一个有限的间隙。IEEE-754 标准中的 32 位浮点数能表示的最小非零值为 `FLT_MIN`$= 2^{-126} \approx 1.175 \times 10^{-38}$, 其

1 http://en.wikipedia.org/wiki/Significant_figures

二进制表示法为 0x00800000 (即指数为 0x01, 减去偏移量后代表 −126, 尾数除了顶头的隐含 1 外全为 0)。无法表示比 1.175×10^{-38} 小的非零值, 因为下一个能表示的最小值就是零。下一个最小的合法值就是零, 因此 `-FLT_MIN` 和 `+FLT_MIN` 之间有一个有限空隙。换言之, 用浮点表示的实数轴是*被量化的* (quantized)。

在零附近还可以填充浮点数表示法的一种扩展, 称为*非规约值* (denormalized value) 或*低于正常值* (subnormal value)。当使用此扩展时, 偏移指数为零的浮点数被当作非规约值。此时指数被当作 1 而不是 0, 而尾数的首个隐含位就改为 0。其效果就是在 `-FLT_MIN` 和 `+FLT_MIN` 之间填充了非规约值的线性序列。然而, 实数线当然仍然是被量化的。采用非规约值的好处, 只是通过在 `-FLT_MIN` 和 `+FLT_MIN` 之间填充有限的离散值序列, 令接近零的值能提升精度。†

对于某浮点数的表示方式, 满足等式 $1 + \varepsilon \neq 1$ 的最小的浮点值 ε 称为*机器的 epsilon*。例如, 在IEEE-754 标准中, 32 位浮点数的精度为 23 位, $\varepsilon = 2^{-23} \approx 1.192 \times 10^{-7}$。$\varepsilon$ 的最高有效位刚好进入了 1.0 的有效数字范围, 因此 1.0 加上任何小于 ε 的值并无效果。换句话说, 小于 ε 的任何值和 1 相加时, 23 位的尾数并不能包含加上去的位, 23 位之后的位都被“截除”了。

有限精度和机器 epsilon 的概念对游戏软件有实质影响。例如, 假设我们用浮点数去表示游戏从开始至今经过了多少秒, 并称之为游戏绝对时间, 那么, 游戏要运行多久, 才会导致加上 1/30 秒后, 游戏的绝对时间维持不变? 答案是大约 12.9 日。多数游戏不需要运行这么久, 所以使用 32 位浮点表示以秒计算的游戏绝对时间还是可行的。然而, 此例清楚地显示, 我们必须了解浮点格式的限制, 从而能预知潜在的问题, 并按需采取措施加以防范。

IEEE 浮点数的位操作技巧 参考文献 [7] 的 2.1 节介绍了一些非常有用的 IEEE 浮点数的位操作技巧, 能让某些浮点数运算快如闪电。

3.2.1.5 基本数据类型

读者都应该知道, C/C++ 提供了多个基本数据类型 (atomic data type)。C/C++ 标准提出这些数据类型的大小、有符号/无符号的指导方针, 但是编译器能自由定义这些类型。每个编译器的定义稍有差异, 目的是使目标硬件达到最高效能。

- `char`: `char` 通常是 8 位的, 足够存储一个 ASCII 或 UTF-8 字符 (见 5.4.4.1 节)。有些编译器定义 `char` 为带符号的, 有些编译器则预设 `char` 为无符号的。
- `int`、`short`、`long`: `int` 是有符号整数值, 而其大小恰好是目标平台上最高效的运算单位。在 32 位 CPU 架构上, `int` 通常被定义为 32 位, 例如奔腾 4(Pentium 4) 和至强 (Xeon); 在 64 位架构上, `int` 通常被定义为 64 位, 例如英特尔 Core i7; 但 `int` 的大小还受其他因素影响, 如编译选项及目标操作系统。`short` 本意是比 `int` 小的类型,`short` 在许多机器上为 16 位。而 long 则等于或大于 int,long 在一些平台上是 32 位或 64 位, 甚至更宽, 这同样取决于 CPU 架构、编译选项及目标操作系统。

- float: 在大部分现代编译器里,float 是 IEEE-754 的 32 位浮点数。
- double: double 是 IEEE-754 的双精度 (即 64 位) 浮点数。
- bool: bool 保存真/假值。bool 在不同编译器及硬件架构上会采用截然不同的大小。bool 从不会实现为 1 位, 有些编译器定义 bool 为 8 位, 也有些将其定义为 32 位。

编译器专属特定大小类型 标准 C/C++ 的基本数据类型特意设计为可移植的, 因而不做明确规定。然而, 在很多软件工程范畴, 包括游戏引擎编程, 有时候必须知道某些变量的确切大小。Visual Studio 的 C/C++ 编译器定义了以下的扩展关键字用于声明特定位数的变量: __int8、__int16、__int32、__int64。

SIMD 类型 许多电脑和游戏主机的 CPU 都有特殊的算术逻辑单元 (arithmetic logic unit, ALU), 称为*矢量处理器* (vector processor) 或*矢量单元* (vector unit)。矢量处理器提供一种并行处理方式, 名为*单指令多数据* (single instruction,multiple data, SIMD)。单个 SIMD 指令可以并行地对多个数据进行运算。数据由矢量处理器处理, 需先把数据以两个或更多个数值打包, 存进 64 位或 128 位 CPU 寄存器。在游戏编程中, 最常用的 SIMD 寄存器格式, 是把 4 个 32 位 IEEE-754 浮点数值打包, 存进 128 位 SIMD 寄存器。此格式使一些计算, 如矢量点积和矩阵乘法, 比单指令单数据 (single instruction, single data, SISD) 算术逻辑单元更加高效。[1]

每个微处理器的 SIMD 指令集名字各有不同, 而且编译器对不同目标微处理器有特定的 SIMD 变量声明语法。例如, 奔腾系列 CPU 的指令集称为*单指令多数据流扩展*(streaming SIMD extensions, SSE), 而微软 Visual Studio 编译器则提供内建数据类型 __m128, 表示 4 个浮点数的 SIMD 数值。在 PS3 和 Xbox 360 的 PowerPC 系列 CPU 中, 其 SIMD 的指令集称为 Altivec, 而 GNU C++ 编译器采用 vector float 语法去声明打包 4 个浮点数的 SIMD 变量。在 4.7 节会更详尽地讨论 SIMD 编程。

可移植的特定大小类型 多数其他编译器也有其自定义的“特定大小”数据类型, 语义接近, 但语法稍有不同。因为这些编译器之间的差异, 多数游戏引擎会定义自己的基本数据类型, 以获得代码的可移植性。例如, 在顽皮狗, 我们定义了以下基本数据类型。

- F32 为 32 位 IEEE-754 浮点数。
- U8、I8、U16、I16、U32、I32、U64、I64 为无符号和带符号整数, 依序代表 8、16、32、64 位的整数。

1 此外还有 MISD 和 MIMD, 这些都是费林对于高效能计算的分类方法。详情可参考 http://en.wikipedia.org/wiki/Flynn's_taxonomy。——译者注

- VF32 代表把 4 个浮点数的 SIMD 值打包。

<cstdint>[†] C++11 标准库引入了一组标准化的特定大小整数类型。它们声明在 <cstdint> 头文件中, 包括带符号类型 std::int8_t、std::int16_t、std::int32_t 和 std::int64_t, 以及无符号类型 std::uint8_t、std::uint16_t、std::uint32_t 和 std::uint64_t。

OGRE 的基本数据类型 OGRE 也定义了自己的基本数据类型。Ogre::uint8、Ogre::uint16、Ogre::uint32 是基本的无符号特定大小整数类型。

Ogre::Real 定义为实数浮点值。这个类型通常被定义为 32 位 (和 float 等价), 但也可以通过把预处理器宏 OGRE_DOUBLE_PRECISION 设为 1, 那么就会在全局范围内重定义 Ogre::Real 为 64 位 (即 double)。仅当某个游戏对双精度运算有特别要求时, 才需要有改变 Ogre::Real 意义的能力, 但实际上鲜有这种需求。图形处理器 (GPU) 总是使用 32 位或 16 位浮点运算[1], CPU/FPU 使用单精度浮点运算一般也较快, 而 SIMD 矢量指令也是处理内含 4 个 float 的 128 位寄存器。因此, 多数游戏倾向于坚持使用单精度浮点运算。

而 Ogre::uchar、Ogre::ushort、Ogre::uint、Ogre::ulong 这几个类型仅仅是 C/C++ 中 unsigned char、unsigned short、unsigned int 和 unsigned long 的缩写。因此, 这些类型和它们相对的 C/C++ 类型在功能上完全相同。

Ogre::Radian 和 Ogre::Degree 特别有趣。这两个类型皆是简单 Ogre::Real 值的包装类。其主要功能是要描述硬编码的角度常数使用哪种角度单位, 并在两种单位之间自动进行转换。此外,Ogre::Angle 类型代表“预设”角度单位的角度。在 OGRE 应用刚启动时, 程序员可选择预设的单位是弧度还是度数。

比较意外的是, OGRE 并没有提供一些其他游戏引擎常见的基本数据类型。例如, OGRE 没有定义带符号的 8 位、16 位、64 位整数类型。若读者要在 OGRE 上编写游戏引擎, 某时刻可能需要自己定义这些类型。

3.2.1.6 多字节值及字节序

大于 8 位 (1 字节) 的值称为*多字节量* (multibyte quantity)。在使用 16 位或以上的整数/浮点数数值的软件中, 多字节量非常普遍。例如, 整数值 4660 = 0x1234 可由两个字节 0x12 和 0x34 表示。0x12 称为*最高有效字节* (most significant byte, MSB), 0x34 称为最低有效字

1 有些专门用作高性能计算的 GPU 是支持双精度浮点数运算的。不过直至 2010 年, 一般游戏用 GPU 都不原生支持双精度浮点数运算。——译者注

节 (least significant byte, LSB[1])。在 32 位的值中, 例如 0xABCD1234, 最高有效字节是 0xAB, 最低有效字节是 0x34。同样的概念也应用于 64 位整数及 32/64 位浮点数中。

在内存中存储多字节整数有两种方式, 不同的微处理器的选择有所不同 (见图 3.6)。

- 小端 (little-endian): 若微处理器将多字节值的最低有效字节存储于较低的内存位置, 则该微处理器就是小端处理器。在小端的机器上, 数字 0xABCD1234 在内存中存储为连续字节 0x34、0x12、0xCD、0xAB。
- 大端 (big-endian): 若微处理器将多字节值的最高有效字节存储于较低的内存位置, 则该微处理器就是大端处理器。在大端的机器上, 数字 0xABCD1234 在内存中存储为连续字节 0xAB、0xCD、0x12、0x34。

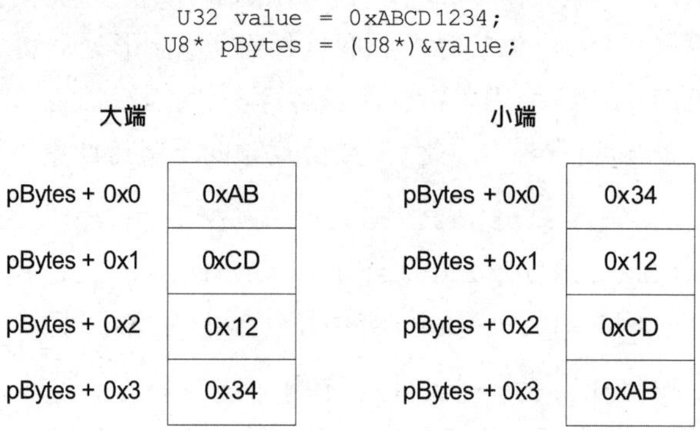

```
U32 value = 0xABCD1234;
U8* pBytes = (U8*)&value;
```

大端		小端	
pBytes + 0x0	0xAB	pBytes + 0x0	0x34
pBytes + 0x1	0xCD	pBytes + 0x1	0x12
pBytes + 0x2	0x12	pBytes + 0x2	0xCD
pBytes + 0x3	0x34	pBytes + 0x3	0xAB

图 3.6 数值 0xABCD1234 的大端和小端代表方式

多数程序员不需要顾虑字节序 (endianness[2])。然而, 字节序对游戏程序员来说可能是一根刺。因为游戏通常是在英特尔 CPU (小端) 的 PC 上开发的, 而游戏可能执行于游戏主机, 如 Wii、Xbox 360、PlayStation 3——这 3 台主机皆使用 PowerPC 处理器的变种 (可设置使用任意字节序, 但预设是大端)。如果产生一个数据文件, 供在英特尔处理器上运行的游戏引擎读取, 之后再由 PowerPC 上运行的引擎读取, 会发生什么事情呢? 任何写到数据文件中的多字节值都是小端格式, 但在 PowerPC 上运行的游戏引擎期望从数据文件中读取大端格式的数据。结果是, 若写的是 0xABCD1234, 就会读到 0x3412CDAB, 显然非我们所要。

此字节序问题最少有两种解决办法。

1 因为 MSB 和 LSB 中的 B 可代表位或字节, 以下遇到最高/最低有效字节时, 均采用中文全称识别。——译者注

2 字节序英文又称为 byte order。——译者注

1. 所有数据以文字方式写入文件。多字节数值以一串十进制数字或十六进制数字，每数字一个字节写入。此方法会浪费磁盘空间，但却可行。
2. 先用工具转换数据字节序，然后再把转换后的数据写进二进制文件。也就是说，即使执行工具的机器字节序与目标机器相反，也可确保存储的数据为目标机器的字节序。[1]

整数字节序转换 整数字节序转换的概念并不复杂。首先把该值的最高有效字节和最低有效字节交换，再继续交换直到该值的中间点。例如，0xA7891023 会变成 0x231089A7。

唯一的难点在于要知道哪些字节序要转换。例如，把内存中的 C `struct` 或 C++ `class` 写入文件时，要正确地转换字节，便需要知道 `struct` 里每个数据成员的位置及大小，并基于每个成员的大小逐一进行适当转换。例如，以下的 `struct`：

```
struct Example
{
    U32 m_a;
    U16 m_b;
    U32 m_c;
};
```

可用以下方式写入文件：

```
void writeExampleStruct(Example& ex, Stream& stream)
{
    stream.writeU32(swapU32(ex.m_a));
    stream.writeU16(swapU16(ex.m_b));
    stream.writeU32(swapU32(ex.m_c));
}
```

而转换函数可定义为：

```
inline U16 swapU16(U16 value)
{
    return ((value & 0x00FF) << 8)
        |  ((value & 0xFF00) >> 8);
}

inline U32 swapU32(U32 value)
```

1 另一种办法是采用固定字节序的文件。程序读取文件时按需转换，例如，JPEG 文件中的 16 位数字是以大端格式存储的。——译者注

```
{
    return ((value & 0x000000FF) << 24)
        |  ((value & 0x0000FF00) << 8)
        |  ((value & 0x00FF0000) >> 8)
        |  ((value & 0xFF000000) >> 24);
}
```

不可以简单地把 `Example` 对象转换为字节数组, 并盲目地用单一通用函数去转换那些字节。必须知道哪些数据成员要转换及每个成员的大小, 并逐个成员分别进行转换。

浮点字节序转换 让我们看看浮点字节序转换和整数字节序转换的差异。之前提及, IEEE-754 标准中的浮点数有详细的内部结构, 其中某些位作为尾数, 某些位作为指数, 并有一个符号位。虽然其结构比较复杂, 但仍然可以把浮点数当作整数转换字节序, 因为字节始终是字节。可以使用 C++ 的 `reinterpret_cast` 操作把浮点数诠释为整数, 这又称为*类型双关* (type punning)。但是, 当使用严格别名 (strict aliasing) 时, 类型双关可能会导致优化 bug。(有一篇文章对此问题做了非常好的描述[1]。) 取而代之, 一个简便的方法是使用 union:

```
union U32F32
{
    U32 m_asU32;
    F32 m_asF32;
};

inline F32 swapF32(F32 value)
{
    U32F32 u;
    u.m_asF32 = value;
    // 以整数方式转换字节序
    u.m_asU32 = swapU32(u.m_asU32);
    return u.m_asF32;
}
```

1 http://www.cocoawithlove.com/2008/04/using-pointers-to-recast-in-c-is-bad.html

3.2.2 声明、定义及链接规范

3.2.2.1 再谈翻译单元

第 2 章曾经介绍过，C/C++ 程序是由翻译单元组成的。编译器每次翻译一个 .cpp 文件，并输出相应的对象文件 (.o 或 .obj)。编译器操作的最小翻译单位是 .cpp 文件，因此称为“翻译单元”。对象文件不仅含有 .cpp 文件内定义的所有函数编译后的机器码，还包含 .cpp 文件内定义的全局变量和静态变量。此外，对象文件也可能含有*未解决引用* (unresolved reference)，这些未解决的引用是*其他* .cpp 文件定义的函数和全局变量。

由于编译器每次操作只针对一个翻译单元，遇到未解决引用的外部变量和函数时，只能“毫不怀疑地相信”该变量或函数真的存在，如图 3.7 所示。链接器的任务就是把所有对象文件组合成为最终可执行映像 (executable image)。在此过程中，链接器读取所有对象文件，并尝试解决对象文件间的交叉引用。若链接成功，生成的可执行映像将包含所有函数、全局变量、静态变量[1]，并正确解决所有翻译单元间的交叉引用。图 3.8 显示了此结果。

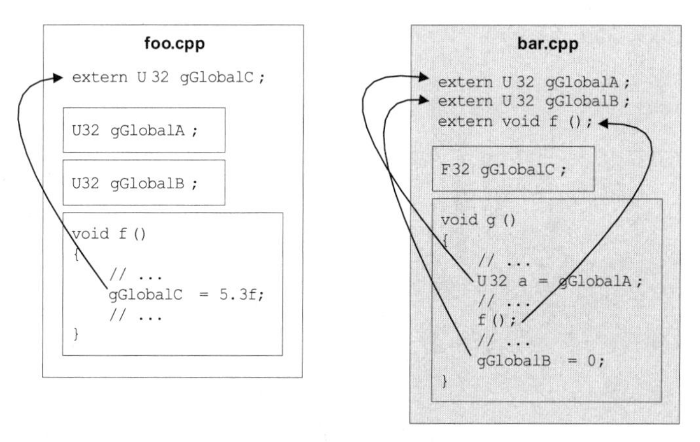

图 3.7 无法解决的外部引用

链接器的主要功能是解决外部引用，因此也只能报告如下两种错误。

1. 若找不到 `extern` 引用的目标，链接器报告“无法解决的外部符号 (unresolved external symbol)”错误。

1 比较正确的说法是，包含所有“被引用的对象文件内”的函数、全局变量、静态变量。因为一般链接是以对象文件为单位的，故没有被引用的对象文件不会链接进可执行映像。然而，Visual C++ 提供函数级链接 (function-level linking) 功能，使用后链接的单位便由对象文件变成函数。——译者注

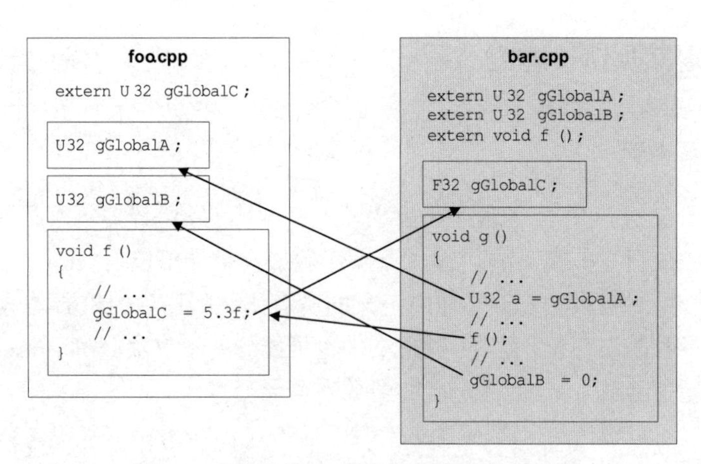

图 3.8 成功链接后, 被完全解决的外部引用

2. 若找到两个或以上相同名字的实体 (函数或变量), 链接器报告"符号被多重定义 (multiply defined symbol)" 错误。

图 3.9 描绘了这两种情况。

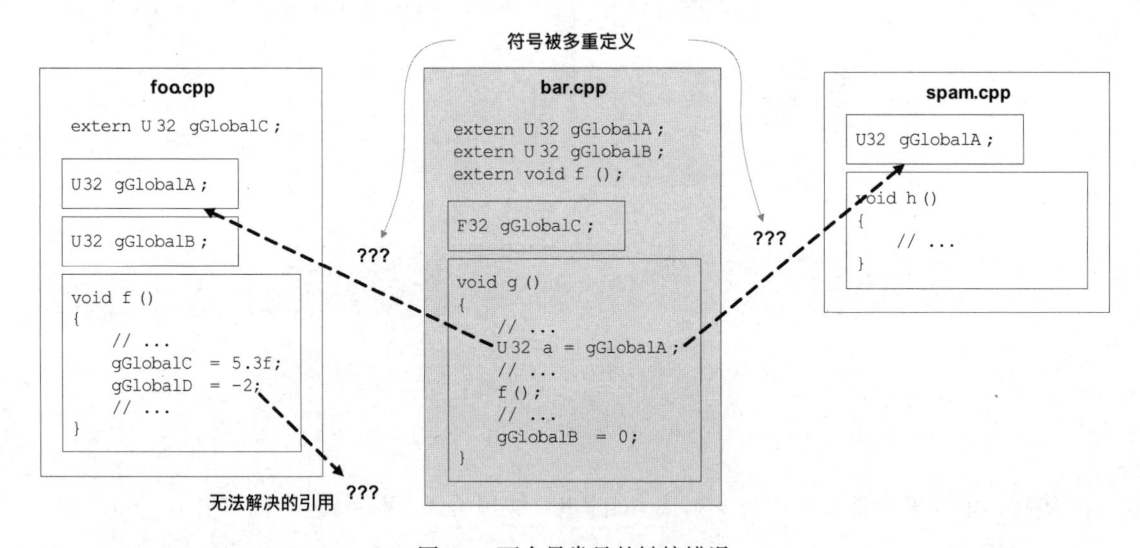

图 3.9 两个最常见的链接错误

3.2.2.2 声明与定义

在 C 和 C++ 语言中, 变量和函数必须先被声明 (declare) 和定义 (define), 然后才可使用。了解 C/C++ 的声明和定义的区别十分重要。

- 声明 (declaration) 是数据对象或函数的描述。声明使编译器知道实体 (数据对象或函数) 的名字, 以及其数据类型或函数签名 (function signature, 即函数的返回值类型、一个至多个参数类型)。
- 定义 (definition) 则是程序中个别内存区域的描述。此内存区域可能用来放置变量、struct 或 class 的实例, 以及函数的机器码。

换言之, 声明是实体的引用, 而定义是实体本身。一个定义必然是一个声明, 但相反则不然——在 C/C++ 中可以编写不属于定义的纯粹声明。

函数定义的写法是, 用大括号包裹函数主体, 并置于函数签名之后:

```
// foo.cpp
// 函数 max() 的定义
int max(int a, int b)
{
    return (a > b) ? a : b;
}

// 函数 min() 的定义
int min(int a, int b)
{
    return (a <= b) ? a : b;
}
```

函数可提供纯粹声明, 使其在其他翻译单元中 (或之后在同一翻译单元中) 能使用。纯粹声明的写法是, 为函数签名加上分号, 也可选择在签名前加上 extern 前缀:

```
// foo.h
// 一个函数声明
extern int max(int a, int b);

// 也是一个函数声明 ('extern' 是非强制的/假定的)
int min(int a, int b)
```

定义变量和 class/struct 实例的写法是, 先写出数据类型, 再加上变量/实例的名字, 最后可选择加入数组定义的方括号:

```
// foo.cpp
// 以下都是变量定义:
```

```
U32 gGlobalInteger = 5;
F32 gGlobalFloatArray[16];
MyClass gGlobalInstance;
```

在某翻译单元定义的全局变量中, 可使用 extern 关键字做声明, 以供其他翻译单元使用:

```
// foo.h
// 以下都是变量声明:
extern U32 gGlobalInteger;
extern F32 gGlobalFloatArray[16];
extern MyClass gGlobalInstance;
```

多重声明和定义 不奇怪, 任何 C/C++ 里的数据对象或函数都可以有多个同等的声明, 但只能有一个定义。若有两个或更多的同等定义位于一个翻译单元, 编译器会报告有多个同名实体的错误。但若有两个或更多同等定义存在于不同的翻译单元, 编译器则发现不了错误, 因为编译器每次是以翻译单位运作的。但是, 在此情况下, 链接器就会在解析交叉引用时报告“符号被多重定义”错误。

头文件中的定义, 以及内联 把定义置于头文件中, 通常是危险的。原因很简单: 若多个 .cpp 文件包含 (#include) 了含有定义的头文件, 就肯定会产生“符号被多重定义”的链接错误。

对此规则, 内联函数 (inline function) 是一个例外, 因为每个调用内联函数的地方都会复制该函数的机器码, 并把机器码直接嵌入调用方的函数里。实际上, 若内联函数要供多于一个翻译文件使用, 则该内联函数必须置于头文件中。只是为 .h 文件内的函数声明加上 inline 关键字, 并把函数主体置于 .cpp 文件内, 是不够的。编译器必须“看见”函数主体才能把函数内联。例如:

```
// foo.h
// 此函数会被正确地内联
inline int max(int a, int b)
{
    return (a > b) ?  a : b;
}

// 此函数不能内联, 因为编译器“看不见”函数主体
inline int min(int a, int b);
```

```
// foo.cpp
// 编译器实质上“看不见” min() 的主体, 所以 min() 只能在 foo.cpp 中内联
int min(int a, int b)
{
    return (a <= b) ? a : b;
}
```

其实, inline 关键字只是给编译器的提示 (hint)。编译器会为每个内联函数分析其内联的成本效益, 即测量函数代码大小, 对比内联该函数的潜在效率收益, 决定是否对函数进行内联, 编译器有最终决定权。某些编译器提供语法, 如 __forceinline, 可让程序员绕过编译器的成本效益分析, 直接进行内联。

3.2.2.3 链接规范

每个 C/C++ 的定义都有名为链接规范 (linkage) 的属性。外部链接 (external linkage) 的定义可被定义处以外的翻译单元看见并引用。内部链接 (internal linkage) 的定义则只能被该定义所处的翻译单元看见, 而不能被其他翻译单元引用。我们称此属性为链接规范, 因为它决定链接器是否允许该实体做交叉引用。因此, 在某种意义上, 链接规范类似 C++ 中 public:/ private: 关键字在定义类时的作用, 不过其作用对象不是类而是翻译单元。

所有定义预设均为外部链接。使用 static 关键字可以把定义改为内部链接。要注意, 两个或以上的 .cpp 文件可含有相同的 static 定义, 因为链接器认为这些定义是不同的实体(如同给予不同的名字), 故链接器不会产生“符号被多重定义”的错误。以下是一些例子:

```
// foo.cpp
// 此变量可供其他 .cpp 文件使用 (外部链接)
U32 gExternalVariable;

// 此变量仅供 foo.cpp 内使用 (内部链接)
static U32 gInternalVariable;

// 此函数可供其他 .cpp 文件调用 (外部链接)
void externalFunction()
{
    // …
}

// 此函数仅供 foo.cpp 内调用 (内部链接)
```

```
static void internalFunction()
{
    // …
}

// bar.cpp
// 此声明给予 foo.cpp 变量存取权限
extern U32 gExternalVariable;

// 此 gInternalVariable 有别于 foo.cpp 定义的同名变量, 不会产生错误
// 这如同我们把此变量命名为 gInternalVariableForBarCpp, 效果是一样的
static U32 gInternalVariable;

// 此函数有别于 foo.cpp 定义的版本, 不会产生错误
// 这如同我们把此函数命名为 internalFunctionForBarCpp, 效果是一样的
static void internalFunction()
{
    // …
}

// 错误: 符号被多重定义!
void externalFunction()
{
    // …
}
```

从技术上来说, 声明不会有链接属性, 因为声明不会在可执行映像中分配存储空间; 因此, 不存在链接器是否允许交叉引用那些存储空间的问题。声明仅作为引用, 指向其他地方定义的实体。然而, 有时候为了方便, 可以说声明是内部链接的, 因为声明只对它出现在的翻译单元有效。若我们允许这样拓宽此术语的含义, 那么声明总是内部链接的, 无法在多个 .cpp 文件中交叉引用单个声明。(若我们把声明置于头文件, 则多个 .cpp 文件能 “看见” 声明, 但实际上每个翻译单元都独立复制了该声明, 而声明的复制版本在每个翻译单元中都是内部链接的。)

此论述能使我们了解了内联函数被定义为允许置于头文件中的真正原因: 因为内联函数预设就是内部链接的, 就好像它们被声明为 `static` 一样。若多个 .cpp 文件包含 (`#include`) 内联函数的头文件, 每个翻译单元就各有一份私有的内联函数主体复制版本, 因而不会产生 “符号被多重定义” 的错误。链接器把每个复制版本视为不同的实体。

3.2.3 C/C++ 内存布局

由 C/C++ 编写的程序, 会把其数据存储于内存的多个地方。要了解存储空间如何分配、多种 C/C++ 变量类型如何运作, 我们需要认识 C/C++ 程序的内存布局 (memory layout)。

3.2.3.1 可执行映像

当生成 C/C++ 程序时, 链接器创建可执行文件。像类 UNIX 的操作系统, 包括许多游戏主机, 都使用一种流行的可执行文件格式, 称为*可执行与可链接格式* (executable and linkable format, ELF)[1]。因此, 在这些平台上的可执行文件使用 .elf 作为扩展名。Windows 的可执行文件格式与 ELF 格式相似。Windows 中的可执行文件使用 .exe 作为扩展名。无论是何种格式, 可执行文件总是包含程序的部分*映像* (image), 程序执行时此部分映像会置于内存中。被称为"部分"映像的原因是, 由于程序除了把可执行映像置于内存中, 一般也会分配额外内存。

可执行映像被分为几个相连的块, 这些块称为*段* (segment) 或*节* (section)。每个操作系统的可执行文件布局方式都有些差异, 同一个操作系统里的不同可执行文件也会有些微差异。但映像文件一般最少由以下 4 个段组成。

1. *代码段* (text/code segment): 此段包含程序中定义的全部函数的可执行机器码。
2. *数据段* (data segment): 此段包含全部*获初始化*的全局及静态变量。链接器为这些变量分配所需内存, 其内存布局将会和程序执行时完全一样, 并且链接器会填入适当的初始值。
3. *BSS 段* (BSS segment): "BSS"是过时的名字, 原意是"由符号开始的块 (block started by symbol)"。BSS 段包含程序中定义的所有*未初始化*全局变量和静态变量。C/C++ 明确定义, 任何未初始化的全局变量和静态变量皆为零。不过与其在 BSS 段存储可能很大块的零值, 链接器只需简单地存储所需零值的字节个数, 足以安置此段内未初始化的全局及静态变量。当操作系统载入程序时, 便会保留 BSS 段所需的字节个数, 并为该部分内存填入零, 之后才调用程序进入点 (如 `main()` 或 `WinMain()`)。
4. *只读数据段* (read only data segment): 此段又称为 rodata 段, 包含程序中定义的只读 (常量) 全局变量。例如, 所有浮点常量 (如 `const float kPi = 3.141592f;`) 及所有用 `const` 关键字声明的全局对象实例 (如 `const Foo gReadOnlyFoo;`) 就隶属此段。注意, 编译器通常把整数常量 (如 `const int kMaxMonsters = 255;`) 视为*明示常量* (manifest constant), 并且直接把明示常量插进机器码中。明示常量直接占用代码段的存储空间, 而不存储于只读数据段。

---

1 原文"executable and linking format"是较老的叫法。——译者注

全局变量, 是指由所有函数及类声明外的*文件作用域* (file scope) 定义的变量, 按照是否被初始化, 而决定存储于数据段还是 BSS 段。下例中的全局变量之所以存储于数据段, 是因为它已被初始化:

```
// foo.cpp
F32 gInitializedGlobal = -2.0f;
```

因程序员没初始化下列变量, 按 BSS 段的规范, 操作系统将为它分配空间并初始化为零:

```
// foo.cpp
F32 gUninitializedGlobal;
```

我们已知道, 可用 `static` 关键字来把全局变量或函数指明为*内部链接*, 使其“不显露”于其他翻译单元。但除此以外, 也可用 `static` 关键字来声明置于*函数内*的全局变量。函数静态变量的*词法作用域* (lexical scope) 只在其定义的函数之内 (即变量的名字只能在函数内“见到”)。变量会在第一次调用其函数时被初始化 (而不像文件域静态变量, 在 `main()` 调用前已被初始化)。但是, 以可执行映像的内存布局来说, 函数静态变量和文件域静态变量并无二致, 都是根据是否被初始化而分别存储于数据段或 BSS 段的。

```
void readHitchhikersGuide(U32 book)
{
    static U32 sBooksInTheTrilogy = 5; // 数据段
    static U32 sBooksRead;             // BSS 段
    // …
}
```

3.2.3.2 程序堆栈

当可执行程序被载入内存并运行时, 操作系统会保留一块称为*程序堆栈*(program stack)[1]的内存。当调用函数时, 一块连续的内存就会被压入栈, 此内存块称为*堆栈帧*(stack frame)。若函数 `a()` 调用函数 `b()`, 函数 `b()` 的新堆栈帧就会被压入 `a()` 堆栈帧之上。当 `b()` 返回时, 其堆栈帧就会被弹出, 并于调用 `b()` 之后的位置继续执行 `a()`。

堆栈帧存储 3 类数据。

1. 堆栈帧存储调用函数的*返回地址* (return address)。当函数返回时, 就可以凭这一数据继续执行调用方的函数。

1 比较常见的名称为调用堆栈 (call stack)。操作系统为每个线程分配独立的调用堆栈。当程序载入时就会为主线程分配一个调用堆栈。——译者注

2. 堆栈帧保存相关 CPU *寄存器* 的内容。借此过程, 被调用方可以使用任何觉得合适的寄存器, 而不必担心调用方所需的数据被覆盖。当函数返回时, 各寄存器就会还原至调用方可继续执行的状态。若函数有返回值, 该值会存储于指定的寄存器中, 使调用方能取用, 但其他寄存器会恢复原来的值。
3. 堆栈帧还包含函数里的所有*局部变量* (local variable), 或称*自动变量* (automatic variable)。借此过程, 每个函数调用都各自保持一组私有的局部变量集合, 甚至函数对自己递归回调时也是一样的。(实际上, 一些局部变量会分配使用 CPU 寄存器, 而不是存于堆栈帧。但是, 这些变量在大部分情况下, 运作方式如同使用堆栈帧。)

堆栈帧的压入和弹出操作, 一般会通过调整一个 CPU 寄存器的值来实现, 此寄存器称为堆栈指针 (stack pointer)。图 3.10 显示了以下函数执行时的情形。

```
void c()
{
    U32 localC1;
    // …
}

F32 b()
{
    F32 localB1;
    I32 localB2;
    // …
    c();
    // …
    return localB1;
}

void a()
{
    U32 aLocalsA15;
    // …
    F32 localA2 = b();
    // …
}
```

当含自动变量的函数返回时, 其堆栈帧就会被舍弃, 该函数内的所有自动变量被视为不再存在。从技术上来说, 这些变量所占的内存仍然在已被舍弃的堆栈帧中, 当调用下一个函数时,

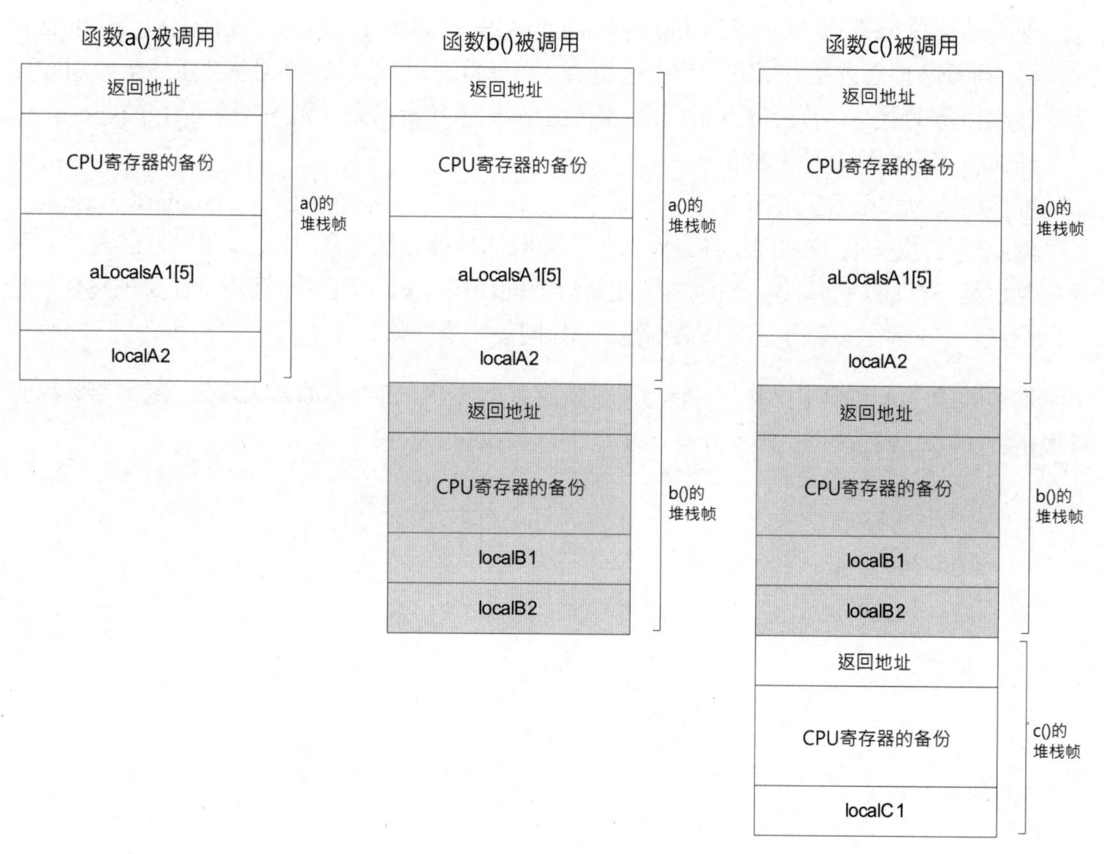

图 3.10 堆栈帧

这些变量所占的内存就很可能被覆盖。一个常见错误是返回局部变量的地址, 例如:

```
U32* getMeaningOfLife()
{
    U32 anInteger = 42;
    return &anInteger;
}
```

只有程序立即使用返回的地址, 并且在使用期间不调用其他函数, 才有可能不会出事。但在多数情况下, 这类代码会导致程序崩溃, 而且这种类型的崩溃往往难以调试。

3.2.3.3 动态分配的堆

迄今为止, 我们讨论了程序中的数据如何被存储为全局、静态或局部变量。全局和静态变量分配于可执行映像里, 而局部变量则分配于程序堆栈之中。这两种存储方式都是静态地定义的, 这意味着, 其所需的内存大小与布局在编译链接程序时便能知道。可是有时候, 不能在编译期完全知悉程序的内存需求。程序经常需要动态地分配额外的内存。

为了提供动态分配功能, 操作系统会为每个运行进程维护一块内存, 可调用 `malloc()` (或操作系统的专用函数, 如 Windows 中的 `HeapAlloc()`) 从中分配, 稍后调用 `free()` (或操作系统的专用函数, 如 `HeapFree()`) 把内存交还。此内存块称为*堆内存* (heap memory) 或*自由存储* (free store)。[1] 当动态分配内存时, 我们有时候称分配得来的内存是*置于堆中*的。

在 C++ 中, 全局 `new` 和 `delete` 操作符用来从自由存储分配和释放内存。然而要注意, 个别的类可能重载了这两个操作符, 用自定义方式分配内存, 因此, 不能简单假设 `new` 必然从全局堆内存中分配内存。

第 6 章会更深入探讨动态内存管理。此外, 可参考维基百科[2] 获得更多信息。

3.2.4 成员变量

C 中的 `struct` 和 C++ 中的 `class` 都可用来把变量组成逻辑单元。谨记 `class` 或 `struct` 的*声明*并不占用内存。这些声明仅是数据布局的描述, 如同一个模具用来制作 `struct` 或 `class` 的*实例*。例如:

```
struct Foo // struct 定义
{
    U32  mUnsignedValue;
    F32  mFloatValue;
    bool mBooleanValue;
}
```

当声明了一个 `struct` 或 `class` 时, 就能以和基本数据类型相同的任何方式进行分配 (定义), 举例如下。

- 作为自动变量, 置于程序堆栈上:
  ```
  void someFunction()
  {
  ```

---

1 从技术上来说, 堆是 C 语言和操作系统的术语, 而自由存储是 C++ 中通过 `new` 和 `delete` 动态分配和释放对象的抽象概念。基本上, 所有 C++ 编译器预设会使用堆去实现自由存储, 但程序员可通过重载操作符, 改用其他内存实现自由存储, 例如全局变量做的对象池。——译者注

2 http://en.wikipedia.org/wiki/Dynamic_memory_allocation

```
    Foo localFoo;
    // …
}
```

- 作为全局变量、文件静态变量或函数静态变量:

```
Foo gFoo; static Foo sFoo;
void someFunction()
{
    static Foo sLocalFoo;
    // …
}
```

- 动态地从自由存储中分配。在此情况下, 存储数据地址的指针或引用本身可以用自动、全局、静态, 甚至动态方式分配。

```
Foo* gpFoo = NULL;  // 指向一个 Foo 的全局指针

void someFunction()
{
    // 从堆内存中分配一个 Foo 实例
    gpFoo = new Foo;

    // 分配另一个 Foo 实例, 赋值至局部变量
    Foo *pAnotherFoo = new Foo;

    // 从堆内存中分配一个 Foo 指针
    Foo** ppFoo = new Foo*;
    (*ppFoo) = pAnotherFoo;
}
```

3.2.4.1 类的静态成员

如前所见, 根据不同的上下文,`static` 关键字有许多不同的含义。

- 当用于文件作用域时, `static` 意味着“限制变量或函数的可见性 (visibility), 只有本.cpp 文件才能使用该变量或函数”。
- 当用于函数作用域时, `static` 意味着“变量为全局, 非自动, 只在本函数内可见”。
- 当用于 `struct` 或 `class` 声明时, `static` 意味着“该变量非一般成员变量, 而是类似于全局变量”。

注意, 当 static 用于 class 声明时, 并不控制该变量的可见性 (文件作用域才会), 反而, 其用途是区分正常的每个实例 (per-instance) 变量, 以及行为像全局变量的每个类 (per-class) 变量。类静态变量的可见性是通过声明中的 public:、private:、protected: 关键字决定的。类静态变量自动包含于其被定义的 class 或 struct 命名空间 (namespace) 里。若在 class 或 struct 以外使用这些变量, 必须加入 class 或 struct 的名字以消除歧义 (例如 Foo::sVarName)。

如同加上 extern 的一般全局变量, 类声明内的类静态变量并不占内存。必须在一个 .cpp 文件内定义类静态变量以分配内存。例如:

```
// foo.h
class Foo
{
public:
    static F32 sClassStatic; // 不分配内存
};

// foo.cpp
F32 Foo::sClassStatic = -1.0f; // 定义内存及初始化
```

3.2.5 对象的内存布局

用图形来显示 class 或 struct 的内存布局十分有用, 直截了当, 只需画个长方形代表 class 或 struct, 以横线把数据成员分隔开即可。例如, 以下的 struct Foo 就可以画成图 3.11 所示的那样。

```
struct Foo
{
    U32 mUnsignedValue;
    F32 mFloatValue;
    I32 mSignedValue;
};
```

各数据成员的大小很重要, 应于图上标明。对于每个数据成员, 可用宽度显示其占据的位数大小。例如,32 位整数的宽度应该是 8 位整数的 4 倍 (见图 3.12)。

```
struct Bar
{
```

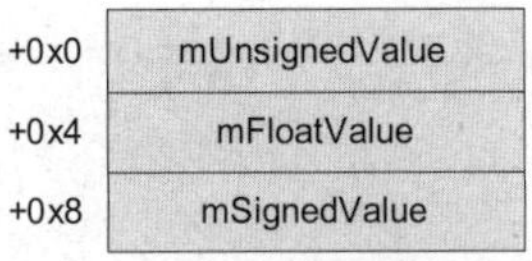

图 3.11 简单 struct 的内存布局

```
    U32  mUnsignedValue;
    F32  mFloatValue;
    bool mBooleanValue; // 假设 8 位
};
```

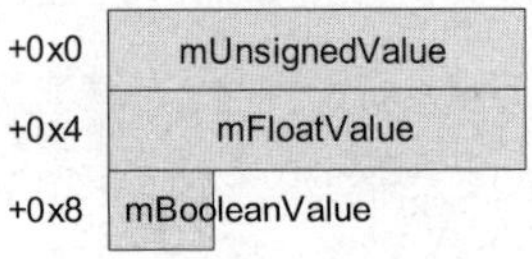

图 3.12 内存布局用宽度显示成员大小

3.2.5.1 对齐和包裹

当我们特别留意 `struct` 和 `class` 在内存中的布局时, 便会想弄清楚, 若大小不一的数据成员交错放置, 布局有何改变。例如:

```
struct InefficientPacking
{
    U32   mU1; // 32 位
    F32   mF2; // 32 位
    U8    mB3; // 8 位
    I32   mI4; // 32 位
    bool  mB5; // 8 位
    char* mP6; // 32 位
};
```

读者可能会想象, 编译器简单地把数据成员尽可能紧凑地包裹在一起。然而这毕竟不是常态。相反, 编译器通常会在布局中留下空隙, 如图 3.13 所示。(一些编译器可通过 `#pragma pack` 或命令行设置不留空隙, 但预设行为会像图 3.13 所示的那样在数据成员之间留空)。

为何编译器要留下这些空隙呢? 原因在于, 事实上每种数据类型有其天然的对齐 (alignment) 方式, 供 CPU 高效地从内存中进行读/写。数据对象的对齐是指, 其内存地址是否为对齐字节大小的倍数 (通常是 2 的幂)。

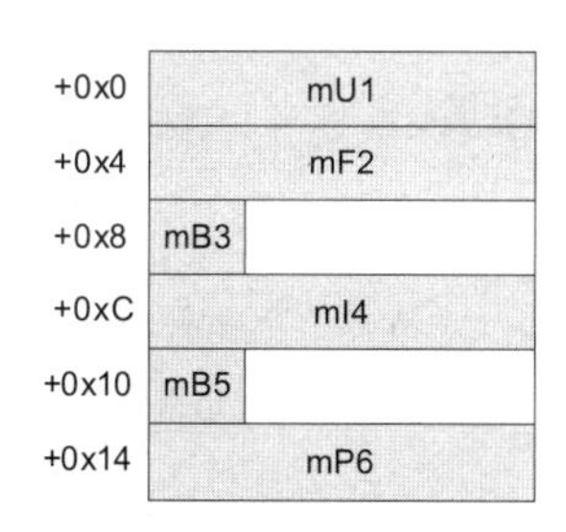

图 3.13 混合数据成员大小导致低效的 struct 包裹

- 1 字节对齐的对象, 可置于任何地址。
- 2 字节对齐的对象, 只可置于偶数地址。即地址最低有效半字节 (least significant nibble) 为 0x0、0x2、0x4、0x8、0xA、0xC 或 0xE。
- 4 字节对齐的对象, 只可置于为 4 的倍数的地址 (即地址最低有效半字节为 0x0、0x4、0x8 或 0xC)。
- 16 字节对齐的对象, 只可置于为 16 倍数的地址 (即地址最低有效半字节为 0x0)。

对齐是很重要的, 因为现在许多处理器实际上只能正常地读 / 写已对齐的数据块。例如, 程序要求从 0x6A341174 地址读取 32 位 (4 字节) 整数, 内存控制器 (memory controller) 便可愉快地载入数据, 因为该地址是 4 位字节对齐的 (此例的最低有效半字节为 0x4)。可是, 若要从 0x6A341173 载入 32 位整数, 内存控制器就需要读入两个4 字节块: 一块位于 0x6A341170, 另一块位于 0x6A341174。之后, 还需要通过掩码 (mask) 和移位 (shift) 操作取得 32 位整数的两部分, 再用逻辑 OR 操作把两部分合并, 把结果写入 CPU 的目标寄存器。图 3.14 显示了这个过程。

一些微处理器甚至不做这些处理。若读/写非对齐数据, 读出来的或写进去的可能只是随机数。对于另一些微处理器, 程序甚至会崩溃! (PS2 就是这类“零容忍”的著名例子。)

各种数据类型有不同的对齐需求。作为一个良好的经验法则, 数据类型应该需要其字节大小的对齐。例如,32 位值通常需要 4 字节对齐,16 位值通常需要 2 字节对齐,8 位值通常可存于任何地址 (1 字节对齐)。在支持 SIMD 矢量数学的 CPU 中, 每个 SIMD 寄存器含 32 个 4 字节浮点数, 共 128 位 (16 字节)。读者可能猜到了, 包含 4 个浮点数的 SIMD 矢量通常需要 16 字节对齐。[1]

现在, 我们可以重新考虑图 3.13 中 `struct InefficientPacking` 布局里的空隙。在 `class` 或 `struct` 中, 当把较小的数据类型 (如 8 位的 `bool`) 放置于较大类型 (如 32

---

1 译者为这个经验法则举出一个反例, 在 32 位 Linux 下的 8 字节 `double`, 预设是 4 字节对齐的。——译者注

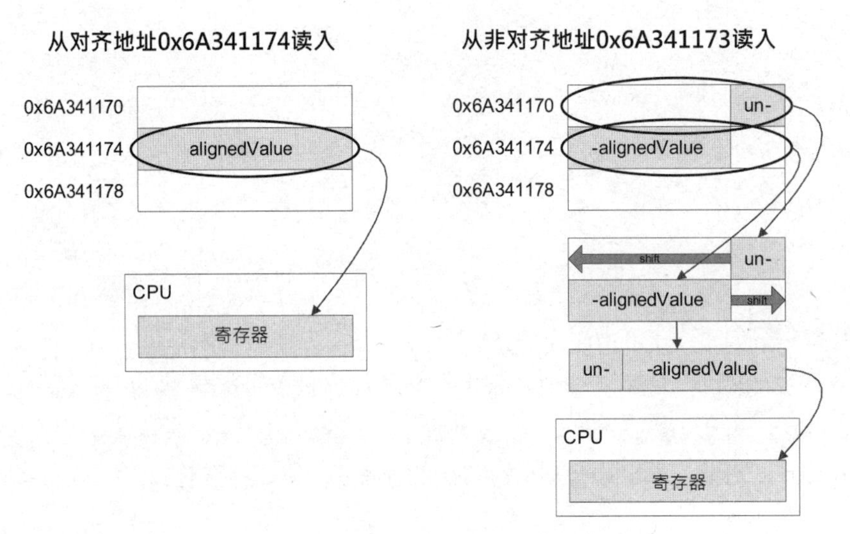

图 3.14 对齐和非对齐地读取 32 位整数

位的 `float`) 之间时, 编译器便会启用填充 (pad), 以保证所有成员都是正常对齐的。当声明数据结构时, 认真对待对齐和包裹是一个好习惯。如以下的代码及图 3.15 所示, 只需简单地重新排列上述例子中的成员, 就能省去一些浪费了的填充空间。

```
struct MoreEfficientPacking
{
    U32   mU1; // 32 位 (4 字节对齐)
    F32   mF2; // 32 位 (4 字节对齐)
    I32   mI4; // 32 位 (4 字节对齐)
    char* mP6; // 32 位 (4 字节对齐)
    U8    mB3; //  8 位 (1 字节对齐)
    bool  mB5; //  8 位 (1 字节对齐)
};
```

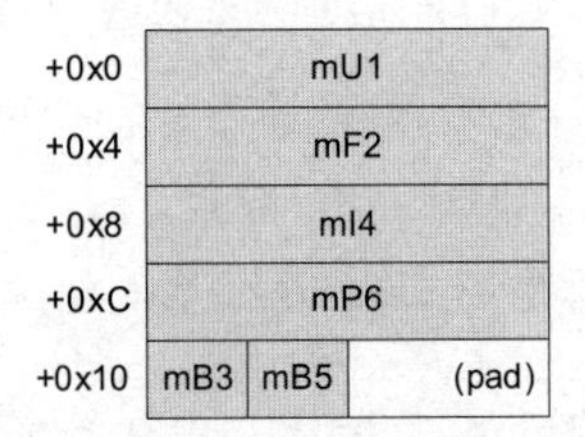

图 3.15 小成员组合在一起, 包裹更高效

读者可能注意到在图 3.15 中，整个结构的大小是 20 字节，而非我们预期的 18 字节。这是由于在末端加进了两个字节的填充。编译器加上这种填充，使结构作为数组类型时，仍能维持正确的对齐。换言之，若定义此结构的数组，并且其首个元素是对齐的，那么结构末端的填充保证了所有之后的数组元素皆是正确对齐的。

整个结构的对齐需求等同于其成员中的最大对齐需求。在以上例子中，最大的成员对齐是 4 字节，因此整个结构需要 4 字节对齐。笔者喜欢在结构末端加上明确的填充，使浪费了的空间更为清晰，例如：

```
struct BestPacking
{
    U32   mU1;      // 32 位 (4 字节对齐)
    F32   mF2;      // 32 位 (4 字节对齐)
    I32   mI4;      // 32 位 (4 字节对齐)
    char* mP6;      // 32 位 (4 字节对齐)
    U8    mB3;      //  8 位 (1 字节对齐)
    bool  mB5;      //  8 位 (1 字节对齐)
    U8    _pad[2];  // 明确的填充
};
```

3.2.5.2 C++ 类的内存布局

在内存布局上，C++ 的类有别于 C 的结构之处有两点——继承与虚函数。[1]

当 B 类继承自 A 类时，内存里 B 类的数据成员会紧接 A 类数据成员之后，如图 3.16 所示。每个新的派生类都会简单地把其数据成员附加到末端，即使类之间可能因对齐而加入填充。(多重继承比较混乱，例如会在派生类的内存布局中包含同一基类的多个版本。在此不再详述其细节，因为游戏程序员通常会完全避免使用多重继承。)

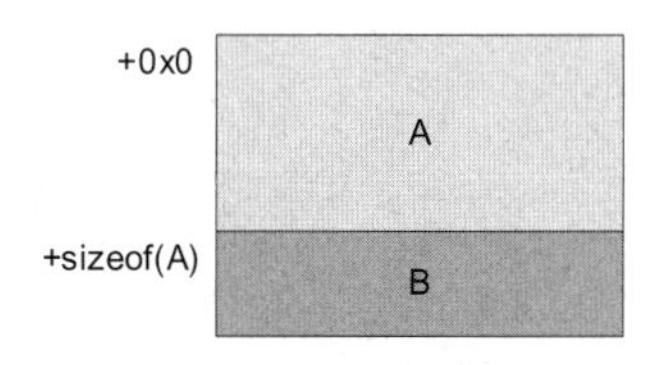

图 3.16 继承对类布局的影响

1 在 C++ 中，struct 和 class 的区别只在于预设的成员可见性，struct 的预设成员可见性为 public，而 class 则为 private。C++ 中的 struct 一样可以有继承和虚函数。——译者注

当类含有或继承了一个或多个虚函数 (virtual function) 时, 那么就会在类的布局里添加 4 字节 (若目标硬件采用 64 位则是 8 字节), 通常会加在类的布局最前端。此 4 字节或 8 字节称为虚表指针 (virtual table pointer 或 vpointer), 因为此 4 字节代表一个指针, 指向名为虚函数表 (virtual function table, vtable) 的数据结构。在每个类的虚函数表里, 包含该类声明或继承而来的所有虚函数指针。每个 (含虚函数的) 具体类都具有一个虚函数表, 并且这些类的实例都会有虚表指针指向该虚函数表。

虚函数表是多态的核心, 因为它使我们在编写代码时无须考虑代码是和哪个具体类进行沟通的。回到那无处不在的例子, Shape 为基类, Circle、Rectangle 及 Triangle 为派生类。假设 Shape 定义了名为 Draw() 的虚函数, 而所有派生类都重载了此函数, 提供了个别的实现, 包括 Circle::Draw()、Rectangle::Draw() 及 Triangle::Draw()。任何继承自 Shape 的类, 其虚函数表都有 Draw() 函数的条目, 但条目会指向具体类的函数实现。Circle 类的虚函数表包含指向 Circle::Draw() 的指针, Rectangle 类的虚函数表则包含指向 Rectangle::Draw() 的指针, 而 Triangle 类的虚函数表则包含指向 Triangle::Draw() 的指针。假设有一个指向 Shape 的指针 (Shape *pShape), 要调用其虚函数 Draw(), 代码可先对其虚表指针解引用, 取得虚函数表, 再从表中找 Draw() 的条目, 即可调用。若 pShape 指向一个 Circle 类的实例, 结果就是调用 Circle ::Draw(), 以此类推。

以下的代码片段可说明这些概念。注意, 基类 Shape 定义虚函数 SetId() 和 Draw(), 后者是纯虚函数 (pure virtual function)。(纯虚函数指 Shape 不提供预设的 Draw() 实现, 派生类若要能产生实例, 必须重载此函数。) Circle 类派生自 Shape 类, 加入了一些数据及函数成员去管理其圆心及半径, 并重载了 Draw() 函数, 图 3.17 描绘了 Circle 类的布局。Triangle 类也派生自 Shape 类, 加入了 Vector3 对象数组以存储 3 个顶点, 并且提供函数去存取各顶点。意料之中, Triangle 类也重载了 Draw() 函数, 并因示范原因也重载了 SetId()。图 3.18 显示了 Triangle 类的内存布局。

```
class Shape
{
public:
    virtual void SetId(int id) { m_id = id; }
    int          GetId() const { return m_id; }
    virtual void Draw() = 0; // 纯虚, 无实现

private:
    int m_id;
};
```

```
class Circle : public Shape
{
public:
    void            SetCenter(const Vector3& c) { m_center = c; }
    const Vector3& GetCenter() const { return m_center; }

    void            SetRadius(float r) { m_radius = r; }
    float           GetRadius() const { return m_radius; }

    virtual void Draw()
    {
        // 绘制圆形的代码
    }

private:
    Vector3 m_center;
    float   m_radius;
};

class Triangle : public Shape
{
public:
    void            SetVertex(int i, const Vector3& v);
    const Vector3& GetVertex(int i) const { return m_vtx[i]; }

    virtual void Draw()
    {
        // 绘制三角形的代码
    }

    virtual void SetId(int id)
    {
        // 调用基类的实现
        Shape::SetId(id);
        // 专为三角形而设置的额外工作
    }
```

```
private:
    Vector3 m_vtx[3];
};

void main(int,char**)
{
    Shape* pShape1 = new Circle;
    Shape* pShape2 = new Triangle;

    pShape1->Draw();
    pShape2->Draw()
}
```

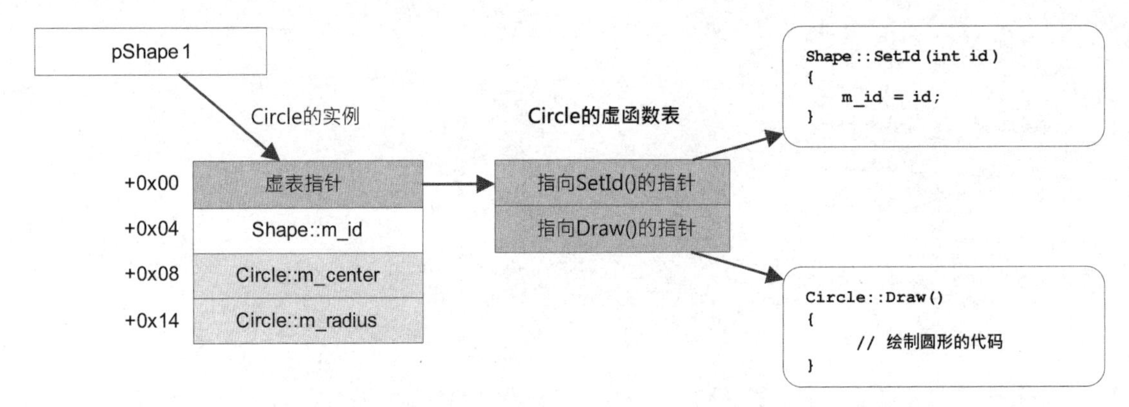

图 3.17 pShape1 指向一个 Circle 类的实例

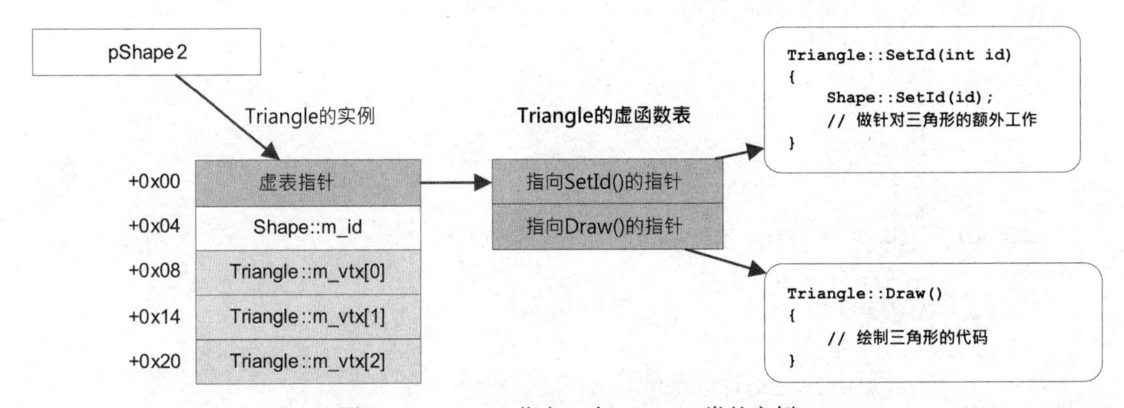

图 3.18 pShape2 指向一个 Triangle 类的实例

3.2.6 kilobyte 及 kibibyte

若你是计算机程序员，你可能会用国际单位制 (SI) 单位，如千字节 (kilobyte, kB) 或兆字节 (megabyte, MB) 去描述内存量。很多人都没有意识到采用这些单位并非严格正确的。当我们说“千字节”时，一般是指 1024 字节。但国际单位制中的 kilo 前缀是指 $10^3 = 1000$，并非 1024。

为消除此歧义，国际电工委员会 (International Electrotechnical Commission, IEC) 在 1998 年制定了一组用于计算机科学的、类似于 SI 单位的前缀。这些前缀以 2 的次方表示，而非 10 的次方，因此计算机工程师可以准确及方便地表示 2 的次方的量。在此新系统中，不用 kilobyte (1000 字节)，而用 kibibyte (1024 字节，缩写为 KiB)；不用 megabyte (1,000,000 字节)，而用 mebibyte ($1024 \times 1024 = 1,048,576$ 字节，缩写为 MiB)。表 3.1 汇总了 SI 及 IEC 系统中常用字节数量单位的大小、前缀及名称。本书全面采用 IEC 单位。

表 3.1 比较国际单位制 (SI) 和国际电工委员会 (IEC) 描述字节数量的单位

国际单位制 (SI)			国际电工委员会 (IEC)		
值	单位	名称	值	单位	名称
1000	kB	kilobyte	1024	KiB	kibibyte
1000^2	MB	megabyte	1024^2	MiB	mebibyte
1000^3	GB	gigabyte	1024^3	GiB	gibibyte
1000^4	TB	terabyte	1024^4	TiB	tebibyte
1000^5	PB	petabyte	1024^5	PiB	pebibyte
1000^6	EB	exabyte	1024^6	EiB	exbibyte
1000^7	ZB	zettabyte	1024^7	ZiB	zebibyte
1000^8	YB	yottabyte	1024^8	YiB	yobibyte

3.3 捕捉及处理错误

在游戏引擎中有多种方式捕捉及处理错误状况。游戏程序员必须理解这些机制各自的优劣之处以及适用时机。

3.3.1 错误类型

所有软件项目皆有两类基本错误状况：*用户错误* (user error) 和*程序员错误* (programmer

error)。用户错误, 指用户做了不正确的事情而引发的错误, 例如键入无效的输入、尝试开启不存在的文件等。而程序员错误是由代码本身的 bug所导致的结果。虽然程序员错误可能会因用户的某些操作而触发, 但是程序员错误的本质是——若程序员不犯错, 该问题是可以避免的, 并且用户会合理地预期程序员*应该*妥善地处理该情况。

当然, 基于不同的语境, "用户" 的定义有所变化。在游戏项目的语境中, 用户错误通常可分成两类: 玩游戏者所引起的错误、制作游戏者在开发时所引起的错误。追踪受特定错误影响的用户种类, 并恰当地处理错误, 是游戏开发的重要一环。

实际上, 还有第三类用户, 就是团队里的其他程序员。(若开发对象是一套游戏中间件, 如 Havok、OpenGL, 则此时的第三类用户就会扩展至全世界所有使用该软件的程序员。) 就第三类用户来说, *用户错误和程序员错误*的分界变得模糊。想象程序员 A 君编写了函数 `f()`, 程序员 B 君尝试调用 `f()`。若 B 君调用时采用了无效的参数 (如空指针、超出范围的索引), 则 A 君可视之为用户错误, 但 B 君却可能视之为程序员错误。(当然, 可以争辩说, A 君应该预见会出现无效参数, 并能优雅地处理这些参数, 因此问题应归咎于 A 君, 属程序员错误。) 此处的重点是, 用户和程序员之间的界限可能会根据情况转移, 鲜有非黑即白的区分。

3.3.2 错误处理

处理这两类错误的需求有重大差异。处理*用户错误*应该越妥善越好, 并向用户显示有用信息, 然后允许用户继续工作——若处于游戏状态下则继续玩。另一方面, 程序员的错误不应采用 "通知并继续" 的方针去处理。通常最好的处理方式是中止程序, 并提供低阶调试信息, 促使程序员能快速鉴定及修正问题。在理想情况下, 在软件发布之前, *所有*程序员错误都应被捕获及修正。

3.3.2.1 处理玩家错误

当 "用户" 为游戏玩家时, 显然要以游戏性来处理错误。例如, 若玩家尝试为武器装弹, 而子弹用光了, 则可使用声音提示及动画向玩家表明问题, 而不应强制退出游戏。

3.3.2.2 处理开发者错误

当 "用户" 为游戏开发者时, 例如美术人员、动画师或游戏设计师等, 错误可能来自某些无效资产。例如, 某动画可能关联到一个错误的骨骼, 某纹理的大小可能是无效的, 或某音频文件可能使用不支持的采样率。对于这类*开发者错误*, 有两种截然不同的看法。

一方面，避免坏游戏资产持续存在过久似乎很重要。游戏通常包含数以千计的资产，若某问题资产“不知所踪”，则其有可能一直存在，甚至有藏于游戏发布版本的风险。若从极端角度去看，处理坏游戏资产最好的办法，就是当遇到任何一个游戏资产有问题时，便不允许游戏执行。造成无效资产的始作俑者，便会有强大的动机去立即移除或修正该资产。

另一方面，游戏开发是混乱的迭代过程，实际上鲜有从一开始就产生“完美”资产的情况。按此思路，游戏引擎应该尽可能健壮，能处理几乎任何想象得到的问题种类，即使遇到完全错误的资产，仍然能够继续工作。但此方式依然不是最理想的，因为游戏引擎会因大量错误捕捉及错误处理代码而变得臃肿，而且当开发步伐平稳下来及发布游戏时，这些代码就会变得冗余，从而使发布含“坏”资产的产品的概率变得太大。

据笔者经验，最佳方式是寻找这两个极端之间的平衡点。当发现开发者错误时，笔者希望让错误变得明显，并使团队可于问题存在的情况下继续工作。若只因为某开发者尝试加入一个无效资产，就要团队中所有其他成员暂停工作，这样的代价实在太昂贵了。游戏工作室向员工支付不菲的工资，当多个团队成员要暂停工作时，成本就会成倍增加。当然，我们应该在实际可行时才使用这种处理错误的方式，不至于花费过多的工程时间，或使代码变得臃肿。

比方说，我们假设某个网格载入失败。依笔者的见解，最好是在游戏世界中所有放置该网格的地方画红色的大长方体，也许最好再在每个长方体上附上文字，内容是“某某网格载入失败”。这样比输出信息到错误日志更胜一筹，因为那些信息很容易被忽略。而且，这样也比令游戏崩溃好得多，因为崩溃会使所有人在该网格被修正前都不能工作。当然，对于极糟糕的问题，还是可以弹出错误信息并使程序崩溃的。所有问题皆无银弹[1]，读者必须根据具体情况来判断采用哪种错误处理方法，才能改善开发者的使用体验。

3.3.2.3 处理程序员错误

检测及处理程序员错误 (也即是 bug)，最佳方法一般是在源代码中嵌入错误检测代码，并且当检测到错误时中止程序。此机制名为断言系统 (assertion system)，将于 3.3.3.3 节仔细讨论。当然，如同之前所述，某位程序员的使用错误是另一位程序员的 bug，因此，断言并非处理所有程序员错误的正确方式。明智地选用断言或更妥善的错误处理技术，仍是每位程序员必须不断学习的技能。

---

1 银弹 (silver bullet) 是欧洲传说里对付吸血鬼、人狼等妖魔的终极武器。《没有银弹》(*no silver bullet*) 是 IBM 大型计算机之父佛瑞德 · 布鲁克斯 (Fred Brooks) 于 1987 年发表的一篇关于软件工程的经典论文。详见 http://en.wikipedia.org/wiki/No_Silver_Bullet。——译者注

3.3.3　实现错误检测及处理

我们刚讨论过一些处理错误的理论, 现在返回程序员身份, 专注于错误检测及处理的各种代码实现方式。

3.3.3.1　错误返回码

常见错误处理方法之一, 是当函数检测到错误时, 从该函数返回某种错误码。错误返回码 (error return code) 可以用布尔值表示函数执行的成败; 也可用“不可能”的值去表示,“不可能”的值指正常返回结果范围以外的值。例如, 某函数正常执行时会返回正整数或正浮点数, 当发生错误时可返回负值以做标示。比返回布尔值或“不可能”值更佳的方法是, 设计函数返回一个枚举值 (enumerated value) 以表明函数执行成败。此方式能清楚地区分错误和函数输出, 并可显示失败的确切原因, 例如:

```
enum Error { kSuccess, kAssetNotFound, kInvalidRange, ...};
```

函数调用方应检查错误返回码, 并做出相应行动。调用方可以即时处理错误, 也可对问题做应急处理, 完成本身的运作, 再把错误码转交上一层的调用方。

3.3.3.2　异常

错误返回码是传达及回应错误状况的简单可靠方式。然而, 错误返回码也有缺点。其中最大的问题大概是, 检测到错误的函数与可处理错误的函数完全无关。在最坏情况下, 调用堆栈里的第 40 个函数时, 可能侦测到一个错误, 而此错误必须由顶层游戏循环或 `main()` 函数处理。在此情况下, 调用堆栈里的 40 个函数都需要编写代码, 逐一传送恰当的错误码至上一层, 直至能处理错误的顶层函数。

其中一个解决办法是抛出异常 (exception), 异常处理是 C++ 的强大功能。它让检测到错误的函数, 在无须知道能处理该错误的函数的情况下, 就可以把错误信息传到其余代码处。抛出 (throw) 异常时, 程序员可选择把相关错误信息存储于某对象, 其被称为*异常对象* (exception object)。之后, 程序会自动进行堆栈辗转开解 (stack unwinding), 从堆栈中寻找位于 try 区块里的函数调用。找到 try 区块后, 便会对异常对象的类与 try 区块下的逐个 catch 子句的参数进行比较, 若找到匹配的, 就会执行该 catch 区块的代码。在堆栈辗转开解的过程中, 会自动调用所有自动变量的析构函数 (destructor)。

能把错误检测和错误处理这样清晰地分离, 无疑是一种诱人的方式, 在某些软件项目中也是极佳的选择。然而, 异常会为程序添加一些额外开销。任何使用到异常的函数, 其调用帧会变大, 以承载堆栈辗转开解时所需的额外信息。并且, 堆栈的辗转开解通常很慢, 相比简单地返回函数, 前者用时大约多一两倍。另外, 就算程序中仅有一个函数 (或程序链接的一个程序库) 使用了异常, 整个程序都必须使用, 编译器不能预知抛出异常时调用堆栈中会有哪些函数。

可以认为, 比额外开销问题更重要的是, 异常并不比 goto 好。微软及 Fog Creek 软件的名人 Joel Spolsky 认为, 异常实质上比 goto 更差, 因为在源代码中很难看到异常。一个函数即使自己不抛出或捕获异常, 当该函数位于其他做这些事情的函数的调用堆栈中, 它仍可能牵涉在辗转开解过程中。这可能令我们很难编写健壮的软件。当存在抛出异常的可能时, 几乎你的代码库里的每个函数都需要健壮地处理所有函数调用, 并且要销毁局部对象。

因此, 在游戏引擎中, 有颇充分的理由去完全关掉异常处理。顽皮狗以及笔者在艺电、Midway 工作时的大部分项目都采用此方式。然而, 你的具体情况或许不一样! 没有完美的工具, 做任何事也不会只有一种正确的方法。明智地使用异常可令你的代码更易编写及使用。只需谨慎而行。

网上有不少讨论这方面的优秀文章。这里列出一些正反方的讨论, 包含了大部分关键问题。[1, 2, 3]

3.3.3.3 断言

断言 (assertion) 是一行检查表达式的代码。当表达式求值为真时, 一切如常。但若表达式求值为假, 则暂停程序, 打印消息, 并在可行的情况下启动调试器。在 Steve Maguire 的名著 *Writing Solid Code*[30] 里能看到有关断言的深入讨论。[4]

断言检查程序员的假设, 就像是为 bug 而设的地雷。编写新代码时, 断言可检查代码, 以保证代码的功能正常。断言也能保证在一段较长的时间内, 即使周遭的代码经常改动、演变, 原来的假设继续维持成立。例如, 某程序员改动一些本来能工作的代码, 但意外地违反了原来的假设, 那么该程序员就是踩到"地雷"了。断言会立即告知程序员问题所在, 让程序员在最小影响的情况下纠正问题。没有断言的话, 很多 bug 喜欢"藏匿"起来, 最后问题暴露时, 追查那些 bug 就变得又困难又耗时了。而通过在代码中嵌入断言,bug 就会在其诞生之时被对外宣布, 那时最容易修正问题, 因为程序员对代码的改动记忆犹新。

1 http://www.joelonsoftware.com/items/2003/10/13.html

2 http://www.nedbatchelder.com/text/exceptions-vs-status.html

3 http://www.joelonsoftware.com/items/2003/10/15.html

4 此著作年代久远, 读者可参考同为微软作者编写的《代码大全》(第 2 版) (*Code Complete*) 的 8.2 节。——译者注

断言是以宏 #define 来实现的，所以如有需要，只需改写该宏，就能在代码中去除所有断言。在开发期间，断言引起的效能开销，通常可以忍受。在游戏发行时，可以去除断言，取回那一点关键效能。

断言实现 断言通常实现为一个宏，宏会在 if/else 子句里对表达式求值，若断言失败（表达式求值为 false），就会调用一个函数，并且使用一些汇编代码去暂停程序，如果程序在调试器里运行就会让调试器中断下来。以下是一个典型的断言实现。

```
#if ASSERTIONS_ENABLED
    // 定义一个内联汇编让调试器暂停程序
    // 不同CPU的做法有所区别
    #define debugBreak() asm { int 3; }

    // 对运算式求值，若为伪值则报告断言失败
    #define ASSERT(expr) \
        if (expr) {} \
        else \
        { \
            reportAssertionFailure(#expr, __FILE__, __LINE__); \
            debugBreak(); \
        }
#else
    #define ASSERT(expr) // 不求值
#endif
```

让我们解构这个定义，分析其是如何运作的。

- 外层的 #if/#else/#endif 用于剥除代码里的断言。若 ASSERTIONS_ENABLED 是非零值，ASSERT() 宏就被定义为真正的版本，程序中所有断言检查就会生效。若断言被关上，ASSERT(expr) 不做任何事情，所有使用该宏的地方，实际上会被预处理器删除。
- debugBreak() 宏被定义为一些汇编语言指令，这些指令会暂停程序，并把控制权转交给调试器（若在调试器中执行该程序）。这些指令因 CPU 而异，但通常是单个汇编指令。
- ASSERT() 宏本身是用完整的 if/else 语句定义的（而非单独的 if）。这种方式使 ASSERT() 宏可以用在任何上下文中，就算放进没有花括号的 if/else 语句中，也没有问题。

以下的例子，显示了使用单独的 if 来定义 ASSERT() 所产生的问题。

```
#define ASSERT(expr) if (!(expr)) debugBreak()

void f()
{
    if (a < 5)
        ASSERT(a >= 0);
    else
        doSomething(a);
}
```

把宏展开后，会变成以下的错误代码。

```
void f()
{
    if (a < 5)
        if (!(a >= 0)) debugBreak();
    else // 哎呀！对应了错误的 if()!
        doSomething(a);
}
```

- ASSERT() 宏的 else 子句做了两件事情。第一，向程序员显示一些消息，说明哪里出错；第二，在调试器里中断程序。注意，第一个消息显示参数是 #expr。符号 (#) 是预处理器操作符，使 expr 运算式转为一个字符串，这样就可以把该运算式作为消息的一部分打印出来了。
- 还要注意 __FILE__ 和 __LINE__。这两个编译器定义的宏，会神奇地表示出该宏的源文件名[1]和行号。把这两个宏传给消息显示函数，就可以打印问题的确切位置。

笔者十分推荐在代码中使用断言。然而，也必须注意断言的效能开销。可以考虑定义两种断言。通常的 ASSERT() 宏可在所有生成中保留，所以即使不在调试生成下也可以发现错误。[2]第二种断言宏，可能被命名为 SLOW_ASSERT()，只在调试生成中生效。显然，SLOW_ASSERT() 的效用较低，因为它们被排除于测试员每天玩的游戏版本之外。但至少这些断言在程序员调试中有效。

正确地使用断言极为重要。断言只应用于捕捉程序本身的 bug，永远不要用来捕捉用户错误。另外，当断言失败时，应该总是中止整个游戏程序。允许测试员、美术人员、设计师或其他非工程师去跳过断言，这通常是一个坏点子。(这有点像“狼来了”的故事：若断言可以跳过，就

1 原文为 .cpp 文件，实际上也可以是头文件。——译者注

2 通常最终的交付版本会去掉断言。——译者注

会变得毫不重要, 最终变成无效。) 换言之, 断言应该只用来捕捉严重错误。若可以在断言后继续正常运行程序, 那么最好采用其他方式向用户报错, 例如, 在屏幕上显示消息, 或是用丑陋的亮橙色三维图形进行标示。关于正确使用断言的讨论, 可参考此文。[1]

3.4 流水线、缓存及优化

我们在 1.2.1 节提到游戏是软实时系统。软实时是指游戏软件必须在限期内完成操作——游戏中最显然的需求是每帧必须在 16.6ms (以达到 60 FPS) 或 33.3ms (以达到 30 FPS) 内完成。而“软”的部分是指没有人会因为我们的帧率而死亡。[2] 尽管如此, 无须怀疑, 游戏需要尽可能高效地运行。

而优化一词广泛地指, 程序员、游戏设计师或美术人员为提升性能可以做的任何工作, 而这些工作最终能提升游戏的帧率。除此以外, 优化也包含其他方面的改进, 例如减小资源的体积, 令资源能塞进内存中。在本节中, 我们重点关注性能优化的其中一方面: 令我们的软件运算得越快越好。阅读本节之后, 可扩展阅读 Alexander Alexandrescu 的 *Three Optimization Tips for C++* 演讲。[3]

3.4.1 并行范式转移

为了优化软件的性能, 我们需要了解什么东西令软件变慢。由于计算机硬件的进化, 这些东西也随着时间在改变。

在早期的计算机中, CPU 相对较慢, 因此程序员在优化代码时, 会集中于降低任务所花费的 CPU 周期数目。在每一刻 CPU 仅做一项工作, 因此程序员可阅读反汇编码, 并计算每个指令所花的周期数目。而且, 由于内存访问的开销比较低, 程序员常会用内存换取更少的周期。

今天, 情况完全不同。现在的计算机及游戏机都包含多个并行运行的 CPU 核心, 而开发软件时也要利用到这些并行能力。(在 7.6 节会深入讨论游戏中的多核计算。) 往并行处理的范式转移 (paradigm shift) 也往下延伸至 CPU 核心本身的设计。现今的 CPU 都是流水线 (pipeline) 的, 这是指可以同时执行多个指令。另外, 现在的 GPU 也是大规模并行计算引擎, 可同时并行处理数百以至数千个运算。

1 http://www.wholesalealgorithms.com/blog9

2 相对医疗、交通中的硬实时系统, 若不能在有限时间内完成操作可能导致严重意外。——译者注

3 https://www.slideshare.net/andreialexandrescu1/three-optimization-tips-for-c-15708507

部分受并行化转移的影响, CPU 性能的提升速度高于内存访问的提升速度。今天的 CPU 采用复杂的内存缓存方案去减低内存访问延迟。现今的口头禅为“内存访问昂贵, 计算周期便宜”。所有这些情况导致性能优化的规则完全与早期的规则相反。与之前的缩减需执行的指令数目相反, 现在普遍的做法是在 CPU 上做*更多*工作, 去避免访问内存!

3.4.2 内存缓存

要了解内存存取模式为何影响性能, 我们要先了解现代处理器如何读写内存。访问现代游戏或 PC 的主系统内存是缓慢的操作, 通常需要几千个处理器周期才能完成。和 CPU 里的寄存器相比, 存取寄存器只需数十个周期, 甚至有时只需要一个周期。为了降低读 / 写主内存的平均时间, 现代的处理器会采用高速的*内存缓存* (cache)。

缓存不过是另一组内存, 但 CPU 读写缓存的速度比读写主存快得多。缓存能达到最低的内存访问延迟, 原因有二。第一, 缓存内存通常采用现存最快的 (及最贵的) 技术。第二, 缓存内存在物理上尽量置于最接近 CPU 核心的地方, 通常置于同一芯片上。这两个因素导致的结果是, 缓存内存通常比主内存的容量小得多。

内存缓存系统提升内存访问性能的方法是, 将程序最常使用的数据块保存至缓存的*局部拷贝* (local copy)。若 CPU 请求的数据已存在于缓存中, 缓存就能非常快速地完成请求, 通常是数十个周期的数量级, 此情况称为*缓存命中* (cache hit)。然而, 若数据未置于缓存中, 那么必须从主内存读入缓存, 这被称为*缓存命中失败* (cache miss)。从主内存读数据可能需花数千个周期, 因此缓存命中失败的确会带来非常高的开销。

3.4.2.1 缓存线

为了减低缓存命中失败的冲击, 缓存控制器会尝试载入多于所请求的内存。例如, 假设程序尝试读入一个 `int` 变量的内容, 这一般占一个机器字, 按架构来说是 32 位或 64 位。与其花几千周期去读一个字, 缓存控制器会读入包含该字的更大连续内存块。这里的理念是, 若程序顺序访问内存 (这是常见情况), 那么首次访问时会导致缓存命中失败的开销, 但之后的访问就是低开销的缓存命中了。

缓存的内存地址和主内存的地址为一个简单一对多关系。我们可以想象缓存的地址空间以一个重复的模式被映射至主内存地址, 从主内存的地址 0, 一直到所有主内存地址都被缓存覆盖。以一个具体例子来说明, 假设内存大小是 32 KiB[1], 而每条缓存线为 128 字节。那么该

1 记得在 3.2.6 节中提到 KiB 表示“kibibyte”, 1 KiB = 1024 字节。

缓存可存储 256 条缓存线 ($256 \times 256 = 32,768\text{B} = 32\text{KiB}$)。我们更进一步假设主内存的大小为 256 MiB。因此主内存的大小为缓存的 8192 倍 ($(256 \times 1024)/32 = 8192$)。那便意味着我们需要把缓存的地址空间重复叠上主内存地址空间 8192 次, 才能覆盖所有物理地址位置。

给定任何主内存的地址, 我们可以通过把该地址模除缓存的大小去获得缓存地址。所以对于 32 KiB 缓存和 256 MiB 主存, 缓存地址 0x0000 至 0x7FFF (那就是 32 KiB) 映射至主内存地址 0x0000 至 0x7FFF, 但这些缓存地址也映射至主内地址 0x8000 至 0xFFFF、0x10000 至 0x17FFFF、0x18000 至 0x1FFFF, 以此类推, 直至最后一块地址 0xFFF8000 至 0xFFFFFFF。图 3.19 展示了主内存和缓存内存之间的映射。

缓存只能处理与缓存线大小倍数对齐的内存地址 (对内存对齐的讨论可参考 3.2.5.1 节)。因此, 缓存实际上只能以缓存线为单位寻址, 而非以字节为单位。我们考虑缓存的总大小为 2^M 字节, 而内存线大小为 2^n。我们可以用以下方法转换主内存地方至缓存线索引。首先我们去掉主内存地址的 n 个最低有效位, 从而把字节单位转换成缓存线索引 (即把地址除以 2^n)。然后把地址分割为两部分: $M - n$ 个最低有效位为缓存索引, 而余下的位告诉我们这缓存线来自哪一块主内存。块索引是以一个称为*旁路转换缓冲* (translation lookaside buffer, TLB) 的特殊数据结构存储在缓存控制器中的。没有 TLB 的话, 我们便无法追踪缓存线索引与主内存地址之间的一对多关系。

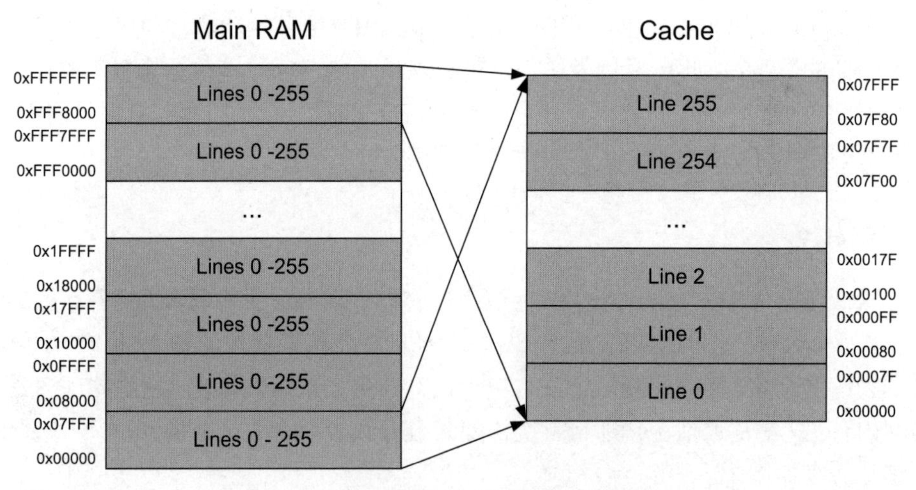

图 3.19 主内存地址与缓存线的直接映射

3.4.2.2 指令缓存和数据缓存

在为游戏引擎或任何性能关键系统编写高性能代码时, 必须意识到数据和代码都会置于缓存内。指令缓存 (instruction cache, I-cache, 有时也写作 I$) 会预载即将执行的机器码, 而数据缓存 (data cache, D-cache, D$) 则用来加速从主内存读/写数据。大多数处理器会在物理上独立分开这两种缓存, 因为我们永不希望读一个指令会导致一些合法数据被踢出缓存, 反之亦然。因此, 优化代码时, 我们必须同时考虑数据缓存及指令缓存的性能 (虽然我们将会看到, 优化一种会对另一种有正面影响)。

3.4.2.3 组关联和替换策略

前面描述的缓存线与主内存地址之间的简单映射称为直接映射 (direct-mapped) 缓存。即主存中每个地址仅映射至单条缓存线。再次以 32 KiB 缓存、128 字节缓存线为例, 主存地址 0x203 将映射至第 4 条缓存线 (因为 0x203 为 515, 而 $\lfloor 512/128 \rfloor = 4$)。然而, 在例子中有 8192 个独立的缓存线大小主存块会映射至第 4 条缓存线。具体来说, 第 4 条缓存线映射至主存地址 0x200 至 0x27F, 也映射至主存地址 0x8200 至 0x827F、0x10200 至 0x1027F, 以此类推。

当发生缓存命中失败时, CPU 必须把对应的缓存线从主内存载入缓存。若该缓存线无合法数据, 那么只需拷贝数据进去便完事了。但若该缓存线已包含数据 (来自另一主内存块), 我们必须覆写它。此操作称为逐出 (evict) 数据, 或把数据从缓存“踢走”。

直接映射缓存的问题在于, 它可导致病态情况。例如, 两个不相关的内存块可能不断来回互相逐出。如果主内存地址能映射至两个或更多的不同缓存线, 就可能获取更好的平均性能。在 2 路组关联 (2-way set associative) 缓存中, 每个主内存映射至两个缓存线, 如图 3.20 所示。显然, 4 路组关联缓存比两路的性能更好, 8 路或 16 路缓存比 4 路更好。

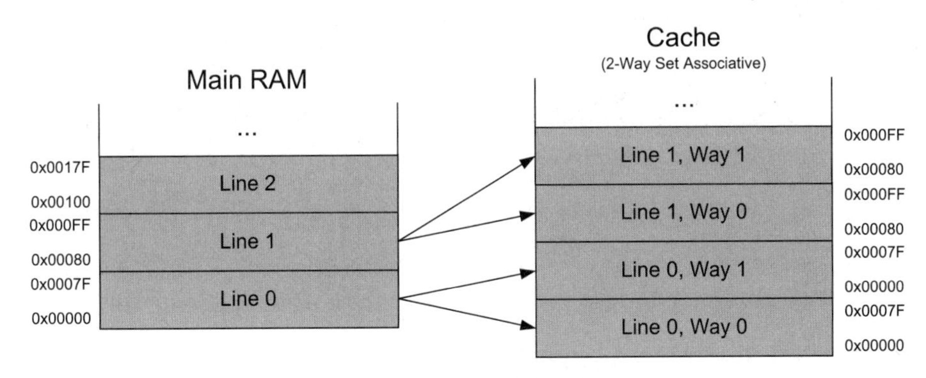

图 3.20 2 路组关联缓存

我们有超过一个“缓存路”之后, 缓存控制器将面对一个困境: 当缓存命中失败发生时, 应选择逐出哪一路, 并保留哪些路在缓存之中? 此问题的答案按 CPU 设计而异, 称为 CPU 的替

换策略 (replacement policy)。常见的策略是简单地总是逐出最“老”的数据。

3.4.2.4 写入策略

我们未提到 CPU 将数据写入内存的情况。缓存控制器如何处理写入称为其写入策略 (write policy)。最简单的缓存写入设计称为透写式缓存 (write-through cache)。在这种设计中, 将数据写入缓存时, 会立即把数据同时写入主内存。然而, 在另一种称为回写式 (write-back 或 copy-back) 的缓存设计中, 数据会先写到缓存中, 在某些情况下才会把缓存线回写到主内存。这些情况包括: 一条曾写过新数据的缓存线需要被逐出缓存, 以供主内存载入新的缓存线; 程序明确要求清除缓存。

3.4.2.5 多级缓存

命中率 (hit rate) 测量度程序命中缓存的频繁程序, 而不是被缓存命中失败而带来巨大开销。命中率越高, 程序运行得越好 (在其他因素维持不变的情况下)。缓存延迟与命中率存在一个基本的权衡关系。缓存越大, 命中率越高, 但同时更大的缓存不能置于离 CPU 越近的地方, 因此更大的缓存会比更小的慢。

多数游戏机至少采用两级缓存。CPU 首先尝试在一级 (level 1, L1) 缓存中找数据。此缓存小, 但有非常低的访问延迟。若数据不在那里, 就尝试更大但更慢的二级 (level 2, L2) 缓存。仅当数据也不在 L2 缓存中时, 我们才支付访问主内存的成本。因为主内存的延迟相对于 CPU 的时钟频率来说非常高, 有些 PC 甚至包含三级 (level 3, L3) 缓存。

3.4.2.6 缓存一致性: MESI 和 MOESI

当多个 CPU 核心共享单个主内存时, 事情将变得更复杂。通常每个核心备有其独立的 L1 缓存, 但多个核心共享 L2 缓存及主内存。图 3.21 展示了一个两级缓存架构, 内含两个 CPU 核心共享一个主内存及一个 L2 缓存。

当出现多个核心时, 系统必须维持缓存一致性 (cache coherency)。这就是说, 需要确保数据在多个缓存及主内存里保持匹配。并不需要在每一刻都维持一致性, 最重要的是运行时程序不能展示出缓存中的内容是不同步的。

有两种常见的缓存一致性协议: MESI (modified, exclusive, shared, invalid) 和 MOESI (modified, owned, exclusive, shared, invalid)。这些协议的详细讨论超越了本书的讨论范围, 建议读者参考维基百科[1]。

1 https://en.wikipedia.org/wiki/MOESI_protocol

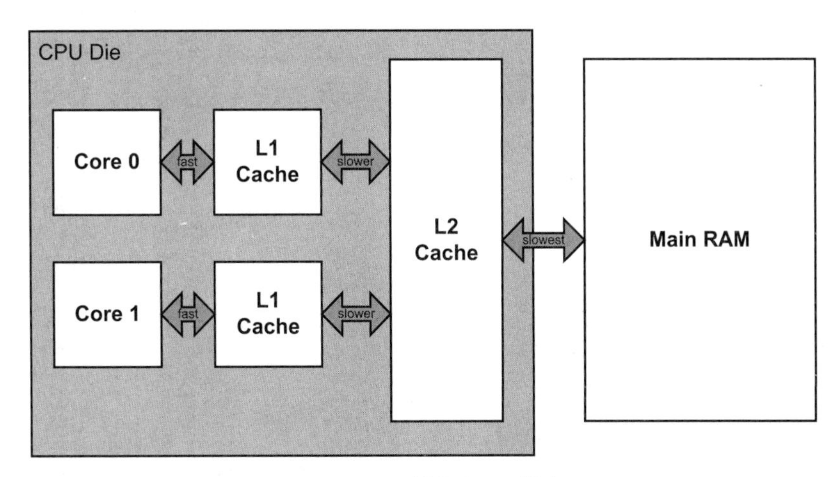

图 3.21 L1 缓存和 L2 缓存

3.4.2.7 避免缓存命中失败

显然我们不能完全避免缓存命中失败, 因为数据最终必须会往来于主内存。然而, 高性能计算的诀窍在于编排内存中的数据及代码, 令算法产生最小的缓存命中失败率。

避免数据缓存命中失败的最佳办法就是, 把数据编排进连续的内存块中, 尺寸越小越好, 并且要顺序访问这些数据。这样便可以把数据缓存命中失败的次数减至最少。当数据是连续的 (即不会经常在内存中“跳来跳去”) 时, 那么单次命中失败便会把尽可能多的相关数据载入单个缓存线。若数据量少, 更有可能塞进单个缓存线 (或最少数量的缓存线)。并且, 当顺序存取数据时 (即不会在连续的内存块中“跳来跳去”), 便能造成最少次缓存命中失败, 因为 CPU 不需要把相同区域的内存重新载入缓存线。

要避免指令缓存命中失败, 其基本原理和数据缓存的情况一样。然而, 两者的实践方法不一样。最容易实践的是保持高性能循环的代码量越少越好, 并避免在最内层的循环中调用函数。这样可确保整个循环体能在运行的所有时间中保留在指令缓存中。

若你的循环需要调用函数, 最好能令被调用的函数位于接近循环体代码的地方。由于编译器和链接器决定了代码的内存布局, 读者可能会觉得自己对指令缓存命中失败几乎无法控制。然而, 多数 C/C++ 链接器都有一些简单规则, 熟悉并运用它们就能控制代码的内存布局:

- 单个函数的机器码几乎总是置于连续的内存中。在绝大多数情况下, 链接器不会把一个函数切开, 并在中间放置另一个函数。(内联函数除外, 这点之后再解释。)
- 编译器和链接器按函数在翻译单元源代码 (.cpp 文件) 中的出现次序排列内存布局。

- 因此, 位于一个翻译单元内的函数总是置于连续内存中。即链接器永不会把已编译的翻译单元切开, 中间插入其他翻译单元的代码。[1]

因此, 按照数据缓存避免命中失败的原理, 我们可以使用以下的经验法则。

- 高效能代码的体积*越小越好*, 体积以机器码指令数目为单位。(编译器和链接器会负责把函数置于*连续内存中*。)
- 在性能关键的代码段落中, *避免调用函数*。
- 若要调用某函数, 就把该函数置于*最接近*调用函数的地方, 最好是紧接调用函数的前后, 而不要把该函数置于另一翻译单元 (因为这样会完全无法控制两个函数的距离)。
- 谨慎地使用内联函数。内联小型函数能增进效能。然而, 过多的内联会增大代码体积, 使性能关键代码再不能完全装进缓存。假设有一个处理大量数据的紧凑循环, 若循环内的代码不能完全装进缓存, 每个循环迭代便会产生至少两次指令缓存命中失败。遇到这种情况, 最好重新思考算法及其代码实现, 看看能否减少关键循环中的代码量。

3.4.3 指令流水线及超纯量 CPU

如我们在 3.4.1 节所提及的, 近年对并行处理的转移不止应用至多核心 CPU 的计算机, 也用于核心本身。有两个紧密相关的架构技术能增强 CPU 内的并行性: *指令流水线* (instruction pipelining) 及*超纯量架构* (superscalar architecture)。

要理解流水线, 可想象你洗衣服的情况。如果你有一台洗衣机、一台烘干机及无数要洗的衣服! 你怎样才能尽快洗完它们? 如果你把衣服逐批放到洗衣机中, 全部洗完后再烘干衣服, 你并没有高效利用这些硬件。当洗衣机在运转的时候, 烘干机在闲置, 反之亦然。要提升效率, 最好是当第一批衣服洗完后就拿去烘干, 同时开始洗第二批衣服。那么, 两部机器就可以大多时候同时运作。

CPU 指令流水线的工作方式也是相似的。当执行一个机器语言指令时, CPU 必须以多个步骤执行。这些对应于以上例子中的洗衣和烘干步骤。首先, 必须从内存读取指令 (最好是从指令缓存中读取)。然后, 指令必须被解码。之后再被执行。若指令需要访问数据, 还需执行一个内存访问的周期。最后, 寄存器的内容可能需要回写到内存。每个步骤由 CPU 中独立的电路执行, 而这些电路连接到另一组电路去组成一个*流水线*。CPU 为了在所有时间保持这些电

---

1 在 Visual C++ 编译器中可使用函数级链接 (function-level linking) /Gy 选项, 那么编译的输出单位为函数, 链接时各个函数并不一定以翻译单元内的次序进行布局。事实上, 还可以在链接时使用/ORDER 选项自定义函数的布局次序。——译者注

路都忙碌运作, 当流水线的第一个阶段结束后就尽快传送新的指令至流水线。图 3.22 展示了这个过程。

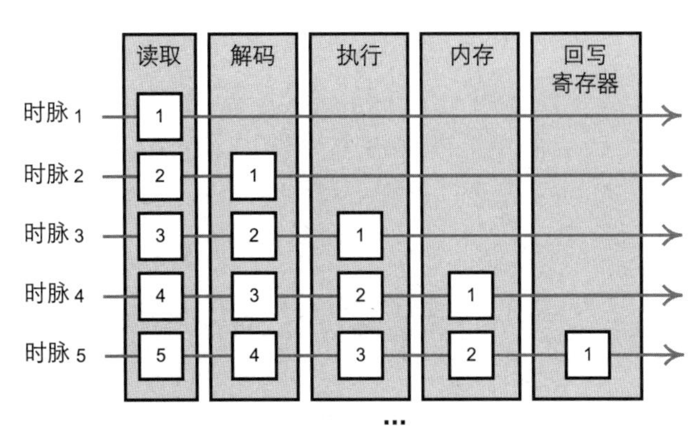

图 3.22 指令在流水线CPU中的流动过程

流水线的*延迟* (latency) 是指完成一个指令所需的时间。这等于流水线中所有阶段的延迟之和。而流水线的*带宽* (bandwidth) 或*吞吐量* (throughput) 则是测量单位时间内能执行多少个指令的指标。流水线的带宽取决于其最慢的阶段, 如同一条锁链的强度取决于其最弱的一环。[1]

超纯量 (superscalar) 处理器包含多组冗余的电路, 这些电路可能属于流水线中的部分或全部阶段。这样可以让 CPU 并行处理多个指令。例如, 若 CPU 含有两个整数算术逻辑单元 (ALU), 那么两个整数指令可同时执行。

在此需注意, 不同的数据类型通常在 CPU 芯片上不同的电路上运作。例如, 整数算术可能由一个电路执行, 而浮点数学由另一电路执行。这些 CPU 架构与超纯量架构相似, 相似的地方在于 (例如) 整数乘法、浮点乘法与 SIMD 矢量乘法能全部同时执行。但对于真正的超纯量, CPU 需要有多个整数、浮点及/或矢量单元。

3.4.3.1 数据依赖及流水线停顿

含流水线的 CPU 通过在每个时钟周期发送新指令, 尝试让所有阶段保持繁忙。若一个指令需要另一个指令的结果, 较后的指令便必须等待较前的指令完全经过流水线所有阶段。这可能令流水线产生一个"气泡", 降低吞吐量。

例如, 考虑以下的指令序列:

1 原文为谚语 a chain is only as strong as its weakest link, 通常指一组人或组织的成功靠每个成员的合作, 一个成员的失败可导致整体失败。——译者注

```
mov 5,r3        ;; 把数值 5 载入寄存器 r3
mul r0,10,r1    ;; 把 r0 的内容乘以 10, 结果存于 r1
add r1,7,r2     ;; 把 r1 加上 7, 结果存于 r2
```

理想地, 我们希望在 3 个连续周期中发送 mov、mul 和 add 指令, 令流水线可以尽量保持繁忙。但在这个例子中,mul 的结果被 add 指令所用。这就意味着 CPU 必须等待 mul 跑完整个流水线后, 才能发送 add 指令。若流水线含 5 个阶段, 那么便会浪费了 5 个周期 (见图 3.23)。这称为数据依赖 (data dependency), 而它会导致流水线停顿 (stall)。

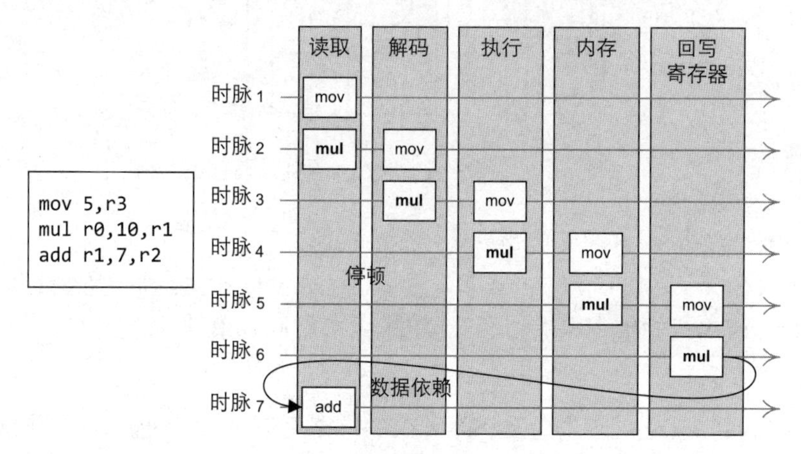

图 3.23 指令间的数据依赖造成流水线停顿

富优化功能的编译器会尝试自动地重新编排机器指令的次序以避免停顿。例如, 若以上例子中的三个指令之后有一些不依赖前面结果的指令, 便可以把后面那些指令往前移, 令它们可以在 mul 工作时同时执行。

3.4.3.2 分支预测

停顿还可因为分支而产生。当你在代码中使用 if 语句时便会造成分支。遇到分支时, 含流水线的 CPU 便没有选择, 只能猜将会走哪一个分支。CPU 会继续发送所选的分支, 希望猜测是正确的。但我们通常不知道猜测是对还是错, 直至流水线最终完成了分支前的计算。若最终发现猜测是错的, 那么我们就执行了不应该执行的指令。因此流水线必须清空再重新执行正确分支中的第一个指令。

CPU 最简单的猜测方法便是总是选择反向的分支 (因为这种分支存在于 while 或 for 循环的结尾), 而不选择向前的分支。多数高品质的 CPU 包含分支预测 (branch prediction) 硬件, 可显著提升猜测的准确性。分支预测器会追踪分支指令在多个迭代中的结果, 并发现模式以帮助在未来迭代中做更好的猜测。使用没有良好分支预测器的 CPU 时, 便需要由程序员去提升代码的性能。我们可以重写关键性能的循环, 减少分支甚至完全消除分支。一种做法是同时计算分支的两个结果, 然后用无分支的机制去挑选结果, 例如使用位掩码来做逻辑与。`fsel`(floating-point select) 指令也是一个例子。

PS3 程序员经常要应付低效的分支代码, 因为坦白地说, Cell 处理器的分支预测太糟糕了。但是 PS4 的 AMD 美洲豹 CPU 就具备非常先进的分支预测硬件, 所以游戏程序员为 PS4 写代码时可以轻松很多。

3.4.3.3 load-Hit-Store

load-hit-store 是尤其差的一种流水线停顿, 常出现在 PowerPC 架构上, 如 Xbox 360 和 PS3。例如, 当想将你的代码从浮点数转换至整数, 然后把结果用于之后的运算时, 便会出现这种停顿。此问题的症结在于 CPU 在将 `float` 转换至 `int` 时, 无法直接把数据从浮点寄存器传送至整数寄存器。因此, 该结果必须从浮点寄存器写进内存, 然后再从内存读进整数寄存器。例如:

```
stfs  fr3,0(r3)       ; 存储浮点数, 使用 r3 作为指针
lwz   r9,0(r3)        ; 读回数据, 这次载入整数寄存器 oris
r9,r9,0x8000          ; 强迫它为负数
```

这个问题在于 `oris` 指令必须等待 `r9` 寄存器获得数据。这个过程需花多个周期将数据写入 L1 缓存, 再重新读入。这段时间整个流水线被迫停顿。更详细的信息可参考这两个网页。[1,2]

1 http://www.gamasutra.com/view/feature/132084/sponsored_feature_common_.php

2 http://assemblyrequired.crashworks.org/2008/07/08/load-hit-stores-and-the-__restrict-keyword

第 4 章　游戏所需的三维数学

游戏是在计算机中实时模拟虚拟世界的数学模型。因此, 数学渗透游戏产业的各个环节。游戏程序员会用到几乎所有数学分支, 如三角学、代数、统计学、微积分。然而, 游戏程序员最常使用到的是三维矢量和矩阵 (即三维线性代数, linear algebra)。

仅这一个数学分支已是既广且深了, 我们不能期望在此章里涵盖非常深入的内容。相反, 笔者会试述典型游戏程序员所需的数学工具, 也会提供一些技巧和诀窍, 帮助读者理解一些较易混淆的概念和规则。欲要深入了解游戏所需的三维数学知识, 笔者强烈推荐 Eric Lengyel 的著作[28]。

4.1　在二维中解决三维问题

本章中的许多数学运算同时适用于二维和三维。这对读者而言是一个好消息, 因为它说明, 在解决一些三维矢量问题时, 有时候能用二维方式去思考和绘图 (这较三维方式容易得多)。可惜, 二维问题和三维问题的解决方法并非在所有情况下都是等效的。一些运算, 例如叉积 (cross product), 仅在三维中有定义, 而一些问题也必须同时考虑 3 个维度才有意义。尽管如此, 用简化的二维方式去思考问题, 通常倒也无伤大雅。理解二维解后, 可以试着把问题扩展至三维。有时候, 我们会欣然发现二维解在三维中也有效。在另一些情况下, 我们可以找到某个坐标系, 而该坐标系上的问题实际是二维的。如果某个问题对于二维和三维并无差别, 本书会使用二维图解进行说明。

4.2　点 和 矢 量

大部分现代 3D 游戏都是由虚拟世界里的三维物体组成的。游戏引擎必须记录这些物体

的位置 (position)、定向 (orientation) 和比例 (scale), 不断改变这些属性以产生动画, 并把这些属性变换 (transform) 至屏幕空间, 使物体能被渲染在屏幕上。在游戏中, 三维物体几乎都是由三角形组成的, 其中三角形的顶点 (vertex) 则以点 (point) 表示。所以在学习怎样表示游戏的整个对象之前, 我们先来了解一下点, 以及与之关系密切的矢量。

4.2.1 点和笛卡儿坐标

严格地说, 点是 n 维空间里的一个位置 (在游戏中, n 通常等于 2 或 3)。笛卡儿坐标系 (Cartesian coordinate system) 是游戏程序员最常用的坐标系, 它使用 2 个或 3 个互相垂直的轴, 来描述二维或三维空间的位置。因此, 可以由 2 个或 3 个实数表示一个点 P, 即 (P_x, P_y) 或 (P_x, P_y, P_z), 如图 4.1 所示。

当然, 笛卡儿坐标系并非唯一选择。其他一些常用的坐标系如下所示。

- 圆柱坐标系 (cylindrical coordinate system): 此坐标系由 3 部分组成, 分别是垂直"高度"轴 h、从垂直轴发射出来的辐射轴 r 和 yaw 角度 θ。在圆柱坐标系中, 以 3 个数字 (P_h, P_r, P_θ) 表示一个点 P, 如图 4.2 所示。
- 球坐标系 (spherical coordinate system): 此坐标系也是由 3 部分组成的, 分别是俯仰角 (pitch) phi (ϕ)、偏航角 (yaw) theta (θ) 和半径长度 r。因此, 以 3 个数字 (P_r, P_ϕ, P_θ) 表示点, 如图 4.3 所示。

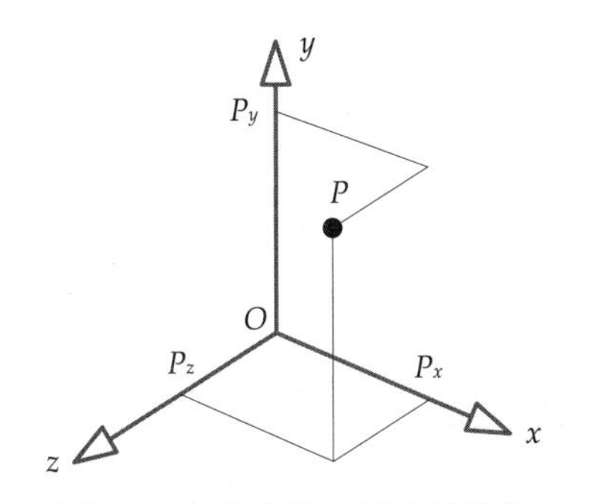

图 4.1 以笛卡儿坐标表示的点

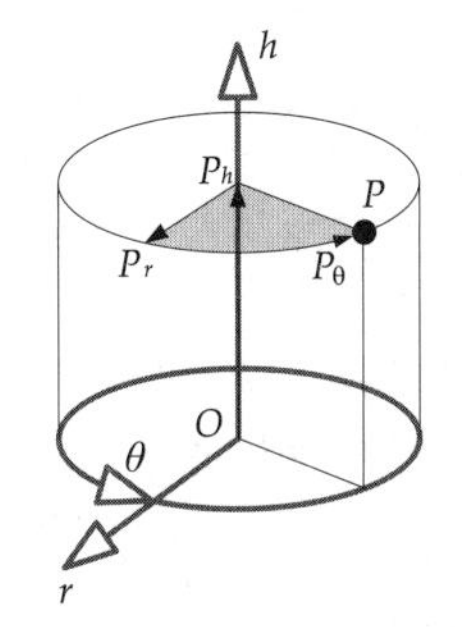

图 4.2 以圆柱坐标表示的点

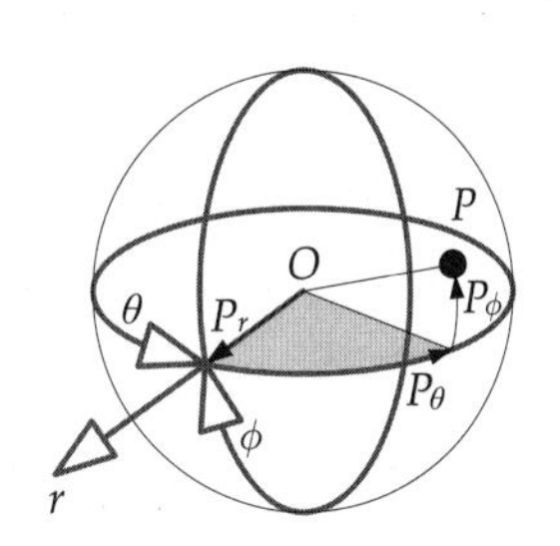

图 4.3 以球坐标表示的点

虽然笛卡儿坐标系是游戏编程中广泛使用的坐标系, 但必须谨记, 应为当前问题选择最合适的坐标系。例如, 在 Midway 公司的 *Crank the Weasel* 中, 游戏主角 Crank 必须在一个装饰派艺术风格的城市里四处跑, 捡拾赃物。笔者希望那些物品像旋涡一样绕着 Crank 的身体旋转, 越来越接近 Crank 并最终消失。笔者使用了圆柱坐标系表示物品的位置。要制作旋涡动画，只需简单地在 θ 上加入恒定角速率，在辐射轴 r 上加入少许向内的恒定线性速率，并在垂直轴 h 上加入少许向上的恒定线性速率，使物品缓缓向上升至 Crank 裤袋的水平位置。此简单动画非常好看，而且使用圆柱坐标系模拟比使用笛卡儿坐标系简单得多。

4.2.2 左手坐标系与右手坐标系的比较

在三维笛卡儿坐标中，要安排 3 个互相垂直的轴，我们有两种选择：右手 (right-handed, RH) 和左手 (left-handed, LH)。要掌握右手坐标系 3 个轴的方向，可把右手握拳，伸出拇指指向 x 轴、食指指向 y 轴、中指指向 z 轴。左手坐标系则使用左手。

左手坐标与右手坐标系的区别在于 3 个轴其中一个轴的方向不同。例如，若 y 轴指向上，x 轴指向右，在右手坐标系中 z 轴会指向自己 (走出页面)，而在左手坐标系中 z 轴则是远离自己 (走进页面)。图 4.4 显示了左手和右手笛卡儿坐标系。

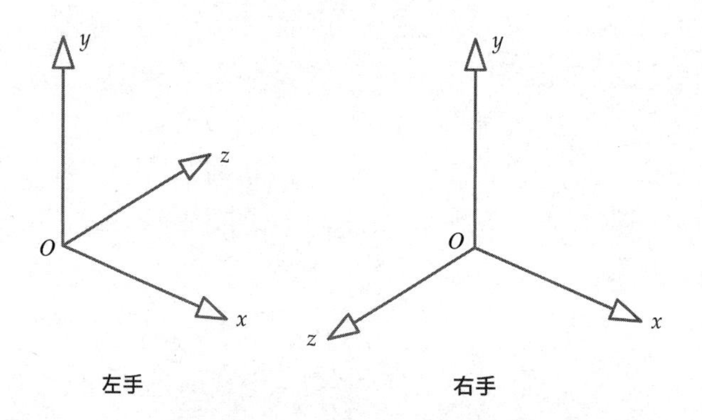

图 4.4 左手与右手笛卡儿坐标系

左手和右手坐标系相互转换十分容易。只需把其中一个轴反转，并保留另外两个轴不变即可。非常重要的是，数学法则在左手和右手坐标系里并不会改变，改变的只是我们如何把这些数字在脑海里诠释为三维空间。左手和右手约定只应用在可视化过程中，并不影响底层中的数学。事实上，利手 (handedness) 对物理模拟中的叉积有影响，因为叉积的结果实际上并不是一个矢量——它是一个称为赝矢量 (pseudovector) 的特殊数学对象。我们将在 4.2.4.9 节进一步讨论赝矢量。

如何从数值表示映射到视觉表示，完全由数学家和程序员决定。我们可选择以 y 轴向上、z 轴向前、x 轴向左 (右手坐标系) 或向右 (左手坐标系)。或是，我们可选择 z 轴向上，又或是 x 轴向上或向下。至关重要的是确定映射方式后，便可以贯彻使用。

话虽如此, 但在一些应用中, 使用某些约定比其他约定更好。例如, 三维图形程序员一般以左手坐标系工作, 并以 y 轴向上、x 轴向右、z 轴向观察者离去的方向 (即虚拟摄像机指着的方向)。当三维图形被以此坐标系渲染至二维屏幕时,z 轴坐标增加意味着场景的深度增加 (即与虚拟摄像机的距离增加)。在随后的章节里, 我们会介绍此特性如何被应用到 z 缓冲方案中, 以解决深度遮挡问题。

4.2.3 矢量

矢量 (vector) 指 n 维空间中包含模 (magnitude) 和方向的量。矢量可绘制成有向线段, 线段自一点 (尾) 延伸至另一点 (头)。矢量和标量 (scalar) (即普通的实数数值) 比较, 标量有模但没有方向。

三维矢量可以用 3 个标量 (x, y, z) 表示, 如同点一样。点和矢量的区别实际上是很细微的。严格地说, 矢量是相对于某已知点的偏移。一个矢量可移至三维空间中的任何位置, 只要该矢量的方向和大小保持不变, 无论在哪个位置, 皆为同一个矢量。

矢量也可以用来表示点, 只要把其尾固定在坐标系的原点 (origin)。这些矢量有时候被称为位置矢量 (position vector) 或矢径 (radius vector)。对我们来说, 可以把 3 个标量视为点或矢量, 只要记住, 位置矢量的尾固定于已选坐标系的原点便可。这意味着, 数学上点和矢量在使用时有微妙区别。或可以说, 点是绝对的, 而矢量是相对的。

大部分游戏程序员使用“矢量”一词来同时表示点 (位置矢量) 及矢量 (线性代数中严谨意义上的矢量, 即纯方向性的矢量)。多数三维数学程序库也使用“矢量”一词同时代表点及矢量。当两者不能混为一谈时, 本书就采用“方向矢量”来区分。谨记, 在心中必须清晰区分点和矢量 (即使数学程序库不做区分)。在 4.3.6.1 节将提及, 当把点和矢量转换成齐次坐标, 与 4×4 矩阵一起操作时, 点和矢量须以不同方式工作, 所以混淆两者会导致出错。

4.2.3.1 笛卡儿基矢量

为方便起见, 通常会按笛卡儿坐标的 3 个主轴去定义 3 个正交单位矢量 (orthogonal unit vector) (即矢量间互相垂直, 且每个矢量的长度等于 1)。沿 x 轴的单位矢量一般记作 $\boldsymbol{i}$, 沿 y 轴的为 $\boldsymbol{j}$, 沿 z 轴的为 $\boldsymbol{k}$。矢量 $\boldsymbol{i}$、$\boldsymbol{j}$、$\boldsymbol{k}$ 有时候被称为笛卡儿基矢量 (basis vector)。

任何点或矢量都可以用 3 个标量 (实数) 与 3 个基矢量的乘积之和来表示。例如, $(5, 3, -2) = 5\boldsymbol{i} + 3\boldsymbol{j} - 2\boldsymbol{k}$。

4.2.4 矢量运算

多数标量运算也可应用至矢量, 而矢量也有些特有的运算。

4.2.4.1 矢量和标量的乘法

矢量 $\boldsymbol{a}$ 和标量 s 相乘, 等于 $\boldsymbol{a}$ 中的每个分量和 s 相乘:

$$s\boldsymbol{a} = (sa_x, sa_y, sa_z)$$

矢量和标量相乘, 其效果为保留矢量的方向, 同时缩放矢量的模, 如图 4.5 所示。乘以 -1 则是把矢量的方向反转 (头尾互换)。

每个轴上的缩放因子 (scale factor) 也可以不相等, 这被称为*非统一缩放* (nonuniform scale), 可表示为矢量和缩放矢量的*分量积* (component-wise product)。本书以 $\otimes$ 符号表示分量乘法。严格地说, 这种两个矢量间的特殊乘法称为*阿达马积* (Hadamard product)。这种乘法在游戏业界并不多见——实际上, 非统一缩放是游戏中使用这种乘法的常见例子之一[1]:

$$\boldsymbol{s} \otimes \boldsymbol{a} = (s_x a_x, s_y a_y, s_z a_z) \tag{4.1}$$

我们在 4.3.7.3 节中将会见到, 缩放矢量 $\boldsymbol{s}$ 其实只是 3×3 对角缩放矩阵 $\boldsymbol{S}$ 的紧凑表示方式。所以等式 (4.1) 的另一种写法为:

$$\boldsymbol{aS} = \begin{bmatrix} a_x & a_y & a_z \end{bmatrix} \begin{bmatrix} s_x & 0 & 0 \\ 0 & s_y & 0 \\ 0 & 0 & s_z \end{bmatrix} = \begin{bmatrix} s_x a_x & s_y a_y & s_z a_z \end{bmatrix}$$

我们会在 4.3 节深入探讨矩阵。

4.2.4.2 加法和减法

两个矢量 $\boldsymbol{a}$、$\boldsymbol{b}$ 相加后会成为一个新矢量, 该矢量的每个分量为 $\boldsymbol{a}$ 和 $\boldsymbol{b}$ 中每个对应分量之和。此运算可以用图形表示, 把 $\boldsymbol{a}$ 的头连接至 $\boldsymbol{b}$ 的尾, 那么它们之和就是一个由 $\boldsymbol{a}$ 的尾延伸至 $\boldsymbol{b}$ 的头的矢量 (可参考图 4.6):

$$\boldsymbol{a} + \boldsymbol{b} = [(a_x + b_x), (a_y + b_y), (a_z + b_z)]$$

---

1 另一个常见的分量积在游戏中应用的例子是, 在图形学中把两个 RGB 颜色 (RGB 是三维空间的矢量) 相乘。例如, 光照射到物体表面, 该材质会吸收光在 R、G、B 通道中能量的百分比。光的总反射量可以使用两者 RGB 颜色的分量积计算。——译者注

矢量减法 $\boldsymbol{a}-\boldsymbol{b}$ 其实等同 $\boldsymbol{a}$ 和 $-\boldsymbol{b}$ (即 $\boldsymbol{b}$ 以 -1 缩放, 也就是反转 $\boldsymbol{b}$ 的方向) 之和。这也对应一个矢量, 其分量是 $\boldsymbol{a}$ 和 $\boldsymbol{b}$ 中每个相对分量之差:

$$\boldsymbol{a}-\boldsymbol{b}=[(a_x-b_x),(a_y-b_y),(a_z-b_z)]$$

矢量加法和减法如图 4.6 所示。

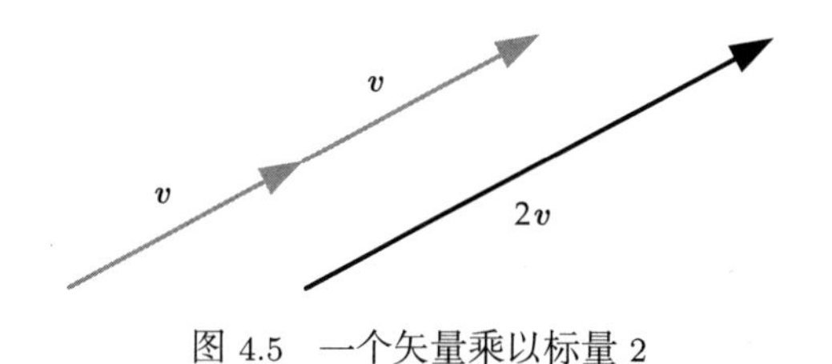

图 4.5 一个矢量乘以标量 2

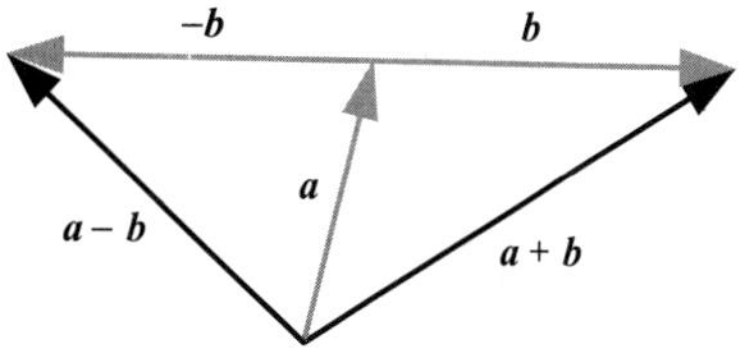

图 4.6 矢量的加法和减法

点和方向的加减 方向矢量可互相加减。然而严格地说, 点和点不能互相加减, 只可以把点和矢量相加, 其结果为另一个点。类似地, 点和点相减的结果是一个方向矢量。这些运算可以总结如下。

- 方向 + 方向 = 方向
- 方向 − 方向 = 方向
- 点 + 方向 = 点
- 点 − 点 = 方向
- 点 + 点 = 无意义 (不要这么做!)[1]

4.2.4.3 模

矢量的模 (magnitude) 是一个标量, 代表矢量在二维或三维空间中的长度。它的写法是在矢量两旁加上垂直线。可以利用勾股定理 (Pythagorean theorem) 去计算矢量的模, 如图 4.7 所示。

$$|\boldsymbol{a}|=\sqrt{a_x^2+a_y^2+a_z^2}$$

1 有一种针对点集的运算, 称为闵可夫斯基和 (Minkowski sum), 它的定义中阐述了两个点 (位置矢量) 的相加, 本书后面点的位置的运算都将是矢量运算。此运算可用于一些碰撞检测算法 (如 12.3.5.5 节谈及的 GJK 算法), 也可用于组合各形状的采样, 例如, 线段上的点采样加上球体内的点采样会变成胶囊体内的点采样。关于闵可夫斯基和的更多信息可参考维基百科条目 http://en.wikipedia.org/wiki/Minkowski_sum。——译者注

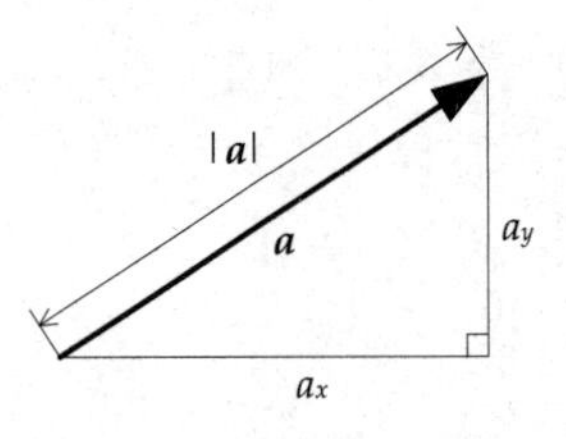

图 4.7 矢量的模 (二维)

4.2.4.4 矢量运算的实际应用

我们已经可以运用上述的矢量运算解决实际游戏开发中的问题了。当尝试解决问题时, 可对已知量使用加、减、缩放、模等运算产生新的数据。例如, 假设某人工智能角色的当前位置为 $\boldsymbol{P}_1$, 其速度是矢量 $\boldsymbol{v}$, 则可以找到下一帧的位置 $\boldsymbol{P}_2$, 方法是把 $\boldsymbol{v}$ 以 Δt 缩放, 再加上 $\boldsymbol{P}_1$。如图 4.8 所示, 结果等式为 $\boldsymbol{P}_2 = \boldsymbol{P}_1 + \boldsymbol{v}\Delta t$。此称为*显式欧拉法* (explicit Euler method), 读者应该知道只有速度恒定时才有效。

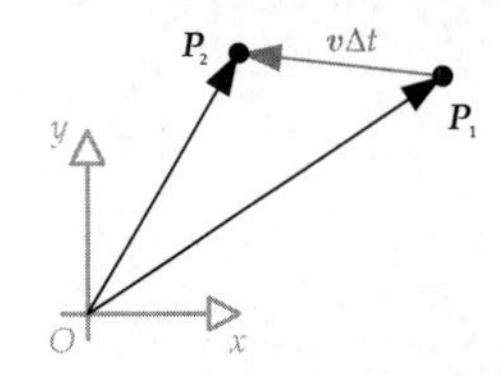

图 4.8 简单的矢量加法, 可用来从角色本帧的位置求出次帧的位置

另一个例子, 假设有两个球体, 如何判断两者是否相交。给定两球体的中心点为 $\boldsymbol{C}_1$ 和 $\boldsymbol{C}_2$, 便可用减法计算两者之间的方向矢量, $\boldsymbol{d} = \boldsymbol{C}_2 - \boldsymbol{C}_1$。而此矢量的模 $d = |\boldsymbol{d}|$ 表示两球体中心点的距离。若此距离小于两球体半径之和, 则表示两球体相交; 否则不相交, 如图 4.9 所示。

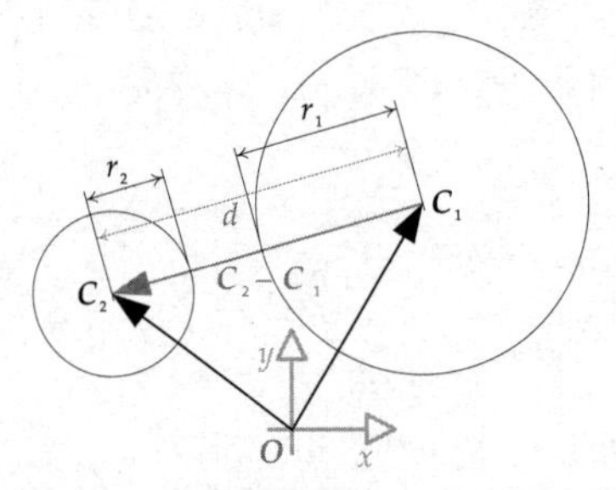

图 4.9 球体对球体的相交测试只涉及矢量减法、矢量模和浮点比较运算

然而, 计算平方根在多数计算机上都是费时的运算, 所以如果可以, 游戏程序员应尽量改

用模的平方:

$$|\boldsymbol{a}|^2 = a_x^2 + a_y^2 + a_z^2$$

使用模的平方有时候是十分有效的, 例如, 在比较两个矢量的相对长度 (矢量 $\boldsymbol{a}$ 是否比矢量 $\boldsymbol{b}$ 长), 或是比较一个矢量的模和其他标量 (的平方) 时。同样以两球体的相交测试为例, 只需计算 $d^2 = |\boldsymbol{d}|^2$ 并比较此值与两球体半径之和的平方 $(r_1 + r_2)^2$, 运算速度才会最快。当编写高效能软件时, 不要计算非必需的平方根!

4.2.4.5 归一化和单位矢量

单位矢量 (unit vector) 是模 (长度) 为 1 的矢量。单位矢量在三维数学和游戏编程中十分有用, 稍后将解释原因。

给定任意矢量 $\boldsymbol{v}$ 的长度 $v = |\boldsymbol{v}|$, 可以把该矢量转换为单位矢量 $\boldsymbol{u}$, 使其保持 $\boldsymbol{v}$ 的方向不变, 长度变为单位长度。方法很简单, 用 $\boldsymbol{v}$ 乘以其模的倒数 (reciprocal)。此过程又称为*归一化* (normalization):

$$\boldsymbol{u} = \frac{\boldsymbol{v}}{|\boldsymbol{v}|} = \frac{1}{v}\boldsymbol{v}$$

4.2.4.6 法矢量

某表面 (surface) 的*法矢量* (normal vector) 是指某矢量垂直于该表面。法矢量在游戏和计算机图形学中非常有用。例如, 一个*平面* (plane) 可用一个点和一个法矢量来定义。[1]在三维图形中, 经常大量使用法矢量计算光线和材质表面之间的夹角。

法矢量一般为单位矢量, 但此非必要条件。切记不要混淆归一化[2]和法矢量两个术语。归一化后的矢量是任何拥有单位长度的矢量; 而法矢量是指垂直于材质表面的矢量, 其模是否为单位长度并不重要。

4.2.4.7 点积和投影

矢量间可以相乘, 但和标量不同, 矢量有多种乘法。在游戏编程中, 最常用的有两种:

- *点积* (dot product), 又称为标量积 (scalar product) 或内积 (inner product)。
- *叉积* (cross product), 又称为矢量积 (vector product) 或外积 (outer product)。

1 事实上, 定义一个三维平面最少需要 4 个实数, 例如, 使用 $Ax + By + Cz + D = 0$ 等式定义一个平面, $\boldsymbol{n} = [A, B, C]$ 为平面的法矢量, 若法矢量是单位矢量, 则 D 为平面至原点的垂直距离 (可为正或负)。此等式又可以写成 $\boldsymbol{n} \cdot \boldsymbol{x} + D = 0$。4.6.3 节会再次进行介绍。——译者注

2 原文是指英文 normalization 和 normal vector 容易混淆。——译者注

两个矢量的点积结果是一个标量, 此标量定义为两个矢量中每对分量乘积之和:

$$\boldsymbol{a} \cdot \boldsymbol{b} = a_x b_x + a_y b_y + a_z b_z = d \quad (\text{一个标量})$$

点积也可以写成两个矢量的模相乘后, 再乘以两个矢量间夹角的余弦值:

$$\boldsymbol{a} \cdot \boldsymbol{b} = |\boldsymbol{a}||\boldsymbol{b}| \cos\theta$$

点积可进行交换律 (commutative) 运算 (即两个矢量的先后次序可互换), 以及在加法上也可进行分配律 (distributive) 运算:

$$\boldsymbol{a} \cdot \boldsymbol{b} = \boldsymbol{b} \cdot \boldsymbol{a}$$

$$\boldsymbol{a} \cdot (\boldsymbol{b} + \boldsymbol{c}) = \boldsymbol{a} \cdot \boldsymbol{b} + \boldsymbol{a} \cdot \boldsymbol{c}$$

点积可结合标量乘法:

$$(s\boldsymbol{a}) \cdot \boldsymbol{b} = \boldsymbol{a} \cdot s\boldsymbol{b} = s(\boldsymbol{a} \cdot \boldsymbol{b})$$

矢量投影 若 $\boldsymbol{u}$ 为单位矢量 ($|\boldsymbol{u}| = 1$), 则点积 $(\boldsymbol{a} \cdot \boldsymbol{u})$ 表示在由 $\boldsymbol{u}$ 的方向定义的无限长度的直线上, $\boldsymbol{a}$ 的投影 (projection) 长度, 如图 4.10 所示。此投影概念能应用至二维和三维空间, 对解决各种各样的三维问题非常有用。

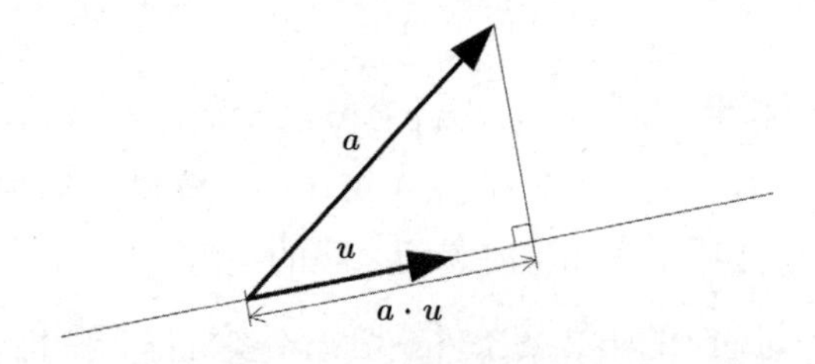

图 4.10 使用点积计算矢量投影

模作为点积 模的平方可以用矢量和自身的点积计算, 而要计算矢量的模则可以将点积开平方:

$$|\boldsymbol{a}|^2 = \boldsymbol{a} \cdot \boldsymbol{a}$$

$$|\boldsymbol{a}| = \sqrt{\boldsymbol{a} \cdot \boldsymbol{a}}$$

这样计算可行是因为 0° 的余弦值为 1, 点积算式便只剩下 $|\boldsymbol{a}||\boldsymbol{a}| \cos\theta = |\boldsymbol{a}||\boldsymbol{a}| = |\boldsymbol{a}|^2$。

点积判定 (dot product test) 点积非常适合用来判断两个矢量是否共线 (collinear) 或垂直, 或测试两个矢量是否大致在相同或相反的方向。对于任意两个矢量 $\boldsymbol{a}$ 和 $\boldsymbol{b}$, 游戏程序员经常使用以下判定, 如图 4.11 所示。

- 共线: $(\boldsymbol{a}\cdot\boldsymbol{b})=|\boldsymbol{a}||\boldsymbol{b}|=ab$ (即夹角精确地为 0°。若 $\boldsymbol{a}$ 和 $\boldsymbol{b}$ 都是单位矢量且共线, 则点积为 $+1$)。
- 共线但方向相反: $(\boldsymbol{a}\cdot\boldsymbol{b})=-ab$ (即夹角精确地为 180°。若 $\boldsymbol{a}$ 和 $\boldsymbol{b}$ 都是单位矢量且共线, 则点积为 -1)。
- 垂直: $(\boldsymbol{a}\cdot\boldsymbol{b})=0$ (即夹角为 90°)。
- 相同方向: $(\boldsymbol{a}\cdot\boldsymbol{b})>0$ (即夹角小于 90°)。
- 相反方向: $(\boldsymbol{a}\cdot\boldsymbol{b})<0$ (即夹角大于 90°)。

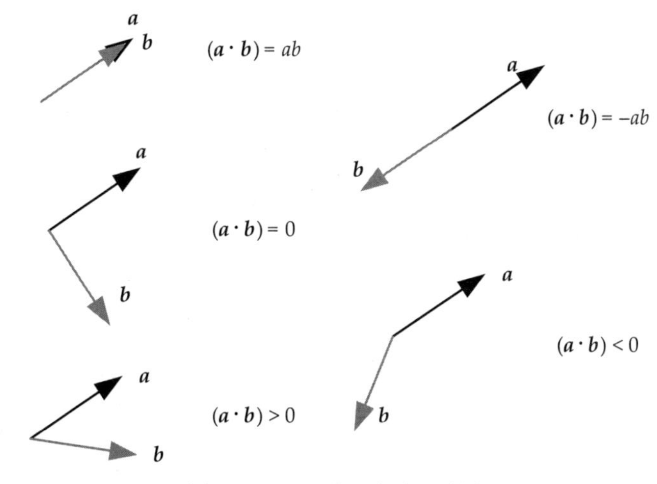

图 4.11 一些常见的点积判定

其他点积的应用 点积可应用在游戏编程中许多不同的问题上。例如, 要想知道某个敌人是在玩家的前面还是后面, 先用减法找出由玩家位置 $\boldsymbol{P}$ 至该敌人位置 $\boldsymbol{E}$ 的矢量 $(\boldsymbol{v}=\boldsymbol{E}-\boldsymbol{P})$。再假设玩家面向的方向为矢量 $\boldsymbol{f}$ 指向的方向。(在 4.3.10.3 节会讲述, $\boldsymbol{f}$ 可以从玩家的模型至世界矩阵中取得。) 那么点积 $d=\boldsymbol{v}\cdot\boldsymbol{f}$ 可以用来测试敌人在玩家前面还是后面, 点积为正则在前面, 点积为负则在后面。

点积也可以用来计算任意一点在某平面上方或下方的高度 (例如, 编写一个月球着陆游戏时可能有用)。我们可用两个矢量来定义一平面: 平面上任意一点 $\boldsymbol{Q}$, 以及与平面垂直的单位矢量 $\boldsymbol{n}$ (法矢量)。要得出 $\boldsymbol{P}$ 在该平面上的高度 h, 可先计算平面上任意点 ($\boldsymbol{Q}$ 就可以) 至 $\boldsymbol{P}$ 的矢量, 例如 $\boldsymbol{v}=\boldsymbol{P}-\boldsymbol{Q}$。$\boldsymbol{v}$ 和单位矢量 $\boldsymbol{n}$ 的点积, 就是 $\boldsymbol{v}$ 在 $\boldsymbol{n}$ 方向直线上的投影, 而这就是我们要找的高度。因此,

$$h=\boldsymbol{v}\cdot\boldsymbol{n}=(\boldsymbol{P}-\boldsymbol{Q})\cdot\boldsymbol{n} \tag{4.2}$$

如图 4.12 所示。[1]

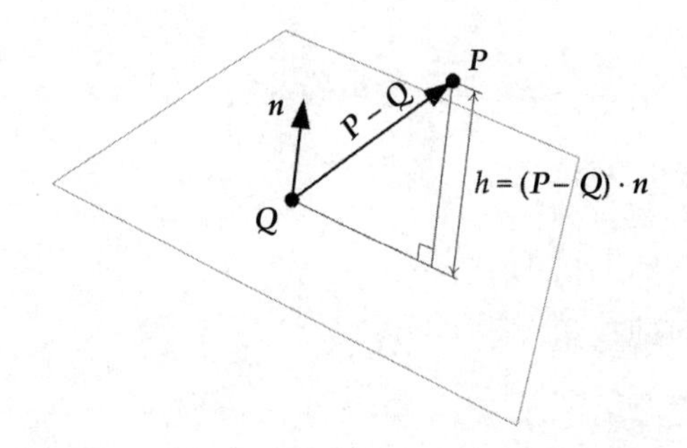

图 4.12 点积可用于求一点高于或低于平面的高度

4.2.4.8 叉积

两个矢量的叉积, 也称为外积 (outer product) 或矢量积 (vector product), 会产生另一个矢量, 该矢量垂直于原来的两个相乘矢量, 如图 4.13 所示。叉积运算只定义于三维空间。

$$\begin{aligned}\boldsymbol{a} \times \boldsymbol{b} &= [(a_y b_z - a_z b_y), (a_z b_x - a_x b_z), (a_x b_y - a_y b_x)] \\ &= (a_y b_z - a_z b_y)\boldsymbol{i} + (a_z b_x - a_x b_z)\boldsymbol{j} + (a_x b_y - a_y b_x)\boldsymbol{k}\end{aligned}$$

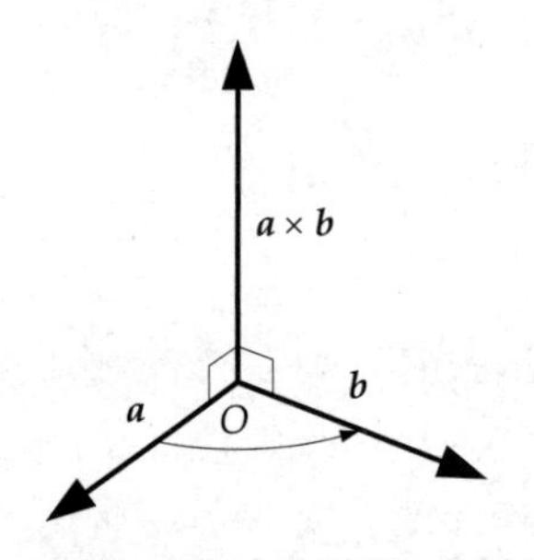

图 4.13 矢量 $\boldsymbol{a}$ 和 $\boldsymbol{b}$ 的叉积 (右手坐标系)

叉积的模 叉积的模等于两矢量各自的模的乘积再乘以两个矢量夹角的正弦值。(叉积的模和点积的模相似, 只是用正弦值取代余弦值。)

$$|\boldsymbol{a} \times \boldsymbol{b}| = |\boldsymbol{a}||\boldsymbol{b}| \sin\theta$$

若 $\boldsymbol{a}$ 和 $\boldsymbol{b}$ 为平行四边形的两条边, 其面积为两矢量叉积的模 $|\boldsymbol{a} \times \boldsymbol{b}|$, 如图 4.14 所示。由于三角形是平行四边形的一半, 所以由 $\boldsymbol{V}_1$、$\boldsymbol{V}_2$、$\boldsymbol{V}_3$ 顶点组成的三角形, 其面积是任意两边的

1 若平面采用 $\boldsymbol{n} \cdot \boldsymbol{x} + D = 0$ 形式来定义, 则 $h = \boldsymbol{n} \cdot \boldsymbol{P} + D$。——译者注

矢量叉积的一半[1]:

$$A_{\text{triangle}} = \frac{1}{2}|(\boldsymbol{V}_2 - \boldsymbol{V}_1) \times (\boldsymbol{V}_3 - \boldsymbol{V}_1)|$$

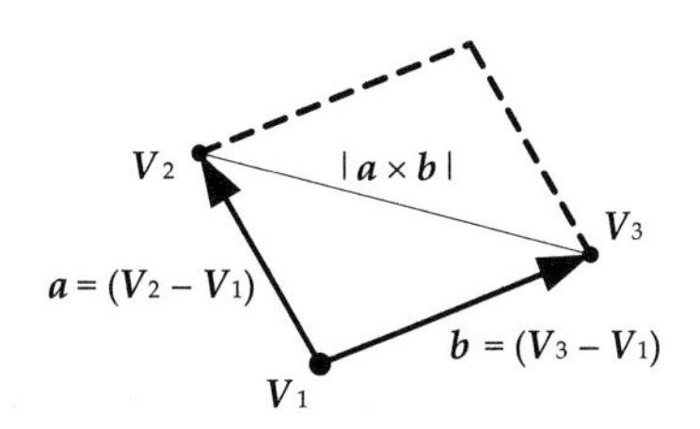

图 4.14 以叉积的模来表示平行四边形的面积

叉积的方向 当使用右手坐标系时, 可以使用*右手法则* (right-hand rule) 来表示叉积的方向。打开右手掌, 使除拇指以外的 4 个手指指向矢量 $\boldsymbol{a}$ 的方向, 再把 4 个手指向内弯曲指向矢量 $\boldsymbol{b}$ 的方向, 那么拇指的方向便是叉积 $(\boldsymbol{a} \times \boldsymbol{b})$ 的方向。

注意若使用左手坐标系, 则叉积是用*左手法则* (left-hand rule) 来定义的。这意味着, 叉积的方向按选用的坐标系而改变。开始你可能会感到奇怪, 但要记住, 利手和数学计算并无关系, 利手只影响数字在三维空间中的视觉化。当从右手坐标系转换为左手坐标系时, 所有点和矢量的数字表达保持不变, 只是当视觉化时一个轴变为相反方向。一切视觉化后会以反转轴形成镜像。因此, 若一个叉积和该轴对齐 (如 z 轴), 视觉化后也会反转。若要它不反转, 反而要修改数学定义去符合视觉化的结果。笔者不会为此而浪费时间, 只要记住, 当视觉化一个叉积时, 右手坐标系使用右手法则, 左手坐标系使用左手法则。

叉积的特性 叉积不符合*交换律* (即先后次序有影响):

$$\boldsymbol{a} \times \boldsymbol{b} \neq \boldsymbol{b} \times \boldsymbol{a}$$

然而, 叉积符合*反交换律*:

$$\boldsymbol{a} \times \boldsymbol{b} = -(\boldsymbol{b} \times \boldsymbol{a})$$

叉积在加法上符合分配律:

$$\boldsymbol{a} \times (\boldsymbol{b} + \boldsymbol{c}) = (\boldsymbol{a} \times \boldsymbol{b}) + (\boldsymbol{a} \times \boldsymbol{c})$$

叉积和标量乘法可进行如下结合:

$$(s\boldsymbol{a}) \times \boldsymbol{b} = \boldsymbol{a} \times (s\boldsymbol{b}) = s(\boldsymbol{a} \times \boldsymbol{b})$$

1 这里所说的平行四边形和三角形都是位于三维空间中的平面, 形成边的矢量是三维的, 否则叉积没有定义。——译者注

笛卡儿基矢量之间有以下叉积关系:

$$\boldsymbol{i} \times \boldsymbol{j} = -(\boldsymbol{j} \times \boldsymbol{i}) = \boldsymbol{k}$$
$$\boldsymbol{j} \times \boldsymbol{k} = -(\boldsymbol{k} \times \boldsymbol{j}) = \boldsymbol{i}$$
$$\boldsymbol{k} \times \boldsymbol{i} = -(\boldsymbol{i} \times \boldsymbol{k}) = \boldsymbol{j}$$

这 3 个叉积定义了绕笛卡儿轴的*正旋* (positive rotation) 方向。正旋自 x 到 y (绕 z 轴)、自 y 到 z (绕 x 轴)、自 z 到 x (绕 y 轴)。注意绕 y 轴旋转时, 是按"反向"字母顺序自 z 到 x(而非 x 到 z) 的。在下文中可以看到, 这可以用来解释为何绕 y 轴的旋转矩阵, 相对绕 x、z 轴的旋转矩阵而言, 是*倒转* (inverted) 的。

叉积的实际应用 叉积在游戏中有许多应用。最常见的是, 用叉积来求垂直于两个矢量的矢量。我们将会在 4.3.10.2 节里看到, 若有物体的本地局部单位基矢量 ($\boldsymbol{i}_{\text{local}}$、$\boldsymbol{j}_{\text{local}}$、$\boldsymbol{k}_{\text{local}}$), 则可轻易建立一个矩阵来表示该物体的定向。假设我们只知道物体的 $\boldsymbol{k}_{\text{local}}$ 矢量, 即物体面向的方向。若物体没有绕 $\boldsymbol{k}_{\text{local}}$ 方向旋转, 就可以用 $\boldsymbol{k}_{\text{local}}$ 和世界空间向上矢量 $\boldsymbol{j}_{\text{world}}$ (即 $[0,1,0]$) 的叉积, 去计算 $\boldsymbol{i}_{\text{local}}$。方法是 $\boldsymbol{i}_{\text{local}} = \text{normalize}\ (\boldsymbol{j}_{\text{world}} \times \boldsymbol{k}_{\text{local}})$。找 $\boldsymbol{j}_{\text{local}}$ 只需找出 $\boldsymbol{i}_{\text{local}}$ 和 $\boldsymbol{k}_{\text{local}}$ 的叉积: $\boldsymbol{j}_{\text{local}} = \boldsymbol{k}_{\text{local}} \times \boldsymbol{i}_{\text{local}}$。

同样, 叉积也可以用来求三角形表面或其他平面的法矢量。给定平面上任意 3 点 $\boldsymbol{P}_1$、$\boldsymbol{P}_2$、$\boldsymbol{P}_3$, 平面的法矢量就是 $\boldsymbol{n} = \text{normalize}[(\boldsymbol{P}_2 - \boldsymbol{P}_1) \times (\boldsymbol{P}_3 - \boldsymbol{P}_1)]$。[1]

叉积也可应用在物理模拟中。当向一物体施加力 (force) 时, 当且仅当其施力方向离开中心点时, 该力会对物体的旋转运动产生影响。由此产生的旋转力称为*力矩* (torque), 其计算方法如下: 给定力 $\boldsymbol{F}$、从质心 (center of mass) 至施力点的矢量为 $\boldsymbol{r}$, 则产生的力矩为 $\boldsymbol{N} = \boldsymbol{r} \times \boldsymbol{F}$。

4.2.4.9 赝矢量与外代数†

在 4.2.2 节中, 我们提及叉积实际上不产生矢量, 它产生一个称为*赝矢量* (pseudovector, 又译作伪矢量) 的数学对象。矢量和赝矢量的区别并不显著。实际上, 在平常游戏编程中应用到的各种变换 (平移、旋转、缩放) 中, 并不能区分两者。仅当把坐标系统*反射* (reflect) 时 (例如从左手坐标系统转换成右手坐标系统), 赝矢量的特殊性质才会显露出来。矢量经反射变换后, 如你所想, 矢量变成其镜像。但当赝矢量被反射时, 它除了变成其镜像, 还会*改变方向*。

位置及其所有导数[2] (线性速度、加速度、加加速度) 都表示为真矢量, 或称为*极矢量* (Polar vector)、*逆变矢量* (contravariant vector)。角速度及磁场都表示为赝矢量, 或称为*轴矢量* (axial

1 由于叉积不符合交换律, 3 个点的次序会影响得出的法线方向 (两个相反的方向), 这种次序称为缠绕顺序 (winding order), 详见 10.1.1.3 节。——译者注

2 应指位置及其对时间的所有导数。——译者注

vector)、协变矢量 (covariant vector)、二重矢量 (bivector)、二阶片积 (2-blade)。三角形的表面法线 (由叉积计算而得) 也是赝矢量。

颇有趣的是, 叉积 ($\boldsymbol{A} \times \boldsymbol{B}$)、纯量三重积 ($\boldsymbol{A} \cdot (\boldsymbol{B} \times \boldsymbol{C})$) 及矩阵的行列式都是相关的, 而赝矢量是其中的核心。数学家们提出了一组代数规则, 称为外代数 (exterior algebra) 或格拉斯曼代数 (Grassmann algebra), 它描述了矢量与赝矢量如何运作, 并可以计算二维中平行四边形的面积、三维中平行六面体 (parallelepiped) 的体积, 以至更高维的量。

我们不会在此讨论相关细节, 不过格拉斯曼代数的基本概念是引入一个特殊的矢量积, 称为楔积 (wedge product, 又译作外积), 记作 $\boldsymbol{A} \wedge \boldsymbol{B}$。两个矢量的楔积产生一个赝矢量, 并且是等价于叉积的, 也表示这两个矢量形成的平行四边形的带符号面积 (signed area) (符号表示我们从 $\boldsymbol{A}$ 旋转至 $\boldsymbol{B}$ 还是反过来)。而连续做两个楔积 $\boldsymbol{A} \wedge \boldsymbol{B} \wedge \boldsymbol{C}$, 则等价于纯量三重积 $\boldsymbol{A} \cdot (\boldsymbol{B} \times \boldsymbol{C})$, 并生成另一个奇怪的数学对象, 称为赝纯量 (pseudoscalar, 也称为三重矢量或三阶片积), 它表示这三个矢量形成的平行六面体的带符号体积 (signed volume), 见图 4.15。这种运算也可推广至更高维。

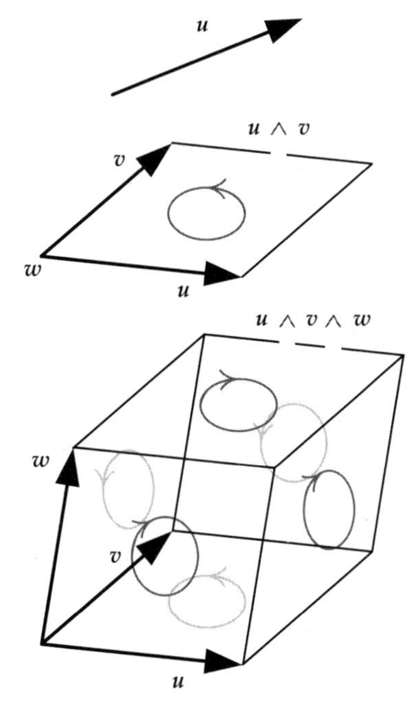

图 4.15 在外代数 (格拉斯曼代数) 中, 单个楔积生成赝矢量/二重矢量, 两个楔积生成赝纯量/三重矢量

对我们游戏程序员而言, 这些代表什么? 没什么。我们真正需要记住的是, 代码中的一些矢量实际是赝矢量, 那么例如我们在更换利手的时候才可以正确地对它们进行变换。当然若你

真想做极客, 可以向朋友聊一下外代数和楔积, 并解释叉积为什么不是矢量。这或许能令你在下次社交场合中显得很酷 …… 或者不。

更多相关信息可参考维基百科。[1,2]

4.2.5 点和矢量的线性插值

在游戏中, 时常要找两个已知矢量之间的矢量。例如, 要在 2 秒内, 以每秒 30 帧的速度, 用动画形式把物体从 $\boldsymbol{A}$ 点平滑地移至 $\boldsymbol{B}$ 点, 那么必须计算 $\boldsymbol{A}$ 和 $\boldsymbol{B}$ 之间的 60 个中间点 (intermediate point) 的位置。

线性插值 (linear interpolation) 是一个简单的数学运算, 用来计算两个已知点的中间点。此运算的名称通常简写成 LERP。此运算定义如下, 其中 β 介于并包含 0~1 之间:

$$\begin{aligned}\boldsymbol{L} &= \text{LERP}\ (\boldsymbol{A}, \boldsymbol{B}, \beta) = (1-\beta)\boldsymbol{A} + \beta\boldsymbol{B} \\ &= [(1-\beta)A_x + \beta B_x, (1-\beta)A_y + \beta B_y, (1-\beta)A_z + \beta B_z]\end{aligned}$$

从几何上看, $\boldsymbol{L} = \text{LERP}\ (\boldsymbol{A}, \boldsymbol{B}, \beta)$ 为线段 AB 间一点的位置矢量, 该点距 $\boldsymbol{A}$ 点 β 百分比的位置, 如图 4.16 所示。在数学上, LERP 函数只是两个矢量的加权平均 (weighted average), 两个矢量的权重分别为 $(1-\beta)$ 和 β。注意权重之和为 1, 此乃任何加权平均的一般要求。

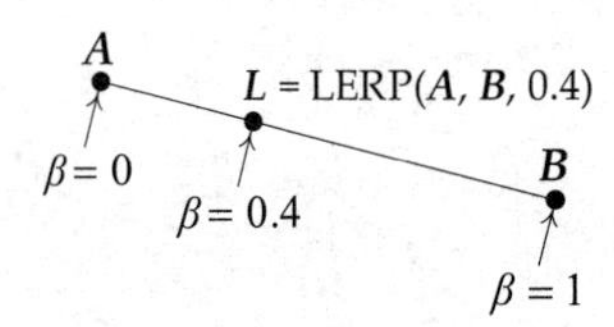

图 4.16 对点 $\boldsymbol{A}$ 和点 $\boldsymbol{B}$ 进行线性插值 (LERP), $\beta = 0.4$

4.3 矩 阵

矩阵 (matrix) 是由 $m \times n$ 个标量组成的长方形数组。矩阵便于表示线性变换 (transformation), 如平移 (translation)、旋转 (rotation) 和缩放 (scaling)。

1 https://en.wikipedia.org/wiki/Pseudovector
2 https://en.wikipedia.org/wiki/Exterior_algebra

矩阵 $\boldsymbol{M}$ 通常写成由标量 M_{rc} 组成的栅格, 以方括号包裹, 其中下标 r 和 c 代表该项的行 (row) 和列 (column)。例如, 若 $\boldsymbol{M}$ 是 3×3 矩阵, 可写成:

$$\boldsymbol{M}=\begin{bmatrix} M_{11} & M_{12} & M_{13}\\ M_{21} & M_{22} & M_{23}\\ M_{31} & M_{32} & M_{33}\end{bmatrix}$$

我们可以视 3×3 矩阵的行和列为三维矢量。若某 3×3 矩阵中的所有行及列矢量为单位矢量, 则该矩阵称为特殊正交矩阵 (special orthogonal matrix)、各向同性矩阵 (isotropic matrix) 或标准正交矩阵 (orthonormal matrix)。这种矩阵表示纯旋转。

在某些条件下,4×4 矩阵可表示任意三维变换, 包括平移、旋转和缩放。这种矩阵称为变换矩阵, 对身为游戏工程师的我们最为有用。利用矩阵乘法可以把表示为矩阵的变换, 施于点或矢量。以下会介绍这些变换如何实现。

仿射矩阵 (affine matrix) 是一种 4×4 变换矩阵, 它能维持直线在变换前后的平行性以及相对的距离比, 但是不一定维持直线在变换前后的绝对长度及角度。由平移、旋转、缩放及/或切变 (shear) 所组合而成的变换都是仿射矩阵。

4.3.1 矩阵乘法

两矩阵 $\boldsymbol{A}$ 和 $\boldsymbol{B}$ 的积 $\boldsymbol{P}$ 写作 $\boldsymbol{P}=\boldsymbol{AB}$。若 $\boldsymbol{A}$ 和 $\boldsymbol{B}$ 为变换矩阵, 则其积 $\boldsymbol{P}$ 也是变换矩阵, 而且以 $\boldsymbol{P}$ 进行变换时, 等同于进行 $\boldsymbol{A}$ 和 $\boldsymbol{B}$ 两者的变换。例如, 若 $\boldsymbol{A}$ 为缩放矩阵, $\boldsymbol{B}$ 为旋转矩阵, 则矩阵 $\boldsymbol{P}$ 能对点或矢量进行缩放和旋转变换。此特性对游戏编程特别有用, 因为我们可以把一连串变换预先计算为单一矩阵, 再用该矩阵高效地变换大批矢量。

要计算矩阵的积, 只需简单地把 $n_A\times m_A$ 矩阵 $\boldsymbol{A}$ 的行, 与 $n_B\times m_B$ 矩阵 $\boldsymbol{B}$ 的列进行点积计算。每个点积就是新生成矩阵中的元素。仅当两矩阵的内维 (inner dimension) 相等时 (即 $m_A=n_B$), 两矩阵才可相乘。例如, 当 $\boldsymbol{A}$ 和 $\boldsymbol{B}$ 都是 3×3 矩阵时, 则 $\boldsymbol{P}=\boldsymbol{AB}$ 可表示为:

$$\boldsymbol{P}=\begin{bmatrix} P_{11} & P_{12} & P_{13}\\ P_{21} & P_{22} & P_{23}\\ P_{31} & P_{32} & P_{33}\end{bmatrix}=\begin{bmatrix} \boldsymbol{A}_{\mathrm{row1}}\cdot\boldsymbol{B}_{\mathrm{col1}} & \boldsymbol{A}_{\mathrm{row1}}\cdot\boldsymbol{B}_{\mathrm{col2}} & \boldsymbol{A}_{\mathrm{row1}}\cdot\boldsymbol{B}_{\mathrm{col3}}\\ \boldsymbol{A}_{\mathrm{row2}}\cdot\boldsymbol{B}_{\mathrm{col1}} & \boldsymbol{A}_{\mathrm{row2}}\cdot\boldsymbol{B}_{\mathrm{col2}} & \boldsymbol{A}_{\mathrm{row2}}\cdot\boldsymbol{B}_{\mathrm{col3}}\\ \boldsymbol{A}_{\mathrm{row3}}\cdot\boldsymbol{B}_{\mathrm{col1}} & \boldsymbol{A}_{\mathrm{row3}}\cdot\boldsymbol{B}_{\mathrm{col2}} & \boldsymbol{A}_{\mathrm{row3}}\cdot\boldsymbol{B}_{\mathrm{col3}}\end{bmatrix}$$

矩阵乘法并不符合交换律。换句话说, 矩阵乘法的次序会影响结果:

$$\boldsymbol{AB}\neq\boldsymbol{BA}$$

在 4.3.2 节里, 我们会探讨为何矩阵乘法次序会影响结果。

矩阵乘法有时被称为*串接* (concatenation), 因为 n 个变换矩阵的积是一个矩阵, 此矩阵把原来的变换按矩阵相乘的次序串接起来。

4.3.2 以矩阵表示点和矢量

点和矢量都可以被表示为*行矩阵* (row matrix) ($1 \times n$) 或*列矩阵* (column matrix) ($n \times 1$), 其中 n 为使用中的空间维度 (通常是 2 或 3)。例如, 矢量 $\boldsymbol{v} = (3, 4, -1)$ 可写成:

$$\boldsymbol{v}_1 = \begin{bmatrix} 3 & 4 & -1 \end{bmatrix}$$

或

$$\boldsymbol{v}_2 = \begin{bmatrix} 3 \\ 4 \\ -1 \end{bmatrix} = \boldsymbol{v}_1^{\mathrm{T}}$$

上式中的上标 T 表示矩阵的转置 (见 4.3.5 节)。

本来是可以任意选择行矢量或列矢量的, 但此选择会影响矩阵乘法的书写次序。原因是进行矩阵乘法时, 两个矩阵的内部维数必须相等, 所以:

- 要进行 $1 \times n$ 行矢量乘以 $n \times n$ 矩阵, 矢量必须置于矩阵的*左方* ($\boldsymbol{v}'_{1\times n} = \boldsymbol{v}_{1\times n}\boldsymbol{M}_{n\times n}$)
- 要进行 $n \times n$ 矩阵乘以 $n \times 1$ 列矢量, 矢量必须置于矩阵的*右方* ($\boldsymbol{v}'_{n\times 1} = \boldsymbol{M}_{n\times n}\boldsymbol{v}_{n\times 1}$)

当多个变换矩阵 $\boldsymbol{A}$、$\boldsymbol{B}$ 和 $\boldsymbol{C}$ 顺序施于矢量 $\boldsymbol{v}$ 时, 如使用行矢量则变换从*左至右*“阅读”, 而使用列矢量则变换从*右至左*“阅读”。最容易的记忆方法是,*最接近矢量的矩阵会被最先进行变换*。以下用括号显示这个关系:

$$\boldsymbol{v}' = (((\boldsymbol{v}\boldsymbol{A})\boldsymbol{B})\boldsymbol{C}) \qquad \text{行矩阵, 从左至右阅读}$$

$$\boldsymbol{v}'^{\mathrm{T}} = (\boldsymbol{C}^{\mathrm{T}}\ (\boldsymbol{B}^{\mathrm{T}}\ (\boldsymbol{A}^{\mathrm{T}}\boldsymbol{v}^{\mathrm{T}}))) \qquad \text{列矩阵, 从右至左阅读}$$

本书采用*行矢量惯例*, 因为从左至右的变换次序最符合说英语人群的阅读习惯[1]。话虽如此, 对使用中的游戏引擎, 或是阅读的书籍、文献、网页而言, 必须小心检查它们采用哪个惯例。通常只要看矢量矩阵相乘时, 矢量位于左方 (行矢量) 还是右方 (列矢量)。当使用列矢量时, 则需要把本书所示的矢量做一次*转置* (transpose) 才可使用。

1 对汉语人群亦然。——译者注

4.3.3 单位矩阵

单位矩阵 (identity matrix) 是指, 它乘以任何其他矩阵, 都会得到和原来一样的矩阵。单位矩阵通常写作 $\boldsymbol{I}$。单位矩阵是正方形矩阵, 对角线上的元素皆为 1, 其他元素为 0:

$$\boldsymbol{I}_{3\times 3} = \begin{bmatrix} 1 & 0 & 0 \\ 0 & 1 & 0 \\ 0 & 0 & 1 \end{bmatrix}$$

$$\boldsymbol{AI} = \boldsymbol{IA} \equiv \boldsymbol{A}$$

4.3.4 逆矩阵

矩阵 $\boldsymbol{A}$ 的逆矩阵 (inverse matrix) (写作 $\boldsymbol{A}^{-1}$) 能还原矩阵 $\boldsymbol{A}$ 的变换。所以, 若 $\boldsymbol{A}$ 把物体绕 z 轴旋转 37°, 则 $\boldsymbol{A}^{-1}$ 会绕 z 轴旋转 −37°。同样, 若 $\boldsymbol{A}$ 把物体放大为原来的两倍, 则 $\boldsymbol{A}^{-1}$ 会把物体缩小为原来的一半大小。一个矩阵乘以它的逆矩阵, 结果必然是单位矩阵, 因此 $\boldsymbol{A}(\boldsymbol{A}^{-1}) \equiv (\boldsymbol{A}^{-1})\boldsymbol{A} \equiv \boldsymbol{I}$。并非所有矩阵都有逆矩阵。然而, 所有仿射矩阵 (纯平移、旋转、缩放及切变的组合) 都有逆矩阵。若矩阵的逆矩阵存在, 则可用高斯消去法 (Gaussian elimination) 或 LU 分解 (LU decomposition) 求之。

由于我们大量使用矩阵乘法, 所以要特别注意矩阵串接后求逆, 这相当于反向串接各个矩阵的逆矩阵。例如:

$$(\boldsymbol{ABC})^{-1} = \boldsymbol{C}^{-1}\boldsymbol{B}^{-1}\boldsymbol{A}^{-1}$$

4.3.5 转置矩阵

矩阵 $\boldsymbol{M}$ 的转置 (transpose) 写作 $\boldsymbol{M}^{\mathrm{T}}$。转置矩阵就是把原来的矩阵以主对角线 (diagonal) 为对称轴做反射。换句话说, 原来矩阵的行变成转置矩阵的列, 反之亦然:

$$\begin{bmatrix} a & b & c \\ d & e & f \\ g & h & i \end{bmatrix}^{\mathrm{T}} = \begin{bmatrix} a & d & g \\ b & e & h \\ c & f & i \end{bmatrix}$$

基于以下两个原因, 转置矩阵很实用。首先, 标准正交矩阵 (纯旋转) 的逆矩阵和转置矩阵是一样的——此特性非常好, 因为计算转置矩阵比计算一般逆矩阵快得多; 其次, 当把数据从一个数学程序库送到另一个程序库时, 转置矩阵也十分重要, 因为有些库使用列矢量, 有些则使用行矢量。对于基于行矢量的库和基于列矢量的库, 两者的矩阵是转置关系。

和逆矩阵相同, 矩阵串接的转置, 为反向串接各个矩阵的转置。例如:

$$(\boldsymbol{ABC})^{\mathrm{T}} = \boldsymbol{C}^{\mathrm{T}}\boldsymbol{B}^{\mathrm{T}}\boldsymbol{A}^{\mathrm{T}}$$

当需要考虑矩阵怎样对点和矢量进行变换时, 此等式就会显得十分有用。

4.3.6 齐次坐标

读者可能有印象, 高中代数里谈及 2×2 矩阵可以用来表示二维中的旋转。要把矢量 $\boldsymbol{r}$ 旋转 $\phi°$ (正旋是逆时针方向的), 可以写作:

$$\begin{bmatrix} r'_x & r'_y \end{bmatrix} = \begin{bmatrix} r_x & r_y \end{bmatrix} \begin{bmatrix} \cos\phi & \sin\phi \\ -\sin\phi & \cos\phi \end{bmatrix}$$

同样, 三维中的旋转可以用 3×3 矩阵表示。以上的二维例子其实就是三维中绕 z 轴的旋转, 因此可写成:

$$\begin{bmatrix} r'_x & r'_y & r'_z \end{bmatrix} = \begin{bmatrix} r_x & r_y & r_z \end{bmatrix} \begin{bmatrix} \cos\phi & \sin\phi & 0 \\ -\sin\phi & \cos\phi & 0 \\ 0 & 0 & 1 \end{bmatrix}$$

由此会引发问题——3×3 矩阵是否能表示平移? 可惜, 答案是否定的。把一点 $\boldsymbol{r}$ 平移 $\boldsymbol{t}$ 需要对 $\boldsymbol{t}$ 和 $\boldsymbol{r}$ 的分量分别求和:

$$\boldsymbol{r} + \boldsymbol{t} = [(r_x + t_x) \quad (r_y + t_y) \quad (r_z + t_z)]$$

矩阵乘法涉及对元素的相乘和相加, 因此用矩阵乘法进行平移的想法貌似可行。然而, 并没有办法把 $\boldsymbol{t}$ 的分量放置在 3×3 矩阵里, 使其与矢量 $\boldsymbol{r}$ 相乘后产生如 $(r_x + t_x)$ 的和。

好消息是, 若采用 4×4 矩阵, 则可以获得类似这种的和。此矩阵是什么样式呢? 由于不需要旋转, 所以左上的 3×3 部分应为单位矩阵。若把 $\boldsymbol{t}$ 置于末行, 并把 $\boldsymbol{r}$ 的第 4 个元素 (通常称为 w) 设为 1, 则 $\boldsymbol{r}$ 和矩阵首列的点积为 $(1 \cdot r_x) + (0 \cdot r_y) + (0 \cdot r_z) + (t_x \cdot 1)$, 刚好就是我们所需要的。若矩阵右下角的元素为 1, 而第 4 列的其他元素为 0, 那么相乘结果的 w 分量也为 1。

以下就是 4×4 平移矩阵的样式:

$$\begin{aligned}\boldsymbol{r}+\boldsymbol{t}&=\begin{bmatrix}r_x & r_y & r_z & 1\end{bmatrix}\begin{bmatrix}1 & 0 & 0 & 0\\ 0 & 1 & 0 & 0\\ 0 & 0 & 1 & 0\\ t_x & t_y & t_z & 1\end{bmatrix}\\ &=\begin{bmatrix}(r_x+t_x) & (r_y+t_y) & (r_z+t_z) & 1\end{bmatrix}\end{aligned}$$

当点或矢量从三维延伸至四维时, 便称其为齐次坐标 (homogeneous coordinates)。在游戏引擎中, 大多数三维矩阵都采用 4×4 矩阵, 与 4 元素的齐次坐标点或矢量进行运算。

4.3.6.1 变换方向矢量

在数学上, 点 (位置矢量) 和方向矢量的处理方法有细微差异。当用矩阵变换一个点时, 平移、旋转、缩放都会施于该点上。但是, 当用矩阵变换一个方向矢量时, 就要忽略矩阵的平移效果。因为方向矢量本身并无平移, 加上平移会改变其模, 这并非我们想要的。

在齐次坐标中, 可以把点的 w 分量设为 1, 而把方向矢量的 w 分量设为0。以下的例子显示, 矢量 $\boldsymbol{v}$ 中的 $w=0$, 因此乘以矩阵的 $\boldsymbol{t}$ 矢量后, 可在结果中消去平移的作用:

$$\begin{bmatrix}\boldsymbol{v} & 0\end{bmatrix}\begin{bmatrix}\boldsymbol{U} & \boldsymbol{0}\\ \boldsymbol{t} & 1\end{bmatrix}=\begin{bmatrix}(\boldsymbol{vU}+0\boldsymbol{t}) & 0\end{bmatrix}=\begin{bmatrix}\boldsymbol{vU} & 0\end{bmatrix}$$

严格地说, (四维的) 齐次坐标转换成 (三维的) 非齐次坐标的方法是, 把 x、y、z 分量除以 w 分量:

$$\begin{bmatrix}x & y & z & w\end{bmatrix}\equiv\begin{bmatrix}\dfrac{x}{w} & \dfrac{y}{w} & \dfrac{z}{w}\end{bmatrix}$$

此公式表明, 可设点的 w 分量为 1, 方向矢量的 w 分量为 0。矢量除以 $w=1$, 并不影响点的坐标; 但矢量除以 $w=0$ 则会产生无穷大 (infinity)。四维中位于无穷远的一点, 可以旋转但不可以平移, 因为无论怎样平移, 该点还是位于无穷远。所以事实上, 三维空间的纯方向矢量在四维齐次空间中是位于无穷远的点。

4.3.7 基础变换矩阵

任何仿射变换矩阵都能由一连串表示纯平移、纯旋转、纯缩放及/或纯切变的 4×4 矩阵串接而成。以下逐一介绍这些基础变换矩阵。(下文略去切变, 因为游戏中极少使用。)

注意, 4×4 变换矩阵可切割为 4 个组成部分:

$$\boldsymbol{M}_{\text{affine}} = \begin{bmatrix} \boldsymbol{U}_{3\times3} & 0_{3\times1} \\ \boldsymbol{t}_{1\times3} & 1 \end{bmatrix}$$

- 左上角的 3×3 矩阵 $\boldsymbol{U}$, 代表旋转及/或缩放。
- 1×3 平移矢量 $\boldsymbol{t}$。
- 3×1 零矢量 $0 = [0 \quad 0 \quad 0]^{\mathrm{T}}$。
- 矩阵右下角的标量 1。

当一个点乘以如此切割的矩阵时, 结果会是:

$$[\boldsymbol{r}'_{1\times3} \quad 1] = [\boldsymbol{r}_{1\times3} \quad 1] \begin{bmatrix} \boldsymbol{U}_{3\times3} & 0_{3\times1} \\ \boldsymbol{t}_{1\times3} & 1 \end{bmatrix} = [(\boldsymbol{rU}+\boldsymbol{t}) \quad 1]$$

4.3.7.1 平移

以下的矩阵能把一个点向 $\boldsymbol{t}$ 矢量方向平移:

$$\begin{aligned} \boldsymbol{r}+\boldsymbol{t} &= [r_x \quad r_y \quad r_z \quad 1] \begin{bmatrix} 1 & 0 & 0 & 0 \\ 0 & 1 & 0 & 0 \\ 0 & 0 & 1 & 0 \\ t_x & t_y & t_z & 1 \end{bmatrix} \\ &= [(r_x+t_x) \quad (r_y+t_y) \quad (r_z+t_z) \quad 1] \end{aligned} \tag{4.3}$$

或可写成切割后的缩写:

$$[\boldsymbol{r} \quad 1] \begin{bmatrix} \boldsymbol{I} & 0 \\ \boldsymbol{t} & 1 \end{bmatrix} = [(\boldsymbol{r}+\boldsymbol{t}) \quad 1]$$

为求纯平移变换矩阵的逆矩阵, 只需把 $\boldsymbol{t}$ 求反 (negate) (即分别反转 t_x、t_y 及 t_z 的正负号)。

4.3.7.2 旋转

所有 4×4 纯旋转变换矩阵都是以下的形式:

$$[\boldsymbol{r} \quad 1] \begin{bmatrix} \boldsymbol{R} & \boldsymbol{0} \\ \boldsymbol{0} & 1 \end{bmatrix} = [\boldsymbol{rR} \quad 1]$$

矢量 $\boldsymbol{t}$ 为 0, 而左上角的 3×3 矩阵 $\boldsymbol{R}$ 则包含旋转角度 (弧度单位) 的余弦和正弦。

以下矩阵代表绕 x 轴旋转角度 ϕ:

$$\text{rotate}_x(\boldsymbol{r},\phi)=\begin{bmatrix}r_x & r_y & r_z & 1\end{bmatrix}\begin{bmatrix}1 & 0 & 0 & 0\\0 & \cos\phi & \sin\phi & 0\\0 & -\sin\phi & \cos\phi & 0\\0 & 0 & 0 & 1\end{bmatrix} \tag{4.4}$$

以下矩阵代表绕 y 轴旋转角度 θ。注意, 相对其余两个旋转矩阵, 此矩阵是转置的——两个正负正弦是依主轴反射的:

$$\text{rotate}_y(\boldsymbol{r},\theta)=\begin{bmatrix}r_x & r_y & r_z & 1\end{bmatrix}\begin{bmatrix}\cos\theta & 0 & -\sin\theta & 0\\0 & 1 & 0 & 0\\\sin\theta & 0 & \cos\theta & 0\\0 & 0 & 0 & 1\end{bmatrix} \tag{4.5}$$

以下矩阵代表绕 z 轴旋转角度 γ:

$$\text{rotate}_z(\boldsymbol{r},\gamma)=\begin{bmatrix}r_x & r_y & r_z & 1\end{bmatrix}\begin{bmatrix}\cos\gamma & \sin\gamma & 0 & 0\\-\sin\gamma & \cos\gamma & 0 & 0\\0 & 0 & 1 & 0\\0 & 0 & 0 & 1\end{bmatrix} \tag{4.6}$$

从这些矩阵中我们可观察到:

- 左上角 3×3 矩阵中的 1 必然位于旋转轴上, 正弦项和余弦项则在轴以外。
- 正旋是自 x 轴至 y 轴 (绕 z 轴)、自 y 轴至 z 轴 (绕 x 轴)、自 z 轴至 x 轴 (绕 y 轴)。因为 z 轴至 x 轴是“绕回去”了, 所以绕 y 轴的旋转矩阵相对于其他两个是转置的。(可用右手或左手法则去记忆这一点。)
- 纯旋转矩阵的逆矩阵, 即是该旋转矩阵的转置矩阵。这是因为旋转的逆变换等同于用反向角度旋转, 并且 $\cos(-\theta)=\cos\theta$ 及 $\sin(-\theta)=-\sin\theta$, 所以把角度求反就等于把两个正弦项求反, 余弦项则维持不变。

4.3.7.3 缩放

以下的矩阵缩放点 $\boldsymbol{r}$, 向 x 轴的缩放因子为 s_x, 向 y 轴的为 s_y, 向 z 轴的为 s_z:

$$\boldsymbol{rS} = \begin{bmatrix} r_x & r_y & r_z & 1 \end{bmatrix} \begin{bmatrix} s_x & 0 & 0 & 0 \\ 0 & s_y & 0 & 0 \\ 0 & 0 & s_z & 0 \\ 0 & 0 & 0 & 1 \end{bmatrix} = \begin{bmatrix} s_x r_x & s_y r_y & s_z r_z & 1 \end{bmatrix} \tag{4.7}$$

或可写成切割后的缩写:

$$\begin{bmatrix} \boldsymbol{r} & 1 \end{bmatrix} \begin{bmatrix} \boldsymbol{S}_{3\times 3} & \boldsymbol{0} \\ \boldsymbol{0} & 1 \end{bmatrix} = \begin{bmatrix} \boldsymbol{rS}_{3\times 3} & 1 \end{bmatrix}$$

从这种矩阵中我们可观察到:

- 对矩阵求逆, 只需把 s_x、s_y、s_z 用其倒数代替 (即 $1/s_x$、$1/s_y$、$1/s_z$)。
- 当 3 个轴的缩放因子相等 ($s_x = s_y = s_z$) 时, 此变换称为统一缩放 (uniform scale)。球体在统一缩放后仍然是球体, 若使用非统一缩放, 结果则会变成椭球 (ellipsoid)。为了保证包围球 (bounding sphere) 检测的数学运算能够简单快捷, 许多游戏引擎都加上了限制, 只允许对渲染用的几何物体和碰撞图元使用统一缩放。
- 当把一个统一缩放矩阵 $\boldsymbol{S}_u$ 和一个旋转矩阵 $\boldsymbol{R}$ 串接时, 相乘的次序并不重要 (即 $\boldsymbol{S}_u\boldsymbol{R} = \boldsymbol{RS}_u$)。只有统一缩放才有这个特性!

4.3.8 4 × 3 矩阵

4×4 仿射矩阵的最右侧必然是一列 $\begin{bmatrix} 0 & 0 & 0 & 1 \end{bmatrix}^{\mathrm{T}}$ 的矢量。因此, 游戏程序员可略去第 4 列, 以节省内存。在游戏数学库里经常会遇到 4×3 仿射矩阵。[1]

4.3.9 坐标空间

我们已经知道如何用 4×4 矩阵, 把变换施于点和方向矢量。此概念可以延伸至刚体 (rigid body), 只需把物体当作无限个点。把变换施于刚体, 就如同把该变换施于物体里的每一点。例如, 在计算机图形学里, 物体通常由三角形网格表示, 每个三角形的 3 个顶点是由点表示的。在此情况下, 只要把变换矩阵施于所有的顶点, 就等于把物体变换了。

1 在使用 GPU 做蒙皮 (skinning) 时, 要向顶点着色器 (vertex shader) 传递大量的变换, 所以为节省空间、时间, 通常会使用 4×3 的矩阵。——译者注

之前提及，所谓一个点，即是一个矢量把其尾置于某坐标系的原点。换句话说，一个点 (位置矢量) 是必须被表示为相对于某组坐标轴的。若选择不同的坐标轴组，代表点的 3 个数字也随之改变。如图 4.17 所示，一个点 P 可由两个不同的位置矢量来表示——矢量 $\boldsymbol{P}_A$ 代表相对“A”轴组的点 P 位置，而矢量 $\boldsymbol{P}_B$ 则代表相对“B”轴组的同一点。

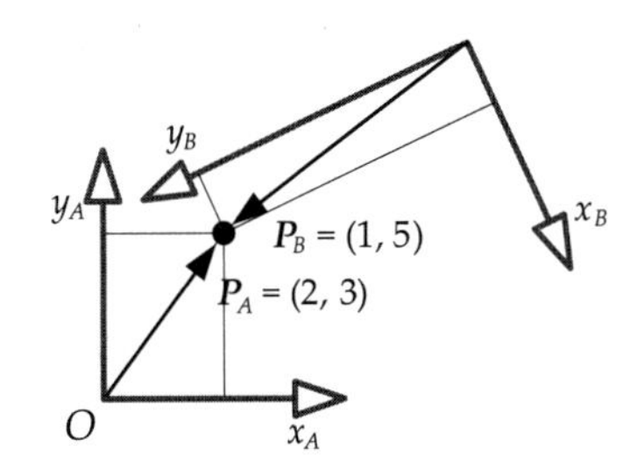

图 4.17 点 P 对于不同坐标轴组的位置矢量

在物理学中，一组坐标轴代表一个参考系 (frame of reference)，所以有时候又会称一组坐标轴为*坐标系* (coordinate frame，或简称为 frame)。游戏业界则会使用*坐标空间* (coordinate space) 一词，或简称*空间* (space)，来表示一组坐标轴。以下我们将讨论游戏和计算机图形学中几个较常用的坐标空间。

4.3.9.1 模型空间

当使用 Maya 或 3ds Max 之类的工具去建立三角形网格时，三角形顶点的位置是相对于一个笛卡儿坐标系的，我们称此坐标系为*模型空间* (model space)，也可称之为*物体空间* (object space) 或*局部空间* (local space)。模型空间的原点可置于物体的中心位置，如物体的质心 (center of mass)，对于人形及动物角色，则可把模型空间的原点置于足部和地面之间。

多数游戏对象都有先天的定向性。例如，飞机的机头、垂直尾翼和机翼，可分别对应向前、向上，以及向左或向右。模型空间的轴通常会对准模型的自然方向，并会以直观的标签为这些轴命名，如图 4.18 所示。

- *向前* (front)：物体正常移动或朝向的方向，其轴称为向前轴。本书使用符号 $\boldsymbol{F}$ 代表前方轴的单位矢量。
- *向上* (up)：物体向上的轴称为向上轴。本书使用符号 $\boldsymbol{U}$ 代表向上轴的单位矢量。
- *向左或向右* (left/right)：与物体的左边和右边对齐的轴分别称为向左轴和向右轴。使用哪个轴取决于游戏引擎采用左手还是右手坐标系。本书采用符号 $\boldsymbol{L}$ 和 $\boldsymbol{R}$ 分别代表这两个轴的单位矢量。

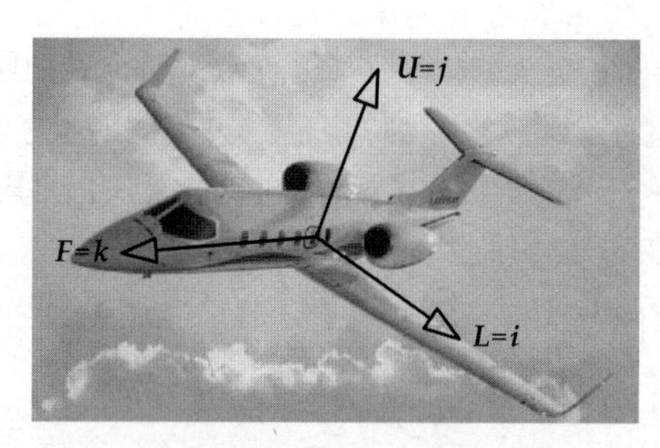

图 4.18 对于一架飞机，这是模型空间向前轴、向左轴、向上轴基矢量的可行选择之一

(向前、向上、向左) 标签和 (x, y, z) 轴的映射完全是随心所欲的。使用右手坐标轴的时候，常见的映射是把向前对应正 z 轴、向左对应正 x 轴、向上对应正 y 轴 (或以单元基矢量表示，$\boldsymbol{F}=\boldsymbol{k}$、$\boldsymbol{L}=\boldsymbol{i}$、$\boldsymbol{U}=\boldsymbol{j}$)。然而，同样常见的是 $+x$ 代表向前、$+z$ 代表向右 ($\boldsymbol{F}=\boldsymbol{i}$、$\boldsymbol{R}=\boldsymbol{k}$、$\boldsymbol{U}=\boldsymbol{j}$)。笔者也曾在工作中使用的某些游戏引擎，采用 z 轴为垂直方向。对游戏引擎唯一的要求是贯彻使用统一规定。

使用合乎直觉的轴名称可减少混淆。比方说,3 个欧拉角 (Euler angle)——俯仰角 (pitch)、偏航角 (yaw)、滚动角 (roll)——经常用来表示飞机的定向。可是，并不可能按照 $(\boldsymbol{i}, \boldsymbol{j}, \boldsymbol{k})$ 基矢量去定义偏航角、俯仰角、滚动角，因为这些基矢量的方向是随意的。然而，我们可以按照 $(\boldsymbol{L}, \boldsymbol{U}, \boldsymbol{F})$ 基矢量去定义偏航角、俯仰角、滚动角，因为这些基矢量的方向有清晰的定义。确切地说，就是:

- 俯仰角 (pitch) 是绕 $\boldsymbol{L}$ 或 $\boldsymbol{R}$ 旋转的角度。
- 偏航角 (yaw) 是绕 $\boldsymbol{U}$ 旋转的角度。
- 滚动角 (roll) 是绕 $\boldsymbol{F}$ 旋转的角度。

4.3.9.2 世界空间

世界空间 (world space) 是一个固定的坐标空间。游戏世界中所有物体的位置、定向和缩放都会用此空间表示。此坐标空间把所有单个物体联系在一起，形成一个内聚的虚拟世界。

世界空间的原点可置于任何地方，但通常我们会把原点置于接近可玩游戏空间的中心，因为当 (x, y, z) 的值非常大时，浮点小数会出现精度问题，这样设置原点可使精度问题降至最低程度。尽管笔者遇到的大部分引擎都使用 y 轴向上或 z 轴向上的规定，但 x、y、z 轴的方向是可以随意设置的。若采用 y 轴向上的规定，则通常是延伸大部分数学教科书的二维规定，其中 y 轴向上的而 x 轴向右。z 轴向上的规定也是常见的，因为这样一来，游戏的俯览正射视角 (top-down orthographic view) 便会和传统的 xy 坐标图一样。

比方说，假设一架飞机的左翼尖位于模型空间的 $(5,0,0)$。(另外，游戏的模型坐标采用 $+z$ 轴向前、$+y$ 轴向上，如图 4.18 所示。) 现在，想象飞机是朝向世界空间的 $+x$ 轴方向，而飞机的模型空间原点则位于世界空间的某个位置，例如 $(-25,50,8)$。由于飞机的 $\boldsymbol{F}$ 矢量对应模型空间的 $+z$ 轴，在世界空间里则朝向 $+x$ 轴，所以可以得知飞机已绕世界空间的 y 轴旋转了 90°。若飞机位于世界原点，则其左翼尖会位于世界空间的 $(0,0,-5)$。然而，因为飞机的原点已平移至 $(-25,50,8)$，左翼尖的世界坐标便会是 $(-25,50,[8-5])=(-25,50,3)$。图 4.19 描绘了这些关系。

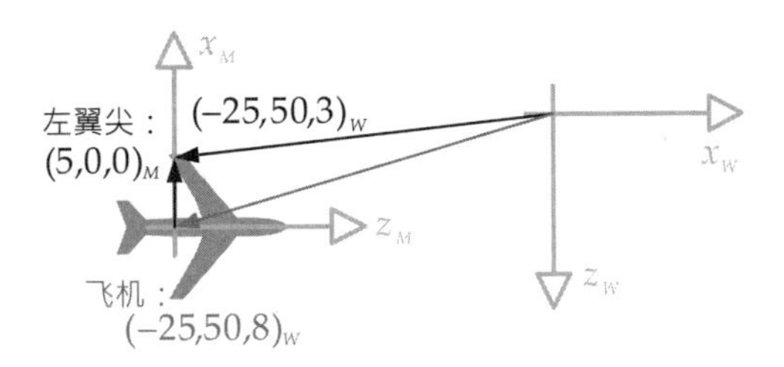

图 4.19 这是一架里尔喷气式飞机，其左翼尖位于模型空间的 $(5,0,0)$。若喷气式飞机绕世界空间 y 轴旋转 90°，那么其模型空间原点就会平移至 $(-25,50,8)$，而其左翼尖就会到达世界空间的 $(-25,50,3)$

我们可以在天空中多加几架飞机，这些飞机的左翼尖的模型空间坐标仍然是 $(5,0,0)$，但是在世界坐标中，按照每架飞机的平移和定向，其左翼尖的坐标是完全不同的。

4.3.9.3 观察空间

观察空间 (view space) 又称为摄像机空间 (camera space)，是固定于摄像机的坐标系。观察空间原点置于摄像机的焦点 (focal point)。[1]而且，观察空间也可采用不同的轴定向方案。但是，y 轴向上、z 轴顺着摄像机面对方向，是最典型的，因为 $+z$ 轴代表着屏幕的深度。[2]其他引擎和 API (如 OpenGL) 则用右手坐标系定义观察空间，使摄像机朝向的方向为 $-z$ 轴，z 坐标代表负深度。图 4.20 展示了两种观察空间定义。

4.3.10 基的变更

在游戏和计算机图形学里，经常把物体的位置、定向和缩放从某个坐标系转换至另一个坐标系。我们称此运算为*基的变更* (change of basis)。

1 原文中的“焦点”可能产生歧义，因为焦点可以指镜头向景物对焦的位置。在计算机图形学中，通常采用眼睛 (eye) 或视点 (view point) 等术语表示观察空间的原点。——译者注

2 x 轴和 y 轴则是一般数学上习惯采用的二维坐标，$+x$ 向右，$+y$ 向上。——译者注

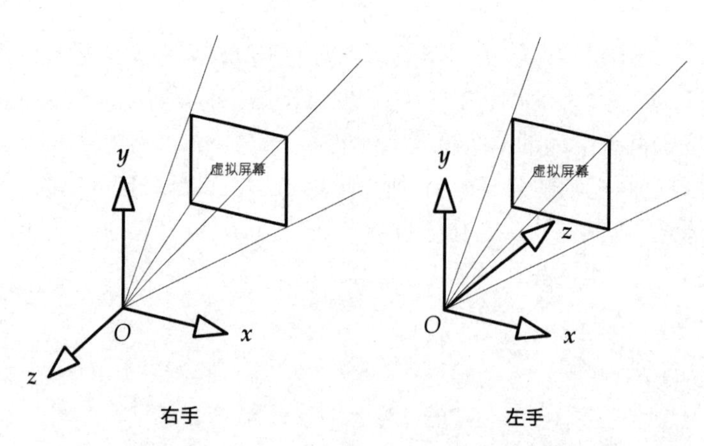

图 4.20 观察空间 (又称摄像机空间) 的左手、右手坐标系例子

4.3.10.1 坐标空间的层次结构

坐标系是相对的。即若想在三维空间中定义一组轴, 必须指明其位置、定向和缩放的数值是相对于另外一组轴的 (否则那些数值是没意义的)。这意味着, 坐标空间会形成一个*层阶结构*——每个坐标空间都是某个坐标空间之子, 而那个坐标空间则是父的角色。世界空间并无父, 因为它是坐标空间树的根, 其他坐标空间则直接或间接地相对于世界空间。

4.3.10.2 构建改变基的矩阵

把点或方向从任何子坐标系 C 变换至其父坐标系 P 的矩阵, 可写作 $\boldsymbol{M}_{C\to P}$ (读作 "C 至 P")。此下标表示矩阵把点或方向从子空间变换至父空间。以下等式可把任何子空间位置矢量 $\boldsymbol{P}_C$ 变换至父空间位置矢量 $\boldsymbol{P}_P$:

$$\boldsymbol{P}_P = \boldsymbol{P}_C \boldsymbol{M}_{C\to P}$$

$$\boldsymbol{M}_{C\to P} = \begin{bmatrix} \boldsymbol{i}_C & 0 \\ \boldsymbol{j}_C & 0 \\ \boldsymbol{k}_C & 0 \\ \boldsymbol{t}_C & 1 \end{bmatrix}$$

$$= \begin{bmatrix} i_{C_x} & i_{C_y} & i_{C_z} & 0 \\ j_{C_x} & j_{C_y} & j_{C_z} & 0 \\ k_{C_x} & k_{C_y} & k_{C_z} & 0 \\ t_{C_x} & t_{C_y} & t_{C_z} & 0 \end{bmatrix}$$

以上等式中:

- $\boldsymbol{i}_C$ 为子空间 x 轴的单位基矢量, 此矢量以父空间坐标表示。
- $\boldsymbol{j}_C$ 为子空间 y 轴的单位基矢量, 此矢量以父空间坐标表示。
- $\boldsymbol{k}_C$ 为子空间 z 轴的单位基矢量, 此矢量以父空间坐标表示。
- $\boldsymbol{t}_C$ 为子坐标系相对于父坐标系的平移。

本结论应该是显而易见的。矢量 $\boldsymbol{t}_C$ 只不过是子空间轴组相对于父空间的位置, 因此若矩阵余下部分为单位矩阵, 则在子空间中的点 $(0,0,0)$ 会变成父空间的 $\boldsymbol{t}_C$。而矩阵左上 3×3 部分的单位矢量 $\boldsymbol{i}_C$、$\boldsymbol{j}_C$ 和 $\boldsymbol{k}_C$ 代表了纯旋转, 因为这些都是单位长度矢量。以下用一个简单例子, 可以做更清楚的解释。假设子空间绕 z 轴旋转角度 γ, 而没有平移。回想等式 (4.6) 中这种旋转矩阵为:

$$\text{rotate}_z(\boldsymbol{r},\gamma) = [r_x \quad r_y \quad r_z \quad 1]\begin{bmatrix} \cos\gamma & \sin\gamma & 0 & 0 \\ -\sin\gamma & \cos\gamma & 0 & 0 \\ 0 & 0 & 1 & 0 \\ 0 & 0 & 0 & 1 \end{bmatrix}$$

如图 4.21 所示, $\boldsymbol{i}_C$ 和 $\boldsymbol{j}_C$ 矢量能以父空间的坐标表达, 分别为 $\boldsymbol{i}_C = [\cos\gamma \quad \sin\gamma \quad 0]$ 及 $\boldsymbol{j}_C = [-\sin\gamma \quad \cos\gamma \quad 0]$。当把这两个矢量连同 $\boldsymbol{k}_C = [0 \quad 0 \quad 1]$, 代入 $\boldsymbol{M}_{C\to P}$ 的公式, 就可发现它与等式 (4.6) 中的 $\text{rotate}_z(\boldsymbol{r},\gamma)$ 完全相等。

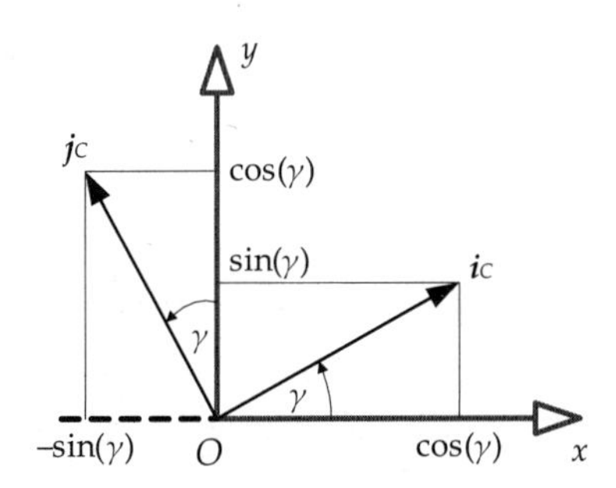

图 4.21 子轴相对于父旋转 γ 角度所造成的基的变更

缩放子轴 通过简单且恰当地缩放单位基矢量, 便可以缩放子坐标系统。例如, 若子空间放大两倍, 则基矢量 $\boldsymbol{i}_C$、$\boldsymbol{j}_C$、$\boldsymbol{k}_C$ 就会由单位长度变成长度为 2。

4.3.10.3 从矩阵中获取单位基矢量

由于基变更矩阵是由平移及 3 个笛卡儿基矢量组成的, 此事实可带来一个强大工具: 给定任何4×4 仿射矩阵, 都可以用反向思维, 从恰当的矩阵行 (若使用列矢量则为矩阵列) 中获取子空间基矢量 $\boldsymbol{i}_C$、$\boldsymbol{j}_C$、$\boldsymbol{k}_C$。

例如，给定某车辆模型的世界变换为一个 4×4 仿射矩阵 (这是十分常见的表示法)。该矩阵实际上只不过是基变更矩阵，把模型中的点从模型空间转换到世界空间。进一步假设游戏中 z 轴对着物体朝向的方向。那么，要取得车辆在世界空间里朝向的单位矢量，只需直接从模型至世界矩阵中抽取 $\boldsymbol{k}_C$(即矩阵的第 3 行)。[1]这个矢量已经被归一化并可直接使用。

4.3.10.4 变换坐标系还是矢量

前文提及，矩阵 $\boldsymbol{M}_{C \to P}$ 把点和方向从子空间变换至父空间。矩阵 $\boldsymbol{M}_{C \to P}$ 的第 4 行包含 $\boldsymbol{t}_C$，此即子坐标轴相对父坐标轴的平移。因此，可以把矩阵 $\boldsymbol{M}_{C \to P}$ 想象为，把父坐标轴变换至子坐标轴。这是点和矢量变换的逆变换。换句话说，若某矩阵把矢量从子空间变换至父空间，那么该矩阵也同时把坐标轴从父空间变换至子空间。这是合理的，例如，可以想象，在固定的坐标轴里把点向右移 20 个单位，实质上等同于——把该点固定而把坐标轴向左移 20 个单位。此推论可参考图 4.22 进行理解。

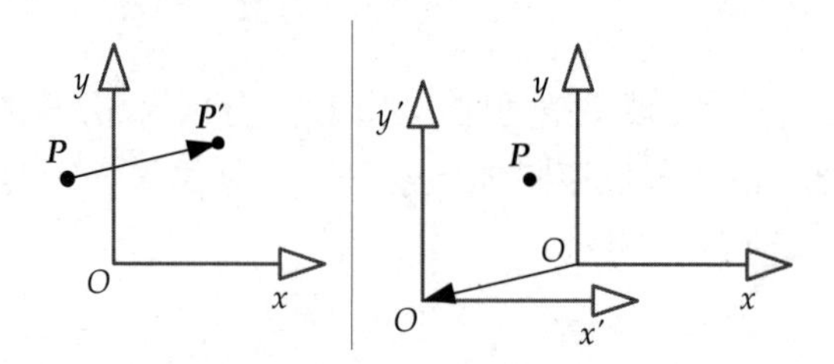

图 4.22 对变换矩阵的两种诠释。在左图中，点 $\boldsymbol{P}$ 在固定的坐标系中移动。在右图中，点 $\boldsymbol{P}$ 维持静止，坐标系向相反方向移动

当然，这一推论也会带来混淆。若基于坐标轴来思考，变换会是某一个方向；若基于点和坐标来思考，变换则是另一个方向！如同生命中会遇到很多让人混淆的事情，对其最佳的处理办法，可能是选择一个“规范”方式，并贯彻使用。例如，本书选择了以下规定。

- 变换施于矢量 (而非坐标轴)。
- 把矢量写成行 (而非列)。

这两个规定使我们可以从左至右阅读矩阵乘法，而且更容易理解 (例如，在表达式 $\boldsymbol{r}_D = \boldsymbol{r}_A \boldsymbol{M}_{A \to B} \boldsymbol{M}_{B \to C} \boldsymbol{M}_{C \to D}$ 中，可以“消去” B 和 C 的作用，只余下 $\boldsymbol{r}_D = \boldsymbol{r}_A \boldsymbol{M}_{A \to D}$)。显然，若想基于变换坐标轴思考 (而非对点及矢量变换)，要么从右至左阅读矩阵乘法，要么反转两个规定之一。读者可选择任意规定，只要其便于记忆和使用即可。

1 从另一个角度看，该矩阵可把方向矢量从模型空间转换至世界空间。那么，只要用它来转换模型空间的 z 轴 $(0,0,1,0)$ 便可得到世界空间的方向。可以看到，$(0,0,1,0)$ 乘以该矩阵之后，答案就是 $(k_{Cx}, k_{Cy}, k_{Cz}, 0)$。——译者注

话虽如此, 但必须注意, 对某些问题, 从矢量变换的角度去思考比较容易; 而另一些问题, 则适合用坐标轴变换。当你逐渐善于基于三维矢量和矩阵数学去思考时便会发现, 针对眼前的问题灵活转换这些规定, 并非难事。

4.3.11 变换法矢量

*法矢量*是一种特殊的矢量, 因为它除了是单位矢量 (通常情况是) 外, 法矢量还有附加要求——维持与对应的表面或平面*垂直*。变换法矢量时必须特别留心, 以确保维持其长度和垂直性。

一般来说, 若点或 (法矢量以外的) 矢量可用 3 × 3 矩阵 $\boldsymbol{M}_{A\to B}$ 将其从空间 A 旋转至空间 B, 则法矢量 $\boldsymbol{n}$ 可使用该矩阵的*逆转置*矩阵 $(\boldsymbol{M}_{A\to B}^{-1})^{\mathrm{T}}$ 做变换。本书不提供相关的推导或证明 (参考文献 [28] 的 3.5 节有极优的推导)。然而, 若矩阵 $\boldsymbol{M}_{A\to B}$ 只含统一缩放而无切变, 那么可以观察到, 表面间和矢量间的夹角在 A 和 B 空间中是不变的。在此情况下, 矩阵 $\boldsymbol{M}_{A\to B}$ 可施于任何矢量, 无论是法矢量还是其他矢量。然而, 若 $\boldsymbol{M}_{A\to B}$ 含非统一缩放或切变 (即 $\boldsymbol{M}_{A\to B}$ *非正交*), 则表面间和矢量间的夹角, 从 A 空间变换到 B 空间后会改变。在 A 空间垂直于某表面的矢量, 在 B 空间则未必如此。逆转置运算就是为此而设置的, 即使变换里含非统一缩放或切变, 变换后的法矢量仍然垂直于其对应表面。从另一个角度看, 这里需要逆转置是因为表面矢量是*赝矢量*, 而不是普通矢量 (见 4.2.4.9 节)。

4.3.12 在内存中存储矩阵

在 C/C++ 语言中, 通常使用二维数组存储矩阵。重温一下 C/C++ 中二维数组的语法, 第 1 个索引值代表行, 第 2 个索引值代表列。若在内存中顺序移动, 列索引变化最快。

```
float m[4][4]; // [行][列], 列索引变化最快

// 使数组“平面化”以显示其次序
float *pm = &m[0][0];
ASSERT(&pm[0] == &m[0][0]);
ASSERT(&pm[1] == &m[0][1]);
ASSERT(&pm[2] == &m[0][2]);
// 以此类推
```

用 C/C++ 中的二维数组存储矩阵有下面两个选择。

1. 把矢量 $(\boldsymbol{i}_C, \boldsymbol{j}_C, \boldsymbol{k}_C, \boldsymbol{t}_C)$ 连续置于内存中 (即每行含一个矢量)。
2. 把矢量在内存中分散对齐 (stride) (即每列含一个矢量)。

方法 1 的好处是, 要取得 4 个矢量中的任何一个, 只需简单地索引矩阵, 再把该位置的 4 个连续数值当作包含 4 个元素的矢量。此内存布局也有和行矢量等式匹配的好处 (这是本书选择行矢量表示法的另一原因)。方法 2 也有用武之地, 例如, 在含矢量运算功能 (如单指令多数据/SIMD) 的微处理器中进行快速矢量矩阵乘法, 本章稍后会对其进行详述。笔者遇到的大多数游戏引擎都会使用方法 1, 即使用 C/C++ 二维组数中的每行存储矢量, 代码如下:

```
float M[4][4];

M[0][0]=ix;  M[0][1]=iy;  M[0][2]=iz;  M[0][3]=0.0f;
M[1][0]=jx;  M[1][1]=jy;  M[1][2]=jz;  M[1][3]=0.0f;
M[2][0]=kx;  M[2][1]=ky;  M[2][2]=kz;  M[2][3]=0.0f;
M[3][0]=tx;  M[3][1]=ty;  M[3][2]=tz;  M[3][3]=1.0f;
```

在调试器中, 矩阵 $\boldsymbol{M}$ 的样式如下:

```
M[][]
    [0]
        [0] ix
        [1] iy
        [2] iz
        [3] 0.0000
    [1]
        [0] jx
        [1] jy
        [2] jz
        [3] 0.0000
    [2]
        [0] kx
        [1] ky
        [2] kz
        [3] 0.0000
    [3]
        [0] tx
        [1] ty
        [2] tz
        [3] 1.0000
```

要想知道使用中的引擎采用了哪个布局，其中一种方法是，寻找 4×4 平移矩阵生成函数。(每个优秀的三维数学库都应有此函数。) 之后查看源代码，找出 $\boldsymbol{t}$ 矢量的元素是怎么存储的。若不能读取数学库的源代码 (在游戏业界里出现这种情况的可能性较小)，则可以用容易辨认的平移矢量，如 $(4,3,2)$，去调用该平移生成函数，再查看其传回的矩阵。若第 3 行含有值 `4.0f, 3.0f, 2.0f, 1.0f`，则矢量以行存储，否则以列存储。

4.4 四 元 数

我们知道，3×3 矩阵可用来表示三维中任意的旋转。然而，矩阵并不总是理想的旋转表达形式，理由如下。

1. 矩阵需用 9 个浮点值表示旋转，这显然是有冗余的，因为旋转只有 3 个自由度 (degree of freedom, DOF) ——偏航角、俯仰角、滚动角。
2. 用矢量矩阵乘法来旋转矢量，需要 3 个点积，即共 9 个乘数及 6 个加数。若有可能，我们希望找到一种旋转表示方式，能加快旋转运算。
3. 在游戏和计算机图形学中，经常需要计算在两个已知旋转之间，某个比例的旋转。例如，若要平滑地把摄像机在几秒内从某起始定向 A 旋转到目标定向 B，便需在这期间找出 A 和 B 之间的许多中间旋转。若以矩阵表示 A 和 B 的定向，要计算这些中间值是很困难的。

幸好有一个旋转表达形式能解决以上 3 个问题。此数学对象称为*四元数* (quaternion)。四元数看似四维矢量，但在行为上有很大区别。我们通常把四元数写成非斜非粗字体，例如：$\mathrm{q} = [q_x \quad q_y \quad q_z \quad q_w]$。

四元数是由威廉·哈密顿爵士 (Sir William Rowan Hamilton) 于 1843 年发明的，作为复数 (complex number) 的延伸。(具体来说，四元数可当作一个四维的复数，具有一个实数轴和以虚数 i, j, k 表示的三个虚数轴。) 四元数最初用于解决力学中的问题。严格地说，四元数遵守一组规则，这些规则称为实数域上的*四维赋范可除代数* (normed division algebra)。幸好我们不用了解这些相当深奥的规则细节。对我们来说，只需知道，*单位长度*的四元数[1] (即所有符合 $q_x^2 + q_y^2 + q_z^2 + q_w^2 = 1$ 的四元数) 能代表三维旋转。

网上有许多关于四元数的文献、网页及简报可供进一步阅读，笔者最喜爱的是加利福尼亚大学圣迭戈分校的教材[2]。

1 下文称为单位四元数 (unit quaternion)。——译者注

2 `http://graphics.ucsd.edu/courses/cse169_w05/CSE169_04.ppt`

4.4.1 把单位四元数视为三维旋转

单位四元数可以视觉化为三维矢量加上第四维的标量坐标。矢量部分 $\boldsymbol{q}_V$ 是旋转的单位轴乘以旋转半角的正弦值; 而标量部分 q_S 是旋转半角的余弦值。那么单位四元数可写成:

$$\begin{aligned} \mathsf{q} &= [\boldsymbol{q}_V \quad q_S] \\ &= \left[\boldsymbol{a}\sin\tfrac{\theta}{2} \quad \cos\tfrac{\theta}{2}\right] \end{aligned}$$

其中 $\boldsymbol{a}$ 为旋转轴方向的单位矢量, 而 θ 为旋转角度。旋转方向使用*右手法则*, 即, 若使右手拇指朝向旋转轴的方向, 正旋转角则是其余 4 只手指弯曲的方向。

当然, 也可以把 q 写成简单的 4 个元素矢量:

$$\mathsf{q} = [q_x \quad q_y \quad q_z \quad q_w]$$

其中:

$$\begin{aligned} q_x &= q_{V_x} = a_x \sin\frac{\theta}{2} \\ q_y &= q_{V_y} = a_y \sin\frac{\theta}{2} \\ q_z &= q_{V_z} = a_z \sin\frac{\theta}{2} \\ q_w &= q_{V_w} = \cos\frac{\theta}{2} \end{aligned}$$

单位四元数和轴角 (axis-angle) 旋转表达方式很相似 (即含 4 个元素的矢量形式为 $[\boldsymbol{a} \quad \theta]$)。然而, 四元数在数学上比轴角更方便, 稍后就会看到。

4.4.2 四元数运算

四元数提供了许多矢量代数中常见的运算, 例如, 模及矢量加法。然而, 必须谨记, 两个四元数相加的和并不能代表三维旋转, 因为该四元数并不是单位长度的。因此, 在游戏引擎中不会看见四元数的和, 除非它们用某方法缩放至符合单位长度的要求。

4.4.2.1 四元数乘法

用于四元数上的最重要运算之一就是乘法。给定两个四元数 p 和 q, 分别代表旋转 $\boldsymbol{P}$ 和 $\boldsymbol{Q}$, 则 pq 代表两旋转的合成旋转 (即旋转 $\boldsymbol{Q}$ 之后再旋转 $\boldsymbol{P}$)。其实四元数的乘法有几种, 但这里只讨论和三维旋转应用相关的乘法，此乘法称为格拉斯曼积 (Grassmann product)。在此定义下，pq 之积为：

$$\mathrm{pq} = [(p_S \boldsymbol{q}_V + q_S \boldsymbol{p}_V + \boldsymbol{p}_V \times \boldsymbol{q}_V) \quad (p_S q_S - \boldsymbol{p}_V \cdot \boldsymbol{q}_V)]$$

注意，格拉斯曼积也是以矢量和标量部分来定义的，矢量部分的结果为四元数的 x、y、z 分量，标量部分则是 w 分量。

4.4.2.2 共轭及逆四元数

对四元数 q 求逆 (inverse) 写为 q^{-1}，逆四元数和原四元数的乘积会变成标量 1 (即 $\mathrm{qq}^{-1} = 0\boldsymbol{i} + 0\boldsymbol{j} + 0\boldsymbol{k} + 1$)。四元数 $[0 \quad 0 \quad 0 \quad 1]$ 代表零旋转 (从 $\sin 0 = 0$ 代表前 3 个分量并且 $\cos 0 = 1$ 代表第 4 个分量，可见其合理性)。

要计算逆四元数，先要定义一个称为共轭 (conjugate) 的量。共轭通常写成 q^*，定义如下：

$$\mathrm{q}^* = [-\boldsymbol{q}_V \quad q_S]$$

换句话说，共轭是矢量部分求反 (negation)，但保持标量部分不变。

有了这个共轭定义，逆四元数 q^{-1} 的定义如下：

$$\mathrm{q}^{-1} = \frac{\mathrm{q}^*}{|\mathrm{q}|^2}$$

由于我们使用的四元数都是代表三维旋转的，这些四元数都是单位长度的 (即 $|\mathrm{q}| = 1$)。因此，在这种情况下，共轭和逆四元数是相等的：

$$\mathrm{q}^{-1} = \mathrm{q}^* = [-\boldsymbol{q}_V \quad q_S] \qquad \text{当 } |\mathrm{q}| = 1$$

这一结论非常有价值，因为它意味着计算逆四元数时，当知道四元数已被归一化时，就不用除以模平方了 (相对费时)。同时也意味着，通常计算逆四元数比计算 3×3 逆矩阵快得多，在某些情况下，我们可以利用这一特点优化引擎。

积的共轭及逆四元数 四元数积 (pq) 的共轭，等于求各个四元数的共轭后，以相反次序相乘：

$$(\mathrm{pq})^* = \mathrm{q}^* \mathrm{p}^*$$

类似地，四元数积的逆等于求各个四元数的逆后，以相反次序相乘：

$$(\mathrm{pq})^{-1} = \mathrm{q}^{-1} \mathrm{p}^{-1} \tag{4.8}$$

这种相反次序的运算，同样适用于矩阵积的转置和逆。

4.4.3 以四元数旋转矢量

怎样以四元数旋转矢量? 首先要把矢量重写为*四元数形式*。矢量是涉及基矢量 $\boldsymbol{i}$、$\boldsymbol{j}$、$\boldsymbol{k}$ 的和, 四元数是涉及基矢量 $\boldsymbol{i}$、$\boldsymbol{j}$、$\boldsymbol{k}$ 以及第 4 个标量项之和。因此, 把矢量写成四元数, 并把标量项 q_S 设为 0, 合乎情理。给定矢量 $\boldsymbol{v}$, 可把它写成对应的四元数 $\mathrm{v} = [\boldsymbol{v} \quad 0] = [v_x \quad v_y \quad v_z \quad 0]$。

要以四元数 q 旋转矢量 $\boldsymbol{v}$, 须用 q 前乘以矢量 $\boldsymbol{v}$ (以 v 的对应四元数形式), 再后乘以逆四元数 q^{-1}。旋转后的矢量 $\boldsymbol{v}'$ 可如下得出:

$$\mathrm{v}' = \mathrm{rotate}\,(\mathrm{q}, \boldsymbol{v}) = \mathrm{q}\mathrm{v}\mathrm{q}^{-1}$$

因为旋转用的四元数都是单位长度的, 所以使用共轭也是等同的:

$$\mathrm{v}' = \mathrm{rotate}\,(\mathrm{q}, \boldsymbol{v}) = \mathrm{q}\mathrm{v}\mathrm{q}^{*} \tag{4.9}$$

只要从四元数形式的 v' 提取矢量部分, 就能得到旋转后的矢量 $\boldsymbol{v}'$。[1]

在真实的游戏中, 众多不同的场合都适用四元数乘法。例如, 求飞机飞行方向的单位矢量。再假设我们的游戏采用 $+z$ 轴代表物体向前的规定。那么, 按照定义, 任何物体在*模型空间*的向前单位矢量都必然是 $\boldsymbol{F}_M \equiv [0 \quad 0 \quad 1]$。要把此矢量变换至世界空间, 只需轻松地把代表飞机定向的四元数 q, 用公式 (4.9) 去旋转模型空间的 $\boldsymbol{F}_M$, 就能得出世界空间的 $\boldsymbol{F}_W$ (当然, 要把这些矢量转换至四元数形式):

$$\boldsymbol{F}_W = \mathrm{q}\boldsymbol{F}_M\mathrm{q}^{-1} = \mathrm{q}[0 \quad 0 \quad 1 \quad 0]\mathrm{q}^{-1}$$

4.4.3.1 四元数的串接

和基于矩阵的变换一模一样, 四元数可通过相乘*串接*旋转。例如, 考虑 3 个四元数 q_1、q_2、q_3 分别表示不同的旋转, 并对应其等价的矩阵 $\boldsymbol{R}_1$、$\boldsymbol{R}_2$、$\boldsymbol{R}_3$。我们希望首先进行旋转 1, 接着旋转 2, 最后旋转 3。求合成旋转矩阵 $\boldsymbol{R}_{\mathrm{net}}$ 和其旋转矢量 $\boldsymbol{v}$, 等式如下:

$$\boldsymbol{R}_{\mathrm{net}} = \boldsymbol{R}_1\boldsymbol{R}_2\boldsymbol{R}_3$$

$$\boldsymbol{v}' = \boldsymbol{v}\boldsymbol{R}_1\boldsymbol{R}_2\boldsymbol{R}_3 = \boldsymbol{v}\boldsymbol{R}_{\mathrm{net}}$$

相似地, 求合成旋转四元数 $\mathrm{q}_{\mathrm{net}}$ 和其旋转矢量 $\boldsymbol{v}$ (以四元数形式表示的 v), 等式如下:

$$\mathrm{q}_{\mathrm{net}} = \mathrm{q}_3\mathrm{q}_2\mathrm{q}_1$$

$$\mathrm{v}' = \mathrm{q}_3\mathrm{q}_2\mathrm{q}_1\mathrm{v}\mathrm{q}_1^{-1}\mathrm{q}_2^{-1}\mathrm{q}_3^{-1} = \mathrm{q}_{\mathrm{net}}\mathrm{v}\mathrm{q}_{\mathrm{net}}^{-1}$$

---

1 上述公式可以简化为: $\boldsymbol{v}' = \mathrm{rotate}\,(\mathrm{q}, \boldsymbol{v}) = \boldsymbol{v} + 2\mathrm{q}_V \times (\mathrm{q}_V \times \boldsymbol{v} + q_S\boldsymbol{v})$。在 Kavan 等人的学术论文 http://isg.cs.tcd.ie/kavanl/papers/sdq-tog08.pdf 中的 Lemma 4 证明了该公式。此公式无须把 $\boldsymbol{v}$ 转换成四元数, 其运算量也比原始的版本 (使用两次公式 (4.3)) 有所减少。——译者注

注意, 四元数的相乘次序和进行旋转的次序必须是相反的 $(q_3q_2q_1)$。因为旋转四元数会在矢量的两边相乘, 没有求逆的四元数在左边, 逆四元数在右边。从等式 (4.8) 可知, 四元数积的逆等于求各个四元数的逆后, 以相反次序相乘。因此, 没有求逆的四元数从右至左阅读, 而逆四元数则从左至右阅读。

4.4.4 等价的四元数和矩阵

任何三维旋转都可以从 3 × 3 矩阵表达方式 $\boldsymbol{R}$ 到四元数表达方式 q 之间自由转换。若设 $\mathsf{q} = [\boldsymbol{q}_V \quad q_S] = [q_{V_x} \quad q_{V_y} \quad q_{V_z} \quad q_S] = [x \quad y \quad z \quad w]$, 则可用如下方式求 $\boldsymbol{R}$:

$$\boldsymbol{R} = \begin{bmatrix} 1-2y^2-2z^2 & 2xy+2zw & 2xy-2yw \\ 2xy-2zw & 1-2x^2-2z^2 & 2yz+2xw \\ 2xz+2yw & 2yz-2xw & 1-2x^2-2y^2 \end{bmatrix}$$

相似地, 给定 $\boldsymbol{R}$ 也可用以下方式求 q (其中 `q[0]`$= q_{V_x}$, `q[1]`$= q_{V_y}$, `q[2]`$= q_{V_z}$, `q[3]`$= q_S$)。这段代码假设我们采用了 C/C++ 中的行矢量 (即 `R[row][col]` 对应以上的矩阵 $\boldsymbol{R}$)。此段代码来自 Nick Bobic 于 1998 年 7 月 5 日发表的 *Gamasutra* 的文章。[1]此外, 可通过多个关于旋转矩阵的假设, 更快地进行矩阵到四元数的转换, 相关讨论可参考此网页[2]。

```
void MatrixToQuaterion(
    const float R[3][3],
    float       q[/*4*/])
{
    float trace = R[0][0] + R[1][1] + R[2][2];

    // 检测主轴
    if (trace > 0.0f)
    {
        float s = sqrt(trace + 1.0f);
        q[3] = s * 0.5f;

        float t = 0.5f / s;
        q[0] = (R[2][1] - R[1][2]) * t;
```

1 http://www.gamasutra.com/view/feature/3278/rotating_objects_using_quaternions.php

2 http://www.euclideanspace.com/maths/geometry/rotations/conversions/matrixToQuaternion/index.htm

```
        q[1] = (R[0][2] - R[2][0]) * t;
        q[2] = (R[1][0] - R[0][1]) * t;
    }
    else
    {
        // 主轴为负
        int i = 0;
        if (R[1][1] > R[0][0]) i = 1;
        if (R[2][2] > R[i][i]) i = 2;

        static const int next[3] = { 1, 2, 0 };
        int j = next[i];
        int k = next[j];

        float s = sqrt((R[i][i]
                    - (R[j][j] + R[k][k]))
                     + 1.0f);

        q[i] = s * 0.5f;

        float t;
        if (s ! = 0.0f)      t = 0.5f / s;
        else                 t = s;

        q[3] = (R[k][j] - R[j][k]) * t;
        q[j] = (R[j][i] + R[i][j]) * t;
        q[k] = (R[k][i] + R[i][k]) * t;
    }
}
```

稍微暂停一下, 我们讨论一下记法约定。在本书中, 我们把四元数写成 $[x \quad y \quad z \quad w]$。但在很多学术文章中把四元数当作复数的扩展, 把四元数记作 $[w \quad x \quad y \quad z]$。我们的约定源自与齐次矢量的常用记法 $[x \quad y \quad z \quad 1]$ 维持一致 ($w = 1$ 在末位)。而学术上的约定则来自复数和四元数的相似之处。普通二维复数通常写作 $c = a + \mathrm{j}b$, 对应的四元数记法是 $\mathrm{q} = w + \mathrm{i}x + \mathrm{j}y + \mathrm{k}z$。因此需要当心, 在研究一篇学术文章前要了解它使用哪种记法![†]

4.4.5 旋转性的线性插值

在游戏引擎的动画、动力学及摄像机系统中, 有许多场合都需要旋转性的插值。凭借四元数的帮助, 对旋转插值与对矢量和点插值同样简单。[1]

最简单快速的旋转插值方法, 就是套用四维矢量的线性插值 (LERP) 至四元数。给定两个分别代表旋转 A 和旋转 B 的四元数 q_A 和 q_B, 可找出自旋转 A 至旋转 B 之间 β 百分点的中间旋转 q_{LERP}:

$$\mathrm{q}_{\text{LERP}} = \text{LERP}\ (\mathrm{q}_A, \mathrm{q}_B, \beta) = \frac{(1-\beta)\mathrm{q}_A + \beta\mathrm{q}_B}{|(1-\beta)\mathrm{q}_A + \beta\mathrm{q}_B|}$$

$$= \text{normalize}\left(\begin{bmatrix} (1-\beta)q_{A_x} + \beta q_{B_x} \\ (1-\beta)q_{A_y} + \beta q_{B_y} \\ (1-\beta)q_{A_z} + \beta q_{B_z} \\ (1-\beta)q_{A_w} + \beta q_{B_w} \end{bmatrix}^{\mathrm{T}}\right)$$

注意插值后的四元数需要再归一。这是因为 LERP 运算一般来说并不保持矢量长度。

从几何上来看, 如图 4.23 所示, $\mathrm{q}_{\text{LERP}} = \text{LERP}\ (\mathrm{q}_A, \mathrm{q}_B, \beta)$ 是位于自定向 A 到定向 B 之间 β 百分点的中间定向的四元数。在数学上, LERP 运算是两个四元数的加权平均, 加权值为 $(1-\beta)$ 和 β (注意这两个权值之和为 1)。

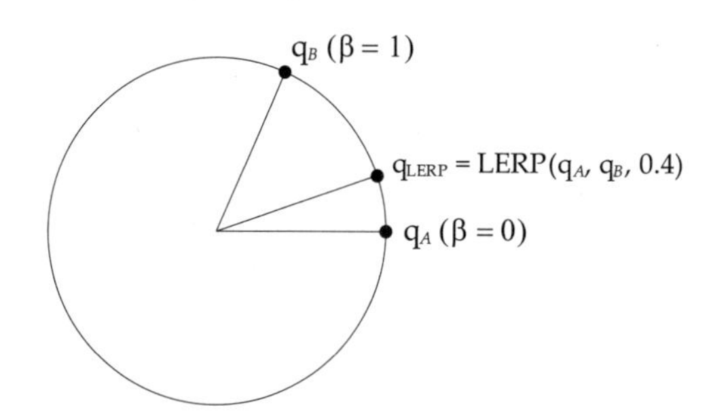

图 4.23 对四元数 q_A 和 q_B 进行线性插值 (LERP)

4.4.5.1 球面线性插值

LERP 运算的问题在于, 它没考虑四元数其实是四维超球 (hypersphere) 上的点。LERP 实际上是在超球的弦 (chord)[2]上进行插值, 而不是在超球面上插值。这样会导致——当 β 以恒

1 对两个旋转矩阵插值虽然也是可行的, 但却比四元数困难和慢很多。——译者注

2 弦是圆形、球面、超球面上两点连接而成的直线线段。——译者注

定速率改变时, 旋转动画并非以恒定角速率进行。旋转在两端看似较慢, 但在动画中间就会较快。

解决此问题的方法是, 采用 LERP 运算的变体——球面线性插值 (spherical linear interpolation), 简称 SLERP。SLERP 使用正弦和余弦在四维超球面的大圆 (great circle)[1] 上进行插值, 而不是沿弦上插值, 如图 4.24 所示。当 β 以常数速率变化时, 插值结果便会以常数角速率变化。

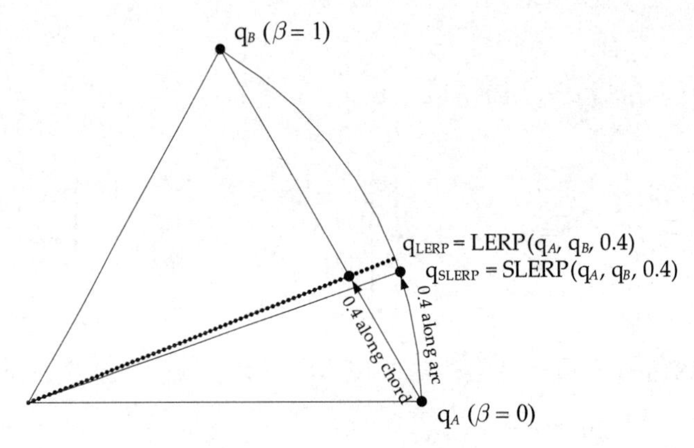

图 4.24 球面线性插值 (SLERP) 在四维超球面的大圆上插值

SLERP 公式和 LERP 公式相似, 但其加权值以 w_p 和 w_q 取代 $(1-\beta)$ 和 β。w_p 和 w_q 使用到两个四元数的夹角的正弦:

$$\text{SLERP}\ (\mathrm{p}, \mathrm{q}, \beta) = w_p\mathrm{p} + w_q\mathrm{q}$$

其中

$$w_p = \frac{\sin(1-\beta)\theta}{\sin\theta}$$
$$w_q = \frac{\sin\beta\theta}{\sin\theta}$$

两个单位四元数之间的夹角, 可以使用四维点积求得。求得 $\cos\theta$ 后就能轻易计算 θ 及几个正弦:

$$\cos\theta = \mathrm{p}\cdot\mathrm{q} = p_x q_x + p_y q_y + p_z q_z + p_w q_w$$
$$\theta = \cos^{-1}(\mathrm{p}\cdot\mathrm{q})$$

1 大圆是 (超) 球面上半径等于球体半径的圆弧。大圆线是连接 (超) 球面上两点间最短路径的曲线。——译者注

4.4.5.2 SLERP 还是不 SLERP(现在仍是一个问题)

在游戏引擎中是否应使用 SLERP 还未成定论。[1] Jonathan Blow 写了一篇出色的文章[2], 认为 SLERP 太昂贵, 而 LERP 其实不差, 因此, 他建议应了解 SLERP, 但不把它应用于游戏引擎之中。另一方面,笔者在顽皮狗的同事则发现良好的 SLERP 实现, 其效能接近 LERP。(例如, 顽皮狗 Ice 团队的 SLERP 实现为每关节 20 个周期, LERP 则是每关节 16.25 个周期。)[3] 因此, 笔者认为最好是先测试你的 SLERP 和 LERP 实现的效能, 再做决定。若你的 SLERP 真的慢 (并且不能加快, 或没时间去优化), 通常用 LERP 取而代之还是可以的。

4.5 比较各种旋转表达方式

我们已了解到旋转可用好几种方式表示。本节叙述最常见的旋转表达方式, 并介绍它们的优劣之处。由于并不存在适用于所有情况的完美旋转表达方式, 所以本节内容可帮助读者在特定情况下选择最优的表达方式。

4.5.1 欧拉角

在 4.3.9.1 节里, 我们已简单探讨了*欧拉角*。欧拉角能表示旋转, 由 3 个标量值组成: 偏航角、俯仰角、滚动角。有时候会用一个三维矢量 $[\theta_\gamma \quad \theta_P \quad \theta_R]$ 表示这些量。

此表达方式的优势在于既简单又小巧 (3 个浮点数), 还直观——很容易把偏航角、俯仰角、滚动角视觉化。而且, 围绕单轴的旋转也很容易插值。例如, 要从两个不同偏航角求中间的旋转, 易如反掌, 只需对标量 θ_γ 做线性插值。然而, 对于任意方向的旋转轴, 欧拉角则不能轻易插值。

除此之外, 欧拉角会遭遇称为*万向节死锁* (gimbal lock) 的状况。当旋转 90° 时, 三主轴中的一个会与另一主轴完全对齐, 万向节死锁状况就会出现。例如, 若绕 x 轴旋转 90°,y 轴便会与 z 轴完全对齐。那么, 就不能再单独绕原来的 y 轴旋转了, 因为绕 y 轴和绕 z 轴的旋转实际上已经等效。

---

1 原标题为 *To SLERP or not to SLERP* (That's still the question) 是仿照莎士比亚《哈姆雷特》中的名句 *To be, or not to be, that is the question*。——译者注

2 http://number-none.com/product/Understanding%20Slerp,%20Then%20Not%20Using%20It/

3 id Software 的 Waveren 曾发表了 *Slerping Clock Cycles*, 此文章介绍了如何使用 SSE 指令集优化 SLERP, 在降低少许精度的情况下, SSE 版本比纯 C 版本快了近 9 倍。http://mrelusive.com/publications/papers/SIMD-Slerping-Clock-Cycles.pdf。——译者注

欧拉角的另一个问题是，先绕哪根轴旋转，再绕哪根轴旋转，旋转的先后次序对结果是有影响的。次序可以是“俯偏滚”“偏俯滚”“滚偏俯”等，每种次序都会合成不同的旋转。欧拉角的旋转次序，并无所有领域通用的标准（当然，有些领域也有其特定规范）。因此，旋转角度 $[\theta_\gamma \quad \theta_P \quad \theta_R]$ 并不能定义一个确定的旋转，必须知道旋转次序才能正确地诠释这些数字。

最后一个问题是，对于要旋转的物体，欧拉角依赖从 $x/y/z$ 轴和前/*左右*/上方向的映射。例如，偏航角总是指绕向上轴的旋转，但是若没有额外信息，就无法知道这是对应 x、y 或 z 轴中哪一个轴的旋转。

4.5.2　3×3 矩阵

基于几个原因，3×3 矩阵是方便有效的旋转表达方式。3×3 矩阵不受万向节死锁影响，并可独一无二地表达任意旋转。旋转可通过矩阵乘法（即一系列点积和加法），直截了当地施于点或矢量。对于硬件加速点乘和矩阵乘法，现在多数 CPU 及所有 GPU 都有内建支持。要反转方向的旋转，可求其逆矩阵，然而，纯旋转的转置矩阵即为逆矩阵，此乃非常简单的运算。而 4×4 矩阵更可用来表示仿射变换（旋转、平移、缩放）。

然而，旋转矩阵不太直观。当看见一个大数字表时，并不容易把它们想象为对应的三维空间变换。而且，旋转矩阵不容易进行插值。最后一点，相对欧拉角（3 个浮点数），旋转矩阵需大量存储空间（9 个浮点数）。

4.5.3　轴角

一个以单位矢量定义的旋转轴，再加上一个标量定义的旋转角，也可用来表示旋转。这称为*轴角*（axis-angle）表达方式，有时候会写成四维矢量形式 $[\boldsymbol{a} \quad \theta] = [a_x \quad a_y \quad a_z \quad \theta]$，其中 $\boldsymbol{a}$ 是旋转轴，θ 为弧度单位的旋转角。在右手坐标系中，正旋的方向由右手法则定义，而左手坐标系则采用左手法则。

轴角表达方式的优点在于比较直观，而且紧凑（轴角只需 4 个浮点数[1]，而 3×3 矩阵需要 9 个）。

轴角的重要局限之一是，不能简单地进行插值。此外，轴角形式的旋转不能直接施于点或矢量，而必须先把轴角转换为矩阵或四元数。

1　事实上，轴角等价于另一种更简洁的表达方式——旋转矢量（rotation vector）。旋转矢量是非归一化的三维矢量，矢量方向为旋转轴，模则是弧度单位的旋转角。旋转矢量只需存储为 3 个浮点数。——译者注

4.5.4 四元数

前文提及, 单位长度的四元数可表示旋转, 其形式和轴角相似。这两种表达方式的主要区别在于, 四元数的旋转轴矢量的长度为旋转半角的正弦, 并且其第 4 分量不是旋转角, 而是旋转半角的余弦。

对比轴角, 四元数形式带来两个极大的好处。第一, 四元数乘法能串接旋转, 并把旋转直接施于点和矢量。第二, 可轻易地用 LERP 或 SLERP 运算进行旋转插值。四元数只需存储为 4 个浮点数, 这也优于矩阵。[1]

4.5.5 SQT 变换

单凭四元数只能表示旋转, 而 4×4 矩阵则可表示任意仿射变换 (旋转、平移、缩放)。当四元数结合平移矢量和缩放因子 (对统一缩放而言是一个标量, 对非统一缩放而言则是一个矢量), 就能得到一个 4×4 仿射矩阵的可行替代形式。我们有时候称之为SQT 变换, 因为其包含缩放 (scale) 因子, 表示旋转的四元数 (quaternion) 和平移 (translation) 矢量。

$$\begin{aligned} \text{SQT} &= [s \quad \mathrm{q} \quad \boldsymbol{t}] \qquad (\text{统一缩放标量 } s) \\ &\text{或} \\ \text{SQT} &= [\boldsymbol{s} \quad \mathrm{q} \quad \boldsymbol{t}] \qquad (\text{非统一缩放矢量 } \boldsymbol{s}) \end{aligned}$$

SQT 变换广泛地应用在计算机动画中, 因为其体积较小 (统一缩放需要 8 个浮点数, 非统一缩放需要 10 个, 4×3 矩阵则需要 12 个), 并且 SQT 变换容易插值。在插值时, 平移矢量和缩放因子采用 LERP, 四元数则可使用 LERP 或 SLERP。

---

1 由于旋转用的四元数必须为单位长度, 即 $q_x^2 + q_y^2 + q_z^2 + q_w^2 = 1$, 基于此约束, 存储单位四元数时可略去其中一个分量。例如, 存储时略去 q_w, 然后读取时用 $q_w' = \pm\sqrt{1 - q_x^2 + q_y^2 + q_z^2}$ 重建原来的四元数。但我们还需要知道原本 q_w 的符号。此问题有一个简单解决方法, 就是利用四元数作为旋转时 q 等效于 $-$q 的特性, 如果原本的 $q_w < 0$, 我们就存储其等效的 $-$q, 即存储 $(-q_x, -q_y, -q_z)$, 那么重建时就可确定 q_w 为非负数了 (正数或 0)。使用这个技巧后, 旋转用的单位四元数仅需存储为 3 个浮点数, 所需空间与欧拉角和旋转矢量相同。译者是从 Crytek 公司 2011 年的一个简报中得知此技巧的。http://www.crytek.com/cryengine/presentations/spherical-skinning-with-dual-quaternions-and-qtangents。——译者注

4.5.6 对偶四元数

刚体变换 (rigid transformation) 是一种包含旋转和平移的变换。这种变换普遍应用在动画和机器人中。刚体变换可表示成一种称为对偶四元数 (dual quaternion) 的数学对象。对偶四元数相对一般的矢量/四元数表示有几个优点。它的关键优点在于进行线性插值混合时, 可保持匀速、最短路径、坐标不变性, 类似于使用 LERP 处理平移矢量及用 SLERP 处理旋转四元数 (见 4.4.5.1 节), 但对偶四元数能简单推广至 3 个或更多的变换混合。

对偶四元数和普通四元数很像, 区别在于对偶四元数的 4 个分量并非实数, 而是对偶数 (dual number)。对偶数可写成非对偶部 (non-dual part) 和对偶部 (dual part) 之和: $\hat{a} = a + \varepsilon b$。其中 ε 是一个魔法数字, 称为对偶单位 (dual unit), 定义为 $\varepsilon^2 = 0$ (但 ε 不为 0)。(这可比拟虚数 $\mathrm{i} = \sqrt{-1}$, 用于把复数写成实部和虚部之和 $c = a + \mathrm{j}b$。)

因为每个对偶数都能表示为两个实数 (非对偶部和对偶部), 对偶四元数可表示为含 8 个元素的矢量。对偶四元数也可表示为两个普通四元数之和, 第 2 个四元数要乘以对偶单位: $\hat{\mathrm{q}} = \mathrm{q}_a + \varepsilon \mathrm{q}_b$。

在本书范围内不能完整探讨对偶数和对偶四元数。然而, 这篇技术报告[1]很好地概括了对偶四元数的理论, 以及如何利用对偶四元数来表示刚体变换。注意, 该报告中采用 $\widehat{a} = a_0 + \varepsilon a_\varepsilon$ 表示对偶数, 而笔者在上面则使用 $a + \varepsilon b$, 以展现它与复数的相似性。[2]

4.5.7 旋转和自由度

术语自由度 (degree of freedom, DOF) 是指物体有多少个互相独立的可变状态 (位置和定向)。读者可能在力学、机器人学或航空学等专业里听过“6 个 DOF”这种说法。这是指, 一个三维物体 (在其运动不受人工约束的情况下) 在平移上有 3 个 DOF (沿 x、y、z 轴), 在旋转上也有 3 个 DOF (绕 x、y、z 轴), 共计 6 个 DOF。

DOF 的概念可以让我们了解到——虽然旋转本身是 3 个 DOF, 但各种旋转表达方式却有不同数目的浮点参数。例如, 欧拉角需要 3 个浮点数, 轴角和四元数需要 4 个浮点数,3×3 矩阵则需要 9 个浮点数。这些表示法为何都能表示 3 个 DOF 的旋转呢?

答案在于约束 (constraint)。所有三维旋转表达方式都有 3 个或以上的浮点参数, 但一些

1 https://www.scss.tcd.ie/publications/tech-reports/reports.06/TCD-CS-2006-46.pdf

2 笔者个人更倾向采用 a_1 代替 a_0, 那样对偶数便会写作 $\hat{a} = (1)a_1 + (\varepsilon)a_\varepsilon$。如同我们在复平面上画复数的点, 我们可以考虑实数单位为实数轴上的“基矢量”, 而对偶单位则是对偶轴上的“基矢量”。

表达方式也会对参数加上一个或一个以上的约束。这些约束表明参数间并非独立的——改变某参数会导致其他参数需要改变，以维持约束的正确性。若从浮点参数个数中减去约束个数，就会得到 DOF。三维旋转的 DOF 总是 3:

$$N_{\text{DOF}} = N_{\text{参数}} - N_{\text{约束}} \tag{4.10}$$

下面把等式 (4.10) 套用至本书介绍过的所有旋转表达方式。

- 欧拉角: 3 个参数 − 0 个约束 = 3 个 DOF。
- 轴角: 4 个参数 − 1 个约束 = 3 个 DOF。约束: 轴矢量限制为单位长度。
- 四元数: 4 个参数 − 1 个约束 = 3 个 DOF。约束: 四元数限制为单位长度。
- 3×3 矩阵: 9 个参数 − 6 个约束 = 3 个 DOF。约束: 3 个行矢量和 3 个列矢量都限制为单位长度 (每个是三维矢量)。

4.6 其他数学对象

除了点、矢量、矩阵及四元数，游戏工程师还会遇到其他大量的数学对象。本节简单介绍一些常见的数学对象。

4.6.1 直线、光线及线段

一条无限长的直线 (line) 可表示为直线上一点 P_0 及沿直线方向的单位矢量 $\boldsymbol{u}$。直线的参数方程 (parametric equation) 可从起点 P_0，沿单位矢量 $\boldsymbol{u}$ 方向移动任意距离 t，求出直线上任何一点 P。无穷大的点集 P 成为标量 t 的矢量函数 (vector function)，如图 4.25 所示。

$$P(t) = P_0 + t\boldsymbol{u} \qquad \text{其中} -\infty < t < +\infty \tag{4.11}$$

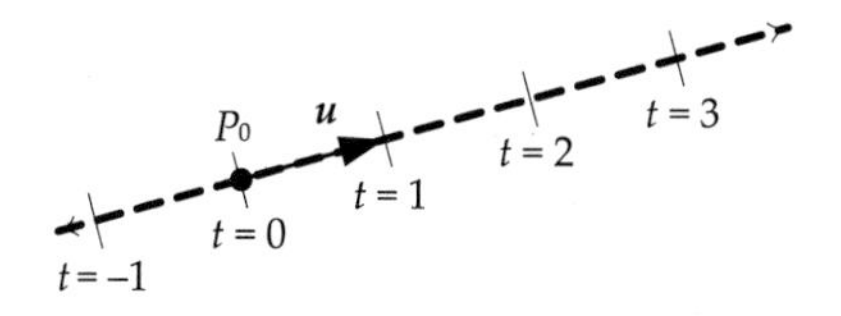

图 4.25 直线的参数方程

光线 (ray) 也是直线，但光线只沿一个方向延伸至无限远。光线可表示为 $P(t)$ 加上约束 $t \geqslant 0$，如图 4.26 所示。

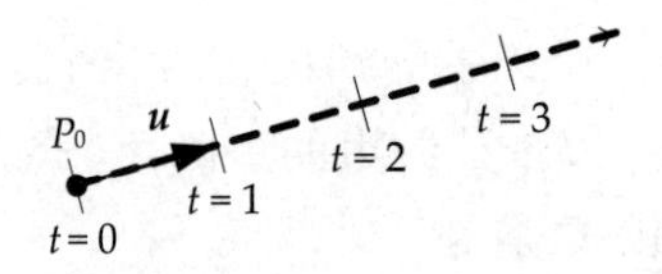

图 4.26 光线的参数方程

线段 (line segment) 受限于两个端点 P_0 和 P_1。线段也可表示为 $P(t)$, 配合以下两种形式之一 (当中 $\boldsymbol{L} = P_1 - P_0$, $L = |L|$, 为线段长度, 并且 $\boldsymbol{u} = (1/L)\boldsymbol{L}$, 为 L 方向的单位矢量)。

1. $P(t) = P_0 + t\boldsymbol{u}$, 其中 $0 \leqslant t \leqslant L$。
2. $P(t) = P_0 + t\boldsymbol{L}$, 其中 $0 \leqslant t \leqslant 1$。

第二种形式显示在图 4.27 中, 此形式特别方便, 因为参数 t 是归一化的。换句话说, 无论对于何种线段,t 总是介于 0 至 1 之间。这也意味着, 不需要把 L 存储为另一个浮点参数, L 已经编码进矢量 $\boldsymbol{L} = L\boldsymbol{u}$ 里 (反正 $\boldsymbol{L}$ 本身需要存储)。[1]

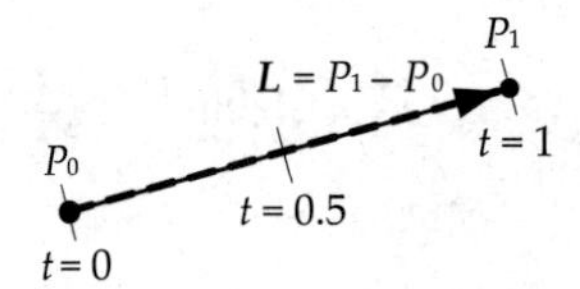

图 4.27 线段的参数方程, 采用了归一化的 t 参数

4.6.2 球体

在游戏编程中, 球体无处不在。球体 (sphere) 通常定义为中心点 C 加上半径 r, 如图 4.28 所示。这恰好能置于一个四元素矢量 $[C_x \quad C_y \quad C_z \quad r]$ 中。稍后会看到, 在 SIMD 矢量处理中, 把数据打包为矢量 (4 个 32 位浮点数, 共 128 位) 有显著的好处。

4.6.3 平面

平面 (plane) 是三维空间中的二维表面。读者可能记得在高中代数中, 平面方程[2]可写成:

$$Ax + By + Cz + D = 0$$

1 可以看出, 这种线段参数方程式, 其实等价于两点的线性插值 (LERP)。用两端点 P_0 和 P_1, 或是 P_0 加上 $\boldsymbol{L}$ 表示线段, 也是可行的。——译者注

2 此方程称为一般式 (general form)。除了以下提及的点法式 (point-normal form), 还有三点式 (three point form)、参数式 (parametric form)、截距式 (intercept form) 等。——译者注

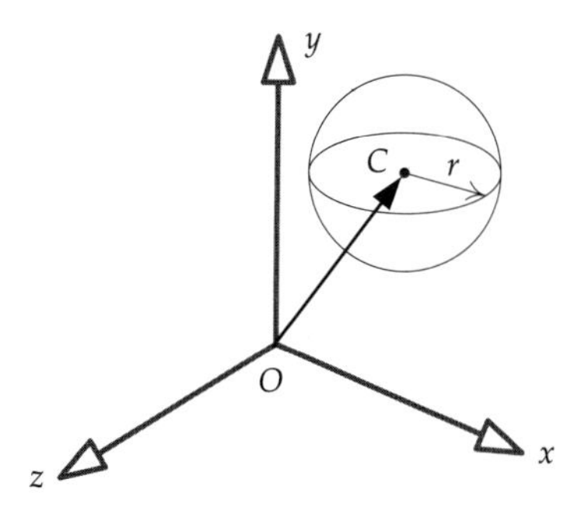

图 4.28 以中心点和半径表示球体

此方程只满足位于平面上的点 $P=[x \quad y \quad z]$ 的轨迹。平面也可用平面上一点 P_0 和其单位法矢量 $\boldsymbol{n}$ 来表示。此表达方式有时候被称为*点法式* (point-normal form), 如图 4.29 所示。

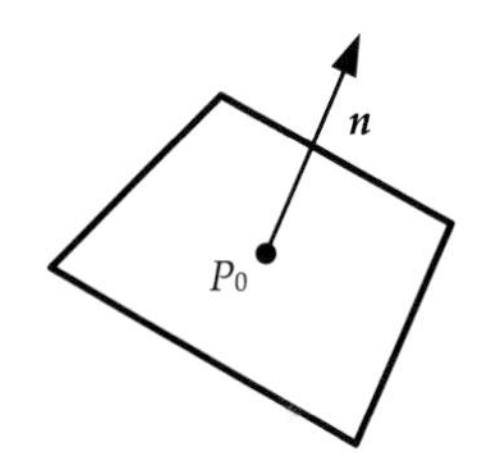

图 4.29 以点法式表示的平面

有趣的是, 传统平面方程中的参数 A、B、C 可诠释为三维矢量, 此矢量沿平面的法线方向。若把 $[A \quad B \quad C]$ 归一化至单位长度, 则单位矢量 $[a \quad b \quad c]=\boldsymbol{n}$, 并且参数 D 归一化为 $d=D/\sqrt{A^2+B^2+C^2}$ 后, d 就是平面到原点的距离。若法矢量 ($\boldsymbol{n}$) 指向原点 (即原点位于平面的"正面"), 则 d 为正数; 相反, 若法矢量指向远离原点的方向 (即原点位于平面的"背面"), 则 d 为负数。事实上, 归一化后的 $ax+by+cz+d=0$ 形式[1]也可写成 $\boldsymbol{n} \cdot P=-d$, 意味着当任何点 P 投影在矢量 $\boldsymbol{n}$ 的方向时, 投影的距离为 $-d$。

从另一个角度看, 平面方程和点法式实际上只是同一个方程的两种写法。如果要检测任意一点 $P=[x \quad y \quad z]$ 是否在平面上, 我们需要求点 P 至原点沿法线方向 $\boldsymbol{n}=[a \quad b \quad c]$ 的带符号距离, 若此带符号距离相等于平面到原点的带符号距离 $d=-\boldsymbol{n} \cdot P_0$, 那么 P 必然在平面上。

1 正式术语是海赛正规式 (Hessian normal form)。——译者注

所以, 我们设它们相等并展开一些项:

$$
\begin{aligned}
(P \text{ 到原点的带符号距离}) &= (\text{平面到原点的带符号距离}) \\
\boldsymbol{n} \cdot P &= \boldsymbol{n} \cdot P_0 \\
\boldsymbol{n} \cdot P - \boldsymbol{n} \cdot P_0 &= 0 \\
ax + by + cz - \boldsymbol{n} \cdot P_0 &= 0 \\
ax + by + cz + d &= 0
\end{aligned} \tag{4.12}
$$

仅当点 P 位于平面上时, 等式 (4.12) 才成立。那么当点 P 不位于平面上时会怎么样呢? 在这种情况下, 平面等式 ($ax + by + cz$, 即等于 $\boldsymbol{n} \cdot P$) 的左侧表示点距离平面有多远。此表达式计算了 P 到原点距离与平面到原点距离之差。换言之, 等式 (4.12) 的左侧便是该点和平面的垂直距离 h! 这即是 4.2.4.7 节中等式 (4.2) 的另一种写法。

$$
\begin{aligned}
h &= (P - P_0) \cdot \boldsymbol{n} \\
h &= ax + by + cz + d
\end{aligned} \tag{4.13}
$$

如同球体, 平面实际上也可被包裹为四元素矢量。若要唯一地表示平面, 可使用单位法矢量 $\boldsymbol{n} = [a \quad b \quad c]$ 和平面至原点的距离 d 来表示。四元素矢量 $\boldsymbol{L} = [\boldsymbol{n} \quad d] = [a \quad b \quad c \quad d]$, 是既紧凑又方便的表达和内存存储方式。注意, 如果 P 写成 $w = 1$ 的齐次坐标, 等式 $\boldsymbol{L} \cdot P = 0$ 其实等价于 $\boldsymbol{n} \cdot P = -d$。(这些等式都满足平面 $\boldsymbol{L}$ 上的所有点 P。)

用四元素矢量形式定义的平面可以很容易地从某个坐标系变换至另一个坐标系。给定矩阵 $\boldsymbol{M}_{A \to B}$, 能把点和 (非法线) 矢量从空间 A 变换至空间 B。前文曾述, 要变换法矢量, 如平面的矢量 $\boldsymbol{n}$, 可使用该矩阵的逆转置矩阵 $(\boldsymbol{M}_{A \to B}^{-1})^{\mathrm{T}}$。无须惊讶, 把逆转置矩阵施于四元素平面矢量 $\boldsymbol{L}$, 实际上也能正确地把平面从空间 A 变换至空间 B。此处不会进一步推导或证明这一结果, 若想详细了解此“诀窍”为何可行, 可参阅参考文献 [28] 的 4.2.3 节。

4.6.4 轴对齐包围盒

轴对齐包围盒 (axis-aligned bounding box, AABB) 是三维长方体, 其 6 个面都与某坐标系的正交轴对齐。因此, AABB 可用六元素矢量 $[x_{\min}, x_{\max}, y_{\min}, y_{\max}, z_{\min}, z_{\max}]$ 表示, 即 3 个主轴上的最大值和最小值, 又或以两点 $P_{\min}$ 和 $P_{\max}$ 表示。

此简单表达方式, 可以用来简单检测一点 P 是否在给定的 AABB 之内, 检测时只需测试

以下所有条件是否成立:

$$\begin{array}{llll} P_x \geqslant x_{\min} & 及 & P_x \leqslant x_{\max} & 及 \\ P_y \geqslant y_{\min} & 及 & P_y \leqslant y_{\max} & 及 \\ P_z \geqslant z_{\min} & 及 & P_z \leqslant z_{\max} & \end{array}$$

因为 AABB 的交集测试十分高效, 所以 AABB 常会用作碰撞检测的“早期淘汰”测试。若两个 AABB 不相交, 则不用再做更详细 (也更费时) 的检测。[1]

4.6.5 定向包围盒

定向包围盒 (oriented bounding box, OBB) 也是三维长方体, 但其定向与其包围的物体按照某逻辑方式对齐。通常 OBB 与物体的局部空间轴对齐。这样的 OBB 在局部空间中如同 AABB, 但不一定会和世界空间轴对齐。[2]

有多种方法测试一个点是否在 OBB 之内。常见方法是把点变换至 OBB 的“对齐”坐标空间, 再运用 4.6.4 节中介绍的 AABB 相交测试。

4.6.6 平截头体

如图 4.30 所示,平截头体 (frustum[3]) 由 6 个平面构成, 以定义截断头的四角锥形状。平截头体常见于三维渲染, 因为透视投影由虚拟摄像机视点组成, 所以其三维世界中的可视范围是一个平截头体。平截头体的上下左右 4 个面代表屏幕的 4 边, 而前后两面则代表近/远剪切平面 (near/far clipping plane) (即所有可视点的最小/最大 z 坐标[4])。

平截头体可方便地表示为 6 个平面的数组, 而每个平面则以点法式表示 (一个点加上一个法矢量)。[5]

要测试一个点是否在平截头体里有点复杂, 但基本上是用点积去测出该点是在每个平面的前面还是后面。若该点皆在 6 平面之内[6], 则该点在平截头体内。

1 注意上面的公式是 AABB 对点的相交测试, 本段谈及的是 AABB 对 AABB 的相交测试。关于后者可参阅 12.3.5.4 节。——译者注

2 12.3.4.4 节提及了 OBB 的表达方式。——译者注

3 本节原文为 frusta, 即 frustum 的复数。——译者注

4 此坐标是指在观察空间 (view space) 里。——译者注

5 用一般式也可以。——译者注

6 必须定义平截头体的平面法线是向内的还是向外的。——译者注

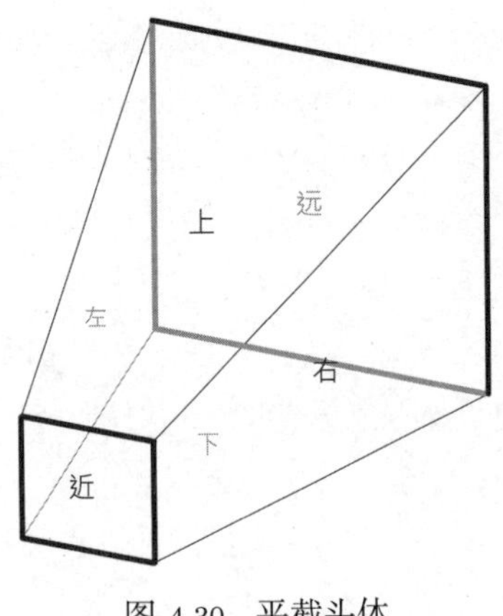

图 4.30 平截头体

有一个有用的技巧，是把要测试的世界空间点，通过摄像机的透视投影变换至另一空间，此空间称为齐次裁剪空间 (homogeneous clip space)。世界空间的平截头体在此空间中变成 AABB。那么就可以更简单地进行内外测试。

4.6.7 凸多面体区域

凸多面体区域 (convex polyhedral region)[1] 由任意数量的平面集合定义，平面的法线全部向内 (或全部向外)。测试一个点是否在平面构成的体积内，方法很简单、直接。与平截头体测试类似，只不过面的数量可能更多。在游戏中，凸多面体区域非常适合做任意形状[2] 的触发区域 (trigger region)。许多游戏引擎也使用此技术，例如，雷神之锤引擎里无处不在的笔刷 (brush) 用的就是以平面包围而成的体积。

4.7 硬件加速的 SIMD 运算

单指令多数据 (single instruction multiple data, SIMD) 是指，现代微处理器能用一个指令并行地对多个数据执行数学运算。例如，CPU 可通过一个指令，把 4 对浮点数并行地相乘。SIMD 广泛地应用在游戏引擎的数学库中，因为它能极迅速地执行常见的矢量运算，如点积和矩阵乘法。

---

1 或简单称之为凸多面体 (convex polyhedron)。——译者注

2 单个凸多面体区域必须为凸，但若使用多个凸多面体区域的并集 (union)，则可表示凹多面体 (concave polyhedron)。——译者注

1994 年, 英特尔 (Intel) 首次把多媒体扩展 (multimedia extension, MMX) 指令集加进奔腾 CPU 产品线中。把 8 个 8 位整数、4 个 16 位整数或两个 32 位整数载入特设的 64 位 MMX 寄存器后, MMX 指令集就能对那些寄存器进行 SIMD 运算。英特尔陆续加入多个版本的扩展指令集, 称为单指令多数据流扩展 (streaming SIMD extensions, SSE), 其中第一个 SSE 版本出现于奔腾 III 处理器。SSE 指令采用 128 位寄存器, 可存储整数或 IEEE 浮点数。

游戏引擎中最常用的 SSE 模式为32 位浮点数包裹模式 (packed 32-bit floating-point mode)。在此模式中,4 个 32 位 `float` 值被打包进单个 128 位寄存器, 单个指令可对 4 对浮点数进行并行运算, 如加法或乘法。当要计算四元矢量和 4×4 矩阵相乘时, 这个模式正合我们所需![1]

4.7.1 SSE 寄存器

在 32 位浮点包裹模式中, 每个 SSE 寄存器含 4 个 32 位浮点数。为方便起见, 我们将 SSE 寄存器中的 4 个浮点数称作 $[x \quad y \quad z \quad w]$, 如同齐次坐标的矢量/矩阵运算时的表示方式, 如图 4.31 所示。

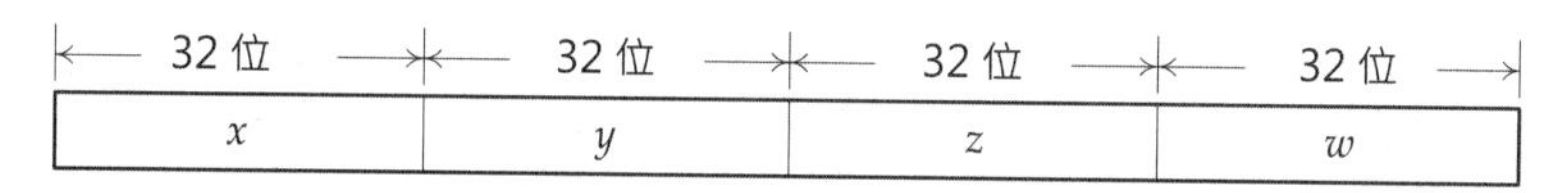

图 4.31 使用 32 位浮点数模式的 SSE 寄存器, 其中含 4 个分量

为示范 SSE 寄存器如何运作, 以下举一个 SIMD 指令的例子:

```
addps xmm0, xmm1
```

`addps` 指令把 128 位 XMM0 寄存器中的 4 个浮点数分别与 XMM1 寄存器的 4 个浮点数相加, 然后将 4 个运算结果写回 XMM0。换一种方式表示:

$$\text{xmm0}.x = \text{xmm0}.x + \text{xmm1}.x$$
$$\text{xmm0}.y = \text{xmm0}.y + \text{xmm1}.y$$
$$\text{xmm0}.z = \text{xmm0}.z + \text{xmm1}.z$$
$$\text{xmm0}.w = \text{xmm0}.w + \text{xmm1}.w$$

存储于 SSE 寄存器的 4 个浮点数, 可以分别抽出存进内存, 或从内存载入, 但是这类操作速度相对较慢。在 x87 FPU[2]寄存器和 SSE 寄存器之间传送数据很糟糕, 因为 CPU 必须等

1 原文 “This is just what the doctor ordered” 为成语, 意思是调侃某事是医生的吩咐, 其实是指 “正合我意”。——译者注

2 FPU 为浮点运算器 (floating-point unit)。——译者注

待 x87 单元或 SSE 单元完成所有正在进行的工作。这样会令 CPU 的整个指令执行流水线停顿 (stall), 导致大量 CPU 周期被浪费。简而言之, 应把普通浮点数运算和 SIMD 运算的混合代码视作瘟疫, 尽量避免。

为了把内存、x87 FPU 寄存器和 SSE 寄存器之间的数据传输量降至最低, 多数 SIMD 数学库都会尽量把数据保存在 SSE 寄存器中, 而且越久越好。这意味着, 标量值也保留在 SSE 寄存器里, 而不把它传送至 `float` 变量。例如, 两个矢量点积的结果是一个标量, 但若把该标量留在 SSE 寄存器里, 就可供稍后的矢量运算, 而不会带来额外传输成本。可把单个浮点值复制至 SSE 寄存器的 4 个"位置"以表示标量。因此若要将一个标量 s 存储至 SSE 寄存器, 就会设 $x = y = z = w = s$。

4.7.2 __m128 数据类型

在 C/C++ 中, 使用这些神奇的 SSE 128 位值颇为容易。微软 Visual Studio 编译器提供了内建的 `__m128` 数据类型。[1]此数据类型可用来声明全局变量、自动变量, 甚至是类或结构里的成员变量。在大多数情况下, 此数据类型的变量会存储于内存中, 但在计算时, `__m128` 的值会直接在 CPU 的 SSE 寄存器中运用。[2] 事实上, 以 `__m128` 声明的自动变量或函数参数, 编译器通常会把它们直接置于 SSE 寄存器中, 而非置于内存中的程序堆栈。

4.7.2.1 另一方面: gcc 的 vector 类型

GNU C/C++ 编译器 gcc (如用于编译 PS3 上的代码) 提供了一系列 128 位矢量类型、类似于 Visual Studio 的 `__m128`。这些类型的声明如同一般 C/C++ 类型, 仅需在类型前加上关键字 `vector`。例如, 可用 `vector float` 去声明一个包含 4 个 `float` 的 SIMD 变量。gcc 也提供在源文件里编写 SIMD 字面量的方法。例如, 你可以这样初始化一个 `vector float`:

```
vector float v = (vector float)(-1.0f, 2.0f, 0.5f, 1.0f);
```

对应的 Visual Studio 代码要复杂一些:

```
// 使用编译器的内部函数(intrinsic)载入"字面量"值
__m128 v = _mm_set_ps(-1.0f, 2.0f, 0.5f, 1.0f);
```

1 注意前缀 __ 是两个下画线符 (underscore)。——译者注

2 这其实和一般内建数据类型相似, 平时存于内存, 计算时可能要载入寄存器。有些 SIMD 指令的寻址模式 (addressing mode) 可直接存取内存中的 `__m128` 数据。

4.7.2.2 __m128 变量的对齐

当将一个 __m128 变量存储在内存中时，程序员有责任确保该变量是 16 字节对齐[1]的。这意味着，当把 __m128 变量的地址以十六进制数表示时，其最低有效半字节必须总是 0x0。编译器会自动为类和结构加入填充 (padding)，因此，若整个类和结构是 16 字节对齐的，置于其中的所有 __m128 成员变量也会正确地对齐。若声明含一个或多个 __m128 的自动或全局类/结构，则编译器会自动把对象对齐。然而，当编译器要动态地分配数据结构 (即用 malloc() 或 new 分配数据) 时，程序员就必须负责对齐，编译器帮不上忙。关于对齐的内存分配可参考 5.2.1.3 节。

4.7.3 用 SSE 内部函数编码

SSE 运算可用原始的汇编语言实现，也可使用 C/C++ 中的内联汇编 (inline assembly) 实现。然而，这么做不但缺乏可移植性，而且编程也令人头疼。为了更加简便，如今的编译器都提供内部函数 (intrinsic)。内部函数是一些特殊指令，其形式和作用都很像普通的 C 函数，但编译器会把它们转化为内联汇编代码。多数内部函数会被翻译成单个汇编语言指令，但有些内部函数是宏，这些宏会被翻译为一串指令。

.cpp 文件需 #include <xmmintrin.h> 才能使用 __m128 数据类型和 SSE 内部函数。

我们再从另一个角度看一下 addps 汇编语言指令。在 C/C++ 中可用 _mm_add_ps() 内部函数执行这条指令。以下并列比较使用内联汇编和内部函数的代码。

```
__m128 addWithAssembly(const __m128 a, const __m128 b)
{
    // 注意:有赖于调用约定,a 和 b 已分别存储在 xmm0 和 xmm1

    __asm addps xmm0, xmm1

    // 注意:根据调用约定,xmm0 负责存储一个 __m128 返回值,
    // 所以我们不需做任何事情去返回结果——甚至不需要 return 语句!
}

__m128 addWithIntrinsics(const __m128 a, const __m128 b)
{
```

1 有关对齐的问题，可重温本书 3.2.5.1 节。——译者注

```
    return _mm_add_ps(a, b);
}
```

这两个实现乍看起来大概是等价的。然而，注意在汇编语言版本中，我们必须用 __asm 关键字去使用内联汇编，也必须依靠一些专门的编译器调用约定知识，才能访问函数的参数和返回值。这样令编写函数更困难一些，最后的代码也完全缺乏可移植性。

另一方面，使用内部函数的版本不涉及内联汇编，该 SSE 汇编指令如同正常的函数一般。此版本更直观、更清晰，源代码的可移植性也更好。而且，使用内部函数为编译器提供了额外的“元信息”去优化代码。当你使用 __asm 关键字时，编译器不能做出任何假设，因而限制了其优化能力。[1]

读者可对这些例子里的函数做实验，下面的 main() 函数可作为测试平台。注意其中使用了两个新的内部函数：_mm_set_ps() 把 4 个浮点值初始化为一个 __m128 变量，_mm_load_ps() 把内存中的 float 数组载入 __m128 变量 (即 SSE 寄存器)。还要注意这 4 个全局 float 数组都使用 __declspec(align(16)) 强制声明了 16 字节对齐。若略去这个指令 (directive)，根据所用的目标硬件，程序运行时可能会崩溃，或是性能会明显降低。

```
#include <xmmintrin.h>

// ……定义之前那两个函数……

void testSSE()
{
    __declspec(align(16)) float A[4];
    __declspec(align(16)) float B[4]
                          = { 8.0f, 6.0f, 4.0f, 2.0f };
    __declspec(align(16)) float C[4];
    __declspec(align(16)) float D[4];

    // 使用字面量设置 a = (1, 2, 3, 4)，并且
    // 从浮点数组载入 b = (2, 4, 6, 8)
    // (只是用于演示两种方法)
    // 注意，B[] 是从后至前写入的，因为 Intel 是小端机器
```

1 使用内部函数还能让编译器有更大的优化空间，例如，优化寄存器的分配、调乱指令的次序等。此外，VC 和 GCC 提供了相同的 SSE 内部函数，内联汇编则完全不一样，所以用 SSE 内部函数的代码更容易跨平台 (编译器及操作系统)。此外，VC 64 位编译器暂时仍不支持内联汇编，只支持内部函数。译者认为，一般情况下都应尽量使用内部函数。——译者注

```
    __m128 a = _mm_set_ps(1.0f, 2.0f, 3.0f, 4.0f);
    __m128 b = _mm_load_ps(&B[0]);

    // 测试那两个函数
    __m128 c = addWithAssembly(a, b);
    __m128 d = addWithIntrinsics(a, b);

    // 把a和b的值存储回原来的数组,才能打印
    _mm_store_ps(&A[0], a);
    _mm_store_ps(&B[0], b);

    // 把两个结果存储至数组,以便打印
    _mm_store_ps(&C[0], c);
    _mm_store_ps(&D[0], d);

    // 检查结果(注意结果是从后往前的,因为Intel是小端机器)
    printf("a = %g %g %g %g\n", A[0], A[1], A[2], A[3]);
    printf("b = %g %g %g %g\n", B[0], B[1], B[2], B[3]);
    printf("c = %g %g %g %g\n", C[0], C[1], C[2], C[3]);
    printf("d = %g %g %g %g\n", D[0], D[1], D[2], D[3]);

    return 0;
}
```

4.7.3.1 SSE 文档中的约定

至此我们应该稍停一会儿去看看相关的约定。在微软的文档中, 当提到 SSE 寄存器中的个别 32 位浮点数的名字时, 便会采用 $[w \quad x \quad y \quad z]$ 的约定。在本书中, 我们使用 $[x \quad y \quad z \quad w]$ 的约定。这仅仅是一个命名问题, 怎么称呼 SSE 寄存器中的元素是无所谓的, 只要能前后一致地诠释每个元素即可。或许最简单的方法是把 SSE 寄存器 $\boldsymbol{r}$ 想象成包含元素 $[r_0 \quad r_1 \quad r_2 \quad r_3]$。

4.7.4 用 SSE 实现矢量与矩阵的相乘

让我们来看看如何用 SSE 实现矢量与矩阵的相乘。目的是把 1×4 的矢量 $\boldsymbol{v}$ 和 4×4 的

矩阵 $\boldsymbol{M}$ 相乘, 得出乘积矢量 $\boldsymbol{r}$。

$$\boldsymbol{r} = \boldsymbol{v}\boldsymbol{M}$$

$$[r_x \quad r_y \quad r_z \quad r_w] = [v_x \quad v_y \quad v_z \quad v_w] \begin{bmatrix} M_{11} & M_{12} & M_{13} & M_{14} \\ M_{21} & M_{22} & M_{23} & M_{24} \\ M_{31} & M_{32} & M_{33} & M_{34} \\ M_{41} & M_{42} & M_{43} & M_{44} \end{bmatrix}$$

$$= \begin{bmatrix} v_x M_{11} + v_y M_{21} + v_z M_{31} + v_w M_{41} \\ v_x M_{12} + v_y M_{22} + v_z M_{32} + v_w M_{42} \\ v_x M_{13} + v_y M_{23} + v_z M_{33} + v_w M_{43} \\ v_x M_{14} + v_y M_{24} + v_z M_{34} + v_w M_{44} \end{bmatrix}^{\mathrm{T}}$$

此乘法涉及计算行矢量 $\boldsymbol{v}$ 和列矢量 $\boldsymbol{M}$ 矩阵的点积。若要使用 SSE 指令来计算, 可先把 $\boldsymbol{v}$ 存储至 SSE 寄存器 (`__m128`), 再把 $\boldsymbol{M}$ 矩阵的每个列矢量存储至 SSE 寄存器。那么就可利用 `mulps` 指令并行计算所有的 $v_k M_{ij}$:

```
__m128 mulVectorMatrixAttemp1(
    const __m128& v,
    const __m128& Mcol1,
    const __m128& Mcol2,
    const __m128& Mcol3,
    const __m128& Mcol4)
{
    const __m128 vMcol1 = _mm_mul_ps(v, Mcol1);
    const __m128 vMcol2 = _mm_mul_ps(v, Mcol2);
    const __m128 vMcol3 = _mm_mul_ps(v, Mcol3);
    const __m128 vMcol4 = _mm_mul_ps(v, Mcol4);
    // ……然后呢?
}
```

以上代码能求出以下这些中间结果:

$$\begin{aligned} \mathbf{vMcol1} &= [v_x M_{11} \quad v_y M_{21} \quad v_z M_{31} \quad v_w M_{41}] \\ \mathbf{vMcol2} &= [v_x M_{12} \quad v_y M_{22} \quad v_z M_{32} \quad v_w M_{42}] \\ \mathbf{vMcol3} &= [v_x M_{13} \quad v_y M_{23} \quad v_z M_{33} \quad v_w M_{43}] \\ \mathbf{vMcol4} &= [v_x M_{14} \quad v_y M_{24} \quad v_z M_{34} \quad v_w M_{44}] \end{aligned}$$

但问题如果是这么解决的话，就需要在寄存器内做加法，才能计算所需结果。例如,$r_x = v_x M_{11} + v_y M_{21} + v_z M_{31} + v_w M_{41}$，这需要把 vMcol1 的 4 个分量相加。在 SSE 中，把寄存器内的分量相加是低效的 (几乎所有 SIMD 架构都是这样的，包括 PS3 的 Altivec)[1]。再者，相加后的结果将分散在 4 个 SSE 寄存器中，那么还需要把它们结合到单个结果矢量 $\boldsymbol{r}$ 中。好在还有更好的做法。

这里的“技巧”是，使用 $\boldsymbol{M}$ 的行矢量相乘，而不是用列矢量。这样，就可以并行地进行加法，最终结果也会置于代表输出矢量 $\boldsymbol{r}$ 的单个 SSE 寄存器中。然而，在本技巧中不能直接用矢量 $\boldsymbol{v}$ 乘以 $\boldsymbol{M}$ 的行，而是需要用 v_x 乘以第 1 行，v_y 乘以第 2 行，v_z 乘以第 3 行，v_w 乘以第 4 行。要这么做，就需要把 $\boldsymbol{v}$ 里的单个分量如 v_x，复制 (replicate) 到其余的分量里去，生成一个 $[v_x \quad v_x \quad v_x \quad v_x]$ 矢量。之后就可以用已复制某分量的矢量，乘以 $\boldsymbol{M}$ 中适当的行。

幸好，有强大的 SSE 指令 shufps(对应内部函数为 _mm_shuffle_ps()) 支持这种复制运算。[2]这个强大指令比较难理解，因为它是通用的指令，几乎可把 SSE 寄存器的分量次序任意调乱。然而，这里只需知道以下的宏可用来复制 x、y、z 或 w 分量至整个寄存器即可:

```
#define SHUFFLE_PARAM(x, y, z, w) \
    ((x) | ((y) << 2) | ((z) << 4) | ((w) << 6))

#define _mm_replicate_x_ps(v) \
    _mm_shuffle_ps((v), (v), SHUFFLE_PARAM(0, 0, 0, 0))

#define _mm_replicate_y_ps(v) \
    _mm_shuffle_ps((v), (v), SHUFFLE_PARAM(1, 1, 1, 1))

#define _mm_replicate_z_ps(v) \
    _mm_shuffle_ps((v), (v), SHUFFLE_PARAM(2, 2, 2, 2))

#define _mm_replicate_w_ps(v) \
    _mm_shuffle_ps((v), (v), SHUFFLE_PARAM(3, 3, 3, 3))
```

给定这些方便的宏，就可以编写矢量矩阵乘法函数，如下所示:

```
__m128 mulVectorMatrixAttempt2(
    const __m128& v,
```

1 SSE3 提供 _mm_hadd_ps() 横向加法的指令，可把寄存器中的元素两两相加。但它的性能也比不上 _mm_add_ps()，而且把 4 个元素加总需要两个指令。

2 shuffle 为洗牌、变换位置的意思。但实际上这条指令可把来源矢量的某些分量组合，复制到目标矢量的分量。——译者注

```
    const __m128& Mrow1,
    const __m128& Mrow2,
    const __m128& Mrow3,
    const __m128& Mrow4)
{
    const __m128 xxxx = _mm_replicate_x_ps(v);
    const __m128 yyyy = _mm_replicate_y_ps(v);
    const __m128 zzzz = _mm_replicate_z_ps(v);
    const __m128 wwww = _mm_replicate_w_ps(v);

    const __m128 xMrow1 = _mm_mul_ps(xxxx, Mrow1);
    const __m128 yMrow2 = _mm_mul_ps(yyyy, Mrow2);
    const __m128 zMrow3 = _mm_mul_ps(zzzz, Mrow3);
    const __m128 wMrow4 = _mm_mul_ps(wwww, Mrow4);

    __m128 result = _mm_add_ps(xMrow1, yMrow2);
    result        = _mm_add_ps(result, zMrow3);
    result        = _mm_add_ps(result, wMrow4);

    return result;
}
```

这段代码产生以下的中间矢量:

$$
\begin{aligned}
\mathbf{xMrow1} &= [v_x M_{11} \quad v_x M_{12} \quad v_x M_{13} \quad v_x M_{14}] \\
\mathbf{yMrow2} &= [v_y M_{21} \quad v_y M_{22} \quad v_y M_{23} \quad v_y M_{24}] \\
\mathbf{zMrow3} &= [v_z M_{31} \quad v_z M_{32} \quad v_z M_{33} \quad v_z M_{34}] \\
\mathbf{wMrow4} &= [v_w M_{41} \quad v_w M_{42} \quad v_w M_{43} \quad v_w M_{44}]
\end{aligned}
$$

把这 4 个中间矢量相加, 就能求得结果 $\boldsymbol{r}$:

$$
\boldsymbol{r} = \begin{bmatrix} v_x M_{11} + v_y M_{21} + v_z M_{31} + v_w M_{41} \\ v_x M_{12} + v_y M_{22} + v_z M_{32} + v_w M_{42} \\ v_x M_{13} + v_y M_{23} + v_z M_{33} + v_w M_{43} \\ v_x M_{14} + v_y M_{24} + v_z M_{34} + v_w M_{44} \end{bmatrix}^{\mathrm{T}}
$$

对某些 CPU 来说, 以上代码还可以进一步优化, 方法是使用相对简单的*乘并加* (multiply-and-add) 指令, 通常表示为 `madd`。此指令把前两个参数相乘, 再把结果和第 3 个参数相加。可

惜 SSE 并不支持 madd 指令, 但我们可以用宏代替它, 效果也不错:

```
#define _mm_madd_ps(a, b, c) \
    _mm_add_ps(_mm_mul_ps((a), (b)), (c))

__m128 mulVectorMatrixFinal(
    const __m128 v,
    const __m128 Mrow4)
{
    __m128 result;

    result = _mm_mul_ps  (_mm_replicate_x_ps(v), Mrow0);

    result = _mm_madd_ps(_mm_replicate_y_ps(v), Mrow1,
                         result);
    result = _mm_madd_ps(_mm_replicate_z_ps(v), Mrow2,
                         result);
    result = _mm_madd_ps(_mm_replicate_w_ps(v), Mrow3,
                         result);

    return result;
}
```

当然,4×4 矩阵对 4×4 矩阵的乘法也可以用类似的方法来实现。当要计算 $\boldsymbol{P} = \boldsymbol{AB}$ 时,我们把 $\boldsymbol{A}$ 的每行当作矢量, 并如 mulVectorMatrixFinal() 中那样乘以 $\boldsymbol{B}$ 的每列, 最后把点积的结果相加, 得到 $\boldsymbol{P}$ 中每行的结果。对于微软 Visual Studio 编译器提供的所有 SSE 内部函数, 可参阅 MSDN。

4.8 产生随机数

随机数 (random number) 在游戏引擎中无处不在。因此, 本节主要介绍两个最常见的随机数产生器: 线性同余产生器和梅森旋转。重要的是, 我们要知道随机数产生器实际上并不生成随机数, 它所产生的, 仅仅是复杂但完全确定性的 (deterministic)、预定义的数列。因此, 这些序列称为伪随机 (pseudo-random) 序列。[1]随机数产生器的好坏, 在于其产生多少个数字之后

1 伪随机数产生器 (pseudo-random number generator) 的常见缩写是 PRNG。——译者注

会重复 (即序列的周期, period), 以及该序列在多个著名测试中的表现。

4.8.1 线性同余产生器

线性同余产生器 (linear congruential generator, LCG) 可以很简捷地产生伪随机序列。有些平台会使用此算法来实现标准 C 语言库的 `rand()` 函数。然而, 实际情况在各平台上可能有所不同, 因此不要认为 `rand()` 总会基于某一特定算法。若要确定的算法, 最好是实现自己的随机数产生器。

LCG 在《C 数值算法》(*Numerical Recipes in C*) 中有详细介绍, 本书不做深入讨论。

笔者想指出的是, LCG 并不能产生特别高质量的伪随机序列。若给定相同的初始种子值, 则产生的序列会完全相同。[1] LCG 产生的序列并不符合一些被广泛接受的准则, 比如长周期、高低位有接近的长周期、产生的值在序列上和空间上都无关联性等。

4.8.2 梅森旋转

梅森旋转 (Mersenne Twister, MT)[2] 伪随机数产生器的算法是特别为改进 LCG 的众多问题而设计的。以下是维基百科对 MT 优点的描述。

1. MT 被设计成有庞大的周期:$2^{19937}-1$ (MT 的创始人证明了此特性)。在实际应用中, 只在很少情况下需要更长的周期, 因为大部分应用都不需要 2^{19937} 个唯一组合 ($2^{19937} \approx 4.3 \times 10^{6001}$)。
2. MT 有非常高阶的均匀分布维度 (dimensional equidistribution)。这是指, 输出序列里的连续数字, 其序列关联性微不足道。
3. MT 通过了多个统计随机性的测试, 包括严格的 Diehard 测试。
4. MT 的速度很快。

网上有多个 MT 的实现, 其中有一个特别酷, 其是采用 SIMD 矢量指令做进一步优化的SFMT (SIMD-oriented Fast Mersenne Twister), 可在官网下载。[3]

---

1 这其实是所有确定性算法的特点, 有时候也是重要的需求。这句话和上一句关于随机数列的质量无关。——译者注

2 MT 是由松本真和西村拓士于 1997 年发表的。梅森素数是 2^n-1 形式的素数,$2^{19973}-1$ 是第 24 个梅森素数。——译者注

3 http://www.math.sci.hiroshima-u.ac.jp/~m-mat/MT/SFMT/index.html

4.8.3 所有伪随机数产生器之母及 Xorshift

因开发 Diehard 随机性测试组[1]而闻名的计算机科学家和数学家乔治・马尔萨利亚 (George Marsaglia,1924–2011), 于 1994 年发表了一个伪随机数产生器算法, 此算法和 MT 相比, 更易实现而且运行得更快。他声称此算法能产生 32 位伪随机数数列, 其不重复周期为 2^{250}。此算法通过了所有 Diehard 测试, 并且是当今为高速应用而设计的最佳伪随机数产生器之一。设计者把此算法称为*所有伪随机数产生器之母* (mother of all pseudorandom number generator), 可见设计者认为此算法是所有人对 PRNG 的唯一所需。

之后, Marsaglia 发布了另一个产生器 Xorshift, 其随机性介于 MT 和所有伪随机数产生器之母之间, 但运行速度稍快于所有伪随机数产生器之母。

读者可在维基百科找到有关马尔萨利亚的信息[2], 所有伪随机数产生器之母产生器可在两个网站找到相关信息[3,4], Xorshift 的 PDF 文章可于网站[5]下载。

1 http://www.stat.fsu.edu/pub/diehard
2 http://en.wikipedia.org/wiki/George_Marsaglia
3 ftp://ftp.forth.org/pub/C/mother.c
4 http://www.agner.org/random
5 http://www.jstatsoft.org/v08/i14/paper

第 II 部分

底层引擎系统

第 5 章　游戏支持系统

每个游戏都需要一些底层支持系统，以管理一些例行却关键的任务。例如启动及终止引擎、存取（多个）文件系统、存取各种不同类型的资产（网格、纹理、动画、音频等），以及为游戏团队提供调试工具。本章重点讨论多数游戏引擎中都会出现的底层支持系统。后续章节会探索一些较大型的核心系统，包括资源管理、人体学接口设备及游戏内置调试工具。

5.1　子系统的启动和终止

游戏引擎是一个复杂软件，由多个互相合作的子系统结合而成。当引擎启动时，必须依次配置及初始化每个子系统。各子系统间的相互依赖关系，隐含地定义了每个子系统所需的启动次序。例如，子系统 B 依赖于子系统 A，那么在启动 B 之前，必须先启动 A。各子系统的终止通常会采用反向次序，即先终止 B，再终止 A。

5.1.1　C++ 的静态初始化次序（是不可用的）

由于多数新式游戏引擎皆采用 C++ 为编程语言，我们应考虑一下，C++ 原生的启动及终止语义是否可做启动及终止引擎子系统之用。在 C++ 中，在调用程序进入点（`main()` 或 Windows 下的 `WinMain()`）之前，全局及静态对象已被构建。然而，我们完全不可预知这些构造函数的调用次序。[1]在 `main()` 或 `WinMain()` 结束返回之后，会调用全局及静态对象的析构函数，而这些函数的调用次序也是无法预知的。显而易见，此 C++ 行为并不适合用来初始化及终止游戏引擎的子系统。实际上，这对任何含互相依赖全局对象的软件都不适合。

这实在令人遗憾，因为要实现各主要子系统，例如游戏引擎中的子系统，常见的设计模式

1　在 GCC 中可使用 `init_priority()` 属性设定变量的初始化次序。——译者注

是为每个子系统定义单例类 (singleton class), 通常称作管理器 (manager)。若 C++ 能给予我们更多控制能力, 指明全局或静态实例的构建、析构次序, 那么我们就可以把单例定义为全局变量, 而不必使用动态内存分配。例如, 各子系统可写成以下形式:

```
class RenderManager
{
public:
    RenderManager()
    {
        // 启动管理器……
    }

    ~RenderManager()
    {
        // 终止管理器……
    }
};

// 单例实例
static RenderManager gRenderManager;
```

可惜, 由于没法直接控制构建、析构次序, 此方法行不通。

5.1.1.1 按需构建

要应对此问题, 可使用一个 C++ 的小技巧: 在函数内声明的静态变量并不会于 `main()` 之前构建, 而是在第一次调用该函数时才构建的。因此, 若把全局单例改为静态变量, 我们就可以控制全局单例的构建次序。[1]

```
class RenderManager
{
public:
    // 取得唯一实例
    static RenderManager& get()
    {
        // 此函数中的静态变量将于函数被首次调用时构建
        static RenderManager sSingleton;
```

1 这称作 Meyers 单例, 延续于 Scott Meyers 的 *More Effective C++*。——译者注

```
        return sSingleton;
    }

    RenderManager()
    {
        // 对于需依赖的管理器,先通过调用它们的get()启动它们
        VideoManager::get();
        TextureManager::get();

        // 现在启动渲染管理器
        // …
    }

    ~RenderManager()
    {
        // 终止管理器
    }
};
```

你会发现, 许多软件工程教科书都会建议用此方法, 或以下这种含动态分配单例的变种:

```
static RenderManager& get()
{
    static RenderManager* gpSingleton = NULL;
    if (gpSingleton == NULL)
    {
        gpSingleton = new RenderManager;
    }
    ASSERT(gpSingleton);
    return *gpSingleton;
}
```

遗憾的是, 此方法不可控制析构次序。例如, 在 RenderManager 析构之前, 其依赖的单例可能已被析构。而且, 很难预计 RenderManager 单例的确切构建时间, 因为第一次调用 RenderManager::get() 时, 单例就会被构建, 天知道那是什么时候! 此外, 使用该类的程序员可能不会预期, 貌似无伤大雅的 get() 函数可能会有很高的开销, 例如, 分配及初始化一个重量级的单例。此法仍是难以预计且危险的设计。这促使我们诉诸更直接、有更大控制权的方法。

5.1.2 行之有效的简单方法

假设我们对子系统继续采用单例管理器的概念。最简单的"蛮力"方法就是，明确地为各单例管理器类定义启动和终止函数。这些函数取代了构造函数和析构函数，实际上，我们会让构造函数和析构函数完全不做任何事情。这样的话，就可以在 main() 中 (或某个管理整个引擎的单例中)，按所需的明确次序调用各启动和终止函数。例如:

```
class RenderManager
{
public:
    RenderManager()
    {
        // 不做事情
    }

    ~RenderManager()
    {
        // 不做事情
    }

    void startUp()
    {
        // 启动管理器
    }

    void shutDown()
    {
        // 终止管理器
    }
};

class PhysicsManager    { /* 类似内容 …… */ };
class AnimationManager  { /* 类似内容 …… */ };
class MemoryManager     { /* 类似内容 …… */ };
class FileSystemManager { /* 类似内容 …… */ };

// …
```

```
RenderManager        gRenderManager;
PhysicsManager       gPhysicsManager;
AnimationManager     gAnimationManager;
TextureManager       gTextureManager;
VideoManager         gVideoManager;
MemoryManager        gMemoryManager;
FileSystemManager    gFileSysteManager;

// …

int main(int argc, const char* argv)
{
    // 以正确次序启动各引擎系统
    gMemoryManager.startUp();
    gFileSystemManager.startUp();
    gVideoManager.startUp();
    gTextureManager.startUp();
    gRenderManager.startUp();
    gAnimationManager.startUp();
    gPhysicsManager.startUp();
    // …

    // 运行游戏
    gSimulationManager.run();

    // 以反向次序终止各引擎系统
    // …
    gPhysicsManager.shutDown();
    gAnimationManager.shutDown();
    gRenderManager.shutDown();
    gTextureManager.shutDown();
    gVideoManager.shutDown();
    gFileSystemManager.shutDown();
    gMemoryManager.shutDown();
```

```
    return 0;
}
```

此法还有“更优雅”的实现方式。例如，可以让各管理器把自己登记在一个全局的优先队列 (priority queue) 中，之后再按恰当次序逐一启动所有管理器。此外，也可以通过每个管理器列举其依赖的管理器，定义一个管理器间的依赖图 (dependency graph)，然后按互相依赖关系计算最优的启动次序。5.1.1 节提及的按需构建也是可行方式。[1]根据笔者的经验，蛮力方法总优于其他方法，因为：

- 此方法既简单又容易实现。
- 此方法是明确的。看看代码就能立即得知启动次序。
- 此方法容易调试和维护。若某子系统启动时机不够早或过早，只需移动一行代码。

用蛮力方法手动启动及终止子系统，还有一个小缺点，就是程序员有可能意外地终止一些子系统，而非按启动的相反次序。但这一缺点并不会使笔者失眠，因为只要能成功启动及终止引擎的各子系统，你的任务就完成了。

5.1.3 一些实际引擎的例子

下面来看一些来自实际引擎的启动、终止例子。

5.1.3.1 OGRE

OGRE 的作者承认 OGRE 本质上是渲染引擎而非游戏引擎。但它也必须提供许多完整游戏引擎都有的底层功能，包括一个简单优雅的启动/终止机制。OGRE 中的一切对象都由 `Ogre::Root` 单例控制。此单例含有指向其他 OGRE 子系统的指针，并负责启动和终止这些子系统。此设计使程序员能轻松启动 OGRE，只需 `new` 一个 `Ogre::Root` 实例就可以了。

以下是一些 OGRE 的代码片段，从中可以理解其工作方式。

OgreRoot.h

```
class _OgreExport Root : public Singleton<Root>
{
    // <忽略一些代码……>
```

1 要解决按需构建方式的析构次序问题，可以在单例构建时，把自己登记在一个全局堆栈中，在 `main()` 结束之前，逐一把堆栈弹出并调用其终止函数。此方法假设单例的终止次序可以与启动次序相反，但理论上不能解决所有情况。——译者注

```
    // 各单例
    LogManager* mLogManager;
    ControllerManager* mControllerManager;
    SceneManagerEnumerator* mSceneManagerEnum;
    SceneManager* mCurrentSceneManager;
    DynLibManager* mDynLibManager;
    ArchiveManager* mArchiveManager;
    MaterialManager* mMaterialManager;
    MeshManager* mMeshManager;
    ParticleSystemManager* mParticleManager;
    SkeletonManager* mSkeletonManager;
    OverlayElementFactory* mPanelFactory;
    OverlayElementFactory* mBorderPanelFactory;
    OverlayElementFactory* mTextAreaFactory;
    OverlayManager* mOverlayManager;
    FontManager* mFontManager;
    ArchiveFactory* mZipArchiveFactory;
    ArchiveFactory* mFileSystemArchiveFactory;
    ResourceGroupManager* mResourceGroupManager;
    ResourceBackgoundQueue* mResourceBackgroundQueue;
    ShadowTextureManager* mShadowTextureManager;
    // 等等
};
```

OgreRoot.cpp

```
Root::Root(const String& pluginFileName,
           const String& configFileName,
           const String& logFileName) :
        mLogManager(0),
        mCurrentFrame(0),
        mFrameSmoothingTime(0.0f),
        mNextMovableObjectTypeFlag(1),
        mIsInitiailised(false)
{
    // 基类会检查单例
    String msg;
    // 初始化
```

```
    mActiveRenderer = 0;
    mVersion = StringConverter::toString(OGRE_VERSION_MAJOR) + "."
             + StringConverter::toString(OGRE_VERSION_MINOR) + "."
             + StringConverter::toString(OGRE_VERSION_PATCH)
             + OGRE_VERSION_SHUFFIX + " "
             + "(" + OGRE_VERSION_NAME + ")";
    mConfigFileName = configFileName;

    // 若没有日志管理员,建立日志管理员及默认日志文件
    if (LogManager::getSingletonPtr() == 0)
    {
        mLogManager = new LogManager();
        mLogManager->createLog(logFileName, true, true);
    }

    // 动态库管理员
    mDynLibManager = new DynLibManager();
    mArchiveManager = new ArchiveManager();
    // 资源群管理员
    mResourceGroupManager = new ResourceGroupManager();
    // 资源背景队列
    mResourceBackgrounQueue = new ResourceBackgroundQueue();
    // 等等
}
```

OGRE 提供了一个 Ogre::Singleton 模板基类, 所有管理器都派生自此基类。在 Ogre::Singleton 的实现里, 并不会进行延迟构建, 而是依赖于 Ogre::Root 明确地 new 每个单例。如上所述, 这样可以确定每个单例会以定义的明确次序创建及毁灭这些单例。[1]

5.1.3.2 顽皮狗的神秘海域系列和最后生还者

顽皮狗开发的神秘海域/最后生还者引擎采用了一个相似的明确方法去启动和终止各子系统。读者会发现, 以下的引擎启动代码并非总是一串简单的单例分配。许多不同的操作系统服务、第三方库等, 都必须在引擎初始化时启动。并且在可行情况下, 代码中会尽量避免动态内存分配, 所以许多单例是静态分配的对象 (如 g_fileSystem、g_languageMgr 等)。这段代

1 此方法也有一个缺点, 扩展引擎时必须更改 Ogre::Root 的代码。此违反了开闭原则 (open-closed principle), 尤其会影响闭源引擎的可扩展性。——译者注

码不一定好看，但总可以完成任务。

```
Err BigInit()
{
    init_exception_handler();

    U8* pPhysicsHeap = new (kAllocGlobal, kAlign16)
        U8[ALLOCATION_GLOBAL_PHYS_HEAP];
    PhysicsAllocatorInit(pPhysicsHeap, ALLOCATION_GLOBAL_PHYS_HEAP);

    g_texDb.Init();
    g_textSubDb.Init();
    g_spuMgr.Init();

    g_drawScript.InitPlatform();

    PlatformUpdate();

    thread_t init_thr;
    thread_create(&init_thr, threadInit, 0, 30, 64*1024, 0, "Init");

    char masterConfigFileName[256];
    snprintf(masterConfigFileName, sizeof(masterConfigFileName),
        MASTER_CFG_PATH);
    {
        Err err = ReadConfigFromFile(masterConfigFileName);
        if (err.Failed())
        {
            MsgErr("Config file not found (%s).\n",
                masterConfigFileName);
        }
    }

    memset(&g_discInfo, 0, sizeof(BootDiscInfo));
    int err1 = GetBootDiscInfo(&g_discInfo);
    Msg("GetBootDiscInfo()" : 0x%x\n", err1);
    if (err1 == BOOTDISCINFO_RET_OK)
    {
```

```
        printf("titleId       : [%s]\n", g_discInfo.titleId);
        printf("parentalLevel : [%d]\n", g_discInfo.parentalLevel);
    }

    g_fileSystem.Init(g_gameInfo.m_onDisc);
    g_languageMgr.Init();
    if (g_shouldQuit) return Err::kOK;
    // 等等
}
```

5.2 内 存 管 理

游戏程序员总希望让代码运行得更快。任何软件的效能，不仅受算法的选择和算法编码的效率所影响，程序如何运用内存 (RAM) 也是重要因素。内存对效能的影响有两方面。

1. 以 `malloc()` 或 C++ 的全局 `new` 运算符进行*动态内存分配* (dynamic memory allocation)，这是非常慢的操作。要提升效能，最佳方法是尽量避免动态分配内存，不然也可利用自制的内存分配器来大大减低分配成本。
2. 许多时候，在现代的 CPU 上，软件的效能受其*内存访问模式* (memory access pattern) 主宰。我们将看到，把数据置于细小连续的内存块，相比把数据分散至广阔的内存地址，CPU 对前者的操作会高效得多。就算采用最高效的算法，并且极小心地编码，若其操作的数据并非高效地编排于内存中，算法的效能也会被搞垮。

本节会介绍如何从这两个方面优化内存的运用。

5.2.1 优化动态内存分配

通过 `malloc()`/`free()` 或 C++ 的全局 `new`/`delete` 运算符动态分配内存——又称为*堆分配* (heap allocation)——通常是非常慢的。低效主要来自两个原因。首先，堆分配器 (heap allocator) 是通用的设施，它必须处理任何大小的分配请求，从 1 字节至 1000 兆字节。这需要大量的管理开销，导致 `malloc()`/`free()` 函数变得缓慢。其次，在多数操作系统中，`malloc()`/`free()` 必然会从用户模式 (user mode) 切换至内核模式 (kernel mode) 处理请求，再切换至原来的程序。这些上下文切换 (context-switch) 可能会耗费非常多的时间。因此，游戏开发中一个常见的经验法则是:

维持最低限度的堆分配，并且永不在紧凑循环中使用堆分配。

当然，任何游戏引擎都无法完全避免动态内存分配，所以多数游戏引擎会实现一个或多个定制分配器 (custom allocator)。定制分配器能享有比操作系统分配器更优的性能特征，原因有二。第一，定制分配器从预分配的内存中完成分配请求 (预分配的内存来自 `malloc()`、`new`，或声明为全局变量)。这样，分配过程都在用户模式下执行，完全避免了进入操作系统的上下文切换。第二，通过对定制分配器的使用模式 (usage pattern) 做出多个假设，定制分配器便可以比通用的堆分配器高效得多。

在以下几节中，我们会看到几类常见的定制分配器。关于此主题的更多信息，可参阅 Christian Gyrling 的杰出博文。[1]

5.2.1.1 基于堆栈的分配器

许多游戏会以堆栈般的形式分配内存。当载入新的游戏关卡时，就会为关卡分配内存；关卡被载入后，就会很少甚至不会动态分配内存。在玩家完成关卡之际，关卡的数据会被卸下，所有关卡占用的内存也可被释放。对于这类内存分配，非常适合采用堆栈形式的数据结构。

堆栈分配器 (stack allocator) 是非常容易实现的。我们要分配一大块连续内存，可简单地使用 `malloc()`、全局 `new`，或是声明一个全局字节数组 (最后一个方法，实际上会从可执行文件的 BSS 段里分配内存)。另外，要安排一个指针指向堆栈的顶端，指针以下的内存是已分配的，指针以上的内存则是未分配的。对于每个分配请求，仅需把指针往上移动请求所需的字节数量。要释放最后分配的内存块，也只需要把指针向下移动该内存块的字节数量。

必须注意，使用堆栈分配器时，不能以任意次序释放内存，必须以分配时相反的次序释放内存。有一个方法可简单地实施此限制，这就是完全不允许释放个别的内存块。取而代之，我们提供一个函数，该函数可以把堆栈顶端指针回滚至之前标记了的位置，那么其实际上的意义就是，释放从回滚点至目前堆栈顶端之间的所有内存。

回滚顶端指针的时候，回滚的位置必须位于两个分配而来的内存块之间的边界，否则，写入新分配的内存时，会重写进之前最高位置内存块的末端。为保证能正确地回滚指针，堆栈分配器通常提供一个函数，该函数传回一个*标记* (marker)，代表目前堆栈的顶端。而回滚函数则使用这个标记作为参数。图 5.1 展示了此过程。通常堆栈分配器的接口类似这样:

```
class StackAllocator
{
public:
```

---

1 http://www.swedishcoding.com/2008/08/31/are-we-out-of-memory

```
    // 堆栈标记: 表示堆栈的当前顶端
    // 用户只可以回滚至一个标记,而不是堆栈的任意位置
    typedef U32 Marker;

    // 给定总大小,构建一个堆栈分配器
    explicit StackAllocator(U32 stackSize_bytes);

    // 给定内存块大小,从堆栈顶端分配一个新的内存块
    void* alloc(U32 size_bytes);

    // 取得指向当前堆栈顶端的标记
    Marker getMarker();

    // 把堆栈回滚至之前的标记
    void freeToMarker(Marker marker);

    // 清空整个堆栈 (把堆栈归零)
    void clear();

private:
    // …
};
```

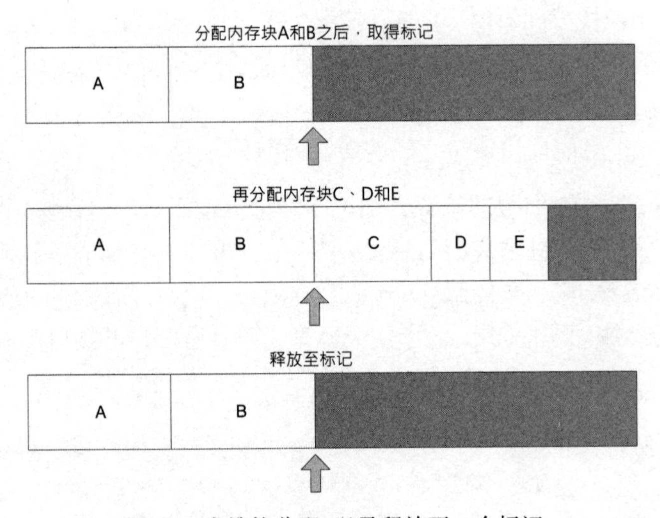

图 5.1 向堆栈分配, 以及释放至一个标记

双端堆栈分配器 一块内存其实可以给两个堆栈分配器使用，一个从内存块的底端向上分配，另一个从内存块的顶端向下分配。双端堆栈分配器 (double-ended stack allocator) 很实用，因为它允许权衡底端堆栈和顶端堆栈的使用，使它能更有效地运用内存。在某些情况下，两个堆栈使用差不多相等的内存，那么两个堆栈指针大约会接近内存的中间。在其他情况下，其中一个堆栈可能占用大部分内存空间，但只要分配总量不大于两个堆栈共享的内存块，则仍然可以满足所有分配要求。图 5.2 说明了这种情况。

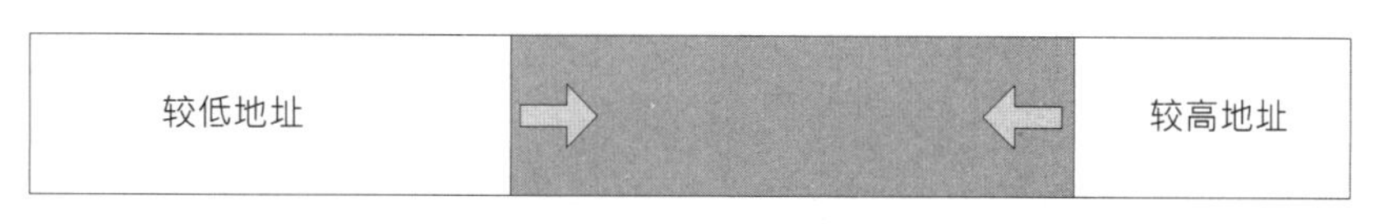

图 5.2 一个双端堆栈分配器

在 Midway 的 *Hydro Thunder* 街机游戏里，所有内存都是分配自单个巨大内存块，以双端堆栈分配器管理的。底堆栈用来载入及卸下游戏关卡 (跑道)；而顶堆栈则用来分配临时内存块，这些临时内存会在每帧中被分配及释放。此分配方案非常优异，可保证 *Hydro Thunder* 不会产生内存碎片问题 (见 5.2.2 节)。*Hydro Thunder* 的首席工程师 Steve Ranck 在参考文献 [6] 的 1.9 节描述了此分配技巧。

5.2.1.2 池分配器

在游戏引擎编程 (及普遍的软件工程) 中，常会分配大量同等尺寸的小块内存。例如，我们可能要分配及释放矩阵、迭代器 (iterator)、链表中的节点、可渲染的网格实例等。池分配器 (pool allocator) 是此类分配模式的完美选择。

池分配器的工作方式如下。首先，池分配器会预分配一大块内存，其大小刚好是分配元素大小的倍数。例如，4×4 矩阵池的大小设为 64 字节的倍数，那就是每矩阵 16 个元素，再乘以每个元素 4 字节 (对于 32 位 `float`) 或 8 字节 (对于 64 位 `double`)。池内的每个元素会被加到一个存放自由元素的链表；换句话说，在对池进行初始化时，自由列表 (free list) 包含所有元素。池分配器收到分配请求时，就会把自由链表的下一个元素取出，并传回该元素。释放元素时，只需简单地把元素插回自由链表中。分配和释放都是 $O(1)$ 的操作。这是因为无论池内有多少个元素，每个操作都只需几个指针运算。($O(1)$ 是 Big-O 表示法的例子。此例子代表分配和释放操作的执行时间大概是常数，和池中的元素数量无关。5.3.3 节会解释 Big-O 表示法。)

存储自由元素的链表可实现为单链，即每个自由元素需要存储一个指针 (在 32 位机器上是 4 字节,64 位机器上是 8 字节)。我们应该如何取得存储这些指针的内存呢？无疑，我们可以再预分配另一块内存存储这些指针，这个内存块的大小为 (`sizeof(void*)` × 池里元素数量)

字节。然而, 这太浪费了。关键是要意识到, 自由列表内的内存块, 按定义来说就是可用的内存。那为什么不用这些内存本身来存储自由列表的“next”指针呢? 只要 `elementSize` ⩾`sizeof (void*)`, 就可以使用这个小诀窍了。不需要浪费任何内存, 因为自由链表的指针可藏于自由内存块中, 这些内存块还没用来存储其他东西呢!

若元素尺寸小于指针, 则可以使用池元素的索引代替以指针去实现链表。例如, 若池是用来存放 16 位整数的, 那么便可在链表中使用 16 位索引作为“next 指针”。只要池里不超过 $2^{16} = 65,536$ 个元素便没问题。

5.2.1.3 含对齐功能的分配器

我们在 3.2.5.1 节提及, 每个变量和数据对象都有对齐要求。8 位整数可对齐至任何地址, 但 32 位整数或浮点变量则必须 4 字节对齐, 即其地址的最低有效半字节必须为 0x0、0x4、0x8 或 0xC。128 位 SIMD 矢量值通常需要 16 字节对齐, 即其地址的最低有效半字节只能为 0x0。在 PS3 上, 使用直接内存访问 (direct memory access, DMA) 控制器将数据传送到 SPU 时, 128 字节对齐的内存能获得最大 DMA 吞吐量, 即其地址的最低有效字节 (LSB) 为 0x00 或 0x80。

所有内存分配器都必须能传回对齐的内存块。要实现这个功能十分容易。只要在分配内存时, 分配比请求所需多一点的内存, 再向上调整其内存地址至适当的对齐, 最后传回调整后的地址。由于我们分配了多一点的内存, 即使把地址往上调整, 传回的内存块仍够大。

在大多数的实现中, 额外分配的字节等于对齐字节。例如, 若请求为 16 字节对齐的内存块, 我们就额外多分配 16 字节。最坏的情况下要把地址往上移动 15 字节。多出的 1 字节, 使我们在任何情况都可使用相同的计算, 就算原来分配的内存已符合对齐。这样做简化并加速了代码, 其代价是每次分配浪费 1 字节。另一方面, 我们下面会看到, 需要这些多出的字节, 以存储释放内存时所需的额外信息。

计算调整偏移量的方法如下。首先用掩码 (mask) 把原本内存块地址的最低有效位取出, 再用期望的对齐减去此值, 结果就是调整偏移量。对齐应该总是2 的幂 (通常是 4 字节或 16 字节), 因此要计算掩码, 只要用对齐减 1 就行了。例如, 若请求 16 字节对齐的内存块, 掩码就是 $(16 - 1) = 15 = $ 0x0000000F。把未对齐的地址与掩码进行位并 (bitwise AND) 操作, 就可得到错位 (misalignment) 的字节数目。例如, 如果原来分配到的内存块地址为 0x50341233, 位并掩码 0x0000000F 后, 得出 0x00000003, 即还差 3 字节才能对齐。要把这个地址对齐, 只要加上 (对齐字节 − 错位字节) $= (16 - 3) = 13 =$ 0xD 字节即可。因此, 最终对齐地址为 0x50341233+0xD = 0x50341240。

以下是实现对齐内存分配器的其中一种方式:

```
// 对齐分配函数。注意，"alignment"必须为2的幂 (一般是4或16)
void *allocateAligned(size_t size_bytes, size_t alignment)
{
    ASSERT((alignment & (alignment - 1)) == 0); // 2的幂

    // 计算总共要分配的内存量
    size_t expandedSize_bytes = size_bytes + alignment;

    // 分配未对齐的内存块，并转换地址为 uintptr_t
    uintptr_t rawAddress = reinterpret_cast<uintptr_t>(
        allocateUnaligned(expandedSize_bytes));

    // 使用掩码去除地址低位部分，计算"错位"量，从而计算调整量
    size_t mask = (alignment - 1);
    uintptr_t misalignment = (rawAddress & mask);
    ptrdiff_t adjustment = alignment - misalignment;

    // 计算调整后的地址，并把它以指针类型返回
    uintptr_t alignedAddress = rawAddress + adjustment;
    return static_cast<void*>(alignedAddress);
}
```

当稍后要释放此内存块时，代码会传给分配器调整后的地址，而非原本我们分配的地址。那么，怎样才可以释放原本分配的内存呢？我们要找到某种方法，把调整后的地址转换回原本的、可能未对齐的地址。

要完成这个转换，我们可以存储一些元信息 (meta-information) 至额外分配的内存，这些内存原来只是做对齐之用。最少的调整量为 1 字节，这 1 字节足够存储偏移量 (因为偏移量永远不会超过 256)。我们可以把偏移量存储至调整后地址之前的 1 字节 (无论偏移量为多少字节)，这么做，就可以简单地从调整后地址取回偏移量，并计算原本的地址。以下是修改后的 `allocateAligned()` 函数。图 5.3 展示了对齐分配和释放的过程。

```
// 对齐分配函数。注意，"alignment"必须为2的幂 (一般是4或16)
void* allocateAligned(size_t size_bytes, size_t alignment)
{
    ASSERT(alignment >= 1);
    ASSERT(alignment <= 128);
    ASSERT((alignment & (alignment - 1)) == 0); // 2的幂
```

```
    // 计算总共要分配的内存量
    size_t expandedSize_bytes = size_bytes + alignment;

    // 分配未对齐的内存块,并转换地址为 uintptr_t
    uintptr_t rawAddress = reinterpret_cast<uintptr_t>(
        allocateUnaligned(expandedSize_bytes));

    // 使用掩码去除地址低位部分,计算“错位”量,从而计算调整量
    size_t mask = (alignment - 1);
    uintptr_t misalignment = (rawAddress & mask);
    ptrdiff_t adjustment = alignment - misalignment;

    // 计算调整后的地址
    uintptr_t alignedAddress = rawAddress + adjustment;

    // 把alignment存储在调整后地址的前4字节
    ASSERT(adjustment < 256);
    U8* pAdjustment = reinterpret_cast<U8*>(alignedAddress);
    *pAdjustment[-1] = static_cast<U8>(adjustment);

    return static_cast<void*>(alignedAddress);
}
```

而对应的 freeAligned() 函数可实现如下:

```
void freeAligned (void* pMem)
{
    const U8* pAlignedMem
        = reinterpret_cast<const U8*>(pMem);

    uintptr_t alignedAddress
        = reinterpret_cast<uintptr_t>(pMem);

    ptrdiff_t adjustment
        = static_cast<ptrdiff_t>(pAlignedMem[-1]);

    uintptr_t rawAddress = alignedAddress - adjustment;
```

```
    void* pRawMem = reinterpret_cast<void*>(rawAddress);

    freeUnaligned(pRawMem);
}
```

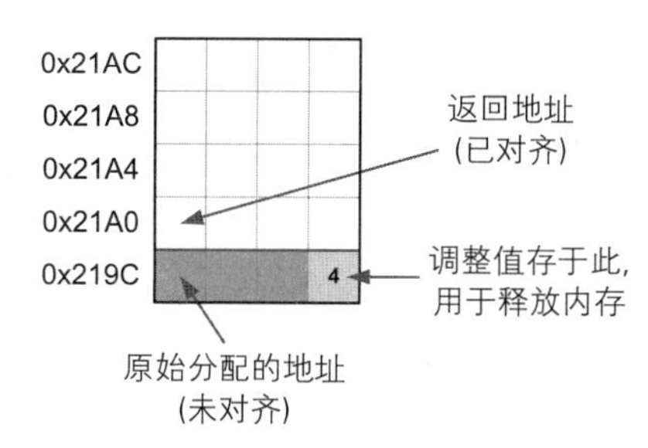

图 5.3 需要 16 字节对齐的对齐内存分配。原始分配内存地址与调整后的 (对齐的) 地址之差, 被存储在紧接着调整地址前的一个字节中, 以便释放时获取原始地址

5.2.1.4 单帧和双缓冲内存分配器

几乎所有游戏引擎都会在游戏循环中分配一些临时用数据。这些数据要么可在循环迭代结束时被丢弃, 要么可在下一迭代结束时被丢弃。很多游戏引擎都支持这两种分配模式, 分别称为单帧分配器 (single-frame allocator) 和双缓冲分配器 (double-buffered allocator)。

单帧分配器 要实现单帧分配器, 先预留一块内存, 并以前文所述的简单堆栈分配器管理。在每帧开始时, 把堆栈的顶端指针重置到内存块的底端地址。在该帧中, 分配要求会使堆栈向上成长。此过程不断重复。

```
StackAllocator g_singleFrameAllocator;

// 主游戏循环
while (true)
{
    // 每帧清除单帧分配器的缓冲区
    g_singleFrameAllocator.clear();

    // …

    // 从单帧分配器分配内存
    // 我们永不需要手动释放这些内存！但要确保这些内存仅在本帧中使用
```

```
    void* p = g_singleFrameAllocator.alloc(nBytes);

    // …
}
```

单帧分配器的主要益处是，分配了的内存永不用手动释放，我们依赖于每帧开始时分配器会自动清除所有内存。单帧分配器也极其高效。然而，单帧分配器的最大缺点在于，程序员必须有不错的自制能力。程序员需要意识到，从单帧分配器分配的内存块只在目前的帧里有效。程序员绝不能把指向单帧内存块的指针跨帧使用！

双缓冲分配器 双缓冲分配器允许在第 i 帧分配的内存块用于第 $(i+1)$ 帧。实现方法就是建立两个相同尺寸的单帧堆栈分配器，并在每帧交替使用。

```
class DoubleBufferedAllocator
{
    U32            m_curStack;
    StackAllocator m_stack[2];

public:
    void swapBuffers()
    {
        m_curStack = (U32)! m_curStack;
    }

    void clearCurrentBuffer()
    {
        m_stack[m_curStack].clear();
    }

    void* alloc(U32 mBytes)
    {
        return m_stack[m_curStack].alloc(nBytes);
    }

    // …
};

DoubleBufferedAllocator g_doubleBufAllocator;
```

```
// 主游戏循环
while (true)
{
    // 和之前一样,每帧清除单帧分配器的缓冲区
    g_singleFrameAllocator.clear();

    // 对双缓冲分配器交换现行和无效的缓冲区
    g_doubleBufAllocator.swapBuffers();

    // 清空新的现行缓冲区,保留前帧的缓冲不变
    g_doubleBufAllocator.clearCurrentBuffer();

    // …

    // 从双缓冲分配器分配内存,不影响前帧的数据
    // 要确保这些内存仅在本帧或次帧中使用
    void* p = g_doubleFrameAllocator.alloc(nBytes);

    // …
}
```

在多核游戏机, 如 Xbox 360、XBox One、PlayStation 3 或 PlayStation 4 上, 在缓存非同步处理的结果时, 这类分配器极有用。例如, 在第 i 帧, 我们可以在某个 SPU 上启动一个任务, 并从双缓冲分配器分配一块内存, 给予该任务作为目的缓冲。该任务在第 i 帧完结之前完成, 并把产生的结果写进我们提供的缓冲。在第 $(i+1)$ 帧, 两个缓冲互换。那么任务结果的缓冲就会在非活动状态, 并不会被本帧进行的双缓冲分配所重写。在第 $(i+2)$ 帧之前, 可安心使用任务结果, 不用怕数据被重写。

5.2.2 内存碎片

动态堆分配的另一个问题在于, 会随时间产生*内存碎片* (memory fragmentation)。当程序启动时, 其整个堆空间都是自由的。当分配一块内存时, 一块合适尺寸的连续内存块便会被标记为“使用中”, 而其余的内存仍然是自由的。当释放内存块时, 该内存块便会与相邻的内存块合并, 形成单个更大的自由内存块。随着时间的推移, 鉴于以随机次序分配及释放不同尺寸

的内存块，堆内存开始变成由自由块和使用中块所拼砌而成的拼布模样。我们可将自由区域视为使用内存块之间的“洞”。如果洞的数量增多，并且洞的尺寸相对很小，就会称之为呈*内存碎片状态*，如图 5.4 所示。

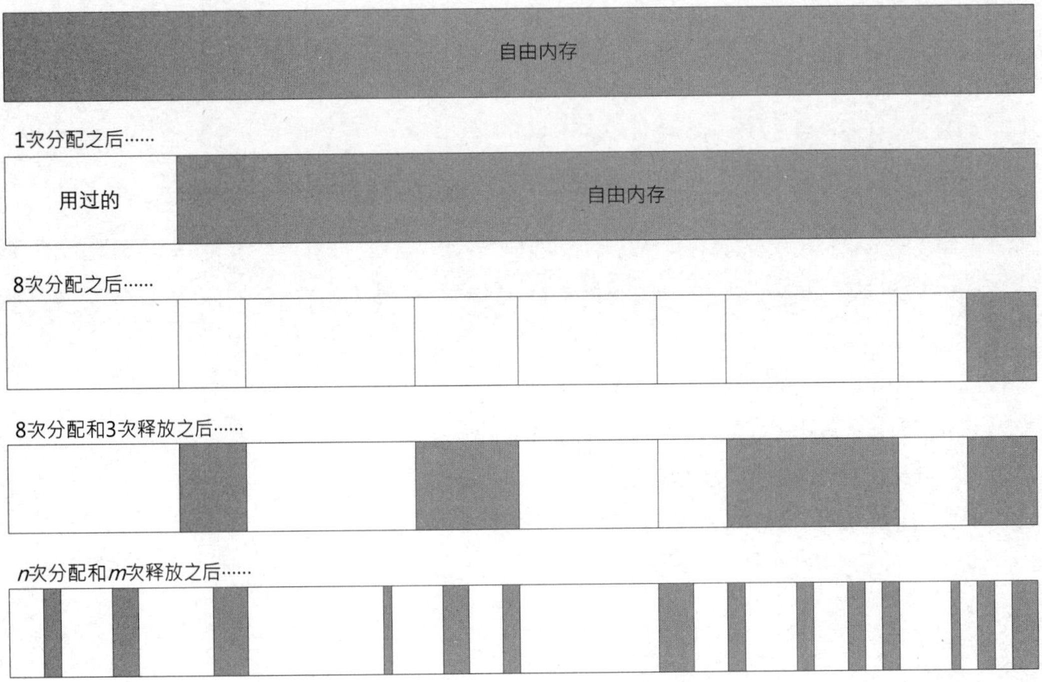

图 5.4 内存碎片

内存碎片的问题在于，就算有足够的自由内存，分配请求仍然可能会失败。问题的症结是，分配的内存必须为连续的。例如，要满足一个 128KiB 的分配请求，必须有一个自由的“洞”，其尺寸大约要 128KiB，或更大。若有两个各 64KiB 的洞，虽然总共有足够的字节数，但由于它们并非连续的字节，该请求仍会失败。

在支持*虚拟内存* (virtual memory) 的操作系统中，内存碎片并非大问题。虚拟内存系统把不连续的物理内存块——每块称为*内存页* (page)——映射至*虚拟地址空间* (virtual address space)，使内存页对于应用程序来说，看上去是连续的。在物理内存不足时，久没使用的内存页便会写进磁盘，有需要时再重载到物理内存。关于虚拟内存的运作方式，可参考维基百科。[1]多数嵌入式设备负担不起虚拟内存的实现。现在有些游戏机，虽然技术上能支持虚拟内存，但由于其导致的开销太大，多数游戏引擎不会使用虚拟内存。

1 http://en.wikipedia.org/wiki/Virtual_memory

5.2.2.1 以堆栈和池分配器避免内存碎片

使用堆栈和/或池分配器, 可以避免一些内存碎片带来的问题。

- 堆栈分配器完全避免了内存碎片的产生。这是由于, 用堆栈分配器分配到的内存块总是连续的, 并且内存块必然以反向次序释放, 如图 5.5 所示。
- 池分配器也无内存碎片问题。虽然实际上池会产生碎片, 但这些碎片不会像一般的堆, 提前引发内存不足的情况。向池分配器做分配请求时, 不会因缺乏足够大的连续内存块, 而造成分配失败, 因为池内所有内存块是完全一样大的。图 5.6 显示了这种情况。

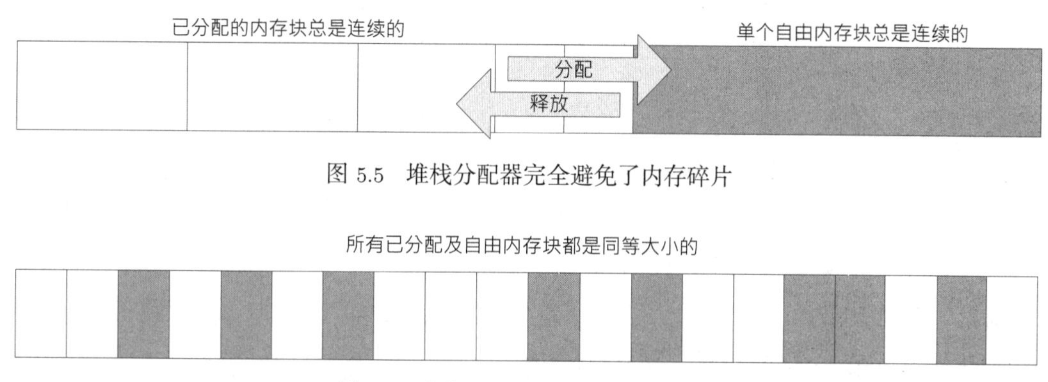

图 5.5 堆栈分配器完全避免了内存碎片

图 5.6 池分配器不会受内存碎片影响

5.2.2.2 碎片整理及重定位

若要分配及释放不同大小的对象, 并以随机次序进行, 那么堆栈和池分配器也不适用。应对这种情况, 可以对堆定期进行*碎片整理* (defragmentation)。碎片整理能把所有自由的“洞”合并, 其方法是把内存从高位移至低位, 也就是把“洞”移至内存的高地址。一个简单的算法是, 搜寻第一个“洞”, 之后把洞上方紧接着的已分配内存块往下移至洞的开始地址。实质上, 这会把洞好像气泡一样浮升至内存中较高的地址。若一直进行这个操作, 最后所有已分配内存块都会连续地凑在堆内存空间的底端, 而所有洞都会浮升至空间的顶端, 结合成一块连续的自由空间, 如图 5.7 所示。

按以上介绍的方法, 把内存这样移动是简单容易的事情。棘手的是, 事实上我们移动了已分配的内存块, 若有*指针*指向这些内存块, 移动内存便会使这些指针失效。

其中一个解决方案是, 把指向这些内存块的指针逐一更新, 使移动内存块后这些指针能指到新的地址。此过程称为*指针重定位* (relocation)。遗憾的是, 在 C/C++ 中并没有方法可以搜寻所有指向某地址范围的指针。若要在游戏引擎中支持碎片整理功能, 程序员必须小心手动维护所有指针, 在重定位时正确更新指针; 另一个选择是, 舍弃指针, 取而代之使用在重定位时更容易进行修改的构件, 例如智能指针 (smart pointer) 或句柄 (handle)。

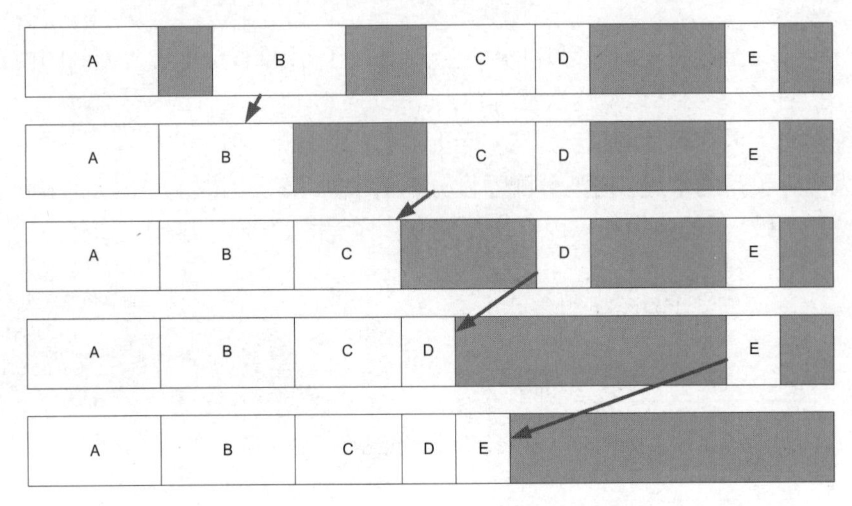

图 5.7 通过搬移已分配的内存块来整理碎片

智能指针是细小的类, 它包含一个指针, 并且其实际行为几乎和普通指针完全相同。但是由于智能指针是用类实现的, 所以可以编写代码正确处理内存重定位。其中一种方法是, 让所有智能指针把自己加进一个全局链表里。当要移动某块内存时, 便可扫描该全局链表, 更新每个指向该块内存的智能指针。

句柄通常实现为索引, 这些索引指向句柄表内的元素, 每个元素存储指针。句柄表本身不能被重定位。当要移动某已分配内存块时, 就可以扫描该句柄表, 并自动修改相应的指针。由于句柄只是句柄表的索引, 无论如何移动内存块, 句柄的值都是不变的。因此, 使用句柄的对象永不会受内存重定位影响。

重定位的另一难题是, 某些内存块可能不能被重定位。例如, 若使用第三方库, 而该库不使用智能指针或句柄, 那么, 指向库内数据结构的指针就可能不能被重定位。要解决此问题, 最好的办法是, 让这些库在另一个特别缓冲区里分配内存, 此缓冲区位于可重定位内存范围以外。另一可行的选择是, 干脆允许一些内存块不能被重定位。若这种内存块数量少且体积小, 重定位系统仍可运行得相当好。

有趣的是, 顽皮狗的所有引擎皆支持碎片整理。我们会尽可能使用句柄, 以避免重定位指针。然而有些情况还是无法避免的, 必须使用原始指针 (raw pointer)。我们需要小心地维护这些指针, 当移动内存块时要手动重定位。由于不同的原因, 顽皮狗的几个游戏对象是不能重定位的。然而, 如上所述, 这一般不会造成实际问题, 因为这种对象数量少, 其体积相对整个重定位内存来说也很小。

分摊碎片整理成本 因为碎片整理要复制内存块，所以其操作过程可能很慢。然而，我们无须一次性把碎片完全整理。取而代之，我们可以把碎片整理成本分摊 (amortize) 至多个帧。我们允许每帧进行多达 N 次内存块移动，N 是一个小数目，如 8 或 16。若游戏以每秒 30 帧运行，那么每帧会持续 1/30s (33ms)。这样，堆通常能在少于 1s 内完全整理所有碎片，而不会对游戏帧率产生明显影响。[1] 只要分配及释放的次数低于碎片整理的移动次数，那么堆就会经常保持接近完全整理的状态。

此方法只对细小的内存块有效，使移动内存块的时间短于每帧被分配的重定位时间。若要重定位非常大的内存块，有时候可以把它分拆为两个或更多的小块，而每个小块可以独立被重定位。在顽皮狗的引擎中，这并不是问题，因为重定位只应用在游戏对象上，而游戏对象一般很小，从不会超过数千字节。

5.3 容 器

游戏程序员使用各式各样的集合型数据结构，也被称为容器 (container) 或集合 (collection)。各种容器的任务都一样——安置及管理零至多个数据元素。然而，细节上各种容器的运作方式有很大差异，每种容器也各有优缺点。常见的容器数据类型包括但肯定不限于以下所列。

- 数组 (array)：有序、连续存储数据的元素集合，使用索引存取元素。每个数组的长度通常是在编译期静态定义的。数组可以是多维的。C/C++ 原生支持数组 (如 `int a[5]`)。
- 动态数组 (dynamic array)：可在运行时动态改变长度的数组 (如 `std::vector`)。
- 链表 (linked list)：有序集合，但其数据在内存中是以非连续方式存储的 (如 `std::list`)。
- 堆栈 (stack)：在新增和移除数据时，采用后进先出 (last-in-first-out, LIFO) 的模式，也即压入 (push) 和弹出 (pop) 操作 (如 `std:: stack`)。
- 队列 (queue)：在新增和移除数据时，采用先进先出 (first-in-first-out, FIFO) 的模式 (如 `std::queue`)。
- 双端队列 (double-ended queue, deque)：可以在两端高效地插入及移除数据 (如 `std::deque`)。
- 优先队列 (priority queue)：加入元素后，可用事先定义了的优先值计算方式，高效地弹出队

1 若在一帧里进行完整的碎片整理，可能会令游戏片刻停顿，产生“很卡”的不良体验。——译者注

列中优先值最高的元素。优先队列通常使用堆 (heap) 来实现 (如 `std::priority_queue`), 但也有其他实现方式。优先队列有点像一个总是排序的列表, 但它只支持获取最高优先值的元素, 并且底下一般不会用列表来存储。

- 树 (tree): 以层阶结构组织元素。每个元素 (节点) 有 0 个或 1 个父节点, 以及 0 个至多个子节点。树是 DAG (见下文) 的特例。
- 二叉查找树 (binary search tree, BST): 二叉查找树中的每个节点最多含两个子节点。由于节点按预先定义的方式排列, 任何时候都可以按该排列方式遍历整棵树。二叉查找树有多种类型, 包括红黑树 (red-black tree)、伸展树 (splay tree)、AVL 树 (AVL tree)。[1]
- 二叉堆 (binary heap): 采用完全 (或接近完全) 二叉树的数据结构, 通常使用 (静态或动态) 数组存储。根节点必然是堆中最大 (或最小) 的元素。二叉堆一般用来实现优先队列。[2]
- 字典 (dictionary): 由键值对 (key-value pair) 组成的表。通过键可以高效地查找到对应的值。字典又称为映射 (map) 或散列表 (hash table), 但其实从技术上来说, 散列表只是字典的其中一种实现方式 (如 `std::map`、`std::hash_map`[3])。
- 集合 (set): 保证容器内没有重复元素。集合好像字典, 但只有键没有值。
- 图 (graph): 节点的集合, 节点之间可任意以单向或双向路径连接。
- 有向无环图 (directed acyclic graph, DAG) : 图的特例, 节点间以单向连接, 并且无循环 (即每条非空的路径里不能有相同的节点)。

5.3.1 容器操作

使用容器的游戏引擎, 必然也会利用多种常见算法。一些操作例子如下所示。

- 插入 (insert): 在容器中新增元素。新元素可置于表容器的始端、末端或其他位置。也有可能, 容器本身根本无次序可言。
- 移除 (remove): 从容器中移除元素, 其中可能需要查找操作 (见下文)。然而, 若有迭代器指向要移除的元素, 使用该迭代器移除元素可能比较高效。
- 顺序访问/迭代 (sequential access/iteration): 按某 “自然” 次序访问容器内的每个元素。
- 随机访问 (random access): 以任意次序访问容器中的元素。
- 查找 (find): 从容器中寻找符合条件的元素。有各式各样的查找操作, 例如, 逆向查找、查找

---

1 如 STL 的 `std::set`、`std::multiset`、`std::map`、`std::multimap`, 一般会用红黑树实现, 能按照元素定义的顺序遍历。——译者注

2 原文描述二叉堆如同二叉查找树都是有序的, 并不正确, 译者自行改写了本段描述。——译者注

3 C++ ISO 标准并不含 `std::hash_map`。C++11 中的散列表模板是 `std::unordered_map`, 而使用散列表的集合容器为 `std::unordered_set` 和 `std::unordered_multiset`。——译者注

多个元素等。此外, 每种数据结构及每种情况, 可能需要不同的算法 (可参考维基百科[1])。

- 排序 (sort): 把容器中的元素以某方式排序。排序有很多种算法, 例如冒泡排序 (bubble sort)、选择排序 (selection sort)、快速排序 (quicksort) 等 (详情可参考维基百科[2])。

5.3.2 迭代器

迭代器是一种细小的类, 它“知道”如何高效地访问某类容器中的元素。迭代器像是数组索引或指针——每次它都会指向容器中的某个元素, 可以移至下一个元素, 并能用某种方式表示是否已访问容器中的所有元素。例如, 以下首段代码使用指针迭代访问 C 风格的数组, 而第二段代码则用迭代器访问 STL 链表, 两段代码的语法几乎完全相同。

```
void processArray(int container[], int numElements)
{
    int* pBegin = &container[0];
    int* pEnd = &container[numElements];
    for (int* p = pBegin; p ! = pEnd; p++)
    {
        int element = *p;
        // 处理元素
    }
}

void processList(std::list<int>& container)
{
    std::list<int>::iterator pBegin = container.begin();
    std::list<int>::iterator pEnd = container.end();
    std::list<int>::iterator p;

    for (p = pBegin; p ! = pEnd; p++)
    {
        int element = *p;
        // 处理元素
    }
}
```

1 http://en.wikipedia.org/wiki/Search_algorithm
2 http://en.wikipedia.org/wiki/Sorting_algorithm

相比直接访问容器的元素，采用迭代器的好处包括：

- 直接访问会破坏容器类的封装。而迭代器通常是容器类的*友元* (friend)，因此它可高效迭代访问容器，同时不向外面暴露容器类的实现细节。(事实上，多数优秀的容器类都会隐藏其内部细节，*不用*迭代器便不允许迭代访问内容。)
- 迭代器简化了迭代过程。大部分迭代器的行为和数组索引或指针相似，因此，无论构成容器的数据结构有多复杂，用户都可以编写一个简单的循环，每次把迭代器递增，并检查终止条件便可。例如，某迭代器可能使用中序 (in-order) 深度优先遍历 (depth-first traversal)，但使用起来和数组迭代一样简单。

5.3.2.1 前置递增与后置递增

读者可有留意，以上例子中的代码采用了 C++ 的*后置递增* (postincrement) 运算符 `p++`，而非*前置递增* (preincrement) 运算符 `++p`。此微小差异有时候对优化很重要。前置递增运算符*首先*对运算数递增，再传回其已修改的值；后置递增运算符则传回之前未递增的值，*然后*才递增该值。这意味着，`++p` 会在代码中产生*数据依赖* (data dependency)，CPU 必须完成递增运算后，才能在表达式中使用该变量的值。在深度流水线化的 CPU 上，这会引起流水线停顿 (stall)。另一方面，使用 `p++` 并不造成数据依赖。可立即使用变量的值，而递增运算可以稍后执行，或在其使用中并行执行。无论是哪一种执行方式，都不会在流水线中造成停顿。

当然，在 `for` 循环的“更新”表达式中 (`for(init_expr;test_expr;update_expr) { ... }`)，前置与后置递增*没有分别*。因为任何优秀的编译器都会了解到，`update_expr` 中没有使用变量的值。但当*使用*到值的时候，后置递增更优越，因为它不会造成 CPU 流水线停顿。因此，最好习惯*总是*使用后置递增，除非必须用到前置递增的语义。[1]

5.3.3 算法复杂度

为某应用场合选择容器时，要考虑容器的效能和内存特性。我们可以为每种容器的常见操作——如插入、移除、查找、排序，计算其理论效能。

我们通常把某操作的时间 T，用容器内元素数目 n 的函数表示：

---

1 此节在第 2 版中的讨论与第 1 版完全相反。我认为像指针这类原生类型，编译器应自动生成符合语义的代码，如果会造成停顿也是无法避免的，前置/后置并不会影响性能。但对于类类型，由于前置递增和后置递增是自定义的，编译器必须按前置/后置来调用重载运算函数，而后置递增需要对对象进行复制，如果这些运算函数不是内联的，编译器可能无法消除对象复制，会造成性能消耗。在类类型变量中，我建议尽量使用前置递增。——译者注

$$T = f(n)$$

我们通常不会想找出精确的函数 f, 而只对 f 的综合数量级 (order) 感兴趣。例如, 若实际的函数是以下之一:

$$T = 5n^2 + 17$$
$$T = 102n^2 + 50n + 12$$
$$T = \frac{1}{2}n^2$$

无论在何种情况下, 我们都把表达式简化至其最重要项, 上述 3 个例子都是 n^2。为了表示函数的数量级, 而非精确的等式, 我们会采用大 O 记法 (big-O notation), 写成:

$$T = O(n^2)$$

算法的数量级通常可从其伪代码 (pseudocode) 中得知。若算法的运行时间和容器中的元素数目无关, 我们称该算法为 $O(1)$ (即算法能在常数时间完成)。若算法会循环访问容器中的元素, 则每个元素被访问一次, 例如, 对无序表进行线性搜寻 (linear search), 那么我们称该算法为 $O(n)$。(注意, 就算循环可能提早结束, 仍然使用这个数量级。[1]) 若算法有两层嵌套循环 (nested loop), 每层循环可能会访问每个元素一次, 那么我们称该算法为 $O(n^2)$。若算法使用分治法 (divide-and-conquer), 例如二分搜寻 (binary search) (其中每步能消去余下元素的一半), 那么我们会预料该算法实际上最多访问 $\log_2(n) + 1$ 个元素, 因此称该算法为 $O(\log n)$。若算法执行一个子算法 n 次, 而该子算法本身是 $O(\log n)$ 的, 那么整个算法就是 $O(n \log n)$ 了。

要选择合适的容器类, 我们应观察预料中最常用的操作, 选择对那些操作有最理想效能特性的容器。最常预见的数量级, 由最快到最慢如下: $O(1)$、$O(\log n)$、$O(n)$、$O(n \log n)$、$O(n^2)$、$O(n^k)$, 其中 $k > 2$。

我们也要一并考虑容器的内存布局和内存使用特性。例如, 数组 (如 `int a[5]` 或 `std::vector`) 把元素连续地置于内存中, 而且除了存储那些元素本身, 并无额外内存开销。(注意, 动态数组需要很小的固定额外开销。) 而另一方面, 链表 (如 `std::list`) 会把元素包裹进“链节点”数据结构, 此结构含指向下一元素的指针, 也有可能有指向上一元素的指针。那么, 在 64 位机器上每个元素共有16 字节的额外开销。而且, 链表内的元素无须置于连续的内存中, 实际上一般来说都不会连续。相比分散的内存块, 连续的内存块通常更缓存友好。因此, 对于高速算法, 以缓存效能来说, 数组通常比链表优越 (除非链表的节点置于细小、连续的内存, 虽然这

1 在算法分析中, 最基本的方法是描述算法执行最坏情况时所需的时间数量级。例如, 线性搜寻的最坏情况是, 最后一个元素才符合搜寻条件, 因此称它为 $O(n)$。——译者注

种情况很少, 但也不是闻所未闻)。然而, 若插入及移除元素的速度最为重要, 那么在这些情况下仍应使用链表。

5.3.4 建立自定义的容器类

许多游戏引擎都会提供常见容器数据结构的自定义实现。此惯例在游戏机引擎及移动电话/PDA 上的游戏中尤其普遍。要自行建立容器类的各种原因如下。

- 完全掌控: 程序员能控制数据结构的内存需求、使用的算法、何时/如何分配内存等。
- 优化的机会: 某些游戏机可能有某些硬件功能, 可借助这些功能优化数据结构和算法, 或基于引擎中某个应用做出微调。
- 可定制性 (customizability): 可自行提供在第三者库不常见的功能, 如 STL。(例如, 搜寻 n 个最有关的元素, 而非单个最有关元素。)
- 消除外部依赖: 你可能不会接触到第三方库的开发团队, 若那些库出现问题, 则可能无法立即自行调试和修正, 而要等待该库的下一个发行版本。(可能等到游戏发行, 该库还没有新版本!)
- 操控并发数据结构: 当编写自己的容器类时, 你可以全权控制它在多线程或多核系统中的保护机制。例如, 顽皮狗在 PS4 平台上, 在大多数自定义并发数据结构中使用轻量级的"自旋锁"互斥量, 因为这种互斥量能很好地配合我们基于纤程 (fiber) 的任务调度系统运作。第三方的容器库也许不能给予我们这种弹性。

本书不能讲解所有数据结构, 但我们会看到游戏程序员应对容器的一些常见方法。

5.3.4.1 建还是不建

我们不会详细讨论实现所有这些数据类型的细节, 相关的专著和线上资源多得泛滥。然而, 我们会关注在哪里能取得所需的类型和算法实现。游戏引擎设计师有以下几种选择。

1. 自行建立所需的数据结构。
2. 依赖第三方的实现。常见的选择包括:
   (a) C++ 标准模板库 (STL)。
   (b) STL 的变种 (variant), 如 STLport[1]。

1 实际上, STLport 符合 ISO C++ 标准库的实现, 并加上了一些扩展, 因此译者认为这不算是 STL 变种。真正的 STL 变种, 例如有 EASTL。——译者注

(c) 强大健壮的 Boost 库。[1]

STL 和 Boost 都很有吸引力，因为它们提供了丰富且强大的容器类，包括大部分能想象得到的数据结构类型。除此以外，这两个软件包也提供强大、基于模板的*泛型算法* (generic algorithm) 套件。其中有许多常见的算法实现，例如，在容器中寻找某元素，而这些算法都能应用至几乎任何数据对象的类型。然而，这类第三方库可能并不适合某些游戏引擎。而且，就算我们决定使用第三方库，也要从 Boost、各种 STL 实现及其他第三方库中挑选。因此，我们要先花点时间研究一下每种方案的优缺点。

STL 标准模板库 (standard template library, STL) 的优势包括：

- STL 提供了丰富的功能。
- 在许多不同平台上都有尚算健壮的实现。
- 几乎所有 C++ 编译器都带有 STL。

然而，STL 也有许多缺点，包括：

- 陡峭的学习曲线。虽然文档质量不错，但大部分平台的 STL 头文件都晦涩难懂。
- 相比为某问题而打造的数据结构，STL 通常会较慢。
- 相比自行设计的数据结构，STL 几乎总会占用更多内存。
- STL 会进行许多动态内存分配。对于高性能、内存受限的游戏机游戏来说，控制 STL 的内存占用量是富有挑战性的工作。
- STL 的实现和行为在各编译器上有微小差异，增加了多平台引擎上应用 STL 的难度。

只要程序员意识到 STL 的陷阱，并且审慎地使用，STL 在游戏引擎编程中可占有一席之地。STL 比较适合 PC 上运行的游戏引擎，因为现代 PC 的高级虚拟内存系统使内存分配变得高效，而且通常也能忽略物理内存不足的可能性。但另一方面，STL 一般不适合游戏主机，因为游戏主机内存受限、缺乏高级 CPU 和虚拟内存。同时，使用 STL 的代码可能较难移植至其他平台。以下是笔者的经验法则。

- 首先，使用某 STL 类之前，要认识其效能和内存特性。
- 若认为代码中的重量级 STL 类会造成瓶颈，尝试避免使用它们。
- 占少量内存的情况下才使用 STL。例如，在游戏对象内加一个 `std::list` 是可以的，但在三维网格中的每个顶点加一个 `std::list`，则不是一个好主意。把三维网格的每个顶点加进一个 `std::list` 也并非好事，因为 `std::list` 类为每个元素动态分配细小的节点对象，会形成很多细小的内存碎片。

---

1 http://www.boost.org

- 若引擎需要支持多平台, 则笔者极力推荐使用 STLport。[1] STLport 是为了兼容多个编译器和目标平台而特别设计的, 而且比原来的 STL 实现更高效、功能更丰富。

在《荣誉勋章: 血战太平洋》(*Medal of Honor: Pacific Assault*) 的 PC 版引擎里, 大量使用了 STL。虽然 STL 曾对此游戏的帧率有影响, 但开发团队能解决这些由 STL 产生的效能问题 (主要是通过小心地限制及控制 STL 的使用)。本书经常作为例子的、流行的面向对象渲染库 OGRE, 也大量使用了 STL。这只是笔者对 STL 的看法, 读者的看法可能会不一样。笔者认为, 在游戏引擎中使用 STL 是可行的, 但必须谨慎使用。

Boost Boost 是由几位 C++ 标准委员会库工作小组成员发起的项目, 但现在已成为有大量全球贡献者的开源项目。Boost 的目标是制作一些库, 能扩展 STL 并与 STL 联合工作, 供商业或非商业使用。许多 Boost 库已纳入 C++ 标准委员会的库技术报告 (Library Technical Report, TR1), 这是跃升为未来 C++ 标准的一步。以下是 Boost 功能的简介。

- Boost 提供了许多有用但 STL 没有的功能。
- 在某些情况下, Boost 提供了替代方案, 能解决一些 STL 设计上或实现上的问题。
- Boost 能有效地处理一些非常复杂的问题, 例如智能指针。(记住, 智能指针是复杂的东西, 并且可能会严重影响性能。通常句柄是较好的选择, 详见 15.5 节。)
- 大部分 Boost 库的文档都写得很好。这些文档不单解释每个库做什么和如何使用, 很多时候还会深入探讨开发该库的设计决定、约束及需求。因此, 阅读 Boost 文档也是学习软件设计原则的好方法。

若读者已使用 STL, 那么 Boost 可作为 STL 的扩展及/或部分 STL 功能的替代品。然而, 必须注意以下列举的告诫。

- 大部分 Boost 核心类都是模板, 因此, 使用多数 Boost 功能时只需要包含一些头文件。然而, 有些 Boost 库会生成颇大的.lib 文件, 可能不适合非常小型的游戏项目。
- 虽然全球规模的 Boost 社区是极好的支援网络, 但 Boost 库并不提供任何保证。若读者碰到 bug, 你的团队有最终责任去避开问题或修正 bug。
- 不保证支持向后兼容。
- Boost 库是按 Boost 软件许可证发布的。若在引擎中使用, 请小心阅读许可证内容。[2]

Loki C++ 编程中有一个比较深奥的分支, 称为*模板元编程* (template metaprogramming, TMP)。TMP 的核心概念是利用编译器做一些通常在运行时才会做的工作, 它运用 C++ 模板

1 http://www.stlport.org
2 http://www.boost.org/more/license_info.html

功能诱使编译器做一些原本并非为此而设的事情。这促使 TMP 成为出奇强大又有用的工具。

至今，最知名且可能是最强大的 C++ TMP 库是 Loki。Loki 由 Andrei Alexandrescu 设计及实现 (可参考其个人网站[1])，而 Loki 可从 SourceForge 获取[2]。

Loki 极其强大，其迷人的代码也是值得学习的。然而，在实际应用时，Loki 有两大缺点：(a) 它的代码可能让人望而生畏，难以使用及全面理解；(b) 有些元件依赖某些编译器的“副作用”行为，必须细心调整才能应用在新的编译器上。因此，使用 Loki 较为棘手，而且相比其他“较不极端的”库来说，其移植能力较弱。Loki 不适合胆小者。话虽如此，就算不使用 Loki 本身，一些 Loki 概念，例如基于原则的设计 (policy-based design)，也可应用到任何 C++ 项目中。笔者极力推荐所有软件工程师阅读 Andrei 的开创性著作《C++ 设计新思维》(*Modern C++ Design*)[2]，Loki 库诞生于此书。

5.3.4.2 动态数组和大块分配

在游戏编程中，经常大量使用 C 风格的固定大小的数组，因为这种数组无须内存分配，连续且对缓存友好。数组的常用操作，例如添加数据和查找，也是非常高效的。

当数组的大小不能在编译时决定时，程序员会倾向转用链表或动态数组。若我们想维持固定大小数组的效能和特性，则通常会选用动态数组作为数据结构。

实现动态数组的最简单方法是，在开始时分配 n 个元素的缓冲区；当缓冲区已含有 n 个元素，再加入新元素时，就把缓冲区扩大。这将带来固定大小数组的优良效能特性，但又去除了元素上限。扩大缓冲区的实现方法为，分配一个更大的新缓冲区，再把原来的数据复制过去，最后释放原来的缓冲区。增加的大小按规则而定，可以每次增加 n 个元素，也可以每次把原来的元素数量加倍。笔者遇到的大多数实现都只会扩大而不会缩小 (一个值得关注的例外是，当把数组清空为 0 个元素时，有些实现可能会释放缓冲区，有些不会)。因此，数组的大小成为一种“高水位线”。STL 的 `std::vector` 类就是如此运作的。[3]

若能为数据设立一个高水位线，最好当然是在引擎开始时就分配该大小的缓冲区。扩大动态数组时由于要分配内存及复制数据，其代价可能非常高。它对效能的影响视缓冲区大小而定。扩大缓冲区时，释放旧缓冲区也会导致内存碎片。因此，和其他需要分配内存的数据结构一样，使用动态数组时也要十分审慎。动态数组在开发期可能是最优选择，因为当时还未能确

---

1 `http://www.erdani.org`

2 `http://loki-lib.sourceforge.net`

3 在 STL 中，一个 `std::vector<T> v` 变量可以使用以下常用方法将之缩小：`std::vector<T>(v).swap(v)`。——译者注

定缓冲区所需的大小。当能确定适当的内存预算时，就可以把动态数组改为固定大小的数组。[1]

5.3.4.3 链表

在选择数据结构时，若主要考虑因素并非内存的连续性，而是希望能在任何位置高效插入及移除元素，那么链表是常见之选。实现链表的难度不高，但不小心的话仍然会出错。要实现健壮的链表，本节会介绍一些提示和窍门。

链表基础 链表是非常简单的数据结构。链表中的每个元素都有指针指向下一个节点；在双向链表 (doubly-linked list) 中，每个元素还有指针指向上一个节点。这两种指针称为链接 (link)。为了跟踪整个链表，还需要另一对称为头 (head) 和尾 (tail) 的指针，分别指向首节点和末节点。

在双向链表中插入新节点时，必须把前一节点的"后节点指针"，以及后一节点的"前节点指针"，都改为指向新节点，并且还要相应更改新节点中的两个指针。共有 4 种情况要处理。

- 在空链表中加入节点。
- 在首节点前加入节点。
- 在末节点后加入节点。
- 在链表内部插入节点。

图 5.8 说明了这 4 种情况。

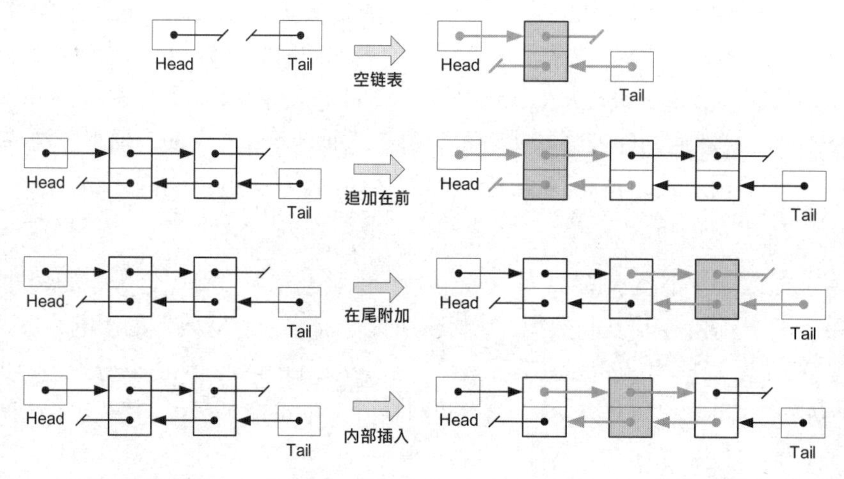

图 5.8 把元素加入链表时必须处理 4 种情况：空链表、追加在前、在尾附加及内部插入

1 建议读者真的要用固定大小数组替代动态数组时，自行建立一个兼容 `std::vector` 接口的模板。——译者注

移除节点也涉及类似的操作, 必须改动要移除节点及其前后节点中的指针。移除节点也有 4 种情况: 移除首节点、末节点、内部节点, 以及移除链表中只有一个节点的情况 (即清空链表)。

节点数据结构 实现链表的代码并不是特别难写, 只是容易出错。因此, 编写一个能管理任何元素类型的通用链表, 一般来说是一个好主意。要这么做, 首先要把元素的数据结构和存储链接 (即“后节点指针”和“前节点指针”) 的数据结构分开。链表节点的数据结构一般是简单的 struct 或 class, 通常命名为 Link、Node、LinkNode 之类, 并会以元素类型作为模板参数。一般是这样的:

```
template< typename ELEMENT >
struct Link
{
    Link<ELEMENT>*  m_pPrev;
    Link<ELEMENT>*  m_pNext;
    ELEMENT*        m_pElem;
};
```

外露式表 外露式表 (extrusive list) 是一种链表, 其节点数据结构完全和元素的数据结构分离。每个节点含指针指向元素, 如上述的例子。当要在链表内加入元素时, 要为该元素分配一个节点, 并适当地设置元素指针、前节点指针和后节点指针。移除元素时, 就能释放其节点。

外露式设计的优点是, 一个元素能同时置于多个链表中, 只需为每个链表分配独立的节点, 指向该共享元素。而其缺点是, 必须动态分配节点。许多时候, 会使用池分配器 (见 5.2.1.2 节) 分配节点, 因为每个节点是同等大小的 (在 32 位机器上是 12 字节)。由于池分配器有高效及避免内存碎片的特性, 因此在此应用中是极佳选择。[1]

侵入式表 侵入式表 (intrusive list) 是另一种链表, 其节点的数据结构被嵌进目标元素本身。此方式的最大好处是无须再动态分配节点, 每次分配元素时已“免费”获得节点。例如, 可以把元素类编成这样:

```
class SomeElement
{
    Link<SomeElement>  m_link;

    // 其他成员
}
```

1 STL 的所有容器都是外露式的。——译者注

也可从 Link 类派生元素类。这样使用继承, 和把一个 Link 对象作为类的第 1 个元素, 几乎是等价的。但使用继承有额外的好处, 就是可以把节点指针 (Link<SomeElement>*) 向下转型至指向元素本身的指针 (SomeElement*)。这意味着我们能消去节点中指向元素的指针。以下是 C++ 中的一个可行设计:

```
template< typename ELEMENT >
struct Link
{
    Link<ELEMENT>*  m_pPrev;
    Link<ELEMENT>*  m_pNext;
    // 由于继承的关系,无须 ELEMENT* 指针
}

class SomeElement : public Link<SomeElement>
{
    // 其他成员
};
```

侵入式表的最大缺点在于, 每个元素不能同时置于多个链表中 (因为每个元素只有一个节点数据)。若要把元素同时加进 N 个链表, 可在元素中加入 N 个节点成员 (但此情况下就不能使用继承方式了)。然而,N 的值必须事先固定, 所以侵入式表并不及外露式表有弹性。

选择外露式表还是侵入式表, 要看实际应用以及操作上的限制。若不惜一切代价都要避免动态内存分配, 那么侵入式表大概是最佳的选择。若能负担得起池分配的开销, 则外露式表可能更适合。有时候, 二者中只有唯一的可行方案。例如, 我们希望在链表中存储一些实例, 而这些实例的类是来自第三方库的, 若不能或不想修改该库的源码, 外露式表便会成为唯一选择。

头尾指针: 循环链表 完整的链表实现还必须提供头尾指针。最简单的做法是把这两个指针包装成为一个独立的数据结构, 例如称为 LinkedList, 如下所示:

```
template< typename ELEMENT >
class LinkedList
{
    Link<ELEMENT>*  m_pTail;
    Link<ELEMENT>*  m_pHead;

    // 操作列表的成员函数
};
```

读者可能会发现,LinkedList 和 Link 的区别并不大, 两者都各含一对指向 Link 的指针。我们会发现, 使用 Link 类管理头尾指针 (如以下代码), 有一些显著的好处。

```
template< typename ELEMENT >
class LinkedList
{
    Link<ELEMENT>    m_root;      // 包含头和尾

    // 操作列表的成员函数
};
```

嵌入的 m_root 成员是一个 Link, 如同链表中的其他 Link (除了 m_root.m_pElement 一直会是 NULL)。如图 5.9 所示, 这样会形成一个循环, 故称为循环链表 (circular linked list)。换句话说, 链表中"真正的"最后节点的 m_pNext 指针和"真正的"首个节点的 m_pPrev 指针, 都会指向 m_root。

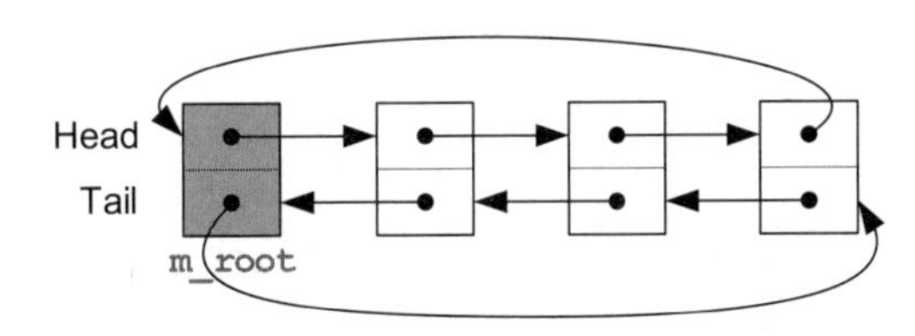

图 5.9 把头尾指针存储于节点中就能实现循环链表。这样可以简化实现, 并有其他好处

相比先前使用两个独立头尾指针的设计, 此设计更优, 因为它能简化插入及移除元素的逻辑。要明白其中的奥妙, 先看在独立头尾指针设计中移除元素的代码:

```
void LinkedList::remove(Link<ELEMENT>& link)
{
    if (link.m_pNext)
        link.m_pNext->m_pPrev = link.m_pPrev;
    else
        m_pTail = link.m_pPrev; // 正在移除链表中的末元素

    if (link.m_pPrev)
        link.m_pPrev->m_pNext = link.m_pNext;
    else
        m_pHead = link.m_pNext; // 正在移除链表中的首元素
```

```
    link.m_pPrev = link.m_pNext = NULL;
}
```

若使用 m_root 的设计，则代码会变得稍微简单一些：

```
void LinkedList::remove(Link<ELEMENT>& link)
{
    // link 必然为链表中的成员
    ASSERT(link.m_pNext ! = NULL);
    ASSERT(link.m_pPrev ! = NULL);

    link.m_pNext->m_pPrev = link.m_pPrev;
    link.m_pPrev->m_pNext = link.m_pNext;

    // 这么做表示link已不属任何链表了
    link.m_pPrev = link.m_pNext = NULL;
}
```

以上代码中的粗体部分揭示了循环链表的另一优点：节点的 m_pPrev 和 m_pNext不会为空指针，除非该节点不属于任何链表（即该节点并未被使用）。这能简单检测节点是否属于一个链表。

再来对比独立头尾指针的设计，在该设计的链表中，首节点的 m_pPrev 必然是空指针，末节点的 m_pNext 亦然。若链表中只有一个节点，其两个指针都会是空指针。那么，就不能单凭节点本身，得知它是否已隶属一个链表。

单向链表 单向链表（singly-linked list）中的节点只有后节点指针而没有前节点指针。（整个链表可能同时有头尾指针，或只有头指针。）此设计明显地能节约内存，但其代价在于插入或移除元素。由于没有 m_pPrev 指针，所以需要从头遍历才能找到前节点，才能适当地更新其 m_pNext 指针。因此，双向链表的移除操作是 $O(1)$，而单向链表的则是 $O(n)$。[1]

这固有的插入及移除代价通常是难以承受的，因此大多数链表都是双向的。然而，若读者肯定只会加入或移除链表的首元素（例如用来实现堆栈），或只会加入首元素并移除末元素（例如用来实现队列，并且链表同时含头尾指针），那么便可避开单向链表的问题，并节省一些内存。

1 在单向链表中，虽然移除某一节点的复杂度是 $O(n)$，但移除某节点的下一节点则是 $O(1)$。因此，在设计单向链表类时，可加入 removeAfter(Link<ELEMENT>& link) 这类 API，并在应用时尽量使用。单向链表的最大缺点在于不能高效地逆向遍历。——译者注

5.3.4.4 字典和散列表

字典是由键值对组成的表。在字典中，用键能快速查找出对应的值。键和值可以是任何数据类型。[1]此类数据结构通常是使用二叉查找树或散列表来实现的。

在二叉树的实现中，键值对存储在二叉树的节点里，而整棵树则是按键值排序节点的。用键查找值时，需要 $O(\log n)$ 的二分查找操作。

在散列表的实现中，所有值存储于固定大小的表里，表中的每个位置表示一个或多个键。要插入键值对时，首先要把键转换为整数形式 (若键原本并非整数)，此转换过程称为*散列* (hashing)。然后，把散列后的键*模除* (modulo) 表的大小来求得表的索引。最后，把键值对存储在该索引的位置上。模除运算 (C/C++ 中的 `%`) 可以用来计算整数键除以表的大小后得出的余数。所以，若散列表有 5 个位置，键是 3 的话就会存储至索引 3 的位置 (`3 % 5 == 3`)，键是 6 的话就会存储至索引 1 的位置 (`6 % 5 == 1`)。若无碰撞发生，用键查找散列表的复杂度为 $O(1)$。

碰撞：开放和闭合散列表 有时候，两个或以上的键会占用散列表的同一位置，此情况称为*碰撞* (collision)。有两种基本方法解决碰撞，这两种方法引申出两种散列表。

- *开放式散列* (open hashing)[2]：在开放式散列表中 (见图 5.10)，在碰撞发生时，多个键值对会存储在同一位置，这些键值对通常以链表形式存储。此方法容易实现，并且存储于表中的键值对数目并无上限。然而，每次对这种散列表加入新键值对时都要动态分配内存。
- *闭合式散列* (closed hashing)[3]：在闭合式散列表中 (见图 5.11)，解决碰撞的方法是进行*探查* (probing) 过程，直至找到空位。(“探查”是指使用明确定义的算法找出空位。) 此方法比较难实现，并且必须要设定表的键值对数目上限 (因为每个位置只能存储一个键值对)。但其主要优点为，所需内存是固定的，散列表建立之后不用再分配动态内存。因此，这种散列表通常是游戏机引擎的好选择。

散列法 散列法 (hashing) 是把任意数据类型的键转换为整数的过程，该整数模除表的大小就能求得表的索引。数学上可以表示为，给定键 k，我们希望可以使用散列函数 (hash function) H，产生整数散列值 h，然后再求出表的索引 i，如下所示：

$$h = H(k)$$
$$i = h \bmod N$$

---

1 其实也有一些限制，例如在二叉查找树的实现中，键类型必须是可比较的 (comparable)，并且键集为全序关系 (total order)。而散列表中的键类型必须提供散列函数，把键转换为整数形式。——译者注

2 开放式又名分离链式 (separate chaining)。——译者注

3 非常容易混淆的是，闭合式散列又名为开放定址 (open addressing)。——译者注

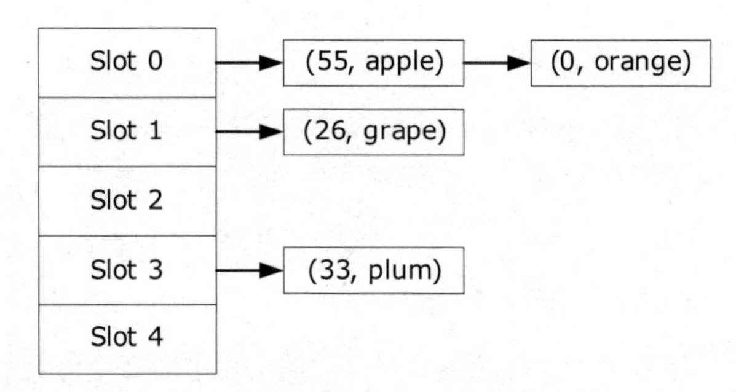

图 5.10 开放式散列

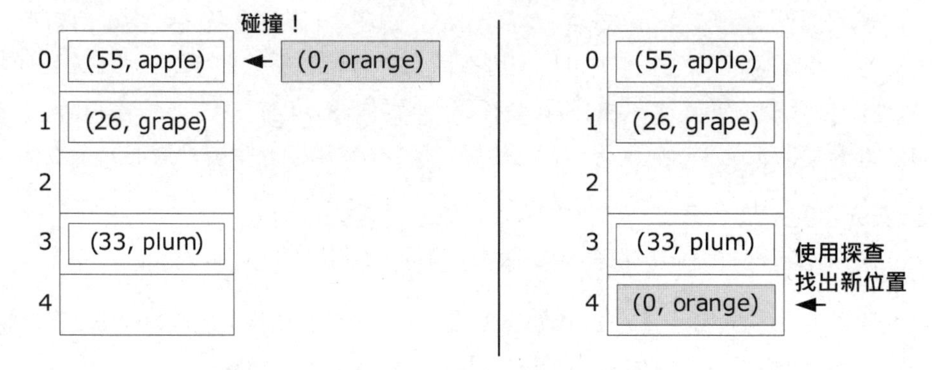

图 5.11 闭合式散列

其中 N 是表的位置数目, 而 mod 表示模除运算, 即求 h 整除 N 的余数。

若键本身为整数类型, 则散列函数可以是恒等函数 $H(k) = k$。若键为 32 位浮点数类型, 则散列函数可以仅把其位模式 (bit pattern) 诠释为 32 位整数。

```
U32 hashFloat(float f)
{
    union
    {
        float m_asFloat;
        U32   m_asU32;
    } u;

    u.m_asFloat = f;
    return u.m_asU32;
}
```

若键为字符串, 就要使用字符串散列函数, 把字符串中所有字符的 ASCII 或 UTF 码合并为单个 32 位整数。

散列函数的质量对散列表的效能极为重要。优秀的散列函数，是指那些能把所有有效键平均分布至整个散列表的函数，从而能使碰撞机会降至最低。散列函数的运算时间也要短。另外，散列函数必须是*决定型的* (deterministic)，换言之，每次相同的输入都会产生完全相同的输出。

字符串可能是读者最常会遇到的键类型，所以了解一些优秀的字符串散列函数特别有用。以下是几个优秀的算法。

- LOOKUP3，由 Bob Jenkins 开发。[1]
- 循环冗余校验 (cyclic redundancy check) 函数，例如 CRC32。[2]
- 信息摘要算法 5(message-digest algorithm 5, MD5) 是密码中用的散列函数，它能产生极好的结果，但其运算成本比较高。[3]
- Paul Hsieh 的文章[4]列出了一些其他优秀选择。

实现闭合散列表 在闭合散列表中，键值对直接存储于表里，而非存储于每个位置的链表中。此方法使程序员能预先定义散列表所用到的精确内存量。[5]要解决碰撞问题 (即两个键映射到相同的位置)，就要使用*探查法*。

最简单的探查法是*线性探查* (linear probing)。假设散列函数产生了表索引 i，但该位置已被占，那么线性探查法就继续去找 $(i+1)$、$(i+2)$ 等位置，直至找到空的位置 (到了 $i=N$ 时就把索引设到表的始端)。另一种线性探查的变体是交替向前和向后搜索，即 $(i+1)$、$(i-1)$、$(i+2)$、$(i-2)$，以此类推，记得要对产生的索引用模除法使其符合表的有限范围。

线性探查往往使键值对聚集成群。要避免产生这些集群，可使用名为*二次探查* (quadratic probing) 的算法。从已占位置索引 i 开始，探查数列 $i_j = i_j \pm j^2, j = 1, 2, \cdots$。换言之，即探查 $(i+1^2)$、$(i-1^2)$、$(i+2^2)$、$(i-2^2)$，以此类推。记得同样要对产生的索引用模除法使其符合表的有限范围。

在使用闭合散列时，把散列表设为*质数大小*是一个好主意。结合使用质数大小的表和二次探查，往往能得出表位置的最佳覆盖，并有最少的集群。详见此讨论[6]中，为何质数大小的表更可取。

---

1 http://burtleburtle.net/bob/c/lookup3.c

2 http://en.wikipedia.org/wiki/Cyclic_redundancy_check

3 http://en.wikipedia.org/wiki/MD5

4 http://www.azillionmonkeys.com/qed/hash.html

5 同动态数组，闭合散列表也可以实现动态扩大及缩小。只需要建立一个新大小的散列表，把原有散列表中的键值对重新加到新散列表。由于键会重新进行散列，因此其分布会和旧的完全不同。——译者注

6 http://stackoverflow.com/questions/1145217/

5.4 字 符 串

字符串 (string) 在所有软件项目中无处不在, 在游戏引擎中也不例外。表面上, 字符串看似只是一个简单基本的数据类型, 但当读者开始在项目中应用字符串时, 很快便会发现大量的设计问题和限制, 其中每个设计决定都要仔细斟酌。

5.4.1 字符串的使用问题

首先, 最基本的问题是, 如何在程序中存储和管理字符串。在 C 和 C++ 中, 字符串甚至不是一个原子数据类型, 而是实现为字符数组。面对可变长度的字符串, 若不是硬设置字符串的长度限制, 就必须动态分配内存作为字符串缓冲区。C++ 程序员通常不直接处理字符数组, 而较喜欢使用字符串类。那么, 该用哪一个字符串类呢? STL 提供了不错的字符串类, 但若读者已决定弃用 STL, 便免不了要自己重新实现。

另一个与字符串相关的问题是本地化 (localization)——更改软件以发布其他语言的过程。这也称为国际化 (internationalization), 或简称 I18N。[1]对每个向用户显示的字符串, 都要事先翻译为需要支持的语言。(在程序内部使用、永不显示于用户面前的字符串, 当然无须本地化。) 除了通过使用合适的字体 (font), 为所有支持语言准备字符字形 (character glyph), 游戏还需要处理不同的文本方向 (text orientation)。例如, 传统中文文本是竖排的而非横排的 (虽然现代中文与日文常写成从左至右横排), 一些文字如希伯来文是由右至左阅读的。游戏还需要优雅地处理译文比原文长很多或短很多的情况。

最后, 需要知道, 游戏引擎内部还会使用一些字符串, 用作资源文件名、对象标识符等用途。例如, 当游戏设计师设计一个关卡时, 允许他为关卡中的对象命名, 是非常方便的, 例如, 把一些对象命名为"玩家摄像机""敌方-坦克-01""爆炸触发器"等。

如何处理这些内部字符串, 在对游戏的性能举足轻重。因为在运行期操作字符串本身的开销不菲。比较或复制 `int` 或 `float` 数组, 可使用简单的机器语言指令完成。然而, 比较字符串需要复杂度为 $O(n)$ 的字符数组遍历 (n 为字符串的长度), 例如使用 `strcmp()`。复制字符串也需要复杂度为 $O(n)$ 的内存遍历, 这还未考虑需要为复制分配内存。[2]笔者曾参与过一个项目, 从剖析游戏的性能中发现, `strcmp()` 和 `strcpy()` 是其中两个开销最大的函数! 之后

1 因 I 和 N 之间有 18 个字母。同样地, 本地化也简称为 L10N。——译者注

2 其实, `int` 和 `float` 数组比较或复制的复杂度也是 $O(n)$。字符串操作之所以相对较慢, 在于其长度可变。C/C++ 中常用的字符串是空结尾字符串 (null-terminated string), 相关的操作如 `strcmp()` 和 `strcpy()` 都要检测扫描中的字符是否为空字符 ('\0'), 因此通常比 `memcmp()` 和 `memcpy()` 慢。——译者注

我们改进程序, 避免了不必要的字符串操作, 并使用本节介绍的一些技巧, 最终从性能剖析中剔除了这两个函数, 并令游戏的帧速率显著提升。(笔者也从多个工作室的开发者那里听到过类似的故事。)

5.4.2 字符串类

字符串类大大方便了程序员使用字符串。然而, 字符串类含有隐性成本, 在性能分析之前难以预料。例如, 用 C 风格字符数组形式把字符串传递给函数时, 过程非常迅速, 因为这通常只需把字符串首字符的地址存于寄存器再传递过去即可。然而, 传递字符串对象时, 若函数的声明或使用不恰当, 可能会引起一个或多个拷贝构造函数的开销。[1] 复制字符串时可能涉及动态内存分配, 这会导致一个看似无伤大雅的函数调用, 最终可能花费几千个机器周期。

因此, 作者在游戏编程中一般会避免使用字符串类。然而, 若读者强烈希望使用字符串类, 在选择或实现字符串类时, 请务必查明其运行性能特性是否在可接受的范围, 并让所有使用它的程序员知悉其开销。了解你的字符串类: 它是否把所有字符缓冲区当作只读的? 它是否使用了写入时复制 (copy-on-write) 优化 (参考维基百科[2])? 在 C++11 中, 它有没有提供移动构造函数? 一个经验法则是, 经常以参考形式传递对象, 不要以值来传递 (因为后者通常会导致调用拷贝构造函数)。尽早剖析代码的性能, 并确定字符串不是掉帧的主要原因。

笔者认为, 在一种情况下有理由使用专门的字符串类, 这便是存储和管理文件系统路径。假设有一个 `Path` 类, 相比原始 C 风格字符数组, 可以加入很多有意义的功能。例如, `Path` 类能提供函数从路径中提取文件名、文件扩展名或目录。它也可以隐藏操作系统之间的差异, 如自动转换 Windows 风格的反斜线至 UNIX 风格的正斜线, 或其他操作系统的路径分隔符 (path separator)。以跨平台方式撰写这种 `Path` 类在游戏引擎中是很有价值的。(关于这方面的细节详见 6.1.1.4 节)

5.4.3 唯一标识符

在任何虚拟游戏中, 游戏对象都需要某种唯一标识方法。例如,《吃豆人》里的游戏对象可能被命名为“pac_man”“binky”“pinky”“inky”“clyde”等。使用唯一标识符 (unique identifier), 游戏设计师便能逐一记录组成游戏世界的无数个对象, 而在运行时, 游戏引擎也能

---

1 字符串对象以值传递 (pass by value) 时需要调用拷贝构造函数。若采用以引用传递 (pass by reference) 或以地址传递 (pass by address) 则不会有这个开销。——译者注

2 `http://en.wikipedia.org/wiki/Copy-on-write`

凭借唯一标识符寻找和操控游戏对象。此外,组成游戏对象的资产 (asset),如网格、材质、纹理、音效片段、动画等,也需要唯一标识符。

字符串看似是这类标识符的天然选择。游戏资产通常存储为磁盘上的个别文件,因此它们通常可以用路径作为唯一标识符,而路径理所当然是字符串。游戏对象是由游戏设计师创建的,游戏设计师也顺理成章会为对象指派一个清晰明了的名字,而不希望记忆一些整数的对象索引,如 64 位或 128 位全局唯一标识符 (globally unique identifier, GUID)。然而,比较标识符对游戏运行速度有极大的影响,`strcmp()` 完全不能达到要求。我们要找到一些方法,“既要鱼,又要熊掌”[1]——既有字符串的表达能力和弹性,又要有整数操作的速度。

5.4.3.1 字符串散列标识符

把字符串进行*散列* (hash) 是好方法。如之前提及,散列函数能把字符串映射至半唯一整数。字符串散列码能如整数般比较,因此其比较操作很迅速。若把实际的字符串存于散列表,那么就可以凭散列码取回原来的字符串。这在调试时非常有用,并且可以把字符串显示在屏幕上或写入日志文件中。游戏程序员常使用*字符串标识符* (string id) 一词指代这种散列字符串。虚幻引擎则称之为 name (由 `FName` 类实现[2])。

如同许多散列系统,字符串散列也有*散列碰撞*的机会 (即两个不同的字符串可能有相同的散列值)。然而,若有恰当的散列函数,则我们可以保证,游戏中可能用到的合理字符串输入不会造成碰撞。毕竟,32 位散列码能表示超过 40 亿个值。因此,若散列函数能在此广阔范围中平均分布字符串,则很少有机会产生碰撞。在顽皮狗开发《神秘海域》和《最后生还者》的 7 年中,只出现过几次碰撞。当出现碰撞时,修正方法是简单地更改一下字符串 (如在其中一个字符串末加上“2”或“b”,或是采用完全不同的同义字符串)。[3]

5.4.3.2 一些关于实现的想法

在概念上,用散列函数使字符串产生字符串标识符十分容易。然而实际上,何时去计算散列是一个问题。多数采用字符串标识符的游戏引擎会在运行时进行散列。在顽皮狗,我们允

---

1 原文使用英文谚语“have a cake and eat it too”,直译是既要保留蛋糕,又要吃掉它。——译者注

2 虚幻的 `FName` 采用的方式和上述有些差别。虚幻把不同的 `FName` 对象存储在一个全局数组里,而每个 `FName` 对象存储了它置于数组中的索引。另设一个全局散列表将字符串映射至数组里的 `FName` 对象。两个 `FName` 对象比较时,使用索引比较,而不是散列码,因此不会出现下文所述的散列碰撞问题。另外,`FName` 对象在构建以后,可以直接取得原来的字符串,而不需要使用散列码取回原来的字符串。——译者注

3 根据著名的“生日问题 (birthday problem)”,散列产生碰撞的概率是很高的。例如,用 32 位散列 77,000 次,则含至少一次碰撞的概率已达 50%。译者建议设计时应允许碰撞,并使用如 `FName` 的方式,使用唯一索引做比较。关于生日问题对于散列的影响可参考 `http://en.wikipedia.org/wiki/Birthday_attack`。

许在运行时进行散列，但也使用简单工具去预处理源代码，把每个 SID（任何字符串）的宏直接翻译为相对的散列值。这么做，任何整数常数能出现的地方，都可以使用字符串标识符，包括 switch 语句中 case 标签的常数。（在运行时调用函数产生的字符串标识符并非常数值，所以不能用于 case 标签。）

从字符串产生字符串标识符的过程，有时候称为*字符串扣留*（string interning），因为此过程除了会散列字符串，还会把它加进一个全局字符串表里。那么就能以散列值取回原来的字符串。另外，在工具中也可以加入把字符串散列为字符串标识符的能力，那么其产生的数据，在送交引擎前，其中的字符串便能被散列了。

字符串扣留的主要问题是其速度缓慢。首先要对字符串进行散列，这本身已是昂贵的操作，尤其是在扣留大量字符串的时候。此外，需要为字符串分配内存，并复制至查找表中。因此（若不是在编译时产生字符串标识符），最好只对字符串扣留一次，并把结果存储备用。例如，以下首段代码比第二段代码好，因为第二段每次调用函数 f() 都会不必要地重新扣留字符串。

```
static StringId    sid_foo = internString("foo");
static StringId    sid_bar = internString("bar");

// …

void f(StringId id)
{
    if (id == sid_foo)
    {
        // 处理 id == "foo" 的情况
    }
    else if (id == sid_bar)
    {
        // 处理 id == "bar" 的情况
    }
}
```

下面的方式则低效得多：

```
void f(StringId id)
{
    if (id == internString("foo"))
    {
        // 处理 id == "foo" 的情况
```

```
    }
    else if (id == internString("bar"))
    {
        // 处理 id == "bar" 的情况
    }
}
```

以下是 internString() 的实现方式之一:

```
// stringid.h
typedef U32 StringId;

extern StringId internString(const char* str);

// stringid.cpp
static HashTable<StringId, const char*> gStringIdTable;

StringId internString(const char* str)
{
    StringId sid = hashCrc32(str);

    HashTable<StringId, const char*>::iterator it =
        gStringIdTable.find(sid);

    if (it == gStringTable.end())
    {
        // 此字符串未被加入表里,把它加入表
        // 记得要复制字符串,以防原来的字符串是动态分配的并将被释放
        gStringTable[sid] = strdup(str);
    }

    return sid;
}
```

虚幻引擎采用的另一种思想是, 把字符串标识符和相应的 C 风格字符串包装进一个细小的类。在虚幻引擎中, 此类名为 FName。

利用调试内存存储字符串 当采用字符串标识符时, 字符串本身只供开发人员使用。在发行游戏时, 那些字符串几乎是不需要的——游戏本身应只使用字符串标识符。因此, 可以把

字符串表放在零售版游戏不会使用的内存空间里。例如, PS3 开发机有 256MiB 的零售版内存 (retail memory), 加上 256MiB 额外的“调试版”内存 (debug memory), 后者不存在于零售版的游戏机中。若把字符串置于调试内存中, 就不用担心其内存印迹影响最终版的游戏。(我们必须小心编写生产代码, 永不依赖那些字符串!)

5.4.4 本地化

把游戏 (或任何软件项目) 本地化是一件艰巨的任务。这种任务最好在项目开始时就规划好, 制定每个开发阶段的本地化工作。然而, 有时候事与愿违。以下一些提示, 有助于规划游戏引擎项目的本地化工作。关于软件本地化的深入讨论, 可参阅参考文献 [29]。

5.4.4.1 Unicode

多数说英语的开发者的最大问题是, 他们自小认定字符串是 8 位 ASCII 字符码数组[1] (即基于 ASCII[2]标准的字符)。ASCII 字符串对于只有少量字母的语言 (如英文) 是没问题的。但对于含大量字符的语言, 其字形 (glyph) 和英语的 26 个字母完全不同, ASCII 字符串便无能为力了。针对 ASCII 标准所限, Unicode 应运而生。[3]

Unicode 背后的基本概念是, 把全球每个常用语言中的每个字符或字形赋与一个唯一的十六进制*码点* (code point)。当在内存中存储字符串时, 我们会选择某一种*编码* (encoding) (即码点的表示方式), 然后根据这些规则去编排内存中的位序列以表示字符串。UTF-8 和 UTF-16 是两种常见的编码。读者应按需要选择特定编码标准。[†]

现请读者暂时放下本书, 先阅读 Joel Spolsky 的文章《每位软件开发者都绝对必知的 Unicode 及字元集知识 (没有借口!)》(*The Absolute Minimum Every Software Developer Absolutely, Positively Must Know About Unicode and Character Sets (No execuses!)*[4]。(读完后可继续阅读本书!)

UTF-32[†] UTF-32 是最简单的 Unicode 编码。在此编码中, 每个 Unicode 码点都被编码成一个 32 位 (4 字节) 值。此编码浪费很多空间, 原因有二。第一, 多数西欧语言的字符串不

1 ASCII 只有 128 个字符, 应该只是 7 位。——译者注

2 从这里开始, 原文采用 ANSI 一词, 应该是指 Windows 上的 Windows-1252 编码, 它含有 256 个字符, 所以其实不应混淆 ANSI 和 ASCII, 译者做出修正。——译者注

3 Unicode 的中文名称有统一码、万国码、单一码、标准万国码。为避免混淆, 此处采用英文原名。——译者注

4 `http://joelonsoftware.com/articles/Unicode.html`。中文译本在 `http://local.joelonsoftware.com/wiki/The_Joel_on_Software_Translation_Project:%E8%90%AC%E5%9C%8B%E7%A2%BC`。

会用到任何高数值的码点, 因此平均而言至少浪费 16 位 (2 字节)。第二, Unicode 码点的最大值为 0x10FFFF, 因此即使用们创建一个包含所有 Unicode 字形的字符串, 也只需要每字符 21 位, 而非 32 位。

然而, UTF-32 最有利的地方在于简单。它是*固定长度* (fixed-length) 的编码, 即每个字符在内存中都占相同的空间 (准确地说是 32 位)。因此, 要计算 UTF-32 字符串的长度, 只需把其字节大小除以 4。

UTF-8 在 UTF-8 编码中, 每个字符的码点以 8 位 (1 字节) 的粒度存储, 但有些码点占多于 1 字节的空间。因此 UTF-8 字符串所占的字节数量不一定等于其长度 (字符个数)。此称为*可变长度* (variable-length) 编码或*多字节字符集* (multibyte character set, MBCS), 因为字符串中的每个字符占 1 至多个字符的存储空间。[1]

UTF-8 的优点之一是向后兼容 ASCII 编码。可以向后兼容, 是因为前 127 个 Unicode 码点在数值上是对应旧 ASCII 字符码的。这意味着, 所有 ASCII 字符在 UTF-8 中会表示为刚好 1 字节, 并且 ASCII 字符的字符串不须修改便可被当作 UTF-8 字符串使用。

对于高数值的码点, UTF-8 标准使用多个字节来表示。在每个多字节字符中, 其首字节的最高位为 1 (即其值在 128~255 之间)。这种高数值字节不会出现于 ASCII 字符串, 因此要分辨单字节字符和多字节字符时, 并不会出现歧义。

UTF-16 UTF-16 标准采用较简单但更昂贵的方法进行编码。在 UTF-16 中, 每个字符都使用一个或两个 16 位值。UTF-16 被称为宽字符集 (wide character set, WCS), 因为每个字符至少是 16 位宽, 因此有别于“通常”的 ASCII `char` 及 UTF-8 字符。[2]

在 UTF-16 中, 所有 Unicode 码点被分到 17 个*平面* (plane), 每个平面含有 2^{16} 个码点。首个平面被称为*基本多文种平面* (basic multilingual plane, BMP)。它含有众多语言中最常用到的码点。因此多数 UTF-16 字符串可以完全用 BMP 中的码点表示, 也就是这种字符串内的每个字符都是单个 16 位数值。然而, 若字符串中含有其他平面 (称为*补充平面*, supplementary plane) 的字符, 那些字符就要表示为两个连续的 16 位数值。[†]

UCS-2 (2 字节通用字符集) 编码是 UTF-16 编码的有限子集,仅使用基本多文种平面。因此, 它不能表示大于 0xFFFF 的 Unicode 码点。这样简化了格式, 因为每个字符保证为刚好 16

1 Unicode Character Set (UCS) 和 Multibyte Character Set (MBCS) 是不同的字符集。UCS 的目标是以一套字符集包含各种文字, 因此其编码 (如 UTF-8、UTF-16) 允许在同一个字符串里包含中、日、韩等字符。而 MBCS 是指一些使用多于 1 字节的字符集, 例如 GBK、Big5、Shift-JIS 等, 通常不能实现多国文字混合使用。——译者注

2 “宽”是指每字符占多于 8 位, 在 Windows、Java 和 .Net 里都定义为 16 位, 但在一些 UNIX 中定义为 32 位。——译者注

位 (2 字节)。换言之, UCS-2 是一种固定长度的字符编码, 而 UTF-8 和 UTF-16 为可变长度编码。†

若我们预先知道一个 UTF-16 字符串仅使用到 BMP (或我们在处理 UCS-2 编码的字符串时), 要计算字符串中的字符数目, 只需把其字节数目除以 2。当然, 如果 UTF-16 字符串含有补充平面字符, 这种方法就不行了。†

注意, UTF-16 编码可能为小端或大端 (见 3.2.1.6 节), 视目标 CPU 的原生字节序而定。当把 UTF-16 存储在磁盘中时, 常会在文本数据前插入一个字节序标记 (byte order mark, BOM), 它表示每个 16 位字符是用小端或大端存储的。(当然 UTF-32 编码字符串数据亦然。)†

5.4.4.2 char 与 wchar_t†

标准 C/C++ 库为字符串定义了两种数据类型:char 和 wchar_t。char 类型是用于存储旧 ANSI 字符串以及多字节字符集 (MBCS) 的, 后者包括 (但不限于)UTF-8。而 wchar_t 是“宽”字符类型, 意在足够用单个整数表示任何合法码点。因此, 其尺寸是编译器和系统相关的。在完全不支持 Unicode 的系统上可能是 8 位。若假设以 UCS-2 编码表示所有宽字符, 或是采用如 UTF-16 这样的多字编码, 那么 wchar_t 的尺寸也可能是 16 位。若系统用 UTF-32 “宽”字符编码, 便会是 32 位。

因为 wchar_t 定义的这种歧义性, 若需编写真正可携的字符处理代码, 便需要定义自己的 (多种) 字符编码类型, 并提供函数库去处理所需支持的 (多种) Unicode 编码。然而, 若只需针对某个平台及编译器, 在失去一点可携性下, 可以编写该特定实现中所限定的代码。

有一篇参考文章[1]很好地说明了使用 wchar_t 的优缺点。

5.4.4.3 Windows 下的 Unicode

在 Windows 下,wchar_t 数据类型完全用于表示 UTF-16 编码的 Unicode 字符串, 而 char 则用作 ANSI 字符串及旧Windows 代码页 (Windows code page) 字符串编码。当阅读 Windows API 文档时, 术语“Unicode”等同于“宽字符集 (wide character set, WCS)”及 UTF-16 编码。这容易令人混淆, 因为一般而言, Unicode 字符串可被编码成“非宽”的多字节 UTF-8 格式。†

Windows API 定义了 3 种字符/字符串处理函数: ANSI 字符串的单字节字符集 (SBCS)、多字节字符集 (MBCS) 与宽字符集 (WCS)。ANSI 函数实际上就是我们学到的古老的“C 风格”字符串函数。MBCS 字符串函数处理多种多字节编码, 并主要设计用来处理旧 Windows 代码页编码。而 WCS 函数则处理 Unicode UTF-16 字符串。†

---

1 http://icu-project.org/docs/papers/unicode_wchar_t.html

在众多 Windows API 中, 前缀或后缀为 "w" "wcs" "W" 表示宽字符集 (UTF-16) 编码; 前缀或后缀为 "mb" 表示多字节编码; 前缀或后缀为 "a" "A", 或缺少前缀后缀, 则表示 ANSI 或 Windows 代码页编码。STL 也采用相似的惯例, 如 `std::string` 是 STL 的 ANSI 字符串类, `std::wstring` 是宽字符串类。可惜的是, 这些命名并不总是 100% 前后一致的。这导致一些不知情的程序员会感到混淆。(但你不会是其中之一!) 表 5.1 展示一些例子。†

表 5.1 一些常见的 C 标准库字符串函数, 其用于 ANSI、宽字符、多字节字符的变体

ANSI	WCS	MBCS
strcmp()	wcscmp()	_mbscmp()
strcpy()	wcscpy()	_mbscpy()
strlen()	wcslen()	_mbstrlen()

Windows 也提供了一些函数用于方便在 ANSI、MBCS 和宽 UTF-16 字符串之间做转换。例如, `wcstombs()` 根据当前的语言环境 (locale) 设置, 把宽 UTF-16 字符串转换成多字节字符串。†

Windows API 提供了一个使用预处理器的方法, 允许你编写表面上同时支持宽 (Unicode) 和非宽 (ANSI/MBCS) 字符串编码的代码。它定义了通常使用的字符数据类型 `TCHAR`, 当生成程序时选择 "ANSI 模式" 时, 它便会被 `typedef` 为 `char`。当生成程序时选择 "Unicode 模式" 时, 它便会被 `typedef` 为 `wchar_t`。而宏 `_T()` 则用于在编译 "Unicode 模式" 时, 转换 8 位字符串字面量 (如 `char* s = "this is a string";`) 至宽字符串字面量 (如 `wchar_t* s = L"this is a string";`)。类似地, Windows 也提供了一大组 "伪" API 函数, 根据是否以 "Unicode 模式" 编译, 去 "自动地" 变为 8 位或 16 位的版本。这些魔法字符集无关函数可能没有前缀后缀, 或是具有 "t" "tcs" "T" 的前缀或后缀。†

所有这些函数的完整说明可参阅微软的 MSDN 网站。以下是 `strcmp()` 及其家族的网址, 在该页面上也可以浏览或搜寻其他相关的字符串操作函数。[1]

5.4.4.4 游戏机上的 Unicode

Xbox 360 开发套件 (Xbox 360 software development kit, XDK) 几乎完全采用 WCS 字符串, 连内部字符串如路径也不例外。这肯定是解决本地化问题的其中一种合理方案, 使整个 XDK 内的字符串处理都是一致的。然而, UTF-16 编码有点浪费内存[2], 因此各游戏引擎可能采用不同的处理方式。在顽皮狗, 引擎全部采用 8 位的 `char` 字符串, 并通过 UTF-8 编码来

1 `http://msdn.microsoft.com/en-us/library/kk6xf663(VS.80).aspx`

2 浪费只对中、日、韩等以外的文字而言。——译者注

处理外国文字。选择哪种编码其实并不是特别重要, 重要的是能在项目中尽早决定, 并贯彻始终地使用。

5.4.4.5 其他本地化要考虑的事情

即使读者已在软件上采用 Unicode 字符, 但还有许多其他本地化问题要解决。首先, 字符串并非本地化问题的全部。音频片段, 包括录制的语音, 也需要翻译。纹理中可能也会写入英文文字, 也需要翻译。许多符号在不同文化中也有不同的意义。就算是一些如禁止吸烟的标志等看似无伤大雅的东西, 也可能在另一种文化中造成误解。此外, 市场中的游戏评级界限并不一样。例如, 日本少年级别的游戏不允许显示任何种类的血液, 而北美则可接受少量血溅。

字符串也有一些细节需要关注。读者需要管理一个数据库, 其中存储了游戏中玩家能看到的所有字符串, 这样才能进行可靠的翻译。字符串的格式可能不一样, 例如有些中文书是竖排版的, 希伯来文是从右向左阅读的。字符串长度在不同语言中也有很大差异。你需要决定要发行单款 DVD 还是蓝光光盘, 包含所有语言数据, 或者为各地区发行不同的光盘。

在本地化系统中, 最关键的组件是存储人类可读字符串的数据库, 以及在游戏运行时, 用标识符查找那些字符串的系统。例如, 假设在平视显示器 (heads-up display, HUD) 中, 在 “Player 1 Score:” 和 “Player 2 Score:” 标签后显示每位玩家的分数, 并在每回合结束时显示 “Player 1 Wins” 或 “Player 2 Wins”。这 4 段文字存储在本地化数据库中时, 每段文字要附上唯一并清楚的标识符, 例如分别使用 “p1score” “p2score” “p1wins” “p2wins”。当把游戏中的字符串翻译成法文时, 数据库就变为如表 5.2 所示的简单例子。可以为每种语言新增额外的列。

表 5.2 用作本地化的字符串数据库例子

Id	英文	法文
p1score	“Player 1Score”	“Grade Joueur 1”
p2score	“Player 2 Score”	“Grade Joueur 2”
p1wins	“Player one wins! ”	“Joueur un gagne! ”
p2wins	“Player two Wins! ”	“Joueur deux gagne! ”

数据库实际使用什么格式, 悉听尊便。简单的做法是, 可把微软 Excel 工作表存储为逗号分隔型取值 (comma-separated values, CSV) 文件, 供游戏引擎读取, 要复杂的话也可以使用强大的 Oracle 数据库。字符串数据库的细节对游戏引擎并不太重要, 只要能读取字符串标识符, 以及按游戏所支持的语言读取对应的 Unicode 字符串便可。(然而, 从实践角度看, 按某些游戏工作室的架构情况, 一些数据库细节也可能非常重要。对有内部翻译人员的小型工作室, 可能只需要使用置于网盘上的 Excel 工作表即可。但对大型工作室, 其分部可能遍及欧洲、南美洲、

亚洲, 那么采用某种分布型数据库才更可行。[1])

在运行时, 必须提供简单的函数, 按字符串标识符及“当前”的语言, 传回相应的 Unicode 字符串。该函数可声明成下面这样[2]:

```
const wchar_t* getLocalizedString(const char* id);
```

使用时的方法是:

```
void drawScoreHud(const Vector3& score1Pos,
                  const Vector3& score2Pos)
{
    renderer.displayTextOrtho(
        getLocalizedString("p1score"), score1Pos);
    renderer.displayTextOrtho(
        getLocalizedString("p2score"), score2Pos);
    // ...
}
```

当然, 这也需要以某全局方式设定“当前”语言。其做法可以是在安装游戏时, 把配置设定固定下来。或者, 可允许玩家在游戏的菜单中即时更改语言。这两种方法较容易实现, 例如使用一个全局整数变量, 表示读取字符串表中的行索引 (例如, 第 1 行是英文, 第 2 行是法文, 第 3 行是西班牙文等)。

有了此基础设施之后, 所有程序员都要切记, *不要向玩家显示原始字符串*。程序员必须使用数据库中的字符串标识符, 并通过查找函数取得所需字符串。[3]

5.4.4.6 案例分析: 顽皮狗的本地化工具†

在顽皮狗, 我们使用一个自行研发的本地化数据库。该本地化工具的后端包含 MySQL 数据库, 它所部署的服务器可供顽皮狗内的开发者及多家外部公司访问, 我们与那些外部公司合作, 他们负责把文本及音频片段翻译成游戏中所支持的各种语言。而工具的前端则是一个网页

1 译者认为, 由于 CSV 是纯文字文件, 因此把 CSV 文件置于版本控制系统中, 便能使用签入/签出、合并等功能, 一般来说已经足以应付。另外, 也可考虑使用如 Google Sheets 等线上协作试算表软件。——译者注

2 原文的返回类型是 `wchar_t`, 译者做出了修正。——译者注

3 需要显示的字符串可包装为一个类, 例如名为 `LocString`。查找字符串的函数传回 `LocString` 对象, 显示字符串相关函数的参数也使用 `LocString` 对象。这样便能避免程序员错误使用原始字符串。但是, 此类可能还需要一些字符串格式化的功能, 例如把某变量的值代入字符中, 如 `L"Player {0} Score: {1}"`。——译者注

界面，用于与数据库“沟通”，让用户能检视所有文本和音频资产、编辑内容、提供每个资产的翻译，以及以 id 或内容搜寻资产等。

在顽皮狗的本地化工具中，每个资产不是字符串 (用于菜单或 HUD)，便是带有字幕的对话音频片段 (用于游戏内对话或电影)。每个资产都有一个唯一标识符，它以散列字符串 id (见 5.4.3.1 节) 表示。若字符串需要用于菜单或 HUD，我们以其 id 查找出适合在屏幕上展示的 Unicode (UTF-8) 字符串。若需要播放一句对白，类似地，我们以 id 查找音频片段，并在引擎中使用其对应的字幕 (如有)。字幕类似于菜单或 HUD 字符串，都是通过本地化工具的 API 去获取适合显示的 UTF-8 字符串。

图 5.12 展示了该本地化工具的主界面，这个例子以 Chrome 网页浏览器访问。在图中，你可以看到用户键入了 id 为 MENU_NEWGAME，以查找到字符串“NEW GAME”(用于游戏主菜单中启动新游戏)。图 5.13 展示了 MENU_NEWGAME 资产的详细视图。若用户点击资产详细视图中左上角的“Text Translations”按钮，便会进入图 5.14 所示的画面，让用户输入或修改该字符串的多个翻译版本。图 5.15 展示本地化工具主页中的另一个页面，此页面列出了音频语音

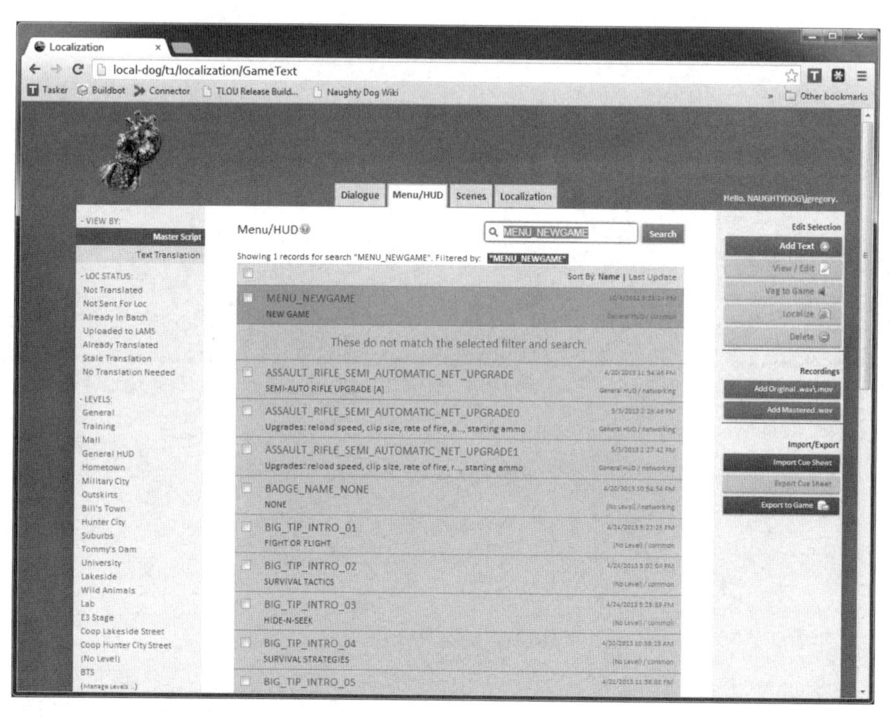

图 5.12 顽皮狗本地化工具的主窗口，展示了用于菜单和 HUD 的纯文本资产列表。用户刚搜寻了一个名为 MENU_NEWGAME 的资产

资产。最后，图 5.16 展示了音频资产 BADA_GAM_MIL_ESCAPE_OVERPASS_001（“We missed all the action”）的详细视图，包含这句对白在一些支持语言下的翻译版本。

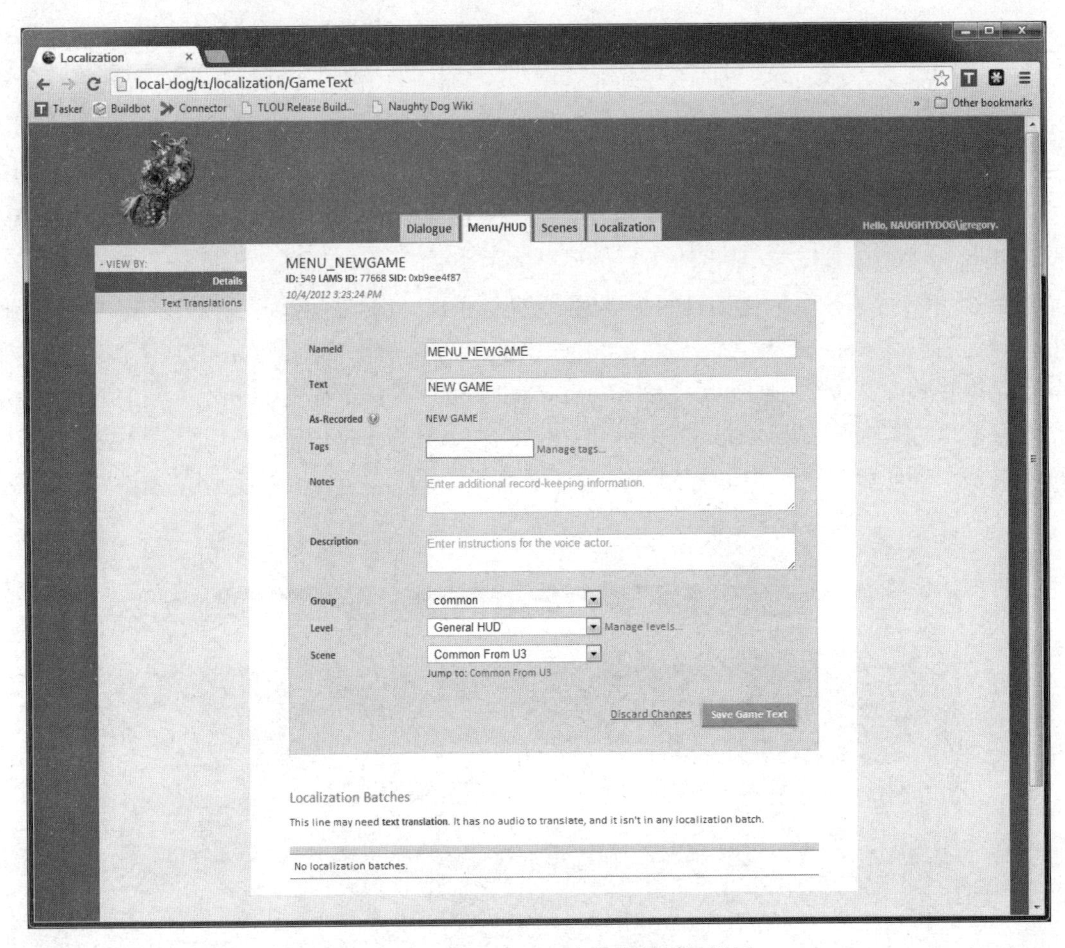

图 5.13 MENU_NEWGAME 字符串的详细视图

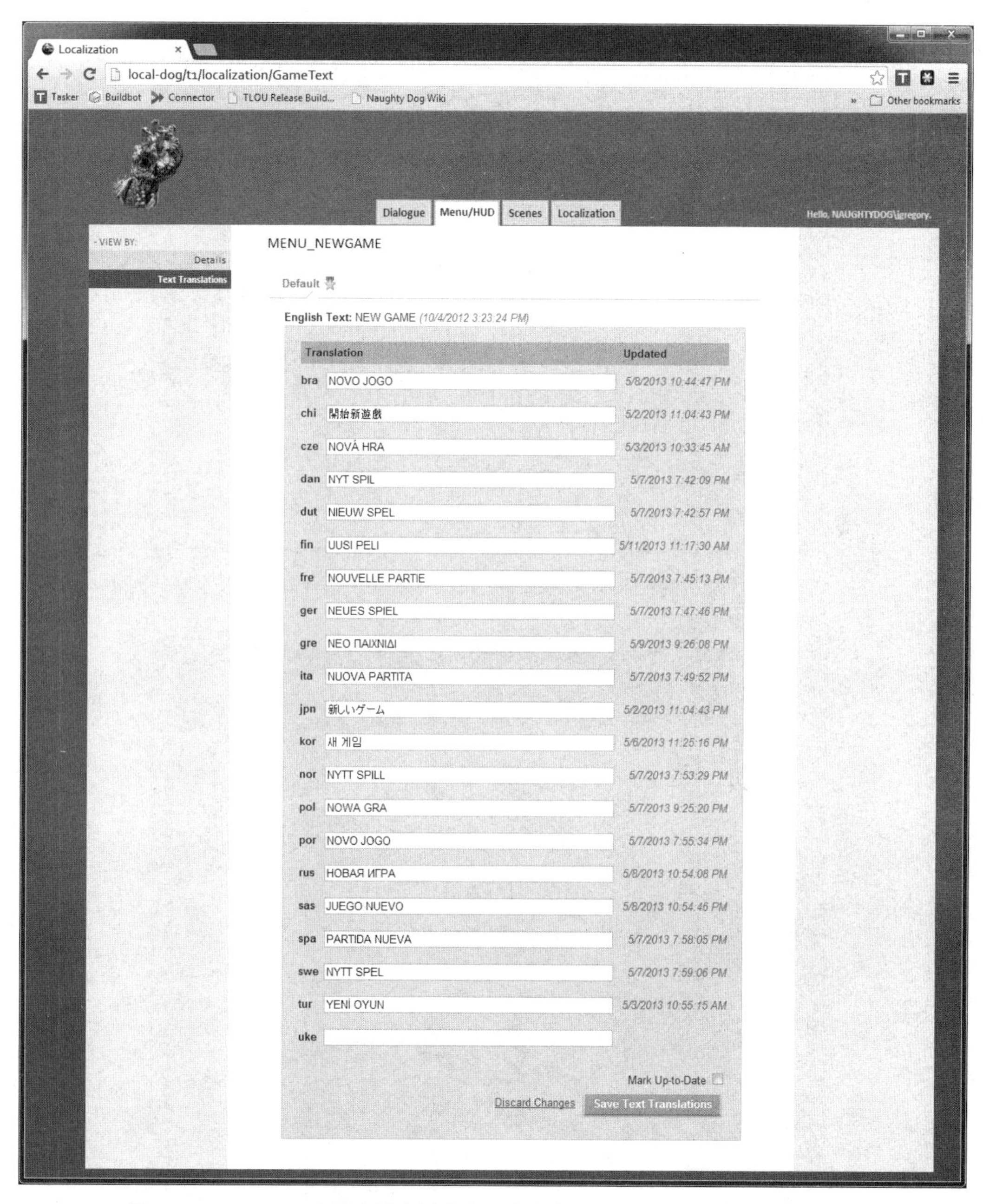

图 5.14 NEW GAME 字符串被翻译成在顽皮狗《最后生还者》中支持的语言版本

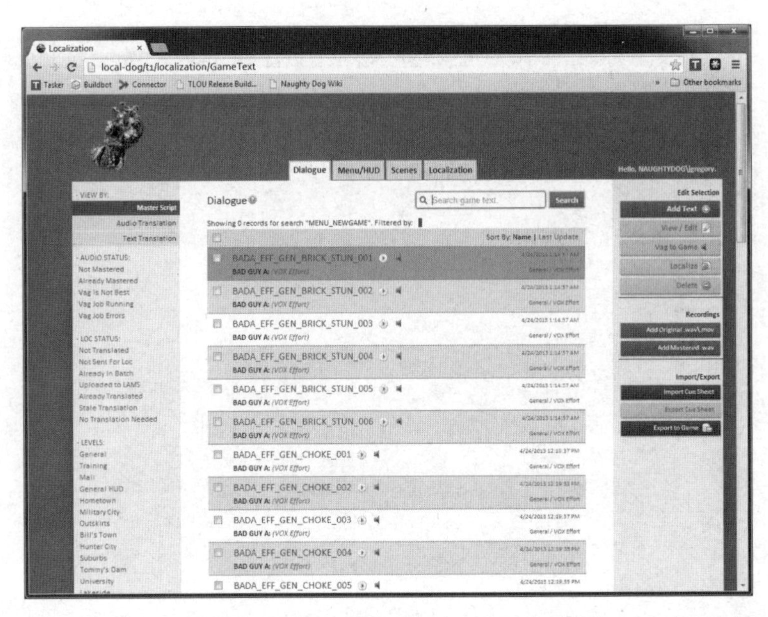

图 5.15 再次展示顽皮狗本地化工具的主视窗, 这次展示语音资产及其字幕的列表

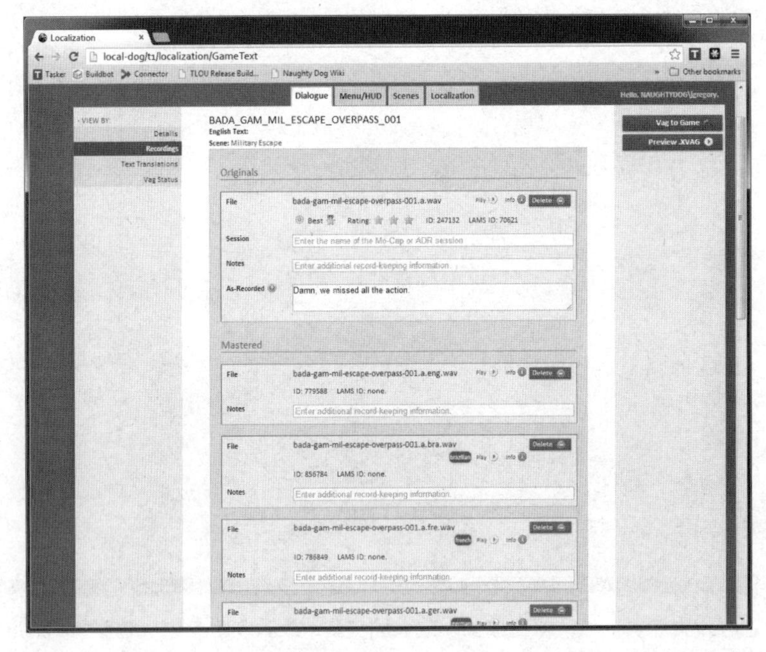

图 5.16 BADA_GAM_MIL_ESCAPE_OVERPASS_001 (“We missed all the action”) 的详细资产示意图展示了已录音的翻译版本

5.5 引擎配置

游戏引擎非常复杂，总是伴随着大量的可调校选项。有些选项通过游戏中的选项菜单提供给玩家调校。例如，游戏中可能会提供有关图形质量、音乐和音效的音量、控制等选项。而另一些选项，则只是为游戏开发团队而设置的，在游戏发行时，这些选项会被隐藏或去除。例如，玩家角色的最高行走速度，在开发期间可以作为选项供微调之用，但在游戏发行前则改为硬编码的值。

5.5.1 读/写选项

可配置选项可被简单实现为全局变量或单例类中的成员变量。然而，可配置选项必须供用户配置，并存储至硬盘、记忆卡 (memory card) 或其他存储媒体，使后续游戏能重读这些选项，否则这些配置选项的用途不大。以下是一些简单读/写可配置选项的方法。

- *文本配置文件*：现在最常见的读/写配置选项的方法是，把选项置于一个或多个文本文件中。在各游戏引擎中，这类文件的格式不尽相同，但格式通常是非常简单的。例如，Windows 中的 INI 文件 (也用于 OGRE 渲染器) 是由键值对构成的，这些键值对以逻辑段分组。

  ```
  [SomeSection]
  Key1=Value1
  Key2=Value2

  [AnotherSection]
  Key3=Value3
  Key4=Value4
  Key5=Value5
  ```

  此外，在游戏配置选项文件中，XML 格式是另一种常见的选择。

- *经压缩的二进制文件*：多数现代的游戏主机都配备硬盘，但较旧的主机并不享有硬盘这种奢侈品。因此，自超级任天堂 (Super Nintendo Entertainment System, SNES [1]) 以来的主机都配有专门的可取出记忆卡，做读/写数据之用。[2]游戏选项有时会连同游戏存档一起写到这些记忆卡上。使用记忆卡时，常用经压缩的二进制文件作为文件格式，因为这些记忆卡的存储空间非常有限。

1 此为欧美采用的名字，日本则称为スーパーファミコン (Super Famicom)，或简称为 SFC。——译者注

2 事实上，超级任天堂并不支持可取出的记忆卡，但其卡带有内置数据存储功能。——译者注

- Windows *注册表* (Windows registry): 微软 Windows 操作系统提供一个全局选项数据库, 名为注册表。注册表以树状形式存储, 其中的内部节点称为*注册表项* (registry key), 作用如文件夹, 而叶节点则以键值对存储个别选项。任何应用程序、游戏或其他软件都可预留整个子树 (即注册表项), 供该软件专用, 并在该子树下存储任意选项集。Windows 注册表好像一个悉心管理的 INI 文件集合, 并且实际上, Windows 引进注册表的目的是取缔供操作系统和应用程序所使用的无限膨胀的 INI 文件。
- *命令行选项*: 可扫描命令行去取得选项设置。引擎可提供相应机制, 使所有游戏中的选项都能经命令行设置; 或者, 引擎只向命令行显露所有选项中的一个小子集。
- *环境变量* (environment variable): 在运行 Windows、Linux 或 macOS 的个人电脑中, 环境变量有时候也用于存储一些配置选项。
- *线上用户设定文档* (online user profile): 随着如 Xbox Live 等线上游戏社区的发展, 每位用户都能建立设定文档, 并用它来存储成就 (achievement)、已购买或解锁的游戏内容、游戏选项及其他信息。由于这些数据存储在中央服务器中, 只要能访问互联网, 无论在何地玩家都能存取数据。

5.5.2 个别用户选项

多数游戏引擎会区分全局选项和个别用户选项 (per-user option)。这是有需要的, 因为多数游戏允许每个玩家配置其喜欢的选项。此概念在游戏开发期间也十分有用, 因为每位程序员、美术设计师、游戏设计师都能自定义其工作环境, 而不会影响其他成员。

显然, 存储个别用户选项必须小心, 每个玩家只能 "看见" 自己的选项, 而不会遇见其他玩家在同一计算机或游戏主机上的选项。在游戏主机中, 用户通常可以把游戏进度, 以及如控制器等个别用户选项, 一并存储至记忆卡或硬盘的 "位置 (slot)" 中。这些位置通常实现为存储在媒体上的文件。

在 Windows 机器中, 每位用户在 *C:\ Users* 中各有其文件夹, 用以存储该用户的信息, 如该用户的桌面、"我的文件" 文件夹、互联网浏览历史、临时文件等。其中有一个名为 *Application Data* 的隐藏文件夹, 用来存储个别应用程序的个别用户数据。每个应用程序在 *Application Data* 文件夹下分别建立文件夹, 并把所需的个别用户数据存储至此。

Windows 中的游戏有时候会把个别用户选项存储至注册表。注册表以树的形式构成, 在根节点下, 有一个名为 `HKEY_CURRENT_USER` 的顶层子节点, 用来存储登入后用户的设置。在注册表中, 每位用户有其单独的注册表子树 (位于顶层子节点 `HKEY_USERS` 之下), 而

HKEY_CURRENT_USER 其实只是当前用户子树的别名。因此，游戏及其他应用软件可以通过读/写 HKEY_CURRENT_USER 下的注册表项，管理当前用户的配置选项。

5.5.3 真实引擎中的配置管理

本节将看几个真实游戏引擎是如何管理其配置选项的。

5.5.3.1 例子：雷神之锤的 CVAR

雷神之锤引擎家族使用一个名为*主控台变量* (console variables, CVAR) 的配置管理系统。其实，CVAR 只不过是一个存储浮点数或字符串的全局变量，其值可在雷神之锤的主控台下查看及修改。部分 CVAR 的值也可存储至硬盘上，供引擎在之后重新载入。

在运行时，多个 CVAR 存储为全局链表。每个 CVAR 是动态配置的 `struct cvar_t` 实例，含变量的名字、浮点数或字符串值、标志位 (bit flag) 集合，以及指向链表中下一个 CVAR 的指针。读取 CVAR 的方法是调用 `Cvar_Get()` 函数，若该名字的变量不存在就会创建一个；修改 CVAR 则调用 `Cvar_Set()`。其中一个标志位 `CVAR_ARCHIVE` 控制变量是否存储至配置文件 *config.cfg* 中。若设置了此标志，该 CVAR 的值就能在多次游戏中保留。

5.5.3.2 例子:OGRE

OGRE 渲染引擎采用一组 Windows INI 格式的文本文件做配置选项之用。选项默认会存进 3 个文件，这些文件都位于可执行文件的文件夹中。

- *plugins.cfg* 包含要启用的可选插件，以及插件在磁盘中的位置。
- *resources.cfg* 包含游戏资产 (即媒体、资源) 的搜寻路径。
- *ogre.cfg* 包含丰富的选项，可设置使用哪款渲染器 (DirectX 或 OpenGL)，以及喜好的视频模式、屏幕大小等。

OGRE 并无开箱即用的存储个别用户选项的机制。然而，OGRE 提供免费源代码，因此可以很容易地修改代码，以在用户的主目录下搜寻配置文件，而不是在可执行文件的文件夹中搜寻。此外，`Ogre::ConfigFile` 类也能用来轻易地读/写全新的配置文件。

5.5.3.3 例子：神秘海域及最后生还者

顽皮狗的神秘海域引擎使用多种配置机制。

游戏内置菜单设置 顽皮狗的《神秘海域》《最后生还者》中的引擎支持强大的游戏内置菜单系统，可让开发者掌控全局配置选项及调用命令。可配置选项的数据类型必须相对简单（主要为布尔、整数、浮点数变量），但这并不会限制顽皮狗开发者建立数以百计的有用菜单驱动选项。

每个可配置选项都被实现为全局变量，或是某单例类或结构的成员。为配置选项创建菜单项目时，会提供该全局变量的地址，之后菜单项目就能直接控制该全局变量的值。例如，以下函数创建一个子菜单项，其中的几个选项用于顽皮狗的路轨载具（在曲线样条上的载具，如用于《神秘海域：德雷克船长的宝藏》中“Out of the Frying Pan”吉普车追逐关卡，《神秘海域 2》中的护送关卡、《神秘海域 3》中的骑马追逐关卡，以及《最后生还者》中的一些巡回猎人载具）。此函数定义的菜单项目，负责控制三个全局变量：两个布尔值及一个浮点值。函数中把三个菜单项目组成一个菜单，并传回一个特殊菜单项目，当该项目被选取时就会打开菜单。可以假设在建立菜单时，调用此函数的代码会把传回的菜单项目加进父菜单里。

```
DMENU::ItemSubMenu* CreateRailVehicleMenu()
{
    extern bool g_railVehicleDebugDraw2D;
    extern bool g_railVehicleDebugDrawCameraGoals;
    extern float g_railVehicleFlameProbability;

    DMENU::Menu* pMenu = new DMENU::Menu("RailVehicle");

    pMenu->PushBackItem(new DMENU::ItemBool(
        "Draw 2D Spring Graphs", DMENU::ToggleBool,
        &g_railVehicleDebugDraw2D));

    pMenu->PushBackItem(new DMENU::ItemBool(
        "Draw Goals (Untracked)", DMENU::ToggleBool,
        &g_railVehicleDebugDrawCameraGoals));

    DMENU::ItemFloat* pItemFloat = new DMENU::ItemFloat(
        "FlameProbability", DMENU::EditFloat, 5, "%5.2f",
        &g_railVehicleFlameProbability));

    pItemFloat->SetRangeAndStep(0.0f, 1.0f, 0.1f,  0.01f);
    pMenu->PushBackItem(pItemFloat);
```

```
    DMENU::ItemSubmenu* pSubmenuItem = new DMENU::ItemSubmenu(
        "RailVehicle...", pMenu);

    return pSubmenuItem;
}
```

当轻松按下 PS3 手柄的圆形按钮时, 引擎便会存储当前菜单项目所对应的选项内容。菜单设置会被写进 INI 风格的文本文件, 使已存档的全局变量在多次游戏运行中能继续保持。系统中可按个别菜单项目设置是否存档, 这是非常有用的功能, 因为没有存档的选项会使用程序员的预设值。若程序员改变预设置, 所有用户便能"看到"新的值, 当然, 除非某用户曾更改并存储过该选项。

命令行参数 顽皮狗引擎为命令行扫描一组预定义的特殊选项。其中可指定要载入的关卡名称, 再加上一些常用参数。

Scheme 数据定义 在《神秘海域》和《最后生还者》中, 绝大多数的引擎和游戏配置信息, 采用了 Scheme 语言 (Lisp 的方言之一) 定义。利用自建的数据编译器, 可将 Scheme 语言里定义的数据结构转换为二进制文件, 供游戏引擎读取。数据编译器也会生成头文件, 内含 C `struct` 声明, 对应每个 Scheme 中定义的数据类型。引擎利用这些头文件正确地解释二进制文件内的数据, 甚至可以在运行期间重编译及重载这些二进制文件, 使开发者能修改 Scheme 中的数据后立即看到其运行效果 (只要修改不涉及增加、减少数据成员, 因为这种改动必须重新编译引擎)。

以下是一个为动画定义属性的例子, 将向游戏导出 3 个动画。读者可能未曾读过 Scheme 代码, 但这段代码很简单, 应该不解自明。其中较奇特的是, Scheme 允许在命名中使用连字号 (不像在 C/C++ 中, `simple-animation` 会被理解成 `simple` 减去 `animation`)。

```
;; simple-animation.scm
;; 定义一个新的数据类型,名为simple-animation
(deftype simple-animation ()
    (
        (name               string)
        (speed              float    :default 1.0)
        (fade-in-seconds    float    :default 0.25)
        (fade-out-seconds   float    :default 0.25)
    )
)
```

```
;; 定义此数据结构的3个实例
(define-export anim-walk
    (new simple-animation
        :name   "walk"
        :speed  1.0
    )
)

(define-export anim-walk-fast
    (new simple-animation
        :name   "walk"
        :speed  2.0
    )
)

(define-export anim-jump
    (new simple-animation
        :name               "jump"
        :fade-in-seconds    0.1
        :fade-out-seconds   0.1
    )
)
```

此 Scheme 代码会产生以下 C/C++ 头文件:

```
// simple-animation.h
// 警告: 本文件是Scheme自动生成的,不要手动修改
struct SimpleAnimation
{
    const char* m_name;
    float       m_speed;
    float       m_fadeInSeconds;
    float       m_fadeOutSeconds;
};
```

在游戏中, 可调用 `LookupSymbol()` 函数读取数据, 该函数的返回类型为模板参数:

```
#include "simple-animation.h"
```

```
void someFunction()
{
    SimpleAnimation* pWalkAnim
        = LookupSymbol<SimpleAnimation*>("anim-walk");

    SimpleAnimation* pFastWalkAnim
        = LookupSymbol<SimpleAnimation*>("anim-walk-fast");

    SimpleAnimation* pJumpAnim
        = LookupSymbol<SimpleAnimation*>("anim-jump");

    // 在此使用这些数据……
}
```

此系统给予了程序员巨大的弹性来定义不同种类的配置数据，无论是简单的布尔、浮点、字符串选项，还是复杂、巢状或互相连接的数据结构。此系统可用来定义细致的动画树[1]、物理参数、游戏机制等。

1 在 11.11 节会详述神秘海域引擎是如何利用 Scheme 做动画相关的配置的。——译者注

第 6 章　资源及文件系统

游戏本质上是多媒体体验。因此, 载入及管理多种媒体, 是游戏引擎必须具备的能力。这些媒体包括纹理位图、三维网格数据、动画、音频片段、碰撞和物理数据、游戏世界布局等许多种类。除此以外, 由于内存空间通常不足, 游戏引擎要确保在同一时间, 每个媒体文件只可载入一份。例如, 5 个网格模型共享同一张纹理, 那么该纹理在内存中只应有 1 份, 而不是 5 份。多数游戏引擎会采用某种类型的*资源管理器* (resource manager), 又称作*资产管理器* (asset manager), 或*媒体管理器* (media manager), 载入并管理构成现代三维游戏所需的无数资源。

每个资源管理器都会大量使用文件系统。在个人计算机中, 程序员通过操作系统调用程序库存取文件系统。然而, 游戏引擎有时候会“包装”原生的文件系统 API, 成为引擎私有的 API, 其主要原因有二。首先, 引擎可能需要跨平台, 在此需求下, 引擎自己的文件系统 API 就能对系统其他部分产生隔离作用, 隐藏不同目标平台之间的区别。其次, 操作系统的文件系统 API 未必能提供游戏引擎所需的功能。例如, 许多引擎支持*串流* (streaming) (即能够在游戏运行中, 同时载入数据), 但多数操作系统不直接提供串流功能的文件系统 API。游戏机用的游戏引擎也要提供多种可移动的和不可移动的存储媒体, 从记忆棒、可选购的硬盘、DVD 光盘、蓝光光盘以至网络文件系统 (如 Xbox Live 或 PlayStation 网络 PSN)。多种媒体之间的区别也同样可以用游戏引擎自身的文件系统 API 加以“隐藏”。

本章我们会探索现代三维游戏引擎中的各种文件系统 API, 再分析典型资源管理器的运作方式。

6.1　文件系统

游戏引擎的文件系统 API 通常提供以下几类功能。

- 操作文件名和路径。
- 开、关、读、写单独的文件。
- 扫描目录下的内容。
- 处理异步文件输入/输出 (I/O) 请求 (做串流之用)。

以下各节将分别简述这些功能。

6.1.1 文件名和路径

路径 (path) 是一种字符串, 用来描述文件系统层次中文件或目录的位置。每个操作系统都有少许不同的路径格式, 但所有操作系统的路径本质上有相同的结构。路径一般是以下的形式:

卷/目录 1/目录 2/······/目录 N/文件名

或

卷/目录 1/目录 2/······/目录 $(N-1)$/目录 N

换言之, 路径通常包含一个可选的卷指示符 (volume specifier) 紧接一串路径成分, 它们之间以路径分隔符 (path separator) 分隔, 例如用正斜线符 (/) 或反斜线符 (\)。每个路径成分是从根目录至目标目录或文件之间的目录名称。若路径指向文件, 则最后的是文件名, 否则最后的是目标目录名称。在路径中要指明根目录, 通常是由可选的卷指示符连接路径分隔符 (例如, UNIX 中的路径分隔符为/, Windows 中的路径分隔符为 `C:\`)。

6.1.1.1 操作系统间的区别

每个操作系统在常规的路径结构上都会加入少许变化。以下列出微软 DOS、微软 Windows、UNIX 操作系统家族及苹果 Macintosh 操作系统之间的一些重要区别。

- UNIX 使用正斜线符 (/) 作为路径分隔符, 而 DOS 及早期版本的 Windows 则采用反斜线符 (\)。较新版本的 Windows 允许以正或反斜线符分隔路径成分, 然而有些应用程序仍然不接受正斜线符。
- macOS 8 和 9 采用冒号 (:) 作为路径分隔符。而 macOS X 是基于 UNIX 的, 因此它支持 UNIX 的正斜线分隔符记号法。
- UNIX 及其变种不支持以卷分开目录层次。整个文件系统是以单一庞大的层次组成的。本机磁盘、网络磁盘以及其他资源都是挂接 (mount) 到主层次中的某棵子树上的。因此,

UNIX 不会出现卷指示符。

- 在微软 Windows 中, 可以用两种方法定义卷。本机磁盘以单英文字母加冒号指明 (例如无处不在的 `C:`)。而远端网络共享则可以挂接成为像本机磁盘一样, 或是可以用双反斜线号加上远端计算机名字和共享目录/资源名字指明 (如 `\\some-computer\some-share`)。这种双反斜线号是通用命名规则 (universal naming convention, UNC) 的例子。
- 在 DOS 和早期版本的 Windows 中, 文件名最多只能含 8 个字符, 以点号分隔后有 3 字符的*扩展名*。扩展名描述文件的类型, 例如, `.txt` 是文本文件 (text file)、`.exe` 是可执行文件 (executable file)。在后期的 Windows 中, 文件名可包含多个点号 (像 UNIX 一样), 但是, 许多应用程序 (包括 Windows 资源管理器) 仍然会把最后一个点号后的字符诠释为文件名的扩展名。
- 每个操作系统都会禁止某些字符出现在文件和目录名称中。例如, 在 Windows 或 DOS 路径中, 除了在卷指示符后, 冒号不能置于其他地方。有些操作系统允许部分保留字符出现于路径内, 但整个路径要加上引号, 或是在违规字符前加上*转义符* (escape character), 如反斜线号。例如, Windows 下的文件名和目录名可含空白符, 某些情况下此类路径必须加上双引号。
- UNIX 和 Windows 皆有*当前工作目录* (current working directory, CWD 或 present working directory, PWD) 的概念。在这两个操作系统的命令壳层 (command shell) 里, 都可以用 `cd`(*更改目录*) 命令设置当前工作目录。要取得当前工作目录, 在 Windows 下可键入无参数的 `cd` 命令, 而在 UNIX 下则可以执行 `pwd` 命令。在 UNIX 下只有一个当前工作目录, 而在 Windows 下, 每个卷有其独立的当前工作目录。
- 支持多卷的操作系统 (如 Windows) 也有*当前工作卷* (current working volume) 的概念。在 Windows 命令行, 输入表示磁盘的字母再加上冒号, 按 Enter 键, 就能改变当前工作卷 (如 `C:<Enter>`)。
- 游戏机通常用一组预定义的路径前缀去表示多个卷。例如, PS3 使用 `/dev_bdvd/` 前缀指明蓝光驱动, 而 /dev_hdd$x$/ 则代表多个硬盘 (x 为设备的索引)。在 PS3 开发机 (PS3 development kit) 上,`/app_home/` 会映射至用户定义的开发主机路径。[1]。在开发期间, 游戏通常从 `/app_home/` 读取资产, 而不是从游戏主机本身的蓝光光盘或硬盘中读取。

---

1 例如用 Windows 机器连接 PS3 开发机, 可以把 `D:\alice2` 设为开发机上的 `/app_home/`。当开发机要打开 `/app_home/Config/AliceGame.ini` 时, 就可通过网络读取 `D:\alice2\Config\AliceGame.ini` ——译者注

6.1.1.2 绝对路径和相对路径

所有路径都对应文件系统中的某个位置。当路径是相对于根目录的，我们称其为绝对路径 (absolute path) 。当路径相对于文件系统层次架构中的其他目录，则称之为相对路径 (relative path)。

在 UNIX 和 Windows 下，绝对路径的首字符为路径分隔符 (/或 \)，而相对路径则不会以路径分隔符作为首字符。在 Windows 中，绝对路径和相对路径都可以加入卷指示符，不加入卷指示符代表使用当前工作卷。

以下是一些绝对路径的例子。

Windows

- `C:\Windows\System32`
- `D:\` (`D:` 卷的根目录)
- `\` (当前工作卷的根目录)
- `\game\assets\animation\walk.anim` (当前工作卷)
- `\\joe-dell\Shared\_Files\Images\foo.jpg` (网络路径)

UNIX

- `/usr/local/bin/grep`
- `/game/src/audio/effects.cpp`
- `/` (根目录)

以下是相对路径的例子。

Windows

- `System32` (若当前工作目录为 `\Windows`，则是指当前工作卷的 `\Windows\System32`)
- `X:animation\walk.anim` (若 `X:` 的当前工作目录是 `\game\assets`，则是指 `X:\game\assets\animation\walk.anim`)

UNIX

- `bin/grep` (若当前工作目录为 `/usr/local`，则是指 `/usr/local/bin/grep`)
- `src/audio/effects.cpp` (若当前工作目录为 `/game`，则是指 `/game/src/audio/effects.cpp`)

6.1.1.3 搜寻路径

不要混淆路径和搜寻路径 (search path) 这两个术语。路径是代表文件系统下某文件或目录的字符串。搜寻路径是含一串路径的字符串, 各路径之间以特殊字符 (如冒号或分号) 分隔, 找文件时就会从这些路径进行搜寻。例如在命令行下执行程序, 操作系统会首先看看当前目录下有没有该可执行文件, 若没有则会从 `PATH` 环境变量中的路径搜寻该可执行文件。

有些游戏引擎会使用搜寻路径找资源文件。例如, OGRE 渲染引擎有一个 `resources.cfg` 文本文件, 它会使用其中的搜寻路径。此文件包含目录及 ZIP 存档列表, 要找资产时, 就会从该列表按序进行搜寻。然而, 在运行时搜寻资产, 可能是费时的做法。通常, 资产路径在运行之前就可得知。因此, 我们应能完全避免搜寻资产, 这显然是更优越的做法。

6.1.1.4 路径 API

路径显然比简单字符串复杂得多。程序员需要对路径进行多种操作, 例如, 从路径中分离目录/文件名/扩展名、使路径规范化 (canonicalization)、在绝对路径和相对路径之间进行转换等。含丰富功能的路径 API 对完成这些任务非常有用。

Windows 为此提供了一组 API, 由 `shlwapi.dll` 动态程序库实现, 并提供 `shlwapi.h` 头文件。MSDN 提供了其详细说明文件。[1]

当然, `shlwapi` 只能用于 win32 平台。索尼也为 PS3 和 PS4 提供了类似的 API。但若要开发跨平台的游戏引擎, 便不能直接使用平台相关的 API。游戏引擎也未必需要 `shlwapi` 的所有功能。因此, 游戏引擎通常会实现轻量化的路径处理 API, 符合引擎的特有需求, 并能为引擎的所有目标平台工作。这种 API 可以是对原生 API 的简单包装, 也可以从零开始实现。

6.1.2 基本文件 I/O

标准 C 程序库 (standard C library) 提供了两组 API 以开启、读取及写入文件内容, 两组 API 中一组有缓冲功能 (buffered), 另一组无缓冲功能 (unbuffered)。每次调用输入/输出 (input/output, I/O) 时, 都需要称为缓冲区的数据区块, 以供程序和磁盘之间传送来源或目的字节。当 API 负责管理所需的输入/输出数据缓冲时, 就称之为有缓冲功能的 I/O API。相反, 若需要由程序员负责管理数据缓冲时, 则称之为无缓冲功能的 API。在 C 标准程序库中, 有 I/O 缓冲功能的函数有时候会被称为流输入/输出 (stream I/O) API, 因为这些 API 把磁盘文件抽象成字节流。

1 `http://msdn2.microsoft.com/en-us/library/bb773559(VS.85).aspx`

在标准 C 程序库中，含缓冲功能和没有缓冲功能的 API 列于表 6.1。[1]

表 6.1 有缓冲功能和无缓冲功能的标准 C 程序库

操作	有缓冲功能	无缓冲功能
开启文件	`fopen()`	`open()`
关闭文件	`fclose()`	`close()`
读取文件	`fread()`	`read()`
写入文件	`fwrite()`	`write()`
移动访问位置	`fseek()`	`seek()`
返回当前位置	`ftell()`	`tell()`
读入单行	`fgets()`	无
写入单行	`fputs()`	无
格式化读取	`fscanf()`	无
格式化写入	`fprintf()`	无
查询文件状态	`fstat()`	`stat()`

标准 C 程序库的 I/O 函数有详细说明文档，在此就不赘述其细节了。关于微软实现的有缓冲 (流 I/O) API，可参考此网页[2]；其无缓冲 (底层 I/O) API，则可参考此网页[3]。

在 UNIX 及其变体中，标准 C 程序库的无缓冲 I/O 函数是原生的操作系统调用。然而，在微软 Windows 中，这些函数仅仅是底层 API 的包装。Win32 API 的 `CreateFile()` 能建立或开启文件做读/写之用，`ReadFile()` 及 `WriteFile()` 分别负责读/写数据，而 `CloseFile()` 则负责关闭已开启文件的句柄。相对于标准 C 程序库函数，使用底层系统调用的优点是能运用原生文件系统的所有细节功能。例如，用 Windows 的原生 API 可以询问及改变文件的安全属性，标准 C 程序库则不可行。

有些游戏开发团队认为，管理自己的缓冲区是有用的。例如，艺电的《红色警戒 3》(*Red Alert* 3) 团队观察到，往日志里写数据会显著降低性能。他们更改日志系统，先把数据累积在内存缓冲，满溢后才写进硬盘内。之后，他们再把缓冲输出函数置于另一线程里，以避免主游戏循环发生流水线停顿 (stall)。

---

1 实际上，标准 C 程序库并没有定义 `open()` 系列函数，只有 `fopen()` 系列函数。这类 API 是个别平台提供的，例如，UNIX 下的 POSIX 标准、微软 Visual C++ 的 CRT。而 CRT 提供的 API 则要加上下画线前缀，如 `_open()`。实际上，`open()` 系列是为了提供更多平台相关特性的底层函数，与是否支持缓冲无直接关系。——译者注

2 http://msdn.microsoft.com/en-us/library/c565h7xx.aspx

3 http://msdn.microsoft.com/en-us/library/40bbyw78.aspx

6.1.2.1 包装还是不包装

开发游戏引擎时，可使用 C 标准库的 I/O 函数，或是操作系统的原生 API。然而，许多游戏引擎都会把文件 I/O API 包装成为自定义的 I/O 函数。包装操作系统的 I/O API，最少有三个好处。第一，引擎程序员能保证这些自定义的 API 在所有目标平台上均有相同的行为，就算某平台上的原生程序库本身有不一致性或 bug 也如是。第二，API 可以被简化，只剩下引擎实际需要的函数，使维护工作量降到最低。第三，可提供延伸功能。例如，引擎的自定义包装 API 可处理不同媒体上的文件，无论是硬盘、游戏机上的 DVD-ROM/蓝光光盘，或网络上的文件 (例如，由 Xbox Live 或 PSN 管理的远端文件)，也可处理记忆棒 (memory stick) 或其他类型的可移除媒体。

6.1.2.2 同步文件 I/O

C 标准库的两种文件 I/O 库都是同步的 (synchronous)，即程序发出 I/O 请求以后，必须等待读/写数据完毕，程序才能继续运行。以下代码片段示范了如何使用同步 I/O 函数 `fread()`，把整个文件的内容读入内存的缓冲里。注意，`syncReadFile()` 函数直至所有数据读进缓冲后才返回。

```
bool syncReadFile(const char* filePath,
    U8* buffer, size_t bufferSize, size_t& rBytesRead)
{
    FILE* handle = fopen(filePath, "rb");
    if (handle)
    {
        // 在这里阻塞,直至所有数据都读取完毕
        size_t bytesRead = fread(buffer, 1, bufferSize, handle);
        int err = ferror(handle);   // 若过程出错,取得错误码
        fclose(handle);
        if (0 == err)
        {
            rBytesRead = bytesRead;
            return true;
        }
    }
    rBytesRead = 0;
    return false;
}
```

```
void main(int argc, const char* argv[])
{
    U8 testBuffer[512];
    size_t bytesRead = 0;

    if (syncReadFile("C:\\testfile.bin",
        testBuffer, sizeof(testBuffer), bytesRead))
    {
        printf("success: read %u bytes\n", bytesRead);
        // 可以在此使用缓冲的内容……
    }
}
```

6.1.3 异步文件 I/O

串流 (streaming) 是指在背景载入数据, 而主程序同时继续运行。为了让玩家领略无缝 (seamless)、无载入画面的游戏体验, 许多游戏在游戏进行的同时使用串流从 DVD-ROM、蓝光光盘或硬盘读取即将来临的关卡数据。最常见的串流数据类型可能是音频和纹理, 但其他数据也可以串流, 例如几何图形、关卡布局、动画片段等。

为了支持串流, 必须使用异步 (asynchronous) 文件 I/O 库。这种库能让程序在请求 I/O 后, 不需要等待读/写完成, 程序便立即继续运行。有些操作系统自带异步文件 I/O 库。例如, Windows 通用语言运行平台 (common language runtime, CLR) (CLR 即 Visual Basic.Net、C#、managed C++ 及 J# 等语言所采用的虚拟机器) 提供了 `System.IO.BeginRead()` 及 `System.UI.BeginWrite()` 等函数。PS3 和 PS4 也提供了名为 `fios` 的异步 API。若目标平台不提供异步 I/O 库, 也可自行开发一个。[1]即使没必要从零开始实现, 包装系统 API 以提高可移植性也是好主意。

以下代码片段展示了如何使用异步读取操作, 把整个文件内容读入内存的缓冲里。注意, `asyncReadFile()` 是立即返回的, 要等待 I/O 库调用 `asyncReadComplete()` 回调函数时, 才能确保全部数据已读入缓冲里。

```
AsyncRequestHandle g_hRequest;  // 异步I/O请求的句柄
U8 g_asyncBuffer[512];          // 输入缓冲
```

1 假设目标平台能提供线程或类似的功能。——译者注

```
static void asyncReadComplete(AsyncRequestHandle hRequest);

void main(int argc, const char* argv[])
{
    // 注意：在此调用asyncOpen()可能本身是异步的，但这里会忽略此细节，
    // 假设该函数是阻塞的
    AsyncFileHandle hFile = asyncOpen("C:\\testfile.bin");

    if (hFile)
    {
        // 此函数做读取请求，然后立即返回（非阻塞）
        g_hRequest = asyncReadFile(
            hFile,                  // 文件句柄
            g_asyncBuffer,          // 输入缓冲
            sizeof(g_asyncBuffer),  // 缓冲大小
            asyncReadComplete);     // 回调函数
    }

    // 然后我们就可以开始循环 (此循环模拟等待读取时要做的一些真实的工作)
    for (;;)
    {
        OutputDebugString("zzz...\n");
        Sleep(50);
    }
}

// 当数据都被读入时，就会调用此函数
static void asyncReadComplete(AsyncRequestHandle hRequest)
{
    if (hRequest == g_hRequest && asyncWasSuccessful(hRequest))
    {
        // 现在数据已读进g_asyncBuffer[]。查询实际读入的字节数量
        size_t bytes = asyncGetBytesReadOrWritten(hRequest);

        char msg[256];
        snprintf(msg, sizeof(msg),
```

```
            "async success, read %u bytes\n",
            bytes);
        OutputDebugString(msg);
    }
}
```

多数异步 I/O 库允许主程序在请求发出后一段时间，等待 I/O 操作完成才继续运行。若只需要在等待 I/O 期间做一些有限的工作，这种方式就十分有用。以下代码示范了这种应用。

```
U8 g_asyncBuffer[256];      // 输入缓冲

void main(int argc, const char* argv[])
{
    AsyncRequestHandle hRequest = ASYNC_INVALID_HANDLE;
    AsyncFileHandle hFile = asyncOpen("C:\\testfile.bin");

    if (hFile)
    {
        // 此函数做读取请求，然后立即返回（非阻塞）
        hRequest = asyncReadFile(
            hFile,                    // 文件句柄
            g_asyncBuffer,            // 输入缓冲
            sizeof(g_asyncBuffer),    // 缓冲大小
            NULL);                    // 无回调函数
    }

    // 现在做一点工作……
    for (int i = 0; i < 10; i++)
    {
        OutputDebugString("zzz...\n");
        Sleep(50);
    }

    // 在数据预备好之前，我们不能继续下去，所以要在此等待
    asyncWait(hRequest);

    if (asyncWasSuccessful(hRequest))
    {
```

```
        // 现在数据已读进g_asyncBuffer[]。查询实际读入的字节数量
        size_t bytes = asyncGetBytesReadOrWritten(hRequest);

        char msg[256];
        snprintf(msg, sizeof(msg),
            "async success, read %u bytes\n",
            bytes);
        OutputDebugString(msg);
    }
}
```

有些异步 I/O 库允许程序员取得某异步操作所需时间的估算。一些 API 也可以为请求设置时限 (deadline) (实际上会为待完成的请求划分优先次序), 并可设置请求超出时限时的安排 (例如取消请求、通知程序、继续尝试等)。

6.1.3.1 优先权

必须谨记文件 I/O 是实时系统 (real-time system), 如同游戏的其他部分也要遵循时限。因此, 异步 I/O 操作常有不同的优先权 (priority)。例如, 当要从硬盘或蓝光光盘串流音频, 并要在串流时播放, 那么, 装载下一个音频缓冲的优先权, 和载入纹理或游戏关卡块的优先权相比, 前者显然高于后者。异步 I/O 系统必须能暂停较低优先权的请求, 才可以让较高优先权的 I/O 请求有机会在时限到达前完成。

6.1.3.2 异步文件 I/O 如何工作

异步文件 I/O 是利用另一单独线程处理 I/O 请求的。主线程调用异步函数时, 会把请求放入一个队列, 并立即传回。同时, I/O 线程从队列中取出请求, 并以阻塞 (blocking)I/O 函数如 `read()` 或 `fread()` 处理这些请求。请求的工作完成后, 就会调用主线程之前提供的回调函数, 告之该操作已完成。若主线程选择等待完成 I/O 请求, 就会使用信号量 (semaphore) 处理。(每个请求对应一个信号量, 主线程把自身处于休眠状态, 等待 I/O 线程在完成请求工作后通知信号量。)

几乎任何可以想象到的同步操作, 都能通过把代码置于另一线程而转变为异步操作。除了线程, 也可以将代码移至物理上独立的处理器, 例如 PS4 里的多个 CPU 核。7.6 节会有详细说明。

6.2 资源管理器

每个游戏都是由种类繁多的资源 (有时称为资产或媒体) 构成的, 例如网格、材质、纹理、着色器程序、动画、音频片段、关卡布局、碰撞数据、物理参数等。游戏资源必须被妥善管理,这包括两方面, 一方面是建立资源的离线工具, 另一方面是在执行期载入、卸下及操作资源。因此, 每个游戏都有某种形式的资源管理器 (resource manager)。

每个资源管理器都由两个元件组成, 这两个元件既独立又互相整合。其一负责管理离线工具链, 用来创建资产及把它们转换成引擎可用的形式。另一元件在执行期管理资源, 确保资源在使用之前已被载入内存, 并在不需要的时候把它们从内存中卸载。

在某些引擎中, 资源管理器是一个具有清晰设计、统一、中心化的子系统, 负责管理游戏中用到的所有类型的资源。其他引擎的资源管理器本身不是单独的子系统, 而是散布于不同的子系统中, 或许这些子系统是由不同作者, 经历过引擎漫长的、也许多姿多彩的历史而写成的。但无论资源管理器是如何实现的, 它总是要负起某些责任, 并解决一些有明确定义的问题。本节会探讨典型游戏引擎资源管理器的功能, 以及其实现细节。

6.2.1 离线资源管理及工具链

6.2.1.1 资产的版本控制

在小型游戏项目中, 游戏资产的管理方式可以是把组织不严谨的文件以项目特设的目录结构置于共享网盘中。但此方式对于现代商业三维游戏来说并不可行, 因为这些游戏包含海量的各种资产。所以这类项目的开发团队需要一套更正规的方法来跟踪及管理资产。

有些游戏团队使用源代码版本控制系统管理资源。美术人员会把美术源文件 (Maya 场景文件、Photoshop 的 .PSD 文件、Illustrator 文件等) 签入 Perforce 或类似的套件。这种方法尚算行之有效, 虽然有些游戏团队仍必须为美术人员组建量身打造的软件, 以减缓他们的学习曲线。这类软件可以仅为商用版本控制系统的包装, 也可以是完全定制的。

解决数据量的问题 美术资产的版本控制, 其最大问题在于极大的数据量。尽管相对于项目的影响, C++ 和脚本源程序文件都很小, 而艺术文件则大得多。因为许多源文件控制系统都需要把文件从中央版本库复制至用户的本地机器, 极大的资产文件可导致这些套件完全无用。

笔者受雇于不同工作室之时, 曾看到过此问题的不同解决方案。有些工作室转而使用如 Alienbrain 这种特别针对极大量数据而设的商业版本控制系统。有些团队则简单承受这些数据量, 让版本控制工具复制资产到本地机器。只要磁盘空间足够、网络带宽足够, 此法还是可行的, 但是它很可能是低效的, 会降低团队的生产力。有些团队在其版本控制工具上精心制作了一个系统, 保证某终端用户只会将其真正需要的文件取至本地机器。在此模型中, 用户不是无权取得余下的版本库, 就是按需从共享网盘中存取。

顽皮狗使用私有工具解决此问题。该工具利用 UNIX 的符号链接 (symbolic link) 消除数据复制, 同时允许每位用户拥有资产版本库的完整本地视图。只要文件未签出, 该文件其实就是符号链接, 连至共享网盘上的主文件。符号链接占用很少的本地磁盘空间, 因为它仅是一个目录条目。当用户为了编辑而签出文件时, 就会移除符号链接, 并更换为一个本地副本。当用户完成编辑并签入文件, 本地副本就会成为新的主文件, 其版本记录会在主数据库中被更新, 而本地文件又再一次变为符号链接。此系统非常有效, 但需要团队从零开始自建其版本控制系统。笔者未发现任何商业工具能以此形式运作。并且, 符号链接是 UNIX 的特性, 这类工具也许可使用 Windows 的连接点 (junction point)[1] 实现, 但笔者未曾见过有人做过这项尝试。

6.2.1.2 资源数据库

对于大部分资产来说, 游戏引擎并不会使用其原本的格式, 下一节会深入探讨这部分知识。资产需要经过一些资产调节管道 (asset conditioning pipeline, ACP), 把资产转换为引擎所需的格式。当流经资产调节管道时, 每个资源都需要用一些*元数据* (metadata) 描述*如何*对资源进行处理。例如, 要压缩某纹理位图, 便要得知该用哪种*类型*的压缩方法最合适。要导出动画片段, 便需要知道要导出 Maya 中哪个范围的帧。若要从含有多个角色的 Maya 场景中导出角色网格, 便需要知道每个网格对应哪个游戏角色。

为了管理所有这类元数据, 需要有某种形式的数据库。若只是制作非常小型的游戏, 此数据库可能只需要放在开发者的脑海中。此时此刻, 笔者好像能听到脑中的数据库说: "谨记, 玩家的动画需要开启 '反转 X 轴' 设置, 而其他角色*必须关闭*此设置 …… 噢, 应该是相反吗?"

显然, 对于任何有相当规模的游戏, 我们不可依赖开发者的记忆。一方面, 极大量的资产很快会变得无法驾驭。而逐一手动处理每个资产也太费时费事, 对于大型的商业游戏制作是不现实的。因此, 每个专业的游戏团队都应有某种半自动资源管道, 而管道所需的数据则存储在某种*资源数据库* (resource database) 中。

在各游戏引擎中, 资源数据库的形式有巨大差异。在某引擎中, 元数据可能会被嵌入资产源文件本身 (如把元数据存储在 Maya 文件中的所谓 blind data 里)。在另一引擎中, 每个源资源文件可能会伴随一个小文本文件, 该文件描述应如何处理对应的资源。在另一引擎中, 资源

1 原文为 junction, 正式术语应为 NTFS joint point。

生成元数据会写进一组 XML 文件，或许再通过一些自建的图形界面去管理这些文件。有些引擎则采用真正的关系数据库 (relational database)，如微软的 Access、MySQL，甚至是重量级的数据库，如 Oracle。

无论资源数据库采用什么形式，它都必须提供以下功能。

- 能处理多种类型的资源，理想地 (但肯定非必要) 是以一致的方式处理。
- 能创建新资源。
- 能删除资源。
- 能查看及修改现存的资源。
- 能把资源从一个位置移至磁盘上的另一位置。(这是非常有用的，因为美术人员及游戏设计师经常要重新安排资产，以反映项目目标的改动、重新思考游戏设计、新增或取消特性等)。
- 能让资源交叉引用其他资源 (例如，网格引用材质、某关卡引用一组动画)。交叉引用通常同时驱动资源管理生成过程及运行时的载入过程。
- 能维持数据库内所有交叉引用的*引用完整性* (referential integrity)。执行所有常见操作后，如删除或移动资源，仍能保持引用完整性。
- 能保存版本历史，并完成记录改动者及事由的日志。
- 资源数据库若能支持不同形式的搜寻及查询，将十分有用。例如，开发者可能想了解哪一关用了某动画、哪些材质引用了某纹理。或是开发者只是找到一个正好遗忘了名字的资源。

从以上列表可知，建立一个可靠及稳健的资源管理器并非易事。若能完善地设计及实现，资源管理器简直能令项目成果千差万别——让团队发行一款热门游戏，或是让团队白花 18 个月最后被管理层终止项目 (甚至导致更坏的情况)。笔者对此坚信不疑，皆因这两种情况都亲身经历过。

6.2.1.3 一些成功的资源数据库设计

每个游戏团队都有不同的需求，导致在设计其资源数据库时有不同的抉择。然而，无论是否有价值，以下是笔者亲身用过、能有效工作的设计。

虚幻 4 虚幻的资源数据库由其万用工具 UnrealEd 所管理。UnrealEd 几乎负责一切事务，无论是资源元数据管理、资产创建还是关卡布局等都一手包办。UnrealEd 虽有缺点，但其最重要的好处在于，UnrealEd 是游戏引擎本身的一部分。这种设计使 UnrealEd 能在创建资产之后，立即看到资产在游戏中运行时的模样。游戏也可以在 UnrealEd 中运行，以便能观察资产在其自然环境中的样子, 并能看到资产如何在游戏中运作。

笔者称 UnrealEd 的另一大优点为一站式购物 (one-stop shopping)。UnrealEd 的通用浏览器 (generic browser) 能让开发者存取引擎支持的一切资源 (见图 6.1)。以单一、整合、一致的界面创建和管理所有类型的资源, 是 UnrealEd 的一大优势。对比其他大部分引擎, 资源数据往往由无数个不一致、晦涩难懂的工具分散管理, UnrealEd 的此设计特色更显优越。仅仅是可以在 UnrealEd 中寻找任何资源这一点, 已是巨大优点。

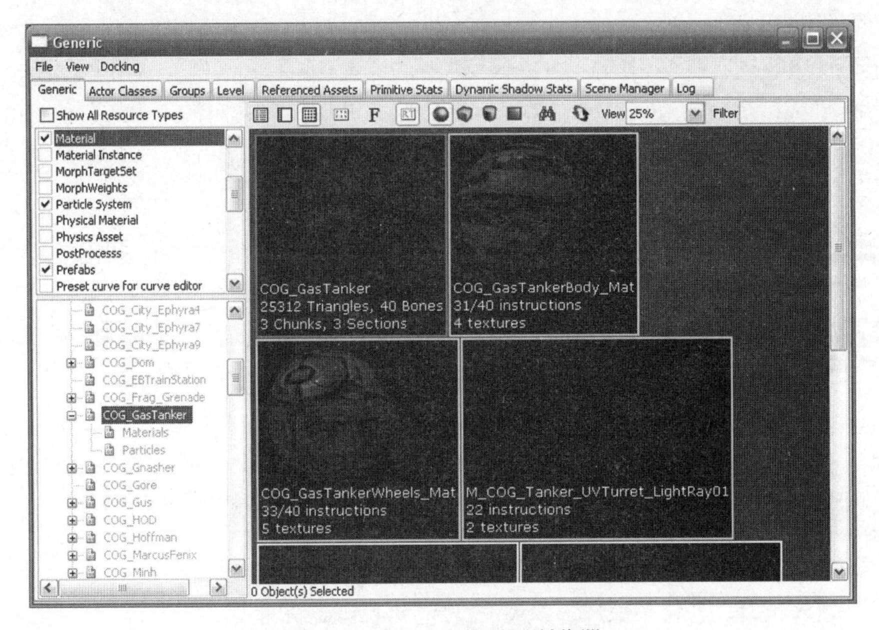

图 6.1 UnrealEd 的通用浏览器

虚幻引擎相比其他引擎较难出岔子, 因为资产必须被明确地导入虚幻的资源数据库。那么在制作初期已经可以检查资源的有效性。而在其他大部分游戏引擎中, 任何旧数据都可以放进资源数据库, 直到最后在生成时才会知道有没有数据失效, 甚至有时在游戏载入数据时才发现问题。对虚幻引擎来说, 资产导入 UnrealEd 时就能检查其有效性。这意味着, 建立资产者能获得即时反馈, 得知其资产是否配置正确。

当然, 虚幻引擎的方法也有一些重要缺点。首先, 所有资源数据存于少量的大型包文件 (package file) 中。这些文件是二进制的, 因此并不易利用如 CVS、Subversion 或 Perforce 等版本控制包进行合并。当多位用户希望修改某包文件中的资源时, 不能合并就是重要问题。就算用户尝试修改不同的资源, 同一时间也只有一位用户能锁定该包, 其他人必须等候。缓解此问题的方法之一就是, 把资源划分为较小的包, 但实际上并不能完全根治这个问题。

UnrealEd 的引用完整性相当不错, 但仍有一些问题。当某资源被重新命名或移动后, 所有对该资源的引用会自动维护, 方法是产生一个虚拟对象 (dummy object), 把旧的资源映射至其新名称/位置。问题是这些虚拟映射对象会闲置、累积起来并造成问题, 尤其是删除资源的时候问题会变得十分严重。总体上, UnrealEd 的引用完整性相当不错, 尽管未臻完美。

撇除这些问题, UnrealEd 是笔者用过的最友好、整合良好、一条龙的资产创建工具包、资源数据库及资产调节管道。

顽皮狗的神秘海域/最后生还者引擎 在《神秘海域: 德雷克船长的宝藏》(*Uncharted: Drake's Fortune*) 中, 顽皮狗将其资源元数据存储至 MySQL 数据库, 并编写了自制的图形用户界面 (graphical user interface, GUI), 用于管理数据库中的内容。此工具给美术人员、游戏设计师和程序员等使用, 以创建、删除、查看及修改资源。此 GUI 是整个系统的关键组件, 避免用户学习错综复杂的 SQL 语言去操作关系数据库。

神秘海域引擎最初的 MySQL 数据库并没有提供有用的版本历史功能, 也没有方法去回滚 (rollback) "坏"的改动。该数据库也不支持多人同时修改同一个资源, 并难以管理。顽皮狗于是舍弃 MySQL 方案, 改用由 Perforce 管理、基于 XML 文件的资产数据库。

图 6.2 所示为顽皮狗的资源数据库 GUI, 名为 Builder。Builder 的视窗分为两个主要部分: 左方为树状视图, 显示游戏中的所有资源; 右方为属性编辑视窗, 用于显示及修改已选的一个或多个资源。资源树含文件夹, 形成层次结构, 方便美术人员及游戏设计师按自己喜欢的方式组织资源。在任何文件夹中都能创建及修改多种资源类型, 包括演员 (actor)[1] 和关卡, 以及组成这些的子资源 (主要是网格、骨骼和动画)。动画可以组成伪文件夹, 这种伪文件夹称为动画包 (buddle)。这样就能建立一大组动画, 并且以这种单位进行管理, 避免费时地在树状视图中逐个拖动动画。

神秘海域和最后生还者引擎中的资产调节管道含有一组资源导出器、编译器、链接器, 这些工具都是在命令行执行的。引擎能处理很多种类的数据对象, 但数据对象会被打包成为演员或关卡这两种资源文件。演员可以含有骨骼、网格、材质、纹理、动画。关卡则含有静态背景网格、材质、纹理, 以及关卡布局信息。生成演员时, 只需在命令行输入 `ba 演员名字`; 生成关卡时则输入 `bl 关卡名字`。这些命令行工具查询数据库以决定如何生成某演员或关卡。查询内容包括如何从数字内容创作 (digital content creation, DCC) 工具如 Maya、Photoshop 等导出数据, 如何处理数据, 以及如何把数据打包为二进制 .pak 文件供游戏引擎载入。这比许多游戏引擎简单得多, 因为一般的引擎都要求美术人员手工导出资源, 此乃费时费事、乏味、易错的

1 在游戏业界中,actor 通常是指游戏中含行为的动态对象, 例如人物角色、载具、可动的门窗、开关等。——译者注

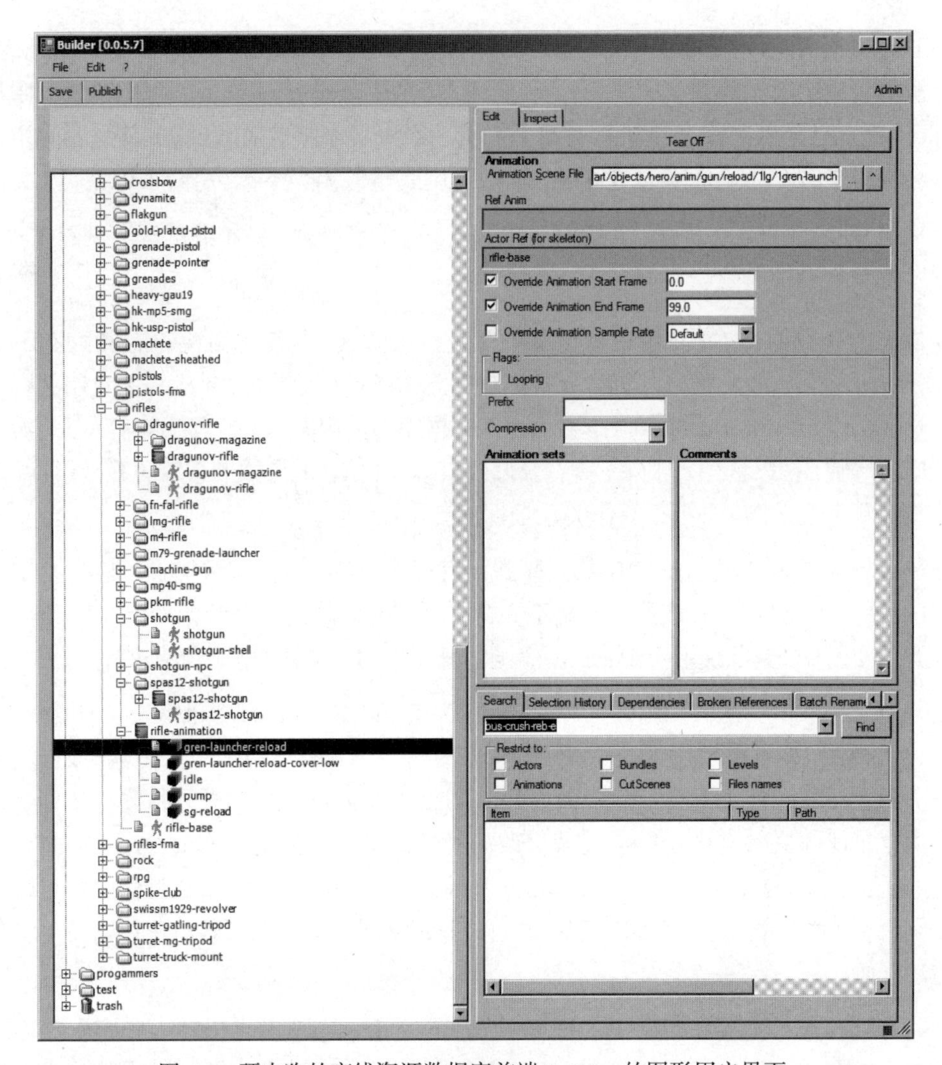

图 6.2 顽皮狗的离线资源数据库前端 Builder 的图形用户界面

任务。

顽皮狗设计的这个资源管道有以下优点。

- *粒度小的资源*: 资源以逻辑实体的形式进行管理，这些逻辑实体指网格、材质、骨骼、动画。这种资源粒度足够细小，使团队几乎不会出现两位成员同时修改同一资源的冲突情况。
- *必需的特性 (并无更多)*:Builder 工具提供强大的特性，满足团队需求，而顽皮狗没有耗费任何资源去开发不需要的特性。
- *显而易见的源文件映射*: 用户很容易得知某资源由哪些资产而来 (原生 DCC 文件，如 Maya

的 .ma 文件、Photoshop 的 .psd 文件)。

- *容易更改 DCC 数据的导出及处理方式*: 只需在资源数据库 GUI 中单击相关资源, 更改其处理属性便可。
- *容易生成资产*: 只需在命令行输入 `ba` 或 `bl`, 再加上资源名称, 依赖系统 (dependency system) 便会处理余下的事情。

当然, 顽皮狗的工具也有缺点, 包括如下几点。

- *欠缺可视化工具*: 要预览资产, 唯一的方法是把资产载入游戏或模型/动画监视器 (后者只是游戏的一种特别模式)。
- *工具没有完全被整合*: 顽皮狗使用一个工具为关卡布局, 使用另一工具设置材质和着色器 (此部分并非属于资源数据库 GUI)。生成资产需利用命令行。若所有这些功能都整合至单一工具, 应该比较方便。然而, 顽皮狗没计划这么做, 因为其效益很可能低于所需的成本。

OGRE 的资源管理系统 OGRE 是渲染引擎而非完整的游戏引擎。然而, OGRE 却拥有一个功能十分完备、设计非常好的运行时资源管理器, 其通过一组简单一致的接口就能载入任何类型的资源。而且设计此系统时预留了扩展性 (extensibility)。任何程序员都能在 OGRE 的资源框架下, 为新的资产种类实现资源管理器, 并将其轻松整合至框架中。

OGRE 资源管理器的一个缺点在于, 它仅是运行时方案。OGRE 缺乏任何形式的离线数据库, 其只提供导出器 (exporter), 可将 Maya 文件转换为 OGRE 支持的网格格式 (附有材质、着色器、骨骼, 并可选择导出动画)。可是, 导出器必须以手动方式在 Maya里操作。更糟的是, 描述某 Maya 文件怎样导出及处理的所有元数据, 皆必须由用户每次导出时输入。

总而言之, OGRE 的运行时资源管理器是强大且设计精良的。但若能加入同样强大的现代资源数据库及资产调节管道, 将能令 OGRE 更完善。

微软的 XNA XNA 是微软的游戏开发工具套件, 以 PC 和 Xbox 360 为目标平台。XNA 的资源管理系统别具一格, 它通过 Visual Studio IDE 的项目管理及生成系统, 把游戏资产用同样形式进行管理及生成。XNA 的游戏开发工具 Game Studio Express, 其实只不过是 Visual Studio 速成版的插件。关于 Game Studio Express 的相关信息可参阅 MSDN。[1]

6.2.1.4 资产调节管道

在 1.7 节我们学到, 资源数据通常是由先进的数字内容创作 (digital content creation, DCC)

1 `http://mdsn.microsoft.com/en-us/library/bb203894.aspx`

工具所制作的, 例如, Maya、ZBrush、Photoshop、Houdini 等。然而, 这些工具的数据格式一般并不适合游戏引擎直接使用。因此多数资源数据会经由*资产调节管道* (asset conditioning pipeline, ACP) 转换才能成为游戏引擎所用的数据。ACP 有时也称为*资源调节管道* (resource conditioning pipeline, RCP) 或*工具链* (tool chain)。

每个资源管道的始端都是 DCC 原生格式的源资产 (如 Maya 的 .ma 或 .mb 文件、Photoshop 的 .psd 文件等)。这些资产通常会经过 3 个处理阶段才能到达游戏引擎。

1. *导出器* (exporter): 为了把 DCC 的源生格式转换为我们能够处理的格式, 通常的解决办法是为 DCC 工具撰写自定义插件, 其功能就是把 DCC 工具里的数据导出为某种中间格式, 供管道后续阶段使用。多数 DCC 应用软件都会为此提供尚算方便的机制。实际上, Maya 提供了 3 个机制: C++ SDK、名为 MEL 的脚本语言及近期新增的 Python 接口。
   若遇到某 DCC 软件不提供任何自定义方法, 那总可以把数据存储为 DCC 工具的原生格式。幸运的话, 其中可能有开放格式、尚算直观的文本格式, 或其他可做反向工程的格式。因此就可以把文件直接传送到管道里的下一个阶段。
2. *资源编译器* (resource compiler): 我们通常要为由 DCC 工具导出的数据, 以不同方式做一点"改造", 才能让引擎使用。例如, 可能要把网格的三角形重新排列成三角形带 (triangle strip), 或是要压缩纹理, 或是要计算 Catmull-Rom 样条 (spline) 中每段的弧长。并非所有数据都需要编译, 有些数据在导出后可能已经能直接供引擎使用。
3. *资源链接器* (resource linker): 有时候, 多个资源文件需要先结合成单个有用的包, 然后才载入游戏引擎。这个过程类似把 C++ 源文件产生的对象文件, 链接成可执行文件。因此这个过程有时候被称为*资源链接*。例如, 要生成复杂的合成资源, 如三维模型, 可能会把多个导出的网格文件、多个材质文件、一个骨骼文件、多个动画文件内的所有数据, 结合成为单一的资源。并非所有资源都需要链接, 有些资产在导出或编译步骤之后已能供游戏使用。

资源依赖关系及生成规则 与 C/C++ 项目中编译源文件再链接成可执行文件的过程十分相似, ACP 会处理源资产 (以 Maya 几何数据及动画文件、Photoshop 的 PSD 文件、原始音频片段、文本文件等形式), 将其转换为游戏可使用的形式, 再链接为内聚的整体供引擎使用。如同程序的源文件, 各资产之间也有互相依赖的关系。(例如, 某网格可能引用一个或多个材质, 这些材质又引用多个纹理。) 这些依赖关系通常会影响资产在管道内的处理次序。(例如, 可能需要先生成角色的骨骼, 才能处理该角色的任何一个动画。) 除此以外, 资产间的依赖关系也可告诉我们, 当某个源资产做出改动后, 要重新生成哪些资产。

生成依赖不单围绕资产本身的改动, 也与数据格式的改动有关。例如, 若存储三角形网格的文件格式改变了,那么整个游戏中的所有网格都要重新导出并重新生成。有些游戏引擎使用的数据格式,能强健地应付版本改动。例如,资产可能含版本编号,游戏引擎可包含一些代码以载入及使用遗留资产 (legacy asset)。此规则的缺点在于,资源文件和代码都会趋于臃肿。若数据格式改动相对较少,当改动数据格式时,最好还是硬着头皮重新处理所有文件。[1]

每个 ACP 都需要一组规则来描述资产间的依赖关系。当某资产做出改动后,有些生成工具可以利用这些依赖关系信息,确保以正确次序生成所需的资产。一些游戏团队自己组建了这类系统,另一些团队使用历史悠久的工具,例如 `make`。无论选择哪个工具,团队都应该小心翼翼地看管他们的生成依赖系统。不然,某源文件的变动可能不会适当地触发重新生成某些资产。结果会造成不一致的游戏资产,导致游戏外观异常,甚至造成引擎崩溃。按笔者个人的经验,曾目击团队为找出资产问题耗费无数小时,其实只要通过正确设置资产依赖关系,并实现可靠的生成系统,这些问题实际上是能避免的。

6.2.2 运行时资源管理

接着我们关注有关引擎运行时,资产怎样从资源数据库载入、管理并卸载的内容。

6.2.2.1 运行时资源管理器的责任

游戏引擎的运行时资源管理器承担着许多责任,全部都和其主要功能——载入资源至内存——有关。

- 确保任何时候,同一个资源在内存中只有一份副本。
- 管理每个资源的*生命期* (lifetime),载入需要的资源,并在不需要的时候卸载。
- 处理*复合资源* (composite resource) 的载入。复合资源是由多个资源组成的资源。例如,三维模型是复合资源,含有网格、一个或多个材质、一个或多个纹理,并可能有骨骼和多个骨骼动画。
- 维护*引用完整性*。这包括内部引用完整性 (单个资源内的交叉引用) 及外部引用完整性 (资源间的交叉引用)。例如,一个模型引用其网格和骨骼;网格引用其材质,材质又引用纹理;动画则引用骨骼,而最终骨骼又会被绑定到一个或多个模型。当载入复合资源时,资源管理器必须确保所有子资源也被载入,并正确地修补所有交叉引用。
- 管理资源载入后的*内存用量*,确保资源存储在内存中合适的地方。

[1] 若引擎有自定义的工具创作的游戏数据 (如地图编辑器),由于这些文件是 ACP 的源文件,其自定义格式最好加入版本信息,以免改动格式时丢失用户的数据。——译者注

- 允许按资源类型, 载入资源后执行*自定义的处理*。这种处理有时候又称为资源登录 (log in) 或*资源载入初始化* (load-initializing)。
- 通常 (但非总是) 提供单一统一接口管理多种资源类型。理想地, 资源管理器要容易扩展, 以便游戏开发团队需要新种类的资源时, 也可以进行扩展处理。
- 若引擎支持, 则要处理*串流* (streaming) (即异步资源载入)。

6.2.2.2 资源文件及目录组织

在一些游戏引擎 (通常是 PC 上的引擎) 中, 每个资源存储为磁盘上的独立文件。这些文件通常位于树状目录中, 而目录的组织主要是由资产创作者为方便而设计的。游戏引擎通常不会理会资源被放置于资源树中的哪个位置。以下是一个虚构游戏《太空逃亡者》(*Space Evaders*)[1] 的典型资源目录树。

```
SpaceEvaders      整个游戏的根目录
  Resources       所有资源的根目录
    NPC           非玩家角色的模型和动画
      Pirate      海盗的模型及动画
      Marine      水兵的模型及动画
      ...
    Player        玩家角色的模型和动画
    Weapons       武器的模型和动画
      Pistol      手枪的模型和动画
      Rifle       步枪的模型及动画
      BFG         大枪的模型及动画[2]
      ...
    Levels        背景几何及关卡布局
      Level1      第一关的资源
      Level2      第二关的资源
      ...
    Objects       其他三维物体
      Crate       无处不在的可破坏箱子
     Barrel       无处不在的可爆炸木桶
```

1 此处应该是对经典游戏《太空侵略者》(*Space Invaders*) 的致敬。——译者注

2 BFG 9000 是《毁灭战士》中的武器, 此处原文为“big ... uh ... gun”, 读者请参考维基上的相关介绍。——译者注

其他引擎会把多个资源包裹为单一文件, 如 ZIP 存档 (archive) 或其他复合文件 (也许是自定义格式的)。这种方法的优点是可减少载入时间。从文件载入数据时, 三大开销为寻道时间 (seek time) (即把磁头移动至物理媒体上正确位置的时间)、开启每个文件的时间及从文件将数据读入内存的时间。在这三项中, 寻道时间和开启文件时间在许多操作系统里并非是微不足道的。使用单一大文件, 这些开销都能降至最低。单一文件在硬盘上可以是连续的形式, 这样寻道时间便能降至最低。而仅开启一个文件, 也能消除开启每个文件的开销。

固态硬盘 (solid-state drive, SSD) 与旋转媒体如 DVD、蓝光光盘、硬盘 (hard disc drive, HHD) 不同, SSD 并没有寻道时间的问题。然而, 现在还没有游戏机内置 SSD 作为基本存储设备 (PS4 和 Xbox One 也没有)。因此, 在未来一段时间里, 仍需要为游戏设计 I/O 的使用模式, 以最小化寻道时间。†

OGRE 渲染引擎的资源管理器同时支持两种模式, 可把资源文件各自置于硬盘上, 也可以把资源文件置于庞大的 ZIP 存档中。使用 ZIP 格式的好处有:

1. ZIP 是开放格式。用来读/写 ZIP 压缩文件的 zlib 和 zziplib 程序库都可供免费使用。zlib SDK 是完全免费的[1], 而 zziplib SDK 则以 LGPL 授权[2]。
2. ZIP 存档内的虚拟文件也有相对路径。换句话说, ZIP 压缩文件蓄意设计成“像”文件系统的样子。OGRE 资源管理器以貌似文件系统路径的字符串去识别所有资源。然而, 这些路径有时是用来识别 ZIP 存档里的虚拟文件的, 而非硬盘上的普通文件, 使程序员在大多数情况下无须理会两者区别。
3. ZIP 存档可被压缩。这样可减小资源占用磁盘上的空间。但更重要的是, 这么做可减少载入时间, 因为从硬盘上载入的数据量减少了。当要从 DVD-ROM 或蓝光光盘读取数据时, 就更见其效, 因为这类设备的传输性能比硬盘慢得多。因此, 载入数据后再解压所花的时间, 通常比读取原来无压缩数据所花的时间少。
4. 可将 ZIP 存档视为模块。多个资源能组成 ZIP 文件, 并以这些文件作为资源管理的单位。此想法可优雅地应用于产品本地化工作。所有需要本地化的资产 (如含对话的音频片段、含文字或区域相关符号的纹理) 可置于单一 ZIP 文件中, 并为不同语言或地区制作该 ZIP 文件的不同版本。在某地区运行游戏时, 引擎只要载入对应版本的 ZIP 文件即可。

虚幻引擎 3 采取类似的手法, 但也有几个重要区别。在虚幻中, 所有资源都必须置于大型合成文件之中, 这些文件称为包 (package, 又称为“pak 文件”), 并不允许资源在磁盘上以独立文件出现。包文件采用自定义格式。虚幻引擎的编辑工具 UnrealEd 让开发者在这些包里创建及管理资源。

1 http://www.zlib.net
2 http://zziplib.sourceforge.net

6.2.2.3 资源文件格式

每类资源都可能有不同的文件格式。例如, 网格文件的存储格式通常异于纹理位图。[1]有些资产会存储为标准的开放格式。例如, 纹理通常存储为 TARGA[2]文件 (TGA)、便携式网络图形 (Portable Network Graphics, PNG) 文件、标记图像文件格式 (Tagged Image File Format, TIFF) 文件、联合图像专家小组 (Joint Photographic Experts Group, JPEG) 文件, 或视窗位图 (Windows Bitmap, BMP) 文件, 也可存储为标准纹理压缩格式, 如 DirectX 的 S3 纹理压缩家族格式 (即 S3TC, 又称 DXTn 或 DXTC)。同样, 建模工具, 如 Maya 或 LightWave 里的三维网格数据, 也会导出为标准格式, 如 OBJ[3]或 COLLADA, 以供引擎使用。

有时候, 单一文件格式可存储多种不同类型的资产。例如, Rad Game Tools 公司的 Granny SDK[4] 实现了一个弹性开放式文件格式, 此格式能存储三维网格数据、骨骼层次结构及骨骼动画数据。(实际上, Granny 文件格式可以非常容易地用来存储任何种类的数据。)

许多游戏引擎程序员会定义自设的文件格式, 其中有以下几个原因。其一, 引擎所需的部分信息可能没有标准格式可以存储。此外, 许多游戏引擎会尽力对资源做脱机处理, 借以降低在运行时载入及处理资源数据的时间。数据须遵从某内存布局, 例如, 可选择原始二进制格式, 在脱机时利用工具进行数据布局, 而非载入数据时才做转换。

6.2.2.4 资源全局统一标识符

游戏中所有的资源都必须有某种*全局唯一标识符* (globally unique identifier, GUID[5])。最常见的 GUID 选项就是资源的文件系统路径 (存储为字符串或其 32 位散列码)。这种 GUID 很直观, 因为它直接将每个资源映射至硬盘上的物理文件。而且它能确保在整个游戏中是唯一的, 因为操作系统已能保证两个文件不能有相同的路径。

然而, 文件系统路径绝对不是资源 GUID 的唯一选择。有些引擎使用较不直观的 GUID 类型, 例如 128 位散列码, 可能会利用工具来保证其唯一性。在另一些引擎中, 以文件系统路径作为 GUID 类型是不可行的。例如, 虚幻引擎 3 将多个资源存储在一个大文件里 (称为包), 所

1 这个例子通常是对的, 但 Hoppe 在 2002 年发表了一篇文章, *Geometry Images*, 其重点刚好就是把网格存储为位图, 能使用映像压缩及渐进式传输, 可参阅 `http://research.microsoft.com/en-us/um/people/hoppe/proj/gim/`。——译者注

2 TARGA 全称为 Truevision Advanced Raster Graphics Adapter, 而 TGA 为 Truevision Graphics Adapter。此格式是 20 世纪 90 年代显卡厂商 Truevision 的图形格式, 并非真正的开放标准。——译者注

3 这里是指 Wavefront 公司的三维几何文件格式, 而非对象文件格式。——译者注

4 `http://www.rad-gametools.com`

5 注意, 这里不是指 128 位的 GUID/UUID, 而只是一个广义的概念——在某软件内不重复的标识符。——译者注

以包文件的路径并不能唯一地识别每个资源。虚幻的解决方案是,每个包里的资源以文件夹层次结构组织起来,并给予包里的资源唯一的名字,如同文件系统路径。因此虚幻的资源 GUID 的格式是由包名字和包内资源路径串接而成的。例如在《战争机器》(*Gears of War*) 中,资源 GUID (`Locust_Boomer.PhysicalMaterials.LocustBommerLeather`) 是用来标识一个位于 (`Locust_Boomer`) 包里 (`PhysicalMaterials`) 路径下名为 (`LocustBommerLeather`) 的材质。

6.2.2.5 资源注册表

为了保证在任何时间,载入内存的每个资源只会有一份副本,大部分资源管理器都含某种形式的*资源注册表* (resource registry),记录已载入的资源。最简单的实现模式就是使用字典 (dictionary),即*键值对* (key-value pair) 的集合。键为资源的唯一标识符,而值通常就是指向内存中资源的指针。

资源被载入内存时,就会以其 GUID 为键,加进资源注册表字典。卸载资源时,就会删除其注册表记录。当游戏请求某资源时,资源管理器会先用其 GUID 查找资源注册表字典。若能搜寻到,就直接传回资源的指针;否则,就自动载入资源,或是返回失败码。

乍看之下,若不能从资源注册表找到请求的资源,最直接的处理方法就是自动载入该资源。事实上,有些游戏引擎确实就是这么做的。然而,此方法有一些严重的问题。载入资源是缓慢的操作,因为这涉及对硬盘中的文件进行定位及开启,可能将大量的数据读取至内存 (也可能是从很慢的设备读取,如 DVD-ROM 驱动),并且有机会在资源数据载入后,执行其载入后初始化工作。若请求来自运行中的游戏过程,载入资源可能会对游戏帧率造成非常明显的影响,甚至是几秒的停顿。因此,引擎可采取以下两种取代方法。

1. 在游戏进行时,完全禁止加载资源。在此模式下,游戏关卡的所有资源在游戏进行前全部加载,那时候通常玩家正在观看载入画面或某种载入进度栏。
2. 资源以异步形式加载 (即数据采用*串流*)。在此模式下,当玩家在玩关卡 A 时,关卡 B 的资源就会在背景加载。此方式更可取,因为玩家能享受无载入画面的游戏体验。然而,这是相对较难实现的。

6.2.2.6 资源的生命期

资源的*生命期* (lifetime) 定义为该资源载入内存后至内存被归还做其他用途之间的时间。资源管理器的职责之一就是管理资源的生命期——可能是自动的,也可能是通过对游戏提供所需的 API 函数,手动管理资源生命期。

每个资源对生命期有不同的需求。

- 有些资源在游戏开始时便必须被载入，并驻留在内存直至整个游戏结束。换言之，其生命期实际上是无限的。这些资源有时候被称为载入并驻留 (load-and-stay-resident, LSR) 资源。典型例子包括：玩家角色的网格、材质、纹理及核心动画，平视显示器 (HUD) 的纹理及字形，整个游戏都会用到的所有常规武器的资源。在整个游戏过程中，玩家能一直听到或看到的任何资源 (以及不能按需载入的资源)，都应该归为 LSR 资源。
- 有些资源的生命期对应某游戏关卡。在玩家首次看到某关卡时，对应的资源便必须留在内存，直至玩家永久地离开该关卡，资源才能被弃置。
- 有些资源的生命期短于其所在关卡的时间。例如，游戏中的过场动画 (in-game cut-scene)(推进剧情或向玩家提供重要信息的迷你电影) 里使用到的动画及音频短片，可能在玩家观看过场动画之前载入，播放后就能弃置。
- 有些资源如背景音乐、环境音效 (ambient sound effect) 或全屏电影，可以在播放时即时串流。这类资源的生命期很难定义，因为每字节只短暂留在内存中，但整首音乐却会延续很长时间。这类资源通常以特定大小的区块为单位载入，区块大小根据硬件需求而定。例如，音轨可能会以 4KiB 区块读入，因为某底层声音系统的缓冲区可能是 4KiB。内存中某一刻只需两区块的数据，分别是目前播放中的区块，及载入中、紧接前者的区块。

某资源需要在何时载入，通常不是难题，只要按玩家第一次看见该资源的时间算起便能决定。然而，何时卸载资源并归还内存，就不是容易回答的了。问题在于，许多资源会在多个关卡中共享。完成关卡 A 时，我们不希望卸载一些资源后，在关卡 B 又立即再重新加载相同的资源。

解决方案之一就是对资源使用引用计数。首先，载入新关卡时，遍历该关卡所需的资源，并把这些资源的引用计数加 1 (那时候这些资源还未载入)。然后，遍历即将要卸载的 (一个或多个) 关卡里的所有资源，把这些资源的引用计数减 1。那么，引用计数跌至 0 的资源就可被卸载了。最后，再把引用计数刚刚由 0 变成 1 的资源载入内存。

例如，假设关卡 1 使用资源 A、B、C，而关卡 2 使用资源 B、C、D、E (两关卡共享资源 B 和 C)。表 6.2 列出了玩家从关卡 1 玩至关卡 2 时，这 5 个资源的引用计数变化。表中加粗的引用计数代表该资源已被载入内存，灰色背景的引用计数代表资源不在内存中。有括号的引用计数代表资源正要被载入或卸载。

6.2.2.7 资源所需的内存管理

资源管理和内存管理息息相关，因为载入资源时，不可避免地要决定资源被加载到哪个

表 6.2 当载入/卸载两个关卡时, 资源的引用变化

事件	A	B	C	D	E
起始状态	0	0	0	0	0
关卡 1 的引用计数加 1	1	1	1	0	0
载入关卡 1	(1)	(1)	(1)	0	0
玩关卡 1	1	1	1	0	0
关卡 2 的引用计数加 1	1	2	2	1	1
关卡 1 的引用计数减 1	0	1	1	1	1
卸载关卡 1, 载入关卡 2	(0)	1	1	(1)	(1)
玩关卡 2	0	1	1	1	1

地方。每个资源加载的目的地可能不同。首先, 某些资源必须驻留在显存 (video RAM), 或在 PS4 中, 驻留于已映射至高速“大蒜”总线 (“garlic” bus) 的内存。典型例子包括纹理、顶点缓冲 (vertex buffer)、索引缓冲 (index buffer)、着色器。大部分其他资源可能都会驻留在主内存 (main RAM), 但不同的资源可能须置于不同的地址范围。例如, 整个游戏的载入并驻留 (LSR) 全局资源可能会被载入某内存区域, 而经常载入卸载的资源可能会被置于其他地方。

在游戏引擎中, 内存分配子系统的设计, 通常与资源管理的设计有密切关系。有时候, 我们会尽量运用已有的内存分配器设计资源系统; 或反过来, 我们可以设计内存分配器, 以配合资源管理所需。

5.2.1.4 节中我们已经提及资源管理会遇到的主要难题在于, 在载入/卸载资源时要避免形成内存碎片。针对此问题, 下面会探讨一些常用的解决方案。

基于堆的资源分配 处理方法之一是简单地忽略内存碎片问题, 仅使用通用的堆分配器分配资源所需的内存 (如使用 C 的 `malloc()` 或 C++ 的全局 `new` 运算符)。若你的游戏只需运行在个人计算机中, 这个方法还算可以, 因为操作系统支持高级的虚拟内存分配。在这种系统里, 物理内存会裂成碎片, 但操作系统有能力把不连续的物理内存页映射为连续的虚拟内存空间, 有助于缓解内存碎片引起的不良影响。

若你的游戏要运行于物理内存有限的游戏机上, 只配上了最基础的虚拟内存管理器 (甚至连这都没有), 那么内存碎片就会是一个问题。在此情况下, 另一个方案是定期整理内存碎片, 这已于 5.2.2.2 节介绍了如何实现。

基于堆栈的资源分配 堆栈分配器并不会产生内存碎片问题, 因为内存是连续分配的, 而释放内存时则以分配的反方向进行。若以下两个条件成立, 堆栈分配器便能用于载入资源。

- 游戏是线性及以关卡为中心的 (即玩家观看载入画面, 之后玩一个关卡, 再观看另一个载入画面, 之后再玩另一关卡)。
- 内存足够容纳各个完整关卡。

假设这些条件皆满足, 便可使用堆分配器载入资源, 详情如下。在游戏启动时, 内存先分配给载入全局资源。标记栈的顶端位置, 之后便可以将资源释放至此位置。载入关卡时, 只需简单地在栈的顶端分配资源所需的内存。玩家完成关卡后, 就可以把栈的顶端位置移到之前标记的位置, 那么就可以迅速释放关卡的所有资源, 仅留下全局资源。此过程能对无数关卡不断重复, 而永不会导致内存碎片。图 6.3 说明了这个过程。

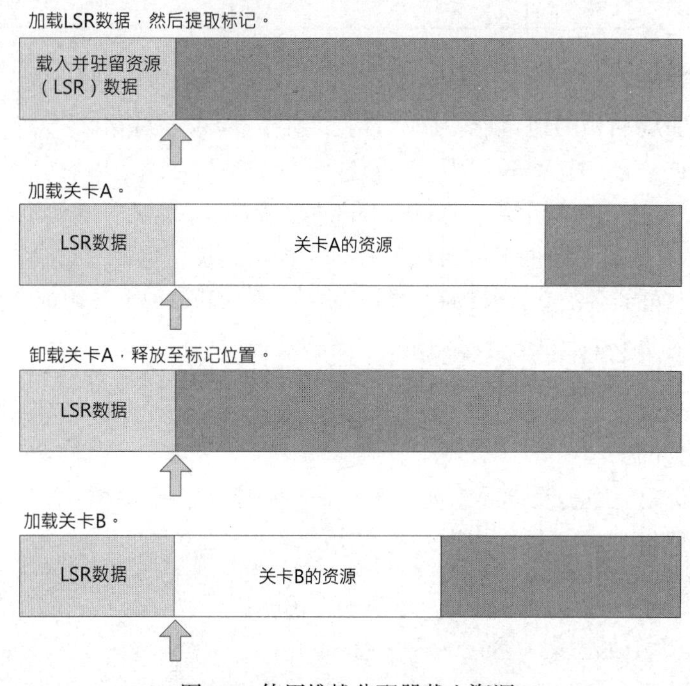

图 6.3 使用堆栈分配器载入资源

双端堆栈分配器也可用于此方法。两个栈定义在一大块内存里。其中一个由内存的底端往上成长, 另一个则由顶端往下成长。只要两个栈永不重叠, 它们就能自然地共享内存资源——若每个堆栈都各自有固定的大小, 便不能利用这种共享方式。

在《迅雷赛艇》中, 游戏开发商 Midway 采用了双端堆栈分配器。底端堆栈用来载入持久的数据, 而顶端堆栈则用于为每帧临时分配内存, 每帧结束后就会释放整个顶端栈。另一种双端堆栈分配器的用法是来回 (ping-pong) 地载入关卡。Bionic Games 曾在某项目中使用了这种方式。其基本思路是, 将关卡 B 压缩后的版本载入顶端堆栈, 而当前关卡 A (无压缩版本) 则驻于底端堆栈。由关卡 A 进入关卡 B 时, 简单地释放关卡 A 的资源 (实际上就是清除底端堆栈), 之后就把关卡 B 从顶端堆栈解压至底端堆栈。解压缩通常比从硬盘读入数据快得多, 这一方法去掉了载入时间, 使玩家过关时更感顺畅。

基于池的资源分配 在支持串流的游戏引擎中, 另一个常见的资源分配技巧是, 把资源数据以同等大小的组块 (chunk) 载入。因为全部组块的大小相同, 所以可以使用池分配器 (见 5.2.1.2 节), 之后资源卸载时不会造成内存碎片。

当然, 基于组块的分配方式需要所有资源以某方式布局, 以允许资源能被切割成同等大小的组块。我们不能简单地把任意资源以组块方式载入, 因为那些文件里可能含有连续的数据结构, 例如数组或大于单个组块的巨型 `struct`。例如, 若多个组块含有一个数组, 而组块又不是在内存中顺序排列的, 那么数组的连续性就会消失, 不能正常地用索引存取数组。这意味着, 设计所有资源数据时都要考虑到"组块特性"。必须避免大型连续数据结构, 取而代之, 要使用小于单个组块的数据结构, 或是不需要连续内存仍可正常运作的数据结构 (如链表)。

池里的每个组块通常对应某个游戏关卡。(简单的实现方法就是给每个关卡一个组块链表。) 那么, 就算内存中同时有多个关卡, 各有不同的生命期, 引擎也可以适当地管理每个组块的生命期。例如, 关卡 X 在载入后占用了 N 个组块。之后, 又为关卡 Y 另外分配了 M 个组块。当关卡 X 最后被卸载时, 其 N 个组块就被释放。若关卡 Y 仍在使用中, 其 M 个组块就继续驻存于内存中。通过将每个组块关联至特定关卡, 就能简单有效地管理组块的生命期。图 6.4 展示了这种方式。

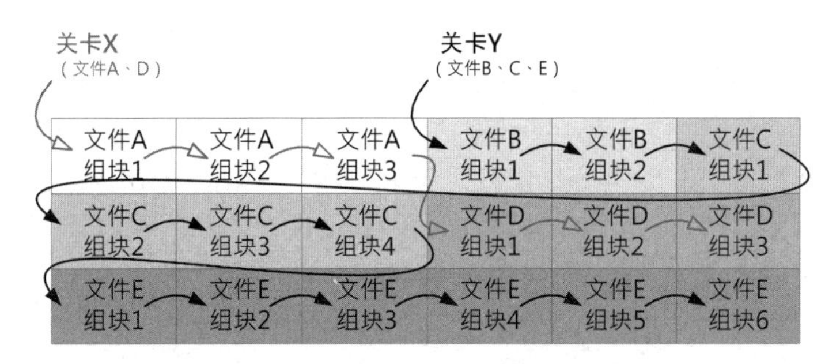

图 6.4 关卡 X 和 Y 的资源以组块方式分配

"组块式"资源分配天生具有一个取舍问题, 这就是空间浪费。除非资源文件大小刚好是组块大小的倍数, 否则文件内最后的组块便不能充分利用所有空间 (见图 6.5)。选择较小的组块大小能缓解问题, 但组块越小, 资源数据的布局限制就会变得越烦琐。(举一个极端的例子, 若组块大小选为 1 字节, 那么所有数据结构都不能大于 1 字节, 这显然是站不住脚的选择。) 典型的组块大小大约是数千字节。例如, 在顽皮狗, 我们使用的组块式资源分配器是资源流系统的一部分，在 PS3 上组块大小定为 512KiB，PS4 则定为 1MiB。读者在选择组块大小时，可以考虑把其大小设为操作系统输入/输出缓冲区大小的倍数，借以期望在载入个别组块时能提供最大效能。

图 6.5 通常不能充分利用资源文件的最后一个组块

资源组块分配器 要限制因组块而浪费的内存，办法之一是设立特殊内存分配器，此分配器能利用组块内未用的内存。据笔者所知，这类分配器并无标准命名，笔者在此称它为*资源组块分配器* (resource chunk allocator)。

资源组块分配器并不难实现。只需管理一个链表，内含所有未用满内存的组块，每笔数据还包含自由内存块的位置及大小。然后我们就可以从这些自由内存块中，按需分配。例如，可以使用通用堆分配器管理这些自由内存块链表。或是可以为每个自由内存块设立小型栈分配器，面对内存分配请求时，就扫描每个栈分配器，遇到有足够内存空间的，就用该栈完成分配请求。

遗憾的是，此方案有美中不足的地方。若在资源组块未使用的区域分配内存，那么释放组块的时候又该怎么办？不可能只释放组块的一部分，只能选择全部释放或不释放。因此，从那些未用区域分配来的内存，会在资源卸载时离奇地消失。

一个简单方案是，只利用资源组块分配器分配一些和对应关卡生命期相同的内存。换句话说，关卡 A 组块的自由内存只供属于关卡 A 的数据分配，关卡 B 组块的内存就只供关卡 B 的数据分配。这需要资源组块分配器独立地管理每个关卡的组块。用户请求分配时需要指明，要从哪个关卡分配内存才可以让分配器选择正确的链表来满足请求。

幸亏大部分游戏引擎在载入资源时都需要动态分配内存，内存需求可能大于那些资源文件本身。所以资源组块分配器可以成为有效的方法，重新利用组块原来浪费了的内存。

分段的资源文件 另一个和“组块式”资源相关的有用概念是*文件段* (file section)。典型的资源文件可能包含 1~4 段，每段分为一个或多个组块，以配合上述基于池的资源分配。某段可能含有为主内存而设的数据，而其他段则含有视频内存数据。另一段可能含有临时数据，仅在载入过程中使用，整个资源载入后这些临时数据就会被丢弃。再另一段可能含有调试信息。游戏在调试模式下运行会载入这些调试数据，而在最终的发行版本中则不会载入。Granny SDK的文件系统[1]是一个优秀的例子，它说明了如何把分段文件实现得又简单又有弹性。

6.2.2.8 复合资源及引用完整性

游戏的资源数据库通常包括多个资源文件，每个文件含有一个或多个*数据对象* (data object)。这些数据对象能用不同方式，引用或依赖于其他数据对象。例如，网格数据结构可能包含引用，指向其材质；材质又包含一组引用，指向多个纹理。通常交叉引用意味着依赖性 (即，若资源 A 引用资源 B，则 A 和 B 必须同时在内存里才能使游戏正常运作)。总的来说，游戏资源数据库可表达为，由互相依赖的数据对象所组成的*有向图* (directed graph)。

数据对象之间的交叉引用可以是*内部的* (单个文件里两个对象的引用) 或*外部的* (引用另一个文件中的对象)。它们之间的区别很重要，因为内部和外部引用的实现方式通常各有不同。以下我们尝试把游戏的资源数据库视觉化，每个资源文件以虚线框表示，凸显内部/外部引用的区别——越过虚线文件边界的箭头就是外部引用，没有越过的是内部引用。图 6.6 显示了该示例。

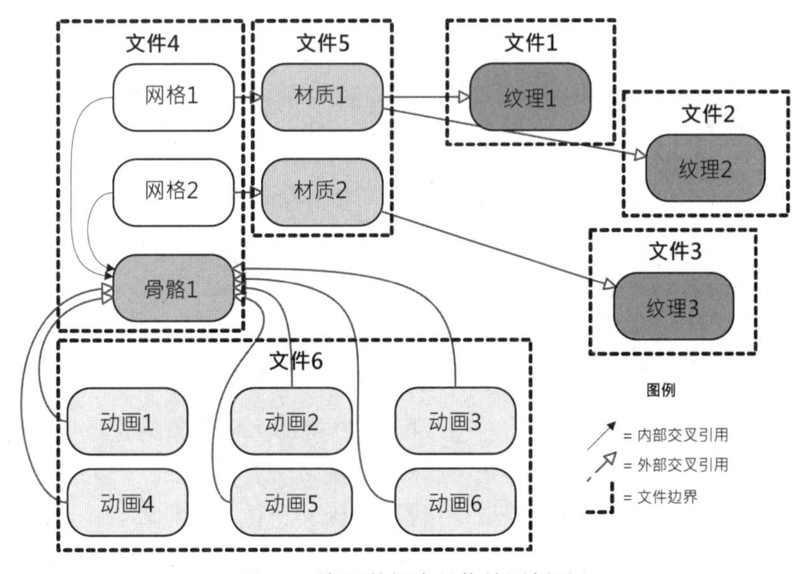

图 6.6 资源数据库的依赖图例子

有时候我们会把一组自给自足、由相互依赖的资源所组成的资源称为*复合资源* (composite resource)。例如，三维模型是复合资源，内含一个至多个三角形网格、可选的骨骼、可选的动画

1 http://www.radgametools.com

集合。每个网格还对应一个材质，每个材质又引用一个或多个纹理。要完整地将复合资源 (如三维模型) 载入内存，也必须载入其依赖的所有资源。

6.2.2.9 处理资源间的交叉引用

实现资源管理的难点之一在于，管理资源对象间的交叉引用，并确保维系引用完整性。要理解资源管理器如何达成此需求，可以先看看交叉引用是如何存储于内存和磁盘中的。

在 C++ 中，两个数据对象间的交叉引用，通常以*指针*或*引用*实现。例如，网格可能含有数据成员 `Material* m_pMaterial` (一个指针) 或 `Material& m_material` (一个引用)，用来引用其材质。然而，指针只是内存地址，其值在离开运行中的程序时就会失去意义。事实上，多次运行相同程序，内存地址会改变。显然，将数据存储至文件时，不能使用指针表示对象之间的依赖性。

使用全局统一标识符做交叉引用 优秀的解决方案之一，就是把交叉引用存储为字符串或散列码，内含被引用对象的唯一标识符。这意味着每个可能被引用的资源对象，都必须具有*全局唯一标识符* (GUID)。

要使这种交叉引用方式行得通，资源管理器就要维护一个全局资源查找表。每次将资源对象载入内存后，都要把其指针以 GUID 为键加进查找表中。当所有资源对象都载入内存后，就可以扫描一次所有对象，对其交叉引用的资源对象 GUID，通过全局资源查找表换成指针。

指针修正表 将对象存储至二进制文件的另一常用方法是，把指针转换为*文件偏移值* (file offset)。假设有一组 C struct 或 C++ 对象，它们之间利用指针做交叉引用。要将这组对象存储至二进制文件，只需以任意次序访问每个对象一次 (且仅一次)，把每个对象的内存映像顺序写至文件。其效果就是把所有对象序列化 (serialize) 为文件中的*连续*映像，即使对象在内存中并非连续，请参考图 6.7。

对象原来的内存映像已经写进文件中，因而可以得知每个对象的映像相对文件开始的偏移值。在写入二进制文件映像的过程中，要找出对象中所有的指针，并用偏移值原地取代那些指针。我们可以简单地写入偏移值，取代指针，是因为指针总有足够的位存放偏移值。实际上，二进制文件的*偏移值等同内存中的指针*。(需要注意开发平台和目标平台的区别。若在 64 位 Windows 下写入文件，其指针是 64 位的，因此该文件不能和 32 位的游戏机兼容。[1])

当然，之后将文件载入内存时，还需要把偏移值转换回指针。这种转换称为*指针修正* (pointer fix-up)。当载入文件二进制映像时，映像内的对象仍然保持连续。所以，把偏移值转换回指针

1 若要支持游戏机，还要考虑之前提及的字节序、对齐等问题。——译者注

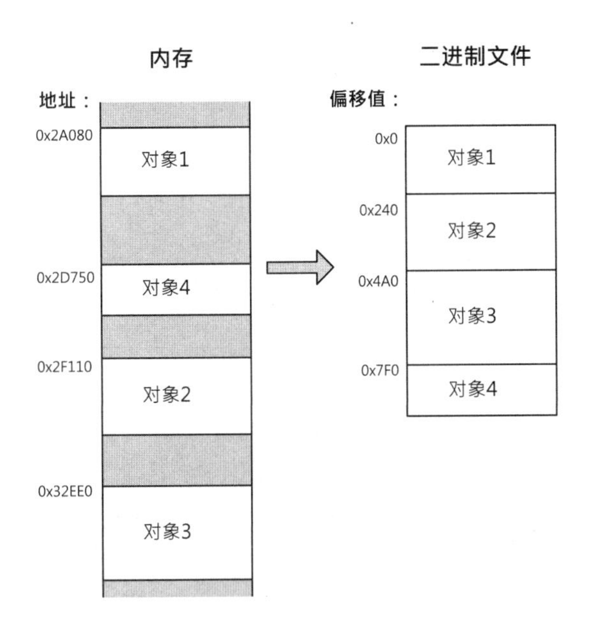

图 6.7 将对象存储到二进制文件时, 内存里的对象映像就能变成连续的

是易如反掌的。以下列出了相关代码, 并以图 6.8 进行说明。

```
U8* ConvertOffsetToPointer(U32 objectOffset,
                           U8* pAddressOfFileImage)
{
    U8* pObject = pAddressOfFileImage + objectOffset;
    return pObject;
}
```

偏移值和指针之间互相转换很简单, 关键是如何找出需要转换的指针。通常我们会在写二进制文件时解决此问题。负责把数据对象映像写进文件的代码, 清楚地知道对象的数据类型和类, 因此这些代码也知道每个对象中的所有指针位于哪里。可以把指针的位置存储到一个简单列表中, 此表就是*指针修正表* (pointer fix-up table)。指针修正表连同对象映像一起被写进二进制文件。之后, 当将文件载入内存时, 就能凭这个表修正所有指针。指针修正表的内容只是文件里的偏移值, 每个偏移值代表一个需要修正的指针。图 6.9 解释了此机制。

存储 C++ 对象为二进制映像: 构造函数 从二进制文件载入 C++ 对象, 很容易忽略一个重要步骤——必须调用对象的构造函数。例如, 若从某二进制文件载入 3 个对象, 一个是 A 类的实例, 一个是 B 类的实例, 一个是 C 类的实例, 那么就要对这 3 个对象分别调用正确的构造函数。

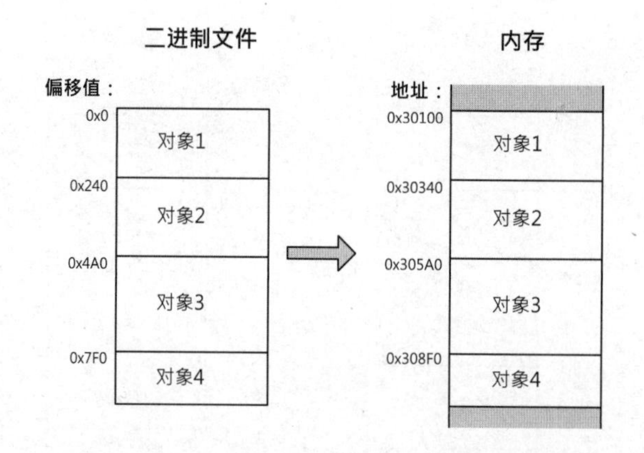

图 6.8 当将文件载入内存后，资源文件映像仍然是连续的

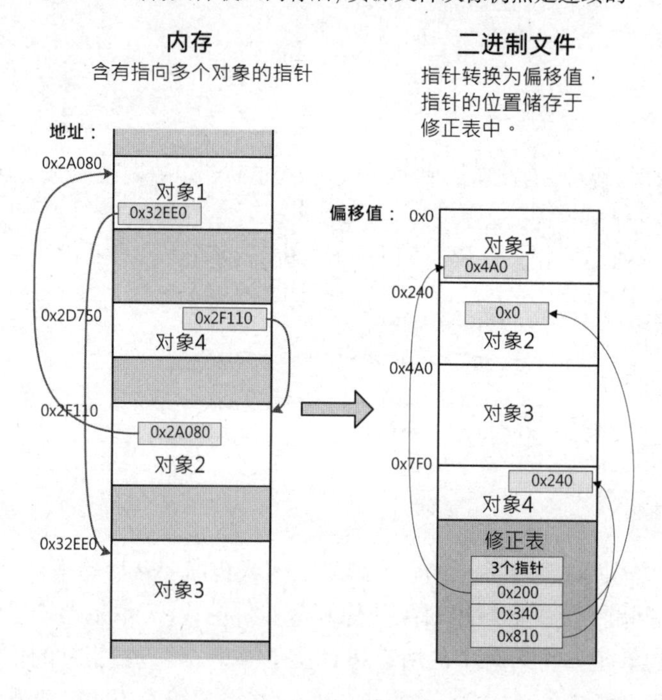

图 6.9 指针修正表

这个问题有两个常见解决方案。其一，读者可以简单决定，让二进制文件完全不支持 C++ 对象。换句话说，就是限制系统使其仅支持 PODS 结构 (plain old data structure)——C `struct`，以及无虚函数、只含不做事情的平凡构造函数 (trivial constructor) 的 C++ `struct`/`class`。(关于 PODS 结构的完整讨论，可参考维基百科。[1])

1 http://en.wikipedia.org/wiki/Plain_Old_Data_Structures

其二,可以把非 PODS 对象的偏移值组成一个表,并在表里记录对象属于哪个类,最后把此表写进二进制文件。之后,载入二进制映像之时,就可以遍历此表,并对每个对象使用 placement new 语法调用适当的构造函数 (即对已分配的内存块调用构造函数)。例如,给定对象在二进制映像中的偏移值可以这样编码:

```
void* pObject = ConvertOffsetToPointer(objectOffset,
                                       pAddressOfFileImage);
::new(pObject) ClassName; // placement new 语法
```

其中 *ClassName* 是该对象所属的类。

处理外部引用 以上提及的两个方案,对引用内部资源非常有效。所谓内部资源,是指单个资源文件内的对象。在最简单的情况下,可以将二进制映像载入内存,再用指针修正去解析所有交叉引用。但是,当交叉引用其他资源文件时,就得采取稍有不同的方法。

要正确表示外部交叉引用,除了要指明偏移值或 GUID,还需加上资源对象所属文件的路径。

载入由多个文件组成的资源,关键在于要先载入所有互相依赖的文件。可行的做法是,载入每个资源文件时,扫描文件中的交叉引用表,并载入所有被外部引用但未载入的资源文件。将每个数据对象载入内存时,可以把其地址加进主查找表。当载入所有互相依赖的资源文件后,所有对象已驻于内存,这时就可以使用主查找表把所有指针转换一遍,从 GUID 或文件偏移值转换为真实的内存地址。

6.2.2.10 载入后初始化

理想地,每个资源都能经离线工具完全处理,载入内存后立即能够使用。实际而言,这并不总是可行的。许多资源种类在载入后,还需要一些"整理"才能供引擎使用。在本书中,笔者使用*载入后初始化* (post-load initialization) 这个术语来描述资源数据载入后的任何处理。其他引擎可能会使用其他术语。(例如在顽皮狗,我们称之为*登入资源*。) 许多资源管理器也支持在释放资源的内存之前,执行某种拆除 (tear-down) 步骤。(在顽皮狗,我们称之为*登出资源*。)

载入后初始化通常有两种情况。

- 在某些情况下,载入后初始化是无法避免的步骤。例如在 PC 上,定义三维网格的顶点和索引值,载入主内存以后,这些数据在渲染前必须要传送至显存。这个步骤只能在运行时进行,过程包括建立 Direct X 顶点或索引缓冲,锁定缓冲,复制或读入数据至缓冲,并解锁缓冲。

- 在其他情况下，载入后初始化的处理过程是可避免的 (即能把处理过程移至工具)，但为了方便起见成为权宜之策。例如，程序员可能想在引擎的样条 (spline) 库中，加入精确的弧长计算。与其花时间更改工具并生成弧长数据，该程序员可能选择简单地在载入后初始化时才计算这些数据。之后，当计算结果完美了，再把代码搬到工具里，以避免运行时计算的开销。[1]

显然，每类资源的载入后初始化及拆除，都各有其独特的需求。因此，资源管理器通常可以按各资源类型分别设置这两个步骤。在非面向对象语言中，例如 C，可以使用查找表，把每个资源类型映射至一对函数指针，一个负责载入后初始化，一个负责拆除。在面向对象语言中，例如 C++，实现就更为简单了，只需使用多态为每个类独立处理其载入后的初始化和拆除。

在 C++ 中，载入后初始化可以实现为一个特别的构造函数，而拆除则可置于类的析构函数中。然而，为此使用构造函数和析构函数会产生一些问题。例如，我们通常需要先创建所有加载对象，然后修正指针，最后才以一个独立步骤进行载入后初始化。因此，许多开发者比较喜欢把载入后初始化和拆除置于普通的虚函数中。例如，可选择一对虚函数，命名为 `Init()` 及 `Destroy()`。

载入后初始化和资源内存分配策略息息相关，因为初始化时经常会产生新数据。在某些情况下，载入后初始化步骤会在文件载入的数据上*新增*数据。(例如，读取 Catmull-Rom 样条之后，计算每段弧长，那么就要分配额外的内存空间存放这些计算结果。) 另一些情况是，载入后初始化步骤所产生的数据用来取代已载入的数据。(例如，为了向后兼容，可能会允许引擎载入过时格式的网格数据，之后自动转换为最新格式。) 在此情况下，载入后产生新数据之后，部分或全部旧数据就会被丢弃。

《迅雷赛艇》引擎中有一个简单强大的方法处理此问题。该引擎允许两种载入资源方式：(a) 直接载入最终的内存位置，(b) 载入临时的内存区域。在 (b) 情况下，载入后初始化必须负责把处理后的数据复制至最终内存位置，之后位于临时内存的资源数据就会被丢弃。这是十分有效的方法，载入同时含相关和不相关数据的资源。相关数据会被复制至内存的最终目的地，不相关的数据会被丢弃。例如，可以将过时格式的网格数据载入临时内存，在载入后初始化步骤中转换成最新格式，而不需要浪费内存保留旧格式数据。

---

1 若是简单的计算，可能在运行时载入后计算，比读取数据的 I/O 时间还要短。应按实际情况决定是在线处理还是离线处理。——译者注

第 7 章　游戏循环及实时模拟

游戏是实时的、动态的、互动的计算机模拟。由此可知,时间在电子游戏中担任非常重要的角色。游戏中有不同种类的时间——实时、游戏时间、动画的本地时间线、某函数实际消耗的 CPU 周期等。在每个引擎系统中, 定义及操作时间的方法各有不同。我们必须透彻理解游戏中所有时间的使用方法。本章会谈及实时、动态模拟软件是如何运作的, 并探讨这类模拟中运用时间的常见方法。

7.1 渲染循环

在图形用户界面 (graphical user interface, GUI) 中, 例如 Windows 和 Macintosh 的机器上的 GUI, 屏幕上大部分内容是静止不动的。在某一时刻, 只有少部分的视窗会主动更新其外形。因此, 传统上绘制 GUI 界面会利用一项称为*矩形失效* (rectangle invalidation) 的技术, 仅重绘屏幕中有改动的内容。较老的二维游戏也会采用相似的技术, 尽量降低需重画的像素数目。

实时三维计算机图形以另一种完全不同的方式实现屏幕渲染。当摄像机在三维场景中移动时, 屏幕或视窗中的一切内容都会不断改变, 因此不能再使用矩形失效法。取而代之, 计算机图形采用和电影相同的方式产生运动的错觉和互动性——对观众快速连续地显示一连串静止影像。

要在屏幕上快速连续地显示一连串静止影像, 显然需要一个循环。在实时渲染应用中, 此循环又被称为*渲染循环* (render loop)。渲染循环的最简单结构如下所示:

```
while (! quit)
{
    // 基于输入或预设的路径更新摄像机变换
    updateCamera();
```

```
    // 更新场景中所有动态元素的位置、方向及其他相关的视觉状态
    updateSceneElements();

    // 把静止的场景渲染至屏幕外的帧缓冲(称为"背景缓冲")
    renderScene();

    // 交换背景缓冲和前景缓冲,令最近渲染的影像显示于屏幕之上
    // (或在视窗模式下,把背景缓冲复制至前景缓冲)
    swapBuffers();
}
```

7.2 游戏循环

游戏由许多互动的子系统所构成,包括输入/输出设备、渲染、动画、碰撞检测及决议、可选的刚体动力学模拟、多玩家网络、音频等。在游戏运行时,多数游戏引擎子系统都需要周期性地提供服务。然而,这些子系统所需的服务频率各有不同。动画子系统通常需要 30Hz 或 60Hz 的更新频率,此更新频率是为了和渲染子系统同步。然而,动力学 (物理) 模拟可能实际需要更频繁地进行更新 (如 120Hz[1])。更高级的系统,例如人工智能,可能只需要每秒 1~2 次更新,并且完全不需要和渲染循环同步。

有许多不同的方法能实现游戏引擎子系统的周期性更新。我们即将探讨一些可行的架构方案。但首先,我们会以最简单的方法更新引擎子系统——采用单一循环更新所有子系统。这种循环常被称为*游戏循环* (game loop),因为它是整个游戏的主循环,更新引擎中的所有子系统。

7.2.1 简单例子:《乓》

《乓》(*Pong*) 是著名的乒乓球类型电子游戏。这种游戏类型起源于 William A. Higinbotham 在 1958 年于布鲁克黑文 (Brookhaven) 国家实验室创作的《双人网球》(*Tennis for Two*) 游戏,该游戏使用示波器 (oscilloscope) 显示游戏图形。此类型游戏变得出名,皆因其后的数字计算机版本——Magnavox Oddysey 公司的 *Table Tennis* 和 Atari 公司的《乓》。

《乓》游戏里有一个球,它在两块可移动的垂直球拍和上下两面固定的横墙之间来回反弹。

1 Xbox 360 上的 Forza Motorsport 3 声称采用 360Hz 的物理更新频率。——译者注

玩家使用旋转钮控制球拍的位置。(现在的重制版本会使用手柄、键盘或其他人体学接口设备去操控。) 若球来到时球拍击不中, 对方就会得分, 球就会被重置, 并开始新的游戏回合。

以下的伪代码演示了《乓》的游戏循环核心的可行形式:

```
void main() // 乓
{
    initGame();

    while (true)    // 游戏循环
    {
        readHumanInterfaceDevices();

        if (quiteButtonPressed())
        {
            break; // 离开游戏循环
        }

        movePaddles();
        moveBall();
        collideAndBounceBall();

        if (ballImpactedSide(LEFT_PLAYER))
        {
            incrementScore(RIGHT_PLAYER);
            resetBall();
        }
        else if (ballImpactedSide(RIGHT_PLAYER))
        {
            incrementScore(LEFT_PLAYER);
            resetBall();
        }

        renderPlayerfield();
    }
}
```

显然此例子是纯粹虚构出来的。原来的《乓》肯定不是以每秒 30 帧速率重绘整个屏幕的。

在当时, CPU 非常慢, 用尽其能力也只够实时渲染两条代表球拍的直线和一个代表球的方格。后来一些游戏机加入二维精灵 (sprite) 的专门硬件绘制会移动的对象。然而, 这里只需要关注概念, 而不是原来《乓》的实现细节。

正如代码中显示的, 当游戏开始运行时, 会调用 `initGame()` 进行各子系统的设置, 其中可能包括图形系统、人体学接口设备、音频系统等, 然后就会进入游戏循环。第一个 `while (true)` 语句告诉我们该循环会永远执行, 除非此循环被内部中断。循环中的第一个任务是读取人体学接口设备的数据。我们会检查玩家是否按了"离开 (quit)"按钮, 若按了会用 `break` 语句退出游戏。然后,`movePaddles()` 就会根据旋转钮的偏转、手柄或其他输入设备的数据, 向上、向下调整球拍位置。之后, `moveBall()` 把球的速度加进当前位置[1], 求出下一帧的新位置。在 `collideAndBounceBall()` 中, 球的位置会对墙和球拍进行碰撞检测。若有碰撞, 便要根据碰撞重新计算球的位置。之后, 还要检测球是否碰到屏幕的左右边界。碰到左右边界代表有一方失球, 需要给对方加分, 并重置球的位置及开始下一个回合。最后,`renderPlayfield()` 负责绘制整个屏幕的游戏内容。

7.3 游戏循环的架构风格

有多种方式可以实现游戏循环, 但其核心通常都会有一个或多个简单循环, 再加上不同的修饰。以下我们会探讨几种常见的架构。

7.3.1 视窗消息泵

在 Windows 平台中, 游戏除了需要服务引擎本身的子系统, 还要处理来自 Windows 操作系统的消息。因此, Windows 中的游戏都会有一段被称为*消息泵* (message pump) 的代码。其基本原理是先处理来自 Windows 的消息, 无消息时才执行引擎的任务。典型消息泵的代码如下所示:

```
while (true)
{
    // 处理所有待处理的Windows消息

    MSG msg;
```

1 在简单的运动学中,$\mathbf{x}\ (t+\Delta t)=\mathbf{x}\ (t)+\mathbf{v}\ (t)\Delta t$, 若帧率是固定的, 即 Δt 为常数, 那么就能把 $\mathbf{v}\ (t)$ 当成是 Δt 时间内的偏移, 此公式就只剩下一个加法。——译者注

```
    while (PeekMessage(&msg, NULL, 0, 0 ) > 0)
    {
        TranslateMessage(&msg);
        DispatchMessage(&msg);
    }

    // 没有Windows消息需要处理时,迭代一次我们“真正”的游戏循环
    RunOneIterationOfGameLoop();
}
```

以上这种实现游戏循环的方式, 其副作用是设置了任务的优先次序, 处理 Windows 消息为先, 渲染和模拟游戏为后。这带来的结果是, 当玩家在桌面上改变游戏的视窗大小或移动视窗时, 游戏就会愣住不动。

7.3.2 回调驱动框架

多数游戏引擎子系统和第三方游戏中间套件都是以*程序库* (library) 的方式构成的。程序库是一组函数和/或类, 这些函数和类能被程序员随意调用。程序库为程序员提供最大限度的自由。但程序库有时候比较难用, 因为程序员必须理解如何正确使用那些函数和类。

相比之下, 有些游戏引擎和游戏中间套件则是以*框架* (framework) 构成的。框架是半完成的应用软件——程序员需要提供框架中空缺的自定义实现 (或覆写框架的预设行为)。但程序员对应用软件的流程只有少量控制 (甚至完全不能控制), 因为那些都是由框架控制的。

在基于框架的渲染引擎或游戏引擎之下, 主游戏循环已为我们准备好了, 但该循环里大部分是空的。游戏程序员可以编写回调函数 (callback function) 以“填充”其中缺少的细节。例如, OGRE 渲染引擎本身是一个以框架包装的库。在底层, OGRE 提供给程序员直接调用的函数。然而, OGRE 也提供了一套框架, 框架封装了如何有效地运用底层 OGRE 库的知识。若选择使用 OGRE 框架, 程序员便需要从 `Ogre::FrameListener` 派生一个类, 并覆写两个虚函数: `frameStart()` 和 `frameEnded()`。读者可能已经猜出来了, OGRE 在渲染主三维场景的前后会调用这两个函数。OGRE 框架对游戏循环的实现方式类似以下的伪代码 (可参考实际文件 *OgreRoot.cpp* 的 `Ogre::Root::renderOneFrame()` 的源代码):

```
while (true)
{
    for (each frameListener)
```

```
    {
        frameListener.frameStarted();
    }

    renderCurrentScene();

    for (each frameListener)
    {
        frameListener.frameEnded();
    }

    finalizeSceneAndSwapBuffers();
}
```

某游戏的 FrameListener 实现可能是这样的:

```
class GameFrameListener : public Ogre::FrameListener
{
public:
    virtual void frameStarted(const FrameEvent& event)
    {
        // 在三维场景渲染前所需执行的事情 (如执行所有游戏引擎子系统)
        pollJoypad(event);
        updatePlayerControls(event);
        updateDynamicsSimulation(event);
        resolveCollisions(event);
        updateCamera(event);
        // 等等
    }

    virtual void frameEnded(const FrameEvent& event)
    {
        // 在三维场景渲染后所需执行的事情
        drawHud(event);
        // 等等
    }
}
```

7.3.3 基于事件的更新

在游戏中，事件 (event) 是指游戏状态或游戏环境状态的有趣改变。事件的例子有：人类玩家按下手柄上的按钮、发生爆炸、敌方角色发现玩家等。多数游戏引擎都有一个事件系统，让各个引擎子系统登记其关注的某类型事件，当那些事件发生时就可以一一回应 (详见 15.7 节)。游戏的事件系统通常和图形用户界面里的事件/消息系统相似 (如微软的 Windows 视窗消息、Java AWT 的事件处理、C# 的 `delegate` 和 `event` 关键字)。

有些游戏引擎会使用事件系统来对所有或部分子系统进行周期性更新。要实现这种方式，事件系统必须允许发送未来的事件。换句话说，事件可以先置于队列中，稍后再取出处理。那么，游戏引擎在实现周期性更新时，只需简单地加入事件。在事件处理器里，代码能以任何所需的周期进行更新。接着，该代码可以发送一个新事件，并设定该事件在未来 1/30 秒或 1/60 秒生效，那么这个周期性更新就能根据需要一直延续下去。

7.4 抽象时间线

在游戏编程中，使用抽象时间线 (abstract timeline) 思考问题有时候极为有用。时间线是连续的一维轴，其原点 ($t = 0$) 可以设置为系统中其他时间线的任何相对位置。时间线可以用简单的时钟变量实现，该变量以整数或浮点数格式存储绝对时间值。

7.4.1 真实时间

我们可以直接使用 CPU 的高分辨率计时寄存器 (见 7.5.3 节) 来测量时间，这种时间在所谓的真实时间线 (real timeline) 上。此时间线的原点定义为计算机上次启动或重置之时。这种时间的度量单位是 CPU 周期 (或其倍数)，但其实只要简单地乘以 CPU 的高分辨率计时器频率，此单位便可以转换为秒数。

7.4.2 游戏时间

不应限制自己只使用真实时间线，可以为解决问题定义许多所需的时间线。例如，可以定义游戏时间线 (game timeline)，此时间线在技术上来说独立于真实时间。在正常情况下，游戏时间和真实时间是一致的。若希望暂停游戏，可以简单地临时停止对游戏时间的更新。若要把游戏变成慢动作，可以把游戏时钟更新为慢于实时时钟。通过相对某时间线去缩放和扭曲另一时间线，就可以实现许多不同的效果。

暂停或减慢游戏时间也是非常有用的调试工具。在追查不正常的渲染时，开发者可以暂停游戏时间，使所有动作冻结。同一时间，渲染引擎及调试用的飞行摄像机可继续运作，只要它们采用另一个时钟（可以用实时时钟，或另一个独立的摄像机时钟）。那么开发者就可以利用摄像机在游戏世界中飞行，并从任意角度视察问题所在。此外，也可以实现逐步更新游戏时钟，其实现方法是，当游戏在暂停模式下时，每次按下手柄或键盘上的"逐步更新"按钮，把游戏时钟推前目标帧率的时间（如 1/30 秒）。

当使用上述方法时必须谨记，游戏暂停时游戏循环是继续进行的，仅仅是游戏时钟停止。而通过对暂停游戏的时钟加上 1/30 秒去实现单步更新，并不等于在游戏主循环中设置断点，再按 F5 键才运行一次迭代。两种单步操作可用来追踪不同类型的问题。需要记住两者的区别。

7.4.3 局部及全局时间线

我们可以想象其他各种时间线。例如，每个动画片段或音频片段都可以含有一个*局部时间线*（local timeline），该时间线的原点（$t = 0$）定义为片段的开始。局部时间线能按原来制作或录制片段的时间测量播放时的进展时间。当在游戏中播放片段时，我们可不用初始的速率来播放。例如，我们可以加速一个动画，或减慢一个音频片段。甚至可以反向播放动画，只要把时间逆转就行了。

所有这些效果都可以可视化为局部和全局时间线之间的映射，如同真实时间和游戏时间的关系。要以原来的速率播放某个动画，只需简单地把该动画的局部时间线的原点（$t = 0$）映射至全局时间线的某一刻（$\tau = \tau_{\text{start}}$），如图 7.1 所示。

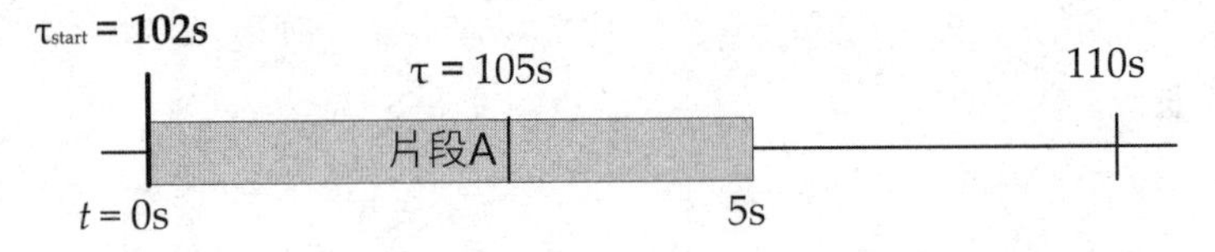

图 7.1 播放一个动画片段，可视作从局部时间映射至全局游戏时间

要以一半速率播放动画片段，我们可以把它想象为，在映射局部时间线到全局时间线之前，放大局部时间线至原来的两倍长度。为达到此目的，除了记录片段的全局时间 τ_{start}，还需记录时间缩放因子或播放速率 R，如图 7.2 所示。片段甚至可以反向播放，只要使用负数的时间比

例 $(R < 0)$ 即可，如图 7.3 所示。

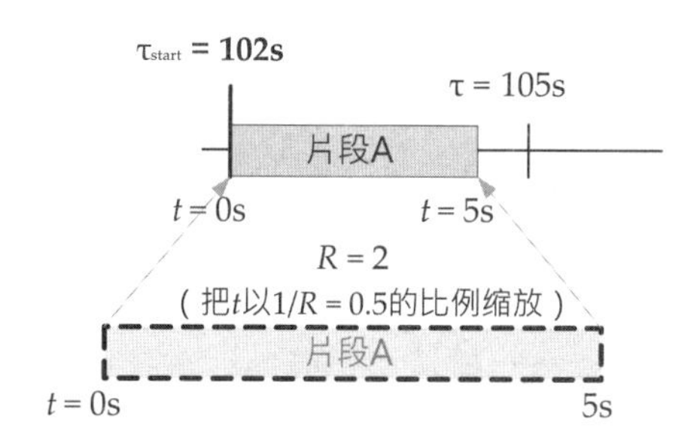

图 7.2　为了控制动画播放速率，可简单地先缩放局部时间线，然后再映射至全局时间线

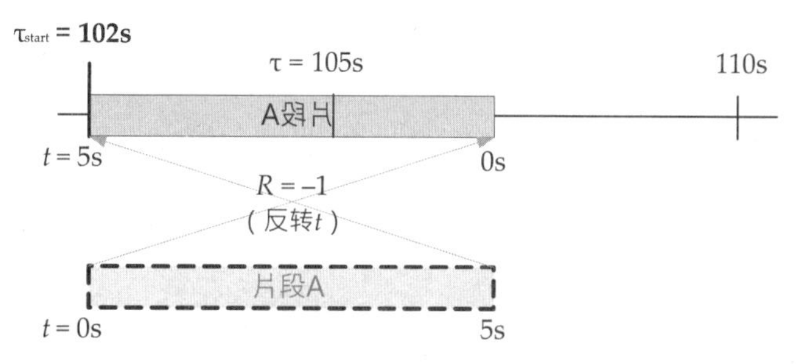

图 7.3　为了把动画反向播放，可以用 $R = -1$ 的时间比例把片段映射至全局时间线

7.5　测量及处理时间

本节会研究各种时间线和时钟之间的那些细微与不那么细微的区别，并介绍在游戏中如何实现这些时间线和时钟。

7.5.1　帧率及时间增量

实时游戏的帧率 (frame rate) 是指以多快的速度向观众显示一连串三维帧。帧率的单位为赫兹 (Hertz, Hz)，即每秒的周期数量，这个单位可以用来描述任何周期性过程的速率。在游戏和电影里，帧率通常以每秒帧数 (frame per second, FPS) 来度量，其意义与赫兹完全相同。传统上，电影以 24 FPS 播放。北美和日本的游戏通常以 30 FPS 或 60 FPS 渲染，因为此帧率和这些地区的 NTSC 制式彩色电视的更新频率匹配。在欧洲及世界上大多数地方，游戏以 50FPS 更新，因为这是 PAL 或 SECAM 制式彩色电视信号的更新频率。

两帧之间所经过的时间称为*帧时间* (frame time)、*时间增量* (time delta) 或*增量时间* (delta time)。最后一种说法的英文写法 (delta time) 很常见, 因为两帧之间的持续时间在数学上常写成 Δt。从技术上来说,Δt 应该称为*帧周期* (frame period), 因为它是*帧频率* (frame frequency) 的倒数: $T = 1/f$。但是, 在这种语境中, 游戏程序员很少会使用周期这个术语。若游戏以准确的 30FPS 被渲染, 那么其时间增量为 1/30s, 约 33.3ms (毫秒, millisecond)。以 60FPS 渲染时, 则时间增量会变成一半, 即 1/60s, 约 16.6ms。若需要知道游戏在游戏循环中每次迭代实际上经过的时间, 就需要进行测量, 以下将做详细介绍。

笔者在此处也想指出, 毫秒是游戏中常用的时间单位。例如, 我们可能会说动画系统花费 4ms 执行, 这就意味着动画占用整个帧预算的 12% $(4/33.3 \approx 0.12)$[1]。其他常用的时间单位还包括秒和机器周期。以下还会更深入地介绍时间单位和时钟变量。

7.5.2 从帧率到速率

假设我们想造一艘太空船, 让它在游戏世界中以恒定速率 40m/s 飞翔。(在二维游戏中, 我们可能用每秒 40 个*像素*来设定速率!) 实现此目标的简单方法是, 把船的速率 v (单位为 m/s) 乘以一帧的经过时间 Δt (单位为秒), 就会得出该船的位置变化 $\Delta x = v\Delta t$ (单位为*米每帧*)。之后, 此位置增量就能加到船的目前位置 x_1, 求得其次帧的位置:$x_2 = x_1 + \Delta x = x_1 + v\Delta t$。

以上例子其实是*数值积分* (numerical integration) 的简单形式, 名为*显式欧拉法* (explicit Euler method), 详见 12.4.4 节。若速率大致维持常数, 此法可以正常运作。但是对于可变的速率, 我们需要复杂一点的积分方法。不过所有数值积分技术都需要使用帧时间 Δt。[2]一种安全的说法是, 游戏中物体的*感知速度* (perceived speed) 依赖于帧时间 Δt。因此, 计算 Δt 的值仍是游戏编程的核心问题之一。以下数节会讨论几种计算方法。

7.5.2.1 受 CPU 速度影响的早期游戏

在许多早期的电视游戏中, 并不会尝试在游戏循环中准确测量真实经过时间。实质上, 程序员会完全忽略 Δt, 取而代之, 以米 (或像素等其他距离单位)*每帧*设定速率。换言之, 那些程序员可能在不知不觉中, 以 $\Delta x = v\Delta t$ 设定速率, 而非使用 v。

此简单方法造成的后果是, 游戏中物体的速度完全依赖于运行机器能产生的帧率。若在较

1 这里是以 30FPS 为目标帧率的。——译者注

2 此处原文是 elapsed frame time, 即经过的帧时间。但较准确的说法是, 在计算数值积分的时候, 采用的 Δt 应为本帧所需模拟的时间, 理论上和上一帧的帧时间无关, 也并不能“测量”出来。之后的数节都是讲述如何决定 Δt 的。——译者注

快的 CPU 上运行这类游戏, 游戏看上去就会像快速进带一样。因此, 笔者称这类游戏为受 CPU 速度影响的游戏。

有些旧式 PC 带有 turbo 按钮, 用来支持这类游戏。按下 turbo 按钮后, PC 就会以其最高速度运行, 但受 CPU 速度影响的游戏这时可能运行成快速进带的样子。当抬起 turbo 按钮时, PC 就会模拟成上一代处理器的运行速度, 使那些为上一代 PC 而设计的游戏能正常运行。

7.5.2.2 基于经过时间的更新

要开发和 CPU 速度脱钩的游戏, 我们必须以某些方法度量 Δt, 而非简单地忽略它。度量 Δt 并非难事, 只需读取 CPU 的高分辨率计时器取值两次——一次在帧开始时, 一次在结束时。然后, 取二者之差, 就能精确度量上一帧的 Δt。之后,Δt 就能供所有引擎子系统使用, 或可把此值传给游戏循环中调用到的函数, 或把此值变成全局变量, 或把此值包装进某种单例里。(7.5.3 节会讨论有关高分辨率计时器的更多细节。)

许多游戏引擎都会使用以上所说的方法。事实上, 笔者大胆预测, 绝大部分游戏引擎都使用这种方法。然而, 此方法有一个大问题: 我们使用第 k 帧测量出来的 Δt 去估计接着的第 $k+1$ 帧的所需时间, 这么做不一定准确。(如投资中常说: 过往表现不能作为日后表现的指标。) 下一帧可能因为某些原因, 比本帧消耗更多 (或更少) 时间。我们称此类事件为帧率尖峰 (frame-rate spike)。

使用上一帧的 Δt 来估计下一帧的时间, 会产生非常不好的效果。例如, 一不小心, 就会使游戏进入低帧率的“恶性循环”。此情况可举例解释。假设当游戏以每 33.3ms 更新一次 (即 30Hz) 时, 物理模拟最为稳定。若遇到有一帧特别慢, 假设是 57ms, 那么我们便要在下一帧对物理系统步进两次, 用以“掩饰”刚才经过的 57ms。但步进两次会比正常消耗大约多一倍的时间, 导致下一帧变成如本帧那么慢, 甚至更慢。这样只会使问题加剧及延长。

7.5.2.3 使用移动平均

事实上, 在游戏循环中每帧之间是有一些连贯性的。例如, 若本帧中摄像机对着某走廊, 走廊出口含许多耗时渲染的物体, 那么下一帧有很大机会仍然指向该走廊。因此, 一个合理的方法是, 计算连续几帧的平均时间, 用来估计下一帧的 Δt。此方法能使游戏适应转变中的帧率, 同时缓解瞬间效能尖峰所带来的影响。平均的帧数越多, 游戏对帧率转变的应变能力就越小, 但受尖峰的影响也会变得越小。

7.5.2.4 调控帧率

使用上一帧的 Δt 估计本帧的经过时间，此做法带来的误差问题是可以避免的，只要我们把问题反过来考虑。与其尝试估算下一帧的经过时间，不如尝试保证每帧都准确耗时 33.3ms（若以 60FPS 运行就是 16.6ms）。为达到此目标，我们仍然要测量本帧的耗时。若耗时比理想时间短，只需让主线程休眠，直至到达目标时间。若测量到的耗时比理想时间长，那么只好等待下一个目标时间。此方法称为*帧率调控*（frame-rate governing）。

显然，只有当游戏的平均帧率接近目标帧率时，此方法才有效。若因经常遇到“慢”帧，而导致游戏不断在 30FPS 和 15FPS 之间徘徊，那么就会明显降低游戏质量。因此，我们需要将所有引擎系统设计成能接受任意的 Δt。在开发时，可以把引擎停留在“可变帧率”模式，一切如常运作。之后，游戏能持续地达到目标帧率，这样就能开启帧率调控，获取其好处。

使帧率维持稳定，对游戏的很多方面都很重要。有些引擎系统，例如物理模拟中使用的数值积分，以固定时间更新运作最佳。稳定帧率使动画看起来也会较好，因为如下一节所述，更新视频的速率若不配合屏幕的刷新率会导致*画面撕裂*（tearing），而稳定帧率则可避免画面撕裂发生（见 7.5.2.5 节）。

除此以外，当帧率连续维持稳定时，一些如游戏录播功能会变得更可靠。游戏录播功能，如字面所指，能把玩家的游戏过程录制下来，之后再精确地回放出来。此功能既是供玩家用的有趣功能，也是非常有用的测试和调试工具。例如，一些难以找到的缺陷，可以通过游戏录播功能轻易重现。

为了实现游戏录播功能，需要记录游戏进行时的所有相关事件，并把这些事件及其时间戳（timestamp）存储下来。然后在播放时，使用相同的初始条件和随机种子，就能准确地按时间重播那些事件。理论上，这么做能产生和原来游戏过程一模一样的重播。然而，若帧率不稳定，事情可能以不完全相同的次序发生。因而会造成一些“漂移”，很快就会使原来应在后退的 AI 角色变成在攻击状态中。[1]

7.5.2.5 画面撕裂与垂直同步

有一种显示异常现象，被称为*画面撕裂*（tearing），这种现象出现在背景缓冲区与前景缓冲区交换时，显示硬件只“绘制”了部分屏幕。当发生画面撕裂时，屏幕上显示了部分新的影像和部分旧的影像。为避免画面撕裂，许多渲染引擎会在交换缓冲区之前，等待显示器的垂直消隐区间（vertical blanking interval）。

1 此问题的简单解决方法是，同时记录每帧的 Δt，使游戏性的逻辑模拟部分能完全重播录制时的状态。若播放时的帧率不能维持原来的速度，可选择以较慢的速度播放，或选择略过渲染一些帧。——译者注

旧式 CRT 显示器及电视是以从左至右、从上至下的扫描电子束，激活屏幕上的荧光粉来“绘制”内存中的帧缓冲区的。在这种显示设备中，垂直消隐区间是把电子枪“消隐”(关闭) 以重置到屏幕左上角的时间。现在的 LCD、等离子及 LED 显示器已经不用电子束了，它们绘制某帧里最后一行扫描线到下一帧首行扫描线之间时，并不需要等待时间。但是，垂直消隐区间仍然存在，一方面是因为视频标准是在 CRT 时代制定的，另一方面是还需要支持老显示器。

等待垂直消隐区间称为*垂直同步* (v-sync)，它是另一种帧率调控方法，因为它实际上能限制主游戏循环的帧率，使其必然为屏幕刷新率的倍数。例如，在以 60Hz 刷新的 NTSC 显示器上，游戏的真实更新率实际会被量化为 1/60s 的倍数。若两帧之间的时间超过 1/60s，便必须等待下一次垂直消隐区间，即该帧共花了 2/60s (30FPS)。若错过两次垂直消隐，那么该帧共花了 3/60s (20FPS)，以此类推。此外，就算与垂直消隐同步，也不要假设游戏会以某特定帧率运行；若你的游戏需要支持垂直同步，谨记 PAL 和 SECAM 标准是基于大约 50Hz 的刷新率，而非 60Hz。[1]

7.5.3 使用高分辨率计时器测量实时时间

我们已经谈及许多有关测量每帧所经过的真实“挂钟时间 (wall clock time)”之事。本节会研究测量这种时间的方法细节。

大多数操作系统都提供获取系统时间的函数，例如标准 C 程序库函数 `time()`。然而，因为这类函数所提供的测量分辨率不足，所以并不适合用在实时游戏中测量经过时间。再以 `time()` 为例，其传回值为整数，该值代表自 1970 年 1 月 1 日零点至今的秒数，因此 `time()` 的分辨率为秒。考虑到游戏中每帧仅耗时数十毫秒，此测量分辨率实在太粗糙。

所有现代 CPU 都含有*高分辨率计时器* (high-resolution timer)。这种计时器通常会实现为硬件寄存器，计算自启动或重置计算机之后总共经过的 CPU 周期数目 (或周期的倍数)。测量游戏中的经过时间应使用这种计时器，因为其分辨率通常是几个 CPU 周期时间的级数。例如，在 3GHz 的奔腾处理器上，其高分辨率计时器每周期递增一次，也就是每秒 30 亿次。因此其分辨率是 $1/3,000,000,000 = 3.33 \times 10^{-10}$s= 0.333 ns (纳秒)。此分辨率对于游戏中所有时间测量已绰绰有余。

在各微处理器及操作系统中，查询分辨率计时器的方法各有差异。奔腾的特殊指令 `rdtsc` (read time-stamp counter，读取时间戳计数器) 可供使用。但也可以使用经 Windows 封装的 Win32 API 函数 `QueryPerformanceCounter()` 读取本 CPU 的 64 位计数寄存器，以及用

1 对于计算机游戏来说，显示器的刷新率有更多种可能性。——译者注

`QueryPerformanceFrequency()` 传回本 CPU 的每秒计数器递增次数。在一些 PowerPC 架构中 (如 Xbox 360 及 PS3), 提供了 `mftb`(move from time base register, 读取时间基寄存器) 指令, 用来读取两个 32 位时间基寄存器。另一些 PowerPC 架构则以 `mfspr`(move from special-purpose register, 读取特殊用途寄存器) 代替。

大多数 CPU 的高分辨率计时器都是 64 位的, 以避免造成计时器溢出归零。64 位无符号整数的最大值是 0xFFFFFFFFFFFFFFFF, 大约是 1.8×10^{19} 个周期。因此, 以每 CPU 周期更新高分辨率计时器的 3GHz 奔腾处理器来说, 其寄存器每次约 195 年才会溢出归零——肯定不是我们需要为此而失眠的问题。对比之下,32 位整数时钟在 3GHz 下约每 1.4s 就会溢出归零。

7.5.3.1 高分辨率计时器的漂移

要注意, 在某些情况下高分辨率计时器也会造成不精确的时间测量。例如, 在一些多核处理器中, 每个核有其独立的高分辨率计时器, 这些计时器可能 (实际上会) 彼此漂移 (drift)。若比较不同核读取的绝对计算器读数, 可能会出现一些奇怪的情况——甚至是负数的经过时间。对于这种问题必须加倍留神。

7.5.4 时间单位和时钟变量

每当要测量或指定持续时间时, 我们需要做两个决定。

1. 应使用什么时间单位? 我们要把时间存储为秒、毫秒、机器周期, 还是其他单位?
2. 应使用什么数据类型存储时间? 应使用 64 位整数、32 位整数, 还是 32 位浮点数变量?

这些问题的答案依赖于测量时间的目的。这样又会引申出两个问题: 我们需要什么样的精度? 以及我们期望能表示多大的范围?

7.5.4.1 64 位整数时钟

我们之前已谈及以机器周期测量的 64 位无符号整数时钟, 它同时支持非常高的精度 (在 3GHz CPU 上, 每周期是 0.333ns) 及很大的数值范围 (3GHz CPU 约需 195 年才循环一次)。因此这种时钟是最具弹性的表示法, 只要你能负担得起 64 位的存储。

7.5.4.2 32 位整数时钟

当要测量高精度但较短的时间时, 可使用以机器周期测量的 32 位整数时钟。例如, 要剖

析一段代码的效能, 可以这么做:

```
// 抓取一个时间值
U64 begin_ticks = readHiResTimer();

// 以下是我们想测量性能的代码
doSomething();
doSomethingElse();
nowReallyDoSomething();

// 测量经过时间
U64 end_ticks = readHiResTimer();
U32 dt_ticks = static_cast<U32>(end_ticks - begin_ticks);

// 现在可以使用或存储dt_ticks的值……
```

注意, 我们仍然使用 64 位整数变量存储原始时间值, 只有持续时间 `dt` 使用 32 位变量存储。这么做可以避免一些整数溢出问题。例如, 若 `begin_ticks = 0x12345678FFFFFFB7` 及 `end_ticks = 0x1234567900000039`, 如果在相减之前先把这两个时间缩短为 32 位整数, 那么就会得到一个负的时间值。

7.5.4.3 32 位浮点时钟

另一种常见方法是把较小的持续时间以秒为单位存储为浮点数。实现方法是, 把以 CPU 周期为单位的时间值除以 CPU 时钟频率 (单位是每秒周期次数)[1] 。例如:

```
// 开始时假设为理想的帧时间 (30 FPS)
F32 dt_seconds = 1.0f / 30.0f;

// 在循环开始前先读取当前时间
U64 begin_ticks = readHiResTimer();

while (true) // 主游戏循环
{
    runOneIterationOfGameLoop(dtSeconds);
```

1 原文误写为“乘以 (multiply)”。原文代码也有同样错误, 译者已修正。为了使用乘数, 应该存储 CPU 时钟周期。——译者注

```
    // 再读取当前时间,计算增量
    U64 end_ticks = readHiResTimer();
    dt_seconds = (F32)(end_ticks - begin_ticks)
              / (F32)getHiRestTimerFrequency();

    // 把end_ticks用作下一帧新的begin_ticks
    begin_ticks = end_ticks;
}
```

再次提醒, 我们必须先使用 64 位的时间值相减, 之后才能把两者之差转换为浮点格式。这样能避免把很大的数值存储进 32 位浮点数变量里。

7.5.4.4 浮点时钟的极限

回想在 32 位 IEEE 浮点数中, 能通过指数把 23 位尾数动态地分配给整数和小数部分 (见 3.2.1.4 节)。在小数值中, 整数部分占用较少的位, 于是便留下更多位精确地表示小数部分。但当时钟的值变得很大时, 其整数部分就会占用更多的位, 小数部分则剩下较少的位。最终, 甚至整数部分的较低有效位都变成零。换言之, 我们必须小心, 避免用浮点时钟变量存储很长的持续时间。若使用浮点变量存储自游戏开始至今的秒数, 最后会变得极不准确, 无法使用。

浮点时钟只适合存储相对较短的持续时间, 最多能测量几分钟, 但更常见的是用来存储单帧或更短的时间。若在游戏中使用存储绝对值的浮点时钟, 便需要定期将其重置为零, 以免累加至很大的数值。[1]

7.5.4.5 其他时间单位

有些游戏引擎支持把时间值设定为游戏自定义单位, 该单位足够精确以允许使用整数格式 (而不是浮点格式), 既有足够精度适用于引擎中各种应用, 也足够大以避免 32 位时钟很快就溢出循环。其中一个常见的选择是以 1/300s 为时间单位。此选择有以下几个优点: (a) 在许多情况下足够精确, (b) 约 165.7 天才会溢出,(c) 同时是 NTSC 和 PAL 刷新率的倍数。在 60FPS 下, 每帧就是 5 个这种单位; 在 50FPS 下, 每帧就是 6 个这种单位。

显然 1/300s 时间单位并不能足够精确地处理一些细微的效果, 例如动画的时间缩放, (若尝试把 30FPS 的动画减慢至正常的 1/10 速度, 这种单位产生的精度就已经不行了!) 所以对

1 例如, 某游戏中的河流是用纹理滚动 (texture scrolling) 的方式产生流动效果的, 常见的实现方法是把一个浮点时钟乘以移动速度, 再把其位移结果传至着色器, 然后在着色器中使纹理坐标加上这个位移。若放下不管, 时间增大也会导致位移一直增大, 动画效果最终就会变得抖动、变形, 甚至停顿。对于这类周期性的时钟, 应把时钟按周期手动循环, 例如使用代码 `time = (time + dt) % period` 来更新时钟变量。——译者注

很多用途来说,浮点数或机器周期仍是比较合适的选择。而 1/300s 这种单位,能有效应用于诸如自动枪械每次发射之间的空档时间、由 AI 控制的角色要等多久才开始巡逻,或玩家留在硫酸池里能存活的时间期限。

7.5.5 应对断点

当游戏在运行时遇到断点,游戏循环便会暂停,由调试器接手控制。然而,若游戏和调试器在同一台计算机上运行,那么 CPU 还将继续运行,实时时钟仍然会继续累积周期次数。当程序员在断点处查看代码时,挂钟时间同时大量流逝。直至程序员继续执行程序时,该帧的持续时间才可能会被测量为几秒、几分钟,甚至几小时!

显然,若把这么大的增量时间传到引擎中的各子系统,必然要出问题。若我们幸运,游戏在一帧里蹒跚地执行很多秒的事情后,仍可继续运作。更糟的情况是会导致游戏崩溃。

有一个简单的方法可以避开此问题。在主游戏循环中,若测量到某帧的持续时间超过预设的上限 (如 1/10s),则可假设游戏刚从断点恢复执行,于是我们把增量时间人工地设为 1/30s 或 1/60s(或其他目标帧率)。其结果是,游戏在一帧里锁定了增量时间,从而避免一个巨大的帧时间测量尖峰。

```
// 开始时假设为理想的帧时间 (30 FPS)
F32 dt = 1.0f / 30.0f;

// 在循环开始前先读取当前时间
U64 begin_ticks = readHiResTimer();

while (true)    // 游戏主循环
{
    updateSubsystemA(dt);
    updateSubsystemB(dt);
    // …
    renderScene();
    swapBuffers();

    // 再读取当前时间,估算下一帧的时间增量
    U64 end_ticks = readHiResTimer();
    dt = (F32)(end_ticks - begin_ticks)
       / (F32)getHiRestTimerFrequency();
```

```
    // 若 dt 过大,一定是从断点中恢复过来的,那么我们锁定dt至目标帧率
    if (dt > 1.0f)
    {
        dt = 1.0f / 30.0f;
    }

    // 把end_ticks用作下一帧新的begin_ticks
    begin_ticks = end_ticks;
}
```

7.5.6 一个简单的时钟类

有些游戏引擎会把时钟变量封装为一个类。引擎可能包含此类的数个实例——一个用作表示真实“挂钟时间”、另一个表示“游戏时间”(此时间可以暂停, 或相对真实时间减慢/加快)、另一个记录全动视频的时间等。实现时钟类简单直接。以下笔者将介绍一个简单实现, 并提示其中几个常见的窍门、技巧及陷阱。

时钟类通常含有一个变量, 负责记录自时钟创建以来经过的绝对时间。如上文所述, 选择合适的数据类型和单位存储此变量至关重要。在以下的例子中, 笔者使用和 CPU 相同的存储绝对时间的方法——以机器周期为单位的 64 位无符号整数。当然, 可以用其他各种实现, 但此例子大概是最简单的。

时钟类也可以支持一些很棒的特性, 例如时间缩放。实现此功能并不困难, 只需把测量来的时间增量先乘以时间缩放因子, 然后加进时钟变量。也可以暂停时间, 只要在暂停时忽略更新便可以了。要实现单步时钟, 只需在按下某按钮或键时, 把固定的时间区间加到暂停中的时钟。以下的 `Clock` 类展示了所有这些特性:

```
class Clock
{
    U64     m_timeCycles;
    F32     m_timeScale;
    bool    m_isPaused;

    static F32 s_cyclesPerSecond;

    static inline U64 secondsToCycle(F32 timeSeconds)
```

```
    {
        return (U64)(timeSeconds * s_cyclesPerSecond);
    }

   // 警告:危险——只能转换很短的经过时间,通常是秒一级的
    static inline F32 cyclesToSeconds(U64 timeCycles)
    {
        return (U64)(timeCycles / s_cyclesPerSecond);
    }

public:
    // 在游戏启动时调用此函数
    static void init()
    {
        s_cyclesPerSecond = (F32)readHiResTimerFrequency();
    }

    // 构建一个时钟。(注意,使用了explicit去避免F32自动转换成Clock)
    explicit Clock(F32 startTimeSeconds = 0.0f) :
        m_timeCycles(secondToCycles(startTimeSeconds)),
        m_timeScale(1.0f), // 默认为无缩放
        m_isPaused(false)  // 默认为运行中
    {
    }

    // 以周期为单位返回当前时间。注意,我们并不是返回以浮点秒数表示的绝对时间,
    // 因为32位浮点数没有足够的精确度。参考calcDeltaSeconds()
    U64 getTimeCycles() const
    {
        return m_timeCycles;
    }

    // 以秒为单位,计算此时钟与另一时钟的绝对时间差
    // 由于32位浮点数的精度所限,传回的时间差是以秒表示的
    F32 calcDeltaSeconds(const Clock& other)
    {
        U64 dt = m_timeCycles - other.m_timeCycles;
        return cyclesToSeconds(dt);
```

```
}

// 应在每帧调此函数一次,并给予真实测量的帧时间(以秒为单位)
void update(F32 dtRealSeconds)
{
    if (! m_isPaused)
    {
        U64 dtScaledCycles = secondsToCycles(
            dtRealSeconds * m_timeScale);

        m_timeCycles += dtScaledCycles;
    }
}

void setPaused(bool wantPaused)
{
    m_isPaused = wantPaused;
}

bool isPaused() const
{
    return m_isPaused;
}

void setTimeScale(F32 scale)
{
    m_timeScale = scale;
}

F32 getTimeScale() const
{
    return m_timeScale;
}

void singleStep()
{
    if (m_isPaused)
```

```
        {
            // 加上理想帧间隔:别忘记把它缩放至我们当前的时间缩放率!
            U64 dtScaledCycles = secondToCycles(
                (1.0f / 30.0f) * m_timeScale);

            m_timeCycles += dtScaledCycles;
        }
    }
};
```

7.6 多处理器的游戏循环

至今我们已经研究完基本的单线程游戏循环, 并学习了游戏引擎中测量及处理时间的常用方法, 现在可以开始讨论一些较复杂的游戏循环类型了。在本节中, 我们会探讨如何让游戏循环进化至使用现代多处理器 (multiprocessor) 硬件。下一节会讨论网络游戏通常如何架构其游戏循环。

2004 年, 所有微处理器生产商都碰上了芯片散热问题, 导致无法制造更快的 CPU。但摩尔定律 (Moore's Law) —— 预计每 18~24 个月芯片的晶体管 (transistor) 数量会增加 1 倍 —— 仍然有效。但到了 2004 年, 此定律与处理器速度加倍的相关性已经失效。因此, 微处理器生产商转移了注意力, 集中开发多核 (multicore) CPU。(关于这个趋势的详情, 可参阅微软的 *The Manycore Shift White Paper*[1], 另一篇是 Dean Dauger 的 *Multicore Eroding Moore's Law*[2]) 这直接导致软件行业纷纷转向并行处理 (parallel processing) 技术。因此, 运行于多核系统 (如 Xbox 360、Xbox One、PS3 和 PS4) 的现代游戏引擎, 已不能再使用单个游戏主循环去服务其多个子系统了。

从单核到多核的转变是一个痛苦的过程。设计多线程程序比单线程程序难得多。多数游戏公司逐步进行转变, 它们的做法是选择几个引擎子系统做并行化, 并保留用旧的单线程主循环控制余下的子系统。至 2008 年, 多数游戏工作室已完成引擎大部分的转变, 为每个引擎带来了不同程度的并行性。五年后, 游戏工作室没有其他选择了, 如 Xbox One、PS4 和几乎所有 PC 都含有多核 CPU。除非你不想干了才不会利用所有这些并行处理能力!

1 http://www.microsoft.com/en-us/download/details.aspx?id=17702 (此为新的下载链接。) ——译者注

2 http://www.macresearch.org/multicore_eroding_moores_law

本书限于篇幅，未能完整详述并行编程的架构和技术。(关于此题目的深入探讨可参阅参考文献 [20]。) 然而，我们会扼要说明一些让游戏引擎利用多核硬件的最常见方法。有许多不同的软件架构都是可行的，它们的目标都是要最大化硬件使用率 (即尝试令硬件线程、核或 CPU 的闲置时间变为最少)。

7.6.1 多处理器游戏机的架构

Xbox 360、Xbox One、PS3 和 PS4 皆为多处理器游戏机。为了有意义地讨论并行软件架构，我们先简单了解一下这些游戏机的内部结构。

7.6.1.1 Xbox 360

Xbox 360 游戏机含 3 个完全相同的 PowerPC 处理器核。每个核有其专用的 L1 指令缓存和 L1 数据缓存，而 3 个核则共用一个 L2 缓存。(有关内存缓存的内容可参考 3.4.2 节。) 此 3 个核和图形处理器 (graphics processing unit, GPU) 共用一个统一的 512 MiB 内存。[1]这些内存可用来存放可执行代码、应用数据、纹理、显存等。关于 Xbox 360 架构的更详尽说明，可参考 Xbox 半导体技术组的 Jeff Andrews 和 Nick Baker 所写的 *Xbox 360 System Architecture*。[2]然而，以上谈及的极简介绍对本节来说已经足够。图 7.4 描绘了简化的 Xbox 360 架构。

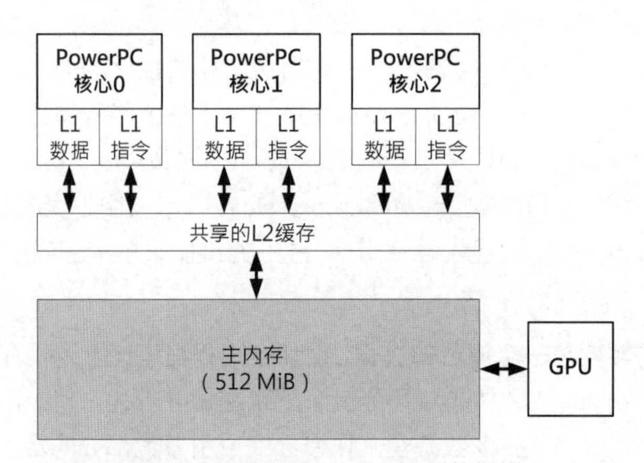

图 7.4 简化了的 Xbox 360 硬件架构

1 GPU 另外还内置 10 MiB EDRAM，做渲染目标缓存区之用。——译者注

2 http://www.cis.upenn.edu/~milom/cis501-Fall08/papers/xbox-system.pdf

7.6.1.2 PlayStation 3

PlayStation 3 硬件采用由索尼、东芝和 IBM 共同开发的 Cell Broadband Engine(CBE) 架构 (见图 7.5)。PS3 采用了跟 Xbox 360 彻底不同的架构设计。PS3 没有采用 3 个相同的处理器, 而是提供不同种类的处理器, 每种处理器为特定任务而设计。PS3 也不采用统一内存架构 (unified memory architecture, UMA), 而是把内存切割为多个区块, 每块为提升系统中特定处理器的效率而设计。有关 PS3 架构的详细说明可参阅此网页[1], 然而以下的简介和图 7.5 对本节来说已经足够。

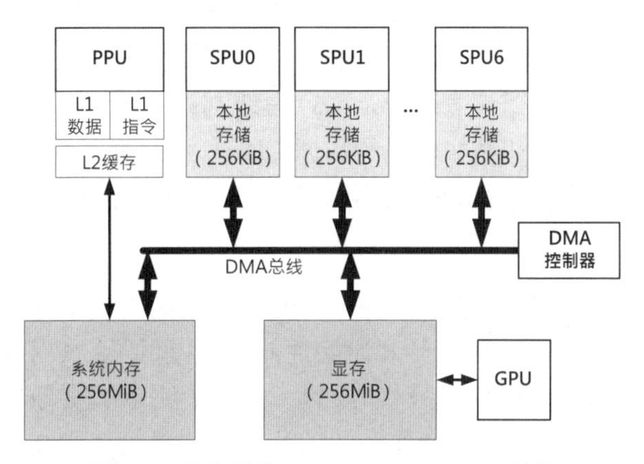

图 7.5 简化了的 PS3 Cell Broadband 架构

PS3 的主 CPU 称为 Power 处理部件 (Power Processing Unit, PPU)。此乃一个 PowerPC 处理器, 和 Xbox 360 中的区别不大。除此处理器之外, PS3 还有 6 个副处理器, 名为协同处理部件 (Synergistic Processing Unit, SPU)。这些副处理器是基于 PowerPC 指令集的, 但它们经特别设计以最大程度简化硬件并提供最大效能。

PS3 的 GPU 称为 RSX, 它含有专用的 256MiB 显存, 而 PPU 则能存取 256MiB 系统内存。此外, 每个 SPU 含专用高速的 256KiB 内存区, 称为 SPU 的*局部存储* (local store, LS)。局部存储内存如 L1 缓存那么高效, 可使 SPU 运作得极其快。

SPU 不能直接读取主内存中的数据。取而代之, 要使用直接内存访问 (direct memory access, DMA) 控制器来回复制主内存和 SPU 局部存储的数据块。这些数据传输是并行执行的, 因此 PPU 和 SPU 在等待数据到达前仍能进行运算。

1 http://www.blachford.info/computer/Cell/Cell1_v2.html

7.6.1.3 PlayStation 4†

PlayStation 4 的硬件急速地摆脱了 PS3 的 Cell 架构。它从以前的单个中央处理器 (PPU) 及 6 个协同处理器 (SPU), 改为使用 AMD 8 核美洲豹 (Jaguar) CPU; 从以前 PS3 的 PPU/SPU 通用的 PowerPC 指令集, 改为采用英特尔指令集; 并且从以前 PS3 的多个专门内存存储, 改为真正的统一内存架构, 其中 8 个 CPU 核和 GPU 都共享访问同一组 8 GiB RAM。

PS4 被证明是一个极强大的游戏硬件。它的内存是高性能的 GDDR5(第 5 版图形用双倍数据传输率, graphics double data rate version 5) RAM。CPU 通过飞快的 20GiB/s 的总线访问此内存。而 GPU 则有两个不同的总线去访问内存。“洋葱 (onion)” 总线通过 CPU 的缓存访问内存, 以保证 CPU 和 GPU 共享内存的缓存一致性。此总线支持每个方向 (往来 GPU) 以 10 GiB/s 的速度传输。另一个“大蒜 (garlic)” 总线则让 GPU 以令人震惊的高达 176 GiB/s 的速度直接访问内存。它可以达到如此高的数据传输速度, 是因为它完全放弃了与 CPU 的缓存一致性。分配 GPU 专用内存时必须特别指明采用“大蒜”总线, 但给 GPU 的内存大小是由程序员自由决定的。

PS4 的双总线、统一内存架构 (称为*异构统一内存架构*, heterogeneous unified memory architecture, hUMA) 为程序员在灵活性和原始性能之间提供了一个不错的权衡。此架构非常适合大部分游戏常见的内存访问模式, 绝非偶然。渲染数据通常有两种形式:

1. 数据在 CPU 和 GPU 之间共享 (如表示物体变换和骨骼动画的矩阵、光照参数, 以及其他类型的“着色器常量”)。
2. 数据几乎都由 GPU 独占生产及管理 (如几何缓冲、帧缓冲)。

共享数据通常是比较小型的, 而 GPU 独占数据往往大得多。“洋葱”总线被设计为处理共享数据, 而“大蒜”总线则被设计为处理 GPU 独占数据。

PS4 的 8 核美洲豹 CPU 是高性能计算设备。虽然它的运行频率低于 PS3 的 PPU 和 SPU (1.6 GHz 对 3.2 GHz), 但它可以让次最优的代码 (换句话说, 就是没经过手工汇编优化的所有游戏代码) 运行得比 PS3 快。例如, 美洲豹处理器支持高级的*分支预测*线路, 可正确地分辨出代码中常见的分支模式。那么在多分支的代码里便会较少出现流水线停顿。说到底, 对游戏程序员而言, 他们能更集中精力制作好游戏, 减少为优化性能而重整源代码的时间。

PS4 架构在另一方面也能超越 PS3——强劲的 GPU。现代的 GPU 本质上是大型并行的高性能微处理器。所谓“大型并行”是指同时有成百上千个并行执行的运算。PS4 上的 GPU 的处理性能被声明可以渲染高于 1080p 分辨率的壮观场景。PS4 的架构师知道这些额外的性能可被勤奋的游戏程序员所用。实际上, PS4 的 GPU 有点像大量的 SPU, 可用于分担渲染及其他高性能处理任务。

利用 GPU 编程做一些非图形相关的任务，称为 *GPU 通用计算* (general-purpose GPU computing, GPGPU)。我们通常会用一些类似 C 的编程语言去专门做这类 GPU 编程，例如 OpenCL、NVIDIA 专有的 CUDA 编程模型等。完整地讲解 GPGPU 超过本书的范围，但读者可参考维基百科[1]去获取如此迷人题目的更多信息。

在此我们也应该提一下，PS4 采用了*异构系统架构* (heterogeneous system architecture, HSA)。这个比较新的架构是为了消除计算机系统中各个处理中心之间的瓶颈。在此之前，CPU 和 GPU 是完全分离的设备，各自具有独占的内存 (甚至在不同的电路板上)。在两者之间传输数据，需要累赘及高延迟的专门总线，如 AGP 或 PCIe。使用 HSA 的话，CPU 和 GPU 共享单个内存存储 (hUMA)，并简单地通过数据的指针就能“传送”数据。

图 7.6 展示了 PS4 的硬件架构。

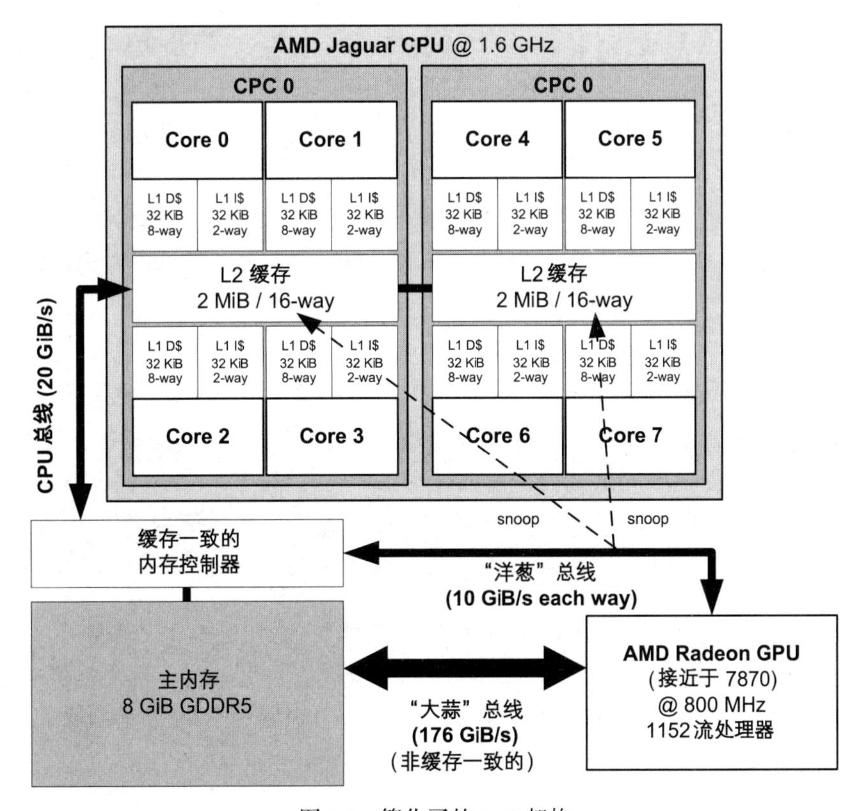

图 7.6 简化了的 PS4 架构

1 https://en.wikipedia.org/wiki/General-purpose_computing_on_graphics_processing_units

7.6.1.4 Xbox One†

Xbox One 的硬件架构与 PS4 十分相似。其中很大的原因是两款游戏主机都是基于 AMD 美洲豹系列的多核 CPU。另一方面也因为两款主机的架构师们强力竞争, 竭尽全力确保"其他人"不会突然超车。结果造成双方最终获得非常相似的架构。

然而, Xbox One 和 PS4 还是有一些重要的区别的。以下列出一些关键的不同之处。

- *内存类型*: Xbox One 采用 GDDR3 内存, 而 PS4 则用 GDDR5。PS4 因此获得理论上更高的内存带宽。Xbox One 的抗衡措施是为 GPU 提供 32 MiB 的专门内存存储, 它以非常高速的 eSRAM 实现 (嵌入式静态随机访问存储器, embedded static RAM, 意指此内存实现于 GPU 物理晶片之上), 理论速度高于 PS4 的内存。
- *总线速度*: Xbox One 的总线数据传输带宽比 PS4 的高。例如, PS4 的主 CPU 总线可以 20 GiB/s 的速度传输数据, 而 Xbox One 的 CPU 总线的理论最大值是 30 GiB/s。当然, 理论与实际是不同的, 平均性能数据取决于多种情况, 包括软件是读内存还是写内存。从真实游戏软件搜集到的数据显示, 在大部分时间中, 两个系统的典型数据传输率都低于理论最大值不少。
- GPU: Xbox One 的 GPU 并不如 PS4 的强大。PS4 的 GPU 大约等价于具有 1152 个并行流处理器的 AMD Radeon 7870, 而 Xbox One 的 GPU 则接近于只有约 768 个流处理器的 AMD Radeon 7790。因此 Xbox One 在渲染场景之外, 留下来可供计算 GPGPU 任务的性能较少。然而, Xbox One 的 GPU 以更高的频率运行 (853 MHz 相对于 PS4 的 800 MHz)。为了使用 GPU 额外的力量来做 GPGPU 的工作, 需要程序员做更多的工作。
- *操作系统及游戏生态圈*: 当然, 游戏主机的价值不仅来自它的原始性能, 也来自它所在的"生态圈"。索尼为玩家提供 PlayStation Network (PSN), 而微软则提供 Xbox Live。每个平台上的游戏也有所不同, 有些游戏是某个平台独家的。当然两款主机的操作系统和整体用户界面也有差异。哪一个更好? 萝卜白菜, 各有所爱。

可以肯定的是, Xbox One 和 PS4 的区别比较细微, 这代主机大战中谁能胜出还有待分晓 (若最终真有赢家)。就本书的目的而言, 我们并不关心这个结果。我们只是希望学习如何在这些平台上编程。在此目标上, 我们可认为 PS4 和 Xbox One 在架构上大约等价。

图 7.7 展示了 Xbox One 的硬件架构图。

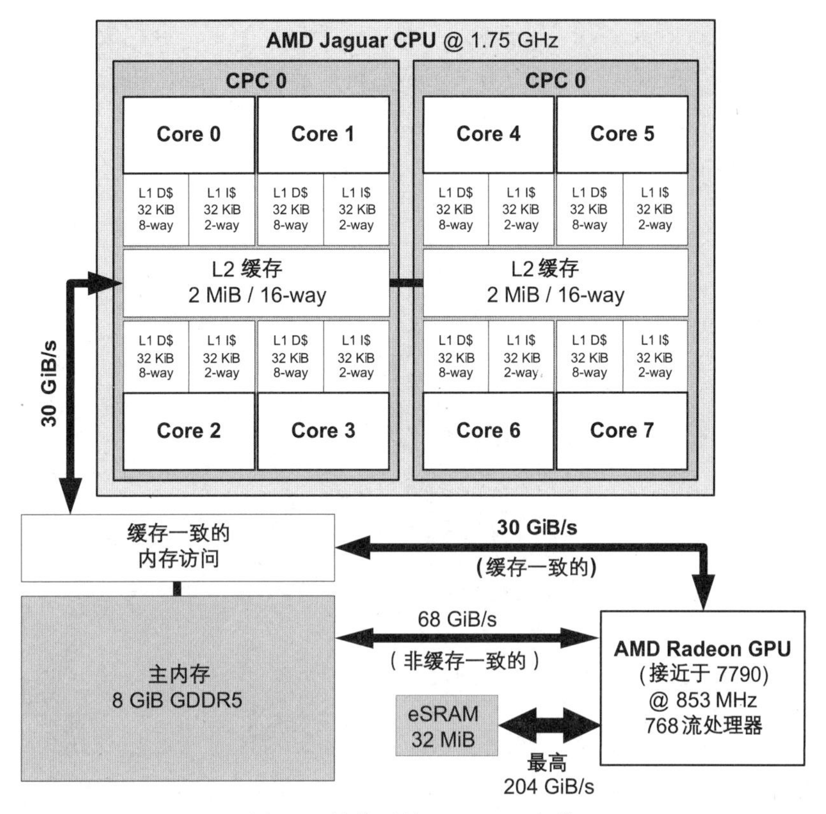

图 7.7 简化了的 Xbox One 架构

7.6.2 SIMD

4.7 节曾提及, 多数现代的 CPU (包括 Xbox 360 中 3 个 PowerPC 处理器、PS3 的 PPU 和 SPU) 都会提供单指令多数据 (single instruction multiple data, SIMD) 指令集。这类指令能让一个运算同时执行于多个数据之上, 此乃一种细粒度形式的硬件并行。CPU 一般提供几类不同的 SIMD 指令, 然而游戏中最常用的是并行操作 4 个 32 位浮点数值的指令, 因为相比单指令单数据 (single instruction single data, SISD) 指令, 这种 SIMD 指令能使三维矢量和矩阵数学的运算速度加速至前者的 4 倍。

7.6.3 分叉及汇合

另一种利用多核或多处理器硬件的方法是, 采用并行的分治 (divide-and-conquer) 算法。这通常称为分叉/汇合 (fork/join) 法。其基本原理是把一个单位的工作分割成更小的子单位, 再把这些工作量分配到多个核或硬件线程 (分叉), 最后待所有工作完成后再合并结果 (汇合)。[1]把分叉/汇合法应用至游戏循环时, 其产生的架构看上去和单线程游戏循环很相似, 但是更新循环的几个主要阶段都能并行化。图 7.8 说明了此架构。

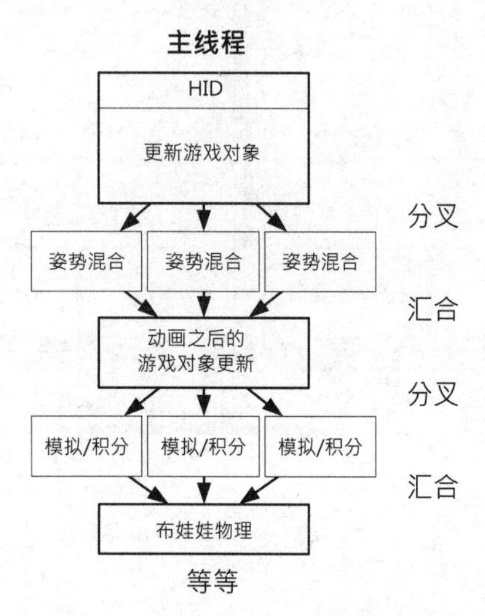

图 7.8 在游戏循环中, 使用分叉/汇合方式去并行化数个选定的 CPU 密集部分

我们再看一个实际的例子。若动画混合 (animation blending) 使用线性插值 (linear interpolation, LERP), 其操作可以独立地施于骨骼上的所有关节 (见 11.5.2.2 节)。假设有 5 个角色, 要混合每个角色的一对骨骼姿势 (skeletal pose), 其中每个骨骼有 100 个关节 (joint), 那么总共需要处理 500 对关节姿势 (joint pose)。

要把此工作并行化, 可以切割工作至 N 个批次, 每批次约含 $500/N$ 个关节姿势对, 而 N 是按可用的处理器资源来设定的。(在 Xbox 360 上, N 应该是 3 或 6, 因为该游戏机有 3 个核, 每个核有两个硬件线程。而在 PS3 上,N 可以是 1~6, 根据有多少个 SPU 可以使用。) 然后我们“分叉”(即建立) N 个线程, 让每个线程各自执行分组后的姿势对。主线程可以选择继续工作, 做一些和该次动画混合无关的事情; 主线程也可选择等待信号量 (semaphore) 直至所有其他线程完成工作。最后, 我们把各个关节姿势结果“汇合”成整体结果——在这例子里, 就是要计算 5 个骨骼的最终全局姿势。(每个骨骼计算全局姿势时, 需用上所有关节的局部姿势, 因此, 对单个骨骼进行这种计算并不能并行化。然而, 我们可以考虑再次分叉计算全局姿势, 不过这次每个线程负责计算一个或多个完整的骨骼。)

1 此处我们使用“分叉”和“汇合”两个术语去描述分治的一般概念。不要与 UNIX 中的 `fork()` 和 `wait()` 系统调用混淆, 它们是分叉/汇合概念的一个非常专门的实现。

这个网页[1]含示范代码，说明了如何在 Win32 系统中进行调用来实现分叉/汇合工作线程。

7.6.4 每个子系统运行于独立线程

另一个多任务方法是把某些引擎子系统置于独立线程上运行。主控线程 (master thread) 负责控制及同步这些子系统的次级子系统，并继续处理游戏的大部分高级逻辑 (游戏主循环)。对于含多个物理 CPU 或硬件线程的硬件平台来说，此设计能让这些子系统并行执行。此设计适合某些子系统，这些子系统需重复地执行较有隔离性的功能，例如渲染引擎、物理模拟、动画管道、音频引擎等。图 7.9 说明了这种架构。

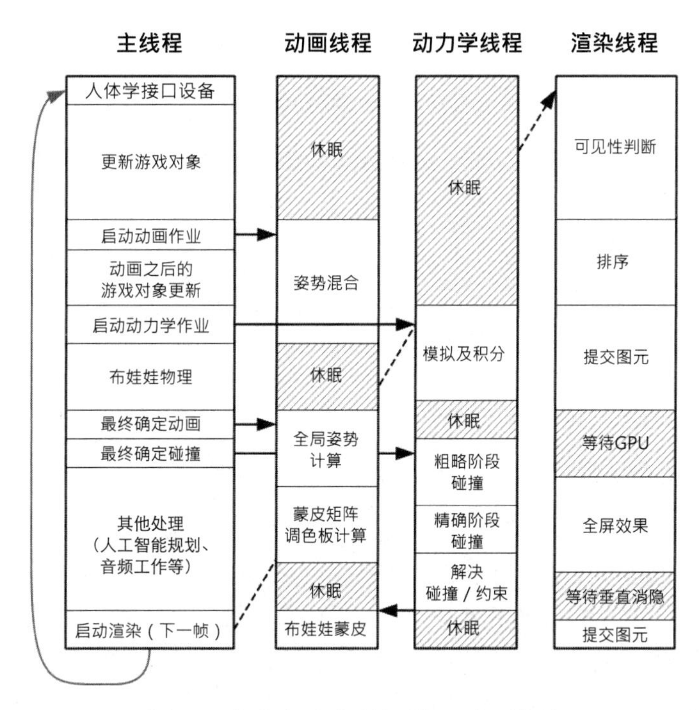

图 7.9 每个主要子系统运行于独立线程

多线程架构通常需要由目标硬件平台上的线程库所支持。在运行 Windows 的个人计算机中，通常会使用 Win32 的线程 API。在基于 UNIX 的平台上，类似 *pthread* 的库可能是最佳选择。在 PlayStation 3 上，有一个名为 SPURS 的库，可把工作运行于 6 个 SPU 之上。SPURS 提供两种在 SPU 上运行代码的基本方法——任务模型 (task model) 和作业模型 (job model)。

1 `http://msdn.microsoft.com/en-us/library/ms682516(VS.85).aspx`

任务模型可用来把引擎子系统分离为粗颗粒度的独立执行单位,运作上与线程相似。下一节将讨论 SPURS 的作业模型。

7.6.5 作业模型

使用多线程的问题之一就是,每个线程都代表相对较粗粒度的工作量 (例如,把所有动画任务都置于一个线程,把所有碰撞和物理任务置于另一线程) ,这么做会限制系统中多个处理器的利用率。若某个子系统线程未完成其工作,就可能会阻塞主线程和其他线程。

为充分利用并行硬件架构,另一种方法是让游戏引擎把工作分割成多个细小、比较独立的作业 (job)。最好将作业理解为,一组数据与操作该组数据的代码结合成对。作业准备就绪后,就可以被加入队列中,待有闲置的处理器,作业才会从队列中被取出执行。PS3 的 SPURS 库的作业模型就是用这种方法实现的。使用该模型时,游戏主循环在 PPU 上执行,而 6 个 SPU 则为作业处理器。每个作业的代码和数据会通过 DMA 传送至 SPU 的局部存储,然后 SPU 执行作业,并把结果以 DMA 传回主内存。

如图 7.10 所示,作业较为细粒度且独立,因而有助于最大化处理器的利用率。相比“每个子系统运行于独立线程”的设计,这种方法也可减少或消除对主线程的一些限制。此架构还能自然地对任何数量的处理单元向上扩展 (scale up) 或向下缩减 (scale down) (“每个子系统运行于独立线程”的架构就不太能做到)。

7.6.6 异步程序设计

为了利用多处理器硬件编写或更新游戏引擎的优势,程序员必须小心设计异步方式的代码。这里所谓的异步,指发出操作请求之后,通常不能立即得到结果。而平时的同步设计,就是程序等待得到结果之后才继续运行。例如,某游戏可能会通过向世界进行光线投射 (ray cast),以得知玩家角色是否能看见敌人。使用同步设计时,提出光线投射请求后便会立即执行,当光线投射函数执行完毕,就会传回结果,如以下代码所示:

```
while (true)    // 游戏主循环
{
    // …
    // 投射一条光线以判断玩家能否看见敌人
    RayCastResult r = castRay(playerPos, enemyPos);
```

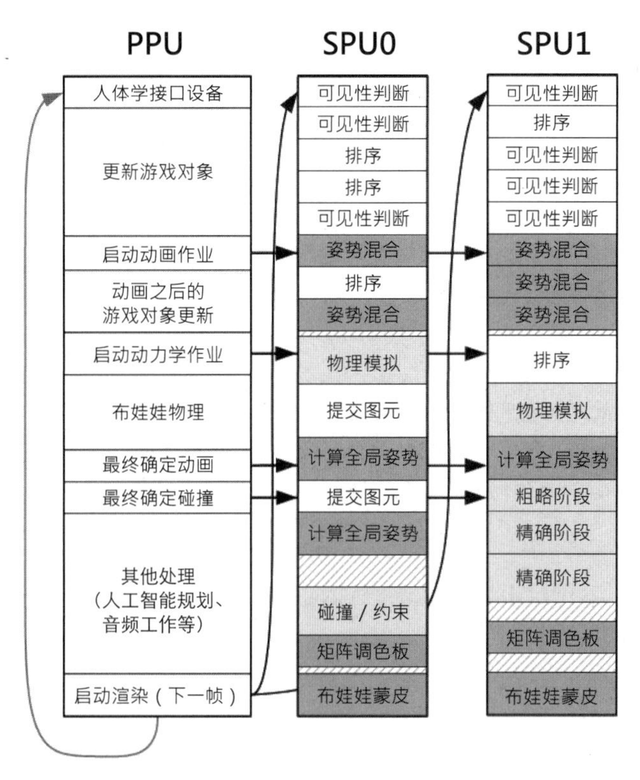

图 7.10 在作业模型中, 工作被拆分为细颗粒度的作业, 这些作业可在任何闲置的处理器中运行。这样能最大化处理器的使用率, 并能增加主游戏循环的弹性

```
    // 现在处理结果
    if (r.hitSomething() && isEnemy(r.getHitObject()))
    {
        // 玩家能看见敌人
        // …
    }
    // …
}
```

而使用异步设计, 提出光线投射请求时, 调用的函数只会建立一个光线投射作业, 并把该作业加到队列中, 然后该函数就会立即返回。主线程可继续做其他跟该作业无关的工作, 同一时间另一个 CPU 或核就会处理那个作业。之后, 当作业完成时, 主线程就能提取并处理光线投射的结果:

```
while (true)    // 游戏主循环
{
    // …
    // 投射一条光线以判断玩家能否看见敌人
    RayCastResult r;
    requestRayCast(playerPos, enemyPos, &r);

    // 当等待其他核做光线投射时,我们做其他无关的工作
    // …

    // 好吧,我们不能再做更多有用的事情了,等待光线投射作业的结果
    // 若作业完毕,此函数会立即返回。否则,主线程会闲置直至有结果
    waitForRayCastResults(&r);

    // 处理结果
    if (r.hitSomething() && isEnemy(r.getHitObject()))
    {
        // 玩家能看见敌人
        // …
    }
    // …
}
```

许多时候, 异步代码可以在某帧启动请求, 而在下一帧才提取结果。这种情况的代码可能是这样的:

```
RayCastResult r;
bool rayJobPending = false;

while (true)    // 游戏主循环
{
    // …
    // 等待上一帧的光线投射结果
    if (rayJobPending)
    {
        waitForRayCastResults(&r);

        // 处理结果
```

```
        if (r.hitSomething() && isEnemy(r.getHitObject()))
        {
            // 玩家能看见敌人
            // …
        }
    }

    // 为下一帧投射一条光线
    rayJobPending = true;
    requestRayCast(playerPos, enemyPos, &r);

    // 做其他事情
    // …
}
```

7.7 网络多人游戏循环

网络多人游戏的游戏循环特别有趣, 因此我们会简单介绍其架构。基于篇幅有限, 本节未能谈及多人游戏的所有运作细节。(想深入了解本主题可参阅参考文献 [3]。) 然而, 本节会简单介绍两种最常见的多人架构, 并探讨这些架构如何影响游戏循环的结构。

7.7.1 主从式模型

在主从式模型 (client-server model) 中, 大部分游戏逻辑运行在单个服务器 (server) 上。因此服务器的代码和非网络的单人游戏很相似。多个客户端 (client) 可连接至服务器, 一起参与线上游戏。客户端基本上只是一个“非智能 (dumb)”渲染引擎, 客户端会读取人体学接口设备的数据, 以及控制本地的玩家角色, 但除此以外, 客户端要渲染什么都是由服务器告之的。但这么做最痛苦的是, 客户端代码需要即时把玩家的输入转换成玩家角色在屏幕上的动作。不然, 玩家会觉得他控制的游戏角色反应非常缓慢, 非常恼人。除了这些称为玩家预测 (player prediction) 的代码, 客户端通常仅为渲染和音频引擎加上一些网络代码。

服务器可以单独运行于一台机器上, 此运行方式称为专属服务模式 (dedicated server mode)。然而, 客户端和服务器不一定要运行于两台独立的机器上, 客户端机器同时运行服务器也是十分普遍的。实际上, 在许多主从式多人游戏中, 单人游戏模式其实是退化的多人游戏——其中只有一个客户端,并且把客户端和服务器运行在同一台机器上。这种运行方式又称为客户端于服务器之上模式 (client-on-top-of-server mode)。

主从多人游戏的游戏循环有多种不同的实现方法。由于客户端和服务器理论上是独立的实体, 两者可分别实现为完全独立的行程 (process) (即不同的应用程序)。另一种实现方式是,把两者置于同一行程内的两个独立线程中。但是, 当采用客户端置于服务器之上模式时, 以上两种方法都会带来不少本地通信方面的额外开销。因此,许多多人游戏会把客户端和服务器都置于单个线程中,并由单个游戏循环控制。

必须注意,客户端和服务器的代码可能以不同频率进行更新。例如, 在《雷神之锤》中, 服务器以 20FPS 运行 (每帧 50ms),而客户端通常以 60FPS 运行 (每帧 16.6ms)。其实现方式是,把主游戏循环以两帧速中较快的频率 (60FPS) 运行, 并让服务器代码大约每 3 帧才运行一次。真正实现时, 会计算上一次服务器更新至今的经过时间, 若超过 50ms, 服务器就会运行一帧,然后重置计时器。这种游戏循环的代码大概是以下这样的:

```
F32 dtReal = 1.0f / 30.0f;  // 真实的帧时间增量
F32 dtServer = 0.0fl        // 服务器的时间增量

U64 begin_ticks = readHiResTimer();

while (true)    // 主游戏循环
{
    // 以50ms间隔运行服务器
    dtServer += dtReal;

    if (dtServer >= 0.05f)  // 50ms
    {
        runServerFrame(0.05f);
        dtServer -= 0.05f;  // 重置供下次更新
    }

    // 以最大帧率执行客户端
    runClientFrame(dtReal);

    // 再读取当前时间,估算下一帧的时间增量
    U64 end_ticks = readHiResTimer();
    dtReal = (F32)(end_ticks - begin_ticks)
            / (F32)getHiRestTimerFrequency();
```

```
    // 把end_ticks用作下一帧新的begin_ticks
    begin_ticks = end_ticks;
}
```

7.7.2 点对点模型

在点对点 (peer-to-peer) 多人架构中，线上世界中的每台机器都有点像服务器，也有点像客户端。游戏中的每个动态对象，都由其对应的单一机器所管辖。因此，每台机器对其拥有管辖权 (authority) 的对象就如同服务器。对于其他无管辖权的对象，机器就如同客户端，只负责渲染由对象的远端管辖者所提供的状态。

点对点多人游戏循环的结构比主从游戏的结构简单很多。从最高级的角度来看，点对点多人游戏循环的结构和单人游戏的相似。然而，其内部代码细节可能较难理解。在主从模型中，能较清楚地知道哪些代码运行于服务器，哪些代码运行于客户端。但在点对点架构中，许多代码都要处理两种可能的情况：本地机器拥有对某对象状态的管辖权，或者本地某对象只是有其管辖权远端机器的哑代理 (dumb proxy)。此两种模式通常实现为两种游戏对象，一种是本机有管辖权的完整"真实"游戏对象，另一种是"代理版本"，仅含远程对象状态的最小子集。

点对点架构可以设计得更复杂，因为有时候需要把对象的管辖权从某台机器转移至另一台机器。例如，若其中一台计算机离开游戏，该计算机中所有对象的管辖权必须转移至其他参与该游戏的机器。相似地，若有新机器加入游戏，理想地，该机器应接管其他机器的一些游戏对象，以平衡每台机器的工作量。这些细节超出了本书的讨论范围。本节希望带出的重点是，多人架构对于游戏主循环的结构有深远影响。

7.7.3 案例分析：《雷神之锤 II》

以下是《雷神之锤 II》游戏循环的摘录。《雷神之锤》《雷神之锤 II》《雷神之锤 III 竞技场》的源代码都可以在 id Software 的网站取得。[1]读者可以看到，本章谈及的元素都会出现在以下的代码摘录中，包括 Windows 消息泵 (在游戏的 Win32 版本中)、计算两帧之间的真实时间增量、操作固定时间和时间缩放模式，以及更新服务器端和客户端的引擎系统。

```
int WINAPI WinMain (HINSTANCE hInstance,
                    HINSTANCE hPrevInstance,
```

1 http://www.idsoftware.com

```
                    LPSTR lpCmdLine, int nCmdShow)
{
    MSG     msg;
    int     time, oldtime, newtime;
    char    *cddir;

    ParseCommandLine (lpCmdLine);

    Qcommon_Init (argc, argv);
    oldtime = Sys_Milliseconds ();

    /* Windows 主消息循环 */
    while (1)
    {
        // Windows 消息泵
        while (PeekMessage (&msg, NULL, 0, 0, PM_NOREMOVE))
        {
            if (! GetMessage (&msg, NULL, 0, 0))
                Com_Quit ();
            sys_msg_time = msg.time;
            TranslateMessage (&msg);
            DispatchMessage (&msg);
        }

        // 以毫秒为单位测量真实的时间增量
        do
        {
            newtime = Sys_Milliseconds ();
            time = newtime - oldtime;
        } while (time < 1);

        // 执行1帧游戏
        Qcommon_Frame (time);
        oldtime = newtime;
    }

    // 永不会到达这里
```

```
    return TRUE;
}

void Qcommon_Frame (int msec)
{
    char    *s;
    int     time_before, time_between, time_after;

    // 这里忽略一些细节……

    // 处理固定时间模式及时间缩放
    if (fixedtime->value)
        msec = fixedtime->value;
    else if (timescale->value)
    {
        msec *= timescale->value;
        if (msec < 1)
            msec = 1;
    }

    // 处理游戏中的主控台
    do
    {
        s = Sys_ConsoleInput ();
        if (s)
            Cbuf_AddText (va("%s\n", s));
    } while (s);
    Cbuf_Execute ();

    // 服务器执行1帧
    SV_Frame (msec);

    // 客户端执行1帧
    CL_Frame (msec);

    // 这里忽略一些细节……
}
```

第 8 章　人体学接口设备

游戏是有互动性的计算机模拟，因此玩家需要以某些方法把输入送往游戏。为游戏而设计的人体学接口设备 (human interface device, HID) 种类繁多，包括摇杆 (joystick)、手柄 (joypad)、键盘、鼠标、轨迹球 (trackball)、Wii 遥控器 (Wii Remote/WiiMote)，以及专门的输入设备，如方向盘、鱼竿 (fishing rod)、跳舞毯、电子吉他等。本章会探讨游戏引擎如何从人体学接口设备读取输入，以及处理和应用输入的常用方法，还会介绍怎样从这些设备向玩家输出反馈。

8.1　各种人体学接口设备

有很多不同种类的人体学接口设备可供游戏使用。Xbox 360 和 PS3/PS4 等游戏机配备如图 8.1 和图 8.2 所示的手柄。众所周知，任天堂 Wii 游戏机备有独特、创新的 Wii 遥控器 (常称为 Wiimote，见图 8.3)。任天堂在 Wii U 上还创新地制造了一个混合控制器和半手提游戏设备 (见图 8.4)。PC 游戏通常使用键盘、鼠标或手柄。(微软把 Xbox 360 手柄设计为可供 Xbox 360 和 Windows PC 平台使用。) 街机机器有一个或多个内置控制器，如摇杆及多个按钮 (见图 8.5)，或是轨迹球、方向盘等。街机机器的输入设备通常会为游戏量身打造，但同一厂商的街机机器也会重用相同的输入硬件。

图 8.1　Xbox 360 和 PS3 游戏机的标准手柄

图 8.2　PS4 的 DualShock 4 手柄

图 8.3 任天堂的创新 Wii 遥控器

图 8.4 任天堂的 Wii U 手柄

图 8.5 Midway 街机游戏《真人快打》的专用按钮和摇杆

在游戏机平台上, 除了提供如手柄这种“标准”输入设备外, 还会生产一些专门的输入设备和适配器。例如,《吉他英雄》(*Guitar Hero*) 游戏系列就提供吉他和鼓等设备; 赛车游戏有方向盘可供选购;《劲舞革命》(*Dance Dance Revolution, DDR*) 类的游戏可使用特殊的跳舞毯。图 8.6 显示了部分相关设备。

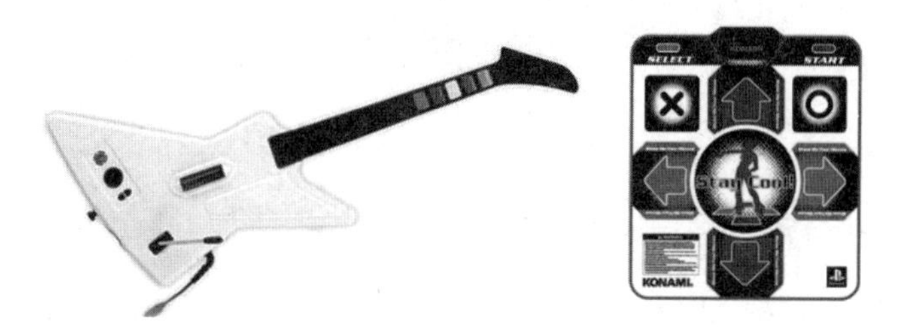

图 8.6 游戏机还可使用很多特制的输入设备

任天堂的 Wii 遥控器是现今市场上适用范围最广的输入设备之一。Wii 遥控器时常可以通过配接额外硬件获得新的用法, 而不需要被全新设备取代。例如,《马里奥赛车 Wii》(*Mario Kart Wii*) 配备塑料方向盘配接器, 能把 Wii 遥控器安装于其中 (见图 8.7)。

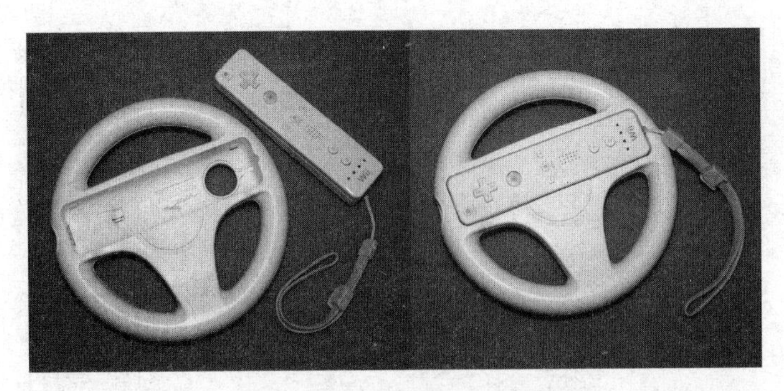

图 8.7 任天堂 Wii 的方向盘配接器

8.2 人体学接口设备的接口技术

所有人体学接口设备都能向游戏软件提供输入, 有些设备还能通过多种输出为玩家提供反馈。按设备的具体设计, 游戏软件可用多种方式读取输入及写进输出。

8.2.1 轮询

一些简单的设备, 如手柄和老式摇杆, 可通过定期轮询 (poll) 硬件来读取输入 (通常在主游戏循环里每次迭代轮询一次)。这就意味着可明确地查询设备的状态, 方法一是直接读取硬件寄存器, 方法二是读取经内存映射的 I/O 端口, 或是通过较高级的软件接口 (该接口再转而读取适当的寄存器或内存映射 I/O 端口)。同样, 也可使用上述方式把输出传到设备。

微软为 Xbox 360 手柄而设的 XInput API 能用于 Xbox 360 和 Windows。此 API 是简单轮询的好例子, 以下简述其使用方法。游戏在每帧调用 `XInputGetState()` 函数时, 该函数便会与硬件/驱动通信, 适当地读取数据, 并把所有结果包装以方便软件使用。`XInputGetState()` 函数会把结果填入类型为 `XINPUT_STATE` 的结构, 而 `XINPUT_STATE` 又包含 `XINPUT_GAMEPAD` 结构。此结构包含手柄设备上所有输入的当前状态, 包括按钮、拇指摇杆 (thumb stick) 及扳机 (trigger)。

8.2.2 中断

有些 HID 只会当其状态有改变时, 才会把数据传至游戏引擎。例如, 鼠标有大部分时间都在鼠标垫上静止不动, 无理由在其静止的时候, 还要把数据不断传至计算机。只有在鼠标移动时、按下或释放按钮时, 才需要传送数据。

这类设备通常和主机以硬件中断 (hardware interrupt) 方式通信。所谓中断, 是由硬件生成的信号, 能让 CPU 暂停主程序, 并执行一小段称为中断服务程序 (interrupt service routine, ISR) 的代码。中断能应用在各个方面, 但对 HID 来说, ISR 代码就是用来读取设备状态, 把状态存储以供后续处理, 然后将 CPU 交还给主程序的。游戏引擎可以在合适的时候提取那些数据。

8.2.3 无线设备

蓝牙 (bluetooth) 设备, 如 Wii 遥控器、DualShock 3 和 Xbox 360 无线手柄, 并不能简单地通过访问寄存器或内存映射 I/O 去读或写。软件必须以蓝牙协议 (Bluetooth protocol) 和设备“交流”。软件可请求 HID 将输入数据 (如按钮状态) 传送回主机, 或将输出 (如震动设置或音频数据流) 传送至设备。这种通信一般会由游戏引擎主线程以外的线程负责处理, 或至少被封装为相对简单的接口供主循环调用。从游戏程序员的角度来说, 蓝牙设备的状态, 基本上和其他传统轮询设备的状态并无二致。

8.3 输入类型

虽然游戏用 HID 的硬件规格和布局设计繁多, 但其提供的大部分输入都可归类为几种类型, 以下逐个类型深入讨论。

8.3.1 数字式按钮

几乎每个 HID 都至少有几个数字式按钮 (digital button)。这些按钮只有两个状态——按下或释放。游戏程序员常称按下的按钮为向下 (down), 释放的按钮为向上 (up)。[1]

电子工程师会说电路中的开关 (switch) 有两种状态, 其中闭合 (closed) 是指电流流通电路, 而断开 (open) 是指电流不流通——即电路有无穷大的电阻 (resistance)。闭合是表示按钮按下还是释放, 取决于硬件设计。若按钮正常是断开的, 那么释放时电路是断开的, 按下时电

1 键盘按键和鼠标按钮都是数字型按钮, 许多 API 使用如 OnKeyDown/Up、OnMouseDown/Up 等命名, 表示按钮状态改变的事件。但英文中 up/down 并非是对按钮状态的描述, 较正确的说法应该是 pressed/released, 故作者才特意指出。——译者注

路是闭合的。若按钮正常是闭合的, 情况则相反 —— 按下按钮会断开电路。

在软件中, 数字式按钮的状态 (按下或没按下) 通常以一个单独位表示, 一般以 0 表示没按下 (向上), 1 表示按下 (向下)。但是此表示方式取决于电路设计, 以及驱动程序员的决定, 该值的意思也可以是相反的。

有时候, 设备上所有按钮的状态会结合为一个无符号整数值。例如, 在微软的 XInput API 中, XBox 360 手柄的状态是以 `XINPUT_GAMEPAD` 结构传回的, 该结构的定义如下:

```
typedef struct _XINPUT_GAMEPAD {
    WORD wButtons;
    BYTE bLeftTrigger;
    BYTE bRightTrigger;
    SHORT sThumbLX;
    SHORT sThumbLY;
    SHORT sThumbRX;
    SHORT sThumbRY;
} XINPUT_GAMEPAD;
```

此结构包含 1 个 16 位无符号整数 (`WORD`) 变量 `wButtons`, 存放所有按钮的状态。以下的掩码定义了物理按钮在该字里所对应的位。(注意第 10 和 11 位是未用的。)

```
#define XINPUT_GAMEPAD_DPAD_UP          0x0001 // bit 0
#define XINPUT_GAMEPAD_DPAD_DOWN        0x0002 // bit 1
#define XINPUT_GAMEPAD_DPAD_LEFT        0x0004 // bit 2
#define XINPUT_GAMEPAD_DPAD_RIGHT       0x0008 // bit 3
#define XINPUT_GAMEPAD_START            0x0010 // bit 4
#define XINPUT_GAMEPAD_BACK             0x0020 // bit 5
#define XINPUT_GAMEPAD_LEFT_THUMB       0x0040 // bit 6
#define XINPUT_GAMEPAD_RIGHT_THUMB      0x0080 // bit 7
#define XINPUT_GAMEPAD_LEFT_SHOULDER    0x0100 // bit 8
#define XINPUT_GAMEPAD_RIGHT_SHOULDER   0x0200 // bit 9
#define XINPUT_GAMEPAD_A                0x1000 // bit 12
#define XINPUT_GAMEPAD_B                0x2000 // bit 13
#define XINPUT_GAMEPAD_X                0x4000 // bit 14
#define XINPUT_GAMEPAD_Y                0x8000 // bit 15
```

要读取某按钮的状态, 可对 `wButtons` 字及该按钮的对应掩码进行 C/C++ 的位并 (`&`) 运算, 并检查运算结果是否为非零值。例如, 要检测 A 按钮是否按下 (向下), 可以编写如下代码:

```
bool IsButtonADown(const XINPUT_GAMEPAD& pad)
{
    // 遮掩第12位以外的位
    return ((pad.wButtons & XINPUT_GAMEOAD_A) ! = 0);
}
```

8.3.2 模拟式轴及按钮

模拟式输入 (analog input) 是指可获取一个范围以内的数值 (而非仅 0 和 1)。此类输入通常用来代表扣压扳机的程度, 或摇杆的二维位置 (使用两个模拟输入, 一个用作 x 轴, 一个用作 y 轴, 如图 8.8 所示)。由于模拟式输入经常用来代表某些轴的旋转角度, 所以模拟式输入又称为模拟式轴 (analog axis), 或简称为轴 (axis)。

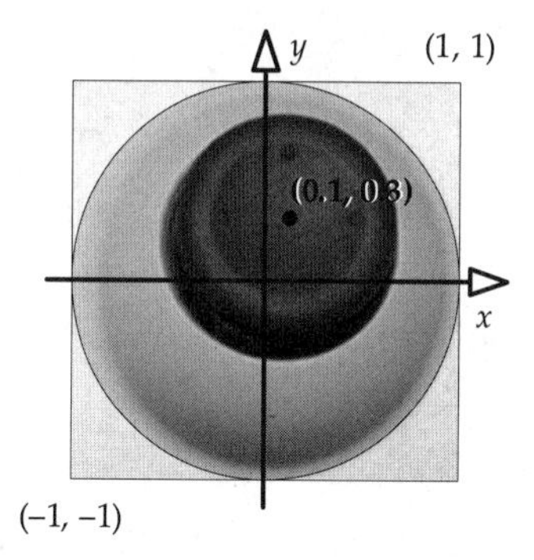

图 8.8 可用两个模拟输入表示摇杆的 x 和 y 偏转量

有些设备的按钮也是模拟式的, 这意味着游戏能检测玩家按下那些按钮的强度。然而, 模拟式按钮所产生的信号通常有太多噪声 (noise), 导致这些按钮不太灵敏。很少有游戏能有效地使用模拟按钮。其中一个较好的例子是 PS2 上的《合金装备 2》(*Metal Gear Solid 2*)。它在瞄准模式中采用了 (模拟) 压力敏感按钮数据, 用以区分快速释放按钮 (那样会开火) 及缓慢释放按钮 (那样会终止射击), 这是潜入式游戏中的有用功能, 避免惊动敌人。

严格来说, 模拟式输入到达游戏引擎时并非是模拟的。每个模拟式输入信号通常都要被数字化 (digitize), 意指信号被量化 (quantize), 再被表示为软件中的整数。例如, 某模拟式输入若使用 16 位整数表示, 其范围可能是 $-32,768 \sim 32,767$。有时候模拟式输入也会被转换为浮点数, 例如 $-1 \sim 1$ 范围的值。但 3.2.1.3 节曾提及, 浮点数也只是数值化后的数字值。

回顾 XINPUT_GAMEPAD 的定义, 会发现微软采用 16 位带符号整数表示 Xbox 360 拇指摇杆的偏转量 (左摇杆是 sThumbLX/sThumbLY, 右摇杆是 sThumbRX/sThumbRY)。因此, 这些

值的范围为 $-32,768$ (向左或向下) 至 $32,767$ (向右或向上)。但是, 左右扳机却是以 8 位无符号整数表示的 (bLeftTrigger 和 bRightTrigger)。这些输入的范围为 0 (没扣压) 至 255 (完全扣压)。其他游戏机的模拟式轴会采用不同的数字表示法。

```
typedef struct _XINPUT_GAMEPAD {
    WORD wButtons;
    // 8位无符号
    BYTE bLeftTrigger;
    BYTE bRightTrigger;
    // 16位有符号
    SHORT sThumbLX;
    SHORT sThumbLY;
    SHORT sThumbRX;
    SHORT sThumbRY;
} XINPUT_GAMEPAD;
```

8.3.3 相对性轴

模拟式的按钮、扳机、摇杆和拇指摇杆的位置都是*绝对的* (absolute), 即在某个明确定义的位置其输入值为 0。然而, 有些设备的输入是*相对性的* (relative)。这类设备并不能界定在哪个位置的输入值为 0。反过来, 输入值为 0 代表设备的位置没变动, 而非零值代表自上次读取输入至今的增量 (delta)。这样的例子有鼠标、鼠标滚轮和轨迹球。

8.3.4 加速计

PlayStation 3 的 Sixaxis、DualShock 3 手柄, 以及任天堂的 Wii 遥控器, 都内含加速传感器 (加速计, accelerometer)。这些设备能感应 3 个主轴 (x, y, z) 方向的加速, 如图 8.9 所示。这些是*相对性*模拟式输入, 就好像鼠标的二维轴。当控制器没被加速时, 其输入为 0;[1] 当控制器被加速时, 它就能测量每个轴上最高 $\pm 3\text{g}$ 的加速度, 并把每个轴的量度数值化为 8 位带符号整数。

1 加速计测量的是固有加速度 (proper accleration), 即其感受到的是相对于自由落体的加速度。在地球近地表的位置, 自由落体的加速度是向地心 $1\text{g}(\text{g} \approx 9.8\text{ms}^{-2})$。所以加速计在相对地球而言静止 (如置于桌上) 或均速直线移动时 (如在笔直路轨上以均速前进的火车中), 其测量到的值是向上 1g; 当其做自由落体运动时 (如使手柄从空中掉下), 其测量到的值才是零矢量。当然, 操作系统或驱动可减去向上 1g, 使其传回相对静止状态的加速度值。——译者注

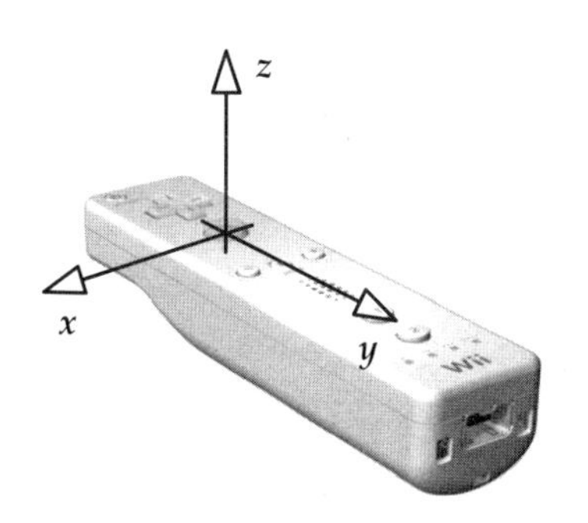

图 8.9 Wii 遥控器的加速计轴

8.3.5 以 Wii 遥控器或 DualShock 做三维定向

有些 Wii 和 PS3 游戏会分别使用 Wii 遥控器和 DualShock 手柄中的 3 个加速计去估算控制器在玩家手上的定向 (orientation)。例如, 在《超级马里奥银河》的一些关卡中, 马里奥需跳上一个大球, 并用脚去滚动该球。在此模式下, 玩家的控制方式是首先把 Wii 遥控器指向天花板, 再把 Wii 遥控器向前后左右倾斜来控制该球向相应的方向加速。

3 个加速计可以用来检测 Wii 遥控器或 DualShock 手柄的定向, 其原理是基于我们在地球表面上玩这些游戏, 而地球的 1g ($\approx 9.8\text{m/s}^2$) 引力 (gravity) 能对物体产生固定的向下加速度。若把控制器完美地水平放置, 并指向电视方向, 那么垂直方向 (z) 的加速计应量度到大约 -1g。

若垂直地握着控制器, 使其指向上方, 则可以预期 z 传感器测量到的加速度应为 0g, 而 y 传感器应为 +1g (因为 y 传感器会感受到完整的引力效果)。若把手柄以 45° 握着, 则 x 和 y 输入的值大约都会是 $\sin 45° = \cos 45° = 0.707$g。当我们校准 (calibrate) 了加速计, 得知每个轴的零点时, 就可以使用逆正弦和逆余弦, 轻松求得偏航角 (yaw)、俯仰角 (pitch) 和滚动角 (roll)。

但是这种做法有两个问题: 第一, 若玩家不能把控制器握稳, 控制器往各个方向移动所产生的加速度也会被加速计侦测进去, 使上述的数学计算变得无效。第二, 由于 z 加速计已为引力校准, 而其余两个没有, 所以 z 轴对侦测定向有较少的精确度。许多 Wii 游戏需要玩家以非标准定向握住 Wii 遥控器, 例如, 把按钮面向玩家的胸口, 并把控制器指向天花板。这样 x 或 y 加速计的轴可以和引力方向平行, 而非已为引力校准的 z 加速计, 从而能使定向读数的精度最大化。关于此主题的更多资料, 可参考这两个网页。[1,2]

1 http://druid.caughq.org/presentations/turbo/Wiimote-Hacking.pdf

2 http://www.wiili.org/index.php/Motion_analysis

8.3.6 摄像机

Wii 遥控器有一项其他游戏机标准 HID 欠缺的独特功能，这就是红外线 (infrared, IR) 传感器。此传感器本质上是一个低分辨率摄像机，能捕捉 Wii 遥控器指向的二维红外线影像。Wii 游戏机还附有一条需置于电视上的"Wii 专用感应条 (Wii sensor bar)"[1]，此设备两端各含一个红外线发光二极管 (light emitting diode, LED)。在 IR 摄像机获取的影像中，这两个 LED 成为两个亮点，而其他背景则是黑暗的。Wii 遥控器的影像处理软件会分析这一影像，并分离出这两点的尺寸及位置。(实际上，该软件能检测和传送多至 4 个亮点的位置和尺寸。) 然后，游戏机就能通过蓝牙接收这些尺寸和位置信息。

把两个亮点连成直线后，该直线的位置和定向能用来计算 Wii 遥控器的偏航角、俯仰角和滚动角 (只要 Wii 遥控器指向感应条)。根据这两点的分隔距离，还可以计算出 Wii 遥控器和电视之间的距离。此外，有些软件还会利用这两点的尺寸信息。图 8.10 说明了 Wii 遥控器摄像机的基本原理。

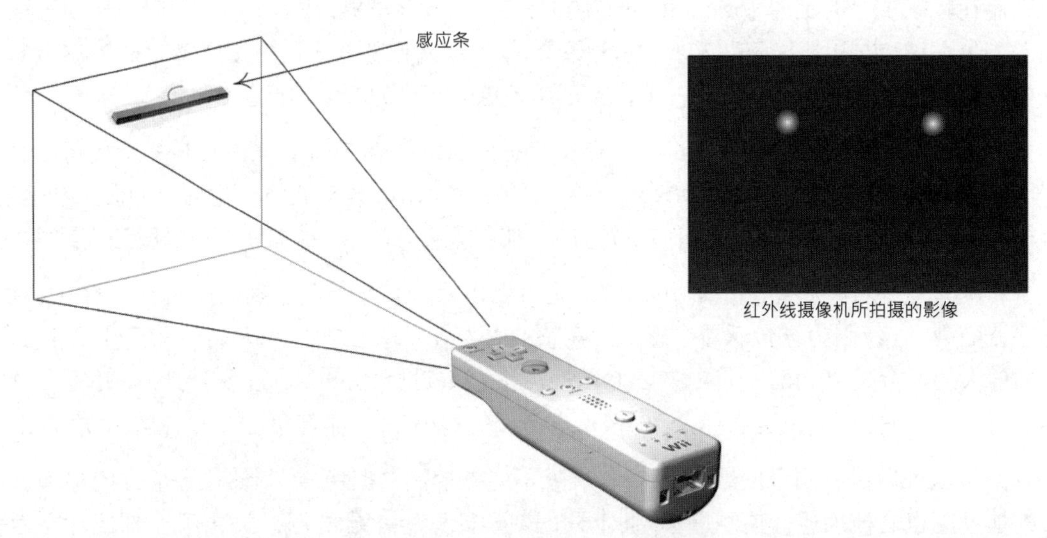

图 8.10 Wii 专用感应条里放置了两个红外线 LED，在 Wii 遥控器的红外线摄像机所拍摄的影像中产生了两个亮点

另一个流行的摄像机设备，是索尼为 PlayStation 系列游戏机而设计的 PlayStation Eye (见图 8.11)。此设备基本上是一个有多种应用场合的高分辨率彩色摄像机。它可以进行视频会议，像普通的网络摄像机 (web cam) 一样。也可用作跟 Wii 遥控器的 IR 摄像机差不多的用途，

1 此乃香港任天堂中文网站上所用的字眼。——译者注

去感应位置、定向和深度距离。现在游戏开发者们才刚开始尝试这些高级输入设备的各种可能性。

图 8.11 索尼供 PS3 使用的 PlayStation Eye

在 PS4 中, 索尼改进了 Eye, 并重新为其冠名 PlayStation Camera。当与 PlayStation Move 手柄 (见图 8.12) 或 DualShock 4 手柄结合使用时, PlayStation 可检测身体姿势, 基本上如同微软的创新 Kinect 系统 (见图 8.13)。

图 8.12 索尼供 PS4 使用的 PlayStation Camera、PlayStation Move 手柄和 DualShock 4 手柄

图 8.13 微软 Xbox 360 的 Kinect(上图) 和 Xbox One 的 Kinect(下图)

8.4 输出类型

HID 通常用来把玩家的输入传送至游戏软件。然而，有些 HID 也可以通过各种类型的输出向玩家反馈。

8.4.1 震动反馈

一些手柄提供*震动反馈* (rumble)[1] 功能，例如，PlayStation 的 DualShock 系列手柄、Xbox 及 Xbox 360 手柄。此功能让手柄在玩家手中震动 (vibrate)，以模拟游戏角色在游戏中受到扰动或撞击等感觉。震动通常由一个至多个马达 (motor) 驱动，每个马达带有稍不平衡的负重，以不同速度旋转。然后，游戏可开关这些马达，并通过调节其旋转速度来向玩家双手产生不同的触觉效果。

1 rumble 通常是指一种低频噪声，表示“隆隆”作响。游戏界中常以 rumble 一词指手柄的震动功能。此功能的正式术语为 vibration feedback (震动反馈)，是一种触觉技术 (haptic technology)。——译者注

8.4.2 力反馈

力反馈 (force-feedback) 是另一种输出类型, 其原理是通过由马达驱动的执行器 (actuator), 以其产生的力对抗玩家施于 HID 上的力。此功能常见于街机赛车游戏——当玩家尝试转方向盘时, 方向盘会产生阻力, 以模拟困难的行车条件或急转弯。如同震动反馈, 游戏通常也可开关力反馈马达, 并控制施于执行器的力和方向。

8.4.3 音频

音频 (audio) 通常是独立的引擎系统。可是, 有些 HID 却能提供音频输出, 供音频系统使用。例如, Wii 遥控器就含有一个细小、低质量的扬声器 (speaker)。而 Xbox 360、Xbox One 和 DualShock 4 手柄也有耳机插口, 能提供如 USB 音频设备的输出 (扬声器) 和输入 (麦克风, microphone) 功能。USB 耳机的常用情境之一是, 在多人游戏中让玩家通过网络语音 (voice over IP, VoIP) 进行通信。

8.4.4 其他输入/输出

HID 还可以支持许多其他类型的输入/输出。在一些较老的游戏机上, 如世嘉 Dreamcast, 在其手柄中能插入记忆卡。而 Xbox 360 手柄、Sixaxis、DualShock 3 手柄和 Wii 遥控器都分别带有 4 个 LED, 由软件控制开关。DualShock 4 手柄的正面面板的发光条颜色可由游戏软件控制。当然, 一些特殊的设备, 如乐器、跳舞毯等, 有其专门的输入/输出类型。

人体学接口正在不断进行创新。当今最有趣的相关题目莫过于手势界面 (gesture interface) 和思想控制设备 (thought-controlled device)。可以预见在未来几年之内, 游戏机和 HID 制造商将带来更多创新。

8.5 游戏引擎的人体学接口设备系统

多数游戏引擎不会直接使用 HID 的原始输入数据。这些来自 HID 的输入数据通常会经过多重处理, 确保数据能转化为游戏内流畅、直观、令人满意的行为。此外, 大部分游戏引擎会引入至少一个在 HID 和游戏之间的间接层, 以把 HID 输入以多种形式抽象化。例如, 按钮映射表 (button-mapping table) 可用来把原始按钮输入转化为游戏逻辑的动作 (action), 那么玩家就能按喜好自定义按钮的功能。本节会先概述游戏引擎 HID 系统的典型需求, 然后再深入探讨每个需求。

8.5.1 典型需求

游戏引擎的 HID 系统通常提供以下部分或全部功能。

- 死区 (dead zone)。
- 模拟信号过滤 (analog signal filtering)。
- 事件检测 (event detection)(如按下和释放按钮)。
- 检测按钮的序列 (sequence), 以及多按钮的组合 (又称为弦, chord)。
- 手势检测 (gesture detection)。
- 为多位玩家管理多个 HID。
- 多平台的 HID 支持。
- 控制器输入的重新映射 (re-mapping)。
- 上下文相关输入 (context sensitive input)。
- 临时禁用某些输入。

8.5.2 死区

模拟轴 (如摇杆、拇指摇杆、扳机等) 所产生的输入值都在一些预设的最小、最大范围内, 以下使用 $I_{\min}$ 和 $I_{\max}$ 代表此范围。当玩家未触碰那些模拟轴时, 我们希望能获得稳定及清晰的未扰动 (undisturbed) 输入值, 此值以下称为 I_0。通常未扰动值在数值上等于 0, 并且对于双向控制 (如摇杆轴) 来说, 其值会位于 $I_{\min}$ 和 $I_{\max}$ 的正中间, 而对单向控制 (如扳机) 来说, 则会等于 $I_{\min}$。

可惜, 由于 HID 本质上是模拟式设备, 其产生的电压含有噪声, 以致实际测量到的输入会轻微地在 I_0 附近浮动。此问题的常见解决办法是引入一个围绕 I_0 的小死区 (dead zone)。对于摇杆, 死区可以定义为 $[I_0-\sigma, I_0+\sigma]$; 对于扳机, 则定义为 $[I_0, I_0+\sigma]$。任何位于死区的输入值都可以简单地被钳制为 I_0。死区必须足够大以容纳未扰动控制的最大噪声, 同时死区也必须足够小以免影响玩家对 HID 的反应手感。

8.5.3 模拟信号过滤

就算控制器不在死区范围,其输入仍然会有信号噪声问题。这些噪声有时候会导致游戏中的行为变得抖动或不自然。因此,许多游戏会过滤来自 HID 的原始信号。噪声信号的频率通常比玩家产生的要高。所以,解决办法之一是,先利用低通滤波器 (low pass filter) 过滤原始输入数据,然后再把结果传送至游戏中使用。

离散低通滤波器的实现方法之一是,结合目前未过滤输入值和上一帧的已过滤输入。设未过滤输入为时变函数 $u(t)$,并设已过滤输入为 $f(t)$,其中 t 为时间,则它们的关系可写成:

$$f(t) = (1 - a)f(t - \Delta t) + au(t) \tag{8.1}$$

其中参数 a 由按帧持续时间 Δt 和过滤常数 RC 所确定 (RC 是传统以阻容电路实现的模拟低通滤波器中,电阻值和电容值的积):

$$a = \frac{\Delta t}{RC + \Delta t} \tag{8.2}$$

这些等式可以简单地用以下的 C/C++ 代码实现。此实现假设调用方保存了上一帧的已过滤输入。更多关于低通滤波器的信息可参阅维基百科。[1]

```
F32 lowPassFilter(F32 unfilteredInput,
                  F32 lastFramesFilteredInput,
                  F32 rc, F32 dt)
{
    F32 a = dt / (rc + dt);
    return (1 - a) * lastFramesFilteredInput + a * unfilteredInput;
}
```

另一个过滤 HID 输入数据的方法是计算移动平均 (moving average)。例如,若要计算 3/30s (3 帧) 时间范围内的输入数据平均值,只需把原始输入数据简单地存储于 3 个元素大小的循环缓冲区里,把此数组的值求和再除以 3,就是过滤后的输入值。实现此过滤器时还要留意一些细节。例如,需要正确地处理前两帧的输入,因为当时该数组并未填满有效数据,这个实现并不特别复杂。以下代码示范了计算 N 个元素的移动平均:

```
template< typename TYPE, int SIZE >
class MovingAverage
{
```

1 http://en.wikipedia.org/wiki/Low-pass_filter

```
    TYPE        m_samples[SIZE];
    TYPE        m_sum;
    U32         m_curSample;
    U32         m_sampleCount;

public:
    MovingAverage() :
        m_sum(static_cast<TYPE>(0)),
        m_curSample(0),
        m_sampleCount(0)
    {
    }

    void addSample(TYPE data)
    {
        if (m_sampleCount == SIZE)
        {
            m_sum -= m_samples[m_curSample];
        }
        else
        {
            m_sampleCount++;
        }

        m_samples[m_curSample] = data;
        m_sum += data;
        m_curSample++;

        if (m_curSample >= SIZE)
        {
            m_curSample = 0;
        }
    }

    F32 getCurrentAverage() const
    {
        if (m_sampleCount ! = 0)
```

```
        {
            return static_cast<F32>(m_sum)
                / static_cast<F32>(m_sampleCount);
        }
        return 0.0f;
    }
};
```

8.5.4 输入事件检测

低级的 HID 接口通常会为游戏提供设备中各输入的当前状态信息。然而在许多时候, 游戏需要检测事件 (event)——即状态的改变, 而非每帧的当前状态。最常见的 HID 事件大概就是按下和释放按钮, 当然, 也可检测其他种类的事件。

8.5.4.1 按下和释放按钮

假设按钮[1]的输入位在没按下时为 0, 按下时为 1。检测按钮状态改变的最简单方法就是, 记录上一帧的状态, 用以和本帧的状态进行比较。若两状态有所不同, 便能得知有事件发生。接着, 凭借每个按钮的当前状态, 就能知道是按下或释放按钮事件。

此过程可以使用简单的位运算符 (bitwise operator) 来检测按下和释放按钮事件。假设有一个 32 位字 `buttonStates`, 内含最多 32 个按钮的当前状态, 我们希望计算出两个 32 位字——`buttonDowns` 含按下按钮的事件, `buttonUps` 含释放按钮的事件。在这两个字中, 0 代表事件没发生, 1 代表事件已发生。要进行此计算, 还需要上一帧的按钮状态 `prevButtonStates`。

我们都知道, 异或 (exclusive OR, XOR) 运算对两个相同的输入会产生 0, 对两个不同的输入会产生 1。因此, 若把上一帧和本帧的按钮状态字进行位异或, 某个位产生 1 代表该按钮的状态在两帧中有所改变。而要测定该事件是按下或释放按钮, 可以再审视每个按钮的当前状态。若某按钮的状态有改变, 而当前的状态是按下, 那么就产生了按下事件, 否则就是释放事件。以下代码使用了以上的想法来产生两个按钮事件:

```
class ButtonState
{
    U32 m_buttonStates;     // 当前帧的按钮状态
    U32 m_prevButtonStates; // 上一帧的按钮状态
```

1 此处的按钮, 除了指手柄和鼠标的按钮, 也可指键盘上的按键和其他相似的输入。——译者注

```
    U32 m_buttonDowns;       // 1 表示本帧按下的按钮
    U32 m_buttonUps;         // 1 表示本帧释放的按钮

    void DetectButtonUpDownEvents()
    {
        // 假设m_buttonStates及m_prevButtonStates都是有效的,
        // 生成m_buttonDowns及m_buttonUps

        // 首先判断哪些位有改变
        U32 buttonChanges = m_buttonStates ^ m_prevButtonStates;

        // 然后用AND去取得DOWN的各个位
        m_buttonDowns = buttonChanges & m_buttonStates;

        // 再用AND-NOT去取得UP的各个位
        m_buttonUps = buttonChanges & (~m_buttonStates);
    }

    // …
};
```

8.5.4.2 弦

弦 (chord) 是指一组按钮被同时按下时, 会在游戏中产生另一个独特行为。以下是一些弦的例子。

- 在《超级马里奥银河》的开始画面中要求玩家同时按下 Wii 遥控器上的 A 和 B 按钮来开始游戏。
- 无论玩任何 Wii 游戏, 同时按下 Wii 遥控器上的 1 和 2 按钮, 都会使该遥控器进入蓝牙发现模式。
- 在许多格斗游戏中, 同时按下某两个按钮可使用捕捉技 (grapple)。
- 在《神秘海域: 德雷克船长的宝藏》的开发版本中, 同时按下 DualShock 3 手柄的左右扳机, 能使玩家角色飞越游戏世界的任何地方, 不受碰撞。(抱歉, 此功能在发行版本中无效!) 许多游戏也有类似的秘技 (cheat) 以方便开发。(有些秘技也可以不使用弦。) 在雷神之锤引擎中, 此秘技被称为穿墙模式 (no-clip mode), 意指角色的碰撞体不受限于世界的可玩地域。在其他引擎中可能使用不同的术语。

弦的检测在理论上颇简单——监测两个或以上的按钮状态, 当该组按钮全部同时被按下时, 才执行操作。

但是, 还要处理许多细节。首先, 若弦里的按钮在游戏中有其他用途, 便要小心地避免同时产生个别按钮的动作和弦的动作。通常可以这样解决: 检测个别按钮的时候, 同时检查弦里的其他按键并没有被按下。

另一个美中不足的地方在于人类并非完美, 人们常常会按下弦中的某一个按钮稍早于其他按钮。因此弦的检测代码必须更健壮, 处理玩家可能在第 i 帧按下一个或数个按钮, 而在第 $n+1$ 帧 (甚至更多帧之后) 按下弦的其他按钮。有几种方法可以处理这些情况。

- 可以把按钮输入设计为, 弦总是作用于某个按钮的动作再加上额外的动作。例如, 若按 L1 是令主要武器开火, 按 L2 投射手榴弹, 可能 L1 + L2 的弦是令主要武器开火、投射手榴弹,并发送能量波使这些武器的伤害力加倍。那么, 就算个别按钮于弦之前被检测, 从玩家的角度来说游戏表现出的行为没有不同。
- 可以在个别按钮按下之后, 加入一段延迟时间, 然后才算是一个有效的游戏事件。在延迟期间 (如 2 或 3 帧), 若检测到一个弦, 那么那个弦就会凌驾于个别按钮按下事件之上。这种方法给玩家按弦时留有余地。
- 可以在按下按钮时检测弦, 但当之后释放按钮时才产生效果。
- 可以在按下单个按钮时立即执行其动作, 但允许这些动作被之后弦的动作所抢占。

8.5.4.3 序列和手势检测

在实际按下按钮之后, 程序延迟一段时间才把它算作一个按下事件, 此过程乃手势检测 (gesture detection) 的特例。手势是指玩家通过 HID, 在一段时间内完成一串动作。例如, 在格斗游戏或动作游戏中, 可能需要检测按钮序列 (sequence), 例如“ABA”。我们也可以将此机制扩大至按钮以外的输入。例如“ABA 左右左”, 其中最后 3 个动作是指手柄的其中一个摇杆从左到右再到左的移动。通常序列或手势需要在限定时间内完成, 否则当作无效。所以可能在 1/4s 内按“ABA”算有效, 超过 1s 或 2s 则为无效。

一般实现手势检测的方法是, 保留玩家通过 HID 输入的动作短期记录。当检测到手势中第一个成分时, 就会把该成分及其产生的时间戳记录在历史缓冲区中。之后, 检测到每个后续成分时, 需要检查距上一个成分所经过的时间, 若时间仍在允许范围内, 就继续把该成分加入历史缓冲区中。若整个序列在限定时间内完成, 就会产生对应的手势事件, 以通知游戏引擎的其余部分。然而, 若在过程中检测到无效输入, 或手势成分在允许时间外产生, 那么整个历史缓冲区会被重置, 玩家需要重新输入手势。

以下通过 3 个具体例子，使读者能切实领会这些机制是如何运作的。

迅速连按按钮 许多游戏要求玩家迅速连按按钮以执行某些动作。连按按钮的频率有时候会转化为游戏内的某些数值，例如玩家角色的跑步速度或其他动作。此频率通常也会用来定义手势判定是否成立——当频率降低至某个最小值时，手势判定就不再成立。

要侦测连按按钮频率，只需记录该按钮上一次被按下事件的时间 T_{last}。那么，频率 f 就是两次按下按钮的时间间隔的倒数 ($\Delta T = T_{\text{cur}} - T_{\text{last}}, f = 1/\Delta T$)。每次侦测到新的按下按钮事件，都要计算新的频率 f。要实现最小有效频率，只需要比较 f 和最小频率 $f_{\min}$ (另一种方法是直接比较 ΔT 和最大周期 $\Delta T_{\max} = 1/f_{\min}$)。若结果符合阈值，便更新 T_{last} 的值。若结果不符合阈值，不更新 T_{last} 便可。那么，在有一对新的够迅速的按钮按下事件产生之前，手势会一直被判定为无效。以下的伪代码展示了此过程：

```
class ButtonTapDetector
{
    U32     m_buttonMask;    // 需检测的按钮 (位掩码)
    F32     m_dtMax;         // 按下事件之间的最长允许时间
    F32     m_tLast;         // 最后按下按钮的时间,以秒为单位

public:
    // 构建一个对象,用于检测快速连按指定的按钮(以索引标识)
    ButtonTapDetector(U32 buttonId, F32 dtMax) :
        m_buttonMask(1U << buttonID),
        m_dtMax(dtMax),
        m_tLast(CurrentTime() - dtMax) // 开始时是无效的
    {
    }

    // 随时调用此函数查询玩家是否做出这个手势
    void IsGestureValid() const
    {
        F32 t = CurrentTime();
        F32 dt = t - m_tLast;
        return (dt < m_dtMax);
    }

    // 每帧调用此函数
    void Update()
```

```
    {
        if (ButtonsJustWentDown(m_buttonMask))
        {
            m_tLast = CurrentTime();
        }
    }
};
```

在上面的代码片段中，每个按钮有唯一的标识符。此标识符仅仅是一个索引，范围是 $0 \sim N-1$（N 为该 HID 的按钮总数）。把 1 向左移动标识符的位数 (`1U << buttonId`)，就能把标识符转变为位掩码。`ButtonsJustWentDown()` 函数用来侦测本帧刚被按下的按钮，若位掩码指定的按钮中有任意一个按钮刚被按下，此函数就会回传非零值。在此类中，我们只是利用 `ButtonsJustWentDown()` 函数来检查某个按钮的按下事件，但此函数之后会被用作检查同时按下多个按钮的事件。

多按钮序列 假设我们想检测在 1s 内是否连续按下"ABA"序列，其做法如下。首先，使用一个变量记录在序列中预期要按下的按钮。例如，如果使用按钮标识符数组来定义序列（如 `aButtons[3]={A, B, A}`），那么该变量就是此数组的索引 i。该变量最初设置为序列的第一个按钮，即 $i=0$。此外，如同前文中迅速连按按钮的例子，还需要另一个变量 T_{start}，记录整个序列的开始时间。

之后的做法是，当接收到一个符合序列目前预期的按钮的按下事件时，就把事件的时间戳与序列开始时间 T_{start} 进行比较。若事件仍在有效时间窗 (time window) 之内，便把目前的按钮移至序列中的下一按钮；当处理第一个按钮 ($i=0$) 时，还须更新 T_{start}。若按钮按下事件不符合序列的目前按钮，或是时间差太大，就把按钮索引重置为序列开端，并把 T_{start} 设为某个无效值（例如 0）。以下代码演示了这个逻辑。

```
class ButtonSequenceDetector
{
    U32*     m_aButtonIds;    // 检测的序列
    U32      m_buttonCount;   // 序列中的按钮数目
    F32      m_dtMax;         // 整个序列的最大时限
    EventId  m_eventId;       // 完成序列的事件
    U32      m_iButton;       // 要检测的下一个按钮
    F32      m_tStart;        // 序列的开始时间,以秒为单位

public:
```

```
// 构建一个对象，用于检测指定的按钮序列
// 当成功检测到序列时，就会广播指定事件，令整个游戏能适当回应事件
ButtonSequenceDetector(U32* aButtonIds,
                       U32 buttonCount,
                       F32 dtMax,
                       EventId eventIdToSend) :
    m_aButtonIds(aButtonIds),
    m_buttonCount(buttonCount),
    m_dtMax(dtMax),
    m_eventId(eventIdToSend),   // 完成序列后会广播的事件
    m_iButton(0),               // 序列之始
    m_tStart(0)                 // 初始值（无作用）
{
}

// 每帧调用此函数
void Update()
{
    ASSERT(m_iButton < m_buttonCount);

    // 计算下一个预期的按钮，以位掩码表示（把1左移至正确的位索引）
    U32 buttonMask = (1U << m_aButtonId[m_iButton]);

    // 若玩家按下预期以外的按钮，废止现在的序列
    // （使用位取反运算检测所有其他按钮。）
    if (ButtonsJustWentDown(~buttonMask))
    {
        m_iButton = 0;  // 重置
    }
    // 否则，若预期按钮刚被按下，检查dt及适当地更新状态
    else if (ButtonsJustWentDown(buttonMask))
    {
        if (m_iButton == 0)
        {
            // 此乃序列中的第一个按钮
            m_tStart = CurrentTime();
            m_iButton++;          // 移至下一个按钮
```

```
            }
            else
            {
                F32 dt = CurrentTime() - m_tStart;

                if (dt < m_dtMax)
                {
                    // 序列仍然有效。
                    m_iButton++;     // 移至下一个按钮

                    // 序列是否完成?
                    if (m_iButton == m_buttonCount)
                    {
                        BroadcastEvent(m_eventId);
                        m_iButton = 0;  // 重置
                    }
                }
                else
                {
                    // 对不起,按得不够快
                    m_iButton = 0;  // 重置
                }
            }
        }
    }
};
```

旋转摇杆 我们再看一个更复杂的手势例子, 检测玩家把左拇指摇杆沿顺时针方向旋转一周。这种检测颇为容易, 如图 8.14 所示, 把摇杆位置的二维范围分割成 4 个象限 (quadrant)。顺时针方向旋转时, 其中一种情况是摇杆先经过左上象限, 然后至右上象限, 再到右下象限, 最后到左下象限。只要把象限检测当作按钮处理, 稍微修改上文按钮序列检测代码即可完成任务。笔者把此实现留给读者作为练习。要尝试啊!

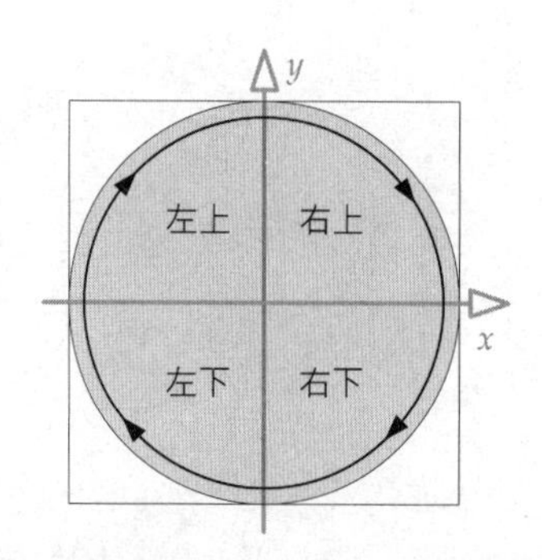

图 8.14 把二维的摇杆输入分割为 4 个象限, 借以检测循环旋转

8.5.5 为多位玩家管理多个 HID

在玩多人游戏时, 多数游戏机允许接上两个或更多个 HID。引擎需要追踪目前连接了哪些设备, 并把每个设备的输入发送给游戏中适当的玩家。这意味着, 我们需要以某种方式将控制器映射至玩家。这也许简单到只是将控制器索引与玩家索引一一映射, 也许是更复杂的, 例如把控制器映射至按下 Start 按钮的玩家。

即使在单人游戏、仅有一个 HID 的情况下, 引擎也需要稳健地处理多种异常情形, 例如意外地拔掉控制器, 或控制器电池耗尽。当控制器断线时, 多数游戏会暂停进度, 显示信息, 然后等待控制器重新连接。在大部分多人游戏中, 对应断线控制器的化身会被暂停或临时移除, 但允许其他玩家继续玩; 当重新连接控制器之后会再激活该化身。

若系统中有使用电池运作的 HID, 游戏或操作系统便需要负责检测低电力状况。出现这种状况时, 通常要用某些方法通知玩家, 例如显示一个不会被游戏内容遮挡的信息, 及/或播放一个音效。

8.5.6 跨平台的 HID 系统

许多游戏引擎是跨平台的。在这些引擎中, 处理 HID 输入及输出的方法之一, 就如下面的例子所示, 在所有和 HID 相关的代码中发布条件编译指令。显然这是可行的, 但非理想方案。

```
#if TARGET_XBOX360
    if (ButtonsJustWentDown(XB360_BUTTONMASK_A))
#elif TARGET_PS3
    if (ButtonsJustWentDown(PS3_BUTTONMASK_TRIANGLE))
```

```
#elif TARGET_WII
    if (ButtonsJustWentDown(WII_BUTTONMASK_A))
#endif
{
    // 做些事情……
}
```

更好的方案是提供某形式的硬件抽象层, 使游戏代码和硬件相关细节隔离。

若运气好, 我们可以把不同平台 HID 的大部分差异, 通过细心选择的抽象按钮及轴抽象出来。例如, 若我们的游戏发行的是 Xbox 360 及 PS3 版本, 两款手柄的控制布局 (按钮、轴及扳机) 几乎相同。在每个平台上, 控制的标识符有差异, 但我们可以轻易地采用泛化的控制标识符以供两种手柄使用。例如:

```
enum AbstractControlIndex
{
    // 开始及返回按钮
    AINDEX_START,           // Xbox 360 Start, PS3 Start
    AINDEX_BACK_SELECT,     // Xbox 360 Back, PS3 Select

    // 左方十字按钮
    AINDEX_LPAD_DOWN,
    AINDEX_LPAD_UP,
    AINDEX_LPAD_LEFT,
    AINDEX_LPAD_RIGHT,

    // 右方4个按钮
    AINDEX_RPAD_DOWN,       // Xbox 360 A, PS3 交叉
    AINDEX_RPAD_UP,         // Xbox 360 Y, PS3 三角
    AINDEX_RPAD_LEFT,       // Xbox 360 X, PS3 正方
    AINDEX_RPAD_RIGHT,      // Xbox 360 B, PS3 圆形

    // 左右拇指摇杆按钮
    AINDEX_LSTICK_BUTTON,   // Xbox 360 LThumb, PS3 L3, Xbox 白
    AINDEX_RSTICK_BUTTON,   // Xbox 360 RThumb, PS3 R3, Xbox 黑

    // 左右肩按钮
    AINDEX_LSHOULDER,       // Xbox 360 L肩, PS3 L1
```

```
    AINDEX_RSHOULDER,        // Xbox 360 R肩, PS3 R1

    // 左拇指摇杆轴
    AINDEX_LSTICK_X,
    AINDEX_LSTICK_Y,

    // 右拇指摇杆轴
    AINDEX_RSTICK_X,
    AINDEX_RSTICK_Y,

    // 左右扳机轴
    AINDEX_LTRIGGER,         // Xbox 360 -Z, PS3 L2
    AINDEX_RTRIGGER,         // Xbox 360 +Z, PS3 R2
};
```

此抽象层能把目标硬件的原始控制标识符转化为抽象的控制索引。例如, 每当把按钮状态读入成为 32 位字时, 便可使用位重组 (bit swizzling) 指令按抽象索引次序重新排列。而模拟输入也可以同样地按适当次序重新排列。

映射物理到抽象控制的时候, 有时还需要一些“小聪明”。例如, 在 Xbox 上, 左右扳机合成单一轴, 扣上左扳机时该轴产生负值, 两个扳机都不扣时是 0, 而扣上右扳机则是正值。但为了匹配 PlayStation 的 DualShock 控制器, 我们可能想要把那个 Xbox 上的轴分割成两个独立的轴, 并把其值适当地缩放, 使有效值的范围在所有平台上统一。

在多平台引擎上处理 HID 输入/输出时, 以上所说的当然不是唯一的方法。我们可以采取更功能性的方式, 例如把抽象控制按照它们在游戏中的功能来命名, 而非使用手柄上的物理位置。也可以加入更高级的函数, 使用平台定制的检测代码检测抽象手势; 或是可以咬紧牙关, 在所有需要 HID 输入/输出的游戏代码中编写各个平台的版本。虽然有无穷种可行做法, 但是几乎所有跨平台游戏引擎都会在游戏代码和硬件细节之间加入某种隔离方法。

8.5.7 输入的重新映射

在物理 HID 的控制功能上, 很多游戏都为玩家提供某种程度的选择权。在视频游戏中有一个常见选项, 就是决定右拇指摇杆的垂直轴对于摄像机控制的意义。有些玩家喜欢向上推摇杆时令摄像机往上转, 而有些玩家则喜爱倒转的控制方式, 即向下拉摇杆令摄像机往上转 (像飞机的操控杆)。此外, 有些游戏提供两套或以上的预定义按钮映射供玩家选择。而有些计算机游戏则让玩家以完全的控制权设置键盘的每个键、鼠标的每个按钮和滚轮的功能，鼠标的两个轴也可以有不同的控制方式。

实现这些功能的方法，可参考我的滑铁卢大学老教授 Jay Black 说的一句名言："计算机科学中的每个问题都可以用一个间接层解决。"[1] 我们可以给每个游戏功能一个唯一标识符，然后加一个简单的表，把每个物理或抽象的控制索引映射至游戏中的逻辑功能。每当游戏要判断是否应激活某个逻辑游戏功能时，就可以查表找到对应的抽象或物理控制标识符，再读取该控制的状态。要改变映射，可以更换整个表，或是让玩家设置该表中的个别条目。

在此我们再探讨一些技术细节。首先，各个控制产生不同的输入种类。模拟轴所产生的值，其范围可能是 $-32,768 \sim 32,767$，或是 $0 \sim 255$，又或是其他范围。而 HID 上的数字式按钮的状态，通常会打包为单个计算机字。因此，我们必须小心，只允许合理的输入映射。例如，某个游戏逻辑需要轴，就不能改用按钮操控。解决方法之一是把所有输入归一化。例如，可以把所有模拟轴和按钮的输入都重新缩放为 $[0,1]$ 范围。读者起初可能觉得这么做的用途不大，因为有些轴本质是双向的（如摇杆），有些轴则是单向的（如扳机）。然而，只要把控制分为几类，就能对这些同类的输入进行归一化，并只允许相容的类型做重新映射。标准游戏机手柄的合理分类，以及其归一化输入可以如下所示。

- *数字式按钮*：将按钮状态打包成 32 位字，每一位代表一个按钮的状态。
- *单向绝对轴*（如扳机、模拟式按钮）：产生 $[0,1]$ 范围的浮点数输入值。
- *双向绝对轴*（如摇杆）：产生 $[-1,1]$ 范围的浮点数输入值。
- *相对轴*（如鼠标轴、滚轮、轨迹球）：产生 $[-1,1]$ 范围的浮点数输入值，其中 ± 1 代表单帧（即 1/30s 或 1/60s）内最大的相对偏移值。

8.5.8 上下文相关控制

在许多游戏里，一个物理控制会根据上下文（context）有不同的功能。例子之一就是无处不在的"使用"按钮。若游戏角色站在门前，按"使用"按钮可能会令角色开门。若游戏角色附近有一个物体，按"使用"按钮可能会令角色拾起该物体。另一个常见例子是模态（modal）控制模式。当玩家走动时，一些控制是用来导航和操控摄像机的。当玩家驾驶载具时，那些控制就会用来操控载具的转向，而摄像机的操控方式也可能不同。

---

1 此句子应沿自 David John Wheeler。见 `http://en.wikipedia.org/wiki/David_Wheeler_(computer_scientist)`。——译者注

上下文相关 (context-senstive) 的控制可简单地采用状态机来实现。根据当前状态，个别 HID 控制可能有不同的用途。而最棘手的部分，就是要判断现在处于哪个状态。例如，当按下上下文相关的“使用”按钮时，角色站立的位置，可能刚好与一件武器和一个医疗包距离相等，并面向着两物体的中间点。那么，应拾起哪一个物体呢？有些游戏实现了优先系统，以打破这种不分胜负的情况。或许是武器的权值高于医疗包，那么此例子中武器就会“胜出”。实现上下文控制并不复杂，但是必须反复多尝试，才会有良好的手感。规划多次迭代和焦点测试吧！

另一个相关概念是*控制拥有权* (control ownership)。有些 HID 上的控制可能由游戏中的不同部分所“拥有”。例如，有些输入是玩家角色控制，有些是摄像机控制，另有一些供游戏的包装和菜单系统使用 (暂停游戏等)。有些引擎引入逻辑设备的概念，这种设备是由物理设备上的输入子集所组成的。例如，一个逻辑设备可能供一个玩家角色使用，另一个供摄像机使用，而另外一个供菜单系统使用。

8.5.9 禁用输入

在多数游戏中，有时候需要禁止玩家控制其角色。例如，当玩家角色参与游戏内置电影时，我们可能希望暂停所有玩家操控；或是当玩家经过一条窄巷时，我们可能希望暂停自由地转动摄像机。

一个较拙劣的方法是，使用位掩码禁用设备上的个别控制。每当读取控制时，检查该掩码中对应的位，若该位被设置则传回零值或中性值，否则就传回实际从设备获得的值。然而，禁用设备时必须特别谨慎，若忘记重置禁用掩码，游戏可能会进入一个状态——玩家持续失去对游戏的控制，并必须重启游戏。因此我们必须小心检查游戏的逻辑，加入一些防故障机制也是一个好主意，例如在玩家角色死亡及重生时把禁用掩码清零。

直接禁用 HID 的某些输入，对游戏来说可能是过大的限制。另一个可能更好的做法是，把禁用某玩家动作及行为的逻辑写进玩家或摄像机的代码里。例如，若摄像机某时刻决定要忽略右拇指轴的输入，游戏引擎内其他系统仍然可以自由读取该输入做其他用途。

8.6 人体学接口设备使用实践

正确及流畅地处理人体学接口设备，是任何好游戏的重要一环。概念上，HID 好像是颇为直截了当的事情。然而，实际上可能会遇上一些“疑难杂症 (gotcha)”，包括不同物理输入设备的差异、低通过滤器的正确实现、无缺陷的控制方式映射处理、理想的震动反馈手感、游戏机厂商的技术要求清单 (technical requirements checklist, TRC) 所引申的限制等。游戏开发团队应投放足够的时间和人力, 实现一个谨慎又完整的人体学接口设备系统。这是极其重要的, 因为 HID 系统支撑着游戏的最宝贵资源——游戏的玩家机制。

第 9 章　调试及开发工具

开发游戏软件是一项错综复杂、数学密集、容易出错的工作。因此，几乎所有专业游戏开发团队都会制作一套工具自用，使游戏开发过程更容易、更少出错。在本章中，我们会看到专业级游戏引擎中最常见的开发及调试工具。

9.1　日志及跟踪

你可否记起，曾经用 BASIC 或 Pascal 编写的第一个程序？(好吧，或许你不曾用过。若你比我年轻许多，很有可能没用过这些古老的编程语言——或许你是用 Java、Python 或 Lua 写第一个程序的。) 无论如何，你应该记得当时是如何调试程序的。用*调试器* (debugger)？或许当时你还以为 debugger 是那些泛出蓝光的除虫器呢。那时候，你大概更会使用打印语句 (print statement) 去显示程序的内部状态。C/C++ 程序员称此为printf *调试法* (此名沿于标准 C 程序库的 `printf()` 函数)。

即使你已知道 debugger 不是指那些用来在晚上烧烤倒霉昆虫的设备，但事实证明，printf 调试法仍是非常有效的方法。尤其在编写实时程序时，某些 bug 难以使用断点和监视窗口来跟踪。有些 bug 是有时间依赖性的，仅当程序在全速运行时才会出现。另一些 bug 由很大一串复杂事件导致，即使逐一手动跟踪也十分难于判定故障。在这种情况下，最强大的调试工具通常就是一组打印语句。

各个游戏平台都有某种主控台 (console) 或电传打字机 (teletype, TTY) 输出设备。以下是一些例子。

- 在 Linux 或 Win32 下运行由 C/C++ 编写的主控台应用程序，可以使用 `printf()`、`fprintf()` 或 STL 的 `iostream` 接口，往 `stdout` 打印。

- 可惜，若游戏生成为 Win32 下的窗口应用程序,`printf()` 和 `iostream` 就不能工作了，因为那时候并没有主控台供显示输出。然而，若在 Visual Studio 调试器之下运行程序，就能使用 Win32 函数 `OutputDebugString()`，向 Visual Studio 的调试主控台 (debug console) 打印信息。
- 在 PlayStation 3 和 PlayStation 4 上，有一个名为 Target Manager (PS4 上称为 PlayStation Neighborhood) 的应用程序运行于 PC 端，该程序可以用来启动开发机端的程序。Target Manager 含有一组 TTY 窗口，供游戏引擎打印消息。

因此，为调试而打印信息，通常都如在代码中加入一些 `printf()` 调用般简单。然而，多数游戏引擎会更进一步，提供更完善的打印功能。以下几个小节将会介绍这些功能。

9.1.1 使用 OutputDebugString() 做格式化输出

Windows SDK 的 `OutputDebugString()` 函数能有效地把调试信息打印至 Visual Studio 的调试窗口。然而，与 `printf()` 不同,`OutputDebugString()` 不支持格式化输出，它只能打印 `char` 数组形式的字符串。因此，多数 Windows 游戏引擎以自定义函数包装此函数:

```
#include <stdio.h>  // 为了 va_list 等声明
#ifndef WIN32_LEAN_AND_MEAN
#define WIN32_LEAN_AND_MEAN 1
#endif
#include <windows.h>     // 为了 OutputDebugString()

int VDebugPrintF(const char* format, va_list argList)
{
    const U32 MAX_CHARS = 1024;
    static char s_buffer[MAX_CHARS];

    int charsWritten
        = vsnprintf(s_buffer, MAX_CHARS, format, argList);

    OutputDebugString(s_buffer);  // 得到格式化字符串后调用Win32 API
    return charsWritten;
}

int DebugPrintF(const char* format, ...)
```

```
{
    va_list argList;
    va_start(argList, format);

    int charsWritten = VDebugPrintF(format, argList);

    va_end(argList);
    return charsWritten;
}
```

注意, 上述代码实现了两个函数:DebugPrintF(), 其可接受可变长度参数表 (用省略号指明), 而 VDebugPrintF() 则接受 va_list 参数。那么程序员可基于 VDebugPrintF() 来编写其他打印函数。(C/C++ 不能把省略号处的内容由一个函数传递至另一个函数, 但传递 va_list 就没问题。)

9.1.2 冗长级别

当你成功地在代码中策略性地加入一堆打印语句时, 最好能保留这些语句, 以便日后需要时使用。为此, 多数引擎会提供一些机制来控制冗长级别 (verbosity level), 例如通过命令行或在运行时动态设定。当将冗长级别设为最小值时 (通常为 0), 只有严重的错误消息才会被打印。若把冗长级别提高, 则代码中会输出更多的打印语句。

实现冗长级别的最简单方法就是, 把当前的冗长级别存储在一个全局整数变量中, 可将其命名为 g_verbosity。然后提供一个 VerboseDebugPrintF() 函数, 其首个参数为冗长级别, 若当前冗长级别高于此参数就会打印该消息。此函数可这样实现:

```
int g_verbosity = 0;

void VerboseDebugPrintF(int verbosity, const char* format, ...)
{
    if (g_verbosity >= verbosity)  // 仅当全局冗长级别足够高时才打印
    {
        va_list argList;
        va_start(argList, format);
        VDebugPrintF(format, argList);
        va_end(argList);
    }
}
```

9.1.3 频道

把调试输出分类为频道 (channel) 是另一个极为有用的功能。如某频道接收动画系统的消息, 而另一频道接收物理系统的消息等。

有些游戏平台, 如 PlayStation 3, 可以把调试输出送到 14 个不同 TTY 窗口之一。此外, 每条消息还会被抄送至一个特别的 TTY 窗口, 使其包含其他 14 个窗口的所有输出。这样开发人员就能很容易地重点查看某一类消息。如要追查动画问题, 就可以切换至动画的 TTY 窗口, 忽略其他输出。而当出现一些未知原因的问题时, 就可以在那个"全部"TTY 中寻找线索。

其他平台如 Windows, 仅提供单个调试输出主控台。然而, 在这些系统上把输出划分为频道也是很有用的。每个频道的输出可以用不同颜色显示。另外, 也可以实现过滤器 (filter), 这些过滤器能在运行时开关, 并可设定仅某条或某组频道能输出。使用这种功能的话, 若开发人员要追查动画问题, 便可轻易把除了动画以外的频道过滤掉。

只需在调试打印函数里加入频道参数就可实现这项功能。频道可以用数字表示, 但更好的做法是使用 C/C++ 的 `enum` 声明来命名。另一种做法是以字符串或字符串散列标识符 (hashed string id) 来命名频道。打印函数便可以根据当前作用的频道表, 仅当指定的频道包含在该表中时才打印该消息。

若频道总数少于 32 个或 64 个, 可以使用 32 位或 64 位掩码来指明要过滤的频道。当掩码中的某位为 1 时, 对应的频道便是开启的, 否则该频道就是关闭的。

9.1.3.1 使用 Redis 管理 TTY 频道

顽皮狗的开发人员采用一个名为 Connector 的网页界面, 它作为一个窗口去检示游戏引擎运行时所产生的多个调试信息流。游戏把调试文本分割为多个具名频道, 每个频道关联到不同的引擎系统 (动画、渲染、人工智能、声音等)。这些数据流由一个轻量的 Redis 键值存储负责收集 (详见官网[1])。Connector 的界面让用户在任何浏览器上都可简单地检示及过滤这些 Redis 数据。

1 http://redis.io

9.1.4 把输出同时抄写至日志文件

把所有调试信息同时抄写至一个或多个日志文件 (如每个频道各用一个文件), 是一个不错的主意, 因为这样可以在事后诊断问题所在。要是可行的话, 不管当前的冗长级别及频道过滤如何设置, 最好把所有调试输出都写进日志文件。那么遇到预料之外的问题时, 就能轻松地通过检查最近的日志文件以追查问题来源。

另一件需要考虑的事情是, 是否每次调用调试输出函数后都对日志文件清空缓冲 (flush), 以确保万一游戏崩溃时日志文件仍会包含最后的输出。打印出来的最后一笔数据通常对确定崩溃原因能起到关键作用, 所以我们希望确保日志文件一直都含有最新的输出。当然, 清空输出缓冲可能需要很高的成本。因此, 仅当出现以下两种情况时才应该清空输出缓冲: (a) 程序输出的日志量不多, (b) 你发现在某平台上的确有必要这样做。若认为确有这种需求, 可以在引擎配置中提供清空缓冲的开关选项。

9.1.5 崩溃报告

有些游戏引擎会在游戏崩溃时发出特别的文本输出或日志文件。多数操作系统都可以设置一个顶层异常处理函数 (top-level exception handler), 此函数能捕获大部分崩溃情形。你可以在此函数中打印各种各样有用的信息, 甚至可以考虑把崩溃报告以邮件形式送交整个程序开发团队。这样做对程序员有很好的启发性: 当他们知道美术和设计团队经常遇到崩溃情况时, 就会意识到自己的调试工作到底有多迫切!

崩溃报告可包含各种信息, 例如:

- 崩溃时玩家在玩的关卡。
- 崩溃时玩家角色所在的世界空间位置。
- 游戏崩溃时玩家角色的动画/动作状态。
- 崩溃时正在运行的一个或多个游戏脚本 (当脚本是崩溃起因时, 此信息有莫大帮助)。
- 堆栈跟踪 (stack trace): 多数操作系统都提供一些机制去取得调用堆栈 (虽然那些机制没有标准而且跟平台非常相关)。通过这些机制, 你可以在崩溃时, 把堆栈中所有非内联函数的符号化名称打印出来。
- 引擎中所有内存分配器的状态 (余下内存的大小、内存碎片程度等)。若崩溃和造成内存不足的 bug 有关, 这类数据就可能很有用。
- 你在查找崩溃原因时, 想到的和崩溃有可能相关的其他信息。
- 游戏崩溃一刻的截屏。

9.2 调试用的绘图功能

现在的互动游戏几乎全由数学驱动。在游戏世界里，用数学来定位和定向物体、移动它们、检测碰撞、投射光线 (cast ray) 以检测视线 (line of sight)，当然也少不了要用矩阵乘法来转换物体坐标，把坐标从物体空间转换至世界空间，或再转换至屏幕空间做渲染之用。当今几乎所有的游戏都是三维的，但即使是二维的游戏，也难以把所有这些数学计算结果变成头脑内的影像。因此，大部分游戏引擎都会提供一组 API，去绘制有颜色的线条、简单图形及三维文本。作者称这些 API 为调试绘图 (debug drawing) 功能。之所以称其为调试绘图，是因为绘制这些线、形状与文字仅为了在开发及调试期间做可视化之用，这些功能会在游戏发布版本中被移除。

调试绘图 API 可节省开发人员大量的时间。例如，若要找出为何一个抛射物没有击中敌方角色的原因，哪种方法会较快？在调试器中解读一堆数字？还是在游戏中绘制一条三维的曲线以显示抛射物的轨迹呢？使用调试绘图 API，逻辑和数学错误立即无所遁形。这或可称作一图抵千调试分钟。[1]

以下是顽皮狗《神秘海域：德雷克船长的宝藏》引擎中的调试绘图演示。下面的全部截图都是在游戏性测试 (playtest) 关卡里拍下来的，此关卡是许多特殊关卡之一，用作测试新功能，以及调试游戏中的问题。

- 图 9.1 展示了敌方 NPC 感知玩家的可视化显示。图中的小“火柴人”表示 NPC 所感知的玩家位置。当玩家切断他与 NPC 之间的视线时，该“火柴人”仍会留在最后所感知的位置，即使玩家已经稍稍离开。
- 图 9.2 展示了一个线框球体如何动态地显示爆炸的爆破扩张范围。
- 图 9.3 展示了如何用圆形显示德雷克搜索可攀抓边缘 (ledge) 的半径。《神秘海域：德雷克船长的宝藏》引擎可将文本渲染至二维屏幕空间，也可渲染于全三维的空间。当要显示不受摄像机视角影响的文本时，此功能就十分实用了。
- 图 9.4 展示了一个处于特殊调试模式的 AI 角色。在此模式下，角色的大脑实际上被关掉了，开发人员可通过简单的菜单全权控制该角色的移动及动作。开发人员可简单地把摄像机对准某些目标点，然后命令该角色步行、奔跑或疾跑 (sprint) 至那些指定地点。开发人员也可指示角色进入或离开附近的掩护地点，让他用武器开火等。

1 此句子沿于谚语“A picture is worth a thousand words.”(一图抵千言)。——译者注

图 9.1 在《最后生还者》中，视觉化 NPC 对玩家的视线 (©2013/™ SCEA，由顽皮狗创作及开发，PlayStation 3)

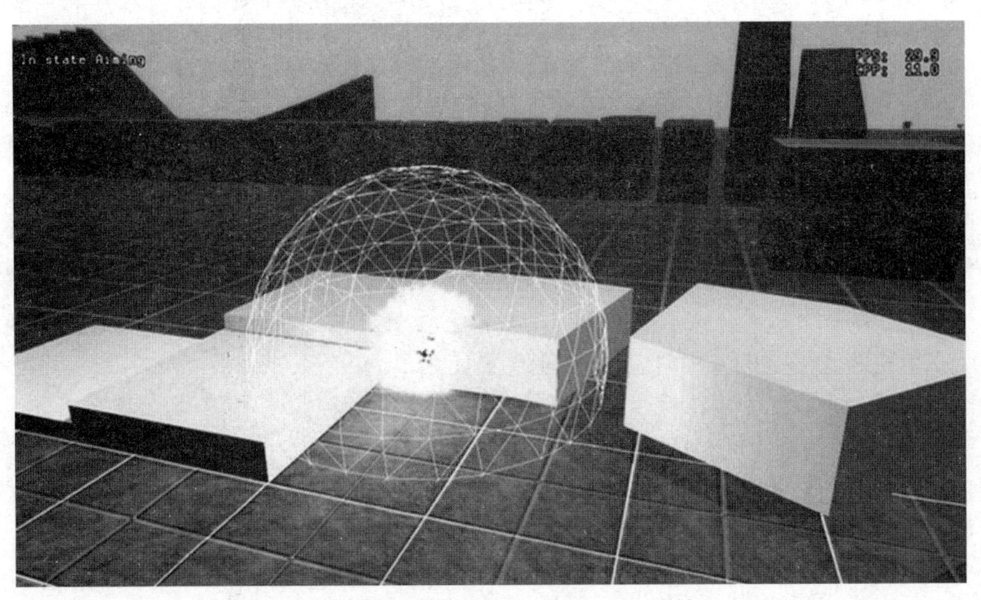

图 9.2 在《神秘海域》/《最后生还者》引擎中视觉化爆破扩张的球体 (©2014/™ SCEA，由顽皮狗创作及开发，PlayStation 3)

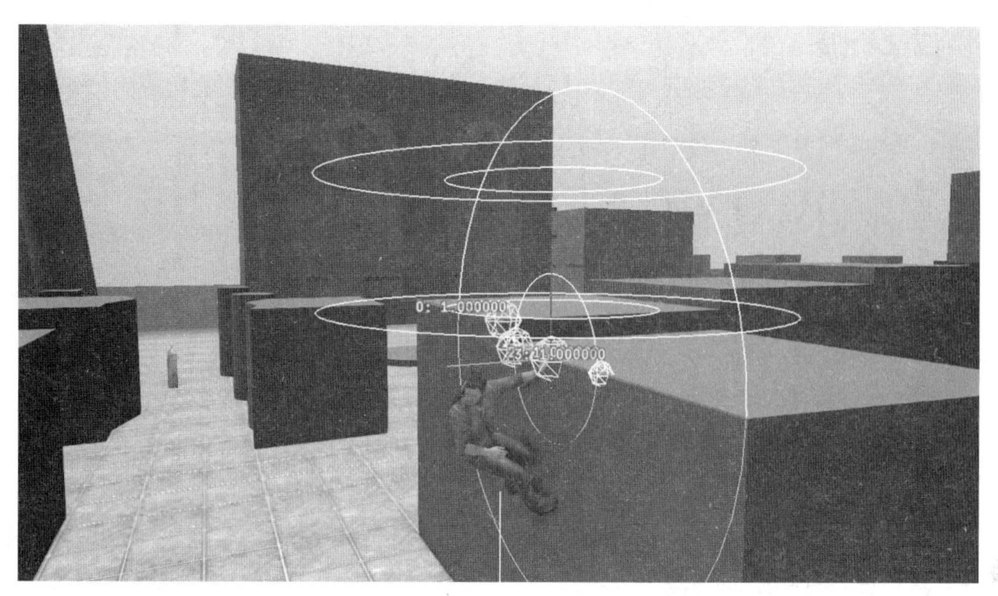

图 9.3 在《神秘海域》系列中, 供德雷克边缘攀抓及摆动系统使用的球体和矢量 (©2014/™ SCEA, 由顽皮狗创作及开发, PlayStation 3)

图 9.4 在《最后生还者》中, 为了调试, 手工控制 NPC 的动作 (©2013/™ SCEA, 由顽皮狗创作及开发, PlayStation 3)

9.2.1 调试绘图 API

调试绘图 API 通常需要满足下列要求。

- API 应该既简单又容易使用。
- API 应支持一组有用的图元 (primitive), 包括但并不限于
  - 直线。
  - 球体。
  - 点 (通常表示为小交叉或球体, 因为单个像素很难看得见)。
  - 坐标轴 (通常 x 轴为红色, y 轴为绿色, z 轴为蓝色)。
  - 包围盒 (bounding box)。
  - 格式化文本。
- API 应该能弹性控制图元如何绘画, 包括:
  - 颜色。
  - 线的宽度。
  - 球体半径。
  - 点的大小、坐标轴的长度, 以及其他预设图元的尺寸。
- API 应该可以把图元绘画至世界空间 (全三维、使用游戏摄像机的透视投影矩阵), 或屏幕空间 (选用正射投影, 甚至透视投影)。世界空间图元适合注释三维场景的物体。屏幕空间图元则适合显示一些调试信息, 如 HUD 一样不受摄像机位置和方向影响。
- API 应可选择是否使用*深度测试* (depth testing) 来绘画图元。
  - 当开启深度测试时, 图元会被场景中的真实物体所遮挡。这样会较容易显示图元和物体的前后关系, 但同时也意味着图元有时会难以观察, 甚至完全被场景中的物体遮掩。
  - 当关闭深度测试时, 图元便会 “漂浮” 在场景中所有真实物体之前。这样会难以判断图元和物体的前后关系, 但能肯定图元永不会在视域范围里被隐藏起来。
- 应该可以在代码里的任何地方调用此 API。多数渲染引擎都会要求, 只能在游戏循环的某个阶段才能渲染几何体, 而通常是在每帧的最后阶段。所以, 此需求意味着系统必须把所有调试绘画请求排进一个队列中, 以等待合适的时机再渲染这些请求。
- 理想地, 每个调试图元都应包含其*生命期* (lifetime)。生命期控制图元在提交后维持于屏幕上的时间。若某段绘画调试图元的代码在每帧都会执行, 那么生命期应设为 1 帧 —— 因为那些图元每帧都会被刷新, 所以能一直显示在屏幕上。然而, 若某段绘画调试图元的代

码很少或间歇地执行 (例如某函数负责计算抛射物的初始速度), 那么你不会希望那些图元闪现 1 帧然后就消失。在这种情况下, 程序员最好可以给调试图元设置更长的生命期, 大约以数秒计。

- 调试绘图系统应能高效地处理大量的调试图元。当要为数千个游戏对象绘制调试信息时, 图元数量就累积得很庞大了, 总不希望开启调试绘图时游戏变得无法正常运行吧。

以下是顽皮狗《神秘海域: 德雷克船长的宝藏》引擎调试绘图 API 的大概样子:

```
class DebugDrawManager
{
public:
    // 在调试绘图队列中加入一条线段
    void AddLine(   const Point& fromPosition,
                    const Point& toPosition,
                    Color color,
                    float lineWidth = 1.0f,
                    float duration = 0.0f,
                    bool depthEnabled = true);

    // 在调试绘图队列中加入一个轴对齐十字(3条线汇集于1点)
    void AddCross(  const Point& position,
                    Color color,
                    float size,
                    float duration = 0.0f,
                    bool depthEnabled = true);

    // 在调试绘图队列中加入一个线框球体
    void AddSphere( const Point& centerPosition,
                    float radius,
                    Color color,
                    float duration = 0.0f,
                    bool depthEnabled = true);

    // 在调试绘图队列中加入一个圆形
    void AddCircle( const Point& centerPosition,
                    const Vector& planeNormal,
                    float radius,
                    Color color,
```

```
                    float duration = 0.0f,
                    bool depthEnabled = true);

// 在调试绘图队列中加入一组坐标轴,表示位置及定向
void AddAxes(       const Transform& xfm,
                    Color color,
                    float size,
                    float duration = 0.0f,
                    bool depthEnabled = true);

// 在调试绘图队列中加入一个线框三角形
void AddTriangle(   const Point& vertex0,
                    const Point& vertex1,
                    const Point& vertex2,
                    Color color,
                    float lineWidth = 1.0f,
                    float duration = 0.0f,
                    bool depthEnabled = true);

// 在调试绘图队列中加入一个轴对齐包围盒
void AddAABB(       const Point& minCoords,
                    const Point& maxCoords,
                    Color color,
                    float lineWidth = 1.0f,
                    float duration = 0.0f,
                    bool depthEnabled = true);

// 在调试绘图队列中加入一个定向包围盒(OBB)
void AddOBB(        const Mat44& centerTransform,
                    const Vector& scaleXYZ,
                    Color color,
                    float lineWidth = 1.0f,
                    float duration = 0.0f,
                    bool depthEnabled = true);

// 在调试绘图队列中加入一个字符串
void AddString( const Point& pos,
```

```
                        const char* text,
                        Color color,
                        float duration = 0.0f,
                        bool depthEnabled = true);
};

// 此全局调试绘图管理器是为了在全三维透视投影中绘图
extern DebugDrawManager g_debugDrawMgr;

// 此全局调试绘图管理器负责在二维屏幕空间中渲染图元。坐标(x, y)用于指定屏幕上
// 的二维位置,而z坐标则是存储一个代号,用来表示(x, y)坐标是以绝对像素为单位的,
// 还是以范围0.0~1.0的归一化坐标为单位的(后者令绘图与屏幕实际分辨率无关)
extern DebugDrawManager g_debugDrawMgr2D;
```

以下是游戏代码使用此 API 时的例子:

```
void Vehicle::Update()
{
    // 做一些计算……

    // 调试绘画我的速度矢量
    const Point& start = GetWorldSpacePosition();
    Point end = start + GetVelocity();
    g_debugDrawMgr.AddLine(start, end, kColorRed);

    // 做另一些计算……

    // 调试绘画我的名字及乘客数量
    {
        char buffer[128];
        sprintf(buffer, "Vehicle %s: %d passengers",
            GetName(), GetNumPassengers());
        const Point& pos = GetWorldSpacePosition();
        g_debugDrawMgr.AddString(pos,
            buffer, kColorWhite, 0.0f, false);
    }
}
```

注意, 绘画函数的名字并非使用动词 "draw" 而是 "add"。因为调试图元一般并不是在调用函数后立即绘画的, 而是把数据加进一个列表, 稍后才绘制出来。多数高速的三维渲染引擎都会要求, 用一个场景数据结构管理所有视觉元素, 使引擎能更高效地进行渲染, 渲染通常在游戏循环末进行。第 10 章会更深入地探讨渲染引擎是如何运作的。

9.3 游戏内置菜单

每个游戏引擎都有大量的配置选项及功能。事实上, 每一个主要的子系统, 包括渲染、动画、碰撞、物理、音频、网络、玩家机制、人工智能等子系统, 都有其专门的配置选项。在游戏运行期间, 若程序员、美术人员、游戏设计师等能直接配置这些选项, 将会是非常有用的。否则可能要编辑源代码, 重新编译代码, 链接游戏可执行文件, 再重回游戏, 才能看到配置选项的效果。所以在游戏进行中配置选项, 能大幅缩减游戏开发团队用于调试问题、设置新关卡和游戏机制所需的时间。

在游戏进行中配置选项, 最简单及方便的办法便是提供*游戏内置菜单* (in-game menu) 系统。游戏内置菜单中的项目可做很多事情, 例如 (但肯定不限于):

- 切换 (toggle) 全局布尔设定。
- 调校全局整数及浮点数值。
- 调用一些引擎提供的函数, 执行任何任务。
- 开启子菜单, 使菜单系统按层级式管理, 以方便浏览。

应该能轻松地激活游戏内置菜单, 例如通过按手柄上的按钮。(当然, 要选择一些正常游戏过程不会使用到的按钮组合。) 开启游戏内置菜单时, 通常会把游戏暂停。那么开发者就能在测试游戏时, 直至问题出现前的一刻才开启游戏内置菜单, 接着在游戏暂停时, 调校一些引擎选项以更清楚地显示游戏的问题, 然后就可以取消暂停, 继续深入调查该问题。

以下我们看一看顽皮狗《神秘海域》/《最后生还者》引擎的菜单系统是如何运作的。图 9.5 展示了其顶级菜单, 每个子菜单对应引擎中的主要子系统。图 9.6 显示了 "Rendering..." 子菜单。由于渲染引擎是极复杂的系统, 因此该菜单内还有许多子菜单去控制多个方面的渲染选项。例如要控制三维网格的渲染方式, 可以再进入图 9.7 所示的 "Mesh Options..." 子菜单。此子菜单能关上所有静态背景网格的渲染, 剩下只会渲染动态的前景网格, 效果如图 9.8 所示。

图 9.5 《最后生还者》中的主开发菜单 (©2013/^{TM} SCEA, 由顽皮狗创作及开发, PlayStation 3)

图 9.6 《最后生还者》中的 Rendering 子菜单 (©2013/^{TM} SCEA, 由顽皮狗创造及开发, PlayStation 3)

图 9.7 《最后生还者》中的 Mesh Options 选项菜单 (©2013/^{TM} SCEA, 由顽皮狗创作及开发, PlayStation 3)

图 9.8 《最后生还者》中关闭背景网格菜单 (©2013/^{TM} SCEA, 由顽皮狗创作及开发, PlayStation 3)

9.4 游戏内置主控台

有些引擎提供游戏内置主控台 (in-game console), 可取代游戏内置菜单, 或会和菜单并存。游戏内置主控台提供命令行接口以让用户使用游戏引擎的功能, 如同 DOS 命令提示符让用户使用 Windows 操作系统的功能, 又如同 csh、tcsh、ksh、bash 壳层让用户使用类 UNIX 的操作系统。与菜单系统相似, 游戏引擎主控台可提供一些命令, 使开发人员能检视及操控全局引擎设置, 以及执行各种命令。

主控台没有菜单系统使用起来那么方便, 尤其是对打字不快的用户来说。然而, 主控台比菜单更强大。有些游戏内置主控台仅提供一组基本的硬编码命令, 这种主控台的弹性和菜单差不多。但是, 另一些主控台提供丰富的接口可使用几乎所有引擎功能。图 9.9 展示了《我的世界》的游戏内置主控台。

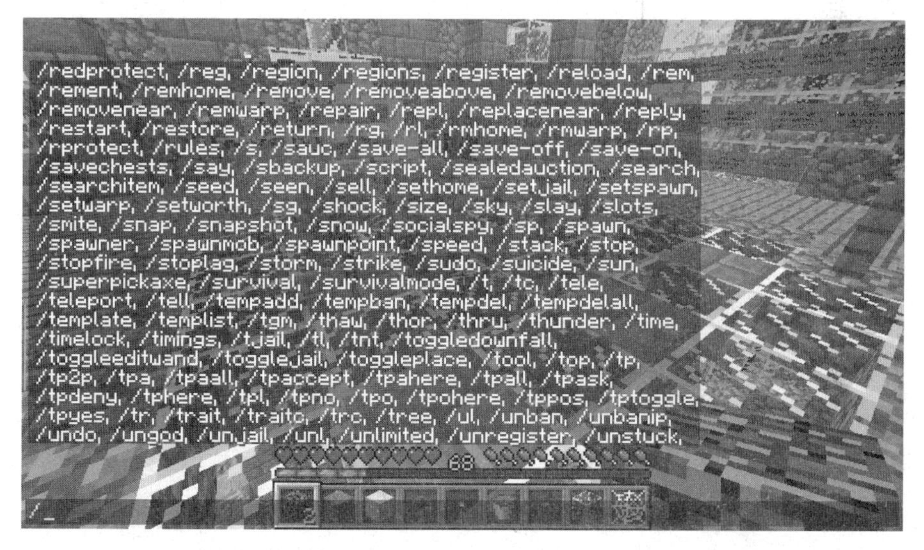

图 9.9 《我的世界》的游戏内置主控台, 叠加于游戏主菜单之上, 正在展示一列合法命令

一些游戏引擎提供了强大的脚本语言, 供程序员和游戏设计师延伸引擎的功能, 甚至用于制作全新的游戏。若游戏内置主控台也是使用相同的脚本语言来“沟通”的, 那么任何脚本可以做的事, 都可以通过主控台互动地执行。14.8 节我们会深入探讨脚本语言。

9.5 调试用摄像机和游戏暂停

游戏内置菜单或主控台最好能附带两个重要功能: (a) 把摄像机从游戏角色分离出来, 控制摄像机在游戏世界里飞驰, 以细致观察场景的所有环节; (b) 暂停、恢复暂停、单步执行游戏 (参见 7.5.6 节)。当游戏暂停时, 必须仍然可以控制摄像机。实现此功能的方法是, 即使游戏的逻辑时钟是暂停的, 也要保持执行渲染引擎和摄像机控制系统。

慢动作模式 (slow motion mode) 是另一个极为有用的功能, 用以细致观察动画、粒子效果、物理行为、碰撞行为、人工智能行为等。此模式也很容易实现。假设我们使用一个独立于实时的时钟来更新所有游戏性元素, 那么只要使该时钟的更新速率慢于正常, 就能令游戏进入慢动作模式。此方式也可以用来实现快动作模式 (fast motion mode), 可在费时的游戏部分高速移动, 更快地走到目标地点 (更不用说是笑点之源, 尤其是配上用搞笑声音演绎的班尼 · 希尔音乐)。

9.6 作　　弊

在开发和调试游戏时, 让用户为了方便而打破游戏规则, 是很重要的一件事。这些功能被恰当地命名为*作弊* (cheat)。例如, 许多引擎可以让用户 “拾起” 玩家角色, 将角色飞到游戏世界的任何地方, 而且碰撞会被关闭, 使角色能穿越所有障碍物。在测试游戏性时, 此功能极为有用。与其为了把角色带到某目的地而浪费时间去玩游戏, 不如简单地拾起角色, 使角色飞到想去的地方, 再放下角色恢复至正常游戏模式。

其他有用的作弊包括但不限于如下几项。

- *不死身* (invincible): 在测试功能或调试 bug 时, 开发者通常不希望为了在大量敌人中保护自己的角色而烦恼, 或是担心角色从高处掉下来而伤亡。
- *给玩家武器*: 为了测试, 引擎通常可以给予玩家游戏中的任何武器。
- *无尽弹药*: 当开发者在尝试杀敌以测试武器系统或 AI 被击中的行为时, 一定不会想四处找弹夹。
- *选择角色网格*: 若玩家角色有多于一套 “装束”, 在测试时可任选一套也是很有用的。

显然这个作弊表可延伸至多页。读者可以加入任何所需的作弊, 以帮助开发或调试游戏。有时甚至会把一些最爱的作弊留给玩发行版本的玩家。玩家要激活那些作弊, 通常要用手柄或键盘输入一些没有公布的*作弊码* (cheat code), 或是完成游戏中的某些目标。

9.7 屏幕截图及录像

另一个极为有用的工具是获取屏幕截图, 并把截图存储为合适的图像格式, 例如 Windows 中的 Bitmap 文件 (.bmp)、JPEG(.jpg) 或 Targa(.tga) 格式。实际的截图方法细节, 每个平台都不一样, 但一般是通过调用图形 API 把帧缓冲由显存传送至主内存, 在主内存中的图像就可以经扫描转换为你选择的格式。图像文件通常会被写到某个预设文件夹, 并以日期和时间来命名以保证文件名的唯一性。

引擎也可以为用户提供多种选项, 控制如何获取屏幕截图。常见例子如下。

- 屏幕截图中是否包含调试用的图形及文本。
- 屏幕截图中是否包含 HUD 元素。
- 屏幕截图的分辨率: 有些引擎可以获取高分辨率的屏幕截图, 其做法是修改投射矩阵, 例如, 每次以正常分辨率获取四分之一的屏幕, 最后合成一张高分辨率的图。
- 简单的摄像机动画: 例如, 可以让玩家标记摄像机的开始、结束位置及定向。然后就可以对摄像机从开始至结束的位置和定向进行插值, 把一连串的屏幕截图存储下来。

有些引擎还提供了全面的录像模式。这些系统以游戏的目标帧率获取屏幕截图, 通常这些截图会在离线或运行时处理生成如 MPEG-2(H.262) 或 MPEG-4 第 10 部分 (H.264) 等格式的视频文件。PS4 内置视频录像及回放功能, 只需按手柄上的分享按钮便能使用。在 PC 或其他游戏机上, 你可能需自行实现视频录像系统。但即使你的引擎不支持实时视频录像, 总可以使用外部硬件去为游戏机或 PC 的输出录像, 例如 Roxio Game Capture HD Pro。对 PC 和 Mac 游戏而言, 市面上有许多优秀的视频录像工具软件, 例如 Beepa 的 Fraps、Camtasia Software 的 Camtasia、ExKode 的 Dxtory、NCH Software 的 Debut 和 Mirillis 的 Action! 等。[†]

9.8 游戏内置性能剖析

游戏是实时系统, 要达到及维持高帧率 (通常 30FPS 或 60FPS) 是重要的目标。因此, 任何游戏程序员都有责任确保其代码能够在预算内高效运行。如在第 2 章讨论过的 80-20 及 90-10 规则, 大百分比的代码并不需要优化。而唯一能知道要在何处进行优化的方法, 就是测量游戏的性能。在第 2 章我们已讨论过多个第三方剖析工具。然而, 这些工具通常都有多个限制, 而且并不一定能在游戏机上运行。由于这些原因, 以及为了更方便使用, 许多游戏引擎提供了某种形式的游戏内置性能剖析工具 (in-game profiling tool)。

游戏内置剖析器能让程序员标记一些代码段落, 并且让程序员将每个段落命名为易懂的名字, 然后剖析器会为这些段落计时。剖析器使用 CPU 的高分辨率时钟去测量每段代码所花费的运行时间, 并把数据记录在内存中 (如图 9.10、图 9.11 所示)。数据通常能以多种方式显示, 包括原始的周期、以微秒为单位的运行时间, 以及相对整帧的运行时间百分比。

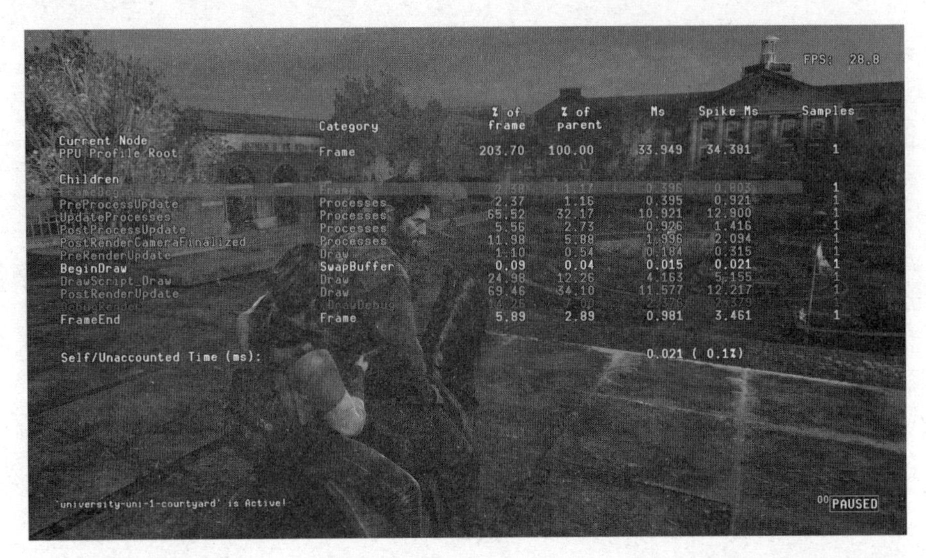

图 9.10 顽皮狗引擎提供了一个层阶式的剖析显示, 让用户可以深入探究某个函数的调用开销

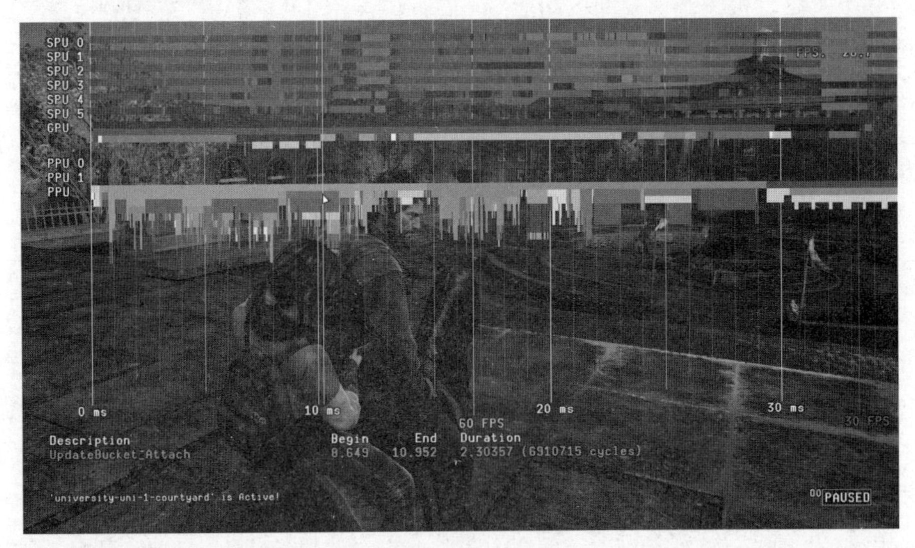

图 9.11 《神秘海域》及《最后生还者》(©2013/TM SCEA, 由顽皮狗创造及开发, PlayStation 3) 的时间线模式, 可完全展示单帧里多个操作在 PS3 SPU、GPU、CPU 上的运行情况

9.8.1 层阶式剖析

由命令式语言 (imperative language) 所写的计算机程序, 天生就是*层阶式的*——一个函数调用某函数, 该函数又再调用其他函数。例如, 假设函数 a() 调用函数 b() 及 c(), 而函数 b() 又调用函数 d()、e() 和 f()。那么, 其伪代码可以写成:

```
void a()
{
    b();
    c();
}

void b()
{
    d();
    e();
    f();
}

void c() { ... }

void d() { ... }

void e() { ... }

void f() { ... }
```

假设 main() 直接调用函数 a(), 那么函数调用层阶就可以绘制成图 9.12 所示。

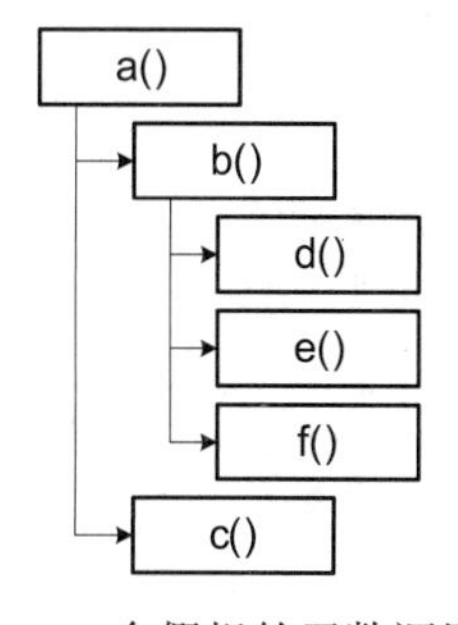

图 9.12 一个假想的函数调用层阶

当调试程序时，调用堆栈 (call stack) 只显示此树的一个快照。具体来说，调用堆栈显示在此树中从当前执行的函数到达根函数的路径。在 C/C++ 中，根函数一般会是 `main()` 或 `WinMain()`，虽然从技术上来说，这些函数是由标准 C 运行时库 (C runtime library, CRT) 里的启动函数所调用的，因此启动函数才是层阶中真正的根。例如，若在函数 `e()` 中设置断点，那么断点命中时调用堆栈的情况是这样的:

```
e()              ← 当前执行中的函数。
b()
a()
main()
_crt_startup()   ← 调用层阶中的根。
```

图 9.13 显示了函数调用树中，该调用堆栈由函数 `e()` 到达根的路径。

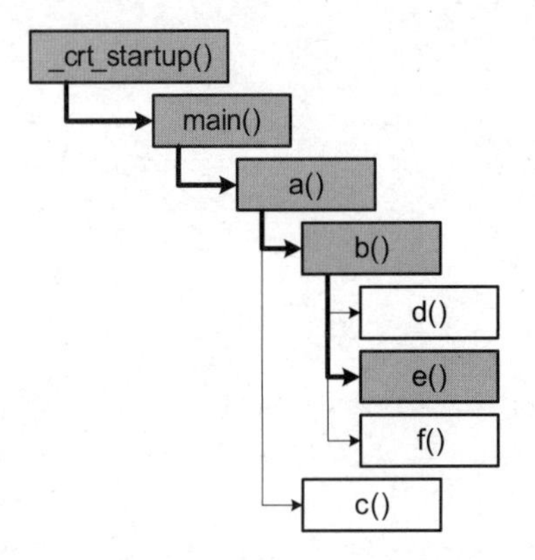

图 9.13 在函数 e() 中加入断点后的调用堆栈

9.8.1.1 以层阶形式测量执行时间

测量单个函数的执行时间，其结果会包含该函数调用的子函数、孙函数、曾孙函数 ……的执行时间。要正确地理解剖析数据，必须顾及函数的调用层阶。

许多商用性能剖析工具能自动地在被剖析程序的每个函数中加入测控 (instrumentation)。此功能可以同时测量在剖析期间每个函数调用的包含 (inclusive) 执行时间和排他 (exclusive) 执行时间。如字面之意，包含时间测量函数本身以及其调用的所有子函数的执行时间；排他时间仅测量函数本身所花的时间。(某函数的排他时间，可由其包含时间减去其所有子函数的包含时间而得出。) 此外，有些剖析工具能记录每个函数的调用次数。这是优化程序时的重要信息，让你能分辨两类耗时的函数，一类是因为每次调用所花的时间长，一类是因为被调用了非常多次。

相比之下，游戏内的性能剖析工具并没有那么强大，而通常是使用手工方式在程序中加入测控。若游戏引擎主循环的结构足够简单，就可以在较粗尺度上取得数据，而不需要考虑函数的调用层阶。例如，一个典型的游戏循环大概是下面这样的:

```
while (! quitGame)
{
    PollJoypad();
    UpdateGameObjects();
    UpdateAllAnimations();
    PostProcessJoints();
    DetectCollisions();
    RunPhysics();
    GenerateFinalAnimationPoses();
    UpdateCameras();
    RenderScene();
    UpdateAudio();
}
```

剖析此游戏的性能时，可以先测量每个主要阶段的执行时间:

```
while (! quitGame)
{
    {
        PROFILE(SID('Poll Joypad'));
        PollJoypad();
    }
    {
        PROFILE(SID('Game Object Update'));
        UpdateGameObjects();
    }
    {
        PROFILE(SID('Animation'));
        UpdateAllAnimations();
    }
    {
        PROFILE(SID('Joint Post-Processing'));
        PostProcessJoints();
```

```
    }
    {
        PROFILE(SID('Collision'));
        DetectCollisions();
    }
    {
        PROFILE(SID('Physics'));
        RunPhysics();
    }
    {
        PROFILE(SID('Animation Finaling'));
        GenerateFinalAnimationPoses();
    }
    {
        PROFILE(SID('Cameras'));
        UpdateCameras();
    }
    {
        PROFILE(SID('Rendering'));
        RenderScene();
    }
    {
        PROFILE(SID('Audio'));
        UpdateAudio();
    }
}
```

以上代码内的 `PROFILE()` 宏会以一个类去实现，该类的构造函数负责开始计时，而析构函数则用于停止计时，并以指定的名字记录执行时间。因此该类只会为其块作用域 (block scope) 内的代码计时，这是 C++ 的特质，对象进出作用域时会自动构造和析构。

```
struct AutoProfile
{
    AutoProfile(const char* name)
    {
        m_name = name;
        m_startTime = QueryPerformanceCounter();
    }
```

```
    ~AutoProfile()
    {
        __int64 endtime = QueryPerformanceCounter();
        __int64 elapsedTime = endtime - m_startTime;
        g_profileManager.storeSample(m_name, elapsedTime);
    }

    const char*     m_name;
    __int64         m_startTime;
};

#define PROFILE(name) AutoProfile p(name)
```

然而，用于深层的巢状函数调用时，此简单方式就无用武之地了。例如，若要在 RenderScene() 函数内加入几个 PROFILE()，我们就必须理解函数的调用层阶关系，才能正确解读这些测量数据。

解决此问题的方法之一是，让程序员加入一些代码去描述剖析采样 (profile sampling) 的层阶关系。例如，在 RenderScene() 函数之下的每个 PROFILE(...) 中采样，定义为 PROFILE (SID('Rendering')) 采样的子采样。这些关系通常在采样代码以外的地方，预先声明所有样本箱 (sample bin)。例如，我们可以在引擎初始化时如下设置游戏内性能剖析器：

```
// 此代码声明多个剖析样本箱，指明样本箱的名字，以及父样本箱的名字(若有)
ProfilerDeclareSampleBinSID('Rendering')), NULL);
    ProfilerDeclareSampleBinSID('Visibility')), SID('Rendering')));
    ProfilerDeclareSampleBinSID('ShaderSetUp')), SID('Rendering')));
        ProfilerDeclareSampleBinSID('Materials')), SID('ShaderSetUp')));
    ProfilerDeclareSampleBinSID('SubmitGeo')), SID('Rendering')));
ProfilerDeclareSampleBinSID('Audio')), NULL);
// ...
```

此方法仍有一些问题。具体来说，若每个函数在调用层阶中都仅有一个父函数，那么此方式行之有效。但若要剖析某函数，而此函数会被多于一个父函数调用，此方法就不行了。原因显而易见，我们静态地声明样本箱，犹如指明每个函数只会在调用层阶中出现一次，但是实际上同一函数在调用层阶中会出现多次，每次有不同的父函数。这会产生一些误导数据，因为一个函数的时间会包含在单个父样本箱内，但实际上那些时间应该分配在多个父样本箱内。许多游戏引擎没有解决此问题，因为那些引擎的主要目标是剖析一些粗粒度的函数，而那些函数只出现在调用层阶的特定位置。然而，当要用这些引擎中的剖析器时，要特别注意此限制。

当然，我们也可以写一个更精密的剖析系统，其能正确处理嵌套的 `AutoProfile`。这是设计游戏引擎时，会遇到的许多权衡问题的例子之一。我们应该投入时间去创建一个完全层阶式的剖析工具吗？或是，我们做简单的版本，并把编程资源投放在其他地方？最终，由你做抉择。

我们也希望知道每个函数的调用次数。在上述例子中，1 帧内每个被剖析的函数仅被调用一次且仅一次。然而有些调用层阶中较深层次的函数，可能在每帧内会被调用多次。当测量到函数 `x()` 花了 2ms 执行，我们需要知道，2ms 是 `x()` 每次执行的时间，还是 `x()` 仅耗 2ms 但执行了 1000 次。记录函数在每帧的调用次数十分简单——剖析系统可以在每次收到时间样本时，使该样本箱里的计数器加 1，而在每帧开始时把计数器重置。

9.8.2 导出至 Excel

有些引擎可以把游戏内置性能剖析工具的数据导出至文本文件，以供日后分析。笔者发现，逗号分隔型取值 (comma-separated values, CSV) 格式最好用，因为 Excel 可以读取这些文件，并进行各种数据操作和分析。笔者为《荣誉勋章之血战太平洋》引擎编写过这样的导出器 (exporter)。每列对应多个评注部分，而每行则代表游戏执行时某帧的剖析采样。第 1 列是帧的序号，第 2 列是以秒为单位的实际游戏执行时间。团队能利用此文件绘制效能对于时间的图表，并分析每帧的执行时间分布。在导出的 Excel 文件中增添一些简单的公式，还可以计算帧率、执行时间百分比等数据。

9.9 游戏内置的内存统计和泄漏检测

除了运行时性能 (即帧率) 之外，多数游戏引擎还受目标平台上的内存所限。PC 游戏对这方面的限制最少，因为如今的 PC 有强大的虚拟内存系统。但即使如此，PC 游戏还是会受“最低配置”计算机的内存所限。最低配置要求印刷在游戏包装上，这是游戏发行商保证游戏能运行的最低计算机配置。

因此，多数游戏引擎都会实现自定义的内存追踪工具 (memory tracking tool)。这些工具使开发人员得知每个引擎子系统花费了多少内存，以及是否有内存泄漏 (memory leak，即某些内存在分配后没有释放)。当要减少内存使用量以适应目标游戏机或 PC 类型时，这些信息可以协助程序员做出明智的决定。

然而，跟踪游戏实际使用了多少内存，是一项出奇棘手的任务。读者或许以为只要简单地把 `malloc()`/`free()` 或 `new/delete` 包装为一对函数或宏，就可以跟踪已分配和已释放的内存。可是，现实并非如此简单，原因如下。

1. *你不能控制他人代码的分配行为*：除非自己完全从无到有写操作系统、驱动程序及游戏引擎，否则你的游戏最终有很大概率要链接一些第三方库。多数优秀的库会提供*内存分配钩子* (memory allocation hook)，那么就可用自己的分配器取代库内预设的。但有一些库并不提供钩子。跟踪引擎用到的每个第三方库所分配的内存，并不容易。但是，若严格筛选第三方库，这通常还是可行的。
2. *内存有不同形式*：例如，PC 有主内存及显存 (即位于显卡中的内存，主要用作保存几何及纹理数据) 两种内存。即使可以跟踪在主内存里进行的内存分配及释放，但仍几乎不可能跟踪显存的使用。因为图形 API 如 DirectX 会向开发者隐藏显存分配及释放的细节。游戏机的情况会好一点，只因开发者通常要自行编写显存的管理系统。这比使用 DirectX 困难，但至少能知悉所有运行的细节。[1]
3. *分配器有不同形式*：许多游戏使用特殊分配器用于不同用途。例如，顽皮狗引擎含多个分配器，一个*全局堆*作为通用分配器；一个供分配*游戏对象*的堆，因为在游戏世界中会不断产生及销毁游戏对象；一个*关卡载入堆*，用于分配在游戏中以流 (stream) 读入的数据；一个堆栈分配器供*单帧分配* (栈在每帧后自动清空)；一个*显存分配器*；以及一个*调试用的堆*，只用来分配发行版本中不需要的内存。这些分配器各自在游戏开始时取得一大块内存，然后自行管理那些内存。若要跟踪所有 `new/delete` 的调用，那么只能看见这 6 个分配器各调用了一次 `new`，就没其他信息了。要取得有用的信息，我们需要跟踪每个分配器*内的*分配情况。

大多数专业的游戏开发团队会花大量精力制作游戏内的内存追踪工具，以提供准确及详细的信息。这些工具通常能以多种形式输出。例如，引擎可以制作游戏中某段时期内所有内存分配的详细日志。这些数据可能包含按分配器或按游戏系统划分的内存峰值，以显示每部分所需的最大物理内存量。有些引擎还提供在游戏运行时显示内存用量的 HUD。这些数据可以表格方式显示 (如图 9.14 所示)，或是用图表方式显示 (如图 9.15 所示)。

此外，当出现低内存或内存不足的情况时，优秀的引擎会尽力以最有利的方式输出此信息。当开发 PC 游戏时，开发团队通常会用高端的计算机，其内存会多于最低配置的计算机。相似地，开发主机游戏时会使用特别的*开发机*，其内存会比零售的游戏机的内存大。所以在这两种

---

1 另一个方法是，Direct3D 9 在创建设备时，可加入 `D3DCREATE_DISABLE_DRIVER_MANAGEMENT` 选项，之后便可以用 `D3DQUERYTYPE_ResourceManager` 取得一些关于 Direct3D 对象的主内存和显存统计。但要注意这种 Query 只能在 Direct3D Debug Runtime 中使用。——译者注

图 9.14 顽皮狗引擎的表格方式内存统计

图 9.15 图形化内存用量显示，来自《最后生还者》(©2013/™ SCEA, 由顽皮狗创作及开发, PlayStation 3)

情况下, 就算从技术上来说内存已经不足, 但游戏还是可以继续运行的 (即已无法适应最低配置的 PC 或零售游戏机)。当出现这类内存不足的情况时, 游戏引擎可显示消息, 如“内存不足——本关卡无法在零售游戏机上运行”。

游戏引擎的内存追踪系统还可以从多方面协助开发者及早且方便地定位问题。以下是一些例子。

- 若模型载入失败, 可用鲜红的文本字符串以三维形式渲染于原来模型所在之处。
- 若纹理载入失败, 可用丑陋的粉红色纹理来取代, 使物体渲染得显然不像最终版本的一部分。
- 若动画载入失败, 游戏角色可以摆出一个特别 (或许是可笑) 的姿势, 以表示欠缺一个动画, 并且欠缺的动画名字应飘浮于角色的头上。

编写优秀内存分析工具的要点有: (a) 提供准确信息, (b) 把数据以方便及令问题显而易见的方式呈现, (c) 提供上下文信息以协助团队追踪问题根源。

第 Ⅲ 部分

图形、运动与声音

第 10 章　渲 染 引 擎

多数人在想到计算机和视频游戏时, 第一个进入脑海的印象就是惊艳的三维图形。实时三维渲染是极其广且深的主题, 因此无法在短短一章里包括所有细节。有幸市场上有很多关于此主题的卓越书籍及其他资源可供参考。事实上, 在开发游戏引擎的所有技术中, 实时三维图形可能是最获详尽讨论的技术之一。因此, 本章的目标是为读者提供实时渲染技术的概述, 以及作为进一步学习的跳板。读完本章后, 相信你阅读其他三维图形书籍会更得心应手。你或许还可以在派对上给朋友留下深刻印象 (…… 或许会变得更"宅")。

本章首先会介绍所有实时三维渲染引擎都必备的概念、理论和数学基础, 然后会谈及如何用软硬件管道把这些理论框架变为现实, 之后再讨论常见的优化技巧, 以及这些技巧如何驱动多数引擎中的工具管道架构及运行时的渲染 API。最后纵览现今游戏引擎所采用的一些高级渲染技巧及光照模型。本章处处会引用一些笔者最喜爱的书籍及其他资源, 应能帮助读者更深入了解相关主题。

10.1　采用深度缓冲的三角形光栅化基础

三维场景渲染的本质涉及以下这几个基本步骤。

- *描述一个虚拟场景* (virtual scene)。这些场景一般是以某数学形式表示的三维表面。
- *定位及定向一个虚拟摄像机* (virtual camera), 为场景取景。摄像机的常见模型是这样的: 摄像机位于一个理想化的焦点 (focal point), 在焦点前的近处悬浮着一个影像面 (image surface), 而此影像面由多个虚拟感光元件 (virtual light sensor) 组成, 每个感光元件对应着目标显示设备的像素 (picture element/pixel)。
- *设置光源* (light source)。光源产生的光线会与环境中的物体交互作用并反射, 最终到达虚拟摄像机的感光像面。

- 描述场景中物体表面的视觉特性 (visual property)。这些视觉特性决定光线如何与物体表面产生交互作用。
- 对于每个位于影像矩形内的像素，渲染引擎会找出经过该像素而聚焦于虚拟摄像机焦点的 (一条或多条) 光线，并计算其颜色及强度 (intensity)。此过程称为求解渲染方程 (solving the rendering equation)，也叫作着色方程 (shading equation)。

图 10.1 描绘了此高级渲染过程。

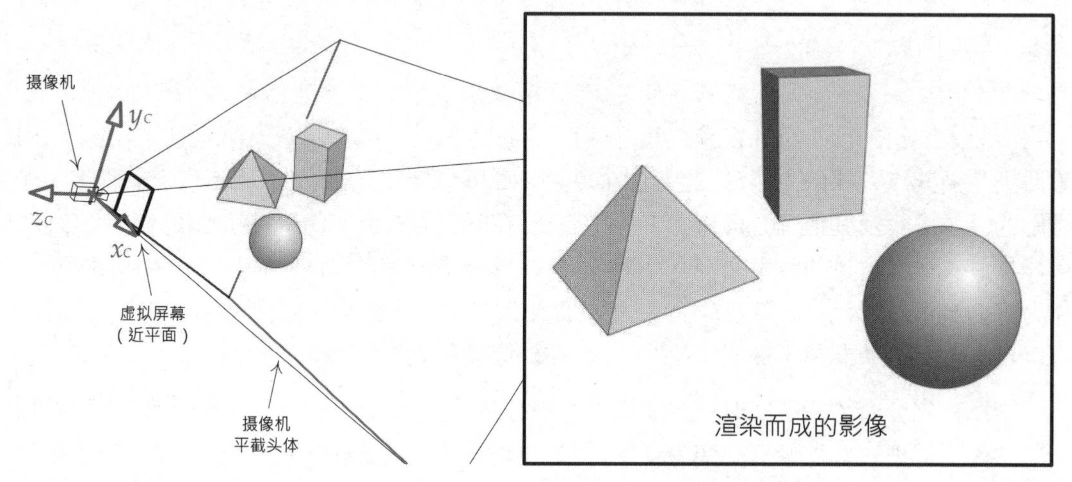

图 10.1 几乎所有三维计算机图形技术，在高层次来看都会使用这种渲染方法

有多种不同的技术可运行上述基本渲染步骤。游戏图形一般以照相写实主义 (photorealism) 为主要目标，但也有些游戏以特性化风格为目标 (如卡通、炭笔素描等)。因此，渲染工程师和美术人员通常会把场景的属性描述得尽量真实，并使用尽量接近物理现实的光传输模型 (light transport model)。在此语境下，整个渲染技术的领域，包含为了视觉流畅而设计的实时渲染技术，以及为照相写实主义而设计但非实时运行的渲染技术。

实时渲染引擎重复地进行上述步骤，以每秒 30、50 或 60 帧的速度显示渲染出来的影像，从而产生运动的错觉。换句话说，实时渲染引擎在最长 33.3ms 内产生每幅影像 (以达到 30FPS 的帧率)。通常实际上可用的时间更少，因为其他如动画、人工智能、碰撞检测、物理模拟、音频、玩家机制、其他游戏性等引擎系统都会耗费时间资源。相比电影渲染引擎通常要花许多分钟以至于许多小时来渲染 1 帧，现在的实时计算机图形的品质可谓非常惊人。

10.1.1 场景描述

现实世界的场景由物体所组成。有些物体是固态的, 例如一块砖头, 有些物体无固定形状, 例如一缕烟, 但所有物体都占据三维空间的体积。物体可以是*不透明的* (opaque), 即光不能通过该物体; 也可以是*透明的* (transparent), 即光能通过该物体, 过程中不被散射 (scatter), 因此可以看见物体后面的清晰影像[1]; 还可以是*半透明的* (translucent), 即光能通过该物体, 但过程中会被散射至各个方向, 使物体背后的影像变得朦胧。

渲染不透明物体时, 只需要考虑其*表面* (surface)。我们无须知道不透明物体内部是怎样的, 便可以渲染该物体, 因为光能不穿越其表面。当渲染透明或半透明物体时, 便需要为光线通过物体时所造成的反射、折射、散射、吸收行为建模。此模型需要该物体内部结构及属性的知识。然而, 多数游戏引擎不会到达这么麻烦的地步。游戏引擎通常只会用跟渲染不透明物体差不多的方法, 去渲染透明和半透明物体。游戏引擎通常会采用名为 alpha 的简单不透明度 (opacity) 测量数值表达物体表面有多不透明或透明。此方法能导致多种视觉异常情况 (例如, 物体离摄像机较远的一面可能渲染得不正确), 但可采用近似法来使大部分情况看上去都足够真实。就算是烟这种无固定形状的物体, 通常也会用粒子效果去表现, 而这些效果实际上是由大量半透明的矩形卡板所合成的。因此, 我们完全可以说, 大多数游戏渲染引擎主要着重于渲染物体的*表面*。

10.1.1.1 高端渲染软件所用的表示法

理论上, 一个表面是由无数三维空间中的点所组成的一张二维薄片。然而, 此描述显然无实际用途。为了让计算机处理及渲染任意表面, 我们需要以一个紧凑的方式用数学方法表示表面。

有些表面可用*分析式*来精确表示[2]。例如, 位于原点的球体表面可用 $x^2 + y^2 + z^2 = r^2$ 表示。然而, 为任意形状建模时, 分析式的方程并非十分有用。

在电影产业里, 表面通常由一些矩形的*面片* (patch) 所组成, 而每个面片则是由少量的控制点定义的三维样条 (spline) 所构成的。可使用多种样条, 包括各种 Bézier 曲面 (如双三次面片, bicubic patch, 是一种三阶 Bézier 曲面[3])、非均匀有理 B 样条 (nonuniform rational B-spline,

---

1 此处有一点矛盾。如果物体是完全透明的, 它不和光线有互动的话, 那么完全可以在渲染过程中予以忽略。在真实世界中, 所有物质都不是完全透明的。例如, 空气也不是完全透明的, 白天天空的颜色是由于太阳光线被大气散射所造成的。——译者注

2 原文还有"使用参数式表面方程 (using parametric surface equation)"一段。因为后面举的例子并非这种方程, 而是隐式表面方程 (implicit surface equation), 故删之。——译者注

3 `http://en.wikipedia.org/wiki/Bezier_surface`

NURBS)[1]、N 面片 (N-patches, 又名为 normal patches)[2]。用面片建模, 有点像用小块的长方形布或纸[3]去遮盖一个雕像。

高端电影渲染引擎如 Pixar 的 RenderMan, 采用*细分曲面* (subdivision surface) 定义几何形状。每个表面由控制多边形网格 (如同样条) 表示表面, 但这些多边形会使用 Catmull-Clark 算法被逐步细分成更小的多边形。细分过程通常会进行至每个多边形小于像素的大小。此方法的优点是, 无论摄像机距离表面有多近, 都能再细分多边形, 使轮廓边线显得光滑。关于细分曲面可参阅 Gamasutra 的这篇文章。[4]

10.1.1.2 三角形网格

从传统上来说, 游戏开发者会使用三角形网格来为表面建模。三角形是表面的分段线性逼近 (piecewise linear approximation), 如同用多条相连的线段分段逼近一个函数或曲线 (见图 10.2)。

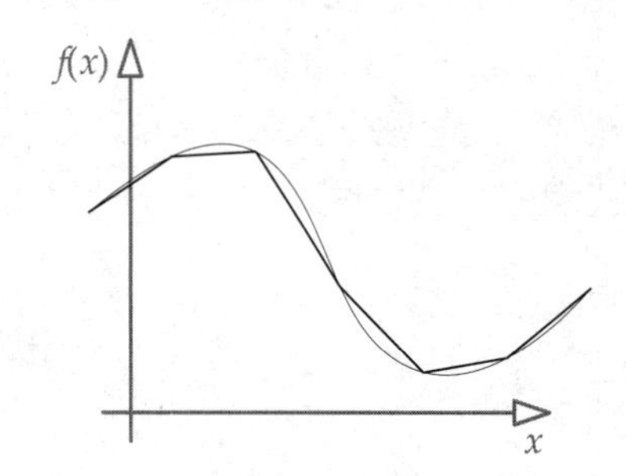

图 10.2 三角形网格是表面的线性逼近, 如同以一系列互连的线段去线性逼近曲线或函数

在各种多边形中, 实时渲染之所以选用三角形, 是因为三角形有以下优点。

- *三角形是最简单的多边形*。少于 3 个顶点就不能成为一个表面。
- *三角形必然是平坦的*。含 4 个或以上顶点的多边形不一定是平坦的, 因为其前 3 个顶点能定义一个平面, 第 4 个顶点或许会位于该平面之上或之下。
- *三角形经多种转换之后仍然维持是三角形, 这对于仿射转换和透视转换也成立*。在最坏的情况下, 从三角形的边去观看, 三角形会退化为线段。在其他角度观察, 仍能维持是三角形。

1 `http://en.wikipedia.org/wiki/Nurbs`
2 `http://ubm.io/1iGnvJ5`
3 原文为 paper maché (Papier-maché), 指用碎纸粘贴去创造立体作品的艺术手法。——译者注
4 `http://ubm.io/1lx6th5`

- 几乎所有商用图形加速硬件都是为三角形光栅化而设计的。从早期的 PC 三维图形加速器开始，渲染硬件几乎一直只专注为三角形光栅化而设计。此决策还可追溯至早期使用软件光栅化的三维游戏，如《德军司令部》和《毁灭战士》。无论个人喜恶，基于三角形的技术已牢牢确立在游戏业界，在未来几年应该还不会有大转变。

镶嵌 *镶嵌* (tessellation) 是指把表面分割为一组离散多边形的过程，这些多边形通常是三角形或四边形 (quadrilateral, 简称 quad) 的。*三角化* (triangulation) 专指把表面镶嵌为三角形。

这种三角形网格在游戏中有一个常见问题，就是其镶嵌程度是由制作的美术人员决定的，不能中途改变。固定的镶嵌会使物体的*轮廓边缘*显得不光滑 (见图 10.3)，此问题在摄像机接近物体的时候会更加明显。

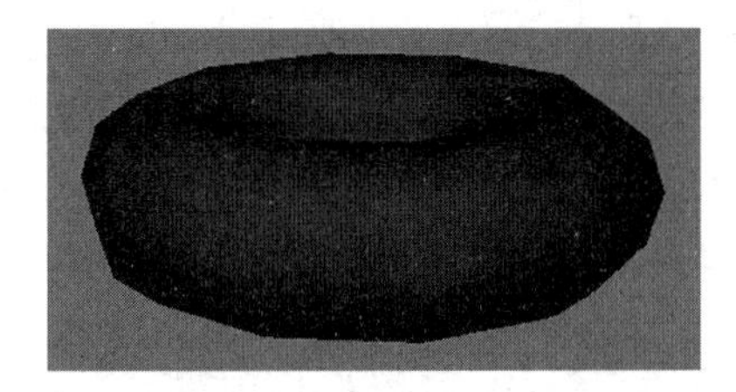

图 10.3 固定的镶嵌会使物体的轮廓边缘显得不圆滑，尤其当物体接近摄像机时

理想地，我们希望有一个方案能按物体与虚拟摄像机距离的缩减而增加密铺程度。换句话说，我们希望无论物体是远是近，都能有一致的三角形对像素密度。细分曲面能满足此愿望，表面能根据与摄像机的距离来进行镶嵌，使每个三角形的尺寸都少于一个像素。

游戏开发者经常会尝试以一串不同版本的三角形网格链去逼近此理想的三角形对像素密度，每一版本称为一个*层次细节* (level-of-detail, LOD)。第一个 LOD 通常称为 LOD 0，代表最高程度的镶嵌，在物体非常接近摄像机时使用。后续的 LOD 的镶嵌程度不断降低 (见图 10.4)。当物体逐渐远离摄像机时，引擎就会把网格从 LOD 0 换为 LOD 1、LOD 2 等。这样渲染引擎便可以花费更多时间在接近摄像机的物体上 (即占据屏幕中更多像素的物体)，进行顶点的转换和光照运算。

有些游戏引擎会将*动态镶嵌* (dynamic tessellation) 技术应用到可扩展的网格上，例如水面和地形。在这种技术中，网格通常以高度场 (height field) 来表示，而高度场则在某种规则栅格模式上定义。接近摄像机的网格区域会以栅格的最高分辨率来镶嵌，距摄像机较远的区域则会使用较少的栅格点来进行镶嵌。

渐进网格 (progressive mesh) 是另一种动态镶嵌及层次细节技术。运用此技术时，当物体接近摄像机时采用单个最高分辨率网格。(这本质上就是 LOD 0 网格。) 当物体远离摄像机时，

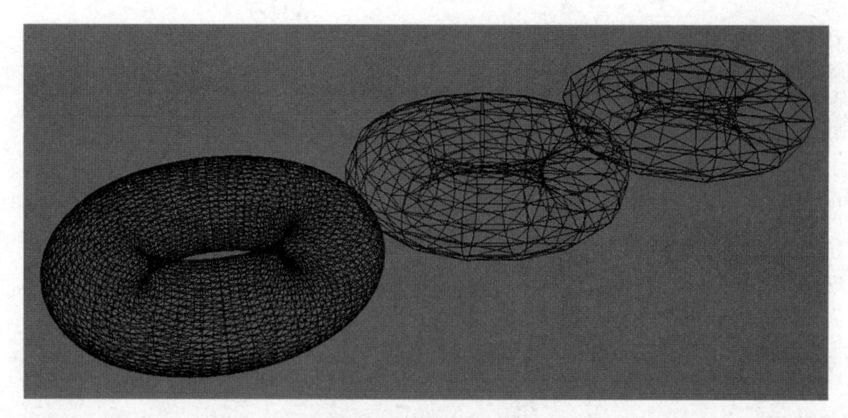

图 10.4 一串不同 LOD 的网格, 每个有固定的镶嵌程度, 可用于逼近均匀的三角形对像素密度。左方的环形 (torus) 由 5000 个三角形组成, 中间的是 450 个, 右方的是 200 个

这个网格就会自动密铺, 其方法是把某些棱收缩为点。此过程能自动生成半连续的 LOD 链。关于渐进网格技术的详细讨论, 可参阅此文。[1]

10.1.1.3 构造三角形网格

我们已经理解了三角形网格是什么以及为什么使用它们, 再来看看如何构造三角形网格。

缠绕顺序 三角形由 3 个顶点的位置矢量定义, 此 3 个矢量设为 $\boldsymbol{p}_1$、$\boldsymbol{p}_2$、$\boldsymbol{p}_3$。每条棱 (edge) 的相邻顶点的位置矢量相减, 就能求得 3 条棱的矢量。例如:

$$\boldsymbol{e}_{12} = \boldsymbol{p}_2 - \boldsymbol{p}_1$$
$$\boldsymbol{e}_{13} = \boldsymbol{p}_3 - \boldsymbol{p}_1$$
$$\boldsymbol{e}_{23} = \boldsymbol{p}_3 - \boldsymbol{p}_2$$

任何两条棱的叉积, 归一化后都能定义为三角形的单位*面法线* (face normal) $\boldsymbol{N}$:

$$\boldsymbol{N} = \frac{\boldsymbol{e}_{12} \times \boldsymbol{e}_{13}}{|\boldsymbol{e}_{12} \times \boldsymbol{e}_{13}|}$$

图 10.5 描绘了这些推导。要知道面法线的方向 (即棱叉积的目的), 我们需要定义哪一面是三角形的正面 (即物体表面), 哪一面是背面 (即表面之内)。这个可以简单用*缠绕顺序* (winding order) 来定义, 缠绕顺序定义表面方向有两种方式, 分别是顺时针方向 (clockwise, CW) 和逆时针方向 (counterclockwise, CCW)。[2]

1 http://research.microsoft.com/en-us/um/people/hoppe/pm.pdf

2 wind 作为动词是指缠绕。可这么想象, 把 3 根有序号的钉子钉在墙上, 然后用绳子按序号缠绕钉子来做出三角形。——译者注

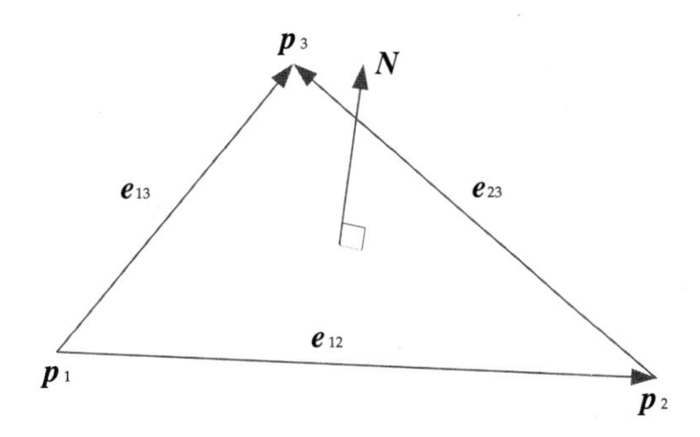

图 10.5 从三角形的顶点推导其棱和平面

多数底层图形 API 提供了基于缠绕顺序来*剔除背面三角形* (backface triangle culling) 的方法。例如, 若在 Direct3D 内把剔除模式参数 (`D3DRS_CULL`) 设置为 `D3DCULLMODE_CW`, 那么所有在屏幕空间里缠绕顺序为顺时针方向的三角形就会被视为背面, 不被渲染。

背面剔除的重要性在于, 我们通常不需要浪费时间渲染看不见的三角形。而且, 渲染透明物体的背面还会造成视觉异常。可以随意选择两种缠绕顺序之一, 只要整个游戏的资产都是一致的就行。不一致的缠绕顺序是三维建模新手的常见错误。

三角形表 定义网格的最简单方法是以每 3 个顶点为一组列举, 其中每 3 个顶点对应一个三角形。此数据结构称为*三角形表* (triangle list), 如图 10.6 所示。

索引化三角形表 读者可能注意到了, 在图 10.6 所示的三角形表中有许多重复的顶点, 而且经常重复多次。之后在 10.1.2.1 节会谈及, 每个顶点要存储颇多的元数据, 因此在三角形表中重复的数据会浪费内存。这同时也会浪费 GPU 的资源, 因为重复的顶点会计算变换及光照多次。

由于上述原因, 多数渲染引擎会采用更有效率的数据结构——*索引化三角形表* (indexed triangle list)。其基本思想就是每个顶点仅列举一次, 然后用轻量级的顶点*索引* (通常每个索引只占 16 位) 来定义组成三角形的 3 个顶点。在 DirectX 下, 顶点存储在*顶点缓冲* (vertex buffer) 中, 在 OpenGL 下则称其为*顶点数组* (vertex array)。而索引会存储于另一单独缓冲, 称为*索引缓冲* (index buffer) 或*索引数组* (index array)。图 10.7 展示了此数据结构。

三角形带及三角形扇 在游戏渲染中, 有时候还会用到两种特殊的网格数据结构, 分别为*三角形带* (triangle strip) 及*三角形扇* (triangle fan)。这两种数据结构不需要索引缓冲, 但同时能降低某顶点的重复程度。它们之所以有这些特性, 其实是通过预先定义顶点出现的次序, 并预先定义顶点组合成三角形的规则。

在三角形带中, 前 3 个顶点定义了第一个三角形。之后的每个顶点都会连接其前两个顶

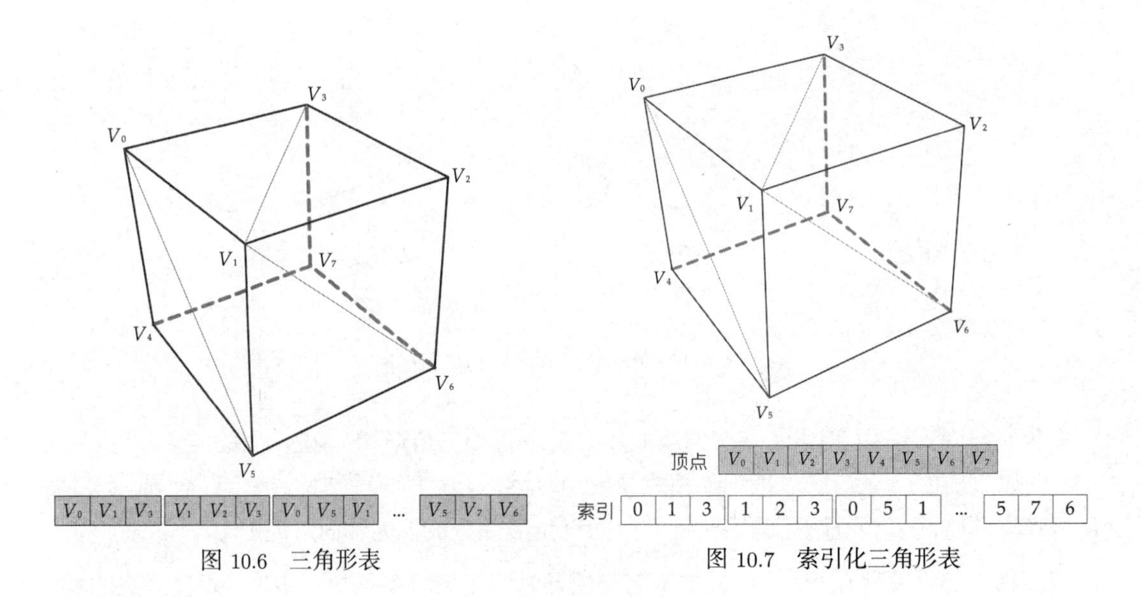

图 10.6 三角形表

图 10.7 索引化三角形表

点，产生全新的三角形。为了统一三角形带的缠绕顺序，产生每个新三角形时，其前两个相邻顶点会互换次序。图 10.8 展示了一个三角形带的例子。

在三角形扇中，前 3 个顶点定义了第一个三角形，之后每个顶点与前一个顶点及该三角形扇的首顶点组成三角形。图 10.9 是三角形扇的例子。

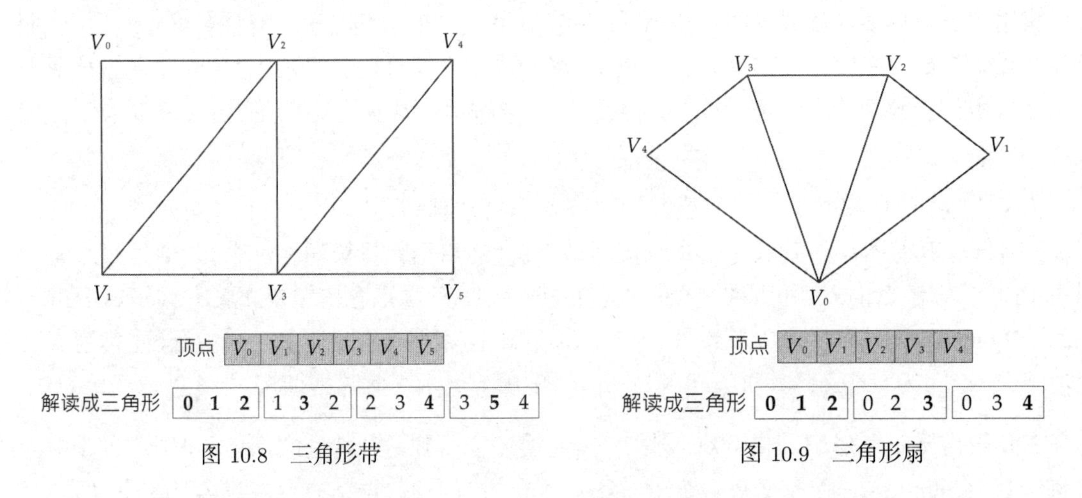

图 10.8 三角形带

图 10.9 三角形扇

顶点缓存优化 当 GPU 处理索引化三角形表时，每个三角形能引用顶点缓冲内的任何顶点。为了在光栅化阶段保持三角形的完整性，顶点必须按照其位于三角形中的次序来处理。当顶点着色器处理每个顶点后，其结果会被缓存以供重复使用。若之后的图元引用到存于缓存的顶点, 就能直接使用结果, 而无须重复处理该顶点。

使用三角形带及三角形扇的一个原因是能节省内存 (无须索引缓冲), 另一个原因是基于它们往往能改善 GPU 存取显存时的缓存一致性 (cache coherency)。我们甚至可以使用*索引化三角形带*及*索引化三角形扇*以消除所有顶点重复 (这样通常比不用索引缓冲更省内存), 而同时仍能受益于三角形带及三角形扇次序所带来的缓存一致性。

除了次序受限的三角形带及三角形扇, 我们也可以优化索引化三角形表以提升缓存一致性。*顶点缓存优化器* (vertex cache optimizer) 就是为此而设的一种离线几何处理工具, 它能重新排列三角形的次序, 以优化缓存内的顶点复用。顶点缓存优化器一般会根据多种因素来进行优化, 例如个别 GPU 类型的顶点缓存大小、GPU 选择缓存或舍弃顶点的算法等。以 Sony 的 Edge 几何处理库为例, 其顶点缓存优化器能使三角形表的渲染吞吐量达到高于三角形带的 4%。

10.1.1.4 模型空间

三角形网格顶点的位置矢量, 通常会被指定在一个便利的局部坐标系, 此坐标系可称为*模型空间* (model space)、*局部空间* (local space) 或*物体空间* (object space) 。模型空间的原点一般不是物体中心, 便是某个便利的位置, 例如, 角色脚掌所在地板的位置、车轮在地上的水平质心 (centroid)。

如 4.3.9.1 节提及的, 模型空间的轴可随意设置, 但这些轴通常会和自然的 “前方”、“左方”、“右方”及“上方”对齐。在数学上再严谨一些的话, 可以定义 3 个单位矢量 $\boldsymbol{F}$、$\boldsymbol{L}$ (或 $\boldsymbol{R}$)、$\boldsymbol{U}$, 并把这 3 个矢量映射至模型空间的单位基矢量 $\boldsymbol{i}$、$\boldsymbol{j}$、$\boldsymbol{k}$ (即各自对应 x、y、z 轴)。例如, 一个常见的映射为 $\boldsymbol{L} = \boldsymbol{i}$、$\boldsymbol{U} = \boldsymbol{j}$、$\boldsymbol{F} = \boldsymbol{k}$。这些映射可以随意设定, 只要引擎中所有模型的映射都是始终如一的。图 10.10 展示了一架飞机的模型空间轴的可行映射之一。

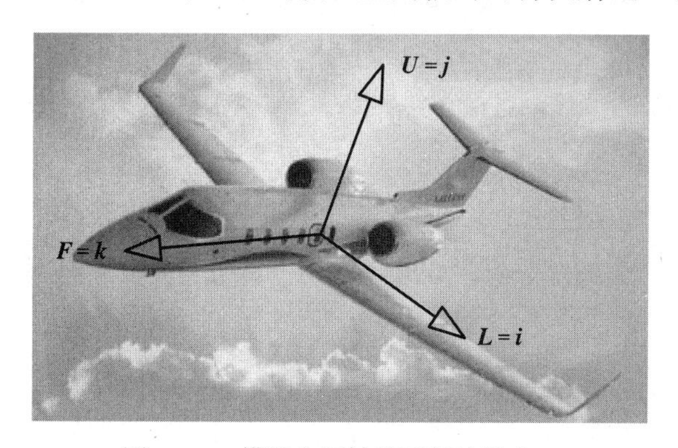

图 10.10 模型空间轴的可行映射之一

10.1.1.5 世界空间及网格实例化

使用网格组成完整场景时, 会在一个共同的坐标系里放置及定向多个网格, 此坐标系称为*世界空间* (world space)。每个网格可在场景中多次出现, 例如, 街上排列着同款街灯、一些看不见面目的士兵、攻击玩家的一大群蜘蛛等。每个这样的物体称为*网格实例* (mesh instance)。

每个网格实例包含共享网格数据的引用, 此外也包含一个变换矩阵, 用以把个别实例的网格顶点从模型空间转换至世界空间。此矩阵名为*模型至世界矩阵* (model-to-world matrix), 有时候仅简称为*世界矩阵* (world matrix)。若采用 4.3.10.2 节的表示方式, 此矩阵可写成:

$$\boldsymbol{M}_{M\to W} = \begin{bmatrix} (\boldsymbol{RS})_{M\to W} & \boldsymbol{0} \\ \boldsymbol{t}_M & 1 \end{bmatrix}$$

其中左上角的 3×3 矩阵 $(\boldsymbol{RS})_{M\to W}$ 用来将模型空间顶点旋转和缩放至世界空间, 而 $\boldsymbol{t}_M$ 则是模型空间轴在世界空间的位移。若用世界空间坐标表示单位模型空间的基矢量 $\boldsymbol{i}_M$、$\boldsymbol{j}_M$、$\boldsymbol{k}_M$, 则该矩阵也可写成:

$$\boldsymbol{M}_{M\to W} = \left[\begin{array}{c|c} \boldsymbol{i}_M & 0 \\ \boldsymbol{j}_M & 0 \\ \boldsymbol{k}_M & 0 \\ \hline \boldsymbol{t}_M & 1 \end{array}\right]$$

给定一个模型空间的顶点坐标, 渲染引擎会用以下等式计算其世界空间坐标:

$$\boldsymbol{v}_W = \boldsymbol{v}_M \boldsymbol{M}_{M\to W}$$

$\boldsymbol{M}_{M\to W}$ 可以看成是模型空间轴的位置和定向的描述, 此描述是以世界空间坐标表示的。或是可以把它看成把顶点从模型空间变换至世界空间的矩阵。

当渲染模型时, 模型至世界矩阵也可用来变换网格的表面法矢量 (见 10.1.2.1 节)。4.3.11 节曾提及, 为了正确变换法矢量, 必须把法矢量乘以模型至世界矩阵的逆转置矩阵。而 4.3.6.1 节提及, 若矩阵不含缩放及切变, 可简单地把法矢量的 w 设为 0, 再乘以模型至世界矩阵完成变换。

有些网格是完全静止及独一无二的, 例如建筑物、地形, 以及其他背景元素。这些网格的顶点通常以世界空间表示, 因此其模型至世界矩阵是单位矩阵, 可以忽略。

10.1.2 描述表面的视觉性质

为了正确地渲染及照明表面, 我们需要表面视觉性质 (visual property) 的描述。表面性质包括几何信息, 例如表面上不同位置的法矢量。表面性质还包括描述光和表面交互作用的方式, 包括漫反射颜色 (diffuse color)、粗糙度 (roughness)/光滑度 (shininess)、反射率 (reflectivity)、纹理、透明度/不透明度、折射率 (refractive index) 等。表面性质还可能含有表面随时间变化的描述 (例如, 有动画的角色的皮肤应如何追踪其骨骼的关节、水面如何移动等)。

渲染照相写实影像的关键在于, 正确地模拟光和场景中物体交互作用时的行为。因此渲染工程师需要理解光如何工作、光如何在环境中传递, 以及虚拟摄像机如何“感光”, 并把结果转换成屏幕上像素的颜色。

10.1.2.1 光和颜色的概论

光是电磁辐射, 在不同情况下其行为既像波也像粒子。光的颜色是由其强度 (intensity) I 及波长 (wavelength) λ (或频率 $f = 1/\lambda$) 所决定的。可见光的波长范围是 740nm~380nm (频率是 430THz~750THz)。一束光线可能包含单一纯波长, 这即是彩虹的颜色, 又称为光谱颜色 (spectral color)。或是, 一束光线可能由多种波长的光混合而成。我们可以把一束光线中各波长的强度绘成图表, 这种图称为光谱图 (spectral plot)。白光包含所有波长, 因此其光谱图大约像一个矩形, 横跨整个可见光波段。[1]纯绿光则只有一个波长, 因此其光谱图会在 570THz 处显示有一个极窄的尖峰。

光和物体的交互作用 光和物质之间可以有许多复杂的交互作用 (interaction)。光的行为, 部分是由其穿过的介质 (medium) 所控制的, 部分是由两种不同介质 (如空气/固体、空气/水、水/玻璃等) 之间的界面 (interface) 所控制的。从技术上来说, 一个表面只不过是两种不同介质的界面。

不管光的行为有多复杂, 其实光只能做 4 件事。[2]

- 光可被吸收 (absorb)。
- 光可被反射 (reflect)。
- 光可在物体中传播 (transmit), 过程中通常会被折射 (refract)。
- 通过很窄的缺口时, 光会被衍射 (diffract)。

---

1 此处的描述可能不太正确。事实上, 日常用语中的“白光”和人类视觉系统相关, 不同的波长组合也可以产生视觉上的“白光”。而应用上通常以黑体辐射 (black body radiation) 的温度——即色温 (color temperature)——来定义“白光”。例如, 某个屏幕发出的白光是 6500K, 表示其颜色由人类看上去像绝对温度为 6500K 黑体发射出来的光。——译者注

2 此外, 光的行为还有干涉 (interference)、极化 (polarization) 等。干涉现象产生光盘的七彩颜色, 一般在计算机图形学中要使用特殊的着色模型才能模拟。而极化在计算机图形学中通常会被忽略。——译者注

多数照相写实渲染引擎会处理以上前 3 项行为，而衍射通常会被忽略，因为在多数场景中衍射的效果并不明显。

一个平面只会吸收某些波长的光，其他波长的光会被反射。这个特性形成我们对物体颜色的感知 (perception)。例如，若白光照射一个红色物体，红色以外的所有波长被吸收，那么该物体看上去就是红色的。同样的感知效果会出现在红光照射在白色物体上，我们的眼睛无法区分这两种情况。[1]

光的反射可以是*漫反射* (diffuse)，这是指入射光会往所有方向平均散射。而反射也可以是*镜面反射* (specular)，这是指入射光会直接被反射，或在反射时展开成很窄的锥形。反射可以是*各向异性* (anisotropic) 的，这是指在不同角度观察表面时光的反射有所不同。

当光穿过物体时，光可能会被*散射* (如半透明物质)，部分被*吸收* (如彩色玻璃)，或被*折射* (如三棱镜)。不同波长的光的折射角度会有差异，产生散开的光谱。这就是光经过雨点或三棱镜能产生彩虹效果的原因。光也能进入半固态的表面，在表面下反弹，再从另一个位置离开表面。这个现象称为*次表面散射* (subsurface scattering, SSS)。此效果能使皮肤、蜡、大理石等物质显示其柔和的特性。

颜色空间和颜色模型 *颜色模型* (color model) 是测量颜色的三维坐标系统。而*颜色空间* (color space) 是一个具体标准，描述某颜色空间内的数值化颜色是如何映射至人类在真实世界中看到的颜色的。颜色模型通常是三维的，原因是我们眼睛里有 3 种颜色感应器 (锥状细胞)，每种感应器对不同波长的光敏感。

计算机图形学中最常用的颜色模型是 RGB 模型。在此模型中，由一个单位立方体表示颜色空间，其 3 个轴分别代表红、绿、蓝光的测量值。这些红、绿、蓝分量称为*颜色通道* (color channel)。在标准的 RGB 颜色模型中，每个颜色通道的范围都是 0~1。因此，颜色 $(0,0,0)$ 代表黑色，$(1,1,1)$ 则代表白色。

当颜色存储于位图时，可使用多种不同的颜色格式 (color format)。颜色格式的定义，部分由*每像素位数* (bits per pixel, BPP) 决定，更具体地说，是由表示每颜色通道的位数决定的。RGB888 格式使用每颜色通道 8 位，每像素共 24 位。在此格式中，每个通道的范围是 0~255，而非 0~1。在 RGB565 中，红色和蓝色使用 5 位，绿色使用 6 位，每像素总共 16 位。调色板格式 (paletted format) 可使用每像素 8 位存储索引，再用这些索引查找一个含 256 色的调色板，调色板的每笔记录可能存储为 RGB888 或其他合适的格式。

---

1 如译者之前所注，“白光”的定义是比较模糊的；然而，理想的白色物体却能够定义为完全反照所有可见光波长的物体。自然界中反照率 (albedo) 最高的物体是雪，新雪的反照率能高达 0.9。相反，理想的黑色物体就是反照率为 0 的物体 (即黑体)，自然界中的例子是沥青，可低至 0.04。——译者注

在三维渲染中，还会用到其他颜色的模型。在 10.3.1.5 节会介绍如何使用对数 LUV 颜色模型做高动态范围 (high dynamic range, HDR) 渲染。

不透明度和 alpha 通道 常会在 RGB 颜色矢量之后再补上一个名为 alpha 的通道。如 10.1.1 节曾提及，alpha 值用来度量物体的不透明度。当颜色存储为像素时，alpha 代表该像素的不透明度。

RGB 颜色格式可扩展以包含 alpha 通道，那时候就会称为 RGBA 或 ARGB 颜色格式。例如，RGBA8888 是每像素 32 位的格式，红、绿、蓝、alpha 都使用 8 位。又例如，RGBA5551 是 16 位格式，含 1 位 alpha。在此格式中，颜色只能被指定为完全不透明或完全透明。

10.1.2.2 顶点属性

要描述表面的视觉特性，最简单的方法就是把这些特性记录在表面的离散点上。网格的顶点是存储表面特性的便利位置，这种存储方式称为*顶点属性* (vertex attribute)。

在一个典型的三角形网格中，每个顶点包含部分或全部以下所列举的属性。身为渲染工程师，我们当然能自由地定义额外所需的属性，以便在屏幕上得到想要的视觉效果。

- *位置矢量* (position vector) $\boldsymbol{p}_i = [p_{ix} \quad p_{iy} \quad p_{iz}]$: 这是网格中第 i 个顶点的三维位置。位置矢量通常以物体局部空间的坐标表示，此空间名为*模型空间* (model space)。
- *顶点法矢量* (vertex normal) $\boldsymbol{n}_i = [n_{ix} \quad n_{iy} \quad n_{iz}]$: 这是顶点 i 位置上的表面单位矢量。顶点法矢量用于每顶点动态光照 (per-vertex dynamic lighting) 的计算。
- *顶点切线矢量* (vertex tangent) $\boldsymbol{t}_i = [t_{ix} \quad t_{iy} \quad t_{iz}]$: 这是和*顶点副切线矢量* (vertex bitangent)$\boldsymbol{b}_i = [b_{ix} \quad b_{iy} \quad b_{iz}]$ 互相垂直的单位矢量，它们也同时垂直于顶点法矢量 $\boldsymbol{n}_i$。$\boldsymbol{n}_i$、$\boldsymbol{t}_i$、$\boldsymbol{b}_i$ 这 3 个矢量能一起定义称为*切线空间* (tangent space) 的坐标轴。此空间能用于计算多种逐像素光照 (per-pixel lighting)，例如法线贴图 (normal mapping) 及环境贴图 (environment mapping)。(副切线矢量有时候被称为*副法矢量* (binormal)，尽管它并非垂直于表面。[1])
- *漫反射颜色* (diffuse color) $\boldsymbol{d}_i = [d_{iR} \quad d_{iG} \quad d_{iB} \quad d_{iA}]$: 漫反射颜色是一个四元素矢量，以 RGB 颜色空间描述表面的漫反射颜色。此顶点属性通常附有不透明度，即 alpha (A)。此颜色可能在脱机时计算 (静态光照)，或运行时计算 (动态光照)。
- *镜面颜色* (specular color) $\boldsymbol{s}_i = [s_{iR} \quad s_{iG} \quad s_{iB} \quad s_{iA}]$: 当光线由光滑表面反射至虚拟摄像机影像平面时，这个矢量就是描述其镜面高光的颜色。

1 有些意见认为 (如 `http://www.terathon.com/code/tangent.html` 的 Bitangent versus Binormal 一节)，图形学中常出现的副法矢量 (binormal) 实际上是错误地使用了微分几何中用来描述三维曲线的弗莱纳标架 (Frenet frame) 所采用的术语。更恰当的术语应该是副切线矢量 (bitangent)。——译者注

- 纹理坐标 (texture coordinates) $\boldsymbol{u}_{ij} = [u_{ij} \quad v_{ij}]$: 用来把二维 (有时候是三维) 的位图“收缩包裹”到网格的表面, 此过程称为纹理贴图 (texture mapping)。纹理坐标 (u, v) 描述某顶点在纹理二维正规化坐标空间里的位置。每个三角形可贴上多张纹理, 因此网格可以有超过一组的纹理坐标。我们采用下标 j 表示不同的纹理坐标组。
- 蒙皮权重 (skinning weight) ($\boldsymbol{k}_{ij} = [k_{ij} \quad w_{ij}]$): 在骨骼动画里, 网格的顶点依附在骨骼的个别关节之上。在这种情况下, 每个顶点需指明其依附着的关节索引 k。另一种情况是, 一个顶点受多个关节所影响, 最终的顶点位置变为这些影响的加权平均 (weighted average)。我们把每个关节的影响以权重因子 w 表示。概括地说, 顶点 i 可由多个关节 j 所影响, 每个影响关系可存储为两个数值 (k_{ij}, w_{ij})。

10.1.2.3 顶点格式

顶点属性通常存储在如 C struct 或 C++ 类的数据结构中。这样的数据结构的布局称为顶点格式 (vertex format)。不同的网格需要不同的属性组合, 因而需要不同的顶点格式。以下是一些常见的顶点格式例子。

```
// 最简单的顶点,只含位置。(可用于阴影体伸展,shadow volume extrusion;
// 卡通渲染中的轮廓棱检测,silhouette edge detection;z预渲染,z-prepass等)
struct Vertex1P
{
    Vector3     m_p;          // 位置
};

// 典型的顶点格式,含位置、顶点法线及一组纹理坐标
struct Vertex1P1N1UV
{
    Vector3     m_p;          // 位置
    Vector3     m_n;          // 顶点法矢量
    F32         m_uv[2];      // (u, v) 纹理坐标
};

// 蒙皮用的顶点,含位置、漫反射颜色、镜面反射颜色及4个关节权重
struct Vertex1P1D1S2UV4J
{
    Vector3     m_p;          // 位置
    Color4      m_d;          // 漫反射颜色及透明度
```

```
    Color4        m_S;          // 镜面反射颜色
    F32           m_uv0[2];     // 第1组纹理坐标
    F32           m_uv1[2];     // 第2组纹理坐标
    U8            m_k[4];       // 蒙皮用的4个关节索引及
    F32           m_w[3];       // 3个关节权重(第4个由其他3个求得)
};
```

显然, 顶点属性的可行排列数目, 以及不同的顶点格式数目, 都可增长至非常庞大。(实际上, 若能使用任意数目的纹理坐标或关节权重, 格式数目在理论上是无上限的。) 管理所有这些顶点格式, 经常是图形程序员的头痛之源。

以下列举一些步骤, 可以减少引擎所需支持的顶点格式数目。在实际的图形应用中, 许多理论上可行的顶点格式根本无用, 或不被图形硬件或游戏的着色器所支持。有些游戏团队会设置限制, 仅使用一组有用并可行的顶点格式, 以便管理。例如, 团队可能只允许每个顶点使用 0、2 或 4 个关节权重, 又或决定只支持最多两组纹理坐标。有些 GPU 能够从顶点数据结构中抽取部分属性, 因此有些游戏团队也会选择给所有网格使用单一的“über 格式”[1], 然后按着色器所需选取相关的属性。

10.1.2.4 属性插值

三角形顶点的属性仅仅是整个表面的视觉特性的粗糙、离散近似值。当渲染三角形时, 重要的是三角形内点的视觉特性, 这些内点最终成为屏幕上的像素。换言之, 我们需要取得每像素 (per-pixel) 的属性, 而非每顶点 (per-vertex) 的属性。

要取得网格表面的每像素属性, 最简单的方法是对每顶点属性进行*线性插值* (linear interpolation)。[2]当把线性插值施于顶点颜色时, 这种属性插值便称为*高氏着色法* (Gouraud shading)。图 10.11 所示的是以高氏着色法渲染三角形的例子, 图 10.12 所示的则是把它应用在三角形网格时的效果。插值法也会应用至其他各种顶点属性, 例如, 顶点法矢量、纹理坐标、深度等。

顶点法线及光滑化 10.1.3 节将会提及, *光照* (lighting) 是基于物体表面的视觉特性以及到达该表面的光线特性, 来计算物体表面上各点的颜色的过程。光照网格的最简单方法就是, *逐顶点* (per-vertex) 计算表面的颜色。换句话说, 我们使用表面特性及入射光计算每个顶点的

1 这里是指包含所有所需顶点属性并集的顶点格式。业界比较少用 über 一词来形容这种顶点格式。实际上这种做法为了简单而牺牲了内存容量及内存带宽。— –译者注

2 实际上, 顶点属性需要透视校正插值 (perspective-correct interpolation), 而非简单地在屏幕空间进行线性插值。10.1.4.4 节有相关介绍。——译者注

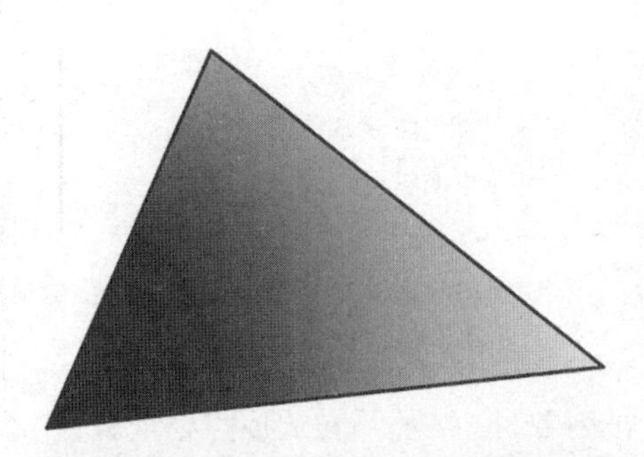

图 10.11 以高氏着色法渲染三角形, 每顶点有不同深浅的灰色

图 10.12 高氏着色法能令物体的小平面显得光滑

漫反射颜色 ($\boldsymbol{d}_i$)。然后, 这些顶点颜色会经由高氏着色法, 在网格的三角形上插值。

为了计算表面某点的光线反射量, 多数光照模型会利用在该点垂直于表面的**法矢量**。由于我们以逐顶点方式计算光照, 所以此处可使用顶点法矢量 $\boldsymbol{n}_i$。也因此, 顶点法矢量的方向对于网格的最终外观有重要影响。

例如, 假设有一个高瘦的长方体。若我们想使长方体的边缘显得锐利, 那么可以使每个顶点法矢量与长方体的面垂直。计算每个三角形的光照时,3 个顶点的法矢量是一模一样的, 因此光照的结果显示为平面, 并且在长方体顶点上的光照会如同顶点法矢量一样做出突然转变。

我们也可以令相同的长方体网格显得更像一个光滑的圆柱体, 方法是把顶点法矢量改为自长方体的中线向外发散。在此情况下, 每个三角形上的顶点法矢量变得不同, 导致其光照结果也不一样。利用高氏着色法为这些顶点颜色进行插值时, 会使光照效果顺滑地在表面上过渡。图 10.13 比较了两种顶点法矢量设置所形成的光照效果。

10.1.2.5 纹理

若三角形比较大, 以逐顶点方式设置表面性质可能会太过粗糙。线性的属性插值也非总是我们想要的, 并且这种插值会引起一些视觉上的问题。

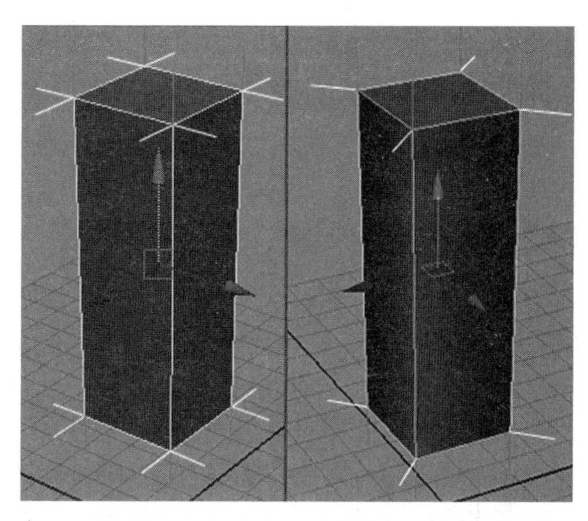

图 10.13 网格的顶点法线方向, 对于逐顶点光照计算出的颜色有重大影响

例如, 渲染光滑物体的镜面高光 (specular highlight) 时, 使用逐顶点光照会出现问题。如果网格被细分成大量三角形, 再使用逐顶点光照配合高氏着色法, 可以做出相当不错的效果。然而, 当三角形太大时, 对镜面高光做线性插值所形成的误差便会非常明显, 如图 10.14 所示。

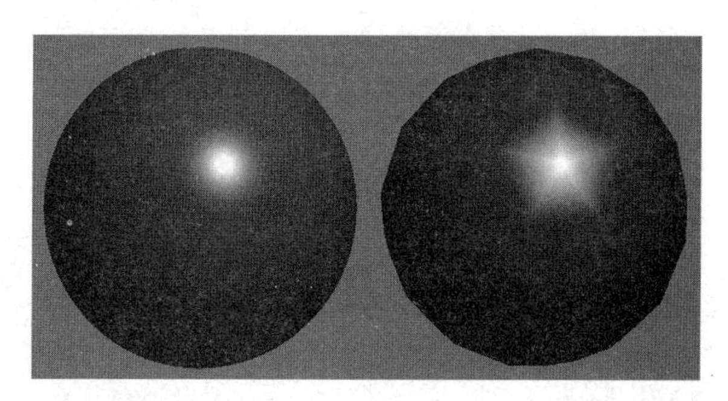

图 10.14 对顶点属性做线性插值时, 有时候并不能准确描述表面的视觉特性, 尤其是镶嵌不足的情况

要克服逐顶点表面属性的限制, 渲染工程师通常会使用称为*纹理贴图* (texture map) 的位图影像。纹理通常含有颜色信息, 并且一般会投射在网格的三角形上。这种使用纹理的方法, 就好像我们小时候把那些假文身印在手臂上。但其实纹理也可以存储颜色以外的视觉特性。而且纹理也不一定用来投射于网格上, 例如, 可以把纹理当作存储数据的独立表格。纹理中的每个单独像素称为*纹素* (texel), 用以和屏幕上的像素进行区分。

在某些图形硬件上, 纹理位图的尺寸必须为 2 的幂。虽然纹理通常只要能塞进显存, 多数硬件没有对其尺寸设限, 但一般纹理的尺寸会是 256×256、512×512、1024×1024 及 2048×2048

等。有些图形硬件会加一些额外限制, 例如要求纹理必须为正方形; 有些硬件会解除一些限制, 例如能接受 2 的幂以外的尺寸。

纹理种类 最常见的纹理种类为*漫反射贴图* (diffuse map), 又称作*反照率贴图* (albedo map)。漫反射贴图的纹素存储了表面的漫反射颜色, 这好比在表面上贴上贴纸或涂上油漆。

计算机图形学里也会使用其他种类的纹理, 包括*法线贴图* (normal map)——每个纹素用来存储以 RGB 值编码后的法矢量, *光泽贴图* (gloss map)——在每个纹素上描述表面的光泽程度, *环境贴图* (environment map)——含周围环境的图像以渲染反射效果, 此外还有各式各样的纹理种类。10.3.1 节会讨论如何用几种纹理实现基于图像的光照 (image-based lighting), 以及其他效果。

事实上, 纹理贴图可以存储任何在计算着色时所需的信息。例如, 可以用一维的纹理存储复杂数学函数的采样值、颜色对颜色的映射表, 或其他查找表 (lookup table, LUT)。

纹理坐标 我们现在讨论如何将二维的纹理投射至网格上。首先, 我们要定义一个称为*纹理空间* (texture space) 的二维坐标系。纹理坐标通常以两个归一化的数值 (u, v) 表示。这些坐标的范围是从纹理的左下角 $(0, 0)$ 伸展至右上角 $(1, 1)$。[1]使用这样的归一化纹理坐标, 好处是这些坐标不会受纹理尺寸影响。

要把三角形映射至二维纹理, 只需在每个顶点 i 上设置纹理坐标 (u_i, v_i)。这样实际上就是把三角形映射至纹理空间的影像平面上。图 10.15 所示的是一个纹理贴图的例子。

图 10.15 纹理贴图的例子。同时展示了网格三角形在三维空间和纹理空间之中

1 Direct3D 的纹理空间和上述所说的上下倒转, 即 $(0, 0)$ 为左上角,$(1, 1)$ 为右下角。两种惯例可以使用 $(u', v') = (u, 1 - v)$ 互相转换。网格顶点中的纹理坐标可以在导出或转换网格时转换, 或是在加载网格时转换, 或是在着色器中转换。——译者注

纹理寻址模式 纹理坐标可以延伸至 [0,1] 范围之外。图形硬件可用以下几种方式处理范围以外的纹理坐标。这些处理方式称为纹理寻址模式 (texture addressing mode), 可供用户选择。

- 缠绕模式 (wrap mode)[1]: 在此模式中, 纹理在各个方向上不断重复。所有形式为 (ju, kv) 的纹理坐标等价于 (u, v), 其中 j 和 k 是任何整数。[2]
- 镜像模式 (mirror mode): 此模式和缠绕模式相似, 不同之处在于, 在 u 为奇数倍数上的纹理会在 v 轴方向形成镜像, 在 v 为奇数倍数上的纹理会在 u 轴方向形成镜像。
- 截取模式 (clamp mode): 在此模式中, 当纹理坐标在正常范围之外时, 纹理的边缘纹素会简单地延伸。
- 边缘颜色模式 (border color mode): 此模式下用户能指定一个颜色, 当纹理坐标在 [0, 1] 范围以外时使用。

图 10.16 展示了这些纹理寻址模式。

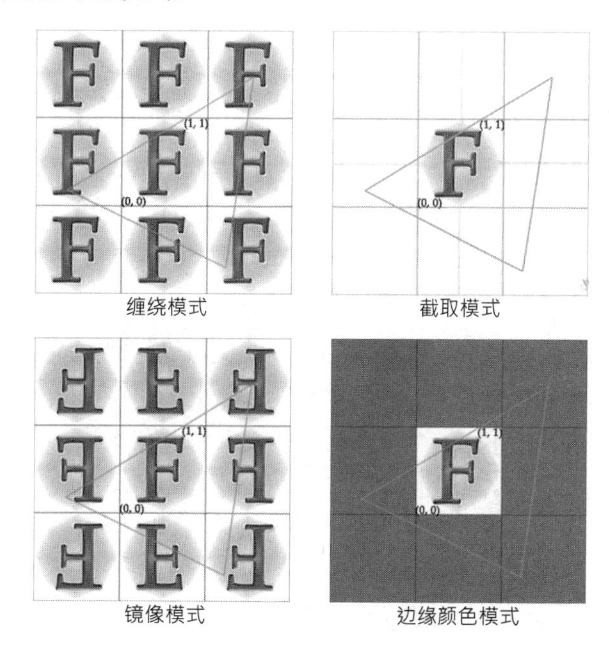

图 10.16 纹理寻址模式

1 Direct3D 和 OpenGL 的术语有许多分歧。Direct3D 中的纹理寻址模式 (texture addressing mode) 在 OpenGL 中则称为纹理缠绕模式 (texture wrap mode); 而 Direct3D 中的寻址模式中有一个缠绕模式 (wrap mode), OpenGL 中的相应术语则是重复模式 (repeat mode)。更复杂的是, Direct3D 中还有一个称为纹理缠绕 (texture wrapping) 的渲染状态 `D3DRS_WRAP0` 至 `7`, 这又是另一个概念。——译者注

2 多数图形 API 都可以分别设置 u 和 v 的寻址模式, 例如,u 用缠绕模式,v 用镜像模式。——译者注

纹理格式 纹理位图可在磁盘上存储为任何格式的文件，只要你的游戏引擎含有读取该文件至内存的代码便可。常见的文件格式有 Targa (TGA)、便携式网络图形 (Portable Network Graphics, PNG)、视窗位图 (Windows bitmap, BMP)、标记图像文件格式 (Tagged Image File Format, TIFF)。纹理存于内存中时，通常会表示为二维像素数组，其中像素使用某种颜色格式，例如，RGB888、RGBA8888、RGB565、RGBA5551 等。

现在多数显卡及图形 API 都支持*压缩纹理* (compressed texture)。DirectX 支持一系列称为 DXT 或 S3 纹理压缩 (S3 Texture Compression, S3TC) 的压缩格式。[1]此处不详述其细节，但其基本原理是把纹理切割成多个 4 像素 $\times$ 4 像素的小块，并使用一个小型调色板 (color palette) 存储每个小块的颜色。关于 S3TC 格式的介绍可参考维基百科。[2]

显然，压缩纹理的优点是比无压缩纹理使用较少的内存。其额外的好处，或许读者想不到。事实上，使用压缩纹理渲染也较高效。S3TC 能够提速，皆因其内存存取模式是更缓存友好的——每个小块把 4×4 个相邻像素存储至单个 64 位或 128 位字中，因此能够更充分地利用缓存。[3]然而，压缩纹理会导致一些失真，这些失真有时候不易察觉，但当失真太严重时，就必须以无压缩纹理取代。

纹素密度及多级渐远纹理 想象我们要渲染一个满屏的四边形 (两个三角形组成的长方形)，此四边形还被贴上一张纹理，其尺寸刚好配合屏幕的分辨率。在这种情况下，每个纹素刚好对应一个屏幕像素，我们称其*纹素密度* (texel density，即纹素和像素之比) 为 1。当在较远距离观看该四边形时，其在屏幕上的面积会变小。由于纹理的尺寸不变，该四边形的纹素密度就会大于 1，即每个像素会受多于一个纹素所影响。

显然纹素密度并不是一个常量，它会随物体相对摄像机的距离而改变。纹素密度影响内存使用量，也影响三维场景的视觉品质。当纹素密度远低于 1 时，每个纹素就会显著比屏幕像素大，那么就能察觉到纹素的边缘。这会破坏游戏的真实感。当纹素密度远高于 1 时，许多纹素会影响单个屏幕像素。这样会产生如图 10.17 所示的*莫列波纹* (moiré banding pattern)。更甚者，由于像素边缘内的多个纹素会根据细微的摄像机移动而不断改变像素的颜色，因此像素的颜色就会显得浮动不定及闪烁。而且，若玩家永不会接近一些远距离的物体，用非常高的纹素密度渲染那些物体只是浪费内存。毕竟若无人能看见其细节，在内存保留高分辨率纹理又有何用?

---

1 从 Direct3D 10 开始，DXT1/3/5 分别改称为 BC1/2/3，并加入 BC4/5(BC 为 block compression 的缩写)。Direct3D 11 又增加了 BC6H 和 BC7 纹理压缩格式。——译者注

2 `http://en.wikipedia.org/wiki/S3_Texture_Compression`

3 如果是一般的线性存储方式，从某像素往上或往下存取时，其内存位置的差距较大，缓存效率较低。除了以小块方式存储，有些图形硬件还能提供 (或内部自动转换成) 一种 swizzle 纹理格式，取代线性的扫描方式，以增加缓存效率。——译者注

图 10.17 纹理密度大于 1 可导致莫列波纹

理想地, 我们希望无论物体是近是远, 都能维持纹素密度接近 1。要准确地维持此约束是不可能的, 但可以使用*多级渐远纹理* (mipmapping) 技术来逼近。其方法是, 对于每张纹理, 我们建立较低分辨率位图的序列, 其中每张位图的宽度和高度都是前一张位图的一半。我们称这些影像为*多级渐远纹理* (mipmap) 或*渐远纹理级数* (mip level)。如图 10.18 所示的例子, 一张 64 像素 × 64 的纹理会有以下的渐远纹理级数: 64×64、32×32、16×16、8×8、4×4、2×2 和 1×1。当使用多级渐远纹理时, 图形硬件便会按照三角形[1]与摄像机的距离, 选择合适的渐远纹理级数, 以尝试维持纹素密度接近 1。例如, 若纹理占据屏幕 40 像素 × 40 像素的面积, 那么就可能会选择 64×64 的渐远纹理级数; 若同样的纹理只占 10 像素 × 10 像素, 则可能会选择 16×16 的渐远纹理级数。以下我们将会提及, 硬件可用*三线性过滤* (trilinear filtering) 对两张相邻级数的渐远纹理采样, 再混合采样结果。在上述例子中, 用 10 像素 × 10 像素面积贴图时, 可以分别对 16×16 及 8×8 渐远纹理采样并混合结果。

世界空间纹素密度 "纹素密度"一词也可用于描述纹素和贴图表面的世界空间面积之比。例如,2 米宽的正方形贴上 256×256 纹理, 其纹素密度就是 $256^2/2^2 = 16,384$。[2]为了和之前所谈的屏幕空间纹素密度加以区分, 笔者把此密度称为*世界空间纹素密度* (world space texel density)。

世界空间纹素密度不需要接近 1, 实际上此数值许多时候会比 1 大很多, 具体要看所选择的世界单位 (world unit)。然而重要的是, 在物体贴上纹理时, 应使用大概一致的世界空间纹理密度。例如, 我们期望一个立方体的六个面应该占用相同的纹理面积。如果不是, 立方体的其

1 更准确地说, 图形硬件会逐像素 (或逐采样) 计算渐远纹理级数。——译者注

2 此数字的单位是纹素每平方米 (texel m^{-2})。或许以下的方法能让读者更直观地理解, 假设内存有其成本, 若每个纹素需要成本 1 元, 那么上述例子每平方米就要 16,384 元。——译者注

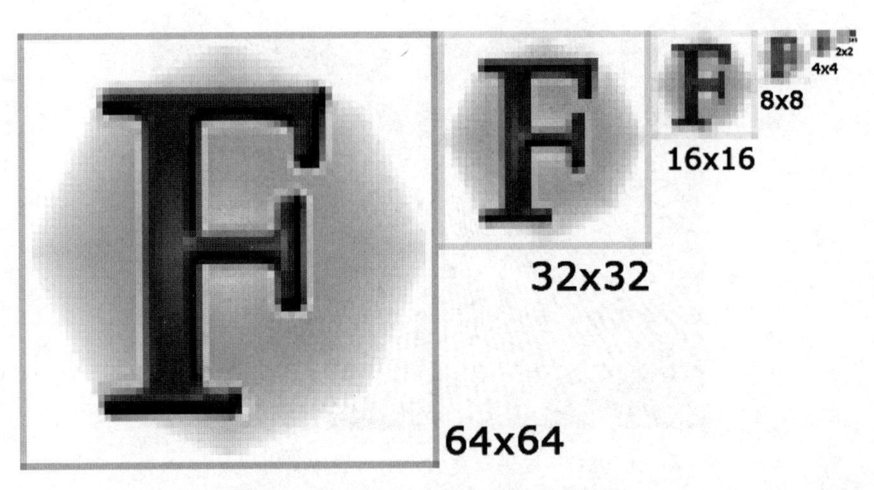

图 10.18 64 × 64 纹理的渐远纹理级数

中一个面的纹理解像度可能较另一个面低,也许会让玩家察觉出来。许多游戏工作室会为其美术团队制定指引,并会提供引擎内的纹素密度可视化工具,使游戏内所有物体都有相对一致的世界空间纹素密度。

纹理过滤 当渲染纹理三角形上的像素时,图形硬件会计算像素中心落入纹理空间的位置,来对纹理贴图采样。通常纹素和像素之间并没有一对一的映射,像素中心可以落入纹理空间的任何位置,包括在两个或以上纹素之间的边缘。因此,图形硬件通常需要采样出多于一个纹素,并把采样结果混合以得出实际的采样纹素颜色。此过程称为纹理过滤 (texture filtering)。

多数显卡支持以下的纹理过滤种类。

- 最近邻 (nearest neighbor):这种粗糙方法会挑选最接近像素中心的纹素。当使用多级渐远纹理时,此方法会挑选一个渐远纹理级数,该级数最接近但高于理想的分辨率。理想分辨率是指达到屏幕空间纹素密度为 1。
- 双线性 (bilinear):此方法会对围绕像素中心的 4 个纹素采样,并计算该 4 个颜色的加权平均 (权重是基于纹素和像素中心的距离)。当使用多级渐远纹理时,也是选择最接近的级数。
- 三线性 (trilinear):此方法把双线性过滤法施于最接近的两个渐远纹理级数 (一个高于理想分辨率,一个低于理想分辨率),然后把两个采样结果进行线性插值。这样便能消除屏幕上碍眼的、相邻渐远纹理级数之间的边界。
- 各向异性 (anisotropic):双线性和三线性过滤都是对 2×2 的纹素块进行采样的。如果纹理表面刚好是面对摄像机的,这样是正确的做法。然而,若表面倾斜于虚拟屏幕平面,这就不太正确了。各向异性过滤法会根据视角，对一个梯形范围内的纹理进行采样，借以提高非正对屏幕的纹理表面的视觉品质。

10.1.2.6 材质

材质 (material) 是网格视觉特性的完整描述。这包括贴到网格表面的纹理设置，也包含一些高级特性，例如选用哪一个着色器、该着色器的输入参数，以及控制图形加速硬件本身的功能参数。

虽然顶点属性从技术上来说也是表面特性描述的一部分，但是顶点属性并不算是材质的一部分。然而，顶点属性随网格而来，因此网格和材质结合后包含所有需要渲染物体的信息。“网格–材质对”有时被称为*渲染包* (render packet)，而“几何图元 (geometric primitive)”一词有时候也会延伸至包含“网格–材质对”的意思。

三维模型通常会使用多于一个材质。例如，一个人类模型可能有多个材质，供头发、皮肤、眼睛、牙齿、多种服饰等之用。因此，一个网格通常会被切割成*子网格* (submesh)，每个子网格对应一个材质。OGRE 渲染引擎在其 `Ogre::SubMesh` 类中实现了此设计。

10.1.3 光照基础

光照是所有计算机图形渲染的中心。欠缺良好的光照，原本精致建模的场景会显得没有立体感及不自然。同样地，就算是极简单的场景，当准确地进行照明时也会显得极为真实。图 10.19 所示的经典“康乃尔盒子 (Cornell box)”[1] 场景，就是这种情况的好例子。

以下是一组顽皮狗制作的《最后生还者》的截图，它们突显了光照的重要性。在图 10.20 中，场景以无贴图方式渲染。图 10.21 所示的则是同一场景，但仅渲染了漫反射贴图。图 10.22 所示的是综合贴图和完整光照的效果。留意应用光照后，场景的真实性顿时提高。

着色 (shading)[2]一词，通常是光照加上其他视觉效果的泛称。因此，着色还包含了以过程式的顶点变形表现水面动态、生成毛发曲线或皮毛外壳 (fur shell) [3]、高次曲面 (high order

1 康乃尔盒子是康乃尔大学的几位学者 1984 年在论文中所设计的场景，其原来的功能是研究漫反射的全局光照模型。可于 http://www.graphics.cornell.edu/online/box/ 阅读有关历史及实验数据。——译者注

2 也可译作“浓淡处理”。此词源于绘画艺术中对光影和材质的表现手法。——译者注

3 这是渲染皮毛 (如兽皮或毛绒玩具上的短毛) 的技术之一，基本方法是把皮肤的网格往外拉伸 (extrude)，形成多层的外壳，然后每层外壳以同一张毛发横切面贴图 (就是透明背景上有许多点状) 渲染。详情可参考 http://research.microsoft.com/en-us/um/people/hoppe/fur.pdf。——译者注

图 10.19 这是经典"康乃尔盒子"场景的变种,它展示了真实光照可以令最简单的场景都变得真实的照片

图 10.20 以无纹理的方式渲染《最后生还者》的一个场景 (©2013/™ SCEA, 由顽皮狗创作及开发, PlayStation 3)

图 10.21 以只含纹理的方式渲染同一个《最后生还者》场景（©2013/TM SCEA，由顽皮狗创作及开发，PlayStation 3）

图 10.22 以完整光照方式渲染同一个《最后生还者》场景（©2013/TM SCEA，由顽皮狗创作及开发，PlayStation 3）

surface) 的镶嵌, 以及许多渲染场景所需的计算。

以下几个小节会介绍光照的基础, 以便理解图形硬件及渲染管道。在 10.3 节会再介绍一些高级光照及着色技术。

10.1.3.1 局部及全局光照模型

渲染引擎使用多种数学模型来模拟光和表面/体积的交互作用, 这些模型称为*光传输模型* (light transport model)。最简单的模型只考虑*直接光照* (direct lighting)。在此模型中, 光发射后, 碰到场景中某个物体后会反射, 然后直接进入虚拟摄像机的虚拟平面。这种简单模型又称为*局部光照模型* (local illumination model), 其仅考虑光对于单个物体的局部影响, 换句话说, 此模型中每个物体不会影响其他物体的光照。局部光照模型是游戏历史中最早应用的模型, 不足为奇; 事实上这个模型在现在的游戏中还在使用, 在某些情况下可以产生极为真实的效果。

而要达到真正的照相写实, 就必须考虑到*间接光照* (indirect lighting), 即光被多个表面反射后才进入摄像机。照顾到间接光照的模型称为*全局光照模型* (global illumination model)。有些全局光照模型针对某种视觉现象, 例如产生逼真的阴影、模拟反射性表面、考虑物体间的互相反射 (某物体的颜色会影响其邻近物体的颜色)、模拟焦散 (caustics) 效果 (如水面或光滑金属表面的强烈反射)。其他全局光照模型尝试模拟多种光学现象, 例如光线追踪 (ray tracing) 和辐射度算法 (radiosity)。

全局光照模型能够完全[1]由单一数学公式描述, 此公式称为*渲染方程* (the rendering equation)[2]或*着色方程* (shading equation)。此公式由 Jim Kajiya 在 1986 一篇开创性的 SIGGRAPH 论文中提出。从某种意义上说, 所有渲染技术都可视为此渲染方程的完全或部分解, 尽管每种技术的基本方法、假设、简化方式、逼近方式有所不同。关于渲染方程的详情, 可参阅维基百科[3]或任何高级渲染和光照的文章。

10.1.3.2 Phong 氏光照模型

在游戏渲染引擎中, 最常用的局部光照模型就是 Phong 氏*反射模型* (Phong reflection

1 其实并不“完全”, 还有几项光学现象未能描述, 包括磷光 (phosphorescence)、荧光 (fluorescence)、干涉 (interference) 和次表面散射 (subsurface scattering)。但此公式在一般图形学中已经非常全面了。——译者注

2 此方程特有 the 这个冠词, 代表它是唯一的, 而不是多种方程之一, 有唯我独尊的感觉, 译者无法译出此层意思。——译者注

3 http://en.wikipedia.org/wiki/Rendering_equation

model)。[1]此模型把从表面反射的光分解为 3 个独立项。

- 环境 (ambient) 项模拟场景中的整体光照水平。此乃场景中间接反射光的粗略估计。间接反射的光使阴影部分不会变成全黑。[2]
- 漫反射 (diffuse) 项模拟直接光源在表面均匀地向各个方向反射。此项能逼近真光源照射至哑光表面 (matte surface) 的反射, 例如木块或布料。
- 镜面反射 (specular) 项模拟在光滑表面会看到的光亮高光。镜面高光会出现在光源的直接反射方向。

图 10.23 显示了环境项、漫反射项和镜面反射项结合后, 最终形成的表面强度和颜色。

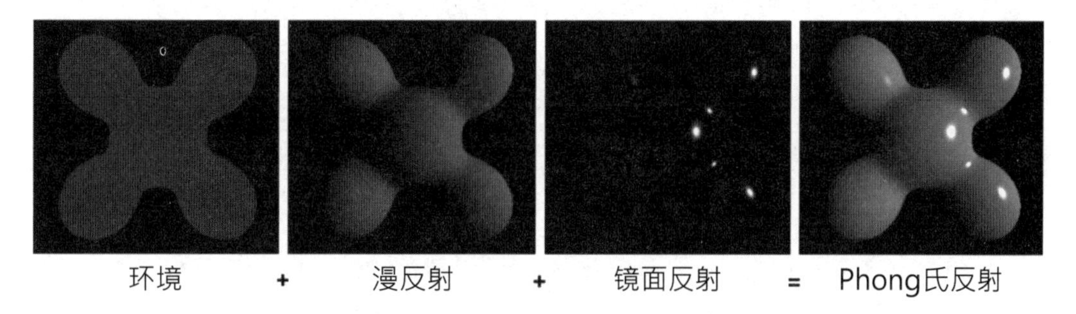

图 10.23 把环境、漫反射及镜面反射项相加计算 Phong 反射

计算表面上某点的 Phong 反射, 需要几个输入参数。Phong 氏模型一般会独立地施于 3 个颜色通道 (R、G、B), 因此以下谈及的颜色参数都是三维矢量。Phong 氏模型的输入包括如下几项。

- 视线方向矢量 $\boldsymbol{V} = [V_x \quad V_y \quad V_z]$ 是从反射点延伸至虚拟摄像机焦点的方向。
- 3 个颜色通道的环境光强度 $\boldsymbol{A} = [A_R \quad A_G \quad A_B]$。
- 光线到达表面上那一点的表面法线 $\boldsymbol{N} = [N_x \quad N_y \quad N_z]$。
- 表面的反射属性, 包括:
  - 环境反射量 $\boldsymbol{k}_A = [k_{AR} \quad k_{AG} \quad k_{AB}]$。
  - 漫反射量 $\boldsymbol{k}_D = [k_{DR} \quad k_{DG} \quad k_{DB}]$。
  - 镜面反射量 $\boldsymbol{k}_S = [k_{SR} \quad k_{SG} \quad k_{SB}]$。
  - 镜面的“光滑度 (glossiness)”幂 α。

1 Bui Tuong Phong (1942–1975) 是越南裔美籍计算机图形学先驱。维基百科上的中文译名是裴祥风, 但在图形学里 Phong reflection model 却通常译作冯氏反射模型。为避免混淆, 本译作采用其英文姓氏。另外要注意的是, Phong 反射模型和 Phong 着色法 (Phong shading) 完全是两回事。——译者注

2 环境光还会用来模拟散射形成的光源, 例如, 蓝天会使阴影变成蓝色。——译者注

- 每个光源 i 的属性, 包括:
  - 光源的颜色及强度 $\boldsymbol{C}_i = [C_{iR} \quad C_{iG} \quad C_{iB}]$。
  - 从反射点至光源的方向矢量 $\boldsymbol{L}_i$。

在 Phong 氏模型中, 从表面上某点反射的光强度 $\boldsymbol{I}$ 可以表示为以下的矢量算式:

$$\boldsymbol{I} = (\boldsymbol{k}_A \otimes \boldsymbol{A}) + \sum_i [\boldsymbol{k}_D(\boldsymbol{N} \cdot \boldsymbol{L}_i) + \boldsymbol{k}_S(\boldsymbol{R}_i \cdot \boldsymbol{V})^{\alpha}] \otimes \boldsymbol{C}_i$$

其中, 求和部分计算所有能影响到该点的光源所产生的反射。$\otimes$ 运算表示两矢量的逐分量乘法 (又称为阿达马积)。此算式能分解为 3 个标量算式, 每个算式对应一个颜色通道:

$$\begin{aligned} I_R &= k_{AR}A_R + \sum_i [k_{DR}\ (\boldsymbol{N} \cdot \boldsymbol{L}_i) + k_{SR}\ (\boldsymbol{R}_i \cdot \boldsymbol{V})^{\alpha}]C_{iR} \\ I_G &= k_{AG}A_G + \sum_i [k_{DG}\ (\boldsymbol{N} \cdot \boldsymbol{L}_i) + k_{SG}\ (\boldsymbol{R}_i \cdot \boldsymbol{V})^{\alpha}]C_{iG} \\ I_B &= k_{AB}A_B + \sum_i [k_{DB}\ (\boldsymbol{N} \cdot \boldsymbol{L}_i) + k_{SB}\ (\boldsymbol{R}_i \cdot \boldsymbol{V})^{\alpha}]C_{iB} \end{aligned}$$

在这些算式中, 矢量 $\boldsymbol{R}_i = [R_{ix} \quad R_{iy} \quad R_{iz}]$ 是光线方向 $\boldsymbol{L}_i$ 对于表面法线的反射。

矢量 $\boldsymbol{R}_i$ 可以用一些矢量运算求得 (见图 10.24)。任何矢量都可以表示为法线分量与切线分量之和。例如, 光线方向矢量 $\boldsymbol{L}$ 可分解为:

$$\boldsymbol{L} = \boldsymbol{L}_N + \boldsymbol{L}_T$$

由于点积 $\boldsymbol{N} \cdot \boldsymbol{L}$ 表示 $\boldsymbol{L}$ 在法线方向的投影 (此值为标量), 因此法线分量 $\boldsymbol{L}_N$ 就是单位法线以此点积缩放的结果:

$$\boldsymbol{L}_N = (\boldsymbol{N} \cdot \boldsymbol{L})\boldsymbol{N}$$

而反射矢量 $\boldsymbol{R}$ 和 $\boldsymbol{L}$ 有同一个法线分量, 但有相反的切线分量 $(-\boldsymbol{L}_T)$。因此, 可以这样求 $\boldsymbol{R}$:

$$\begin{aligned} \boldsymbol{R} &= \boldsymbol{L}_N - \boldsymbol{L}_T \\ &= \boldsymbol{L}_N - (\boldsymbol{L} - \boldsymbol{L}_N) \\ &= 2\boldsymbol{L}_N - \boldsymbol{L} \\ &= 2(\boldsymbol{N} \cdot \boldsymbol{L})\boldsymbol{N} - \boldsymbol{L}_T \end{aligned}$$

此算式能计算出所有光源方向 $\boldsymbol{L}_i$ 对应的反射方向 $\boldsymbol{R}_i$。

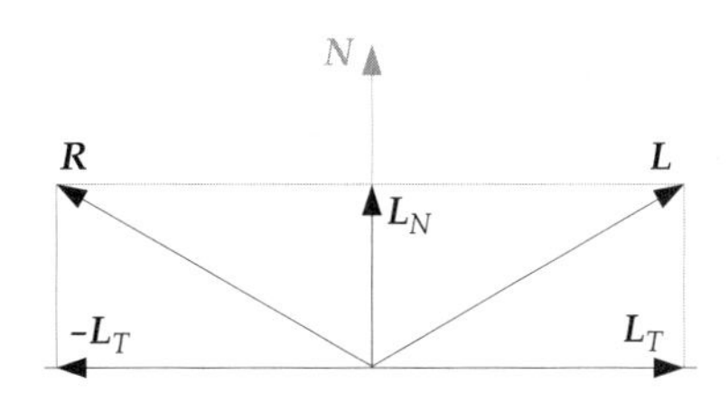

图 10.24 从原始光源矢量 $\boldsymbol{L}$ 及表面法线 $\boldsymbol{N}$ 计算反射光矢量 $\boldsymbol{R}$

Blinn-Phong Blinn-Phong 反射模型[1]是 Phong 反射模型的变种, 两者在计算镜面反射时有些微差别。我们定义中间方向矢量 (halfway vector) $\boldsymbol{H}$ 为视线方向矢量 $\boldsymbol{V}$ 和光线方向矢量 $\boldsymbol{L}$ 的角平分线方向。Blinn-Phong 模型的镜面分量为 $(\boldsymbol{N}\cdot\boldsymbol{H})^\alpha$, 异于 Phong 模型的 $(\boldsymbol{R}\cdot\boldsymbol{V})^\alpha$。而当中的幂 α 也和 Phong 的 α 有些差别, 但可以选择一些合适的值使结果接近 Phong 的镜面反射项。

Blinn-Phong 模型以降低准确度来换取更高的性能, 然而 Blinn-Phong 模型实际上在模拟某些材质时, 比 Phong 模型更接近实验测量的数据。Blinn-Phong 模型几乎是早期计算机游戏的唯一之选, 并且以硬件形式进驻早期 GPU 的固定管线。此模型的细节可参考维基百科。[2]

BRDF 图表 在 Phong 反射模型中, 其 3 个项是通用的*双向反射分布函数* (bidirectional reflection distribution function, BRDF) 的特例。BRDF 是沿视线方向 $\boldsymbol{V}$ 的向外 (反射) 辐射与沿入射光线 $\boldsymbol{L}$ 的进入辐射之比。

BRDF 可以显示为一个半球图表, 其中距原点的径向距离代表从该角度观察到的反射光强度。Phong 的漫反射项为 $\boldsymbol{k}_D(\boldsymbol{N}\cdot\boldsymbol{L})$。此反射项只顾及入射方向 $\boldsymbol{L}$, 和视线角度 $\boldsymbol{V}$ 无关。因此, 此反射项的值在不同视线角度都是一样的。若把此项以三维视线角度的函数作图, 那么结果就像一个半球体, 球心位于计算 Phong 反射的位置。图 10.25 用二维方式显示了此函数。

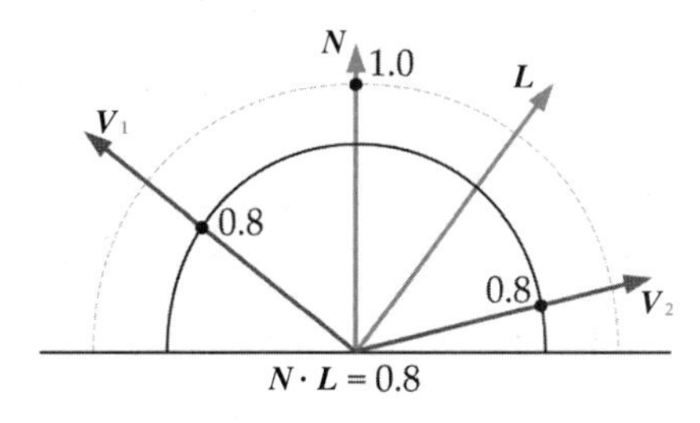

图 10.25 Phong 反射模型的漫反射项取决于 $\boldsymbol{N}\cdot\boldsymbol{L}$, 但和视线方向 $\boldsymbol{V}$ 无关

1 Jim Blinn 是计算机图形学的先驱, 为人熟知的研究成果还有环境贴图 (environment mapping)、凹凸贴图 (bump mapping) 等。——译者注

2 http://en.wikipedia.org/wiki/Blinn-Phong_shading_model

而 Phong 模型的镜面反射项是 $\boldsymbol{k}_S(\boldsymbol{R}\cdot\boldsymbol{V})^{\alpha}$。[1] 此项同时取决于光源方向 $\boldsymbol{L}$ 及视线方向 $\boldsymbol{V}$。当视角接近 $\boldsymbol{L}$ 对表面法线的反射方向 $\boldsymbol{R}$ 时, 此函数产生镜面"热点"。然而, 当视角离开光源反射的方向时, 其作用瞬间骤减。图 10.26 显示了此函数的二维情况。

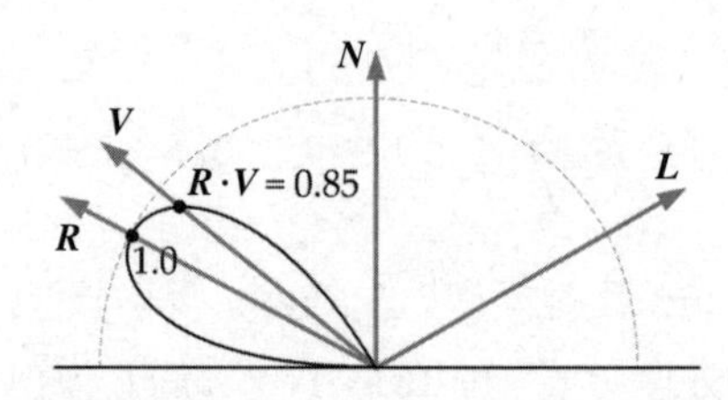

图 10.26　当视线方向 $\boldsymbol{V}$ 与反射方向 $\boldsymbol{R}$ 重叠时, Phong 反射模型的镜面反射项达到最大值, 然后随 $\boldsymbol{V}$ 偏离 $\boldsymbol{R}$ 急速下降

10.1.3.3　光源模型

除了为光线和平面之间的交互作用建模, 我们还需描述场景中的光源。和所有实时渲染的做法一样, 我们会使用多个简化的模型逼近现实中的光源。

静态光照　最快的光照计算就是不计算, 因此光照最好能尽量在游戏运行前计算。我们可以在网格的顶点预计算 Phong 反射, 并把结果存储于顶点漫反射颜色属性中。我们也可以逐像素预计算光照, 把结果存储于一类名为*光照贴图* (light map) 的纹理贴图上。在运行时, 把光照贴图纹理投影在场景中的物体上, 以显示光源对物体的影响。

读者或许会问, 为何不把光照信息直接烘焙到场景中的漫反射纹理中? 原因有如下几个。首先, 漫反射纹理贴图通常会在场景中密铺或重复使用, 所以把光照烘焙在它们上是不可行的。取而代之, 我们会使用一张光照纹理贴到所有受光源影响范围内的物体上。这样做能令动态物体经过光源时得到正确的光照。而光照贴图的分辨率也可以异于 (通常是低于) 漫反射纹理的分辨率。最后一点, "纯"光照贴图通常比包含漫反射颜色信息的贴图更易压缩。[2]

环境光　*环境光* (ambient light) 对应 Phong 光照模型中的环境项。此项独立于视角, 并且不含方向。因此, 环境光由单个颜色表示, 该颜色对应 Phong 算式中的 $\boldsymbol{A}$ 颜色项 (在运行时会以表面的环境反射项 $\boldsymbol{k}_A$ 来缩放)。在游戏世界的不同区域中, 环境光的强度和颜色可以改变。

平行光　*平行光* (directional light) 模拟距离受光表面接近无限远的光源, 例如太阳。平行光发射的光线是平行的, 而光源本身在游戏世界中并无特定位置。因此, 平行光以光源的颜

1　第二版中 $\boldsymbol{k}_D$ 为笔误。——译者注
2　因为光照贴图只含低频的漫反射信息。——译者注

色 $\boldsymbol{C}$ 和方向 $\boldsymbol{L}$ 表示。图 10.27 显示了一束平行光。

点光/全向光 点光 (point light) 又称为全向光 (omnidirectional light), 在游戏世界中有特定位置, 并向所有方向均匀辐射。光的强度通常设定为以光源距离做平方衰减, 超出预设的最大有效半径就会把强度设为 0。点光由其位置 $\boldsymbol{P}$、光源颜色/强度 $\boldsymbol{C}$ 及最大半径 $r_{\max}$ 表示。渲染引擎只需要把点光的效果施于其球体范围的表面 (此乃重要的优化)。图 10.28 显示了一个点光源。

聚光 聚光 (spot light) 的行为等同于发射光线受限于一个圆锥范围的点光, 如手电筒一样。通常会用内角和外角设置两个圆锥。在内圆锥里, 光线以最高强度发射。而在内角和外角之间, 光线的强度会衰减, 直至外圆锥强度归零。在两个圆锥里, 光的强度也会按径向距离衰减。聚光以位置 $\boldsymbol{P}$、光源颜色 $\boldsymbol{C}$、中央方向矢量 $\boldsymbol{L}$、最大半径 $r_{\max}$、内外圆锥角 $\theta_{\min}$ 和 $\theta_{\max}$ 表示。图 10.28 显示了一个聚光源。

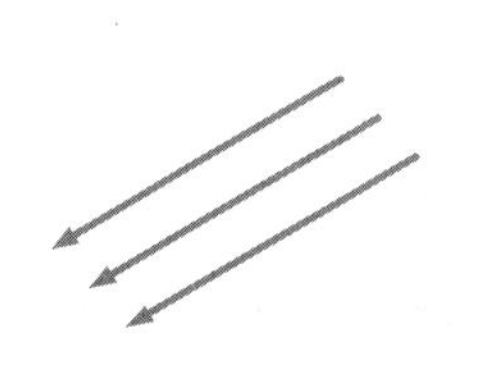

图 10.27 平行光源的模型

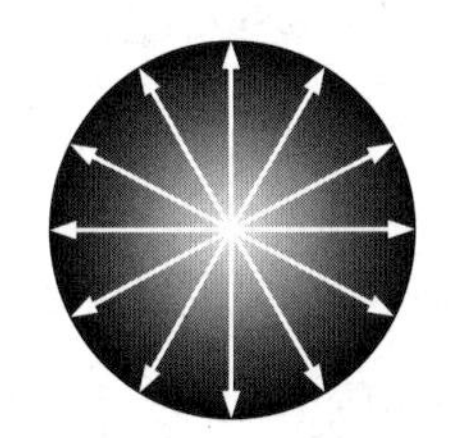

图 10.28 点光源的模型

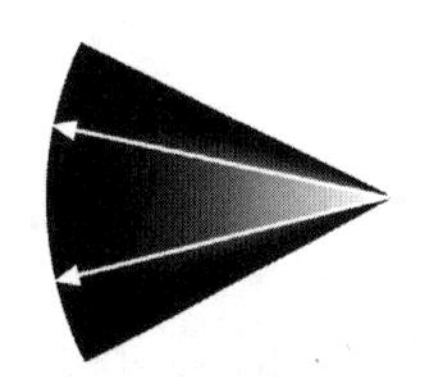

图 10.29 聚光源的模型

面积光 以上所述的光源都是从一个理想化的点, 自无限远或本地进行辐射。但现实中的的光源几乎必定有非零的面积, 因此才会使其产生的阴影含有本影 (umbra) 和半影 (penumbra)。

与其显式地为面积光 (area light) 建模, 计算机图形工程师通常会用多种“小技巧”模拟其行为。例如, 要模拟半影, 可以投下多个阴影, 再把结果混合; 又或是以某种方式把锐利的阴影边缘模糊化。

发光物体 场景中有些表面本身也是光源, 例如手电筒、发光的水晶球、火箭喷出的火焰等。发光表面可用放射光贴图 (emissive texture map) 来模拟, 此纹理的颜色永远以完全强度发射, 不受附近的光照环境所影响。这种纹理可以用来定义霓虹灯标志、车头灯等。

有些发光物体 (emissive object) 会结合多种技术来渲染。例如, 渲染手电筒时, 在直望的方向可以使用放射光贴图, 在同一位置加入聚光以照亮场景, 加入半透明的黄色网格模拟光锥, 渲染面向摄像机的卡片以模拟镜头光晕 (lens flare) (若引擎支持高动态范围光照可用敷霜效果代替[1]), 以及用投射纹理把手电筒的焦散效果投射至受光的表面上。《路易士鬼屋》(*Luigi's Mansion*) 中的手电筒是这类效果组合的绝佳例子, 见图 10.30。

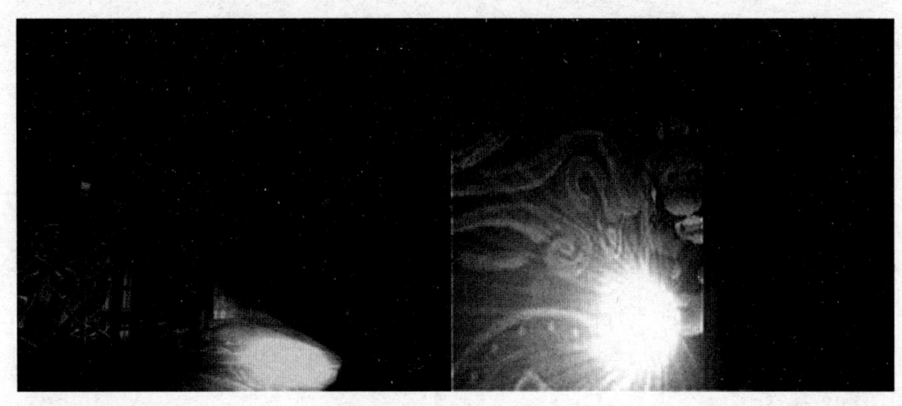

图 10.30 在任天堂的《路易士鬼屋》(Wii) 中, 其手电筒由多个视觉效果组成, 包括一个模拟光线的圆锥形半透明几何体、一个动态聚光源照亮场景、一个位于透镜的放射光贴图, 以及朝向摄像机的镜头光晕

10.1.4 虚拟摄像机

在计算机图形学中, 虚拟摄像机比现实的摄像机或人类眼睛简单得多。我们把摄像机当作一个理想的焦点, 并有一个矩形虚拟感光表面——称为成像矩形 (imaging rectangle)——悬浮在焦点前面不远处。成像矩形由正方或矩形虚拟感光元件的栅格所组成, 每个感光元件对应屏幕中一个像素。所谓渲染, 可以理解为每个虚拟感光元件记录光强度和颜色的过程。

10.1.4.1 观察空间

虚拟摄像机的焦点, 是观察空间 (view space) 或称为摄像机空间 (camera space) 的三维坐标系统的原点。摄像机通常"看着"观察空间中的正或负 z 轴, 其 y 轴向上, x 轴则向左或向右。图 10.31 显示了典型的左手、右手观察空间的各个轴。

摄像机的位置及定向可以用观察至世界矩阵 (view-to-world matrix) 表示, 如同一个场景中的网格实例使用模型至世界矩阵 (model-to-world matrix) 表示其位置及定向。若我们知道摄像机的位置矢量, 以及摄像机空间的 3 个单位基矢量, 而这些矢量都是以世界坐标表示的,

1 原文虽然说是代替, 其实两种效果并不接近。镜头光晕的成因是由强光在镜头内反射所形成的, 因此会出现在屏幕中的不同位置 (通常由一串穿过屏幕中心的光晕组成)。而敷霜效果 (bloom) 的成因包括不完美的对焦, 或是由于强光在相邻感光元件溢出 (在视网膜和胶卷上也常会出现), 所以此效果主要会在屏幕中光亮的部分出现。——译者注

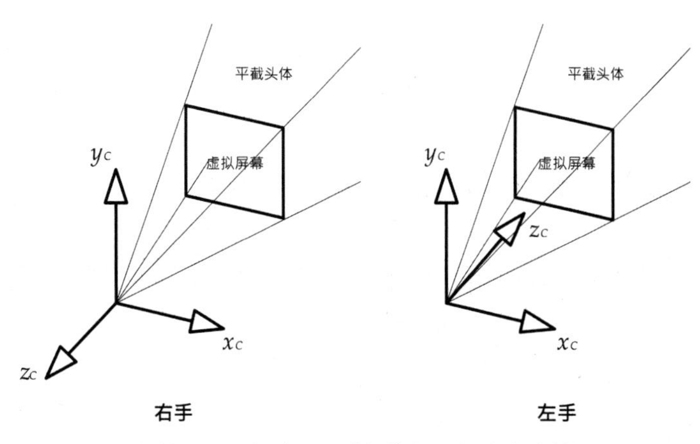

图 10.31 右手和左手摄像机空间的各个轴

那么观察至世界矩阵可写成以下形式, 和建立模型至世界矩阵[1]的方式相同:

$$\boldsymbol{M}_{V\to W}=\left[\begin{array}{c|c}\boldsymbol{i}_V & 0\\ \boldsymbol{j}_V & 0\\ \boldsymbol{k}_V & 0\\ \hline \boldsymbol{t}_V & 1\end{array}\right]$$

当要渲染三角形网格时, 其顶点首先从模型空间变换至世界空间, 然后再从世界空间变换至观察空间。进行后者变换时, 我们需要世界至观察矩阵 (world-to-view matrix), 这其实就是观察至世界矩阵的逆矩阵。此矩阵有时候被称作*观察矩阵* (view matrix):

$$\boldsymbol{M}_{W\to V}=\boldsymbol{M}_{V\to W}^{-1}=\boldsymbol{M}_{\text{view}}$$

这里需要小心。摄像机矩阵相对场景中的物体矩阵来说是逆矩阵, 这点经常会让游戏开发新手感到困惑进而造成软件缺陷。

在渲染个别网格实例前, 通常会预先串接世界至观察矩阵和该实例的模型至世界矩阵。在 OpenGL 中, 这个串接后的矩阵被称为模型观察矩阵 (model-view matrix)。预计算此矩阵后, 渲染引擎就只需对每个顶点做一次矩阵乘法, 便能把顶点由模型空间变换至观察空间:

$$\boldsymbol{M}_{M\to V}=\boldsymbol{M}_{M\to W}\boldsymbol{M}_{W\to V}=\boldsymbol{M}_{\text{modelview}}$$

10.1.4.2 投影

为了把三维场景渲染成二维影像, 我们需使用一种特别的变换——*投影* (projection)。在

1 原文为 model-to-view matrix, 应为笔误。——译者注

计算机图形学中, 透视投影 (perspective projection) 是最常见的投影, 因为它能模仿典型摄像机的成像方式。使用这种投影时, 物体显得远小近大, 此效果称为透视收缩 (perspective foreshortening)。

有些游戏采用能维持长度不变的正射投影 (orthographic projection), 主要用作渲染三维模型或游戏关卡的平面图 (plan view, 如正面图、侧面图、俯视图等), 供编辑之用; 也会用来在屏幕上叠加二维图形, 以渲染 HUD 或类似的显示。图 10.32 比较了用这两种投影渲染立方体的结果。

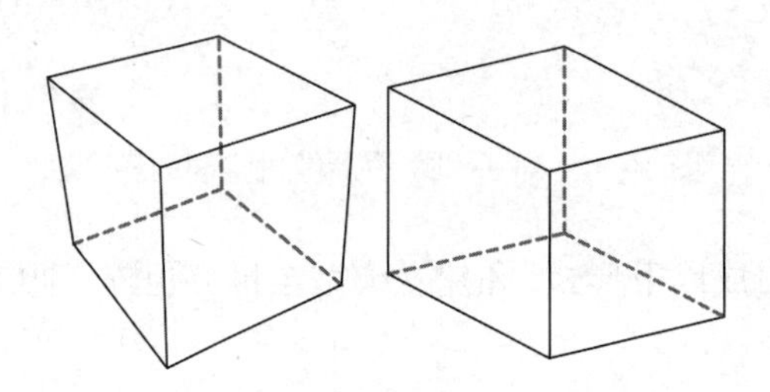

图 10.32 使用透视投影 (左图) 和正射投影 (右图) 渲染的立方体

10.1.4.3 观察体积及平截头体

摄像机能“看到”的空间范围称为观察体积 (view volume)。观察体积由 6 个平面定义。近平面 (near plane) 对应于虚拟影像感光元件的表面。上、下、左、右 4 个平面对应虚拟屏幕的边缘。而远平面 (far plane) 则用作渲染优化, 确保很远的物体不获渲染。远平面也作为深度缓冲的深度上限 (见 10.1.4.8 节)。[1]

当使用透视投影渲染场景时, 其观察体积的形状是截断的四角锥体, 此形状有其独特名称 —— 平截头体 (frustum)。当使用正射投影时, 其观察体积就是长方体。图 10.33 和图 10.34 分别说明了透视投影和正射投影。

观察体积的 6 个平面可紧凑地用 6 个四维矢量 $(n_{ix}, n_{iy}, n_{iz}, d_i)$ 表示, 其中 $\boldsymbol{n} = n_x, n_y, n_z$ 为平面法线, 而 d 为平面和原点的垂直距离。若使用点法式 (point-normal form) 表示平面, 则可以用 6 对矢量 $(\boldsymbol{Q}_i, \boldsymbol{n}_i)$ 去表示该 6 个平面, 其中 $\boldsymbol{Q}$ 为平面上任意的点, 而 $\boldsymbol{n}$ 为平面法矢量。(在这两种表示法中,i 都是指 6 个平面的索引。)

---

1 这里的说明主要是基于光栅化管道的常见做法。在光栅化管道中, 远平面也可设置成无限远 (http://www.terathon.com/gdc07_lengyel.pdf)。而光线追踪式渲染没必要设置近平面, 其观察体积可以是无限长的四角锥体。——译者注

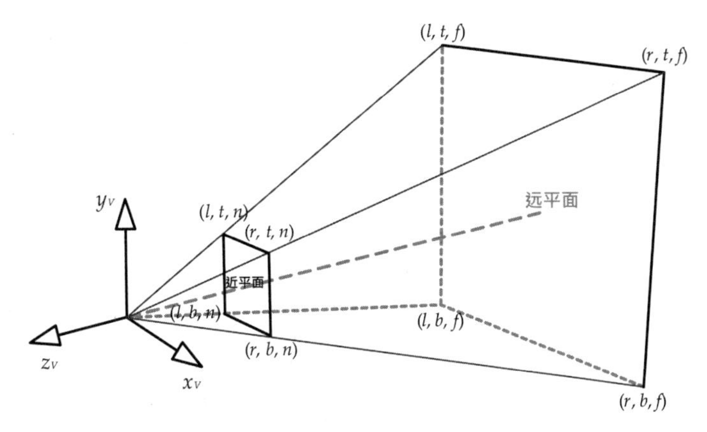

图 10.33 一个透视的观察体积 (平截头体)

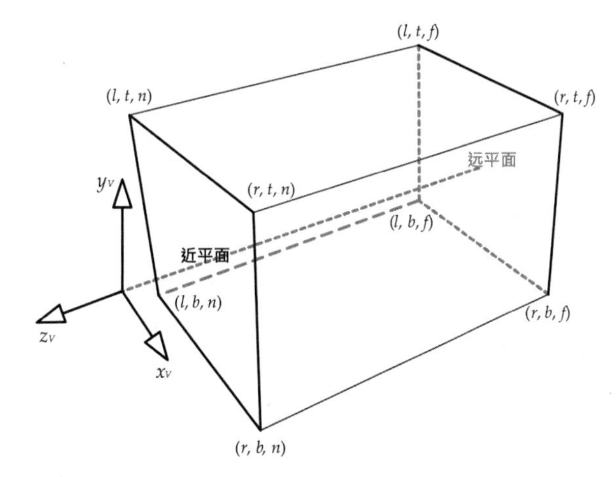

图 10.34 一个正射的观察体积

10.1.4.4 投影及齐次裁剪空间

透视及正射投影能把点从观察空间变换至一个称为*齐次裁剪空间* (homogeneous clip space) 的坐标系。此三维空间其实仅是观察空间的变形版本。裁剪空间是用来把摄像机空间的观察体积转换成标准的观察体积, 转换后的体积不仅独立于把三维场景转换成二维屏幕空间的投影类型, 也独立于屏幕的*分辨率* (resolution) 及*长宽比* (aspect ratio)。

在裁剪空间中, 标准的观察体积是一个长方体, 其 x 轴和 y 轴的范围都是 $-1 \sim +1$。在 z 轴方向, 观察体积不是从 -1 延伸至 $+1$ (OpenGL), 就是从 0 到 1 (DirectX)。我们称此坐标系为“裁剪空间”, 因为观察体积的平面和坐标系里的轴是对齐的, 使按观察体积裁剪三角形变得很方便 (即使采用的是透视投影)。图 10.35 显示了 OpenGL 的标准裁剪空间观察体积。注意, 让裁剪空间的 z 轴往屏幕里延伸, y 轴向上, x 轴向右。换句话说, 齐次裁剪空间通常是左手坐标系统。这里用左手约定的原因, 在于它的 z 值随深度递增而递增, 同时与常规一样, y 向上递增, x 向右递增。

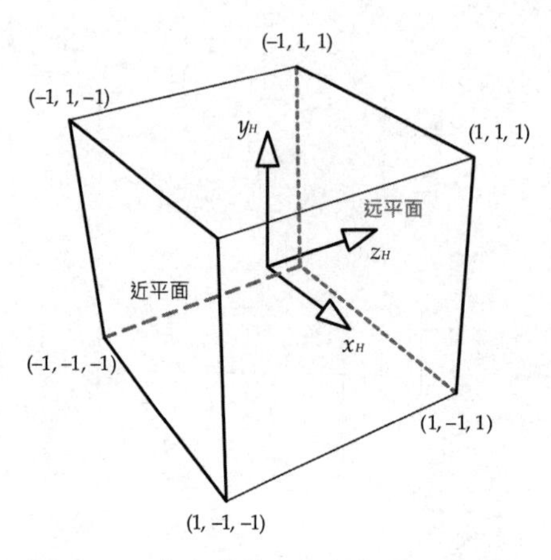

图 10.35 齐次裁剪空间的标准观察体积

透视投影 在参考文献 [28] 的 4.5.1 节里极好地解释了透视投影, 因此我们不在此重复。取而代之, 以下我们会简单地介绍透视投影矩阵 $\boldsymbol{M}_{V\to H}$。(下标 $V \to H$ 表示此矩阵用于把点从观察空间变换至齐次裁剪空间。) 若我们的观察空间为右手坐标系, 那么近平面与 z 轴相交于 $z = -n$, 而远平面则和 z 轴相交于 $z = -f$。虚拟屏幕的左、右、下、上边缘则分别位于近平面的 $x = l$、$x = r$、$y = b$ 及 $y = t$。(通常虚拟屏幕的中心位于摄像机空间的 z 轴, 这种情形下 $l = -r$、$b = -t$, 但这并非是最一般化的情形。) 使用这些定义后, OpenGL 用的透视投影矩阵为:

$$\boldsymbol{M}_{V\to H} = \begin{bmatrix} \frac{2n}{r-l} & 0 & 0 & 0 \\ 0 & \frac{2n}{t-b} & 0 & 0 \\ \frac{r+l}{r-l} & \frac{t+b}{t-b} & -\frac{f+n}{f-n} & -1 \\ 0 & 0 & -\frac{2nf}{f-n} & 0 \end{bmatrix}$$

DirectX 裁剪空间的 z 轴范围是 $[0, 1]$, 而非 OpenGL 所采用的 $[-1, 1]$。我们可以轻易地

调整透视矩阵, 使其适用于 DirectX:

$$(\boldsymbol{M}_{V\to H})_{\mathrm{DirectX}} = \begin{bmatrix} \dfrac{2n}{r-l} & 0 & 0 & 0 \\ 0 & \dfrac{2n}{t-b} & 0 & 0 \\ \dfrac{r+l}{r-l} & \dfrac{t+b}{t-b} & -\dfrac{f}{f-n} & -1 \\ 0 & 0 & -\dfrac{nf}{f-n} & 0 \end{bmatrix}$$

除以 z 进行透视投影后, 每个顶点的 x 和 y 坐标会除以其 z 坐标。这个除法是产生透视收缩的方法。要了解为何该矩阵能做成这样的结果, 可以尝试把观察空间的点 $\boldsymbol{p}_V$ 以四维齐次坐标表示, 再乘以 OpenGL 的透视投影矩阵:

$$\boldsymbol{p}_H = \boldsymbol{p}_V \boldsymbol{M}_{V\to H} = [p_{V_x} \quad p_{V_y} \quad p_{V_z} \quad 1] \begin{bmatrix} \dfrac{2n}{r-l} & 0 & 0 & 0 \\ 0 & \dfrac{2n}{t-b} & 0 & 0 \\ \dfrac{r+l}{r-l} & \dfrac{t+b}{t-b} & -\dfrac{f+n}{f-n} & -1 \\ 0 & 0 & -\dfrac{2nf}{f-n} & 0 \end{bmatrix}$$

相乘的结果有以下形式:

$$\boldsymbol{p}_H = [a \quad b \quad c \quad -p_{V_z}] \tag{10.1}$$

当要把齐次坐标转换为三维坐标时, 要把其 x、y、z 分量除以 w 分量:

$$[x \quad y \quad z \quad w] \equiv \left[\frac{x}{w} \quad \frac{y}{w} \quad \frac{z}{w}\right]$$

因此, 把等式 (10.1) 除以其齐次 w 分量——即实际上是观察空间 z 坐标的负数 $-p_{V_z}$, 得出:

$$\begin{aligned} \boldsymbol{p}_H &= \left[\frac{a}{-p_{Vz}} \quad \frac{b}{-p_{Vz}} \quad \frac{c}{-p_{Vz}}\right] \\ &= [p_{H_x} \quad p_{H_y} \quad p_{H_z}] \end{aligned}$$

所以, 齐次裁剪空间坐标都是除以观察空间的 z 坐标, 而这样能产生透视收缩。

透视校正的顶点属性插值

在 10.1.2.4 节中, 我们已经学过对顶点属性进行插值, 从而得出三角形内合适的属性值。属性插值是在屏幕空间中进行的。我们在屏幕上的每个像素上迭代, 并计算对应于三角形表面位置的每个属性值。当以透视投影渲染场景时, 我们必须谨慎地进行此插值, 把透视收缩的影响计算在内。这种插值称为*透视校正插值* (perspective-correct interpolation)。

推导透视校正插值已超出本书范围, 但简单地说, 需要把插值后的每个顶点属性值除以对应的 z 坐标 (深度)。对于每对顶点属性 A_1 及 A_2, 可写出位于它们之间 t 百分比的插值属性:

$$\frac{A}{p_z} = (1-t)\frac{A_1}{p_{1z}} + t\frac{A_2}{p_{2z}} = \text{LERP}\left(\frac{A_1}{p_{1z}}, \frac{A_2}{p_{2z}}, t\right)$$

关于透视校正插值的数学推导可参阅参考文献 [28]。

正射投影 正射投影可使用以下矩阵表示:

$$(\boldsymbol{M}_{V\to H})_{\text{ortho}} = \begin{bmatrix} \dfrac{2}{r-l} & 0 & 0 & 0 \\ 0 & \dfrac{2}{t-b} & 0 & 0 \\ 0 & 0 & -\dfrac{2}{f-n} & 0 \\ -\dfrac{r+l}{r-l} & -\dfrac{t+b}{t-b} & -\dfrac{f+n}{f-n} & 1 \end{bmatrix}$$

这其实只是常见的缩放并平移矩阵。(其左上角 3×3 的元素含有对角非统一缩放矩阵, 而最下面一行含有平移。) 由于此观察体积在观察空间和裁剪空间都是长方体, 因此我们仅需要缩放及平移即可使顶点在这两个空间中进行转换。

10.1.4.5 屏幕空间及长宽比

屏幕空间是二维坐标系统, 其轴是以屏幕像素来度量的。原点通常位于屏幕左上角,x 轴向右, y 轴向下。(y 轴方向和一般数学定义相反, 这是由于 CRT 显示器是从屏幕上方往下扫描的。) 屏幕的宽度和高度之比称为*长宽比* (aspect ratio)。最常见的长宽比为 4 : 3(传统电视屏幕的长宽比) 及 16 : 9 (电影屏幕[1]或高清电视的长宽比)。图 10.36 展示了这些长宽比。

渲染以齐次裁剪空间表示的三角形时, 可以只用其 (x, y) 坐标而忽略 z 坐标。但在渲染之前, 我们要缩放及平移裁剪空间坐标, 使这些坐标变换成在屏幕空间而非在单位正方形里。此缩放平移操作称为*屏幕映射* (screen mapping)。

1 电影的常见长宽比为 1.85 : 1 和 2.39 : 1, 前者较接近 16 : 9 (16 : 9 即约 1.77 : 1)。——译者注

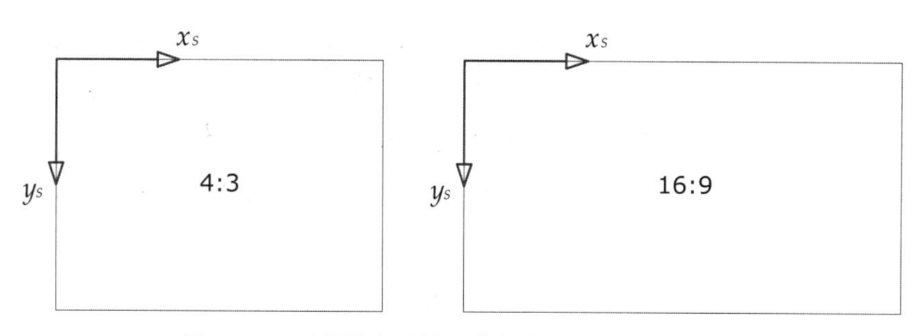

图 10.36　两种最常见的屏幕长宽比是 4 : 3 和 16 : 9

10.1.4.6　帧缓冲

最终渲染后的影像会存储在一个名为*帧缓冲* (frame buffer) 的颜色位图缓冲里。虽然多数显卡支持多种帧缓冲格式，但像素颜色通常以 RGBA8888 格式存储。其他常用的格式包括 RGB565、RGB5551，以及一些调色板模式。

显示硬件 (CRT、平板屏幕显示器、高清电视等) 会周期性地读取帧缓冲中的内容，北美及日本所使用的 NTSC 电视的读取频率是 60Hz，而欧洲及许多其他地区所使用的 PAL/SECAM 电视则是 50Hz 的。渲染引擎通常会维护至少两个帧缓冲。其中，显示硬件扫描一个帧缓冲时，渲染引擎则更新另一个帧缓冲，此称为*双缓冲法* (double buffering)。通过在*垂直消隐区间* (vertical blanking interval，即 CRT 电子枪向屏幕左上角重置期间) 互换两个缓冲，双缓冲法能确保显示硬件一直能扫描完整的帧缓冲。这么做能避免一个名为*撕裂* (tearing) 的不良效果，其中屏幕上半部分含有最新渲染的影像而下半部分则仍是上一帧的残留影像。

有些引擎使用 3 个帧缓冲，此技术称为*三缓冲法* (triple buffering)。这么做的原因是，就算显示硬件仍在扫描上一帧，渲染引擎也已经能开始渲染下一帧了。例如，当引擎完成缓冲 B 的渲染时，硬件可能仍在扫描缓冲 A，这时候引擎就可以继续把新的帧渲染至缓冲 C，而不需要闲置等待显示硬件完成缓冲 A 的扫描。

渲染目标　任何供渲染引擎绘制图形的缓冲皆称为*渲染目标* (render target)。在本章稍后会提及，渲染引擎除了使用帧缓冲，还会使用许多种类的屏幕外 (off-screen) 渲染目标。这些渲染目标包括深度缓冲 (depth buffer)、模板缓冲 (stencil buffer)，以及其他用来存储中间渲染结果的缓冲。

10.1.4.7　三角形光栅化及片段

要在屏幕上产生一个三角形的影像，我们需要给该三角形范围内的像素填充数据。此过程称为光栅化 (rasterization)。在光栅化过程中，三角形表面会被分拆成名为*片段* (fragment) 的小块, 每个片段对应三角形表面中的一个细小区域, 而每个这些细小区域对应单个屏幕像素。(在使用多采样抗锯齿时, 每个片段对应于像素的一部分, 详情见下文。)

片段像是培训过程中的像素。把一个片段写进帧缓冲之前, 它要通过许多测试 (下文会更详细讨论)。若片段在任何一个测试中不获通过, 它就会被丢弃。能通过所有测试的片段就会被着色 (即决定其颜色), 接着其颜色就会被写进帧缓冲, 或是和已经在帧缓冲中的颜色进行混合。图 10.37 说明了如何把片段变成像素。

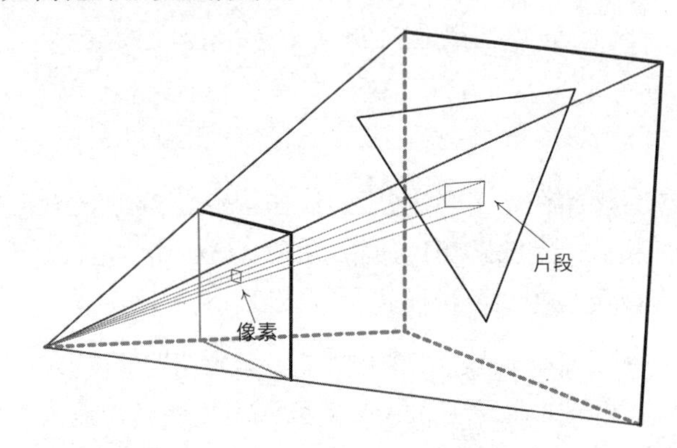

图 10.37 片段是三角形对应屏幕像素的一个细小区域。在渲染管道中, 一个片段若没有被丢弃, 其颜色就会被写入帧缓冲之中

10.1.4.8 遮挡及深度缓冲

当渲染在屏幕空间中重叠的两个三角形时, 我们需要一些方法来保证距摄像机较近的三角形渲染在另一个之上。为达到此目的, 可以把三角形以从后往前的次序渲染, 此方法称为画家算法 (painter's algorithm)。然而, 如图 10.38 所示, 当三角形互相穿插时此方法并不适用。[1]

要正确地实现三角形的遮挡 (occlusion) 关系, 而不需要理会三角形的渲染次序, 渲染引擎会使用称为*深度缓冲* (depth buffer, 或称 z 缓冲, z-buffer) 的技术。深度缓冲是全屏缓冲, 其中每个像素通常含 24 位整数或 (更罕见的) 浮点数的深度数据。(深度缓冲常以每像素 32 位存储, 含 24 位深度值及 8 位模板值, 两者合并成每像素的 32 位四倍长字。) 每个片段含有一个 z 坐标, 以测量其“深入”屏幕的深度。(片段的深度是对三角形顶点进行深度插值所得到的。) 当片段的颜色写至帧缓冲时, 其深度就会存储在对应的深度缓冲像素里。而当另一片段 (自另一个三角形) 渲染在同一像素时, 引擎就会比较新的片段深度和深度缓冲里的现存深度。若新片段比较接近摄像机 (即其深度较小), 其颜色及深度就会写进帧缓冲。否则该片段就会被丢弃。

1 另一个例子是 4 个三角形以“井”字形排列, 每个三角形同时在另一个三角形之上, 也同时在另一个三角形之下, 虽然没有相交, 也不能从后往前排序。——译者注

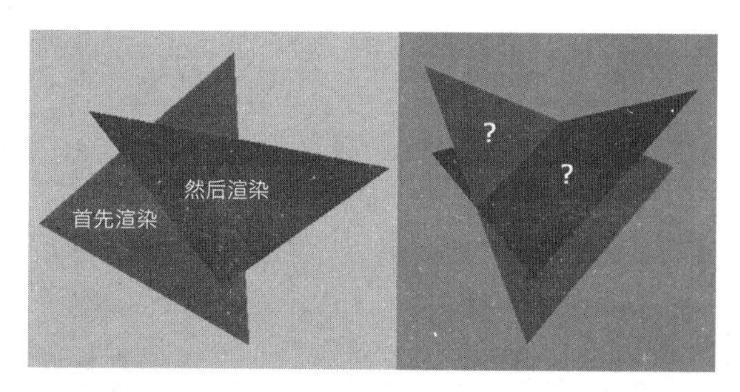

图 10.38 画家算法以从后往前的次序渲染三角形，以产生正确的三角形遮挡。然而，当三角形互相穿插时此算法就不适用了

深度冲突及 W 缓冲 当渲染非常接近的两个平行表面时，渲染引擎必须能够区分这两个平面的深度。若深度缓冲有无限的精确度，这并不会造成问题。可惜，现实中的深度缓冲仅含有限的精确度，因此两个足够接近的平面，其两个深度可能会变成相同的离散值。若发生这种情形，较远的平面像素就会“刺穿”较近的平面，造成一个称为*深度冲突*（z-fighting）的噪点效果。

为了使整个场景的深度冲突降至最低，我们希望无论要渲染的平面是远是近，其深度都有相同的精确度。然而，z 缓冲并非如此。裁剪空间的 z 深度（p_{Hz}）并非均匀分布于近平面和远平面之间，因为该深度是观察空间的 z 坐标的倒数。而由于 $1/z$ 曲线的形状，深度缓冲的大部分精确度集中于近摄像机的地方。

图 10.39 绘制的函数 $p_{Hz} = 1/p_{Vz}$ 显示了此特性。接近摄像机时，两平面的观察空间距离 Δp_{Vz} 变换成相当大的裁剪空间距离 Δp_{Hz}。但当离开摄像机时，同样的分隔在变换后变成细小的裁剪空间距离。此结果会造成深度冲突，并且当物体离摄像机越远时情况越严重。

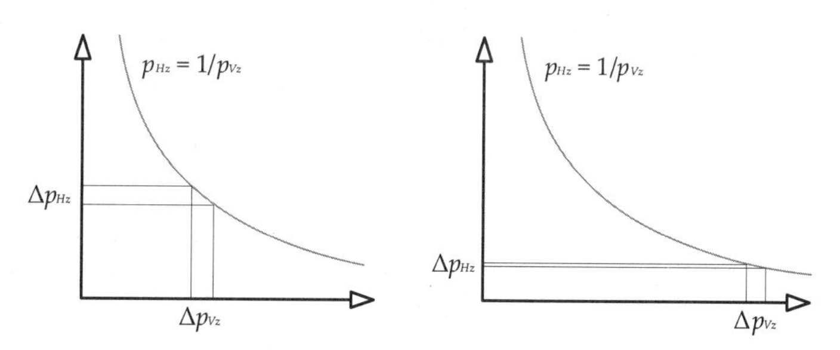

图 10.39 为函数 $1/p_{Vz}$ 作图，显示出大部分的精确度是置于近摄像机之处

要克服此问题，我们希望在深度缓冲中存储观察空间的 z 坐标（p_{Vz}），而非裁剪空间的 z 坐标（p_{Hz}）。观察空间的 z 坐标随距摄像机的距离线性变化，因此使用观察空间 z 坐标能使整

个深度范围内都具有均匀精确度。此技术称为*w* 缓冲 (*w*-buffer), 因为观察空间 *z* 坐标恰好出现在齐次裁剪空间坐标的 *w* 分量里。(回想算式 10.1 中 $p_{Hw} = -p_{Vz}$)。

此处的术语可能非常容易令人混淆。*z* 缓冲和 *w* 缓冲存储的是裁剪空间的坐标。但依观察空间的角度来说,*z* 缓冲存储的是 $1/z$ (即 $1/p_{Vz}$), 而 *w* 缓冲存储的是 *z* (即 p_{Vz})!

在此还要注意一点, *w* 缓冲方式比 *z* 缓冲方式稍耗时一点。因为在 *w* 缓冲中我们不能直接对深度进行插值。必须先计算深度的倒数才能插值, 然后再存储于 *w* 缓冲中。

10.2 渲 染 管 道

在对三角形光栅化的主要理论及实践基础有大概理解之后, 我们将注意力转向如何实现整个渲染过程。在实时游戏渲染引擎中,10.1 节已提及, 高级的渲染步骤是由名为管道 (pipeline) 的软件架构所实现的。管道只是一连串的顺序计算阶段 (stage), 每个阶段有其具体目的, 各个阶段会操作输入流中的数据项, 并对输出流产生数据。

管道中每个阶段的操作过程通常独立于其他阶段。因此, 管道化架构的最大优点在于非常适合并行化 (parallelization)。当第 1 个阶段在处理一个数据元素时, 第 2 个阶段可以处理先前第 1 个阶段的结果, 这种并行性一直延伸到后面的阶段。

并行也可以在管道的个别阶段中实现。例如, 在计算机硬件中可以把某阶段在芯片上复制 *N* 份, 那么这 *N* 个数据元素就能在该阶段被并行处理。图 10.40 展示了一个并行管道。理想地, 所有阶段都能 (大部分时间里) 并行运行, 而一些阶段能够同时操作多个数据项。

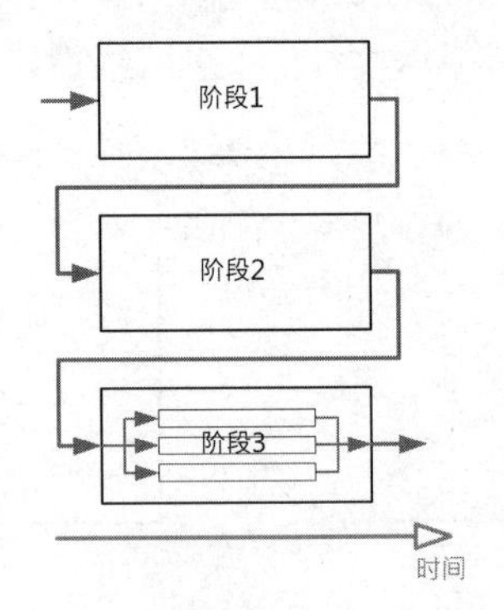

图 10.40 一个并行管道中所有阶段都能并行执行, 而且有些阶段能同时操作多个数据项

管道的吞吐量 (throughput) 测量总体每秒可产生的数据量。而管道的潜伏期 (latency) 测量单个数据需要花多少时间才能走完整个管道。个别阶段的潜伏期测量该阶段需花多少时间

处理单个数据。最低吞吐量的阶段成为整个管道的吞吐量上限, 同时也对整个管道的平均潜伏期有影响。因此, 设计渲染管道时, 应尽量降低及平衡整个管道里的潜伏期, 以消除瓶颈。[1] 在设计优秀的管道中, 所有阶段同时运作, 没有阶段需要长时间闲置等待另一个阶段。

10.2.1 渲染管道概览

有些图形学文献会把渲染管道分为 3 个概要阶段。在本书中, 我们会把管道往后延伸, 以包含脱机工具所创建场景的阶段, 这些场景最终会由游戏引擎渲染。在我们的管道中, 最高级的阶段包括如下几个。

1. 工具阶段 (脱机): 定义几何和表面特性 (材质)。
2. 资产调节阶段 (脱机): 资产调节管道处理几何和材质数据, 生成引擎可用的格式。
3. 应用程序阶段 (CPU): 识别出潜在可视的网格实例, 并把它们及其材质呈交至图形硬件以供渲染。
4. 几何处理阶段 (GPU): 变换顶点、照明, 然后投影至齐次裁剪空间。可选择用几何着色器处理三角形, 然后对三角形根据平截头体进行裁剪。
5. 光栅化阶段 (GPU): 把三角形转换为片段, 并对片段着色。片段经过多种测试 (深度测试、alpha 测试、模板测试等) 后, 最终和帧缓冲混合。

10.2.1.1 渲染管道如何变换数据

我们有兴趣知道几何数据经过渲染管道时, 其数据格式是如何改变的。工具和资产调节阶段负责处理网格和材质。应用程序阶段负责处理网格实例和子网格, 每个子网格关联至一个材质。而在几何阶段, 每个子网格被分解成个别顶点, 顶点获大规模并行处理。在这一阶段的结尾, 完全变换后、着色后的顶点会重新构成三角形。在光栅化阶段, 每个三角形分解为片段, 这些片段若没被丢弃, 其颜色便会被最终写进帧缓冲。图 10.41 说明了此过程。

10.2.1.2 管道的实现

前两个渲染管道阶段以脱机方式实现, 通常由 Windows 或 Linux 机器执行。应用程序阶段则是由游戏机或 PC 的主 CPU 执行, 或由像 PS3 SPU 这些并行处理器执行。几何及光栅化阶段通常由图形处理器 (graphics processing unit, GPU) 处理。以下我们会探索实现这些阶段的部分细节。

1 理论上来说, 管道的设计必然出现瓶颈, 目标应该是减少瓶颈造成的影响。——译者注

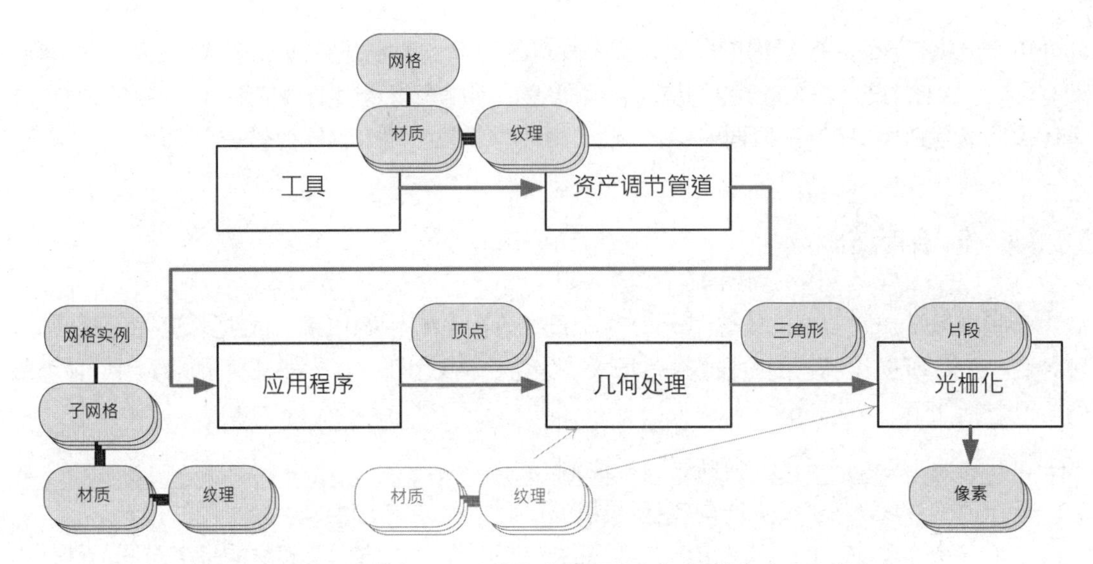

图 10.41 当几何数据通过渲染管道的多个阶段时, 其格式会彻底改变

10.2.2 工具阶段

在工具阶段, 三维建模师在数字内容创作 (digital content creation, DCC) 软件里制作三维模型, 这些软件有 Maya、3ds Max、LightWave、Softimage/XSI、SketchUp 等。这些模型可以由任何方便的表面描述方式定义, 例如 NURBS、四边形、三角形等。然而, 在管道的运行时渲染前, 这些模型总要先镶嵌成三角形。

网格的顶点也可以蒙皮。蒙皮需要把每个顶点关联至骨骼结构上的一个或多个关节, 每个顶点含有对每个关联关节的影响权重。动画系统会使用蒙皮信息及骨骼驱动模型的动作, 详情请参阅第 11 章。

在工具阶段, 美术人员也需要定义材质。这包括为每个材质选择着色器, 选取该着色器所需的纹理, 以及设置着色器提供的配置参数及选项。纹理会被贴至表面。另外, 也可以定义一些顶点属性, 通常会使用 DCC 应用提供的直观工具 "涂上" 这些属性。

制作材质时, 通常会使用商用或公司内定制的材质编辑器。材质编辑器有时候会以插件方式直接整合在 DCC 工具里, 也可以是一个独立的程序。有些材质编辑器能实时连接至游戏, 使材质制作人能观看材质在真实游戏中的样子。还有些材质编辑器提供脱机的三维预览视域。有些编辑器甚至能让美术人员和着色器工程师直接在编辑器中编写及调试着色器。NVIDIA 的 FX Composer 是其中的一个例子, 见图 10.42。

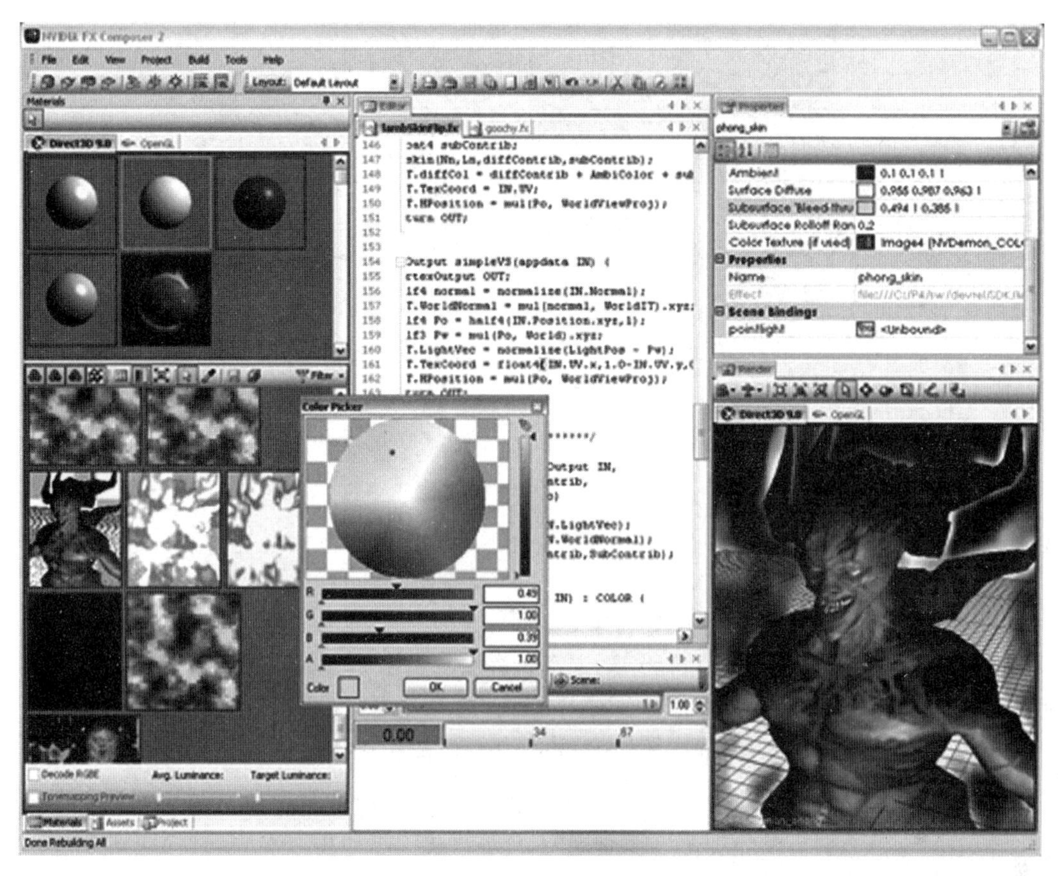

图 10.42 NVIDIA 的 FX Composer 软件可用来轻松地编写、可视化及调试着色器

虚幻引擎 3 提供了强大的图形化着色语言 (graphical shading language)。[1]这种工具可以用鼠标连接不同种类的节点, 以建立视觉效果的迅速原型 (rapid prototype)。这些工具通常提供所见即所得的材质显示。以图形化语言制作的着色器通常需要由图形工程师手工优化, 因为图形化语言总是以性能换取其难以置信的弹性、通用性及易用性。[2]图 10.43 展示了虚幻引擎 3 的材质编辑器。

材质可由个别网格存储及管理。然而, 这样会导致数据重复, 以及重复的工作。在许多游戏中, 相对较少的材质能应用至游戏中的许多物体。例如, 我们可以制定一些标准, 重复使用木材、塑料、金属、布料、皮肤等材质。没有必要把这些材质复制至每个网格中。取而代之, 许

1 原文说 FX Composer 也提供图形化着色语言, 并不正确, 故删之。——译者注

2 在较新版本的虚幻引擎 3 里, 提供了一种节点可供直接编写着色器语言, 以弥补视觉化编程的局限。——译者注

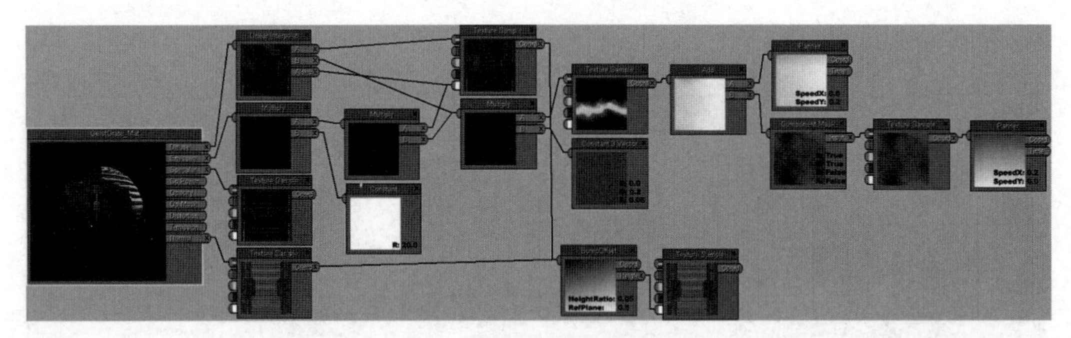

图 10.43 虚幻引擎 3 的图形化着色语言

多游戏团队会建立材质库, 从中为每个网格挑选合适的材质, 让网格和材质维持松散的耦合。

10.2.3 资产调节阶段

资产调节阶段本身也是一个管道, 有时也称其为*资产调节管道* (asset conditioning pipeline, ACP) 或*工具管道*。如 6.2.1.4 节所述, 其工作是导出、处理、链接多个种类的资产, 生成内聚的整体。例如, 三维模型由几何 (顶点及索引缓冲)、材质、纹理、骨骼 (可选) 所组成。ACP 确保三维模型引用到的所有个别资产都是可用的, 并且已准备就绪供引擎载入。

几何和材质数据是由 DCC 应用程序抽取出来的, 然后通常存储为平台无关的中间格式。接着, 视引擎支持多少种目标平台, 这些数据会被处理成一个或多个平台的专用格式。理想地, 此阶段生成的平台专用资产能直接载入内存, 在运行时无须进行后处理, 或只需要进行少量后处理。例如, 为 Xbox 360 生成的网格数据应该输出成顶点及索引格式, 这样能直接上传至显存[1]; 在 PS3 上, 几何数据可能生成压缩数据流, 能直接用 DMA 传送至 SPU 进行解压。在生成资产时, ACP 通常会顾及材质和着色器。例如, 某着色器可能需要顶点法线、切线及副切线矢量, ACP 可以自动产生这些矢量。

在资产调节阶段也可能会计算高级的*场景图* (scene graph) 数据结构。例如, 可能会处理静态关卡几何以生成 BSP 树 (给定摄像机位置及定向, 场景图数据结构能帮助渲染引擎迅速判断哪些物体需要渲染, 10.2.8.4 节会再探讨)。

耗时的光照计算通常会在脱机时进行, 这也是资产调节阶段的一部分。这种计算称为*静态光照* (static lighting)。静态光照可以计算网格顶点上的光照颜色 (这被称为顶点光照"烘焙"); 也可以把每像素的光照信息存于纹理中, 这些纹理称为*光照贴图* (light map); 除此以外, 还可以

1 之前提及, 实际上 Xbox 360 采用统一内存架构, 基本上无主存、显存之分。——译者注

生成预计算辐射传输 (precomputed radiance transfer, PRT) 的系数, 这些通常是球谐 (spherical harmonic) 函数的系数。

10.2.4 GPU 简史

在游戏开发的早期, 所有渲染都在 CPU 上进行, 如《德军司令部》和《毁灭战士》在没有专门的图形硬件的情况下 (除标准 VGA 显卡外), 把早期 PC 渲染互动三维场景的程度推至极限。

由于这些及其他 PC 游戏的普及, 硬件厂商开始开发图形硬件, 把一些原来由 CPU 执行的工作交给专门的硬件处理。最早期的图形加速器, 如 3Dfx 的巫毒 (Voodoo) 系列, 能处理管道中最耗时的部分——光栅化阶段。之后的图形加速器还提供对几何处理阶段的支持。

最初, 图形硬件只提供硬接线 (hard-wired) 却可配置的管道实现, 这种管道称为*固定功能管道* (fixed-function pipeline)。此技术也称为*硬件变换及光照* (hardware transform and lighting,hardware T & L)。之后, 管道中的数个子阶段变为可编程的 (programmable)。工程师能编写名为着色器的程序以控制管道如何处理顶点 (*顶点着色器*, vertex shader) 及片段 (*片段着色器*, fragment shader, 或更常称为*像素着色器*, pixel shader)。DirectX 10 又增加了第 3 种着色器, 名为*几何着色器* (geometry shader)。这种着色器允许渲染工程师修改、剔除和创建整个图元 (三角形、线段和点)。[1]

图形硬件已进化成一种专门的微处理器, 称为*图形处理器* (graphics processing unit, GPU)。GPU 为最大化管道吞吐量而设计, 其中利用了庞大的并行性处理。例如, 现在的 GPU 如 AMD Radeon 7870 可同时处理 1152 个运算, 处理能力令人震惊。

就算 GPU 在完全可编程的形式下, 它也不完全是通用微处理器——它也不应如此。GPU 能达到高处理速度 (现在是每秒万亿次浮点运算的级数) 的原因, 在于使用了数百上千个并行算术单元去处理数据流。有些管道阶段是完全固定功能的, 有些是可配置但不能编程的。内存只能在控制范围内存取, 并且使用专门的缓存把不需要的重复计算减至最少。

虽然 GPU 没有采用 CPU 的架构方式, 但它们确实正在进化为通用高性能计算引擎。在 GPU 上编程去完成非图形相关的任务, 称为*通用 GPU 计算* (general-purpose GPU computing, GPGPU)。GPGPU 编程采用特殊着色器做非图形计算, 这些着色器称为*计算着色器* (compute shader, CS)。要在 PS4 和 Xbox One 上实现高性能表现, 关键之一是高效地利用计算着

[1] DirectX 11 又增加了外壳着色器 (hull shader)、域着色器 (domain shader) 和计算着色器 (compute shader)。前两者用于自定义镶嵌, 后者则用于 GPU 通用计算。——译者注

色器去发挥 GPU 性能。这个有趣题目的相关信息可参考维基百科。[1,†]

在以下几个小节中, 我们会概要地探索当代 GPU 的架构, 并查看渲染管道的运行时部分通常是如何实现的。我们主要会谈现今的 GPU 架构, 这些架构应用于 PC 的最新显卡, 以及 Xbox One 和 PS4 等游戏机平台上。然而, 并非所有平台都支持我们在这里讨论到的功能。例如, Wii 并不支持可编程着色器, 并且大部分 PC 游戏需要有后备渲染方案以支持仅有有限可编程着色器的旧显卡。

10.2.5 GPU 管道

几乎所有 GPU 都会把管道分拆为以下所述的子阶段, 如图 10.44 所示。图中不同颜色深度的每个阶段由浅到深分别表示可编程的、固定但能配置的和固定且不能配置的。

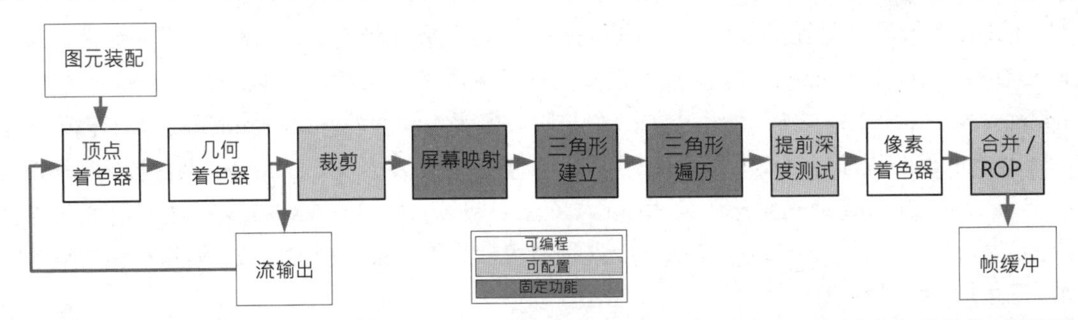

图 10.44 典型 GPU 渲染管道实现的几何处理及光栅化阶段。白色阶段是可编程的, 浅灰色阶段是可配置的, 而深灰色阶段是固定的功能

10.2.5.1 顶点着色器

此阶段是完全可编程的。顶点着色器负责变换及着色/光照顶点。此阶段的输入是单个顶点 (虽然实际上会并行处理多个顶点)。顶点位置及法矢量通常以模型空间或世界空间表示。此阶段也会进行透视投影、每顶点光照及纹理计算, 以及为动画角色计算蒙皮。顶点着色器也可以通过修改顶点位置来产生程序式动画 (procedural animation), 例如模拟风吹草动或碧波荡漾。此阶段的输出是完成变换及光照后的顶点, 其位置及法矢量是以齐次裁剪空间表示的 (见 10.1.4.4 节)。[2]

1 http://en.wikipedia.org/wiki/General-purpose_computing_on_graphics_programming_units

2 位置必须以齐次裁剪空间表示, 但法矢量的空间则可自由决定。顶点着色器输出的法线供后续的着色器使用, 例如, 在像素着色器计算逐像素光照时, 通常会使用世界空间或切线空间的法矢量。——译者注在较新的 GPU 中, 顶点着色器能完全存取纹理数据[1], 而较旧的 GPU 只允许像素着色器存取纹理数据。当把纹理作为独立的数据结构时, 例如高度图或查找表, 此功能特别有用。

10.2.5.2 几何着色器

可选的几何着色阶段也是完全可编程的。几何着色器处理以齐次裁剪空间表示的整个图元 (三角形、线段、点)。它能剔除或修改输入的图元, 还能生成新的图元。其典型应用包括阴影体积拉伸 (shadow volume extrusion, 见 10.3.3.1 节)、渲染立方体贴图 (cube map) 的 6 个面 (见 10.3.1.4 节)、拉伸网格的轮廓边形成鳍状毛发 (fur fin)、从点数据生成粒子四边形 (见 10.4.1 节)、动态镶嵌、把线段以分形细分 (fractal subdivision) 模拟闪电效果及布料模拟等。

10.2.5.3 流输出

有些 GPU 允许把到达此管道阶段的数据写回内存, 数据能从这里回到管道开始的地方做进一步处理。此功能称为*流输出* (stream out)。

通过使用流输出, 许多迷人的视觉效果可以不经 CPU 实现。其中一个绝佳的例子是头发的渲染。头发通常是由三次样条曲线 (cubic spline curve) 的集合表示的。以往头发通常在 CPU 上进行物理模拟, 然后再在 CPU 上把样条镶嵌为线段, 最后由 GPU 渲染那些线段。

有了流输出, GPU 便可在顶点着色器内, 在头发样条的控制点上进行物理模拟。几何着色器把样条镶嵌成线段, 并用流输出功能把镶嵌后的顶点数据写入内存。最后那些线段被重新流入管道开始的地方去渲染。

10.2.5.4 裁剪

裁剪 (clipping) 阶段把三角形在平截头体以外的部分切掉。其原理是先判定哪些顶点在平截头体以外, 然后求出三角形的棱和平截头体的平面之间的相交点。这些相交点会成为一个或多个裁剪后三角形的新顶点。

此阶段的功能是固定的, 但提供有限度的配置。例如, 除了平截头体的平面外, 用户能定义额外的裁剪平面。此阶段也能配置剔除完全在平截头体以外的三角形。

---

1 此功能的正式术语为顶点纹理拾取 (vertex texture fetch, VTF), 自着色器模型 3.0 开始支持。——译者注

10.2.5.5 屏幕映射

屏幕映射 (screen mapping) 只是简单地缩放和平移顶点, 使之从齐次裁剪空间变换至屏幕空间。此阶段是完全固定且不能配置的。

10.2.5.6 三角形建立

自三角形建立 (triangle setup) 阶段, 光栅化硬件开始迅速地把三角形转换成片段。此阶段是不能配置的。

10.2.5.7 三角形遍历

三角形遍历 (triangle traversal) 阶段把三角形分解为片段 (即光栅化)。通常每个像素会产生一个片段, 但在一些抗锯齿技术中, 每个像素可能产生多个片段 (见 10.1.4.7 节)。三角形遍历也会对顶点属性进行插值, 以产生每片段 (per-fragment) 属性, 供像素着色器使用。在有需要时, 此过程会采用透视校正插值。此阶段的功能也是固定且不能配置的。

10.2.5.8 提前深度测试

许多显卡能够在管道的此时间点检查片段的深度, 若某片段会被帧缓冲的像素遮挡, 就在此丢弃该片段。这么做对于所有被遮挡片段, 能直接跳过 (可能非常耗时的) 像素着色器阶段。

令人难以置信的是, 并非所有图形硬件都支持在此管道阶段进行深度测试。在过去的 GPU 设计中, 深度测试和 alpha 测试都是在像素着色器之后才进行的。因此, 此阶段被称为提前 z 测试 (early z-test) 或提前深度测试 (early depth test)。[1]

10.2.5.9 像素着色器

像素着色是完全可编程的阶段。其工作是替每个像素着色 (即进行光照及其他处理)。像素着色器也能丢弃一些片段, 例如, 某些片段被判断为是完全透明的。像素着色器可以对多个纹理采样、计算每像素光照, 以及进行任何会影响片段颜色的计算。

此阶段的输入是一组每片段属性 (这些属性是在三角形遍历中通过对顶点属性插值所取得的)。而输出则是一个颜色矢量, 代表所要的片段颜色。

---

1 通常显卡会自动开启提前深度测试, 但若用户开启了 alpha 测试, 在像素着色器改变深度或自我丢弃 (discard) 时, 就会自动关闭提前深度测试。传统的深度测试是最简单通用的方法, 而提前深度测试是一个硬件厂商后来才加进来的优化性功能。——译者注

10.2.5.10 合并/光栅运算阶段

管道的最终阶段为合并阶段 (merge stage) 或混合阶段 (blending stage), NVIDIA 称之为光栅运算阶段 (raster operations stage, ROP)。此阶段不能编程, 但能高度配置。此阶段负责执行多个片段测试, 包括深度测试 (见 10.1.4.8 节)、alpha 测试 (片段的 alpha 通道值能用于丢弃某些片段), 以及模板测试 (stencil test, 见 10.3.3.1 节)。

若片段通过了所有测试, 其颜色就会与帧缓冲中原来的颜色进行混合 (合并)。混合方式是由alpha 混合函数 (alpha blending function) 控制的, 此函数的结构是固定的, 但可以通过配置其运算符及参数产生各种各样的混合运算。

alpha 混合最常用于渲染半透明几何物体。进行这种渲染时, 会采用以下混合函数:

$$\boldsymbol{C}'_D = A_S\boldsymbol{C}_S + (1 - A_S)\boldsymbol{C}_D$$

下标 S 和 D 分别指来源地 (source, 即传入的片段) 及目的地 (destination, 即帧缓冲中的像素)。因此, 写进帧缓冲的颜色 ($\mathbf{C}'_D$), 其实就是目前帧缓冲内容 ($\mathbf{C}_D$) 及片段颜色 ($\mathbf{C}_S$) 的加权平均。而混合权重 (A_S) 则是传入片段的来源 alpha。

要令 alpha 混合显示正常, 必须先将场景中的不透明几何物体渲染至帧缓冲, 然后再把半透明表面从后往前排序渲染。这样做的原因是, 进行 alpha 混合之后, 新片段的深度会覆写原来被混合的像素深度。换句话说, 深度缓冲会忽略透明度 (当然, 除非关掉深度写入)。如果要在不透明背景上渲染一堆半透明物体, 那么理想地, 最终像素颜色要与那堆半透明物体的所有表面混合。若使用任何从后至前以外的次序渲染, 有些半透明片段的深度测试便会失败, 导致那些片段被丢弃, 最终造成不完整的混合 (并且得到的是比较奇怪的影像)。[1]

除了半透明混合, 也可以定义其他的混合函数。通用混合函数的形式为 $\boldsymbol{C}'_D = (\boldsymbol{w}_S \otimes \boldsymbol{C}_S) + (\boldsymbol{w}_D \otimes \boldsymbol{C}_D)$, 当中权重因子 $\boldsymbol{w}_S$ 及 $\boldsymbol{w}_D$ 可由程序员设置, 其可选值包括 0、来源地或目的地颜色、来源地或目的地 alpha, 以及 1 减去来源地或目的地的颜色或 alpha。运算符 $\otimes$ 根据 $\boldsymbol{w}_S$ 及 $\boldsymbol{w}_D$ 的数据类型, 可以是普通的标量对矢量乘法, 或是矢量对矢量的分量乘法 (即阿达马积, 见 4.2.4.1 节)。

---

1 前文也提及, 画家算法无法完美地把物体从后往前排序, 所以才会使用深度缓冲解决物体遮挡问题。这里使用画家算法渲染多个半透明物体, 也会产生相似的问题。而且, 如果没有以三角形为单位进行排序, 网格内的三角形也不会以从后往前的次序渲染, 形成文中所说的不完整混合。因此, 一般渲染半透明物体的做法是, 以物体为单位从后往前排序, 然后关掉深度写入 (depth write) 去渲染。那么每个半透明片段只会与不透明物体进行深度测试, 能尽量避免出现闪烁。更理想的解决方法是次序无关透明 (order-independent transparency, OIT) 的渲染技术, 例如深度剥离 (depth peeling)、alpha 至覆盖掩码转换 (alpha to coverage)、片段链表 (fragment linked list) 等。——译者注

10.2.6 可编程着色器

我们对 GPU 管道有了一个基本认识, 现在让我们深入探讨其中最有趣的部分——可编程着色器。着色器自 DirectX 8 引入以来, 其架构有重大的演进。早期的*着色器模型* (shader model) 只支持底层的汇编语言编程, 而且像素着色器的指令集、寄存器集和顶点着色器有很大区别。DirectX 9 时代带来了高级的、近似 C 的着色语言, 例如 Cg (图形用的 C 语言)、HLSL (高级着色语言, high-level shading language——由微软的 Cg 语言实现) 及 GLSL (OpenGL 着色语言, OpenGL shading language)。DirectX 10 引进了几何着色器, 并带来了统一着色器架构, 其在 DirectX 中的术语为*着色器模型* 4.0。在此统一着色器模型中,3 种着色器支持差不多相同的指令集, 以及具有差不多相同的能力, 这些能力包括读取纹理内存。

着色器从输入数据取得一个元素, 把该元素变换为输出数据的零个或多个元素。

- 顶点着色器的输入为顶点, 包含以模型空间或世界空间表示的位置及法矢量。而输出为已变换及照明的顶点, 以齐次裁剪空间表示。
- 几何着色器的输入为单个 n 顶点几何图元——点 ($n = 1$)、线段 ($n = 2$) 或三角形 ($n = 3$), 以及最多 n 个作为控制点的额外顶点。其输出为 0 或多个图元, 这些图元的种类可与输入的有所不同。例如, 几何图元可以把点转换为由两个三角形组成的四边形; 也可以把三角形变换为三角形, 但其中部分三角形可以被丢弃。
- 像素着色器的输入为片段, 其属性来自对三角形顶点属性的插值。其输出是将要写至帧缓冲的颜色 (假设片段能通过深度测试及其他可选测试)。像素着色器也能明确地丢弃片段, 在那些情形下便无任何输出。

10.2.6.1 内存访问

由于 GPU 实现了数据处理管道, 因此必须非常谨慎地控制内存访问。着色器程序不能直接读/写内存。取而代之, 其内存访问只限于两个方法: 寄存器和纹理贴图。[1]

着色器寄存器 着色器可用*寄存器*间接地存取内存。所有 GPU 寄存器都是 128 位 SIMD 格式的。每个寄存器能保存 4 个 32 位浮点数 (在 Cg 语言里由 `float4` 数据类型表示) 或 4 个 32 位整数。这些寄存器能包含一个齐次坐标的四维矢量, 或是一个 RGBA 格式的颜色, 其中每个分量为 32 位浮点数格式。矩阵可以由一组 3 或 4 个寄存器表示 (在 Cg 里以 `float4x4` 等

1 PlayStation 4 的 GPU 提供一个称为*着色器资源表* (shader resource table, SRT) 的新功能。此功能令 GPU 可通过高速的“大蒜”总线去直接访问主内存, 减少渲染前“设置”场景的耗时, 可节省许多 CPU 时间。

内置矩阵类型表示)。GPU 寄存器也可以用来保存单个 32 位标量, 这样用的时候, 通常会把该值复制至所有 4 个 32 位字段。有些 GPU 能在 16 位字段上运算, 这种数据类型称为 half。(Cg 为此提供多种内置类型, 如 `half4` 及 `half4x4` 等。)

寄存器有以下 4 大类。

- *输入寄存器* (input register): 这些寄存器是着色器的主要数据输入来源。在顶点着色器中, 输入寄存器含有顶点的属性数据。在像素着色器中, 输入寄存器含有对应某片段的顶点属性插值数据。在调用着色器之前, GPU 会自动设置这些输入寄存器的值。
- *常数寄存器* (constant register): 常数寄存器的值是由应用程序设置的, 应用程序按不同图元会设置不同的值。所谓常数, 只是对着色器而言。常数寄存器是着色器的另一种输入。其典型内容包括模型观察矩阵、投影矩阵、光照参数, 以及其他着色器所需但顶点属性不包含的数据。
- *临时寄存器* (temporary register): 这些寄存器只供着色器程序内部使用, 通常用于存储中间计算结果。
- *输出寄存器* (output register): 这些寄存器的内容由着色器填充, 作为着色器仅有的输出形式。在顶点着色器中, 输出寄存器含有顶点属性。例如, 以齐次裁剪空间表示的已变换的位置及法矢量、可选的颜色、纹理坐标等。在像素着色器中, 输出寄存器包含正在着色的片段的最终颜色。

当提交几何图元渲染时, 应用程序要提供常数寄存器的值。在调用着色器程序之前, GPU 会从显存将顶点或片段属性数据自动复制至适当的输入寄存器; 当程序执行完成时, GPU 会把输出寄存器的内存写入显存, 使数据能传递到下一个管道阶段。

GPU 通常会把输出数据存储至缓存, 使这些数据能重用而不需要重新计算。例如, *变换后顶点缓存* (post-transform vertex cache) 是用来存储顶点着色器最近处理过的结果的。如果某三角形刚好引用到之前已处理过的顶点, 那么可行的话 GPU 就会读取变换后顶点缓存——只有当缓存中的顶点被丢弃后, 才需要再对相同的顶点执行顶点着色器。

纹理 着色器也能直接读取*纹理贴图*。纹理数据是以纹理坐标寻址的, 而不是使用绝对内存地址。GPU 的纹理采样器会自动过滤纹理数据, 适当地混合相邻纹素及相邻渐远纹理级数的值。也可以关上纹理过滤, 以直接存取某纹素的值。当纹理贴图作为查找表之用时, 关上过滤功能就很有用。

着色器只能用间接方法将数据写进纹理——把场景渲染至屏幕外帧缓冲, 再在后续的渲染阶段把该帧缓冲当作纹理贴图使用。此功能称为*渲染到纹理* (render to texture, RTT)。

10.2.6.2 高级着色器语言的语法入门

高级着色器语言如 Cg 和 GLSL 是仿照 C 语言来制定的。程序员能声明函数、定义简单的 `struct`, 以及做算术运算。然而, 如前所述, 着色器程序只能存取寄存器和纹理。因此, 在 Cg 或 GLSL 中定义的 `struct` 及变量都会由着色器编译器把它们直接映射至寄存器。我们会用以下方式定义这些映射。

- **语义** (semantic): 可以在变量或 `struct` 成员之后加入冒号和一个名为语义的关键词。语义告诉编译器如何把变量或数据成员绑定至个别顶点或片段属性。例如, 在顶点着色器中我们可以声明一个输入 `struct`, 其成员映射至顶点的*位置*及*颜色*属性:

```
struct VtxOut
{
    float4 pos   : POSITION;    // 映射至位置属性
    float4 color : COLOR;       // 映射至颜色属性
};
```

- **输入和输出**: 编译器会根据使用个别变量或 `struct` 的上下文, 判断它们应映射至输入还是输出寄存器。若变量是以参数形式传入着色器的主函数的, 那么它就会被当作输入; 若变量是主函数的传回值, 那么它就会被当作输出。

```
VtxOut vshaderMain(VtxIn in)    // in 映射至输入寄存器
{
    VtxOut out;
    // …
    return out;                 // out 映射至输出寄存器
}
```

- **uniform 声明**: 要取得应用程序通过常数寄存器得到的数据, 可以在声明变量时加入 `uniform` 关键字。例如, 模型观察矩阵可用以下方式传入顶点着色器:

```
VtxOut vshaderMain(VtxIn in,
                   uniform float4x4 modelViewMatrix)
{
    VtxOut out;
    // …
    return out;
}
```

进行算术运算, 可使用 C 风格的运算符, 或调用适当的内部函数 (intrinsic)。例如, 要用输入顶点位置乘以模型观察矩阵, 可写成:

```
VtxOut vshaderMain(VtxIn in,
                   uniform float4x4 modelViewMatrix)
{
    VtxOut out;
    out.pos = mul(modelViewMatrix, in.pos);
    out.color = float4(0, 1, 0, 1); // RGBA 绿色
    return out;
}
```

要从纹理获取数据，需要调用特殊的内部函数，这些函数会从指定的纹理坐标读取纹素的值。这些函数有多种变种，以供读取不同格式的一维、二维或三维纹理，并可选择是否使用过滤。还会提供特殊的寻址模式存取立方体贴图及阴影贴图。引用纹理需要使用特别的数据类型声明方式，此方式称为纹理采样器 (texture sampler) 声明。例如，sampler2D 数据类型代表对二维纹理的引用。以下是一个简单的 Cg 像素着色器，把漫反射贴图贴于三角形之上：

```
struct FragmentOut
{
    float4 color : COLOR;
}

FragmentOut pshaderMain(float2 uv : TEXCOORD0,
                        uniform sampler2D texture)
{
    FragmentOut out;
    out.color = tex2D(texture, uv); // 查找位于(u,v)的纹素
    return out;
}
```

10.2.6.3 效果文件

一个孤立的着色程序并不十分有用。GPU 管道还需要一些额外信息，才能为着色器程序调用提供有意义的输入。例如，我们需要指定应用程序相关的参数 (如模型观测矩阵、光源参数等) 以确定如何映射至着色器程序中声明的 uniform 变量。此外，有些视觉效果需要两个或以上的渲染步骤 (render pass)，但一个着色器只能描述单个渲染步骤内的运算。另外，若在 PC 平台上开发游戏，需要为高端的渲染效果定义一个“回退 (fallback)”版本，以供旧显卡正常运作。为了把 (多个) 着色器结合成完整的视觉效果，我们可以使用名为效果文件 (effect file) 的文件格式。

不同的渲染引擎会用稍有差异的方式实现这些效果文件。在 Cg 里, 其效果文件格式名为 CgFX。OGRE 采用和 CgFX 相似的格式, 名为材质文件 (material file)。GLSL 可以使用 COLLADA 文件描述效果, 此格式是基于 XML 的。虽然有这些差异, 但是效果文件通常会使用到以下的层次结构。

- 在全局作用域定义 struct、着色器程序 (实现为多个"主"函数) 和全局变量 (映射至应用程序相关的常数参数)。
- 定义一种或多种技术 (technique)。每种技术代表渲染某视觉效果的方法。一个效果通常提供一种主要技术, 作为效果的最高品质实现, 另外再加上多种回退技术, 供较低级的图形硬件使用。
- 在每种技术内定义一个或多个步骤 (pass)。每个步骤描述如何渲染一整帧影像。通常一个步骤包含顶点/几何/像素着色器程序的"主函数"引用、多个参数绑定及可选的渲染状态设置。

10.2.6.4 延伸阅读

本节仅让我们浅尝了高级着色器编程的滋味——完整教程超出本书范围。关于 Cg 着色器编程的详细介绍, 可参阅 NVIDIA 网站提供的 Cg 教程。[1]

10.2.7 抗锯齿†

光栅化一个三角形时, 它的边缘可能会显示为锯齿状, 我们都知道这种常见的"阶梯"效果, 或爱或恨。从技术上来说, 产生混叠 (aliasing) 是由于我们用离散的像素去采样影像, 而影像实际是平滑、连续的二维信号。(在 13.3.2.1 节将详细讨论采样与混叠。)

术语*抗锯齿* (antialiasing) 是指任何能降低由混叠导致视觉瑕疵的技术。有许多方法可以在渲染场景时去掉锯齿。它们的总体效果大概是令渲染三角形的边缘更"柔和", 方法是把那些边缘像素与其周围的像素混合。每种技术有其性能、内存用量及品质特性。图 10.45 展示了一个场景首先以无抗锯齿渲染, 然后使用 4× MLAA 技术, 最后则使用 NVIDIA 的 FXAA 技术。

10.2.7.1 全屏抗锯齿

全屏抗锯齿 (full-screen antialiasing, FSAA) 又称为超采样抗锯齿 (super-sampled antialias-

1 http://developer.nvidia.com/content/hello-cg-introductory-tutorial

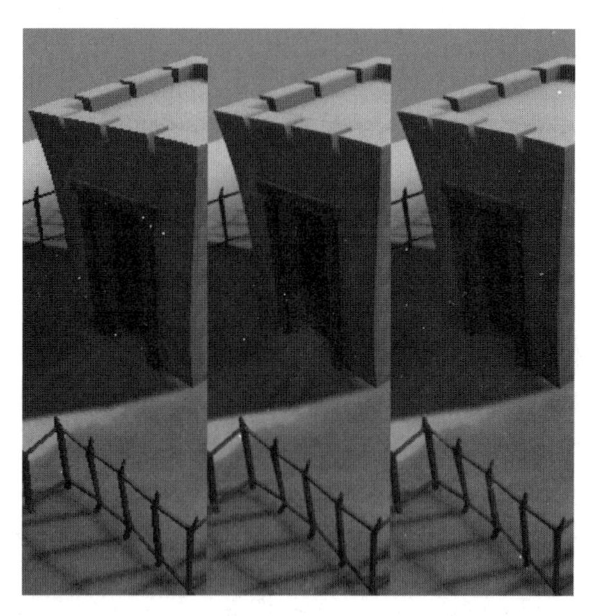

图 10.45 无抗锯齿 (左)、4× MSAA (中) 和 NVIDIA 的 FXAA 预设置 3 (右)。图片来自 NVIDIA 的 FXAA 白皮书 (`http://developer.download.nvidia.com/assets/gamedev/files/sdk/11/FXAA_WhitePaper.pdf`), 作者 Timothy Lottes

ing, SSAA), 即把场景渲染至比实际屏幕大的帧缓冲中。渲染完一帧之后, 就把扩大了的结果图像向下采样 (downsample) 至目标分辨率。在 4× 超采样中, 渲染图像是 2 倍宽、2 倍高于屏幕分辨率, 令帧缓冲占 4 倍内存。它也需要 4 倍 GPU 处理性能, 因为像素着色器必须对每屏幕像素执行 4 次。因此我们可知, 无论以内存或 GPU 周期来算, FSAA 都是极其昂贵的技术。因此, 它很少用于实际场合。

10.2.7.2 多采样抗锯齿

多采样抗锯齿 (multisampled antialiasing, MSAA) 能提供接近 FSAA 品质的技术, 同时消耗少得多的 GPU 性能 (但用同样大小的显存)。MSAA 基于一个观察结果, 由于多级渐远纹理 (texture mipmapping) 能做到自然的抗锯齿效果, 混叠问题主要出现在三角形的边缘, 而不在三角形内部。

为了解 MSAA 如何工作, 要知道光栅化三角形可分为三个独立操作: (1) 判断哪些像素与三角形重叠 (覆盖); (2) 判断像素是否被其他三角形遮挡 (深度测试); (3) 当覆盖和深度测试告诉我们实际上要绘制哪个像素后, 计算该像素的色彩 (像素着色)。

不使用抗锯齿去光栅化三角形时, 覆盖测试、深度测试和像素着色都是在每个屏幕像素中单个理想化的点上执行的, 该点一般位于像素中央。在 MSAA 中, 覆盖测试和深度测试则在每个像素中 N 个点上执行, 这些点被称为子样本 (subsample)。我们通常选择 N 为 2、4、5、8 或 16。然而, 无论用多少个子样本, 像素着色器都只对每个屏幕像素执行一次。这点令 MSAA 在 GPU 性能上大大优于 FSAA, 因为着色通常比覆盖测试和深度测试消耗大得多的 GPU 性能。

在 $N\times$ MSAA 中, 深度、模板和色彩缓冲都是原始的 N 倍大。对每个屏幕像素而言, 这些缓冲包含 N 个"槽", 每个槽对应一个子样本。当光栅化一个三角形时, 覆盖测试和深度测试在三角形中的每个片段 (fragment) 的 N 个子样本中执行。若 N 个测试中至少有一个子样本告诉我们需要绘制该片段, 就会执行一次像素着色器。像素着色器计算出色彩后, 仅把色彩存储进那些通过覆盖测试和深度测试的子样本槽里。当渲染完整个场景后, 便向下采样那个扩大了的色彩缓冲, 最终获得屏幕分辨率大小的图像。此过程对每个屏幕像素的 N 个子样本槽的色彩进行平均。整体效果就是一张抗锯齿后的影像, 而其着色成本等于无抗锯齿的渲染。

图 10.46 展示了光栅化一个无抗锯齿的三角形。图 10.47 展示了 4× MSAA 技术。更多关于 MSAA 的信息可参考此博客文章。[1]

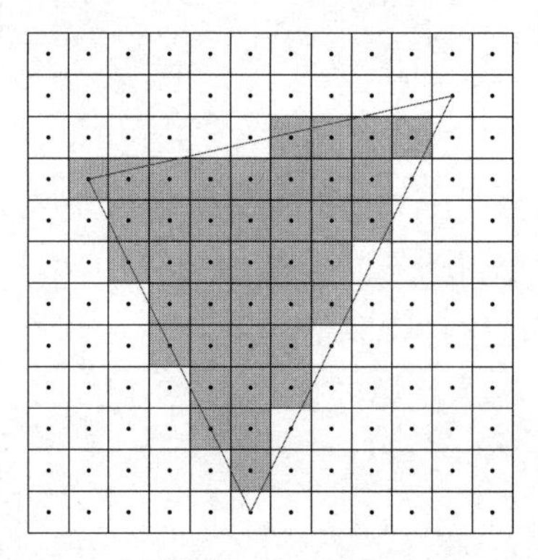

图 10.46 光栅化一个无抗锯齿的三角形

10.2.7.3 覆盖采样抗锯齿

覆盖采样抗锯齿 (coverage sample antialiasing, CSAA) 是由 NVIDIA 开创的一种对 MSAA 优化的技术。在 4× CSAA 中, 着色器只执行一次, 而深度测试和色彩存储对每个片段的 4 个子样本执行, 但像素覆盖测试则在每片段对 16 个"覆盖样本"执行。这样可以在三角形边缘上产生更细致的色彩混合, 接近 8× 或 16× MSAA 的效果, 却只需要 4× MSAA 的显存和 GPU 成本。

1 https://mynameismjp.wordpress.com/2012/10/24/msaa-overview/

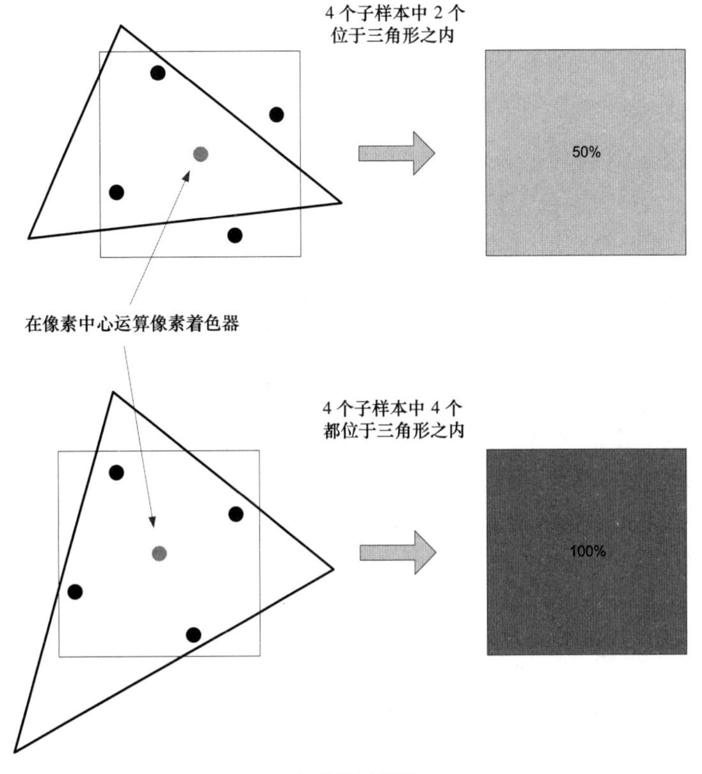

图 10.47 多采样抗锯齿 (MSAA)

10.2.7.4 形态学抗锯齿

形态学抗锯齿 (morphological antialiasing, MLAA) 修正场景中最受混叠影响的区域。使用 MLAA 时, 场景以正常尺寸渲染, 然后通过扫描找出阶梯形状的图像模式 (pattern)。当发现这些图像模式后, 便通过模糊化去降低混叠效果。快速近似抗锯齿 (fast approximate antialiasing, FXAA) 是 NVIDIA 开发的优化技术, 其方法接近 MLAA。

MLAA 的详细讨论可参考这篇论文[1], FXAA 的相关知识则可参考白皮书[2]。

10.2.8 应用程序阶段

现在我们已经理解了 GPU 是如何运作的, 接下来我们会讨论负责驱动 GPU 的管道阶

1 http//visual-computing.intel-research.net/publications/papers/2009/mlaa/mlaa.pdf

2 http://developer.download.nvidia.com/assets/gamedev/files/sdk/11/FXAA_WhitePaper.pdf

段——应用程序阶段 (application stage)。本阶段有 3 个角色。

1. *可见性判别*: 应该仅把可见 (或至少潜在可见) 的物体提交至 GPU, 以免浪费宝贵的资源渲染总是看不见的物体。
2. *提交几何图元至 GPU 以供渲染*: 使用 DirectX 的 `DrawIndexedPrimitive()` 或 OpenGL 的 `glDrawArrays()` 之类的渲染调用把子网格材质对传送至 GPU。另一个提交方法是建立 GPU 命令表。几何图元要适当地排序以优化渲染性能。若场景需要用多个步骤渲染, 几何图元便需要被提交多次。
3. *控制着色器参数及渲染状态*:uniform 参数通过常数寄存器传送至着色器时, 应用程序阶段需以每个图元为单位进行配置。此外, 应用程序阶段必须设置所有不可编程但可配置的管道阶段参数, 以确保每个图元能正确地被渲染。

在以下几个小节中, 我们会概要地探索在应用程序阶段如何执行这些任务。

10.2.8.1 可见性判断

最不费时的三角形就是那些不用渲染的。因此, 在把场景中的物体提交至 GPU 之前,*剔除* (cull) 不会对最终影像有任何贡献的物体, 是极其重要的事。建立可见网格实例表的过程称为*可见性判断* (visibility determination)。

平截头体剔除 在平截头体剔除 (frustum cull) 里, 完全位于平截头体之外的物体便会被排除在渲染表之外。给定一个候选网格实例, 我们可以通过一些简单测试判断它是否在平截头体之内, 这些测试会使用到物体的*包围体积* (bounding volume) 及 6 个平截头体平面。包围体积通常是球体, 因为球体特别容易进行剔除运算。对于每个平截头体平面, 我们把该平面往外移动球体半径的距离, 然后就可以判断球的中心点位于修改后平面的哪一方了。若球体在所有 6 个修改后平面的前方, 球体就是在平截头体之内。[1]

实际上, 我们不需要移动平截头体的平面。记得在等式 (4.13) 中, 要计算点与平面的垂直距离 h, 可把点直接代入方程, 如下: $h = ax + by + cz + d = \boldsymbol{n} \cdot \boldsymbol{P} - \boldsymbol{n}\boldsymbol{P}_0$ (见 4.6.3 节)。因此, 我们要做的事情就是把包围球的球心代入平截头体的每个平面方程, 对平面 i 获得 h_i, 然后比较 h_i 与包围球的半径, 以判断包围球是否在该平面之内。[†]

10.2.8.4 节描述的场景图数据结构可以优化平截头体剔除, 把包围体积不接近平截头体的物体完全忽略。

1 更正确地说, 这个测试只能判别部分完全在平截头体之外的球体。有些情况球体位于平截头体之外, 但还是会误判。然而这种方法是保守的 (conservative), 不会错误剔除一些潜在可见的物体。详情可参阅 *Real-Time Rendering* 第 3 版的 16.14.2 节。——译者注

遮挡及潜在可见集 就算物体完全在平截头体之内,也可能会被其他物体遮挡。把可见表中完全被其他物体遮挡的物体移除,称为*遮挡剔除* (occlusion culling)。在拥挤的环境中,从地表上观察,会出现许多物体互相遮挡的情形,那么遮挡剔除就非常重要。而在较宽松的环境中,或俯览场景,就只会有较少的遮挡出现,那么遮挡剔除的成本便会较高。

大型环境的总体遮挡剔除可以通过预计算*潜在可见集* (potentially visible set, PVS) 实现。给定一个摄像机位置, PVS 能列出可能可见的物体。PVS 会不准确地包含一些实际上不可见的物体,但不会错误地排除一些应该对渲染有贡献的物体。

实现 PVS 系统的方法之一,就是把场景切割成某类型的区域。每个区域提供摄像机在该区域内能看见的其他区域列表。这些 PVS 可以由美术人员或游戏设计师手工设置。更常见的方法是采用自动的脱机工具,在人工设置的区域上生成 PVS。这些工具的运作原理,通常是随机挑选区域内的不同视点来渲染场景。只要把每个区域的几何物体用颜色编码,便可以通过扫描渲染结果的帧缓冲来得出可见区域表。但由于自动化 PVS 工具并非完美,所以它们会向用户提供一些机制用于调整结果,例如手工设置摄像机位置,或是手工指定一些区域应该包含或排除在某个 PVS 的区域内。

入口 另一个判别场景中哪些部分可见的方法是使用*入口* (portal)。使用入口渲染时,游戏世界会被划分为半封闭的区域,这些区域以孔洞互相连接,例如窗户或门户。这些孔洞称为入口,通常会以其边界的多边形表示。

要渲染一个含入口的场景,首先渲染包含摄像机的区域。然后,对于每个连接着该区域的入口,我们建立对应的、像平截头体的体积。该体积含有多个平面,每个平面都延伸自摄像机焦点及入口的包围多边形的棱。相邻区域的物体就利用该入口体积来进行剔除,方法和平截头体剔除一模一样,这样便可以确定相邻区域中只有可见物体才被渲染。图 10.48 说明了此技术。

遮挡体积 (反入口) 若我们把入口的概念反转,锥形的体积也可用于描述某物体遮挡的区域,这些区域内的物体不会被看见。这种体积称为*遮挡体积* (occlusion volume) 或*反入口* (anti-portal)。构建遮挡体积时,我们找出遮挡物的每个轮廓边缘 (silhouette edge),并把平面自摄像机焦点延伸至这些棱。当测试较远的物体是否被遮挡时,若它们完全在这些遮挡体积之内,则可以把它们剔除,见图 10.49。

入口最适用于渲染封闭的室内环境,其中“房间”之间只有少量的门窗。在这类场景中,入口体积只占摄像机平截头体体积很小的百分比,以致可以剔除大量在入口体积以外的物体。在此情况下,反入口占平截头体体积很大的百分比,所以也能剔除大量的物体。

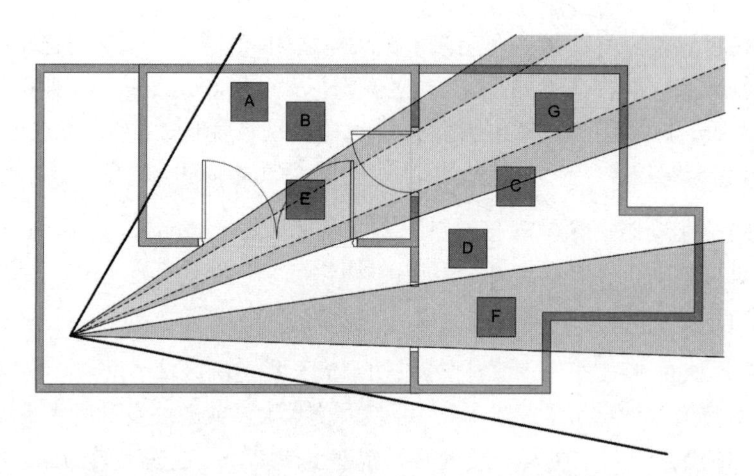

图 10.48 入口用于定义像平截头体一样的体积,这些体积用来剔除相邻的区域。在此例子中,物体 A、B 及 D 会被剔除,因为它们在入口体积以外。其他物体则是可见的

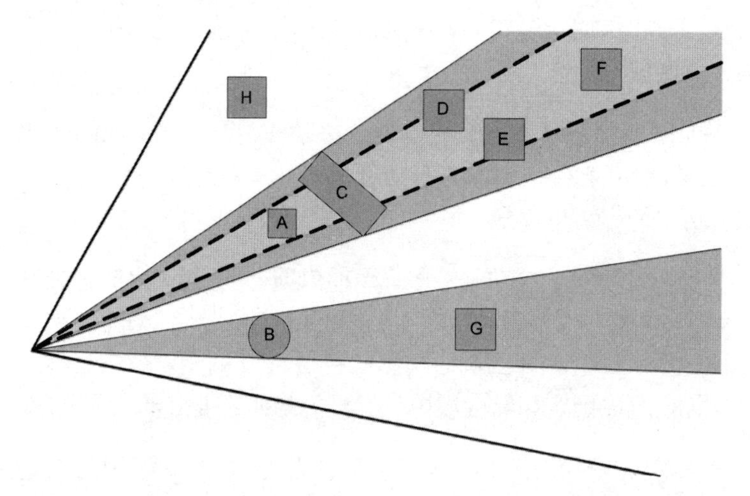

图 10.49 基于对应物体 A、B 和 C 的反入口,物体 D、E、F 和 G 被剔除。因此,只有 A、B、C 和 H 是可见的

10.2.8.2 提交图元

当产生了可见的几何图元表后,必须将其提交至 GPU 管道进行渲染。方法是调用 DirectX 的 `DrawIndexedPrimitive()` 或 OpenGL 的 `glDrawArrays()`。

渲染状态 如 10.2.5 节提及的,许多 GPU 管道阶段的功能虽是固定的但却是可配置的,可编程的阶段也有些部分由可配置参数所驱动。以下是这些可配置参数的例子 (这不是完整的列表)。

- 世界观察矩阵。
- 光源方向矢量。
- 纹理绑定 (即供某材质/着色器所用的纹理)。
- 纹理寻址及过滤模式。
- 基于时间的纹理滚动及其他动画效果。
- 深度测试 (启用或禁用)。
- alpha 混合选项。

GPU 管道内的所有可配置参数被称为*硬件状态* (hardware state) 或*渲染状态* (render state)。应用程序阶段有责任确保提交每个图元时, 正确及完整地配置硬件状态。理想地, 这些状态设置完全由每个子网格对应的材质所描述。那么应用程序阶段的工作可归结为: 遍历可见的网格实例列表, 遍历每个子网格材质对, 以材质规格设置渲染状态, 并调用底层的提交几何图元函数 (`DrawIndexedPrimitive()`、`glDrawArrays()` 或其他类似函数)。

状态泄露 如果在提交图元的过程中, 我们忘记设置某方面的渲染状态, 那么上一图元的设置便会"泄露"至下一图元。*渲染状态泄露* (render state leak) 的结果, 可能会是物体出现错配的纹理或不正确的光照效果。显然在应用程序阶段绝不应产生状态泄露。

GPU 命令表 应用程序阶段实际上使用命令表 (command list) 和 GPU 进行沟通。这些命令包含交错的渲染状态设置及渲染几何图元的引用。例如, 要用材质 1 去渲染物体 A 和 B, 然后用材质 2 去渲染物体 C、D 和 E, 其命令表大概是这样的:

- 设置材质 1 的渲染状态 (含多个命令, 每个命令设置一个状态)。
- 提交图元 A。
- 提交图元 B。
- 设置材质 2 的渲染状态 (含多个命令)。
- 提交图元 C。
- 提交图元 D。
- 提交图元 E。

在底层, 如 `DrawIndexedPrimitive()` 之类的 API 函数实际上仅仅是构建及提交 GPU 命令表。这些 API 的调用成本本身对于某些应用程序来说可能太高。为了优化性能, 有些游戏引擎会手工建立 GPU 命令表[1], 或调用底层的渲染 API, 如 PS3 的 libgcm 库。

---

1 Direct3D 11 允许用户建立命令表, 目的是让多个线程同时生成命令表, 以提高在多核 CPU 上的性能。——译者注

10.2.8.3 几何排序

渲染状态的设置是全局的——它们在整个 GPU 中有效。因此，改变渲染状态时，整个 GPU 管道必须完成目前工作，才能换上新的设置。若不妥善管理，会令效能严重下降。

显然我们希望渲染状态的改变次数越少越好。最好的解决方法是按材质来排序几何物体。按此方法，我们先设置材质 A 的渲染状态，然后渲染所有采用材质 A 的几何物体，再轮到材质 B。

可惜的是，把几何物体按材质排序会对渲染性能产生不利影响，因为它会增加*覆绘* (overdraw)——多个互相重叠的三角形重复填充同一像素。无疑有些像素覆绘是必需的，也是我们所期望的，因为这是唯一正确的把半透明表面 alpha 混合至场景中的方法。然而,不透明像素的覆绘是浪费 GPU 带宽的。

提前深度测试的设计是为了预先丢弃被遮挡的像素，以避免执行耗时的像素着色器。但要充分利用其优势，我们需要按从前至后的顺序渲染三角形。那么，离摄像机最近的三角形会立即填充深度缓冲，而后续来自较远三角形的所有片段才能迅速被丢弃，最终导致很少甚至全无覆绘。

深度预渲染步骤是救星 又要按材质排序渲染几何物体，又要按从前至后的顺序渲染不透明几何物体，我们怎样才能解决此冲突？答案是使用 GPU 的*深度预渲染步骤* (z prepass) 功能。

深度预渲染步骤的基本概念是渲染场景两次：第 1 次尽量快速地产生深度缓冲的内容，第 2 次才用完整的颜色填进帧缓冲 (受惠于深度缓冲的内容，此次不会有覆绘)。当关闭像素着色器并仅更新深度缓冲时，GPU 便会使用特设的双倍速度的渲染模式。在此次渲染步骤中，不透明物体可按从前至后的顺序被渲染，使深度缓冲的写入次数变得最少。然后几何物体按材质来重新排序，用最少的状态改变渲染颜色，使管道吞吐量最大化。

当渲染不透明几何物体之后，就可以用从后至前的顺序渲染半透明表面。此蛮力方法可以获取正确的 alpha 混合结果。而*次序无关透明* (order-independent transparency) 是一种技术，令透明几何体可以用任意次序渲染。原理是在每个像素中存储多个片段，在场景渲染后，逐像素进行排序及混合。此技术产生正确结果的同时，无须预先排序几何物体，但由于帧缓冲必须足够大以存储每个像素的所有透明片段，所以此技术带来高内存成本。†

10.2.8.4 场景图

现在的游戏世界能达到非常大的规模。由于在多数场景中，大部分的几何物体会在摄像机平截头体的范围之外, 因此, 明确地用平截头体剔除这些物体, 通常难以置信地耗费时间资源。取而代之, 我们希望能设计一些数据结构管理场景中的所有几何物体, 并能迅速丢弃大量完全不接近摄像机平截头体的世界部分, 这样才能进行更仔细的平截头体剔除。理想地, 此数据结构更可以帮助对场景中的几何物体排序; 在排序次序方面, 可以为了深度预渲染步骤做前至后或后至前排序, 或是为了颜色渲染而采用材质排序。

这样的数据结构通常称作*场景图* (scene graph), 此名称与电影渲染引擎或 Maya 之类的 DCC 工具所采用的数据结构相关。然而, 游戏的场戏图不必是图, 而实际上其数据结构通常会选择某种树。多数这类数据结构的理念在于, 把三维空间以某形式划分为区域, 使不与平截头体相交的区域能被尽快丢弃, 而无须逐一物体进行平截头体剔除。这些数据结构的例子有四叉树 (quadtree)、八叉树 (octree)、BSP 树、kd 树、空间散列 (spatial hashing) 技术等。

四叉树和八叉树 *四叉树*以递归方式把空间分割成象限 (quadrant)。每层递归以四叉树的节点表示, 每个节点有 4 个子节点, 每个子节点代表一个象限。这些象限通常是由轴对齐的平面切割而成的, 所以每个象限是正方形或长方形的。然而, 有些四叉树用任意形状的区域来细分空间。

四叉树可用于存储及组织几乎任何在空间中分布的数据。在渲染引擎中, 四叉树通常用来存储可渲染图元, 例如网格实例、地形几何的子区域、大型静态网格的个别三角形等, 目的是加速平截头体剔除。可渲染图元存储于树的叶节点中, 我们通常尽量令每个叶节点有均匀的图元数目。要实现此目标, 可以基于区域内的图元数目来决定继续还是终止细分区域。

要判断哪些区域在摄像机平截头体中可见, 我们从根节点往叶节点遍历, 检查每个中间区域是否位于平截头体内。若某个象限不与平截头体相交, 那么其子区域也不会与平截头体相交, 所以我们可以停止遍历该分支。这样, 我们搜寻潜在可见图元的速度会比线性搜寻快得多 (通常是 $O(\log n)$ 时间)。图 10.50 展示了一个四叉树细分的例子。

*八叉树*是四叉树的三维版本。在每层递归细分时, 八叉树把空间分割为 8 个子区域[1]。八叉树的子区域通常是正方体或长方体, 但也可以是任意的三维区域。

包围球树 如同四叉树和八叉树把空间细 (通常) 分为矩形区域, *包围球树* (bounding sphere tree) 把空间以层次结构分割为球状区域。包围球树的子节点含有场景中可渲染图元的包围球。我们首先把图元分成小组, 计算每组的包围球。然后这些小组又再结合成较大的组, 重复此过程, 直至得到一个包围整个虚拟场景的包围球。求潜在可见图元时, 也是从根节点往子节点遍历, 测试每个包围球是否和平截头体相交, 仅对相交分支继续递归遍历。

1 正式术语为挂限 (octant)。——译者注

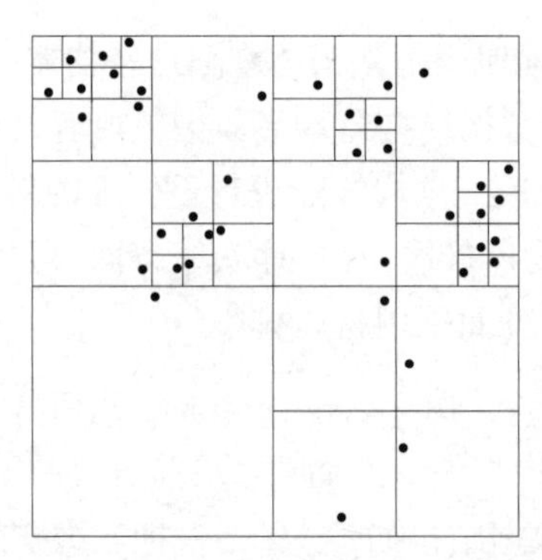

图 10.50　此俯瞰图显示，一个空间被递归分割成象限，以存储为四叉树。空间一直被分割直至每个区域只含一个点

BSP 树　二元空间分割 (binary space partitioning, BSP) 树把空间递归分割为一半，直到每个半空间 (half-space) 里的物体符合某些预定条件 (与四叉树把空间分割成象限类似)。BSP 树有多种用途，包括碰撞检测和构造实体几何 (constructive solid geometry, CSG)，以及其最知名的优化三维图形用途——平截头体剔除及几何物体排序。kd 树是 BSP 树的特殊情况，BSP 的分割平面可以是任意方向的，而 kd 树的分割平面会依次与 k 维空间的轴对齐 (例如在某 2d 树中，先以某 x 坐标把空间分割为两个"半空间"，再用某 y 坐标把其中一个"半空间"分割，以此类推)。[1]

以渲染应用来说，BSP 树在每层递归中用单个平面把空间二分。这些分割平面可以是轴对齐的，但更常用的方法是每次细分时，都以场景中某三角形的平面分割空间。所有其他三角形就会被分成两类，一类在该分割平面之前，另一类在分割平面之后。任何与分割平面相交的三角形，都会被切割为 3 个三角形，使每个三角形都只会在分割平面之前或之后，或是和分割平面共面。

BSP 树可用于平截头体剔除，其实现方法基本上和四叉树、八叉树、包围球树无大区别。然而，若使用上述以个别三角形生成 BSP 的方法，这种 BSP 树也可以使三角形按从后至前或从前至后的严格次序排序。[2]此排序功能对早期的三维游戏如《毁灭战士》特别重要，因为那个时候还没有硬件深度缓冲，而被迫使用画家算法 (即把场景从后至前渲染) 去保持三角形间正确的遮挡关系。

要从后往前排序 BSP 树，首先需给定一个三维空间中的摄像机视点，然后由根节点开始

1　此句原文意思为 kd 树是把 BSP 树概念推广至 k 维，并不正确，故简单改写之。——译者注

2　四叉树、八叉树、kd 树也可以用类似的方法进行排序，但由于使用这些数据结构时并不会如 BSP 树般切割和平面相交的物体 (如包围体积)，所以通常其排序次序并不如 BSP 严格。——译者注

遍历。在每个节点上，我们检测视点是位于该节点的分割平面之前还是之后。若摄像机位于节点平面之前，那么我们先遍历往后的子节点，然后渲染和该节点平面共面的三角形，最后再遍历往前的子节点。同样地，若摄像机视点位于节点的分割平面之后，则先遍历往前的子节点，渲染共面的三角形，再遍历往后的子节点。此遍历方式保证先遍历离摄像机最远的三角形，再遍历离摄像机较近的三角形，因而能产生从后往前的次序。由于此算法会遍历场景中的所有三角形，所以遍历次序与摄像机观察方向并无关系。为了筛选可见的三角形，还需再进行平截头体剔除步骤。图 10.51 所示的是一个简单 BSP 树的示例，旁边列出了按该摄像机位置遍历的步骤。

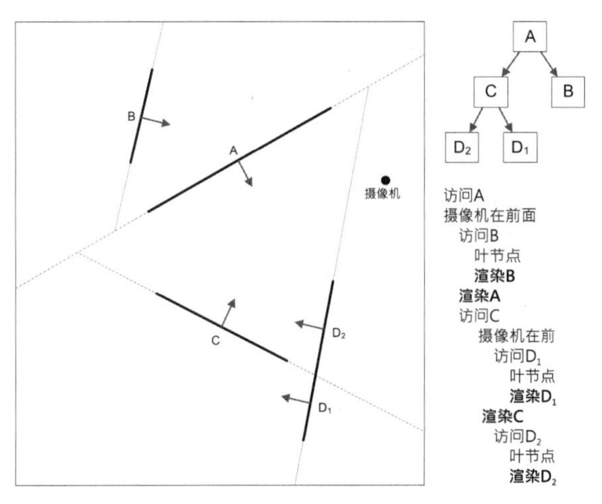

图 10.51 这是 BSP 树从后往前遍历三角形的例子。为简单起见，三角形显示为二维的线段，但在真正的 BSP 树中，三角形及分割平面可以在空间中任意定向

生成及使用 BSP 树的完整描述超出本书范围，详情可参考这两个网站。[1,2]

10.2.8.5 选择场景图

有许多不同种类的场景图，哪一款适合你的游戏，要视游戏要渲染的场景特质而定。为了做出明智的抉择，必须清楚了解特定游戏的渲染场景需求——更重要的是哪些不是需求。

例如，若读者正在开发格斗游戏，游戏中两个角色在擂台上战斗，擂台外主要是静态的场景，那么这款游戏可能根本不需要场景图。若游戏主要在室内环境进行，BSP 树或入口系统可能是不错的选择。若游戏于比较平坦的室外地形上进行，并且场景以俯览为主 (或许如实时策略游戏或上帝模拟游戏的情况)，简单的四叉树也许已能达到高效的渲染性能。另一方面，若室

1 http://www.ccs.neu.edu/home/donghui/teaching/slides/geometry/BSP2D.ppt

2 http://www.gamedev.net/reference/articles/article657.asp

外场景主要是以地上角色的视点观察，就可能需要额外的剔除机制。内容密集场景可受益于遮挡体积 (反入口) 系统，因为场景中会有许多遮挡物。若你的室外场景中的物体较为分散，加入反入口系统或无裨益 (甚至有损帧率)。

最后，应该以统计数据选择场景图，统计数据来自你的渲染引擎实际的性能测量。读者可能会对实际的性能瓶颈位置感到惊讶。但当得知事实后，就能针对手头上的问题，选择合适的场景图及其他优化方法。

10.3 高级光照及全局光照

为了渲染逼真的场景，我们需要物理上精确的全局光照算法，完整地介绍这些算法会超出本书范围。在以下几节中，我们会概括介绍当今游戏产业中最流行的相关技术。本章的目的在于让读者知道有相关的技术，并以此为继续学习的起点。此主题的深入探讨可参阅参考文献 [8]。

10.3.1 基于图像的光照

许多高级的光照及着色技术都会大量使用影像数据，这些数据通常是以二维纹理贴图形式表示的。这些技术统称为*基于图像的光照* (image-based lighting) 算法。

10.3.1.1 法线贴图

在*法线贴图* (normal map) 中，每个纹素代表表面法矢量的方向。利用这种贴图，三维建模师可以为渲染引擎细致地描述表面的形状，而无须把模型高度镶嵌 (那么可以把相同的数据存于顶点法线)。使用法线贴图的单个平面三角形，看上去有如百万个细小三角形做成的效果。图 10.52 所示的是一个法线贴图的例子。

法矢量通常会在纹理的 RGB 颜色通道中编码。由于 RGB 颜色通道必须为正数，而法矢量的分量可为负数，所以为法矢量编码时会加上合适的偏置 (bias)。[1]假设表面法矢量都是单

1 最常见的法线贴图是存储切线空间 (tangent space) 的法矢量。使用这种贴图时还需要一些顶点数据的配合，读者可参阅《Cg 教程》(*The Cg Tutorial*) 的第 8 章，其英文版本可在网上免费阅读 `http://http.developer.nvidia.com/CgTutorial/cg_tutorial_chapter08.html`。——译者注

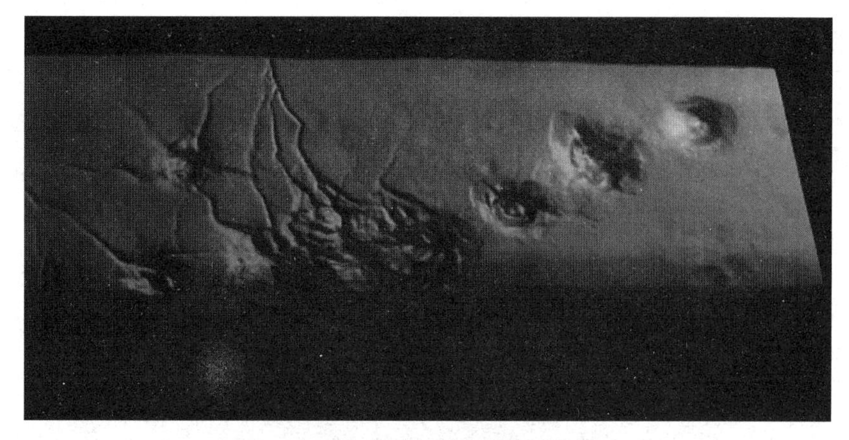

图 10.52 在表面应用法线贴图的例子

位矢量,那么有时候只需在纹理中存储两个坐标,第 3 个坐标能较简易地在运行时计算得出。[1]

10.3.1.2 高度贴图: 凹凸贴图、视差贴图和位移贴图

高度贴图 (heightmap) 一如字面的意思,是用来编码高于或低于三角形表面的理想高度的。因为每个纹理只需单个高度值,所以高度贴图通常编码为灰阶影像。高度贴图可用于*凹凸贴图法* (bump mapping)、*视差遮挡贴图法* (parallax occlusion mapping) 及*位移贴图法* (displacement mapping),这些技术可以令平面表面显得有高度变化。

在凹凸贴图法中,高度贴图作为一种轻量的方法生成表面法线。这种技术主要用于早期的三维图形,现在大多数引擎都会把法矢量直接存储于*法线贴图* (normal map),而不会通过高度贴图去计算法矢量。

视差遮挡贴图法使用高度贴图的信息来人工地调整纹理坐标,这种调整令平坦表面在随摄像头移动时能显示出正确的表面细节移动。(顽皮狗在《神秘海域》的弹孔贴花上就采用了此技术。)

位移贴图 (也称作*浮雕贴图*, relief mapping) 通过实际镶嵌及挤出表面多边形产生真实的表面细节,同样地,它使用高度贴图决定每个顶点需位移多少。此技术产生最具说服力的效果——它能产生自遮挡及自阴影,因为它生成真正的几何图形。图 10.53 比较了凹凸贴图法、视差遮挡贴图法和位移贴图法。图 10.54 展示了 DirectX 9 实现的位移贴图法。

1 法线贴图的编码方法近年有不少进展, Crytek 在 2010 SIGGRAPH 课程课件 *CryENGINE 3: Reaching the Speed of Light* 中介绍了他们的成果,可在 `http://advances.realtimerendering.com/s2010/` 下载。——译者注

图 10.53 比较凹凸贴图法 (左)、视差遮挡贴图法 (中) 和位移贴图法 (右)

图 10.54 DirectX 9 中实现的位移贴图法。简单的源几何图形在运行时被镶嵌，产生表面细节

10.3.1.3 镜面/光泽贴图

当光直接从光滑表面反射时，这称为镜面 (specular) 反射。镜面反射的强度取决于观察者、光源和法矢量之间的相对角度。如 10.1.3.2 节所提及，镜面强度的数学形式为 $k_S(\boldsymbol{R}\cdot\boldsymbol{V})^\alpha$，其中 $\boldsymbol{R}$ 为光源方向矢量经表面法矢量反射后的反射方向，$\boldsymbol{V}$ 则是往观察者的方向，k_S 为表面整体镜面反射率，而 α 称为镜面幂 (specular power)[1]。

许多镜面并不是均匀光滑的。例如，当人的脸上有汗或污垢时，湿润的区域显得有光泽，而干燥的区域则显得暗淡。我们可以把非常细致的镜面信息编码至一张贴图中，此贴图称为镜面贴图 (specular map)。

1 前文曾称 α 为光滑度 (glossiness)。——译者注

若我们把 k_S 的值存进镜面贴图的纹素，就能控制每个纹素的位置能造成多少镜面反射。这一种镜面贴图有时被称为*光泽贴图* (gloss map)。这种贴图也会被称为*镜面遮罩* (specular mask)，因为 0 值的纹素能“遮盖”不想要镜面反射的表面部分。若在镜面贴图中存储 α 的值，那么我们可以控制每纹素位置镜面高光的集中程度。这种纹理称为*镜面幂贴图* (specular power map)。图 10.55 所示的是一个光泽贴图的例子。

图 10.55 在艺电《拳击之夜 3》(*Fight Night Round 3*) 的截图中，展示了光泽贴图如何在表面的每个纹素上控制镜面反射程度

10.3.1.4 环境贴图

环境贴图 (environment map) 的样子，有如以场景中某物体的视点拍摄其四周环境的全景照片 (panoramic photograph)，视域包括全 360° 水平方向，以及垂直方向 180° 或 360° 方向。环境贴图可作为物体四周光照环境的通用描述。环境贴图通常用作低成本反射渲染。

最常见的两种环境贴图格式是*球面环境贴图* (spherical environment map) 及*立方环境贴图* (cubic environment map)。[1]球面贴图像是一张由鱼眼镜头拍摄的照片，又有如贴于一个无穷大的球体之内，球心为要渲染物体的位置。球面贴图的问题之一在于使用球坐标 (spherical coordinates) 进行寻址。在赤道附近，水平和垂直方向都有充足的分辨率。然而，当垂直角度 (方位角，azimuthal angle) 接近垂直时，水平 (天顶，zenith) 轴方向的纹理分辨率便会降至单个纹

1 另一种用于实时渲染的格式是双抛物面环境贴图 (dual paraboloid environment map)。立方贴图 (cube map) 和双抛物面贴图 (dual paraboloid map) 还能用来渲染点光源的阴影贴图。——译者注

素。立方环境贴图就是为解决此问题而设计的。[1]

立方贴图像是从 6 个主要方向 (上下左右前后) 拍摄照片后再拼合而成。在渲染时, 立方贴图像是贴至一个无穷大立方体的 6 个内面, 该立方体的中心是要渲染的物体。

要在某物体表面的点 P 上读取环境贴图纹素, 就要计算从摄像机到 P 的光线方向, 再根据 P 的法矢量计算反射方向。然后, 再计算反射光线与环境贴图的球体或立方体的相交, 该相交点的纹素就能用于点 P 的着色。[2]

10.3.1.5 三维纹理

现在的图形硬件也支持三维纹理。[3]三维纹理可以想象是一叠二维纹理。给定一个三维坐标 (u, v, w), GPU 知道如何对三维纹理进行寻址及过滤。

三维纹理非常适合描述物体的体积特性。例如, 我们可以用三维纹理去渲染一个大理石球体, 并可以用任意平面切割该球体。其纹理会显得连贯, 无论在哪里切割, 纹理仍看似正确, 因为该纹理在整个球体的体积内都有明确界定而且连续。[4]

10.3.2 高动态范围光照

显示设备 (如电视或 CRT 显示器) 只能产生有限的强度范围。这是为何帧缓冲里的色彩通道限于 0 到 1 范围的原因。然而在真实世界中, 光的强度可以任意增大。[5]高动态范围 (high dynamic range, HDR) 光照尝试捕捉如此大范围的光照强度。

使用 HDR 光照时, 不会把计算的强度结果随意截取。其结果影像会以某种格式保存, 该格式允许存储大于 1 的强度。这么做就能无失真地同时保存亮区和暗区的细节。

在把影像显示于屏幕之前, 还需进行色调映射 (tone mapping) 处理, 把影像的强度调整至

---

1 此段描述并不符合一般计算机图形学中的球面贴图, 读者可参考 `http://www.opengl.org/resources/code/samples/sig99/advanced99/notes/node176.html`。另外, 球面贴图现在主要用于不支持立方贴图的硬件, 例如 Wii。球面贴图大概只有寻址简单的优点, 其缺点甚多, 缺点之一是不适合动态渲染环境贴图。——译者注

2 环境贴图除了用于渲染反射效果, 也能用于折射效果。这些效果通常只适用于有曲面的物体 (如汽车、盔甲), 但不适用于大面积平面的物体 (如平面镜、水面)。——译者注

3 也称为体积纹理 (volume texture)。——译者注

4 体积纹理所需的内存很高, 例如, $256 \times 256 \times 256$ 的 32 位纹理便需要 64MB 内存。因此体积纹理并不常用于现在的游戏中。另一个可行方法是程序纹理 (procedural texture), 例如, 大理石的体积纹理可以由 Perlin 噪声合成。——译者注

5 例如, 满月月光的强度大约是太阳光的五十万分之一。——译者注

显示设备所支持的范围。在渲染引擎中运用色调映射时，可以仿造许多现实世界的效果，例如从黑暗房间中走到明亮区域所造成的短暂失明现象，或是看到很强的背光从物体边缘溢出 (此称为*敷霜效果*, bloom effect)。

HDR 影像的表示方法之一就是，把红绿蓝通道各存储为 32 位浮点数，而不使用 8 位整数。另一种方法是使用完全不同的色彩模型。例如，log-LUV 色彩模型就是 HDR 光照的流行之选。在此模型中，色彩由一个强度 (intensity) 通道 (L) 和两个色度 (chromaticity) 通道 (U 及 V) 来表示。由于人眼对强度改变的敏感程度高于色度，所以 L 通道以 16 位存储，而 U 和 V 各用 8 位。此外，L 是以对数 (底数为 2) 表示的，以捕捉非常大范围的光强度。

10.3.3 全局光照

我们在 10.1.3.1 节中曾提及，全局光照 (global illumination, GI) 是指一类光照算法，这些算法考虑到光从光源传送至虚拟摄像机之间与多个物体的互动。全局光照可营造不同效果，例如，遮挡物产生的阴影、反射、焦散，以及一个物体的颜色能溢出至其附近的物体。以下我们会简述几个常见的使用全局光照的技巧。有些方法是为某独立效果而设置的，例如阴影或反射；有些方法则是为整体的全局光传输而设置的，例如辐射度算法及光线追踪法。

10.3.3.1 阴影渲染

表面遮挡光源路径就会产生阴影。由理想点光源产生的阴影应有锐利的边缘，而现实世界的阴影边缘却是模糊的，该模糊部分称为半影 (penumbra)。半影的出现，是由于现实世界的光源会覆盖一定面积，因此会产生以不同角度掠过物体边缘的光线。

两个最流行的阴影渲染技巧为*阴影体积* (shadow volume) 和*阴影贴图* (shadow map)，以下会分别做简单介绍。在这两种技巧中，都会把场景中的物体分为 3 个类别：投射阴影的物体、接收阴影的物体，以及完全被阴影渲染而忽略的物体。[1] 同样地，光源也可以标识为产生或不产生阴影的。这些是重要的优化，令生成场景中的阴影时，能限制所需处理的光源和物体组合数量。

阴影体积 在阴影体积技术中，会从产生阴影的光源位置观察每个投射阴影的物体，并在那个视角判断物体的轮廓边缘 (silhouette edge)。这些边缘沿光线方向伸出 (extrude)，产生一个几何立体，该几何立体代表着光线被投射阴影物体遮挡所造成的空间体积，如图 10.56 所示。

1 还有一类既投射阴影也接收阴影的物体。有些物体能接收自身投射的阴影，这些阴影称为自阴影 (self-shadow)。——译者注

图 10.56 从光源视点所见的轮廓边缘向光线方向伸出, 产生阴影体积

阴影体积使用一种特殊的全屏缓冲产生阴影, 此缓冲称为模板缓冲 (stencil buffer), 它存储一个整数值与屏幕中的每个像素相对应。渲染时可用模板缓冲作为遮罩, 例如, 我们可以把 GPU 配置成, 当渲染某片段时, 仅当模板缓冲中对应的值不是 0 时才进行渲染。此外, 也可配置 GPU, 使渲染几何物体时以几种不同的方式更新模板缓冲里的值。

让我们回到用阴影体积渲染阴影的话题。首先, 我们要渲染一遍没有阴影的场景, 同时填充准确的深度缓冲。然后把模板缓冲清空, 使其中每个像素的值都为 0。之后就可以从摄像机的视角渲染阴影体积, 渲染该体积时, 若像素属于正向的三角形, 便要令模板缓冲的值加 1, 相反, 背向的三角形要令模板缓冲的值减 1。在屏幕空间中, 阴影体积以外的像素, 其对应模板缓冲的值当然维持是 0。有趣的是, 阴影体积的正向三角形与背向三角形重叠的屏幕位置, 其模板缓冲值也是 0, 因为正向的面片使该值加 1, 而背向的面片又使该值减 1。背向面片被“真实”场景中的几何物体遮挡的部分, 模板值就是 1。这就告诉我们屏幕中哪些像素是在阴影之中的。所以我们可以再进行渲染的第 3 个步骤, 把那些模板值非 0 的区域的颜色加深。[1]

1 用加深颜色的方式使用阴影体积, 并不能模仿真实的情况, 例如, 这样可能会看到阴影中的高光形状, 也不能正确渲染多个光源的阴影。较正确的做法是, 第一次渲染场景时, 只渲染环境 (ambient) 和放射 (emissive) 的光照项。之后对于每个投射阴影的光源, 先把模板清零, 再渲染受其影响又投射阴影的几何物体的阴影体积, 然后以模板为遮罩再渲染那些几何物体一次, 这次只渲染漫反射 (diffuse) 和镜面反射 (specular) 的光照项。在实践中, 阴影体积还有很多必须注意的细节, 读者可参考 http://http.developer.nvidia.com/GPUGems3/gpugems3_ch11.html。然而, 由于阴影体积的填充率较阴影贴图高, 阴影贴图目前较适合现在的硬件, 故成为主流技术。——译者注

阴影贴图 所谓阴影贴图技术，实际上是进行每片段的深度测试，但该“深度”不是从摄像机的视角去计算，而是从光源的视角计算的。使用阴影贴图时，需要把场景渲染两次。首先，从光源视角渲染场景，把渲染结果的深度缓冲存储为*阴影贴图纹理*。然后，以正常方式渲染场景，渲染每个片段时使用阴影贴图判断该片段是否在阴影内。而判断方法是，若该片段自光源的距离比阴影贴图里的对应深度值大，那么便代表该片段被遮挡，也就是位于阴影范围内。这一过程的原理，等同于使用深度缓冲判断片段是否被较近的三角形遮挡。

阴影贴图仅含深度信息，其每个纹素记录从光源方向来说最近遮挡物的深度。[1] 因此，阴影贴图通常会使用硬件的双倍速模式，仅填充深度缓冲 (由于我们只关心深度)。[2] 点光源需要使用透视投影来渲染阴影贴图[3]，而平行光则使用正射投影。

使用阴影贴图渲染场景时，要使场景以摄像机视角正常地进行渲染。对于每个三角形的顶点，我们计算该顶点在*光源空间* (light space) 中的位置，光源空间是指渲染阴影贴图时的“观察空间”。[4] 如同其他顶点属性，这些光源空间坐标会在三角形上进行插值。这样可以获得每个片段在*光源空间*中的位置。判断某片段是否在阴影之内，首先要把片段的光源空间位置 (x, y) 转换为阴影贴图的纹理坐标 (u, v)，然后再用该片段的光源空间 z 值和阴影贴图的纹素进行比较。如果片段的光源空间 z 值远于阴影贴图纹素所存储的距光源距离，那么该片段必然是被其他较近的几何图形所遮挡的，也就是在阴影之中的。否则，片段就不在阴影之中。片段的颜色可基于此信息做出调整。图 10.57 展示了整个阴影贴图的过程。[5]

10.3.3.2 环境遮挡

环境遮挡 (ambient occlusion, AO) 是一种用于渲染*接触阴影* (contact shadow) 的技术，所谓接触阴影，是指场景仅以环境光照明时所产生的软阴影。实质上，AO 描述表面上每点“可接触光线”的程度。例如，一根管子的内部表面比其外部表面能接受到的环境光照要少。若在阴

---

1 此句原文对深度贴图纹素的意义解释得不够清楚，译者稍做补充。——译者注

2 在 PC 的 Direct3D 9 中，并没有标准方法可以把深度缓冲当作阴影贴图，必须使用个别硬件厂商提供的特殊方法。若要简单支持所有厂商，必须把深度写进色彩缓冲里。——译者注

3 一般来说，小于 180° 角的聚光灯才可使用透视投影来渲染阴影贴图。对于点光源的阴影贴图，可使用立方贴图 (渲染 6 次场景)，或是使用双抛物面贴图 (渲染 2 次场景)。但后者也会造成一些精度问题，可参考 `http://www.mpi-inf.mpg.de/~tannen/papers/cgi_02.pdf`。——译者注

4 实际上应使用投射变换，把坐标变换为光源的齐次裁剪空间 ($[-1,1]^3$)，再用缩放及平移变换为纹理空间 $[0,1]^3$。详情可参考《Cg 教程》(*The Cg Tutorial*) 第 9.3 节关于投影贴图的变换，其做法和阴影贴图相同，详见 `http://http.developer.nvidia.com/CgTutorial/cg_tutorial_chapter09.html`。——译者注

5 虽然阴影贴图的原理简单，但是它也有非常多的问题和对应的改善方法。尤其在 2000 年之后，业界和学术界对阴影贴图投入了大量的研究，产生了许多新技术 (和缩写)。在投影空间方面，有 LiSPSM、TSM、PSSM、CSM 等；与过滤相关的有 VSM、ESM 等；与软阴影相关的有 PCF、PCSS、SSSS 等。建议读者先参阅参考文献 [1]。——译者注

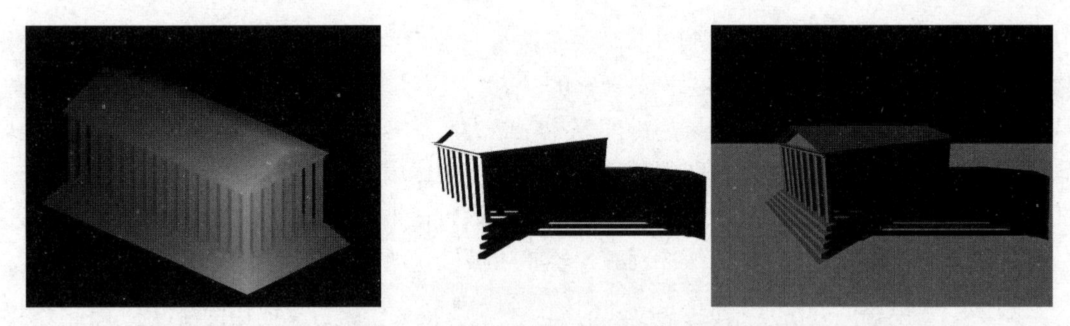

图 10.57 左图是阴影贴图, 它是从某点光源视点所渲染的 z 缓冲内容。在中间的图中, 黑色像素表示该像素在光源空间的深度测试失败 (片段在阴影内), 白色像素代表成功通过测试 (片段不在阴影内)。右图展示了使用阴影后的最终的渲染结果

天把该管子置于室外, 其管内通常比管外显得昏暗。

图 10.58 展示了环境遮挡如何生成车底、轮舱内和车身面板缝隙中的阴影。测量某点 AO 值的方法是, 以该点为球心设一个半径非常大的半球体, 然后计算从该点可见的半球表面面积百分比。由于 AO 与观察方向及入射光方向无关, 所以静态物体的 AO 可以在脱机时预计算, 计算结果通常会存储为纹理。[1]

图 10.58 以环境遮挡渲染一辆汽车。注意车底和轮舱内的变暗区域

10.3.3.3 镜像

当光线自非常光滑的表面反射时, 就会在该表面产生一部分场景的镜像 (reflection)。我们可以用多种方法实现镜像。环境贴图可用于一般光滑物体表面上产生附近环境的镜像。而平面物体 (如镜子) 的直接镜像, 则可以把摄像机位置按该反射性表面平面进行反射变换, 然后

1 本段所描述的 AO 计算是基于几何方法的, 而另一种近年流行的方法是在屏幕空间中进行计算, 后者称为屏幕空间环境遮挡 (screen-space ambient occlusion, SSAO), 由 Crytek 公司的 Vladimir Kajalin 发明, 率先应用于 2007 年发行的《孤岛危机》(*Crysis*) 中。其后还出现了多种改进方案, 例如 Horizon-based AO (HBAO)、Volumetric Obscurance (VO) 等。还有研究把 SSAO 扩展至模拟全局照明, 例如 screen-space directional occlusion (SSDO)。——译者注

从反射的视点渲染场景至一张纹理，最后把该纹理再渲染至该反射性表面上，如图 10.59 所示的例子。

图 10.59 《最后生还者》(©2013/^{TM} SCEA, 由顽皮狗创作及开发, PlayStation 3) 中的镜像反射。它先把场景渲染至纹理，再把纹理贴到镜子表面

10.3.3.4 焦散

焦散 (caustics) 是指强烈反射或折射所产生的光亮高光，通常出现于非常光滑的表面，如水面或抛光金属。当反射的表面在移动时，例如水面的抖动，焦散会产生闪烁及在投射的表面上“摇曳”。要渲染焦散效果，可通过投影一张含有 (具动画的) 半随机亮点的纹理至受影响的物体表面。图 10.60 展示了此技术的例子。

图 10.60 通过把动画纹理投影至受影响的表面，制造焦散效果

10.3.3.5 次表面散射

当光线到达物体表面上的一点时, 光线会在表面下散射, 然后在表面的其他位置离开, 此现象称为次表面散射 (subsurface scattering, SSS)。SSS 现象会令人体皮肤、蜡、大理石等材质表面产生 "温暖、淡淡泛光" 的效果, 图 10.61 展示了加入次表面散射前后的渲染效果。SSS 可以用比 BRDF (见 10.1.3.2 节) 更高阶一些的变种表示, 此函数称为双向表面散射反射分布函数 (bidirectional surface scattering reflectance distribution function, BSSRDF)。

图 10.61 左图没有使用次表面散射渲染 (即采用 BRDF 光照模型)。右图使用次表面散射渲染相同的龙 (即使用了 BSSRDF 模型)。这两张图由弗吉尼亚大学的 Rui Wang 渲染

有多种方法可以模拟 SSS。基于深度贴图 (depth map) 的方法会渲染一张阴影贴图 (见 10.3.3.1 节), 但该阴影贴图并非用作判断像素是否在阴影之内, 而是用来测量光线需要经过多少距离才能通过遮挡物。然后, 在物体阴影面加入人造的漫射光照项, 其光照强度与光线经过物体至另一面的距离成反比。这样, 在物体相对较薄的地方, 光源另一面的表面便会产生淡淡泛光。更多 SSS 相关的信息可参考网页。[1]

10.3.3.6 预计算辐射传输

预计算辐射传输 (precomputed radiance transfer, PRT) 是一项流行的技术, 可以实时模拟基于辐射度算法的渲染方法。其做法是, 预先计算来自所有方向的入射光和表面的互动 (反射、折射、散射), 并把那些描述存储下来。在运行时, 根据某入射光线查表, 并把该光线的反射迅速转换为准确的光照结果。

一般来说, 光在某点的反射是一个复杂的函数, 该函数定义在以该点为球心的半球范围内。我们需要一个紧凑表示此函数的方法, 才能使 PRT 技术实用化。常见的方法是用球谐基

1 http://http.developer.nvidia.com/GPUGems/gpugems_ch16.html

函数 (spherical harmonic/SH basis function) 的线性组合逼近此函数。此做法本质上等同于把简单的标量函数 $f(x)$ 表示为多个经偏移及缩放的正弦波的线性组合, 区别只在于 SH 是三维版本的函数。

PRT 的细节讨论超出本书范围, 请读者参考相关文献。[1] DirectX SDK 里也有展示 PRT 技术的范例。[2,3]

10.3.4 延迟渲染

在传统基于三角形光栅化的渲染中, 所有光照和着色计算都是在世界空间、观察空间或切线空间中的三角形片段上计算的。此技术有效能较差的问题。首先, 我们可能做了许多不必要的工作。我们替三角形顶点着色, 但可能在光栅化阶段才发现整个三角形会被深度测试所剔除。早期深度测试可协助消除像素着色器的计算, 但仍欠完美。此外, 为了处理含多个光源的复杂场景, 我们最终会产生大量不同的顶点及像素着色器版本, 每个版本处理不同数量的光源、不同种类的光源、不同数量的蒙皮权重等。

延迟渲染 (deferred rendering) 是解决这些问题的另一种场景着色方法。在延迟渲染中, 主要的光照计算是在屏幕空间进行的, 而非观察空间。我们首先迅速地渲染不含光照的场景。在此阶段, 我们把所有将用于光照计算的信息存储在一个 "深厚的" 帧缓冲里, 此缓冲称为*几何缓冲* (geometry buffer, G-buffer)。完成场景渲染后, 使用几何缓冲的信息来计算光照和着色。这样做通常比观察空间光照更高效, 又避免了着色器版本的增长, 并且可以相对容易地渲染出一些非常悦目的效果, 如图 10.62 所示。

几何缓冲在物理上是由一组缓冲实现的, 但理论上它是含有丰富的光照和表面信息的单个缓冲。典型的几何缓冲可能含有以下属性: 深度、观察空间或世界空间的表面法矢量、漫反射颜色, 甚至是预计算辐射 (PRT) 系数。[4]

深入探讨延迟渲染超出本书范围, 读者可参看 Guerrilla Games 员工的精彩报告。[5]

---

1 http://web4.cs.ucl.ac.uk/staff/j.kautz/publications/prtSIG02.pdf

2 http://msdn.microsoft.com/en-us/library/bb147287.aspx

3 PRT 的原祖论文出自 2002 年 Slone 等作者的 *Precomputed Radiance Transfer for Real-Time Rendering in Dynamic, Low-Frequency Lighting Environments*, http://research.microsoft.com/en-us/um/people/johnsny/papers/prt.pdf。——译者注

4 一般的延迟渲染由于在每像素只能存储一组数据, 因此只能渲染不透明的物体。半透明的物体要在延迟渲染完成后, 才用传统的正向着色 (fordward shading) 渲染和混合。一般的延迟渲染不能使用 MSAA, 所以后来有许多特别为延迟渲染而开发的抗锯齿方法。此外, 视几何缓冲的大小, 延迟渲染可能需要较高的显存带宽。——译者注

5 https://www.slideshare.net/guerrillagames/deferred-rendering-in-killzone-2-9691589

图 10.62 这些图片为 Guerrilla Games 的《杀戮地带 2》(*Kill Zone 2*) 的截图, 展示了延迟渲染中几何缓冲的典型成分。上方的图是最终的渲染影像。在该图之下, 从上至下、从左至右, 分别是反照率 (漫反射) 颜色、深度、观察空间法线、屏幕空间运动矢量 (供运动模糊之用)、镜面幂及镜面强度

10.3.5 基于物理着色†

传统的游戏光照需要艺术家和灯光师去调整大量参数 (有时候是不直观的), 才能获得游戏中想要的效果, 这些参数可能遍布于渲染引擎系统的不同部分。这可能是艰苦及耗时的过程。更甚者, 参数设置可能在某组光照下正常, 但在其他光照环境下可能不行。要解决这些问题, 渲染程序员都转向了*基于物理着色* (physically based shading) 模型。

基于物理着色尝试建模去接近真实世界中光的传递及与材质的交互, 令艺术家和灯光师可以用直观、真实世界测量的数值去调整着色参数。基于物理着色的完整讨论超出本书范围, 读者可从这个网页[1]开始学习相关信息。

1 https://marmoset.co/posts/physically-based-rendering-and-you-can-too/

10.4 视觉效果和覆盖层

至此所谈及的渲染管道, 主要是用于渲染三维固体物体的。通常在此渲染管道之上, 还有一些专门渲染视觉效果的渲染系统, 例如粒子效果、贴花 (decal, 用于渲染细小的几何覆盖物, 例如弹孔、裂缝、抓痕, 以及其他表面细节)、头发皮毛、降雨降雪、水, 以及其他专门的视觉效果。另外, 也可应用全屏后期处理效果, 例如晕影 (vignette, 在画面边缘降低亮度和饱和度[1])、动态模糊、景深模糊、人工性/增强性色彩处理等。最后, 实现游戏的菜单系统及平视显示器 (HUD) 的方法, 一般是通过渲染文本及其他二维/三维图形, 并将它们覆盖在原来的三维场景之上。

深入讨论这些引擎系统超出了本书范围。以下几节会简介这些渲染系统, 并提供相关的参考信息。

10.4.1 粒子效果

粒子渲染系统是为了渲染无固定形状的物体而设计的, 如烟、火花、火焰等。这些通称为*粒子效果* (particle effect)。粒子效果和其他的可渲染几何物体的区别有如下几点。

- 粒子系统由大量相对简单的几何物体所组成。这些几何物体通常是称为 quad[2] 的简单卡片, 每个 quad 由两个三角形组成。
- 几何物体通常是朝向摄像机的 (即公告板, billboard), 引擎必须做相应的工作, 确保面片的法矢量总是朝向摄像机的焦点。
- 其材质几乎都是半透明的。因此, 粒子渲染系统有严格的*渲染次序*, 此与场景中大部分不透明物体不同。
- 粒子以多种丰富的方式表现*动画*。它们的位置、定向、大小 (缩放)、纹理坐标, 以及许多其他着色器参数对于每帧都是有所变化的。这些改动通常用手工制作的动画曲线或程式方法来定义。
- 粒子通常会不断*出现及湮灭*。粒子发射器是游戏世界中的逻辑实体 (logical entity), 以用户设置的速率创造粒子。粒子湮灭的原因包括: 碰到预先定义的死亡平面、已存活超过用户定义的时间, 或是其他用户设置的条件。

---

1 vignetting 有时候会被译作暗角, 此译法比较容易理解此现象的原始意思, 就是画面外缘比画面中心暗。vignetting 几乎出现在所有照片或视频中, 在美感上也有突出主体的作用, 关于其详细介绍, 可参看 `http://toothwalker.org/optics/vignetting.html`。——译者注

2 是 quadrilateral(四边形) 的缩写。——译者注

粒子效果可以用正常的三角形网格几何物体配合适当的着色器进行渲染。然而,由于上述列出的独特性质,真实的游戏引擎总是会以专门的动画及渲染系统来实现粒子效果。图 10.63 所示的是一些粒子效果的例子。

图 10.63 《神秘海域 3: 德雷克的欺骗》(©2011/™ SCEA, 由顽皮狗创作及开发, PlayStation 3) 中的火焰、烟和弹道的粒子效果

粒子系统的设计和实现是一个大题目,本身可用多个章节进行讲解。关于粒子系统的更多信息,可参阅参考文献 [1] 的 10.7 节、参考文献 [14] 的 20.5 节、参考文献 [9] 的 13.7 节、参考文献 [10] 的 4.1.2 节。

10.4.2 贴花

贴花 (decal) 是覆盖在场景中正常物体上相对较小的几何物体,用于动态改变物体表面的外观。弹孔、脚印、抓痕、裂缝等都是贴花的例子。

现代引擎最常用的贴花实现方法就是,把贴花设为长方形区域,按某方向投影在场景中。这会形成一个三维空间中的长方体。长方体在投射方向与表面第一次相交的地方就成为贴花的面片。从相交的表面中提取三角形后,用投影长方体的四块包围平面裁切这些三角形。通过生成适当的顶点纹理坐标,为三角形贴上所需的贴花纹理。这些含贴图的三角形被渲染在正常场景之上,有时候会使用视差贴图带出深度的错觉,并且用少许深度偏移 (z-bias) (通常是往近平面稍做移动) 避免和原来的表面产生深度冲突 (z-fighting)。最终就能创造出弹孔或抓痕等表面改造的结果。图 10.64 展示了弹孔贴花的效果。

关于生成和渲染贴花的更多信息,可参阅参考文献 [7] 的 4.8 节、参考文献 [28] 的 9.2 节。

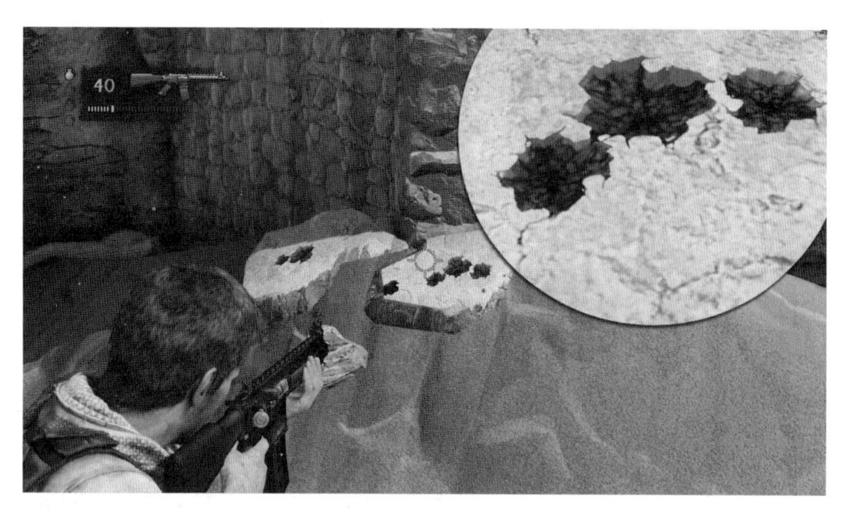

图 10.64 《神秘海域 3: 德雷克的欺骗》(©2011/™ SCEA, 由顽皮狗创作及开发, PlayStation 3) 中的视差贴图贴花

10.4.3 环境效果

采用颇为自然或真实的场景作为背景的游戏, 都需要一些环境渲染效果 (environmental rendering effect)。这些效果通常由专门的渲染系统实现。以下将会简介其中几个常见的系统。

10.4.3.1 天空

游戏世界中的天空需要栩栩如生、细致分明, 但从技术上来说, 天空和摄像机之间的距离非常远, 因此我们不可能用现实中的方式为天空建模, 取而代之, 需要使用一些专门的渲染技术。

其中一种简单的方式就是, 先把帧缓冲填满天空的纹理, 再去渲染三维几何图形。该天空纹理应该有接近 1 : 1 的纹理像素比, 使纹理逼近屏幕的分辨率。天空纹理可根据游戏摄像机的移动而相应旋转及卷动。在渲染天空时, 我们必须确保把所有像素的深度设置为最大值。这样可以确保所有三维场景物体都被排于天空之前。[1]《迅雷赛艇》(*Hydro Thunder*) 就是完全采用这种方式渲染天空的。

在现代的游戏平台上, 像素着色的成本可能较高, 所以通常渲染其他场景之后才渲染天空。

1 若采用先渲染天空后渲染场景的次序, 渲染天空时其实可以同时关上深度测试 (z-test) 及深度写入 (z-write)。但若天空采用较复杂的像素着色器, 而且又会被大量前景所覆盖, 可考虑最后再渲染天空, 这时候需要开启深度测试, 但仍可关上深度写入, 因为写入深度不会再有用途。——译者注首先，把深度缓冲清空为最大 z 值。然后渲染场景。最后再渲染天空，渲染时开启深度测试，关闭深度写入，并使用一个小于最大值的 z。这样天空便只会被渲染在不被较近物体 (如地形、建筑和树) 阻挡的地方。最后才画天空可以确保它的像素着色器在最少量的屏幕像素上执行。†

有些游戏中的玩家可以任意改变视角方向，这种情况就需要*天空穹顶* (sky dome) 或*天空盒* (sky box)。渲染穹顶或盒子时，总是把它们的中心置于摄像机的位置，这样无论摄像机在游戏中如何移动，天空看起来就像在无限远的地方。如同天空纹理般，渲染天空时要把帧缓冲中的所有像素设为最大深度值。这样天空穹顶或天空盒相对其他物体可以很细小。它的大小并不重要，只要它能填满整个帧缓冲就可以了。关于天空渲染的相关知识可参阅参考文献 [1] 的 10.3 节及参考文献 [39] 的第 253 页。

另一方面，云通常也需要使用专门的渲染及动画系统实现。在早期的游戏如《毁灭战士》(*Doom*) 和《雷神之锤》(*Quake*) 中，云仅是几块平面，再贴上卷动的半透明云纹理。近期的云渲染技术，包括使用面向摄像机的卡板 (公告板)、基于粒子效果的云，以及体积云 (volumetric cloud) 效果。

10.4.3.2 地形

地形 (terrain) 系统是为了建立地表的模型，并作为摆放各式各样静态及动态元素的画布。有时候我们会使用如 Maya 的软件为地形建模。但若玩家能看见很远的景物，我们通常需要某种动态镶嵌或其他层次细节 (level-of-detail, LOD) 系统。我们还要限制所需的数据量，以表示非常大型的户外区域。

高度场地形 (height field terrain) 是大规模地形建模的流行之选。因为其数据量相对较少，因此高度场地形通常存储为灰阶纹理贴图。在大多数基于高度场的地形系统中，会用规则的栅格模式来镶嵌水平面 ($y = 0$)，然后以高度场纹理的采样决定地形顶点的高度。每个区域单元的三角形数量可以按摄像机距离来调整，使大尺寸的地形特征能在远处观看，而同时能表现近距离地形的层次细节。图 10.65 所示的是以高度场位图定义地形的例子。[1]

地形系统通常会提供专门的工具 "粉刷" 地形数据，雕刻不同地形特征，如路面、河流等。地形系统的贴图方法，一般是用 4 张或以上的纹理进行混合。那么美术人员只需把某层纹理显露出来，便可以 "粉刷" 出草地、泥地、碎石地，或其他地形特征。这些纹理层也可以从一层渐变混合至另一层，以做到平滑的纹理过渡。有些地形工具允许把地形镂空，以加入建筑物、沟渠，或其他用网格建模的特殊地形特征。有时候，地形编辑工具会直接整合至游戏世界编辑器，

1 通常 8 位通道的纹理的精度不足以表示一般的地形，例如，用 0~255 表示水平面至海拔 255m，那么高度的精确度就只有 1m，所以一般来说，需要 16 位或更高的精度。而另一种方法是利用地形高度的局部性把地形分区，每个区各自定义其高度的最小值至最大值，那么便可以用较少的数据量表示更高的精确度。

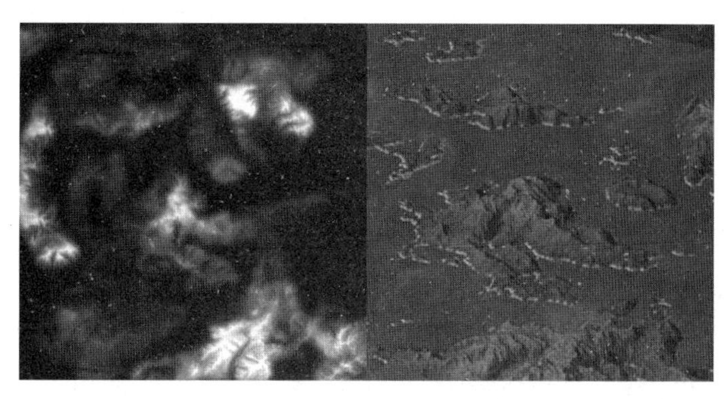

图 10.65 灰阶高度场位图 (左图) 可用来控制地形栅格网格 (右图) 的顶点垂直位置。在此例子中, 使用了一个水体平面创造岛屿

而在其他引擎中就可能是独立的工具。

当然, 高度场地形仅是多种游戏地表建模的方法之一。对于地形渲染的更多信息, 可参阅参考文献 [6] 的 4.16~4.19 节, 以及参考文献 [7] 的 4.2 节。

10.4.3.3 水体

在现在的游戏中, 水体渲染器随处可见。水体有很多不同的种类, 包括海洋、池塘、河流、瀑布、喷水池、水坑、潮湿的土地等。每种水体通常需要一些专门的渲染技术。有些也需要力学运动模拟。大型的水体可能需要动态镶嵌或其他类似地形系统的 LOD 技术。

水体系统有时候会与游戏的刚体动力学系统互动 (漂浮、喷射产生的力等), 有时也会与游戏性系统互动 (如湿滑路面、游泳机制、潜水机制、被向上喷射的水弹起等)。水体效果通常由不同的渲染技术及子系统结合创造。例如, 瀑布可能使用专门的水体着色器、卷动纹理、在瀑布底部放置模拟雾的粒子效果、模拟水泡的类贴花覆盖等。今时今日, 游戏提供了惊人的水体效果, 而且从实时流体动力学技术等活跃研究中, 能预见未来几年内的水体模拟将变得更丰富及真实。关于水体模拟及渲染技术的进一步信息, 可参阅参考文献 [1] 的 9.3 节、9.5 节、9.6 节, 参考文献 [13], 以及参考文献 [6] 的 2.6 节、5.11 节。[1]

1 译者在此多推荐一本相关专著——Robert Bridson 的 *Fluid Simulation for Computer Graphics*, 于 2008 年由 AK Peters 出版。据说书中的内容已被应用于《小小大星球 3》(*Little Big Planet 3*) (`http://advances.realtimerendering.com/s2011/index.html`)。——译者注

10.4.4 覆盖层

多数游戏都会有平视显示器 (HUD)、游戏内图形用户界面及菜单系统。这些*覆盖层* (overlay) 通常是用二维或三维的图形直接渲染在观察空间或屏幕空间中的。

覆盖层通常在主场景之后被渲染，并关上深度测试以确保它们显示在三维场景之上。二维覆盖层的实现方法通常是，使用正射投影渲染屏幕空间中的四边形 (一对三角形)，也可以使用正常的透视投影并把几何物体置于观察空间，使这些几何物体随摄像机移动。

10.4.4.1 归一化屏幕坐标

二维覆盖层的坐标可使用屏幕像素为单位。然而，若读者的游戏要支持多种屏幕分辨率 (在 PC 游戏中很常见)，那么更好的办法是使用*归一化屏幕坐标* (normalized screen coordinates)。在归一化坐标中，两个轴其中一个轴的范围是由 0 至 1(但不能两个都是 0 至 1，见 10.4.4.2 节)，而且能轻易缩放至不同分辨率下的像素单位。这样我们放置视觉元素时，就完全无须顾虑屏幕分辨率 (仅需考虑少许有关长宽比的事情)。

最容易定义归一化坐标的方法是，把 y 轴的范围设置为 $0.0 \sim 1.0$。当使用 $4:3$ 长宽比时，x 轴的范围就是 0.0 至 $1.333(= 4/3)$，而长宽比为 $16:9$ 时，x 轴范围则为 $0.0 \sim 1.777(= 16/9)$。重要的是，不要将两轴的范围都定义为 $0 \sim 1$，这样做会使正方形的视觉元素的 x 方向尺寸异于其 y 方向的尺寸；反过来说，长宽尺寸同值的元素，在屏幕上看起来并不是正方形的！此外，“正方形”的元素在不同长宽比中会被拉伸成不同形状——这并非是可接受的事。

10.4.4.2 屏幕相对坐标

要完善归一化屏幕坐标，应令它可以使用绝对坐标或相对坐标。例如，正数的坐标可理解为相对于屏幕左上角计算，而负数的坐标可以相对于右下角计算。那么，若我想把一个 HUD 元素置于离右缘或下缘的某个距离，在长宽比改变时就不必改变其归一化坐标。我们还可以建立更丰富的对齐方式，例如，对齐至画面中心，或是对齐至另一视觉元素。

然而，有些覆盖层元素并不能轻松地使用归一化坐标，使之同时在 $4:3$ 及 $16:9$ 长宽比下正常显示。或许可以考虑为每种长宽比设置不同的布局，那么便可以独立地做微调。

10.4.4.3 文本及字体

游戏引擎的文本/字体系统通常会实现为一种特殊的二维 (有时候是三维) 覆盖层。在其核心中，文本渲染系统需要按字符串显示一串文字字形 (glyph)，并以某种方向在屏幕上排列。

字体 (font) 通常以含有字形的纹理贴图实现。另外，再保存一个字体描述文件，内含每个字形在纹理中的包围盒、字体布局的信息，如字距调整 (kerning)、基线偏移 (baseline offset) 等。[1]

优秀的文本/字体系统必须能处理不同字符集的区别，以及各语言固有的阅读方向。有些文本系统还会提供一些有趣的功能，例如在屏幕上产生字符的多种动画，或对个别字符产生动画等。有些游戏引擎甚至会实现 Adobe Flash标准的子集，为覆盖层提供丰富的二维效果。[2]然而，谨记当实现游戏字体系统时，只实现游戏实际上需要的功能即可。若引擎实现了高级文本动画，而游戏根本不需要文本动画，那是毫无意义的!

10.4.5 伽马校正

阴极射线管 (cathode ray tube, CRT) 显示屏往往有非线性的亮度响应曲线。即，若送往 CRT 显示屏的红、蓝、绿值以线性递增，屏幕上显示出来的结果从人眼感知上的亮度并非是线性的。从视觉上来说，较暗的区域显得比理论上来说还暗。图 10.66 显示了这种情况。

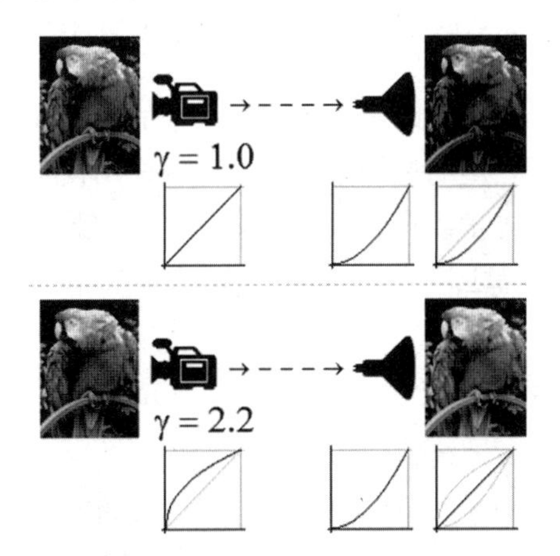

图 10.66 CRT 的伽马响应对影像品质的影响，以及如何做出校正。图片来自维基百科

一般 CRT 显示屏的伽马响应曲线 (gamma responsive curve) 可用简单公式建模:

$$V_{\text{out}} = V_{\text{in}}^{\gamma}$$

1 本段谈及的主要是指拼音文字 (如英文) 的字体渲染方式。而由于中国、日本、韩国的文字字形较多，如需显示大量文字 (或由玩家输入的文字)，就不会使用纹理存储所有字形，而是把最近用到的字形缓存至纹理中。此过程可以使用一些字体渲染程序库达成，例如 freetype (http://www.freetype.org/)。——译者注

2 现今游戏业界最常用的 Flash 渲染中间件是 Scaleform (http://gameware.autodesk.com/scaleform)，另一个选择是 IGGY (http://www.radgametools.com/iggy.htm)。此外，也可采用一个开源的 Flash 渲染库 gameswf (http://tulrich.com/geekstuff/gameswf.html)。——译者注

其中 $\gamma_{\text{CRT}} > 1$。要校正此情况, 在颜色传送至 CRT 显示器之前, 通常会进行一个逆变换 (即使用 $\gamma_{\text{CRT}} < 1$)。一般 CRT 显示屏的 γ_{CRT} 值为 2.2, 所有校正值通常是 $\gamma_{\text{corr}} = 1/2.2 \approx 0.455$。图 10.67 展示了这些伽马编码及解码曲线。

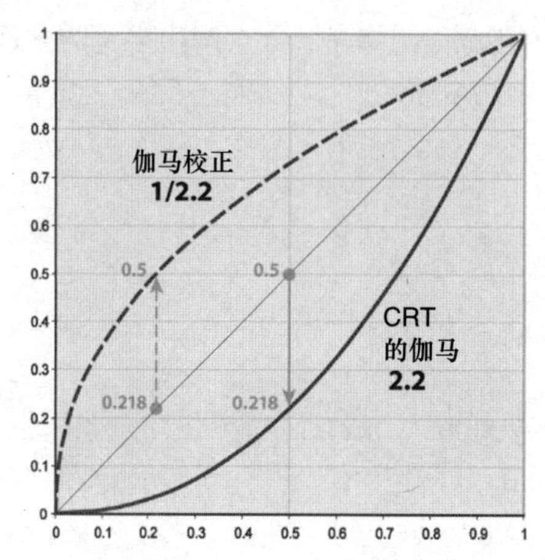

图 10.67 伽马编码及解码曲线。图片来自维基百科

三维渲染引擎可执行伽马编码, 以确保最终影像中的值是正确地获伽马校正的。然而其中有一个问题, 就是纹理贴图所使用的位图通常本身已获伽马校正。高质量的渲染引擎会考虑到此实际情况, 所以会在渲染前先把纹理进行伽马解码, 并在最终渲染场景后再重新进行伽马编码, 使颜色能正确地重现在屏幕上。[1]

10.4.6 全屏后期处理效果

全屏后期处理效果 (full-screen post effect) 应用在已渲染的三维场景上, 以增加真实感或做出特殊的风格。这些效果的实现方法, 通常是把屏幕上的所有内容传送至含所需效果的像素着色器。而实际过程就是把含未处理场景的贴图, 以一个全屏四边形进行渲染。以下列举出一些全屏后期处理效果的例子。

- 动态模糊 (motion blur): 此效果通常的实现方法为, 渲染一个屏幕空间的速度矢量缓冲区, 并使用此矢量场选择性地模糊已渲染的影像。产生模糊的方法是把一个卷积核 (convolu-

1 如果纹理不经任何计算便直接写在色彩缓冲中 (例如二维的 GUI), 那么并不需要这样做。但在渲染三维场景时, 光照及 alpha 混合等计算都需要使用线性的贴图。所以一般是使用线性贴图完成所有渲染后 (包括全屏后期处理), 才把结果进行伽马编码。

tion kernel) 施于影像。[1]

- 景深模糊 (depth-of-field blur): 此模糊效果使用深度缓冲区的内容调整每像素的模糊程度。
- 晕影 (vignette): 此效果通过降低屏幕四角的亮度和饱和度, 产生类似电影的戏剧性效果。实现此效果的方法是, 可以简单地在屏幕上覆盖一张贴图。此效果的另一变种是用来产生玩家使用双筒望远镜或武器观景器的效果。
- 着色 (colorization): 可用后期处理效果以任意方式修改屏幕上的颜色。例如, 所有红色以外的颜色可以去饱和度至灰色, 产生和电影《辛德勒的名单》(*Schindler's List*) 中红衣小女孩一模一样的震撼效果。[2]

10.5 延伸阅读

我们在本章以非常有限的篇幅介绍了大量内容, 但这些内容都只是很基础的知识。读者必然希望更仔细地深入探索这些主题。有关三维计算机图形及动画的整个过程概览, 笔者强烈推荐参考文献 [23]。而当代的实时渲染技术在参考文献 [1] 中有非常深入的探讨, 而参考文献 [14] 是所有关于计算机图形学的权威参考指南。[3] 其他三维渲染方面的好书还包括参考文献 [42]、参考文献 [9]、参考文献 [10]。有关三维渲染的数学知识可参阅参考文献 [28]。图形程序员的书柜中没有 *Graphics Gems* 系列 [18],[4],[24],[19],[36] 及 *GPU Gems* 系列[13],[38],[35] 就不算完整。[4] 当然, 此简短的参考列表只是一个开始, 读者在游戏程序员生涯中必然会遇到更多渲染和着色器方面的优良读物。[5]

---

1 详见 Dale A. Schumacher 于参考文献 [4] 中发表的文章 *Image Smoothing and Sharpening by Discrete Convolution*。

2 在《爱丽丝: 疯狂回归》(*Alice: Madness Returns*) 中, 当主角进入"歇斯底里"模式时, 所有除了红色鲜血以外的东西都会变成灰色。但做法并非单靠缓冲区的颜色进行变换, 而是要指明哪些部分是血。

3 此书自 1990 年出版第 2 版后 (1995 年有 C 语言的第 2 版), 终于在 2013 年推出了第 3 版, 其大纲及内容几乎全部重写。有关非实时渲染也可阅读 Matt Pharr 等人编著的 *Physically Based Rendering: From Theory to Implementation* 一书的第 2 版。

4 游戏图形方面现在还有 *ShaderX* 系列和更新的 *GPU Pro* 系列。

5 译者长期搜集与计算机图形学相关的书籍, 可访问 `http://book.douban.com/doulist/1445680/` 获得更多信息。——译者注

第 11 章 动画系统

现在的游戏多数会围绕一些*角色* (character)——通常是人类或人形角色, 有时候也会是动物或异形——展开。角色是独特的, 因为他们需要流畅地以有机方式移动。此需求成为新的技术难点, 其困难程度远超模拟载具、抛射体、足球、俄罗斯方块等刚性物体。引擎中的*角色动画系统* (character animation system) 负责为角色赋予自然的动作。

以下我们将会看到, 动画系统给予游戏设计师一套强大的工具, 这些工具除了用于角色外, 也能用于非角色的物体。任何非百分之百刚性的物体都可利用动画系统。所以当读者看到载具上的可移动组件、以铰链联系的机械、微风中摇曳的树木, 甚至是游戏中会爆炸的建筑物, 这些物体有很大机会利用到游戏引擎的动画系统。

11.1 角色动画的类型

角色动画技术自《大金刚》(*Donkey Kong*) 以来历经了一段漫长的发展过程。起初, 游戏采用非常简单的技巧去产生栩栩如生的动作。随着游戏硬件的改进, 更多高级技巧可以实时应用。今天, 游戏设计师手中有许多强大的动画制作方法。我们在本节将看到角色动画的演变, 以及出现在游戏引擎中 3 种最常用的动画技术。

11.1.1 赛璐璐动画

所有游戏动画技术的前身都是*传统动画* (traditional animation) 或*手绘动画* (hand-drawn animation)。此技术用于早期的卡通动画。这种动画的动感由连续快速显示一系列静止图片所产生, 这些图片称为帧 (frame)。可将实时三维渲染想象为传统动画的电子形式, 把一系列静止的全屏影像不断地向观众展示, 以产生动感。

赛璐璐动画 (cel animation) 是传统动画的一个种类。赛璐璐是透明的塑料片，可在上面绘画。把一连串含动画的赛璐璐放置于固定的手绘背景之上，就能产生动感，而无须不断重复绘制静态的背景。

赛璐璐动画的电子版本是称为*精灵动画* (sprite animation) 的技术。所谓精灵，其实是一张小位图，叠在全屏的背景影像之上而不会扰乱背景，通常由专门的图形硬件绘制。因此，精灵之于二维游戏动画，犹如赛璐璐之于传统动画。精灵是二维游戏时代最主要的技术。图 11.1 展示了一组著名的精灵位图，这组人形角色跑步精灵几乎用在所有美泰公司的 Intellivision 游戏之中。这组帧被设计成不断重复播放时也会显得十分顺畅——这种动画称为*循环动画* (looping animation)。而此组动画以现在的说法可称为一个跑步周期 (run cycle)，因为它用于显示角色跑动的动作。角色通常有多组循环动画周期，包括多种闲置周期 (idle cycle)、步行周期 (walk cycle) 及跑步周期 (run cycle)。

图 11.1 多数 Intellivision 游戏都使用到的精灵动画序列

11.1.2 刚性层阶式动画

随着三维图形技术的发展，精灵技术开始失去其吸引力。《毁灭战士》使用类似精灵的动画系统，游戏中的怪兽仅是面向摄像机的四边形，每个四边形贴上一连串纹理位图 (这种纹理称为*动画纹理*, animated texture) 以产生动感。这种技术在今天仍然用于低分辨率或远距离的物体上，例如体育馆里的群众、背景中的千军万马对战等。然而，对于高质量的前景角色，其三维图形需要使用更先进的角色动画方法。

实现三维角色动画，最初的方法称为*刚性层阶式动画* (rigid hierarchical animation)。在此方法中，角色由一堆刚性部分建模而成。人形角色通常会分拆成骨分 (pelvis)、躯干 (torso)、上臂 (upper arm)、下臂 (lower arm)、大腿 (upper leg)、小腿 (lower leg)、手部 (hand)、脚部 (feet) 及头部 (head)。这些刚性部分以层阶形式彼此约束，类似于哺乳类动物以关节连接骨骼，这样能使角色自然地移动。例如，当移动上臂时，下臂和手部会随之而动。一般的层阶会以骨盆为根，躯干和大腿是其直接子嗣，其他部分如下连接[1]：

```
Pelvis(髋关节/骨盆)
```

1 原文的层阶中出现了两次 `UpperLeftArm` 和 `UpperLeftLeg`，应为笔误。——译者注

```
Torso(躯干)
    UpperRightArm(右上臂)
        LowerRightArm(右前臂)
            RightHand(右手)
    UpperLeftArm(左上臂)
        LowerLeftArm(左前臂)
            LeftHand(左手)
    Head(头)
UpperRightLeg(右大腿)
    LowerRightLeg(右小腿)
        RightFoot(右脚)
UpperLeftLeg(左大腿)
    LowerLeftLeg(左小腿)
        LeftFoot(左脚)
```

刚性层阶式技术的最大问题在于, 角色的身体会在关节位置产生碍眼的“裂缝”, 如图 11.2 所示的情形。对于确实由刚性部件组成的机器人及机械, 刚性层阶式动画能配合得很好, 但对于“有血有肉”的角色, 仔细察看时就会出现问题。

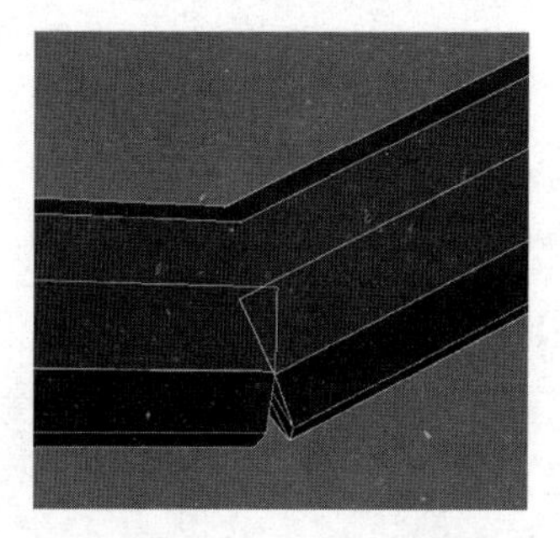

图 11.2 在刚性层阶式动画中, 一个大问题是在关节位置产生裂缝

11.1.3 每顶点动画及变形目标

刚性层阶式动画由于是刚性的, 往往会显得不自然。我们真正希望的是能移动每个顶点, 使三角形拉伸以产生更自然生动的动作。

方法之一是使用称为*每顶点动画* (per-vertex animation) 的蛮力技术。在此方法中, 动画师为网格的顶点添加动画, 这些动作数据导出游戏引擎后, 就能告诉引擎在运行时如何移动顶点。此技术能产生任何能想象得到的网格变形 (仅受表面的镶嵌所限)。然而, 这是一种数据密集的技术, 因为每个顶点随时间改变的动作信息都需要存储下来。因此, 在实时游戏中很少会用上此技术。[1]

此技术的一个变种——*变形目标动画* (morph target animation)——应用在一些实时引擎中。此方法也是由动画师移动网格的顶点, 但仅制作相对少量的固定极端姿势 (extreme pose)。在运行时把两个或以上的这些姿势混合, 就能生成动画。每个顶点的位置是简单地把每个极端姿势的顶点位置进行线性插值 (linear interpolation, LERP) 而得的。

变形目标技术通常用于面部动画 (facial animation), 因为人脸具有非常复杂的解剖结构, 其动作由大约 50 组肌肉所驱动。动画师能使用变形目标动画去完全控制脸上的每个顶点, 制作出细微及极端的移动, 模拟面部肌肉组织。图 11.3 展示了一组面部变形目标。[†]

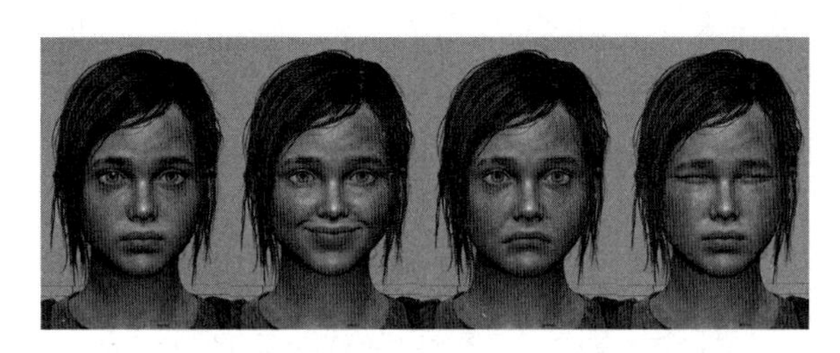

图 11.3 在《最后生还者》(©2013/™ SCEA, 由顽皮狗创作及开发, PlayStation 3) 中, 角色艾莉的面部变形目标

由于计算能力的不断提升, 有一些工作室现在使用具有数百个关节的面部索具, 取代变形目标。另一些工作室合并两种技术, 使用关节索具完成基本姿势, 再利用变形目标做细节调整。

11.1.4 蒙皮动画

随着游戏硬件能力的进一步发展, 称为*蒙皮动画* (skinned animation) 的技术就应运而生了。此技术含有许多每顶点动画及变形目标动画的优点, 允许组成网格的三角形做出变形。但蒙皮动画也有刚性层阶式动画的高效性能及内存使用量特性。蒙皮动画能产生相当接近真实皮肤和衣着的移动。

蒙皮动画率先应用在如《超级马里奥 64》(*Super Mario 64*) 游戏中, 并且仍是当今最流行的技术, 它不单只应用于游戏, 还应用于电影产业。许多知名的现代游戏及电影角色, 如《侏罗纪公园》(*Jurrassic Park*) 中的恐龙、《潜龙谍影 4》(*Metal Gear Solid 4*) 中的 Solid

1 《雷神之锤 III 竞技场》采用每顶点动画技术, 用 MD3 格式存储随时间改变的顶点位置和法线。——译者注

Snake、《魔戒》(*Lord of the Rings*) 中的咕噜 (Gollum)、《神秘海域: 德雷克船长的宝藏》(*Uncharted: Drake's Fortune*) 中的 Nathan Drake、《玩具总动员》(*Toy Story*) 中的巴斯光年 (*Buzz Lightyear*)、《战争机器》(*Gears of War*) 中的 Marcus Fenix 和《最后生还者》中的乔尔, 都是完全或部分采用蒙皮动画技术的。本章余下的内容会专注研究蒙皮/骨骼动画。

在蒙皮动画中,骨骼 (skeleton) 是由刚性的“骨头 (bone)”建构而成的, 这与刚性层阶式动画是一样的。然而, 这些刚性的部件并不会渲染显示, 始终都是隐藏起来的。称为皮肤 (skin) 的光滑三角形网格会绑定于骨骼上, 其顶点会跟随关节 (joint) 的移动。蒙皮上的每个顶点可按权重绑定至多个关节, 因此当关节移动时, 蒙皮可以自然地拉伸。

图 11.4 所示的是 Crank the Weasel, 它是 2001 年由 Eric Browning 为 Midway 家庭娱乐公司设计的游戏角色。Crank 的外皮如其他三维模型一样, 都是由三角形网格组成的。然而, 角色内有刚性的骨头及关节来驱动蒙皮的移动。

图 11.4 Eric Browning 的 Crank the Weasel 角色及其内部骨骼结构

11.1.5 把动画方法视为数据压缩技术

可把最有弹性的动画系统想象成动画师能控制物体表面上无穷多的点。当然, 用这种方法制作动画, 其结果会是包含无穷多的数据! 理想的简化版本是控制三角形网格的顶点, 那么实际上, 我们是把描述动画的信息加以压缩, 限制只能移动顶点。(在控制点上加入动画, 可以类比为由高次面片组成的模型的顶点动画。) 而变形目标也可被想象为更进一步的压缩, 其压缩方法是在系统中加入更多的约束 —— 顶点只能在一组固定数目的预定义顶点位置间的线性路径中移动。骨骼动画是另一种通过加入约束来压缩顶点动画的方法。在此方法中, 相对大量的顶点只能跟随相对少量的骨骼关节移动。

当权衡各种动画技术时, 把它们当成压缩方法来考虑会有所帮助, 这种思考方式可和视频压缩技术类比。一般来说, 我们选择动画技术的目标, 是能提供最佳压缩而又不会产生不能接受的视觉瑕疵。骨骼动画能提供最佳的压缩, 因为每个关节的移动会扩大至多个顶点的移动。角色的四肢大部分行为像刚体, 所以能非常有效地使用骨骼移动。然而, 面部的动作往往更为复杂, 每个顶点的移动更为独立。若要使用骨骼方式制作有说服力的动画, 所需的关节就会接近网格的顶点数量, 因而降低了骨骼动画作为压缩方法的效能。这也是为何动画师偏爱使用变形目标而非骨骼方法制作面部动画的一个原因。(另一个原因是, 动画师用变形目标技术制作面部动画, 工作更为自然。)

11.2 骨　　骼

骨骼 (skeleton) 由刚性的关节 (joint)层阶结构所构成。在游戏业界, “关节”和“骨头”这两个术语通常会交替使用, 但骨头一词其实名不副实。从技术上来说, 关节是动画师直接控制的物体, 而骨头只是关节之间的空位。以 Crank the Weasel 角色模型的骨盆关节为例, 它是单个关节, 但由于它连接至 4 个其他关节 (尾、脊柱、左右髋关节), 骨盆关节看上去有如连接着 4 根骨头。图 11.5 详细展示了此例子。游戏引擎并不在意骨头, 只在乎关节。因此每当读者在业界听到“骨头”这个词时, 99% 的情况实际上是指关节。

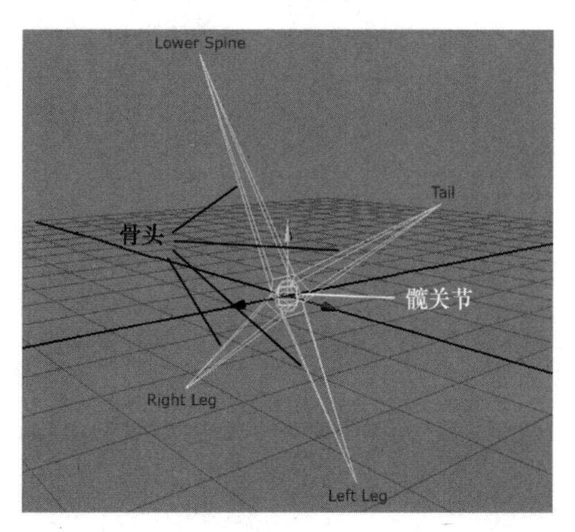

图 11.5　角色的髋关节连接了 4 个其他关节 (脊椎下部、尾、双腿), 因而产生了 4 根骨头

11.2.1 骨骼层阶结构

如前所提及, 骨骼的关节形成层阶结构, 也即树结构。选择其中一个关节为根, 其他关节则是根关节的子孙。蒙皮动画所用的关节层阶结构, 通常和刚性层阶相同。例如, 人形角色的关节层阶结构可能是这样的:

```
Pelvis(髋关节/骨盆)
    LowerSpine(脊椎下部)
        MiddleSpine(脊椎中部)
            UpperSpine(脊椎上部)
                RightShoulder(右肩)
                    RightElbow(右肘)
                        RightHand(右手)
                            RightThumb(右拇指)
                            RightIndexFinger(右食指)
                            RightMiddleFinger(右中指)
                            RightRingFinger(右无名指)
                            RightPinkyFinger(右小指)
                LeftShoulder(左肩)
                    LeftElbow(左肘)
                        LeftHand(左手)
                            LeftThumb(左拇指)
                            LeftIndexFinger(左食指)
                            LeftMiddleFinger(左中指)
                            LeftRingFinger(左无名指)
                            LeftPinkyFinger(左小指)
                Neck(脖)
                    Head(头)
                        LeftEye(左眼)
                        RightEye(右眼)
                        多个面部关节
    RightThigh(右大腿)
        RightKnee(右膝)
            RightAnkle(右脚踝)
    LeftThigh(左大腿)
        LeftKnee(左膝)
            LeftAnkle(左脚踝)
```

我们通常会为每个关节赋予 0 至 $N-1$ 的索引。因为每个关节有且仅有一个父关节，所以只要在每个关节存储其父关节的索引即可，即能表示整个骨骼层阶结构。由于根关节并无父关节，所以其父索引通常会被设为无效值，例如 -1。

11.2.2 在内存中表示骨骼

骨骼通常由一个细小的顶层数据结构表示，该结构含有关节数组。关节的存储次序通常会保证每个子关节都位于其父关节之后。这也意味着，数组中首个关节总是骨骼的根关节。

在动画数据结构中，通常会使用*关节索引* (joint index) 引用关节。例如，子关节通常以索引引用其父关节。同样地，在蒙皮三角形网格中，每个顶点使用索引引用其绑定关节。使用索引引用关节，无论在存储空间上 (关节索引通常用 8 位整数，只要我们能接受每个骨骼的关节上限为 256 个) 还是查找引用关节的时间中 (索引可直接存取数组中所需的关节)，都比使用关节名字高效得多。

每个关节的数据结构通常包含以下信息。

- *关节名字*，可以是字符串或 32 位字符串散列标识符。
- 骨骼中其*父节点的索引*。
- 关节的*绑定姿势的逆变换* (inverse bind pose transform)。关节的绑定姿势是指蒙皮网格顶点被绑定至骨骼时，关节的位置、定向及缩放。我们通常会存储此变换的逆矩阵，其原因会在以下小节深入探讨。

典型的骨骼数据结构可能是这样的:

```
struct Joint
{
    Matrix4x3   m_invBindPose;  // 绑定姿势的逆变换
    const char* m_name;         // 人类可读的关节名字
    U8          m_iParent;      // 父索引,或0xFF代表根关节
};

struct Skeleton
{
    U32         m_jointCount;   // 关节数目
    Joint*      m_aJoint;       // 关节数组
};
```

11.3 姿 势

无论采用哪种制作动画的技术，赛璐璐、刚性层阶、蒙皮/骨骼，每个动画都是随时间推移的。通过把角色身体摆出一连串离散、静止的姿势 (pose)，并以通常每秒 30 或 60 个姿势的速率显示这些姿势，就能令角色产生动感。(实际上，如 11.4.1.1 节所提及，我们会为相邻的姿势插值，而非逐个姿势显示。) 在骨骼动画中，骨骼的姿势直接控制网格顶点，而且摆姿势是动画师为角色带来生命气息的主要工具。因此，很明显，在为骨骼加入动画之前，先要了解如何为骨骼摆姿势。

把关节任意旋转、平移，甚至缩放，就能为骨骼摆出各种姿势。一个关节的姿势被定义为关节相对某参考系 (frame of reference) 的位置、定向和缩放。关节的姿势通常以 4×4 或 4×3 矩阵表示，或表示为 SQT 数据结构 (缩放，scale；四元数旋转，quaternion；矢量平移，translation)。骨骼的姿势仅仅是其所有关节姿势的集合，并通常简单地以 SQT 数组表示。

11.3.1 绑定姿势

图 11.6 显示了一个骨骼的两种不同姿势。左图是一个特别的姿势，称为*绑定姿势* (bind pose)，有时候也被称作*参考姿势* (reference pose) 或*放松姿势* (rest pose)。这是三维网格绑定至骨骼之前的姿势，因而得名。换句话说，这就是把网格当作正常、没有蒙皮、完全不涉及骨骼的三角形网格来渲染的姿势。绑定姿势又叫作*T 姿势* (T-pose)，这是由于角色通常会站着，双腿稍分开，并把双臂向左右伸直，形成 T 字形。特别选择此姿势，是因为此姿势中的四肢远离身体，较容易把顶点绑定至关节。

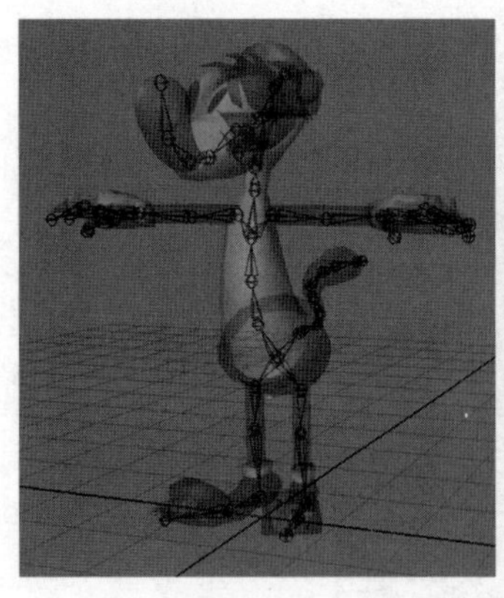

图 11.6 同一骨骼的两个不同姿势。左图是一个特别姿势，称为绑定姿势

11.3.2 局部姿势

最常见的关节姿势是相对于父关节来指定的。相对父关节的姿势能令关节自然地移动。例如,若旋转肩关节,不改动肘、腕及手指相对父关节的姿势,那么如我们所料,整条手臂就会以肩关节为轴刚性地旋转。我们有时候用*局部姿势* (local pose) 描述相对父关节的姿势。局部姿势几乎都存储为 SQT 格式,其原因将在稍后谈及动画混合时进行解释。

在图形表达上,许多三维制作软件,如 Maya,会把关节表示为小球。然而,关节含旋转及缩放,不仅限于平移,所以此可视化方式或会有点误导成分。事实上,每个关节定义了一个坐标空间,原理上无异于其他我们曾遇到的空间 (如模型空间、世界空间、观察空间)。因此,最好把关节显示为一组笛卡儿坐标轴。Maya 提供了一个选项显示关节的局部坐标轴,如图 11.7 所示。

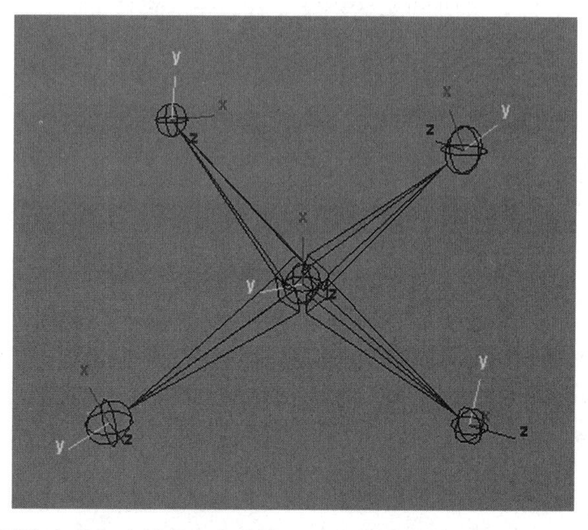

图 11.7 骨骼层阶中的每个关节都各定义一组局部坐标轴。这组坐标轴称为关节空间

在数学上,关节姿势就是一个*仿射变换* (affine transformation)。第 j 个关节可表示为 4×4 仿射变换矩阵 $\boldsymbol{P}_j$,此矩阵由一个平移矢量 $\boldsymbol{T}_j$、3×3 对角缩放矩阵 $\boldsymbol{S}_j$,及 3×3 旋转矩阵 $\boldsymbol{R}_j$ 所构成。整个骨骼的姿势 $\boldsymbol{P}^{\text{skel}}$ 可写成所有姿势 $\boldsymbol{P}_j$ 的集合,其中 j 的范围是 $0\sim N-1$:

$$\boldsymbol{P}_j=\begin{bmatrix}\boldsymbol{S}_j\boldsymbol{R}_j & \boldsymbol{0}\\ \boldsymbol{T}_j & 1\end{bmatrix}$$

$$\boldsymbol{P}^{\text{skel}}=\{\boldsymbol{P}_j\}\big|_{j=0}^{N-1}$$

11.3.2.1 关节缩放

有些游戏引擎不允许关节缩放, 那么就会忽略 $\boldsymbol{S}_j$, 把它假定为单位矩阵。有些引擎会假设, 若使用缩放, 其必须为统一缩放, 即 3 个维度上的缩放都相同。在此情况下, 缩放用单个标量 s_j 表示。有些引擎甚至支持非统一缩放, 那么缩放可紧凑地表示为 3 个元素的矢量 $\boldsymbol{s}_j = [s_{jx} \quad s_{jy} \quad s_{jz}]$。矢量 $\boldsymbol{s}_j$ 的元素对应 3×3 缩放矩阵 $\boldsymbol{S}_j$ 的 3 个对角元素, 因此本身并不是真正的矢量。游戏引擎几乎不允许切变 (shear), 因此 $\boldsymbol{S}_j$ 几乎永不会以 3×3 缩放/切变矩阵表示, 虽然可以这么做。

在姿势或动画中忽略或限制缩放有许多好处。显然使用较低维度的缩放表示法能节省内存。(使用统一缩放, 每动画帧每关节只需存储 1 个浮点标量; 非统一缩放需要 3 个浮点数; 完整的 3×3 缩放/切变矩阵需要 9 个浮点数。) 限制引擎使用统一缩放, 还有另一个好处, 它能确保包围球不会变换成椭球体 (ellipsoid), 而使用非统一缩放则会出现此情况。避免了椭球体就能大幅度简化按每关节计算的平截头体剔除及碰撞测试。

11.3.2.2 在内存中表示关节姿势

如前所述, 关节姿势通常表示为 SQT 格式。在 C++ 中, 此数据结构可以是以下这样的, 注意其中 Q 为第 1 个字段以确保正确的对齐及最优的包裹。(你知道这是为什么吗?)

```
struct JointPose
{
    Quaternion  m_rot;       // Q
    Vector3     m_trans;     // T
    F32         m_scale;     // S (仅为统一缩放)
};
```

若允许非统一缩放, 我们就会这样定义关节姿势:

```
struct JointPose
{
    Quaternion  m_rot;       // Q
    Vector4     m_trans;     // T
    Vector4     m_scale;     // S
};
```

整个骨骼的局部姿势可表示如下, 其中 `m_aLocalPose` 数组是动态分配的, 该数组刚好可容纳匹配骨骼内关节数目的 `JointPose`。

```
struct SkeletonPose
{
    Skeleton*  m_pSkeleton;     // 骨骼 + 关节数量
    JointPose* m_aLoclPose;     // 多个局部关节姿势
};
```

11.3.2.3 把关节姿势当作基的变更

谨记，*局部*关节姿势是相对直属父关节而指定的。任何仿射变换都可想象为把点或矢量从一个坐标系变换至另一个坐标系。因此，当把关节姿势变换 $\boldsymbol{P}_j$ 施于以关节 j 坐标系表示的点或矢量时，其变换结果是以父关节空间表示的该点或矢量。

如前面几章的惯用法，我们会使用下标表示变换的方向。因为关节姿势能把点及矢量从子关节的空间 (C) 变换至其父关节的空间 (P)，我们会把此变换写成 $(\boldsymbol{P}_{\mathrm{C}\rightarrow\mathrm{P}})_j$ 。另一种方式是引入一个函数 $p(j)$，它会回传关节 j 的父索引，那么就可以把关节 j 的局部姿势写成 $\boldsymbol{P}_{j\rightarrow p(j)}$。

偶尔我们要以相反方向变换点及矢量，即由父关节的空间变换至子关节的空间。此变换就是局部关节姿势的逆变换。数学上表示为 $\boldsymbol{P}_{p\ (j)\rightarrow j} = (\boldsymbol{P}_{j\rightarrow p(j)})^{-1}$。

11.3.3 全局姿势

有时候，把关节姿势表示为模型空间或世界空间会很方便，这称为*全局姿势* (global pose)。有些引擎用矩阵表示全局姿势，有些引擎则使用 SQT 格式。

在数学上，某关节的模型空间姿势 ($j \rightarrow \mathrm{M}$)，可通过从该关节遍历至根关节时，在每个关节乘上其局部姿势 ($j \rightarrow p(j)$) 算出。以图 11.8 所示的层阶为例，把根关节的父节点定义为模型空间，即 $p(0) \equiv \mathrm{M}$。关节 J_2 的模型空间姿势便可写成:

$$\boldsymbol{P}_{2\rightarrow\mathrm{M}} = \boldsymbol{P}_{2\rightarrow 1}\boldsymbol{P}_{1\rightarrow 0}\boldsymbol{P}_{0\rightarrow\mathrm{M}}$$

类似地，关节 J_5 的模型空间姿势可写成:

$$\boldsymbol{P}_{5\rightarrow\mathrm{M}} = \boldsymbol{P}_{5\rightarrow 4}\boldsymbol{P}_{4\rightarrow 3}\boldsymbol{P}_{3\rightarrow 0}\boldsymbol{P}_{0\rightarrow M}$$

任何关节 j 的全局姿势 (关节至模型空间的变换) 可写成:

$$\boldsymbol{P}_{j\rightarrow\mathrm{M}} = \prod_{i=j}^{0} \boldsymbol{P}_{i\rightarrow p(i)} \tag{11.1}$$

其中，每次乘法迭代可理解为 i 变成 $p(i)$(即关节 i 的父关节)，并且 $p(0) \equiv \mathrm{M}$。

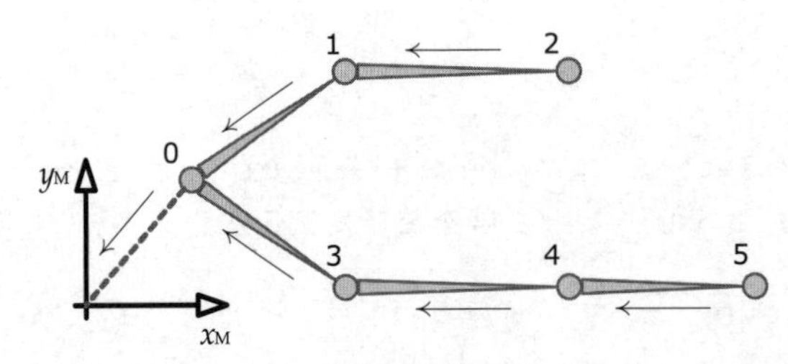

图 11.8 为计算关节的全局姿势, 可从该关节往根关节及模型空间原点遍历, 过程中把每个关节的子至父 (局部) 变换串接起来

11.3.3.1 在内存中表示全局姿势

我们可以扩展 SkeletonPose 的数据结构, 以包含全局姿势。其中我们再次基于骨骼中的关节数目动态分配 m_aGlobalPose 数组:

```
struct SkeletonPose
{
    Skeleton*  m_pSkeleton;     // 骨骼 + 关节数量
    JointPose* m_aLocalPose;    // 多个局部关节姿势
    Matrix44*  m_aGlobalPose;   // 多个全局关节姿势
};
```

11.4 动 画 片 段

在动画电影中, 每个场景的方方面面都会先仔细规划, 然后才开始制作动画。这些规划包括场景中每个角色和道具的移动, 甚至包括摄像机的移动。换句话说, 整个场景会以一串很长的、连续的帧来产生动画。当角色在镜头之外时, 无须为它们制作动画。

然而, 游戏的动画与此不同。游戏是互动体验, 所以无人能预料角色会移动至哪里、做些什么。玩家能全权控制其角色, 通常也能控制部分摄像机的行为。甚至, 人类玩家不可预知的行动, 也会大大影响由计算机驱动的非玩家角色。因此, 游戏中的动画几乎都不可能制作成一串很长的、连续的帧。取而代之, 游戏角色的移动必须被拆分为大量小粒度的动作。我们称这些个别的动作为*动画片段* (animation clip), 有时也将其简称为*动画* (animation)。

每个片段都能令角色表现一个有明确界定的动作。有些片段会被设计成循环形式, 例如步行周期、跑步周期。其他片段则只会播放一次, 例如掷物、绊倒并跌在地上。有些片段会影响角色全身, 例如跳跃。其他的则只会影响身体的某一部分, 如挥动右手。一个角色的动作一般会分拆成上千个片段。

唯一例外的情况是，当角色进入游戏中非互动的部分时，这些部分称为*游戏内置电影*（in-game cinematics, IGC）、*非交互连续镜头*（noninteractive sequence, NIS）或*全动视频*（full-motion video, FMV）。非互动序列通常用于交代难于在互动游戏过程中表现的故事情节，而这些序列的制作方法基本上和计算机生成的动画电影相同（虽然非互动序列经常会使用游戏内的资产，如角色网格、骨骼、纹理等）。术语 IGC 和 NIS 通常是指用游戏引擎来渲染的非互动序列。FMV 则是指预先渲染至 MP4、WMV 或其他的视频文件类型，然后在运行时由引擎内的全屏电影播放器播放。

这类动画的另一个变种是半互动的序列——*快速反应事件*（quick time event, QTE）。在 QTE 里，玩家必须在非互动序列中的正确时间按键，才能看到成功的动画并继续下去；否则会播放失败的动画，要玩家再来一次，并可能会扣命或带来其他不良后果。

11.4.1 局部时间线

我们可以想象每个动画片段各自有一条局部时间线（local timeline），该时间线通常使用自变量 t 表示。片段开始时 $t=0$，结束时 $t=T$，其中 T 为片段的持续时间。变量 t 的每个值称为*时间索引*（time index）。图 11.9 所示的是一个局部时间线的例子。

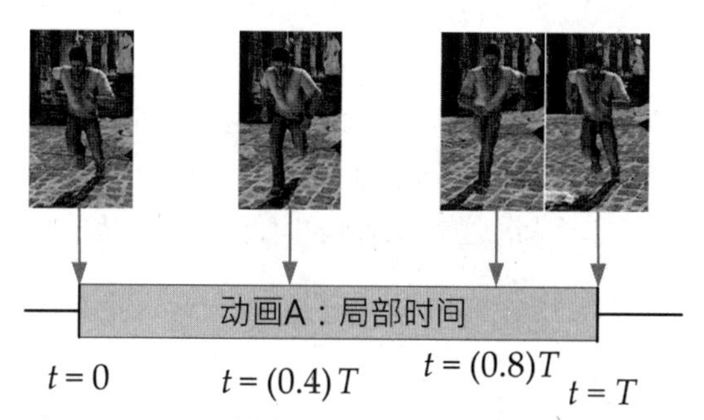

图 11.9 在一个动画的局部时间线上，展示了位于几个时间索引的姿势。图片来自顽皮狗，©2014/™ SCEA

11.4.1.1 姿势插值及连续时间

我们要意识到，把帧展示给观众的速率，并不一定等于由动画师所制作的姿势的播放速率。在电影和游戏中，动画师几乎都不会以每秒 30 或 60 次设定角色的姿势。取而代之，动画师会在片段中指定的时间点上设定一些重要的姿势，这些姿势称为*关键姿势*（key pose）或*关键帧*（key frame），然后计算机会采用线性或基于曲线的插值计算中间的姿势。图 11.10 说明了这一点。

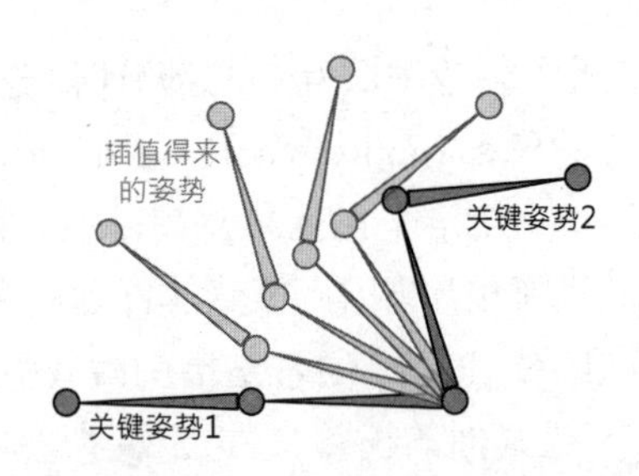

图 11.10 动画师制作少量的关键姿势, 然后引擎用插值法填补其余的姿势

由于动画引擎能够对姿势插值 (稍后本章会做详细介绍), 我们实际上能在片段中任何时间采样, 不一定要在整数帧索引上采样。换言之, 动画片段的时间线是连续的。在计算机动画中, 时间变量 t 是实数 (浮点数), 而非整数。

动画电影并不会充分利用动画时间线连续性所带来的好处, 因为电影的帧率会锁定为每秒 24、30 或 60 帧。例如, 在电影中观众只会看见角色在第 1、2、3 等帧的姿势, 永不需要找寻角色第 3.7 帧的姿势。因此在动画电影中, 动画师不需要很在意角色在两个整数帧索引之间的样子。

相反, 因 CPU 或 GPU 的负载, 实时游戏的帧率经常有少许变动。而且, 有时候会调节游戏动画的时间比例 (time scale), 使角色的动作显得快于或慢于原来制作动画时的速率。因此在实时游戏中, 动画片段几乎永远不会在整数帧索引上采样。理论上, 若时间比例为 1.0, 便应在第 1、2、3 等帧上对片段采样。但实际上, 玩家可能会见到第 1.1、1.9、3.2 等帧。并且若把时间比例设为 0.5, 玩家可能实际上会见到第 1.1、1.4、1.9、2.6、3.2 等帧。甚至可使用负值的时间比例播放前后倒转的动画。因此, 游戏动画的时间是连续的, 并可改变比例的。

11.4.1.2 时间单位

由于动画的时间线是连续的, 最好使用秒作为时间度量单位。若我们定义了帧的持续时间, 那么时间也可以使用帧作为度量单位。在游戏动画中, 典型的帧持续时间为 1/30s 或 1/60s。然而, 切记不要把时间变量 t 定义为整数, 只算完整的帧。无论选择哪种时间单位, t 都应该是实数 (浮点数)、定点数或测量非常小的子帧 (subframe) 时间间隔的整数。归根结底, 目标是令时间的度量值有足够的分辨率, 以计算帧之间的结果或改变动画播放速率。

11.4.1.3 比较帧与采样

遗憾的是,帧这个术语在游戏业界中有多个意思, 会导致许多混淆。有时候一帧是指一段时间, 如 1/30s 或 1/60s。但在其他语境中, 帧又会指某一时间点 (如我们会说角色的第 42 帧姿势)。

笔者较喜爱使用术语*采样* (sample) 代表某时间点, 而保留*帧*一词描述 1/30s 或 1/60s 的持续时间。图 11.11 所示的例子说明, 以每秒 30 帧制作的 1s 动画中, 含有 31 个采样, 持续时间是 30帧 。“采样”一词源自信号处理。一个时间上连续的信号 (即一个函数 $f(t)$), 可转换为一组时间上均匀相隔的离散数据点。关于采样的更多信息可参阅 13.3.2.1 节。

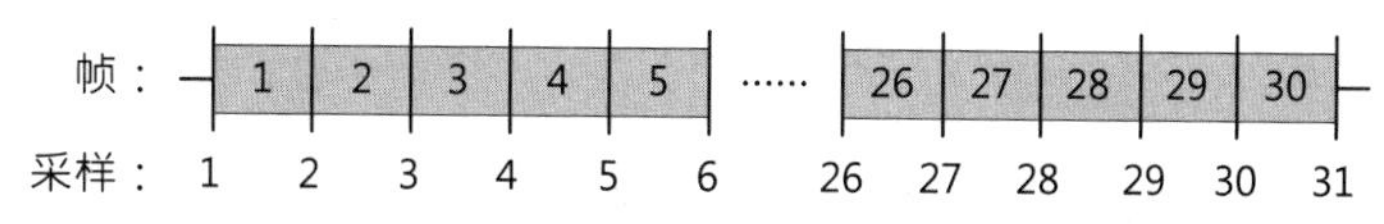

图 11.11 1s 的动画以每秒 30 帧采样, 其时长是 30 帧, 并含有 31 个采样

11.4.1.4 帧、采样及循环片段

当把动画片段设计为不断重复播放时, 我们称之为*循环* (looped)。假设我们把一个 1s (30 帧/31 采样) 的动画复制两份, 前后连接, 然后如图 11.12 所示, 把首个片段的第 31 个采样和第 2 个片段的第 1 个采样重叠。要令片段好好地循环, 我们会发现, 片段最后的角色姿势必须完全和最初的姿势匹配。那么也就意味着, 循环片段的最后一个采样是冗余的 (参看例子中的第 31 个采样)。因此许多游戏引擎会略去循环片段的最后一个采样。

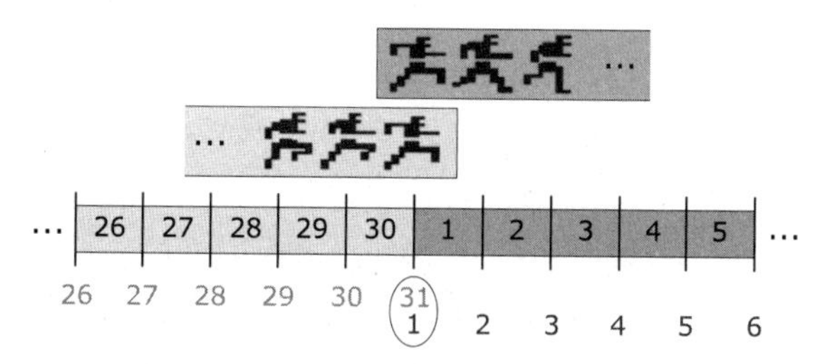

图 11.12 循环片段的最后一个采样与第一个采样是重合的, 所以它是冗余的

以上的分析可总结出用于所有动画片段的采样数目和帧数目的规则。

- 若片段是*非循环的*, 有 N 帧的动画有 $N+1$ 个独一无二的采样。
- 若片段是*循环的*, 那么最后一个采样是冗余的, 因此 N 帧的动画有 N 个独一无二的采样。

11.4.1.5 归一化时间 (相位)

有时候, 使用归一化的时间单位 u 是比较方便的。在这种时间单位中, 无论动画的持续时

间 T 是多长, $u = 0$ 代表动画的开始, $u = 1$ 代表动画的结束。我们有时候称归一化的时间为动画的相位 (phase), 因为当动画在循环时, u 有如正弦波的相位。图 11.13 说明了这种时间单位。

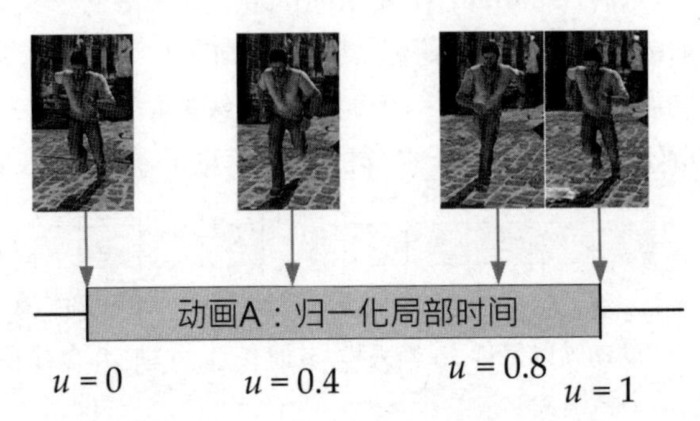

图 11.13 一个动画片段的归一化时间单位。图片来自顽皮狗, ©2014/TM SCEA

当要同步两个或以上的动画片段, 而它们的持续时间又不相同时, 归一化时间就很有用。例如, 假设我们希望能平滑地把 2s (60 帧) 的跑步周期淡入/淡出至一个 3s (90 帧) 的步行周期。要令淡入/淡出的过程自然, 我们要确保两个动画能一直维持同步, 使两个片段中的步伐是一致的。简单的解决方法是把步行片段的归一化起始时间 u_{walk} 与跑步片段的归一化时间 u_{run} 匹配。然后我们使两个片段以相同的归一化速率推进, 使两个片段保持同步。此做法较使用绝对时间索引 t_{walk} 和 t_{run} 容易实现, 且不容易出错。

11.4.2 全局时间线

正如每个动画片段都有一个局部时间线 (其时钟在动画开始时为 0), 游戏里每个角色都有一个全局时间线 (global timeline, 其时钟在角色诞生于游戏世界时启动, 或是在关卡或整个游戏开始时启动)。本书采用时间变量 τ 表示全局时间, 与局部时间 t 有所区分。

我们可以把播放动画简单想象成把片段的局部时间映射至角色的全局时间。例如, 在图 11.14 中, 动画片段 A 从全局时间 $\tau_{\text{start}} = 102\text{s}$ 开始播放。

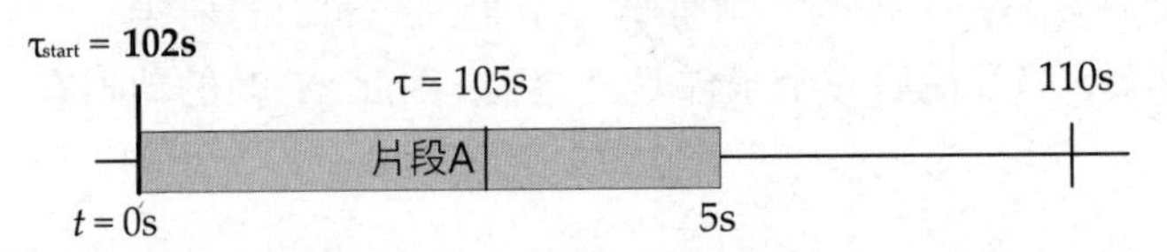

图 11.14 在全局时间线的 102s 开始播放动画片段 A

如前所述, 播放循环动画就好像把片段复制无限次, 并前后相连至全局时间线。我们也可以把动画循环播放有限次数，那么即是把片段复制有限次，并置于全局时间线，如图 11.15 所示。

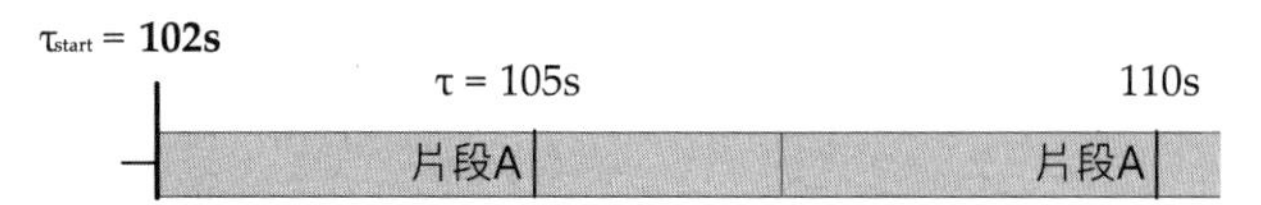

图 11.15 播放循环动画，等于把片段复制多次，一个紧接一个地置于时间线上

在片段中调整时间比例 (time scale)，可以把片段播放得比原来的设定更快或更慢。要实现此功能，只需把片段置于全局时间线上时缩放其比例。此功能最自然的表示方式为播放速率 (playback rate)，我们使用变量 R 代表它。例如，如果动画以两倍速率播放 ($R = 2$)，那么当要把局部时间线放置在全局时间线上时，应把该局部时间线缩短至原来正常长度的一半 ($1/R = 0.5$)，如图 11.16 所示。

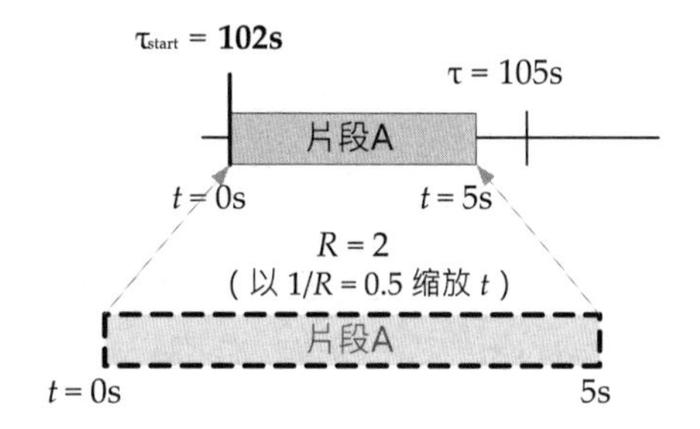

图 11.16 以两倍速度播放动画，等于把动画的局部时间线的比例缩短为原来的一半

要把片段倒转播放，可把时间比例设为 -1，如图 11.17 所示。

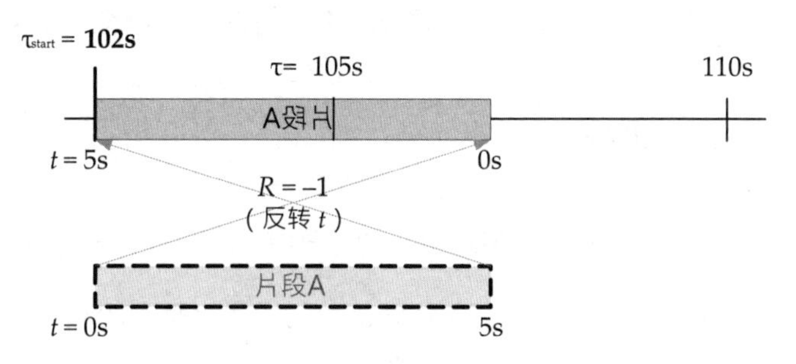

图 11.17 倒转播放动画等于采用 -1 的时间缩放比例

要把动画片段映射至全局时间线，我们需要以下有关片段的几个信息。

- 其全局起始时间 τ_{start}。
- 其播放速率 R。

- 其持续时间 T。
- 循环次数 N。

有了以上信息, 我们就可以使用以下两个关系, 把任何全局时间 τ 映射至对应的局部时间 t, 以及反方向的映射:

$$t = R(\tau - \tau_{\text{start}}) \tag{11.2}$$
$$\tau = \tau_{\text{start}} + \frac{1}{R}t$$

若动画是非循环的 $(N = 1)$, 那么在使用 t 为片段采样一个姿势之前, 应把 t 裁剪至合法范围 $[0, T]$:

$$t = \text{clamp}[R(\tau - \tau_{\text{start}})]\big|_0^T$$

若动画不停循环 $(N = \infty)$, 那么可以用 t 除以持续时间 T, 得出的余数便是合法范围。实现时可使用模除 (modulo) 运算 (`mod` 或 C/C++ 中的 %[1]), 如下所示:

$$t = (R(\tau - \tau_{\text{start}}))\text{mod}T$$

若动画片段循环有限的次数 $(1 < N < \infty)$, 那么必须先把时间 t 裁切至 $[0, NT]$ 范围, 然后再把结果模除 T, 以把 t 变成能对片段采样的合法范围:

$$t = (\text{clamp}[R(\tau - \tau_{\text{start}})]\big|_0^{NT})\text{mod } T$$

多数游戏引擎都会直接使用局部动画时间线, 而不直接使用全局时间线。然而, 直接使用全局时间线也能带来一些极其有用的好处。例如, 这会令同步动画变得直观、容易。

11.4.3 比较局部和全局时钟

动画系统必须记录每个正在播放的动画的时间索引。我们有两种记录时间索引的方法。

- *局部时钟*: 在此方法中, 每个片段都有其局部时钟, 时钟通常用秒、帧或归一化时间为单位 (后者常称为动画的*相位*), 以浮点小数形式存储。片段开始播放时, 通常局部时间 t 被设为 0。随时间推移, 我们把每个片段各自的局部时钟向前推进。若片段有非正常的播放速率 R, 局部时钟在推进时要以 R 缩放。

---

1 前文说明了时间变量必须为实数, 所以这里应使用 `fmod()` 或 `fmodf()` 函数。C/C++ 中的 % 运算符只能用于整数。——译者注

- 全局时钟: 在此方法中, 角色含有全局时钟, 时钟通常以秒为单位。每个片段记录其开始播放时的全局时间 τ_{start}。片段的局部时钟由公式 (11.2) 计算出来, 而非直接存储在片段之中。

局部时钟方法的优点在于简单, 并且是设计动画系统时最显然的选择。然而, 全局时钟方法有其过人之处, 特别适用于同步动画, 无论是单个角色本身的同步还是场景中多个角色的同步。

11.4.3.1 用局部时钟同步动画

使用局部时钟方法时, 我们通常会把片段局部时间的原点 $(t = 0)$ 定义为片段开始播放那一刻。因此, 要同步两个或以上的片段时, 必须在完全相同的游戏时间播放它们。虽然这好像很简单, 然而, 若播放动画的命令是来自多个不同的引擎子系统的, 这就会变得很棘手。

例如, 我们要同步玩家角色的出拳动画与非玩家角色 (non-player character, NPC) 的相应受击反应动画。问题在于, 玩家的出拳动画是由玩家子系统在侦测到按下手柄按钮后做出的反应, 而 NPC 的受击动画是由人工智能 (AI) 子系统播放的。若在游戏循环中, AI 子系统的代码在玩家子系统代码之前执行, 那么玩家出拳和 NPC 的反应就会有 1 帧的延迟。若玩家子系统的代码在 AI 子系统的代码之前执行, 当 NPC 打击玩家角色时, 相反的问题就会出现。若两个子系统之间的通信使用的是消息传送 (事件) 系统, 还会有额外的延迟 (详见 15.7 节)。图 11.18 说明了此问题。

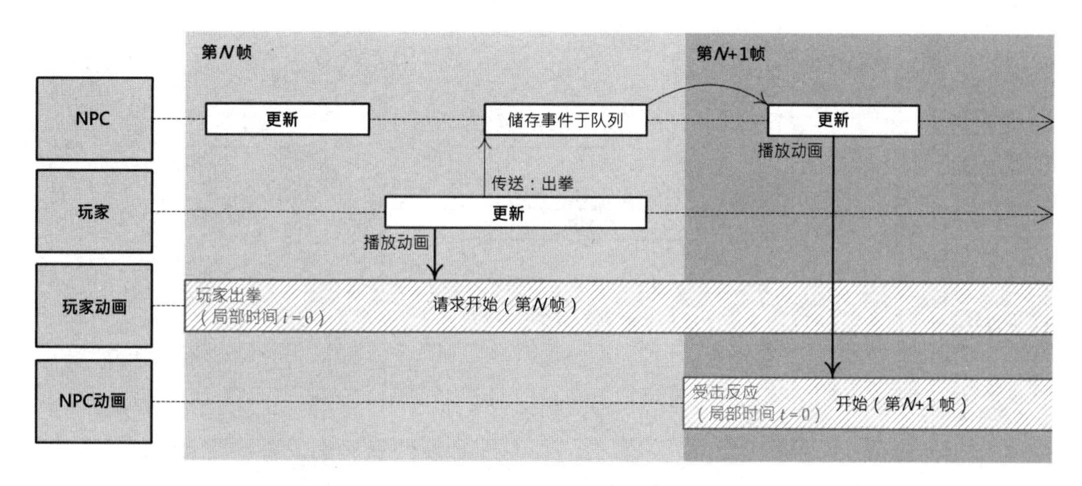

图 11.18 使用局部时钟来播放动画, 各游戏性系统的执行次序就会造成动画同步问题

```
void GameLoop()
{
    while (! quit)
    {
        // 初步更新……
        UpdateAllNpcs();       // 对上一帧的出拳事件做出反应
        // 其他更新……
        UpdatePlayer();        // 按下出拳按钮,开始出拳动画,
                               // 并发送事件给NPC回应
        // 更多更新
    }
}
```

11.4.3.2 用全局时钟同步动画

全局时钟方法有助于解决许多同步问题, 因为依照定义, 所有片段的时间线都有共同的原点 ($\tau = 0$)。在两个或以上的动画中, 若其全局的开始时间在数值上相同, 那么这些片段在开始时就是完全同步的。若片段的播放速率都相同, 则片段就会一直同步, 不会慢慢互相偏离。因此, 在何时执行播放动画的代码都不成问题。就算玩家出拳 1 帧后, AI 代码才播放受击反应, 仍然可以简单地令两个动画同步, 只要把这两个动画的全局开始时间进行匹配就可以了。图 11.19 说明了此解决方法。

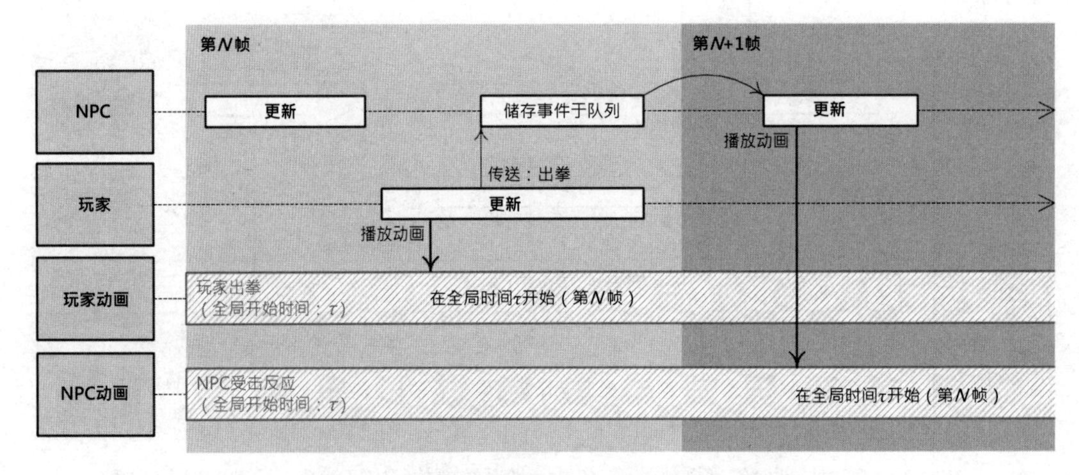

图 11.19 使用全局时钟可以缓和动画同步问题

当然, 我们需要确保两个角色的全局时间互相匹配, 但这是简单的工作。可以根据两个角

色全局时钟之差, 调整两个全局开始时间; 或是可以简单地令游戏中所有角色共享一个相同的主时钟。

11.4.4 简单的动画数据格式

一般来说, 动画数据是从 Maya 场景文件中, 通过离散地以每秒 30 个或 60 个骨骼姿势的速率采样而得的。一个采样由骨骼中每个关节的完整姿势所组成。这些关节姿势通常存储为 SQT 格式: 对于每个关节 j, 其缩放部分不是一个标量 S_j, 就是一个三维矢量 $\boldsymbol{S}_j = [S_{jx} \quad S_{jy} \quad S_{jz}]$; 旋转部分当然是一个四元数 $\mathrm{Q}_j = [Q_{jx} \quad Q_{jy} \quad Q_{jz} \quad Q_{jw}]$; 而平移是三维矢量 $\boldsymbol{T}_j = [T_{jx} \quad T_{jy} \quad T_{jz}]$。我们有时候称一个动画由每关节多至 10 个通道 (channel) 所组成, 实际是指 $\boldsymbol{S}_j$、Q_j、$\boldsymbol{T}_j$ 的 10 个分量。图 11.20 展示了这种情况。

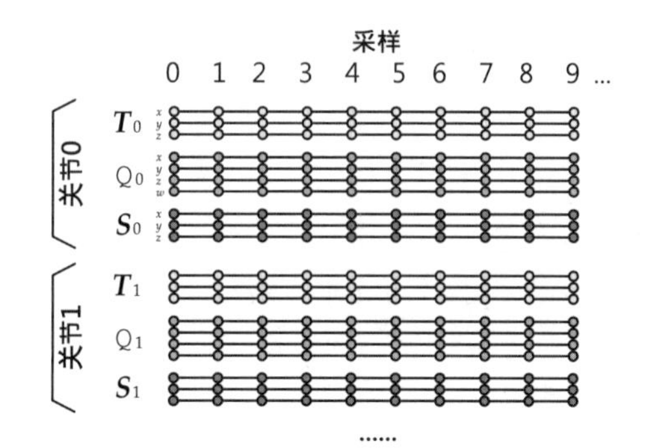

图 11.20 在一个未压缩的动画片段中, 每关节每采样含有 10 个浮点数据

在 C++ 中, 动画片段可用多种方式表示。以下是其中一个可行方法:

```
struct JointPose { ... };    // 之前定义的SQT

struct AnimationSample
{
    JointPose*         m_aJointPose; // 关节姿势数组
};

struct AnimationClip
{
    Skeleton*          m_pSkeleton;
    F32                m_framesPerSecond;
    U32                m_frameCount;
```

```
    AnimationSample* m_aSamples; // 采样数组
    bool             m_isLooping;
};
```

每个动画片段都是为特定骨骼而设计的, 通常不会用于其他骨骼。因此, 在以上的例子中, AnimationClip 数据结构含有其骨骼的引用 m_pSkeleton。(在真实的引擎中, 可能会使用独一无二的骨骼标识符, 而非 Skeleton* 指针。在此情况下, 引擎必须提供既快速又方便的方法用标识符查找骨骼。)

m_aJointPose 的数组长度已假定和骨骼的关节数目相同。而 m_aSamples 数组的采样数目则是由帧数及该片段是否用于循环所决定的。非循环动画的采样数目是 (m_frameCount + 1)。循环动画的最后一个采样等同于第一个采样, 所以通常会被略去。在这种情况下, 采样数目便会等于 m_frameCount。

必须要知道, 在真实的游戏引擎中, 动画数据不会存储于这般简单的格式中。在 11.8 节中将会提及, 动画数据通常会以多种方式压缩, 以节省内存。

11.4.4.1 动画重定目标

上文说到, 一个动画通常只兼容于特定骨骼。若多个骨骼是很近似的, 那么也可打破此规则。例如, 若一组骨骼基本上是相同的, 除了有些骨骼含有不会影响主要层次结构的子关节, 那么为其中的一个骨骼所设计的动画, 应能用于其余的骨骼。唯一的要求就是, 引擎把动画播放于某骨骼时, 需要忽略动画中未能与骨骼匹配的关节。

还有更先进的技术, 可把为一个骨骼而设计的动画, 重定目标 (retarget) 至不同的骨骼。这是一个活跃的研究领域, 但完整的讨论已超出本书范围。读者可参考这两篇论文。[1,2]

11.4.5 连续的通道函数

动画片段中的采样其实就是用来定义随时间改变的连续函数的。读者可以把动画片段想象为每关节有 10 个标量值的函数, 或是每关节有两个矢量值的函数加上一个四元数矢量值的函数。理论上, 这些*通道函数* (channel function) 在整个片段的时间线上是平滑并连续的, 如图 11.21 所示 (除了故意编辑成不连续的, 例如镜头切换)。然而在实践中, 许多游戏引擎只会在采样间进行*线性插值*, 那么实际上用到的是原来连续函数的*分段线性逼近* (piecewise linear

---

1 http://portal.acm.org/citation.cfm?id=1450621

2 http://chrishecker.com/Real-time_Motion_Retargeting_to_Highly_Varied_User-Created_Morphologies

approximation), 如图 11.22 所示。

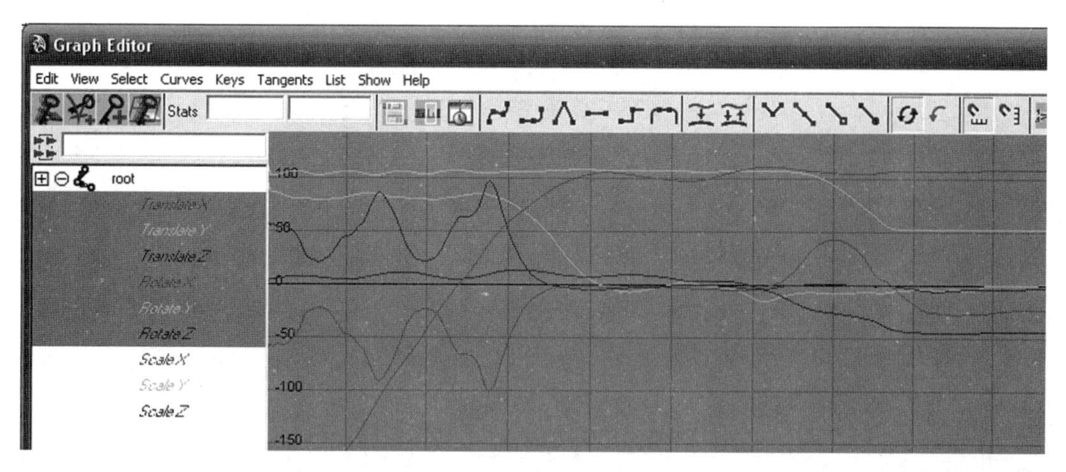

图 11.21 动画片段中的采样定义了时间上的连续函数

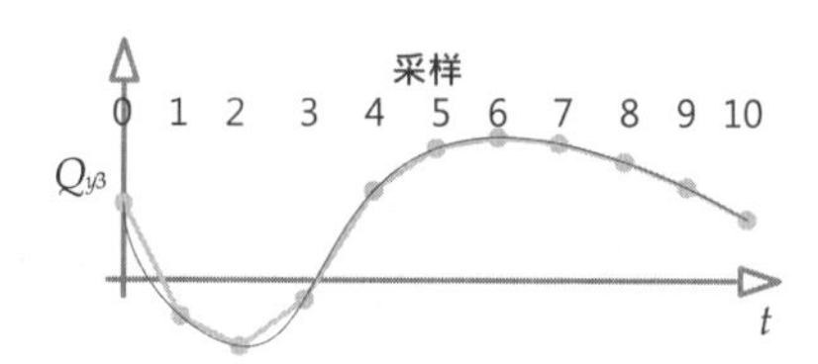

图 11.22 为通道函数插值时, 许多游戏引擎使用分段线性逼近

11.4.6 元通道

许多游戏允许在动画中加入额外的元通道 (metachannel) 数据。这些通道可以把游戏专用的信息编码, 同时能和动画同步, 而又无须把这些信息以骨骼姿势存储。

较常见的一种特殊通道是在多个时间点上存储事件触发器 (event trigger), 如图 11.23 所示。当动画的局部时间索引经过这些触发器时, 触发器的事件便会送交游戏引擎, 引擎可按需处理这些事件。(第 15 章会详细讨论事件。) 事件触发器常用于记录在动画中哪些时间点要播放音效或粒子效果。例如, 当左脚或右脚接触地面时, 便可以播放一个脚步声及一个“尘雾”粒子效果。

另一种常见做法是提供一种在 Maya 中被称为定位器 (locator) 的特殊关节, 定位器可以和骨骼关节一起设置动画。由于定位器和关节一样, 仅仅是一个仿射变换, 所以这些特殊关节可用于记录游戏中任何物体的位置及定向。

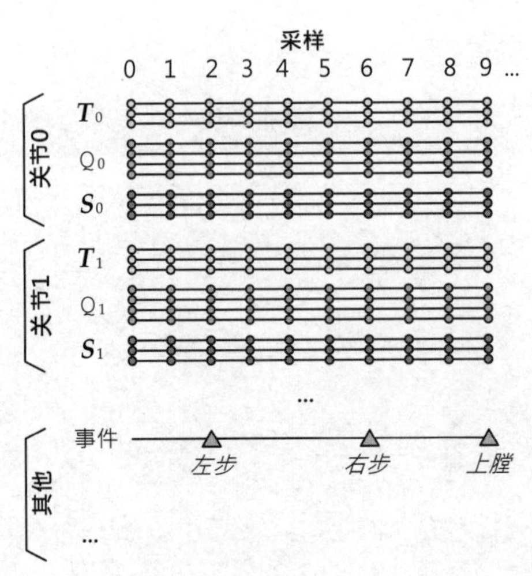

图 11.23 可以在动画片段中加入特殊的事件触发器通道,用来同步音效、粒子效果,以及其他与动画相关的游戏事件

定位器的典型用法是在动画中设置摄像机的位置及角度。在 Maya 中,可把摄像机绑定至某定位器,然后与角色 (们) 的关节一起设置动画。把摄像机的定位器导出之后,就能在游戏中播放动画时移动摄像机。摄像机的视野 (field of view) 及其他摄像机属性也可设置动画,其数据存储在一个或以上的*浮点通道* (floating-point channel) 中。

以下是其他非关节动画通道的例子。

- 纹理坐标滚动。
- 纹理动画 (此仍纹理坐标滚动的一种特例。多个动画帧会被排列在纹理中,然后每次迭代滚动一整个帧,以达到动画效果)。
- 含动画的材质参数 (颜色、镜面程度、透明度等)。
- 含动画的光源参数 (半径、圆锥角度、强度、颜色等)。
- 其他随时间改变,并以某种形式和动画同步的参数。

11.5 蒙皮及生成矩阵调色板

我们已了解了如何用旋转、平移及缩放设置骨骼的姿势,也知道了任何骨骼姿势都可以用一组局部 ($\boldsymbol{P}_{j\to p(j)}$) 或全局 ($\boldsymbol{P}_{j\to \mathrm{M}}$) 关节姿势变换表示。之后,我们会探讨把三维网格顶点联系至骨骼的过程,此过程称为*蒙皮* (skinning)。

11.5.1 每顶点的蒙皮信息

蒙皮用的网格是通过其顶点系上骨骼的。每个顶点可*绑定* (bind) 至一个或多个关节。若某顶点只绑定至一个关节，它就会完全跟随该关节移动。若绑定至多个关节，则该顶点的位置就等于把它逐一绑定至个别关节后的位置，再取其*加权平均*。

要把网格蒙皮至骨骼，三维建模师必须替每个顶点提供以下额外信息:

- 该顶点要绑定到的 (一个或多个) *关节索引*。
- 对于每个绑定的关节，提供一个*权重因子* (weighting factor)，以表示该关节对最终顶点位置的影响力。

如同计算其他加权平均时的习惯，每个顶点的权重因子之和为 1。

游戏引擎通常会限制每个顶点能绑定的关节数目。典型的限制为每顶点 4 个关节，原因如下。首先,4 个 8 位关节索引能方便地被包裹为一个 32 位字。此外，每顶点使用 2 个、3 个及 4 个关节所产生的质量很容易区分，但如果每顶点使用超过 4 个关节，多数人就不能再分辨出其质量差别了。

因为关节权重的和必须为 1，所以最后一个权重可以略去，也通常会被略去。该权重可以在运行时用 $w_3 = 1 - (w_0 + w_1 + w_2)$ 计算出来。因此，典型的蒙皮顶点数据结构可能如下:

```
struct SkinnedVertex
{
    float m_position[3];    // (Px, Py, Pz)
    float m_normal[3];      // (Nx, Ny, Nz)
    float m_u, m_v;         // 纹理坐标 (u, v)
    U8    m_jointIndex[4];  // 关节索引
    float m_jointWeight[3]; // 关节权重,略去最后一个
};
```

11.5.2 蒙皮涉及的数学知识

蒙皮网格的顶点会跟随其绑定的关节而移动。要用数学实践此行为，我们需要求一个矩阵，该矩阵能把网格顶点从原来位置 (绑定姿势) 变换至骨骼的当前姿势。我们称此矩阵为*蒙皮矩阵* (skinning matrix)。

如同所有网格顶点，蒙皮顶点的位置也是在模型空间定义的。无论其骨骼是绑定姿势或任

何其他姿势亦然。所以, 我们所求的矩阵会把顶点从绑定姿势的模型空间变换至当前姿势的模型空间。不同于之前所见的矩阵 (如模型至世界矩阵), 蒙皮矩阵并非基变更 (change of basis) 的变换。蒙皮矩阵把顶点变形至新位置, 顶点在变换前后都在模型空间中。

11.5.2.1 单个关节骨骼的例子

我们开始推导蒙皮矩阵的基本算式。由浅入深, 我们先使用含单个关节的骨骼。那么, 我们会使用两个坐标空间: 模型空间 (以下标 M 表示) 及唯一关节的关节空间 (以下标 J 表示)。关节的坐标轴最初为绑定姿势 (以下标 B 表示)。在动画的某个时间点上, 关节的轴会移至模型空间中另一位置及定向, 我们称此为当前姿势 (以下标 C 表示)。

现在我们考虑一个蒙皮至这个关节的顶点。在绑定姿势时, 该顶点的模型空间位置为 $\boldsymbol{V}_{\mathrm{M}}^{\mathrm{B}}$。蒙皮过程要计算出该顶点在当前姿势的模型空间中的位置 $\boldsymbol{V}_{\mathrm{M}}^{\mathrm{C}}$, 如图 11.24 所示。

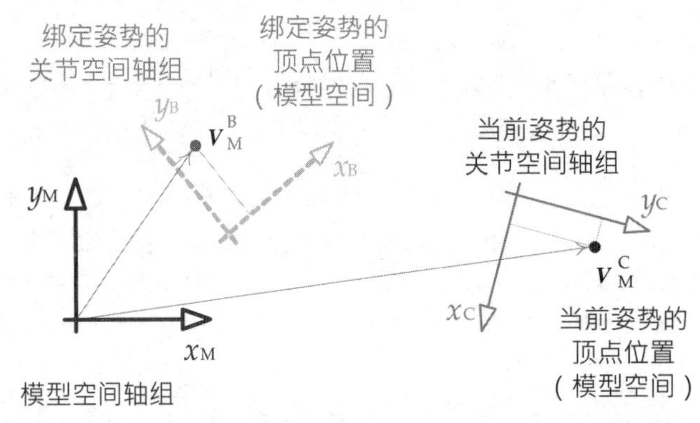

图 11.24 含单个关节的骨骼, 其绑定姿势及当前姿势, 以及将一个顶点绑定至该关节

求蒙皮矩阵的“诀窍”在于领会到, 顶点绑定至关节的位置时, 在该关节坐标空间中是不变的。因此我们可以把顶点在模型空间中的绑定姿势位置转换至关节空间, 再把关节移至当前姿势, 最后把该顶点转回模型空间。此模型空间至关节空间再返回模型空间的变换过程, 其效果就是把顶点从绑定姿势“变形”至当前姿势。

参考图 11.25, 假设顶点 $\boldsymbol{V}_{\mathrm{M}}^{\mathrm{B}}$ 在绑定姿势的模型空间中的坐标是 $(4,6)$。我们把此顶点变换至对应的关节空间坐标 $\boldsymbol{v}_j$, 在图中大约是 $(1,3)$。由于此顶点被绑定至该关节, 无论该关节怎样移动, 此顶点的关节空间坐标一直会维持 $(1,3)$。当我们把关节设置为希望得到的当前姿势时, 把顶点的坐标转换至模型空间, 以 $\boldsymbol{V}_{\mathrm{M}}^{\mathrm{C}}$ 表示。在图中, 此坐标大约是 $(18,2)$。因此蒙皮变换把顶点从模型空间的 $(4,6)$ 变换至 $(18,2)$, 整个过程完全是由该关节从其绑定姿势移动至图中的当前姿势所驱动的。

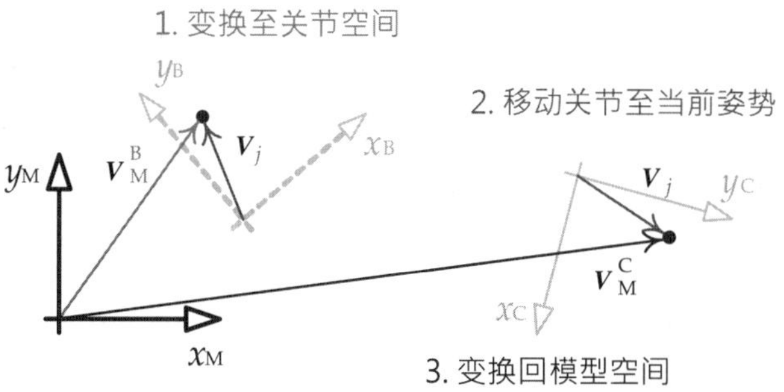

图 11.25 把顶点位置变换至关节空间, 以“追踪”关节的移动

从数学角度看此问题, 我们以矩阵 $\boldsymbol{B}_{j\to\mathrm{M}}$ 表示关节 j 在模型空间的绑定姿势。此矩阵把点或矢量从关节 j 的空间变换至模型空间。现在, 考虑一个以模型空间表示的绑定姿势顶点 $\boldsymbol{V}_{\mathrm{M}}^{\mathrm{B}}$。要把此顶点变换至关节 j 的空间, 只需简单地乘以绑定姿势矩阵的逆矩阵, 即 $\boldsymbol{B}_{\mathrm{M}\to j} = (\boldsymbol{B}_{j\to\mathrm{M}})^{-1}$:

$$\boldsymbol{v}_j = \boldsymbol{v}_{\mathrm{M}}^{\mathrm{B}}\boldsymbol{B}_{\mathrm{M}\to j} = \boldsymbol{v}_{\mathrm{M}}^{\mathrm{B}}(\boldsymbol{B}_{j\to\mathrm{M}})^{-1} \tag{11.3}$$

类似地, 我们以矩阵 $\boldsymbol{C}_{j\to\mathrm{M}}$ 表示关节的当前姿势。那么要把 $\boldsymbol{v}_j$ 从关节空间转回模型空间, 只需把它乘以当前姿势矩阵:

$$\boldsymbol{v}_{\mathrm{M}}^{\mathrm{C}} = \boldsymbol{v}_j\boldsymbol{C}_{j\to\mathrm{M}}$$

若使用算式 (11.3) 展开 $\boldsymbol{v}_j$, 就能得出把顶点直接从绑定姿势变换至当前姿势的算式:

$$\begin{aligned}\boldsymbol{v}_{\mathrm{M}}^{\mathrm{C}} &= \boldsymbol{v}_j\boldsymbol{C}_{j\to\mathrm{M}}\\ &= \boldsymbol{v}_{\mathrm{M}}^{\mathrm{B}}(\boldsymbol{B}_{j\to\mathrm{M}})^{-1}\boldsymbol{C}_{j\to\mathrm{M}}\\ &= \boldsymbol{v}_{\mathrm{M}}^{\mathrm{B}}\boldsymbol{K}_j\end{aligned} \tag{11.4}$$

联合后的矩阵 $\boldsymbol{K}_j = (\boldsymbol{B}_{j\to\mathrm{M}})^{-1}\boldsymbol{C}_{j\to\mathrm{M}}$ 称为蒙皮矩阵。

11.5.2.2 扩展至多个关节的骨骼

在以上的例子中, 我们只考虑单个关节。然而, 我们所推导的算式, 其实可施于任何骨骼中的任何关节, 因为我们是以全局姿势 (即关节至模型空间变换) 来进行推导的。要把以上的算式扩展至含多关节的骨骼, 只需做两个小调整。

1. 我们必须确保, 矩阵 $\boldsymbol{B}_{j\to\mathrm{M}}$ 及 $\boldsymbol{C}_{j\to\mathrm{M}}$ 使用算式 (11.1) 正确计算。$\boldsymbol{B}_{j\to\mathrm{M}}$ 及 $\boldsymbol{C}_{j\to\mathrm{M}}$ 仅分别等价于该算式中 $\boldsymbol{P}_{j\to\mathrm{M}}$ 的绑定姿势及当前姿势。

2. 我们必须计算一组蒙皮矩阵 $\boldsymbol{K}_j$, 其中每个矩阵对应第 j 个关节。此数组称为*矩阵调色板* (matrix palette)。[1]当要渲染一个蒙皮网格时, 矩阵调色板便要被传送至渲染引擎。渲染器会为每个顶点查找调色板中合适的关节蒙皮矩阵, 并用该矩阵把顶点从绑定姿势变换至当前姿势。

这里再补充一下, 假设角色的姿势随时间改变, 其当前姿势矩阵 $\boldsymbol{C}_{j\to\mathrm{M}}$ 便需要每帧更新。然而, 绑定姿势逆矩阵在整个游戏中都是常量, 因为骨骼的绑定姿势是模型创建时确定下来的。因此, $(\boldsymbol{B}_{j\to\mathrm{M}})^{-1}$ 矩阵通常会缓存于骨骼, 并不需要在运行时计算。动画引擎通常先计算每个关节的局部姿势 $\boldsymbol{C}_{j\to p(j)}$, 然后用算式 (11.1) 把这些矩阵转换至全局姿势 $\boldsymbol{C}_{j\to\mathrm{M}}$, 最后把全局姿势乘以对应的绑定姿势的逆矩阵 $(\boldsymbol{B}_{j\to\mathrm{M}})^{-1}$, 以生成每个关节的蒙皮矩阵 $\boldsymbol{K}_j$。

11.5.2.3 引入模型至世界变换

每个顶点最终都会由模型空间变换至世界空间。因此有些引擎会把蒙皮矩阵调色板预先乘以物体的模型至世界变换。这是一个很有用的优化, 因为渲染引擎渲染蒙皮几何时, 每个顶点能节省一个矩阵乘法。(当要处理几十万个顶点时, 这些节约就能积少成多!)

要把模型至世界变换引入蒙皮矩阵, 只需把它简单地串接至正常的蒙皮矩阵算式:

$$(\boldsymbol{K}_j)_{\mathrm{W}} = (\boldsymbol{B}_{j\to\mathrm{M}})^{-1}\boldsymbol{C}_{j\to\mathrm{M}}\boldsymbol{M}_{\mathrm{M}\to\mathrm{W}}$$

有些引擎把模型至世界变换如此烘焙至蒙皮矩阵, 但有些引擎则不会这么做。选择权完全由工程团队决定, 其中受多种因素所左右。例如, 在一种情况下我们绝不会这么做, 这就是多个角色同时播放单个动画时 —— 此技术通常称为*动画实例* (animation instancing), 有时候用于大规模的群众动画。在此情况下, 模型至世界变换需要分离出来, 以便把单个矩阵调色板应用至群众中的所有角色。

11.5.2.4 把顶点蒙皮至多个关节

要把顶点蒙皮至多个关节, 我们可以计算顶点分别蒙皮至每个关节, 产生对于每个节点的模型空间位置, 然后把这些结果进行*加权平均*再求出最终位置。这些权重是由角色绑定师 (character rigging artist) 提供的, 并且每个顶点的权重之和必为 1。(若此和不为 1, 工具管道应该把它们归一化。)

---

1 此术语虽然称为调色板 (palette), 但实际上与颜色无关。调色板在这里的意思源于画家把有限数量的颜料置于调色板上, 用于挑选及混合。在蒙皮时, 关节的数量也是有限的, 网格的每个顶点可挑选采用哪一个关节, 或从数个关节中混合。——译者注

对于 N 个数值 a_0 至 a_{N-1} 的对应权重 w_0 至 w_{N-1}，并且 $\sum w_i = 1$，那么这些数值的通用加权平均公式是:

$$a = \sum_{i=0}^{N-1} w_i a_i$$

此公式同样适用于矢量数值 $\boldsymbol{a}_i$。因此，对于一个顶点蒙皮至 N 个关节，关节索引为 j_0 至 j_{N-1}，权重为 w_0 至 w_{N-1}，我们可以把算式 (11.4) 延伸如下:

$$\boldsymbol{v}_{\mathrm{M}}^{\mathrm{C}} = \sum_{i=0}^{N-1} w_i \boldsymbol{v}_{\mathrm{M}}^{\mathrm{B}} \boldsymbol{K}_{j_i}$$

其中 $\boldsymbol{K}_{j_i}$ 是关节 j_i 的蒙皮矩阵。

11.6 动画混合

动画混合 (animation blending) 是指能令一个以上的动画片段对角色最终姿势起作用的技术。更准确地说，混合是把两个或更多的输入姿势结合，产生骨骼的输出姿势。

混合通常会结合某个时间点的两个或两个以上姿势，并生成同一时间点的输出。在此语境中，混合用作结合两个或两个以上的动画，自动产生大量新动画，而无须手工制作这些动画。例如，通过混合负伤的及无负伤的步行动画，我们可以生成二者之间不同负伤程度的步行动画。又例如，我们可以混合某角色的向左瞄准及向右瞄准动画，就能令角色瞄准左右两端之间的所需方位。动画混合可用于对面部表情、身体站姿、运动模式等的极端姿势之间的插值。

动画混合也可以用于求出不同时间点的两个已知姿势之间的姿势。当我们要取得角色在某时间点的姿势，而该时间点并非刚好对应动画数据中的采样帧时，就可使用这种动画混合。也可以使用时间上的动画混合——通过在短时间内把来源动画逐渐混合至目标动画，这样能把某动画平滑地过渡至另一动画。

11.6.1 线性插值混合

给定含 N 个关节的骨骼，以及两个骨骼姿势 $\boldsymbol{P}_A^{\mathrm{skel}} = \{(\boldsymbol{P}_A)_j\}|_{j=0}^{N-1}$ 及 $\boldsymbol{P}_B^{\mathrm{skel}} = \{(\boldsymbol{P}_B)_j\}|_{j=0}^{N-1}$，我们希望求得此两极端的中间姿势 $\boldsymbol{P}_{\mathrm{LERP}}^{\mathrm{skel}}$。方法之一是，对这两个来源姿势中每个关节的局部姿势进行线性插值 (linear interpolation, LERP)，可表示如下:

$$\begin{aligned}(\boldsymbol{P}_{\mathrm{LERP}})_j &= \mathrm{LERP}[(\boldsymbol{P}_A)_j, (\boldsymbol{P}_B)_j, \beta] \\ &= (1-\beta)(\boldsymbol{P}_A)_j + \beta(\boldsymbol{P}_B)_j\end{aligned} \tag{11.5}$$

而整个骨骼的插值后姿势, 仅仅是所有关节插值后姿势的集合:

$$\boldsymbol{P}_{\text{LERP}}^{\text{skel}} = \{(\boldsymbol{P}_{\text{LERP}})_j\}|_{j=0}^{N-1} \tag{11.6}$$

在这些算式中, β 称为混合百分比 (blend percentage) 或混合因子 (blend factor)。当 $\beta = 0$ 时, 骨骼的最终姿势便会完全和 $\boldsymbol{P}_A^{\text{skel}}$ 匹配; 当 $\beta = 1$ 时, 最终姿势就会和 $\boldsymbol{P}_B^{\text{skel}}$ 匹配。当 β 介于 0 到 1 之间时, 最终姿势便是两个极端某中间姿势。图 11.10 展示了此效果。

我们在此再谈一些细节。我们对关节姿势进行线性插值, 即是指对 4×4 变换矩阵进行插值。然而, 如第 4 章所说, 直接对矩阵插值并非切实可行。这也是通常用 SQT 格式表示局部姿势的原因之一, 那么我们就可用 4.2.5 节定义的 LERP 运算, 分别对 SQT 中每个部分插值。SQT 中的位移部分 $\boldsymbol{T}$ 只是一个直截了当的矢量 LERP:

$$\begin{aligned}(\boldsymbol{T}_{\text{LERP}})_j &= \text{LERP}[(\boldsymbol{P}_A)_j, (\boldsymbol{P}_B)_j, \beta] \\ &= (1-\beta)(\boldsymbol{T}_A)_j + \beta(\boldsymbol{T}_B)_j\end{aligned} \tag{11.7}$$

旋转部分可使用四元数 LERP 或 SLERP(球面线性插值):

$$\begin{aligned}(\mathtt{q}_{\text{LERP}})_j &= \text{normalize}\,(\text{LERP}((\mathtt{q}_A)_j, (\mathtt{q}_B)_j, \beta)) \\ &= \text{normalize}\,((1-\beta)(\mathtt{q}_A)_j + \beta(\mathtt{q}_B)_j)\end{aligned} \tag{11.8}$$

或

$$\begin{aligned}(\mathtt{q}_{\text{SLERP}})_j &= \text{SLERP}\,[(\mathtt{q}_A)_j, (\mathtt{q}_B)_j, \beta] \\ &= \frac{\sin((1-\beta)\theta)}{\sin\theta}(\mathtt{q}_A)_j + \frac{\sin(\beta\theta)}{\sin\theta}(\mathtt{q}_B)_j\end{aligned} \tag{11.9}$$

最后, 缩放部分根据引擎支持的缩放类型 (统一或非统一), 使用标量或矢量 LERP:

$$\begin{aligned}(\boldsymbol{S}_{\text{LERP}})_j &= \text{LERP}\,[(\boldsymbol{S}_A)_j, (\boldsymbol{S}_B)_j, \beta] \\ &= (1-\beta)(\boldsymbol{S}_A)_j + \beta(\boldsymbol{S}_B)_j\end{aligned} \tag{11.10}$$

或

$$\begin{aligned}(S_{\text{LERP}})_j &= \text{LERP}\,[(\boldsymbol{S}_A)_j, (\boldsymbol{S}_B)_j, \beta] \\ &= (1-\beta)(\boldsymbol{S}_A)_j + \beta(\boldsymbol{S}_B)_j\end{aligned} \tag{11.11}$$

对两个骨骼姿势进行线性插值时, 最自然的中间姿势通常是令关节独立在其父关节中间进行插值。换句话说, 姿势混合通常在局部姿势进行。若直接在模型空间混合全局姿势, 其结果从生物力学上看显得不真实。[1]

1 其中一个显而易见的问题是, 就算在局部姿势中只有旋转, 用全局姿势插值后, 关节之间的距离 (骨头的长度) 会改变。——译者注

由于姿势混合是在局部姿势进行的，因此每个关节姿势的线性插值完全独立于同一骨骼上的其他关节插值。这意味着，线性插值可完全并行地在多处理理架构上运行。[1]

11.6.2 线性插值混合的应用

现在我们对线性插值混合已有基本认识，接下来看看它在游戏中的典型应用。

11.6.2.1 时间性混合

我们在 11.4.1.1 节提及，游戏动画几乎永远不会在整数的帧索引上采样。由于浮动的帧率，玩家可能实际上会看到第 0.9、1.85、3.02 帧，而非刚好是期望看到的第 1、2、3 帧。此外，有些动画压缩法仅仅存储不一样的关键帧，这些关键帧非均匀地分布在动画片段的局部时间线上。无论是以上哪一种情况，我们都需要求出动画片段中各个采样姿势之间的中间姿势。

通常我们可使用 LERP 混合求得这些中间姿势。例如，假设我们的动画片段的姿势采样是均匀分布在 0、Δt、$2\Delta t$、$3\Delta t$ 等时间点之上的。为了求时间点 $t = 2.18\Delta t$ 的姿势，只需简单地使用 $\beta = 0.18$ 的混合百分比，对时间点 $2\Delta t$ 及 $3\Delta t$ 的姿势进行线性插值。

给定两个在时间点 t_1 及 t_2 的姿势采样，以下算式可以求得位于此期间时间点 t 的姿势：

$$\boldsymbol{P}_j(t) = \text{LERP}[\boldsymbol{P}_j(t_1), \boldsymbol{P}_j(t_2), \beta(t)] \tag{11.12}$$

$$= (1 - \beta(t))\boldsymbol{P}_j(t_1) + \beta(t)\boldsymbol{P}_j(t_2) \tag{11.13}$$

其中混合因子 $\beta(t)$ 可由比率决定：

$$\beta(t) = \frac{t - t_1}{t_2 - t_1} \tag{11.14}$$

11.6.2.2 动作连续性：淡入/淡出

游戏角色上的动画，是大量细粒度动画片段拼接而成的。若你的动画师有足够的能力，他就能令动画角色在个别片段之内的动作自然真实。然而，众所周知，把一个片段过渡至另一片段，要达到同样的质量是极难的。在游戏动画中常见到的“跳帧 (pop)”，多数出现于角色从一个片段过渡至另一个片段的时候。

1 虽然如此，但一般来说每个骨骼实际上只有上百个关节，把一个角色内的关节并行插值并不划算，因为可能会降低内存存取的连贯性，反而对性能有影响。如游戏中有大量角色，可以考虑以角色 (骨骼) 为最小单位进行并行处理。——译者注

理想地，我们希望角色身体每个部分的动作都是完全流畅的，就算在过渡中亦然。换言之，骨骼中每个关节移动时所描绘出的三维路径不应含突然“跳跃”。我们称此为C^0 连续 (C^0 continuity)，如图 11.26 所示。

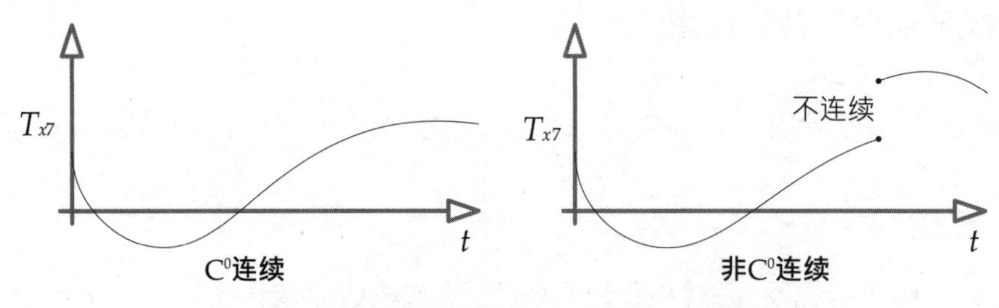

图 11.26 左图的通道函数是 C^0 连续的，右图则不是

不只路径本身应该连续，其第一导数 (速度曲线) 也应连续，此称为C^1 连续 (又称速度及动量的连续性)。若使用更高阶的连续性，角色的动作会显得更佳及更真实。例如，若我们可能希望移动路径达到 C^2 连续，即路径的第二导数 (加速度曲线) 也是连续的。

通常难以达到数学上严格的 C^1 或以上的连续性。然而，我们可使用 LERP 的动画混合达到相当不错的 C^0 动作连续性。这种混合也可以相当好地逼近 C^1 连续性。当应用至过渡片段时，LERP 混合有时被称为淡入/淡出 (cross-fading)。LERP 混合可能会产生一些瑕疵，例如忌讳的“滑脚”问题，因此使用时必须恰如其分。

要对两个动画进行淡入/淡出，我们要把两个片段的时间线适度地重叠。在开始时间 t_{start} 时，混合百分比 β 为 0，即混合之始只能看到片段 A。然后逐步递增 β，直至时间 t_{end} 时 β 为 1。此时只能看到片段 B，把片段 A 完全撤去。淡入/淡出的持续时间 ($\Delta t_{\text{blend}} = t_{\text{end}} - t_{\text{start}}$) 有时候被称为混合时间 (blend time)。

淡入/淡出的种类 两种常见的淡入/淡出过渡方法如下。

- 平滑过渡 (smooth transition)：播放片段 A 及片段 B 的同时把 β 从 0 至 1 递增。要想效果好，两个片段都必须为循环动画，并且两个片段应该同步至手脚位置大致匹配。(若不这么做，淡入/淡出的结果常会显得完全不自然。) 图 11.27 展示了此技术。
- 冻结过渡 (frozen transition)：片段 A 的局部时钟停顿于片段 B 开始播放之时。那么片段 A 的骨骼姿势就会被冻结起来，而片段 B 则渐渐取代角色的动作。这种技术适合于混合两个不相关且不能在时间上同步的片段，因为片段必须在时间上同步才能使用平滑过渡。图 11.28 显示了冻结过渡。

我们也可以控制混合因子 β 在过渡过程中的变化方式。在图 11.27 及图 11.28 中，混合因

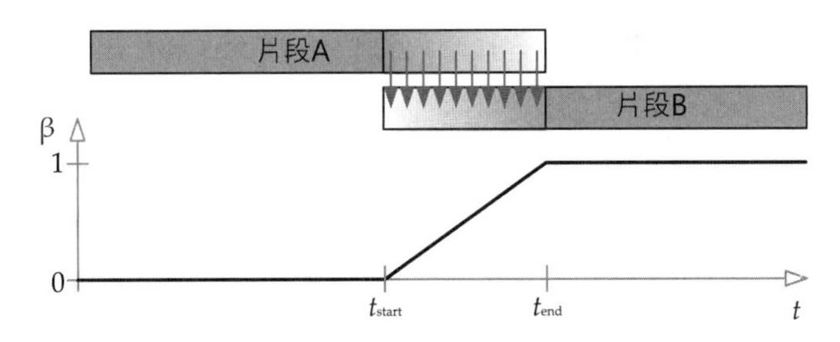

图 11.27 在平滑过渡中, 两个片段的局部时钟在过渡期间也保持运行

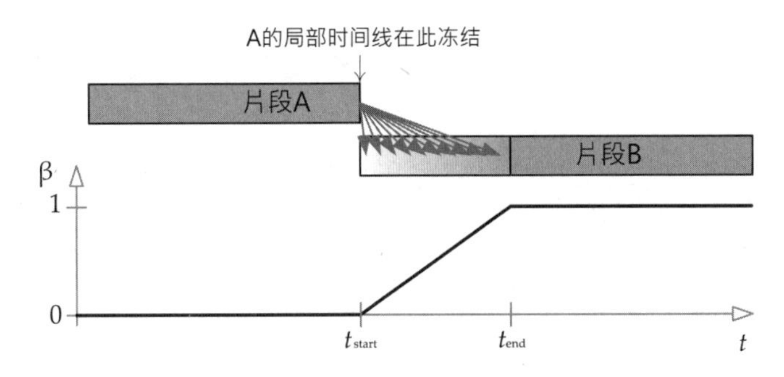

图 11.28 在冻结过渡中, 片段 A 的局部时钟在过渡期间停止运行

子按时间线性变化。为了得到更平滑的过渡, 我们可以令 β 按时间的三次函数变化, 例如用一维 Bézier 曲线。当把这些曲线应用到正在淡出的当前片段时, 该曲线就称为**缓出曲线** (ease-out curve); 当应用到正在淡入的新片段时, 就称作**缓入曲线** (ease-in curve)。这种曲线如图 11.29 所示。

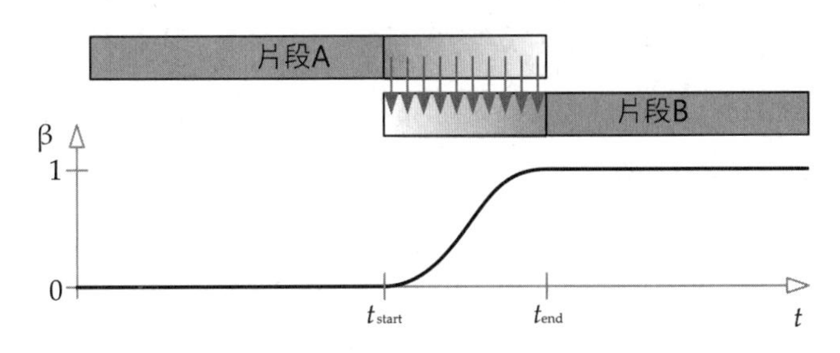

图 11.29 采用缓入/缓出三次曲线作为混合因子的平滑过渡

以下列出了 Bézier 缓入/缓出曲线的算式。此算式能传回混合时过程中任何时间 t 的 β 值。β_{start} 为混合开始时 t_{start} 的混合因子,β_{end} 为时间 t_{end} 时的最终混合因子。参数 u 是 t_{start} 和 t_{end} 之间的归一化时间, 为方便起见我们设 $v = 1 - u$ (即逆向归一化时间)。注意, Bézier 切

线 T_{start} 和 T_{end} 被设为对应的混合因子 β_{start} 及 β_{end}，因为这样能产生符合所需的良好曲线:

$$
\begin{aligned}
&\text{设 } u = \frac{t - t_{\text{start}}}{t_{\text{end}} - t_{\text{start}}} \\
&\text{及 } v = 1 - u, \text{则:} \\
&\beta(t) = (v^3)\beta_{\text{start}} + (3v^2u)T_{\text{start}} + (3vu^2)T_{\text{end}} + (u^3)\beta_{\text{end}} \\
&\quad\;\;\, = (v^3 + 3v^2u)\beta_{\text{start}} + (3vu^2 + u^3)\beta_{\text{end}}
\end{aligned}
$$

核心姿势 现在是时候谈谈另一种*无须混合*就能产生连续动作的方法了，这就是动画师确保某片段的最后姿势能匹配后续片段的首个姿势。在实践中，动画师通常会制定一组*核心姿势* (core pose)，例如包括一个直立的核心姿势、一个蹲下姿势、一个躺下姿势等。只要能确保角色的每个动画片段以某核心姿势开始，并以某核心姿势结束，就能简单地把核心姿势匹配的片段连接成具 C^0 连续性的动画。C^1 或更高阶的连续性的动画也可做到，只要确保角色在片段结束时动作能平滑地过渡至后续片段开始时的动作。具体做法也很简单，可以创作一段平滑的动画，然后把它切为两个或两个以上的动画片段。

11.6.2.3 方向性运动

基于 LERP 的动画混合通常应用在角色运动 (character locomotion) 中。真实的人类在步行或跑步时，有两种方式改变移动方向。第一种方法，转身改变方向，那么他能一直面向移动的方向。笔者称这种为*轴转移动* (pivotal movement)，因为他转身时是按其垂直轴旋转的。另一种方法，他能保持面向某方向，而同时向前后左右步行 (在游戏世界中称为 strafing)，使移动方向和面向方向互相独立。笔者称此为*靶向移动* (targeted movement)，因为这种移动通常用于在移动的同时保持角色的眼睛或武器瞄准某个目标。图 11.30 显示了这两种移动方式。

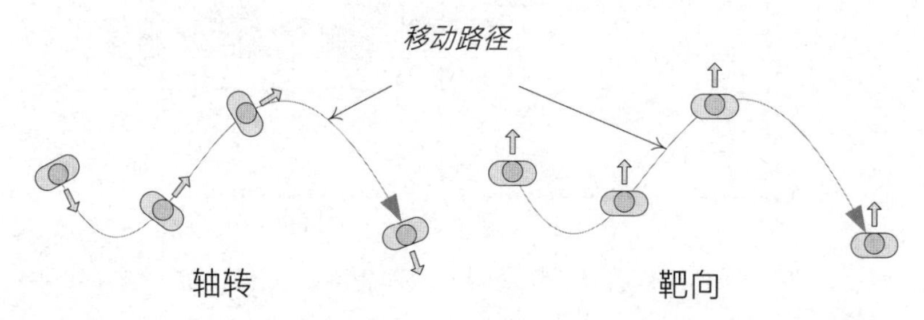

图 11.30 在轴转移动中，角色面向他移动的方向，并以他的垂直轴为轴心旋转。在靶向移动中，移动方向不需要匹配面向方向

靶向移动 为了实现*靶向移动*，动画师会制作 3 种不同的循环动画片段，包括向前、向左

及向右移动, 笔者称这些为*方向性运动片段* (directional locomotion clip)。我们把这 3 个片段排列在一个半圆圆周之上, 向前位于 0°, 向左位于 90°, 向右位于 −90°。只要使角色面对方向对齐至 0°, 就能在半圆上求得移动方向, 然后选择该角度上的两个相邻片段以 LERP 方式混合。混合百分比 β 由移动角度和相邻片段的角度求得。图 11.31 说明了这种技术。

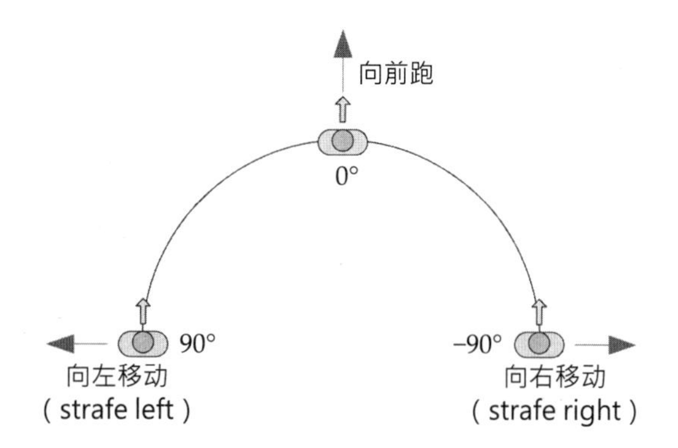

图 11.31 把往 4 个主方向移动的循环运动片段互相混合, 便可实现靶向移动

注意, 我们并没有在混合中包含向后移动来形成一个全周的混合。这是因为向左右移动和向后移动的混合, 一般来说会显得不自然。问题在于, 向左移动时, 角色会把右脚跨于左脚前方, 这么做能令向左与向前移动的混合动画显得正确。同样, 向右移动的动画通常会制作成左脚跨于右脚前方。但是, 当尝试把这些左右移动直接和向后移动混合时, 一条腿就会穿过另一条腿, 这是极其尴尬、不自然的。此问题有几种解决方法。其中一种可行方法就是定义两个半圆混合, 一个用作向前移动, 一个用作向后移动, 再为这两个半圆分别制作两组适合混合的左右移动动画。当从一个半圆过渡至另一个半圆时, 我们可以加入明确的过渡动画, 使角色有机会适当地调整步伐及跨步问题。

轴转移动 为了实现*轴转移动*, 我们可简单播放向前运动循环片段, 并同时以垂直轴旋转整个角色, 以达至转向目的。若角色在转向时不保持完全笔直, 轴转移动会显得更自然——真实人类在转向时会造成少许倾斜。[1] 我们可以令整个角色的垂直轴倾斜一点, 但这会造成一些问题, 内脚会插进地下, 外脚则会离地。要做出更自然的效果, 可使用 3 个向前步行或跑步的动画, 一个完全向前, 一个极端向左转, 一个极端向右转。然后使用 LERP 混合这些动画, 就可以产生想要的倾斜角度动画了。

---

1 实际上, 这在物理上是必然的, 必须有向心力才能形成转向。在水平平面移动时, 要靠倾斜身体产生脚底的摩擦力来产生向心力。原理上和摩托车转向时倾斜的情况一样。具体关系是 $\tan\theta = v^2/gr$, 其中 θ 是倾斜角,v 是向前的速度, g 是引力常数, r 是圆周运动的半径。——译者注

11.6.3 复杂的线性插值混合

在真实的游戏引擎中，角色会使用不同种类的复杂混合，以达到不同的目的。为了更易使用，我们会把几个常见的复杂混合“预包装”起来。以下几节会探讨一些流行的预包装复杂混合类型。

11.6.3.1 泛化的一维线性插值混合

LERP 混合可以扩展至多于两个动画片段，笔者称此技术为一维线性插值混合 (one-dimensional LERP blending)。我们定义一个新的混合参数 b，可任意指定此参数的范围 (如 $-1 \sim +1$、$0 \sim 1$，甚至 $27 \sim 136$)。可将任意数量的片段置于此范围中的某点之上，如图 11.32 所示。给定任意的 b 值，我们选取两个离该值最近的片段，并用算式 (11.5) 混合两者。若那两个片段分别位于点 b_1 及 b_2，那么混合百分比 β 可用类似算式 (11.14) 的形式求出：

$$\beta(t) = \frac{b - b_1}{b_2 - b_1} \tag{11.15}$$

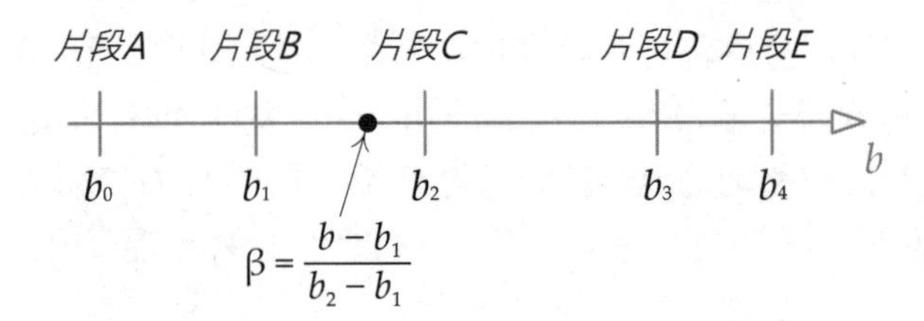

图 11.32 对 N 个动画片段的泛化线性混合

靶向移动仅是一维 LERP 混合的特例。我们只需简单弄直放置方向性动画片段的半圆，并把移动方向角色 θ 作为参数 b (范围为 $-90° \sim 90°$)。此混合范围内可将任意数量的动画片段放置于不同角度之上。图 11.33 展示了这种方法。

11.6.3.2 简单的二维线性插值混合

有时候我们想平滑地同时改变角色动作的两个方面。例如，可能希望角色能用武器在水平方向及垂直方向瞄准。又例如，可能希望改变角色走动时的步伐长度及双脚分隔的距离。我们可以把一维 LERP 混合扩展至二维，以达成上述效果。

若我们知道，所需的二维混合只涉及 4 个动画片段，并且这些片段位于一个正方形区域的 4 角，那么就可用 3 个一维混合求得混合姿势。广义混合因子 b 变成二维混合矢量 $\mathbf{b} = [b_x \quad b_y]$。若 $\mathbf{b}$ 位于 4 个片段所包围的正方形区域中，那么就可以用以下步骤求得所需的混合姿势。

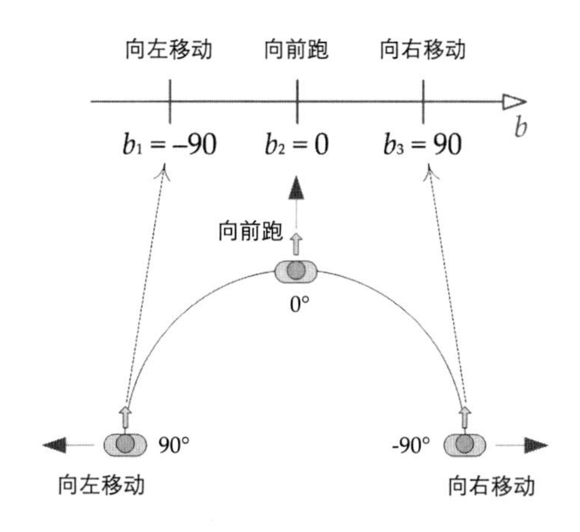

图 11.33 靶向移动所使用的方向性动画片段, 可理解为特殊的一维线性插值混合

1. 利用水平混合因子 b_x 求出两个中间姿势, 一个在顶边两个动画片段之间, 一个在底边两个片段之间。这两个姿势可以用简单的一维 LERP 混合求得。
2. 然后, 使用垂直混合因子 b_y, 把两个中间姿势用一维 LERP 混合求出最终姿势。

图 11.34 展示了此技术。

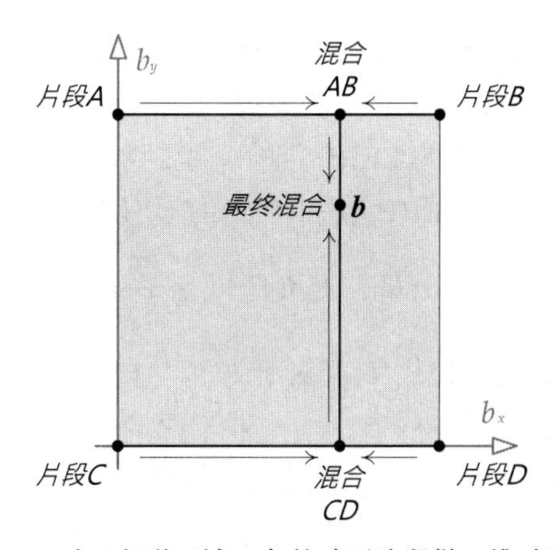

图 11.34 对正方形区域 4 角的动画片段做二维动画混合

11.6.3.3 三角形的二维线性插值混合

11.6.3.2 节所述的简单二维混合技术, 只能用于动画片段置于矩形 4 角的混合。那么如何能混合任意数量置于混合空间任意二维位置的动画片段呢?

首先我们想象有 3 个需混合的动画片段。第 i 个片段对应二维混合空间中的一个混合坐标 $\boldsymbol{b}_i = [b_{ix} \quad b_{iy}]$, 这 3 个坐标形成二维混合空间中的三角形。每 3 个片段定义一组关节姿势 $\{(\boldsymbol{P}_i)_j\}|_{j=0}^{N-1}$, 其中 $(\boldsymbol{P}_i)_j$ 是第 i 个片段中定义的第 j 个关节, 而 N 是骨骼中的关节总数。我们想求出对于三角形内任意点 $\boldsymbol{b}$ 进行插值后的骨骼姿势, 如图 11.35 所示。

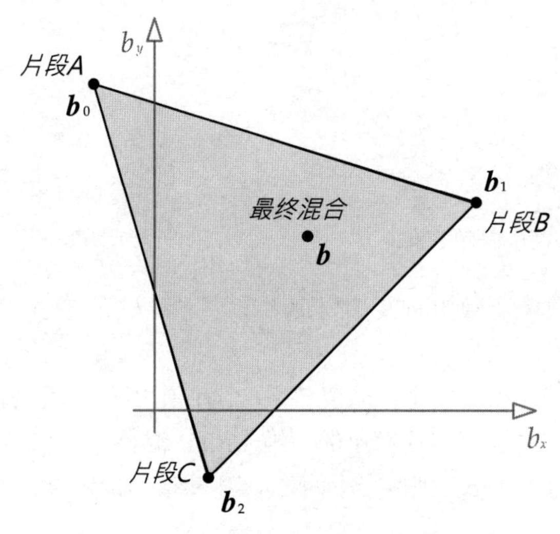

图 11.35 对 3 个动画片段的二维动画混合

然而, 怎样才能用 LERP 混合 3 个动画片段呢? 庆幸有一个简单方法: LERP 函数实际上可以用于任何数量的输入, 因为它仅仅是一个*加权平均* (weighted average)。如同其他加权平均数, 权重之和必须为 1。以两个输入的 LERP 混合来说, 我们使用 β 和 $1-\beta$ 的权重, 显然它们之和是 1。那么对于有 3 个输入的 LERP, 我们可简单地使用 3 个权重,α、β, 以及 $\gamma = 1-\alpha-\beta$。

$$(\boldsymbol{P}_{\text{LERP}})_j = \alpha(\boldsymbol{P}_0)_j + \beta(\boldsymbol{P}_1)_j + (1-\alpha-\beta)(\boldsymbol{P}_2)_j \tag{11.16}$$

给定二维混合矢量 $\boldsymbol{b}$, 我们可使用 $\boldsymbol{b}$ 相对于 3 个片段所形成的三角形的*重心坐标* (barycentric coordinates)[1]求得混合权重 α 、β、γ。一般来说, 在顶点为 $\boldsymbol{b}_0$、$\boldsymbol{b}_1$、$\boldsymbol{b}_2$ 的三角形中, 某点的重心坐标 $\boldsymbol{b}$ 及 3 个标量值 (α、β、γ) 满足以下关系:

$$\boldsymbol{b} = \alpha\boldsymbol{b}_0 + \beta\boldsymbol{b}_1 + \gamma\boldsymbol{b}_2 \tag{11.17}$$

及

$$\alpha + \beta + \gamma = 1$$

这些就是我们要寻找的 3 个片段加权平均的权重。图 11.36 显示了重心坐标。

1 http://en.wikipedia.org/wiki/Barycentric_coordinate_system_(mathematics)

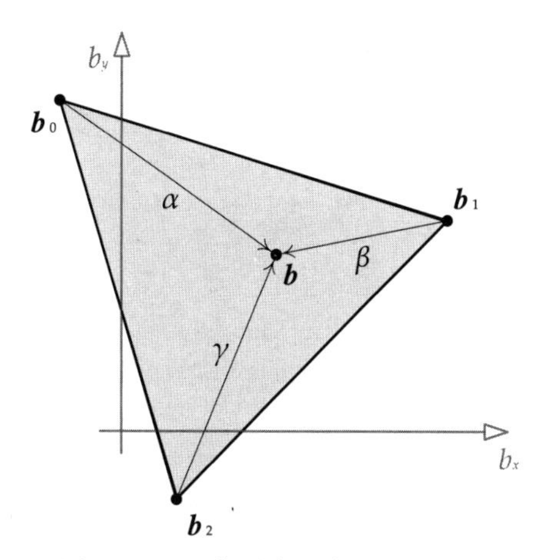

图 11.36 三角形中的多个重心坐标

注意, 把重心坐标 (1,0,0) 代入算式会得出 $\boldsymbol{b}_0$, 代入 (0,1,0) 得 $\boldsymbol{b}_1$、代入 (0,0,1) 得 $\boldsymbol{b}_2$。类似地, 把这些混合权重代入算式 (11.16) 会分别得出每个关节 j 的姿势 $(\boldsymbol{P}_0)_j$、$(\boldsymbol{P}_1)_j$ 及 $(\boldsymbol{P}_2)_j$。再者, 重心坐标 (1/3, 1/3, 1/3) 位于三角形的重心, 并会产生 3 个姿势的相同比重混合。这完全符合我们的预期。

11.6.3.4 泛化的二维线性插值混合

重心坐标技术可扩展至任意数目的动画片段, 这些片段可置于二维混合空间的任意位置。我们在此不详细展开, 但其想法是利用Delaunay *三角剖分* (Delaunay triangulation) 技术[1], 从多个动画片段位置 $\boldsymbol{b}_i$ 求出一组三角形。得到这些三角形后, 从中找寻包围混合点 $\boldsymbol{b}$ 的三角形, 然后在该三角形上使用上述 3 片段的 LERP。这项技术被应用在温哥华 EA Sports 的《FIFA 足球》游戏中, 实现在他们自主开发的"ANT"动画框架中, 见图 11.37。[2]

11.6.4 骨骼分部混合

人可独立控制身体的不同部位。例如, 我可以在步行时挥动右臂, 并同时令左臂指着某物。在游戏中实现这种动作的方法之一是, 使用名为*骨骼分部混合* (partial-skeleton blending) 的技术。

---

1 http://en.wikipedia.org/wiki/Delaunay_triangulation

2 这里所述的方法, 每次只能混合 3 个片段。另一个混合多个动画片段的方法是使用更高维的空间, 例如,4 个片段可想象为四面体 (tetrahedra) 的 4 个顶点, 同样可使用重心坐标计算混合。从另一角度看此问题, 使用加权平均就能混合多个片段。——译者注

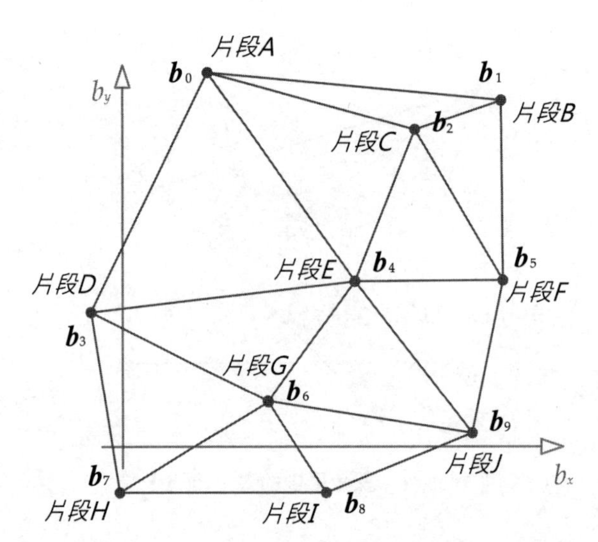

图 11.37 对任意数目、置于任意二维混合空间位置的动画片段，使用 Delaunay 三角剖分

回想算式 (11.5) 及 (11.6)，进行正常 LERP 混合的时候，混合百分比 β 应用在骨骼中每个关节的混合中。骨骼分部混合延伸此做法，允许每个关节设置不同的混合百分比。换言之，我们对每个关节 j 定义一个独立的混合百分比 β_j。整个骨骼的混合百分比集合 $\{\beta_j\}|_{j=0}^{N-1}$ 有时被称为*混合遮罩* (blend mask)，因为可以把某些关节的混合百分比设为 0，来“掩盖”那些关节。

例如，我们要令角色向某人挥动右臂及右手，并令他在步行、跑步及站立时都能挥手。要用骨骼分部混合实现这个效果，动画师要制作 3 个全身动作：*步行*、*跑步*及*站立*。动画师还要制作一个*挥手*动作。然后，创建一个混合遮罩，在遮罩中将右肩、右肘、右腕及右手手指关节的混合百分比设为 1，其他关节的混合百分比都设为 0：

$$\beta_j = \begin{cases} 1 & \text{当}j\text{位于右臂} \\ 0 & \text{其他} \end{cases}$$

当*步行*、*跑步*或*站立*片段与*挥手*片段混合时使用这个混合遮罩，结果就是角色在步行、跑步或站立的同时挥动右手。

虽然骨骼分部混合有其用途，但它也会造成不自然的角色动作。此问题的原因有二。

- 若相连关节的混合因子突兀改变，可导致身体一部分的动作与其他部分分离。在上述例子中，右肩关节的混合因子突兀地改变，这样会造成上脊椎、颈及头的关节由一个动画所驱动，而右肩及右臂则完全由另一动画所驱动，看上去会很奇怪。缓解此问题的方法之一是，可以逐渐改变混合因子，而不是突兀地改变。(在这个例子中，可以在右肩设置混合因子为 0.9，上脊椎为 0.5，颈和中脊椎为 0.2。)

- 现实中人体的动作并不是完全独立的。例如，一个人在跑步时挥手，我们会预期他的挥手动作比站立时更“晃动”及不受控制。但是，使用骨骼分部混合时，手臂的动画无论其他身体部分在做什么都是相同的。此问题难以用分部混合解决。取而代之，近年许多游戏开发者改用另一项看上去更自然的技术，该技术称为*加法混合*。

11.6.5 加法混合

加法混合 (additive blending) 为动画结合问题带来了全新的解决方式。加法混合引入一种称为*区别片段* (difference clip) 的新类型动画。如名字所示，区别片段代表两段正常动画的区别。区别动画可以被加进普通的动画片段，以产生一些有趣的姿势和动作变化。本质上，区别片段存储了一个姿势变换至另一个姿势所需的改变。区别动画在游戏业界常被称为*加法动画片段*。本书采用*区别片段*这一叫法，因为这更准确地描述了它的本质。

我们先考虑两个输入片段，分别为*来源片段* (source clip, S) 及*参考片段* (reference clip, R)。在概念上，区别片段是 D = S − R。若区别片段 D 加进原来的参考片段，我们就会取回来源片段 (S = D + R)。只需把某百分比的 D 加进 R，就可以产生介于 R 和 S 之间的动画，这如同使用 LERP 为两个极端片段找出中间动画。然而，加法混合技术之美在于，制作一个区别片段之后，可以把该片段加进其他不相关的片段，而不仅限于原来的参考片段。我们称这些动画为*目标动画* (target clip, T)。

例如，若参考片段是角色在正常跑步，而来源片段是角色在疲惫地跑步，那么区别片段只含有令角色在跑步中显得疲惫所需的改变。若此区别片段应用至角色步行，结果会是一个疲惫下步行的结果。通过将一个区别片段加到多个“正常”的动画片段上，便能创建许多有趣且自然的动画。又或是把不同的区别动画加进一个目标动画，也能产生不同的效果。

11.6.5.1 数学公式

区别动画 D 的定义为某来源动画 S 和某参考动画 R 之间的差异。因此在概念上，(在某时间点的) 区别姿势是 D = S − R。当然，我们要处理的是关节姿势，而不是标量，不能简单地把姿势相减。一般来说，关节姿势是一个 4 × 4 仿射矩阵 $\boldsymbol{P}_{\mathrm{C}\to\mathrm{P}}$，此矩阵会把点或矢量从子关节的局部空间变换至其父关节的空间。以矩阵来说，等价于标量减法的运算乘以逆矩阵。因此，给定骨骼中每个关节 j 的来源姿势 $\boldsymbol{S}_j$ 及参考姿势 $\boldsymbol{R}_j$，区别姿势 $\boldsymbol{D}_j$ 可定义如下 (在本讨论中，

由于我们在处理从子至父的姿势矩阵, 所以舍弃了 $C \to P$ 或 $j \to p(j)$ 下标):

$$\boldsymbol{D}_j = \boldsymbol{S}_j \boldsymbol{R}_j^{-1}$$

把区别姿势 $\boldsymbol{D}_j$ "加进" 目标姿势 $\boldsymbol{T}_j$ 会产生新的加法姿势 $\boldsymbol{A}_j$。具体方法是简单地串接区别变换及目标变换:

$$\boldsymbol{A}_j = \boldsymbol{D}_j \boldsymbol{T}_j = (\boldsymbol{S}_j \boldsymbol{R}_j^{-1}) \boldsymbol{T}_j \tag{11.18}$$

我们可以通过把区别姿势 "加到" 原来的参考姿势, 验证上面的算式:

$$\begin{aligned} \boldsymbol{A}_j &= \boldsymbol{D}_j \boldsymbol{R}_j \\ &= \boldsymbol{S}_j \boldsymbol{R}_j^{-1} \boldsymbol{R}_j \\ &= \boldsymbol{S}_j \end{aligned}$$

换句话说, 把区别动画 D 加到原来的参考动画 R, 便会得出我们预期的来源动画 S。[1]

不同动画短片的时间性插值 我们在 11.4.1.1 节中获悉, 游戏动画几乎永远不会在整数帧索引上采样。要求得任意时间 t 的姿势, 我们必须对置于时间 t_1 及 t_2 的两个相邻姿势样本进行时间性插值。幸好区别片段与其他非加法片段一样, 可使用时间性插值。我们只需简单地把算式 (11.12) 及 (11.14) 套用在区别片段上, 如同应用在一般动画中一样。

注意, 仅当输入片段 S 和 R 的持续时间相同时才能求得它们的区别动画, 否则会有一段时间缺乏 S 或 R 的定义, 那么该段时间的 D 也无定义。

加法混合百分比 在游戏中, 我们经常希望可以混合某百分比的区别动画, 以产生不同程度的效果。例如, 若区别片段能使角色的头部向右转 80°, 混合该片段的 50% 应该可令他的头部仅向右转 40°。

可再次使用 LERP 实现这种效果, 我们希望在无修改的目标动画和完全应用区别动画后的新动画之间插值。为此我们把算式 (11.18) 扩展如下:

$$\begin{aligned} \boldsymbol{A}_j &= \text{LERP}\,(\boldsymbol{T}_j, \boldsymbol{D}_j \boldsymbol{T}_j, \beta) \\ &= (1-\beta)(\boldsymbol{T}_j) + \beta(\boldsymbol{D}_j \boldsymbol{T}_j) \end{aligned} \tag{11.19}$$

如第 4 章所谈及, 不能直接对矩阵进行 LERP。因此算式 (11.16) 必须分拆为 3 个分别对 S、Q 和 T 的插值, 如同算式 (11.7) 至算式 (11.11) 那样做。

1 本节中的 $\boldsymbol{D}$、$\boldsymbol{S}$、$\boldsymbol{R}$ 其实也可使用 SQT 来表示。一般来说, SQT 的串接和求逆运算都比矩阵高效。——译者注

11.6.5.2 比较加法混合和分部混合

加法混合在多个方面和分部混合相似。例如，我们可以取得站立片段和站立并挥右臂片段的区别。其结果差不多等同于用分部混合令右臂挥动。然而，相对于分部混合看上去的“分离”问题，加法混合的同类问题较少。这是由于用加法混合时，我们不是取代一组关节的动画，也不是对两个可能无关的姿势进行插值。取而代之，我们把动作加进原来的动画中，动作可能横跨整个骨骼。其效果为，区别动画“知道”怎样改变角色的姿势来得到某些具体效果，例如表现疲惫、把头转向某方向或挥手。这些改动能施于不少各式各样的动画上，而且效果通常会很自然。

11.6.5.3 加法混合的局限

当然，加法动画也并非“银弹”。由于它把动作加进已有的动画，会产生骨骼中关节旋转过度的问题，尤其是在同时加入多个区别动画的情况下。例如，想象有一个角色左臂弯曲 90° 的目标动画。若我们再加入一个弯曲臂肘 90° 的区别动画，那么整体效果便是弯曲了 $90°+90° = 180°$。这样会令下臂插进上臂，当然不是正常的位置!

显然我们必须小心地选择参考片段，并决定它可以应用在哪些目标片段之上。以下是一些简单的经验法则。

- 在参考片段中，尽量减少髋关节的旋转。
- 在参考片段中，肩及肘关节应该一直维持中性姿势。那么把区别片段加入其他目标时，就能减轻手臂过度旋转的情况。
- 动画师应为每个核心姿势 (站立、蹲下、躺下等) 创建新的区别动画。那么动画师就能为这些姿势表现出现实人类应有的动作方式。

这些法则可以作为有用的起点，然而，如何制作及应用区别动画，只能从反复尝试及错误中学习，或从有这方面经验的动画师及工程师那里进行学习。若读者的团队过去未使用过加法混合，应预期要花上大量时间学习加法混合的技艺。

11.6.6 加法混合的应用

11.6.6.1 站姿变化

加法混合的特殊应用之一就是*站姿变化* (stance variation)。动画师对每个站姿创建 1 帧区别动画。当这些单帧片段用加法混合混合至一个基本动画时，角色的整个站姿就会戏剧性地发生变化, 但角色又能继续表现原来所需的动作, 如图 11.38 所示。

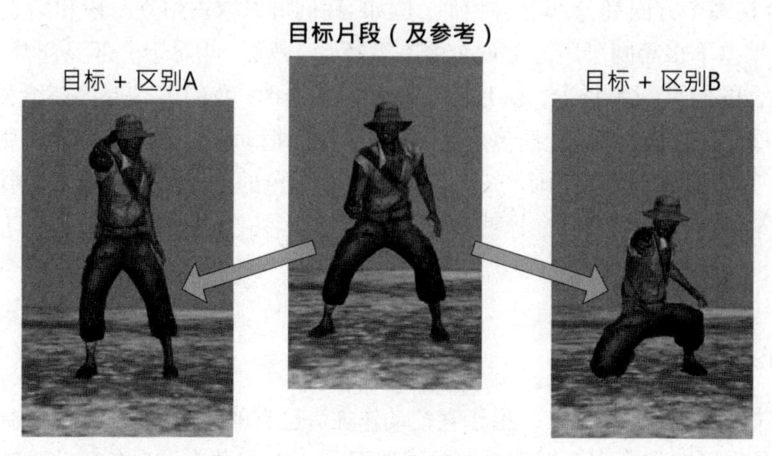

图 11.38 两个单帧区别动画 A 和 B, 可令目标动画片段变成两个完全不同的站姿。(角色来自顽皮狗的《神秘海域: 德雷克船长的宝藏》。©2007/® SCEA。由顽皮狗创作及开发)

11.6.6.2 移动噪声

现实人类跑步时每个脚步不会完全一样 —— 动作总是会有些变化的。人在分心的时候 (例如在攻击敌人时) 变化特别明显。加法混合可用于在完全重复的移动周期上叠加随机性、反应和分心的表现, 如图 11.39 所示。

11.6.6.3 瞄准及注视

另一加法混合常用之处在于, 让角色注视四周或用武器瞄准。实现此效果时, 首先用动画令角色执行一些动作, 例如跑步, 其中头部和武器都朝向前面。然后, 动画师改变头部或武器的方向至最右的角度, 并存储该帧或多帧的区别动画。对最左、最上、最下方向重复此过程。那么这 4 个区别动画就能用加法混合混合至原来的向前动画, 产生向上、向下、向左、向右及之间的注视或瞄准动画。

瞄准的角度由每个片段的加法混合因子决定。例如, 把向右的加法动画以 100% 混合, 角色便会瞄准至最右的方向。混合 50% 向左加法动画的话, 角色便会瞄准至左方向和正面方向的中间。还可以再混合向上、向下的加法动画, 使角色向对角方向瞄准。图 11.40 展示了此应用。

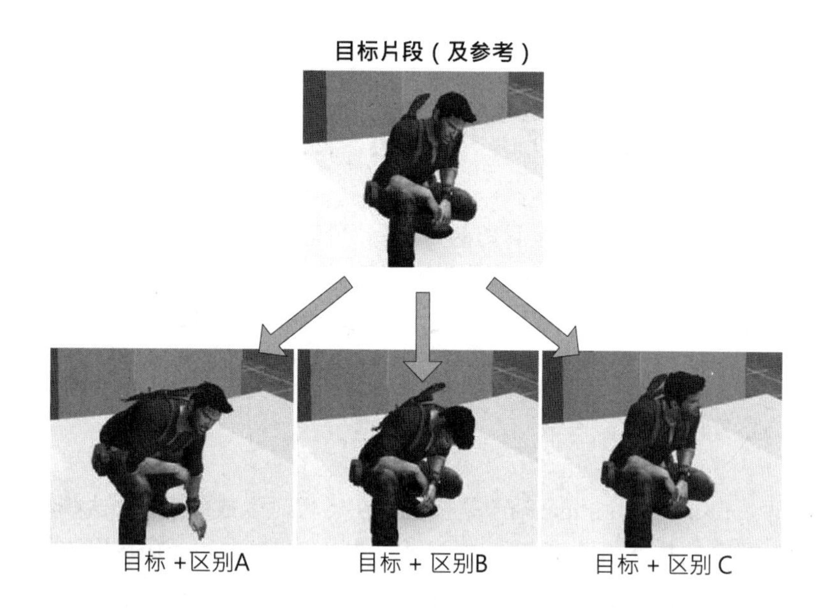

图 11.39 加法混合可对重复的休闲动画加入变化。图片由顽皮狗提供。©2014/™ SCEA

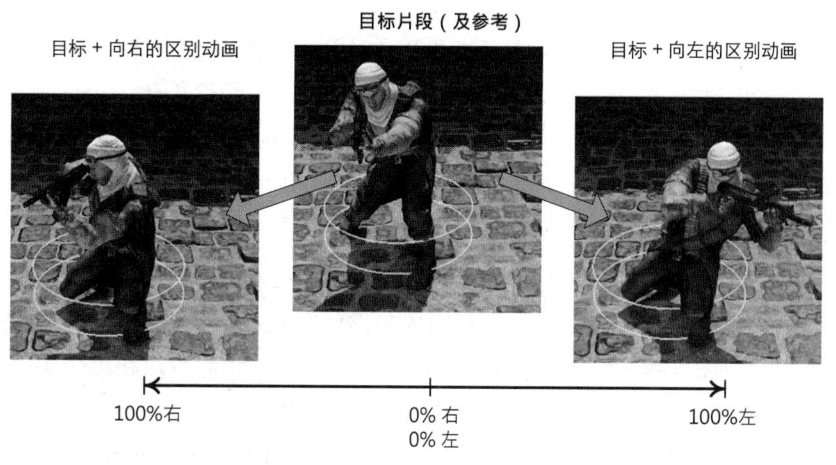

图 11.40 使用加法混合进行武器瞄准。图片由顽皮狗提供。©2014/™ SCEA

11.6.6.4 时间轴的另类用途

其实有趣的是，动画片段的时间轴并不一定用于表示时间。例如,3 帧动画片段可为引擎提供 3 个瞄准姿势——第 1 帧是向左瞄准的姿势、第 2 帧向前、第 3 帧向右。要令角色向右瞄准，我们可以把瞄准动画的局部时钟固定至第 3 帧。要产生 50% 向前和向右瞄准的混合，只需把时钟拨至 2.5 帧。这是利用引擎现有功能来达到新目的的好例子。

11.7 后期处理

一旦一个或多个动画片段生成了骨骼的姿势, 然后通过线性插值或加法混合把结果混合成为一个姿势, 在渲染角色之前, 通常还需要再修改姿势。此修改称为*动画后期处理* (animation post-processing)。在本节中, 我们会看到几个常见的动画后期处理类型。

11.7.1 程序式动画

程序式动画 (procedural animation) 是指任何在运行时生成的动画, 这些动画并非由动画工具 (如 Maya) 导出的数据所驱动。有时候, 手工制作的动画片段用于设置骨骼最初的姿势, 然后程序动画会作为后期处理的形式修改此姿势。

例如, 想象有一个普通动画片段, 用于令一辆车在崎岖的地形上行驶时显得颠簸。车辆行进的方向由玩家控制。我们希望当车辆转弯的时候, 调整前轮和方向盘的转向令它们更显真实。这些调整可在动画产生姿势之后以后期处理方式进行。假设在原来的动画中, 前轮是朝向正前方的, 而方向盘则是正中位置。那么我们使用目前的转向角度创建一个依垂直轴旋转的四元数, 令前轮转向想要的角度。此四元数可乘以前轮的 Q 通道以达到转向的目的。同样, 我们可生成依方向盘轴旋转的四元数, 并把它乘以方向盘的 Q 通道令方向盘转向。这些调整在全局姿势计算及矩阵调色板生成 (见第 11.5 节) 之前, 在*局部姿势*之间进行。

又例如, 我们希望令游戏世界中的树木及灌木在风中自然摇曳, 并且角色经过时会被拨开。要实现此效果, 可以把树木和灌木建模为有简单骨骼的蒙皮网格。然后用程序动画取代手工动画, 或在手工动画中加入程序动画, 令那些关节自然地移动。我们可以在多个关节的旋转中加入一个或多个正弦波 (sinusoid)[1], 或 Perlin 噪声函数, 以模拟它们在风中摇曳的效果。当角色经过含灌木或草丛的区域时, 可以把植物根部的四元数以角色为中心向外偏转, 令它们显得像被角色推开一样。

1 这里指以时间为参数的正弦函数, 例如这种形式: $A\sin(\omega t - \phi)$, 其中 A 是波幅, ω 是角速度、t 是时间、ϕ 是相位。——译者注

11.7.2 逆运动学

假设我们有一个动画片段是令角色弯腰拾取地上的物体。在 Maya 中, 该片段看起来非常好; 但在游戏关卡中, 由于地面不是完全平坦的, 有时候角色的手会碰不到物体, 有时候又会穿过物体。在这种情况下, 我们希望可以调整骨骼的最终姿势, 令角色的手能完全与目标物体对齐。名为*逆运动学* (inverse kinematics, IK, 有时也被称为反向动力学) 的技术可以达成此事。

普通的动画片段是*正向运动学* (forward kinematics, FK) 的例子。在正向运动学中, 其输入是一组局部姿势, 而输出是一个全局姿势, 以及每个关节的蒙皮矩阵。逆运动学的流程则是相反方向的: 输入是某关节想要的全局姿势, 此输入称为*末端受动器* (end effector)。我们要求出其他关节的*局部*姿势, 使末端受动器能到达指定的位置。

在数学上, IK 可归结为*误差最小化* (error minimization) 问题。如同其他最小化问题, 问题可能会有一个解、多个解或无解。这是很符合直觉的: 若要手握房间另一面的门把手, 不走过去是无法做到的。要令 IK 发挥最好的效果, 开始时骨骼最好摆出接近目标的姿势。这样有助于算法专注"最接近"的解, 并能在合理的时间内完成计算。图 11.41 展示了 IK 的工作情形。

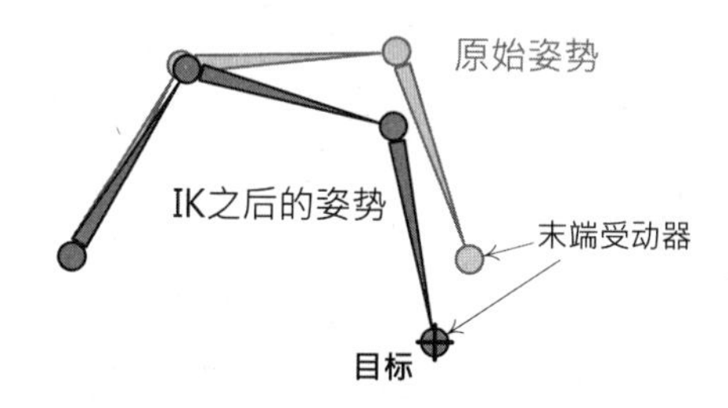

图 11.41 逆运动学通过误差最小化, 尝试把末端受动器关节移至目标的全局姿势

想象一个含两个关节的骨骼, 其中每个关节只能对一个轴旋转。这两个关节的旋转可写成二维角度矢量 $\boldsymbol{\theta} = [\theta_1 \quad \theta_2]$。两个关节的可行角度是一个集合, 此集合所组成的二维空间称为*位形空间* (configuration space)。显然, 对于更复杂、每关节含更多自由度的骨骼, 位形空间会变成多维, 但无论有多少维, 这里所谈的概念同样适用。

现在我们对每个关节旋转组合 (即二维位形空间中的每个点) 绘制一个三维图, 该图的第 3 个轴是末端受动器和目标位置的距离。图 11.42 展示了此图的一个例子。此三维面的"谷底"代表末端受动器最接近目标的地方。三维面上某点的高度为 0 时, 代表末端受动器已到达目标。逆运动学就是尝试找出此三维面的最小值 (最低点)。[1]

1 当然, 反向动力学还需要找出从当前位置移动至最低点的最短路径。——译者注

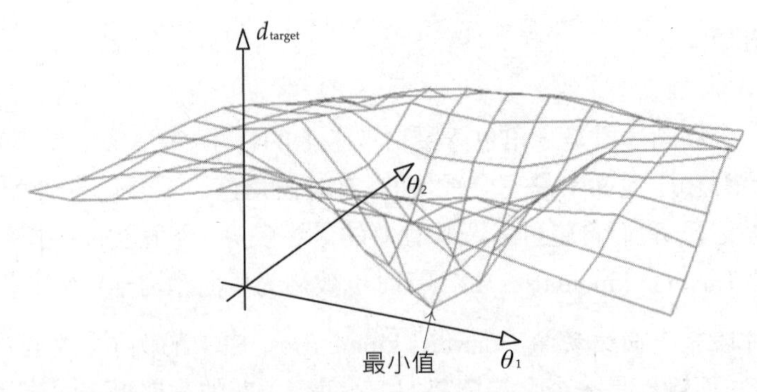

图 11.42 此三维图绘制了二维位形空间中末端受动器与目标的距离。IK 寻找这个距离的局部最小值

这里不介绍逆运动学问题的求解细节。读者可参阅维基百科[1]或 Jason Weber 的文章《受限的反向动力学》(*Constrained Inverse Kinematics*)[42]。

11.7.3 布娃娃

当角色死去或失去意识时，其身体会变得瘫软。在此情形下，我们希望该身体能与周边环境以真实的物理方式互动，为此我们可使用布娃娃 (rag doll)。布娃娃是一组由物理模拟的刚体，每个刚体代表角色的半刚体身体部分，例如下臂或上腿。这些刚体彼此受限于角色的关节位置，这些受限方式要设置成能产生自然的“无生气”身体移动。刚体的位置和定向都是由物理系统计算的，然后用于驱动角色骨骼中某几个重要关节的位置和定向。通常，把数据从物理系统传输至骨骼是一个后期处理步骤。

要真正了解布娃娃物理，必须先理解碰撞及物理系统是如何运作的。12.4.8.7 节及 12.5.3.8 节会深入讨论布娃娃。

11.8 压缩技术

动画数据可占去大量内存。单个关节姿势可能由 10 个浮点数通道 (3 个用作平移、4 个用作旋转，再加上最多 3 个用作缩放) 组成。由于每个通道含 4 字节浮点数，以每秒 30 个样本的 1s 片段便需要 4 字节 $\times$ 10 通道 $\times$ 30 样本/秒 $=$ 1200 字节/关节$\cdot$秒，也即等于每关节每秒 1.17KiB 的数据流量。对于由 100 个关节组成的骨骼 (以现今标准来说算是很少的关节)，无

1 http://en.wikipedia.org/wiki/Inverse_kinematics

压缩的动画每秒会占 117KiB。若游戏含 1000s 的动画 (在现今游戏中这是偏低的估算), 那么整个数据集就是庞大的 114.4MiB。这是颇大量的数据, 以 PlayStation 3 为例, 它只有 256MiB 主存及 256MiB 显存。当然, PS4 有 8GiB 内存, 但我们仍希望有更丰富及多变的动画, 而不是白白浪费内存。因此, 游戏工程师需为此投入精力, 压缩动画数据, 以最少的内存成本提供最丰富及多元化的动作。

11.8.1 通道省略

降低动画片段尺寸的简单方法之一就是省略无关的通道。多数角色都不需要非统一缩放, 因此 3 个缩放通道可缩减至单个统一缩放通道。有些游戏甚至可以省去所有关节的缩放通道 (可能除了面部的一些关节)。人形角色的骨头通常是不能伸缩的, 所以大部分关节的平移通道也可略去, 只有根关节、面部关节, 以及一些颈关节需要保留。最后, 因为四元数要一直保持归一, 所以只需存储 3 个分量 (如 x、y、z), 第 4 个分量 (如 w) 可在运行时重建。

作为更进一步的优化, 若一些姿势在整个动画片段期间没有变化, 那么可以只存储该姿势位于时间 $t=0$ 的第一个样本, 再加一位的标记表示该通道所有其他 t 值都是常数。

通道省略可大幅降低动画片段的尺寸。一个无缩放、无平移、含 100 个关节的骨骼只需要 303 个通道, 这包括每个关节的四元数所需的 3 个通道, 以及根关节平移的 3 个通道。可以对比一下, 若 100 个关节都包含 10 个通道, 那么总共要 1000 个通道。

11.8.2 量化

另一个降低动画尺寸的方法是缩减每通道的尺寸。浮点小数值正常会存储为 32 位 IEEE 格式。此格式提供 23 位的尾数精确度, 以及 8 位的指数。然而, 在动画片段中我们并不经常需要保持这种精确度及范围。存储四元数时, 可保证其通道值的范围必然是 $[-1,1]$。当一个 32 位 IEEE 浮点数的绝对值为 1 时, 其指数是 0, 而且 23 位精确度能准确至 7 个小数位。经验告诉我们, 四元数可以仅用 16 位精确度编码, 因此若为每通道使用 32 位浮点数其实白白浪费了 16 位。

把 32 位 IEEE 浮点数转换成 n 位整数表示法的运算称为*量化* (quantization)。实际上此运算有两部分: *编码* (encode), 把原来的浮点小数值转换为量化后的整数表示法的过程, *解码* (decode), 把量化整数还原为原来浮点数的近似值。(我们只能还原一个*近似值*——量化是有损压缩, 因为它实质上降低了用于表示一个值的精确度位数。)

要把浮点数编码成整数，首先要把合法范围切割成 N 个同等大小的区间。然后我们找出某浮点数值属于哪一个区间，并用该区间的整数索引值表示该值。解码时，只需简单地把整数索引值转换至浮点数格式，并用偏移及缩放把该值还原至原来的范围。选择 N 的大小时，通常会选用对应于 n 位整数能表示的整数值范围。例如，若把 32 位浮点数值编码为 16 位整数，那么区间的数目便会是 $N = 2^{16} = 65,536$。

Jonathan Blow 在《游戏开发者杂志》的 *The Inner Loop* 专栏撰写了一篇关于浮点标量量化的优秀文章[1] (该文章中的源代码也可下载[2])。该文章介绍了编码过程中从浮点数映射至区间的两种方法：可以把浮点数截尾 (truncate)至紧接的最低区间边界(T 编码)，或是把浮点数舍入 (round)至包围区间之中值(R编码)。类似地，该文章描述了从整数表示法重建浮点数的两种方法：可以传回原值映射到的区间的左值 (L 重建)，或是传回区间的中值(C 重建)。这样我们有4种编码解码的可行方法：TL、TC、RL、RC。当然，应避免使用 TL 及 RC,因为这种组合会趋向增加或减少数据中的能量，这通常会产生灾难性的后果。TC 的好处在于时间上高效，但也会有一些严重问题——无法准确地表示 0 值。(若为 `0.0f` 编码，解码后会是一个小的正数。) 因此 RL 通常是最好的选择。我们将会在此示范这种方法。

该文中只谈及了量化正浮点数，并且在例子中，为简单起见，输入范围都假设为 $[0,1]$。然而，我们必然可以用偏移及缩放令任何浮点范围变成 $[0,1]$。例如，四元数通道的范围是 $[-1,1]$，但我们可以把这些值加 1 再除以 2，令数值变成在 $[0,1]$ 范围内。

以下代码展示的是一个函数把 $[0,1]$ 范围的输入浮点数值编码至 n 位整数，另一个则解码还原，两个函数都是根据 Jonathan Blow 的 RL 法编写的。量化值会以 32 位无符号整数 (`U32`) 传回，但实际上只会用到由 `nBits` 参数指定的最低 n 个有效位。例如，若传入 `nBits==16`，那么就可以安全地把结果转型至 `U16`。

```
U32 CompressUnitFloatRL(F32 unitFloat, U32 nBits)
{
    // 基于要求的输出位数,判断区间数量
    U32 nIntervals = 1u << nBits;

    // 把输入值从[0, 1]范围缩放至[0, nIntervals - 1]范围
    // 这里需要减1是由于我们希望最大的输出值能存储于nBits位之内
    F32 scaled = unitFloat * (F32)(nIntervals - 1u);

    // 最后,我们需要加0.5f,再四舍五入至最近的区间中点
```

1 http://number-none.com/product/Scalar%20Quantization/index.html
2 http://www.gdmag.com/src/jun20.zip

```
    // 然后,把该值截尾,取得区间索引(通过转型至U32)
    U32 rounded = (U32)(scaled + 0.5f);

    // 为无效的输入值做出保护
    if (rounded > nIntervals - 1u)
        rounded = nIntervals - 1u;
    return rounded;
}

F32 DecompressUnitFloatRL(U32 quantized, U32 nBits)
{
    // 基于编码时的位数,判断区间数量
    U32 nIntervals = 1u << nBits;

    // 解码只需简单地把U32转成F32,并按区间大小缩放
    F32 intervalSize = 1.0f / (F32)(nIntervals - 1u);

    F32 approxUnitFloat = (F32)quantized * intervalSize;
    return approxUnitFloat;
}
```

要处理任意在 $[min, max]$ 范围内的输入值, 我们可使用以下这些函数:

```
U32 CompressFloatRL(F32 value, F32 min, F32 max, U32 nBits)
{
    F32 unitFloat = (value - min) / (max - min);
    U32 quantized = CompressUnitFloatRL(unitFloat, nBits);
    return quantized;
}

F32 DecompressFloatRL(U32 quantized, F32 min, F32 max, U32 nBits)
{
    F32 unitFloat = DecompressUnitFloatRL(quantized, nBits);
    F32 value = min + (unitFloat * (max - min));
    return value;
}
```

我们回到最初的动画通道压缩问题。要压缩及解压四元数的 4 个分量至每通道 16 位, 只需

调用 CompressFloatRL() 及 DecompressFloatRL()，传入 $min = -1$、$max = 1$、$n = 16$:

```
inline U16 CompressRotationChannel(F32 qx)
{
    return (U16)CompressFloatRL(qx, -1.0f, 1.0f, 1.0f, 16u);
}

inline F32 DecompressRotationChannel(U16 qx)
{
    return DecompressFloatRL((U32)qx, -1.0f, 1.0f, 16u);
}
```

平移的压缩比旋转的稍棘手，因为和四元数通道不同，平移通道的范围在理论上是无界的。好在实践中角色的关节不会移动得很远，我们可设定一个合理的移动范围，若出现超越该合法范围的动画便报错。游戏内置电影是对此规则的一个特例，当游戏内置电影在世界空间制作动画时，角色根关节的平移值可以变得很大。为解决此问题，我们可以以动画或关节为单位，针对每片段实际的最大平移值，选择合法的平移范围。由于每个动画或每个关节中有不同的数据范围，所以我们必须把这些范围存储在压缩片段数据中。这样会在每个动画片段中增加少量的数据，但其影响通常可以忽略。

```
// 我们使用2m的范围，你可能使用不同的
F32 MAX_TRANSLATION = 2.0f;

inline U16 CompressTranslationChannel(F32 vx)
{
    // 限制至合法范围……
    if (vx < -MAX_TRANSLATION)
        vx = -MAX_TRANSLATION;
    if (vx >  MAX_TRANSLATION)
        vx =  MAX_TRANSLATION;

    return (U16)CompressFloatRL(vx,
        -MAX_TRANSLATION, MAX_TRANSLATION, 16);
}

inline F32 DecompressTranslationChannel(U16 vx)
{
    return DecompressFloatRL((U32)vx,
```

```
        -MAX_TRANSLATION, MAX_TANSLATION, 16);
}
```

11.8.3 采样频率及键省略

动画数据偏大的原因有三：第一，每个关节的姿势含最多 10 个通道；第二，骨骼含大量的关节（在 PS3 或 Xbox 360 中人形角色需 250 个或以上的关节，在一些 PS4 或 Xbox One 游戏中可能超过 800 个）；第三，角色的姿势通常采用高频率采样（例如每秒 30 帧）。我们已看过第 1 个问题的一些解决方案。另一方面，我们几乎不能减少高分辨率角色的关节数目，因此无法解决第 2 个问题。要解决第 3 个问题，可以做如下两件事。

- 降低整体的采样率：有些动画以每秒 15 帧导出，效果还是可以的。这么做能使动画数据大小降为一半。
- 省略一些样本：若片段在某个时间区间中，通道数据的变化大约呈线性变化，那么我们可以省略此区间中除首尾以外的所有样本。然后在运行时，使用线性插值还原删掉了的样本。

第 2 项技术比较复杂，而且需要在每个样本上存储关于时间的信息。这些额外数据会蚕食我们从一开始通过省略样本而节省的数据量。然而，有些游戏引擎曾成功地使用此技术。

11.8.4 基于曲线的压缩

笔者在工作生涯中使用过的、数一数二最强、最容易使用的、各方面都优秀的动画 API 是 Rad Game Tools 公司的 Granny。[1] Granny 并不是用等距的姿势样本序列来存储动画的，取而代之，它采用一组 n 阶非均匀、非有理 B 样条描述关节 S、Q、T 通道随时间变化的路径。使用 B 样条的好处是可用少量数据点为高曲率的通道编码。

Granny 导出的动画数据，也如其他传统动画数据一样，在等距的时间点上对关节姿势采样。然后，Granny 会对每个通道的样本数据集用 B 样条拟合，拟合的容忍度由用户设置。最终产生的动画片段的尺寸会比一般均匀采样、线性插值的片段显著减小。图 11.43 说明了此过程。

1 该产品的正式名字是 Granny 3D。Granny 是老奶奶的意思。——译者注

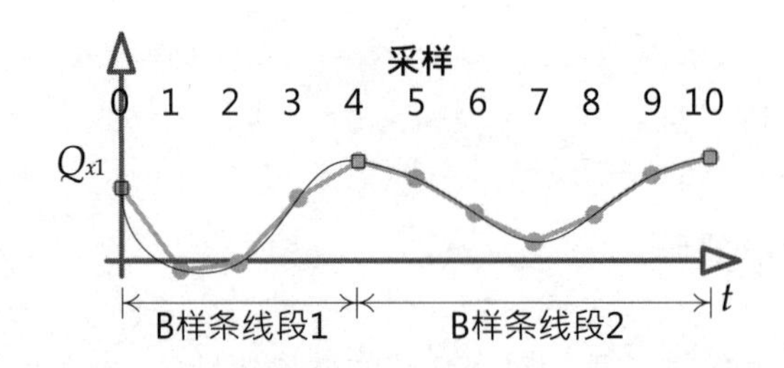

图 11.43 动画压缩的方法之一, 采用 B 样条拟合动画通道数据

11.8.5 选择性载入及串流

最省内存的动画片段就是不在内存中的片段。多数游戏不需要将所有动画同时置于内存。有些片段只应用在某角色职业, 所以如果某关卡中不会遇到该职业的角色, 那些片段便不用被载入。另外有一些动画片段在游戏中只会使用一次, 这些片段可以在需要播放之前再载入或串流, 播放结束后就从内存中释放。

多数游戏会在游戏开始时载入一组核心动画片段, 并一直把它们保留在内存中。这些片段包括玩家角色的核心移动集, 以及在游戏中不断应用的物体动画, 例如武器及补给品。所有其他动画则通常是按需载入的。有些游戏引擎按逐个动画片段载入, 但很多游戏引擎会把动画片段打包成逻辑组, 并以此为单位载入及卸载。

11.9 动画系统架构

我们已了解了游戏动画系统里的理论, 现在我们转向讨论如何从软件架构的立足点架构这种系统。我们会探讨在典型的游戏引擎中, 动画系统和其他系统间有哪些类型的接口。

多数动画系统由 3 个明确的软件层所组成。

- 动画管道 (animation pipeline): 对于游戏中的每个含动画的角色及物体, 动画管道为它们取得一个或多个动画片段及对应的混合因子作为输入, 把这些片段混合后产生一个局部骨骼姿势作为输出。动画管道也会为骨骼计算一个全局姿势, 以及生成蒙皮矩阵调色板供渲染引擎使用。动画管道通常会提供后期处理钩子, 以便在生成全局姿势及蒙板矩阵前可以修改局部姿势。此处可将逆运动学、布娃娃物理, 以及其他形式的程序动画施于骨骼之上。

- *动作状态机* (action state machine, ASM): 游戏角色的动作 (站、行、跑、跳等) 通常最好建模为有限状态机, 此状态机常称为*动作状态机*。ASM 子系统位于动画管道之上, 并提供以状态驱动的动画接口供所有高层游戏代码之用。ASM 确保角色能从一个状态平滑地过渡至另一状态。此外, 多数动画引擎允许角色身体的不同部分同时做不同、独立的事情, 例如边跑边瞄准边开火。要实现此功能, 可通过*状态层* (state layer) 使用多个独立的状态机控制单个角色。
- *动画控制器* (animation controller): 在许多游戏引擎中, 玩家与非玩家角色的行为最终是由*动画控制器*所组成的高级系统控制的。每个控制器是特别为管理某个角色行为模式而设的。例如一个控制器用于角色在开放空间移动及战斗中处理其行为 ("边走边打" 模式), 其他控制器可能用于躲避、驾车、爬梯等。这些高级动画控制器能封装绝大部分的动画相关代码, 令高级的玩家控制及 AI 逻辑不会因动画的微观管理而变得杂乱。

有些游戏引擎会以上述不同的方式分割软件层, 或引入额外的层。其他引擎可能会把两层或以上的层融合成一个系统。然而, 所有动画引擎都需要以某种形式执行这些工作。在以下几节中, 我们会按照这个软件层探索动画系统的架构, 若例子中的游戏引擎采用不同的方式我们会加以注释。

11.10 动画管道

底层动画引擎所做的运算, 构成了一个把输入 (动画片段及混合设置) 变换成输出 (局部及全局姿势、渲染用的矩阵调色板) 的管道。此管道的各个阶段如下所述。

1. *片段解压及姿势提取*: 在此阶段中, 每个片段的数据都会被解压, 并且提取所需时间索引的静态姿势。此阶段的输出是每个输入片段的一个局部骨骼姿势。此姿势可能包含每个关节的姿势信息 (*全身的姿势*), 或仅含部分关节的信息 (*分部姿势*), 或可能是用作加法混合的*区别姿势*。
2. *姿势混合*: 在此阶段中, 通过全身 LERP 混合、分部 LERP 混合, 及/或加法混合, 把输入姿势结合在一起。本阶段的输出是一个对应骨骼中所有关节的局部姿势。只有当需要混合超过一个动画片段时才需要执行本阶段, 否则只需直接使用阶段 1 的输出。
3. *全局姿势生成*: 此阶段遍历骨骼层次结构, 把局部关节串接以产生骨骼的全局姿势。
4. *后期处理*: 这是一个可选的阶段, 使输出最终姿势之前, 有机会修改骨骼的局部及/或全局姿势。后期处理用于逆运动学、布娃娃物理, 以及其他形式的程序动画。
5. *重新计算全局姿势*: 许多种类的后期处理都需要全局姿势作为输入, 但却只生成局部姿势作为输出。当执行了这种后期处理步骤, 我们必须从修改后的局部姿势重新计算全局姿势。显然, 若某后期处理运算并不需要使用全局姿势信息, 该运算可于第 2 及第 3 阶段之间运行, 那么就可以避免重新计算全局姿势。

6. *生成矩阵调色板*: 生成最终全局姿势后, 本阶段把每个关节的全局姿势矩阵乘以对应的逆绑定姿势矩阵。本阶段的输出为供渲染引擎所用的蒙皮矩阵调色板。

图 11.44 展示了一个典型的动画管道。

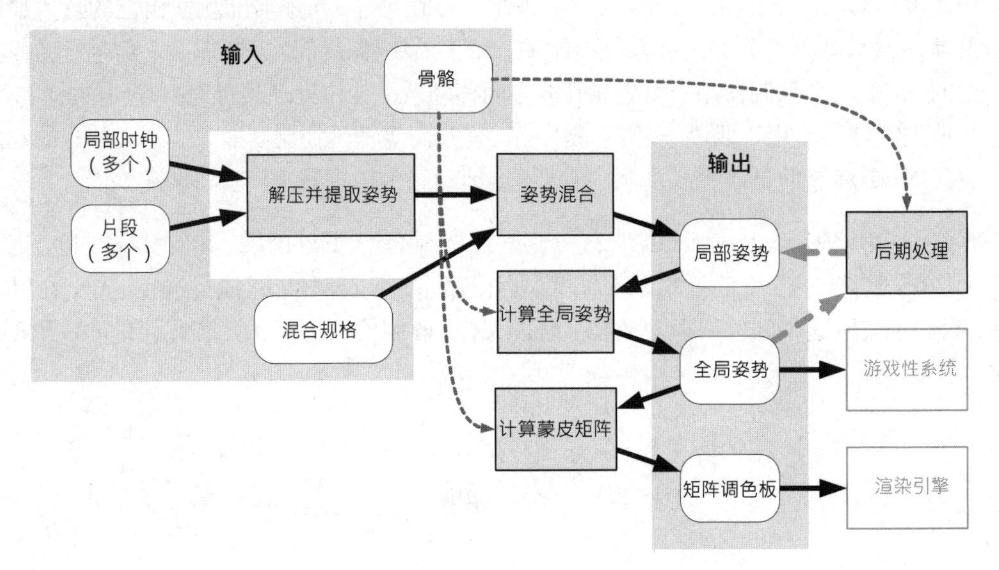

图 11.44 典型的动画管道

11.10.1 数据结构

每个动画管道都有不同的架构, 但它们的数据结构都会和本节所介绍的有相似之处。

11.10.1.1 共享资源数据

如同所有游戏引擎系统, 我们必须清楚分开*共享资源数据* (shared resource data) 及*每实体状态信息* (per-instance state infonmation)。游戏中每个单独的角色或物体有其每实体数据结构, 但相同类型的角色或物体都会共享一组资源数据。这些共享数据通常包括如下几项。

- *骨骼*: 骨骼描述关节层次结构及其绑定姿势。
- *蒙皮网格*: 一个或多个可蒙皮至单个骨骼的网格。蒙皮网格中的每个顶点都包含一个或多个关节索引，加上那些关节对该顶点的影响力。

- *动画片段*: 为每个角色骨骼制作的数百甚至数千个动画片段。这些动画片段可以是全身片段、分部片段或用于加法混合的区别片段。

图 11.45 所示的是这些数据结构的 UML 图。特别要注意这些类之间关系的*基数* (cardinality) 及*方向*。在 UML 图中，基数置于类间的关系箭头及箭尾之旁,1 代表类的一个实例，星号代表多个实体。例如，某种类型的角色会引用一个骨骼、一个或多个网格、一个或多个动画片段。其中，骨骼是统合各方的元素——蒙皮绑定至骨骼，但蒙皮和动画片段没有关系。同样，动画片段应用至某特定骨骼，但它们完全不“了解”蒙皮网格。图 11.46 说明了这些关系。

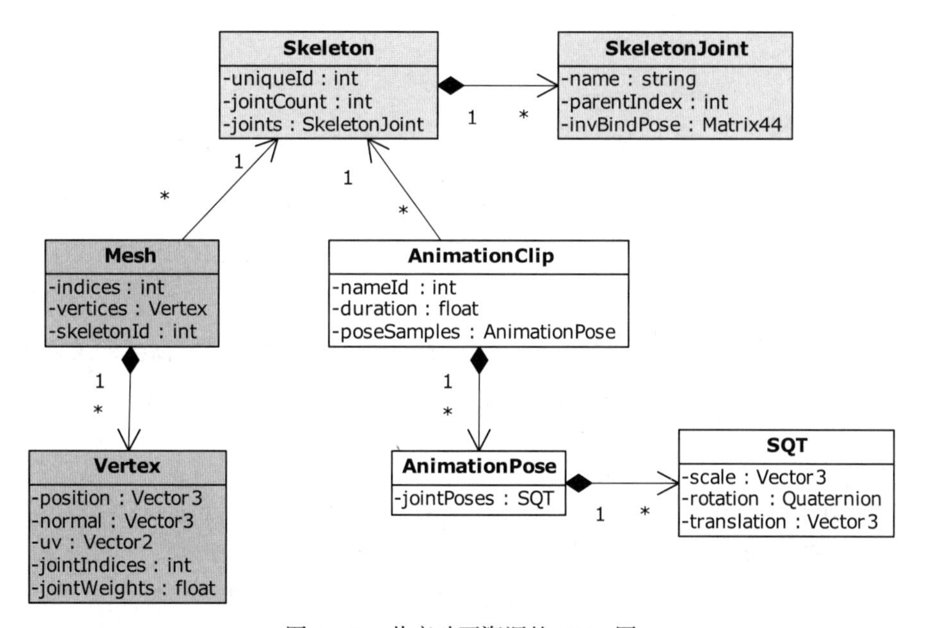

图 11.45 共享动画资源的 UML 图

游戏设计师通常会尽量令骨骼数目减至最少，因为每个新骨骼通常需要一组全新的动画片段。为了令游戏看起来有许多不同类型角色的错觉，通常会尽量制作多个绑定至单个骨骼的网格，使所有角色能共享同一组动画。

有赖于近年来出现的高品质实时骨骼重定目标技术，这个问题已经不大。重定目标意味着，为一个骨骼所制作的动画可用于另一个骨骼。若两个骨骼在形态上是相同的，重定目标便归结为简单的关节索引重新映射。但若两个骨骼并不完全匹配，重定目标就变成更复杂的问题。在顽皮狗，动画师定义了一个称为*重定目标姿势*的特别姿势。此姿势用于捕捉来源骨骼与目标骨骼的绑定姿势的本质区别，令运行时重定目标系统能调整来源姿势，以更自然地应用在目标角

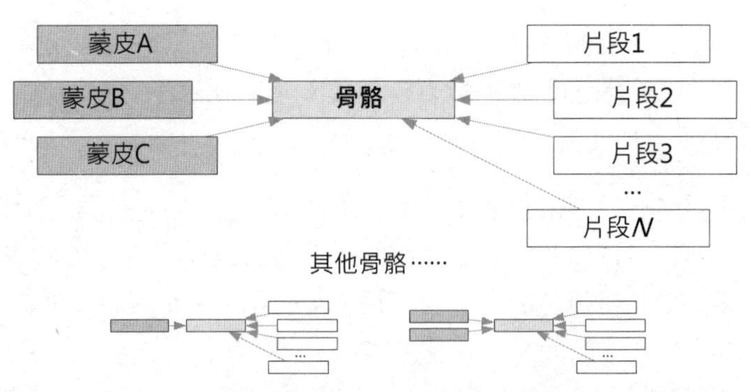

图 11.46 多个动画片段及一个至多个网格都指向单个骨骼

色上。†

11.10.1.2 每实例数据

在大多数游戏中, 每个角色种类的多个实例可在同屏上出现。某个角色种类的每个实例都需要其私有数据结构, 以记录当前播放中的动画片段、片段混合的方式 (如果有超过一个片段), 以及其当前的骨骼姿势。

现在还没有表示每实例数据的统一方法。然而, 几乎所有动画引擎都会记录以下信息。

- *片段状态*: 每个播放中的片段都需要维护以下信息。
  - *局部时钟*。片段的局部时钟描述了其局部时间线上的一点, 该时间点用于提取当前姿势。在一些游戏引擎中, 局部时钟由全局起始时间所替代。(11.4.3 节含局部时钟及全局时钟的比较。)
  - *播放速率*。片段可以任何速率播放, 此变量在 11.4.2 节中表示为 R。
- *混合规格*: 混合规格描述哪些动画片段正在播放, 以及这些片段是如何混合在一起的。每个片段通过混合权重设置它对最终姿势的影响。主要有两种方式描述片段混合的方式, *统一加权平均法*及*混合树*。当使用树状方式时, 混合树的结构会被视为*共享资源*, 而其中的混合权重则存储为*每实例*状态数据。
- *分部骨骼关节权重*: 若应用分部骨骼混合, 每个节点对最终姿势的影响力会存储为一组*关节权重*。一些动画引擎的关节权重是二元的——关节有影响力或是没有影响力。另一些动画引擎可设置权重为 0(无影响力) 至 1(完全影响)。
- *局部姿势*: 局部姿势通常是一个 SQT 数组的数据结构, 其中每个 SQT 对应一个关节, 存储成相对于父关节的骨骼最终姿势。此数组也可能会用于存储中间姿势, 以作为管道中后期处理阶段的输入及输出。

- *全局姿势*: 全局姿势可以是 SQT、4×4 或 4×3 的数组, 其中每个元素对应一个关节, 存储模型空间或世界空间的最终骨骼姿势。全局姿势可能会用作后期处理的输入。
- *矩阵调色板*: 矩阵调色板是 4×4 或 4×3 矩阵, 其中每个元素对应一个关节, 存储蒙皮矩阵, 供渲染引擎之用。

11.10.2 扁平的加权平均混合表示法

就算是入门级的游戏引擎, 也会支持某种形式的动画混合。这意味着在某一指定时间, 多个动画片段能对角色骨骼的最终姿势产生影响。描述如何混合作用中的片段,最简单的方法之一就是使用*加权平均*。

在此方法中, 每个动画片段会对应一个混合权重, 此权重描述对该片段的角色最终姿势的影响力。引擎维护一个*作用中的* (active) 动画片段的扁平列表 (即非零权重的片段)。要计算骨骼的最终姿势, 我们首先从 N 个作用片段中, 对每个片段在恰当的时间索引上提取姿势。然后, 对于骨骼中的每个关节, 我们简单地对从 N 个作用动画提取到的平移矢量、旋转四元数、缩放因子计算 N 点加权平均数。这就能产生骨骼的最终姿势。

N 个矢量 $\boldsymbol{v}_i$ 的集合的加权平均算式如下:

$$\boldsymbol{v}_{\text{avg}} = \frac{\sum_{i=0}^{N-1} w_i \boldsymbol{v}_i}{\sum_{i=0}^{N-1} w_i}$$

若权重已*归一化*, 即它们之和为 1, 此算式可简化为:

$$\boldsymbol{v}_{\text{avg}} = \sum_{i=0}^{N-1} w_i \boldsymbol{v}_i \qquad (\text{当} \sum_{i=0}^{N-1} w_i = 1)$$

在 $N = 2$ 的情况下, 若我们设 $w_1 = \beta$ 及 $w_0 = (1 - \beta)$, 加权平均便会变成熟悉的对两矢量的线性插值 (LERP):

$$\begin{aligned}
\boldsymbol{v}_{\text{avg}} &= w_0 \boldsymbol{v}_A + w_1 \boldsymbol{v}_B \\
&= (1 - \beta)\boldsymbol{v}_A + \beta \boldsymbol{v}_B \\
&= \text{LERP}\ (\boldsymbol{v}_A, \boldsymbol{v}_B, \beta)
\end{aligned}$$

我们可以简单地把相同的加权平均公式应用至四元数, 只要视四元数为含 4 个分量的矢量即可。

11.10.2.1 例子: OGRE

OGRE 的动画系统完全以这种方式运作。Ogre::Entity 代表某三维网格的一个实例 (例如游戏世界中的某个步行中的角色)。此 Entity 聚集一个 Ogre::AnimationStateSet, 而 AnimationStateSet 又维护一组 Ogre::AnimationState, 其中每个 AnimationState 对象对应一个作用中的动画。以下是 Ogre::AnimationState 的代码片段 (为清楚起见, 已剔除了一些不相关的细节):

```
/** 表示动画片段的状态,以及该片段对角色整体姿势的影响权重
*/
class AnimationState
{
protected:
    String      mAnimationName; // 片段的引用
    Real        mTimePos;       // 局部时间位置
    Real        mWeight;        // 混合权重
    bool        mEnabled;       // 本动画是否播放中
    bool        mLoop;          // 应否循环播放

public:
    /// 取得本动画的名字
    const String& getAnimationName() const;

    /// 取得本动画的(局部)时间位置
    Real getTimePosition() const;

    /// 设置动画的(局部)时间位置
    void setTimePosition(Real timePos);

    /// 取得本动画的权重(影响力)
    Real getWeight() const;

    /// 设置本动画的权重(影响力)
    void setWeight(Real weight);

    /// 修改时间位置,调整动画长度。若启用循环,此方法会引致循环
    void addTime(Real offset);
```

```
    /// 若动画到达局部时间线的终点,并且不循环,传回true
    bool hasEnded() const;

    /// 传回启动状态
    bool getEnabled() const;

    /// 设置启动状态
    void setEnabled(bool enabled);

    /// 取得动画应否循环播放的状态
    bool getLoop() const;

    /// 设置动画应否循环播放的状态
    void setLoop(bool loop);
};
```

每个 AnimationState 记录了动画片段的局部时间及其混合权重。当为某 Ogre::Entity 计算骨骼最终姿势时, OGRE 动画系统简单地遍历其 AnimationStateSet 中的每个作用 AnimationState。对于每个状态, 它会按照该状态的局部时间所计算出来的时间索引, 从该状态对应的动画片段中提取骨骼姿势。最后, 对于骨骼中的每个关节, 动画系统为其平移矢量、旋转四元数、缩放因子计算 N 点加权平均, 以产生最终骨骼姿势。

OGRE 及播放速率 有趣的是, OGRE 并无播放速率 (R) 的概念。若它有此概念, 我们应该能在 Ogre::AnimationState 看见像这样的数据成员:

```
Real    mPlaybackRate;
```

当然, 我们仍然可以简单地把传入 addTime() 函数的时间进行缩放, 令动画片段播放得更快或更慢。但遗憾的是, OGRE 没有直接支持动画时间缩放的功能。

11.10.2.2 例子: Granny

Rad Game Tools 的 Granny 动画系统[1]提供了一个扁平的加权平均动画混合系统, 该系统与 OGRE 的相似。Granny 允许在同一角色身上同时播放任意数目的动画。每个作用动画的状态由 granny_control 数据结构所维护。Granny 计算加权平均来产生最终姿势, 并会自动地令所有作用片段的权重归一化。在此意义上, Granny 的架构简直和 OGRE 的动画系统一模一

1 http://www.radgametools.com/granny.html

样。然而, Granny 的突出之处在于其处理时间的方式。Granny 采用 11.4.3 节所述的全局时间方式, 此方式可以令每个片段循环任意次数, 或无限循环。片段也可以在时间上缩放, 负数的时间缩放因子可以令动画倒转播放。

11.10.3 混合树

有些动画引擎并不是以扁平加权平均描述混合方式的, 而是采用混合操作树, 我们将会探讨其中的原因。动画混合树 (animation blend tree) 是编译理论中的表达式树 (expression tree) 或语法树 (syntax tree) 的例子。该树的内节点是运算符, 而叶节点则是那些运算符的输入。(更正确的说法是, 内节点表示文法的非终止符, 而叶节点则表示终止符。) 在以下几个小节中, 我们会重温 11.6.3 节及 11.6.5 节提及的多种动画混合方式, 并看看这些混合方式是怎样表示为表达式树的。

11.10.3.1 二元 LERP 混合

如 11.6.1 节所述, 二元线性插值 (LERP) 混合从两个输入姿势混合成一个输出姿势。混合权重 (β) 控制第 2 个输入姿势显示于输出姿势的百分比, 而 $(1-\beta)$ 则是第 1 个姿势的百分比。此混合可以表示为图 11.47 所示的二叉表达式树。

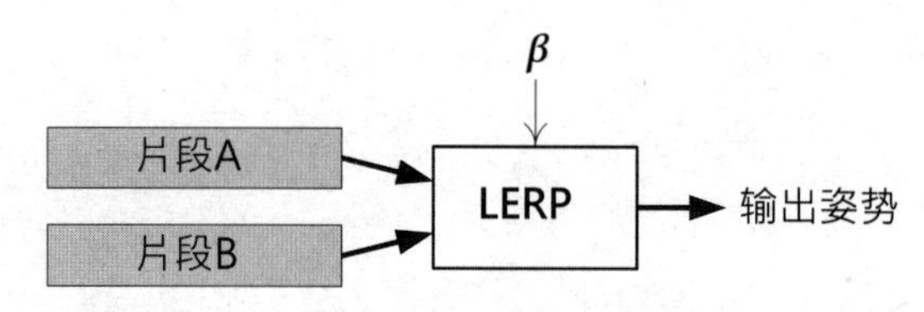

图 11.47 以二元表达式树表示二元 LERP 混合

11.10.3.2 泛化一维 LERP 混合

在 11.6.3.1 节中, 我们了解到泛化一维 LERP 混合可以很方便地混合任意数量的片段, 其中的片段置于一条线性的轴上。混合因子 b 指明在此轴上所需的混合。这种混合可表示为 n 个输入的运算符, 如图 11.48 所示。

给定一个 b 值, 这种线性混合总是可变为一个二元 LERP 混合。我们只需使用最接近 b 的两个片段作为二元混合的输入, 并用算式 (11.15) 计算 β 值。图 11.48 显示了此运算符。

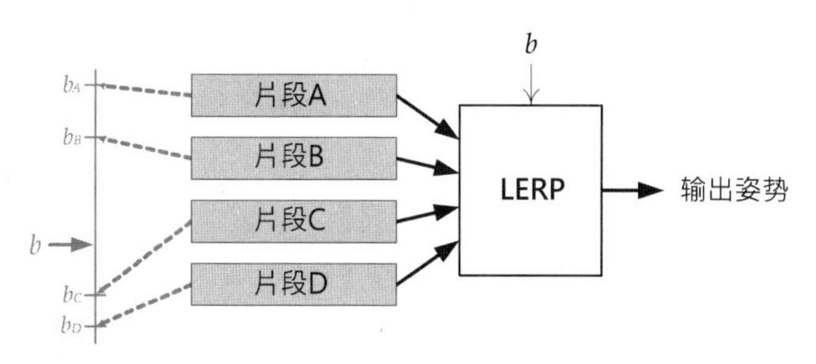

对于b的此特定值，可把上面的树转换为……

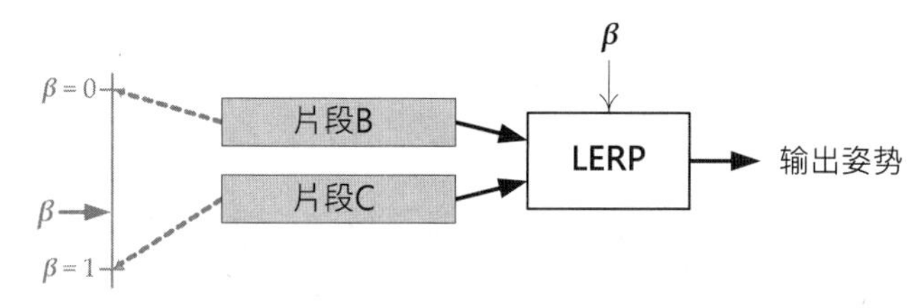

图 11.48 以多个输入的表达式树表示泛化的一维混合。指定一个混合因子 b 之后, 这种树总是可以转换为二元表达式树

11.10.3.3 简单二维 LERP 混合

11.6.3.2 节描述了可通过层叠两个二元 LERP 混合的结果实现二维 LERP 混合。给定一个二维混合点 $\boldsymbol{b} = [b_x \quad b_y]$, 图 11.49 显示了这种混合是如何用树的形式表示的。

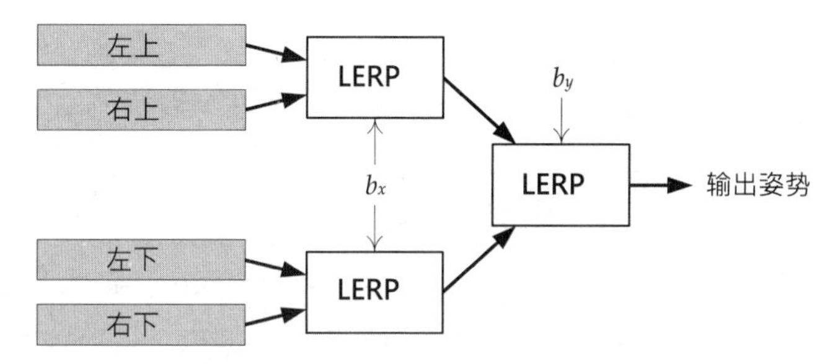

图 11.49 以层叠二元混合实现简单的二维 LERP 混合

11.10.3.4 三角 LERP 混合

11.6.3.3 节介绍了三角 LERP 混合, 该混合使用重心坐标 α、β 及 $1-\alpha-\beta$ 作为混合权重。为了以树的方式表示这种混合, 我们需要三元 (ternary,3 个输入) 表达式树节点, 如图 11.50 所示。

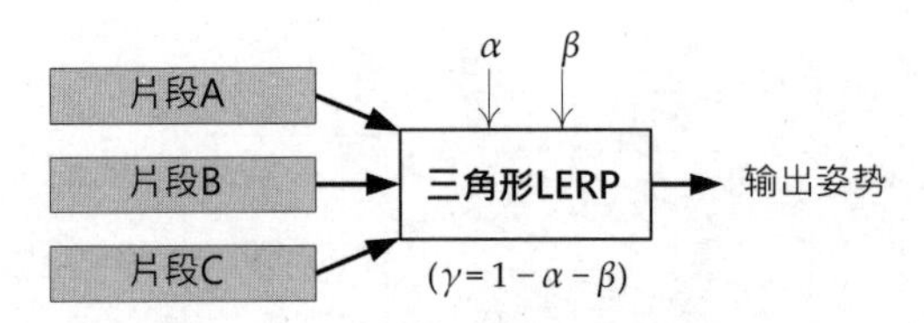

图 11.50 以三元表达式树表示三角 LERP 混合

11.10.3.5 泛化三角 LERP 混合

在 11.6.3.4 节中, 我们介绍了通过在二维平面上的任意位置放置片段来指定泛化三角 LERP 混合。给定平面上的一点 $\boldsymbol{b} = [b_x \quad b_y]$ 就能生成所需的输出姿势。这种混合可表示为含任意输入的树节点, 如图 11.51 所示。

泛化三角 LERP 混合总是可转换成一个三叉树, 其方法是使用 Delaunay 三角剖分找出包含点 $\boldsymbol{b}$ 的三角形。然后, 把该点转换为重心坐标 α、β 及 $1-\alpha-\beta$, 并使用这些坐标作为三元混合节点的混合权重, 三角形顶点对应的 3 个片段则作为节点的输入, 如图 11.51 所示。

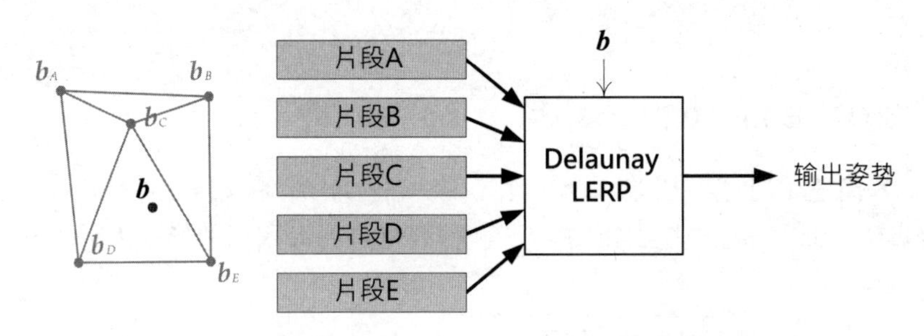

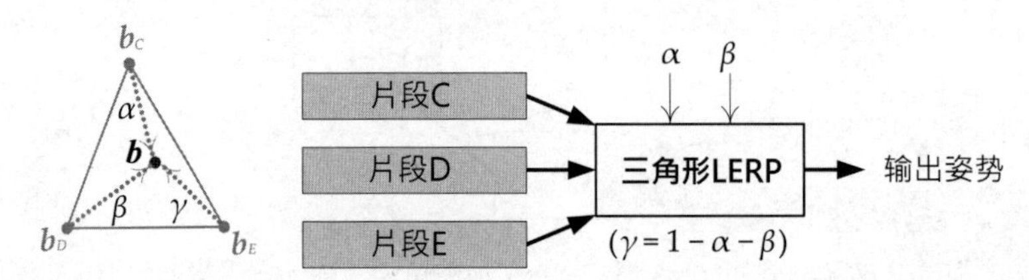

图 11.51 多个输入的表达式树节点可表示泛化二维混合。通过 Delaunay 三角化总是能把这种树转换为三元树

11.10.3.6 加法混合

11.6.5 节描述了加法混合。加法混合是一个二元操作, 因此可表示为图 11.52 所示的二叉树节点。混合权重 β 控制区别动画在输出中的程度——当 $\beta = 0$ 时, 区别片段完全不影响输

出; 当 $\beta = 1$ 时, 区别动画对输出产生最大影响力。

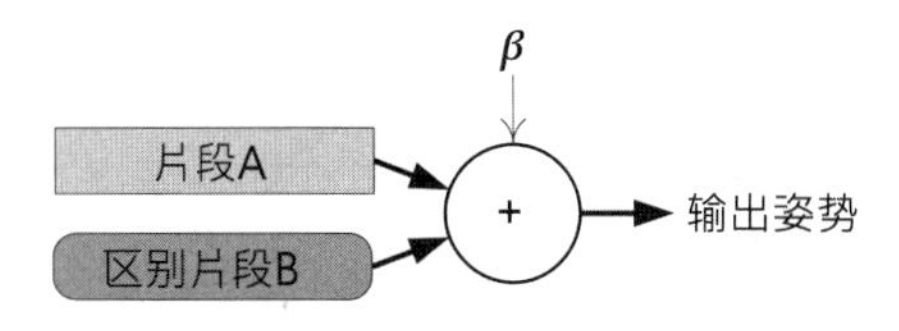

图 11.52 以二元树表示加法混合

必须谨慎处理加法混合节点, 因为其输入是不可互换的 (大部分其他混合种类是可以的)。两个输入之一是正常的骨骼姿势, 而另一个输入则是区别姿势 (也称为加法姿势)。区别姿势只可施于正常姿势, 而加法混合结果是另一个正常姿势。这也意味着, 这种混合节点的加法输入必须为一个叶节点, 而其正常输入可以是叶节点或内节点。若要把多个区别动画施于角色, 那么必须使用层叠式的二叉树, 并把区别动画置于区别动画的输入, 如图 11.53 所示。

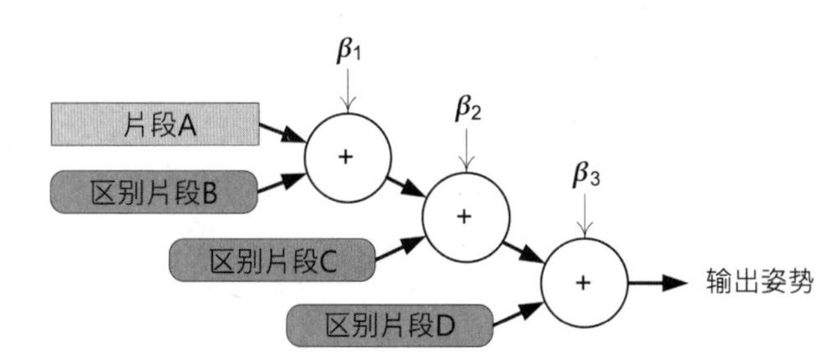

图 11.53 为了将多个区别姿势用加法混合混合至正常 "基础" 姿势, 必须使用层叠式二叉树

11.10.4 淡入/淡出架构

如 11.6.2.2 节所提及的, 动画间的淡入/淡出通常是把之前的动画与之后的动画做线性插值来实现的。淡入/淡出可用两种方式实现, 这取决于你的动画引擎采用扁平加权平均架构, 还是表达式树架构。在本节中, 我们会看到这两种实现。

11.10.4.1 扁平加权平均的淡入/淡出

在采用扁平加权平均架构的动画引擎中, 淡入/淡出是由调整片段权重本身实现的。回想权重 $w_i = 0$ 的片段并不会影响角色的当前姿势, 而非零权重的片段则会一起计算平均产生最终姿势。若我们希望从片段 A 平滑地过渡至片段 B, 只需简单地逐渐提升片段 B 的权重 w_B, 并同时逐渐降低片段 A 的权重 w_A, 如图 11.54 所示。

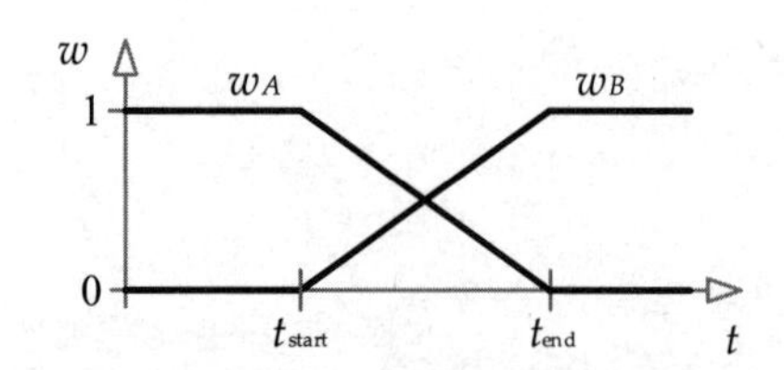

图 11.54 在加权平均动画架构中, 实现片段 A 至片段 B 的淡入/淡出

然而, 当我们需要从一个复杂的混合过渡至另一个复杂的混合时, 采用加权平均架构的淡入/淡出便会有点棘手。例如, 我们希望把角色从步行过渡至跳跃, 假设步行动作是由片段 A、B、C 平均而成的, 而跳跃动作则由 D 及 E 片段平均而成。

我们希望平滑地从步行过渡至跳跃, 而不影响步行及跳跃动作本身的样子。因此在过渡时, 我们要逐渐降低 ABC 的权重, 同时逐渐提升 DE 的权重, 并要保持 ABC 和 DE 内的相对权重维持不变。设淡入/淡出的混合因子为 λ, 要满足此要求, 我们可以简单地按原来的方式同时设置这两组片段的权重, 然后把来源组中的权重乘以 $(1-\lambda)$, 目标组中的权重乘以 λ。

以下看一个实际例子, 以说服我们这是正确的做法。假设从 ABC 过渡至 DE 之前, 非零的权重为 $w_A = 0.2$、$w_B = 0.3$、$w_C = 0.5$。而在过渡之后, 非零的权重为 $w_D = 0.33$、$w_E = 0.66$。因此我们对权重进行设定:

$$\begin{aligned} w_A &= (1-\lambda)(0.2), & w_D &= \lambda(0.33), \\ w_B &= (1-\lambda)(0.3), & w_E &= \lambda(0.66), \\ w_C &= (1-\lambda)(0.5) \end{aligned} \tag{11.20}$$

在以上算式中, 读者应能说服自己以下事项。

1. 当 $\lambda = 0$ 时, 输出姿势是 A、B、C 片段的正确混合, D、E 片段不影响输出。
2. 当 $\lambda = 1$ 时, 输出姿势是 D、E 片段的正确混合, A、B、C 片段不影响输出。
3. 当 $0 < \lambda < 1$ 时, ABC 组及 DE 组内的相对权重仍然正确, 虽然组内权重之和并不是 1。(事实上, ABC 组的权重之和为 $1-\lambda$, DE 组的权重之和为 λ。)

要令这种方法正确运作, 在实现上需要记录片段的逻辑分组 (虽然在底层所有片段仍然是由一个大扁平数组所维护的, 例如 OGRE 中的 `Ogre::AnimationStateSet`)。在以上的例子中, 系统必须“知道”A、B、C 分为一组, D、E 是另一组, 以及我们希望从 ABC 组过渡至 DE 组。这需要在扁平片段状态数组以上, 再维护一些额外的元数据。

11.10.4.2 表达式树的淡入/淡出

在表达式树动画引擎中实现淡入/淡出, 相比加权平均架构更为直观。无论要从一个片段过度至另一个片段, 还是从一个复杂混合过渡至另一混合, 方法都一样: 我们只需在淡入/淡出时, 在混合树的根节点加入一个新的二叉 LERP 节点。

如前文所述, 我们把淡入/淡出节点的混合因子表示为 λ。淡入/淡出混合节点上方的输入为来源树 (可以是一个片段或复杂混合), 下方输入为目标树 (也可以是片段或复杂混合)。在过渡期间,λ 由 0 逐渐提升至 1。当达到 $\lambda = 1$ 时, 过渡便宣告完成, 那个淡入/淡出混合节点以及上方的输入树便可功成身退。剩下的下方输入树变成整个混合树的根节点, 从而结束过渡。图 11.55 展示了此过程。

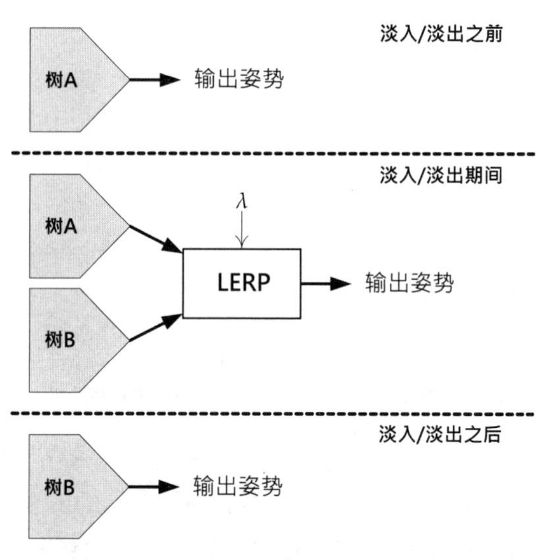

图 11.55 两个任意混合树之间的淡入/淡出

11.10.5 动画管道的优化

优化是动画管道的关键要素。有些管道暴露出它们所有的优化本质细节, 那么就会把正确优化的责任交给调用的代码。另一些管道在方便的 API 之下封装大部分优化细节, 但即使这样, API 还是需要用某种方式设计, 令所需的优化能在背后实现。

动画管道的优化通常和游戏运行的硬件架构相关。例如, 在现在的硬件架构中, 内存存取模式会大大影响代码的效率。必须尽量避免缓存命中失败及 load-hit-store, 以确保代码以最快速度运行。但是在另一些硬件中, 浮点运算可能是瓶颈, 那么代码应该设计成尽量利用 SIMD

矢量运算。每个硬件平台对程序员都有其独特的优化挑战。因此, 有些动画管道 API 是专门针对某平台而设的。另一些管道则尝试提供一个可在不同平台用不同方式优化的 API。以下我们看一些平台优化的例子。

11.10.5.1 PlayStation 3 上的优化

如 7.6.1.2 节所述, PS3 有 6 个称为*协同处理器* (synergistic processing unit, SPU) 的特殊处理器。SPU 执行多数代码时比主 CPU (即*Power 处理器*, Power processing unit, PPU) 更快。每个 SPU 也含 256KiB 的特快*局部存储*内存, 供其独占使用。和 PS2 相似, PS3 也有一个强大的 DMA 控制器, 可以在各处理器执行计算工作的同时, 并行地在主内存和 SPU 内存间传输数据。若要在 PS3 上实现一个理想的动画管道, SPU 处理的数据越多越好, 并且令 PPU 和 SPU 尽量无须闲置地等待 DMA 传输。

PS3 的架构促使我们使用*批次式作业* (batched job) API, 其中游戏的动画混合请求会以作业形式在 SPU 上执行。首先, 每个动画作业的输入数据经由 DMA 控制器从主内存传送至某个 SPU 的局部存储。然后, 作业 (以光速) 在该 SPU 上执行, 并把结果再通过 DMA 操作传输回主内存。当在执行一个作业时, DMA 控制器及其他 SPU 会持续地忙于处理其他动画或非动画任务。这样做能令动画系统最大化 PS3 的硬件使用率。†

11.10.5.2 Xbox 360、Xbox One 及 PlayStation 4 上的优化

Xbox 360、Xbox One 及 PlayStation 4 皆采用异构统一内存架构 (heterogeneous unified memory architecture, hUMA, 详见 7.6.1.3 节), 而非采用专门的内存区域及 DMA 控制器去传输区域间的数据。换句话说, 所有 CPU 核心及 GPU 共享一整块主存。

理论上, hUMA 架构需要一组和 PlayStation 3 完全不同的优化方式, 因而应该会有非常不同的动画 API。然而, Xbox 360、Xbox One 和 PS4 可以作为一个例子, 说明有时候在一个平台上的优化也可对其他平台有所帮助。事实证明, 所有这些平台在缓存命中失败及 load-hit-store 的内存存取模式下会导致严重的性能下降。因此, 所有这些平台最好都能尽量令动画数据在主存中局部化。若动画管道以批次形式处理动画, 并在较小的内存区域内进行运算 (如同 PS3 上的 SPU 局部内存), 那么也会有利于统一内存架构。我们并非总能达到这种平台间的协同效应, 每个平台仍需专门的优化。然而, 若有这种机会, 应该尽量把握。

作为一条经验法则, 我们应该在效能最有限的平台上优化引擎。当这些优化后的代码移植至其他限制较少的平台时, 那些优化很有可能仍然有效, 最坏的情况下也只会对效能有少许反效果。若反过来, 把在最不严格的平台上所优化的代码移植至最严格的平台上, 结果几乎必然

不能产生最严格平台下的最优效能。

11.11 动作状态机

底层管道等价于动画系统中的 Direct3D 或 OpenGL——底层管道很重要, 但直接供游戏代码使用会有所不便。因此, 为方便起见, 在底层管道和游戏角色/其他动画系统客户端之间, 通常会引入一个软件层。此软件层通常会被实现为状态机, 称为*动作状态机* (action state machine) 或*动画状态机* (animation state machine, ASM)。

将 ASM 置于动画管道之上, 它能以直截了当、状态驱动的方式控制游戏中角色的动作。ASM 也负责确保状态间能以平滑、自然的方式过渡。有些动画引擎允许使用多个独立的状态机控制角色不同方面的动作, 例如全身的运动、上半身的姿态、面部动画等。这通常是以状态层的概念实现的。在本节中, 我们会探讨如何架构一个典型的动画状态机。

11.11.1 动画状态

ASM 中的每个状态对应一个任意复杂的动画片段混合。在混合树架构中, 每个状态对应至某个预先定义的混合树。而在扁平加权平均架构中, 一个状态代表一组片段及一组相对权重。由于按照混合树来思考会比较方便及容易表达, 我们在接下来的讨论中会以混合树为例。然而, 只要不涉及加法混合或四元数 SLERP 运算, 我们在此所述的都能用扁平加权平均方式实现。

按游戏设计的需求, 对应到动画状态的混合树可以很简单也可以很复杂 (只要能合乎引擎的内存及效能限制)。例如, 一个 “空闲 (idle)” 的状态可能只对应一个全身动画, 而一个 “跑步中”的状态可能会对应至一个半圆混合, 其中“左走”“前奔”“右走”片段各置于 $-90°$、$0°$、$+90°$ 的位置。而 “跑步中开火” 的状态会包含半圆方向混合, 加上瞄准武器用的加法混合或分部骨骼混合, 再加上额外的混合供角色用眼、头、肩去注视目标。除此以外, 还可加入更多的加法动画, 控制角色走动时的整体姿势、步态、步距, 再加上一些随机的变化可令角色更显 “人性化”。

11.11.1.1 状态及混合树规格

动画师、游戏设计师和程序员通常会一起合作创造游戏里中心角色的动画及控制系统。这些开发者需要一种方式描述角色 ASM 的状态, 编排每个混合树的结构, 并在混合树中选择片段作为输入。虽然状态及混合树可以是硬编码的，但多数现在的游戏引擎会提供数据驱动 (data-driven) 的方式定义动画状态。数据驱动的目标是让用户创建新的动画状态，移除不需要的状态，微调现存的状态，并能相当快地看到修改后的结果。换句话说，数据驱动动画引擎的中心目标是快速迭代 (rapid iteration)。

用户输入动画状态数据的方式有很多种。有些引擎采用简单、基础的方式，把动画状态以简单语法写于文本文件里。另一些引擎提供华丽[1]的图形编辑器，构建动画状态的方式是通过将原子性元件 (如片段及混合节点) 拖曳至画布上，并把它们以任意方式连接在一起。这种编辑器通常可提供角色实况预览，令用户即时看到角色在最终游戏中的样子。笔者认为，具体选用哪种方式对最终游戏的质量只有少许影响，最重要的是使用者能相当容易且快速地修改及看见修改后的结果。

11.11.1.2 自定义混合树的节点类型

我们只需要 4 种原子混合节点类型便可构建任意复杂的混合树。这 4 种节点类型包括片段、二元 LERP 混合、二元加法混合、三元 (三角)LERP 混合。几乎所有可想象到的混合树都可由这几种原子节点构成。

仅由原子节点构成的混合树很快会变得又巨大又笨重。因此为方便起见，许多游戏引擎允许预定义一些自定义的复合节点类型。11.6.3.4 节及 11.10.3.2 节所提及的 N 维线性混合节点是复合节点的例子。我们可以想象无数个复杂的混合节点类型，每个节点都是为解决游戏中某个独特问题而设的。足球游戏可能需要定义一个节点令角色运球。战争游戏可能要定义一个特殊节点处理瞄准武器及开火。格斗游戏可能要为角色每个打击动作定义自定义节点。当能够定义自定义节点类型时，可做之事无可限量。[2]

11.11.1.3 例子：顽皮狗的《神秘海域》/《最后生还者》引擎

顽皮狗的《神秘海域》及《最后生还者》采用一种简单的、基于文本的方式描述动画状态。因顽皮狗有丰厚的 Lisp 语言历史背景，所以顽皮狗引擎使用了一个自制的 Scheme程序语言 (Scheme 本身是一种 Lisp 方言) 描述状态。状态有两种基本类型：简单及复杂。

简单状态 简单状态含一个动画片段。例如：

1 此处原文使用形容词 slick，其有华而不实、花哨的负面意思。作者似乎比较推崇他们的引擎采用的文本方式。——译者注

2 原文为谚语“the sky's the limit”。——译者注

```
(define-state simple
    :name "pirate-b-bump-back"
    :clip "pirate-b-bump-back"
    :flags (anim-state-flag no-adjst-to-ground)
)
```

不要被 Lisp 风格的语法吓跑。这整段代码仅定义了一个名为“pirate-b-bump-back”的状态，其动画片段的名称也是“pirate-b-bump-back”。而 `:flags` 参数允许用户在状态中设定多个布尔选项。

复杂状态 复杂状态含有 LERP 或加法混合所组成的树。例如，以下的状态定义了一棵树，该树含有一个二元 LERP 混合节点，以及两个作为输入的片段（“walk-l-to-r”及“run-l-to-r”）：

```
(define-state complex
    :name "move-l-to-r"
    :tree
        (anim-node-lerp
            (anim-node-clip "walk-l-to-r")
            (anim-node-clip "run-l-to-r")
        )
)
```

代码中的 `:tree` 参数可让用户任意构建混合树，混合树以 LERP、加法混合节点及播放个别片段的节点所构成。

在此我们可以知道上面 `(define-state simple ...)` 的例子背后的真实工作方式，它可能只是定义了一棵复杂混合树，内含一个“片段”节点而已：

```
(define-state complex
    :name "pirate-b-unimog-bump-back"
    :tree (anim-node-clip "pirate-b-unimog-bump-back")
    :flags (anim-state-flag no-adjust-to-ground)
)
```

以下的复杂状态展示了如何把混合节点层叠成任意深度的混合树：

```
(define-state complex
    :name "move-b-to-f"
    :tree
        (anim-node-lerp
```

```
            (anim-node-additive
                (anim-node-additive
                    (anim-node-clip "move-f")
                    (anim-node-clip "move-f-look-lr")
                )
                (anim-node-clip "move-f-look-ud")
            )
            (anim-node-additive
                (anim-node-additive
                    (anim-node-clip "move-b")
                    (anim-node-clip "move-b-look-lr")
                )
                (anim-node-clip "move-b-look-ud")
            )
        )
)
```

此段代码对应图 11.56 中所示的树。

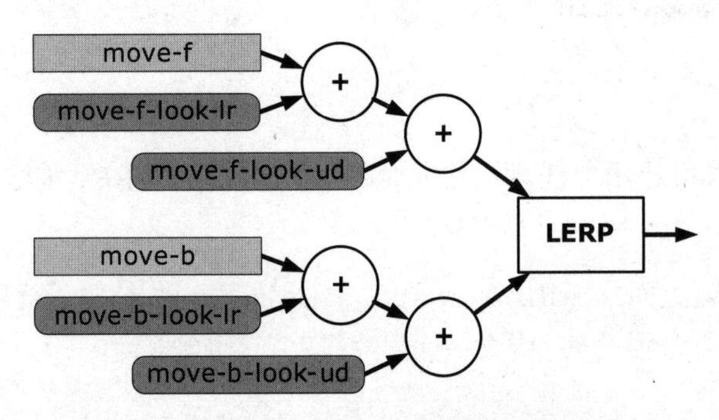

图 11.56 对应 “move-b-to-f” 状态例子的混合树

自定义树语法 感谢 Scheme 的强大宏语言，用户可利用基本片段、LERP 及加法混合节点定义自定义混合树。这样就能定义多个状态，这些状态几乎等同但有不同输入片段或其他变化。例如，上面例子中的 “move-b-to-f” 复杂状态可通过宏来分部定义：

```
(define-syntax look-tree
    (syntax-rules ()
        ((look-tree base-clip look-lr-clip look-ud-clip)
            ;; 这是表达"每当编译器见到(look-tree b lr ud)形式的代码时,
            ;; 用以下代码取代……"
```

```
            (anim-node-additive
                (anim-node-additive
                    (anim-node-clip base-clip)
                    (anim-node-clip look-lr-clip)
                )
                (anim-node-clip look-ud-clip)
            )
        )
    )
)
```

而原来的“move-b-to-f”状态能以这个宏重新定义:

```
(define-state complex
    :name "move-b-to-f"
    :tree
        (anim-node-lerp
            (look-tree "move-f" "move-f-look-lr" "move-f-look-ud")
            (look-tree "move-b" "move-b-look-lr" "move-b-look-ud")
        )
)
```

`(look-tree ...)` 宏可用于定义任意数量的状态, 只要那些状态需要相同的树结构但不同的动画片段输入。状态也可以用各种方式组合“look-tree”。

快速迭代 顽皮狗的游戏通过三个重要工具达到快速迭代。游戏内置的动画观察工具可以通过菜单产生 (spawn) 游戏角色, 并控制其动画。此外, 我们有一个命令行工具, 负责重新编译动画脚本, 并令运行中的游戏重新载入编译结果。调整角色动画时, 只要修改含该动画规格的文本文件, 再重新载入动画状态, 便可在游戏中迅速看到改动后的效果。最后, 顽皮狗还在开发一组“现场更新 (live update)”工具。例如, 动画师现在能在 Maya 中调整动画, 便能几乎即时在游戏中看到更新。

11.11.1.4 例子: 虚幻引擎 4

虚幻引擎 4 (Unreal Engine 4, UE4) 为动画系统提供了一个图形用户界面。如图 11.57 所示, UE4 的动画混合树含有一个 `AnimTree` 根节点。此节点有 3 个输入: 动画 (animation)、变形 (morph), 以及一个称为骨骼控制 (skel control) 的特别节点。动画输入可连接至任意复杂的混合树 (那么姿势就会从右至左流动, 此方向和本书的惯例相反)。而变形输入则是连接驱动角色的基于变形的目标动画，常用于面部动画。最后，骨骼控制输入用于各种后期处理，例如反向动力学。后期处理是在动画树及/或变形树生成姿势后才进行的。

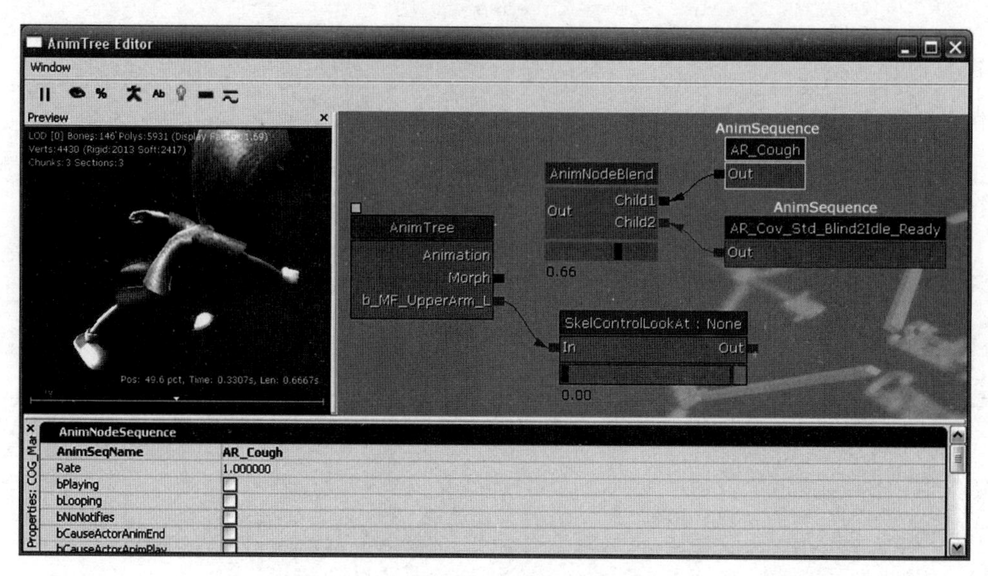

图 11.57 虚幻引擎 4 的图形化动画编辑器

虚幻引擎 4 的动画树 UE4 的动画树本质上就是混合树。每个动画片段 (在 UE4 是称为*序列*, sequence) 由 `AnimSequence` 类型的节点表示。每个序列节点只有一个输出，它可直接连接到 `AnimTree` 的"动画"输入，或其他复杂节点类型。UE4 提供了许多开包即用的混合节点，包括二元混合、四向二维混合 (也称为*按瞄准混合*, blend by aim) 等。UE4 还提供了许多特殊节点，例如用于缩放片段的播放速率 (R)、把动画镜像化 (如把右手动作变为左手动作) 等。

UE4 动画树的自定义能力也非常高。程序员可以创建节点类型实现任意复杂的操作。因此，UE4 的开发者不限于使用简单的二元及三元 LERP 混合。

有趣的是，UE4 所实现的角色动画方式并非明确基于状态的。UE4 让开发者建立一个巨型树，而不是通过定义多个状态，各状态含各自的混合树。UE4 是通过开关树里的不同部分，把角色转换至不同"状态"的。有些游戏团队实现了一个系统，用来动态地更替混合树的一部分，那么便可把巨大的树分拆为更易管理的子树。

虚幻引擎 4 的后期处理树 (骨骼控制) 如前文所述，动画后期处理涉及用程序修改混合树所生成的骨骼姿势。在 UE4 里，骨骼控制 (skel control) 正是为此而设的。要使用骨骼控制，用户首先要为想控制的关节在 `AnimTree` 上创建一个输入，然后建立合适的骨骼控制节点，再

把该节点连接至 `AnimTree` 上的新输入。

UE4 提供了一些开包即用的骨骼控制, 包括脚部反向动力学 (foot IK, 令脚部位置符合地表轮廓)、程序化“注视 (look-at)”(令角色注视空间中的某点), 以及其他反向动力学等。如同动画节点, 程序员可以轻松地创建自定义的骨骼控制, 以满足开发中游戏的个别需求。

11.11.2 过渡

为了制作高质量的角色动画, 我们必须小心处理动作状态机中的状态过渡, 以确保动画连接之处不会出现突兀或粗糙的感觉。多数现在的动画引擎都提供数据驱动的方式指定如何处理过渡。我们以下探讨此机制如何运作。

11.11.2.1 过渡的种类

管理状态之间的过渡有几种不同做法。若我们知道来源状态的最终姿势能完全匹配目标状态的初始姿势, 那么可以简单地从一个状态“跳到”另一个状态。若非如此, 便需要加入淡入/淡出。然而, 淡入/淡出并不总是最佳之选。例如, 我们无法用淡入/淡出从一个躺下状态真实地过渡至站立状态。实现这类过渡时, 通常需要在状态机中引入特殊的*过渡状态* (transitional state)。过渡状态只为把某状态过渡至另一状态而设, 不会作为一个稳定状态的节点。但由于过渡状态本身也是一个含完整功能的状态, 它可以由任意复杂的混合树构成。因此, 为过渡制作自定义动画时, 过渡状态可提供最大的弹性。

11.11.2.2 过渡的参数

描述某两个状态间的过渡, 需要指明多个参数, 以完全控制过渡的过程。这些参数不限于以下所列。

- *来源及目标状态*: 过渡是施于哪对状态的?
- *过渡类型*: 这是一个即时过渡、淡入/淡出过渡, 还是使用过渡状态?
- *持续时间*: 淡入/淡出的过渡需要指明淡入/淡出的持续时间。
- *缓入/缓出曲线类型*: 在淡入/淡出过渡中, 我们希望指明混合因子的变化使用哪一种缓入/缓出曲线类型。
- *过渡窗口* (transition window): 些过渡只能在来源动画的局部时间位于某个窗口内才能进行。例如, 在出拳动画至击中反应动画的过渡中, 只有当出拳动画后半手臂收回的时候才有意义。在动画前半拳头向前出击时, 不允许实施此过渡 (或应选另一过渡)。

11.11.2.3 过渡矩阵

指定各状态之间的过渡, 可能并非容易之事, 因为过渡的潜在数量通常很大。在一个含有 n 个状态的状态机中, 最多可以有 n^2 个过渡。我们可以想象有一个正方形矩阵, 它的行及列都分别列举所有状态。这样的矩阵可用于指定所有可能的过渡, 从任何行的状态过渡至任何列的状态。

在真实的游戏中, *过渡矩阵* (transition matrix) 通常是颇稀疏的 (sparse), 因为并非每个状态都能过渡至所有状态。例如, 死亡状态通常不能过渡至任何其他状态。又例如, 驾驶状态通常不能过渡至游泳状态 (至少要经过一个中间状态令角色跳出车辆)。矩阵中独一无二的过渡数目可能大幅少于合法的过渡数目。因为我们经常可以重复使用过渡规则, 套用于多对状态。

11.11.2.4 实现过渡矩阵

实现过渡矩阵有许多方法。可以用表格 (spreadsheet) 程序, 把所有过渡填写为矩阵式的表格。也可以把过渡写进动作状态的文本文件中。若有图形界面的状态编辑器, 我们可以在那里加入过渡。在以下几个小节中, 我们将浅谈几个真实游戏中的过渡矩阵实现方式。

例子:《荣誉勋章: 血战太平洋》的通配符 在《荣誉勋章: 血战太平洋》(*Medal of Honor: Pacific Assault, MOHPA*) 中, 我们利用过渡矩阵的稀疏性质, 在过渡规则中加入对通配符 (wildcard) 的支持。对于每个过渡规则, 来源及目标状态的名字都可包含作为通配符的星号 (*)。这样, 我们就可以指定一个从任何状态至另一个状态的默认过渡 (通过语法 `from="*" to="*"`), 然后便可以简单地从这个全局默认过渡细分至不同种类的过渡。这个细分过程可以一直进行, 有需要时可为个别状态指定自定义过渡。MOHPA 的过渡矩阵大约是这样的:

```
<transitions>
    <! -- 全局默认过渡 -->
    <trans from="*" to="*" type=frozen duration=0.2>
    ...
    <! -- 任何步行至任何跑步的默认过渡 -->
    <trans from="walk*" to="run*" type=smooth duration=0.15>
    ...
    <! -- 任何俯卧至任何起身动作的专门处理
      --(仅在局部时间线上的2s至7.5s有效)-->
    <trans from="*prone" to="*get-up" type=smooth duration=0.1
        window-start=2.0 window-end=7.5>
    ...
```

```
    <! --  蹲下步行至跳跃的特殊情况 -->
    <trans from="walk-crouch" to="jump" type=frozen duration=0.3>
    ...
</transitions>
```

例子: 神秘海域引擎的第一类过渡 在一些动画引擎中, 高层游戏代码以明确指定目标状态的方式, 从当前状态过渡至目标状态。此方法的问题在于, 调用方代码必须知道在某个状态之下哪些是合法目标状态的名字。

在顽皮狗的神秘海域引擎中, 我们通过把过渡从第二级的实现细节变为第一类实体来克服这个问题。每个状态提供能合法过渡的目标状态列表, 并给予每个过渡唯一的名字。我们把过渡的名字标准化, 以便能预计每个过渡的效果。例如, 若有一个名为"步行"的过渡, 无论当前状态是什么, 此过渡总是能把当前的状态转换至某个步行状态。每当高层的动画控制代码希望由状态 A 过渡至状态 B 时, 它需要使用过渡的名字 (而非明确指定目标状态)。若能找到该过渡, 并且该过渡是合法的就会采用; 否则, 过渡请求失败。

以下的例子中定义了 4 个过渡, 名字分别为 reload (装弹)、step-left (向左踏步) 、step-right (向右踏步) 及 fire (开火)。其中, `(transition-group …)` 命令调用之前已定义的过渡, 当多个状态要使用同一组过渡时就很有用。`(transition-end …)` 命令用于指定最终过渡, 若状态的局部时间线到达终点前没执行其他过渡, 就会自动使用最终过渡。

```
(define-state complex
    :name "s_turret-idle"
    :tree (aim-tree (anim-node-clip "turret-aim=all--base")
                    "turret-aim-all--left-right"
                    "turret-aim-all--up-down")
    :transitions (
        (transition "reload" "s_turret-reload"
            (range - -) :fade-time 0.2)

        (transition "step-left" "s_turret-step-left"
            (range - -) :fade-time 0.2)

        (transition "step-right" "s_turret-step-right"
            (range - -) :fade-time 0.2)

        (transition "fire" "s_turret-fire"
            (range - -) :fade-time 0.1)
```

```
        (transition-group "combat-gunout-idle^move")

        (transition-end "s_turret-idle")
    )
)
```

此方式的优美之处可能并非一眼就能看得出来。其主要目的在于, 以数据驱动方式修改过渡和状态, 在许多情况下无须修改 C++ 源代码。这种弹性程度来自分隔开动画控制代码和状态图的结构。例如, 假设有 10 个步行状态 (正常的、受惊的、蹲下的、受伤的等)。所有这些状态都可以过渡至跳跃状态, 但不同的步行需要不同的跳跃 (例如正常跳跃、受惊的跳跃、从蹲下起跳、受伤的跳跃等)。在这 10 个步行状态中, 我们都简单定义一个名为"跳跃"的过渡。最初, 把这些过渡都指向一个通用的"跳跃"状态, 仅仅用来令游戏可以运行。然后, 我们微调部分状态, 令它们过渡至自定义的跳跃状态。我们甚至能在某些"步行"及对应的"跳跃"状态之间加入过渡状态。可以改动这些状态图的结构及过渡参数, 只要过渡的*名字*没改便不会影响 C++ 源代码。

11.11.3 状态层

多数生物可以利用它们的身体在同一时间做多件事情。例如, 人类在使用下半身走路时, 可以控制肩、头及眼观看某东西, 并同时用手和手臂做手势。身体不同部位的动作通常并不完全同步, 某些身体部位常常会"引领"其他部位的动作 (例如, 头部引领转身时, 肩部、髋部、脚部按序跟随)。在传统动画中, 此知名技巧称为*预备动作* (anticipation)[46]。

这种动作好像和基于状态机的动画不太协调。毕竟, 我们在某时刻只能设置一个状态。那么怎样能够独立地操控身体的不同部位呢? 此问题的解决方案之一就是, 引入*状态层* (state layer) 的概念。每个状态层在某一刻只能有一个状态, 但不同状态层之间在时间上是独立的。最终骨骼姿势的计算方法是, 对 n 个层各自的混合树取值, 产生 n 个骨骼姿势, 再用预先设定的方法把这些姿势混合在一起, 如图 11.58 所示。

顽皮狗引擎使用分层状态架构。这些层形成一个堆栈, 其中底层 (也称为*基层*, base layer) 总是产生全身的骨骼姿势, 而其上的层可以产生全身、分部骨骼或加法姿势。该引擎支持两种层: LERP 层和加法层。LERP 层把其输出与下层所产生的姿势以 LERP 混合。加法层则假设其输出混合必然是一个区别姿势, 并使用加法混合和下层的输出合并。此架构的最终效果是, 分层状态机把多个时间上独立的混合树 (每层一个) 转换为单个统一的混合树, 如图 11.59 所示。

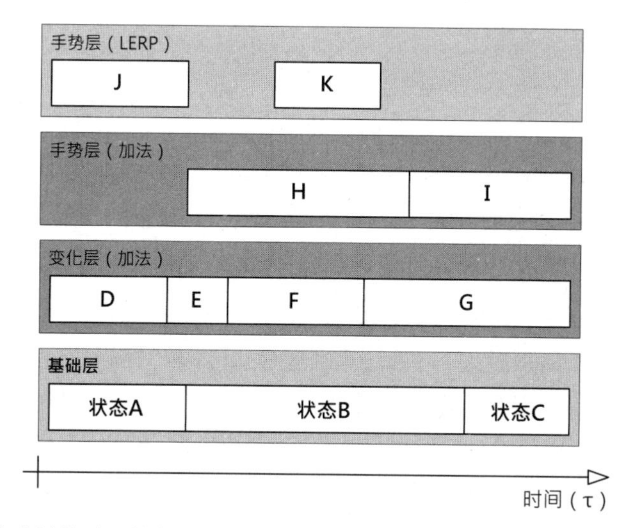

图 11.58 含有层的动画状态机，展示了每层的状态过渡如何可以在时间线上互相独立

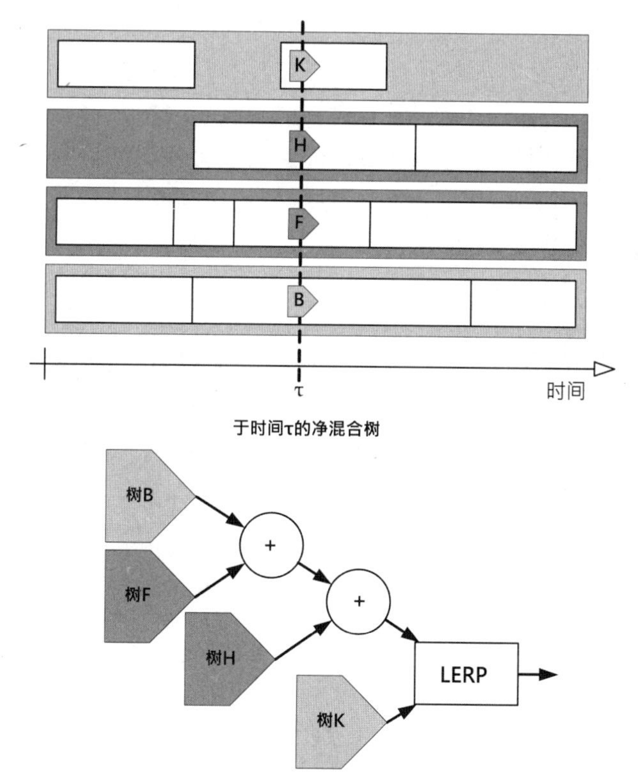

图 11.59 含有层的动画状态机，可以把多个状态的混合树转换为单个统一的混合树

11.11.4 控制参数

把所有混合权重、播放速率, 以及复杂动画角色的其他控制参数和谐地结合在一起, 从软件工程的角度来说是一件富有挑战性的事情。不同的混合权重对角色动画有不同的影响。例如, 某权重可能控制角色的移动方向, 而另一些权重则控制移动速率、水平/垂直武器瞄准、头/眼注视方向等。我们需要某种方式把这些混合权重显露给代码, 以供代码操控。

在扁平加权平均架构中, 我们有一个扁平列表, 内含所有能播放于角色的动画。每个片段状态都有一个混合权重、播放速率, 可能还有其他控制参数。控制角色的代码必须使用名字取得某个片段, 然后再适当地调整其混合权重。这种方式令程序接口变得很简单, 然而, 它会把大部分控制混合权重的责任转移给角色控制系统。例如, 要调整角色正在跑步的方向, 角色控制代码必须知道"跑"这个动作是如何由一组动画片段组成的, 这些片段可能称为"左移""向前跑""右移""向后跑"。那段代码必须用名字查找这些片段, 并手工控制这 4 个混合权重来实现某个角度的跑步动画。不用多说, 用这么细粒度的方式控制动画参数, 不但繁重乏味, 还会导致难以理解的源代码。

混合树架构会产生另一些问题。多亏其树结构, 片段可自然地组成功能单位。自定义的树节点可以封装复杂的角色动作。这些方面都是优于扁平加权平均方式的。然而, 这些控制参数深埋在树之内。代码若要控制头和眼的水平注视方向, 必须要有混合树的先验 (a priori) 知识, 才可以在树中找到合适的节点并控制其参数。

不同的动画引擎对此有不同的解决方法。以下是一些例子。

- *节点搜寻*: 有些引擎提供搜寻混合节点的方法, 供高层代码使用。例如, 给予树中相关节点特别的名字, 如名为"HorizAim"的节点是用于控制水平瞄准的。控制代码可简单地在树中搜寻特定名字, 若能找到, 那么我们便能知道调整其参数的效用。
- *命名变量*: 有些引擎可以为个别控制参数命名。控制代码便可以用名字查找控制参数并调整其值。
- *控制结构*: 另一些引擎使用简单的数据结构, 例如浮点数数组或 C `struct`, 以存储整个角色的控制参数。混合树中的节点连接至某些控制参数, 连接方式可以用硬编码使用 `struct` 的成员, 或是用名字或索引查找参数。

当然, 还有许多其他不同的解决方案。每个动画引擎解决问题的方式都有些微差异, 但总体效果基本是一样的。

11.11.5 约束

我们已经知道动作状态机如何用于指定复杂混合树，以及过渡矩阵如何控制状态之间的过渡方式。角色动画控制的另一重要方面在于，以多种方式约束角色及/或物体的移动。例如，我们可能要令武器总是要被约束至携带者的手中。又例如，我们希望两个角色握手时，两只手被约束在一起。另外，角色的脚部通常会被约束至和地面贴齐，而手部则会被约束对齐至梯子的横档上或车辆的方向盘上。本节会简介在一般动画系统中如何处理这些约束 (constraint)。

11.11.5.1 依附

几乎现在所有的游戏引擎都支持把物体依附至另一物体之上。在其最简单的模式中，物体对物体的依附 (attachment) 涉及约束物体 A 骨骼的某关节 J_A 的位置及/或定向，使其与物体 B 骨骼的某关节 J_B 重叠。依附通常是一种父子关系，当父骨骼移动时，子物体应调整以满足约束，如图 11.60 所示。

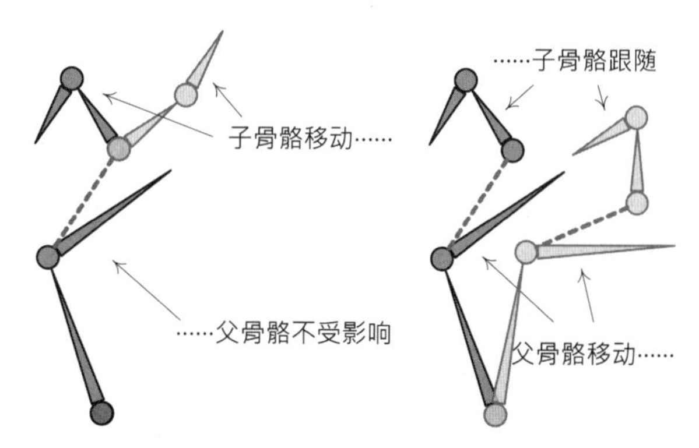

图 11.60 一个父骨骼依附一个子骨骼。展示了父骨骼的移动如何自动地产生子骨骼的移动，但反之则不然

有时候，在父关节和子关节之间加入一个*偏移* (offset)，可能会很方便。例如，当要把一支枪放在角色手上时，我们可以把枪的“把手 (grip)”关节与角色的“右腕”重叠。然而这样不一定能对齐手和枪的位置。此问题的解决方法之一是，可以在角色骨骼中在“右腕”下加入一个“右手握枪”关节，再调整此关节位置使之与枪的“把手”关节重合，令角色很自然地握着枪。然而，此解决方法会增加骨骼的关节数目。每个关节在动画混合及矩阵调色板计算中有处理成本，在存储动画键时也有内存成本。因此，增加新关节有时候并不一定是可行的选择。

我们知道新增用于依附的关节并不影响角色的姿势，它仅仅为依附中的父子关节间加入额外的变换。因此我们真正需要做的，就是为一些关节打标记，使动画混合管道忽略它们，但却能用于依附之用。这种特殊的关节有时候被称为*依附点* (attach point)。图 11.61 展示了这种关节。

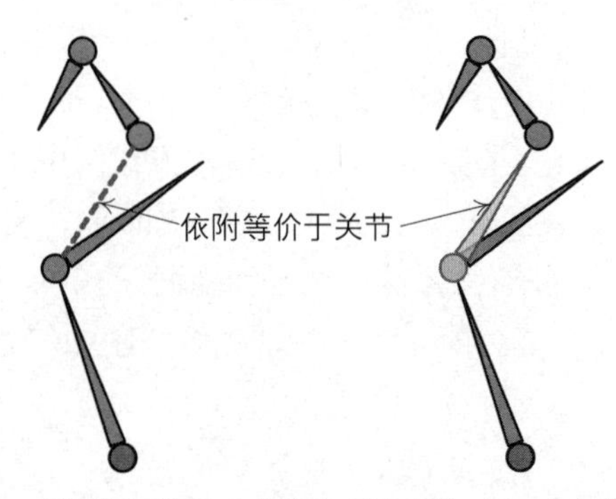

图 11.61 依附点等同于在父与子之间加入一个额外的关节

在 Maya 中可以把依附点当作一般关节或定位器 (locator) 般建模, 然而多数游戏引擎能更方便地定义依附点。例如, 依附点可以在动作状态机中被指定, 或是在动画制作工具中的自定义 GUI 里被指定。那么动画师就能专注于影响角色外观的关节, 而其他需要控制依附点的组员 (如游戏设计师及工程师) 则可以方便地控制依附设置。

11.11.5.2 跨物体对准

游戏的角色和环境之间的互动越来越复杂及细致。因此, 我们必须要有一个系统可以令动画中的物体对齐至另一物体。这种系统可用于游戏内置电影及互动游戏性元素。

想象一个动画师在 Maya 或其他动画制作工具中设置了两个角色和一道门。两个角色握手后, 其中一个角色打开门, 然后两个角色走过那道门。动画师必须确保这 3 个场景中的参与者能完美地对齐。然而, 这些动画导出后会变成 3 个独立的动画片段, 要分别施于游戏世界中 3 个独立的演员 (actor)。在动画开始之前, 两个角色可能由 AI 或玩家所操控。那么我们怎样才能令 3 个演员在播放 3 个片段时完美地对齐呢?

参考定位器 良好的解决方法之一, 就是为 3 个动画片段加入一个共同的参考点。在 Maya 中, 动画师可以在场景中放置一个定位器 (locator, 其实仅为一个三维变换, 像骨骼关节一样), 放置地点随意, 觉得方便即可。其位置与定向其实无所谓, 这一点在后面的介绍中就能明白。定位器会被加上标签, 以告诉导出器该定位器要被特别处理。

当导出 3 个动画片段时, 导出工具会存储参考定位器的位置及定向, 这些位置及定向表示为相对于每个演员的局部物体空间, 并存储至所有 3 个片段数据文件中。之后, 当要在游戏中播放此 3 个片段时, 动画引擎能查找到 3 个片段中相对于参考定位器的位置和定向。动画引擎可以变换 3 个物体的原点, 令 3 个参考定位器在世界空间重合。参考定位器的作用如同依

附点 (见 11.11.5.1 节), 而实际上它们可实现为同一功能。实际结果就是所有 3 个演员互相对齐, 完全与原始在 Maya 场景中对齐时一样。

图 11.62 展示了例子中的门和两个角色如何在 Maya 场景中进行设置。在图 11.63 中, 把参考定位器置于每个片段之中 (表示为演员的局部空间)。在游戏中, 这些局部空间的参考定位器与世界空间的固定定位器对齐, 从而重新把演员对齐, 如图 11.64 所示。

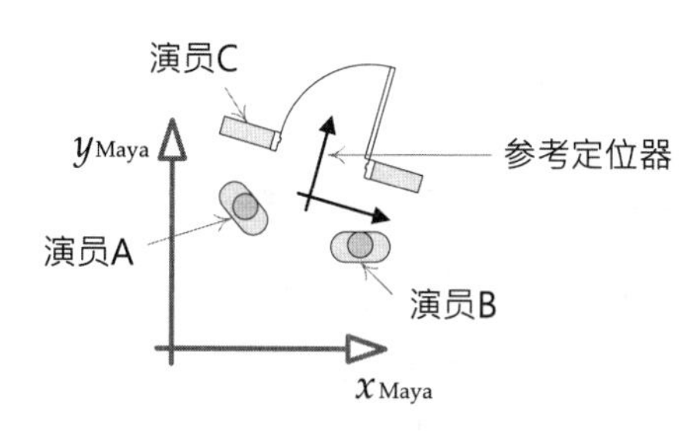

图 11.62 原始的 Maya 场景包含 3 个演员和 1 个参考定位器

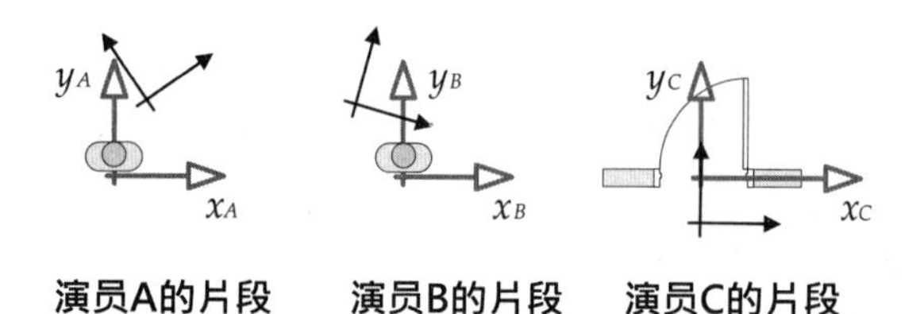

图 11.63 把参考定位器置于每个演员的片段之中

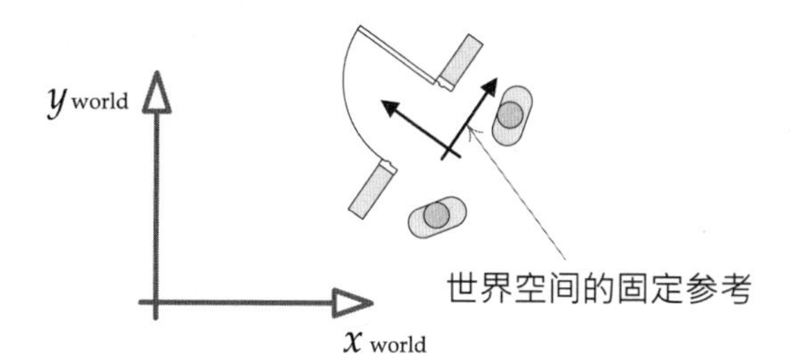

图 11.64 在运行时, 这些局部空间的参考定位器与世界空间的定位器对齐, 从而重新把演员对齐

求出世界空间的参考定位器 以上我们忽略了一个重要细节——谁决定参考定位器的世界空间位置和定向? 每个动画片段都提供其演员空间的参考定位器变换。但我们需要以某种方式定义该参考定位器应怎样置于世界空间中。

在我们的例子中, 其中一个演员是固定于世界中 (那道门) 的。因此, 一个可行的方案是从

那道门求出参考定位器的世界空间位置和定向，并令两个角色与其对齐。此过程所需的命令大概如以下的伪代码:

```
void playShakingHandsDoorSequence(
    Actor& door,
    Actor& characterA,
    Actor& characterB)
{
    // 从该门的动画，取得其参考定位器的世界空间变换
    Transform refLoc = GetReferenceLocatorWs(door,
        "shake-hands-door");

    // 就地播放门的动画(它本身已位于世界中正确的位置)
    PlayAnimation("shake-hands-door", door);

    // 采用相对于从门取得的参考定位器，播放两个角色的动画
    PlayAnimationRelativeToReference(
        "shake-hands-character-a", characterA, refLoc);

    PlayAnimationRelativeToReference(
        "shake-hands-character-b", characterB, refLoc);
}
```

另一个选择是独立于场景中的 3 个演员定义参考定位器的世界空间变换。例如，我们可以用世界编辑工具把参考定位器放置在场景中。那么在此情况下，以上的伪代码可改成这样:

```
void playShakingHandsDoorSequence(
    Actor& door,
    Actor& characterA,
    Actor& characterB,
    Actor& refLocatorActor)
{
    // 简单地查询一个独立演员的变换，来取得参考定位器的世界空间变换
    // (假设该独立演员是被手工置于世界之中的)
    Transform refLoc = GetActorTransformWs(refLocatorActor);

    // 采用相对于世界空间的参考定位器，播放3个角色的动画
    PlayAnimationRelativeToReference(
```

```
        "shake-hands-door", door, refLoc);

    PlayAnimationRelativeToReference(
        "shake-hands-character-a", characterA, refLoc);

    PlayAnimationRelativeToReference(
        "shake-hands-character-b", characterB, refLoc);
}
```

11.11.5.3 抓取及手部 IK

就算经过依附连接两个物体后，有时候我们也会发现对齐在游戏中可能仍然显得不太正确。例如，某角色右手可能拿着步枪，并让左手扶着枪托。当角色用武器瞄准不同方向时，我们可能会发现在某些瞄准角度，左手不再完全与枪托对齐。这种关节不对齐情况由 LERP 混合而生。就算问题关节在片段 A 和片段 B 中完全对齐，A 和 B 的 LERP 混合也不能保证这些关节仍然对齐。

此问题的解决办法之一是，使用*逆运动学* (inverse kinematics, IK) 修正左手的位置。其基本方式是指定关节的目标位置，然后把 IK 施于由该关节起往上的一小串关节链 (通常是 2~4 个关节)。需要修正的关节称为*末端受动器* (end effector)。IK 求解程序会调整末端受动器的 (多个) 父关节的定向，令末端受动器尽量接近目标。

IK 系统的 API 通常是对某个关节链开关 IK，再指定目标点。IK 通常是在底层动画管道中计算的，这种设计令 IK 计算可以在合适的时机执行——在计算中间局部及全局骨骼姿势之后，但在计算最终矩阵调色板之前。

有些动画引擎允许预先定义 IK 链。例如，我们可以为左臂、右臂、左腿、右腿各定义一个 IK 链。假设在我们的例子中，一串 IK 链是由其末端受动关节的名字定义的。(其他引擎可能使用索引，或句柄，或其他标识符，但概念是一样的。) 那么开启 IK 计算的函数可能是这样的:

```
void enableIkChain(
    Actor& actor,
    const char* endEffectorJointName,
    const Vector3& targetLocationWs);
```

而关闭 IK 计算的函数可能是这样的:

```
void disableIkChain(
```

```
    Actor& actor,
    const char* endEffectorJointName);
```

IK 通常相对较少开关，但世界空间的目标位置必须每秒更新 (若目标正在移动)。因此，底层动画管道必须提供更新作用中 IK 目标点的机制。例如，管道可能会允许多次调用 enableIkChain()。第一次调用时，会开启 IK 并设置目标点，而之后的调用只更新目标点。另一个让 IK 目标保持更新的方法，是把它们连接至游戏中的动态对象。例如，IK 目标可能是一个刚体游戏对象的句柄，或是一个动画对象的某个关节。

IK 适合用于关节和目标本身已相当接近，仅对关节对齐做出细微修正。若关节的实际位置和目标位置相距甚远，IK 的表现就会不理想。还需要注意，多数 IK 算法只求关节的位置，读者可能需要编写额外的代码保证末端受动关节的定向也与目标对齐。IK 不是万能药，也可能有显著的效能消耗，所以要平衡利弊，明智使用。

11.11.5.4 动作提取及脚部 IK

在游戏中，我们经常希望角色的走路动画能显得真实并“脚踏实地”。走路动画是否显得真实，最大的因素在于脚部是否在地上滑动。*滑步* (foot sliding) 有多种解决方法，最常见的是*动作提取及脚部 IK*。

动作提取 首先我们想象如何做角色向前直线步行的动画。在 Maya(或其他动画工具) 中，动画师首先令角色左脚向前踏出完整一步，然后右脚向前迈步。这样的动画称为*运动周期* (locomotion cycle)，因为它设计做循环之用。动画师必须小心确保角色的脚显得与地面接触，并且不会在移动时滑步。角色在首帧的初始位置移动至周期末的新位置。图 11.65 展示了此周期。

注意在整个步行周期中，角色的局部空间原点维持不动。其效果是角色随着向前步行“远离背后的原点”。那么我们想象把这一动画循环播放，会见到角色向前步行一个完整周期后，跳回角色在动画中第 1 帧的位置。显然这在游戏中是不行的。

要正确播放，需要消除角色向前的移动，令角色的局部空间原点一直维持大约于角色重心之下。实现此方法可简单地把角色骨骼根节点的向前平移全设成 0。那么得出的动画片段就有如角色在“月球漫步 (moonwalk)”，见图 11.66 所示。

要令角色的脚如在原始 Maya 场景中紧贴地面，我们需要令角色每帧向前移动合适的距离。可以计算角色在一个周期中移动的总距离，把它除以周期的总时间，就能得出平均移动速率。但角色步行时向前的移动速率并非常数。这一情况在角色蹒跚而行时特别明显 (角色受伤的脚向前急速移动，而“好”的那只脚则接着缓慢移动)，但所有自然的步行周期都是如此。

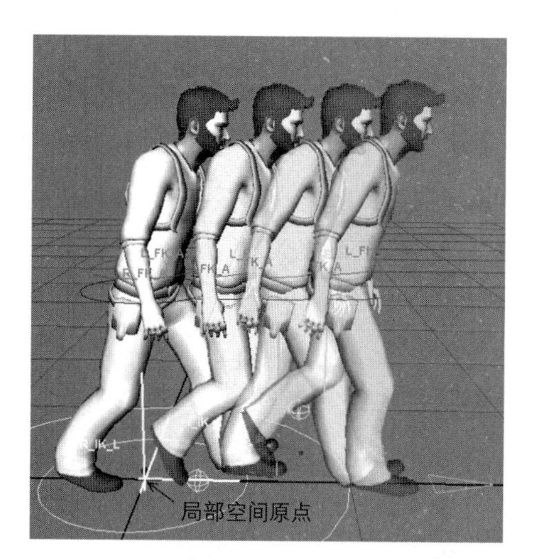

图 11.65 在动画制作软件中,角色在空间中往前移动,显得"脚踏实地"。图片由顽皮狗提供。《神秘海域:德雷克船长的宝藏》©2007/TM SCEA,由顽皮狗创作及开发

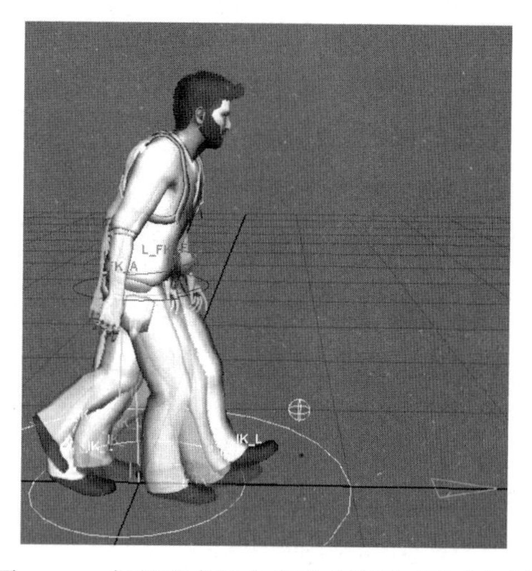

图 11.66 把根节点的向前移动清零后的步行周期。图片由顽皮狗提供。《神秘海域:德雷克船长的宝藏》©2007/TM SCEA,由顽皮狗创作及开发

因此,在把根关节的向前移动设为 0 之前,我们预先把动画数据存储为一个特别的提取动作 (extracted motion) 通道。此数据能在游戏中用于把角色的局部空间原点向前移动,移动幅度完全按照 Maya 中每帧根节点的移动。结果就是角色向前步行得和制作时一样,令动画正确地循环,但现在他的局部空间原点随步行而移动,如图 11.67 所示。

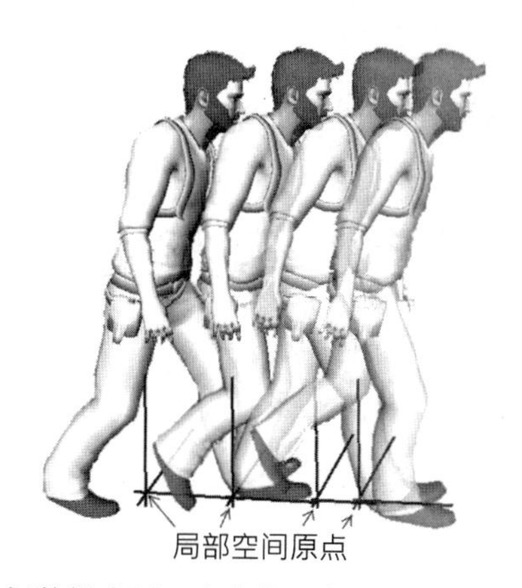

图 11.67 提取根节点移动数据后,把数据应用至角色的局部空间原点,最后得出游戏中的步行周期。图片由顽皮狗提供。《神秘海域:德雷克船长的宝藏》©2007/TM SCEA,由顽皮狗创作及开发

若角色在动画片段中向前步行 4 英尺, 而动画需时 1 秒, 那么我们知道角色的平均移动速率为每秒 4 英尺。要令角色以不同速率步行, 只需简单地缩放步行周期的播放速率。例如, 我们希望角色以每秒 2 英尺速率步行, 可以把播放速率设为一半 ($R = 0.5$)。

脚部 IK 当角色以直线移动 (或更准确地说, 角色以动画师制作的路径而行) 时, 动作提取可以很好地令角色的脚显得贴地。然而, 真实游戏中的角色必须转身, 并以原来手工制作时不同的方式移动 (例如在不平坦的地表移动)。这会产生额外的滑步。

此问题的解决方法之一是使用 IK 修正滑步。其基本理念是分析动画以找出每只脚全部和地面接触的时间区间。在脚部接触地面时, 我们记下其世界空间位置。之后在该脚仍然贴地的帧里, 我们用 IK 去调整腿的姿势, 令脚部依然固定于正确的位置。此技巧骤然听上去好像很容易, 但要令其美观和感觉良好是极具挑战性的。这需要很多迭代及微调。而且有些自然的人类动作, 例如增大跨步以引导转向, 并不能单靠 IK 来实现。

此外, 要权衡好角色动画的美观和角色的操控感, 尤其是玩家操作的角色。通常, 令玩家角色控制系统变得反应灵敏及好玩, 比角色动画美观完美更为重要。结论是, 不要看轻在游戏中加入脚步 IK 或动作提取的工作。要预留足够的时间反复试错, 并要预备有所折中, 确保玩家角色不单要好看, 操控感也要良好。

11.11.5.5 其他类型的约束

还有许多其他类型的约束系统可以加进游戏动画引擎。一些例子如下所示。

- 注视 (look-at): 角色能注视环境中的兴趣点。角色可以仅用眼睛注视, 又或同时用眼和头, 又或加入上半身的扭动。注视约束有时候是以 IK 或程序式关节偏移实现的, 但更自然的观感可用加法混合实现。
- 掩护对准 (cover registration): 角色在掩护时要和掩护物完美地对齐。这通常用上述谈及的参考定位器技术来实现。
- 进入及离开掩护: 当角色使用掩护物时, 我们通常必须使用自定义的进入及离开掩护动画混合。
- 通行协助: 令角色探索上下或周围的障碍物, 或通过障碍物。这样能为游戏添加许多生气。通常的做法是提供自定义动画, 并加入参考定位器对准要克服的障碍物。

11.12 动画控制器

动画管道提供高速的动画姿势设置及混合功能，但对于游戏性代码直接使用其接口通常会太累赘。动作状态机通过使用复杂的混合树描述及数据驱动方式，一般能提供更方便的接口，并能封装成易于理解的逻辑状态。同时，也可以用数据驱动方式定义状态间的过渡，使游戏性代码使用过渡后无须对过渡进行微观管理。[1] ASM 系统也可提供分层机制，使角色的动作由多个并行的状态机所描述。但尽管动作状态机能提供相对方便的接口，有些游戏团队为了方便会引入第三层软件，旨在提供更高层的角色动画控制。这层软件通常会实现为一组名为**动画控制器** (animation controller) 的集合。

控制器趋向管理相对长时间的行为，通常是数秒或以上的级别。每个动画控制器通常负责一种类型的角色的行为，例如，掩护时的行为、从游戏世界中一个地方移动至另一地方、驾驶汽车等。控制器通常要和谐地安排角色各方面动画的相关行为。控制器要调整混合因子控制移动方向、瞄准等，也要管理状态过渡、层的淡入/淡出，以及做其他能令角色表现出所需行为的工作。

基于控制器设计的好处之一就是，所有和某行为类型相关的代码都被置于同一地方。此设计也能令高层游戏性系统 (例如玩家机制及 AI) 编写得更简单，因为所有动画的微观管理细节都要抽取出来并埋于控制器之中。

动画控制器层可以用很多种方式实现，并且跟游戏需求和工程团队的软件设计哲学有很大关系。有些团队完全不用动画控制器。一些团队会把动画控制器紧紧整合至 AI 及/或玩家机制系统中。另一些团队会实现相对较通用的控制器，供玩家角色和非玩家角色共同使用。不论是好事还是坏事，游戏产业中并无标准的动画控制器实现方式 (至少暂时如此)。

1 原文为 fire-and-forgot (射后不理)，原指导弹发射后便不需要控制的模式。——译者注

第 12 章　碰撞及刚体动力学

在真实世界中，固体物体本质上就是固态的。它们通常不会做出不可能的事情，例如互相穿透对方。但是在虚拟游戏世界中，除非我们告诉物体如何做某些事情，否则它们不会有这些性质。游戏程序员需要花许多精力，才能确保物体不会互相穿透。这是任何游戏引擎的核心元件之一的角色——*碰撞检测系统* (collision detection system)。

游戏引擎的碰撞系统通常紧密地和*物理引擎* (physics engine) 整合。当然，物理的范畴很广，而现在游戏引擎所指的“物理”，更精确地说应称为*刚体动力学* (rigid body dynamics) 模拟。*刚体* (rigid body) 是理想化、无限坚硬、不变形的固体物体。*动力学* (dynamics) 是一个过程，计算刚体怎样在*力* (force) 的影响下随时间*移动*及*相互作用*。刚体动力学模拟令游戏中的物体能高度互动及混沌自然地移动，这种效果难以用预制的动画片段达成。

动力学模拟需大量使用碰撞检测系统，以正确地模拟物体的多种物理行为，包括从另一物体弹开，在摩擦力下滑行、滚动，并最终静止。当然，碰撞检测系统也可以不结合动力学模拟，仅单独使用。许多游戏甚至没有“物理”系统。但当涉及在二维或三维空间中移动物体时，这些游戏都需要某种形式的碰撞检测。

我们在本章会探讨典型碰撞检测系统及典型物理 (刚体动力学) 系统的架构。在我们探讨这两个密切相关系统的组件时，还会研究它们背后的数学及理论。

12.1　你想在游戏中加入物理吗

今天，多数游戏引擎都富有某种物理模拟能力。有些物理效果是玩家们觉得必然要有的，例如布娃娃式死亡。加入另一些物理效果后，例如绳子、布料、头发或复杂的物理驱动机械，可以令游戏获得与众不同的*难以言喻的特质* (je ne sais quoi)。近年来，许多游戏工作室开始为高级物理模拟做实验，包括近似的实时流体机制效果及可变形的物体模拟。然而，在游戏中加入物理并非是零成本的, 在我们下定决心为游戏实现林林总总的物理驱动功能之前, 应该 (至少) 了解一下其中的取舍。

12.1.1 物理系统可以做的事情

以下是一些游戏物理系统可以做的事情。

- 检测动态物体和静态世界几何物体之间的碰撞。
- 模拟在引力及其他力影响下的自由刚体。
- 弹簧质点系统 (spring-mass system)。
- 可破坏的建筑物和结构。
- 光线 (ray) 及形状的投射 (用以判断视线、弹道等)。
- 触发体积 (trigger volume) (判断物体进入/离开游戏世界中定义的区域, 或逗留在那些区域的时间)。
- 允许角色拾起刚体。
- 复杂机器 (起重机、移动平台谜题等)。
- 陷阱 (例如山崩的泥石)。
- 带有逼真悬挂系统的可驾驶载具。
- 布娃娃式死亡。
- 富动力的布娃娃: 真实地混合传统动画及布娃娃物理。
- 悬挂道具 (水壶、项链、佩剑)、半真实的头发/衣服移动。
- 布料模拟。
- 水面模拟及浮力 (buoyancy)。
- 声音传播。

注意, 除了在游戏运行时运行物理模拟, 我们也可以在离线预处理步骤中运行模拟以生成动画片段。Maya 等动画制作工具有许多插件可用。这也是 NaturalMotion 公司的 Endorphin 软件包[1,2]所采用的方式。我们在本章中只讨论运行时的刚体动力学模拟。然而, 离线工具也是很强大的, 在策划游戏项目时应记得有此选择。

---

1 NaturalMotion 也提供了 Endorphin 的运行时版本, 称为 Euphoria。

2 http://www.naturalmotion.com/endorphin.htm

12.1.2 物理好玩吗

在游戏中使用刚体动力学系统，不一定能令游戏变得好玩。物理模拟天生的混沌行为实际上可能会干扰游戏体验，而非增强游戏体验。由物理产生的乐趣受多个因素影响，包括模拟本身的质量、与其他引擎系统整合的程度、选择哪些游戏元素采用物理驱动哪些直接操控、物理性元素如何与游戏目标及游戏角色能力互动，以及游戏的类型。

以下我们看一些游戏类型是如何整合刚体动力学系统的。

12.1.2.1 模拟类游戏

模拟类游戏 (simulation game) 的主要目标在于准确地模仿出现实世界的体验。例子包括《模拟飞行》(*Flight Simulator*)、《跑车浪漫旅》(*Gran Turismo*)、《NASCAR 赛车》(*NASCAR Racing*) 游戏系列。显然，刚体动力学系统所提供的真实性完全合乎这个类型的游戏。

12.1.2.2 物理解谜游戏

物理解谜 (physics puzzle) 就是供玩家玩一些以动力学模拟的玩具。因此这类游戏显然需要完全依赖物理作为其核心机制。这类游戏的例子包括 *Bridge Builder*、*The Incredible Machine*、页游 *Fantastic Contraption*、iPhone 上的 *Crayon Physics*[1]。

12.1.2.3 沙箱游戏

在沙箱游戏 (sandbox game) 中，可能没有任何目标，或者可能有大量可选的目标。玩家的主要目标通常是“到处胡闹”，并探索游戏世界中的物体可以用来做什么。沙箱游戏的例子有《侠盗猎车手 5》(*Grand Theft Auto V*)、《孢子》(*Spore*)、《小小大星球 2》(*LittleBigPlanet 2*)、《撕纸小邮差》(*Tear Away*)，当然还有《我的世界》(*Minecraft*)。

沙箱游戏能很好地利用真实的动力学模拟，尤其当游戏的乐趣来自游戏中物体真实的 (或半真实的) 互动时。因此在这些情况下，物理本身就是乐趣所在。许多游戏舍弃一些真实性换取更多乐趣 (例如，比现实更大规模的爆炸、比正常更强或更弱的地心引力等)。因此动力学模拟可能需要以多种方式调整至良好的“感觉”。

12.1.2.4 基于目标及基于故事的游戏

基于目标的游戏包含一些规则，以及一些玩家必须完成才能继续游戏的指定目标；在基于

---

1 最著名的例子大概是《愤怒的小鸟》(*Angry Birds*)，它采用 Box2D 引擎。——译者注

故事的游戏中，讲故事乃是最重要的。把物理系统整合至这些类型的游戏，可能会很棘手。我们通常会因模拟的*真实性*而失去一些*操控性*，降低操控性会阻碍玩家完成游戏目标的能力，以及游戏讲故事的能力。

例如，在基于角色的平台游戏中，我们希望玩家角色能以又好玩又易操控的方式移动角色，而不需要特别真实。在战争游戏中，我们可能想炸一座桥，但希望确保散落的碎片不会阻塞玩家的唯一前进路径。在这种类型的游戏中，物理有时候不一定好玩，事实上当玩家因物理模拟行为而被"卡关"(不能完成目标) 时，会令玩家意兴阑珊。因此，开发者必须谨慎明智地应用物理，并采取步骤控制模拟的行为，确保物理不会妨碍游戏性。提供方法使玩家走出困境也是一个好主意。例如在《光环》(*Halo*) 系列中，玩家可按 X 按钮把四轮朝天的车翻过来。

12.1.3 物理对游戏的影响

在游戏中加入物理模拟，对项目及游戏性可能有多种影响。以下是对几个游戏开发范畴造成影响的例子。

12.1.3.1 对设计的影响

- *可预测性* (predictability)：物理模拟行为与手工动画的区别在于，其天生的混沌性及多变性，而这也成为物理模拟不可预测的原因之一。若某件事必须每次都以某种方式发生，最好还是使用动画，而不需要让动力学模拟确保每次产生相同的结果。
- *调校及控制*：物理定律是恒定不变的 (若是现实的正确模型时)。在游戏中，我们可以调整重力的值或某刚体的恢复系数 (restitution coefficient)，来重新获得某种程度的操控性。然而，调整物理参数的效果并不直观而且难以可视化。要令一个角色向某个方向走，用调整力的方式比调整角色走路动画要难得多。
- *意外行为*：有时候物理会产生游戏中预料之外的特征，例如《军团要塞》(*Team Fortress Classic*) 中的火箭筒跳跃秘技、《光环》(*Halo*) 中的疣猪号战车空中爆炸术、《超能力战警》(*Psi-Ops*) 中的飞行"滑板"。

总体来说，游戏设计应驱动游戏引擎物理方面的需求，而不是反过来。

12.1.3.2 对工程的影响

- *工具管道*：优秀的碰撞/物理管道需要花长时间去建设及维护。
- *用户界面*：玩家如何操控世界中的物理物体？能射击它们吗？能走进它们吗？能拾起它们

吗？能用《重返侏罗纪》(*Trespasser*) 中的虚拟手臂撑着它们吗？能用《半条命 2》(*Half Life 2*) 的“重力枪”吗？

- 碰撞检测：用于动力学模拟的碰撞模型，可能需要比非物理驱动的模型更细致，建模时也要更谨慎。
- 人工智能：使用物理模拟的物体后，路径可能无法预测。引擎可能需要处理动态的掩护点，这些掩护点可能会移动或遭炸毁。人工智能可否利用物理取得优势？
- 行为异常的物体：以动画驱动的物体可以轻微与另一个物体碰撞而不产生不良效果，但使用动力模拟的话，物体可能会从另一物体弹开，而且是以预料之外的形式，或产生严重的抖动。或许需要加入碰撞过滤，允许一些物体可以轻微地互相重叠。此外，也可能需要一些机制确保物体正确地平息下来及进入休眠模式。
- 布娃娃物理：布娃娃需要大量微调，而且有时候会受模拟的不稳定性所影响。由于动画可能会令部分身体与其他碰撞体积互相重叠，当角色转换成布娃娃时，这些重叠可能造成极大的不稳定性。必须采取措施避免这种情况发生。
- 图形：物理驱动的动作可能会影响可渲染物体的包围体积 (否则包围体积就是固定的或更可预测的)。使用可破坏的建筑及物体，可能会令一些预计算光照及阴影方法失效。
- 网络及多人：不影响游戏性的物理效果可以仅在每个客户端机器 (独立地) 模拟。然而，会影响到游戏性的物理 (例如手榴弹的轨道) 则必须在服务器上模拟，并且准确地复制至所有客户端。
- 记录及重播：记录游戏过程及在稍后重播的能力，对除错/测试很有帮助，也可作为一个有趣的游戏功能。此功能在含动力学模拟的游戏上更难实现，因为物理的混沌行为 (在初始条件上的少许改动会产生非常不同的模拟结果) 及物理更新的时间差异会导致重播结果与记录有所出入。它需要每个引擎系统以确定性 (deterministic) 形式运行，从而令回放时所有东西都完全以记录时的方式进行。若你的物理模拟不是确定性的，可能就会有大麻烦。

12.1.3.3 对美术的影响

- 额外的工具及工作流程复杂度：美术部门要在物体中加入质量、摩擦力、约束，以及其他动力学模拟所需的参数，令部门的工作变得更困难。
- 更复杂的内容：我们可能需要对一个物体建立多个不同用途的版本，每个版本含不同的碰撞及动力学设置，例如无损坏的版本和可被破坏的版本。
- 失控：物理驱动物体的不可预测性可能令美术人员难以控制场景的艺术构图。

12.1.3.4 其他影响

- 跨部门的影响: 在游戏中加入动力学模拟需要工程、美术、音频和设计部门的紧密合作。
- 对制作的影响: 物理可能会增加项目的开发成本、技术/组织的复杂度, 以及风险。

虽然物理对游戏会造成各种影响, 但是今天大多数团队还是选择将刚体动力学系统整合至游戏中。只要在过程中配合谨慎的计划及明智的选择, 在游戏中加入物理可能会是值得且卓有成效的。而且如下一节所述, 第三方中间件可令物理比以前更平易近人。

12.2 碰撞/物理中间件

碰撞系统及刚体动力学模拟的开发是一件富挑战性及耗时的工作。游戏引擎的碰撞/物理系统在一个游戏引擎源代码中占很大百分比。此系统需要写很多代码, 而且还要维护!

庆幸市场中有许多健壮的、高质量的碰撞/物理引擎可供选择, 其中一些是商业产品, 一些是开源形式的。下面我们会选出几个进行介绍。关于各个物理 SDK 的优缺点, 可参考一些游戏开发论坛。[1]

12.2.1 I-Collide、SWIFT、V-Collide 及 RAPID

I-Collide 是由北卡罗来纳大学教堂山分校 (UNC) 开发的一个开源碰撞检测程序库。它可以检测凸体积 (convex volume) 之间是否相交。后来一个更快、功能更多的 SWIFT 程序库取代了 I-Collide。UNC 还开发了一些能处理复杂非凸形状的库, 包括 V-Collide 及 RAPID。这些库不能在游戏中开箱即用, 但可以作为一个很好的基础以便组建一个功能齐全的游戏碰撞检测引擎。[2]读者可以在官方网站[3]获取 I-Collide、SWIFT 及其他 UNC 几何程序库。

12.2.2 ODE

ODE 是 Open Dynamics Engine (开放动力学引擎) 的缩写, 是一个开源碰撞及刚体动力学 SDK。[4]其功能和一些商用产品 (如 Havok) 相近, 其优点包括免费 (对于小型游戏工作室和

1 http://www.gamedev.net/community/forums/topic.asp?topic_id=463024
2 在这些程序库中, 部分虽然是开源的, 但仅限非商业使用。商业上使用要另外商洽。——译者注
3 http://gamma.cs.unc.edu/I-COLLIDE/
4 http://www.ode.org

学生项目来说是一大优点) 而且有完整代码 (调试更容易, 也可以为游戏的特别需求修改物理引擎)。

12.2.3 Bullet

Bullet 是一个同时用于游戏及电影行业的开源碰撞检测及物理程序库。其碰撞引擎和动力学模拟整合在一起, 但碰撞引擎还提供了钩子供独立使用或整合至其他物理引擎。Bullet 支持*连续碰撞检测* (continuous collision detection, CCD), 又称为*冲击时间* (time of impact, TOI) 碰撞检测。此功能对检测细小且高速移动的物体很有帮助, 后文会再做解释。Bullet SDK 可在这里[1]下载, 另设维基[2]可供参考。

12.2.4 TrueAxis

TrueAxis[3]是另一个碰撞/物理 SDK, 非商业使用是免费的。

12.2.5 PhysX

PhysX 起初是一个名为 NovodeX 的程序库。Ageia 公司开发及发行了 NovodeX, 部分原因是为了帮助销售他们的专用物理协同处理器。后来 NVIDIA 收购了 Ageia, 并把 PhysX 改造成可使用 NVIDIA GPU 作为协同处理器运行。(它也可以不使用 GPU, 完全在 CPU 上运行。) PhysX SDK 可在官网下载。[4] Ageia 和 NVIDIA 的部分市场策略是通过提供免费的 CPU 版本 SDK, 去驱动往后的物理协同处理器市场。[5]开发者也可以付一定费用去获取完整的源代码, 以便按需修改程序库。PhysX 现在结合了 NVIDIA 的 APEX, 后者是 NVIDIA 的可伸缩多平台动力学框架。PhysX 提供了 Windows、Linux、Mac、Android、Xbox 360、PlayStation 3、

1 http://code.google.com/p/bullet/

2 http://bulletphysics.org/mediawiki-1.5.8/index.php?title=Main_Page

3 http://trueaxis.com/

4 http://developer.nvidia.com/physx (现在 PhysX SDK 不提供直接下载, 需注册及审批。) ——译者注

5 后来的 GPU 架构加入了更弹性的通用计算功能, 所以暂时没有再推出专门为物理而设的协同处理器。——译者注

Xbox One、PlayStation 4 及 Wii 的版本。[1]

12.2.6 Havok

Havok 是商业物理 SDK 的绝对标准, 它提供了丰富的功能集, 并自认为在所有支持平台上都有极好的性能特征。(它也是最昂贵的解决方案。) Havok 由一个核心碰撞/物理引擎, 加上数个可选的产品构成。这些可选产品包括载具物理系统、为可破坏环境建模的系统, 以及一个全功能动画 SDK, 此动画 SDK 直接与 Havok 的布娃娃物理系统整合。Havok 可以在 Xbox 360、PlayStation 3、Xbox One、PlayStation 4、PlayStation Vita、Wii、Wii U、Windows 8、Android、Apple Mac 和 iOS 上运行。可以在其官网[2]获取更多信息。

12.2.7 PAL

PAL (Physics Abstraction Layer, 物理抽象层) 是一个开源程序库, 让开发者可以在项目上使用多于一个物理 SDK。它提供 PhysX(NovodeX)、Newton、ODE、OpenTissue、Tokamak、TrueAxis 及其他几个 SDK 的钩子。可于官网[3]阅读更多信息。

12.2.8 DMM

位于瑞士日内瓦的 Pixelux Entertainment 公司开发了一个独一无二的物理引擎 DMM (Digital Molecular Matter, 数字分子物质)。DMM 使用有限元素法 (finite element method) 模拟可变形物体及可破坏物体。DMM 包含离线及运行时组件。它于 2008 年面世, 曾用于卢卡斯艺能 (LucasArts) 的《星球大战: 原力解放》(*Star Wars: The Force Unleashed*) 中。可变形体的机制超出了我们的讨论范围, 但读者可在该公司的官网[4]获得更多信息。

---

1 Matthias Müller-Fischer 是 PhysX 的首席研究员, 他也是 NovodeX AG(被 Ageia 收购) 的创办人之一。他发表过多篇对物理模拟方面颇具影响力的论文, 这些论文及相关讲座可从其个人网站 `http://www.matthiasmueller.info/` 取得, 非常值得参考。——译者注

2 `http://www.havok.com`

3 `http://www.adrianboeing.com/pal/index.html`

4 `http://www.pixeluxentertainment.com`

12.3 碰撞检测系统

游戏引擎的碰撞系统的主要用途在于，判断游戏世界中的物体是否有*接触* (contact)。要解答此问题，每个逻辑对象会以一个或多个几何形状代表。这些图形通常较简单，例如球体、长方体、胶囊体等。然而，也可使用复杂的形状。碰撞系统判断在某指定时刻，这些图形是否有*相交* (即重叠)。因此，美其名曰碰撞检测系统，本质上是几何相交测试器。

当然，碰撞系统不仅要回答图形是否相交，还要提供接触的相关信息。接触信息可用于避免在屏幕上出现不真实的视觉异常情况，例如，两个物体*互相穿插* (interpenetrate)。其解决办法通常是在渲染前移动互相穿插的物体，使它们分离。碰撞也能提供对物体的*支撑* (support)——一个或多个接触合力令物体静止，施于物体的引力及/或其他力达到平衡。碰撞也可以用于其他用途，例如，当导弹击中目标时令其爆炸，或是当角色通过悬浮中的药包时为角色补血。通常，刚体动力学模拟是碰撞系统的最苛求客户，它要利用碰撞系统模仿真实的物理行为，例如反弹、滚动、滑动、达到静止等。然而，就算一些游戏无物理系统，也可能会大量使用碰撞检测引擎。

在本章中，我们会从一个高层次的角度简介碰撞检测如何运作。对于本主题更深入的讨论，市面上有许多实时碰撞检测的好书，例如参考文献 [12]、[43] 和 [9]。[1]

12.3.1 可碰撞的实体

若希望游戏中某逻辑对象和其他对象碰撞，我们需要为该对象提供一个*碰撞表达形式* (collision representation)，以描述对象的形状及其在游戏世界中的位置和定向。碰撞表达形式是一个独特的数据结构，分离于对象的*游戏性表达形式* (gameplay representation) 及*视觉表达形式* (visual representation，可能是一个三角形网格、细分曲面、粒子效果，或其他视觉表达形式)。

从检测相交的角度来看，我们通常希望形状在几何上和数学上是简单的。例如，供碰撞用途时，石头可能会建模为球体，车头罩可能会建模为长方体，人体可能会由一组互相连接的胶囊体 (capsule，即药丸形的体积) 逼近。理想地，只有当简单的表达形式不足以达成游戏中所需的行为时，才会诉诸更复杂的形状。图 12.1 展示了几个使用简单形状逼近物体体积做碰撞用途的例子。

Havok 采用*可碰撞体* (collidable) 一词，描述一个参与碰撞检测的单独刚体物体。Havok 使

1 译者再推荐一本近期出版的图书 *Game Physics Pearls*。——译者注

图 12.1 游戏通常使用简单形状逼近物体体积

用 C++ 中的 `hkpCollidable` 类的实例表示每个可碰撞体。PhysX 称它的刚体为*演员* (actor), 并表示为 `NxActor` 类的实例。在这些库中, 可碰撞实体包含两个基本信息,*形状*及*变换*。形状描述可碰撞体的几何外形, 而变换则描述形状在游戏中的位置及定向。碰撞物需要变换, 原因有三。

1. 从技术上来说, 形状只描述物体的外形 (即它是一个球体、长方体、胶囊体, 或其他类型的体积)。形状也描述物体的尺寸 (例如球体的半径、长方体的长/宽/高等)。然而, 形状通常以其位于原点的中心来定义, 并以相对于坐标轴的某类经典定向来定义。为了使形状有用, 形状必须被变换, 使其合适地放置及定向于世界空间中。
2. 游戏中许多对象是动态的。如果必须把任意复杂形状的*特征* (如顶点、平面等) 逐一移动, 才能在空间中移动形状, 那便会很耗时。然而使用变换的话, 无论形状的特征是简单还是复杂, 形状都能快速地移动。
3. 表示复杂类型的形状可能会占用不少内存。因此, 多个可碰撞体共享一个形状描述, 能节省内存空间。例如, 在赛车游戏中, 许多车辆的形状信息可能是相同的。在这种情况下, 所有的车辆可碰撞体可使用单个车辆形状。

游戏中的对象可以完全没有可碰撞体 (若它不需要碰撞检测服务), 也可以含单个可碰撞体 (若该对象是一个刚体), 还可以含多个可碰撞体 (例如, 其中每个可碰撞体代表有关节机器人的每个刚体组件)。

12.3.2 碰撞/物理世界

碰撞系统通常会通过一个名为*碰撞世界* (collision world) 的数据结构, 管理其所有的可碰撞实体。碰撞世界是专门为碰撞检测而设的游戏世界完整表达方式。Havok 的碰撞世界是 `hkpWorld` 类的实例。类似地, PhysX 中的碰撞世界是 `NxScene` 的实例。ODE 使用 `dSpace`

类的实例表示碰撞世界，它实际上是几何体积层阶结构的根，代表游戏中所有可碰撞形状。

相比将碰撞信息存储在游戏对象本身，把所有碰撞信息维护于私有的数据结构有以下几个优点。其一，碰撞世界只需包含游戏对象中有可能碰撞的可碰撞体。那么碰撞系统便不需要遍历无关的数据结构。此设计也能令碰撞数据以高效的方式组织。例如，碰撞系统可以利用缓存一致性增强性能。碰撞世界也是一个有效的封装机制，此机制通常从可理解性、可维护性、可测试性、可重用性来说都很有用。

12.3.2.1　物理世界

若游戏含刚体动力学系统，则该系统通常会紧密地与碰撞系统整合。动力学系统的“世界”数据结构通常会与碰撞系统共享，模拟中每个刚体通常会关联至碰撞系统里的一个可碰撞体。此设计在物理引擎中屡见不鲜，因为物理系统需要频繁地使用细致的碰撞查询。实际上，通常是由物理系统驱动碰撞系统的运作，物理系统在每个模拟时步中指挥碰撞系统执行至少一次、有时几次的碰撞测试。因此，碰撞世界有时候被称为*碰撞/物理世界*，或直接被称为*物理世界* (physics world)。

物理模拟中的每个动力学刚体通常被关联至碰撞系统里的单个可碰撞体 (虽然每个可碰撞体不一定需要一个动力学刚体)。例如，在 Havok 中，刚体由 `hkpRigidBody` 类的实例表示，而每个刚体都含一个指针指向正好一个 `hkpCollidable`。在 PhysX 中，可碰撞体和刚体的概念混合在一起——`NxActor` 类身兼两个用途 (虽然刚体的物理性质是分开存储于 `NxBodyDesc` 的)。在两个 SDK 中，都可以令一个刚体的位置及定向固定于空间中，其意义是让该刚体不参与动力学模拟，仅作为可碰撞体之用。

尽管这是一个紧密的整合，但多数物理 SDK 都会尝试分离碰撞库和刚体动力学模拟。这么做可以把碰撞系统作为独立库使用 (对于不需要物理但需要检测碰撞的游戏尤其重要)。另外在*理论上*，游戏工作室也可以更换物理 SDK 的整个碰撞系统，而无须重写动力学模拟。(实践中这可能比所说的困难!)

12.3.3　关于形状的概念

在*形状*的日常概念背后有丰富的数学理论 (见维基百科[1])。在我们的应用中，可以将形状理解为一个由边界所指明的空间区域，能清楚界定形状的*内外*。在二维空间中，形状含其面积，而其边界则是由 1 条曲线、3 条或以上直线 (这就是*多边形*, polygon) 所定义的。在三维空间

1　http://en.wikipedia.org/wiki/Shape

中, 形状含体积, 其边界不是曲面便是由多边形所组成的 (这就被称为*多面体*, polyhedron)。

必须注意, 有些游戏对象的类型, 如地形、河流或薄墙, 最好以*表面* (surface) 来表示。在三维空间, 表面是一个二维几何实体, 有前后之分, 但无内外之分。表面的例子有平面 (plane)、三角形、细分表面, 以及由一组相连的三角形或多边形所构成的表面。多数碰撞 SDK 提供对表面原型的支持, 并把形状的语义扩展至包含闭合体积及开放表面。

碰撞库常会提供可选的挤压 (extrusion) 参数, 使表面含有体积。这种参数指明表面该有多"厚"。这么做也能帮助减少细小且高速的物体与无穷薄表面错失碰撞的情况 (这俗称为"子弹穿纸"问题, 见 12.3.5.7 节)。

12.3.3.1 相交

我们对相交都有直观的概念。从技术上来说, 相交/交集 (intersection)[1] 术语来自集合论 (set theory[2])。两集合的交集是它们共有成员所组成的集合。在几何学上, 两形状的交集是同时位于两形状中所有点的 (无穷大的) 集合。

12.3.3.2 接触

在游戏中, 我们通常没有兴趣求严格意义上的以点集合表示的交集。反而, 我们只是希望得知两个物体是否相交。在碰撞事件发生时, 碰撞系统通常会提供额外的关于接触性质的信息。例如, 这些信息能让我们高效地分离物体, 而且能令此过程显得真实。

碰撞系统通常会把接触信息打包成方便的数据结构, 对每个检测到的接触生成该结构的实例。例如, Havok 以 `hkContactPoint` 类的实例传回接触信息。接触信息一般会包含一个*分离矢量* (separating vector), 我们可以把物体沿这个矢量移动, 就能高效地把物体脱离碰撞状态。接触信息通常也会包含这两个正在接触的碰撞体的信息, 包括双方的形状, 甚至可能包含这些形状接触的特征。[3] 碰撞系统也可能会传回额外的信息, 例如两个碰撞体投影在分离矢量上的速度。

12.3.3.3 凸性

在碰撞检测范畴里, 最重要的概念之一是分辨*凸* (convex) 和*非凸* (non-convex, 即*凹*, concave) 的形状。从技术上来说, 凸形状的定义是, 由形状内发射的光线不会穿越形状表面两次

---

1 intersection 在几何学上通常译作相交, 而在集合论中译作交集。——译者注

2 `http://en.wikipedia.org/wiki/Intersection_(set_theory)`

3 这里的特征 (feature) 是指顶点、棱、面。例如, 一个多面体的顶点和另一个多面体的面接触。——译者注

或以上。有一个简单办法可判断形状是否为凸，我们可以想象用保鲜膜包裹形状，若形状是凸的，那么保鲜膜下便不会有气囊。在二维空间，圆形、矩形、三角形都是凸的，但"吃豆人 (Pac Man)"不是凸的。此概念可同样地推广至三维。

凸性 (convexity) 是很重要的属性。我们稍后会见到在凸形状之间检测相交，一般会比凹形状简单而且需要的运算量较少。要阅读更多关于凸形状的信息，可参考维基百科。[1]

12.3.4 碰撞原型

碰撞检测系统一般可能只支持有限的形状类型。有些碰撞系统称这些形状为*碰撞原型* (collision primitive)，因为这些形状可作为基本组件构成更复杂的形状。本节会简单介绍几种最常见的碰撞原型。[2]

12.3.4.1 球体

球体 (sphere) 是最简单的三维体积。如读者所料，球体是最高效的碰撞原型。球体以其球心和半径表示。这些信息可以方便地包裹在一个四元浮点矢量中，这种矢量对 SIMD 数学库能运作得特别好。

12.3.4.2 胶囊体

胶囊体 (capsule) 是药丸形状的体积，由一个圆柱体加上两端的半球所组成。胶囊体可想象为一个*扫掠球体* (swept sphere)[3] ——把一个球体从 A 点移到 B 点所勾勒的形状。(然而，对比静态胶囊体和随时间移动的球体所产生的胶囊体形状，两者有些重要区别，不尽等同。) 胶囊体通常是由两点和半径表示的 (见图 12.2)。计算胶囊体的相交比圆柱体和长方体高效，因此胶囊体常用来为接近圆柱状的物体建模，例如人体的四肢。

12.3.4.3 轴对齐包围盒

轴对齐包围盒 (axis-aligned bounding box, AABB) 是一个矩形的体 (技术上称为*长方体*, cuboid)，其 6 个面都与坐标系统的轴平行。当然，一个盒子与某坐标系的轴对齐，并不一定会

---

1 http://en.wikipedia.org/wiki/Convex

2 在以下介绍的形状中，有几种称为包围体积 (bounding volume)。但是在碰撞检测中，不一定要用一个完全包围原本物体的体积，只需按游戏性所需逼近原来的形状便可。例如，在格斗游戏中，角色的受击体积可以比原来的网格小，不然，打到包围体积内的空气部分也会被当作命中。然而，在可见性判断 (见 10.2.8.1 节) 中，必须构建完全包围原本物体的包围体积。——译者注

3 更准确的名字是线段扫掠球体 (line swept sphere, LSS)。——译者注

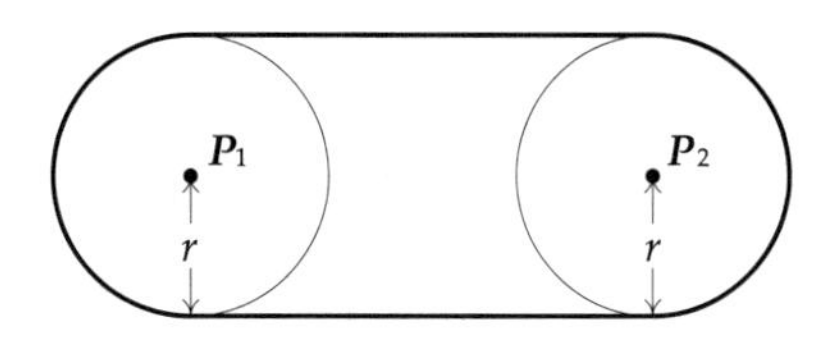

图 12.2 可用两点和半径表示胶囊体

与另一坐标系的轴对齐。所以我们谈及 AABB 时, 只是指它在某特定 (一个或多个) 坐标帧里与轴对齐。

AABB 可以方便地由两个点定义: 一个点是盒子在 3 个主轴上最小的坐标, 而另一个则是最大的坐标[1], 参见图 12.3。

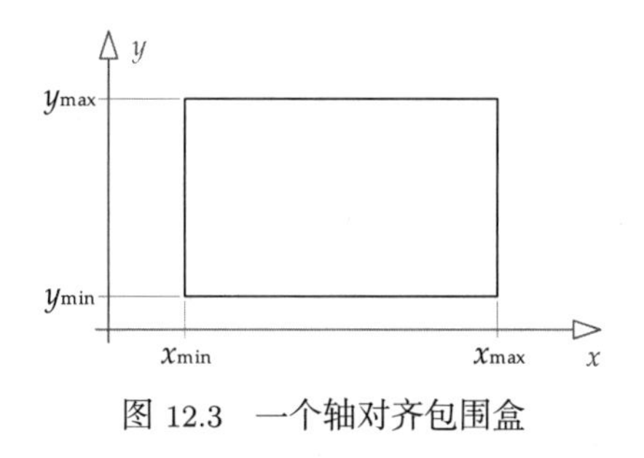

图 12.3 一个轴对齐包围盒

AABB 的主要优点在于, 可以高速地检测和另一 AABB 是否相交。而 AABB 的最大限制在于, 它们必须一直保持与轴对齐, 才能维持这个运算上的优势。这意味着, 若使用 AABB 逼近游戏中某物体的形状, 当物体旋转时便需重新计算其 AABB。就算某物体大概是长方体形状的, 当它旋转至偏离原来的轴时, 其 AABB 会退化为很差的逼近形状, 如图 12.4 所示。

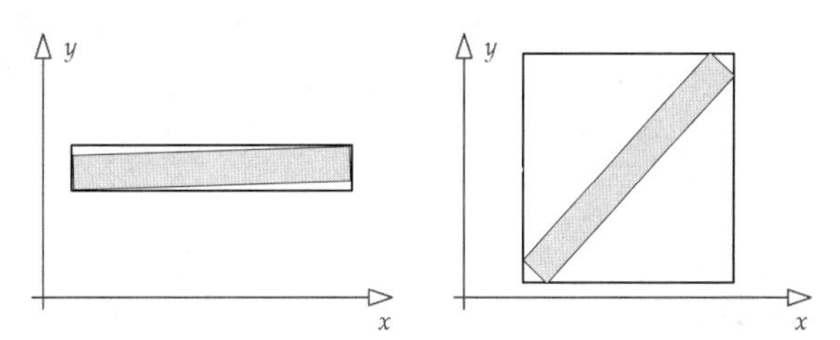

图 12.4 AABB 只适用于逼近长方形的物体, 而且物体的主轴大约与坐标系统的轴对齐

---

1 另一可行的 AABB 表示方式是存储其最小坐标及尺寸。例如, Win32 里的 `RECT` 结构和 Java AWT 的 `Rectangle` 类都可当作是二维的 AABB, 前者使用最小最大坐标 (left, top, right, bottom), 而后者则是以最小坐标及尺寸表示 (left, top, width, height)。两种表达方式在不同运算上的效能各有优劣, 但最小最大坐标表示法的相交运算通常较快, 所以获得更多游戏引擎采用。此外, AABB 还可采用如 OBB 的中心点、半长度方式表示。——译者注

12.3.4.4 定向包围盒

若我们允许把轴对齐的盒子在其坐标系中旋转, 便会得到定向包围盒 (oriented bounding box, OBB)。OBB 通常会表示为 3 个"半尺寸"(半宽、半长、半高) 再加上一个变换, 该变换对盒子的中心进行定位, 并定义了盒子相对坐标系的定向。[1] OBB 是一种常用的碰撞原型, 因为它能较好地适合任意定向的物体, 而其表示方式仍然比较简单。

12.3.4.5 离散定向多胞形

离散定向多胞形 (discrete oriented polytope, DOP) 是比 AABB 及 OBB 更泛化的形状。DOP 是凸的胞形, 用来逼近物体的形状。构建 DOP 的方法之一是, 把多个置于无穷远的平面依其法矢量滑动, 直至与所需逼近的物体接触。AABB 是一个 6-DOP, 其各个平面法矢量与坐标轴平行。OBB 也是 6-DOP, 但其平面法矢量与物体天然的主轴平行。而 k-DOP 是由任意 k 个平面所构成的形状。一个构建 DOP 的方法是, 先建立物体的 OBB, 再把角及/或边以 45° 切割, 加入更多的平面试图做一个更紧密的逼近。图 12.5 展示了一个 k-DOP 例子。

12.3.4.6 任意凸体积

多数碰撞引擎允许三维美术人员在 Maya 类软件中构建任意凸体积。美术人员用多边形 (三角形或四边形) 制作形状, 然后使用一个离线工具分析那些三角形, 确保它们实际上组成了一个凸多面体。[2]若形状合乎凸性测试, 其三角形就可以转换为一组平面 (本质上是 k-DOP), 以 k 个平面方程表示, 或 k 个点加上 k 个法矢量。(若发现它是非凸的, 可以用多边形汤表示, 详见下一节。) 图 12.6 展示了一个任意凸体积 (arbitrary convex volume)。

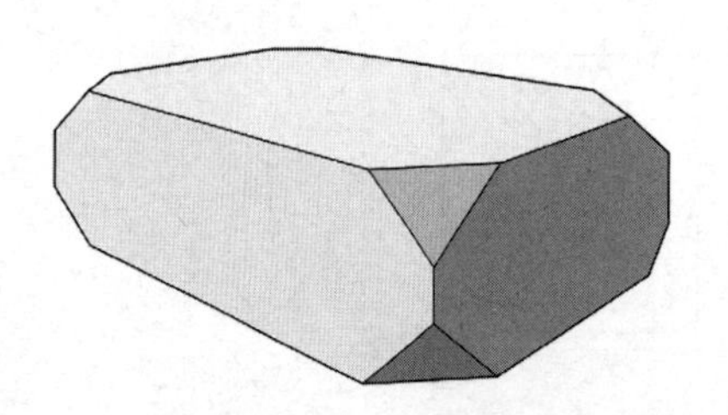

图 12.5 切去 OBB 的 8 个角就成为 14-DOP

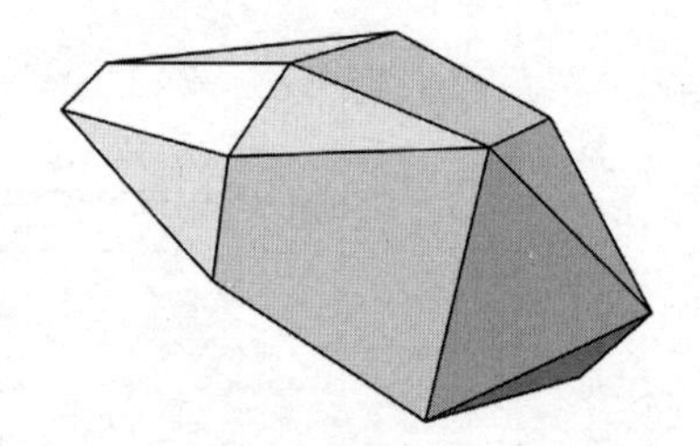

图 12.6 由相交平面组成的任意凸体积

凸体积的相交测试比我们已经介绍过的简单几何原型都更耗时。然而, 我们将会在 12.3.5.5

1 其实"半尺寸"也可以作为变换中的缩放。那么就可以用单个仿射矩阵表示 OBB, 使一个单位立方体变换至所需的 OBB。这个表示方式比较紧凑, 可置于 3 个 SIMD 矢量中。——译者注

2 具体来说, 要检测每个三角形所表示的平面, 其法线方向外不可以有其他三角形。另外, 还需检查形状是闭合的, 以及无退化三角形等。——译者注

节看到几种高效的求相交算法, 如 GJK, 它们都可以用于这些形状, 因为这些都是凸形状。

12.3.4.7 多边形汤

有些碰撞系统也支持完全任意、非凸的形状。这些形状通常是由三角形或其他简单多边形构成的。因此, 这类形状通常称为*多边形汤* (polygon soup 或 poly soup)。多边形汤常用于为复杂的静态几何建模, 例如地形或建筑 (见图 12.7)。

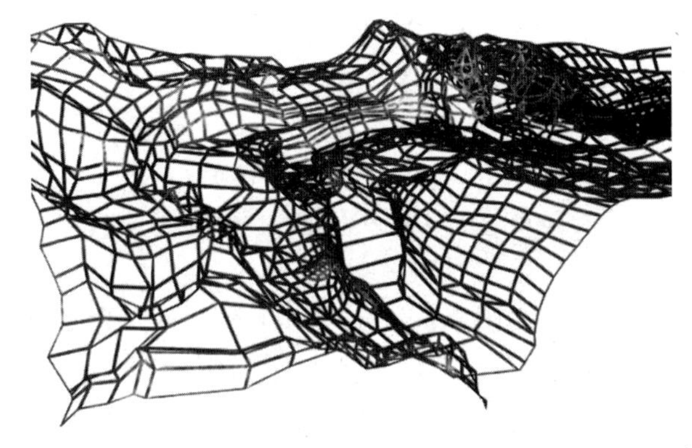

图 12.7 多边形汤常用于为复杂的静态表面建模, 如地形或建筑

如读者所料, 使用多边形汤做碰撞检测是最费时的碰撞检测。碰撞引擎必须对每个三角形进行测试, 并且要处理相邻三角形的共棱所做成的伪相交。因此, 多数游戏会尝试做出限制, 仅把多边形汤应用在不参与动力学模拟的物体上。

多边形汤有内外之分吗 与凸形状、简单形状不同, 多边形汤不一定表示一个体积, 它也可以表示一个开放的表面。多边形汤通常不包含足够信息, 供碰撞系统判断它是闭合体积还是开放表面。这样会导致难以决定该用什么方向分离穿透中的物体。

还好这并非一个太棘手的问题。多边形汤里的每个三角形都可以根据其顶点的缠绕顺序来定义前后。因此, 我们可以小心地构建多边形汤, 令所有三角形的顶点缠绕顺序都是一致的 (即相邻三角形都是面向大致相同的方向)。那么可以令整个三角形汤有前后的定义。若我们把三角形汤是开放或闭合的信息存储下来 (假设这个信息可以由离线工具查明), 那么可以把闭合形状的“前”和“后”理解为“外”和“内”(或是相反, 视构建多边形汤时的惯例而定)。

对于某些*开放*的多边形汤形状 (即表面), 我们也可以“仿造”内外的信息。例如, 若游戏中的地形是由开放的多边形汤所表示的, 那么可以随意设定表面的前面是指向远离地球的方向。这就意味着“前”一直对应着“外”。要成功实践, 我们可能需要定制碰撞引擎, 令引擎了解我们所选择的惯例。

12.3.4.8 复合形状

有些物体不能用单个形状来逼近，需要用一组形状来逼近。例如，一张椅子的碰撞体可以用两个盒子建模——一个盒子包围椅背，另一个盒子包围座椅及四脚，如图 12.8 所示。

图 12.8 把椅子建模为两个相连的盒子形状

为非凸物体建模时，复合形状 (compound shape) 经常可作为多边形汤的高效代替品。而且，一些碰撞系统在碰撞测试时，会把复合形状的凸包围体积作为整体，从而获益。在 Havok 中，这称为中间阶段 (midphase) 碰撞检测。如图 12.9 所示，碰撞系统首先测试两个复合形状的凸包围体积。如果它们不相交，便完全无须测试子形状间的碰撞。

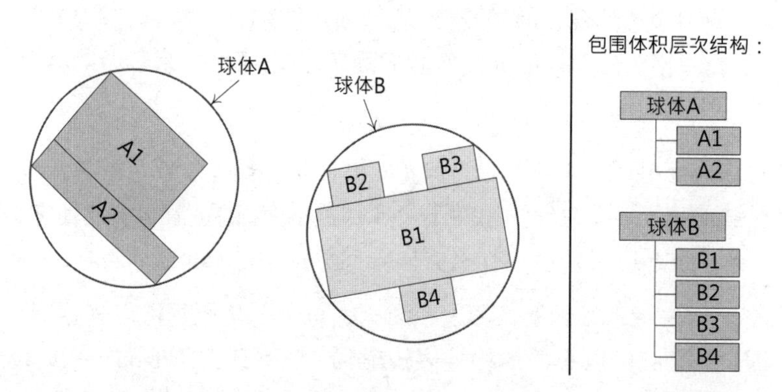

图 12.9 当一对复合形状的凸包围体积相交 (图中所示是球体 A 和球体 B) 时，碰撞系统才需检测它们的子形状是否相交

12.3.5 碰撞测试及解析几何

碰撞系统应用解析几何 (analytical geometry) 中三维体积及表面的数学描述，计算形状间

是否相交。这个既深且广的研究领域的更多详情可参考维基百科。[1]在本节中，我们会简介解析几何背后的概念，展示一些常见的例子，然后讨论为任意凸多面体[2]而设的泛用 GJK 相交测试算法。

12.3.5.1 点与球体的相交

要判断一个点 $\boldsymbol{p}$ 是否在球体中，只需生成一个自球心至该点的分离矢量 $\boldsymbol{s}$，然后测量该矢量的长度。[3]若长度大于球体半径，则该点位于球体之外，否则就在球体之内：

$$\begin{aligned}&\boldsymbol{s}=\boldsymbol{c}-\boldsymbol{p}\\&\text{若}|\boldsymbol{s}|\leqslant r,\text{则 }\boldsymbol{p}\text{ 位于球体内。}\end{aligned}$$

12.3.5.2 球体与球体的相交

判断两个球体是否相交，和判断点是否在球体中一样简单。再次，我们生成连接两个球心的分离矢量 $\boldsymbol{s}$。取其长度，与两球体半径之和做比较。若分离矢量的长度小于或等于两半径之和，那么球体是相交的，否则两者不相交：

$$\begin{aligned}&\boldsymbol{s}=\boldsymbol{c}_1-\boldsymbol{c}_2\\&\text{若}|\boldsymbol{s}|\leqslant(r_1+r_2),\text{则两球体相交。}\end{aligned}\tag{12.1}$$

要避免计算长度时所需的平方根运算，可以简单地把等式两边进行平方。那么等式 (12.1) 就会变成：

$$\begin{aligned}&\boldsymbol{s}=\boldsymbol{c}_1-\boldsymbol{c}_2\\&|\boldsymbol{s}|^2=\boldsymbol{s}\cdot\boldsymbol{s}\\&\text{若}|\boldsymbol{s}|^2\leqslant(r_1+r_2)^2,\text{则两球体相交。}\end{aligned}$$

12.3.5.3 分离轴定理

多数碰撞检测系统都会大量使用*分离轴定理* (separating axis theorem)。[4]此定理指出，若能找到一个轴，两个凸形状在该轴上的投影不重叠，就能确定两个形状不相交。若这样的轴不

1 http://en.wikipedia.org/wiki/Analytic_geometry

2 其实只要是凸体积都可使用 GJK 算法，例如球体、胶囊体。——译者注

3 如同下节所述，可比较分离矢量长度的平方及球体半径的平方，这样可节省较耗时的平方根运算。——译者注

4 http://en.wikipedia.org/wiki/Separating_axis_theorem

存在,并且那些形状是凸的, 则可以确定两个形状相交。(若形状为凹, 那么就算找不到分离轴, 形状也可能不相交。这是我们喜欢在碰撞系统中使用凸形状的原因之一。)

此定理最容易在二维空间上用图解说明。直觉地, 若能找到一条直线, 令物体 A 完全在直线的一方, 而物体 B 完全在另一方, 那么 A 和 B 便不重叠。这样的直线称为分离线, 它必定垂直于分离轴。因此若我们能找到一条分离线, 只要观察垂直于分离线的轴上的形状投影, 就能更容易让我们相信此定理的正确性。

二维凸形状在一个轴上的投影, 有如物体在一条细线上的阴影。这些投影必然是在轴上的一条线段, 代表物体在轴方向上的最大范围。我们也可以把投影视为轴上的最小及最大坐标, 这可以写成闭合区间 $[c_{\min}, c_{\max}]$。如图 12.10 所示, 若在两形状之间存在分离线, 它们在分离轴上的投影不会重叠相交。然而, 若投影重叠, 那就不算一个分离轴。

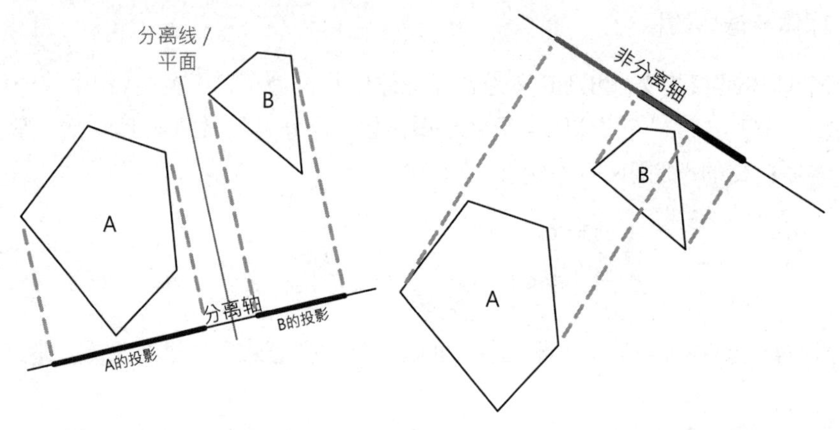

图 12.10 两个形状在分离轴上的投影总是不相交的。同样的形状投影在非分离轴上可能是相交的。若不存在分离轴, 两个形状就是相交的

在三维空间中, 分离线变成分离平面, 但分离轴仍然是一个轴 (即一个三维方向[1])。而三维凸形状在轴上的投影是一条线段, 可用完全闭合区间 $[c_{\min}, c_{\max}]$ 表示。

有些形状类型的特性, 使我们可以很容易地找到潜在的分离轴。要检测 A 和 B 两个形状是否相交, 可以把这些形状逐一投影到各个潜在分离轴, 并检查两个投影区间 $[c^A_{\min}, c^A_{\max}]$、$[c^B_{\min}, c^B_{\max}]$ 是否相交 (即是否重叠)。从数学上来说, 只有当 $c^A_{\max} < c^B_{\min}$ 或 $c^B_{\max} < c^A_{\min}$ 时, 两个区间才不会相交。若在潜在分离轴上的投影区间不相交, 那么我们就算是找到了一个合法的分离轴, 并得知两个形状不相交。

1 原文为“i.e., an infinite line (无穷直线)”, 此说法并不准确, 因为直线会通过固定的点, 而分离轴仅表示一个方向。——译者注

此原理可在球体与球体测试上做示范。若球体不相交, 那么连接两球心的线段, 其方向必然是一个合法的分离轴 (虽然视球体分隔的距离, 还可能有其他分离轴)。要用图说明这种情况, 可考虑两球体极为接近, 但又未接触。在此情况下,唯一的分离轴便是球心至球心线段的方向。随球体互相分开, 便可用更大幅度向两个方向旋转分离轴, 如图 12.11 所示。

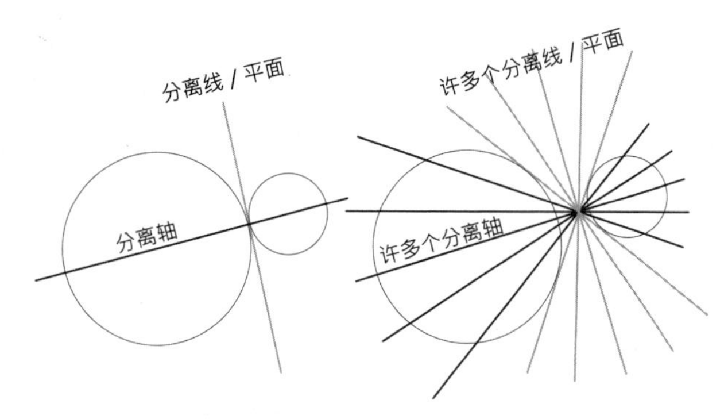

图 12.11 当两个球体被无穷短的距离分开时, 唯一的分离轴就是通过两个球心的线段

12.3.5.4 AABB 与 AABB 的相交

要判断两个 AABB 是否相交, 我们可再使用分离轴定理。由于 AABB 的面与一组坐标轴平行, 所以若存在分离轴, 它必然是三个坐标轴之一。

因此, 要检测两个 AABB 的相交, 只需要检查它们在每个轴上的最小坐标、最大坐标。将两个 AABB 分别称为 A、B, 在 x 轴上两个 AABB 的区间为 $[x^A_{\min}, x^A_{\max}]$ 及 $[x^B_{\min}, x^B_{\max}]$, 在 y 轴和 z 轴上也有相应的区间。若在三个轴上的区间都重叠, 那么两个 AABB 是相交的; 否则它们不相交。图 12.12 显示了相交和不相交的例子 (为用图表示, 简化为二维)。对于 AABB 碰撞的更深入讨论, 可参考这篇文章。[1]

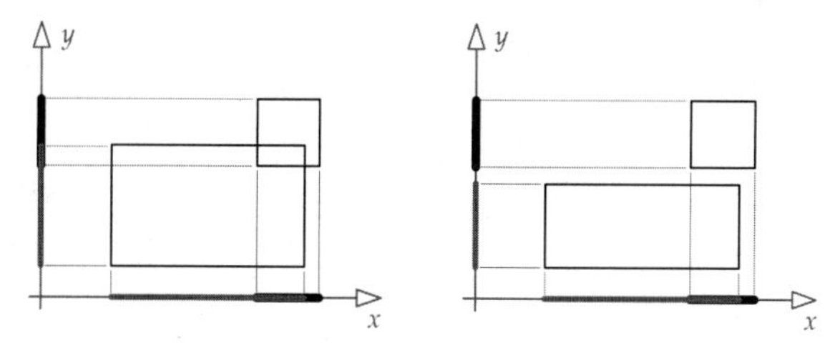

图 12.12 二维的 AABB 相交/不相交的例子。注意右图中的 AABB 仅在 x 轴上相交, 在 y 轴上不相交

1 `http://www.gamasutra.com/features/20000203/lander_01.htm`

12.3.5.5 检测凸碰撞: GJK 算法

有一个非常高效的算法, 可检测任意凸*多胞形* (polytope, 即二维中的凸多边形、三维中的凸多面体[1])。该算法的 3 位发明者是密歇根大学的 E. G. Gilbert、D. W. Johnson 及 S. S. Keerthi, 所以称之为 GJK 算法。已有许多文献描述了此算法及其变种, 包括原始论文[2]、由 Christer Ericson 制作的优秀 SIGGRAPH PPT 演示[3]、Gino van den Bergen 制作的另一优秀 PPT 演示[4]。然而, 对此算法最易理解 (及最富娱乐性) 的描述可能是 Casey Muratori 的线上教学视频"实现 GJK(Implementing GJK)"[5]。因为这些资料都非常好, 笔者希望在此让读者浅尝此算法的精髓, 余下的细节可参考上述文献及网站。

GJK 算法依赖一个称为*闵可夫斯基差* (Minkowski difference) 的几何运算。这个听上去好像很厉害的运算, 其实十分简单。把 A 图形中的所有点, 与 B 图形的所有点成对相减, 得出的集合 $\{(A_i - B_j)\}$ 便是闵可夫斯基差。

闵可夫斯基差的用处在于, 当应用至两个形状[6] 时, 当且仅当这两个形状相交, 其闵可夫斯基差会*包含原点*。此命题的证明超出本书范围, 然而我们可以意会为何它是对的。若两个形状相交, 实际上就是有些在 A 里的点*也在* B 的范围内。那么当 A 里的点减去 B 里的点时, 两形状共有的点相减后便会是 0, 所以两个形状的闵可夫斯基差会含有原点, 当且仅当它们含共有的点。图 12.13 说明了这一情况。

两个凸图形的闵可夫斯基差也是一个凸图形。我们只关心闵可夫斯基差的*凸包*, 而不是所有内点。GJK 的基本程序是从闵可夫斯基差的凸包内, 尝试找出一个包含原点的*四面体* (tetrahedron, 即由三角形构成的四边形)。若可以找到这样的四面体, 则两个形状相交; 若不能找到这样的四面体, 则两个形状不相交。

四面体其实只是名为*单纯体* (simplex) 的几何物体之一。不要被这个名字吓到, 单纯体只是点的集合。单点单纯体是一个点, 两点单纯体是一条线段,3 点单纯体是一个三角形,4 点单纯体是一个四面体, 见图 12.14。

GJK 是一个迭代式算法, 可从闵可夫斯基差凸包内任意的四面体开始, 然后再尝试建立更

---

1 多胞体是由线/平面/超平面组成的形状, 但如之前的译注所述, GJK 还适用于其他凸形状, 如球体、胶囊体。唯一要求是要为形状提供一个支持函数 (supporting function), 详见后文。——译者注

2 `http://ieeexplore.ieee.org/xpl/freeabs_all.jsp?&arnumber=2083`

3 `http://realtimecollisiondetection.net/pubs/SIGGRAPH04_Ericson_the_GJK_algorithm.ppt`

4 `http://www.laas.fr/~nic/MOVIE/Workshop/Slides/Gino.vander.Bergen.ppt`

5 `http://mollyrocket.com/849`

6 原文限定为凸形状, 但在此段关于闵可夫斯基差的描述中, 凸性并非必要条件。而 GJK 则需要两个形状为凸。——译者注

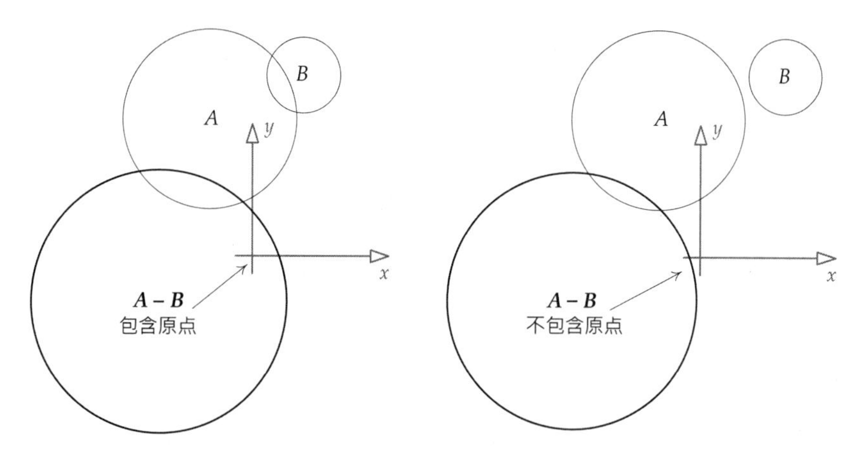

图 12.13 两个相交凸形状的闵可夫斯基差包含了原点，但不相交形状的闵可夫斯基差不包含原点

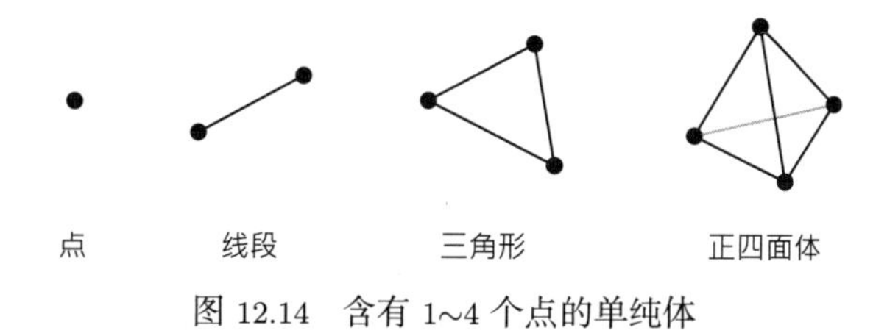

图 12.14 含有 1~4 个点的单纯体

高阶、潜在包含原点的单纯体。在循环的每个迭代中，我们从当前的单纯体考虑，判断原点在该单纯体的哪一个方向。然后我们在那个方向搜寻闵可夫斯基差的*支持顶点* (supporting vertex)，即凸包中在该方向最接近原点的顶点。我们把该点加进单纯体，产生一个更高阶的单纯体 (即点变成线段，线段变成三角形，三角形变成四面体)。若加入新点后能令单纯体包含原点，那么工作完成——两个形状相交。反过来说，若不能找到比当前单纯体更接近原点的支持顶点，那么便可知道此任务永远不能完成，也即意味着两个形状不相交。图 12.15 说明了这个思想。

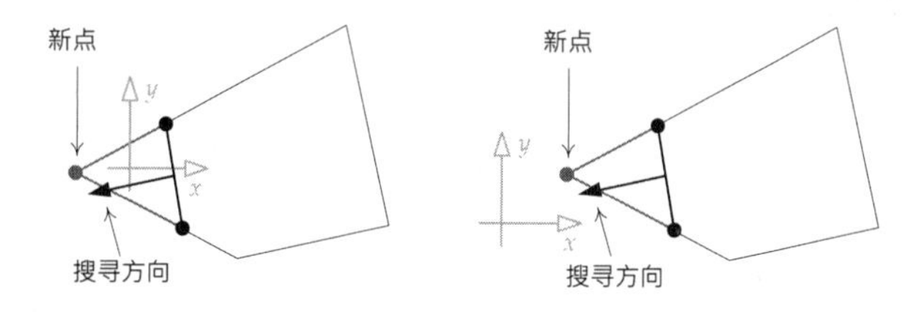

图 12.15 在 GJK 算法中，若在当前的单纯体中加入一点就能包含原点，我们就能知道两形状相交。若无支持顶点能令单纯体接近原点，那么两形状就不相交

要真正理解 GJK 算法，读者需要参考前面提及的文献和视频。然而，希望本节能激起读

者更深入研究的欲望。或者, 至少能让读者在派对中抛出“GJK”这个名称去炫耀一番。(只不过除非你真的理解这个算法, 不要尝试在求职面试中这么做!)

12.3.5.6 其他形状对形状的组合

本书不会说明更多的不同形状的相交组合, 因为在其他著作中已有详细描述, 例如参考文献 [12]、[43]、[9]。然而, 读者需要意识到一个重点, 就是形状对形状的组合的*数目*十分庞大。事实上, 对于 N 种形状, 所需的成对测试便需要 $O(N^2)$ 个。碰撞引擎的复杂度, 很大程度上是由大量所需处理的相交组合所造成的。这也是碰撞引擎的作者总是尽量限制碰撞原型数量的原因, 这样做可以大幅度降低所需处理的相交组合数目。(这是 GJK 流行的原因 —— GJK 能一举处理所有凸形状之间的碰撞检测。而不同形状的唯一区别只在于算法所使用的*支持函数*)。

给定两个任意形状, 应如何用代码实现选择合适的碰撞测试函数, 这是一个实际问题。许多引擎使用*双分派* (double dispatch) 方法。[1]单分派 (即虚函数) 在运行时使用单个对象类型, 决定对某抽象函数调用哪一个具体实现。双分派把虚函数的概念扩展至两个对象类型。双分派可以通过二维查找表实现, 表的键由两个检测对象的类型组成。此外, 双分派也可以实现为两次虚函数调用, 第一次由对象 A 的类型决定调用哪个具体函数, 在该函数中再由对象 B 的类型决定调用哪个具体函数。

接下来看一个真实的例子。Havok 使用*碰撞代理人* (collision agent, 为 `hkpCollisionAgent` 的子类) 处理某特定相交测试。具体碰撞代理人类包括 `hkpSphereSphereAgent` 类、`hkpSphereCapsuleAgent` 类、`hkpGskConvexConvexAgent` 类等。而 `hkpCollisionDispatcher` 类负责管理一个二维分派表, 内含这些代理人的类型。如读者所料, 分派器的任务就是从一对要做碰撞检测的碰撞体中, 高效地查找出合适的代理人, 然后以这两个碰撞体作为参数调用该代理人的函数。[2]

12.3.5.7 检测运动物体之间的碰撞

至今我们只考虑了两个静止物体的静态相交测试, 物体移动时相交情况会更加复杂。在游戏中, 运动通常是以离散时步 (time step) 来模拟的。因此, 简单的方法是在每个时步中, 将每个刚体的位置和定向当作是静止的, 然后把静态相交测试施于这些碰撞世界的“快照”。若物体的移动速度相对其尺寸来说不是太快, 此方法是可行的。事实上, 此技巧在许多碰撞/物理引擎上行之有效, Havok 也是预设使用此方法的。

---

1 http://en.wikipedia.org/wiki/Double_dispatch

2 译者认为, 如果二维分派表所存储的是函数指针, 可能会更为高效, 因为这样会省去一次虚函数调用。——译者注

然而, 对于较小的高速移动的物体, 此方法便会失效。现在想象有一个物体, 在时步之间的移动幅度大于其尺寸 (以移动方向来计算)。若我们把两个相邻的碰撞世界快照重叠观看, 便会注意到该快速移动的物体在两个快照的像之间会有一段空隙。如果另一个物体刚好在空隙之间, 便会完全错过碰撞。图 12.16 展示了这个“子弹穿纸 (bullet through paper)”的问题, 也可称作“隧穿 (tunneling)”[1]。以下会讲述几个常见的应对方案。

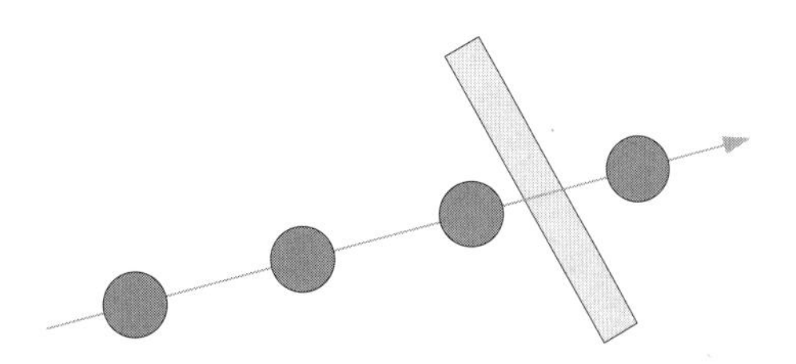

图 12.16 细小快速的物体移动时, 其路径可能会在碰撞世界的连续快照中留下空隙, 这意味着有可能完全错过碰撞

扫掠形状 避免隧穿的方法之一是利用*扫掠形状* (swept shape)。扫掠形状是一个形状随时间从某点移动至另一点所形成的新形状。例如, 扫掠球体是胶囊体, 而扫掠三角形则是一个三角柱体 (见图 12.17)。

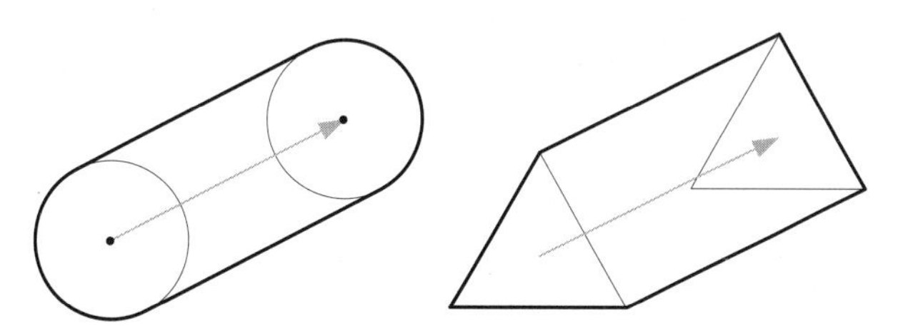

图 12.17 扫掠球体是胶囊体, 扫掠三角形是一个三角柱体

检测相交时, 由测试碰撞世界的静态快照, 改为测试形状从上一个快照的位置及定向移动至当前快照所形成的扫掠形状。此方法等同对快照间的形状做*线性插值*, 因为我们通常以快照间的直线线段扫掠。

当然, 线性插值不一定是高速移动碰撞体的良好逼近值。若碰撞体以曲线路径移动, 那么理论上我们应该按其曲线路径扫掠该形状。然而, 凸形状以曲线扫掠所产生的形状并不是凸的, 所以这会令碰撞测试变得更复杂及需要更多运算。

此外, 若要扫掠的形状正在旋转, 即使扫掠的路径为直线, 所得的扫掠形状也不一定是凸

1 此术语可能借用自量子隧穿效应 (quantum tunnelling effect), 故用此译法。这个效应指粒子在量子力学中, 能穿过经典力学中无法穿过的“墙壁”。——译者注

的。如图 12.18 所示，我们总是可以对形状在之前及当前的快照上进行线性外插，尽管结果并不一定能准确表示形状在时步中的移动范围。换句话说，线性插值不一定适合旋转中的形状。因此，除非形状不能旋转，否则扫掠形状的相交测试相比基于静态快照的来说，更复杂又需要更多运算。

扫掠形状是有用的技术，它能确保不会错过快照间的碰撞。然而，若是沿曲线路径进行线性插值，又或涉及旋转的碰撞体，其测试结果一般是不准确的，所以可能要根据游戏所需使用更细密的技术。

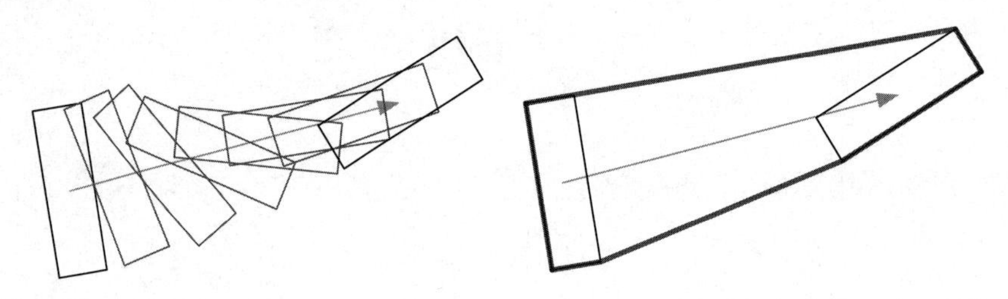

图 12.18 通过线段扫掠的旋转物体，不一定产生凸形状 (左图)。运动的线性插值能生成凸形状 (右图)，但可能相当不接近时步内的发生情况

连续碰撞检测 处理隧穿的另一个方法是使用*连续碰撞检测* (continuous collision detection, CCD) 技术。CCD 的目标是对两个移动物体在某时间区间内，求得最早的*冲击时间* (time of impact, TOI)。

CCD 算法一般是迭代式的。我们在上一个时步及当前时间的位置及定向维护每个碰撞体。这些信息可以用来分别对位置及定向进行线性插值，以产生在该时间区间内任一时间点上的碰撞体变换。然后算法搜寻在移动路径上的最早 TOI。常用的搜寻算法包括 Brian Mirtich 的*保守前进法* (conservative advancement)、向闵可夫斯基和 (Minkowski sum) 投射光线，以及考虑每对形状特征的最小 TOI。索尼娱乐的 Erwin Coumans 在一篇文章[1]中讲述了这种算法，并提供了一个保守前进法的变种。

12.3.6 性能优化

碰撞检测是 CPU 密集的工作，原因有二。

1. 判断两个形状是否相交，所需的计算是非平凡的。
2. 多数游戏世界含有大量的物体，随着物体数量递增，所需的相交测试会迅速增长。

1 https://www.gamedevs.org/uploads/continuous-collision-detection-and-physics.pdf

要检测 n 个物体之间的相交，蛮力法需要逐对测试物体，造成一个 $O(n^2)$ 算法。然而，实践上有更高效的算法。碰撞引擎通常会使用某种空间散列 (spatial hashing) 方法[1]、空间细分 (spatial subdivision) 或层次式包围体积 (hierarchical bounding volume)，以降低所需的相交测试次数。

12.3.6.1 时间一致性

常见的优化技巧之一是利用*时间一致性* (temporal coherency)，也称为*帧间一致性* (frame-to-frame coherency)。当碰撞体以正常速率移动时，在两时步中其位置及定向通常会很接近。通过跨越多帧把结果缓存，可以避免为每帧重新计算一些类型的信息。例如在 Havok 中，碰撞代理人 (`hkpCollisionAgent`) 通常会在帧之间延续，令它们能重复使用之前时步的运算，只要相关的碰撞体运动没导致这些计算结果无效。

12.3.6.2 空间划分

空间划分 (space partitioning) 的基本思路是通过把空间切割成较小的区域，以大幅降低需要做相交测试的碰撞体。若我们 (无须很费时就) 能判断一对碰撞体不属于同一区域，那么就不需要对它们进行更细致的相交测试。

有多种层阶式的方案可以为优化碰撞检测划分空间，例如八叉树 (octree)、二元空间分割树 (binary space partitioning, BSP tree)、kd 树、球体树 (sphere tree) 等。这些方案把空间以不同方式细分，但它们都是层阶式的，由位于树根的大区域逐层细分，直至细分至足够细致的分区。然后就可以遍历该树，以找出及测试潜在碰撞的物体组别，做实际的相交测试。因为树把空间剖分了，所以当向下遍历一个分支时，该分支的物体不可能与其他兄弟分支的物体碰撞。

12.3.6.3 粗略阶段、中间阶段、精确阶段

Havok 使用三阶段的方式，缩减每时步中所需检测的碰撞体集合。

- 首先，用粗略的 AABB 测试判断哪些物体有机会碰撞。这称为*粗略阶段* (broad phase) 碰撞检测。
- 然后，检测复合形状的逼近包围体。这称为*中间阶段* (midphase) 碰撞检测。例如，某复合形状由 3 个球体所构成，该复合形状的包围体积可以是包围那 3 个球体的更大球体。复合形状可能含有其他复合形状，因此，一般来说，复合碰撞体含有一个包围体积层阶结构。

---

1 https://www.gamedev.net/articles/programming/general-and-gameplay-programming/spati-al-hashing-r2697

中间阶段遍历此层阶结构, 以找出可能会碰撞的子形状。

- 最后, 测试碰撞体中个别碰撞原型是否相交。这称为*精确阶段* (narrow phase) 碰撞检测。

扫掠裁减算法 所有主要的碰撞/物理引擎 (如 Havok、ODE、PhysX) 的粗略阶段碰撞检测都会使用一个名为*扫掠裁减* (sweep and prune)[1]的算法。其基本思路是对各个碰撞体的 AABB 的最小、最大坐标在 3 个主轴上排序, 然后通过遍历该有序表检测 AABB 间是否重叠。扫掠裁减算法可以利用帧间一致性把 $O(n \log n)$ 的排序操作缩减至 $O(n)$ 的预期运行时间。帧间一致性也可以帮助旋转物体时更新其 AABB。

12.3.7 碰撞查询

碰撞检测系统的另一个任务是回答有关游戏世界中碰撞体积的假想问题 (hypothetical question), 例如:

- 从玩家武器的某方向射出子弹, 若能击中目标, 那目标是什么?
- 汽车从 A 点移动至 B 点是否会碰到任何障碍物?
- 找出玩家在给定半径范围内的所有敌人对象。

一般而言, 这些操作称为*碰撞查询* (collision query)。[2]

最常用的查询类型是*碰撞投射* (collision cast), 或简称作*投射* (cast)。(常见同义词还有*追踪*、*探查*。) 投射用于判断, 若放置某假想物体于碰撞世界, 并沿光线 (ray) 或线段移动, 是否会碰到世界中的物体。投射与正常的碰撞检测操作不太一样, 因为投射的实体并不真正存在于碰撞世界, 它完全不会影响世界中的其他物体。这就是为什么我们称, 碰撞投射是回答关于世界中碰撞物体的*假想*问题。

12.3.7.1 光线投射

最简单的碰撞投射是*光线投射* (ray cast), 虽然此术语实际上有点不准确。实际上要投射的是*有向线段* (directed line segment), 换句话说, 我们的投射是有起点 ($\boldsymbol{p}_0$) 和终点 ($\boldsymbol{p}_1$) 的。(多数碰撞系统不支持无限长的光线, 因为它们使用到以下介绍的参数公式。) 投射线段用于检测与碰撞世界物体是否相交。若发生相交, 就会传回接触点或点集。

---

1 `http://en.wikipedia.org/wiki/Sweep_and_prune`

2 在计算机几何中, 这类问题可归纳为几何查询 (geometric query) 问题。——译者注

光线投射系统的线段通常以起点 ($\boldsymbol{p}_0$) 以及增量矢量 ($\boldsymbol{d}$) 来描述, 而起点加上增量矢量后就会得出终点 ($\boldsymbol{p}_1$)。此线段上的任何点都可在以下的参数方程 (parametric equation) 中求得, 其中参数 t 的值的范围是 0~1:

$$\boldsymbol{p}(t) = \boldsymbol{p}_0 + t\boldsymbol{d}, \qquad t \in [0, 1]$$

显然, $\boldsymbol{p}_0 = \boldsymbol{p}(0)$, $\boldsymbol{p}_1 = \boldsymbol{p}(1)$。此外, 沿线段上的每点都可以用唯一的 t 值来指明。许多光线投射 API 会传回"t 值", 或是提供一个函数把接触点转换为对应的 t。

多数碰撞检测系统可以传回最早的接触, 即与 $\boldsymbol{p}_0$ 最接近的接触点, 又即对应 t 最小值的点。有些系统也能够传回与光线或线段相交的所有接触点的完整列表。其传回的每个接触点信息, 通常都会包含 t 值、其相交的碰撞体的唯一标识符, 或会包含其他信息, 如该接触点的表面法线、形状或表面的其他相关属性。接触点的数据结构可能是这样的:

```
struct RayCastContact
{
    F32     m_t;              // 此接触点的t值
    U32     m_collidableId;   // 击中哪个可碰撞体?
    Vector  m_normal;         // 接触点的法矢量
    // 其他信息
};
```

光线投射的应用 光线投射在游戏中大量使用。例如, 我们可能希望询问碰撞系统, 角色 A 是否能直接看见角色 B。为了做出判断, 可以简单地从角色 A 的双眼投射有向线段至角色 B 的胸口。若光线触碰角色 B, 那么 A 就能"看见"B。但若光线在到达角色 B之前碰到其他物体, 便能得知该视线正被阻挡。光线投射也被应用在武器系统 (如判断子弹是否命中)、玩家机制 (如判断角色脚底下是否为地面)、人工智能系统 (如视线检测、瞄准、移动查询等)、载具系统 (如把车轮依附地面) 等。

12.3.7.2 形状投射

另一种对碰撞系统的常见查询, 是问一个假想凸形状可以沿一有向线段移动多远才会碰到其他物体。若投射的体积是球体, 则称为*球体投射* (sphere cast), 更一般的情况称为*形状投射* (shape cast)。(Havok 称这些为*线性投射*。) 如同光线投射, 形状投射也是指定起点 $\boldsymbol{p}_0$、行程距离 $\boldsymbol{d}$, 当然还要提供投射的形状类型、大小、定向的信息。

投射一个凸形状时有两个情况要考虑。

1. 投射形状已插入或接触到至少一个其他的碰撞体, 因而阻止投射形状移离起点。

2. 投射形状在起点没有与其他碰撞体相交, 因此可以自由地沿路径移动一段非零距离。

在第一种情况下, 碰撞系统通常会汇报在起始时投射形状与所有相交碰撞体的接触点。这些接触点可能位于投射形状之内或位于其表面, 如图 12.19 所示。

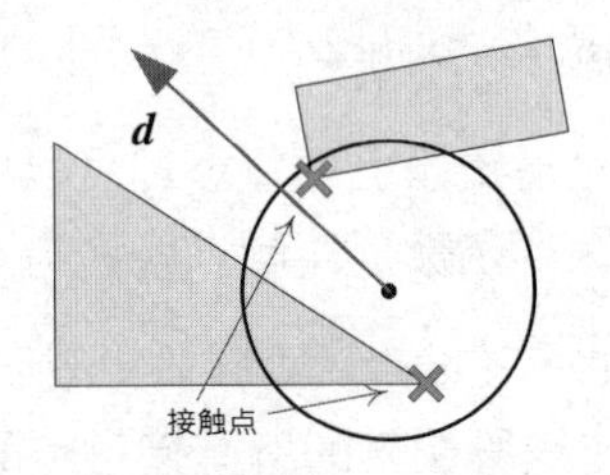

图 12.19 球体在开始投射时已穿透其他物体, 无法再移动, 还可能有多于一个接触点

在第二种情况下, 投射形状可能会在碰到物体前, 沿线段移动一段非零距离。假设投射形状碰到一些物体, 通常只会是单个碰撞体。然而, 若轨道刚刚好, 投射形状也有可能会在同时撞击到多个碰撞体。当然, 若受击的碰撞体是非凸多边形汤, 投射形状便可能会同时碰到多边形汤的多个部分。[1] 我们可以安全地说, 无论投射什么类型的凸形状, 都有可能 (尽管可能性不大) 产生多个接触点。然而在这种情况下, 接触点必然会在投射形状的表面, 而永不会在形状里面 (因为我们知道投射形状在开始移动之前没有插入其他形状中), 见图 12.20。

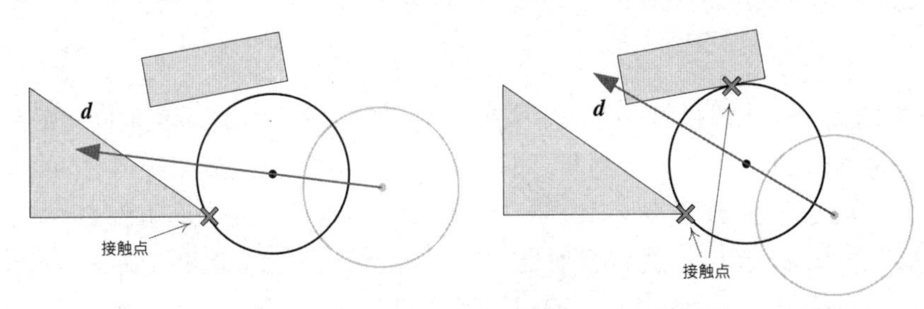

图 12.20 若投射开始时形状没有穿透任何物体, 那么形状就可以沿线段移动一段非零距离, 并且接触点 (若有) 总会在形状的表面

如同光线投射, 有些形状投射的 API 仅传回投射形状最早碰到的 (一个或多个) 接触, 而其他 API 可以让形状继续投射, 传回所有碰到的接触。图 12.21 展示了后者。

形状投射所传回的接触信息会比光线投射的更复杂一点。不能简单地传回一个或多个 t 值, 因为 t 值只能表示形状沿路径的中心点位置, 而不能告之碰撞的表面位置或内部位置。因此, 多数形状投射 API 会同时传回 t 值及实际接触点, 再加上其他相关信息 (如受击的碰撞体、

1 若两个形状皆凸, 它们的接触特征 (接触点或棱、面) 只有一对, 例如一个形状的顶点接触到另一形状的面。——译者注

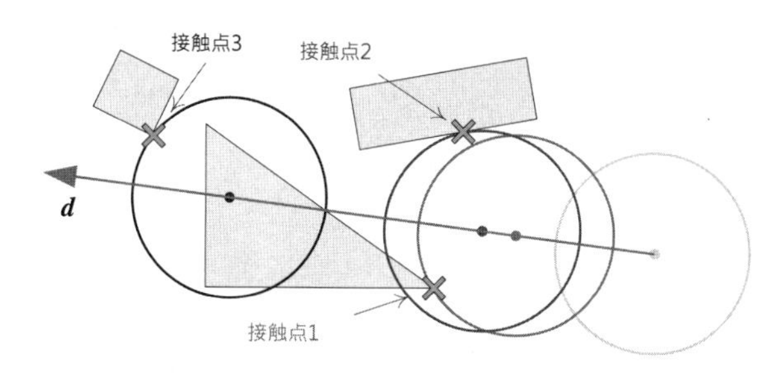

图 12.21 形状投射 API 可能传回最早接触到的所有接触点

接触点的表面法线等)。

不同于光线投射 API, 形状投射系统必须能传回多个接触点。这是由于, 即使传回最早的 t 值, 投射形状仍可能同时接触到游戏世界中多个不同的碰撞体, 或是触碰到单个非凸碰撞体的多个点。因此, 碰撞系统通常传回接触点的数组或列表数据结构, 其中每个元素可能如下所示:

```
struct ShapeCastContact
{
    F32     m_t;            // 此接触点的t值
    U32     m_collidableId; // 击中哪个可碰撞体?
    Point   m_contactPoint; // 实际接触点的位置
    Vector  m_normal;       // 接触点的法矢量
    // 其他信息
};
```

在一些接触点中, 我们通常希望分辨每个 t 值所对应的接触点集合。例如, 最早的接触实际上由一组接触点表示, 这些接触点都有相同的 t 值, 该 t 值为列表中最小的值。必须注意, 碰撞系统传回的接触点可能会以 t 值排序, 或是不做排序。如果没有排序, 最好手动把结果以 t 值排序。这样可确保列表第一个接触点会是沿投射路径最早的接触点集合之一。

形状投射的应用 形状投射在游戏中极为有用。球体投射可用于判断虚拟摄像机是否与游戏世界中的物体碰撞。球体或胶囊体投射也常用于实现角色移动。例如, 要令角色在崎岖不平的地形上滑行前进, 我们可以从角色脚部向移动方向投射一个球体或胶囊体。然后通过第二次投射向上或向下调整该形状, 确保形状仍然保持和地面接触。若球体遇到很矮的垂直障碍物, 例如马路牙子, 就可以把球体"突然提升"至台阶之上。若垂直障碍物很高, 例如碰到墙壁, 那么投射球体就可以沿墙壁水平滑动。投射球体的最终位置就成为角色在下一帧的新位置。

12.3.7.3 phantom

有时候, 游戏需要判断碰撞体是否位于游戏中某些指定的体积里。例如, 我们可能需要获取玩家角色某半径范围内的所有敌人列表。为此, Havok 提供了一种特别的, 称为phantom (幻影)[1] 的碰撞体。

phantom 的行为有如零距离的形状投射。在任何时刻, 我们都可以用 phantom 查询与其接触的其他碰撞体。查询的结果数据格式, 实质上与零距离形状投射的相同。

然而, phantom 与形状投射的区别是, phantom 会持续在碰撞世界里存在。这样, 检测 phantom 与“真实”碰撞体时, 就能充分利用碰撞引擎的时间一致性优化。事实上, phantom 和正常碰撞体的唯一区别是, phantom 对于碰撞世界中其他碰撞体来说是“透明”的 (phantom 也不参与动力学模拟)。那么就可以回答 phantom 与哪些真实碰撞体碰撞的假设性问题, 又能确保 phantom 完全不会影响到碰撞世界中的其他碰撞体 (包括 phantom)。

12.3.7.4 其他查询类型

除了投射, 有些碰撞引擎还支持其他种类的查询。例如, Havok 提供最近点 (closest point) 查询[2], 给定一个碰撞体, 就能找出其他接近的碰撞体上的最近点集合。

12.3.8 碰撞过滤

游戏开发者经常需要启用或禁用对某类型物体的碰撞检测。例如, 多数物体可以穿过水体的表面。可加入浮力模拟 (buoyancy simulation) 令那些物体上浮或下沉, 但无论是哪一种情况, 我们都不希望水面像固体一样。多数碰撞引擎可以根据游戏的具体准则, 来决定碰撞体之间的接触是否成立。这就是*碰撞过滤* (collision filtering) 功能。

12.3.8.1 碰撞掩码及碰撞层

常见的碰撞过滤方法之一, 就是对世界中的物体进行分类, 然后用一个查找表判断某类碰撞体能否与另一些分类碰撞。例如, 在 Havok 中, 碰撞体可以属于 (唯一) 一个碰撞层。Havok 的默认碰撞过滤器是 `hkpGroupFilter` 类的实例, 它对每个碰撞层维护一个 32 位的掩码, 其中每位指定某碰撞层是否能与另一碰撞层碰撞。

---

1 这仅是 Havok 引擎的术语, 由于无普遍性, 不硬译作“幻影”。——译者注

2 更一般性的术语为邻近查询 (proximity query)。——译者注

12.3.8.2 碰撞回调

另一种过滤技术是，当碰撞库检测到碰撞时调用*回调函数* (callback function)。回调函数可以检查碰撞的具体信息，然后按自己所定的条件决定接受或拒绝碰撞。Havok 也支持这种过滤。在 Havok 中，当接触点一开始被加进世界时，就会调用 `contactPointAdded()` 回调函数。若后来判断接触点是合法的 (若找到更早碰撞时间的接触，此接触点可能会获判失效)，就会调用 `contactPointConfirmed()` 回调函数。若有需要，应用程序可以在这些回调中拒绝这些接触点。[1]

12.3.8.3 游戏专门的碰撞材质

游戏开发者通常需要对游戏世界中的物体进行分类，除了用来控制它们如何碰撞 (如使用碰撞过滤)，也可以控制其他效果，如某类物体撞到另一类物体时所产生的声音或粒子效果。例如，我们可能希望区分木、石、金属、泥、水及血肉之躯的效果。

要达到此目的，许多游戏实现了一种碰撞形状分类机制，它在多方面与图形的*材质系统*相似。事实上，有些游戏团队使用*碰撞材质* (collision material) 这个术语形容这种分类机制。其基本思路是把每个碰撞表面关联至一组属性，这组属性定义了某种表面在物理上和碰撞上的行为。碰撞属性可包含音效、粒子效果、物理属性 (如恢复系数和摩擦系数[2])、碰撞过滤信息，以及其他游戏所需的信息。

简单凸碰撞原型通常只会使用一组碰撞属性。而多边形汤形状可能需要在每个三角形上设置属性。在后者的使用方式中，我们通常希望碰撞原型及其碰撞属性的绑定能尽量紧凑。典型的做法是碰撞原型以 8、16 或 32 位整数，或是指向材质数据的指针，去指定碰撞材质。此整数用于索引至某数据结构数组，内含详细的碰撞属性。

12.4 刚体动力学

在游戏引擎中，我们特别关注物体的*运动学* (kinematics)，即物体如何随时间移动。许多游戏引擎都包含*物理系统* (physics system)，以模拟虚拟游戏世界中的物体，使其运动接近现实世界中的方式。从技术上来说，物理引擎通常关注物理的其中一个学科——*动力学* (dynamics)。

---

1 这种方法提高了应用程序的自由度，但效率会较低。因为以分类判断的话，可以在粗略阶段判断是否继续较细致地进行相交计算。碰撞引擎可以在粗略阶段提供回调函数，能尽早剔除一些不需要的运算。——译者注

2 恢复系数和摩擦系数分别在 12.4.7.2 及 12.4.7.5 节中进行0介绍。——译者注

动力学研究力 (force) 如何影响物体的移动。[1] 一直以来, 在游戏中几乎只关注动力学中的经典刚体动力学 (classical rigid body dynamics)。此术语意味着在游戏物理模拟中, 做了两个重要的简化假设。

- 经典 (牛顿) 力学: 模拟中假设物体服从牛顿运动定律 (Newton's laws of motion)。物体足够大, 不会产生量子效应 (quantum effect); 物体的速度足够低, 不会产生相对论性效应 (relativistic effect)。
- 刚体: 模拟中的物体是完美的固体, 不会变形。换言之, 其形状是固定的。这种假设能良好配合碰撞检测系统。而且刚性能大幅简化模拟固体动力学所需的数学知识。

游戏物理引擎也能确保游戏世界中的刚体运动符合多个约束 (constraint)。最常见的约束是非穿透性 (non-penetration), 即物体不能互相穿透。因此, 当发现物体互相穿透时, 物理系统要尝试提供真实的碰撞响应 (collision response)。[2] 这是物理引擎与碰撞系统紧密关联的主因之一。

多数物理系统也允许游戏开发者设置其他类型的约束, 以定义物理模拟刚体之间的真实互动。这些约束包括铰链 (hinge)、棱柱关节 (prismatic joint, 即滑动块, slider)、球关节 (ball joint)、轮、"布娃娃" (用于模拟失去知觉或死亡的角色), 诸如此类。

物理系统通常会共享碰撞世界中的数据结构, 而且事实上物理引擎通常会驱动碰撞检测算法的执行, 作为物理时步更新的一个环节。动力学模拟的刚体和碰撞引擎的碰撞体通常是一对一的映射关系。例如, 在 Havok 中, `hkpRigidBody` 物体引用至 (唯一) 一个 `hkpCollidable` (虽然也可以创建无对应刚体的碰撞体)。在 PhysX 中, 这两个概念更紧密地整合在一起, 一个 `NxActor` 同时用作碰撞体及动力学模拟的刚体。这些刚体及其对应的碰撞体通常会由一个单例[3]数据结构管理, 例如被称作碰撞/物理世界 (collision/physics world), 或简单地被称为物理世界 (physics world)。

物理引擎中的刚体通常独立于游戏性虚拟世界中的逻辑对象。游戏对象的位置和定向可以由物理模拟驱动。要达到此目的, 我们需要每帧向物理引擎查询刚体的变换[4], 然后把该变换以某种方式施于对应游戏对象的变换。游戏对象的动作也可以由其他引擎系统 (如动画系统或角色控制系统) 所决定, 再去驱动物理世界中刚体的位置及定向。12.3.1 节曾提及, 一个逻辑游戏对象可由物理世界中的一个或多个刚体所表示。简单的对象 (如石头、武器、木桶) 可对应

1 与动力学相对的是静力学 (statics), 研究物体在静止平衡状态下的负载, 并不考虑时间上的变化。不过游戏中很少会应用到静力学。——译者注

2 当使用连续碰撞检测时, 碰撞响应实际上避免了出现穿透。

3 物理引擎通常可创建多个互不相关的物理世界, 所以这里并不是严格意义上的单例。——译者注

4 由于是刚体模拟, 这里的变换是刚性变换, 即只含有位移和旋转, 不含缩放及切变。——译者注

至单个刚体。但是, 含关节的角色或复杂的机器可能由多个互相连接的刚体所构成。

本章以下内容致力于研究游戏物理引擎是如何运作的。我们简介刚体动力学模拟的理论后, 便会研究游戏物理系统中一些常见的功能, 并会察看物理引擎是如何被整合至游戏中的。

12.4.1 基础

关于经典刚体动力学这一主题, 有许多非常优秀的书籍、文章、简报。参考文献 [15] 提供了解析力学的坚实基础。参考文献 [34]、[11] 及 [25] 等是更贴近我们讨论的文献, 内容针对游戏所用的物理模拟。参考文献 [1]、[9] 、[28] 等包含游戏的刚体动力学章节。Chris Hecker 在《游戏开发者杂志》(*Game Developer Magazine*) 上撰写了一系列关于游戏物理的文章。他把这些文章和相关的资源发布于其个人网站。[1] Russell Smith(ODE 的主要开发者) 也提供了一个关于游戏动力学模拟的简报。[2]

在本节中, 笔者将概述多数游戏物理引擎背后的基础理论概念。这只是一个旋风之旅, 笔者必须略去一些细节。当读者阅读本章时, 强烈建议读者读一读上面提到的资源。

12.4.1.1 单位

多数刚体动力学模拟都会使用 MKS 单位系统。此系统中, 距离以米 (meter, m) 为单位, 质量以千克 (kilogram, kg) 为单位, 时间以秒 (second, s) 为单位。MKS 系统因这些单位缩写而得名。

读者可以设置物理系统使用其他单位, 但必须确保模拟中所有量纲保持一致。例如, 因引力而产生的加速度常量 g, 在 MKS 系统中使用 $\mathrm{m/s^2}$ 为单位, 若读者选择其他单位系统就要适当地进行转换。多数游戏团队都会坚持使用 MKS 系统, 这能使生活过得轻松一点。

12.4.1.2 分离线性及旋转动力学

无约束刚体 (unconstrained rigid body), 指可以在 3 个笛卡儿轴上自由位移, 并绕这 3 个轴自由旋转的刚体。我们称这种刚体含 *6 个自由度* (degree of freedom, DOF)。

这可能有点出乎意料, 但无约束刚体的运动可以分离为两个独立的部分。

- *线性动力学* (linear dynamics) 描述刚体除旋转以外的运动。(我们可单使用线性动力学描述理想化*质点*的运动。所谓质点是指无穷小、无法旋转的物质。)

1 http://chrishecker.com/Rigid_Body_Dynamics
2 http://www.ode.org/slides/parc/dynamics.pdf

- *旋转动力学* (angular dynamics) 描述刚体的旋转性运动。

读者可以很容易想象, 能够分离线性及旋转部分, 对于分析或模拟刚体的运动是有万分帮助的。这意味着我们无须顾及一个刚体的旋转运动, 就能计算其线性运动, 这有如把刚体视作理想化质点。然后, 再叠加上旋转运动就可以完整地描述刚体运动。

12.4.1.3 质心

以线性动力学的需求来说, 无约束刚体的行为有如把其所有物质集中于一个点, 此点称为*质心* (center of mass, CM 或 COM)。质心本质上是刚体在所有方向上的平衡点。换句话说, 刚体的质量在所有方向上均匀分布在质心周围。

在均匀密度的刚体中, 其质心位于刚体的*几何中心* (centroid)。即如果把刚体切割成 N 个非常小的等份, 再把它们的位置之和除以 N 后就会逼近质心位置。若刚体的密度并非均匀, 那么就要令每个小块以其质量作为权值, 也即一般来说, 质心是这些小块位置的加权平均值。因此:

$$\boldsymbol{r}_{\mathrm{CM}} = \frac{\sum_{\forall i} m_i \boldsymbol{r}_i}{\sum_{\forall i} m_i} = \frac{\sum_{\forall i} m_i \boldsymbol{r}_i}{m}$$

其中, m 表示刚体的总量, 而 $\boldsymbol{r}$ 表示矢径 (radius vector) 或位置矢量 (position vector), 即从世界空间原点至该点的矢量。(当这些小块的大小和质量趋向 0 时, 此和便变成积分。)

对于凸的刚体, 其质心总是位于刚体之内。凹的刚体的质心可能位于刚体之外。(例如, 字母 “C” 的质心位于哪里呢?)

12.4.2 线性动力学

以线性动力学的需求来说, 刚体的位置可以完全由一个位置矢量 $\boldsymbol{r}_{\mathrm{CM}}$ 描述, 如图 12.22 所示, 该矢量由世界空间原点延伸至刚体质心。由于我们使用 MKS 系统, 位置以米为单位。因为正在描述的是刚体质心的运动, 以下讨论会略去 CM 下标。

12.4.2.1 线性速度和加速度

刚体的*线性速度* (linear velocity) 定义了刚体质心的移动速率和方向。线性速度是矢量, 通常以米每秒 (m/s) 为单位。速度[1]是位置对于时间的第一导数, 因此可以写成:

$$\boldsymbol{v}(t) = \frac{\mathrm{d}\boldsymbol{r}(t)}{\mathrm{d}t} = \dot{\boldsymbol{r}}(t)$$

1 严格地说, 应称为瞬时速度 (instantaneous velocity)。——译者注

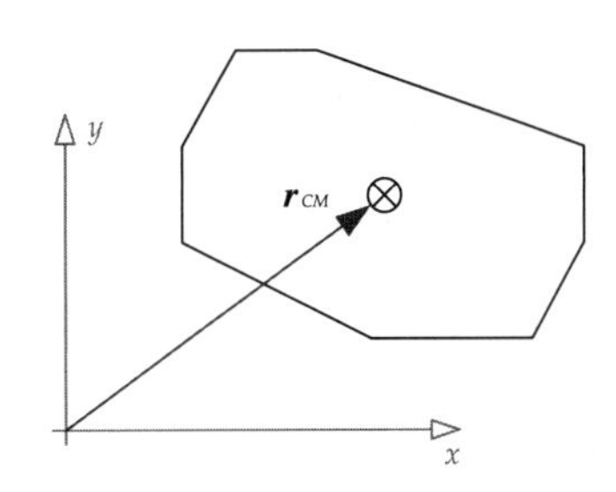

图 12.22 以线性动力学的需求来说, 刚体的位置可以完全由其质心位置所描述

其中矢量 $\boldsymbol{r}$ 上面的点代表对于时间的导数。[1] 对矢量微分等于对其分量独立地微分, 因此:

$$v_x(t) = \frac{\mathrm{d}r_x(t)}{\mathrm{d}t} = \dot{r}_x(t)$$

y 和 z 分量也是如此。

线性加速度 (linear acceleration) 是线性速度对于时间的第一导数, 又等于刚体质心位置对于时间的第二导数。加速度也是矢量, 通常使用符号 $\boldsymbol{a}$ 表示, 可写成:

$$\begin{aligned}\boldsymbol{a}(t) &= \frac{\mathrm{d}\boldsymbol{v}(t)}{\mathrm{d}t} = \dot{\boldsymbol{v}}(t) \\ &= \frac{\mathrm{d}^2\boldsymbol{r}(t)}{\mathrm{d}t^2} = \ddot{\boldsymbol{r}}(t)\end{aligned}$$

12.4.2.2 力及动量

力 (force) 定义为任何能使含质量物体加速或减速的东西。力含模 (magnitude) 及空间中的方向, 因此所有力都以矢量表示。力通常标记为符号 $\boldsymbol{F}$。当 N 个力施于一个刚体时, 其对刚体线性运动的净效应为那些力的矢量和:

$$\boldsymbol{F}_{\text{net}} = \sum_{i=1}^{N} \boldsymbol{F}_i$$

著名的牛顿力学第二定律指出, 力与加速度和质量成正比:

$$\boldsymbol{F}(t) = m\boldsymbol{a}(t) = m\ddot{\boldsymbol{r}}(t) \tag{12.2}$$

此定律意味着, 力的单位是千克米每平方秒 (kg-m/s^2), 又称为牛顿 (Newton)。

---

1 此乃牛顿标记法 (Newton's notation), 常见于力学中。而 $\mathrm{d}x/\mathrm{d}t$ 是莱布尼茨标记法 (Leibniz's notation)。——译者注

当把刚体的线性速度和质量相乘时，就会得出线性动量 (linear momentum)。线性动量习惯以 $\boldsymbol{p}$ 表示[1]:

$$\boldsymbol{p}(t) = m\boldsymbol{v}(t)$$

当质量是常数时，算式 (12.2) 是正确的。但若质量不是常数，例如，火箭的燃料会逐渐转变为能量，算式 (12.2) 就不完全正确了。下面的公式才是正确的:

$$\boldsymbol{F}(t) = \frac{\mathrm{d}\boldsymbol{p}(t)}{\mathrm{d}t} = \frac{\mathrm{d}\big(m(t)\boldsymbol{v}(t)\big)}{\mathrm{d}t}$$

当质量是常数时，m 就可以抽出微分之外，变成我们所熟悉的 $\boldsymbol{F} = m\boldsymbol{a}$。[2]我们并不怎么需要关注线性动量。然而，在旋转动力学中，动量的概念就变得更相关。

12.4.3 运动方程求解

刚体动力学的中心问题是，给定一组施于刚体的已知力，对刚体的运动求解。对于线性动力学而言，这是指给定合力 $\boldsymbol{F}_{\mathrm{net}}(t)$ 及其他信息 (如之前某刻的位置及速度)，求出 $\boldsymbol{v}(t)$ 及 $\boldsymbol{r}(t)$。以下会见到，这等于对两个常微分方程求解，一个是给定 $\boldsymbol{a}(t)$ 求 $\boldsymbol{v}(t)$，另一个是给定 $\boldsymbol{r}(t)$ 求 $\boldsymbol{v}(t)$。

12.4.3.1 把力作为函数

力可以是常数，也可以是随时间变化的函数，如上节所示的 $\boldsymbol{F}(t)$ 。力也可以是刚体位置、速度或其他多个变量的函数。因此，广义上力可以表达为:

$$\boldsymbol{F}(t, \boldsymbol{r}(t), \boldsymbol{v}(t), \cdots) = m\boldsymbol{a}(t) \tag{12.3}$$

这还可以写成按位置矢量及其第一、第二导数表示的函数:

$$\boldsymbol{F}(t, \boldsymbol{r}(t), \dot{\boldsymbol{r}}(t), \cdots) = m\ddot{\boldsymbol{r}}(t)$$

例如，弹簧所产生的力，与其从自然静止位置拉伸的距离成正比。在一维中，若弹簧的静止位置是 $x = 0$，弹簧的力可以写成:

$$F(t, x(t)) = -kx(t)$$

1 在牛顿引入动量之前，科学界有一个和动量相似、称为 impetus(词源来自拉丁文 in + petere) 的概念。可能是因此后人才使用 $\boldsymbol{p}$ 来代表动量，而这样也避免了使用 m 和质量冲突。——译者注

2 如果质量是 t 的函数，那么 $\boldsymbol{F}(t) = \dfrac{\mathrm{d}\ (m(t)\boldsymbol{v}(t))}{\mathrm{d}t} = \boldsymbol{v}(t)\dfrac{\mathrm{d}m(t)}{\mathrm{d}t} + m(t)\dfrac{\mathrm{d}\boldsymbol{v}(t)}{\mathrm{d}t}$。——译者注

k 是弹簧常数 (spring constant), 用于测量弹簧的刚度 (stiffness)。

再举另一个例子, 机械黏滞阻尼器 (mechnical viscous damper, 也称为减震器, dashpot) 所产生的力, 与阻尼器的活塞速度成正比。因此在一维中, 这个力可以写成:

$$F(t, v(t)) = -bv(t)$$

其中 b 是黏滞阻尼系数 (viscous damping coefficient)。

12.4.3.2 常微分方程

广义来说, 常微分方程 (ordinary differential equation, ODE[1]) 是涉及一个自变量 (independent variable) 的函数及多个该函数导数的方程。若自变量是时间, 而该函数是 $x(t)$, 那么一个 ODE 是以下形式的关系:

$$\frac{\mathrm{d}^n x}{\mathrm{d}t^n} = f\left(t, x(t), \frac{\mathrm{d}x(t)}{\mathrm{d}t}, \frac{\mathrm{d}^2 x(t)}{\mathrm{d}t^2}, \cdots, \frac{\mathrm{d}^{n-1} x(t)}{\mathrm{d}t^{n-1}}\right)$$

另一种说法是,$x(t)$ 的第 n 阶导数表示为函数 f, 而函数 f 的参数为时间 (t)、位置 $(x(t))$, 以及任意数量低于 n 阶的 $x(t)$ 导数。

如算式 (12.3) 所示, 力在广义上是时间、位置及速度的函数:

$$\ddot{\boldsymbol{r}}(t) = \frac{1}{m}\boldsymbol{F}(t, \boldsymbol{r}(t), \dot{\boldsymbol{r}}(t))$$

这显然符合常微分方程的资格。我们希望能对这个常微分方程求解, 以得出 $\boldsymbol{v}(t)$ 及 $\boldsymbol{r}(t)$。

12.4.3.3 解析解

在很罕见的情况下, 运动的微分方程可以求出解析解 (analytical solution)。即, 可以找到一个简单的闭型函数, 描述所有可能的时间值 t 的刚体位置。一个常见的例子是抛射物 (projectile) 受引力加速度影响的垂直运动, 其中加速度为 $\boldsymbol{a}(t) = [0, g, 0]$, 而 $g = -9.8\mathrm{m/s^2}$。在这个例子中, 常微分方程可归纳为:

$$\ddot{y}(t) = g$$

对此求积分, 得出:

$$\dot{y}(t) = gt + v_0$$

1 请勿与开放物理引擎 (open dynamics engine, ODE) 混淆。——译者注

其中 v_0 是抛射物的初始垂直速度。再求第二次积分就会得出熟悉的解:

$$y(t) = \frac{1}{2}gt^2 + v_0 t + y_0$$

其中 y_0 为抛射物的初始垂直位置。

然而,在游戏物理中几乎永不可能有解析解。得出此结论的部分原因是一些微分方程根本无闭型解。此外,游戏是一个互动模拟,我们通常不可能预知游戏中的力如何随时间变化。因此,不可能求得简单的闭型、随时间变化的函数,以表示游戏中物体的位置及速度。

当然这个经验法则也有例外。例如有一个抛射体必须击中预定目标,为了计算其初始速度,很常见的方法是求解一个闭型表达式。†

12.4.4 数值积分

由于上述原因,游戏物理引擎改为使用*数值积分* (numerical integration) 技术。使用这种技术,我们能对微分方程以*时步* (time step) 的方式求解,即以上一时步的解求得本时步的解。时步的长度通常 (大约) 是常数,并标记为 Δt。给定已知某刚体在 t_1 时间的位置及速度,并且力是时间、位置及/或速度的函数,希望求得在下一时步 $t_2 = t_1 + \Delta t$ 的位置及速度。换句话说,给定 $\boldsymbol{r}(t_1)$、$\boldsymbol{v}(t_1)$ 及 $\boldsymbol{F}_1(t, \boldsymbol{r}, \boldsymbol{v})$,求出 $\boldsymbol{r}(t_2)$ 及 $\boldsymbol{v}(t_2)$。

12.4.4.1 显式欧拉法

常微分方程的最简单数值求解方法之一是*显式欧拉法* (explicit Euler method)。这是游戏程序新手最常使用的直观方法。假设在某一时刻我们得知当前的速度,而希望对以下的常微分方程求解,以得出次帧的刚体位置:

$$\boldsymbol{v}(t) = \dot{\boldsymbol{r}}(t) \tag{12.4}$$

使用显式欧拉法,只需简单地把速度乘以时步,即从米每秒的单位转换为米每帧,然后把 1 帧所移动的距离加至当前位置,以求出物体在次帧的新位置。这就能得出以下对该常微分方程 (12.4) 的近似解:

$$\boldsymbol{r}(t_2) = \boldsymbol{r}(t_1) + \boldsymbol{v}(t_1)\Delta t \tag{12.5}$$

我们可以用类似方式,给定施于本帧的合力,求物体次帧的速度。此常微分方程为:

$$\boldsymbol{a}(t) = \frac{\boldsymbol{F}_{\text{net}}(t)}{m} = \dot{\boldsymbol{v}}(t)$$

而使用显式欧拉法对此常微分方程求得的近似解为:

$$\boldsymbol{v}(t_2) = \boldsymbol{v}(t_1) + \frac{\boldsymbol{F}_{\text{net}}(t)}{m}\Delta t \tag{12.6}$$

显式欧拉法的诠释 算式 (12.5) 所做之事, 实际上是假设在该时步中, 物体的速度维持不变。因此, 我们可使用当前的速度去预计次帧的物体位置。位置在时间 t_1 及 t_2 之间的改变量 $\Delta\boldsymbol{r} = \boldsymbol{v}(t_1)\Delta t$。若我们绘制刚体位置对时间的图, 实际上是使用 t_1 时函数的斜率 (就是 $\boldsymbol{v}(t)$), 线性外插出下一时步 t_2 时该函数的值。如图 12.23 所示, 线性外插并不一定可以很好地预测下一时步的真正位置 $\boldsymbol{r}(t_2)$, 但如果速度大约是常数, 这种方法可得出不错的结果。

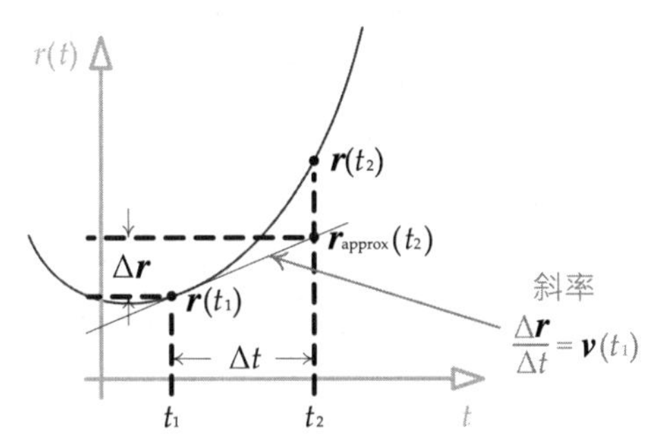

图 12.23 在显式欧拉法中, 使用 t_1 时函数 $\boldsymbol{r}(t)$ 的斜率, 从 $\boldsymbol{r}(t_1)$ 线性外插出 $\boldsymbol{r}(t_2)$ 的估值

图 12.23 也暗示了显式欧拉法的另一种诠释——导数的逼近。根据定义, 任何导数都是两个无穷小的差的商 (在我们的例子中是 $\mathrm{d}\boldsymbol{r}/\mathrm{d}t$)。显式欧拉法使用两个有限差的商逼近这个值。换句话说,$\mathrm{d}\boldsymbol{r}$ 变成 $\Delta\boldsymbol{r}$, $\mathrm{d}t$ 变成 Δt 就得出:

$$\begin{aligned}\frac{\mathrm{d}\boldsymbol{r}}{\mathrm{d}t} &\approx \frac{\Delta\boldsymbol{r}}{\Delta t},\\ \boldsymbol{v}(t_1) &\approx \frac{\boldsymbol{r}(t_2)-\boldsymbol{r}(t_1)}{t_2-t_1}\end{aligned}$$

此算式能再次简化为算式 (12.5)。仅当速度在时步中维持不变时, 此逼近法才是合法的。若 Δt 趋近 0, 其极限也是合法的 (那么会变成完全准确)。显然, 相同的分析方法也可以用在算式 (12.6) 中。

12.4.4.2 数值方法的特性

笔者已经指出, 显式欧拉法并不太准确。我们再具体地研究一下此问题。常微分方程的数值解实际上有 3 个重要且互相有关联的特性。

- 收敛性 (convergence): 当时步 Δt 趋向于 0 时, 近似解是否逐渐接近真实解?

- 阶数 (order): 给定常微分方程的某个数值逼近解, 误差有多“差”? 常微分方程数值解的误差, 通常与时步长 Δt 的某个幂成正比, 因此通常会把这些误差写成大 O 标记法 (例如 $O(\Delta t^2)$)。当某数值方法的误差为 $O(\Delta t^{(n+1)})$ 时, 我们称它为 n 阶的数值方法。
- 稳定性 (stability): 数值解是否随时间“安顿下来”? 若某数值方法在系统中加进能量, 物体的速度最终会“爆炸”, 使系统变得不稳定。相反, 若某数值方法趋向从系统中消去能量, 那么会形成全局阻尼的效果, 系统会是稳定的。

阶数的概念需要多一点解释。通常在度量数值方法的误差时, 会比较其逼近方程与常微分方程精确解的泰勒级数 (Taylor series) 展开式。然后通过对这两个方程做减法消除通项。余下的泰勒项表示该数值方法固有的误差。例如, 显式欧拉方程为:

$$\boldsymbol{r}(t_2) = \boldsymbol{r}(t_1) + \dot{\boldsymbol{r}}(t_1)\Delta t$$

而精确解的泰勒级数展开式为:

$$\boldsymbol{r}(t_2) = \boldsymbol{r}(t_1) + \dot{\boldsymbol{r}}(t_1)\Delta t + \frac{1}{2}\ddot{\boldsymbol{r}}(t_1)\Delta t^2 + \frac{1}{6}\boldsymbol{r}^{(3)}(t_1)\Delta t^3 + \cdots$$

其中, $\boldsymbol{r}^{(3)}$ 表示对时间的第三导数。因此, 欧拉方法的误差可表示为 $\boldsymbol{v}\Delta t$ 之后的所有项, 而这些项的阶数为 $O(\Delta t^2)$ (因为余下更高阶的项比这项的影响少):

$$\begin{aligned}\boldsymbol{E} &= \frac{1}{2}\ddot{\boldsymbol{r}}(t_1)\Delta t^2 + \frac{1}{6}\boldsymbol{r}^{(3)}(t_1)\Delta t^3 + \cdots \\ &= O(\Delta t^2)\end{aligned}$$

为了显示某数值方法的误差, 我们可以在写下其方程时在末端加入以大 O 标记法表示的误差项。例如, 显式欧拉法的方程能最准确地写成:

$$\boldsymbol{r}(t_2) = \boldsymbol{r}(t_1) + \dot{\boldsymbol{r}}(t_1)\Delta t + O(\Delta t^2)$$

我们称显式欧拉法是“一阶”方法, 因为其准确度达到并包括Δt 一次方的泰勒级数。概括而论, 若某数值方法的误差项是 $O(\Delta t^{(n+1)})$, 它便称为 n 阶方法。

12.4.4.3 显式欧拉法以外的选择

显式欧拉法常出现于游戏中的简单积分工作, 当速度接近常数时它能产生最好的结果。然而, 通用的动力学模拟并不会使用显式欧拉法, 因为此法误差高、稳定性低。对常微分方程求解还有许多方法, 包括向后欧拉法 (backward Euler, 另一种一阶方法)、中点欧拉法 (mid-point Euler, 二阶方法), 以及 Runge-Kutta 方法族。(四阶 Runge-Kutta 是尤其流行的一种方法, 其缩写为 RK4。) 在此笔者不详细描述这些方法, 因为读者可以在线上和文献中找到大量相关信息。维基百科[1]可以作为学习这些方法的优良跳板。

12.4.4.4 韦尔莱积分法

现在, 游戏中最常用的常微分方程数值方法大概是韦尔莱积分法 (Verlet integration)[2], 因此笔者会为它花上一些篇幅。此方法实际上有两个变种: 正常韦尔莱积分法及*速度韦尔莱积分法* (velocity Verlet)。笔者会简介这两个变种, 但其理论及深入的解释则留给相关的大量文献及网页。(读者可阅读维基百科[3]作为起点。)

正常韦尔莱积分法非常吸引人, 因为它能达到高阶 (少误差), 相对简单, 求值又快, 而且能直接使用加速度在单个步骤中求出位置 (而不是一般做法中先用加速度求速度, 再用速度求位置)。推导韦尔莱积分公式的方法是把两个泰勒级数求和, 一个是往后的时间, 一个是往前的时间:

$$\begin{aligned}\boldsymbol{r}(t_1+\Delta t)&=\boldsymbol{r}(t_1)+\dot{\boldsymbol{r}}\Delta t+\frac{1}{2}\ddot{\boldsymbol{r}}(t_1)\Delta t^2+\frac{1}{6}\boldsymbol{r}^{(3)}(t_1)\Delta t^3+O(\Delta t^4)\\ \boldsymbol{r}(t_1-\Delta t)&=\boldsymbol{r}(t_1)-\dot{\boldsymbol{r}}\Delta t+\frac{1}{2}\ddot{\boldsymbol{r}}(t_1)\Delta t^2-\frac{1}{6}\boldsymbol{r}^{(3)}(t_1)\Delta t^3+O(\Delta t^4)\end{aligned}$$

把这两个算式相加, 便可以消去一些正负相反的项。其结果是, 以加速度和当前及上一个时步的 (已知) 位置表示下一个时步的位置。这就是正常韦尔莱积分[4]:

$$\boldsymbol{r}(t_1+\Delta t)=2\boldsymbol{r}(t_1)-\boldsymbol{r}(t_1-\Delta t)+\boldsymbol{a}(t_1)\Delta t^2+O(\Delta t^4)$$

若使用合力表示, 韦尔莱积分可写成:

$$\boldsymbol{r}(t_1+\Delta t)=2\boldsymbol{r}(t_1)-\boldsymbol{r}(t_1-\Delta t)+\frac{\boldsymbol{F}_{\text{net}}(t_1)}{m}\Delta t^2+O(\Delta t^4)$$

从这个公式消失的速度引人注意。然而, 速度可用以下 (从多个选择里挑选的) 不太准确的方法逼近:

$$\boldsymbol{v}(t_1+\Delta t)=\frac{\boldsymbol{r}(t_1+\Delta t)-\boldsymbol{r}(t_1)}{\Delta t}+O(\Delta t)$$

---

1 `http://en.wikipedia.org/wiki/Numerical_ordinary_differential_equations`

2 韦尔莱积分法以其发明者、法国物理学家 Loup Verlet 命名。此姓氏的法语读音为/vEK'lE/, 注意它无尾音 t。——译者注

3 `http://en.wikipedia.org/wiki/Verlet_integration`

4 译者在开发《爱丽丝疯狂回归》 (*Alice: Madness Returns*) 时, 也是利用这种韦尔莱积分法模拟头发的, 这个方法非常稳定及高效, 但有一个缺点是连续两帧的 Δt 必须接近不变, 否则会有明显的异常结果。其详细原理及实现可参考博文 `http://www.cnblogs.com/miloyip/archive/2011/06/14/alice_madness_returns_hair.html`。——译者注

12.4.4.5 速度韦尔莱法

更常用的*速度韦尔莱法*是一个含 4 个步骤的过程，其中将时步切割为两部分去求解。给定已知的 $\boldsymbol{a}(t_1) = m^{-1}\boldsymbol{F}(t_1, \boldsymbol{r}(t_1), \boldsymbol{v}(t_1))$，我们这样执行速度韦尔莱法。

1. 计算 $\boldsymbol{r}(t_1 + \Delta t) = \boldsymbol{r}(t_1) + \boldsymbol{v}(t_1)\Delta t + \frac{1}{2}\boldsymbol{a}(t_1)\Delta t^2$
2. 计算 $\boldsymbol{v}(t_1 + \frac{1}{2}\Delta t) = \boldsymbol{v}(t_1) + \frac{1}{2}\boldsymbol{a}(t_1)\Delta t$
3. 计算 $\boldsymbol{a}(t_1 + \Delta t) = \boldsymbol{a}(t_2) = m^{-1}\boldsymbol{F}(t_2, \boldsymbol{r}(t_2), \boldsymbol{v}(t_2))$
4. 计算 $\boldsymbol{v}(t_1 + \Delta t) = \boldsymbol{v}(t_1 + \frac{1}{2}\Delta t) + \frac{1}{2}\boldsymbol{a}(t_1 + \Delta t)\Delta t$

注意第 3 步中的力函数依赖于下一时步的位置 $\boldsymbol{r}(t_2)$ 及速度 $\boldsymbol{v}(t_2)$。我们已在第 1 步计算了 $\boldsymbol{r}(t_2)$，那么只要力并不是依赖于速度的，便用所有的数据执行第 3 步。若力是依赖于速度的，那么便必须先计算次帧的速度近似值，例如使用欧拉法。

12.4.5 二维旋转动力学

直至这里，我们都在集中分析刚体质心的线性运动 (其行为和点质心一样)。如笔者较早提及的，无约束刚体会绕其质心旋转。这意味着我们可以在质心线性运动上，叠加刚体的旋转运动，从而得出刚体整体运动的完整描述。响应施力的刚体旋转运动的学问，称为*旋转动力学* (angular dynamics)。

在二维中，旋转动力学几乎等同于线性动力学。每个线性量都可对应一个类似的旋转量，而且两种数学计算都非常工整。因此，我们会先探讨二维旋转动力学，然后再扩展至三维。三维复杂一点，我们由浅入深。

12.4.5.1 定向及角速率

在二维中，每个刚体可被当作一块材料薄片 (有些物理文献称这些刚体为*平面薄片*, plane lamina)。所有线性运动在 xy 平面上发生，而所有旋转则是绕 z 轴发生的。

二维刚体的定向 (orientation) 完全可以用一个角度 θ 来表示，此角度相对于某事先设定的零旋转，以弧度为单位。例如，我们可以定义，当车辆向着世界空间的正 x 轴时，设 $\theta = 0$。此角度当然是随时间变化的，所以把它标记为 $\theta(t)$。

12.4.5.2 角速率与加速度

角速度 (angular velocity) 是度量刚体旋转角度随时间的变化率。在二维中，角速度是标量, 更正确地来说应该称之为角速率, 因为“速度”一词只能用于矢量。角速率以标量函数 $\omega(t)$ 标记, 而单位是弧度每秒 (rad/s)。角速率是定向角度 $\theta(t)$ 对于时间的导数:

$$\text{旋转:}\quad \omega(t) = \frac{\mathrm{d}\theta(t)}{\mathrm{d}t} = \dot{\theta}(t) \quad\Big|\quad \text{线性:}\quad \boldsymbol{v}(t) = \frac{\mathrm{d}\boldsymbol{r}(t)}{\mathrm{d}t} = \dot{\boldsymbol{r}}(t)$$

如我们所料, 角加速率 (angular acceleration) 是角速率的变化率, 标记为 $\alpha(t)$, 单位为弧度每平方秒 (rad/s^2):

$$\text{旋转:}\quad \begin{aligned}\alpha(t) &= \frac{\mathrm{d}\omega(t)}{\mathrm{d}t}\\ &= \dot{\omega}(t) = \ddot{\theta}(t)\end{aligned} \quad\Big|\quad \text{线性:}\quad \begin{aligned}\boldsymbol{a}(t) &= \frac{\mathrm{d}\boldsymbol{v}(t)}{\mathrm{d}t}\\ &= \dot{\boldsymbol{v}}(t) = \ddot{\boldsymbol{r}}(t)\end{aligned}$$

12.4.5.3 转动惯量

相当于质量, 在旋转动力学中有称为*转动惯量* (moment of inertia) 的概念。就如同质量代表改变点质量线性速度的难易程度一样[1], 转动惯量是度量刚体在某轴上改变角速率的难易程度。若刚体的质量集中于旋转轴附近, 那么它会较容易绕该轴旋转, 它的转动惯量会比另一个质量远离旋转轴的物体小。

由于现在集中讨论二维旋转动力学, 旋转轴总为 z 轴, 因此刚体的转动惯量是一个简单标量。转动惯量通常标记为英文字母 I。笔者不会在此详细说明转动惯量的计算方法, 完整推导可参考参考文献 [15]。

12.4.5.4 力矩

直至现在, 我们假设所有力都是施于刚体的质心的。然而, 在一般情况下, 力可以施于刚体的任何位置。若某个力的施力线穿过刚体的质心, 则该力仅产生之前所述的线性运动。在其他情况下, 该力除了产生线性运动, 还会同时产生一个称为*力矩* (torque)[2] 的旋转力, 如图 12.24 所示。

我们可以使用叉积计算力矩。首先, 我们把施力的位置表示为矢量 $\boldsymbol{r}$, 此矢量是由质心延伸至施力点,(换句话说, 矢量 $\boldsymbol{r}$ 位于*刚体空间* (body space), 该空间的原点位于质心。) 如图 12.25 所示。由力 $\boldsymbol{F}$ 施于位置 $\boldsymbol{r}$ 所产生的力矩 $\boldsymbol{N}$ 为:

$$\boldsymbol{N} = \boldsymbol{r} \times \boldsymbol{F} \tag{12.7}$$

1 质量又可称为惯性质量 (inertial mass), 意味着它是度量改变惯性 (inertia) 的阻力。注意在力学中, 质量 (mass) 有别于重量 (weight), 后者是物体因引力而产生的力, 即 $W = mg$。由于重量是一种力, 其单位是牛顿 (N) 而不是千克 (kg)。——译者注

2 力矩又称为转矩、扭矩、转动力矩。——译者注

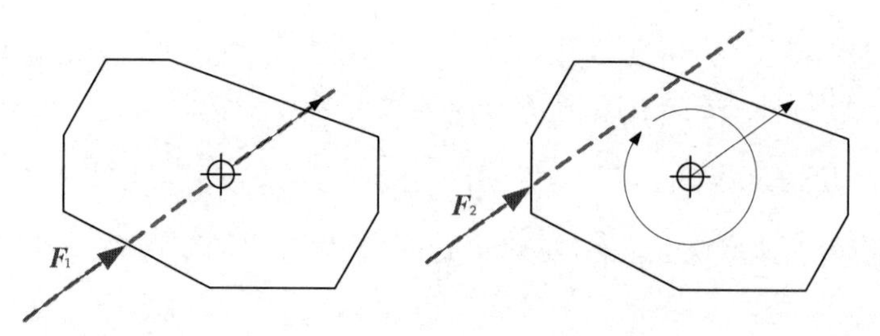

图 12.24 在左图中, 对刚体的质心施力会产生纯粹的线性运动。在右图中, 对质心外施力会形成力矩, 同时产生旋转和线性运动

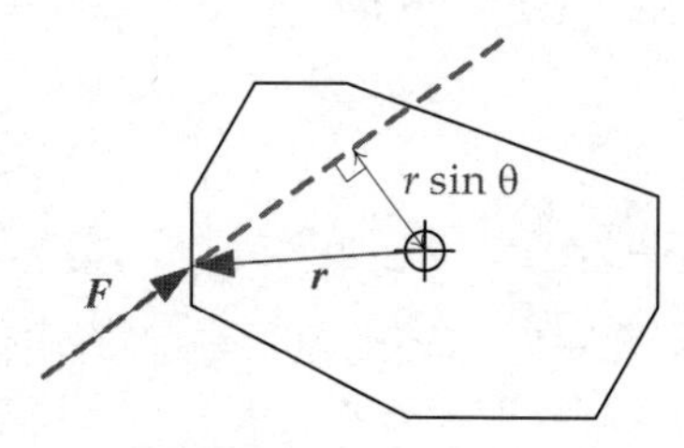

图 12.25 力矩的计算方法是求刚体空间 (即相对于质点) 的施加点与力矢量的叉积。为方便作图, 图中的矢量都以二维展示, 力矩矢量实际上是插进页面的方向

算式 (12.7) 意味着, 施力点离质心越远, 力矩越大。这解释了杠杆为何可以帮助移动重物, 这也解释了为何施于质心的力不产生力矩及旋转——因为这种情况下矢量 $\boldsymbol{r}$ 为 $\mathbf{0}$。

当两个或以上的力施于一个刚体时, 可以把各个力矩求和, 如同把力求和一样。因此我们最后关心的是净力矩 (net torque) $\boldsymbol{N}_{\text{net}}$。

在二维中, 矢量 $\boldsymbol{r}$ 和 $\boldsymbol{F}$ 必须位于 xy 平面上, 因此 $\boldsymbol{N}$ 必然会指向正或负 z 轴。因此, 我们可以把二维力矩标记为 N_z, 就是矢量 $\boldsymbol{N}$ 的 z 分量[1]。

力矩对于角加速率和转动惯量, 有如力对于线性加速度和质量:

$$
\text{旋转:}\quad \begin{aligned} N_z &= I\alpha(t) \\ &= I\dot{\omega}(t) = I\ddot{\theta}(t) \end{aligned} \quad \Bigg| \quad \text{线性:}\quad \begin{aligned} \boldsymbol{F} &= m\boldsymbol{a}(t) \\ &= m\dot{\boldsymbol{v}}(t) = m\ddot{\boldsymbol{r}}(t) \end{aligned} \tag{12.8}
$$

12.4.5.5 求解二维旋转方程

在二维的情况下, 我们可以使用和线性动力学问题完全相同的数值方法, 为旋转运动方程求解。我们希望求解的一对常微分方程如下:

1 $N_z = r_xF_y - r_yF_x$。——译者注

$$\text{旋转:}\quad \begin{aligned} N_{\text{net}}(t) &= I\dot{\omega}(t), \\ \omega(t) &= \dot{\theta}(t) \end{aligned} \quad \Bigg| \quad \text{线性:}\quad \begin{aligned} \boldsymbol{F}_{\text{net}}(t) &= m\dot{\boldsymbol{v}}(t), \\ \boldsymbol{v}(t) &= \dot{\boldsymbol{r}}(t) \end{aligned}$$

而它们的显式欧拉逼近解为:

$$\text{旋转:}\quad \begin{aligned} \omega(t_2) &= \omega(t_1) + I^{-1}N_{\text{net}}(t_1)\Delta t, \\ \theta(t_2) &= \theta(t_1) + \omega(t_1)\Delta t \end{aligned} \quad \Bigg| \quad \text{线性:}\quad \begin{aligned} \boldsymbol{v}(t_2) &= \boldsymbol{v}(t_1) + m^{-1}\boldsymbol{F}_{\text{net}}(t_1)\Delta t, \\ \boldsymbol{r}(t_2) &= \boldsymbol{r}(t_1) + \boldsymbol{v}(t_1)\Delta t \end{aligned}$$

当然, 也可以使用其他更精确的数值方法, 例如速度韦尔莱法 (笔者在此省略了线性情况, 读者可与 12.4.4.5 节中介绍的步骤做比较):

1. 计算 $\theta(t_1 + \Delta t) = \theta(t_1) + \omega(t_1)\Delta t + \frac{1}{2}\alpha(t_1)\Delta t^2$
2. 计算 $\omega(t_1 + \frac{1}{2}\Delta t) = \omega(t_1) + \frac{1}{2}\alpha(t_1)\Delta t$
3. 确定 $\alpha(t_1 + \Delta t) = \alpha(t_2) = I^{-1}N_{net}(t_2, \theta(t_2), \omega(t_2))$
4. 计算 $\omega(t_1 + \Delta t) = \omega(t_1 + \frac{1}{2}\Delta t) + \frac{1}{2}\alpha(t_1 + \Delta t)\Delta t$

12.4.6 三维旋转动力学

三维的旋转动力学较二维的复杂, 然而它们的基本概念是非常相近的。本节会扼要地介绍旋转动力学如何在三维中运作, 集中讨论初次接触此课题常会感到困惑的地方。网上有许多文章可以参考, 包括 Glenn Fiedler 关于此课题的系列文章[1] 、卡内基梅隆大学机械人研究所 David Baraff 的一篇文章 *An Introduction to Physically Based Modeling*。[2]

12.4.6.1 惯性张量

刚体在 3 个坐标轴上的质量分布可以很不相同。因此, 我们可以预料, 不同轴的转动惯量会有所不同。例如, 一支棍子应该可以较容易地绕其长轴旋转, 因为所有质量都很接近此旋转轴; 绕其短轴旋转则较困难, 因为棍子的质量分布离开旋转轴很远。现实的确是这样的, 这也说明了为何花样滑冰运动员自转时把双手贴近身体旋转速度可以提升。[3]

在三维中, 刚体的旋转质量是由 3×3 矩阵表示的, 此矩阵称为惯性张量 (inertia tensor), 通常标记为 $\boldsymbol{I}$ (如前, 我们不在此描述如何计算惯性张量, 请参阅参考文献 [15]):

1 http://gafferongames.com/game-physics/physics-in-3d/

2 http://www-2.cs.cmu.edu/~baraff/sigcourse/notesd1.pdf

3 这个例子是基于角动量守恒的, 角动量不变而转动惯性降低, 导致角速度上升。——译者注

$$
\boldsymbol{I} = \begin{bmatrix} I_{xx} & I_{xy} & I_{xz} \\ I_{yx} & I_{yy} & I_{yz} \\ I_{zx} & I_{zy} & I_{zz} \end{bmatrix}
$$

此矩阵主对角线上的元素 (I_{xx}、I_{yy}、I_{zz}) 是刚体绕 3 个主轴的转动惯量。此矩阵主对角线以外的元素称为*惯量积* (product of inertia)。若刚体对 3 个主轴都是对称的 (例如一个长方体), 这些惯量积为 0。当惯量积不是 0 时, 虽然会倾向产生物理上真实的运动, 但这些运动可能有点儿违反直觉, 会令普通玩家以为这些运动是"错误"的。因此, 在游戏物理引擎中, 惯性张量常常会简化为三元素矢量 $[I_{xx} \quad I_{yy} \quad I_{zz}]$。

12.4.6.2 三维中的定向

在二维中, 刚体的定向可以用单个角度 θ 来描述, 此角度度量绕 z 轴的旋转 (假设运动在 xy 平面上进行) 。在三维中, 刚体的定向可以表示为 3 个欧拉角 $[\theta_x \quad \theta_y \quad \theta_z]$, 其中每个代表刚体绕 3 个笛卡儿轴之一旋转的角度。然而, 如第 4 章所提及的, 欧拉角有万向节死锁 (gimbal lock) 的问题, 可能难以进行运算。因此, 刚体的定向更常使用 3×3 矩阵 $\boldsymbol{R}$ 或单位四元数 q 表示。本章统一使用后者。

试回想, 四元数是一个四元素矢量。其中 x、y、z 分量可理解为一个代表旋转轴的单位矢量 $\boldsymbol{u}$ 乘以旋转半角的正弦, 而 w 分量则是旋转半角的余弦:

$$
\begin{aligned}
\mathrm{q} &= [q_x \quad q_y \quad q_z \quad q_w] = [\boldsymbol{q} \quad q_w] \\
&= [\boldsymbol{u} \sin\frac{\theta}{2} \quad \cos\frac{\theta}{2}]
\end{aligned}
$$

刚体的定向当然是随时间改变的函数, 因此我们把它写作 $\mathrm{q}(t)$。

再一次, 我们需要选择某任意指定的方向代表零旋转。例如, 我们可以说, 在默认情况下, 每个物体的前方与世界空间正 z 轴对齐,y 向上,x 向左。任何"非单位" (non-identity) 四元数[1]都会把物体转离这个规范的世界定向。我们可选择任意的世界定向作为规范, 当然重要的是, 游戏中所有资产对此必须统一。

12.4.6.3 三维中的角速度及角动量

在三维中, 角速度是一个矢量, 标记为 $\boldsymbol{\omega}(t)$。可将角速度矢量想象为, 以一个单位矢量 $\boldsymbol{u}$

1 这里的单位 (identity) 并非指长度为 1, 而是指 [0 0 0 1], 因为用此四元数旋转矢量时, 结果矢量会维持不变。——译者注

定义旋转轴, 再乘以旋转平面上刚体的角速度标量 $\omega_u = \dot{\theta}_u$。因此:

$$\boldsymbol{\omega}(t) = \omega_u(t)\boldsymbol{u} = \dot{\theta}_u(t)\boldsymbol{u}$$

在线性动力学中, 若没有力施于刚体, 则其线性加速度为 0, 线性速度维持不变。在二维旋转动力学中, 这仍然是正确的: 若无力矩施于二维刚体, 那么角加速率 α 是 0, 而绕 z 轴的角速率 ω 维持不变。

可惜, 在三维旋转动力学中, 并不是这样的。事实证明, 就算一个刚体在没有外力的情况下旋转, 其角速度矢量 $\boldsymbol{\omega}(t)$ 可能也并不是常量, 因为该旋转轴可能会不断改变方向。读者可以做一个简单实验看到这种情况。把一个长方形物体 (如一块长方形的木头) 抛到空中。若抛起物体时, 以它的最短轴旋转, 那么旋转轴的方向会大致保持不变。若尝试以它的长轴旋转, 情况也会一样。然而, 若以余下的轴 (非最短非最长) 来旋转, 旋转就会变得完全不稳定。(可亲身试一下! 从孩子那里"偷"一块积木, 以不同方式转一下。啊, 记得完成后归还积木。) 旋转轴会疯狂地改变方向, 如图 12.26 所示。

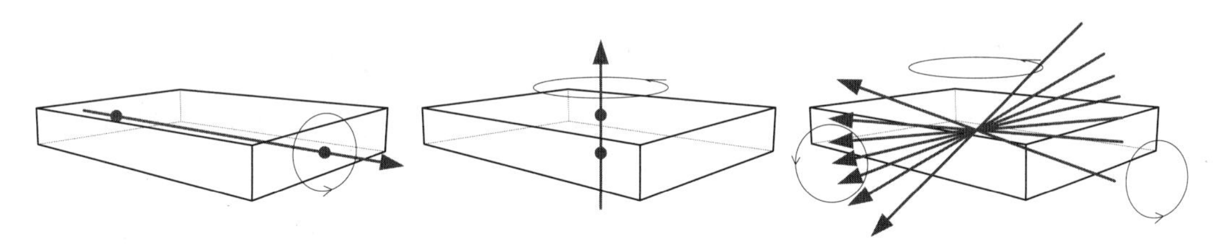

图 12.26 长方体以其最短轴或最长轴旋转时, 能产生均角速度矢量。然而, 若以其中间长度的轴旋转, 其角速度矢量就会疯狂地改变

在无力矩情况下角速度矢量能改变的事实, 说明角速度并不是守恒的。然而, 另一个相关的称为*角动量* (angular momentum) 的量, 在无力矩下仍维持不变, 即角动量是守恒的。旋转动力学的角动量如同线性动力学的线性动量:

$$\text{旋转:}\quad \boldsymbol{L}(t) = \boldsymbol{I}\boldsymbol{\omega}(t) \quad \Big| \quad \text{线性:}\quad \boldsymbol{p}(t) = m\boldsymbol{v}(t)$$

犹如线性的情况, 角动量 $\boldsymbol{L}(t)$ 是一个三维矢量。然而, 与线性动量不一样, 旋转质量 (惯性张量) 并不是标量, 而是 3×3 矩阵。因此, $\boldsymbol{I}\boldsymbol{\omega}$ 是一个矩阵积:

$$\begin{bmatrix} L_x(t) \\ L_y(t) \\ L_z(t) \end{bmatrix} = \begin{bmatrix} I_{xx} & I_{xy} & I_{xz} \\ I_{yx} & I_{yy} & I_{yz} \\ I_{zx} & I_{zy} & I_{zz} \end{bmatrix} \begin{bmatrix} \omega_x(t) \\ \omega_y(t) \\ \omega_z(t) \end{bmatrix}$$

由于角速度 $\boldsymbol{\omega}$ 并不守恒, 我们在动力学模拟中不会像线性速度 $\boldsymbol{v}$ 那般, 视角速度 $\boldsymbol{\omega}$ 为

一个基本的量。角速度是第二级别的量, 会在每个模拟时步中确定了角动量 $\boldsymbol{L}$ 之后, 才计算出 $\boldsymbol{\omega}$。

12.4.6.4　三维力矩

在三维中计算三维力矩的方法, 仍可计算施力点的半径位置矢量与力矢量的叉积 ($\boldsymbol{N} = \boldsymbol{r} \times \boldsymbol{F}$)。算式 (12.8) 仍然有效, 但我们需要用角动量表示此算式, 因为角速度并不是守恒的量:

$$\boldsymbol{N} = \boldsymbol{I}\boldsymbol{\alpha}(t) = \boldsymbol{I}\frac{\mathrm{d}\boldsymbol{\omega}(t)}{\mathrm{d}t} = \frac{\mathrm{d}}{\mathrm{d}t}\left(\boldsymbol{I}\boldsymbol{\omega}(t)\right) = \frac{\mathrm{d}\boldsymbol{L}(t)}{\mathrm{d}t}$$

12.4.6.5　求解三维旋转运动方程

当要对三维中的旋转运动求解时, 我们可能会想使用与线性运动及二维旋转运动完全相同的方式进行。你可能猜想, 运动的微分方程应该写成:

$$\text{三维旋转 (?):}\quad \begin{aligned} \boldsymbol{N}_{\text{net}} &= \boldsymbol{I}\dot{\boldsymbol{\omega}}(t) \\ \boldsymbol{\omega}(t) &= \dot{\boldsymbol{\theta}}(t) \end{aligned} \quad\Bigg|\quad \text{线性:}\quad \begin{aligned} \boldsymbol{F}_{\text{net}} &= m\dot{\boldsymbol{v}}(t) \\ \boldsymbol{v}(t) &= \dot{\boldsymbol{r}}(t) \end{aligned}$$

并且, 若使用显式欧拉法, 猜想这些常微分方程的近似解会如此这般:

$$\text{三维旋转 (?)}\quad \begin{aligned} \boldsymbol{\omega}(t_2) &= \boldsymbol{\omega}(t_1) + \boldsymbol{I}^{-1}\boldsymbol{N}_{\text{net}}(t_1)\Delta t, \\ \boldsymbol{\theta}(t_2) &= \boldsymbol{\theta}(t_1) + \boldsymbol{\omega}(t_1)\Delta t \end{aligned} \quad\Bigg|\quad \text{线性}\quad \begin{aligned} \boldsymbol{v}(t_2) &= \boldsymbol{v}(t_1) + m^{-1}\boldsymbol{F}_{\text{net}}(t)\Delta t, \\ \boldsymbol{r}(t_2) &= \boldsymbol{r}(t_1) + \boldsymbol{v}(t_1)\Delta t \end{aligned}$$

然而, 实际上这并不正确。三维旋转的微分方程有别于线性及二维旋转的微分方程, 两个重要区别如下。

1. 我们直接对 $\boldsymbol{L}$ 求解, 而不是对角速度 $\boldsymbol{\omega}$ 求解。然后才使用 $\boldsymbol{I}$ 和 $\boldsymbol{L}$ 计算角速度。这是因为角动量是守恒的, 而角速度不是。
2. 给定角速度对定向求解时会遇到一个问题: 角速度是一个三元素矢量, 而定向是 4 个元素的四元数。那么怎样写一个常微分方程联系四元数和矢量呢? 答案是不可以, 至少不能直接做到。但我们可以把角速度转换为四元数形式, 做一个较奇特的方程去联系定向四元数和角速度四元数。

事实上, 当我们以四元数表示刚体的定向时, 该四元数的第一导数便和刚体的角速度有关, 其关系说明如下。首先, 我们构建一个角速度四元数, 此四元数的 x、y 及 z 为角速度矢量的分量, 而 w 分量则是 0:

$$\mathsf{\omega} = [\omega_x \quad \omega_y \quad \omega_z \quad 0]$$

然后, 联系定向四元数和角速度四元数的微分方程 (在此不谈其中原因):

$$\frac{\mathrm{d}\mathsf{\omega}(t)}{\mathrm{d}t} = \dot{\mathsf{q}}(t) = \frac{1}{2}\mathsf{\omega}(t)\mathsf{q}(t)$$

很重要的是, 如上所述, 这里的 $\omega(t)$ 是角速度*四元数*, 而 $\omega(t)\mathrm{q}(t)$ 是四元数积 (见 4.4.2.1 节)。

因此, 实际上我们需要把运动的常微分方程写成 (笔者同时列出线性常微分方程, 以显示两者的相似性):

三维旋转:
$$\begin{aligned} \boldsymbol{N}_{\text{net}}(t) &= \dot{\boldsymbol{L}}(t), \\ \boldsymbol{\omega}(t) &= \boldsymbol{I}^{-1}\boldsymbol{L}(t), \\ \omega(t) &= \left[\boldsymbol{\omega}(t)\ 0\right], \\ \frac{1}{2}\omega(t)\mathrm{q}(t) &= \dot{\mathrm{q}}(t) \end{aligned}$$

线性:
$$\begin{aligned} \boldsymbol{F}_{\text{net}}(t) &= \dot{\boldsymbol{p}}(t), \\ \boldsymbol{v}(t) &= \frac{\boldsymbol{p}(t)}{m}, \\ \boldsymbol{v}(t) &= \dot{\boldsymbol{r}}(t) \end{aligned}$$

若使用显式欧拉法, 三维旋转运动常微分方程的最终近似解是:

$$\boldsymbol{L}(t_2) = \boldsymbol{L}(t_1) + \boldsymbol{N}_{\text{net}}(t_1)\Delta t = \boldsymbol{L}(t_1) + \Delta t \sum_{\forall i} \left(\boldsymbol{r}_i \times \boldsymbol{F}_i(t_1)\right), \qquad \text{(矢量)}$$

$$\omega(t_2) = \left[\boldsymbol{I}^{-1}\boldsymbol{L}(t_2)\ 0\right], \qquad \text{(四元数)}$$

$$\mathrm{q}(t_2) = \mathrm{q}(t_1) + \frac{1}{2}\omega(t_1)\mathrm{q}(t_1)\Delta t \qquad \text{(四元数)}$$

我们需要定期把定向 $\mathrm{q}(t)$ 重新归一化, 以消除浮点小数累计无法避免的误差。

一如既往, 这里使用显式欧拉法只是做例子之用, 还可使用速度韦尔莱法、RK4 或其他更稳定、更精确的数值方法。

12.4.7 碰撞响应

至今的讨论, 都假设刚体没有遇到碰撞, 以及其运动不受限于其他形式。当刚体互相碰撞时, 动力学模拟必须采取行动确保它们对碰撞做出真实的响应, 并且确保它们永不在模拟步完成之后处于互相穿插的状态。此为*碰撞响应* (collision response)。

12.4.7.1 能量

在讨论碰撞响应之前, 我们必须理解*能量* (energy) 这个概念。当施力令刚体移动一段距离时, 我们称该力做了*功* (work)。功代表能量的改变, 即, 力可以对一个刚体系统增加能量 (如爆炸), 或是从系统中移除能量 (如摩擦力)。能量有两种形式。刚体的势能 (potential energy) V 仅仅是来自其相对力场 (如引力场或磁场) 的位置而形成的能量。(例如, 离地球表面越高的物体含有越多引力势能。) 刚体的动能 (kinetic energy) T 代表该刚体相对于系统中其他刚体的能量。由刚体形成的孤立系统, 其总能量 $E = V + T$ 是守恒量。其意义是, 若没有在系统中取出能量, 或从外界对系统加入能量, 孤立系统总能量会维持不变。

线性运动所形成的能量可写成:

$$T_{\text{linear}} = \frac{1}{2}mv^2$$

或以线性动量和速度矢量表示:

$$T_{\text{linear}} = \frac{1}{2}\boldsymbol{p} \cdot \boldsymbol{v}$$

类似地, 刚体旋转运动所形成的动能为:

$$T_{\text{angular}} = \frac{1}{2}\boldsymbol{L} \cdot \boldsymbol{\omega}$$

在对所有不同种类的物理问题求解时, 能量及能量守恒是极有用的概念。我们将会在下文看到能量在碰撞响应中担当的角色。

12.4.7.2 冲量碰撞响应

两个刚体在真实世界中碰撞, 会产生一连串复杂的事件。刚体会被轻微压缩, 然后反弹, 改变其速度, 并在过程中因为生成热和声音而损失一些能量。多数实时刚体动力学模拟对这些细节进行逼近, 其中使用到一个简单的模型。此模型基于分析碰撞体的动量及动能, 称为*无摩擦力下瞬时碰撞的牛顿恢复定律* (Newton's law of restitution for instantaneous collisions with no friction)。此定律使用以下的简化碰撞假设。

- 碰撞的力作用于无穷短的时间之内, 这个力转化为理想化的*冲量* (impulse)。这样令物体在碰撞时瞬时改变速度。
- 物体表面上的接触点无摩擦力。这等同于, 在碰撞时分离物体的冲量垂直于这两个表面, 碰撞冲量无切线上的分量。(当然这仅是一个理想化的假设, 12.4.7.5 节会再探讨摩擦力)。
- 刚体间的复杂分子的互动, 可由单个简单的*恢复系数* (coefficient of restitution) 所逼近, 习惯上标记为 ε。[1]当 $\varepsilon = 1$ 时, 碰撞是*完全弹性* (perfectly elastic) 的, 无任何能量损失。(想象两个桌球在空中相撞。) 当 $\varepsilon = 0$ 时, 碰撞是*完全非弹性* (perfectly inelastic) 的, 或称*完全塑性* (perfectly plastic) 的, 一起失去两个刚体的动能。碰撞后两个刚体会黏在一起, 继续沿它们在碰撞前的共同质心方向移动。(想象两块黏土碰在一起。)

所有碰撞分析都基于线性动量守恒。因此, 对于两个刚体, 我们可以写下:

$$\boldsymbol{p}_1 + \boldsymbol{p}_2 = \boldsymbol{p}'_1 + \boldsymbol{p}'_2, \qquad \text{或}$$
$$m_1\boldsymbol{v}_1 + m_2\boldsymbol{v}_2 = m'_1\boldsymbol{v}'_1 + m'_2\boldsymbol{v}'_2$$

1 ε (epsilon) 为第 5 个希腊字母的小写。——译者注

其中带撇号 (′) 的符号代表碰撞后的动量及速度。动能也是守恒的, 但我们必须考虑到因热及声音而失去的能量, 这些失去的能量标记为 T_{lost} 项:

$$\frac{1}{2}m_1v_1^2+\frac{1}{2}m_2v_2^2=\frac{1}{2}m_1'v_1'^2+\frac{1}{2}m_2'v_2'^2+T_{\text{lost}}$$

若碰撞是完全弹性的, 能量散失 T_{lost} 便为 0。若是完全塑性的, 则能量的散失等同于系统原来的动能, 带撇号的动能会变成 0, 刚体在碰撞后黏在一起。

要使用牛顿恢复定律进行碰撞决议, 我们会在两个刚体上施以理想化的冲量。冲量像是一个在无穷短时间内作用的力, 令被施予的刚体瞬间改变速度。冲量可以标记为 $\Delta\boldsymbol{p}$, 因为它是动量的改变 ($\Delta\boldsymbol{p}=m\Delta\boldsymbol{v}$)。然而, 多数物理文献会使用 $\widehat{\boldsymbol{p}}$ (读作“p-hat”), 而我们也会使用此符号。

由于假设碰撞没有摩擦力, 所以冲量矢量必然于接触点上垂直于两个表面。换言之, $\widehat{\boldsymbol{p}}=\widehat{p}\boldsymbol{n}$, 其中 $\boldsymbol{n}$ 是垂直于两个表面的单位法矢量, 如图 12.27 所示。若假设表面法矢量指向刚体 1, 那么刚体 1 会受到冲量 $\widehat{\boldsymbol{p}}$, 而刚体 2 则受到大小相同但方向相反的冲量 $-\widehat{\boldsymbol{p}}$。因此, 两个刚体在碰撞后的动量, 可按碰撞前的动量及冲量表示:

$$\begin{aligned}\boldsymbol{p}_1'&=\boldsymbol{p}_1+\widehat{\boldsymbol{p}}, & \boldsymbol{p}_2'&=\boldsymbol{p}_2-\widehat{\boldsymbol{p}},\\ m_1\boldsymbol{v}_1'&=m_1\boldsymbol{v}_1+\widehat{\boldsymbol{p}}, & m_2\boldsymbol{v}_2'&=m_2\boldsymbol{v}_2-\widehat{\boldsymbol{p}},\\ \boldsymbol{v}_1'&=\boldsymbol{v}_1+\frac{\widehat{p}}{m_1}\boldsymbol{n}, & \boldsymbol{v}_2'&=\boldsymbol{v}_2-\frac{\widehat{p}}{m_2}\boldsymbol{n}\end{aligned} \tag{12.9}$$

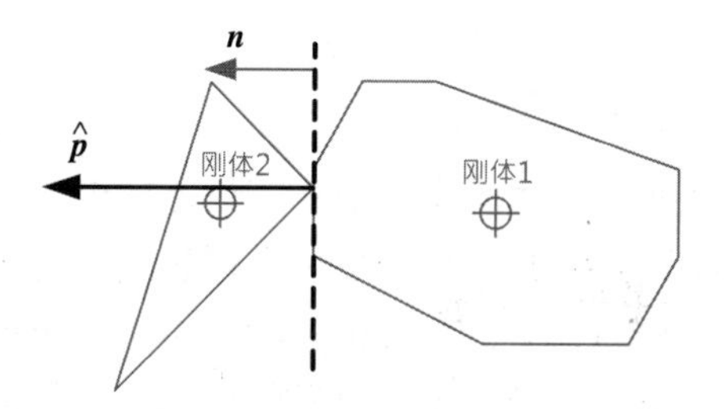

图 12.27 在无摩擦力的碰撞中, 冲量作用于垂直于两表面接触点的直线。此直线以单位法矢量定义

恢复系数是刚体碰撞前后关系的关键。给定两个刚体质心在碰撞前的速度 $\boldsymbol{v}_1$、$\boldsymbol{v}_2$, 碰撞后的速度 $\boldsymbol{v}_1'$、$\boldsymbol{v}_2'$, 那么恢复系数 ε 定义为:

$$\boldsymbol{v}_2'-\boldsymbol{v}_1'=\varepsilon(\boldsymbol{v}_2-\boldsymbol{v}_1) \tag{12.10}$$

若暂时假设刚体不能旋转, 对算式 (12.9) 及 (12.10) 求解可得出:

$$\widehat{\boldsymbol{p}}=\widehat{p}\boldsymbol{n}=\frac{(\varepsilon+1)(\boldsymbol{v}_2\cdot\boldsymbol{n}-\boldsymbol{v}_1\cdot\boldsymbol{n})}{\dfrac{1}{m_1}+\dfrac{1}{m_2}}\boldsymbol{n}$$

注意, 若恢复系数是 1(完全弹性碰撞), 并且刚体 2 的有效质量无穷大 (例如一条混凝土道路), 那么 $(1/m_2) = 0$、$\boldsymbol{v}_2 = 0$, 如我们所料, 此表达式会简化为另一刚体的速度矢量对接触法矢量的反射:

$$\begin{aligned}
\widehat{\boldsymbol{p}} &= -2m_1(\boldsymbol{v}_1 \cdot \boldsymbol{n})\boldsymbol{n}, \\
\boldsymbol{v}_1' &= \frac{\boldsymbol{p}_1 + \boldsymbol{p}_2}{m_1} \\
&= \frac{m_1\boldsymbol{v}_1 - 2m_1(\boldsymbol{v}_1 \cdot \boldsymbol{n})\boldsymbol{n}}{m_1} \\
&= \boldsymbol{v}_1 - 2(\boldsymbol{v}_1 \cdot \boldsymbol{n})\boldsymbol{n}
\end{aligned}$$

若我们考虑到刚体的旋转, 上述算式的解会更复杂一点。在这种情况下, 我们需要知道两刚体接触点上的速度, 而非质心的速度, 然后要计算碰撞后真实旋转效果所需的冲量。本文不详述这些计算方法, Chris Hecker 撰写了一篇优秀文章[1], 同时描述了线性及旋转方面的碰撞响应。有关碰撞响应背后的理论在参考文献 [15] 中有更完整的说明。

12.4.7.3 惩罚性力

另一个碰撞响应方法是, 在模拟中引入称为*惩罚性力* (penalty force) 的虚构力。惩罚性力的行为, 有如在两个刚互相穿透刚体的接触点之间, 系上一个坚硬的阻尼弹簧。这种力会在短但有限的时间内, 产生所需的碰撞响应。使用此方法时, 弹簧常量 k 实际上能控制互相穿透的持续时间, 而阻尼系数 b 有一些恢复系数的作用。当 $b = 0$ 时, 无阻尼, 没有能量散失, 碰撞就是完全弹性的。b 越大, 碰撞就越塑性。

接下来, 我们简单看看用惩罚性力方法解决碰撞的优缺点。优点是惩罚性力容易实现及理解。当有 3 个或以上的刚体互相穿透时, 此方法也能良好工作。若以刚体结对方式做碰撞决议, 是非常难求解的。有一个好例子是索尼的 PS3 示范, 其中把大量橡皮鸭子掉进浴缸, 尽管有大量碰撞, 但其物理模拟显得又好又稳定。惩罚性力是成就此效果的好方法。

可惜, 由于惩罚性力仅响应刚体间的穿透 (即相对位置), 而不响应相对速度, 因此力的方向可能会出乎意料, 尤其是对高速碰撞。有一个经典的例子是关于一辆汽车与货车迎头相撞的。由于汽车较货车矮, 若仅使用惩罚性力的方法, 很容易令惩罚性力垂直向上, 而非根据相对速度形成水平方向的惩罚性力。这导致货车车头弹起来, 而汽车则从下面驶过。

一般而言, 惩罚性力技术对于低速撞击能良好运作, 但不适合高速移动的物体。一个可行的办法是结合惩罚性力与其他碰撞决议方法, 以权衡大量互相穿透情况的稳定性、响应性, 以

1 `http://chrishecker.com/images/e/e7/Gdmphys3.pdf`

及高速下更直觉的行为。

12.4.7.4 使用约束解决碰撞

我们将会在 12.4.8 节中探讨, 多数物理系统能把多种约束施于模拟中的刚体运动。如果把碰撞作为不允许穿透的约束条件, 那么碰撞就能简单地使用通用的约束求解程序解决。若约束求解程序能迅速产生高品质的视觉效果, 那么就可作为有效的碰撞决议方法。

12.4.7.5 摩擦力

摩擦力 (friction) 出现于两个持续接触中的刚体之间, 阻碍它们的相对移动。摩擦力有许多种。*静摩擦力* (static friction) 是当尝试在表面上滑动静止物体时所受到的阻力。*动摩擦力* (dynamic friction) 是物体相对其他物体实质移动时的抵抗力。*滑动摩擦力* (sliding friction) 是一种动摩擦力, 阻碍物体沿表面滑动。*滚动摩擦力* (rolling friction) 是一种静或动摩擦力, 施于轮子或其他圆形物体在表面滚动时的接触点。若表面非常粗糙, 滚动摩擦力刚好足够令轮子滚动而不滑动, 那么此滚动摩擦力就会作为一种静摩擦力。若表面比较平滑, 轮子可能会打滑, 那么滚动摩擦力的动摩擦力形式就产生作用。*碰撞摩擦力* (collision friction) 是在两个物体移动中碰撞时, 瞬间施于接触点的摩擦力。(这是在 12.4.7.1 节中讨论牛顿恢复定律时所要忽略的摩擦力。) 不同种类的约束也可含有摩擦力。例如, 生锈的铰链或轮轴在转动时可能受摩擦力矩阻碍。

以下用一个例子重点讲述摩擦力是如何运作的。线性滑动摩擦力, 与滑动物体施于滑动平面法线上的重量分量成正比。物体的重量仅是引力所造成的力 $\boldsymbol{G} = mg$, 此力总是朝下。在与水平面成 θ 角的斜面上, 此力于斜面法线上的分量为 $G_N = mg\cos\theta$。而摩擦力 f 是:

$$f = \mu mg\cos\theta$$

其中的正比常数 μ 称为*摩擦系数* (coefficient of friction)。此力作用于平面的切线上, 其方向与物体尝试或实质运动的方向相反, 如图 12.28 所示。

图 12.28 也显示了引力施于表面切线的分量 $G_T = mg\sin\theta$。此力倾向把物体沿平面往下加速, 但由于有滑动摩擦力, 此力受 f 阻碍。因此, 在表面切线上的净力为:

$$F_{\text{net}} = G_T - f = mg(\sin\theta - \mu\cos\theta)$$

若倾斜角度令括号内的表达式为零, 那么物体会以均速滑动 (若物体正在移动), 或是静止。若表达式大约为 0, 物体便会沿表面向下加速。若表达式小于 0, 物体便会减速至最终静止。

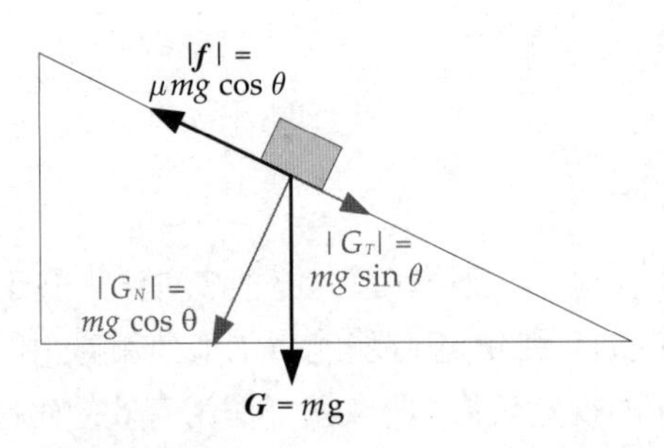

图 12.28 摩擦力 f 与物体重量的法矢量分量成正比。该正比常数 μ 称为摩擦系数

12.4.7.6 焊接

当一个物体在多边形汤上滑动时，会衍生出另一个问题。回想多边形汤，其名字暗示着，它是一堆无关系的多边形 (通常是三角形)。当物体从一个三角形滑动至下一个三角形时，碰撞检测系统会产生额外的伪接触点，因为系统认为该物体会碰到下一个三角形的边缘，如图 12.29 所示。

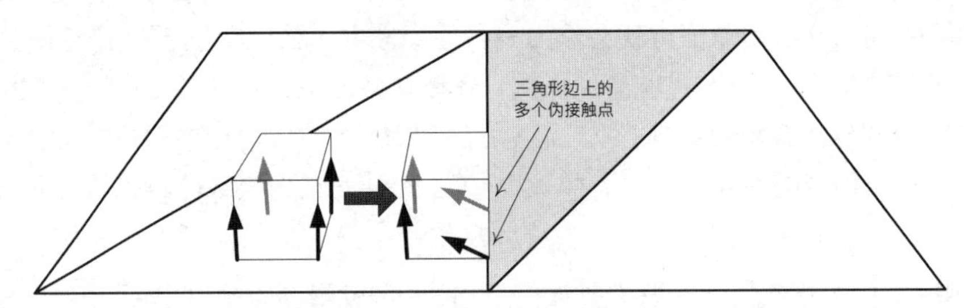

图 12.29 当物体在两个相邻三角形之间滑动时，可能会对下一个三角形边缘产生伪接触点

此问题有多种解决方法。其一是分析接触集合，以多种启发法 (heuristic) 及前一帧的物体接触信息，移除一些伪接触点 (例如，若我们知道物体之前沿着一个表面滑行，而现在有一个接触点靠着当前三角形的边缘，那么就可以丢弃该接触点)。Havok 4.5 之前使用此方法。

自 Havok 4.5 开始，使用了一项新技术，就是在网格上加入三角形邻接 (adjacency) 信息。因此碰撞检测系统可以“知道”哪些边是内边，并能可靠、迅速地丢弃伪接触点。因为多边形汤中的三角形互相连接在一起，所以 Havok 称此解决方案为焊接 (welding)。

12.4.7.7 休止、岛屿及休眠

当通过摩擦力、阻尼或其他方式削减模拟系统中的能量时，移动中的物体最终会静止下来。这好像模拟的是自然结果，此结果应该能从运动微分方程中自然得出。可惜，在真实的计算机模拟中，休止并不是那么容易的事。多种因素会令物体永远抖动而不休止，例如浮点小数

误差、计算恢复力时的误差等。因此,多数物理引擎会使用启发式方法,检测物体是否在振荡,是否应该休止下来。可以通过从系统中削减更多的能量确保物体最终休止,或是当物体的平均速度降至一个阈值时就猛然把它停下来。

当物体真正停止移动时(发现自己在平衡状态,equilibrium state),便没有理由继续在每帧对其方程进行积分。为了优化性能,多数物理引擎允许模拟中的动力学物体进入休眠(sleep)状态。这样会令那些休眠物体暂时被撇除在模拟之外,但这些物体仍会参与碰撞检测。若有任何力或冲量施于休眠物体,或该物体失去令其处于平衡状态的接触点,那么便要唤醒该物体,继续其动力学模拟。

休眠条件 可使用多种条件判断刚体是否合乎休眠的要求。然而并不总是在所有情况下能容易、健壮地做出判断。例如,一支长钟摆可能有非常少的角动量,但仍能在屏幕上看见它的移动。

最常用的平衡判断条件包括如下几项。

- 刚体受支持:这是指刚体含有 3 个或以上的接触点(或一个或以上的平面接触),能在引力或其他施力下令刚体处于平衡状态。
- 刚体的线性及角动量低于预设阈值。
- 线性及角动量的移动平均(running average)低于预设阈值。
- 刚体的总动能($T = \frac{1}{2}\boldsymbol{p} \cdot \boldsymbol{v} + \frac{1}{2}\boldsymbol{L} \cdot \boldsymbol{\omega}$)低于预设阈值。动能通常以质量归一化,从而可以不论质量大小把单个阈值用于所有物体。

对于将休眠的刚体,可以逐渐减慢其运动,令它能平滑地停止而不是突然停止。

模拟岛 Havok 和 PhysX 都会自动地把物体进行分组,以进一步优化性能。可按正在互动的物体分组,或是把近期潜在会互动的物体组成模拟岛(simulation island)。每个模拟岛能独立于其他岛进行模拟,这点非常有利于缓存一致性及并行处理。

Havok 和 PhysX 都会以整个岛为单位进入休眠,而不是以独立刚体为单位。此方法有优点也有缺点。当一组互动中的物体进入休眠时,其性能提升显然更多。另一方面,即使岛中只有一个苏醒的物体,整个岛都必须苏醒。整体而言,优点应该足以抵消其缺点,因此我们很有可能在以后的 SDK 版本中看到模拟岛的设计。

12.4.8 约束

无约束的刚体有 6 个自由度 (degree of freedom, DOF): 它能在 3 个维度上平移, 并能绕 3 个笛卡儿轴旋转。约束 (constraint) 限制了物体的运动, 削减了部分或完整的 DOF。约束可以为游戏中多种有趣的行为建模。以下是一些例子。

- 摇晃的吊灯 (点对点约束)。
- 可踢、可撞的门, 其铰链可被破坏 (铰链约束)。
- 汽车的轮子装配 (轮轴约束, 备有供悬挂系统用的阻尼弹簧)。
- 火车或车轮拉动挂车 (刚性弹簧/杆状约束)。
- 绳子或锁链 (一串刚性弹簧/杆状约束)。
- 布娃娃 (以特殊约束模仿人类骨骼的行为)。

以下几小节会简介这些约束及其他在物理 SDK 中常见的约束。

12.4.8.1 点对点约束

点对点约束 (point-to-point constraint) 是最简单的约束类型。它的作用如同球窝关节 (ball and socket joint), 刚体中某个指定的点与其他刚体的指定点对齐, 除此以外能自由移动, 如图 12.30 所示。

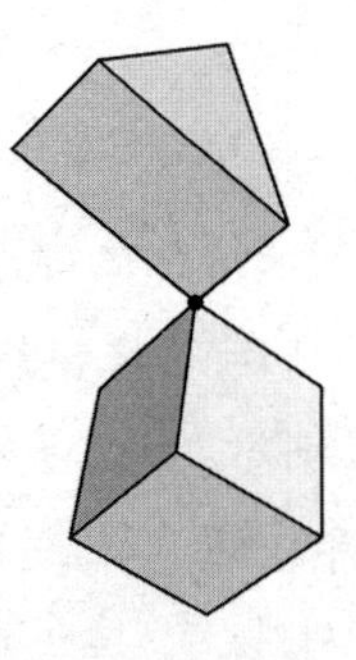

图 12.30 点对点约束要求刚体 A 的某点与刚体 B 的某点对齐

12.4.8.2 刚性弹簧

刚性弹簧约束 (stiff spring constraint) 很像点对点约束, 区别是前者要保持两点分隔一段指定距离。这种约束就像在两个约束点之间放置一支隐形杆, 如图 12.31 所示。

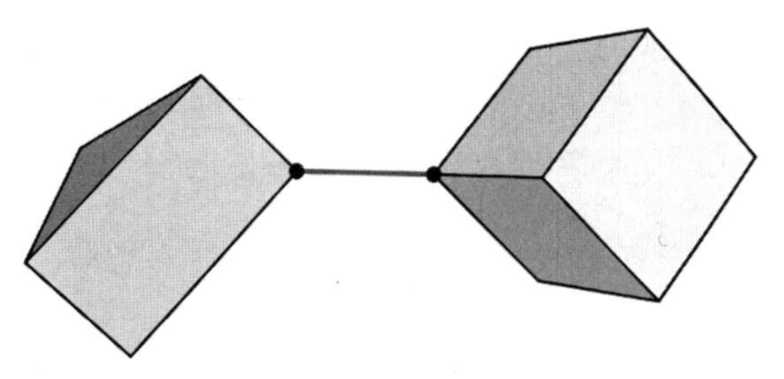

图 12.31 刚性弹簧约束要求刚体 A 的某点离开刚体 B 的某点一段用户指定的距离

12.4.8.3 铰链约束

铰链约束 (hinge constraint) 限制旋转运动只能绕铰链旋转 (只余一个旋转 DOF)。无限制铰链 (unlimited hinge) 如同轮轴, 允许物体旋转无限圈。而有限制铰链 (limited hinge) 令物体只能在预设的角度内绕轴旋转。例如, 单向门只能在 180° 圆弧上移动, 否则它就会穿过相连的墙壁了。相似地, 双向门的旋转被限制在 ±180° 的圆弧上。铰链约束也可给定某程度的摩擦力, 这种摩擦力是以力矩的形式阻碍绕轴的旋转。图 12.32 展示了一个有限制铰链。

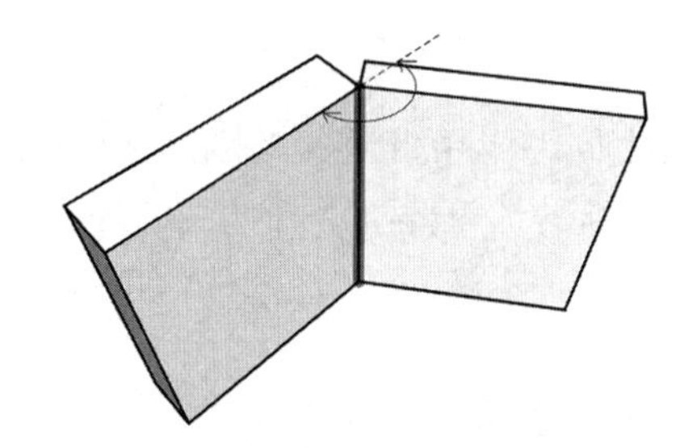

图 12.32 限制铰链约束能模拟一道门的行为

12.4.8.4 滑移铰

滑移铰约束 (prismatic constraint[1]) 的行为如活塞: 受限刚体的运动只有一个平移自由度。滑移铰可选择允许或不允许刚体绕活塞的平移轴旋转。当然滑移铰也可以是有限制或是无限制的, 含有或不含有摩擦力。图 12.33 所示的是一个滑移铰的例子。

12.4.8.5 其他常见约束类型

当然还有许多其他的可行约束类型。以下仅是一些例子。

1 prismatic constraint 直译是棱状约束, 但似乎滑移铰更合适且更易理解。——译者注

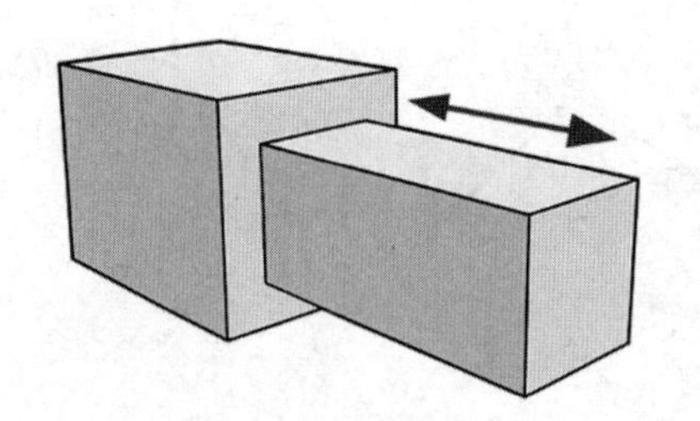

图 12.33 滑移铰约束的行为像一个活塞

- *平面*: 物体被约束在二维平面上移动。
- *轮子*: 通常是无限旋转的铰链, 再通过阻尼弹簧加入某形式的垂直悬挂系统。[1]
- *滑轮* (pulley): 在此特殊约束中, 一条假想的绳子经过滑轮连接两个物体。这两个物体沿绳子按杠杆比率移动。

约束或许是可破坏的。所谓破坏, 是指当施与足够的力时, 约束会自动失效。另外, 游戏也可按自定义何时破坏的条件开关约束。

12.4.8.6 约束链

由于约束求解程序的迭代性质, 一串互相连接的刚体长链有时并不容易稳定地被模拟。*约束链* (constraint chain) 是一个特殊的约束群组, 内含供求解程序使用的物体连接信息。这些信息令求解程序能更稳定地处理这些约束链, 若欠缺这些信息就难以达到相同效果。

12.4.8.7 布娃娃

布娃娃 (rag doll) 是模拟人体在死亡或失去知觉时的动作, 即整个身体是瘫软的。制作布娃娃的方法是, 把一组刚体连接起来, 每个刚体代表身体的半刚性部位。例如, 我们可能使用胶囊体模拟足、小腿、大腿、手、上臂、下臂、头, 或可能包括几个供躯干所用以模拟脊椎的灵活性。

布娃娃中的刚体使用约束互相连接。布娃娃的约束是为模仿真实人体的关节运动而特别设计的。我们通常使用约束链提高模拟的稳定性。

布娃娃总是紧密地和动画系统整合。随着布娃娃在物理世界中的移动, 我们抽取各刚体的位置及定向, 并用这些信息驱动动画骨骼中对应关节的位置及定向。所以实质上, 布娃娃其实是一种由物理系统驱动的*程序式动画* (procedural animation)。

---

1 如果是汽车的前轮, 还要允许转向。所以这基本上只完全去除了一个旋转 DOF。——译者注

当然，实现布娃娃并非笔者所说的这么简单。首先，布娃娃中的刚体和动画骨骼的关节未必是一对一的关系，骨骼关节的数量通常比布娃娃刚体的数量多。因此，我们需要一个能够将刚体映射至关节的系统（即需要“知道”布娃娃中每个刚体所对应的关节）。骨骼中受布娃娃刚体驱动的关节之间，可能还有一些额外关节，因此映射系统必须能判断这些额外关节的正确姿势。然而，这并非精密科学。我们必须应用审美及/或一些人体生物力学的知识，达到自然的布娃娃效果。

12.4.8.8 富动力约束

约束也可以加入动力（powered constraint，富动力约束），即外部引擎系统（如动画系统）可以间接地控制布娃娃刚体的平移及定向。

以肘关节为例，它的行为差不多是一个有限制的铰链，有稍少于 180° 的自由旋转能力。（实际上，肘关节也可以做轴向旋转，但在此讨论中会忽略此自由度。）为了向此约束加入动力，我们把肘关节建模为一个*旋转弹簧*（rotational spring）。这种弹簧会按其偏离预设静止位置的角度，产生与该角度成正比的力矩，$N = -k(\theta - \theta_{\text{rest}})$。现在想象从外面改变这个静止角度，令它总是匹配动画骨骼的关节角度。由于静止角度被改变，弹簧会认为它处于非平衡状态，并施力矩旋转手肘，令关节角度回复至与 θ_{rest} 对齐。在无其他力或力矩的影响下，各刚体会完全追踪动画骨骼的肘关节运动。但若有其他力介入（例如下臂接触到不能移动的物体），那么这些力会影响肘关节的整体运动，令运动比较自然地偏离原来的动画运动。如图 12.34 所示，这样能产生一个错觉——角色努力以某种方式移动（即动画提供的“理想”动作），但有时又因物理世界的限制而无法如愿（例如，角色的手臂想向前摆动，但被某些东西缠着）。

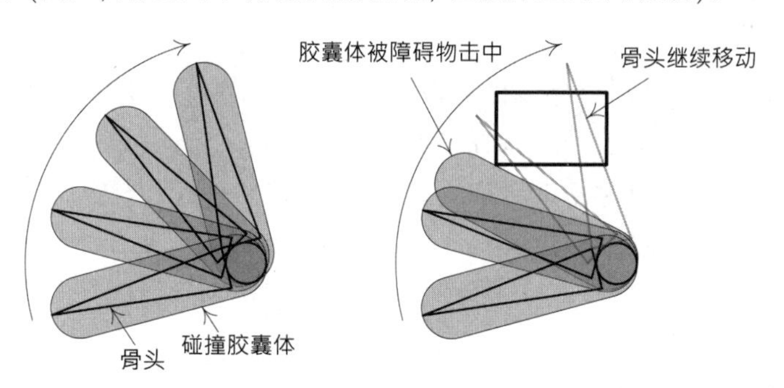

图 12.34 左图：通过富动力的布娃娃约束，在无外力或力矩的情况下，表示前臂的刚体能完全追踪肘关节的动画。右图：若有障碍物阻挡刚体的运动，就能令运动以真实的方式偏离原来的肘关节动画

12.4.9 控制刚体的运动

刚体除了要自然地受引力影响移动、响应场景中其他物体的碰撞,多数游戏设计师还会要求对刚体有某些程度的控制能力。例如:

- 通风口对进入其影响范围的物体,施以向上的力。
- 车辆连接挂车后,移动时会对挂车施以拉力。
- 牵引光束可施力吸引未觉察的太空飞船。
- 反引力设备可以令物体浮起。
- 河水的流动产生力场,令浮在河面的物体移向下游。

例子不胜枚举。多数物理引擎通常会为其用户提供多种控制模拟中刚体的方法。以下几节会概述其中较常见的机制。

12.4.9.1 引力

以地球或其他行星的表面为背景的多数游戏中,引力 (gravity) 普遍存在 (就算是在太空船上也可能有模拟的引力)。引力从技术上来说不是力,而是 (大概为) 一个常数的加速度,因此它对不同质量的物体的效果是相同的。由于引力的普遍存在以及其特殊性,多数物理引擎会把引力加速度作为全局设置。(若读者要做太空游戏,可以把引力设定为 0,以消除引力在模拟中的作用。)

12.4.9.2 施力

游戏物理模拟中的刚体可被施以任意数量的力。施力总是在有限时间区间中进行的。(若只施于瞬间,那应称为*冲量*,见下文。) 游戏中的力一般是动态的,这些力可以在每帧改变其方向及绝对值。因此,多数物理引擎的施力函数会设计为每帧调用一次,而力的持续影响时间也是在该帧之内。这类函数的签名类似 `applyForce(const Vector& forceInNewtons)`,持续时间假设为 Δt。

12.4.9.3 施力矩

当力作用于刚体的质心时,不会产生力矩,仅影响刚体的线性加速度。若将力施于质心之外,就会同时产生线性及旋转加速度。此外,也可以产生*纯力矩* (pure torque),方法是在离质心相同距离的对点上施以相反方向等量的力。这对力所产生的线性运动会互相抵消 (因为以线性动力学来说,两个力都是施于质心的),因而只留下旋转效果。这种产生力矩的一对力,称为*力*

偶 (couple)。[1]引擎可能提供像 `applyTorque(const Vector& torque)` 这样的特殊函数。然而，若读者用的物理引擎不提供 `applyTorque()` 函数，读者可自行编写，令它产生适当的力偶。[2]

12.4.9.4 施以冲量

如 12.4.7.2 节所提及,冲量是速度的瞬间改变 (或实际上，是动量的改变)。从技术上来说，冲量是无穷短时间内的施力。然而，在基于时步的动力模拟中，最短的持续时间为 Δt，而 Δt 不够小去充分模拟冲量。因此，多数物理引擎会提供签名像 `applyImpulse(const Vector& impulse)` 这样的函数将冲量施于刚体。当然，冲量也有两种形式——线性与旋转，良好的引擎会提供函数施以这两种冲量。

12.4.10 碰撞/物理步

我们已谈及实现碰撞及物理系统时，其背后的一些理论及技术细节。现在将会介绍这些系统实际上怎样在每帧进行更新。

每个碰撞/物理引擎都会在更新步时执行以下基本工作。不同物理 SDK 可能会以不同次序执行这些工作阶段。然而，以笔者所见，最常用到的方法大概是这样的。

1. 以 Δt 对施于物理世界刚体的力及力矩计算向前积分，求出次帧的暂定位置及定向。
2. 调用碰撞检测程序库，判断暂定移动是否令物体间产生了新的接触点。(刚体通常会记录其接触点，从而利用时间相干性。因此在模拟的每步中，碰撞引擎只需判断是否失去了之前的接触点，以及是否加入了新的接触点。)
3. 进行碰撞决议。常用的方法是使用冲量、惩罚性力，或作为以下约束求解的一部分。视 SDK 的设计，此阶段或会包含连续碰撞检测 (continuous collision detection, CCD)，也称作冲击时间 (time of impact, TOI) 检测。
4. 以约束求解程序满足约束条件。

在第 4 步完成之时，有些刚体可能已移离第 1 步所计算出来的暂定位置。这种移动可能会导致物体间有其他互相穿插的情况，或可能破坏了其他之前已满足的约束。因此，需要重复第 1 步至第 4 步 (根据碰撞及约束的决议方式，有时候仅需重复第 2 步至第 4 步)，直至 (a) 成

---

1 http://en.wikipedia.org/wiki/Couple_(mechanics)

2 因此引擎需提供像 `applyForceAtPosition(const Vector& force, const Vector& position)` 这样的函数以对质心以外的位置施力。注意，施力位置可能以局部空间坐标或世界空间坐标表示。——译者注

功决议所有碰撞并且满足所有约束, 或 (b) 超过预设的迭代数目。对于后者, 求解程序实际上是“放弃”了, 期望未解决的问题在之后的模拟帧中能自然地解决。这样也能在多个帧里分摊碰撞及约束决议的成本, 避免产生性能尖峰 (spike)。[1]然而, 若错误太大、时步太长或不稳定, 这种做法也可导致貌似不正确的行为。可以在模拟中混合惩罚性力, 以使模拟能随时间逐渐解决这些问题。

12.4.10.1 约束求解程序

约束求解程序 (constraint solver) 本质上是一个迭代算法, 尝试最小化刚体在物理空间中的实际位置/定向与约束所定义的理想位置/定向的*误差*, 以同时满足大量的约束。因此, 约束求解程序本质上是迭代式误差最小化算法。

我们首先看看约束求解程序如何解决一般的情况——一个铰链约束连接两个刚体。在每个物理模拟步中, 数值积分器会求出两个刚体的新暂定变换。然后, 约束求解程序先计算两个刚体间的相对位置, 再计算它们对共有旋转轴的位置/定向的误差。若检测到任何误差, 求解程序就以最小化或消除这个误差的方式移动刚体。由于系统中无其他刚体, 第 2 个迭代中应该找不到新的碰撞接触, 并且约束求解程序会发现那唯一的铰链约束现在已被满足。因此, 结束循环, 不需要再进行更多迭代。

当必须同时满足超过一个约束时, 可能需要更多的迭代。在每个迭代中, 数值积分器有时候会移动刚体, 趋向令它们脱离约束, 而约束求解程序则会趋向令它们回复至合乎约束。幸运的话, 通过在求解程序中使用谨慎设计的错误最小化方式, 这种反馈循环最终应该可以求得合法解。然而, 解答并不一定是精确的。这就是为什么在含物理引擎的游戏中, 有时会看见一些貌似不可能的行为, 例如, 可延长的锁链 (铁环之间有空隙)、物体间轻微互相穿插, 或铰链在一瞬间移动至可动范围以外。约束求解程序的目的为最小化误差, 但并不总是能完全消除误差。

12.4.10.2 各引擎的差异

以上所说当然过度简化了物理/碰撞引擎在每帧中所做的事。在不同的物理 SDK 中, 多个计算阶段的方式, 以及它们的相对次序, 也会有所出入。例如, 有些约束类型是以力和力矩建模的, 这些约束不是由约束求解程序处理, 而是由数值积分器处理。碰撞可以在数值积分之前运行, 而非之后。碰撞也可能用不同方法解决。本节的目的是, 让读者浅尝这些系统的工作方式。要更深入理解某一 SDK 的详细运作方式, 读者必须阅读其文档, 并可能需要参考它的源代码 (假设读者能得到相关的代码)。富好奇心及勤奋的读者, 可以先下载 Open Dynamics

1 这是指某帧的持续时间比平均值高许多, 造成“卡顿”, 降低游戏的流畅性。——译者注

Engine(ODE)[1] 及 PhysX, 对它们进行实验, 因为这两个 SDK 都是免费的。读者可以从 ODE 的维基网站[2] 上学习到许多相关知识。

12.5 将物理引擎整合至游戏

显然, 碰撞/物理引擎本身并无大用处, 它必须要整合至游戏引擎中才能发挥所长。本节讨论碰撞/物理引擎和其他游戏代码之间的常见整合点。

12.5.1 连接游戏对象和刚体

碰撞/物理世界中的刚体和碰撞体, 只不过是一些抽象的数学描述。要在游戏中利用它们, 需要把它们和在屏幕上的视觉表示连接起来。通常我们不会直接绘制刚体 (除了作为调试之用)。取而代之, 组成虚拟游戏世界的逻辑对象, 会使用刚体来描述其形状、尺寸及物理行为。我们在第 14 章会深入探讨游戏对象, 此时此刻, 我们只需要有一个游戏对象的直观形象——游戏世界中的逻辑实体, 如一个角色、一架载具、一把武器、一个飘浮着的补血品等。因此, 物理世界中的刚体和屏幕上的视觉表示之间并非直接相连, 而是靠逻辑对象作为两者之间的枢纽, 如图 12.35 所示。

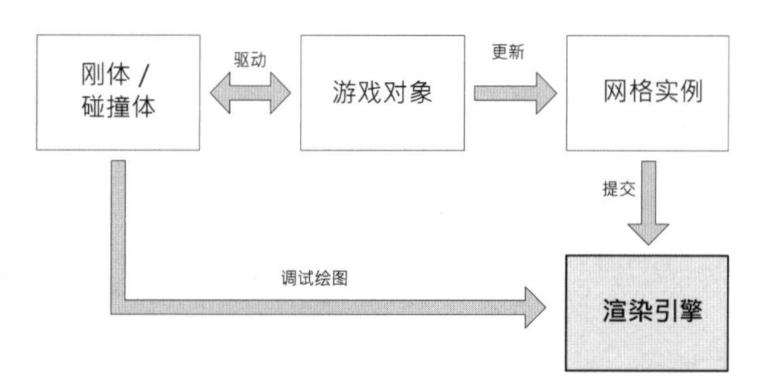

图 12.35 通过游戏对象把刚体连接至其视觉表示。引擎可能会提供另一个可选的渲染途径, 为调试目的视觉化刚体的位置

一般来说, 游戏对象在碰撞/物理系统中会表示为零个或多个刚体。以下列出 3 种可能的情形。

1 译者更建议尝试 Bullet Physics。——译者注

2 http://opende.sourceforge.net/wiki/index.php/Main_Page

- *零个刚体*: 在物理世界中不含刚体的游戏对象是被当作非固体的, 因为它们完全无任何碰撞表示方式。玩家或非玩家不能互动的装饰性对象可能无碰撞, 例如空中飞翔的鸟, 或可观但不可达的游戏世界局部。有些对象基于某种原因需手工处理碰撞 (而不使用碰撞/物理引擎), 也适用于这种方式。
- *一个刚体*: 大多数简单游戏对象只需由单个刚体表示。在这种情形中, 刚体的碰撞形状会尽量逼近游戏对象的视觉表示, 而刚体的位置/定向则完全匹配游戏对象本身的位置/定向。
- *多个刚体*: 有些复杂的游戏对象是由碰撞/物理世界中的多个刚体所表示的。例如, 角色、机械、载具, 或任何由多件固体组成、可相对移动的对象。这些游戏对象通常会利用骨骼 (即仿射变换的层阶结构) 跟踪各组件的位置 (当然也可使用其他可行方法)。刚体通常连接至骨骼关节, 令每个刚体的位置/定向对应至其中一个关节的位置/定向。骨骼的一些关节可能由动画驱动, 那么对应的刚体只会简单跟随动画。相反, 物理系统可能会驱动刚体的位置, 间接地控制关节的位置。从关节至刚体的映射可以是一对一关系, 也可以不是; 有些关节可以完全由动画控制, 有些则连接至刚体。

游戏对象及刚体之间的连接, 当然必须由引擎管理。通常, 每个游戏对象会管理自己的刚体, 需要时创建或销毁刚体, 把这些刚体加进物理世界或从物理世界中移除, 并维护刚体位置和游戏对象或其关节位置的联系。对于含多个刚体的复杂游戏对象, 可使用某种包裹类 (wrapper class) 管理它们。这样做可以避免游戏对象直接管理一组刚体的细节, 而且可令多种游戏对象使用统一方式管理它们的刚体。

12.5.1.1 物理驱动的刚体

若游戏含有刚体动力学系统, 那么我们会假设游戏中至少有一些对象会完全由模拟驱动。这些游戏对象称为*物理驱动* (physics-driven) 对象, 例如瓦砾碎片、建筑物爆炸、山坡上的滚石、空弹匣及弹壳。

物理驱动刚体连接其游戏对象的方式, 是通过步进模拟后, 向物理系统查询刚体的位置/定向。之后, 把这个变换施于整个游戏对象, 或施于某个关节, 或施于游戏对象中的某些其他数据结构。

例子: 构造一个含可拆门的保险箱 当物理驱动的刚体连接至骨骼的关节时, 刚体通常在*受约束*的情况下去产生所需的运动。作为例子, 我们看看如何建模一个有可拆门的保险箱。

视觉上, 我们假设那个保险箱只含一个三角形网格模型, 此模型有两个子网格, 一个为保险箱外壳而设, 一个为保险箱门而设。我们采用含两个关节的骨骼去控制这两块部件的运动。

根关节绑定至保险箱外壳, 而子关节则绑定至门, 旋转该关节时会令门适当地开合。

保险箱的碰撞几何也拆分成两块独立的部件, 一个供保险箱外壳所用, 一个供保险箱门所用。这两块部件用于在碰撞/物理世界中创建两个完全独立的刚体。模拟保险箱外壳的刚体绑定至骨骼中的根关节, 而模拟门的刚体则连接至门关节。然后, 在物理世界中加入一个铰链约束, 确保两个刚体在动力学模拟时, 门的刚体能相对于保险箱外壳正确开合。表示外壳和门的两个刚体, 其运动会用于更新骨骼中两个关节的变换。动画系统产生骨骼矩阵调色板之后, 渲染引擎便可使用物理世界的刚体的位置渲染外壳和门的子网格。

若在某刻要把门炸开, 可破坏铰链, 并在刚体上施以冲量令它们被吹飞。视觉上, 玩家会觉得门和外壳变成独立的物体。但事实上, 它们仍然是一个游戏对象, 以及单个含两关节两刚体的三角形网格。

12.5.1.2 游戏驱动刚体

在多数游戏中, 游戏世界中的某些物体需要以非物理方式移动。这种物体的运动可以由动画、样条路径或人类玩家所控制。我们通常希望这些物体参与碰撞检测, 例如, 令它们能推开物理驱动的物体, 但我们不希望物理系统对这些物体有任何影响。为了支持这种物体, 多数物理 SDK 提供一种特别的刚体类型, 称为*游戏驱动刚体* (game-driven body)。(Havok 称之为“受关键帧控制”的刚体。)

游戏驱动刚体不受引力所影响。物理系统也把它们当作含有无穷质量 (通常会把质量标示为 0, 因为这是物理驱动刚体的无效值)。无穷质量能确保模拟中的力和力矩无法改变游戏驱动刚体的速度。[1]

要在物理世界中移动游戏驱动刚体, 不能简单地在每帧上设置其位置及定向, 以配合对应游戏对象的位置。因为这么做会产生不连贯性, 令物理模拟非常难求解。(例如, 物理驱动刚体可能会发现它突然穿插进一个游戏驱动刚体, 但却无法获知该游戏驱动刚体的动量以做出碰撞决议。) 因此, 通常会使用冲量移动游戏驱动刚体。冲量即速度的瞬时改变, 以时间向前积分就能令刚体在时步结束时到达所需的位置。多数物理 SDK 会提供简便的函数, 计算所需的线性及旋转冲量, 以使刚体在次帧时能到达所需的位置及定向。当移动游戏驱动刚体时, 若该刚体需要停下来, 我们必须小心地把其速度清零。否则, 刚体会无止境地沿其轨道移动。

例子: 含动画的保险箱门 我们沿用含可拆门的保险箱例子。假设我们希望某角色走到保险箱前, 拨动密码组合, 打开保险箱门, 存放一些金钱, 再关上门并锁上保险箱。稍后, 我们

1 通常在计算时会用力乘以质量的倒数以求出加速度。物理引擎可存储质量的倒数 (而非质量本身), 那么这种刚体可设其质量倒数为 0, 求出的加速度也是 0。——译者注

希望另一角色以不太文明的方法——炸开保险箱门——取得保险箱里的金钱。要达到这些效果, 保险箱的模型要加入转盘的子网格, 以及令它旋转的关节。无须把转盘当作刚体, 除非我们希望炸开保险箱时转盘会和门分离弹开。

在角色打开及关闭保险箱的动画时段内, 保险箱的刚体会处于游戏驱动模式。这时候动画会驱动关节, 关节驱动刚体。然后, 当炸开保险箱时, 我们把刚体转回物理驱动模式, 断开铰链约束, 施以冲量, 就可以看到门飞脱出来。

读者可能已注意到, 本例中的铰链并不是实际上需要的。除非我们希望保险箱门在某刻是开启的, 并且要看到保险箱门因移动保险箱或碰到其他东西时会自然地摇晃, 才会需要使用铰链约束。

12.5.1.3 固定刚体

多数的游戏世界是由静态几何物体和动态物体所组成的。为了模拟游戏世界的静态组件, 多数物理 SDK 会提供一种特别的刚体, 称为*固定刚体* (fixed body)。固定刚体的行为有如游戏驱动刚体, 但固定刚体并不参与动力学模拟。它们实际上就是只有碰撞的刚体。此优化能大幅提升多数游戏的性能, 对在大型静态世界中只含少量动态物体移动的游戏尤有帮助。

12.5.1.4 Havok 的运动类型

在 Havok 中, 所有刚体的类型都是由 `hkpRigidBody` 类的实例所表示的。每个实例含有一个*运动类型* (motion type) 的字段, 用以告诉系统该刚体是固定的、游戏驱动的 (Havok 称之为“用关键帧的”), 或是物理驱动的 (Havok 称之为“动力学的”)。若以固定运动类型来创建一个刚体, 其运动类型就再也不能改变了。除此以外, 可以在运动时改变刚体的运动类型。例如, 一件在角色手中的物体应该使用游戏驱动类型。但当该物体从角色手中丢掉时, 它就应该变为物理驱动, 令动力学模拟接管其运动模式。在 Havok 中, 只需简单地在物体离手时改变其运动类型。

为了给予 Havok 一些刚体的惯性张量的信息, 运动类型数目其实还翻了一倍。“动力学”运动类型被拆分为数个子类别, 包括“球形惯量的动力学”“矩形惯量的动力学”等。Havok 利用刚体的运动类型, 基于惯性张量内部结构的假设来判断该应用哪些优化。

12.5.2 更新模拟

物理模拟当然必须定期更新, 通常每帧一次。这不仅涉及步进模拟 (数值积分、碰撞决议及施以约束), 也需要维持游戏对象和其刚体的联系。若游戏需要对任何刚体施力或冲量, 也必须每帧进行。以下是完整地更新物理模拟所需的步骤。

- *更新游戏驱动刚体*: 更新物理世界中所有游戏驱动刚体的变换, 令这些变换匹配与其相连的游戏世界中对象 (游戏对象或关节) 的变换。
- *更新 phantom*: 每个 phantom 形状的行为, 如同欠缺刚体的游戏驱动碰撞体。它用作几种碰撞查询。在物理步进之前, 需要更新所有 phantom 的位置, 那么执行碰撞检测时这些 phantom 就会处于合适的位置。
- *施以力、冲量, 并调整约束*: 更新游戏正在施行的力。本帧所发生的游戏事件, 其产生的冲量也在此时施行。按需调整约束。(例如, 检查可破坏的铰链是否受损毁, 如已受损毁则令物理引擎移除该约束。)
- *步进模拟*: 如 12.4.10 节所述, 必须定期更新碰撞及物理引擎。更新内容包括: 对运动方程进行数值积分, 以求出所有刚体的次帧物理状态; 执行碰撞检测算法, 以求出物理世界中要增加或删减的刚体接触;碰撞决议;施行约束。视不同 SDK 而定, 这些更新可能藏于单个不能分割的 `step()` 函数中, 也可能可以逐一执行。
- *更新物理驱动的游戏对象*: 从物理世界中获取物理驱动物体的变换, 然后用这些变换更新相对的游戏对象或关节, 使两者匹配。
- *phantom 查询*: 在物理步进之后, 可读取 phantom 形状的接触信息, 以做出游戏中的决定。
- *执行碰撞投射查询*: 以同步或异步方式启动光线及形状投射。当可以获得这些查询的结果时, 多个引擎系统就可利用这些结果来做出决定。

这些任务通常以上述次序执行, 但光线和形状投射理论上可以置于游戏循环中的任何位置。显然, 在步进模拟前更新游戏驱动物体并施以力/冲量, 仍是合理的次序, 这样才能令模拟“见到”这些更新的后果。相似地, 物理驱动的游戏对象应该总是置于步进模拟之后, 以确保使用到最新的刚体变换。通常渲染置于游戏循环之末, 这样才能确保我们渲染的是某刻一致的游戏世界视图。

12.5.2.1 安排碰撞查询的时间

为了查询碰撞系统最新的信息, 在每一帧中, 我们需要在物理步进后再执行碰撞查询 (光线及形状投射)。然而, 物理步进通常执行至帧末, 在此之前游戏逻辑已做好大部分决定, 并且也已决定好所有游戏驱动刚体的新位置。那么, 应该在什么时候执行碰撞查询呢?

此问题并不容易回答。我们有多种选择, 多数游戏会采用以下的一些或全部选择。

- *基于前一帧的状态做决定*: 在许多情况下, 我们可使用前一帧的碰撞信息正确地做出决定。例如,我们可能希望获知玩家是否站在一些物体之上,以决定本帧他是否应开始掉下来。在此情况下,我们可以安全地在物理步进之前执行碰撞查询。

- *接受 1 帧延迟*: 就算真的想知道本帧发生的事情,可能也要忍耐 1 帧的延迟才能取得碰撞查询结果。通常对于移动得不太快的物体,可以做出这种让步。例如,我们可能要移动一个物体,然后希望获知该物体是否在玩家的视线中。玩家可能注意不到这种查询中的差 1 帧错误。那么,我们就可以在物理步进前执行碰撞查询 (取得前一帧的碰撞信息),把这些结果当作本帧末碰撞状态的近似值来运用。
- *在物理步进后执行查询*: 另一种方法是在物理步进之后执行某些查询。当基于这些查询结果的决定可延至帧后期才做出时,这种做法便可行。例如,依赖碰撞查询的渲染效果便可以这样实现。

12.5.2.2 单线程更新

非常简单的单线程游戏循环可能是这样子的:

```
F32 dt = 1.0f / 30.0f;

for(;;) // 主游戏循环
{
    g_hidManager->poll();

    g_gameObjectManager->preAnimationUpdate(dt);
    g_animationEngine->updateAnimations(dt);
    g_gameObjectManager->postAnimationUpdate(dt);

    g_physicsWorld->step(dt);
    g_animationEngine->updateRagDolls(dt);
    g_gameObjectManager->postPhysicsUpdate(dt);
    g_animationEngine->finalize();

    g_effectManager->update(dt);
    g_audioEngine->update(dt);
    // 等等
    g_renderManager->render();
    dt = calcDeltaTime();
}
```

在此例子中, 游戏对象分 3 个阶段进行更新: 第 1 阶段是在动画运行之前 (例如在该阶段编排新的动画), 第 2 阶段是在动画系统计算最终局部姿势及暂定全局姿势之前 (但未生成最终全局姿势及矩阵调色板), 第 3 阶段是在物理步进之后。

- 游戏驱动刚体的位置通常在 `preAnimationUpdate()` 或 `postAnimationUpdate()` 中更新。对于每个游戏驱动刚体, 其变换通常会设置为匹配拥有该刚体的游戏对象, 或是匹配骨骼中的一个关节。
- 物理驱动刚体的位置通常是在 `postPhysicsUpdate()` 中被读取, 其位置会用于更新游戏对象的位置, 或是其骨骼中的一个关节位置。

步进物理模拟的频率是一个重要的考虑事项。常数时步 (Δt) 对大部分数值积分方法、碰撞检测算法及约束求解程序来说都是最好的。一般而言, 可用理想的 1/30s 或 1/60s 步进物理/碰撞 SDK, 并管理整个游戏循环的帧率。若游戏的帧率低于目标帧率, 最好令物理从视觉上减慢, 而不是尝试调整模拟时步去匹配实际帧率。

12.5.3 游戏中碰撞及物理的应用例子

为了更具体地讨论碰撞及物理, 以下会展示几个常见的例子, 以说明碰撞及/或物理通常如何应用于真实游戏之中。

12.5.3.1 简单刚体游戏对象

许多游戏包含简单的物理模拟物体, 例如武器、可拾取及投掷的石块、空弹匣、家具、隔板上可射击的物体等。这些物体的实现方式, 可以通过创建自定义的游戏对象类, 并在其中加入对物理世界刚体 (如 Havok 中的 `hkpRigidBody`) 的参考。或者我们可以创建一个附加组件类, 负责处理简单的刚体碰撞及物理, 并允许将此功能加到引擎中几乎任何类型的游戏对象上。

简单的物理物体常会在运行时改变其运动类型。当某个对象在角色手中时, 它是游戏驱动的; 但当它离手自由掉落时, 就会变成物理驱动的。

12.5.3.2 弹道

无论读者是否赞同游戏中的暴力情节, 激光枪及其他形式的抛射物武器 (projectile weapon) 仍然是大量游戏的重要元素。以下介绍这些物体通常如何实现。

有时候抛射物是以光线投射实现的。在开火的那一帧, 进行一次光线投射, 判断击中了什么物体, 并立即把相关影响施于受击的物体。

可惜, 光线投射方式并没有交代抛射物的行程时间, 它也没有处理轨道因引力而造成的稍微下降。[1]若这些细节对某游戏而言是重要的, 我们就可以用真正的刚体模拟抛射物, 这些抛射物会随时间在碰撞/物理世界中移动。此方法特别适合较慢的抛射物, 例如投掷物体或火箭炮。顽皮狗的《最后生还者》中抛砖头就是用此方法来实现的。

实现激光光线及抛射物要注意及处理许多问题。下面讨论一些常见问题。

子弹光线投射 当用光线投射检测子弹射击时, 会引出一个问题: 光线来自摄像机的焦点, 还是来自玩家手中武器的前端? 此问题对于第三人称射击游戏更为突出, 因为发射自玩家枪械的光线, 与投射自摄像机焦点通过屏幕中心十字线 (reticle) 的光线, 往往并不是同一直线。这样会导致一些问题, 例如十字线对准了目标, 但第三人称的角色明显在障碍物之后, 从角色的角度来说并不能射到目标。通常必须使用多种“小技巧”确保玩家体验到所瞄准的就能击中, 并同时维持在屏幕上显示貌似真实的画面。

碰撞几何体和可见几何体不匹配 碰撞几何体和渲染几何体不匹配, 也会导致一些问题。例如, 玩家可以从一件物体的隙缝或其边缘看到目标, 但其碰撞几何体是实心的, 所以子弹不能到达目标。(此问题通常只对玩家角色造成影响。) 解决办法之一是放弃碰撞查询, 用渲染查询判断光线是否能击中目标。例如, 在渲染阶段中, 我们生成一张纹理, 其每个像素存储对应游戏对象的唯一标识符。然后就可以读取此纹理, 判断十字线下的像素是否为敌人角色或其他合适的目标。

在动态环境中瞄准 若抛射物需要一定时间才能到达目标, 由 AI 控制的角色射击时可能需要计算时间差。

冲击效果 当子弹击中目标时, 我们可能要触发一个音效或粒子效果, 放置贴花 (decal), 或执行其他工作。

虚幻引擎采用一个*物理性材质* (physical material) 系统实现此功能。可见的几何体不仅被标记为可见材质, 还可标记物理性材质。前者定义其表面的样貌, 后者定义它如何对物理性互动做出反应, 包括声音、子弹爆炸粒子效果、贴花等。详情可参考官网。[2,†]

顽皮狗采用非常相似的系统: 碰撞几何体可被标记为*多边形属性* (polygon attribute, PAT),

1 子弹发射后也是沿抛物线运动的, 下降幅度也可以很大。——译者注

2 https://docs.unrealengine.com/en-us/Engine/Physics/PhysicalMaterials/PhysMatUserGuide

它定义某些物理性行为，如脚步声。但子弹冲击则以特别的方式处理，因为我们需要它能直接与可见几何体互动，而不是粗糙地碰撞几何体。因此，可见材质也可被标记为一个子弹效果 (bullet effect)，它定义每种可能的抛射物类型在冲击表面时会产生子弹爆炸、冲击声音及贴花。†

12.5.3.3 手榴弹

游戏中的手榴弹 (grenade) 有时候会实现为自由移动的物理对象。然而，这样会令受控能力大幅削减。为了重拾部分控制能力，可以对手榴弹施以多个人造的力或冲量。例如，我们可以在手榴弹初次碰到地面时，对其施以极大的空气拖曳力，试图限制它弹离目标的距离。

有些游戏团队则完全手工地管理手榴弹的运动。他们可以预先计算好手榴弹的弹道，然后通过一连串的光线投射判断掷出手榴弹后会击中哪个目标。弹道甚至可以在画面上显示，供玩家了解。当掷出手榴弹后，游戏令它沿其弧形弹道前进，然后可以小心控制反弹，令它不会弹离目标太远，同时仍保持自然。

12.5.3.4 爆炸

在游戏中，爆炸 (explosion) 通常由几个部分组成：一些视觉效果，如火球、烟雾；一些音效模仿爆炸的声响及对世界中游戏对象的影响；往外增长的破坏半径，影响半径范围内的所有对象。

当一个对象处于爆炸半径之内时，我们通常会扣减其生命值，并产生一些运动模拟冲击波 (shock wave) 的效果。这些效果也许可用动画制作。(例如，角色对爆炸的反应最好用动画表现。) 我们也可能想完全用动力学模拟驱动冲击的反应。为此，可以令爆炸向范围内所有合适的物体施以冲量。由于这些冲量是辐射状的，其方向很容易计算，只需要把受影响的物体中心减去爆炸中心的矢量归一化，然后再以爆炸强度缩放该单位矢量 (并可能按距离做衰减)。

爆炸也可以与其他引擎系统互动。例如，我们可以把“力”施于植物动画系统，令花草树木都会受爆炸影响而瞬间弯曲。

12.5.3.5 可破坏物体

可破坏物体 (destructible object)[1] 常见于游戏中。这些物体的奇特之处在于，它们起初未被损坏时看上去是单个聚合物体，但它们可以破裂为多个碎片。我们可能希望这些碎片一块一块地剥落，令物体逐渐地“削除”，或是可能只需要单次的、灾难性的爆炸。

形变体 (deformable body) 模拟 (如 DMM 引擎里的形变体) 能自然地处理可破坏物体。然

1 在图形学中，这种技术称为破裂模拟 (fracture simulation)。——译者注

而，我们也可以用刚体动力学实现可破坏物体。通常的做法是，把模型切割为多个碎片，并为每个碎片设置一个刚体。鉴于性能优化及观感，我们可能会制作一个未破坏的渲染及碰撞几何版本作为单独的实物。当物体要开始破裂时，就会用破坏版本替代此模型。在其他情况下，也可以一直使用已分割的模型。例如，这种做法适用于一堆砖块、叠在一起的碗碟。Havok Destruction 就采用这种方式。

要模拟由多块东西组成的物体，我们可以简单地叠起一堆刚体，由物理模拟自行处理。这种方式对于高质量的物理引擎是可行的（但并不总是容易做得好）。然而，若我们想要一些好莱坞式的特效，简单地叠起刚体未必奏效。

例如，我们可能希望定义物体的结构。有些部分可能是*不能被破坏的* (indestructible)，如墙基或汽车的底盘。其他部分可能是*非结构性的* (non-structural)，当被子弹或其他物体击中时只会简单地剥落。而另一些部分可能是*结构性的* (structural)，当受击时，不单自己会剥落，还会把力传递至位于其上方的部分。还有一些部分是易爆炸的 (explosive)，受击后可引至连锁爆炸，或是把破坏力传送至整个结构。我们可能会把一些碎片设为角色可使用的合法*掩护点* (cover point)。这就意味着可破坏物体系统可能会关联至掩护系统。

我们也可能希望可破坏物体有生命值。物体的损害程度可逐渐提升，直至最终完全崩溃。或是每个部分有其生命值，可能需要多枪或多次撞击才会破裂。还可以加入约束，令物体悬挂着受破坏的部分，而不是把它们完全分离。

我们也可能希望这些结构要花上一段时间才会完全崩塌。例如，若一座长桥的一端爆炸，崩塌会慢慢地从一端扩散至另一端，那么那座桥才会显得宏大。物理系统不一定能简单地模拟这种效果，因为它会同时唤醒模拟岛中的所有刚体。[1] 取而代之，这类效果可通过审慎使用游戏驱动运动类型实现。

12.5.3.6 角色机制

一些游戏如保龄球、弹珠或 *Marble Madness*，其“主角”是一个在虚拟游戏世界中滚动的球。对这类游戏而言，我们可以很好地用物理模拟，以自由运动的刚体模拟这些球，并通过施力或冲量控制它在游戏中的移动。

然而，在基于人物角色的游戏中，我们通常不会使用这种方式。人形或动物角色的运动 (locomotion) 太过复杂，通常不能用力和冲量控制其移动。取而代之，我们会使用一组游戏驱动的胶囊形刚体模拟角色，每个刚体连接至角色骨骼中的关节。这些刚体主要用于子弹受击检测，或是用于产生一些二次效果，例如角色的手臂撞掉桌上的物体。由于这些刚体是游戏驱动的，

1 这里是指游戏性能瞬间降低，不能很好地模拟出此效果。——译者注

不可避免地它们会穿插进物理世界的固定物体中, 因此确保角色动作可信性的责任便落在动画师身上。

为了在游戏世界中移动角色, 多数游戏会使用球体或胶囊体投射, 往欲移动的方向进行探测。碰撞会使用手工方式求解。这样可以做出许多很酷的事情, 例如:

- 当角色以斜向角度跑向墙壁时, 可以令角色沿墙滑动。
- 角色走到路缘时, 可以“提起”角色, 而不会被卡住。
- 避免角色走下路缘时令角色进入“掉下”状态。
- 避免角色走上太陡的斜坡 (多数游戏都会设置一个角度界限, 角色在超过该角度的斜坡上会滑下来, 不允许角色往上走)。
- 为避免发生碰撞情况调整动画。

我们为最后一点给出一个例子, 若角色以约 90° 角直冲向墙壁, 我们可以令角色不停地对着墙“月球漫步 (moonwalk)”, 或是可以减慢该动画, 或是可以做得更好。例如, 播放一个双手伸出触碰墙壁的动画, 然后令角色合理地停下来, 直至他改变移动方向。

Havok 提供了一个角色控制系统处理这些事情。如图 12.36 所示, Havok 系统中的角色以胶囊体 phantom 模拟, 此 phantom 在每帧移动以求出新的位置。Havok 会为每个角色维护一个碰撞接触流形 (collision contact manifold, 是指降噪后的撞触平面集合)。此流形可用于在每帧判断角色最优的移动、调整动画等。

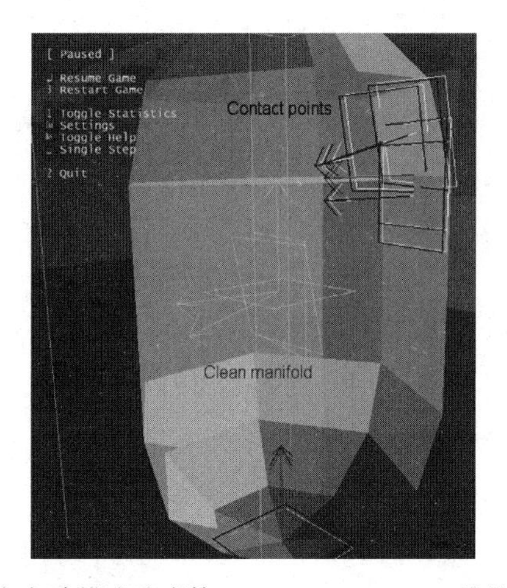

图 12.36 Havok 的角色控制器把角色建模成胶囊体 phantom。phantom 维护一个降噪的碰撞流形 (一组平面), 游戏可用此信息来做移动决策

12.5.3.7 摄像机碰撞

许多游戏中的摄像机会追随玩家在游戏世界中的角色或载具，玩家通常可以有限地操控或旋转摄像机。这类游戏中的一个要点是，令摄像机永不穿透场景中的几何体，否则会打破游戏的真实感。因此，在许多游戏中，摄像机系统成为碰撞引擎的重要使用方法。

对于大部分摄像机碰撞系统，其背后的基本原理是用一个或多个球形 phantom 包围虚拟摄像机，或是用球体投射查询检测是否和物体产生碰撞。在摄像机碰撞到物体之前，该系统会以一些方式调整摄像机的位置及/或定向，以避免摄像机穿透该物体。

说来简单，但实际上这是一个令人难以置信的棘手问题，需要多次试验才能得到满意的效果。可以告诉大家一个事实，许多游戏团队中有一个专门的工程师，在项目整个周期中做摄像机系统的事情。我们不可能在此深入探讨摄像机碰撞检测及决议，但以下的内容应该能供读者了解其中最切题的要点。

- 拉近镜头 (zoom in) 在许多情况下可以避免碰撞问题。在第三人称游戏中，玩家可以拉近镜头成为第一人称视角，而不会产生太大的问题 (但其中一个问题是，要令拉近过程中摄像机不穿透角色的头部)。
- 在遇到碰撞时，大幅度改变摄像机的水平角度，并不是一个好主意。因为这样会搞乱依赖于摄像机角度的玩家操作。然而，当符合玩家预期要进行的事情时，一定程度的水平调整也能良好运作。例如，当玩家正在瞄准目标时，若因摄像机碰撞而失去目标，玩家必会破口大骂。但如果玩家只是在世界中移动，改变摄像机定向就自然不过了。因此，当主角不在战斗中时，你可能希望只允许调整摄像体的水平角度。
- 读者可以在一定程度上调整摄像机的垂直角度，但最重要的是不要调整过度，否则玩家会失去方向感，最终令玩家向下看着角色的头顶!
- 有些游戏允许摄像机在一个垂直平面的弧上移动，该弧可能使用样条 (spline) 定义。这么做可以使单一 HID 控制 (如左拇指摇杆的上下移动) 直观地同时控制摄像机的缩放及垂直角度。(《神秘海域》和《最后生还者》中的摄像机就是如此运作的。) 当摄像机碰到世界中的物体时，摄像机就可自动地沿此弧移动以避开碰撞，也可以把弧往水平方向挤压，或采用其他方法。
- 除了要考虑摄像机后方及旁边有什么，还必须考虑摄像机前方的事物。例如，若一根柱子或一个角色移动至玩家角色及摄像机之间时，应如何处理? 有些游戏会把造成问题的物体变成透明，有些游戏会拉近镜头或摆动摄像机避免碰撞。这么做可能会令玩家舒服或难受! 处理这些情况的方法，可影响游戏的体验品质。
- 读者也许希望摄像机按不同的碰撞情况做不同反应。例如，当主角在非战斗的情况下时，玩家可接受用水平摆动摄像机的方式去避免碰撞。但当玩家正在向目标开火，水平或垂直的摄像机摆动会影响玩家瞄准，此时只可选择拉近镜头的方法。

就算考虑了这些及许多其他情况，你的摄像机或许仍会有问题！在实现摄像机碰撞系统时，总是要预留大量的时间以备反复试错。

12.5.3.8 整合布娃娃

在 12.4.8.7 节中，我们学习了如何使用特殊类型的约束连接一组刚体以模仿瘫软 (死亡或失去知觉) 的人体行为。本节将会探讨在游戏中整合布娃娃时会遇到的一些问题。

如 12.5.3.6 节所述，对于有知觉的角色，其整体移动一般是通过在游戏世界中做形状投射或移动 phantom 来达到的。而角色身体的细节动作则通常由动画驱动。另外，游戏驱动刚体有时候会绑定至四肢，借以做武器瞄准，或是令角色可以碰掉世界中的物体。

当角色失去知觉时，布娃娃系统就会介入。此时，可用胶囊体形状的刚体去模拟角色四肢，并把它们用约束连接至角色骨骼的关节。然后物理系统会模拟这些刚体的运动，并更新其对应的骨骼关节，令物理可以驱动角色的身体。

用作布娃娃物理的那组刚体，并不一定和角色有知觉时所绑定的一样。因为两个碰撞模型的需求有非常大的差异。当角色有知觉时，其刚体是游戏驱动的，因此不用在乎它们是否互相穿插。事实上，我们通常希望他们会重叠，以保证碰撞体之间没有空隙，使敌人的射击不会穿过身体。然而，当角色变成布娃娃时，必须保证刚体间不会互相穿插，不然可能会令碰撞决议产生过大的冲量，导致四肢往外“爆炸”！因此，对于角色有知觉和失去知觉的状态，通常会有两套截然不同的碰撞/物理表示。

另一个问题是，如何从有知觉状态过渡至失去知觉状态。简单用 LERP 把动画驱动和物理驱动的姿势做混合，其效果通常不太好，因为物理姿势会很快偏离动画姿势。(把两个完全不相关的姿势混合通常会不自然。) 因此，我们可考虑在过渡中使用富动力约束 (见 12.4.8.8 节)。

当角色有知觉的时候 (即它们的刚体是游戏驱动的)，它们常会穿插入背景的几何体中。也就是说，当角色过渡至布娃娃 (物理驱动) 模式时，这些刚体可能会在其他实心物体之中。这样可能会产生巨大的冲量，令布娃娃的行为变得怪异。要避免这种问题，最理想的是谨慎地制作死亡动画，尽量令角色的四肢远离碰撞。除此以外，在游戏驱动模式时，要使用 phantom 或碰撞回调检测角色的身体有没有与物体碰撞，没有碰撞的时候就可以安全地转换成布娃娃模式。

然而，即使采用了以上手法，布娃娃还是有机会卡在其他物体中。要令布娃娃显得自然，可以利用单面碰撞功能。若四肢的一部分嵌入在墙中，单面碰撞会尽量推动四肢离开墙身，而不会使其保持卡着的状态。可是, 单面碰撞也不能解决所有问题。例如, 当角色快速移动, 或是布娃娃的过渡不能正常执行时, 某个刚体最终可能会置于一面薄墙的另一面。那么角色可能就会悬挂在空中, 而不能正常地掉到地上。

另一项可能有用的布娃娃功能, 就是令失去知觉的角色重获知觉, 并重新站起来。为了实现此功能, 我们需要用某种方法搜寻合适的“站立”动画。我们希望能找到一个动画, 其首帧的姿势最匹配静止下来后的布娃娃姿势 (通常后者是完全不能预计的)。我们可以只匹配几个关键的关节, 例如大腿及上臂。另一个方法是使用富动力约束, 手工地引导静止的布娃娃移动至适合站立的姿势。

最后要提一点, 设定布娃娃的约束是一件很麻烦的工作。我们通常希望四肢能自由活动, 但不会做成一些生物力学上不可能的姿势。所以建构布娃娃时通常会使用特别类型的约束。尽管如此, 要令布娃娃好看还得费不少心思。高质量的物理引擎 (如 Havok) 提供丰富的内容创作工具, 供美术人员在 DCC 工具 (如 Maya) 中设置约束, 并能即时测试布娃娃在游戏中的表现。

总而言之, 令布娃娃物理在游戏中运作并不难, 但要令它好看就是一项艰巨的工作! 如同许多游戏编程的工作, 最好能预留充足的时间反复试错, 若读者首次做布娃娃就更加要注意。

12.6 展望: 高级物理功能

在游戏中利用受约束的刚体动力学模拟, 可创造出非常多的物理驱动效果。但它的局限也是显而易见的。近年的研发不断寻求超越刚体动力学的物理引擎功能。以下是一些例子。

- 形变体 (deformable body): 随着硬件能力的提升, 以及开发了更高效的算法, 物理引擎开始提供对可变形体的支持。DMM 引擎是在这方面极佳的例子。
- 布料 (cloth): 布料可被建模为以刚性弹簧连接的一堆点质量。众所周知, 布料模拟非常难以做好, 因布料与其他物体的碰撞、模拟的数值稳定性等都会引致诸多问题。话虽如此, 现在许多游戏及第三方物理 SDK, 如 Havok 中, 都提供了强大及表现良好的布料模拟, 用于游戏及其他实时应用中。
- 头发 (hair): 头发可被建模为大量物理模拟的细丝, 或更简单的方法是用头发纹理贴上多张布料, 然后用布料模拟令角色的头发以可信的方式移动。《最后生还者》中艾莉的头发就是这么做的。头发的模拟及渲染仍然是一个活跃的研究主题, 而且游戏中的头发质量也一直在提升。[1]

- 水面模拟 (water surface simulation) 及浮力 (buoyancy): 游戏中使用水面模拟及浮力已有一段日子了。浮力功能可以使用特设的系统 (在物理引擎之外) 达成, 或是在物理模拟中加入力去建模。自然的水面运动通常只是一个渲染效果, 不会影响物理模拟。从物理引擎的角度看, 水面通常被建模为一个平面。水面大幅波动时, 通常整个平面是跟着移动的。然而, 有些游戏团队及研究学者在尝试打破这些极限, 制作动态水面、浪尖、真实感的水流模拟等。
- 通用流体动力学模拟 (general fluid dynamics simulation): 现在, 流体动力学主要实现于专门的模拟库。然而, 这也是一个活跃的研发领域, 有些游戏已经采用流体模拟去产生惊人的视觉效果。[2]
- 基于物理的音频合成: 当物理模拟的物体碰撞、反弹、滚动和滑行时, 生成合适的音频能增强模拟的可信性。这些声音可通过游戏控制播放预录的音频片段而成。但动态合成这些声音已是切实可行的另一方案, 这在目前是活跃的研究主题。[†]
- *GPGPU*: 随着 GPU 越来越强大, 利用它的强大并行处理能力去做图形以外的任务已是大势所趋。通用 GPU(general-purpose GPU) 计算的一个显著应用便是碰撞及物理模拟。例如, 在《最后生还者》的 PlayStation 4 版本中, 顽皮狗把布料模拟完全移植到 GPU 上运行。[†]

---

1 对这方面有兴趣的读者, 可参阅译者的博文"爱丽丝的发丝——《爱丽丝惊魂记: 疯狂再临》制作点滴", `http://www.cnblogs.com/miloyip/archive/2011/06/14/alice_madness_returns_hair.html`。 ——译者注

2 现在, 流体动力学模拟已经常出现在游戏中, 例如《小小大星球 2》(见 *Two Uses of Voxels in LittleBigPlanet2's Graphics Engine*, `http://advances.realtimerendering.com/s2011/index.html`)、《鳄鱼小顽皮爱洗澡》(译者估计此作品采用了 smoothed particle hydrodynamics 方法做流体模拟)。——译者注

第 13 章 音 频†

若读者试过关掉声音来看恐怖片, 便会知道声音对沉浸感的重要性。(若没此经验, 建议一试! 这能让你大开"耳"界。) 无论是电影还是游戏, 声音的好坏能决定作品是枯燥乏味的, 还是扣人心弦、让人难以忘记的多媒体经历。

现在的游戏把玩家沉浸于一个真实 (或半真实但具风格) 的虚拟环境之中。图形引擎力求真实及准确地重现玩家置于虚拟环境中应该能看到的景象 (同时保持游戏的艺术风格)。而音频引擎 (audio engine) 在相同的意义下, 力求真实及准确地重现玩家置于游戏世界中应该听到的声音 (同时保持游戏的幻想风格和调子)。现在, 音频程序员 (sound programmer) 使用音频渲染引擎 (audio rendering engine) 去强调它与图形渲染引擎有许多共通之处。

本章探讨为 AAA 级游戏创造音频的理论与实践。我们会介绍一个数学分支——信号处理理论 (signal processing theory), 它几乎是所有数字音频技术的基础, 这些技术包括数字音频的录制及播放、过滤 (filtering)、混响 (reverb) 及其他数字信号处理器 (digital signal processor, DSP) 效果。然后, 我们会从软件工程师的角度, 探讨游戏中常用的音频 API, 拆解典型音频引擎的构成组件, 并学习音频系统如何与其他游戏引擎系统相互连接。我们还会看到在顽皮狗的热作《最后生还者》(*The Last of Us*) 中, 如何处理环境声学建模 (environmental acoustic modeling) 及角色对话。接下来, 抓紧扶手, 享受一段闹哄哄的旅程吧!

13.1 声音的物理

声音是在空气 (或其他可压缩介质) 中传播的压缩波 (compression wave)。声波能导致不同范围的空气进行相对于平均大气压强的压缩及减压 (又称为稀薄化, rarefaction)。因此, 测量声音的振幅 (amplitude) 使用的是压强 (pressure) 的单位。压强的国际单位是帕斯卡 (Pascal), 缩写为 Pa。1 帕斯卡是 1 牛顿的力施于 1 平方米的面积之上 ($1\text{Pa} = 1\text{N/m}^2 = 1\text{kg/(m} \cdot \text{s}^2)$)。

瞬时声压 (instantaneous acoustic pressure) 是环境大气压强 (ambient atmospheric pressure, 这里视为常数) 与声波在某时刻所产生的扰动之和:

$$p_{\text{inst}} = p_{\text{atmos}} + p_{\text{sound}}$$

当然, 声音是动态现象, 声压随时间而变化。我们可以作图使瞬时声压表示为时间的函数 $p_{\text{inst}}(t)$。在信号处理理论 (各种数字音频技术的数学基础) 中, 这些随时间变化的函数称为信号 (signal)。图 13.1 展示了一个典型的声波信号 $p(t)$ 在平均大气压强中的振动。

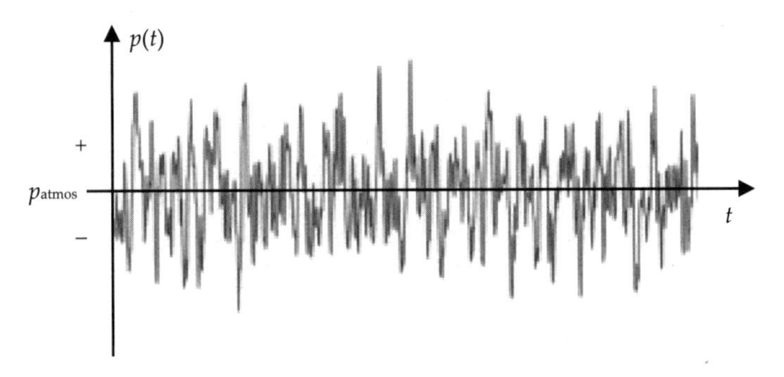

图 13.1 声音随时间变化的声压可建模成信号 $p(t)$

13.1.1 声波的属性

当使用乐器弹奏一个长而稳定的音符时, 其产生的声压信号是周期性的 (periodic), 即波形中包含该种乐器特定的重复模式。重复模式的周期 (period) T 是指连续模式出现所经过的最短时间。例如, 正弦声波的周期是两个连续波峰 (或波谷) 之间的时间。在国际单位制中, 周期的单位是秒。图 13.2 展示了一个波形的周期。

而波的频率 (frequency) 则是其周期的倒数 ($f = 1/T$)。频率的单位是赫兹 (Hertz, Hz), 即 "每秒的周期数目"。由于 "周期数目" 是无单位的量, 所以赫兹是秒的倒数 (Hz = 1/s)。

许多科学家和数学家常使用一个名为角频率 (angular frequency) 的量, 一般记作 ω。角频率是以每秒弧度去测量振动的, 而不是使用每秒周期数目。由于一个完整的圆周旋转是 2π 弧度, $\omega = 2\pi f = 2\pi/T$。角频率对分析正弦波非常有用, 因为把二维的圆周运动投射至一个轴上就会产生正弦运动。

一个周期信号 (如正弦波) 在时间轴上向左或向右偏移的量称为其相位 (phase)。相位是一个相对项。例如, $\sin(t)$ 仅是把 $\cos(t)$ 在 t 轴上做 $+\frac{\pi}{2}$ 相位偏移的版本 $\left(\text{即 } \sin(t) = \cos\left(t - \frac{\pi}{2}\right)\right)$,

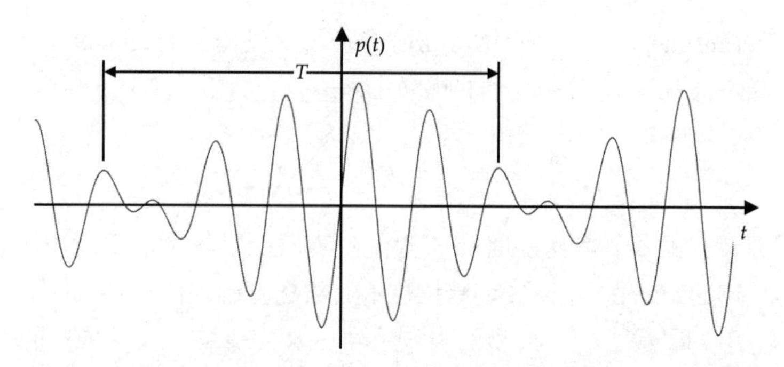

图 13.2 任意周期性信号的周期 T 为波形中重复模式的最短时间间隔

图 13.3 所示的是相位。

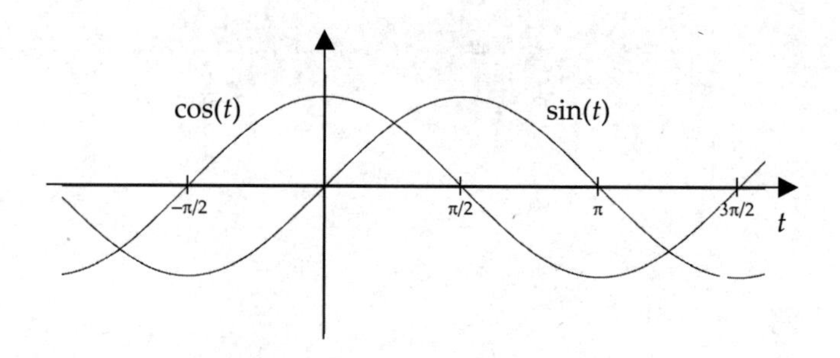

图 13.3 正弦函数和余弦函数仅为对方相位偏移的版本

声音在媒介中的传播*速率* v 与媒介的材质及物理特性相关, 包括相 (固体、气体或液体)、温度、压强和密度。在 20°C 的干燥空气中, 声音的速率约为 343.2m/s, 等同于 767.7 mph 或 1235.6 km/h。

正弦波的*波长* (wavelength) λ 是测量两个相邻波峰 (或波谷) 的空间距离。波长与波的频率有关, 然而, 由于波长是一个空间上的度量, 它也与波的速率相关。具体来说, $\lambda = v/f$, 当中 v 是波的速率 (单位为 m/s), 而 f 是频率 (单位是 Hz 或 1/s)。因为分子和分母单位中的秒相抵消, 剩下来波长的单位为 m。

13.1.2 感知响度及分贝

为了判断我们听到声音的响度 (loudness), 我们的耳朵连续地把传入的声音信号波幅在一个短时间的滑动时间窗口中求平均。有一个称为*有效声压* (effective sound pressure) 的量, 能很好地描述此求平均的效果。有效声压的定义为一段时间内所测量的瞬时声压的*均方根* (root mean square, RMS)。

若我们测量到一系列 n 个离散的声压 p_i, 而这些值是在相同的时间间隔下测量的, 那么声压的均方根 p_{rms} 为

$$p_{\text{rms}} = \sqrt{\frac{1}{n}\sum_{i=1}^{n} p_i^2} \tag{13.1}$$

然而, 耳朵是连续地测量声压的, 并不是在离散时间点上测量的。若我们在 T_1 至 T_2 时间内连续地测量瞬时声压, 那么等式 (13.1) 就会变成以下所示的积分:

$$p_{\text{rms}} = \sqrt{\frac{1}{T_2 - T_1}\int_{T_1}^{T_2} (p(t))^2 \mathrm{d}t} \tag{13.2}$$

不过, 故事还未完结。感知响度 (percevied loudness) 实际上是与声强 (acoustic intensity)I 成正比的, 而声强 I 又与声压均方根的平方成正比:

$$I \propto p_{\text{rms}}^2$$

人类能感知非常大范围的声压, 从一张纸飘降地面, 到飞机突破音障所产生的巨大声响, 都能感知。为了表示这么大的动态范围, 我们通常会以*分贝* (decibel, dB) 作为声强的单位。分贝是一个*对数单位*, 用于表示*两值之比*。使用对数单位, 可以让很小范围的值去表示相对很大范围的测量值。实际上, 一个分贝是十分之一个*贝* (bel), 贝这个单位是为纪念亚历山大 · 贝尔 (Alexander Graham Bell) 而命名的。

当声强以分贝为单位时, 它就被称为*声压级* (sound pressure level, SPL), 并以 L_p 表示。声压级被定义为声音的声强 (即压强平方) 与人类听觉下限的参考声强 p_{ref} 之比:

$$\begin{aligned} L_p &= 10\log_{10}\left(\frac{p_{\text{rms}}^2}{p_{\text{ref}}^2}\right)\text{dB} \\ &= 20\log_{10}\left(\frac{p_{\text{rms}}}{p_{\text{ref}}}\right)\text{dB} \end{aligned}$$

其中出现 20 是由于我们把平方置于对数之外, 令平方变成乘以 2。在空气中常用的参考声压是 $p_{\text{ref}} = 20\text{Pa(RMS)}$。如想了解更多关于声压的知识, 请参考维基百科。[1]

另外, 若读者对此不太熟悉, 以下的恒等式也许有所帮助。在等式 (13.3) 里, b、x 和 y 是

1 `http://en.wikipedia.org/wiki/Sound_pressure`

正实数, 且 $b \neq 1$, 而 c 和 d 是任意实数, $c = \log_b x$ 及 $d = \log_b y$(或写成 $b^c = x$ 及 $b^d = y$)。

$$
\begin{aligned}
\log_b x &= c && \text{当} && b^c = x \quad (\text{定义}) \\
\log_b 1 &= 0 && \text{因为} && b^0 = 1 \\
\log_b b &= 1 && \text{因为} && b^1 = b \\
\log_b(x \cdot y) &= \log_b x + \log_b y && \text{因为} && b^c \cdot b^d = b^{c+d} \\
\log_b(x/y) &= \log_b x - \log_b y && \text{因为} && b^c / b^d = b^{c-d} \\
\log_b x^d &= d \log_b x && \text{因为} && (b^c)^d = b^{cd}
\end{aligned}
\tag{13.3}
$$

13.1.2.1 等响曲线

人耳对于不同频率的声波有不同的响应。人耳对于 2kHz 至 5kHz 的频率最敏感。在此频率范围之下或之上, 便需要更高的声强 (即声压) 才能产生相同的“响度”感知。

图 13.4 展示了一些等响曲线 (equal-loudness contour), 每条曲线对应一个感知响度级 (loudness level)。这些曲线显示了, 相对于中频范围, 低频及高频范围需要更高的压强来达到同样的响度。换言之, 若我们在改变频率时维持相同的声压波波幅, 人耳会感知到的低频及高频的响度较中频的低。图中最低的等响曲线代表能听到的最静音调, 这也是听觉的绝对阈值。而最高的曲线是痛苦的阈值。

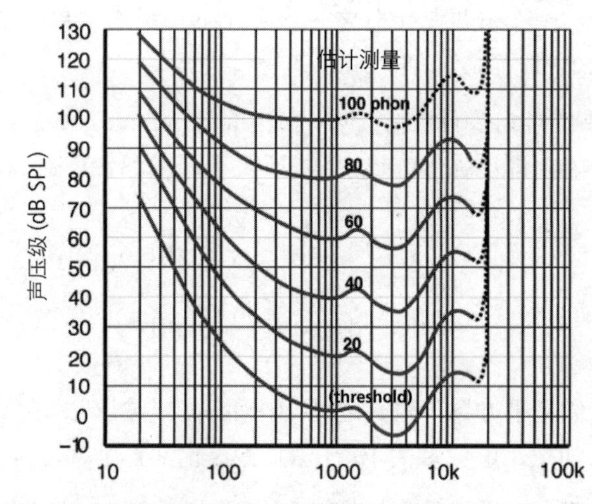

图 13.4 人耳对 2kHz 至 5kHz 的频率范围最敏感。如果在这个频率范围之外, 便需要更高声压去产生同等感受的“响度”

13.1.2.2 可听频带

一般成年人能听到介于 20Hz 至 20,000Hz(20kHz) 的声音 (上界通常随年龄增长而下降)。等响曲线能帮助解释为何人耳只能感知此频带的声音。随频率上升或下降, 便需要越来越大的声压来产生相同的感知响度。当频率到达听觉的上限或下限时, 该曲线渐近于垂直线, 意味着我们实际上需要无限的声压才能产生响度感知。换言之, 人类听觉感知在可听频带之外会降至零。

13.1.3 声波的传播

如同其他波, 声压波在空间中传播, 并可被表面吸收 (absorb) 或反射 (reflect), 在障碍物旁或狭缝被衍射 (diffract), 在经过不同传播介质的界面上被折射 (refract)。声波不呈现偏振 (polarization)[1], 因为声压的振荡是在波的传播方向进行 (这称为纵波, longitudinal wave) 的, 而不是如光波那样垂直于传播方向振荡 (这称为横波, transverse wave)。在游戏中, 我们通常需要模拟虚拟声波的吸收、反射, 有时候需要衍射 (如在障碍物旁稍微弯曲), 但是一般会忽略折射效果, 因为人类聆听者通常不容易察觉到这些效果。

13.1.3.1 按距离衰减

在一个开放空间中, 假设空气完美静止, 若一个声源向所有方向同等地扩散, 那么声压波的强度会按距离衰减 (fall-off), 遵从平方反比定律, 而声压则遵从反比定律。

$$p(r) \propto \frac{1}{r}$$
$$I(r) \propto \frac{1}{r^2}$$

此处的 r 为聆听者或麦克风与声源的径向距离, 声压和强度皆为 r 的函数。

更准确地说, 在开放空间中球形扩散 (即全向, omnidirectional) 声波的声压级可写成:

$$\begin{aligned} L_p(r) &= L_p(0) + 10\log_{10}\left(\frac{1}{4\pi r^2}\right)\text{dB} \\ &= L_p(0) - 10\log_{10}\left(4\pi r^2\right)\text{dB} \end{aligned}$$

其中 $L_p(r)$ 是聆听者所在的声压级, 它为声源径向距离的函数, 并且 $L_p(0)$ 代表声源的无衰减 (或称“自然”) 的声强。

1 声波在固体中可以是横波, 因此能呈现偏振。

声源并不总是全向的。例如, 当一幅大而平坦的墙反射声波时, 就会像一个纯方向性的声源——被反射的波以单方向传播, 声压波的波阵面 (wavefront) 实质上是平行的。

而一个喊话筒则会对某个方向放射声音, 它展示出一种锥形衰减 (conical fall-off), 即在锥形的中线上声波具有最大强度, 并随聆听者与中线的夹角增大而衰减。

图 13.5 展示了多种声音扩散模式。

图 13.5 三类声源及其声音辐射模式 (图片采用二维以易于表示)。从左至右: 全向、锥形和单向

13.1.3.2 大气吸收

声压会随着距离增加而衰减, 这是因为波形以几何方式扩展而导致能量分散。此衰减方式对所有频率都有相同影响。除此以外, 声强也会受大气吸收而令其能量按距离衰减。大气吸收对整个频谱的影响并非均一的。一般而言, 越高的频率受到的吸收效果越大。

笔者记起高中时听过的一个故事: 有一位女士黑夜中走过静悄悄的街道, 她听到一串串零星的低音, 中间有一些长时间的停顿, 好奇心驱使她去寻找这些怪声的来源。每走近一步, 声音就变得响亮一些, 中间的停顿也变得更短。当她走了数分钟后, 那些声音渐渐变成了优美的音乐。那位女士走到一扇打开的窗之外, 往里一看, 发现有一位乐手在练习中提琴。乐手暂停演奏, 向女士说: “您好”。女士问: “几分钟前为什么你会胡乱地演奏一些音符?” 乐手回答说: “没有啊, 我一直都在演奏这篇乐章。” 真正的原因, 当然是因为大气吸收令较低频的声音比高频的声音传播得更远。读者可以在西门菲莎大学的网页[1]学习更多有关声音传播的知识。

声波在介质中传播时, 声强也会受到其他因素的影响。一般而言, 衰减随距离、频率、温度和湿度而定。有一个网上计算器[2]可以让读者计算不同因素的影响效果。

1 http://www.sfu.ca/sonic-studio/handbook/Sound_Propagation.html
2 http://sengpielaudio.com/calculator-air.htm

13.1.3.3 相移及干涉

当多个声波在空间中重叠时, 其波幅会加在一起, 这称为*叠加* (superposition)。首先, 我们考虑两个具有相同频率的周期性声波 (最简单的例子是两个正弦波)。若两个波为*同相* (in phase)——即它们的波峰及波谷重合, 那么两个波会彼此正强化, 产生的波的波幅大于任一原来的波。另一种情况是, 当两个波为*异相* (out of phase) 时, 一个波的波峰趋向抵消另一个波的波谷, 反之亦然, 产生的波会有更小 (甚至为零) 的波幅。

当多个波相互作用时, 我们称之为*干涉* (interference)。建设性干涉 (constructive interference) 是指两个波互相强化, 令波幅增大。摧毁性干涉 (destructive interference) 是指两个波互相抵消, 令波幅减小。

波的频率对干涉现象有重大影响。若两个波的频率接近, 干涉简单地提升或降低波幅。若两个波的频率有足够差异, 就会形成一个称为*拍频* (beating) 的效果, 频率差会产生交替的同相及异相波的周期, 形成高低波幅交替的周期。

干涉可以出现于两个不相关的声音信号中, 也可出现于同一声音信号从一个声源经不同路径到达聆听者。后面这种情况, 路径的距离导致不同的相移 (phase shift), 视相移的量可产生建设性干涉或摧毁性干涉。

梳状过滤 干涉可以导致一种名为*梳状过滤* (comb filtering) 的效果。其成因是, 当声波以某种方式被表面反射时, 某些频率几乎会被完全抵消或被完全强化。这样会造成含大量窄波峰及波谷的*频率响应* (frequency response, 见 13.2.5.7 节), 严重影响录音 (audio recording) 及还音 (audio reproduction)。有时候梳状过滤是一种我们不想要的效果, 有时候它也可以作为一种工具。一般我们宁愿花更多钱在房间声学处理 (acoustic room treatment) 而不是高端音响器材, 梳状过滤就是关键原因之一。若房间中出现梳状过滤现象, 想要从器材中调校出平缓的响应曲线纯粹是浪费时间。关于此课题可以参考 Ethan Winer 的视频。[1]

13.1.3.4 混响及回声

在任何有声音反射表面的环境中, 聆听者通常从声源接收到三种声波。

直接 (干): 声波从声源经直接、无阻碍的路径到达聆听者, 这称为直接 (direct sound) 或干声 (dry sound)。

早期反射 (回声): 声波经非直接路径, 被反射及部分被周围的表面吸收后, 因路径距离较长而以较长时间到达聆听者。因此, 反射声波与直接声波之间会有*延迟*。第一组到达耳朵的反

1 http://www.realtraps.com/video_comb.htm

射声波只与一个或两个表面有相互作用，因此这种声波是比较“干净”的信号，我们感知这种声波为独立的新声波“副本”，或称之为*回声* (echo)。

后期混响 (末端): 当声波在聆听空间中来回反弹数次之后，它们互相叠加及干涉令我们的脑袋再无法检测出独立的回声。这些声波称为*后期混响* (late reverberation) 或*扩散末端* (diffuse tail)。反射表面的特性造成声波波幅不同程度的衰减。并且由于反射声波有延迟，所产生的相移令声波互相干涉，使某些频率相对其他频率有所衰减。当我们讨论一个空间的音响效果时，很大程度上是关于后期混响对声音感知“品质”或“音色”的效果。

总而言之，把回声/混响与干声混合后，会形成所谓的*湿声* (wet sound)。图 13.6 展示了单次掌声的干湿成分。

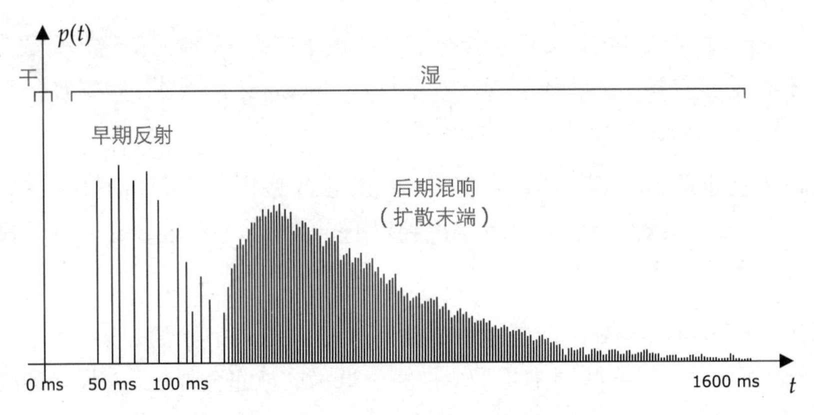

图 13.6 直接声波、早期反射与后期混响

早期反射及后期混响能给予人脑许多关于周围环境的相关信息。*预延迟* (pre-delay) 是接收到直接声波和首个反射声波的时长。根据预延迟我们能判断出房间或所在空间的大概尺寸。而*衰变* (decay) 则是反射声波完全消失所需的时长。此信息告诉我们周围环境吸收声音的程度，并间接地告诉我们周围环境材质的相关信息。例如，一间小的瓷砖墙浴室会产生很短的预延迟 (由于空间小)，并有长衰变 (由于瓷砖吸收较少的声波，且能高效地反射声波)。一个大型的花岗岩墙空间，例如纽约的大中央车站，就会产生长得多的预延迟及更多回声，但其衰变和瓷砖墙浴室相似。

若我们在该浴室挂上浴帘，或者以木板覆盖瓷砖墙，那么预延迟保持不变，而衰变及其他因素会改变。其他因素包括*密度* (density, 每个反射的时间间隔有多接近) 及*扩散* (diffusion, 反射密度增加的速度)。这些现象解释了为什么我们在蒙住眼睛后仍然能猜出所处的地方，以至失明人士如何只靠手杖来导航。声音给我们提供了大量周围环境的信息!

*混响*一词用于描述声音中湿成分的品质。在录音的早期历史中，声音工程师对混响只有很

少的控制能力, 几乎只能依赖于录音场所的形状及建造方式。之后, 人们创造了简单的人工混响设备, 例如 Bill Putman Sr.(Univeral Audio 公司的创办人) 在浴室中设置一个扬声器及一个麦克风, 又例如使用一块长金属片或弹簧来增加声音信号的延迟, 再后来是各种现代数字技术。今天, 我们不仅会使用数字信号处理 (digital signal processor, DSP) 芯片及/或软件来重现录制音效及音乐的自然混响效果, 还可以使用这些设备把录音改变成各种平时不能在自然中听到的有趣效果。我们在 13.2 节会谈及更多 DSP 的知识。读者也可以在此网页[1]阅读更多关于混响的知识。

有一种称为*消音室* (anechoic chamber) 的房间, 它专门为了完全消除声波反射而设计。为了达到这种效果, 消音室的墙面、地面、天花板都铺设了厚厚的瓦楞状海绵材料, 用于吸收几乎所有的反射声波。因此, 只有直接 (干) 声音能到达聆听者或麦克风。在消音室中的声音音色 (timbre) 是完全"呆板的"。消音室可用于录取纯净的、不含混响的声音。这种纯净的声音非常适合作为数字信号处理管道的输入, 令声音设计师能有最大自由度地控制声音的音色。

13.1.3.5 移动中的声音: 多普勒效应

若读者曾站在铁路道口听过火车经过时的声音, 就已经感受过*多普勒效应* (Doppler effect) 了。当火车开过来的时候, 其声音是比较高的, 而当它离你而去时, 其声音会变得较低。声波本身以与火车大约相同的速率在空气中传播, 但是音源 (此例中是火车) 是在移动的。与火车移动方向相同的声波会被"挤压在一起", 而相反方向的声波则会被"展开", 这两种变化的量都与声音和火车在空气中的移动速率之差成正比。对于被挤压的声波, 其频率会上升, 是因为声音的波峰与波谷的距离实际上缩短了。相似地, 对于被展开的声波, 其频率会下降。多普勒效应以奥地利物理学家克里斯蒂安 · 多普勒 (Christian Doppler) 命名, 他于 1842 年鉴定出此效应。

当聆听者移动而音源静止时, 也会产生多普勒效应。广义来说, 多普勒频移 (Doppler shift) 取决于聆听者与音源的 (作为矢量的) *相对速度*。在一维空间, 多普勒频移意味着频率的改变, 可以量化成:

$$f' = \left(\frac{c + v_l}{c + v_s}\right) f$$

其中 f 是原来的频率, f' 是经多普勒频移后在聆听者处听到的频率, c 是声音在空气中移动的速率, 而 v_l 和 v_s 分别是聆听者和音源的速率。若音源的速率远低于声音的速率, 我们可以把

[1] http://www.uaudio.com/blog/the-basics-of-reverb

这个关系近似化为:

$$f' = \left(\frac{1 + (v_l - v_s)}{c}\right) f$$
$$= \left(\frac{1 + \Delta v}{c}\right) f$$

此表达式显示出了相对速度 Δv。有一个 GIF 动画[1]能简单地视觉化多普勒效应。

13.1.4 位置的感知

人类的听觉系统已经进化到能够比较准确地感知我们周围的声音位置。有几个因素可帮助我们去感知声音的位置。

- *按距离衰减*给我们判断音源距离提供了一个粗略的估算。为了得到这个估算,我们必须知道该声音在近距离时的响度,以作为一个“基线”。
- *大气吸收*令较高频率的声音随音源离开聆听者而减弱。此因素可成为重要的提示让人区分不同情况,例如,与远距离的人用正常音量说话,与近距离的人细声说话。
- *拥有一对耳朵*,一只在左一只在右,能给我们提供很多位置信息。对于来自右方的声音,右耳会比左耳感受到更高的响度。另外,还会产生大约 1 毫秒的*耳间时间差* (interaural time difference, ITD),因为声音到较近的耳朵后需要花一点时间才能到达头部另一边的耳朵。而且,由于头部本身遮挡了声音,所以较远的耳朵听到的声音会比较近的耳朵稍小一点。这称为*耳间强度差* (interaural intensity difference, IID)。
- *耳朵的形状*也有所影响。我们的耳朵是杯口向前的形状,因此从后方来的声音较前方来的声音要小一点。
- *头部相关变换函数* (head-related transfer function, HRTF) 是一个数学模型,用于记录耳廓对于来自不同方向的声音所造成的影响。

13.2 声音中的数学知识

所有现代音频技术的核心几乎都会涉及信号处理及系统理论 (signal processing and systems theory) 等数学范畴。这个理论也广泛地应用于不同的科技及工程事业上,包括图像处理及机器视觉、航空学、电子学、流体动力学等。在本节中,我们会简要地学习信号及系统理论,

1 http://en.wikipedia.org/wiki/File:Dopplereffectsourcemovingrightatmach0.7.gif

因为它能帮助我们了解后面章节中要介绍的更高等的主题。(任何游戏程序员都能受益于这个重要的数学理论, 那么这到底是什么内容呢?) 此主题在参考文献 [36] 中有更深入的讨论。

13.2.1 信号

信号 (signal) 是任何含一个或多个自变量 (independent variable) 的函数, 通常用于描述某些类型的物理现象的行为。在 13.1 节, 我们采用 $p(t)$ 表示声音压缩波随时间变化的声压。当然还可以有很多不同种类的信号。信号 $v(t)$ 可能表示麦克风随时间产生的电压; 信号 $w(t)$ 可能表示一组喉管随时间变化的水压; 我们或许也可以用 $f(t)$ 表示生态系统中狐狸随时间变化的数目。

学习信号理论时, 我们通常把信号的自变量称为时间 (time), 并用符号 t 表示。但实际上信号的自变量也可以表示其他量, 也可能有多个自变量。例如, 一张二维灰阶图像可表示为 $i(x,y)$ 信号, 其中的两个自变量 x 和 y 分别代表两个正交坐标轴, 而信号值 i 则表示灰阶图像中每像素的强度。类似地, 彩色图像也可表示为 3 个信号:$r(x,y)$、$g(x,y)$ 和 $b(x,y)$ 分别代表红色、绿色和蓝色通道。

13.2.1.1 离散与连续

上述的二维影像例子揭示了信号的两个根本类型的重要区别: *连续* (continuous) 及*离散* (discrete)。

若自变量是一个*实数* ($t \in \mathbb{R}$), 我们称该信号是*连续时间信号* (continuous-time signal)。在本章中, 我们采用符号 t 表示连续的“时间”, 并使用圆括号为函数记号 (如 $x(t)$), 以提醒我们在处理连续时间信号。

若自变量是一个*整数* ($n \in \mathbb{I}$), 我们称该信号是*离散时间信号* (discrete-time signal)。我们采用符号 n 表示离散的“时间”, 并使用方括号为函数记号 (如 $x[n]$), 以提醒我们在处理离散时间信号。要注意, 离散时间函数的值可能仍然是一个实数 ($x[n] \in \mathbb{R}$), “离散时间信号”这个术语仅表示它的*自变量*是整数 ($n \in \mathbb{I}$)。

在图 13.1 中, 我们把一个连续时间信号画成一个普通的函数图, 横轴为时间 t, 纵轴为信号值 $p(t)$。也可以用类似的方式为离散时间信号作图, 然而函数的值仅在自变量 n 的整数值上有定义 (见图 13.7)。当我们考虑离散时间信号时, 其中一种方式是把它当作连续时间信号的采样版本。*采样处理* (sampling process), 也被称为数字化或模拟数字转换, 是数字录音及回放的核心。13.3.2.1 节将会讲述更多关于采样的信息。

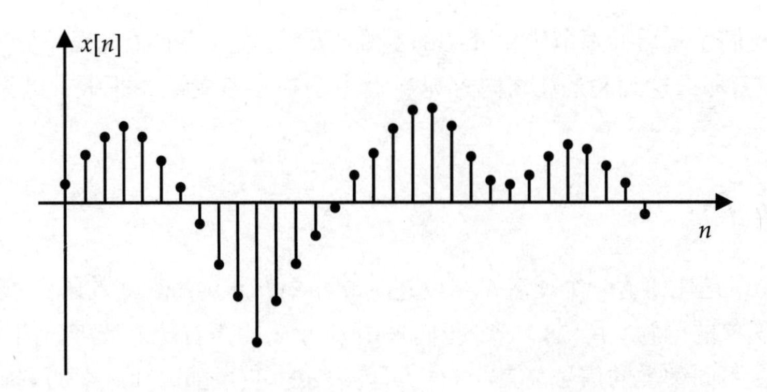

图 13.7 离散时间信号 $x[n]$ 的值仅在 n 的整数值上具有定义

13.2.2 处理信号

稍后我们将讨论几个处理信号的基本方法，它们都是通过改变自变量实现的。例如，要得到 $t=0$ 的反射信号，只需在信号方程中以 $-t$ 替代 t。要把整个信号向右移 (即正数方向) 距离 s，只需在信号方程中以 $t-s$ 替代 t。(把信号往时间左/负数方向移，则是以 $t+s$ 替代 t) 我们还可以通过缩放自变量去扩展或压缩信号定义域。图 13.8 展示了这些简单变换。

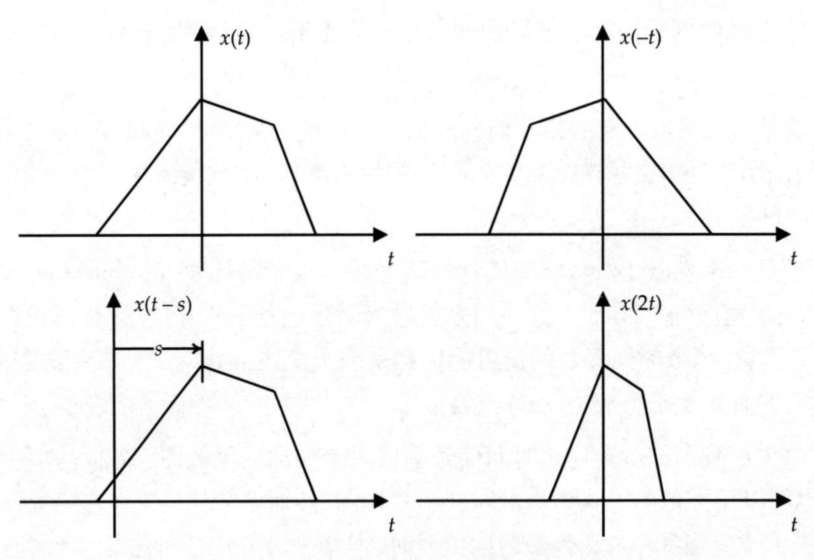

图 13.8 信号自变量的简单变换

13.2.3 线性时不变系统

在信号处理理论的语境中，*系统* (system) 定义为任何把输入信号变换成输出信号的设备或过程。系统作为一个数学概念，可用于描述、分析、控制音频处理中出现的许多真实世界的系统，包括话筒、扬声器、模拟数字转换、混响单元、均衡器、过滤器，甚至是一个房间的声学特性。

举一个简单的例子，*放大器*[1] (amplifier) 是一个系统，它能把输入信号的振幅以一个因子提升，该因子 A 称为放大器的*增益* (gain)。给定一个输入信号 $x(t)$，这些放大器系统能产生一个输出信号 $y(t) = Ax(t)$。

时不变系统 (time-invariant system) 是指，输入信号的时移 (time shift) 会导致系统的输出信号有相同的时移。换句话说，系统的行为不随时间改变。

线性系统 (linear system) 是指拥有*叠加* (superposition) 特性的系统。这种特性是指，若一个输入信号由多个输入信号加权求和而成，那么最后的输出信号就等于把每个输入信号独立地经系统处理，然后把各输出信号加权求和而得。

线性时不变系统 (linear time-invariant system, LTI 系统) 极为有用，原因有二。首先，它的行为很好理解，也相对容易使用数学来处理。第二，在声音传播理论、电子学、力学、流体力学等领域中的许多真实物理系统，都可以精确地使用 LTI 系统来建模。因此，在我们以理解音频技术为目标的情况下，会限定只讨论 LTI 系统。

如图 13.9 所示，我们可以把任何系统绘成一个黑盒，带有一个输入信号及一个输出信号。

图 13.9 把系统当作一个黑盒

使用黑盒这种表示方式后，我们可以把简单的系统连接成更复杂的系统。例如：

- A 系统的输出可以连接至 B 系统的输入，组合成一个先做 A 操作然后做 B 操作的系统。这称为*串行连接* (serial connection)。
- 两个系统的输出可以相加。
- 系统的输出可以*反馈* (feedback) 至一个较前期的输入，生成*反馈循环* (feedback loop)。

图 13.10 展示了这些类型的连接。

1 译作放大器时可用于任何信号系统，而在音频系统中则常译作扩音器。——译者注

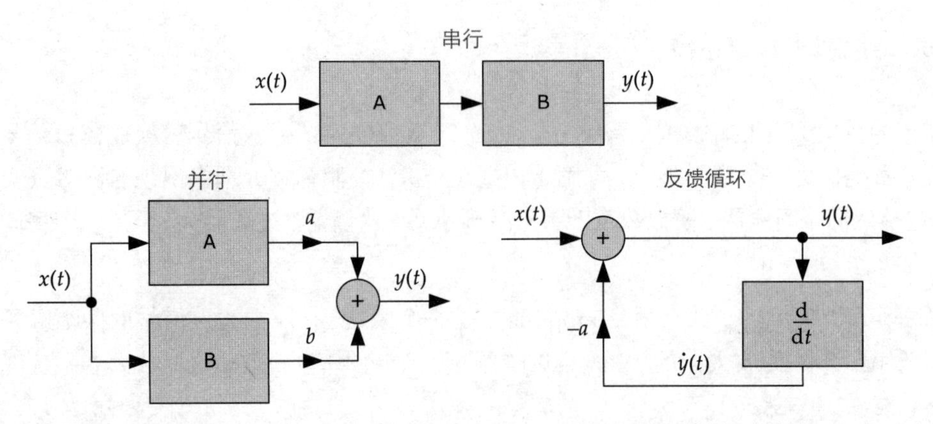

图 13.10 连接多个系统的各种方式。在串行连接中, $y(t) = B(A(x(t)))$。在并行连接中, $y(t) = aA(x(t)) - bB(x(t))$。在反馈循环中, $y(t) = x(t) - a\dot{y}(t)$

所有 LTI 系统都有一个重要共性——系统间的连接是顺序无关的 (order-independent)。例如系统 A 串行连接至系统 B, 我们改变这两个系统的连接顺序并不会改变最终输出。

13.2.4 LTI 系统的脉冲响应

我们谈及多个系统把输入信号转换成输出信号, 十分美好, 画图去表示系统间的连接, 也是相当直观的。然而, 我们应该怎样使用数学去描述系统里的操作呢?

在 13.2.3 节里我们谈到, 线性系统的输入是由多个输入信号的线性组合 (加权和) 所组成的, 而输出则是各个输出 (系统独立地处理每个输入信号) 的线性组合 (加权和)。因此, 若我们可以找到一个方法, 它可以用简单信号的加权和来表示任意信号, 那么我们就可以仅仅用那些简单信号的响应来描述该系统的行为。

13.2.4.1 单位脉冲

如果用多个简单信号的线性组合来描述一个输入信号, 那么问题就来了: 应该用什么简单信号? 我们选择使用*单位脉冲* (unit impulse), 其原因在稍后会水落石出。单位脉冲是一簇称为*奇异函数* (singularity function) 的一员, 这些函数都有最少一处不连续或“奇点 (singularity)”。

在离散时间的情况下, 单位脉冲 $\delta[n]$ 非常简单, 就是除了 $n = 0$ 处的值是 1, 其他地方的值都是 0:

$$\delta[n] = \begin{cases} 1 & 若 n = 0 \\ 0 & 其他 \end{cases}$$

图 13.11 展示了离散时间的单位脉冲。

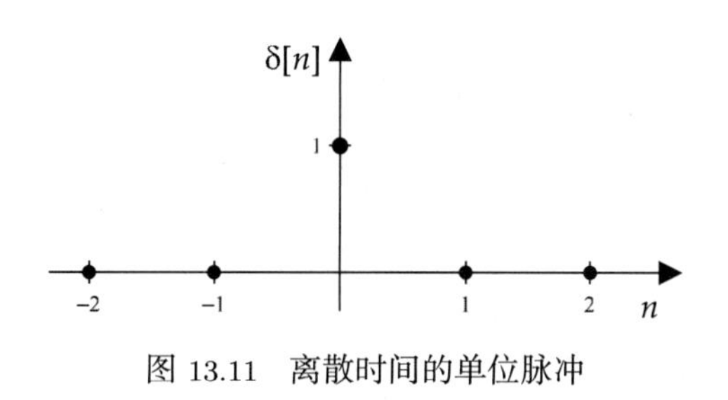

图 13.11 离散时间的单位脉冲

在连续时间的情况下, 要定义单位脉冲 $\delta(t)$ 有点棘手。这个单位脉冲函数在 $t = 0$ 以外的值都是 0, 而在 $t = 0$ 处它的值是无穷大, 然而整条曲线下的面积是 1。

要了解如何正式地定义这种“奇珍异兽”, 我们先想象一个“矩形”函数 $b(t)$, 在 $[0, T)$ 区间里它的值是 $1/T$, 其他地方的值都是 0。那么该曲线下的面积就是矩形的面积, 即长宽之积, 也就是 $T \times \frac{1}{T} = 1$。现在想象当 $T \to 0$ 时这个函数的极限。矩形的宽度渐趋于 0, 矩形的高度则渐趋于无穷大, 而面积仍然是 1。图 13.12 描绘了这种情况。

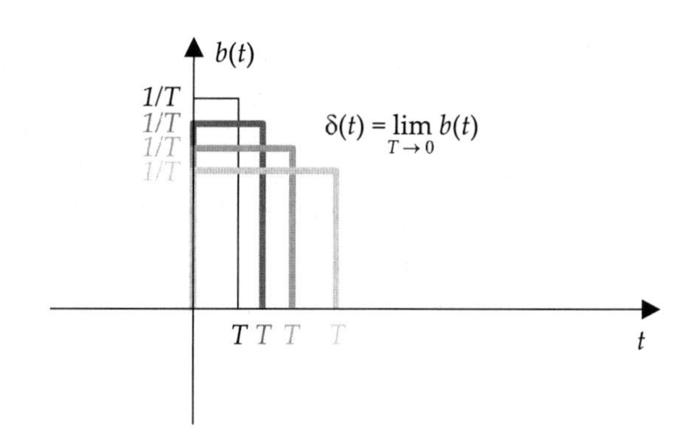

图 13.12 单位脉冲可定义为矩形函数 $b(t)$ 随其宽度趋向零时的极限

单位脉冲函数通常记作 $\delta(t)$。它可以被正式定义为:

$$\delta(t) = \lim_{T \to 0} b(t)$$

其中

$$b(t) = \begin{cases} 1/T & 若\, t \geqslant 0\, 及\, t < T \\ 0 & 其他 \end{cases}$$

如图 13.13 所示，我们通常会以箭头的高度表示该曲线的面积 (因为该函数在 $t = 0$ 处的“高度”实际上是无穷大的)。

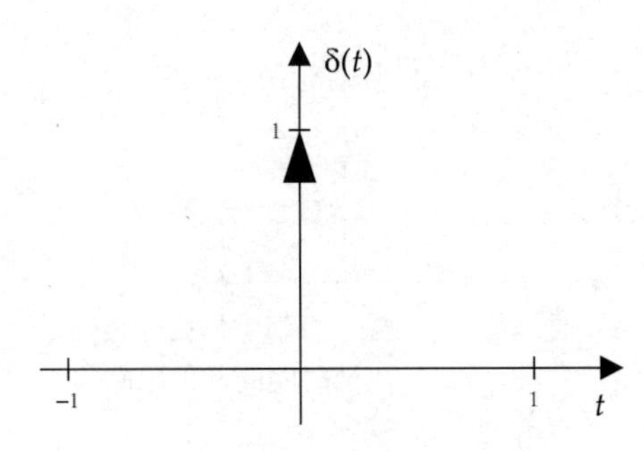

图 13.13　单位脉冲函数 $\delta(t)$ 在 $t = 0$ 时它的值为无穷大，其余处为零。此函数绘制成一个单位高度的箭头，以表示曲线下的积为 1

13.2.4.2　使用脉冲序列表示信号

了解了单位脉冲信号后，我们就可以看看能否利用单位脉冲的线性组合去表示任意信号 $x[n]$。(剧透慎入：事实证明是可以的。)

函数 $\delta[n-k]$ 是一个经时移的离散单位脉冲，在时间 $n = k$ 时它的值为 1，其他时间为 0。换言之，单位脉冲 $\delta[n-k]$“置于”时间 k。现在我们考虑一个位于某个 k 值的单位脉冲 (如 $k = 3$)。然后，为了令那个脉冲的“高度”匹配原来 $k = 3$ 时的信号，可以把脉冲按该信号“缩放”，得出 $x[3]\delta[n-3]$。若我们对所有不同的 k 值重复这样做，就会获得一串 $x[k]\delta[n-k]$ 形式的脉冲。把这些经缩放并时移的脉冲函数求和，其实就是原来信号 $x[n]$ 的另一种写法：

$$x[n] = \sum_{k=-\infty}^{+\infty} x[k]\delta[n-k] \tag{13.4}$$

在这里我们不给出严格证明，但应该不难相信，用连续时间也能得出相似的结果。唯一不同之处，在于把等式 (13.4) 的求和改成积分。我们可以想象有无穷多个经时移的单位脉冲 $\delta(t-\tau)$，每个脉冲位于不同的时间 τ。然后就可以如同离散方式般去构建任意的信号 $x(t)$：

$$x(t) = \int_{\tau=-\infty}^{+\infty} x(\tau)\delta(t-\tau)\mathrm{d}\tau \tag{13.5}$$

13.2.4.3 卷积

等式 (13.4) 告诉我们, 如何使用简单、经时移的单位脉冲信号 $\delta[n-k]$ 的线性组合去表示一个信号 $x[n]$。现在想象仅仅把一个加权脉冲输入 $(x[k]\delta[n-k])$ 放进某系统中。选哪一个无所谓, 所以我们先选 $k=0$, 即输入信号 $x[0]\delta[n]$。

以下我们用 $x[n] \Longrightarrow y[n]$ 表示一个输入信号 $x[n]$ 经某个 LTI 系统转换成输出信号 $y[n]$。因此可以把上述转换写成:

$$x[0]\delta[n] \Longrightarrow y[n]$$

由于 $x[0]$ 的值只是一个常数, 而且我们在考虑一个线性系统, 所以输出 $y[n]$ 将会是那个常数乘以系统对一个“无修饰的”单位脉冲 $\delta[n]$ 的响应。设信号 $h[n]$ 表示该系统对“无修饰的”单位脉冲的响应:$\delta[n] \Longrightarrow h[n]$。此信号 $h[n]$ 称为该系统的脉冲响应 (impulse response)。那么可以简单地把系统对输入信号的响应写成:

$$x[0]\delta[n] \Longrightarrow x[0]h[n]$$

图 13.14 说明了脉冲响应的概念。

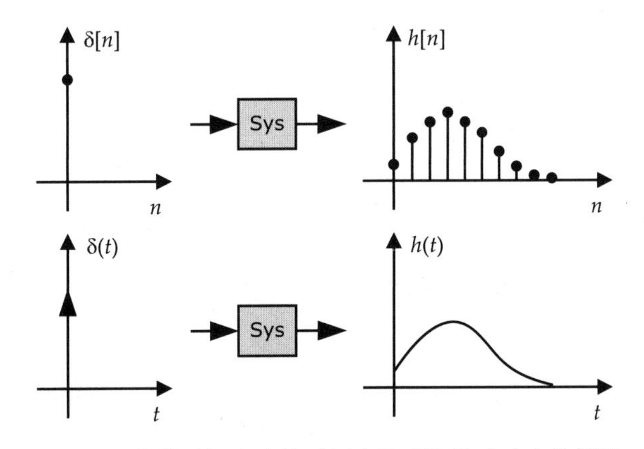

图 13.14 离散时间和连续时间中的系统脉冲响应的例子

LTI 系统对时移单位脉冲的响应, 仅仅是一个时移脉冲响应 $(\delta[n-k] \Longrightarrow h[n-k])$。因此对于非零的 k 值, 除了输入及输出同时按 k 做时移, 其他都是一样的:

$$x[k]\delta[n-k] \Longrightarrow x[k]h[n-k]$$

为了求系统对整个输入信号 $x[n]$ 的响应, 我们只需把所有经时移的部分求和:

$$\sum_{k=-\infty}^{+\infty} x[k]\delta[n-k] \Longrightarrow \sum_{k=-\infty}^{+\infty} x[k]h[n-k]$$

换言之, 这个系统的输出可以写成:

$$y[n] = \sum_{k=-\infty}^{+\infty} x[k]h[n-k] \tag{13.6}$$

这个非常重要的算式又称为*卷积和* (convolution sum)。为方便起见, 我们引入一个新的数学运算符 $*$ 表示卷积:

$$x[n] * h[n] = \sum_{k=-\infty}^{+\infty} x[k]h[n-k] \tag{13.7}$$

利用算式 (13.6) 及 (13.7), 只需给定一个 LTI 系统的脉冲响应信号 $h[n]$, 便可以计算出该系统对任意输入信号 $x[n]$ 的响应 $y[n]$。换句话说, 脉冲响应信号 $h[n]$ 完整描述了一个 LTI 系统。很酷吧!

连续时间的卷积 以上的讨论为了简单起见使用了离散时间。使用连续时间也是差不多的, 唯一的区别是用积分代替求和, 并且要记得在算式中包含微分元 $\mathrm{d}\tau$。

当我们把任意信号 $x(t)$ 输入至一个连续时间 LTI 系统时, 它的输出信号可写成:

$$y(t) = \int_{\tau=-\infty}^{+\infty} x(\tau)h(t-\tau)\mathrm{d}\tau \tag{13.8}$$

如上, 我们采用 $*$ 运算简化卷积的写法:

$$x(t) * h(t) = \int_{\tau=-\infty}^{+\infty} x(\tau)h(t-\tau)\mathrm{d}\tau \tag{13.9}$$

类比卷积和, 算式 (13.8) 和 (13.9) 中的积分称为*卷积积分* (convolution integral)。

13.2.4.4 可视化卷积

现在我们尝试可视化连续时间版本的卷积运算。对于每个指定 t 值 (如 $t = 4$), 我们对 $y(t) = x(t) * h(t)$ 求值, 方法如图 13.15 所示的步骤。

1. 绘制 $x(\tau)$。由于 t 是固定值 (例子中 $t = 4$), 因此使用 τ 表示时间变量。
2. 绘制 $h(t-\tau)$。我们把此式改写为 $h(-\tau+t)$。因为 τ 取反, 我们知道该脉冲响应会以 $\tau = 0$ 为轴左右镜像。另外, 因为把 t 加入自变量, 我们知道信号会向左移 $t = 4$ 个单位。
3. 把两个信号在整个 τ 轴上相乘。
4. 在 τ 轴上从 $-\infty$ 至 ∞, 用积分求曲线下的面积。这个面积就是在该 t 值下 (此例中 $t = 4$) 所产生的 $y(t)$。

谨记, 我们必须对所有潜在的 t 值重复这组步骤, 才能确定完整输出信号 $y(t)$。

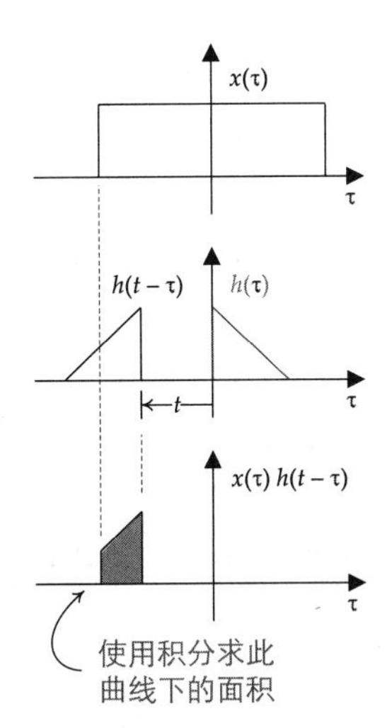

图 13.15 可视化连续时间中的卷积运算

13.2.4.5 卷积的特性

卷积运算的特性非常类似一般乘法。卷积满足如下几个定律。

- 交换律: $x(t) * h(t) = h(t) * x(t)$
- 结合律: $x(t) * (h_1(t) * h_2(t)) = (x(t) * h_1(t)) * h_2(t)$
- 分配律: $x(t) * (h_1(t) + h_2(t)) = x(t) * h_1(t) + x(t) * h_2(t)$

13.2.5 频域与傅里叶变换

为了解释脉冲响应及卷积的概念, 我们把信号描述为单位脉冲的加权和。也可以把信号表示为正弦曲线的加权和。后者的表示方式实际上就是把信号拆分成频率分量 (frequency components)。它带来另一个极为强大的数学工具——傅里叶变换 (Fourier transform)。

13.2.5.1 正弦信号

当一个点在二维平面上进行圆周运动时, 把该点投影在一个轴上, 便会产生正弦信号。正弦形式的音频信号会产生该指定频率的“纯”音调。

最基本的正弦信号就是正弦 (余弦) 函数。对于信号 $x(t) = \sin t$, 在 $t = 0$、π 及 2π 时它的值为 0, 在 $t = \dfrac{\pi}{2}$ 时它的值为 1, 在 $t = \dfrac{3\pi}{2}$ 时它的值为 -1。

实数正弦信号的最一般性形式为:

$$x(t) = A\cos(\omega_0 t + \phi) \tag{13.10}$$

其中, A 为正弦波的波幅 (余弦波的波峰和波谷分别为最大值 A 和最小值 $-A$)。而 ω_0 则是角频率, 它的单位为弧度每秒 (参见 13.1.1 节对频率和角频率的讨论)。ϕ 是相位差 (phase offset), 它的单位也是弧度每秒, 表示余弦波在时间线上往左或往右的偏移。

当 $A = 1$、$\omega_0 = 1$ 及 $\phi = 0$ 时, 算式 (13.10) 便会简化为 $x(t) = \cos t$。当 $\omega_0 = \frac{\pi}{2}$ 时, 算式则变成 $x(t) = \sin t$。cos 函数表示把圆周运动投射至横轴, 而 sin 函数则是投射至纵轴。

13.2.5.2 复指数信号

实际上, 要把信号表示为正弦波之和, 余弦函数并非最好的工具。若我们改用复数 (complex number) 的话, 那些数学会更简单优雅。为了解释这些数学如何运作, 我们先重温一下复数数学, 以及复数的乘法。容我先介绍这部分, 之后一切便会豁然开朗。

简要重温复数 读者可能记得在高中数学课上学过, 复数是一种二维的量, 它包含实部和虚部。任何复数都可以写成 $c = a + \mathrm{j}b$ 这种形式[1], 当中 a 和 b 是实数, 而 $\mathrm{j} = \sqrt{-1}$ 是虚数单位 (imaginary unit)。c 的实数部分是 $a = \mathfrak{Re}\ (c)$, 而其虚数部分是 $b = \mathfrak{Im}\ (c)$。

复数可以视觉化为二维空间中的一种"矢量"$[a, b]$, 该空间称为阿尔冈平面 (Argand plane)[2]。但要谨记, 复数和矢量并不可互换——它们的数学行为颇不相同。

我们定义复数的模 (magnitude) 为阿尔冈平面中二维 "矢量" 的长度: $|c| = \sqrt{a^2 + b^2}$。矢量与实数轴之间的夹角称为辐角 (argument): $\arg c = \tan^{-1}\ (b/a)$。(复数的辐角有时候又被称为相位。我们将发现, "相位" 这个术语和算式 (13.10) 中的相位差 ϕ 有密切关系。) 图 13.16 展示了复数的模和辐角。

复数乘法与旋转 在此我们不会讨论复数的所有性质。关于复数理论的深入讨论可参考这份讲义。[3]然而, 其中有一种数学运算和我们正在讨论的话题相关, 这就是复数乘法运算。

复数可使用代数方式相乘 (这里不是点积或差积):

1 许多书把虚数单位记作 i, 实际上和这里采用的 j 具有相同的意义。——译者注
2 或称为复平面 (complex plane)。——译者注
3 http://www.math.wisc.edu/~angent/Free-Lecture-Notes/freecomplexnumbers.pdf

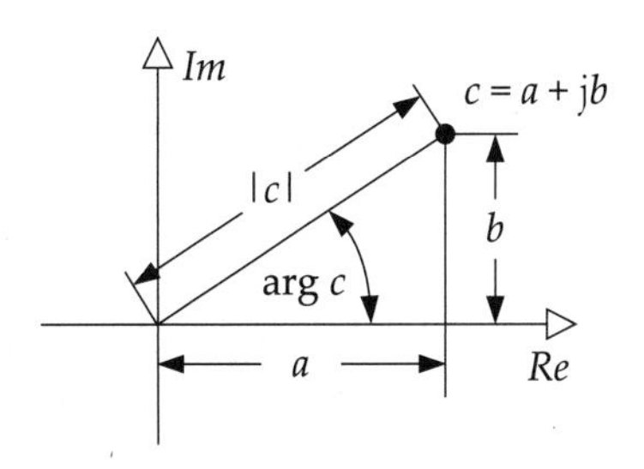

图 13.16 复数的模 $|c| = \sqrt{a^2 + b^2}$ 是它在复平面上的长度, 而它的辐角 $\arg c = \tan^{-1}(b/a)$ 则是转自 $\mathfrak{Re}$ 轴的角度

$$
\begin{aligned}
c_1 c_2 &= (a_1 + \mathrm{j}b_1)(a_2 + \mathrm{j}b_2) \\
&= (a_1 a_2) + \mathrm{j}(a_1 b_2 + a_2 b_1) + \mathrm{j}^2 b_1 b_2 \\
&= (a_1 a_2 - b_1 b_2) + \mathrm{j}(a_1 b_2 + a_2 b_1)
\end{aligned}
\tag{13.11}
$$

若读者推算[1] $c_1 c_2$ 这个乘积的模及辐角 (角度), 你会发现它的模等于两个输入模之*积*, 而辐角则是两个输入辐角之*和*:

$$
\begin{aligned}
|c_1 c_2| &= |c_1||c_2| \\
\arg(c_1 c_2) &= \arg c_1 + \arg c_2
\end{aligned}
\tag{13.12}
$$

由于复数乘法导致角度 (辐角) 相加, 这意味着复数乘法会产生复平面上的旋转。若 c_1 的模是单位量 ($|c_1| = 1$), 那么乘积的模便会等于 c_2 的模 ($|c_1 c_2| = |c_2|$)。在此情况下, 乘积便代表一个*纯旋转*, 它把 c_2 旋转 c_1 辐角的角度 (见图 13.17)。若 $|c_1| \neq 1$, 乘积的模便会以 $|c_1|$ 缩放, 令 c_2 在复平面上进行*螺旋运动* (spiral motion)。

这也解释了为何单位长度四元数可以代表三维空间的旋转。四元数本质上是四维的复数, 含 1 个实部及 3 个虚部。因此, 如同一般复数在二维中遵从的基本规则, 四元数也遵从相同的规则。

事实上, 当我们尝试多次自乘 j, 也可以很直观地看到复数乘法所产生的旋转:

$$
\begin{aligned}
1 \times \mathrm{j} &= \mathrm{j} \\
\mathrm{j} \times \mathrm{j} &= \sqrt{-1}\sqrt{-1} = -1 \\
-1 \times \mathrm{j} &= -\mathrm{j} \\
-\mathrm{j} \times \mathrm{j} &= 1 \\
&\cdots
\end{aligned}
$$

1 呃, 这好像给读者留了一大堆练习……

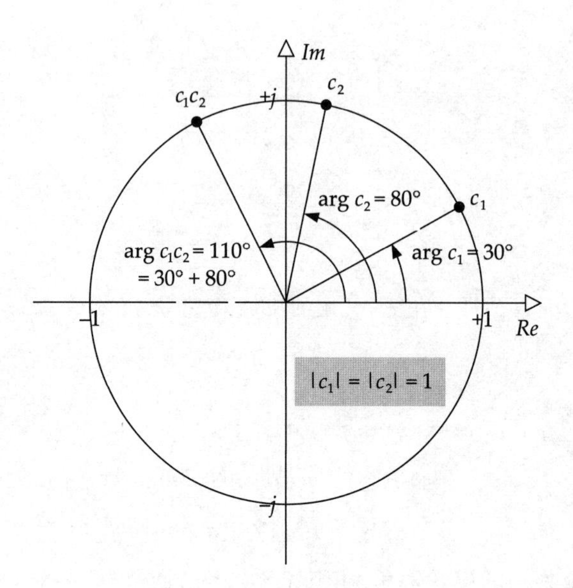

图 13.17 两个模各为 1 的复数相乘产生复平面上的纯旋转

每次自乘 j 都等同于令它在复数平面上旋转 90°。事实上, 任何复数乘以 j 也等同于把它旋转 90°。图 13.18 说明了这一点。

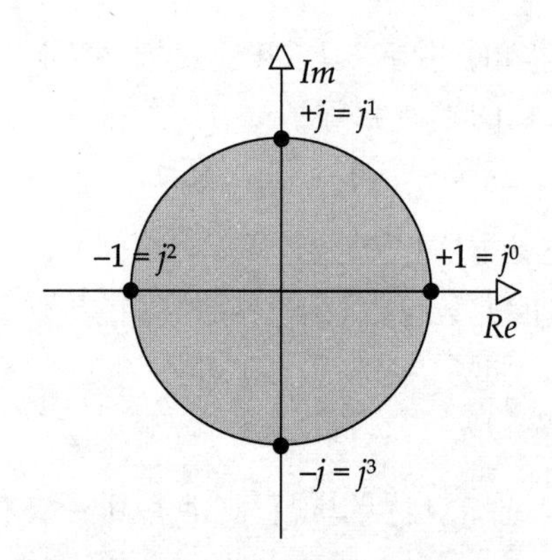

图 13.18 虚数 $j = \sqrt{-1}$ 乘以自己, 有如把单位矢量在复平面上旋转 90°

复数指数及欧拉公式 对于任何模为 1 ($|c| = 1$) 的复数 c, 函数 $f(n) = c^n$ 会在复平面上画出一条圆形轨迹, n 是一个逐步上升的正实数。二维中任何圆形轨迹在纵轴上都能画出正弦曲线, 在横轴方向上产生余弦曲线, 如图 13.19 所示。

求复数的实数幂 (c^n) 会产生复平面上的旋转, 把该结果投影在平面的任何轴上都会生成正弦波。后来我们还发现, 求实数的复数幂 (n^c) 同样能产生旋转效果。因此, 算式 (13.10) 可

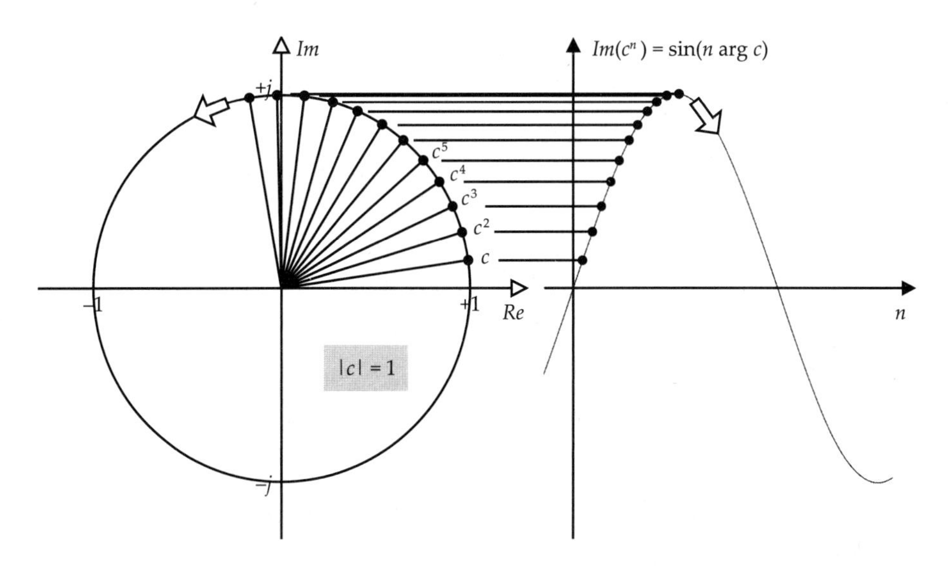

图 13.19 重复乘一个复数会产生复平面上的圆形轨迹，再把它投影到任何穿过原点的轴就会产生正弦曲线

以用复数表示为:

$$e^{j\omega_0 t} = \cos\omega_0 t + j\sin\omega_0 t,\ t \in \mathbb{R} \tag{13.13}$$

$$\mathfrak{Re}\left[e^{j\omega_0 t}\right] = \cos\omega_0 t$$

$$\mathfrak{Im}\left[e^{j\omega_0 t}\right] = \sin\omega_0 t$$

其中 $e \approx 2.71828$ 是一个实超越数，它用于定义自然对数的底数。

算式 (13.13) 是数学中的最重要方程之一，称为欧拉公式 (Euler's formula)。它的运作原理有点难以理解 (即使对一些经验丰富的数学家亦然)。要解释这个定理，可以通过对 e^{jt} 做泰勒展开，或是考虑 e^x 的导数，然后允许 x 为复数。但是就我们目的所需而言，能直观理解复数乘法如何在复数平面中形成旋转，已经足够。

13.2.5.3 傅里叶级数

现在我们有了数学工具去把正弦波表示为复数，可以专注讨论如何把信号表示成正弦波之和了。

如果信号是周期性的 (periodic)，那就是最容易处理的情况，我们可以把信号写成简谐相关的正弦波之和:

$$x(t) = \sum_{k=-\infty}^{+\infty} a_k e^{j(k\omega_0)t} \tag{13.14}$$

我们称此为信号的傅里叶级数 (Fourier series) 表示。此式中的复幂函数 $e^{j(k\omega_0)t}$ 便是组成信号的正弦波分量。这些分量是简谐相关的, 指每个分量都是基频 (fundamental frequency)ω_0 的整数 k 倍。而系数 a_k 表示信号 $x(t)$ 中每个谐波的"量"。

13.2.5.4 傅里叶变换

关于傅里叶变换 (Fourier transform) 的完整解释超出了本书的讲解范围, 但就我们的目的而言, 可以简单地指出 (在不给予任何证明下), 任何合理的、行为良好的信号[1]都可以表示为正弦波的线性组合, 即使这些信号并非周期性的。一般而言, 一个随意信号可能含有任何频率的分量, 而不仅是简谐相关的频率。因此, 方程 (13.14) 中的离散简谐系数 a_k 会变成连续的值, 表示信号所含的每个频率的"量"。

我们可以想象有一个新函数 $X(\omega)$, 它的自变量是频率 ω 而不是时间 t, 而它的值表示原始信号 $x(t)$ 中每个频率的量。我们称 $x(t)$ 为信号的时域 (time domain) 表示, 而 $X(t)$ 则是信号的频域 (frequency domain) 表示。

在数学上, 傅里叶变换可以把信号从时域表示求出其频域表示, 反之亦然:

$$X(\omega) = \int_{-\infty}^{+\infty} x(t)e^{-j\omega t}dt \tag{13.15}$$

$$x(t) = \frac{1}{2\pi}\int_{-\infty}^{+\infty} X(\omega)e^{j\omega t}d\omega \tag{13.16}$$

若读者比较傅里叶变换方程 (13.16) 与傅里叶级数方程 (13.14), 便可看到两者的相似之处。由原来用离散数列系数 a_k 表示频率分量的量, 改由连续函数 $X(\omega)$ 描述这些量。但两式都是把 $x(t)$ 表示为正弦波之"和"。

13.2.5.5 波特图

一般来说, 实数信号的傅里叶变换是复数信号 ($X(\omega) \in \mathbb{C}$)。当视觉化傅里叶变换时, 我们需要把它画成两幅图。例如, 可以分别绘制它的实部和虚部, 也可以分别绘制它的模及辐角 (角度), 这种可视化方式称为波特图 (Bode plot, 发音为"Boh-dee")。图 13.20 展示了一个信号与其波特图的例子。

13.2.5.6 快速傅里叶变换

现今有一些快速计算离散时间傅里叶变换的算法集合。这一簇算法被恰当地命名为快速

1 所有符合狄利克雷条件 (Dirichlet conditions) 的信号都能进行傅里叶变换, 这些信号对我们的目的而言便是"合理的、行为良好的"。

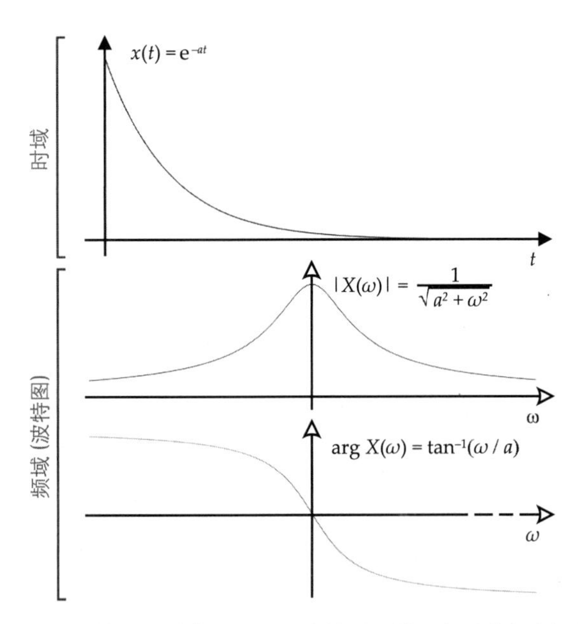

图 13.20 傅立叶变换生成复值的频域信号。可用波特图以模和相（或幅角）来视觉化此复值信号

傅里叶变换 (fast Fourier transform, FFT)。在维基百科上可以读到更多关于 FFT 的资料。[1]

13.2.5.7 傅里叶变换与卷积

有趣的是, 时域上的卷积对应于频域上的乘法, 反之亦然。给定一个脉冲响应为 $h(t)$ 的系统, 我们已知可以用以下的算式求出系统对输入 $x(t)$ 的输出 $y(t)$:

$$y(t) = x(t) * h(t)$$

而在频域, 给定脉冲响应的傅里叶变换 $H(\omega)$ 以及输入 $X(\omega)$, 我们可以求出输出的傅里叶变换, 如下:

$$Y(\omega) = X(\omega)H(\omega)$$

这是颇难以置信的结果, 而且这个结果非常有用。有时候, 使用系统的脉冲响应 $h(t)$ 在时间轴上进行卷积比较方便; 而另一些时候, 使用系统的频率响应 $H(\omega)$ 在频域上进行乘法会更方便。

事实证明, LTI 系统展现出一种特性, 称为对偶性 (duality)。这是指, 时间与频率的角色可以互换, 而且相同的数学规则仍然有效。例如, 可以通过观察两个信号经傅里叶变换后在频域

1 http://en.wikipedia.org/wiki/Fast_Fourier_transform

卷积的结果, 从而了解信号调制 (modulation, 即两个信号相乘) 如何运作。有两个方法去解决问题总比一个好!

13.2.5.8 滤波

傅里叶变换使我们可以把几乎任何音频信号显示为它组成的频率集合。滤波器 (filter) 是一种 LTI 系统, 它能衰减一个范围内的输入频率, 并保持其他频率不受影响。低通 (low-pass) 滤波器保留低频衰减高频。高通[1] (high-pass) 滤波器则做相反的事情, 它保留高频衰减低频。带通 (band-pass) 滤波器衰减高低频, 但保留有限通带 (passband) 的频率。陷波 (notch) 滤波器则做相反的事情, 它保留高低频, 衰减有限阻带 (stopband) 的频率。

立体声音响系统的均衡器 (equalizer, EQ) 中使用到滤波器, 对用户输入的指定频率做出衰减或提升。当一些噪声波谱与所需的信号处于不同频率范围时, 也可以使用滤波器衰减噪声。例如, 若有一些高频噪声影响到低频的人声或音乐时, 便可使用低通滤波器消除噪声。

理想滤波器的频率响应 $H(\omega)$ 像是一个长方形, 在通带中的值为 1, 在阻带中的值为 0。当我们把这个频率响应乘以输入信号的傅里叶变换 $X(\omega)$ 时, 输出 $Y(\omega) = X(\omega)H(\omega)$ 的通带频率便会保持不变, 而其阻带频率的值则会全部设成 0。图 13.21 展示了一个理想滤波器的频率响应。

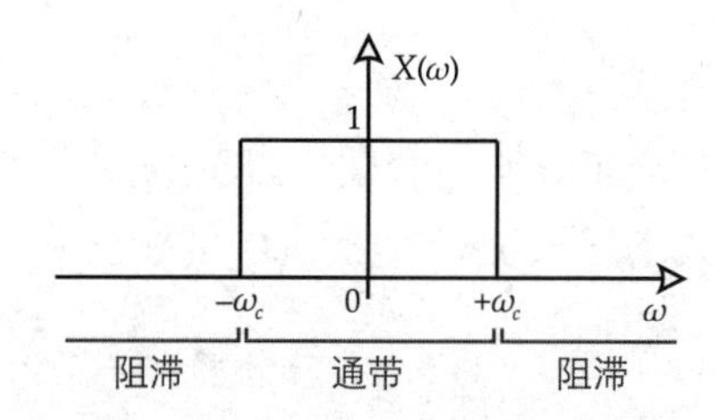

图 13.21 理想滤波器的频率响应 $H(\omega)$ 在有限通带的值为 1, 在有限阻带的值为 0

当然, 我们真正需要的, 并不是一个能完全通过某些频率并完全抑制其他频率的理想滤波器。在现实世界的多数滤波器中, 其频率响应会在通带和阻带间含渐进的衰减区。在无明确区分需要及不需要频率的情况下, 这种逐渐衰减会有所帮助。图 13.22 展示了一个逐渐衰减频率响应的低通滤波器。

高保真 (high-fidelity, Hi-Fi) 音频设备中的均衡器能让用户调整输出中的低音、中音、高音的音量。实际上均衡器只不过是一组滤波器, 这些滤波器调节成控制不同频率范围, 以串连方式施于音频信号。

1 和高通公司 (Qualcomm) 无关。——译者注

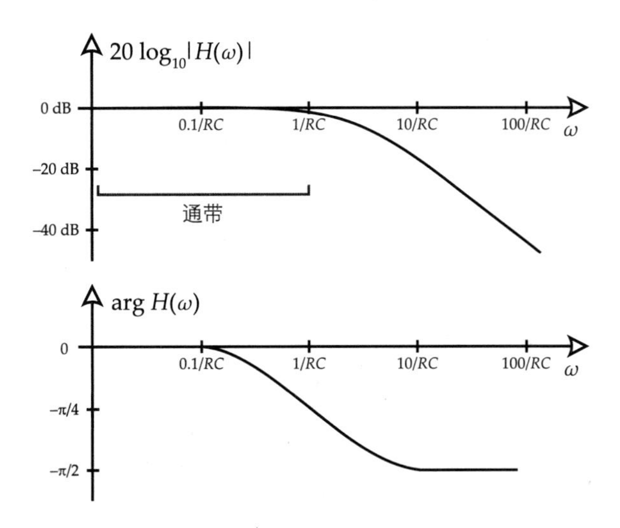

图 13.22 这是一个具有逐渐减弱的 RC (电阻电容) 低通滤波器的频率响应 $H(\omega)$。两幅图的横轴和纵轴都是对数比例

过滤理论是一个广阔的学习领域, 因此我们不可能完整覆盖这些理论。在参考文献 [36] 的第 6 章有更多内容可供参阅。

13.3 声音技术

游戏音频引擎由多个软件部分组成, 为了完全理解这些软件, 我们要先掌握音频硬件及技术, 以及业界专业人士所采用的术语。

13.3.1 模拟音频技术

早期的音频硬件是基于模拟电子技术 (analog electronics) 的。这是最容易进行录制、处理及回放声音压力波的方式, 因为声音本身是一种模拟物理现象 (analog physical phenomenon)。[1] 在本节中, 我们会简要地探索一些重要的模拟音频技术。

1 这里的模拟 (analog) 是指该现象的变化在一个范围内是无穷多的, 或是符合数学上的连续性的, 而不是指第 12 章中所述的物理模拟 (simulation)。——译者注

13.3.1.1 麦克风

麦克风 (microphone, 也被称为 mic 或 mike) 是一种换能器 (transducer), 它能把声音压缩波转换为电子信号。麦克风采用多种技术, 把声音的机械波变化转换成等价的电压变化。*动圈式麦克风* (dynamic microphone) 利用电磁感应, 而*电容式麦克风* (condenser microphone) 则利用到电容的变化[1]。还有一些麦克风利用压电效应 (piezoelectricity) 或光调制 (light modulation) 来产生电压信号。

各种麦克风有不同的敏感度模式, 又称为指向性 (polar pattern)。指向性是指麦克风相对于中轴不同角度的敏感度。[2]全指向式 (omnidirectional) 麦克风对所有方向同等敏感。双指向式 (bidirectional) 麦克风有两个敏感"瓣", 组成一个 8 字形。心形指向 (cardioid) 麦克风本质上是一个单指向的敏感度形式, 以此命名是因为它是心脏形状的指向性。图 13.23 展示了几种常见的麦克风指向性。

13.3.1.2 扬声器

扬声器 (speaker) 基本上是与麦克风相反的方式运作的, 它也是一种换能器, 把输入电压信号的变化转换成一块隔膜的震动, 从而令空气压力产生变化, 生成声音压力波。

13.3.1.3 扬声器布局: 立体声

声音系统通常支持多个扬声器输出声道 (channel)。立体声 (stereo[3]) 设备, 如 iPod、汽车音响、祖父的内置扬声器手提音响 (boom box), 都最少支持两个扬声器, 供左右两个立体声声道使用。有一些 Hi-Fi 立体声系统会有两个额外高音扬声器 (tweeter), 这些扬声器可以重现左右声道中最高频的声音。这么做可以令两个主扬声器做得更大, 使低音范围更好。有些立体声系统也会支持超低音 (subwoofer, 或称为 low-frequency effect, LFE) 扬声器。这种系统有时候被称为 2.1 系统, 即左右两个声道再加上 LFE 扬声器。

耳机与扬声器的对比 我们要比较的是在房间中设置的立体声扬声器以及立体声耳机 (headphone)。在房间中的立体声扬声器通常置于聆听者的正前方, 或是向左右偏移。这意味着来自左方扬声器的声波也会到达右耳, 反之亦然。来自较远扬声器的声波到达耳朵会稍延

1 历史上电容 (capacitor) 曾被称为 condenser。电容式麦克风是通过声音压力, 使电容两隔板的距离压缩而改变输出的电压。——译者注

2 如果把麦克风向上指 (想象拿着冰淇淋甜筒), 0° 是向上, 90°/270° 是水平方向, 180° 是向下。注意有一些麦克风的中轴是在柱体的侧面而不是在顶端。——译者注

3 stereo 是 stereophonic sound 的缩写。虽然理论上超过一个声道的都可以叫作 stereo, 但一般来说, stereo 是指两个声道, 而 monophonic sound/mono 是指单个声道。——译者注

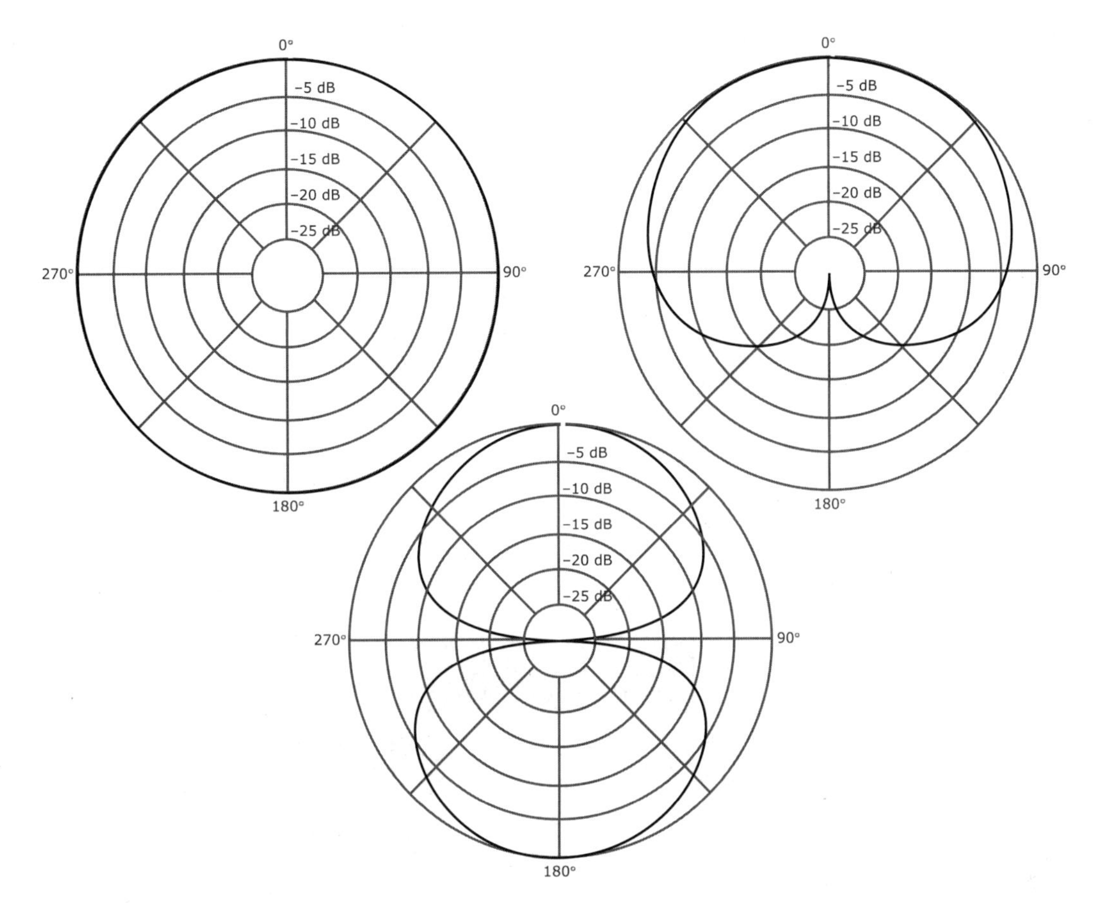

图 13.23 三种典型的麦克风指向模式, 从左上图顺时针方向为: 全指向、心形指向和双指向

迟 (相移) 及衰减。来自较远的相移声波与来自较近的扬声器的声波会产生干涉现象。声音系统应该考虑到干涉现象以提供最高质量的声音。

相反, 耳机直接接触双耳, 所以左右声道可以完美地隔离, 不会产生干涉现象。而且, 由于耳机几乎直接把声音直接送到耳道, 耳朵形状不影响头部相关变换函数 (HRTF, 见 13.1.4 节), 这意味着聆听者接收到的空间信息较少。

13.3.1.4 扬声器布局: 环绕声

家庭影院的环绕声 (surround sound) 系统通常有两种: 5.1 和 7.1。读者肯定猜想这些数字指 5 或 7 个"主"扬声器, 再加上一个超低音扬声器。环绕声系统的目的是通过提供位置性信息及高保真的放声 (见 13.1.4 节), 让聆听者沉浸于一个真实的音景 (soundscape) 之中。5.1

系统的主扬声器声道是中置、左前、右前、左后、右后。而 7.1 则有两个额外声道——环绕左 (surround left, SL) 和环绕右 (surround right, SR), 这两个扬声器放置于聆听者的正侧方。杜比数字 AC-3(Dolby Digital AC-3) 及 DTS 是两种流行的环绕声技术。图 13.24 展示了一个典型的 7.1 家庭影院扬声器布局。

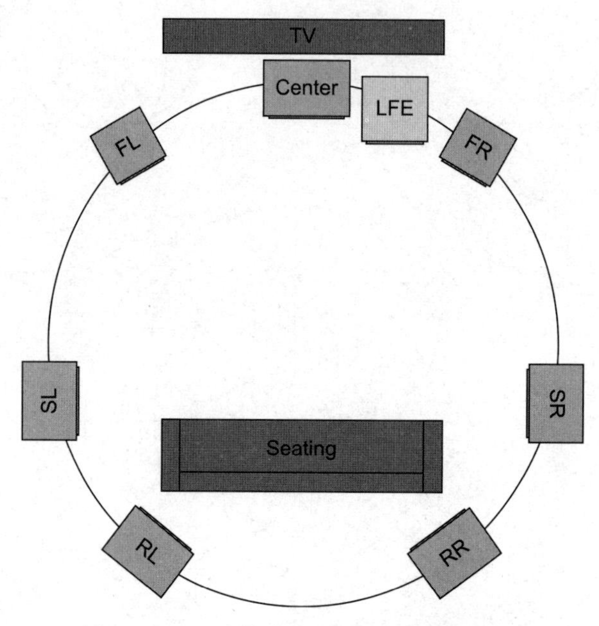

图 13.24 7.1 环绕声家庭影院的扬声器布局

杜比环绕声 (Dolby Surround)、杜比定向逻辑 (Dolby Pro Logic) 及定向逻辑 II (Dolby Pro Logic II) 都是把立体声声源信号扩展至 5.1 环绕声的技术。立体声信号缺乏必要的位置信息去驱动 5.1 扬声器配置。但用了这些杜比技术后, 就会启发式地利用原来立体声信号中的暗示, 以生成近似的位置信息。

13.3.1.5 模拟信号电平

音频电压信号可以使用不同的电压电平来传送。麦克风通常产生很低波幅的电压信号, 这称为*麦克风电平* (mic-level) 信号。连接不同的组件时会使用较高电压的*线路电平* (line-level) 信号。专业音频设备和消费电子产品的线路电平电压有很大区别。专业设备通常设计成可以在 2.191 V (伏特) 峰峰值 (peak-to-peak) 至最大 3.472 V 峰峰值之间运作。而消费电子产品比较多样化, 但多数设备的最高输出为 1.0 V 峰峰值, 而输入则可处理高至 2.0 V 的信号。在连接音频设备时必须匹配输入和输出的电平。传送高于某设备能处理的电压会导致信号被削波。

传送太低的电压会令到音频的音量低于预期。

13.3.1.6 放大器

麦克风的低电压信号必须经放大 (amplify) 才能驱动扬声器产生足够的力以生成可听见的声波。放大器 (amplifier) 是一个模拟电子电路, 它能复制几乎与输入一模一样的信号, 但是会大幅增加信号的波幅。放大器本质上提升了信号的功率 (power)。这个过程需要获取某些电源, 然后利用这些功率所产生的较高电压去不断模仿输入信号的行为。换言之, 放大器调制 (modulate) 了它的功率输出, 以匹配比其低压低得多的输入信号。

放大器背后的核心技术是晶体管 (transisitor), 它就是那个知名并极为巧妙的设备, 是许多现代电子设备的核心, 包括晶体管最辉煌的成就: 计算机。晶体管利用一种半导体材料连接两个隔离的独立电路, 从而令可以用低电压信号驱动高电压电路。这完全就是放大器所需。我们在这里不会详细研究它背后是如何运作的, 但若读者对此好奇, 可以观看这个视频去了解世界上首个晶体管是如何运作的。[1]读者也可以参考维基百科的放大器条目。[2]

放大系统的增益 (gain)A 定义为输出功率和输入功率之比。与声压级相似, 增益通常是用分贝度量的:

$$A = 10\log_{10}\left(\frac{P_{\text{out}}}{P_{\text{in}}}\right)\text{dB}$$

13.3.1.7 音量/增益控制器

音量控制器 (volume control) 基本上是一个反转的放大器, 它也被称为衰减器 (attenuator)。相对于放大器增加电子信号的波幅, 音量控制器减小波幅, 并同时完全保留波形的所有其他性质。在家庭影院系统中, 数字模拟转换器所产生的电压信号的波幅是非常低的。功率放大器把这些信号提升至最大的"安全"输出功率, 若高于该功率扬声器发出的声音便会开始削波及失真 (甚至会损坏硬件)。音量控制器能衰减最大输出功率, 产生所需音量的声音。

音量控制器比放大器更容易制作。其中一个方法是在放大器与扬声器之间的电路中加入可变电阻 (也称为电位器, potentiometer)。当电阻处于最低值 (零或非常接近零) 时, 放大器的输入信号的波幅没有被更改, 产生最大音量的声音。当电阻处于最大值时, 输入信号会受到最大程度衰减, 产生最小音量的声音。

若读者家里的立体声系统以分贝为单位显示音量, 你就会发现音量的值总是负数。这是由于音量控制是负责衰减功率放大器的输出的。音量表的度量方式与增益相似, 但其"输入"功

1 https://www.youtube.com/watch?v=RdYHljZi7ys
2 http://en.wikipedia.org/Amplifier

率是放大器的最大功率, 其“输出”功率是用户选择的音量功率:

$$A = 10\log_{10}\left(\frac{P_{\text{volume}}}{P_{\text{max}}}\right)\text{dB}$$

当 $P_{\text{volume}} < P_{\text{max}}$ 时 A 为负数。

13.3.1.8 模拟接线及接头

单声道电压信号可以经两根电线传送, 双声道则需要 3 根 (两通道加上一根共地线)。接线可以位于设备内部, 此情况下的接线通常称为总线 (bus)。接线也可置于设备外, 以连接多个不同的设备。

外部接线通常连接至音频硬件的直接“夹子”或是螺旋柱接头, 这类接头通常用于高端扬声器。此外也会使用各种标准接头, 例如 RCA 端子[1]、大 TRS(tip/ring/sleeve) 端子 (在 20 世纪初用于电话接线)、TRS 迷你端子 (iPod、手提电话及大部分 PC 声卡所采用的端子)、带键端子 (用于高品质麦克风及功率放大器) 等。

市面上有各种品质级别的音频线。粗线规的线有较低的电阻, 因此可以将信号传送至较远的距离, 而不会造成无法接受的衰减程度。加上屏蔽网可以帮助减少噪声。当然, 选择使用哪一种金属制造的电线和连接器, 都会对音频线的品质有不同影响。

13.3.2 数字音频技术

光盘 (compact disc, CD) 的使用, 标志着音频行业步入数字音频存储及处理的转折点。数字技术开启了各式各样的新可能性, 例如缩小存储媒体的尺寸并增加容量, 使用强大的计算机软硬件以从前难以想象的方式合成及处理音频。今天, 模拟音频存储设备已是古董, 模拟音频信号通常只会在必要的地方才使用, 如在麦克风和扬声器中。

如 13.2.1.1 节所述, 模拟与数字音频技术的区别, 对应于信号处理理论中连续时间与离散时间信号的区别。

13.3.2.1 模拟数字转换: 脉冲编码调制

为了录制数字系统 (如电脑或游戏机) 中可用的音频, 模拟音频信号的随时间变化电压必须先转换成数字形式。脉冲编码调制 (pulse-code modulation, PCM) 是模拟声音信号样本编码

1 因其形状特殊, 国内也将 RCA 端子俗称为莲花端子。——译者注

的标准方法，这种方法使音频信号能存储于计算机内存中，能通过数字电话网络传送，或烧录在 CD 上。

PCM 以固定时间间隔测量电压。每个电压测量值可能会存储成浮点格式，或是被量化 (quantize) 成固定位数的整数 (通常是 8、16、24 或 32 位)。然后，电压测量值的序列会存储于内存中的数组，或写入存储介质长期保存。测量单个模拟信号，并把该信号转换至量化数值形式的过程称为模拟数字转换 (analog-to-digital conversion, A/D 转换)。通常会使用专门的硬件进行 A/D 转换。我们在固定时间间隔里重复进行 A/D 转换的过程，称为采样 (sampling)。进行 A/D 转换及/或采样的软件/硬件组件就称为 A/D 转换器 (A/D converter, ADC)。

在数学方面，给定连续时间音频信号 $p(t)$，我们对于每个采样构建出它的采样版本 $p[n] = p(nT_s)$，其中 n 是作为样本索引的非负整数，而 T_s 就是每个样本之间的时间间隔，也称为采样周期 (sampling period)。图 13.25 展示了基本的采样过程。

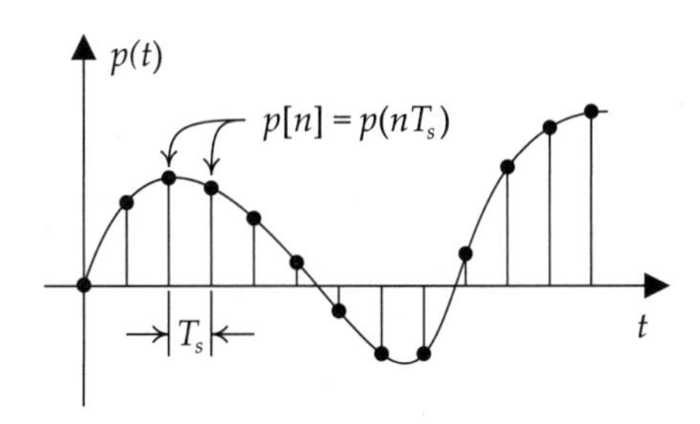

图 13.25 离散时间信号可想象为连续时间信号的采样版本

通过 PCM 采样获取的数字信号有两个重要属性。

- 采样率 (sampling rate)：即获取电压测量值 (样本) 的频率。原则上，只要采样频率为原信号中最高频率的两倍，模拟信号就可以完全保真地被录制成数字信号。这个略为惊人而又极为有用的事实被称为香农–奈奎斯特采样定理 (Shannon-Nyquist sampling thereom)。在 13.1.2.2 节里曾谈及，人类只能听到有限频带的声音 (20 Hz 至 20 kHz)。因此所有对人类有意义的音频信号都是带限的 (band-limited)，可用稍高于 40 kHz 的采样率去忠实录制。(语音信号占据较窄的频带——由 300 Hz 至 3.4 kHz，因此数字电话系统用 8 kHz 的采样率便足够。)
- 位深度 (bit depth)：即每个量化后的电压测量值使用多少位去表示。量化误差 (quantization error) 是由测量电压取整至最接近的量化值时所产生的误差。若其他因素不变，增加位深度能降低量化误差，因此能产生更高品质的录音。无压缩音频数据格式通常采用 16 位深度。位深度有时候也称为解析度 (resolution)。

香农–奈奎斯特采样定理 香农–奈奎斯特采样定理阐述, 若将一个带限连续时间信号 (即该信号在傅里叶变换后在频带以外的值都为零) 采样成离散时间信号, 只要采样率足够高, 该离散信号就能准确地重建出原来的连续信号。能满足此关系的最小采样率称为奈奎斯特频率 (Nyquist frequency)。

$$\omega_s > 2\omega_{\max}$$

其中

$$\omega_s = \frac{2\pi}{T_s}$$

显然, 理论的成立才能在音频处理中使用数字技术。若没有此理论, 数字音频注定永不如模拟音频好, 而且计算机不会如今天般在高保真音频制作中担当重要角色。

我们在这里不会深入讨论采样理论为何成立的技术细节。但我们能发现, 以定期时间间隔对信号采样, 可使信号的频谱 (傅里叶变换) 在频率轴上不断重复。采样率越高, 信号频谱副本间的空隙就越大。因此, 如果原信号是带限的, 并且采样率足够高, 我们就能保证频谱副本间的空隙足够大, 不会互相重叠。在这种情况下, 我们可以使用低通滤波器过滤除原频谱以外的频谱副本, 完美还原频谱。否则, 当采样率过低时, 频谱副本便会互相重叠。这种情况称为混叠 (aliasing), 会妨碍我们还原原信号的频谱。图 13.26 说明了混叠与无混叠采样。

13.3.2.2 数字模拟转换: 解调

当要回放一个数字音频信号时, 需要模拟数字转换的相反过程。我们 (足够合理地) 称这个过程为*数字模拟转换* (digital-analog conversion, D/A 转换)。这也被称为解调 (demodulation), 因为它复原了脉冲编码调制的作用。数字模拟转换电路称为 DAC。

D/A 转换硬件从数字信号中的每个采样电压值 (表示为内存中的量化 PCM 值) 生成模拟电压。若我们定期以新值驱动此硬件, 而更新频率等同于 PCM 采样时的频率, 并假设采样率根据香农–奈奎斯特采样定理达到足够高, 那么它产生的模拟信号便会完全与原信号匹配。

从实践上来说, 当我们以一连串的离散电压等级驱动模拟电压电路时, 由于硬件尝试快速地从一个电压等级转变至另一等级, 经常会引致多余的高频振荡。D/A 硬件通常会使用低通或带通过滤器去消除这些多余振荡, 从而确保准确地重现原模拟信号。关于过滤器的更多知识可参考 13.2.5.8 节。

13.3.2.3 数字音频格式及编解码器

有多种数据格式可将 PCM 音频数据存储在光盘中, 或在互联网上传输这些数据。每种格式也都有其历史、优点与缺点。有些格式 (如 AVI) 实际上是“容器”格式的, 用于封装多于一

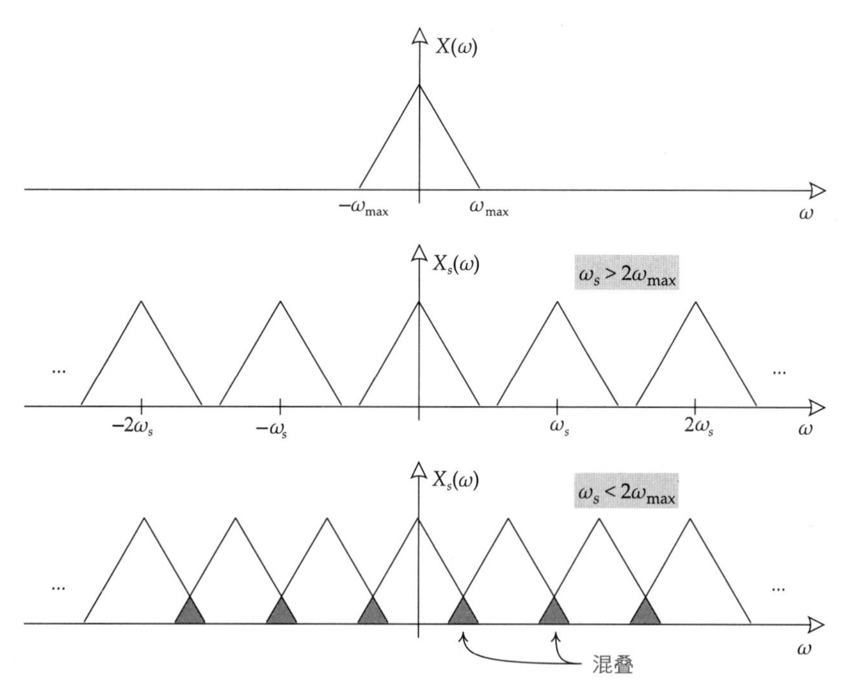

图 13.26 带限信号的频谱在有限频带以外皆为零 (上图)。若采样频率超越了奈奎斯特频率，各个频谱不互相重叠，所以可完全还原原信号 (中图)。若采样频率太低，各个频谱互相重叠，产生混叠 (下图)

种数据格式的数字音频信号。

有些音频格式以无压缩方式存储 PCM 数据。另一些格式使用多种形式的数据压缩技术，以缩减所需的文件尺寸或传输流量。有些压缩方案是*有损的* (lossy)，即在压缩/解压过程中会损失一些原信号的保真度。另一些压缩方案是*无损的* (lossless)，即原始 PCM 数据在压缩/解压的过程中能完美地还原。

让我们看几种常见的音频数据格式。

- *原始无标头 PCM* (raw header-less PCM) 数据有时会用于事先已知信号元信息 (如采样率和位深度) 的情况。
- *线性 PCM* (linear PCM, LPCM) 是一种无压缩音频格式，可支持最多 8 个声道的音频，48 kHz 至 96 kHz 的采样率，以及每样本 16、20 或 24 位。LPCM 中的“线性”是指波幅是以线性标度测量 (而不是其他标度，如对数标度) 的。
- *WAV* 是微软公司和 IBM 公司创造的无压缩文件格式。它常用在 Windows 操作系统中。它的正确名字是波形音频文件格式 (waveform audio file format)，也罕有被称为 audio for

Windows。WAV 文件格式实际上属于*资源交换文件格式* (resource interchange file format, RIFF) 家族。RIFF 文件是由数据块 (chunk) 组成的，每个数据块含有一个 4 字符代码 (FourCC) 及数据块尺寸，4 字符代码定义了该数据块存储的内容。WAV 文件的位流符合 LPCM 格式。WAV 文件也可以包含压缩音频，但 WAV 文件最常用于存储无压缩音频数据。

- *WMA* (Windows Media Audio) 是微软公司设计的一种私有音频压缩技术，作为 MP3 的替代品。详情请参看维基百科。[1]
- *AIFF* (audio interchange file format) 是苹果公司开发的格式，广泛地用于麦金塔电脑。与 WAV/RIFF 相似，AIFF 文件一般也包含无压缩 PCM 数据，并且由数据块所组成，每个数据块也是前置 FourCC 及尺寸字段。而 AIFF-C 是 AIFF 格式的压缩版变体。
- *MP3* 是一种有损压缩音频文件格式，已成为大部分数字音乐播放器的事实标准 (de facto standard)，并广泛用于游戏，以及多媒体系统和服务。此格式的全名实际上是动态图像专家组 -1 或动态图像专家组 -2 音频层 III (MPEG-1 or MPEG-2 Audio Layer III)。MP3 压缩可以令文件变成原来的十分之一大小，对比原无压缩音频只会有非常小的感知区别。能达到这个成果有赖于感知编码 (perceptual coding)，此技术可消除多数人都无法感知的音频信号部分。
- *ATRAC* 是自适应听觉转换编码 (adaptive transform acoustic coding) 的缩写，它是索尼公司开发的一族私有音频压缩技术。索尼公司开发此格式，原本是为了让 MiniDisc 介质存储与 CD 相同时长的音频，该介质的空间比 CD 小得多，而同时要避免音频产生可感知的品质下降。相关细节可参考维基百科。[2]
- *Ogg Vorbis* 是一个开源的有损压缩文件格式。Ogg 是"容器"格式，通常结合 Vorbis 数据格式使用。
- *杜比数字* (Dolby Digital) 又称为 AC-3，它是一种有损压缩格式，支持单声道至 5.1 环绕声。
- *数字影院系统* (Digital Theata Systems, DTS) 是由 DTS 公司开发的一组戏院音频技术。DTS 相干声学编码 (coherent acoustics coding, CAC) 是一种可经 S/PDIF 接口 (见 13.3.2.5 节) 传输的数字音频格式，并用于 DVD 和激光光盘 (LaserDisc, LD)。
- *VAG* 是 PlayStation 3 开发者可使用的私有音频格式。它采用*自适应差分 PCM* (adaptive differential PCM, ADPCM)，这是基于 PCM 的模拟数字转换方案。差分 PCM (differential PCM, DPCM) 存储样本之间的差值 (delta) 而非样本本身的绝对值，从而更有效地压缩信号。自适应 DPCM 动态地改变样本采样率，以进一步提升压缩率。

---

1 `https://en.wikipedia.org/wiki/Windows_Media_Audio`

2 `https://en.wikipedia.org/wiki/Adaptive_Transform_Acoustic_Coding`

- *MPEG-4 SLS*、*MPEG-4 ALS* 和 *MPEG-4 DST* 是几种提供无损压缩的格式。

此列表并不全面。实际上, 还有更多令人眼花缭乱的音频文件格式, 而且有更长得多的压缩/解压算法列表。对于音频数据格式这个迷人世界, 读者可参考维基百科[1] 的介绍。"PlayStation 3 Secrets" 网站[2]也提供了一些极好的音频资料。

13.3.2.4 并行及交织音频数据

多声道音频数据的存储方式之一, 就是把每个单声道的样本存储至独立的缓冲区里。使用这种方式存储 5.1 音频信号时, 便需要 6 个并行缓冲。图 13.27 展示了这种布局。

并行

C[n]	FL[n]	FR[n]	RL[n]	RR[n]	LFE[n]
C[n+1]	FL[n+1]	FR[n+1]	RL[n+1]	RR[n+1]	LFE[n+1]
C[n+2]	FL[n+2]	FR[n+2]	RL[n+2]	RR[n+2]	LFE[n+2]
...	...	...	...	...	...

图 13.27 并行格式的六声道 (5.1) PCM 总线数据

然而, 多声道音频数据也可以交织 (interleaved) 存储于单一缓冲区。在这种情况下, 每个时间索引的所有样本会按预定次序排列在一起。图 13.28 显示了 6 声道 (5.1) 音频信号是如何存储在交织 PCM 缓冲中的。

13.3.2.5 数码接线及接头

S/PDIF(Sony/Philips Digital Interface Format) 是一种以数字方式传输音频信号的互联技术, 消除了模拟接线所导致的噪声。S/PDIF 标准在物理上可通过同轴线缆连接 (也称为 S/PDIF) 方式实现, 也可以使用光纤连接 (称为 TOSLINK[3])。

无论是哪一种物理接口 (S/PDIF 同轴或 TOSLINK 光纤), S/PDIF 的传输协议都被限制为双声道 24 位 LPCM 无压缩音频, 而其采样率在 32kHz 至 192kHz 之间。然而, 不是所有设备都能支持所有采样率。相同的物理接口也可以用来传输经位流编码后的音频, 如杜比数字的码率介于 32 kb/s 至 640 kb/s, DTS 有损压缩数据的码率则是 768 kb/s 至 1536 kb/s。

---

1 http://en.wikipedia.org/wiki/Digital_audio_format

2 http://www.edepot.com/playstation3.html#PS3_Audio

3 TOSLINK 为东芝连接 (Toshiba Link) 的缩写。

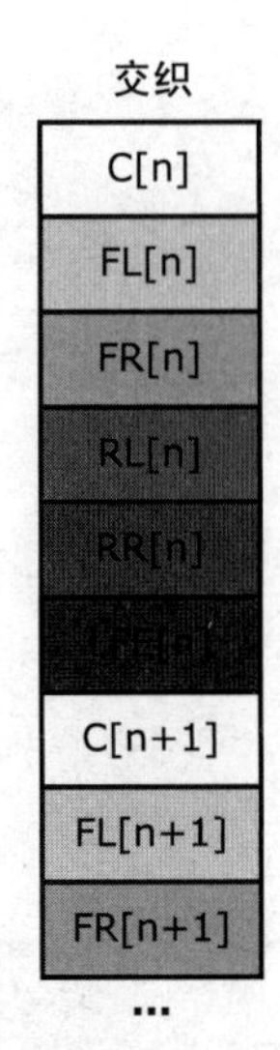

图 13.28 交织格式的六声道 (5.1) PCM 总线数据

在消费者音频设备中, 无压缩多声道 LPCM (即多于双声道立体声) 只能通过 HDMI (高清多媒体接口, high definition multimedia interface) 连接来传输。HDMI 接口同时能传输无压缩数字视频信号, 以及有压缩或无压缩数字音频信号。HDMI 支持高至 36.86 Mb/s 码率的多声道或位流音频信号。然而, HDMI 的音频码率受视频模式所影响, 只有 720p/50Hz 或以上模式才支持全带宽的音频。详情可以参考 HDMI 规格中"视频依赖性"一节。

有时候 USB 接口也会用于传输音频信号。在大多数游戏机中, USB 输出只为驱动耳机。

此外, 无线音频接口也是可行的。其最常用于无线传输音频信号的方法是使用蓝牙标准。

13.4 三维音频渲染

迄今为止, 我们已学会一些与声音的物理、信号处理相关的数学, 以及多种用于录音和回放的技术。在本节里, 我们会探索如何把这些理论及技术应用在游戏引擎中, 以使我们可以为游戏作品制作真实、身临其境的音景。

任何在虚拟三维世界中进行的游戏, 都需要某种三维音频渲染引擎 (3D audio rendering engine)。高品质的三维音频系统能给玩家一个匹配该三维世界状况、丰富、身临其境且可信的音景, 而同时支撑游戏的故事及忠于游戏的整体设计。

- 此系统的输入是无数从游戏世界发出的三维声音: 脚步声、发言、物体互相碰撞的声音、枪声、环境声 (如风或下雨) 等。
- 此系统的输出是数个声道, 而当这些声道通过扬声器回放时, 可模拟出令玩家相信他的确置身于虚拟游戏世界中听到的声音。

理想地, 我们希望音频引擎能生成 7.1 或 5.1 环绕声输出, 因为这样能给耳朵最丰富的位置暗示。然而, 音频引擎也必须支持立体声, 令没有家庭影院的玩家, 或一些不想吵到邻居而使用耳机的玩家, 能享受到游戏中的音频。

游戏音频引擎也负责播放一些不是源自虚拟世界的声音, 例如背景音乐、游戏内菜单产生的声音、旁白、玩家角色内心独白 (尤其在第一人称射击游戏中), 以及某些环境声音。我们称这些为*二维声音* (2D sound)。这些声音为"直接地"在扬声器中播放而设计, 在播放前它们会与三维空间定位引擎的输出混音。

13.4.1 三维声音渲染概览

三维音频引擎的主要任务如下所述。

- *声音合成* (sound synthesis) 是按游戏世界中事件的发生而生成声音的过程。生成声音的方法包括播放预先录制的声音片段, 或是在运行时用程序式 (procedural) 方法生成。
- *空间定位* (spatialization) 产生一种假象, 令每个三维声音对聆听者而言好像都来自游戏世界的适当位置。实现空间定位的方法是控制每个声波的*波幅* (即其增益或音量), 有两种方式:
  - *基于距离的衰减* (distance-based attenuation) 通过控制声音的整体音量, 以表示出声音与聆听者的径向距离。
  - *偏移* (pan)[1] 控制声音在每个扬声器中的相对音量, 以表示出声音来自的方向。
- *声学建模* (acoustical modeling) 通过模仿声音在聆听空间的早期反射和后期混响特性, 以及模仿声源和聆听者之间因障碍物而造成部分或全部遮挡状况, 以提高音景渲染的真实性。有一些声音引擎针对*环境吸收* (atmospheric absorption, 13.1.3.2 节) 及 HRTF 效果 (13.1.4 节), 也会为依赖于频率的效果建模。
- *多普勒偏移* (Doppler shifting) 也可能被采用, 用于模拟声源和聆听者之间的相对移动。

---

1 pan 又译作左右相位。但由于之后 panning 是指一种技术, 并作为动词, 或需译作调整左右相位, 比较累赘, 因此本书中采用偏移一词, 可同时作为名词和动词, 又与 panning 音近。——译者注

- *混音* (mixing) 是一个过程, 控制游戏中所有二维和三维声音的相对音量。混合程度有一部分是由物理所驱动的, 有一部分是由游戏音效设计师的审美观所决定的。

13.4.2 为音频世界建模

为了渲染虚拟世界的音景, 我们必须先对引擎描述该世界。音频世界模型 (audio world model) 包含以下元素。

- *三维声源*: 在游戏世界中, 每个三维声音都由单声道音频信号及指定的发出位置所组成。我们必须对引擎提供其*速度*、*辐射模式* (radiation pattern, 如全向、锥形、平面) 及*范围* (超出范围就听不到该声音) 信息。
- *聆听者*: 聆听者是一个位于游戏世界中的"虚拟麦克风"。它由*位置*、*速度*和*定向*所定义。
- *环境模型*: 此模型描述虚拟世界中表面和物体的*几何形状*及*特性*, 也可以描述游戏场景中聆听空间的声学特性。

声源与聆听者的*位置*用来计算*基于距离的衰减*; 声源的*辐射模式*也会作为计算基于距离衰减的因子。而聆听者的*定向*定义了一个参考系, 声音的*角位置* (angular position) 以此计算。这个角度决定了*偏移* (pan)——即 5.1 和 7.1 环绕声中的 5 个或 7 个扬声器的相对音量。声源与聆听者的*相对速度*用于生成*多普勒偏移*。最后不可少的是, 环境模型用于为聆听空间的声学特性建模, 并且用于计算声音路线是否有部分或完全被阻挡。

13.4.3 基于距离的衰减

随着三维声源与聆听者的径向距离增加, 基于距离的衰减会降低声源的音量。

13.4.3.1 最小和最大衰减距离

一般游戏世界中的声源非常多。限于硬件与 CPU 的处理能力, 我们不能渲染全部声源, 实际上也不需要这么做。受惠于基于距离的衰减, 声源与聆听者之间超越一定距离后, 声源就不能被听见了。因此, 声源通常带有衰减 (fall-off, FO) 参数。

最小衰减 (fall-off min, FO min) 是一个最小半径, 以下记作 $r_{\min}$。在此半径之内的声源不被衰减, 以最大音量播放。而*最大衰减* (fall-off max, FO max) 是一个最大半径, 记作 $r_{\max}$, 越过此半径的声音当作是静寂无声, 予以忽略。在最小和最大衰减之间, 我们需要把音量由最大值平滑地过渡至零。

13.4.3.2 过渡至零

从最大音量过渡至零, 方法之一是使用最小和最大衰减之间的线性渐变。对于一些声音的类型, 线性衰减是较好的。

在 13.1.3.1 节中, 我们了解到声强与感知响度密切相关, 声强随径向距离以 $1/r^2$ 法则衰减。而增益则与声压的波幅成正比, 以 $1/r$ 衰减。因此, 正确的做法是以 $1/r$ 曲线把声音的增益从最大音量过渡至零。

但有一个问题, $1/r$ 是渐近函数, 无论 r 多大, 它永远无法到达零。我们可以把曲线稍向下偏移, 使它与 r 轴相交于 $r_{\max}$。另一方法是简单地把 $r > r_{\max}$ 的声强设为零。

13.4.3.3 变通

在制作《最后生还者》时, 顽皮狗的声音部门发现, 角色对话用 $1/r^2$ 法则会使语音莫名其妙地迅速衰减, 即使角色只是稍远离一点。当时这是一个严重的问题, 特别是在潜行玩法部分中, 聆听敌人对话是一个重要的战略工具, 也是推进故事的手法。

为解决此问题, 顽皮狗的声音部门采用了一个巧妙的衰减曲线, 使对话在近距离缓慢地衰减, 在中距离快一些, 在聆听者距离很远时又再缓慢地衰减。这种方法令语音在远距离仍可听见, 而仍然保持自然的声音衰减。

此外, 对话衰减曲线也会在运行时动态调整, 调整是根据游戏当前的 “张力程度 (tension level)” 而定的 (即敌人是否察觉到玩家、敌人是否在搜寻玩家, 或直接与玩家战斗)。这个方法让《最后生还者》可以在潜行时听到远距离的人声, 而又不会在战斗爆发时令音量过大。

最后, 还可选择开启一个 “增甜” 混响功能, 可令角色声音即使在直线路径上完全被遮挡, 也能在转角位传过来。此工具在一些情况下极其有用, 特别是我们要确保玩家能清晰地听到一段对话, 而真实衰减的建模较次要的时候。

在设计你的三维音频模型时, 还有许多方法可以 “作弊”。但无论你做什么, 永远记住这个简单的原则: 为满足你的游戏所需, 不要惧怕做任何事情。不要担心, 这样不会违反物理定律!

13.4.3.4 大气衰减

如 13.1.3.2 节谈及, 低音受大气的衰减少于高音。有些游戏 (包括顽皮狗的《最后生还者》) 会为这种现象建模, 方法是为每个三维声音加入低通过滤器, 并且当声源与聆听者的距离增加时, 把该过滤器的通带下调。

13.4.4 偏移

偏移 (panning) 是一种技术, 用于产生三维声音来自某个方向的错觉。通过控制声音在每个可用扬声器的音量, 玩家就会感知到声音在三维空间的*幻象声像* (phantom image)。这种偏移方法称为*波幅偏移* (amplitude panning), 因为我们只通过调整每个扬声器所产生的声音音量, 来为聆听者提供角度信息 (而不是通过相偏移、混响或过滤器来提供位置暗示)。这种方式也称为 IID *偏移*, 因为它依赖耳间强度差 (interaural intensity difference) 来产生声音的幻象声像。

偏移这个术语来自早期技术中所采用的全景电位器 (panoramic potentiometer, pan pot) (可变电阻), 它能控制立体声系统中左右扬声器的相对音量。把全景电位器转至一方尽头, 会令声音只在左扬声器输出; 把它转至另一方尽头, 则只有右扬声器输出声音; 而转至中间时, 声音就会平均分布于两个扬声器。

要了解偏移如何运作, 我们想象聆听者位于一个圆形的中心, 而扬声器则分布在圆周之上, 在本书中我们称之为*扬声器圈*。圆形的半径大约是聆听者与各扬声器的平均距离。

立体声音响系统的左右扬声器分别放置于前方左右大约 $\pm 45^\circ$ 的位置。而立体声耳机则是 $\pm 90^\circ$(并且半径短得多)。对于 7.1 环绕声系统, 由于 LFE 声道不提供位置暗示, 我们只考虑 7 个“主要”扬声器, 这些扬声器大约如图 13.29 那样布置。当要在 5.1 系统中进行偏移时, 我们只需简单地去除环绕左及环绕右扬声器。

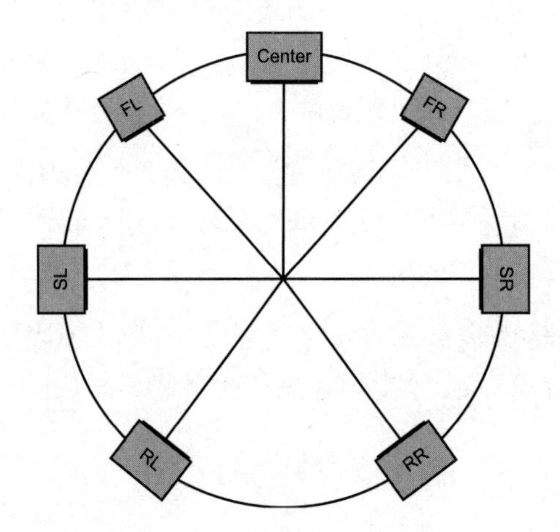

图 13.29 7.1偏移的扬声器布局

现在，我们先把每个三维声音当作是点声源。为了偏移一个声音，首先要判断它的方位角 (azimuthal angle, 水平方向的角度)。方位角必须在聆听者的局部空间中测量，0° 对应聆听者的正前方。然后，找出圆周上该方位角相邻的两个扬声器。注意那两个扬声器之间以圆弧连接，我们把方位角转换成该圆弧上的百分比。最后，利用此百分比决定那两个扬声器所播放声音的增益。

为了用数学公式表示，我们设 θ_s 为声音的方位角，θ_1 和 θ_2 为那两个相邻扬声器的角度。那么百分比 β 可以这样计算:

$$\beta = \frac{\theta_s - \theta_1}{\theta_2 - \theta_1}$$

图 13.30 解释了此计算方式。

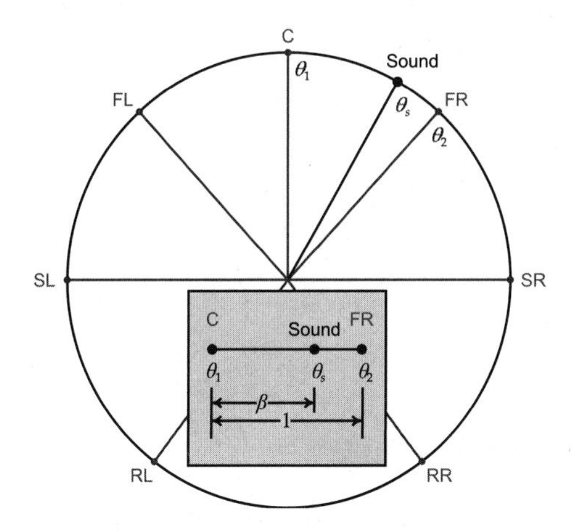

图 13.30 把声音当作点声源，以声源的两个相邻扬声器去计算偏移混合百分比 β

13.4.4.1 恒增益偏移

可能我们直觉上会认为，能以 β 对两个扬声器的增益做简单线性插值。给定 A 为未偏移的声音增益，那么两个扬声器播放声音的增益分别为:

$$A_1 = (1 - \beta)A$$

$$A_2 = \beta A$$

无论 θ_s 和 β 的值为何，净增益 $A = A_1 + A_2$ 永远是常数，所以此法又称为恒增益偏移 (constant gain panning)。

恒增益偏移的主要问题是，当声音在音场中移动时，这个方法并不能产生感知上的常数响度。增益控制声压波的波幅，也就是控制声压级 (SPL)。然而，从 13.1.2 节我们得知，人类对响度的感知实际上与声波的强度或功率成正比, 这两个量都与声压级的平方成正比。

为了显示此问题, 我们想象一个声音刚好偏移至两个扬声器的中间点。使用恒增益偏移会得出 $A_1 = A_2 = \frac{1}{2}A$。但这样的总功率便会是 $A_1^2 + A_2^2 = \left(\frac{1}{2}A\right)^2 + \left(\frac{1}{2}A\right)^2 = \frac{1}{2}A^2$。换言之, 当声音偏移至两扬声器的中间点时, 声音的响度将会变成原来的二分之一。

13.4.4.2 恒功率偏移定律

显然, 声像围绕聆听者时, 为了令响度维持不变, 我们需要令功率保持为常数。此法则称为*恒功率偏移定律* (constant power pan law), 或称*偏移定律* (pan law)。

要实现恒功率偏移定律, 有非常简单的方法。我们不使用线性插值, 而是使用正弦和余弦去按百分比 β 计算:

$$A_1 = \sin\left(\frac{\pi}{2}\beta\right)A$$
$$A_2 = \cos\left(\frac{\pi}{2}\beta\right)A$$

再次考虑一个声像位于两个扬声器的中间点 $\left(\beta = \frac{1}{2}\right)$ 的情况。使用恒功率偏移时, 两个扬声器的增益皆会被设为 $A_1 + A_2 = \frac{1}{\sqrt{2}}A$, 产生的总功率为 $A_1^2 + A_2^2 = \left(\frac{1}{\sqrt{2}}A\right)^2 + \left(\frac{1}{\sqrt{2}}A\right)^2 = A^2$。这对于任意的 β 值都生效, 因此无论声像置于圆上哪个位置, 总功率 A^2 维持不变。

音效设计师常会使用"3 分贝规则 (3 dB rule)"来实现偏移定律: 若声音相等地混合至两个扬声器, 每个扬声器就要比原来在一个扬声器播放时的增益降低 3 分贝。使用 –3 分贝是由于 $\log_{10}\left(\frac{1}{\sqrt{2}}\right) \approx -0.15$。电压增益 (或波幅增益) 被定义为 $20\log_{10}(A_{\text{out}}/A_{\text{in}})$, 而 $20 \times -0.15 = -3$ 分贝。(对数前面为 20 是因为一个分贝是十分之一个贝, 乘以 2 是因为这里要处理 A^2 而非 A。)

13.4.4.3 余量

在一些情况下, 偏移会令声音只用单个扬声器去渲染, 其他情况则会用两个 (稍后我们会看到使用更多) 扬声器。假设两个扬声器正在以相同音量播放一个声音, 但由于音量很大, 令每个扬声器都达到最大功率。若把声音偏移至一个扬声器, 结果会怎样? 可能会弄坏扬声器, 因为我们的恒功率偏移定律以单个扬声器播放时, 需要比以两个扬声器播放时使用更多增益。

为了避免此问题, 需要人为一刀切降低最大增益, 使最坏情况下以单个扬声器播放声音时不会令扬声器过载。人为降低音量范围的做法是"为自己留有余量 (headroom)"。

余量的概念也可用于混音。当混合两个或更多声音时，它们的波幅会被叠加。通过保留一些余量，使我们可以克服大量声音同时播放的最坏情况。

13.4.4.4 是否使用中置

在戏院中，历史上中置频道用于语音，而只有音效会偏移至放映室中的其他扬声器。此做法源于电影角色通常会在屏幕上亮相时说话，因此观众会预期角色的声音来自前面中间位置。这种方式也有一个很好的副作用，就是可令影片中的语音和其他声音分开，那么响亮的音效不会用尽所有余量而淹没语音。

在三维游戏中，情况有点不一样。玩家通常希望听到的语音来自围绕他的“正确”位置。若玩家把摄像头旋转 180°，那么语音也应该同样地在音场中旋转 180°。因此，游戏通常不会把所有语音分配至中置扬声器，而会相应地偏移语音和音效。

当然，这样做会带来余量问题——响亮的枪声可能完全掩盖语音。在顽皮狗，我们使用折中的办法，总是使用中置频道播放语音的部分音量，同时在其他扬声器与音效一起偏移其余语音的部分音量。

13.4.4.5 焦点

当音源远离聆听者时，我们可把它当作点源，只需计算其方位角，并把它送交恒功率偏移系统。然而，当音源接近聆听者时，或实际上进入了定义的扬声器离聆声者的径向距离范围，那么就不再精确地以单个角度表示点源。

例如，考虑前进并通过一个音源的情况。最初，音源完全呈现于前置扬声器中，但随着音源穿过聆听者，我们需要以某种方式把声音转移至后置扬声器。若只把音源当作一个点源，我们只能把声音突然地从前置转到后置。

理想地，我们希望随着声音接近，音像逐渐地围绕扬声器圈“散开”。这样的话，随音源接近聆听者，我们开始把更多声音在侧面扬声器中播放。当音源与聆声者重合时，声音可于所有 7 个 (或 5 个) 扬声器中播放。当音源通过聆听者后，就把声音平滑地转移至后置扬声器，并随音源离开而把前置扬声器的增益降至零。

要实现这种效果，我们可以不把音源当作扬声器圈上的点，而以圆弧表示。从另一个角度看，我们可以把每个音源想象成三维空间中的任意形状，并把它的形状投影在扬声器圈上，从圆心角对向 (subtend) 成一个饼形。这类似于三维图形中常用于计算环境遮挡的立体角 (solid angle) 的概念，详见维基百科[1]。

---

1 http://en.wikipedia.org/wiki/Solid_angle

我们称外部声源所对向的角度为*焦点角* (focus angle), 在此记为 α。点源可想象成一种极端情况, 在这种情况下 $\alpha = 0$。图 13.31 描绘了焦点角。

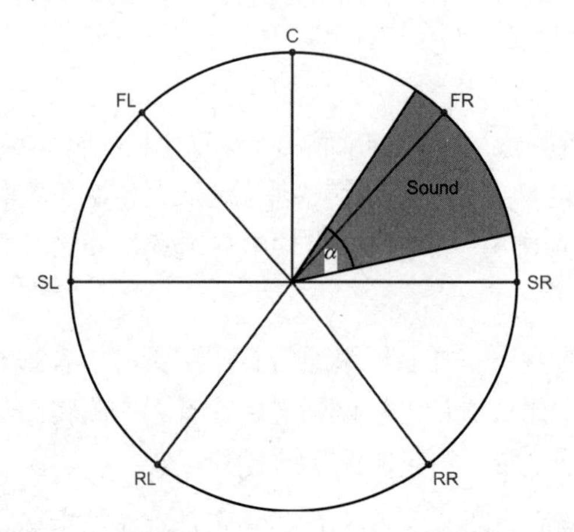

图 13.31 焦点角 α 定义了扩展声源在扬声器圈上的投影

当要渲染一个非零焦点角的声音时, 首先要判断哪些扬声器在扬声器圈上与焦点角投影的圆弧形成交集, 以及哪些扬声器刚好与圆弧为邻。然后, 把声音的强度/功率拆分至这些扬声器, 以制造出经圆弧延展出来的幻象声像。

我们可以用多种方式把声音拆分至多个扬声器。例如, 可以让所有位于焦点角内的扬声器接收相等的最大功率, 然后再分配较少的输出给相邻于圆弧的两个扬声器, 以制造出按角度减弱的效果。但无论我们如何实现, 必须遵从恒功率偏移定律。因此, 我们必须正确地设置各扬声器的增益, 以使其平方和等于原来未偏移声源的增益平方。

13.4.4.6 应对垂直变化

无论是在立体声还是环绕声设置下, 各扬声器都是大致放置在水平面上的。这种安排使我们难以把声音定位在高于或低于聆听者耳朵的平面。

最理想的, 当然是设置球面扬声器布局, 建立一个真正的"全向声 (periphonic)"音场模型。有一个鲜为人知的 Ambisonic 技术[1], 适用于平面及球面扬声器布局。然而, 没有游戏机支持此技术, 至少现在还没有。因此, 我们需要针对平面扬声器布局做一些工作以应对垂直变化。

事实证明, *焦点*的概念可扩展至模拟幻象声像中某种程度的垂直性。我们只需把声音*投影*至水平面; 对于投影接近扬声器圈上的声音, 我们采用非零值的焦点角; 而对于距离很远、高于水平的声音, 其渲染结果几乎等同于水平高度的声音。然而, 越过头顶的声音需要在多个扬

1 http://en.wikipedia.org/wiki/Ambisonics

声器中混合，从而产生扬声器圈内的幻象声像。若我们把垂直变化的处理，与基于距离的衰减及依赖于频率的环境吸收相结合，便能对聆听者提供足够的暗示，令声音听上去像位于聆听者之上或之下。

13.4.4.7 进一步了解偏移

恒功率偏移定律的基本知识可参阅此文档。[1] 关于此题目也可以参考这个优质网站。[2]

赫尔辛基工业大学 Ville Pulkki[3] 教授著有一篇论文 *Spatial Sound Generation and Perception by Amplitude Panning Techniques*[4]，清晰地描述了空间定位问题，简介了基于矢量的波幅偏移 (vector based amplitude panning, VBAP) 方法，并提供了详尽的文献，可供延伸阅读。

David Griesinger 的 *Stereo and Surround Panning in Practice* 也是一篇很有趣的论文。[5] David 的网站也塞满了声音感知和还音技术的研究。

13.4.5 传播、混响及声学

即使已经实现了基于距离的衰减、偏移及多普勒偏移，我们的三维声音引擎仍未能生成真实的音景。这是由于，声波通过多条路径才能到达我们的耳朵，而这些路径造成早期反射、后期混响、头部相关变换函数 (HRTF) 等效果，我们人类习惯了以这些效果去理解身处的空间类型。顾及声波在空间中传播方式而设计的技术，都可被称为*声音传播建模* (sound propagation modeling)。

在研究、互动媒体和游戏中都可使用各种相关技术，这些技术可分为以下三类。

- *几何分析* (geometric analysis) 尝试为声波实际的传播路径建模。
- *基于感知的模型* (perceptually based model) 专注于使用聆听空间的声学 LTI 系统模型，来重现我们耳朵所感知到的效果。
- *即席方法* (ad hoc methods) 采用多种近似法来产生比较准确的声学，其中尽量用最少数据及运行开销。

---

1 http://www.rs-met.com/documents/tutorial/PanRules.pdf

2 http://www.music.miami.edu/programs/mue/Research/jwest/Chap_3/Chap_3_IID_Based_Panning_Methods.html

3 原文姓氏有误。——译者注

4 https://aaltodoc.aalto.fi/bitstream/handle/123456789/2345/isbn9512255324.pdf?sequence=1

5 http://www.davidgriesinger.com/pan_laws.pdf

有一篇论文[1]调查了多种属于上述前两类的技术。而在本节中，我们会简要地讨论 LTI 系统模型，然后再聚焦讨论一些即席方法，因为后者在真实游戏中更为实用。

13.4.5.1 使用 LTI 系统为传播效果建模

想象我置身于一个房间之中，房间里有不同材料制成的物体。然后，在房间中产生声音。声音会被反射、衍射，在房间中回弹，最终到达我的耳朵。若我们细想这个例子，其实声波走哪一条具体路线并不重要。能影响我听觉的，仅仅是干声及多种时移后的湿声的具体叠加，湿声部分可能还会被阻隔或有其他改变。

实际上所有这些效果都可以建模为线性时不变 (LTI) 系统。在理论上，如果给定声源及聆听者的位置，我们可以测量房间的*脉冲响应*，那么我们便可以完美地推断在声源位置播放任何声音后，在聆听位置应该听到的声音。我们只需把干声以脉冲响应来做卷积!

$$p_{\text{wet}}(t) = p_{\text{dry}}(t) * h(t)$$

此技术乍看之下是一发银弹。然而，它实际上比想象中困难而且不实用。在现实世界中是很容易获取一个空间中的脉冲响应的，只需录取一个短的、逼近单位脉冲 $\delta(t)$ 的“咔”声，录音信号便会逼近 $h(t)$。但是，在虚拟空间中，我们需要在每个游戏空间中进行复杂且昂贵的模拟，才能获得 $h(t)$。而且，为了得到房间声学的准确模型，我们还需要对整个游戏世界中大量的声源/聆听点对进行上述运算，所得到的数据量也是巨大的。最后，卷积运算也不简单，以前的游戏主机及声卡运算能力不足以实时地对游戏中的每个声音做卷积。

现在的游戏硬件的性能不断提升，基于卷积的传播建模变得可行。例如，Micah Taylor 等人制作了一个实时演示程序，通过卷积混响可产生满意的结果。[2] 然而，多数游戏仍然不会使用此方式，而会采用多种即席方法及近似法去为环境混响建模。

13.4.5.2 混响区域

为游戏空间的湿特性建模，最常见的方法之一，是在游戏世界中标记一些区域，然后对每个区域加入合适的混响设定，如预延迟、衰变、密度及扩散等。在 13.1.3.4 节我们已讨论过这些参数。当虚拟聆听者在这些区域中移动时，我们就可以使用合适的混响模式。例如当玩家进入一个巨大的砖墙房间时，我们便可以加大回音；当玩家进入一个小衣橱时，我们可以完全消除混响，产生很干的声音。

---

1 http://www-sop.inria.fr/reves/Nicolas.Tsingos/publis/presence03.pdf

2 http://software.intel.com/en-us/articles/interactive-geometric-sound-propagation-and-rendering

当玩家在游戏空间中移动时，平滑地把混响设置淡入淡出是一个好主意。可以使用简单的线性插值来实现每个参数的淡入淡出。而混合百分比最好以聆听者进入区域的距离来计算。例如，假如我们通过一扇门进出一个户外及户内空间，我们可以定义门附近的一个区域为混合区域。当聆听者完全置身在混合区域之外时，混合百分比便是 100% 户外混响设置、0% 户内设置。而当聆听者站在混合区域的中间点时，我们希望能获得 50/50 混合的混响设置。当聆听者进入户内的混合区域时，就会使用 0% 户外、100% 户内的混合。图 13.32 展示了此方法。

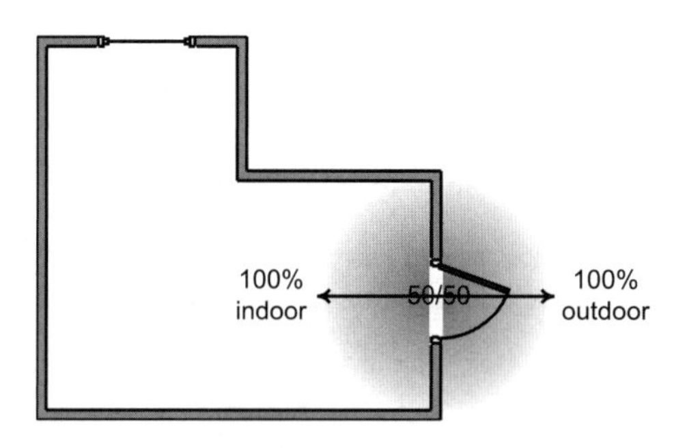

图 13.32 以聆听者位置来混合两种混响设置是一个好主意

13.4.5.3 阻碍、阻断、排他

当使用区域定义游戏空间的声学时，我们通常会对每个区域赋予单个脉冲响应或单个混响设置。这样能表示每个空间的特质 (如砖墙大堂、挂着外衣的衣橱、户外平原等)。然而，这种方法并不能完美地还原由障碍物所造成的声学。例如，想象有一个正方形房间，中间立了一根巨柱。若声源置于房间的角落，那么当聆听者在房间移动时，他会听到非常不一样的音色，这要视两者之间的直接路径是否被柱子阻挡。如果我们对这个房间采用单一组混响参数的话，那么是无法捕获这些细微差异的。

为了解决此问题，可尝试为环境的几何空间和材质特性建模，以判断障碍物怎样影响声波在路径上的传播，并使用这些分析结果来修改房间的“基本”混响设置。

图 13.33 展示了游戏世界中对象和表面影响声波传播的三种方式。

- 阻断 (occlusion)：这是指在声源和聆听者之间，没有任何自由路径。聆听者可能仍然能听到一个被完全阻断的声音，例如他与声源之间只被一道薄墙或薄门所隔。我们可以衰减并/或模糊掉被阻断声音的干湿分量，或是令聆听者完全听不见该声音。
- 阻碍 (obstruction)：这是指声源和聆听者之间的直接路径被阻碍，但还存在间接路径。例如声源被置于一辆车、一根柱子或其他障碍物背后，就会产生阻碍。我们可以把被阻碍声音的干声部分完全消去，或进行大幅衰减。湿声部分也可依更长路径、更多反射来修改。

- 排他 (exclusion): 这是指声源和聆听者之间有自由的直接路径, 但间接路径则受到某些程度的阻挡。例如, 声音在一个房间中产生, 它通过一个窄小的开孔 (如窗或门) 传播至聆听者。在排他的情况下, 干声不受影响, 但湿声则被衰减、模糊化, 甚至在开孔很窄小时完全被消去。

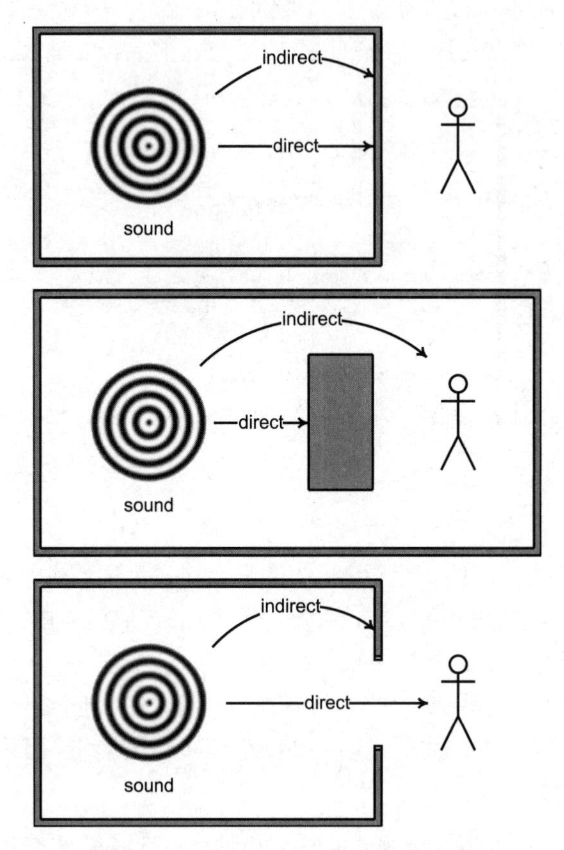

图 13.33 从上至下: 阻断、阻碍、排他

分析直接路径 判断直接路径是否被阻挡并不难。我们只需从聆听者投射光线 (见 12.3.7.1 节) 至每个声源。若光线被阻挡, 直接路径受阻, 否则该直接路径是自由的。

若我们要为声波穿过墙或其他障碍物建模, 仍然可使用光线投射。从声源投射光线至聆听者, 每当碰到障碍物时我们就查询其表面特性, 以判断它吸收声音能量的程度。若障碍物能让部分声音能量通过, 我们就在障外物的另一表面继续投射, 直至到达聆听者。过程中若所有能量都已被吸收, 就可断定该声音不能被听到。但若光线最终能到达聆听者并且没有失去所有能量, 我们可以按对应的衰减量降低干声的增益。

分析间接路径 判断间接路径是否受阻，是更难的问题。理想地，我们可使用某些搜寻算法 (如 A*)，判断声源和聆听者之间有没有相通的路径，并计算每条路径造成的衰减与反射。实际中很少使用*路径追踪* (path tracing) 方法，因为它需要庞大的计算能力与内存。到头来，我们游戏程序员并不是真的想模拟真实准确的物理去赢诺贝尔奖，我们只是想制造出富沉浸感和可信性的音场而已。

别怕，尚存希望。我们可以用很多方法去近似声音间接路径的模型。例如，若我们使用混响区域为游戏空间的整体声学建模 (见 13.4.5.2 节)，那么可借助这些区域来判断有没有间接路径。例如，我们可使用一些简单的经验法则：

1. 若声源和聆听者处于相同区域，假设两者之间有间接路径。
2. 若声源和聆听者处于不同区域，假设两者之间受阻断。

采用这些假设，并配合直接光线投射的结果，我们便可区分 4 种情况：自由、阻断、阻碍、排他。

考虑衍射 当任何波通过狭窄的通道或接近拐角时，都会如图 13.34 所示的那样进行扩散，此现象称为*衍射*。因衍射的关系，我们在拐角后仍可听到如直接路径般的声音，只要直接路径与弯曲路径的角度相差不太大。

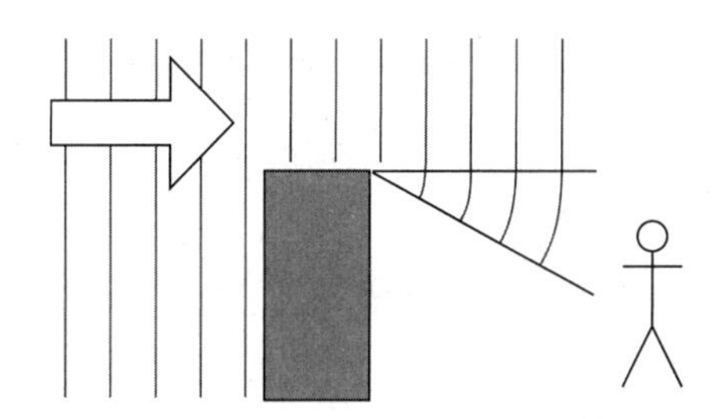

图 13.34 衍射令声音的干部分即使在直接路径上受阻仍可清楚地听到

要判断声音是否能通过衍射到达聆听者，方法之一是在投射中央“直接”光线时，再投射一些“曲线”光线。大多数碰撞引擎不支持曲线路径追踪，但我们可以用多次直线投射来仿效。图 13.35 展示了一个例子，5 道光线由声源投射至聆听者，其中一道是直接光线，另外两道“曲线”追踪是各由两次直线光线投射所组成的。从技术上来说，我们以*分段线性逼近* (piecewise linear approximation) 曲线路径追踪。

若直接光线被阻断，但曲线追踪仍可到达聆听者，那说明聆听者处于拐角后的“衍射区域”，如这段路径没被阻断，他应该能听到该声音。

使用混响和增益来应用该模型 至此，我们已讨论了如何判断直接路径或间接路径是否

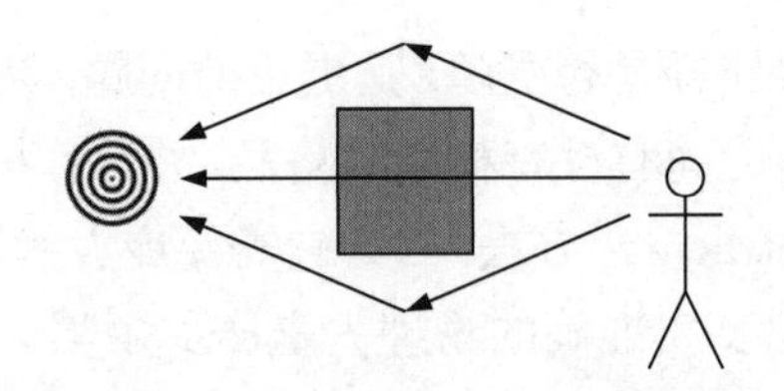

图 13.35 曲线投射可用多段直线逼近

受阻, 这些分析告诉我们阻断或阻碍对声学造成的影响。(例如, 声音通过墙壁后会变得模糊; 声音经过“弹力十足的”路径会制造大量混响。) 现在的问题是, 如何应用这些信息去渲染声音。

一个简单的做法是, 基于直接路径和间接路径的阻碍情况, 对应地独立调校声音的干湿成分。除此之外, 也可以按声音所经过的路径启发信息, 调整这两个成分的混响程度。每个游戏的需求是不同的, 因此这些时候最好甚至是唯一的选择, 就是反复试验!

混合阻碍声音 若你真的要实现以上谈及的内容, 可能会发现一个突出的问题。当声源在上述 4 种状态中移动时, 例如从自由转为阻碍, 声音的音色及音量会发生“突变”。有几种方法可以平滑这些状态转换, 例如可以添加一些滞后 (hysteresis), 意指每个声音的阻碍状态变换后, 延迟声音系统对转变的反应, 并使用这个短暂的空当去平滑地过渡两组混响设定。然而玩家可能会注意到这些延迟, 所以此非最理想的方案。

在《神秘海域》系列及《最后生还者》中, 顽皮狗的高级音频程序员 Jonathan Lanier 发明了一个专有系统, 他称之为*随机传播建模* (stochastic propagation modeling)。在不透露商业机密的情况下, 笔者只能说此系统涉及从每个声源投射几束光线 (一些是直接的, 一些是间接的), 然后再在许多帧中累计这些投射结果。从这些结果中, 我们可以生成一个概率模型, 描述聆听者所感受到的每个声源的干湿成分的阻碍程度。这个方案也可以产生平滑的声音过渡, 令完全被阻碍的声音变成完全自由时不会有“突变”。

13.4.5.4 《最后生还者》中的声音入口

在开发《最后生还者》时, 顽皮狗需要为声音在环境中通过的实际路径建模。若敌方 NPC 说话时, 他站在长走廊中而玩家在走廊一端的房间里, 那么我们希望玩家能听到说话声是从门口进来的, 而不是沿直线穿墙而来的。

为此, 我们用一个网来表示分区之间的相互连接, 有*房间* (room) 和*入口* (portal) 两种分区。我们搜寻每个声源至聆听者的路径, 其中的连通信息是由音频设计师在排布分区时设置的。若声源和聆听者皆在同一房间, 那么我们采用在《神秘海域》系列中使用的真正阻碍/阻断/排他分析方法。但是, 若声源位于另一房间, 而该房间是能通过一个入口直接连到聆听者的房间, 那么我们会在入口处播放该声音。在游戏中的所有真实情况里, 我们发现, 在房间连通图中进行“一次跳跃”已经足够。显然笔者在此省却了许多重要细节, 但图 13.36 说明了此系统的基本运作方式。

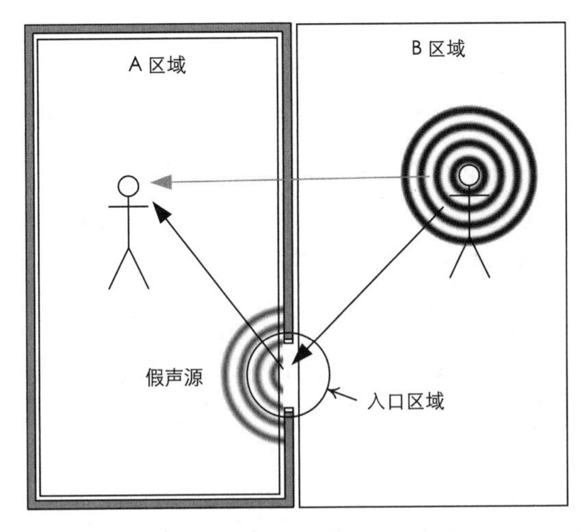

图 13.36 用于《最后生还者》的基于入口的声音扩散模型

13.4.5.5 关于环境声学的深入阅读

音频传播建模及声学分析是活跃的研究领域, 随着硬件性能的不断提升, 有更多高级技术应用在游戏产业中。笔者列出以下一些链接以激起你的好奇心, 然而用搜索引擎搜寻“声音传播 (sound propagation)”或“声学建模 (acoustics modeling)”, 会带给你更多的享受。

- *Real-time Sound Propagation in Video Games* 是蒙特利尔育碧的 Jean-François Guay 的讲稿。[1]
- *Modern Audio Technologies in Games* 是 A. Menshikov 在 GDC 2003 的演讲。[2]
- *3D Sound in Games* 是由 Jake Simpson 撰写的文章。[3]

1 http://gdcvault.com/play/1015492/Real-time-Sound-Propagation-in
2 http://ixbtlabs.com/articles2/sound-technology
3 http://www.gamedev.net/page/resources/_/technical/game-programming/3d-sound-in-games-r1130

13.4.6 多普勒频移

我们在 13.1.3.5 节中谈及, 多普勒效应是由声源和聆听者的相对速度 $\boldsymbol{v}_{\text{rel}} = \boldsymbol{v}_{\text{source}} - \boldsymbol{v}_{\text{listener}}$ 所造成的频率改变。这个频率改变可以简单近似化为声音信号的时间缩放。这将造成“花栗鼠效果”, 即《鼠来宝》(*Alvin and the Chipmunks*) 中令我们很熟悉的效果——加速声音播放、提升音高。因为我们的声音信号是数字的 (即离散时间采样信号), 这种时间缩放可通过采样率转换实现 (见 13.5.4.4 节)。然而, 这并不是严格正确的方法, 因为加速或减慢声音是可察觉到的。

理想的方案是提升音高而不影响时间轴。有多种方法可实现此需求, 包括*相位声码器* (phase vocoder) 及*时域谐波定标* (time domain harmonic scaling) 等方法。完整地描述这些技术超出了本书范围, 但读者可以在此网站[1]阅读相关信息。

独立于时间的音高频移技术是音频引擎中非常强大的功能, 可以用它来实现独立于音高的时间缩放。所以, 除了可以用它来改变音高而不改变时间以实现多普勒效应外, 还可以加速或减慢声音而不改变它们的音高, 以制造出其他很酷的效果。

13.5 音频引擎架构

至此, 我们已讨论了三维声音渲染的概念及方法, 以及其背后的理论和技术。在本节中, 我们将把注意力转移至实现三维渲染引擎的软件架构及硬件组件上。

如同大部分计算机系统, 游戏引擎的音频渲染软件通常都设为一个“栈”, 含分层的硬件及软件组件 (见图 13.37)。

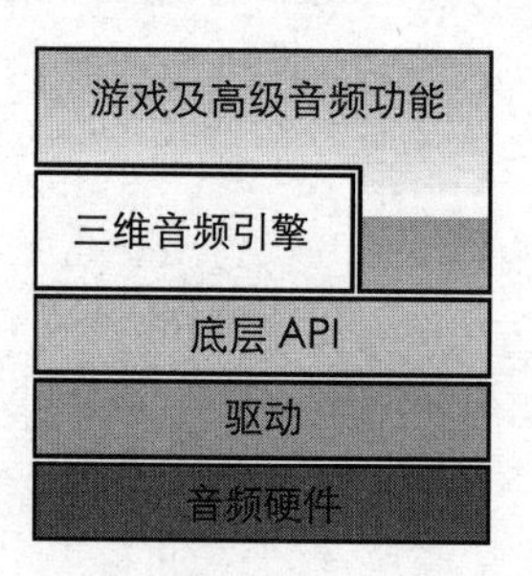

图 13.37 音频硬件 / 软件“栈”

- *硬件*必然是此结构的根基, 提供最低限度的所需电路, 以驱动数字或模拟扬声器输出, 从

1 http://www.dspdimension.com/admin/time-pitch-overview

而把我们的 PC 或游戏主机连接至耳机、电视或环绕声家庭影院系统。音频硬件可能会为栈上层的软件提供一些"加速"，如以硬件实现的编解码器、混音器、混响器、效果单元、波形合成器、数字信号处理芯片等。这些硬件常称为*声卡* (sound card)，因为有时候 PC 会以插入扩展卡的形式提供音频功能。

- 在 PC 上，硬件通常被驱动层封装起来，令操作系统可以支持不同供应商的声卡。
- 在 PC 及游戏主机上，硬件及驱动通常会再被包装成底层的*应用程序接口* (application programming interface, API)，其设计令程序员无须为直接控制硬件及驱动中的每个细节煞费苦心。
- *三维音频引擎* (3D audio engine) 本身是在这些基础上实现的。

音频硬件/软件栈向程序员提供的功能集，通常是依据录音室及演唱会所用到的那类多通道调音台 (multi-channel mixer console)[1] 而设计的 (见图 13.38)。调音台主板可接收相对大量的音频输入，这些输入来自麦克风及电子乐器。输入的声音可被过滤、均衡、混响，以及被施加其他效果。然后调音台可以混合所有的信号，按声音设计师所想的那样设置每个声音的相对音量。最后的混音输出接驳至扬声器 (对即时表演而言)，或接驳至多轨录音系统的各个通道。

图 13.38 Focusrite 出品的多通道调音台支持 72 个输入及 48 个输出

同等意义上，音频软件/硬件栈必须接收大量输入 (二维及三维声音)，以多种方式处理它们，再把它们按相对增益设置来混音，最终偏移这些信号至扬声器输出通道，以为人类玩家制造出三维声景的幻象。

1 http://en.wikipedia.org/wiki/Mixing_console

13.5.1 音频处理管道

如 13.4.1 节我们所学到的, 渲染三维声音包括以下这几个独立步骤:

- 必须对每个三维声音合成“干”的数字 (PCM) 信号。
- 对信号施加基于距离的衰减, 让聆听者产生距离的感觉; 对信号施加混响效果, 以为虚拟聆听空间的声学建模, 并对聆听者提供空间暗示。此过程生成“湿”信号。
- 干湿信号 (分别地) 按一个或多个扬声器进行偏移, 以制造出每个信号在三维空间中的最终“音像”。
- 所有三维声音的经偏移多通道信号最后混音为单个多通道信息, 然后传送至并行的 DAC 及功放以驱动扬声器, 或是直接传送至如 HDMI 或 S/PDIF 的数字输出。

显然, 我们把三维音频渲染的过程当作一个*管道* (pipeline)。由于游戏世界通常有大量的声源, 需同时处理此管道的多个实例。因此, 音频处理管道有时候又称为*音频处理图* (audio processing graph)。它确实是由相互连接的组件所组成的图, 最终输出成几个扬声器通道, 内含最终混音、已偏移的输出。图 13.39 展示了音频图的高级视图。

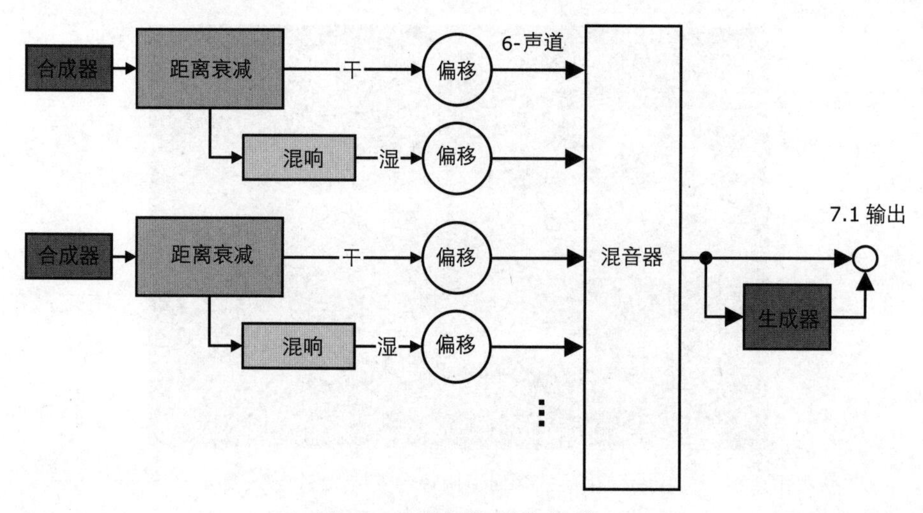

图 13.39 音频处理图 (管道)

13.5.2 概念及术语

在深入探索音频处理管道之前, 我们需要熟悉几个有关的概念和术语。

13.5.2.1 音

每个经过音频渲染图的二维或三维声音都称为音 (voice)。此术语来自早期的电子音乐: 合成器使用波形生成器来产生音符, 每组波形生成器称为“音”。

一个合成器只有限量的波形生成器电路, 所以电子乐手会说他们的合成器能同时产生多少个音。在同样的意义下, 游戏的音频渲染引擎通常也有限量的编解码器、混响单元等。一套音频软硬件栈能支持最多多少个音, 是由音频图中的独立并行路径数目所决定的。而此数目通常受限于内存资源、硬件资源和处理能力。此数目有时候被称为系统所支持的复音 (polyphony) 程度。

二维音 游戏的音频渲染管道也必须能处理二维音, 如音乐、菜单音效、旁白等。二维音也由音频管道处理。处理二维音和三维音的主要区别在于:

- 二维音来自多声道信号, 每个扬声器一个通道; 三维音来自干的单声道信号。因此, 二维音不经过全景电位器。
- 二维音可能含有“已烘焙的”混响或其他效果。如若如此, 这些音就不会使用渲染引擎的混响功能。

因此, 二维音通常在主混音器阶段之前才进入管道, 在那里与三维音合并产生最终混音结果。

13.5.2.2 总线

音频图中的组件由总线 (bus) 互相连接。在电子学中, 总线是一种电路, 其主要功能是把两个电路连接在一起。在软件中, 总线仅仅是一个逻辑结构, 用于描述两个组件之间的互相连接关系。

13.5.3 音总线

图 13.40 更详细地展示了音频引擎渲染单个三维音时, 音会经过管道中哪些组件。以下几个小节会深入探讨这些组件, 并讲解为何要用这种方式连接它们。

13.5.3.1 声音合成: 编解码器

音频信号以数字形式通过渲染图。生成这些数字信号的过程称为合成 (synthesis)。把预先录制的音频片段简单地回放也是音频信号的合成方法。音频也能用程序生成, 例如, 把一个至

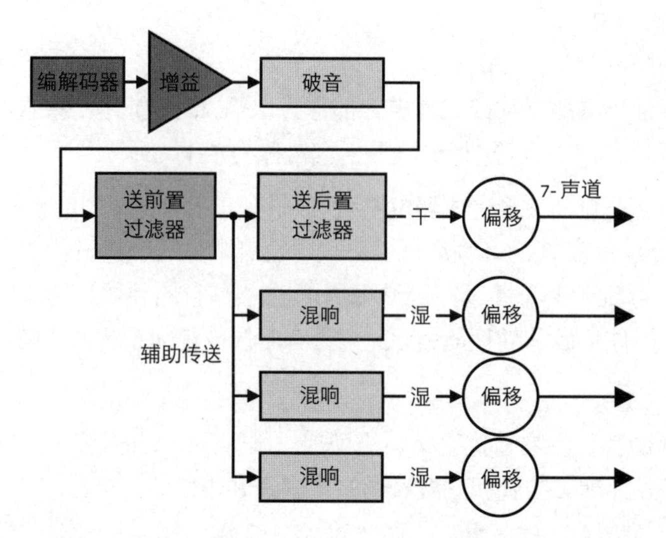

图 13.40 一个三维音 (3D voice) 在音频图中传输的管道

多个基本波形 (正弦波、方波、锯齿波等) 结合而成, 及/或对多谐波的噪声信号施加多种滤波器。由于大部分游戏几乎完全采用预录的音频片段, 所以我们以下只讨论这类音频。

供游戏引擎使用的预录音频片段, 可采用各式各样现今流行的压缩或无压缩音频文件格式 (见 13.3.2.3 节)。音频处理图中的多种组件都接受原始 PCM 数据, 可视它为“规范”格式。因此, 把来源音频片段转换为原始 PCM 数据流的设备或软件, 都称为*编解码器* (codec)。编解码器解读来源数据格式, 按需解压, 并把结果传送至音总线, 使它能进入音频处理图的旅程。

13.5.3.2 增益控制

三维世界中的每个来源声音, 其响度可由多种方式控制。当录制音频片段时, 可以设置录制音量, 以制作所需的响度。还可以使用离线工具处理片段, 调整它的增益。在运行时, 也可以使用音频图中的增益控制组件动态地调整片段的音量。我们在 13.3.1.7 节已详细地讨论过增益控制。

13.5.3.3 辅助传送

在录音工作室或是现场音乐会, 当声音工程师希望对声音加入效果时, 他可以把声音从多声道混音器传出来, 经过效果“踏板”, 再传回混音台做后续处理。这些输出称为*辅助传送* (auxiliary send, 简称 aux send)。

在音频处理图中, 术语“辅助传送”是类似的意思: 它表示管道中的一个分支点, 把信号分裂成两个并行信号。其中一个信号用作声音的干成分, 另一个信号则传至混响/效果组件, 以生成声音的湿成分。

13.5.3.4 混响

湿信号路径通常会通过一个组件, 加入早期反射及后期混响。如 13.4.5.1 节所描述, 混响可能是用卷积实现的。若现实中无法应用卷积, 如因游戏主机或 PC 缺乏 DSP 硬件, 或因为游戏的 CPU 或内存预算不足, 那么可使用*混响箱* (reverb tank) 实现混响。这种做法本质上是一个缓冲系统, 把声音的多个延时副本缓存下来, 然后与原来的声音混音, 模仿早期反射和后期混响, 并可结合使用滤波器模仿反射声波的高频干涉效果及一般衰减。

13.5.3.5 送前置过滤器

音管道通常包含一个滤波器, 它应用于辅助传送分支之前, 所以它会同时应用于声音的干湿成分。此滤波器称为*送前置过滤器* (pre-send filter)。它通常是为声音来源发生的声像建模。例如, 我们可以用送前置过滤器模仿某人戴着防毒面具说话的声音。

13.5.3.6 送后置过滤器

在辅助传送分支之后也通常会提供另一过滤器。此过滤器只应用在声音的干成分, 可用于表现直接声音路径中的阻碍/障碍所造成的减弱、模糊效果。在顽皮狗, 我们也会使用送后置过滤器去实现因环境吸收而造成的特定频率衰减效果 (见 13.1.3.2 节)。

13.5.3.7 全景电位器

三维声音的干湿成分在音总线的旅程中都是单声道信号。在管道的末端, 这两组单声道信号必须分别偏移, 以对应两个立体声扬声器/耳机, 或 5/7 声道环绕声扬声器。因此, 每个三维音总线以两个或更多的全景电器为终点, 一个用于干信号, 一个或多个用于湿信号。这些成分的偏移可能有区别。干信号按实际声源位置来偏移。然而, 湿信号会以更广的焦点来偏移, 从而模拟反射的声波会从各方向到达聆听者。若声音源自狭窄的门道, 湿声的焦点可能只有几度。但如果聆听者站在宽敞的大厅中间, 湿声应该有 360 度的焦点 (即所有扬声器以同等程度渲染)。

13.5.4 主控混音器

全景电位器的输出是一个多声道总线，包含每个输出声道 (立体声或环绕声) 所需的信号。通常游戏中会有大量三维声音同时播放。*主控混音器* (master mixer) 接收所有这些多声道输入，并将它们混合至单个多声道信号，输出至扬声器。

基于实现特性，主控混音器可利用硬件实现，也可以完全用软件实现。若主控混音器在硬件运行，声卡设计师可选择模拟混音或数字混音 (当然软件只能做数字混音)。

13.5.4.1 模拟混音

模拟混音器实质上就是一个累加电路，将每个输入信号的波幅相加，然后再降低结果波幅，使它返回到期望的信号电压范围之内。

13.5.4.2 数字混音

混音也可通过在专用 DSP 或通用 CPU 上运行软件，以数字方式进行。数字混音器接收多个 PCM 数据流作为输入，并输出单个 PCM 数据流。

数字混音器的工作比模拟混音器稍复杂一些，因为它所需合并的 PCM 声道可能是以不同采样率和位深度录制的。所有混音器的输入信号都必须经过*样本深度转换*和*采样率转换*，才能成为相同的格式。在这两种处理之后，混音就变得简单了。在每一个时间索引上，把所有输入采样相加，按需把结果调整至期望的音量范围。

13.5.4.3 样本深度转换

当混音器的输入信号位深度不相同时，便可以用*样本深度转换*把它们转换至相同格式。此操作是很简单的。我们只需把输入样本值反量化为浮点格式，然后重新量化至目标输出位深度即可。详见 11.8.2 节中对量化的讨论。

13.5.4.4 采样率转换

若输入信号的*采样率*有区别，必须在混音之前使用*采样率转换*，把它们转换为期望的输出采样率。理论上，此过程涉及把信号转换为模拟形式，再以所需的频率重新采样 (在硬件上可用 D/A 和 A/D 完成)。但在实践上，模拟采样率转换会带来讨厌的噪声，所以这个转换通常是直接在 PCM 数据流上通过数字至数字的算法完成的。

要完全理解这些算法如何运作，读者需熟悉信号处理理论 (见 13.2 节)，完整的讨论超出本书范围。但对于一些简单的情况，我们可以很容易地掌握其基本概念。例如，要把采样率翻倍，我们可以对相邻样本进行插值，并把插入这些值作为新样本，从而使样本数量翻倍。但实际上要更复杂一些，例如需要小心地避免令结果出现混叠。维基百科对采样率转换有更详细的讨论。[1]

13.5.5 主控输出总线

当各个音混合之后，就由主控输出总线 (master output bus) 处理。此总线由多个组件组成，负责处理输出信号，然后才发送至扬声器。典型的主控输出总线如图 13.41 所示，我们会简单讲解其中的各个组件。每个音频引擎的工作方式都有一些出入，而且不是所有引擎都会支持以下所提及的所有组件。有些引擎也可能会包含下列以外的组件。

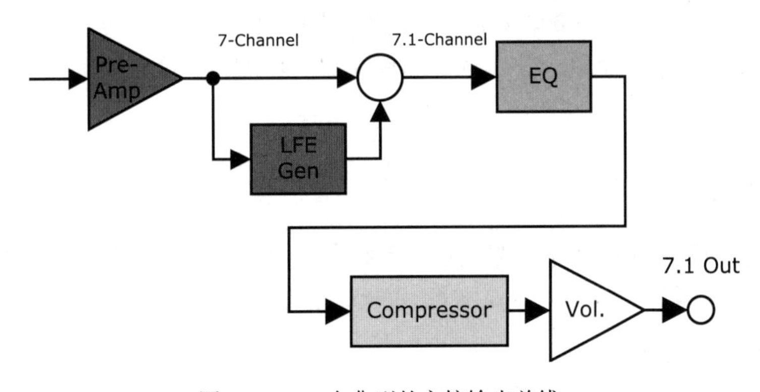

图 13.41 一个典型的主控输出总线

- 前级放大器 (pre-amp)：在把主信号送到输出总线的其他组件前，前级放大器可调整主信号的增益。
- LFE 生成器 (LFE generator)：如 13.4.4 节谈及，全景电位器只驱动 2、5 或 7 个"主要"扬声器。LFE (超低音) 声道并不帮助声音的三维音像定位。LFE 生成器组件抽取最终混合信号的最低频带，用以驱动 LFE 声道。
- 均衡器 (equalizer, EQ)：大部分音频引擎都会提供某类型的 EQ。如 13.2.5.8 节所述，EQ 可以独立地增强或减弱信号的指定频带。一般的 EQ 把频谱分割成 4 至 10 个独立可调的频带。
- 压缩器 (compressor)：压缩器在音频信号上进行动态范围压缩 (dynamic range compression, DRC)。压缩器降低信号中响度最大的音量，及/或提高最安静时刻的音量。它通过分析输

1 http://en.wikipedia.org/wiki/Sample_rate_conversion

入信号的音量特性来自动地、动态地调整压缩。可见维基百科关于 DRC 的讨论。[1]

- *主增益控制* (master gain control): 此组件用于控制游戏的整体音量。
- *输出*: 主控总线的输出是一组对应扬声器声道的线路级模拟信号, 也可以是数字 HDMI 或 S/PDIF 多声道信号。这些信号会传送至电视或家庭影院系统。

13.5.6 实现总线

13.5.6.1 模拟总线

模拟总线由数个并行的电子连接所实现。传送单声道音频信号时, 电路中需要两条并行的电线, 一条用于传送电压信号, 另一条则作为地线。

模拟总线几乎是瞬时运作的。上游组件的输出即时由下游组件接收, 因为这种信号是连续的物理现象。这些电路颇简单。唯一要注意的是, 要确保输入/输出信号的电压电平和阻抗匹配。

13.5.6.2 数字总线

读者可能想到用简单的数字电路去建立各数字组件之间的瞬时连接。然而, 这种连接需要组件以完美的锁步同步式 (lock-step) 运行: 每当发送方产生 1 字节数据, 接收方必须消耗它, 否则该字节就会被丢掉。

为了解决连接两个数字组件所带来的同步问题, 我们通常为每个组件的输入/输出设置*环缓冲区* (ring buffer)。环缓冲区是两端共享的缓冲区, 一端只读, 一端只写。我们需要维护缓冲区内的两个指针或索引, 称为*读头* (read head) 和*写头* (write head)。读入端从读头位置消耗数据, 然后把读头后移, 到达缓冲结束位置就返回开始位置。写入端则往写头存储数据, 同样把写头后移及循环。两个头不能互相穿过, 以保证两端不冲突 (如读取未写入的数据, 或写入正在被读的数据)。

最简单的连接方式是使用共享环缓冲。例如把解码器的输出连接至 DAC 的数字输入, 解码器写入的缓冲区与 DAC 要读取的是同一个缓冲区。

这种做法虽然简单, 但仅当两个组件能访问同一物理内存时才可行。当组件在单个 CPU 的多线程中运行时, 这疑似是简单的。但对于两个操作系统进程, 它们各自有私有的虚拟内存空间, 要令两个进程间共享内存, 操作系统便要提供一个机制, 使相同的物理内存能映射至每

---

1 http://en.wikipedia.org/wiki/Dynamic_range_compression

个进程的虚拟内存地址空间。通常在单核上运行两个进程, 或在多核计算机上运行两个进程, 这种做法才可行。

若两个组件在不同的核上运行, 而它们不能共享内存 (例如一个组件运行在 PC 上, 另一组件运行在声卡上), 那么每个组件需要拥有自己的缓冲区, 必须把数据从组件的输出缓冲复制至另一个组件的输入缓冲。这个复制过程可能由*直接内存存取控制器* (direct memory access controller, DMAC) 实现, 例如, 在 PS3 上, DMAC 负责 PPU 和 SPU 之间的数据传输。此功能也可由特殊的总线实现, 例如, 随处可见的 PCI Express (PCIe) 总线就是用于在 PC 中将 CPU 核连接至周边插卡的。

13.5.6.3 总线延迟

为了播放声音, 游戏或应用程序必须周期性地传送音频数据至编解码器, 从而最终驱动扬声器输出。我们称这种工作为*维护* (service) 音频。游戏或应用程序维护音频的速率对于正常发声是很重要的, 若数据包发得不够频繁, 缓冲区可能*下溢*, 即设备在新数据来临前已消耗掉所有数据。这种情况会令音频在软件追上前停顿一会儿。如果数据包发得太频繁, 会令 PCM 缓冲*溢出*, 导致数据包丢失。这样的结果会跳过一段音频。

数字总线的输入/输出缓冲大小支配了声音系统的延迟 (latency), 即总线导致的时间延迟。如果缓冲区非常小, 延迟便是最小的, 但这样会给 CPU 带来较大的负担, 因为 CPU 需要更频繁地将数据写入缓冲。同理, 更大的缓冲能减少 CPU 负载, 但会制造更高的延迟。我们通常以微秒为单位测量一个音频硬件的延迟, 而不是以字节为单位测量缓冲区的大小。这是因为缓冲区的大小与数据格式及编解码器的压缩程度相关, 但我们真正关心的是如何播放高保真的声音。

我们可以接受多高的延迟? 这与应用场合有关。专业音频系统需要非常短的延迟, 大约是 0.5 ms 的级数。这是由于音频信号通常会被送进一个音频硬件的网络, 最终才会互相同步, 有时候还需与视频同步。硬件所产生的延迟会令准确同步变得更困难。

另一方面, 游戏主机可以忍受长一点的延迟。在游戏中, 我们只关心音频与图形的同步。若游戏以 60 FPS 渲染, 即每帧 $1/60 = 16.6$ ms。只要音频的延迟不超过 16 ms, 我们便能确保音频与该帧渲染的图形同步。(事实上, 许多游戏的渲染引擎采用双缓冲法或三缓冲法, 这样会令游戏请求渲染一帧与该帧在电视屏幕上显示之间产生一或两帧的延迟。因此, 三缓冲法下的 60Hz 游戏实际上能忍受 $3 \times 16 = 48$ ms 或更多的音频延迟。)PS3 的 DMA 控制器每 5.5 ms 执行一次, 所以 PS3 音频系统通常会把音频缓冲大小设置成可保存 5.5ms 整数倍数的音频。

13.5.7 资产管理

13.5.7.1 音频片段

最基本的音频资产是*音频片段* (audio clip)。它是单个数字声音资产, 拥有自己的局部时间线 (可以类比动画片段)。音频片段有时候被称为*声音缓冲* (sound buffer), 因为数字采样数据存储于缓冲。音频片段可存储单声道音频数据 (一般是作为三维声音资产), 也可存储多声道音频 (通常用于二维资产或三维中的立体声声源)。音频片段可使用引擎支持的任何音频文件格式来存储。

13.5.7.2 声音提示

声音提示 (sound cue) 是音频片段的集合, 再加上描述那些片段应被如何处理及播放的元数据。游戏请求播放声音时, 最主要的方式通常就是使用声音提示。(音频引擎可能支持也可能不支持播放单独的音频片段。) 声音提示也是一种方便的分工机制: 声音设计师使用离线工具制作声音提示, 无须担心在游戏中如何播放它们; 游戏程序员能方便地按游戏中的相关事件播放声音提示, 而无须管理播放的烦琐细节。

怎样诠释以及播放声音提示里的音频片段集合, 有许多不同的方法。声音提示可以包含 6 声道片段, 这些片段是预先以 5.1 声道混合的音乐录音。声音提示也可以集齐一组原始声音, 然后随机地挑选播放去增强变化。声音提示还可以设置一组原始声音的预定播放次序。通常, 声音提示会指定它包含的声音是一次性播放还是循环播放。

有些音频引擎支持声音提示内含一个或多个额外音频片段, 这些片段仅当主声音被*中断*时才会播放。例如, 一个语音声音提示可能包含一个 "喉塞音", 当该角色的对白被中断时才会播放。此功能可用于为循环声音提示播放独立的 "结尾" 声音。例如, 当停止开火时, 循环的机枪声音提示可使用 "结尾" 声音来播放一个合适的回音衰减声音。

声音提示的元数据可记录它应该播放的方式, 包括声源是二维的还是三维的、衰减最小值、衰减最大值、衰减曲线等, 也可能包括播放时会使用的特殊效果、滤波器或 EQ 等设置。在索尼的 Scream 引擎中 (顽皮狗在《神秘海域》系列及《最后生还者》中采用的引擎), 声音提示还可包含随意的脚本代码, 让声音设计师可完全控制声音提示如何播放其中的声音资产。

播放声音提示 支持声音提示概念的音频引擎都会提供 API 去播放它们。这些 API 通常是游戏代码请求播放声音的主要方式, 有时候更可能是唯一的方式。

这些 API 一般允许程序员指定以二维或三维方式播放声音提示, 并可指定三维位置、速度参数, 需要单次播放还是循环播放, 以及源缓冲是在内存中还是以串流方式读入。这些 API 通常还可控制声音的音量及其他播放设置。

多数 API 会向调用方返回一个声音句柄 (sound handle)。程序员可以靠此句柄去管理播放中的声音, 可以在中途改变播放设置, 或在声音播放结束前取消播放。在引擎内部, 声音句柄通常实现为一个全局句柄表的索引, 而不是指向描述声音实例的原始指针。采用这种实现方式, 声音播放结束时就可把句柄自动设为空值。句柄机制也可以令系统线程安全, 如果一个线程杀掉声音, 其他拥有该句柄的线程也会自动察觉到句柄变成不合法。

13.5.7.3 声音库

三维音频引擎管理大量资产。游戏世界包含大量的对象, 每个对象可能产生多种声音。除了三维声音特效, 我们还有音乐、语音、菜单声效等。

这些音频数据占用大量空间, 无法一次性全部载入内存。另一方面, 以音频片段为单位管理的话, 粒度太小而且数量又太多。因此, 多数游戏引擎把声音片段及提示打包为更大粒度的*声音库* (sound bank)。

有些声音库在游戏启动的时候被载入, 并一直驻留在内存中。例如, 玩家角色的声音集合一直都是需要的, 我们让它们长驻在内存中。其他声音库可随着游戏的进行, 动态地载入及卸载。例如, 关卡 A 的声音可能不会用于关卡 B, 那么当玩到关卡 A 时我们只载入 A 的声音库。在顽皮狗的《最后生还者》中, 仅当玩家在波士顿的倾斜大楼中时, 才会载入雨声、流水声, 以及横梁濒临倒塌的"吱吱"声。

有些引擎允许声音库在内存中*重定位*。此功能可完全消除内存碎片问题, 否则当游戏过程中大量加载卸载不同大小的声音库时可能会出现碎片问题。关于内存重定位可参考 5.2.2.2 节。

13.5.7.4 声音串流

有一些声音的时长很长, 以致不方便完整地将其存储在内存中。音乐和语音是常见的例子。许多游戏引擎为这类声音支持*声音串流*。

声音串流之所以可行, 是因为当播放声音时, 我们实际仅需使用当前时间索引附近的信号数据。实现声音串流的方法是, 为每个串流声音维护一个相对较小的环缓冲。在播放之前, 我们预载入一小段数据至缓冲, 然后再开始正常播放。音频管道在播放时消耗了环缓冲的数据, 便会腾出空间给我们载入更多数据。只要在环缓冲数据完全被消耗之前不断补充数据, 便可以无间断地播放声音。

13.5.8 对游戏混音

如果播放每个游戏对象产生的声音, 并进行正确的衰减、空间化、声学建模, 采用至今我们讨论过的所有技巧和技术, 后果会如何? 我们可能预期能得到 "能获奖的、难以置信的、身临其境及可信音景以致使我们赚大钱!" 但实际上只会获得刺耳的声音。

好的游戏和卓越的游戏的区别, 在于混音——玩家能听到什么, 听到多少, 与不能听到什么同样重要。游戏声音设计师的目标是产生以下这样的最终混音:

- 真实而且身临其境的声音。
- 不会太分散注意力、恼人或太难听见。
- 高效地传达游戏玩法及/或故事的所有相关信息。
- 按游戏中出现的事件, 以及游戏的整体设计, 始终维持合适的气氛及音色。

所有不同类型的声音都必须和谐地结合在游戏的混音中。这些声音包括音乐、语音、环境声音, 如雨声、风声、虫声、旧楼的咯吱声, 声效如开火、爆炸、载具, 以及由物理模拟物体所产生的颠簸、滑行、滚动声音等。

我们可以采用多种技巧确保游戏的混音能达成上述目标, 以下几小节将会探讨其中的几个技巧。

13.5.8.1 分组

为了改善游戏的混音, 最明显不过的就是要合适地设置三维世界中所有声源的音量。重点是要确保每个声音的增益相对游戏中其他声音都是合适的。例如, 脚步声应该比枪声要轻。

在一些游戏中, 某些声音的响度需要动态调整。通常我们希望同时控制整个声音分类。例如, 在激烈的战斗场面中, 我们希望提升音乐和武器的音量, 并减弱辅助的声效。又例如, 在一个安静的时刻, 角色间对话时, 我们可能希望增强一点语音, 并降低环境声以确保玩家能清楚地聆听对话内容。

因此, 多数音频引擎支持分组 (group) 这个概念, 此概念也是以我们的老朋友多声道混音台借用过来的。在混音台中, 一组声音输入能接驳至一个中间混音电路, 把它们结合成单个 "分组信号"。我们可以用单个旋钮去控制此信号的增益, 让声音工程师能同时控制那组输入信号的响度。

在软件世界中, 只需要把声音提示进行分类就可实现分组, 并不需要物理上把信号混合。例如, 我们把声音提示分类成音乐、音效、武器、对白等。然后, 引擎提供一个方法, 用单个值就能控制每个类型中的所有声音增益。分组通常还能通过一个简单的 API 调用, 去令整个声音类型暂停、重启及静音等。

有一些音频引擎提供了一个机制, 物理上把分组音频信号混合成单个信号, 如同混音台的工作模式。在索尼的 Scream 引擎中, 此功能称为生成*主控前子混音* (pre-master submix)。当子混音锁定了各个信号的相对增益时, 其结果信号还能接驳至额外滤波器或其他处理阶段。此功能令声音设计师对游戏混音有更大的控制能力。

13.5.8.2 回避

回避 (ducking) 是指临时降低某些声音的音量/增益, 从而令其他声音更易聆听。例如, 当某角色说话时, 可以自动降低背景杂音的音量, 令对话内容更清楚可听。

有多种方式触发回避功能。例如某类声音可以让另一类声音回避。游戏事件也可以通过编程去触发回避。任何认为合适的触发机制都可用于启动回避。

当回避导致音量下降时, 通常会利用分组系统实现: 当播放一种类型的声音时, 它就自动令一个或多个其他类型的声音以不同程度回避。另外, 游戏代码也能调用一个函数去令一组声音回避。

回避的另一种实现方式是, 把一个声音信号连接至另一音总线的动态范围压缩器 (DRC) *旁链* (side-chain) 输入。在 13.5.5 节中曾提及, DRC 分析信号的音量特性, 然后自动地、适当地压缩信号的响度。当旁链输入连接至 DRC 时, DRC 会分析旁链的信号去决定如何调整音量。因此, 我们可以这样编排, 当一个信号的响度提升时, 下调另一个信号的动态范围。

13.5.8.3 总线预设及混音快照

许多声音引擎允许声音设计师设置配置参数, 然后把这些参数存储起来, 以便在运行时使用。在索尼的 Scream 引擎中, 这些参数有两种基本形式: *总线预设* (bus preset) 和*混音快照* (mix snapshot)。

总线预设是一组配置参数, 用于控制单个总线 (音总线或主控总线) 上的组件设置。例如, 某个总线预设可能是描述某混响设置, 以模仿在广阔的大厅、车内或是清洁间内。另一个总线预设可能是控制主控总线的 DRC 设置。声音设计师可以创造很多这样的预设, 当游戏需要的时候就激活合适的预设。

混音快照是把同类想法用于增益控制。同组内多个声道的增益可预先设置, 然后在适当时候使用。

13.5.8.4 实例限制

实例限制 (instance limiting) 是控制允许同时播放声音数量的方式。例如, 即使有 20 个 NPC 同时开火, 我们可能只会播放三四个最近聆听者的枪声。实例限制之所以重要: 第一, 它是避免产生刺耳声音的好方法; 第二, 声音引擎通常只支持固定数量的同时播放音, 不是因为硬件限制 (如声卡只有 N 个编解码器), 就是软件中的内存或处理速度限制, 因此我们需要明智地利用这些有限的播放音数量。

分组限制 有时候, 对于不同的声音分组需要有不同的实例限制。例如, 我们希望同时最多播放 4 个枪声, 听到 3 个人同时说话, 并允许其他 5 个音效同时播放, 再加上两个重叠的音乐音轨。

优先级处理及音窃取 在一些具有许多动态元素的游戏中, 需要同时播放的声音可能多于系统的音数量。有些声音引擎支持大量 (甚至无限个) 的*虚拟音* (virtual voice)。每个虚拟音代表技术上正播放一个声音, 但该声音可能被静音或暂停, 以避免占用宝贵的软硬件资源。在每个时刻, 引擎会使用多个条件去动态判断虚拟音是否应映射至真实的音。

为限制同时播放声音的数量, 最简单的方法之一就是为每个三维音源设置最大半径。如 13.4.3.1 节所提及, 这称为 FO 最大半径。若聆听者在这距离之外, 此声音就会被当作听不到, 它的虚拟音会临时静音或停止, 以释放资源给其他音。自动地把虚拟音静音的过程称为*音窃取* (voice stealing)。

另一种常见的方式是对每个声音提示或声音提示分组设置*优先级* (priority)。当太多虚拟音同时播放时, 较低优先级的音就会被静音 (窃取), 把资源留给高优先级的音。

声音引擎也可以提供其他多种机制去控制音窃取的算法细节。例如, 当一个声音提示被窃取时, 可用淡出方式播放, 而不是突然停止。有些声音提示可能被临时标记为“不可窃取”, 以确保当播放它们时, 不会因优先级而被停止。

13.5.8.5 对游戏内置电影混音

在正常的游戏过程中, 聆听者或“虚拟麦克风”通常位于摄像机的位置或摄像机附近的位置, 而声源则是置于它们在环境中的真实位置。我们使用这些真实位置去计算按距离衰减、判断直接/间接路径、限制音的数量等。

然而, 在*游戏内置电影*中 (即暂停玩家的控制去表现游戏故事情节的部分), 摄像机经常从玩家头上移开至其他位置。这样可能会严重破坏我们的三维音频系统。我们可以继续把聆听者/麦克风放置于摄像机的位置, 但这么做不总是恰当的。例如, 若以长镜头拍摄两个角色的对话, 即使物理上两个角色距离镜头很远, 我们大概仍然希望两角色的语音在混音后可以听见。在这种情况下, 我们可能会把聆听者脱离摄像机, 并人工地把聆听者放置于接近角色的位置。

相比游戏混音, 游戏内置电影混音更接近电影的混音。因此, 声音引擎需要一些“打破规定”的能力, 并且可以做一些不符合物理真实情况的事情。

13.5.9 音频引擎调查

现在我们应该清楚地了解到, 制造一个三维音频引擎是一项庞大的工程。然而幸运的是, 许多人已对此投入大量工作, 开发了林林总总的音频软件, 让我们几乎可以开箱即用。这些音频软件的范围, 从底层声音程序库, 一直至全功能的三维音频渲染引擎都有。

在以下几节, 我们会调查一下常见的音频库及引擎。有些软件是某些目标平台专用的, 而另一些则是跨平台的。

13.5.9.1 Windows: 常用音频架构

在早期的 PC 游戏中, PC 声卡的功能集及架构对于不同平台和不同厂商有很大的差异。微软尝试通过 Windows 驱动模型 (Windows driver model, WDM) 和 Kernel Audio Mixer (KMixer) 驱动, 把所有这些硬件的多样性封装在 DirectSound API 里。然而, 由于厂商之间可能对一些共同功能集或标准接口未能达成共识, 不同声卡可能用不同方法去实现相同的功能。这种情况使操作系统需要管理大量不兼容的驱动接口。

对于 Vista 及以后的 Windows 版本, 微软引入了一个新标准, 称为常用音频架构 (Universal Audio Architecture, UAA)。标准 UAA 驱动 API 只支持有限的硬件功能, 余下的功能则用软件实现 (硬件生产商仍然可以提供额外的“硬件加速”功能, 只要它们提供定制的驱动去展现这些功能即可)。虽然 UAA 的引入限制了如 Creative Labs 这类著名厂商的竞争优势, 但 UAA 成功地创造了一个可靠、功能丰富的标准, 并方便地供游戏和 PC 应用程序使用。

UAA 标准对使用者的听觉体验还有另一正面效果。在早期的 DirectSound 里, 游戏可以完全控制声卡, 换句话说, 当游戏运行时, 它可以完全禁止操作系统或其他应用程序 (如电邮程序) 发出声响。新的 UAA 架构令操作系统重获最终混音的控制权, 能控制最终经 PC 扬声器发出的声音。多个应用程序终于可以合理地、一致地共享声卡了。

有两个网站可获取关于 UAA 的更多信息。[1,2]

在 Windows 中, UAA 通过名为 Windows Audio Session 的 API (WASAPI) 实现。此 API 并不是设计给游戏使用的。它提供的大部分高级音频处理功能都是由软件实现的, 只是有限度地支持硬件加速。因此, 游戏通常会使用 13.5.9.2 节所描述的 XAudio2 API。

13.5.9.2 XAudio2

XAudio2 是一个高性能的低阶 API, 供在 Xbox 360、Xbox One 和 Windows 上使用音频硬件。它取代了 DirectAudio, 并可用于各种硬件加速功能, 包括可编程的 DSP 效果、子混音, 并支持各式各样的压缩/无压缩音频格式, 甚至支持多采样率处理 (multirate processing) 以降低主 CPU 的负载。

在 XAudio2 API 之上有一个名为 X3DAudio 的三维渲染引擎。另外, 微软还提供了一个名为"跨平台音频创作 (cross-platform audio creation tool, XACT)"的强大离线工具, 用于制作供 XAudio2 及 X3DAudio 使用的资产。这些 XACT 资产也可用于微软的 XNA 游戏开发平台。这些 API 都可用于 Windows 平台上的 PC 游戏。详情可参考 XACT 文档。[3]

图 13.42 展示了 XACT 音频工具的截图。

13.5.9.3 Scream 及 BoomRangBuss

在 PS3 和 PS4 上, 顽皮狗使用索尼的三维音频引擎 Scream 及它的音色库 BoomRangBuss。

PS3 的音频硬件非常接近兼容 UAA 的音频设备, 它支持高达 8 个声道的音频以供 7.1 环绕声使用, 并有硬件混音器, 以及 HDMI、S/PDIF、模拟、USB、蓝牙输出。这个音频硬件被封装成多个 OS 级别的程序库, 包括 libaudio、libsynth 及 libmixer。在这些库之上, 游戏开发者可自由实现自己的音频软件栈。索尼也自行提供一个强大的三维音频栈 Scream, 让游戏工作室可以"开箱即用"。Scream 可在 PS3、PS4 和 PSVita 平台上使用。它的架构模仿了一个全功能的多声道混音台。

在 Scream 之上, 顽皮狗实现了一个私有的三维环境音频系统, 用于《神秘海域》系列及最新的 IP《最后生还者》。此系统提供了随机的 (stochastic) 阻碍/阻断建模, 以及一个基于入口的音频渲染系统, 结合这些系统能渲染出非常真实的音景。

---

1 http://en.wikipedia.org/wiki/Technical_features_new_to_windows_Vista#Audio_stack_architecture

2 http://msdn.microsoft.com/en-us/library/windows/hardware/gg463030.aspx

3 http://msdn.microsoft.com/en-us/library/ff827592.aspx

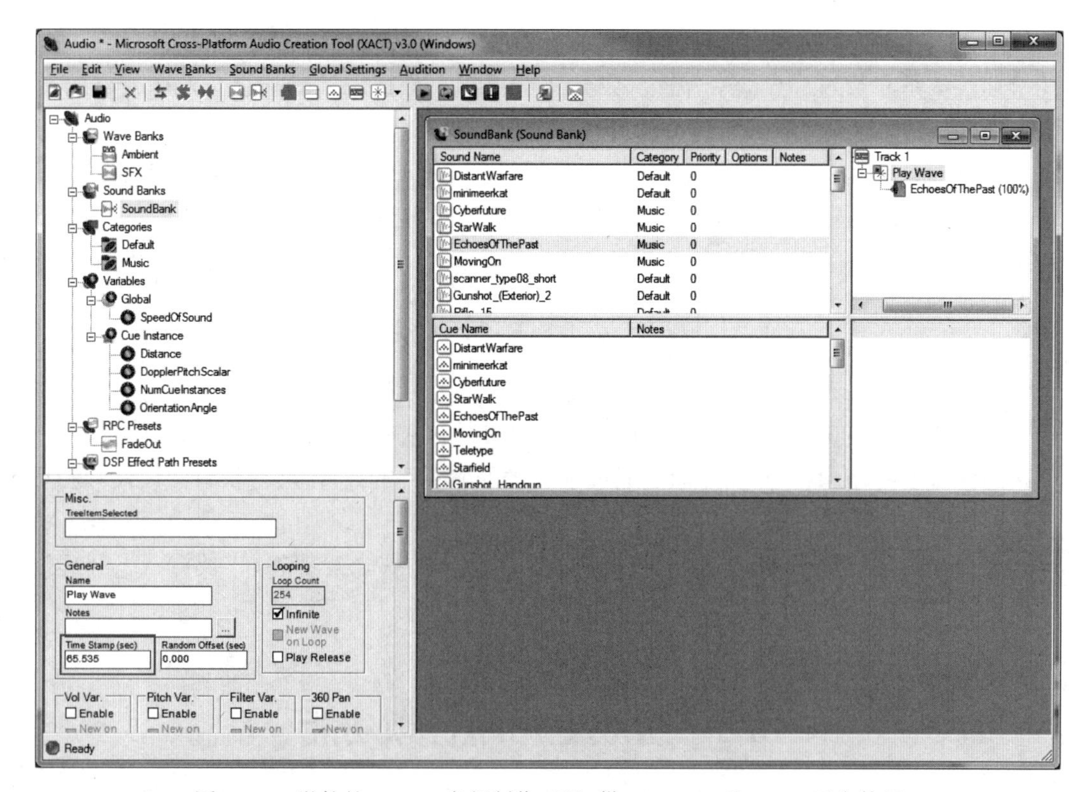

图 13.42 微软的 XACT 音频制作工具，供 Windows 及 Xbox 平台使用

高级 Linux 声音架构 在 Linux 上等价于 UAA 的驱动模型，为高级 Linux 声音架构 (Advanced Linux Sound Architecture, ALSA)。此 Linux 核心组件取代了原来的开放声音系统 (Open Sound System, OSSv3)，成为对应用软件及游戏提供音频功能的标准方式。详见 ALSA 文档。[1]

QNX 声音架构 QNX 声音架构 (QNX Sound Architecture, QSA) 是 QNX Neutrino 实时 OS 的驱动层音频 API。身为游戏程序员的你，很可能永远不会使用 QNX，但它的文档[2]却非常优秀地描述了相关概念，以及音频硬件的典型功能集。

13.5.9.4 多平台三维音频引擎

市面上还有许多强大、即时可用的跨平台三维音频引擎可供使用。以下我们简介几款著名的引擎。

1 http://www.alsa-project.org/main/index.php/Main_Page

2 http://www.qnx.com/developers/docs/6.5.0/index.jsp?topic=%2Fcom.qnx.doc.neutrino_audio%2Fmixer.html

- *OpenAL* 是跨平台的三维音频渲染 API。它的设计故意模仿 OpenGL 图形库。OpenAL 的早期版本是开源的, 但现在是需授权的软件。一些厂商提供了 OpenAL API 规格的实现, 包括 OpenAL Soft[1] 及 AeonWave-OpenAL[2]。
- *AeonWave 4D* 是由 Adalin B.V. 公司开发的一个廉价的 Windows/Linux 音频库。
- *FMOD Studio* 是一个音频制作工具, 特点是具有“专业音频”的界面外观。[3] 它的全功能运行时三维音频 API 可以在 Windows、Mac、iOS、Android 平台上实时渲染由 FMOD Studio 制作的资产。
- *Miles Sound System* 是一个流行的音频中间件解决方案[4], 由 Rad Game Tools 公司提供。它提供了一个强大的音频处理图, 并且几乎可运行在所有游戏平台上。
- *Wwise* 是 Audiokinetic 公司的三维音频渲染引擎。[5]它的特别之处在于, 它并不是基于多声道混音台的概念和功能的, 而是通过游戏对象和事件的独特接口, 供音频设计师和程序员使用。
- *虚幻引擎*当然提供了它自己的三维音频引擎及强大的整合工具链。[6] 要深入了解虚幻引擎的音频功能集及工具, 可参阅参考文献 [40]。

13.6 游戏专用的音频功能

在三维音频渲染管道之上, 各个游戏通常会实现一些该游戏专用的功能及系统, 如下所述。

- *支持切割屏*: 一些多人游戏具有切割屏玩法, 那么就必须在三维游戏世界中提供多个聆听者的机制, 从而将输出共享至同一组扬声器。
- *物理驱动音频*: 一些游戏支持动态、以物理学模拟的物体, 例如瓦砾、可破坏物体、布娃娃等。这些游戏需要一些手段去播放碰撞、滑动、滚动及破裂的声音。
- *动态音乐系统*: 在许多故事驱动的游戏中, 需要令音乐随着游戏的情绪和事件实时变化。
- *角色对话系统*: 当 AI 角色能互相对话, 以至与玩家角色对话时, 就会显得更为真实。
- *声音合成*: 有些引擎持续提供“从零开始”, 把多种波形 (正弦、方形、锯齿等) 以不同音量和频率合成声音的功能。高级的合成技术也逐渐可实际应用在实时游戏中, 例如如下几

1 http://kcat.strangesoft.net/openal.html
2 http://www.adalin.com
3 http://www.fmod.org
4 http://www.radgametools.com/miles.htm
5 https://www.audiokinetic.com
6 http://www.unrealengine.com

种技术。

- *乐器合成器* (musical instrument synthesizer) 可以在无预录音频的情况下, 仿制出乐器的自然音色。
- *基于物理的声音合成* (physically based sound synthesis) 包含广泛的技术, 以尝试准确地仿制一个物体与虚拟环境物理相互作用下的声音。这种系统使用到当代物理模拟引擎中的接触点、动量、力、力矩及变形信息, 以及物体的材质特性及几何形状, 来合成碰撞、滑动、滚动、屈曲的合适声音。以下列出几个网站供读者进一步了解此迷人的主题。[1,2,3,4]
- *载具引擎声音生成器* (vehicle engine synthesizer) 通过加速度、RPM (每分钟转数)、虚拟引擎的负载、载具的机械运动等输入, 仿制出载具的声音。(在顽皮狗的 3 个《神秘海域》游戏中的载具追逐场面中, 都使用了各种形式的动力学引擎建模, 然而从技术上来说这些系统都不是合成器, 因为它们的输出是以多个预录声音淡入淡出而成的。)
- *发音语音生成器* (articulatory speech synthesizer) "从零开始", 通过人类声道的三维模型生成人类语音。VocalTractLab[5] 是一个免费工具, 可学习语音生成及做相关实验。

- *群体建模* (crowd modeling): 有些游戏以人群 (观众、市民等) 作为特色, 那么便需要渲染群体的声音。不能简单地播放大量重叠的人声, 取而代之, 通常需要把群体建模为多层声音, 包括背景声音及个体发声。

我们不可能在本章讲述以上所有主题。然而, 我们将尽量用更多篇幅去说明常见的游戏专用的功能。

13.6.1 支持切割屏

支持切割屏多人玩法是一个棘手的问题, 因为你需要在虚拟游戏世界中设立多个聆听者, 而这些聆听者必须共享玩家客厅中的同一组扬声器。如果只是把声音为每个聆听者偏移播放, 然后把混音结果平均地传至扬声器, 其效果有时可能会感到有点不对劲。这个问题无完美解决方案。例如, 若玩家 A 距离爆炸发生地很近, 而玩家 B 则站在很远处, 那么玩家 B 仍然会听

1 http://gamma.cs.unc.edu/research/sound
2 http://gamma.cs.unc.edu/AUDIO_MATERIAL
3 http://www.cs.cornell.edu/projects/sound
4 https://ccrma.stanford.edu/~bilbao/booktop/node14.html
5 http://www.vocaltractlab.de

到清楚响亮的爆炸声。游戏唯有拼凑一个混合方案, 其中某些声音以 "物理正确的" 方法处理, 某些则是 "捏造" 出来的, 以提供令玩家听上去最为合理的体验。

13.6.2 角色对话

尽管我们创造了如同真人相片般的游戏角色, 而且他们具有异乎寻常般真实的动作, 但只有当他们逼真地说话时, 玩家才会觉得他们像真人。对话能传达游戏玩法中的关键信息, 是讲故事的核心工具。对话联系人类玩家对游戏角色的情感。当玩家判断 AI 控制游戏角色的智能时, 对话也可成为决定性因素。

在 2002 年的游戏开发者大会 (Game Developer's Conference, GDC) 上, Bungie 公司的 Chris Butcher 及 Jaime Griesemer 发表了题为 *The Illusion of Intelligence: The Integration of AI and Level Design in Halo* (智能的错觉: 光晕中 AI 与关卡设计的整合)[1] 的演讲。他们在演讲中分享了一段轶事, 关于 AI 驱动角色以对话形式向玩家传达其动机是如此重要。在《光晕》中, 当星盟 (Covenant) 小队的精英队长被杀害时, 小兵们全都惊慌逃跑。但在多次玩法测试 (playtest) 中, 似乎没有人理解到是因为精英被杀才触发小兵逃跑。最后, 我们给予小兵意思类似 "队长死了 —— 快跑" 的对白, 从此玩家才开始意识到发生了什么事情!

在本节中, 我们将探讨角色对话系统中的基本子系统, 这些子系统几乎出现在任何基于角色的游戏之中。我们也会讨论一些顽皮狗用于创造《最后生还者》中丰富、逼真对话的专门技巧及技术。要获得更多信息及顽皮狗角色对话系统在游戏内运行的视频, 可参考我在 GDC 2014 上的 *Context-Aware Character Dialog in The Last of Us* (《最后生还者》中的情境感知角色对话) 演讲, 备有 PDF 和 QuickTime 格式。[2]

13.6.2.1 给角色一副嗓音

给角色一副嗓音 (voice), 十分容易, 只要在角色需说话的时候, 简单播放一个合适的预录声音。然而, 事情总没有这么简单。游戏引擎中的角色对话系统通常是一头相当复杂的 "野兽"。以下列出几个原因。

- 我们需要一种方法把每个角色所有要说的对白分类, 并给予每句对白一个唯一的 id, 让游戏可以在需要时触发那些对白。
- 对游戏中每个可识别的角色, 我们需要确保他们的声线是可辨识并前后一致的。例如, 在

1 http://downloads.bungie.net/presentations/gdc02_jaime_griesemer.ppt
2 http://www.gameenginebook.com

《最后生还者》的匹兹堡部分中, 每个猎人会被赋予 8 种独特声线其中之一, 令一场战斗中不会有两个猎人用同一种声线。

- 也许我们不能预先知道哪一个角色需要说某一句对白, 因此我们需要以不同配音演员录制同一句对白, 使得角色可以在需要时发出合适的语音。
- 通常我们也希望对白含有大量变化。因此, 大多数对话系统会提供一些方法, 从一个池中随机抽取对白。
- 语音音频资产的时长往往较长, 所以也会占用很多内存。然而, 许多对白也用于电影镜头之内, 在整个游戏中只会播放一次。因此, 把语音音频存于内存中通常较为浪费, 一般的做法是把语音音频资产按需串流。

对于其他人声, 例如角色在提起重物、跳过障碍物、被殴打时所发出的声音, 通常也会使用处理对白的语音对话系统来实现。主要原因是这些人声也要匹配角色的嗓音。因此我们可利用对话系统来制作这些人声。

13.6.2.2 定义一句对白

多数对话系统会引入一个间接层, 分离说话的请求与选择播放的*音频片段*。游戏程序员或游戏设计师会请求播放某些*逻辑*上的对白, 每句对白由唯一的标识符表示, 如用字符串, 或用更好的字符串散列标识符 (见 5.4.3.1 节)。然后声音设计师就可以为每句逻辑对白配上一个或多个音频片段, 从而提供所需的嗓音品质变化, 以及对白内容的变化。

例如, 想象角色有一句逻辑对白, 其内容表示"我没弹药了"。我们为此逻辑对白赋予唯一标识符 `'line-out-of-ammo`, 前面的单引号代表这是一个字符串散列标识符。我们假设有 10 个不同的角色会说这句对白, 包括: 玩家角色 (称他为"Drake")、玩家的好友 (称她为"Elena") 及其他最多 8 种海盗敌人角色 (称他们为"pirate-a"至"pirate-h")。我们需要一些数据结构定义这个由物理音频资产所组成的逻辑对白。

在顽皮狗, 声音设计师使用 Scheme 编程语言及自定语法去定义逻辑对白。我们使用类似以下的语法。然而, 实现中的细节在此并不重要, 我们只是对这个数据的结构本身感兴趣。

```
(define-dialog-line 'line-out-of-ammo
    (character 'drake
        (lines
            drk-out-of-ammo-01 ;; "Dammit, I'm out! "
            drk-out-of-ammo-02 ;; "Crap, need more bullets."
            drk-out-of-ammo-03 ;; "Oh, now I'm REALLY mad."
        )
```

```
    )
    (character 'elena
        (lines
            eln-out-of-ammo-01 ;; "Help, I'm out! "
            eln-out-of-ammo-02 ;; "Got any more bullets?"
        )
    )
    (character 'pirate-a
        (lines
            pira-out-of-ammo-01 ;; "I'm out! "
            pira-out-of-ammo-02 ;; "Need more ammo! "
            ;; ...
        )
    )
    ;; ...
    (character 'pirate-h
        (lines
            pirh-out-of-ammo-01 ;; "I'm out! "
            pirh-out-of-ammo-02 ;; "Need more ammo! "
            ;; ...
        )
    )
)
```

与其用一个如上的庞大数据结构去定义对白, 不如把对白依角色分拆至多个文件。例如, Drake 的对白存储在一个文件中, Elena 的存储在另一个文件中, 所有海盗的对白也存储在单独的文件中。这种做法可避免声音设计师错误地修改另一个人的对白。此外, 这么做也能更有效地管理内存, 例如在游戏某阶段并无海盗, 就无须在内存中保存海盗的对白。鉴于同样原因, 也可按关卡分拆对白数据。

13.6.2.3 播放一句对白

有了这组数据之后, 对话系统便可以简单地把一个逻辑对白请求, 如`'line-out-of-ammo`转化为具体音频片段。它只需在表中查找角色的具体嗓音 id, 然后随机选出该角色的多个对白之一。

另外, 通常我们还希望有一些机制去避免对白经常重复。其中一种方法是, 把多个对白的索引存储在数组中,然后把数组内容随机洗牌。当要挑一句对白时,便顺序选取数组中的内容。当用尽所有对白后,我们重新洗牌,但要注意最后播放的对白不能成为洗牌后的首个对白。这样就可以避免重复,并同时令对白的选择具有随机性。

对白的请求通常是由游戏性代码发起的,这些代码是由 C++、Java、C# 或其他游戏所用的语言编写的。游戏设计师也可能使用脚本语言 (如 Lua、Python 等) 去请求对白。对话系统的 API 通常需要设计得易于使用。如果 AI 程序员或游戏设计师必须绕圈子才能播放一句对白,你可能会发现那些角色会离奇地一言不发!最好能够提供一个简单、射后不理[1]的接口。把所有复杂的工作留给编写对话系统的程序员。

例如,在《神秘海域 3: 德雷克的欺骗》中,C++ 代码可简单调用 Npc 类的 PlayDialog() 成员函数去播放对白。在整个 AI 决策过程中会加入这些调用,从而在游戏关键时刻触发合适的对白。例如:

```
void Skill::OnEvent(const Event& evt)
{
    Npc* pNpc = GetSelf(); // 获取该 NPC 的指针
    switch (evt.GetMessage())
    {
    case SID('player-seen'):
        // 播放一句对白...
        pNpc->PlayDialog(SID('line-player-seen'));
        //     并移至最近的掩护点
        pNpc->MoveTo(GetClosestCover());
        break;
        // ...
    }

    // ...
}
```

13.6.2.4 优先级和打断

如果一个角色正在说话,他又再被请求说另一句对白,那怎么办?他在同一帧内接收到多个说话命令的话又如何?在这两种模棱两可的情况下,优先级系统 (priority system) 是较好的解决方法。

1 射后不理 (fire-and-forget) 原指一些军事武器在发射后,就不再受外界指挥。这里是指 API 发出请求之后,不需额外处理。——译者注

实现这类系统时, 我们只需赋予每句对白一个优先级。当请求说一句对白时, 系统会查看当前播放中的对白优先级 (如有), 以及同一帧内收到的其他对白请求的优先级。求出最高优先级的对白后, 若当前播放中的对白“赢”了, 那么它就能继续播放, 其他对白会被忽略。若其中一个请求的优先级较当前对白的高, 或是角色根本没有在说话, 就播放该新对白, 有需要的话打断当前对白。

实现打断对白本身是一个比较棘手的工作。我们不能用淡入淡出 (即逐渐降低当前对白的音量, 并同时提升新对白的音量), 因为这样声音会很奇怪, 而且单个角色说话时这么做是错误的。理想地, 我们至少应该在播放新对白前播放一个喉塞音 (glottal stop)。可能更恰当的做法是播放一句短语, 表示角色对打断的惊讶或烦扰, 然后再播放新对白。《最后生还者》中的对话系统并没做这些花哨的东西, 它只是简单地停止当前对白并立即播放新对白。大部分情况下生成的声音还不错。当然, 每个游戏有其独特的说话模式, 一个游戏中不错的方法套在另一个游戏中可能没那么好。如标准声明所说, “情况因人而异”[1]。

13.6.2.5 对话

在《最后生还者》中, 顽皮狗希望敌方 NPC 之间好像有真实对话一样。这是指, 角色能够说相对较长的对话链, 包括两人或更多人之间互相打趣。

《最后生还者》中的对话是由分段 (segment) 所组成的。每个分段对应一句逻辑对白, 由对话中的某个角色说出来。每个分段具有一个唯一标识符, 多个分段通过这些标识符串接成一个对话。例如, 我们看看怎样定义以下的对话:

A: “嘿, 你找到什么了吗?”
B: “没有, 我已经花了一个小时, 什么都找不到。”
A: “那就闭嘴! 继续找!”

在顽皮狗的对话系统中, 这个对话是这么表示的:

```
(define-conversation-segment 'conv-searching-for-stuff-01
    :rule []
    :line 'line-did-you-find-anything
                ;; "嘿,你找到什么了吗?"
    :next-seg 'conv-searching-for-stuff-02
```

1 原文 your milage may vary 源于美国国家环境保护局估计公路所需的油耗, 但实际上不同情况会有出入。汽车生产商在广告中使用油耗估计时, 都会加上这句声明。后来成为美国的惯用语。——译者注

```
)
(define-conversation-segment 'conv-searching-for-stuff-02
    :rule []
    :line 'line-nope-not-yet
                ;; "没有,我已经花了一个小时,什么都找不到。"
    :next-seg 'conv-searching-for-stuff-03
)
(define-conversation-segment 'conv-searching-for-stuff-03
    :rule []
    :line 'line-shut-up-keep-looking
            ;; "那就闭嘴! 继续找! "
)
```

一眼看去, 或许觉得此语法有点啰唆。但我们将会在 13.6.2.8 节看到, 用这种形式分拆对话, 可以带来巨大的弹性。例如, 这样可以自然地、相当方便地定义对话分支。

13.6.2.6 打断对话

在 13.6.2.4 节中, 我们看到, 简单的优先级系统可用于处理打断对话, 并能解决同时请求多句对白的问题。

当进行对话时, 仍然可使用优先级系统, 但这个优先级系统的实现会比较复杂。例如, 想象角色 A 和 B 之间在对话, A 说了他的对白, B 说了她的对白时, A 会再等下一轮。但当 B 说话的时候, A 被请求说一句和对话无关的对白。针对每个角色的对话优先级规则, 他从技术上来说并不是在说话, A 应该可以说那句新对白。根据说话内容, 这种做法可能令玩家感觉错乱。

A: "嘿, 你找到什么了吗?"
B: "没有, 我已经花了一个小时 ……"
A: "看! 有一个闪亮的东西!"
(原来的对白被无关的对白打断)
B: "…… 什么都找不到。"

为了在《最后生还者》中克服此问题, 我们把对话当作 "第一类实体 (first class entity)"。当对话开始时, 系统 "知道" 参与该对话中的每个角色, 即使角色不是正在说话。每组对话具有优先级, 优先级的规则施于整组对话, 而不是以角色为单位的独立对白。例如, 当角色 A 被请求说: "看! 有一个闪亮的东西!" 系统知道他正在参与 "嘿, 你找到了什么吗?" 的对话之中。假设 "看! 有一个闪亮的东西!" 具有相同或低于当前对话的优先级, 那么当前对话就不会被打断。

相反, 若新对白的优先级较高, 像“哇! 他拿枪指着我们!”那么这句对白可以打断当前对话。在此情况下, 会打断所有参与角色原来的对话。这样的打断结果会令人感觉更自然及智能。

A: “嘿, 你找到了什么吗?”

B: “没有, 我已经花了一个小时……”

A: “哇! 他拿枪指着我们!”

(被更优先的对话打断)

B: “打死他!”

(原对话被新对话打断, 然后 A 和 B 进入战斗模式。)

13.6.2.7 独占性

在《最后生还者》中, 我们还引入了*独占性* (exclusivity) 这个概念。对话中的每句对白都可被标记为*非独占* (non-exclusive)、*派系独占* (faction-exclusive) 或*全局独占* (globally exclusive)。这种标记用于控制如何打断对白或对话。

- *非独占*对白或对话允许被重叠播放在其他对白或对话之上。例如, 猎人在搜索玩家时, 自言自语地说“啊, 不在这里”, 另一猎人说“我已经厌倦了”, 由于两个猎人不是互相对话, 重叠播放还是非常自然的。
- *派系独占*对白或对话会打断所有该角色派系内的对白或对话。例如, 若玩家 (乔尔, Joel) 在敌方搜索时被发现, 看见他的猎人可能说: “他在这里!”其他猎人应该立即停止说话, 因为我们希望猎人们好像能听到他们之间的对话, 并向玩家传达, 猎人们转移了他们的集体焦点。然而, 若当时乔尔的伙伴艾莉 (Ellie) 低声向他警告, 我们大概不希望打断她。她不是猎人派的, 并且她必须向乔尔说的话, 与猎人是否看见他相关。
- *全局独占*对白或对话打断所有其他对白, 跨越派系边界。在一些情况下, 可听范围内所有角色需要对此对白做出反应, 此时这种独占性就非常有用。

13.6.2.8 选择及对话分支

我们通常希望对话能按不同情况来播放, 包括玩家在做什么、AI 角色的决策, 以及游戏世界状态的其他方面。在写作或编辑对话时, 写作人及声音设计师除了期望能控制角色说什么对白, 还希望在游戏过程中通过逻辑条件控制游戏选择哪一个对话分支。这种需求让他们能掌握创造力, 而不必依赖程序员去完成这些工作。

顽皮狗在《最后生还者》中实现了这种系统。该系统的部分灵感来自威尔乌 (Valve) 公司开发的一个系统, 这个系统曾在 2012 年游戏者开发大会 Elan Ruskin 的演讲 *Rule Databases for Contextual Dialog and Game Logic* (用于上下文对话及游戏逻辑的规则数据库) 中进行了介绍。该演讲文件可在网上[1]下载。顽皮狗的系统和威尔乌的系统有一些重要差别, 然而两者的核心思想是相近的。在此我们会讨论顽皮狗的系统, 因为作者最为熟悉。

在顽皮狗的对话系统中, 对话的每个分段都含有一个至多个替代对白。每个分段的可选对白都附带一个选择规则 (selection rule)。若该规则被求值为真, 就会选择该对白选项; 若求值为假, 便忽略该选项。

一个规则由一个或多个条件合成。每个条件是一个简单的逻辑表达式, 它的求值为布尔值。例如, ('health > 5) 及 ('player-death-count == 1) 是两个条件。若一个规则内含超过一个条件, 便会使用逻辑 AND 运算来结合它们。换句话说, 仅当规则内所有条件的求值为真时, 该规则才会求值为真。

以下是一个对话的分段例子, 它根据发言角色的生命值来选择 3 种选项:

```
(define-conversation-segment 'conv-player-hit-by-bullet
    (
        :rule [ ('health < 25) ]
        :line 'line-i-need-a-doctor
                ;; "我在严重出血    需要医生! "
    )
    (
        :rule [ ('health < 75) ]
        :line 'line-im-in-trouble
                ;; "现在我遇到真麻烦了。"
    )
    (
        :rule [ ] ;; 没有条件会作为 "else" 情况
        :line 'line-that-was-close
                ;; "呀! 不能再发生这样的事! "
    )
)
```

对话分支 通过将对话分拆成分段, 并且每个分段含有一个至多个对白选项, 我们开辟了对话分支的可能性。例如, 我们考虑艾莉 (《最后生还者》中玩家的伙伴) 在乔尔 (玩家角色) 被射击时问他的情况。若玩家并没有中枪, 对话便会如下:

艾莉: “你还好吗?”

1 http://www.gdcvault.com/play/1015317/AI-drive-Dynamic-Dialog-through

乔尔: “嗯, 我没事。”

艾莉: “天呀, 把头低着!”

若乔尔中枪, 对话会有差别:

艾莉: “你还好吗?”

乔尔: “(喘气) 不怎么好。”

艾莉: “你在流血!”

我们可使用上述语法表示这个分支对话:

```
(define-conversation-segment 'conv-shot-at--start
    (
        :rule [ ]
        :line 'line-are-you-ok ;; "你还好吗?"
        :next-seg 'conv-shot-at--health-check
        :next-speaker 'listener ;; *** 见后文
    )
)

(define-conversation-segment 'conv-shot-at--health-check
    (
        :rule [ (('speaker 'shot-recently) == false) ]
        :line 'line-yeah-im-fine ;; "嗯,我没事。"
        :next-seg 'conv-shot-at--not-hit
        :next-speaker 'listener ;; *** 见后文
    )
    (
        :rule [ (('speaker 'shot-recently) == true) ]
        :line 'line-not-exactly ;; "(喘气)不怎么好。"
        :next-seg 'conv-shot-at--hit
        :next-speaker 'listener ;; *** 见后文
    )
)

(define-conversation-segment 'conv-shot-at--not-hit
    (
        :rule [ ]
        :line 'line-keep-head-down ;; "天呀,把头低着! "
```

```
    )
)

(define-conversation-segment 'conv-shot-at--hit
    (
        :rule [ ]
        :line 'line-youre-bleeding ;; "你在流血! "
    )
)
```

发言者与聆听者 上面的分支对话还有一些细节要注意。在二人对话期间的任何时刻, 一人为发言者, 另一人为聆听者。随着对话的进行, 发言者与聆听者的角色来回交换。在该对话的首分段 'conv-shot-at--start, 艾莉是发言者, 乔尔是聆听者。当到达下一个分段 'conv-shot-at--health-check 时, 我们指定 'next-speaker 字段的值为 'listener。此设置告诉系统使用当前聆听者 (乔尔) 为下一个分段的发言者, 从而交换角色。在那个分段中, 我们使用条件检查发言者最近是否中枪 (('speaker 'shot-recently) == false) 及 (('speaker 'shot-recently) == true)。现在乔尔是发言者, 因此一切如愿而行。

对于两名主角 (如乔尔和艾莉) 之间的对话, 抽象的发言者/聆听者系统似乎没大用处。但是, 让对话的定义维持抽象, 可获得弹性的显著提升。例如, 我们可使用相同的对话规格, 去定义乔尔问艾莉是否中枪。这样可行, 是因为整个对话的定义方式是独立于哪个角色说哪句对白的。而且, 对于敌方角色, 以通用的方式去定义对话极为重要, 因为我们不能预先知道哪一个角色会先发言。例如对于战斗时敌人之间的对话, 我们通常会动态地选取两个角色, 然后触发对话。无论选了哪两个角色, 对话都必须正常运作。

发言者/聆听者系统也可以扩展至两或三个人的对话。顽皮狗的对话系统支持最多三个聆听者, 但游戏中绝大部分的对话都只有两个角色。

事实字典 规则中的条件会引用一些符号量, 例如 'health 和 'player-death-count。这些符号量在引擎中是以字典 (dictionary) 数据结构实现的, 就是一个由键值对组成的表。我们称之为事实字典 (fact dictionary)。表 13.1 是一个事实字典的例子。

读者可能会发现, 在表 13.1 中, 字典的每个值都附有数据类型。换句话说, 字典中的值是变体类型 (variant)。变体类型是一种能保存不同类型的数据对象, 很像 C/C++ 中的 union。然而, 与 union 的不同之处在于变体类型存储了当前数据的类型信息。这样我们就可以确认数据的类型后再使用它, 也可以转换它的类型。例如, 若有一个变体类型的数据存储了整数 42, 我们可以将它转换成所需的浮点数 42.0f。

表 13.1 事实字典的例子

键	值	数据类型
`'name`	`'ellie`	`StringId`
`'faction`	`'buddy`	`StringId`
`'health`	82	`int`
`'is-joels-friend`	true	`bool`
…	…	…

在《最后生还者》中，每个角色带有自身的事实字典，包含角色的血量、武器类型、意识等事实。角色的派系也带有事实字典，用于表示整个派系的一些事实，例如团队中还有多少人健在。最后，还有一个“全局”的事实字典单例，存储游戏的整体信息，与派系无关。例如，它可存储玩家玩游戏的时长、当前关卡的名字、玩家完成了某项任务多少次等。

条件格式 当写条件时，其语法让我们可用名字获取任何字典中的事实。例如，`(('self 'health) > 5)` 令系统取得该角色自身的字典，在该字典中查找 `'health` 事实的值，然后检测该值是否大于 5。类似地，`(('global 'seconds-playing) <= 23.5)` 令系统从全局事实字典中查找 `'seconds-playing` 的值，再检测该值是否小于等于 23.5 秒。

若使用者不指明所需的字典，如 `('health > 5)`，系统会按预定义的搜寻顺序，以名字查找事实。首先，系统查找角色的事实字典。若失败，再查找角色的派系事实字典。最后，才查找全局事实字典。此“搜寻路径”功能使声音设计师能用最简单的形式撰写条件（尽管这样会令规则变得较不明确）。

13.6.2.9 上下文相关的对话

在《最后生还者》中，我们希望敌方角色能具有智能般喊出玩家所在的位置。若玩家藏于一家商店中，敌人便会大喊：“他在那家店里!”若玩家躲在车后，我们希望坏人会说：“他在那辆车后!”这样能令玩家觉得角色声音有难以置信的智能，然而实际上这是很容易实现的功能。

为达到此效果，声音设计师需要在游戏世界中标记一些区域。每个区域可标记两种*位置标签*（location tag）之一。*特定*（specific）标签用于标记非常明确的区域，如“柜台后面”“收银机旁”。*通用*（generic）标签则用于标记较一般的位置，如“店内”“街上”。

在判断播放哪一个对话时，系统判断玩家位于哪一个区域，以及敌方 NPC 位于的区域。若他们在同一*通用*区域内，系统便采用玩家的特定区域标签去选择对白。若他们在*不同*的通用区域内，则回到以玩家的通用区域标签去选择对白。因此，若敌人及玩家都在店内时，我们可能会选择对白: “他在窗旁!”但如果 NPC 在店内而玩家在街上, 我们就可能听到: “他走到街上了! 追他!”图 13.43 展示了此系统是如何运作的。

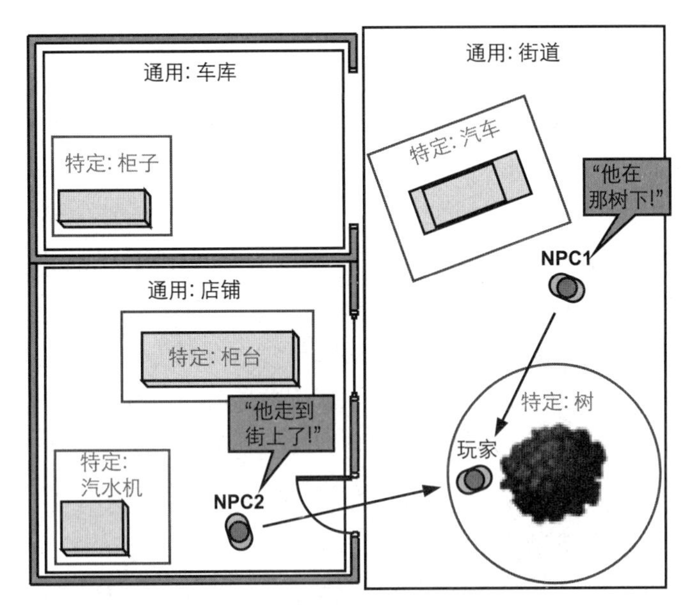

图 13.43 供上下文相关对话选择的通用区域和特定区域

这个非常简单的系统功能极为强大。由于对白的组合有很多种, 要完整录制并配置好是比较困难的, 但为了最终的游戏效果非常值得。

13.6.2.10 对话动作

只有对白, 没有身体语言, 常会显得不自然、不真实。有些对白是与全身动画同时播放的, 例如游戏内置电影就是这样的。但有些对白必须在角色忙着做其他事件时播放, 例如在走路、跑步, 或用武器开火期间。理想地, 我们还希望为对白添加一些姿势 (gesture), 令角色更加生动。

在《最后生还者》中, 我们使用了加法动画技术 (见 11.6.5 节) 来实现一个姿势系统。可使用 C++ 或脚本明确地运用这些姿势。此外, 每句对白可关联至一个脚本, 而脚本的时间线与音频同步。这样做让我们可以在准确时间、在重要的对白中触发姿势。

13.6.3 音乐

在所有好游戏中, 音乐都是极为重要的一部分。音乐为游戏设定氛围, 为玩家带来张力, 并可以营造 (或破坏) 感性场景。游戏引擎的音乐系统通常具有以下任务:

- 以音频片段串流方式播放音乐 (因音乐片段通常大得不适合置于内存中)。
- 提供音乐上的变化。
- 把音乐匹配至游戏中发生的事件上。
- 无缝地从一首音乐转换至下一首音乐。
- 与其他游戏声音以合适、讨人喜欢的方式混音。
- 令音乐可以临时回避, 使游戏中某些声音或对话更易聆听。
- 允许以称为*刺针* (stinger) 的短音乐或音效去中断播放中的音乐。
- 使音乐暂停及重启。(不需要在游戏过程中的每一秒都用全管弦乐伴奏壮丽的主题曲!)

我们通常期望音乐能匹配游戏中发生的事件, 匹配事件的张力 (tension) 程度与情感。实现这个需求的方法之一是, 创建多个*播放列表* (playlist), 每个用于不同的张力程度或情感。每个播放列表含一至多首音乐, 可选择随机或顺序播放。当张力或情感改变时, 如战斗、感动场面的开始与结束, 音乐系统检测这些变化, 并合适地选择新音乐播放列表。有些游戏用一种 "堆栈式的" 音乐选择方式去递增张力 —— 当没有敌人时播放平静的音乐, 当玩家接近未预料到的敌团时就增加音乐张力, 与敌人碰头时播放令人吃惊的音乐, 并在战斗时播放快节奏的音乐。

刺针 (stinger) 是另一种用于令音乐匹配游戏事件的方式。刺针是一段短的音乐片段或音效, 可暂时中断当前播放的音乐, 或叠加在播放的音乐之上并同时降低主音轨的音量。例如, 当玩家刚刚看见敌人时, 我们可能希望播放一个不吉利的 "隆隆声", 令玩家察觉到有危险逼近。或是, 当玩家死亡时, 我们希望能快速切换至 "死亡音乐"。这两种情况都可能会用上刺针。

在不同的音乐中平滑地过渡算是一个技术挑战。我们不能盲目地淡入淡出两首完全无关的音乐, 而期望这种做法总会是好听的。两首音乐的节奏 (tempo) 可能不匹配, 而且当前音乐的 "拍子 (beat)" 可能与下一首音乐不匹配。关键是设定合适的过渡时间。若节奏不匹配, 可用快速的淡入淡出; 若节奏几乎相同, 就可使用较长的淡入淡出。这需要一些试错才能成功。就算是要令一首音乐合适地循环, 也需要声音工程师的细致调整。

游戏音乐是一个广阔的主题, 我们在这里真的没能充分讲解。若读者对此感兴趣, 可从参考文献 [40] 这本好书开始探索。

第 IV 部分

游　戏　性

第 14 章　游戏性系统简介

迄今为止, 本书主要集中谈技术。我们了解到游戏引擎是复杂、多层的软件系统, 建于目标机器的硬件、驱动及操作系统之上。我们已得知, 低阶引擎系统如何满足引擎其他部分的需求, 人类玩家如何使用人体学接口设备 (手柄、键盘、鼠标及其他设备) 向引擎提供输入信息, 渲染引擎如何产生屏幕上的三维图形, 三维音频引擎如何为我们的游戏世界渲染可信的、沉浸的音景, 碰撞系统如何检测及解决各形状之间的穿插, 物理模拟如何令物体以物理上真实的方式移动, 动画系统如何令角色及物体自然地移动。尽管这些组件提供了如此广泛且强大的功能, 若不把它们整合在一起, 那仍然不是一个游戏!

游戏的本质, 并非在于其使用的技术, 而是其*游戏性* (gameplay)。所谓游戏性, 可定义为玩游戏的整体体验。*游戏机制* (game mechanics) 一词, 把游戏性这个概念变得更为具体。游戏机制通常被定义为是一些*规则*, 这些规则主宰了游戏中多个实体之间的互动。游戏机制也定义了玩家 (们) 的*目标* (objective)、成败的*准则* (criteria)、玩家角色的各种*能力* (ability)、游戏虚拟世界中*非玩家实体* (non-player entity) 的数量及类型, 以及游戏体验的*整体流程* (overall flow)。在许多游戏中, 扣人心弦的故事和丰富的角色, 与这些游戏机制元素交织在一起。然而, 并非所有游戏都必须有故事及角色, 从极为成功的解谜游戏如《俄罗斯方块》(*Tetris*) 可见一斑。谢菲尔德大学 (University of Sheffield) 的 Ahmed BinSubaih、Steve Maddock 及 Daniela Romano 曾发表过一篇论文, 题目为《“游戏”的可移植性研究》(*A Survey of “Game” Portability*)[1], 文中把实现游戏性的软件系统集合称为游戏的G 因子 (G-factor)。在以下 3 章中, 我们会探讨用于定义及管理*游戏机制* (或称游戏性, 或称 G 因子) 的关键工具及引擎系统。

1 http://www.dcs.shef.ac.uk/intranet/research/public/resmes/CS0705.pdf

14.1 剖析游戏世界

对于不同的游戏类型和林林总总的游戏，游戏性的设计有很大差异。然而，大多数三维游戏，以及不少二维游戏，都会有几个基本的结构模式。以下几节会讨论这些模式，但请记得这些模式有其局限性，并非所有游戏都能套用。

14.1.1 世界元素

多数电子游戏都会在二维或三维虚拟*游戏世界* (game world) 中进行。这些世界通常是由多个离散的元素所构成的。一般来说，这些元素可分为两类——静态元素及动态元素。静态元素包括地形、建筑物、道路、桥梁，以及几乎任何不会动或不会主动与游戏性互动的物体。而动态元素则包括角色、车辆、武器、补血包、能力提升包、可收集物品、粒子发射器、动态光源、用来检测游戏中重要事件的隐形区域、定义物体移动路径的曲线样条等。图 14.1 展示了以这种方式分拆的游戏世界。

谈到游戏性，我们通常会集中讨论游戏的动态元素。但是显然，静态的背景对于游戏有重大影响。例如，对于着重掩护的射击游戏，若在空旷的长方形房间里进行，就毫无乐趣可言了。另一方面，实现游戏性的软件系统，其主要关心的是动态元素的位置、定向、内部状态更新，因为这些是随时间改变的元素。*游戏状态* (game state) 一词，是指所有动态游戏世界中元素的当前整体状态。

动态元素和静态元素之比，在各游戏中有所不同。多数三维游戏只有相对少量的动态元素，这些元素在相对广大的静态背景范围中移动。另一些游戏，如经典的街机游戏《爆破彗星》(*Asteroids*) 或 Xbox 360 上的复古热作《几何战争》(*Geometry Wars*)，就完全没有静态元素可言 (除了空白的屏幕)。通常，游戏的动态元素比静态元素更耗 CPU 资源，因此多数三维游戏被迫使用有限的动态元素。然而，动态元素的比例越高，玩家感受到的世界越“生动”。随着游戏硬件性能的提高，游戏的动态元素比例也在不断提升。

有一点要留意，游戏世界中的动态元素及静态元素时常并非黑白分明。例如，在街机游戏《迅雷赛艇》(*Hydro Thunder*) 中，瀑布的纹理有动画效果，其底下有薄雾效果，而且游戏设计师可以在独立于地形及水体外随意放置这些瀑布，从这个意义上来说这些瀑布是动态的。然而，从工程的角度看，瀑布是以静态元素方式处理的，因为它们并不会以任何形式与赛艇互动 (除了会阻碍玩家看到加速包及秘密通道)。各游戏引擎会以不同标准区分静态元素和动态元素，有些引擎甚至不做区分 (即所有东西都可能成为动态元素)。

图 14.1 展示《最后生还者》(©2013/TM SCEA, 由顽皮狗创作及开发, PlayStation 3) 游戏世界的静态和动态元素

区分静态与动态元素的目的, 主要是做优化之用——若物体的状态不变, 我们就可以减少对它的处理。例如, 当我们知道一个网格为静态并且永不移动时, 其光照可以被预计算, 并把结果存于顶点、光照贴图、阴影贴图、静态环境遮挡 (ambient occlusion) 信息, 或预计算辐射传输 (precomputed radiance transfer, PRT) 的球谐系数 (spherical harmonics coefficient)[1] 。运行时游戏世界中动态元素所需的运算, 对于静态元素来说, 都可以预先计算或忽略。

有一些游戏含有可破坏环境, 这算是模糊静态元素和动态元素的分界的例子。例如, 我们可能给予每个静态元素 3 个版本: 完好的, 受损的, 完全被毁坏的。这些背景元素在大部分时间中是静态的, 但在爆炸中可能被替换至不同版本, 以产生其受到破坏的视觉效果。实际上, 静态和动态世界元素只是许多可能性的两个极端。我们对两者进行区分 (如果真的这么做), 只是用于改变优化方法及跟随游戏设计所需。

1 见 10.3.3.6 节。——译者注

14.1.1.1 静态几何体

静态世界元素的几何体通常在 Maya 之类的工具中制作。这些元素可能是一个巨型的三角形网格，或是分拆为多个小块。场景中的静态部分有时候会采用实例化几何体 (instanced geometry) 制作。实例化是一项节省内存的技术，其中，较少数目的三角形网格会在不同位置及定向被渲染多次，以产生一个丰富的游戏场景。例如，三维建模师可能制作了 5 款矮墙，然后以随机方式把它们拼砌成数里长、独一无二的城墙。

静态视觉元素及碰撞数据也可以用笔刷几何体 (brush geometry) 方式构建。这种几何体源自雷神之锤 (Quake) 系列引擎。所谓笔刷，是指由多个凸体积组成的形状，每个凸体积由一组平面所包围。构建笔刷几何体是容易且快捷的，而且这种几何体能很好地整合至基于 BSP 树的渲染引擎中。笔刷非常适合快速堆砌游戏内容的雏形。由于这么做成本不高，可以在初始阶段就测试游戏性。如果证实了关卡的布局恰当，美术团队便可以加入纹理及微调那些笔刷几何体，或是用更细致的网格资源取代它们。相反，若关卡需要重新设计，那些笔刷几何体可以简单地被修改，而无须美术团队做大量额外工作。

14.1.2 世界组块

当游戏在巨大的虚拟世界中进行时，这些世界通常会被拆分成独立可玩的区域，我们称之为世界组块 (world chunk)。有时候组块也被称为关卡 (level)、地图 (map) 、舞台 (stage) 或地区 (area)。玩家在进行游戏时，通常同时只能见到一个组块，或最多几个组块。随着游戏的发展，玩家从一个组块进入另一个组块。

起初，发明“关卡”的概念是为了在内存有限的游戏硬件上提供更多游戏性的变化。同一时间只会有一个关卡存于内存，但随着玩家从一个关卡到达另一个关卡，可以获得更丰富的整体体验。从那时候开始，游戏设计形成多个分支，到现在这种基于线性关卡的游戏少了很多。有些游戏实质上仍然是线性的，但对玩家来说，世界组块之间已不像以前那样明显分界。另一些游戏使用星状拓扑 (star topology)，玩家在一个中央枢纽地区，并可以在那里选择前往其他的地区 (可能需要先为那些地区解锁)。还有一些游戏使用图状拓扑，即地区之间以随意方式连接。也有一些游戏会提供一个貌似广大、开放的世界，并使用细致程度 (level-of-detail, LOD) 技术降低内存消耗和提升性能。

无论现代游戏设计得如何丰富，除了小型的游戏世界，多数游戏世界都仍然会被分割为某形式的组块。这么做有几个原因。首先，内存限制仍然是一个重要的约束 (直至有无限内存的游戏机上市)。世界组块也是一个控制游戏整体流程的方便机制。组块作为一个分工的单位，每个组块可以由较小的游戏设计师及美术团队分别建构及管理。图 14.2 展示了一些世界组块。

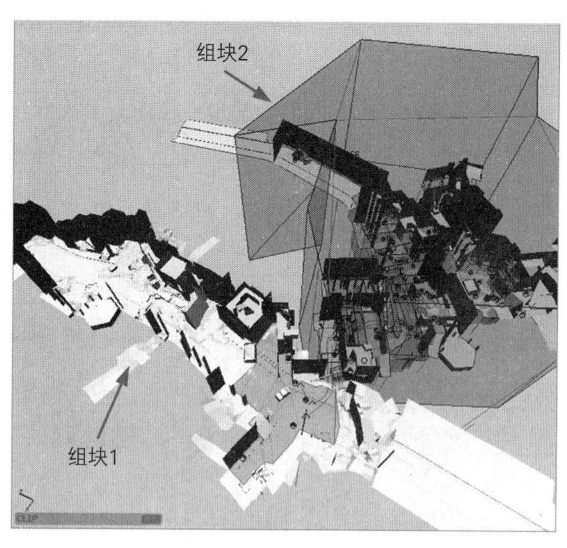

图 14.2 基于各种原因, 许多游戏世界会被分割成组块。这些原因包括内存限制、需要通过游戏世界控制游戏的流程, 以及在开发期做分工之用

14.1.3 高级游戏流程

游戏的高级流程 (high-level flow) 是指由玩家目标 (objective) 所组成的序列、树或图。目标有时候也称作任务 (task)、舞台 (stage) 或关卡 (level) (此术语和世界组块相同), 又或是波 (wave) (若游戏的主要目标是击败一拨儿接一拨儿的敌人)。高级流程也会定义每个目标的胜利条件 (如肃清所有敌人并取得钥匙), 以及失败的惩罚 (如回到当前地区的起点, 其中可能会扣减一条"生命")。在故事驱动的游戏中, 流程可能也包含多个游戏内置电影, 使玩家得知故事的进展。这些连续镜头段有时候被称为过场动画 (cut-scene)、游戏内置电影 (in-game cinematics, IGC) 或非交互连续镜头 (noninteractive sequence, NIS)。若这些镜头是在脱机时被渲染的, 然后以全屏电影方式播放, 则会称之为全动视频 (full-motion video, FMV)。

在早期游戏中, 玩家的目标会一一对应至某个世界组块 (因此"关卡"一词具有双重含义)。例如, 在《大金刚》中 (*Donkey Kong*), 每个关卡给予马里奥一个新的目标 (即走到天台到达下一关)。然而, 这种目标和组块一一对应的关系在现代游戏设计中已不太流行。每个目标可能与一个或多个世界组块有所关联, 但目标和组块的耦合会被刻意减弱。这种设计提供弹性, 可以独立地改动游戏的目标及世界组块, 这样从游戏开发的逻辑及实践角度上来说都是极为有用的。许多游戏把目标归类为更粗略的游戏性段落，例如称之为章 (chapter) 或幕 (act)。图 14.3 展示了一个典型的游戏性架构。

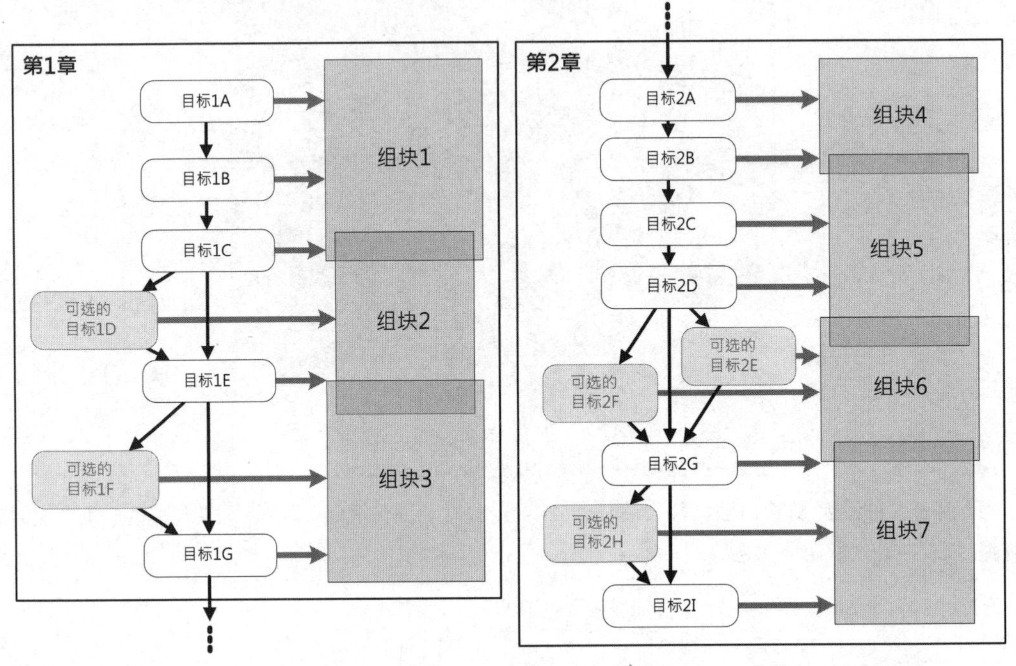

图 14.3 游戏目标通常设置为序列、树和图，每个目标映射至一个或多个游戏组块

14.2 实现动态元素：游戏对象

游戏的动态元素通常会以面向对象方式设计。此方式不但直观自然，而且能很好地对应至游戏设计师构建世界的概念。游戏设计师能想象出游戏中的角色、载具、悬浮血包、爆炸木桶，以及无数的动态对象在游戏世界中移动。因此，很自然会想到在游戏世界编辑器中创建及处理这些元素。相似地，程序员通常也会觉得，把动态元素实现为运行时的自动代理人是十分自然的事情。本书会使用*游戏对象* (game object, GO) 这一术语，去描述游戏世界中几乎所有的动态元素。然而，此术语在业界并非标准，有时候也称作*实体* (entity)、*演员* (actor) 或*代理人* (agent) 等。

如面向对象设计的习惯，游戏对象本质上是*属性* (attribute，对象当前的状态) 及*行为* (behavior，状态如何应对事件、随事件变化) 的集合。游戏对象通常以*类型* (type) 做分类。不同类型的对象有不同的属性及行为。某类型的所有*实例* (instance) 都共享相同的属性及行为，但每

个实例的属性的值 (value) 可以不相同。(注意, 若游戏对象的行为是数据驱动的, 例如, 用脚本代码, 或由一组数据驱动的规则回应事件, 那么行为也可以按实例有所差异。)

类型和实例的区别是十分关键的。例如,《吃豆人》中有 4 个游戏对象类型: 鬼魂、豆子、大力丸和吃豆人。然而, 在某时刻, 只会最多有 4 个鬼魂实例、50 ~ 100 个豆子实例、4 个大力丸实例和 1 个吃豆人的实例。

多数面向对象系统都会提供一些机制实现属性、行为, 或两者的继承 (inheritance)。继承促进重用代码及设计。使用继承的具体形式, 每个游戏都不太一样, 但多数游戏引擎都会支持某些形式的继承功能。

14.2.1 游戏对象模型

在计算机科学中, 对象模型 (object model) 一词有两个相关但不一样的意思。它可以指某编程语言或形式设计语言所提供的特性集。例如, 我们可以说 C++ 对象模型或OMT 对象模型[1]。对象模型的另一个意义是指, 某面向对象编程接口 (如类和方法的集合, 以及为解决特定问题所设计的相互关系)。这个意义的一个例子是微软 Excel 对象模型, 此模型供外在程序以多种方式控制 Excel。(见维基百科对对象模型[2]的更多讨论。)

在本书中, 游戏对象模型 (game object model) 一词专指由游戏引擎所提供的、为虚拟世界中动态实体建模及模拟的设施。按此意义, 游戏对象模型含有前面所提到的两方面定义。

- 游戏的对象模型是一种特定的面向对象编程接口, 用于解决开发某个游戏中一些具体实体的个别模拟问题。
- 此外, 游戏的对象模型常会扩展编写引擎本身的编程语言。若游戏是以非面向对象语言 (如 C) 实现的, 程序员可自行加入面向对象的设施。即使游戏是以面向对象语言 (如 C++) 实现的, 通常也会加入一些高级功能, 例如反射 (reflection)、持久性 (persistence) 及网络复制 (network replication) 等。游戏对象模型有时候会融合多个语言的功能。例如, 某游戏引擎可能会合并编译式语言 (如 C/C++) 和脚本语言 (如 Python、Lua 或 Pawn) 来使用, 并提供统一的对象模型供这两类语言访问。

1 OMT(Object Modeling Technique) 是 UML(Unified Modeling Language) 的 3 个前身之一, 另外两个是 Booch 方法及 OOSE (Object Oriented Software Engineering) 方法。这 3 个方法论的发明者 James Rumbaugh (OMT)、Grady Booch 及 Ivar Jacobson (OOSE) 被称为 UML 三巨头。——译者注

2 http://en.wikipedia.org/wiki/Object_model

14.2.2 工具方的设计和运行时的设计

以世界编辑器 (将在 14.4 节讨论) 呈现给设计师的对象模型, 不必和用于实现运行时游戏的对象模型相同。

- 工具方的游戏对象模型, 当要实现为运行时的模型时, 可以使用无原生面向对象功能的语言 (如 C)。
- 工具方的某单个游戏对象, 在运行时可能被实现为一组类 (而非预期的一个类)。
- 每个工具方的游戏对象, 在运行时可能仅是唯一标识符, 其全部状态则存储至多个表或一组松耦合的对象。

因此, 一个游戏中有两个虽不同但密切相关的对象模型。

- *工具方对象模型* (tool-side object model) 是一组设计师在世界编辑器里看到的游戏对象类型。
- *运行时对象模型* (runtime object model) 是程序员用任何语言构成成分或软件系统把工具方对象模型实现于运行时的对象模型。运行时对象模型可能和工具方模型相同, 或有直接映射, 又或是完全不同的实现。

有些游戏引擎对两种模型并没有很清晰的分界, 甚至没有区别。其他游戏引擎则会清楚地划定分界。在一些引擎中, 工具和运行时会共享游戏对象模型的实现。在其他引擎中, 运行时的游戏对象模型看上去完全和工具方的实现相异。有些模型的实现会偏重于工具方, 游戏设计师需要熟悉他们所设计的游戏性规则和对象行为对性能和内存消耗的影响。然而, 几乎所有游戏引擎都会有某形式的工具方对象模型及对应的运行时实现。

14.3 数据驱动游戏引擎

在早期的游戏开发中, 游戏的大部分内容都是由程序员硬编码而成的。就算有工具, 也是非常简陋的。这样之所以行得通, 是因为当时典型的游戏只有少量内容, 而且当时游戏的标准并不高, 主要决定于早期游戏硬件对图形及声音性能的限制。

今天, 游戏的复杂性有了极大的增长, 而且品质要求很高, 甚至经常要和好莱坞大片的计算机特效比较。游戏团队也壮大许多, 但游戏内容量比团队增长得更快。在第八代游戏机 (Xbox One 和 PlayStation 4) 中, 游戏团队的规模不比上一代游戏机年代大很多, 但却需要产出约 10 倍的内容。此趋势意味着, 团队必须以极高效的方式生产非常大量的内容。

工程方面的人力资源通常是制作的瓶颈, 因为优秀的工程师非常有限和昂贵, 而且工程师产出内容的速度通常比美术设计师及游戏设计师慢 (源于计算机编程的复杂性)。现在多数团队相信, 应该尽量把生产内容的权力交予负责该内容的制作者之手——即美术设计师和游戏设计师。当游戏的行为可以全部或部分由美术设计师及游戏设计师所提供的*数据*所控制, 而不是由程序员所编写的*软件*完全控制, 该引擎就称为是*数据驱动* (data-driven) 的。

通过发挥所有员工的全部潜能, 并为工程团队工作降温, 数据驱动架构能改善团队的效率。数据驱动也可以促进*迭代次数*。当开发者想微调游戏的内容或完全重制整个关卡时, 数据驱动的设计能令开发者迅速看到改动的效果, 理想的情况下无须或仅需工程师的少量帮助。这样能节省宝贵的时间, 并促使团队把游戏打磨至最高品质。

然而必须注意到, 数据驱动通常有较大的代价。我们必须为游戏设计师及美术设计师提供工具, 以使用数据驱动的方式制作游戏内容。也必须更改运行时代码, 以健壮地处理更大的输入范围。在游戏内也要提供工具, 让美术设计师及游戏设计师预览工作成果及解决问题。这些软件都需要花大量时间及精力去编写、测试及维护。

可惜, 许多团队匆忙地采用数据驱动架构, 而没有静下心来研究这项工作对他们的游戏设计及团队成员个别需求的影响。这种激进的方式, 使他们有时候会走得太过火, 制作出过于复杂的工具及引擎系统, 这些软件可能难以使用、臭虫满载, 并且几乎无法适应项目的需求变动。讽刺的是, 为了实现数据驱动设计的好处, 团队很容易变得比老式硬编码方式生产力更低。

每个游戏引擎都应该有些数据驱动的部件, 但是游戏团队必须非常谨慎地选择把哪些引擎部分设为数据驱动的。我们需要衡量制作数据驱动或迅速迭代功能的成本, 对比该功能预期可以节省团队在整个项目过程的时间。在设计及实现数据驱动的工具和引擎时, 要牢记 KISS 咒语 (Keep it simple,stupid)。改述爱因斯坦的名言: 游戏引擎中的一切应尽量简单, 至不能再简化为止。

14.4 游戏世界编辑器

我们曾讨论过数据驱动的资产创作工具, 例如 Maya、Photoshop、Havok 内容工具等。这些工具产生的资产, 会供渲染引擎、动画系统、音频系统、物理系统等使用。对游戏性内容来说, 对应的工具便是*游戏世界编辑器* (game world editor), 这些编辑器用于定义世界组块, 并填入静态及动态元素。

所有商用游戏引擎都有某种形式的世界编辑工具。

- 闻名于世的有 Radiant，它用来制作《雷神之锤》和《毁灭战士》引擎系列的地图，见图 14.4。

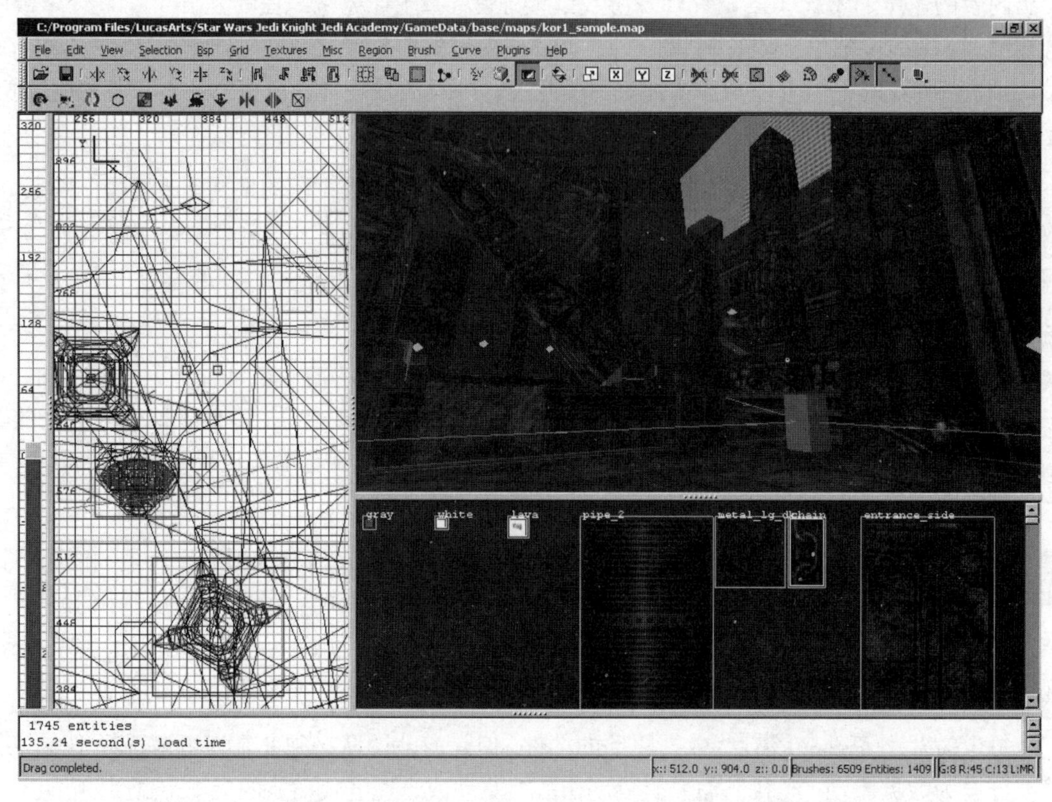

图 14.4 为《雷神之锤》和《毁灭战士》系列引擎而设计的 Radiant 世界编辑器

- Valve 公司的 Source 引擎用于开发《半条命 2》(*Half Life 2*)、《橙盒》(*The Orange Box*)、《军团要塞 2》(*Team Fortress 2*)、《传送门》(*Portal*) 系列、《求生之路》(*Left 4 Dead*) 系列，及近期的《泰坦天降》(*Titanfall*)，它还提供了一个名为 Hammer 的编辑器 (曾命名为 Worldcraft 和 The Forge)，见图 14.5。
- Crytek 公司的 CryEngine 3 提供了强大的世界创作及编辑工具套装。这些工具支持实时同时编辑多平台游戏环境，包括二维和真正的双目立体 (stereoscopic) 三维世界。图 14.6 展示了 Crytek 的 Sandbox 编辑器。†

游戏世界编辑器通常可以设置游戏对象的初始状态 (即其属性值)。多数游戏世界编辑器也会以某种形式，让用户控制游戏世界中动态对象的行为。控制行为的方式可以是通过修改数据驱动的组态参数 (例如，对象 A 最初应是隐形状态，对象 B 在诞生后应立即攻击玩家，对象 C 是可燃的)，又或是使用脚本语言，从而让游戏设计师的工作进入编程境界。有些世界编

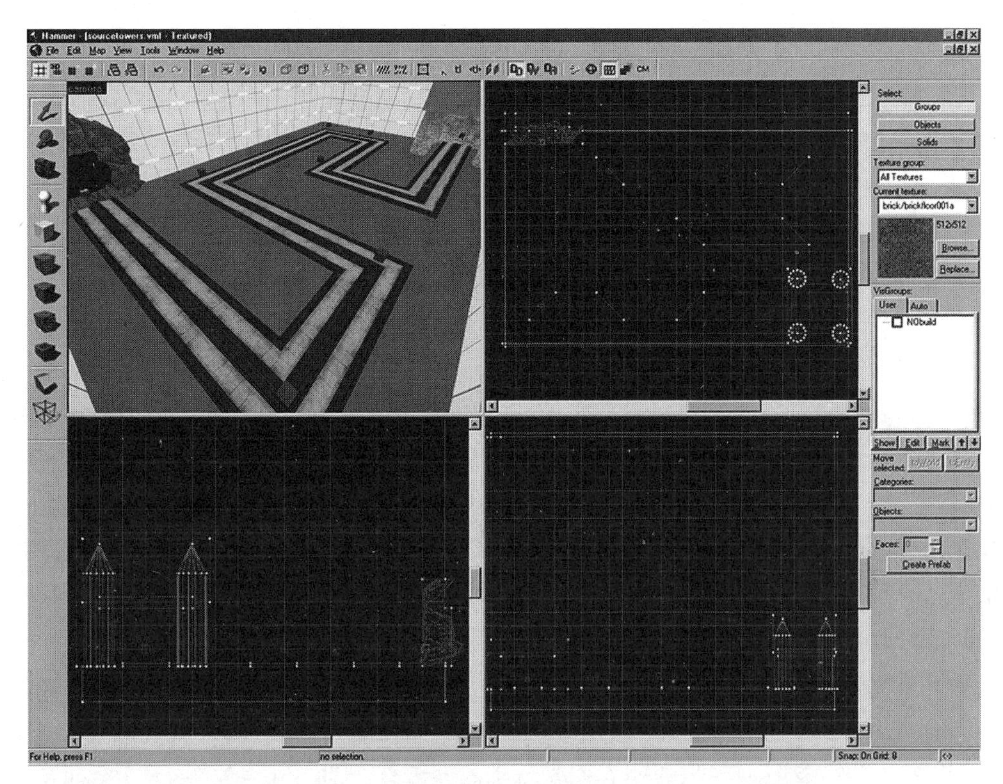

图 14.5 Valve 公司为 Source 引擎而设计的 Hammer 编辑器

图 14.6 CryEngine 3 的 Sandbox 编辑器†

辑器甚至能定义全新的游戏对象类型, 过程无须或只需少许程序员介入。

14.4.1 游戏世界编辑器的典型功能

各个游戏世界编辑器的设计及布局有很大差异, 但大部分都会提供一组相当标准的功能集。这些功能包括但不限于以下之列。

14.4.1.1 世界组块的创建及管理

世界创建的单位通常是组块 (chunk, 或称为关卡或地图, 见 14.1.2 节)。游戏世界编辑器通常可以创建多个新的组块, 以及把现有组块更名、分割、合并及删除。每个组块可以连接至一个或多个静态网格, 以及其他静态数据元素, 例如人工智能用的导航地图、玩家可攀抓边缘信息、掩护点等。有些引擎的组块必须以一个背景网格来定义, 不能缺少。而另一些引擎则可以独立存在, 或许是用一个包围体 (如 AABB、OBB 或任意多边形区域) 来定义, 并可填入零个至多个网格及/或笔刷几何体 (见 1.7.2.1 节)。

有些世界编辑器提供专门的工具制作地形、水体, 以及其他专门的静态元素。在另一些引擎中, 这些元素可能都是用标准的 DCC 应用程序来制作的, 但会以某种方式加入标签, 以对资产调节管道及/或运行时引擎说明它们是特别的元素。(例如, 在《神秘海域》系列及《最后生还者》中, 水体是以普通三角形网格方式制作的, 但会贴上特殊的材质, 以说明它们应以水体方式处理。) 有时候, 我们会使用另一个独立工具来创建及编辑特殊的世界元素。例如《荣誉勋章: 血战太平洋》中的高度场地形, 其制作工具便是来自艺电另一团队的自定义版本。由于项目当时使用了 Radiant 引擎, 比起在 Radiant 中集成一个地形编辑器, 这么做更为合适。

14.4.1.2 可视化游戏世界

世界编辑器把游戏世界中的内容可视化 (visualize), 对用户来说是很重要的功能。因此, 几乎所有游戏编辑器都提供世界的三维透视视角, 及/或二维的正射视角。常见的方式是把视图面板分割为 4 部分,3 个用作上、侧、前方的正射正视图 (orthographic elevation), 另一个用作三维透视视图。

有些编辑器直接将自制的渲染引擎整合至工具中, 去提供这些世界视图。另一些编辑器则把自身整合至三维软件, 如 Maya 或 3ds Max, 因而可以简单地利用这些工具的视区。也有些编辑器会设计为通过与实际的游戏引擎通信, 利用游戏引擎来渲染三维视图。更甚者, 有些编辑器会整合至引擎本身。

14.4.1.3 导航

若用户不能在游戏的世界中到处移动，这个编辑器显然没用。在正射视图中，必须能够滚动及缩放。而三维视图则可使用数个摄像机控制的方式。例如可以聚焦某个对象，然后绕它旋转。也可以切换至“飞行”模式，其中，摄像机以自身的焦点旋转，并可向前后上下左右移动。

有些编辑器提供许多方便导航的功能，包括用单个按键就可以选取及聚焦对象，存储多个相关的摄像机位置并在那些位置中跳转，用多个摄像机移动速率模式，如同网页浏览器的导航历史记录般在游戏世界中跳转等。

14.4.1.4 选取

游戏世界编辑器的主要设计目的是，供用户利用静态及动态元素填充游戏世界。因此，让用户选择个别元素来编辑是很重要的功能。有些引擎只允许同一时间选取一个对象，而更先进的编辑器则可以多选。用户可以使用矩形选框在正射视图中选取对象，或在三维视图中用光线投射方式进行选取。多数编辑器也会以滚动表或树视图展示世界中的元素列表。有些编辑器还允许命名及存储选取集，供以后取回使用。

游戏世界通常填充了很密集的内容，因而有时候可能难以选取目标对象。对于此问题有几个解决方法。当使用光线投射方式选取三维中的对象时，编辑器可让用户循环选取与光线相交的所有对象，而不是总选取最近者。许多编辑器允许在视图中暂时隐藏当前所选的对象。那么，若用户选不到所需的对象，可以先把选取的对象隐藏再试。下一节所述的图层，也是有效梳理对象并提高选取成功率的功能。

14.4.1.5 图层

在一些编辑器中，可以把对象用预设或用户自定义的图层来分组。此功能非常有用，能把游戏世界中的内容有条理地组织起来，可以为整个图层隐藏或显示凌乱的屏幕内容。也可以为图层设置色彩，令图层内容更易识别。图层也是分工的重要工具，例如，负责灯光的同事在某个世界组块上工作时，他们可以隐藏所有和灯光无关的元素。

更重要的是，若编辑器能独立地载入及存储图层，就能避免多人在同一个世界组块上工作所产生的冲突。例如，所有光源可能被存储在一个图层里，背景几何体在另外的图层，所有 AI 角色又置于另外的图层。由于每个图层完全独立，因此灯光、背景及 NPC 小组可以同时在同一世界组块上工作。

14.4.1.6 属性网格

填充游戏世界组块的静态和动态元素,通常会有多个能让用户编辑的属性 (property, 也称作 attribute)。属性可以是简单的键值对, 并仅限使用简单的原子数据类型, 如布尔、整数、浮点数及字符串。有些编辑器支持更复杂的属性, 包括数组、嵌套的复合数据结构。还可能支持更复杂的数据类型, 如矢量、RGB 色彩, 以及指向外部资产 (音频文件、网格、动画等) 的引用。

多数世界编辑器会使用能滚动的属性网格 (property grid) 显示当前选取 (单个或多个) 对象的属性, 如图 14.7 所示。用户能在网格中看到每个属性的当前值, 还可以用键入方式、复选框、下拉组合框、微调控制项 (spinner control) 等编辑属性的值。

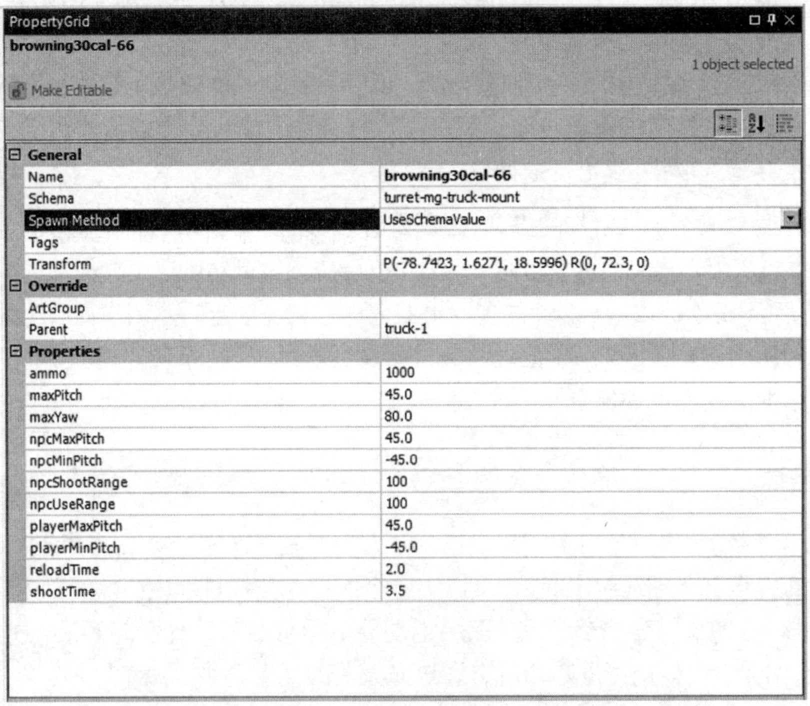

PropertyGrid

browning30cal-66

1 object selected

Make Editable

⊟ General	
Name	browning30cal-66
Schema	turret-mg-truck-mount
Spawn Method	UseSchemaValue
Tags	
Transform	P(-78.7423, 1.6271, 18.5996) R(0, 72.3, 0)
⊟ Override	
ArtGroup	
Parent	truck-1
⊟ Properties	
ammo	1000
maxPitch	45.0
maxYaw	80.0
npcMaxPitch	45.0
npcMinPitch	-45.0
npcShootRange	100
npcUseRange	100
playerMaxPitch	45.0
playerMinPitch	-45.0
reloadTime	2.0
shootTime	3.5

图 14.7 典型的属性网格编辑器

选取多个对象后的编辑方式 在支持多对象选取的世界编辑器中, 其属性编辑器也可支持多对象编辑。此高级特性会把选取的所有对象的属性混合在一起来显示。若某个属性在选取的所有对象中都相同, 就会正常地显示该值, 在网格中编辑该值时, 也会把新值更新至所有选取对象的属性中。若某属性的值在各个对象中并不一致, 则网格不予显示。在这种情况下, 若在网格中输入新值，它便会覆盖所有选取对象的值，令它们变成一致。

还有一个问题，那就是如何处理选取的不同类型的对象。每个对象可能会有不同的属性集，因此属性网格必须仅显示所有选取对象共同的属性。由于游戏对象经常会继承自一个基类，所以这种做法还是有用的。例如，多数对象含位置及定向这两个属性，当选取不同类型的对象时，虽然编辑器会暂时隐藏特殊化的属性，但用户仍可以编辑这些共有的属性。

自由格式属性 通常，这些属性集关联至某个对象，属性的数据类型是按每个对象来定义的。例如，渲染对象含有位置、定向、比例及网格的属性，光源含有位置、方向、颜色、强度及光源类型属性。有些编辑器还会额外让用户在个别对象上定义“自由格式 (free-form)”属性。这些属性通常实现为一个键值对表。用户可自由编辑每个自由格式属性的名字 (键)、数据类型，以及值。这对于尝试实现新游戏性或一次性的场合非常有用。

14.4.1.7 安放对象及对齐辅助工具

世界编辑器对一些对象属性会采取不同的处理方式。对象的位置、定向及缩放通常如同在 Maya 和 Max 中，可利用正射或透视视图中的特殊锚点 (handle) 操控。此外，资产的连接通常需要用特殊方式处理。例如，若我们修改了世界中某对象所使用到的网格，编辑器应该在正射及三维透视视区中显示该网格。因此，游戏世界编辑器必须知道这些属性需特殊处理，而不能把它们当作其他属性般统一处理。

许多世界编辑器除了提供基本的平移、旋转、缩放工具外，还会提供一系列的对象安放及对齐辅助工具。在这些功能中，大部分都借鉴自商用图形及三维建模工具，如 Photoshop、Maya、Visio 等。这些功能的例子有对齐 (snap) 至网格、对齐至地形、对齐至对象等。

14.4.1.8 特殊对象类型

如同世界编辑器对于一些属性需要特殊处理，某些对象类型也需要特殊处理。例如如下几种对象类型。

- 光源 (light source)：世界编辑器通常使用特殊的图标来表示光源，因为它们本身并无网格。编辑器可能会尝试显示光源对场景中几何体的近似效果，令设计师可以实时移动光源并能看到场景最终效果的大概。
- 粒子发射器 (particle emitter)：如果编辑器建立在独立的渲染引擎之上，那么在编辑器中可视化粒子的发射器也可能会遇到问题。在此情况下，可简单地用图标显示粒子发射器，或是在编辑器中尝试模拟粒子效果。当然，若编辑器是置于游戏内的，或是能与运行中的游戏通信的，这便不成问题。

- *声源* (sound source): 如我们在第 13 章中所述, 三维音频渲染引擎会把声源建模为三维点或体积。为方便起见, 世界编辑器可提供专门的声源编辑工具。例如, 若音频设计师可看到全向声音发射器的半径或方向发射器的方向矢量和圆锥, 便十分有用。†
- *区域* (region): 区域是空间中的体积, 供游戏侦测相关事件, 诸如对象进入或离开体积, 或就某些目的做分区。有些游戏引擎限制了区域, 只能为球体或定向盒, 而另一些引擎可能支持其他一些形状, 其俯瞰视图是任意的凸多边形, 而其边必须是水平的。还有一些引擎支持用复杂的形状构建区域, 例如 k-DOP(见 12.3.4.5 节)。若区域总是球形的, 设计师可能只需要在属性网格中修改“半径”属性, 但要定义或修改任意形状的范围, 就几乎必须要有特定的编辑工具了。
- *样条* (spline): 样条是由控制点集所定义的立体曲线, 在某些数学曲线中, 还会加入控制点上的切线来定义样条。Catmull-Rom 是常用样条之一, 因为它只需一组顶点来定义 (无须切线), 而且样条会经过所有控制点。但无论支持哪一种样条类型, 世界编辑器通常都需要在视区中显示样条, 以及用户必须能选取及操控个别控制点。有些世界编辑器实际上还支持两种选取模式——“粗略”模式用于选取场景中的对象, “细致”模式用于选择已选对象的个别组件, 例如样条的控制点或区域的顶点。
- *为人工智能而设计的导航网格* (nav mesh): 在许多游戏中, NPC 依靠路径搜寻算法, 在游戏世界可导航区域内导航。我们必须定义这些可导航区域, 而游戏世界编辑器是一个核心角色, 让 AI 设计师去创造、可视化及编辑这些区域。例如, *导航网格* (nav mesh) 是一个二维三角网格, 作为可导航区域的简单边界描述, 同时也为路径搜寻提供连通性信息。†
- *其他自定义数据*: 当然, 每个游戏具有其专门的数据需求。游戏世界编辑器可为这些数据提供自定义的可视化及编辑设施。例如包含游戏空间的“默认用途 (affordance)”(窗户、门道、可用于攻击/防御的点), 供 AI 系统使用, 或为玩家及 NPC 提供几何特征的描述, 如掩护点、攀抓边缘等。†

14.4.1.9 存储/加载世界组块

当然, 无法存储/加载世界组块的世界编辑器并不完整。不同的引擎对于世界组块的存储/加载粒度, 差异很大。有些引擎把每个组块存储为单个文件, 而另一些引擎则可以独立存储/加载个别的图层。数据格式也有很多选择。有些引擎使用自定义的二进制文件格式, 有些则使用如 XML 或 JSON 的文本格式。每种设计都有其优缺点, 但所有编辑器都必须提供某种形式的世界组块存储/加载功能, 而每个游戏引擎都能够读取世界组块, 从而能在运行时在这些组块中进行游戏。

14.4.1.10 快速迭代

优秀的游戏世界编辑器通常都会支持某种程度的动态微调功能，供快速迭代 (rapid iteration) 之用。有些编辑器在游戏本身内执行，可让用户即时看到改动的效果。另一些编辑器能连接至运行中的游戏。还有一些世界编辑器完全在脱机状态下运行，它可能是一个独立的工具，或是某 DCC 工具 (如 LightWave 或 Maya) 的插件。这些工具有时可以令运行中的游戏动态更新被修改的数据。具体的机制并不重要，最重要的是给用户足够短的往返迭代时间 (round-trip iteration time，即修改游戏世界与该改动在游戏中显现效果之间的时间)。迭代并非必须是即时见到结果的。迭代时间应与改动的范围及频率相符。例如，我们或许期望调整角色的最大血量是一个非常快的操作，但当改动影响整个世界组块光照环境时，就要忍受较长的迭代时间。

14.4.2 集成的资产管理工具

在有些引擎中，游戏世界编辑器会整合游戏资产数据库其他方面的功能，例如设定网格/材质的属性、设定动画/混合树/动画状态机、设置对象的碰撞/物理属性、管理材质资源等 (关于游戏资产数据库请见 6.2.1.2 节)。

或许，这种设计最著名的例子是 UnrealEd，它是虚幻引擎中制作游戏内容的编辑器。UnrealEd 直接整合至游戏引擎中，因此编辑器中的任何改动都能即时套用在运行中游戏的动态元素里。这种做法能轻易实现快速迭代。但 UnrealEd 并非仅是一个世界编辑器，它实际上是一个完整的内容创作软件包。它管理整个游戏资产数据库，无论是动画、音频片段、三角形网格、纹理、材质、着色器……都一手包办。UnrealEd 还能为用户提供统一、实时、所见即所得的整个资产数据库视图，使它能促进快速、高效的游戏开发过程。图 14.7 及图 14.8 展示了几个 UnrealEd 的截屏。

14.4.2.1 数据处理成本

在 6.2.1 节中，我们学习到资产调节管道 (asset conditioning pipeline, ACP)，其负责把游戏资产从多种格式转换至游戏引擎所需的格式。此过程通常包含两个步骤。首先，资产从 DCC 应用程序中导出，成为平台无关的中间格式，其中仅含游戏所关注的数据。然后，资产会被转换成特定平台优化的格式。对于多游戏平台的项目，在这第二步中会从单个平台无关的资产生成多个特定平台的资产。

不同工具的关键区别之一在于，第二步的优化过程在哪个时间点执行。UnrealEd 在导入

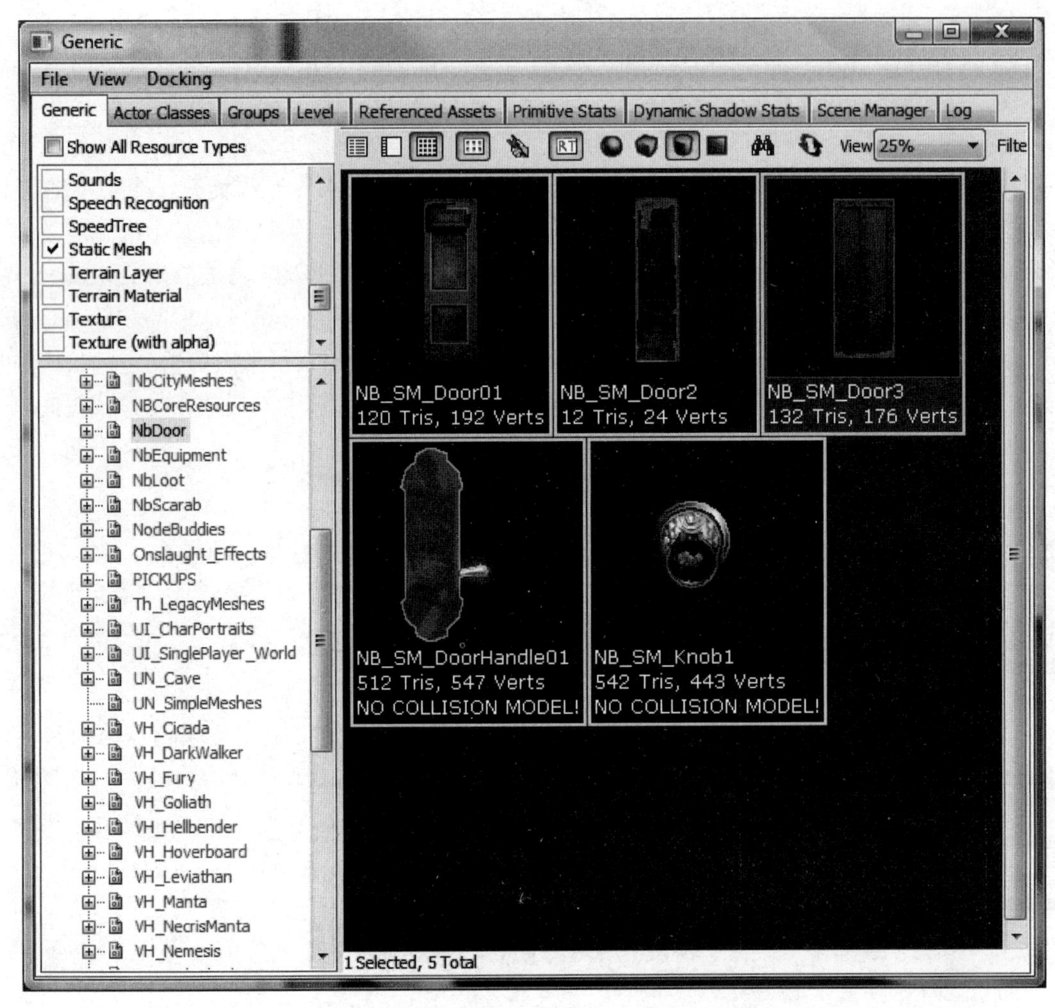

图 14.8 UnrealEd 的通用浏览器能访问游戏的整个资产数据库

资产时就会对资产进行优化。[1]此方法在关卡设计上能缩短迭代时间。然而, 改动网格、动画、音频片段等来源资产会变得更痛苦。另一些引擎, 如 Source 及雷神之锤引擎, 把资产优化延后至烘焙关卡、执行游戏之前。《光环》则给用户提供选择可在任意时刻转换原始资源——这些资源在第一次载入到引擎前转换至优化格式, 并把结果缓存, 避免每次执行游戏时都要无意义地再做转换。

1 虚幻引擎 (至少在译者曾使用过的第 3 代) 在导入资产时, 该资产仍然是平台无关的, 一些平台可以直接载入这些格式。而虚幻引擎也可以把资产再为平台优化, 它称此步骤为 cook (烹调)。——译者注

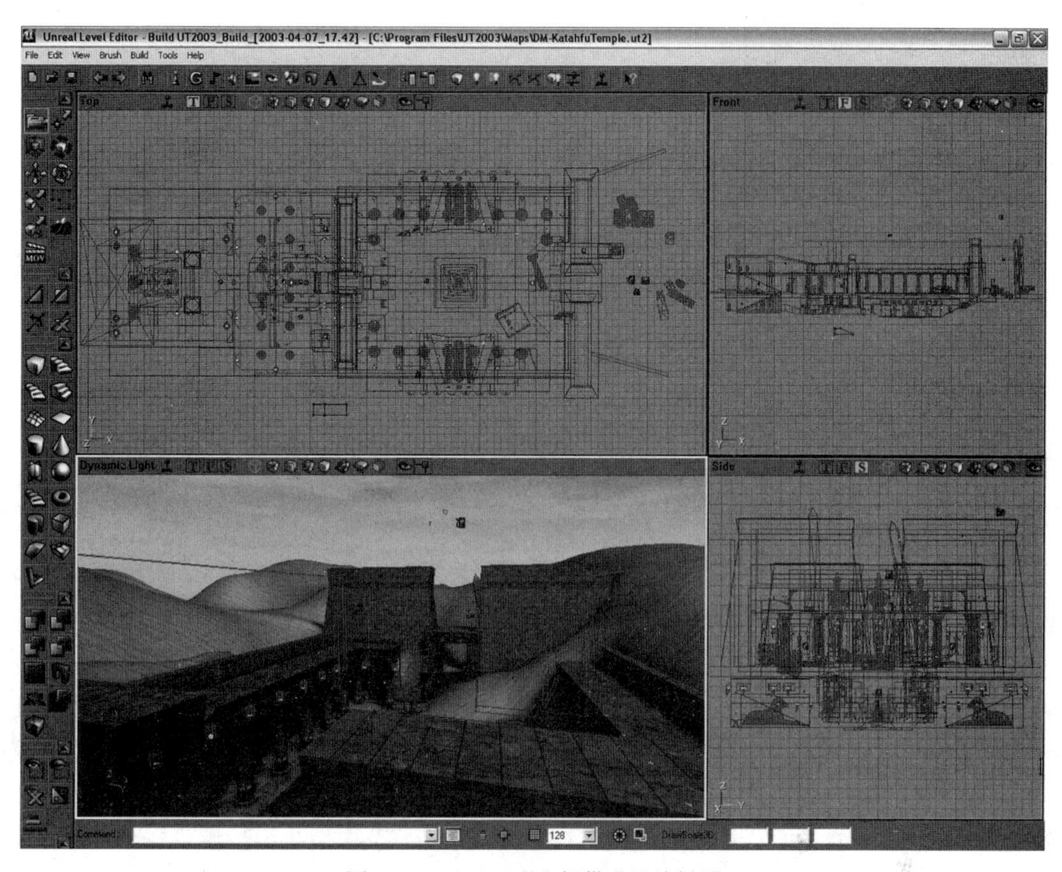

图 14.9 UnrealEd 也提供世界编辑器

第 15 章　运行时游戏性基础系统

15.1　游戏性基础系统的组件

多数游戏引擎都会带有一套运行时软件组件, 它们合作提供一套框架实现游戏独特的规则、目标、动态世界元素。游戏业界对这些组件并无标准命名, 但我们把它们总称为引擎的*游戏性基础系统* (gameplay foundation system)。如果我们可以合理地画出游戏与游戏引擎的分界线, 那么游戏性基础系统就是刚刚位于该线之下。理论上, 我们可以建立一个游戏性基础系统, 其大部分是各个游戏皆通用的。然而, 实践中这些系统几乎总是包含一些跟游戏类型或具体游戏相关的细节。事实上, 引擎和游戏之间的分界, 应视为一大片模糊区域——这些组件构成的网络一点一点地把游戏和引擎连接在一起。有一些游戏引擎更会把游戏性基础系统完全置于引擎/游戏分界线之上。游戏引擎之间的重要差异, 莫过于其游戏性组件设计与实现的差别。然而, 不同引擎之间也有出奇多的共有模式, 而这些共有部分正是本章的讨论主题。

每个引擎的游戏性软件设计方法都有点不同。然而, 多数引擎会以某种形式提供这些主要的子系统。

- *运行时游戏对象模型* (runtime game object model): 抽象游戏对象模型的实现, 供游戏设计师在世界编辑器中使用。
- *关卡管理及串流* (level management and streaming): 此系统负责载入及释放游戏性用到的虚拟世界内容。许多引擎会在游戏进行时, 把关卡数据串流至内存中, 从而产生一个巨大无缝的世界的感觉 (但实际上关卡被分拆成多个小块)。
- *更新实时对象模型* (real-time object model updating): 为了令世界中的游戏对象能有自主 (autonomous) 的行为, 必须定期更新每个对象。这里就是令游戏引擎中所有浑然不同的系统真正合而为一的地方。
- *消息及事件处理* (messaging and event handling): 大多数游戏对象需与其他对象通信。对

象间的消息 (message) 许多时候是用来发出世界状态改变的信号的, 此时就会称这种消息为事件 (event)。因此, 许多工作室会把消息系统称为*事件系统*。

- *脚本* (scripting): 使用 C/C++ 等语言来编写高级的游戏逻辑, 也许会过于累赘。为了提高生产力、提倡快速迭代, 以及把团队中更多工作放到非程序员之手, 游戏引擎通常会整合一个脚本语言。这些语言可能是基于文本的, 如 Python 或 Lua, 也可以是图形语言, 如虚幻的 Kismet。
- *目标及游戏流程管理* (objective and game flow management): 此子系统管理玩家的目标及游戏的整体流程。这些目标及流程通常是以玩家目标构成的序列 (sequence)、树 (tree) 或图 (graph) 所定义的。目标又常会以章 (chapter) 的方式分组, 尤其是一些主要以故事驱动的游戏, 许多现代的游戏都是这样的。游戏流程管理系统负责管理游戏的整体流程, 追踪玩家对目标的完成程度, 并且在目标未完成之前阻止玩家进入另一游戏世界区域。有些设计师称这些为游戏的“脊柱 (spine)”。

在这些主要系统中, 运行时对象模型可能是最复杂的。它通常要提供以下大部分 (或是全部) 功能。

- *动态地产生* (spawn) *及消灭* (destroy) *游戏对象*: 游戏世界中的动态元素经常需要随游戏性创建及销毁。拾起补血包后便会消失; 爆炸发生后就会灰飞烟灭; 当你以为肃清了整个关卡后, 敌方增援从某个角落神不知鬼不觉地出现。许多游戏引擎会提供一个系统, 为动态产生的游戏对象管理内存及相关资源。另一些引擎简单地完全禁止动态地创建、销毁游戏对象。
- *联系底层引擎系统*: 每个游戏对象都会联系至一个或多个下层的引擎系统。多数游戏对象在视觉上以可渲染的三角形网格表示, 有些游戏对象有粒子效果, 有些有声音, 有些有动画。多数游戏对象有碰撞信息, 有些需要物理引擎做动力学模拟。游戏基础系统的重要功能之一就是, 确保每个游戏对象能访问它们所需的引擎系统服务。
- *实时模拟对象行为*: 游戏引擎的核心, 是仍基于代理人模型的实时动态计算机模拟。这句话只不过是花哨地说出, 游戏引擎需要随时间动态地更新所有游戏对象的状态。对象可能需要以某特定次序进行更新。此次序部分由对象间的依赖性所支配, 部分基于它们对多个引擎子系统的依赖性, 也有部分基于那些子系统本身的相互依赖性。
- *定义新游戏对象类型*: 游戏在开发过程中, 伴随着每个游戏需求的改变及演进。游戏对象模型必须有足够的弹性, 可以容易地加入新的对象类型, 并在世界编辑器中显示这些新对象类型。理想地, 新的游戏类型应可以完全用数据驱动的方式定义。然而, 在许多引擎中, 新增游戏类型需要程序员的参与。
- *唯一的对象标识符* (unique object id): 典型的游戏世界包含成百上千种不同类型游戏对

象。在运行时, 必须能够识别或找到想要的对象。这意味着, 每个对象需要有某种唯一标识符。人类可读的名称是最方便的标识符类型, 但我们必须警惕在运行时使用字符串所带来的性能成本。整数标识符是最高性能之选, 但对人类游戏开发者来说最难使用。也许使用字符串散列标识符 (hashed string id, 见 5.4.3.1 节) 作为对象标识符是最好的方案, 因为它们的性能如整数标识符, 但又能转化为字符串, 容易供人类辨识。

- *游戏对象查询* (query): 游戏性基础系统必须提供一些方法去搜寻游戏世界中的对象。我们可能希望以唯一标识符取得某个对象, 或是取得某类型的所有对象, 或是基于随意的条件做高级查询 (例如, 寻找玩家角色 20 米以内的所有敌人)。
- *游戏对象引用* (reference): 当找到了所需的对象, 我们需要以某种机制保留其引用, 或许只是在单个函数内做短期保留, 也有可能需要保留更长的时间。对象引用可能简单到只是一个 C++ 类实例指针, 也可能使用更高级的机制, 例如句柄或带引用计数的智能指针。
- *有限状态机 (finite state machine, FSM) 的支持*: 许多游戏对象类型的最佳建模方式是使用有限状态机。有些游戏引擎可以令游戏对象处于多个状态之一, 而每个状态下有其属性及行为特性。
- *网络复制* (network replication): 在网络多人游戏中, 多台游戏机通过局域网或互联网连接在一起。某个对象的状态通常是由其中一台机器所拥有及管理的。然而, 对象的状态也必须*复制* (通信) 至其他参与该多人游戏的机器, 使所有玩家能见到一致的对象。
- *存档及载入游戏、对象持久性* (object persistence): 许多游戏引擎能把世界中游戏对象的当前状态存储至磁盘, 供以后读入。引擎可以实现 "在任何地方存档" 的游戏存档系统, 或实现网络复制的方式, 或是简单地使用世界编辑器存储/载入游戏世界组块的方式。对象持久性通常需要一些编程语言的功能, 例如,*运行时类型识别* (runtime type identification, RTTI)、*反射* (reflection), 以及*抽象构造* (abstract construction)。RTTI 及反射令软件在运行时能动态地判断对象的*类型*, 以及类里有哪些*属性*及*方法*。抽象构造可以在不硬编码类的名称的同时, 创建该类的实例。此功能在把对象实例从磁盘序列化至内存时十分有用。若你所选用的语言没有 RTTI、反射或抽象构造的原生支持, 可以手工加入这些功能。

本章余下的篇幅将会逐一深入探究这些子系统。

15.2 各种运行时对象模型架构

游戏设计师使用世界编辑器时, 会面对一个抽象的游戏对象模型。该模型定义了游戏世界中能出现的多种动态元素, 指定它们的行为是怎样的, 它们有哪些属性。在运行时, 游戏性基础系统必须提供这些对象模型的具体实现。此模型是任何游戏性基础系统中最大的组件。

运行时对象模型的实现, 可能与工具方的抽象对象模型相似, 也可能不相似。例如, 运行时对象模型可能完全不是用面向对象编程语言来实现的, 它也可能是用一组互相连接的实例表示的单个抽象游戏对象。无论是怎样设计的, 运行时对象模型必须忠实地复制出世界编辑器所展示的对象类型、属性及行为。

相对于设计师所见的工具方抽象对象模型, 运行时对象模型是其在游戏中的表现。运行时对象模型有不同的设计, 但多数游戏引擎会采用以下两种基本架构风格之一。

- *以对象为中心* (object-centric): 在此风格中, 每个工具方游戏对象, 在运行时是以单个类实例或数个相连的实例所表示的。每个对象含一组*属性*及*行为*, 这些都会封装在那些对象实例的类 (或多个类) 中。游戏世界只不过是游戏对象的集合。
- *以属性为中心* (property-centric): 在此风格中, 每个工具方游戏对象仅以唯一标识符表示 (可实现为整数、字符串散列标识符或字符串)。每个游戏对象的*属性*分布于多张数据表, 每种属性类型对应一张表, 这些属性以对象标识符为键 (而非集中在单个类实例或相连的实例集合)。属性本身通常是实现为硬编码的类的实例。而游戏对象的*行为*, 则是隐含地由它组成的属性集合所定义的。例如, 若某对象含"血量"属性, 该对象就能被攻击、扣血, 并最终死亡。若对象含"网格实例"属性, 那么它就能在三维中被渲染为三角形网格的实例。

以上的两个架构风格都分别有其优缺点。我们将逐一探究它们的一些细节, 当在某方面其中一个风格可能极优于另一风格时, 我们会特别指明。

15.2.1 以对象为中心的各种架构

在*以对象为中心*的游戏世界对象架构中, 每个逻辑游戏对象会实现为类的实例, 或一组互相连接的实例。在此广阔的定义下, 可做出多种不同的设计。以下我们介绍几种常见的设计。

15.2.1.1 一个简单的以 C 语言实现的基于对象的模型:《迅雷赛艇》

游戏对象模型并不一定要使用如 C++ 等面向对象语言来实现。例如, 圣迭戈 Midway 公司的街机游戏《迅雷赛艇》就是完全用 C 语言写成的。《迅雷赛艇》采用了一个非常简单的游戏对象模型, 其中只含几个对象类型。

- 赛艇 (玩家及人工智能所控制的)。

- 漂浮着的红、蓝加速图标。
- 背景中具有动画的物体 (如赛道旁的动物)。
- 水面。
- 斜坡。
- 瀑布。
- 粒子效果。
- 赛道板块 (多个二维多边形区域连接在一起, 共同定义能跑赛艇的水域)。
- 静态几何体 (地形、植被、赛道旁的建筑物等)。
- 二维平视显示器 (HUD) 元素。

图 15.1 所示的是几张《迅雷赛艇》的截图。注意, 两张图中都有加速图标, 而左图中有鲨鱼经过 (这是一个具有动画的背景物体例子)。

图 15.1 圣迭戈 Midway 公司的街机游戏《迅雷赛艇》的截图

《迅雷赛艇》中有一个名为 `World_t` 的 C `struct`, 用于存储及管理游戏世界的内容 (即一个赛道)。世界内包含各种游戏对象的指针。其中, 静态几何体仅仅是单个网格实例。而水面、瀑布、粒子效果各有自己的数据结构。赛艇、加速图标及游戏中其他动态对象则表示为 `WorldOb_t` (即世界对象) 这个通用 `struct` 的实例。《迅雷赛艇》中的这种对象就是本章所定义的游戏对象的例子。

`WorldOb_t` 数据结构内的数据成员包括对象的位置和定向、用于渲染该对象的三维网格、一组碰撞球体、简单的动画状态信息 (《迅雷赛艇》只支持刚体层次式动画)、物理属性 (速度、质量、浮力), 以及其他动态对象都会拥有的数据。此外, 每个 WorldOb_t 还含有 3 个指针: 一个 void* "用户数据 (user data)" 指针、一个指向 update 函数的指针及一个 draw 函数的指针。因此, 虽然《迅雷赛艇》并不是严格意义上的面向对象, 但它的引擎实质上扩展了非面向对象语言 (C), 以支持两个重要的 OOP 特征: 继承(inheritance) 和多态 (polymorphism)。用户数据指针令每个游戏对象可维系一些对游戏对象类型相关的自定义状态信息, 也同时能令所有世界对象继承一些共有的功能。例如 "Banshee" 赛艇的加速机制不同于 "Rad Hazard", 并且每种加速机制需要不同的状态信息去管理其启动及结束动画。这两个函数指针的用途如同虚函数, 使世界对象有多态的行为 (通过 update 函数), 以及多态的视觉外观 (通过 draw 函数)。[1]

```
struct WorldOb_s
{
    Oreint_t      m_transform;      /* 位置/定向 */
    Mesh3d*       m_pMesh;          /* 三维网格 */
    /* ... */
    void*         m_pUserData;      /* 自定义状态 */
    void          (*m_pUpdate)();   /* 多态更新 */
    void          (*m_pDraw)();     /* 多态绘制 */
}; typedef struct WorldOb_s WorldOb_t;
```

15.2.1.2 单一庞大的类层次结构

很自然地, 我们会用分类学的方式把游戏对象类型归类。此思考方式会促使游戏程序员选择一个支持继承功能的面向对象语言。表示一组互相有关联的游戏对象类型, 最直观、明确的方式就是使用类层次结构。因此, 大部分商业游戏引擎都采用类层次结构, 这是意料中的事。

图 15.2 展示了一个可用于实现《吃豆人》的简单类层次结构。此层次结构 (如同许多游戏引擎) 都是以名为 GameObject 的类为根的, 它可能提供所有对象都共同需要的功能, 例如, RTTI 或序列化。而 MovableObject 类则用于表示所有含位置及定向的对象。[2] RenderableObject 给予对象获渲染的能力 (如果是传统的《吃豆人》, 就会使用精灵; 如果是现代三维版本的《吃豆人》, 就可能使用三角形网格)。从 RenderableObject 派生了鬼、吃豆人、豆子及大力丸

1 这种多态行为的实现方式和 C++ 的虚函数有所分别。C++ 对象模型为每个多态类存储一张静态的虚函数表, 其中存储一个至多个函数指针, 对象则拥有指向某个虚函数表的指针。而这个例子则是每个对象直接拥有多个不同的函数指针, 可以为对象动态地合成函数。——译者注

2 这个命名可能不甚理想, 因为有位置及定向的对象不一定是可以移动的。——译者注

等类, 构成了整个游戏。这只是一个假想的例子, 但它展示了多数游戏对象类层次结构背后的基本概念——共有的、通用的功能会接近层次结构的根, 而越接近层次结构叶端的类则会加入越多的专门功能。

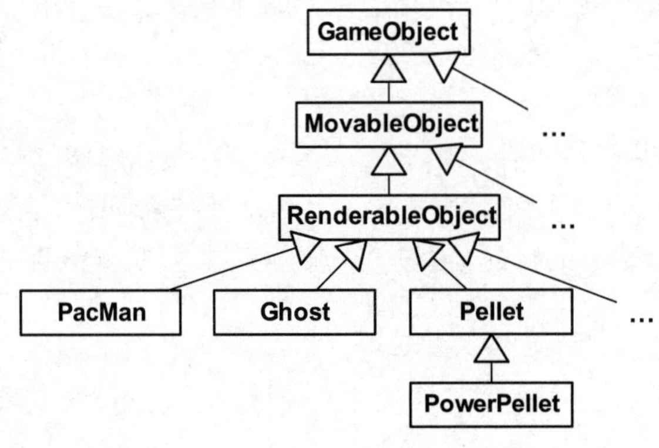

图 15.2 《吃豆人》的假想类层次结构

开始时, 游戏对象类层次结构通常是简单、轻盈的, 在这种情况下的层次结构可能是一个十分强大而且符合直觉的游戏对象类型描述方式。然而, 随着类层次结构的增长, 它会倾向同时往纵、横方向发展, 形成笔者称为的*单一庞大的类层次结构* (monolithic class hierarchy)。当游戏对象模型中几乎所有的类都是继承自单个共通的基类时, 就会产生这种层次结构。虚幻引擎的游戏对象模型就是一个经典例子 (见图 15.3)。

15.2.1.3 深且宽的层次结构的问题

单一庞大的类层次结构对游戏开发团队来说, 可导致很多不同类型的问题。类层次结构成长得越深越宽, 这些问题就变得越极端。我们利用以下几个部分探讨深且宽的层次结构的常见问题。

类的理解、维护及修改 一个类在类层次结构中越深的地方, 就越难理解、维护及修改。因为要理解一个类, 就需要理解其所有父类。例如, 在派生类中修改一个看似无害的虚函数, 就可能违背众基类中某个基类的假设, 从而产生微妙又难以找到的 bug。

不能表达多维的分类 每个层次结构都使用了某种标准来分类对象, 这些标准称为*分类学* (taxonomy)。例如,*生物分类学* (biological taxonomy, 又称作 alpha taxonomy) 基于遗传的相似性分类所有生物, 它使用了 8 层的树: 域 (domain)、界 (kingdom)、门 (phylum)、纲 (class)、目 (order)、科 (family)、属 (genus)、种 (species)。在树中的每一层, 都会采用不同的指标把地球上无数的生命形式分割成越来越细的群组。

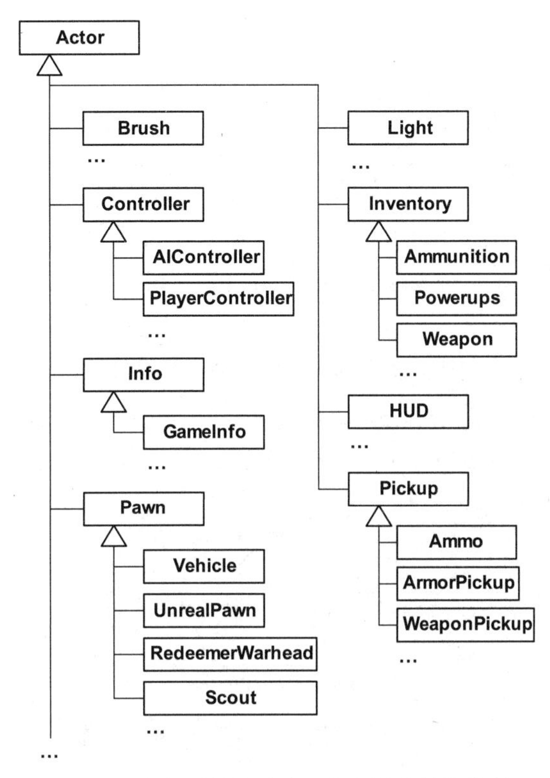

图 15.3 虚幻引擎的游戏对象类层次结构摘录

任何层次结构的最大问题之一就是, 它只能把对象在每层中用单个"轴"分类——即基于某单一特定的标准做分类。当设计层次结构时选择了某个标准, 就很难甚至不可能用另一个完全不同的"轴"分类。例如, 生物分类学是基于遗传特性对生物进行分类的, 它并没有说明生物的颜色。若要以颜色为生物分类, 则需要另一个完全不同的树结构。

在面向对象编程中, 层次结构分类所形成的这种限制很多时候会展现在深、宽、令人迷惘的类层次结构中。当分析一个真实游戏的类层次结构时, 许多时候我们会发现它会把多种不同的分类标准尝试合并在单一的类树中。在另一些情况下, 若某个新对象类型的特性是在原有层次结构设计的预料之外, 我们就可能会做出一些让步令该新类型可置于层次结构中。例如, 图 15.4 所展示的类层次结构, 好像能合乎逻辑地把不同的载具 (vehicle) 分类。

那么, 当游戏设计师对程序员宣布, 他们要在游戏中加入水陆两用载具 (amphibious vehicle) 时, 该怎么办? 这种载具不能套进现有的分类系统。这可能会令程序员惊惶失措, 或更有可能的是把该类结构"强行修改 (hack)"成丑陋、易错的方式。

多重继承: 致命钻石 水陆两用载具的问题, 解决方法之一是利用 C++ 的多重继承 (mul-

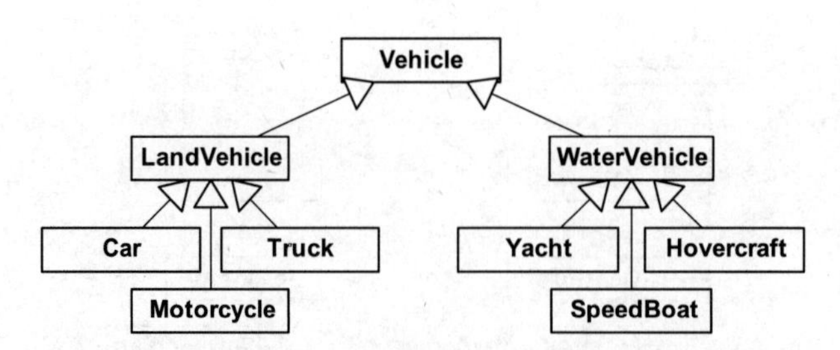

图 15.4 好像能合乎逻辑地描述各类载具的类层次结构

tiple inheritance, MI) 功能, 如图 15.5 所示。然而, C++ 的多重继承又会引发一些实践上的问题。例如, 多重继承会令对象拥有基类成员的多个版本——此情况称为"致命钻石 (deadly diamond)"或"死亡钻石 (diamond of death)"。详情可参阅本书 3.1.1.3 节。

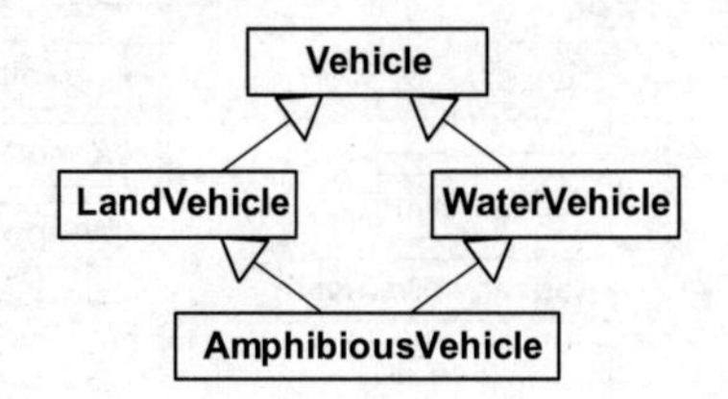

图 15.5 水陆两用载具的钻石形类层次结构

要实现一个又可工作、又易理解、又能维护的多重继承类层次结构, 其难度通常超过其得益。因此, 多数游戏工作室禁止或严格限制在类层次结构中使用多重继承。

mix-in 类 有些团队允许使用多重继承的一种形式——一个类可以有任意数量的父类但只能有一个祖父类。换言之, 一个类可以派生自主要继承层次结构中的一个且仅一个类, 但也可以继承任意数量的mix-in 类 (无基类的独立类)。那么共用的功能就能被抽出来, 形成 mix-in 类, 并把这些功能在需要的时候定点插入主要继承层次结构中。图 15.6 显示了一个例子。然而, 下面将提及, 通常更好的做法是合成 (composition) 或聚合 (aggregation) 那些类, 而不是继承它们。

冒泡效应 在设计庞大类层次结构之初, 其一个或多个根类通常非常简单, 每个根类有最低限度的功能集。然而, 当游戏中加入越来越多的功能时, 就可能越容易尝试共享两个或更多个无关类的代码, 这种欲望会令功能沿层次结构往上移, 笔者称之为"冒泡效应 (bubble up effect)"。

例如, 开始时我们可能做出这样一个设计, 只有木箱能浮于水面。然而, 当游戏设计师见到那些很酷的漂浮着的箱子时, 他们就会要求加入更多的漂浮对象, 例如角色、纸张、载具等。

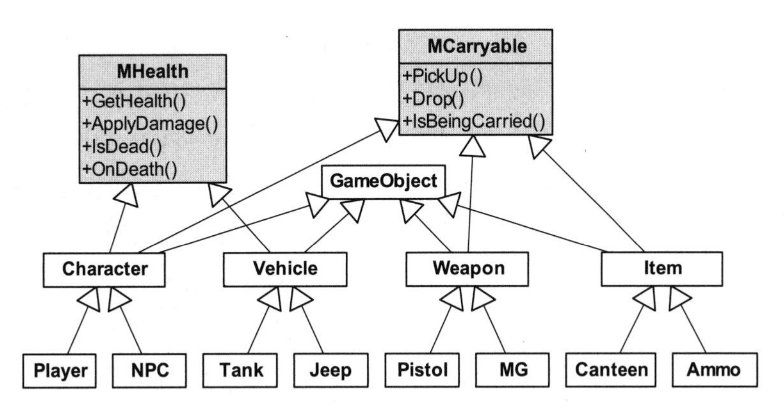

图 15.6 含 mix-in 类的类层次结构。任何继承 MHealth mix-in 类的类会被加入血量信息，并可以被杀。MCarryable mix-in 类可以令其派生类的对象被角色携带

因为“可浮与不可浮”并非原来设计时的分类标准，程序员们很快就会发现有需要把漂浮功能加至类层次结构中毫不相关的类之中。由于不想使用多重继承，所以程序员们决定把漂浮相关的代码往层次结构上方搬移，那些代码会置于全部漂浮对象所共有的基类之中。事实上，一些派生自该基类的对象并不能漂浮，但此问题的程度不到把代码在多个类各复制一次。(也可加入如 m_bCanFloat 这种布尔成员变量以分开两种情况。) 最后，漂浮功能 (以及许多其他游戏功能) 会被置于继承层次结构的根类。

虚幻引擎的 Actor (演员) 类可以说是此“冒泡效应”的经典例子。它包含的数据成员及代码涵盖管理渲染、动画、物理、世界互动、音效、多人游戏的网络复制、对象的创建及销毁、演员更新 (即基于某些条件迭代所有演员，并对他们进行一些操作)，以及消息广播。当我们允许一些功能在单一庞大的层次结构中像泡沫般上移时，多个引擎子系统的封装工作会变得很困难。

15.2.1.4 使用合成简化层次结构

或许，单一庞大层次结构的最常见成因就是，在面向对象设计中过度使用“是一个 (is-a)”关系。例如，在游戏的 GUI 中，程序员可能基于 GUI 视窗总是长方形的逻辑，把 Window 类派生自 Rectangle 类。然而，一个视窗并不是一个长方形，它只是拥有一个长方形，用于定义其边界。因此，这个设计问题的更好解决方法是把 Rectangle 类的实例安置于 Window 类之中，或是令 Window 拥有一个 Rectangle 的指针或参考。

在面向对象的设计中，“有一个”(has-a) 关系称为合成 (composition) 。在合成中，A 类不是直接拥有 B 类的实例，便是拥有 B 类实例的指针或参考。严格来说，使用“合成”一词时，必

须指 A 类拥有 B 类。这就是说, 当构造 A 类实例时, 它也会自动创建 B 类的实例; 当销毁 A 类的实例时, 也会自动销毁 B 类的实例。我们也可以用指针或参考把两个类连接起来, 而其中的一个类并不管理另一个类的生命周期, 这种技术称之为聚合 (aggregation)。

把"是一个"改为"有一个" 要降低游戏类层次结构的宽度、深度、复杂度, 一个十分有用的方法是把"是一个"关系改为"有一个"关系。我们使用图 15.7 所示的单一层次结构假想例子说明此技巧。`GameObject` 根类提供所有游戏对象所需的共有功能 (如 RTTI、反射、通过序列化实现持久性、网络复制等)。`MovableObject` 类用于表示任何含空间变换 (即位置、定向, 以及可选的比例) 的对象。`RenderableObject` 加入了在屏幕上渲染的功能。(不是所有游戏对象都需要被渲染, 例如, 隐形的 `TriggerRegion` 类就可以直接继承自 `MovableObject`。)`CollidableObject` 类对其实例提供碰撞信息。`AnimatingObject` 类给予其实例一个通过骨骼关节结构播放动画的能力。最后, `PhysicalObject` 类给予其实例被物理模拟的能力 (例如, 一个刚体能受引力影响往下掉, 并被游戏世界反弹)。

此类继承结构的一大问题在于, 它限制了我们创造新游戏类型的设计选择。若想定义一个能被物理模拟的对象类型, 我们被迫把该类派生自 `PhysicalObject`, 即使它并不需要骨骼动画。若我们希望一个游戏对象类有碰撞功能, 它必须要派生自 `CollidableObject`, 即使它可能是隐形的, 并不需要 `RenderableObject` 的功能。

图 15.7 所示的类继承结构的第 2 个问题在于, 难以扩展现存类的功能。例如, 假设希望支持变形目标动画, 那么我们会令 `AnimatingObject` 派生两个新类, `SkeletalObject` 及 `MorphTargetObject`。若我们要令这两个类都支持物理模拟, 就必须重构 `Physical-Object` 成为两个近乎相同的类, 一个派生自 `SkeletalObject`, 一个派生自 `MorphTarget-Object`, 或是改用多重继承。

这些问题的一个解决方法是, 把 `GameObject` 不同的功能分离成独立的类, 每个类负责单一、定义清楚的服务。这些类有时候被称为组件 (component) 或服务对象 (service object)。组件化的设计令我们可以只选择游戏对象所需的功能。此外, 每项功能可以独立地被维护、扩充或重构, 而不影响其他功能。这些独立的组件也更易理解及测试, 因为它们和其他组件没有耦合。有些组件类直接对应单个引擎子系统, 例如渲染、动画、碰撞、物理、音频等。当某个游戏对象整合多个子系统时, 这些子系统能互相保持距离及良好的封装。

图 15.8 展示了把类层次结构重构为组件后的可行设计。在此设计中,`GameObject` 类变成一个枢纽 (hub), 含有每个可选组件的指针。`MeshInstance` 组件取代了 `RenderableObject` 类, 它表示一个三角形网格的实例, 并封装了如何渲染该网格的知识。类似地, `Animation-Controller` 组件替代了 `AnimatingObject`, 把骨骼动画服务提供给 `GameObject`。

Transform 类取代 MovableObject 维护对象的位置、定向及比例。RigidBody 类展示游戏对象的碰撞几何体，并为 GameObject 提供对底层碰撞及物理系统的接口，从而代替了 CollidableObject 及 PhysicalObject。

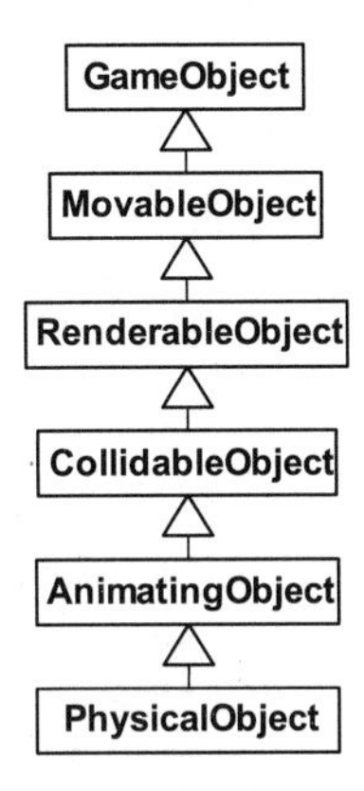

图 15.7 假想游戏对象的层次结构，仅以继承连接各类

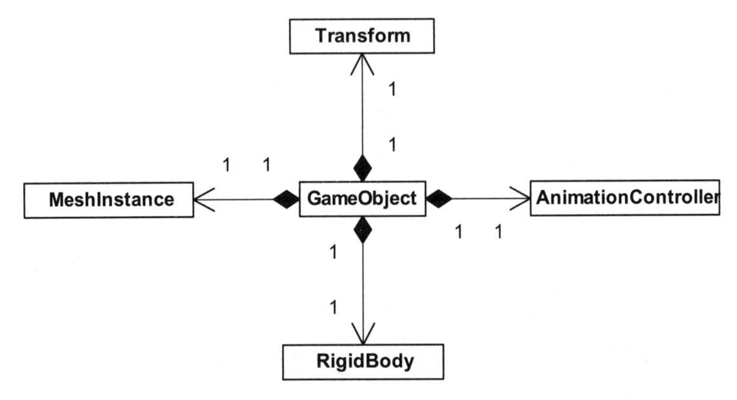

图 15.8 重构假想的游戏对象层次结构，相对继承更偏爱类的合成

组件的创建及拥有权 在这种设计中，“枢纽”类通常拥有其组件，即是说它管理其组件的生命周期。但 GameObject 怎么知道要创建哪些组件呢？对此有多个解决方案，最简单的就是令 GameObject 根类拥有所有可能组件的指针。每个游戏对象类型都派生自 GameObject 类。GameObject 的构造函数把所有组件指针初始化为 NULL。而在派生类的构造函数中，就能自由选择创建其所需的组件。为方便起见，默认的 GameObject 析构函数可以自动地清理所有组件。在这种设计中，派生自 GameObject 的类层次结构成为游戏对象的主要分类法，而组件类则作为可选的增值功能。

以下展示了一个组件创建及销毁逻辑的可行实现。然而，记住这段代码仅是作为例子之用，实现细节可能会有许多变化，甚至采用实质相同的类层次结构的引擎也会有许多实现上的出入。

```
class GameObject
{
protected:
    // 我的变换 (位置、定向、比例)
    Transform               m_transform;

    // 标准组件
    MeshInstance*           m_pMeshInst;
    AnimationController*    m_pAnimController;
    RigidBody*              m_pRigidBody;

public:
    GameObject()
    {
        // 默认无组件。派生类可以覆写
        m_pMeshInst = NULL;
        m_pAnimController = NULL;
        m_pRigidBody = NULL;
    }

    ~GameObject()
    {
        // 自动删除被派生类创建的组件。(delete空指针没问题。)
        delete m_pMeshInst;
        delete m_pAnimController;
        delete m_pRigidBody;
    }

    // …
};

class Vehicle : public GameObject
{
protected:
    // 加入载具的专门组件
```

```
    Chassis*      m_pChassis;
    Engine*       m_pEngine;

    // ...

public:
    Vehicle()
    {
        // 构建标准GameObject组件
        m_pMeshInst = new MeshInstance;
        m_pRigidBody = new RigidBody;

        // 注意:我们假设动画控制器必须引用网格实例,
        // 才能令控制器取得矩阵调色板
        m_pAnimController
            = new AnimationController(*m_pMeshInst);

        // 构建载具的专门组件
        m_pChassis = new Chassis(*this, *m_pAnimController);
        m_pEngine = new Engine(*this);
    }

    ~Vehicle()
    {
        // 只需析构载具的专门组件,因为GameObject会为我们析构标准组件
        delete m_pChassis;
        delete m_pEngine;
    }
};
```

15.2.1.5 通用组件

另一个更有弹性 (但实现起来更棘手) 的方法是, 在根游戏对象类加入通用组件的链表。在这种设计中, 组件通常都会继承自一个共有的基类, 使迭代链表时能利用该基类的多态操作, 例如, 查询该类的类型, 或逐一向组件传送事件以供处理。此设计令根游戏对象类几乎不用关心有哪些组件类型, 因而在大部分情况下, 可以无须修改游戏对象就能创建新的组件类型。此设计也能让每个游戏对象拥有任意数量的同类型组件实例。(硬编码的设计只允许固定的数量,

具体视游戏对象类里每个组件类型有多少个指针。)

图 15.9 展示了这种设计。相比硬编码的组件模型, 这种设计较难实现, 因为我们必须以完全通用的方式来编写游戏对象的代码。同样地, 组件类也不可以假设在某游戏对象中有哪些组件。是使用硬编码组件指针的设计, 还是使用通用组件的链表, 并不能简单地做出决策。两者各有优缺点, 各游戏团队会有不同之选。

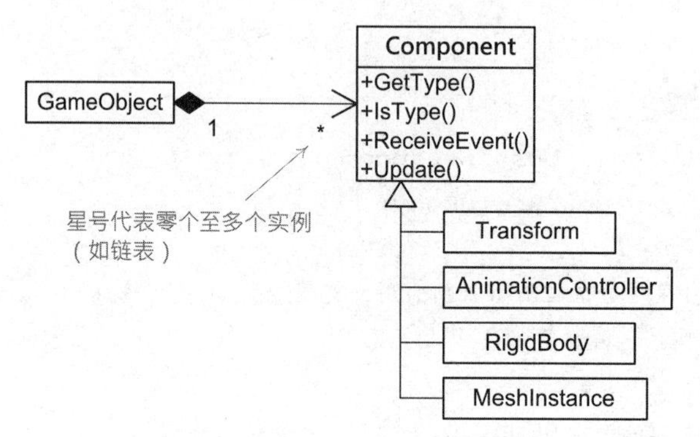

图 15.9 组件链表可提升弹性, 因为枢纽游戏对象不用关注各组件的细节

15.2.1.6 纯组件模型

若我们把组件的概念发挥至极致, 会如何呢? 我们可以把 `GameObject` 根类的几乎所有功能都移到多个组件类中。那么, 游戏对象类就差不多变成一个无行为的容器, 它含有唯一标识符及一些组件的指针, 但自己却不含任何逻辑。既然如此, 为何不删去那个根类呢? 要这么做, 其中一个方法是把游戏对象的标识符复制至每个组件中。那么组件就能逻辑地以标识符分组方式连接起来。若能提供一个以标识符查找组件的快速方法, 我们便无须 `GameObject` 这个枢纽。笔者称这种架构为纯组件模型 (pure component model), 如图 15.10 所示。

刚开始时, 可能会觉得纯组件模型并不简单, 而且它也带有一些问题。例如, 我们仍要定义游戏所需的具体游戏对象类型, 并且在创建那些对象时安插正确的组件实例。之前的 `GameObject` 的层次结构可以帮助我们处理组件的创建。若使用纯组件模型, 取而代之, 我们可以用工厂模式 (factory pattern) 对每个游戏对象定义一个工厂类 (factory class), 内含一个虚拟构造函数创建该对象类型所需的组件。又或者, 我们可以改用数据驱动模型, 通过由引擎读取文本文件所定义的游戏对象类型, 决定为游戏对象创建哪些组件。

纯组件模型的另一个问题, 在于组件间的通信。我们的中央 `GameObject` 当作"枢纽", 可编排多个组件间的通信。在纯组件架构中, 我们需要一个高效的方法, 令单个对象中的组件能互相通信。当然, 组件可以使用游戏对象的唯一标识符来查找该对象的其他组件。然而, 我

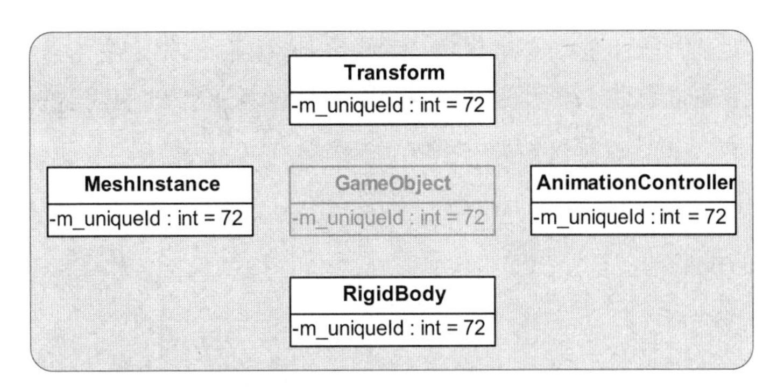

图 15.10 在纯组件模型中，逻辑游戏对象是由许多组件组成的，但组件只是通过唯一标识符间接地连接在一起

们很可能需要更高效的机制，例如，预先把组件连接成循环链表。

在这种意义上，在纯组件模型中，某游戏对象与另一游戏对象的通信也面对相同的困难。我们不能再通过 `GameObject` 实例做通信媒介，而必须事先知道我们要与哪一个组件通信，或是对目标游戏对象的所有组件广播信息。这两种方法都不甚理想。

纯组件模型可以在真实游戏项目中实施，或许也有成功的案例。这类模型都有其优缺点，再次，我们不能清楚确定这些设计是否比其他设计更好。如果读者是研发团队的成员，那么会选择自己最方便且最有信心的架构，而该架构又是最能配合开发中的游戏的。

15.2.2 以属性为中心的各种架构

习惯用面向对象语言的程序员，常会自然地使用对象属性 (数据成员) 和行为 (方法、成员函数) 去思考问题。这称为*以对象为中心的视图* (object-centric view):

- 对象 1
  - 位置 $= (0, 3, 15)$
  - 定向 $= (0, 43, 0)$
- 对象 2
  - 位置 $= (-12, 0, 8)$
  - 血量 $= 15$
- 对象 3
  - 定向 $= (0, -87, 10)$

然而，我们也可以以属性为中心来思考，而不是对象。我们先定义游戏对象可能含有的属性集合，然后为每个属性建表，每个表含有各个对象对应该属性的值，这些属性值以对象唯一标识符为键。这称为*以属性为中心的视图* (property-centric view)。

- 位置
  - 对象 $1 = (0, 3, 15)$
  - 对象 $2 = (-12, 0, 8)$
- 定向
  - 对象 $1 = (0, 43, 0)$
  - 对象 $3 = (0, -87, 10)$
- 血量
  - 对象 $2 = 15$

以属性为中心的对象模型曾成功地应用在许多商业游戏中，如《杀出重围 2》(*Deus Ex 2*) 及《神偷》(*Thief*) 系列。延伸阅读 (15.2.2.5 节) 提供这些项目中对象模型设计的更多细节。

相对于对象模型，以属性为中心的设计更类似关系数据库。每个属性像是关系数据库中一个表的一列 (或独立的表)，以游戏对象的唯一标识符为*主键* (primary key)。当然，在面向对象的模型中，对象不仅以*属性*定义，还需要定义其*行为*。若我们有了属性的表，如何实现行为呢？各游戏引擎给出了不同的答案，但最常见的方法是把行为实现在两个地方：(a) 属性本身，及/或 (b) 通过脚本。我们进一步探讨这两种做法。

15.2.2.1 通过属性类实现行为

每种属性都可以实现为*属性类* (property class)。属性可以是简单的单值，如布尔值或浮点数，也可以复杂到如一个渲染用的三角形网格，或是一个人工智能“脑”。每个属性类可以通过硬编码方法 (成员函数) 来产生行为。某游戏对象的整体行为仍是由其全部属性的行为集结而得。

例如，若游戏对象含有 `Health` (血量) 属性的实例，该对象就能受损，并最终被毁或被杀。对于游戏对象的任何攻击，`Health` 对象都能扣减适当的血量作为回应。属性对象还可以与该游戏对象中的其他属性对象交流，以产生合作行为。例如，当 `Health` 属性检测并回应了一个攻击，它可以发一个消息给 `AnimatedSkeleton` (带动画的骨骼) 属性，从而令游戏对象播放一个合适的受击动画。相似地，当 `Health` 属性检测到游戏对象快要死去或被毁，它能告诉 `RigidBodyDynamics` (属性) 触发物理驱动的自爆，或是“布娃娃”模拟。

15.2.2.2 通过脚本实现行为

另一选择是把属性值以原始方式存储于一个或多个如数据库的表里，然后用脚本代码实现对象的行为。每个游戏对象可能有一个名为 `ScriptId` 的特殊属性，若对象含该属性，那么它就是用来指定管理对象行为的脚本部分 (指脚本函数，或若脚本支持面向对象则是指脚本对象)。脚本代码也可用于回应游戏世界中的事件。15.7 节将会谈及更多有关事件系统的细节，而 15.8 节则会讨论有关游戏脚本语言的细节。

在一些以属性为中心的引擎里，核心属性是由工程师硬编码的类，但引擎还是会提供一些机制给游戏设计师及程序员，以完全使用脚本实现一些新的属性。这种方法曾成功应用到一些游戏，例如《末日危城》(*Dungeon Siege*)。

15.2.2.3 对比属性与组件

笔者需要说明一下，15.2.2.5 节所参考的文章中，许多作者使用“组件”一词代表笔者在此所指的“属性对象”。在 15.2.1.4 节中，笔者使用“组件”一词指以对象为中心的设计中的子对象，而这个“组件”和属性对象并不相似。

然而，属性对象和组件在很多方面都是密切相关的。在两种设计中，单个逻辑游戏对象都是由多个子对象组成的。主要的区别在于子对象的角色。在以属性为中心的设计中，每个子对象定义游戏对象本身的某个属性 (如血量、视觉表示方式、物品清单、某种魔法能量等)；而在以组件为中心 (以对象为中心) 的设计中，子对象通常用来表示某底层引擎子系统 (渲染器、动画、碰撞及动力学等)。这个区别如此细微，以至于许多情况下这个区别的存在与否都几乎无所谓了。读者可称自己的设计为*纯组件模型* (15.2.1.6 节)，或是*以属性为中心的模型*，看你觉得哪一个名称较为合适。但是到了最后，读者应会得到实质上相同的结果——一个由一组子对象所合成的逻辑游戏对象，并从这组子对象中获取所需的行为。

15.2.2.4 以属性为中心的设计的优缺点

以属性为中心的方式有许多潜在优点。它趋向更有效地使用内存，因为我们只需存储实际上用到的属性 (即，我们不会有一些对象，内含未用的数据成员)。它也更容易使用数据驱动的方式来建模，设计师能轻松定义新的属性，无须重新编译游戏，因为根本不用改变游戏对象类的定义。仅当定义新的属性类型时，才需要程序员的介入 (假设属性不能通过脚本定义)。

以属性为中心的设计也可能比以对象为中心的模型更缓存友好，因为相同类型的数据在内存中是连续存储的。这是在当今游戏硬件中常用的优化技巧，因为这些硬件的内存存取成本远高于执行指令和运算。[1] (例如, 在 PS3 上缓存命中失败的成本, 等同于执行数千条 CPU 指令的成本。) 把数据连续存储于内存之中, 能减少或消除缓存命中失败, 因为当我们存取数据数组的某元素时, 其附近的大量元素也会被载入相同的缓存线 (cache line) 中。此数据布局设计方式有时候称为数组的结构 (struct of array, SoA), 相比更传统的方式为结构的数组 (array of struct, AoS)。以下的代码片段展示了这两种内存布局方式的区别。(注意, 我们并不会完全以这种方式来实现游戏对象模型, 此例子是为了展示以属性为中心的设计可以产生连续的类型数组, 而不是复杂对象的单个数组。)

```
static const U32 MAX_GAME_OBJECTS = 1024;

// 传统“结构的数组(AoS)”方式

struct GameObject
{
    U32         m_uniqueId;
    Vector      m_pos;
    Quaternion  m_rot;
    float       m_health;
    // …
};

GameObject g_aAllGameObjects[MAX_GAME_OBJECTS] ;

// 对缓存更友好的“数组的结构(SoA)”方式

struct AllGameObjects
{
    U32         m_aUniqueId[MAX_GAME_OBJECTS ];
    Vector      m_aPos[MAX_GAME_OBJECTS ];
    Quaternion  m_aRot[MAX_GAME_OBJECTS ];
    float       m_aHealth[MAX_GAME_OBJECTS ];
    // …
};

AllGameObjects g_allGameObjects ;
```

1 此现象称为内存墙 (memory wall)。维基百科条目指出, 从 1986 年至 2000 年, CPU 每年提速 55%, 而内存的提速仅为 10%。http://en.wikipedia.org/wiki/Random-access_memory#Memory_wall。

以属性为中心的模型也有其缺点。例如，当游戏对象只是属性的大杂烩时，就会难以维系那些属性之间的关系。单凭凑齐一些细粒度的属性去实现一个大规模的行为，并非易事。这种系统也可能更难以除错，因为程序员不能一次性地把游戏对象拉到监视视窗中检查它的属性。

15.2.2.5 延伸阅读

一些游戏业界的杰出工程师曾在各个游戏开发会议上发表过有关以属性为中心的架构的简报，这些简报可以通过以下网址取得。

- Rob Fermier, "Creating a Data Driven Engine", Game Developer's Conference, 2002.[1]
- Scott Bilas, "A Data-Driven Game Object System", Game Developer's Conference, 2002.[2]
- Alex Duran, "Building Object Systems: Features, Tradeoffs,and Pitfalls", Game Developer's Conference, 2003.[3]
- Jeremy Chatelaine, "Enabling Data Driven Tuning via Existing Tools", Game Developer's Conference, 2003.[4]
- Doug Church, "Object Systems", 2003 年在韩国首尔召开的一个游戏开发会议上发表；会议由 Chris Hecker、Casey Muratori、Jon Blow 和 Doug Church 组织。[5]

15.3 世界组块的数据格式

如前所述，世界组块通常同时包含静态和动态世界元素。静态几何体可能使用一个巨型三角形网格表示，或是由许多较细小的网格组合而成。每个网格可产生多个实例，例如，一道门的网格会重复地用于组块中所有的门。静态数据通常包含碰撞信息，其形式可以是三角形汤、凸形状集及/或其他更简单的几何形状，如平面、长方体、胶囊体和球体。静态元素还有体积区域 (volumetric region)，用于侦测事件或勾画游戏中不同地域。另外，静态元素也可能包含人工智能导航网格 (navigation mesh)，这些导航网格是一组线段，勾画出背景几何体中角色可行走的路径。[6]因为我们已经在之前的章节中讨论过这些格式中的大部分内容，在此不再详述。

世界组块里的动态部分包含该组块内游戏对象的某种表示形式。游戏对象以其属性及行

1 http://www.gamasutra.com/features/gdcarchive/2002/rob_fermier.ppt
2 http://www.drizzle.com/~scottb/gdc/game-objects.ppt
3 http://www.gamasutra.com/features/gdcarchive/2003/Duran_Alex.ppt
4 http://www.gamasutra.com/features/gdcarchive/2003/Chatelaine_Jeremy.ppt
5 http://chrishecker.com/images/6/6f/ObjSys.ppt
6 原文对导航网格的解释不太正确，译者做出补充。——译者注

为来定义, 而对象的行为则是直接或间接地取决于它的*类型*。在以对象为中心的设计中, 游戏对象的类型直接决定要实例化哪一个类 (或哪些类), 以在运行时表示该游戏对象。而在以属性为中心的设计中, 游戏对象的行为是由其属性的行为融合而成的, 但其类型仍然决定了哪个对象应含什么属性 (另一种说法是对象的属性定义其类型)。因此, 一般对每个游戏对象而言, 世界组块数据文件包含如下两项内容。

- *对象属性的初始值*: 世界组块定义了每个对象在游戏世界中诞生时应有的状态。对象的属性数据可存储为多种格式。以下我们会探讨几种常见格式。
- *对象类型的某种规格*: 在以对象为中心的引擎中, 此规格可能是字符串、字符串散列标识符, 或其他唯一的类型标识符。而在以属性为中心的设计中, 类型可能会显式存储, 或是定义为组成对象的属性集合。

15.3.1 二进制对象映像

要把一组游戏对象存储于磁盘, 其中一种方法是把每个对象的二进制映像 (binary image) 写入文件, 映像和对象在运行时于内存中的样子完全相同。这么做, 产生对象似乎是极简单的工作。当游戏世界组块被读入内存后, 我们已获得所有对象已预备好的映像, 所以能简单地令它们运作。

嗯, 实际上并非如此简单。把"现场"的 C++ 类实例存储为二进制映像, 会遇到几个难题。例如需要对*指针*和*虚拟表*做特殊处理, 也有可能要为字节序问题交换实例中的数据。(6.2.2.9 节详述了这些技巧。) 而且, 二进制对象映像并无弹性, 难以恰当地对其内容进行修改。游戏性是游戏项目中最充满变数、不稳定的部分, 因此, 选择能支持快速开发及能健壮地经常修改的数据格式最为明智。所以, 二进制映像格式通常并不是存储游戏对象的最佳之选 (虽然此格式可能适合更稳定的数据结构, 例如网格数据或碰撞几何。)

15.3.2 序列化游戏对象描述

序列化 (serialization) 是另一种把游戏对象内部状态表示方式存储至磁盘文件的方法。此方法相比二进制对象技术, 往往更可携及更容易实现。要把某对象序列化至磁盘, 需要该对象产生一个数据流, 其中要包含足够的细节, 供日后重建原本的对象。要将磁盘中的数据反序列化[1]至内存时, 首先要创建适当的类的实例, 然后读入属性数据流, 以便初始化新对象的内部状

1 原文在此仍使用了序列化 (serialize) 一词, 译者认为用反序列化 (deserialize) 较为恰当。——译者注

态。若序列化数据是完整的, 那么以我们所需的用途来说, 新建对象应该等同于原本的对象。[1]

有些编程语言原生支持序列化。例如, C# 和 Java 都提供标准机制可将对象序列化至 XML 文本格式, 以及其反序列化。可惜 C++ 语言并没有标准化的序列化机制。然而, 在游戏业行内或行外, 也开发了许多成功的 C++ 序列化系统。我们不会在此讨论如何编写 C++ 对象序列化系统的细节, 但会讨论一下关于数据格式及开发 C++ 序列化系统所必需的几个主要系统。

序列化数据并不是对象的二进制映像。取而代之, 序列化数据通常会存储为更方便及更可携的格式。XML 是流行的对象序列化格式, 因为它既有良好的支持也获标准化, 又较易于供人阅读。XML 对层次数据结构有非常优秀的支持, 这是序列化游戏对象集合时经常需要的。然而, 解析 XML 之慢众所周知, 这可能会增加世界组块的加载时间。因此, 有些游戏引擎采用自定义的二进制格式, 解析时比 XML 快而且紧凑。

许多游戏引擎 (及非游戏用的对象序列化系统) 转向采用基于文本的 JSON 数据格式[2], 作为 XML 的替代品。JSON 也在万维网上获广泛使用。例如 Facebook API 完全使用 JSON 进行通信。[†,3]

把对象序列化至磁盘, 以及从磁盘反序列化, 通常可以实现为以下两种机制之一。

- 在基类中加入一对虚函数, 如 `SerializeOut()` 和 `SerializeIn()`, 然后在每个派生类实现这两个函数, 说明如何序列化该类。[4]
- 实现一个 C++ 类的反射 (reflection) 系统。那么就可以开发一个通用的系统去自动序列化任何包含反射信息的 C++ 对象。

反射是 C# 及其他一些语言中的术语。概括地说, 反射数据描述了类在运行时的内容。这些数据所存储的信息包括类的名称、类中的数据成员、每个数据成员的类型、每个成员位于对象内存映像的偏移 (offset), 此外, 它也包含类的所有成员函数信息。若能获取任何一个 C++ 类的反射信息, 开发通用的对象序列化系统是挺简单的一件事。

然而, C++ 反射系统中最棘手的地方在于, 生成所有相关类的反射数据。其中一个方法

---

1 对象是否等同 (identical) 可以是类或应用本身所定义的。反序列化后的对象可以和原来的对象拥有不同的内存布局, 甚至加入新的属性, 或是不同程序语言/运行时所实现的对象, 但在应用逻辑上仍然可认为两者是等同的。这也是序列化较二进制对象映射更具弹性的地方。——译者注

2 `http://www.json.org`

3 允许在此宣传一下译者的 C++ 开源库 RapidJSON(`https://github.com/tencent/rapidjson`), 它支持 JSON 的解析及生成, 也支持 JSON Pointer 和 JSON Schema 功能, 并考虑了许多游戏的性能和内存需求, 可以用于存储数据, 或是用于编写序列化系统。——译者注

4 也可以参考 Boost 的 Serialization 模块, 它可以选择只为每个类撰写一个函数, 同时负责序列化和反序列化。在较简单的情况下可保持 DRY 规则。——译者注

是，使用 `#define` 对类中每个数据成员抽取相关的反射数据，然后让每个派生类重载一个虚函数以返回该类相关的反射数据。也可以手工地为每个类编写反射的数据结构，又或是使用其他别出心裁的方法。[1]

除了属性信息，序列化数据流中的每个对象总是会包含该类/类型的名字或唯一标识符。类标识符的作用是，当把对象反序列化至内存时，用来实例化适当的类。类标识符可以是字符串、字符串散列标识符，或是其他种类的唯一标识符。

遗憾的是，C++ 并没有提供以字符串或标识符去实例化的方法。类的名称必须在编译时决定，因此程序员必须要硬编码类的名称 (如 `new ConcreteClass`)。[2]为了绕过此语言限制，C++ 对象序列化系统总是含有某种形式的类工厂 (class factory)。工厂可以用任何方式实现，但最简单的方法是建立一个数据表，在其中把类的名称/标识符映射至一个函数或仿函数对象 (functor object)，后者用硬编码方式去实例化该类。给定一个类的名称或标识符，我们可以在那个表里简单地查找到对应的函数或仿函数，并调用它来实例化该类。

15.3.3 生成器及类型架构

二进制对象映像和序列化格式都有一个致命要害。[3]这两种存储格式都是由对象类型的运行时实现所定义的，因此世界编辑器需要深入知道游戏引擎运行时实现才能运作。例如，为了令世界编辑器写出由多种游戏对象组成的集合，世界编辑器必须直接链接运行时游戏引擎代码，或是费尽苦心硬编码，以生成和游戏对象运行时完全相同的数据块。序列化数据与游戏对象实现之间的耦合比较低，但同样地，如果世界编辑器不与运行时游戏对象代码链接以使用其 `SerializeIn()` 及 `SerializeOut()` 函数，便需要以某种方式取得类的反射信息。

为了解耦游戏世界编辑器和运行时引擎代码，我们可以把实现无关的游戏对象描述抽象出来。对于世界组块数据文件中的每个游戏对象，我们多存储一些数据，这组数据常被称为生成器 (spawner)。生成器是游戏对象的轻量、仅含数据的表示方式，可用于在运行时实例化及初始化游戏对象。它含有游戏对象在工具方的类型标识符，也包含一个简单键值对表描述游戏对象的属性初始值。这些属性通常包含了模型至世界的变换，因为大多数游戏对象都有明确界定的世界空间位置、定向及缩放比例。当要生成对象时，就可以凭生成器的类型来决定实例化哪一个或多个类，然后这些运行时对象通过查表合适地初始化其数据成员。

---

1 例如，宏可以用模板取代，也可以像 SWIG 那样编译头文件 (或自定义的文件格式) 生成反射数据，也可以改造一些 C++ 编译器，在编译之余生成这些信息。——译者注

2 即不可以这样，`char* name = …; BaseClass* b = new name;`。——译者注

3 原文为阿喀琉斯之踵 (Achilles heel)。——译者注

我们可以设置生成器在载入后立即生成对象，或是休眠等待，直至稍后需要时才生成对象。生成器可以实现为第一类对象 (first-class object)，令它能有一个方便的功能接口，又能在对象属性以外再存储一些有用的元数据。生成器甚至还有生成对象以外的用途。例如，在《神秘海域》及《最后生还者》中，设计师采用生成器定义一些游戏中重要的点或坐标轴。我们称这些为位置生成器 (position spawner) 或定位器生成器 (locator spawner)。定位器在游戏中有多种用途，例如：

- 定义人工智能角色的兴趣点。
- 定义一组坐标轴去令多个动画能完美地同步播放。
- 定义粒子效果或音效的起始位置。
- 定义赛道中的航点 (waypoint)。

等等。

15.3.3.1 对象类型架构

游戏对象的类型定义了其属性和行为。在基于生成器设计的游戏世界编辑器中，游戏对象类型可以由数据驱动的 schema 所表示。schema 定义了哪些属性会在创建或修改对象时显露于用户。要在运行时生成某个类型的游戏对象，其工具方的对象类型可以用硬编码或数据驱动的方式，映射至一个或多个需实例化的类型。

类型 schema 可存储为简单的文本文件，以供世界编辑器读取，并可供用户检视及编辑。以下是一个 schema 文件的样子：

```
enum LightType
{
    Ambient, Directional, Point, Spot
}

type Light
{
    String          UniqueId;
    LightType       Type;
    Vector          Pos;
    Quaternion      Rot;
    Float           Intensity : min(0.0), max(1.0);
    ColorARGB       DiffuseColor;
    ColorARGB       SpecularColor;
```

```
    // ...
}

type Vehicle
{
    String          UniqueId;
    Vector          Pos;
    Quaternion      Rot;
    MeshReference   Mesh;
    Int             NumWheels : min(2), max(4);
    Float           TurnRadius;
    Float           TopSpeed : min(0.0);
    // ...
}

// ...
```

此例子带出了几个重要的细节。读者可以注意到, 每个属性除了有名称, 还定义了其数据类型。这些数据类型中有简单的类型, 如字符串、整数、浮点数, 也有一些特殊的类型, 如矢量、四元数、ARGB 颜色, 还有一些是对特殊资产类型 (如网格、碰撞数据等) 的参考。在此例子中甚至有机制定义枚举类型, 如 `LightType`。另一个细微之处在于, 对象类型的 schema 同时对世界编辑器提供一些额外信息。有时候属性的数据类型暗示了它需要哪种 GUI 控件, 例如字符串一般会使用文本框来编辑, 布尔值则使用复选框, 而矢量则会使用 3 个对应于 x、y、z 坐标的文本框, 或是特别为三维矢量编辑而设计的 GUI 控件。schema 还可以设置一些元信息供 GUI 所用, 例如, 整数及浮点数属性的最小值和最大值、下拉组合框中可选的项目等。

有些游戏引擎允许对象类型 schema 采用继承, 和类的继承相似。例如, 所有游戏对象需要知道其类型, 并对应一个唯一标识符, 以便在运行时和其他游戏对象进行区分。这些属性可以在顶级 schema 中指定, 其他 schema 则可以继承这个顶级 schema。

15.3.3.2 属性默认值

读者可以想象到, 典型游戏对象 schema 中的属性数量可以增长至很多。那么, 游戏设计师在游戏世界中放置每个游戏对象类型的实例时, 便需要为它们设置大量的数据。在 schema 中为大量属性定义默认值 (default value), 对设置此实例属性有极大的帮助。设置默认值以后, 设计师就能轻易地放置游戏对象类型的“寻常”实例, 但仍然可以按需微调为某些实例。

然而, 改变某属性的默认值会造成问题。例如, 游戏设计师原本希望兽人的 HP 为 20。经过多个月的制作后, 团队决定把兽人的 HP 默认值调整为 30。那么若不做修改, 新放置的兽人便有 30 点 HP。但之前已经放置在游戏世界组块里的兽人怎么办? 我们要搜寻所有之前创建的兽人, 并把其 HP 值手工改为 30 吗?

理想地, 我们希望设计一个生成器, 可以自动地把改动了的默认值发布至所有现存、未曾覆写该属性的实例。要实现此功能, 有一个容易的方法, 就是对于和默认值相同的属性值, 不存储其键值对。在载入时, 若某个属性值不存在, 就使用合适的默认值。(这里假设游戏引擎能取得对象类型 schema 文件, 从中获取属性的默认值。另一个方法是使用工具, 通过简单地重新构建影响的世界组块去传播新的默认值。) 在我们的例子中, 多数现存的兽人并没有存储其 HP 的键值对 (当然除非我们手动把某些生成器的 HP 从默认值改为其他数值)。因此, 当默认值从 20 改为 30 时, 这些兽人就会自动采用新的数值。

有些引擎允许派生对象类型覆写默认值。例如, schema 里的载具类型定义了 `TopSpeed` 的默认值为每小时 80 英里, 而 `Motorcycle` 派生类可能把该默认值覆写为每小时 100 英里。

15.3.3.3 生成器及类型架构的好处

把生成器和游戏对象分开实现, 其主要优点就是简单、富弹性和具有健壮性 (robustness)。从数据管理的角度来说, 处理键值对组成的表, 相比管理需指针修正的二进制对象映像, 或是自定义的对象序列化格式都简单得多。采用键值对也可为数据格式带来极大的弹性, 而且可以健壮地做出改动。若游戏对象遇到预料之外的键值对, 可以简单忽略它们。相似地, 若游戏对象未能找到所需的键值对, 可选择使用默认值。因此, 游戏设计师和程序员改动游戏对象类型时, 键值对的数据格式仍可以极健壮地予以配合。

生成器还简化了游戏世界编辑器的设计和实现, 因为世界编辑器仅需要知道如何管理键值对及对象类型 schema。它不需要与游戏引擎运行时共享代码, 并且和引擎实现的细节维持非常松的耦合。

生成器和原型 (archetype) 令游戏设计师及程序员拥有高度弹性及强大力量。设计师可以在世界编辑器中定义新的游戏对象类型 schema, 过程中无须或只需少许程序员的介入。而程序员可以按自己的时间表实现运行时的对象。程序员无须为了防止游戏不能运行, 每次加入新对象类型时便立即实现该对象。无论有没有运行时实现, 新对象的数据都可以存于世界组块文件中; 无论世界组块中有没有相关数据, 运行时的实现都可以存在。

15.4 游戏世界的加载和串流

为了跨越离线世界编辑器与运行时游戏对象模型之间的鸿沟，我们需要一些方法把世界组块加载至内存，并且在用完后卸载它们。游戏世界加载系统有两个主要功能：管理所需的文件 I/O，从磁盘将游戏世界组块及其他用到的资产加载至内存中；管理这些资源的内存分配及释放。随着游戏对象在游戏中的出现和消失，引擎也需要管理其生成及销毁过程。这包括为对象分配及释放内存，以及确保每个游戏对象使用正确的类去实例化。以下几节会探讨如何加载游戏世界，并观察对象生成系统通常如何运作。

15.4.1 简单的关卡加载

最直截了当的游戏世界加载方法，也是全部早期游戏所用的方法，就是仅允许游戏每次加载一个游戏世界组块（即关卡）。当游戏开始或过关时，玩家需要等待关卡载入，期间会显示静态或含简单动画的二维加载画面。

这种设计的内存管理也是很简单直接的。如 6.2.2.7 节提及，堆栈分配器十分适合这种每次仅加载一个关卡的设计。当游戏开始运行时，首先将全部游戏关卡都需要的资源加载至堆栈底端。这里为方便讨论，笔者称之为*载入并驻留*（load-and-stay-resident, LSR）资产。我们记下 LSR 资产完全加载后的堆栈指针。然后，每个游戏世界组块及其相关的网格、纹理、音频、动画等资源都加载于堆栈中 LSR 资产块之上。当玩家完成该关卡后，只需简单地把堆栈指针回复至 LSR 数据之上，接着就可以在该位置加载新关卡了。图 15.11 展示了此过程。

此设计极为简单，但它含有多个缺陷。首先，玩家看到的游戏世界是独立分割的组块，用这个方法不能实现辽阔、连续、无缝的世界。另一个问题是，在加载关卡资源数据期间，内存中并没有游戏世界，因而玩家会被迫看一些二维加载画面。[1]

15.4.2 向无缝加载进发：阻隔室

为了避免出现关卡加载画面，最好是在加载下一个世界组块及相关资源数据时，让玩家继续进行游戏。一个简单的实现方式是把游戏世界资产所预留的内存分割为两个同等大小的块。

1 由于加载过程主要是 I/O 密集的，加载关卡期间其实可以用 CPU 做一些事情，例如《猎天使魔女》(*Bayonetta*) 在加载关卡时会让玩家在一个空地上随意做操控、出招等练习，这仅使用到本书所指的 LSR 数据（主角的模型和动画等）。——译者注

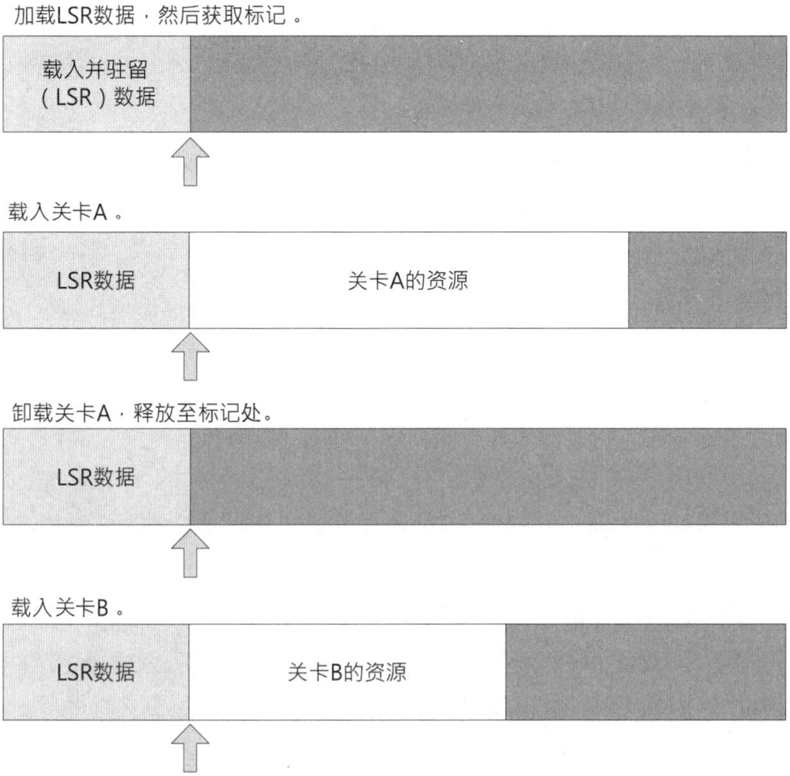

图 15.11 对于同时间只有一个关卡的世界加载系统，基于堆栈的内存分配器非常适合

我们可以把关卡 A 加载至第一块内存，加载后让玩家开始玩关卡 A，而同时用串流的文件 I/O 程序库 (即加载代码会在另一线程运行) 加载关卡 B 至第二块内存。此技术的最大问题在于，要把原来可以一次加载的关卡切割成两半。

我们也可以做出另一个相似的效果，就是把游戏世界内存切割为两个不同大小的块，大的一块用来存储“完整”的游戏世界组块，小的一块只需足够存储一个小型的组块即可。这个小组块有时被称为“阻隔室 (air lock)”。

游戏开始时，先加载一个“完整”的组块及一个“阻隔室”组块。玩家在完整组块中前进，然后进入阻隔室。阻隔室内会有门闸或其他障碍物，防止玩家看到或返回之前的完整组块。这时候，就可以卸载之前的完整组块，并加载下一个完整世界组块。加载期间，不要让玩家在阻隔室闲下来，可以让玩家简单地走过一条通道，或是执行更有趣的任务，例如，解决一个谜题或与敌人战斗。

能在玩家游玩时同时加载完整世界组块，关键是异步 (asynchronous) 文件 I/O。详情可参考 6.1.3 节。采用阻隔室有一点值得注意，那就是当游戏开始时我们仍需要显示加载画面，因为那时候内存中并无任何游戏世界可供游玩。然而，当玩家已经进入游戏世界后，借着阻隔室和异步数据加载，就不再需要见到加载画面了。

Xbox 的《光环》就采用了类似的方法。其中，大型的世界区域总是以较小的狭窄区域来桥接的。玩《光环》的时候，你会发现每玩 5 ~ 10 分钟就会遇到那些狭小区域，防止玩家折返。PS2 的《杰克 2》(*Jak 2*) 也使用了阻隔室，其游戏世界的结构是以一个枢纽 (主城) 连接多个分支地区，枢纽和分支地区之间都有一个细小的阻隔室。

15.4.3 游戏世界的串流

许多游戏的设计要求游戏令玩家感觉自己在一个庞大、连续的无缝世界中游玩。理想地，玩家应该不用定时被局限在细小的阻隔区域，而是令世界尽量自然地、逼真地逐步显露于玩家面前。

现代游戏引擎支持这类无缝世界的技术称为*串流* (streaming)。世界串流可以用多种方式实现，其中有两个重要目标: (a) 在玩家参与正常的游戏性任务时加载数据; (b) 用某些方法管理内存，使玩家在游戏过程中不断加载数据、卸载数据也不会导致*内存碎片*问题。

近年来的游戏机和计算机都配有比上一代机器大得多的内存，因此现在可以把多个世界组块保持在内存之中。我们可以把内存空间分割为 3 个同等大小的缓冲区。首先，我们分别加载 A、B、C 世界组块至这 3 个缓冲区，然后让玩家在 A 组块游玩。当玩家进入 B 组块进行游戏，直至无法看到 A 组块时，就可以卸载 A 组块并加载新的 D 组块至第一个缓冲区。当看不见 B 的时候，也就可以扔掉它并加载 E 组块。我们可以循环使用这些组缓冲区，直至玩家到了此连续游戏世界的尽头。

但是，这种粗粒度的世界串流方式有一个问题，那就是它对世界组块的大小设下了麻烦的限制。游戏中所有组块的大小必须大致相同，每个组块需要足够大以填充 3 个缓冲区之一，而又不能超载。

此问题的解决方法之一是，采用更细粒度的内存分割方式。原来我们会串流较大的内存组块，取而代之，我们把游戏中每个游戏资产 (包括游戏世界组块、前景网格、纹理、动画等) 都切割为相同大小的数据块。然后使用一个以块为单位、基于内存池的内存分配系统 (见 6.2.2.7 节)，按需加载及卸载这些资源数据，而无须担心造成内存碎片。这大体上就是《神秘海域》/《最后生还者》引擎所采用的技术。(虽然顽皮狗的实现还采用了一些更复杂的技术，去利用未满的组块所余下的空间。)

15.4.3.1 判断要加载哪些资源

当我们为世界串流采用细粒度的块内存分配器方案时, 引擎是如何得知在游戏过程中哪个时间需要加载哪些资源的呢? 在《神秘海域》和《最后生还者》中, 我们使用了一个相对简单的关卡加载区域 (level load region) 系统控制加载及卸载资产。

《神秘海域》系列游戏和《最后生还者》中有多个地理上分隔的相邻游戏世界, 例如《神秘海域: 德雷克船长的宝藏》是在森林和岛上进行的。每个这样的世界都存在于独立、一致的世界空间, 但它们会被切割为多个地理上相邻的组块。每个组块会被一个简单的凸体积所包围, 我们称这些体积为区域 (region), 区域之间可能会有重叠的部分。每个区域配有一个表, 列出玩家位于该区域时内存应该包含的世界组块。

在某任意时刻, 玩家会位于一个或多个这些区域之中。我们可以求出这些区域的组块列表的并集, 以决定内存中应有的世界组块集合。关卡加载系统定期检查此主控列表, 并与内存中现有组块做比较。若主控列表的组块消失了, 就可以卸载内存中的该组块; 若列表中出现新的组块, 就可以把它加载至任何一个闲置的内存块。我们细心设计关卡加载区域和世界组块, 确保玩家永不会看到一个组块因卸载而在眼前消失, 还会在玩家第一次见到组块之前有足够的时间加载, 使组块能完整地串流至内存。图 15.12 展示了此技术。

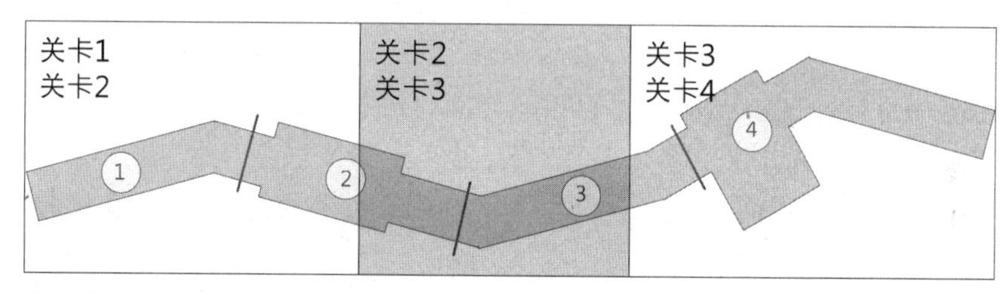

图 15.12 把游戏世界分割成组块。每个关卡加载区域对应一个组块请求列表, 细心整理这些信息以保证玩家永不会看到组块在视野内弹出或消失

15.4.3.2 PlayStation 4 上的 PlayGo†

索尼的最新游戏机 PlayStation 4 包含了一个新功能 PlayGo, 它可令下载游戏的过程 (相对于买蓝光光盘) 比过去传统的方法痛快一些。PlayGo 的方法是下载最小的数据子集, 仅足以玩游戏的首个部分。PS4 会在后台下载余下的游戏内容, 玩家可以无间断地体验游戏。为了令这个功能好用, 游戏当然必须如前所述, 支持无缝的关卡串流。

15.4.4 对象生成的内存管理

当游戏世界载入内存后，我们需要管理世界中动态对象的生成 (spawning)。多数游戏引擎都含有某种形式的游戏对象生成系统，负责管理实例化组成游戏对象的一个或多个类，以及当游戏对象不再需要时负责其销毁过程。对象生成系统的重要工作之一是，管理新生成游戏对象的动态内存分配。由于动态分配可能很慢，所以我们必须花一些工夫确保分配过程尽量高效。又由于游戏对象会有不同的大小，为它们做动态分配可能会导致内存碎片，最后过早形成内存不足的情况。有很多不同的游戏对象内存管理方法，以下几小节将会探讨其中几个常见的方案。

15.4.4.1 对象生成的离线内存分配

有些游戏引擎为了解决内存分配速度及碎片问题，采用了比较苛刻的方法，这就是简单地完全禁止在游戏过程中动态分配内存。这些引擎允许加载和卸载游戏世界组块动态，但载入组块后立即生成所有动态游戏对象，然后就不再创建和销毁游戏对象了。读者可以把这种方法想象为遵从“游戏对象守恒定律”[1]——加载世界组块后便不能创建或销毁游戏对象。

此技术避免了内存碎片问题，因为世界组块中的所有游戏对象的内存需求是先验得知 (known a priori) 且有界的 (bounded)。这意味着，游戏对象的内存可以用世界编辑器离线分配，并置于世界组件的数据中。因此，所有游戏对象，连同游戏世界及其资源，都可以加载在同一块内存中，而且这些游戏对象无异于其他资源，也不会造成内存碎片。此技术的另一优点，是能令游戏准确预测其内存用量情况。游戏世界不会在未预期的情况下，产生大量新游戏对象，造成内存不足。

在缺点方面，此方法对游戏设计师造成颇严重的限制。为了模拟动态对象生成，我们可以先在世界编辑器中创建一些对象，然后设计它们在加载后维持隐形及休眠状态。之后，这些对象可以启动自己及变成可见的，从而模拟它们在游戏中的“生成”。然而，在世界编辑器里，游戏设计师必须预设每个游戏对象类型在游戏世界中所需的总数。若设计师希望有无限供应的补血包、武器、敌人，或其他游戏对象类型，他们可以想一些方法循环使用这些对象，否则就要倒霉了。

15.4.4.2 对象生成的动态内存管理

游戏设计师可能希望选择有真正动态对象生成的游戏引擎。虽然这比静态游戏对象生成

---

1 此处是借用物理上的“质量守恒定律 (law of conservation of mass)”。——译者注

更难实现，但也可以用几种不同方式实现。

再一次，我们面对的主要问题是内存碎片。由于不同类型的游戏对象（有时甚至是相同类型的不同实例）占用不同内存用量，不能使用我们最爱的无碎片分配器——池分配器（pool allocator）。由于游戏对象的生成和销毁次序一般来说是不相同的，因此我们也不能使用堆栈式分配器（stack-based allocator）。庆幸我们还有多种方法对付内存碎片问题，以下探讨几个常见方法。

为每个对象类型设内存池 若每个游戏对象类型的实例能保证占用相同的内存量，我们就可以考虑为每个对象类型使用独立的池分配器。实际上，只需要为*每种对象尺寸*创建池分配器，那么相同尺寸的对象类型就会共享同一个分配器。

这么做可以完全避免内存碎片问题，但此方法的限制在于我们要建立很多个池，还需要估算每个对象类型有多少实例。若一个池中含有太多元素，最终会浪费内存；若含有太少元素，我们就不能在运行时满足所有的生成请求，那么一些对象生成便会失败。然而，许多商业游戏都成功地采用了这种内存管理方式。

小块内存分配器 我们可以把每个游戏对象类型共享一个池的概念转化为更可行的方式，就是允许游戏对象使用元素大小大于对象大小的池。这样能显著减少内存池的数量，代价是每个池都可能浪费一些内存。

例如，我们可能会建立一组池分配器，每个分配器的元素大小是前一个的2倍，如8、16、32、64、128、256和512字节。我们还可能使用另一个序列以适应某些分配模式，又或是基于游戏运行的分配统计数据来决定序列中的数值。

那么当分配内存的时候，我们首先搜寻元素最小的池，看看其大小是否大于或等于分配对象的大小。我们允许池的元素比对象大，所以会浪费一些内存，但缓解了部分内存碎片问题。这是一个公平合理的交易。若遇到一些内存分配请求，其请求大小比最大元素的池还要大，那么可以把请求转发给通用的堆内存分配器。这个问题不严重，因为我们知道大块内存所形成的碎片问题远不及小块内存的严重。

以上所描述的分配器有时候被称为*小块内存分配器*（small memory allocator）。对于能放进某个池的分配请求，此分配器能消除它可能形成的碎片。此分配器也可以显著加快小块数据的内存分配，因为此分配器只需进行两次指针改动以删除自由元素链表的元素，这个操作比通用的堆内存分配轻量得多。

内存重定位 另一个解决内存碎片的方法是直捣问题核心，此法称为*内存重定位*（memory relocation），涉及把已分配的内存块移动至相邻的自由空隙，从而消灭碎片。内存块移动本身是很容易的，但由于我们要移动“现场”的已分配对象，因此需要非常小心地更改指向这些被移动内存块的指针。详情见 5.2.2.2 节。

15.4.5 游戏存档

许多游戏允许玩家进行进度存档，离开游戏后下次进入再开始游戏时，能回复至与之前完全一样的状态。游戏存档系统 (saved game system) 与世界载入组件相似，后者也能从磁盘或记忆卡加载游戏世界状态。但两者的需求有些不同，所以通常会把两者作为独立的系统 (或只是部分重叠)。

为理解两者的需求差异，不妨简单比较世界组块和游戏存档的差别。世界组块含有世界中动态对象的初始状态，但也包含所有静态世界元素的完整描述。大部分静态信息 (如背景网格和碰撞数据) 往往消耗许多磁盘空间。因此，世界组块有时候由多个磁盘文件组成，而世界组块所涉及的数据总量通常很庞大。

另一方面，游戏存档必须存储世界中游戏对象的状态信息。然而，它不需要存储从世界组块数据中就能得知的重复信息。例如，我们无须把静态几何体存储至游戏存档中。游戏存档也不需要存储每个游戏对象的所有状态细节。存档可以完全忽略不影响游戏性的对象。对于其他对象而言，可能也只需要存储部分状态信息。只要玩家不能分辨存档时及读档后的世界状态有何分别 (或是那些区别不影响玩家)，这就是一个成功的游戏存档系统。因此，游戏存档文件往往较世界组块文件小得多，而且会更注重压缩及省略数据。尤其要把大量游戏存档存储至上一代游戏机中的小容量记忆卡时，尺寸小的存档文件更显重要。时至今日，虽然游戏机已配置大硬盘及连接至云存储系统，我们仍然最好把存档优化得越小越好。

15.4.5.1 存储点

游戏存档的方式之一是，限制只能在某些指定地点存档，这些地点称为*存储点* (check point)。此方式的好处在于，每个存储点的游戏状态已存储在其附近的世界组块里。无论哪一个玩家走到存储点，这些数据永远不变，因此无须存储在存档中。因此，基于存储点的游戏存档可以极小。我们可能只需存储玩家最后到达的存储点的名字，再加上玩家角色的一些当前信息，例如血量、余下多少条命、库存中的物品、武器及其弹药量等。有些基于存储点的游戏甚至不用存储这些信息，因为玩家到达每个存储点都有游戏预设的状态。当然，基于存储点的游戏也有其缺点，就是玩家可能会感到沮丧，尤其是存储点的数量少，或是存储点之间的距离过远。

15.4.5.2 任何地方皆可存档

有些游戏支持一个功能, 称为任何地方皆可存档 (save anywhere)。顾名思义, 这些游戏允许玩家在游戏过程中的几乎任何地方存储游戏的状态。此功能必然导致存档文件显著变大, 因为与游戏性相关的每个游戏对象的位置和内部状态都需要存储下来, 并且在之后载入并回复原来的状态。

在"任何地方皆可存档"的设计中, 游戏存档文件基本上存储了如同游戏世界组块的信息, 减去世界中的静态组件部分。我们可以为这两个系统采用相同的数据格式, 虽然也有可能因为某些原因妨碍我们这么做。例如, 世界组块数据格式可能是为弹性而设计的, 但游戏存档格式可能需要压缩以令每个存档变得最小。

前面曾提及, 缩减游戏存档的数据量的方法之一是, 忽略一些无关的游戏对象及一些无关的细节。例如, 我们不需要记录每个播放中动画的时间索引, 也不需要记录每个物理模拟刚体的动量和速度。我们可以依赖人类玩家的非完美记忆, 只存储游戏状态的大概样子。

15.5 对象引用与世界查询

每个游戏对象通常需要某种唯一的标识符, 使游戏中的对象能互相区分, 并且能在运行时找到所需的对象, 也可用该标识符作为对象间通信的目标。唯一对象标识符对工具方同样重要, 因为它们能在世界编辑器中用于识别及找出游戏对象。

在运行时, 我们总需要多种方法寻找游戏对象。我们可能希望用对象的唯一标识符、类型, 或一组搜寻条件查找对象。我们也经常需要做一些基于邻近性的查询 (proximity-based query), 例如, 找出玩家角色 10 米半径以内的所有敌人。

当通过查询找到一个游戏对象时, 我们需要以某种方式引用它。在 C 或 C++ 等语言中, 对象的引用可以使用指针实现, 也可以用更精确的方式, 如句柄或智能指针。对象引用的生命周期可以有很大差异, 它可以是单个函数调用的作用域, 也可以到数分钟的时段。

在以下几节中, 我们首先探讨几个实现对象引用的方法, 然后再探索实现游戏性时常会用到的查询, 以及这些查询是如何实现的。

15.5.1 指针

在 C 和 C++ 中, 实现对象引用最简单直接的方法就是使用指针 (或 C++ 的引用类型)。

指针很强大，而且也是最简单和直观的方法。然而，指针也会带来许多问题。

- *孤立对象* (orphaned object)：理想地，每个对象都有一个*拥有者*，拥有者本身也是一个对象，负责管理其所拥有对象的生命周期，即创建对象并在不需要它的时候把它销毁。然而，指针并不能协助程序员必须实施这些规则。这有可能造成*孤立*对象，即对象仍占据内存，但它本身已不被需要，或是不被系统内任何其他对象所引用。
- *过时指针* (stale pointer)：删除对象后，理想地，所有指向该对象的指针应该被设为空指针。若我们忘记这么做，就会形成过时指针——指针指向以前正常对象所占的内存，但现在该内存块已被释放。若程序中某个部分使用过时指针读/写数据，有可能造成程序崩溃或不正常的程序行为。过时指针的 bug 可能难以追踪，因为它们可能在对象销毁后的短暂时间内仍能如常运作。但再过一段时间，若有新对象被分配于该内存块，就会改动数据并引发崩溃。
- *无效指针* (invalid pointer)：程序员能自由地将任何地址存储于指针中，包括一些完全无效的地址。最常见的问题是对空指针解引用。这些问题可以使用断言宏来避免，在每次解引用前都先检查指针是否为非空。更坏的情况是，若一些数据被错误当作指针，那么对它解引用实质上是对随机内存地址进行读/写。这种情况通常会导致崩溃，或其他很难除错的严重问题。

许多游戏引擎大量使用指针，因为指针是实现对象引用最快、最高效并最容易使用的方式。然而，经验丰富的程序员总是对指针小心翼翼，有些游戏团队会转用更精确的对象引用类型，其原因包括希望采用更安全的编程惯例，或是认为有必要。例如，若游戏引擎在运行时利用重定位来消灭内存碎片 (见 5.2.2.2 节)，就不能使用简单的指针。我们可能需要一种对重定位健壮的对象引用类型，或是需要手动修正每个指向重定位内存块的指针。

15.5.2 智能指针

智能指针 (smart pointer) 是一个小型对象，行为与指针非常接近，而它的目的是规避原始 C/C++ 指针所衍生的问题。基本上，智能指针含有一个原始指针的数据成员，并提供一组重载运算符以令智能指针的行为在大多数情况下和原始指针一样。指针可以解引用，因此我们需要重载 * 和 -> 运算符返回所需的地址。此外，指针也有算术运算，因此也需要重载 +、-、++ 和 -- 运算符。

因为智能指针本身是对象，所以它能含有额外的元数据，还可以加入额外的操作步骤，这些步骤普通指针是做不到的。例如，智能指针可能含有信息，说明其指向的对象是否已被销毁，若已被销毁就可以返回 NULL 地址。

智能指针也可以帮助管理对象的生命周期, 方法是通过与其他智能指针合作来判定对象的引用个数。此技术称为*引用计数* (reference counting)。当指向某对象的智能指针个数降至零时, 我们就能知悉已经不再需要该对象, 可以自动地销毁该对象了。此做法能令程序员不用担心对象的拥有权及孤立对象问题。在现代编程语言如 Java 和 Python 中, 引用计数通常也是"垃圾回收" (garbage collection, GC) 系统的核心。

智能指针也有其问题。首先, 智能指针容易实现, 但却极难完全无误。智能指针需要处理多种情况, 但 C++ 标准库所提供的 std::auto_ptr 类却普遍认为不足以应对很多情况。Boost C++ 模板库提供了 6 个不同种类的智能指针。

- scoped_ptr: 指向单个对象且该对象只有一个拥有者的指针。
- scoped_array: 指向一组对象且那组对象只有一个拥有者的指针。
- shared_ptr: 指向一个对象的指针, 该对象的生命周期由多个拥有者共享。
- shared_array: 指向一组对象的指针, 该组对象的生命周期由多个拥有者共享。
- weak_ptr: 指向一个对象的指针, 但它不拥有该对象, 也不会自动销毁该对象。(该对象的生命周期必须由一个 shared_ptr 管理)。
- intrusive_ptr: 其实现引用计数的方法是, 假设指向的对象会维护该引用计数。侵入式指针非常有用, 因为它们所占的空间和原始 C++ 指针相同 (因为它本身不存储引用计数相关的信息), 另一个原因是它们能直接地从原始指针构建。

正确地实现智能指针类可能是一项艰巨的任务, 读者看一看 Boost 的智能指针文档[1]便能了解其难度。其中要解决多个问题。

- 智能指针的类型安全性。
- 令智能指针可以使用不完整的类型。[2]
- 在异常 (exception) 出现时保持正确的智能指针行为。
- 运行时的成本可能很高。

笔者曾参与过一个项目, 该项目尝试实现自己的智能指针, 直至项目结束前我们都在修正许多不同的恶心 bug。笔者个人建议, 尽量远离智能指针, 就算必须使用它们, 也要用一个成熟的实现, 例如 Boost, 而不要尝试自己开发。

1 http://www.boost.org/doc/libs/1_54_0/libs/smart_ptr/smart_ptr.htm
2 就是说, 所指向的类型只有前置声明。——译者注

15.5.3 句柄

句柄 (handle) 在很多方面的行为都与智能指针类似, 但它更易实现并且较少出现问题。基本上, 句柄就是某全局句柄表 (handle table) 的整数索引, 而句柄表则是存储指向引用对象的指针。要创建一个句柄, 只需简单地用对象的地址去搜寻句柄表, 并把结果索引存储在句柄中。要对句柄解引用, 只需把句柄作为索引去读取句柄表, 并把该位置的指针解引用。图 15.13 说明了此数据结构。

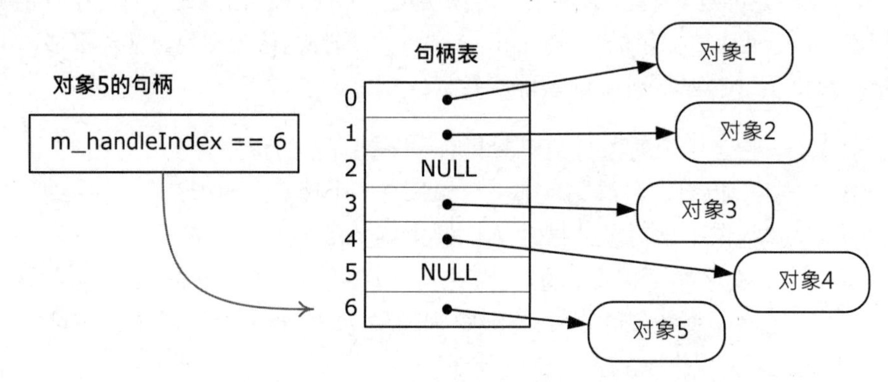

图 15.13 句柄表含有原始指针。句柄仅是此表的索引

通过加入句柄表这个简单的间接层, 就能令句柄比指针更安全及更具弹性。若要删除一个对象, 只需简单地把句柄表中对应的记录清空。这会令所有现存该对象的句柄都立即且自动地变成空引用。另外, 句柄也支持内存重定位。当对象在内存中重定位时, 其旧地址可以在句柄表中找到记录并进行相应更新。再次, 所有现存引用该对象的句柄也能自动更新。

虽然句柄可以实现为原始整数, 然而, 句柄表的索引通常会被包装成一个简单的类, 以提供更方便创建句柄和解引用的接口。

句柄可能会引用过时对象。例如, 假设我们为对象 A 创建了一个句柄, 该句柄占用了句柄表第 17 条记录。之后, 该对象被删除了, 所以第 17 条记录也被设为空指针。再之后, 有一个新的对象 B 被创建, 恰巧它也占用句柄表第 17 条记录。那么所有原来引用对象 A 的句柄就突然变成引用对象 B (而非空值)。这肯定不是我们想要的行为。

过时句柄问题的简单解决方案之一是, 在每个句柄中加入唯一的对象标识符。那么, 当创建引用对象 A 的句柄时, 该句柄不仅含有记录索引 17, 也同时存储了对象标识符 “A”。当对象 B 在句柄表中取代对象 A 时, 所有引用对象 A 的遗留句柄认同它使用索引 17, 但不认同句柄表中的对象标识符。那么, 当对这些引用过时对象 A 的句柄解引用时, 我们就可以返回空值, 而不会错误地返回对象 B 的指针。

以下的代码段落示范了怎样实现一个简单的句柄类。注意，我们也在 GameObject 中存储了它的句柄索引，那么当要为 GameObject 创建新句柄时就不用以地址搜寻句柄表了。

```
// 在GameObject类之内，我们存储了唯一标识符
// 为了高效创建新句柄，也存储了对象的句柄索引
class GameObject
{
private:
    // …
    GameObjectId     m_uniqueId;      // 对象的唯一标识符
    U32              m_handleIndex;   // 供更快地创建句柄

    friend class GameObjectHandle;   // 让它访问id及索引
    // …

public:
    GameObject()    // 构造函数
    {
        // 唯一标识符来自世界编辑器，或是在运行时动态指定
        m_uniqueId = AssignUniqueObjectId();

        // 从句柄表中找一个闲置的句柄索引
        m_handleIndex = FindFreeSlotInHandleTable();

        // …
    }

    // …
};

// 此常数定义句柄表的大小，以及同一时间的最大对象数目
static const U32 MAX_GAME_OBJECTS = ...;

// 这是全局句柄表，只是简单的数组，存储游戏对象指针
static GameObject* g_apGameObject[MAX_GAME_OBJECTS];

// 这是我们的简单游戏对象句柄类
class GameObjectHandle
```

```
{
private:
    U32             m_handleIndex;  // 句柄表的索引
    GameObjectId    m_uniqueId;     // 唯一标识符以防过时句柄
public:
    explicit GameObjectHandle(GameObject& object) :
        m_handleIndex(obejct.m_handleIndex),
        m_uniqueId(object.m_uniqueId)
    {
    }

    // 此函数为句柄解引用
    GameObject* ToObject() const
    {
        GameObject* pObject = g_apGameObject[m_handleIndex];
        if (pObject ! = NULL && pObject->m_uniqueId == m_uniqueId)
        {
            return pObject;
        }
        return NULL;
    }
};
```

此例子的实现虽然是可用的，但其功能并不完整。我们可能要实现复制语义，或提供额外的构造函数。全局句柄表的每条记录除了包含对象的原始指针，也可以加入额外信息。[1] 当然，这里的固定容量句柄表实现并非唯一的可行设计。不同引擎的句柄系统都有一些差异。

我们还要注意，全局句柄表有另一美好的副作用，那就是它提供了一个现成的活跃游戏对象列表。例如，我们可以通过全局句柄表高效地迭代世界中的所有游戏对象。在有些情况下也可以让它实现其他的查询种类。

15.5.4 游戏对象查询

每个游戏引擎至少要提供几个在运行时搜寻对象的方法，我们称这些方法为游戏对象查

1 例如，可以存储引用计数，创建句柄时加 1，删除句柄时减 1，计数归零时可以自动删除对象。——译者注

询 (game object query)。最简单的查询种类是用对象的唯一标识符来找出。然而，真实的游戏引擎需要很多其他种类的游戏对象查询。以下是一些游戏开发者可能需要的游戏对象查询的例子。

- 找出玩家视线范围内的所有敌人角色。
- 对某类型的所有游戏对象进行迭代。
- 找出所有血量少于 80% 的可破坏游戏对象。
- 对所有在爆炸影响半径范围内的游戏对象做出伤害。
- 对子弹弹道或其他抛射体路径中的对象进行由近至远的迭代。

此表可以连续数页，它的内容跟具体游戏的设计有关。

为了提供最有弹性的游戏对象查询，我们可以想象开发一个通用的游戏对象数据库，它可以编写任意的搜寻条件实现任意查询。理想地，我们的游戏对象数据库可以极高效、迅速地完成所有这些查询，并尽量利用到所有可用的软硬件资源。

在现实中，弹性和速度是鱼与熊掌，不可兼得。取而代之，游戏团队通常要判断，在游戏开发过程中哪些可能是最常用到的查询类型，并实现专用的数据结构加速这些查询类型。当需要有新的查询类型时，工程师可利用现有的数据结构实现这些查询，若速度不能达标就需要开发新的数据结构。以下列举了一些可用于加速某类游戏对象查询的专门的数据结构。

- *以唯一标识符搜寻游戏对象*：游戏对象的指针或句柄可存储于以唯一标识符为键的散列表或二叉查找树中。
- *对满足某条件的所有对象进行迭代*：游戏对象可预先以多个条件排序 (假设我们能预先知道所需的条件)，并把结果存储在多个链表里。例如，我们可以建立某游戏对象类型的表，或是维护一个在玩家某半径范围内的所有对象的列表等。
- *搜寻抛射体路径或某目标点视线内的所有对象*：这种游戏对象查询通常会利用碰撞系统实现。多数碰撞系统会提供一些极快的光线投射功能，甚至能投射其他形状 (如球体或任意的凸体积) 判断这些形状碰到哪些对象 (见第 12.3.7 节)。
- *搜寻某区域或半径范围内的所有对象*：我们可以用一些空间散列数据结构去存储游戏对象。这个结构可能是置于整个世界中的简单平面栅格，也可以是更精确的方法，如四叉树、八叉树、kd 树，或其他基于空间邻近性的数据结构。

15.6 实时更新游戏对象

无论是最简单的还是最复杂的游戏引擎, 都必须随着时间更新每个游戏对象的内部状态。游戏对象的*状态* (state) 可由它的*属性* (attribute) 定义 (有时候被称为 property, 在 C++ 语言中被称为*成员数据*, data member)。例如, 在 *Pong*[1]游戏中, 乒乓球的状态可以定义为它在屏幕上的 (x, y) 坐标及速度 (速率及运动方向)。因为游戏是动态、基于时间的模拟, 一个游戏对象的状态是描述它在*某一时刻*的组态。另一种说法是, 一个游戏对象的时间概念是*离散的* (discrete), 而不是*连续的* (continuous)。但是, 我们可以想象游戏对象状态是连续的, 然后在引擎中离散地被采样 (sample)。这样做可以帮助解决一些常见的陷阱。

在以下的讨论中, 我们用符号 $\boldsymbol{S}_i(t)$ 表示对象 i 在时间 t 的状态。这里使用矢量表示方式在数学上并不完全正确, 但这种表示方式提醒我们, 一个对象的状态就好像一个异质 (heterogeneous) 的 n 维矢量, 它包含所有不同资料类别的信息。注意, 这里使用的“状态”一词并非*有限状态机* (finite state machine, FSM) 里的状态。一个游戏对象可以由一个或多个 FSM 组成, 但在这种情况下, 每个 FSM 的当前状态只是游戏对象总状态 $\boldsymbol{S}(t)$ 的一部分。

大多数低阶引擎子系统 (渲染、动画、碰撞、物理、声音等) 都需要周期性更新, 游戏对象也一样。正如第 7 章所提及的, 通常是通过称为*游戏循环*的主循环来更新引擎子系统 (或可使用多个线程, 每个线程运行一个游戏循环)。差不多所有游戏引擎都在主游戏循环里更新游戏对象的状态, 换句话说, 它们把游戏对象模型当作另一个需要周期性运行的引擎子系统。

因此, 更新游戏对象可视为一个过程, 每个对象根据之前的状态 $\boldsymbol{S}_i(t-\Delta t)$ 决定当前的状态 $\boldsymbol{S}_i(t)$。当所有对象获更新后, 当前的时间 t 就成为新的之前时间 $(t-\Delta t)$。这个过程在游戏运行中不断重复。一般来说, 引擎会管理一个至多个时钟, 其中一个时钟会对应实时 (real-time), 而其他时钟可能不对应实时。这些时钟给引擎提供绝对时间 t, 也可能提供游戏循环中两个迭代的时间差 Δt。我们通常会允许更新游戏对象状态的时钟偏离实时。这么做, 可以按照游戏设计需求实现游戏对象的暂停、减速、加速, 甚至时光倒流。这些功能也能促进游戏调试和开发。

如第 1 章提及的, 游戏对象更新系统对计算机科学来说, 是一个*动态* (dynamic)、*实时* (real-time)、*基于代理* (agent-based) 的*计算机模拟* (computer simulation)。游戏对象更新系统也和*离散事件模拟* (discrete event simulation) 有关 (详见 15.7 节有关事件的内容)。在计算机科学里, 这些都是成熟的研究领域, 也有许多互动娱乐以外的应用。游戏是基于代理模拟中一个较

---

1 Pong 有中文译名《乒》, 是 1972 年由 Atrai 公司制作发行的一款模拟打乒乓球的街机游戏。——译者注

复杂的应用。如我们将要见到的,要在一个动态、互动的虚拟环境中,按时间正确地更新游戏对象是十分困难的。通过学习基于代理及离散事件的模拟,游戏程序员可以对游戏对象更新有更多的理解。这些领域的研究员也可能从游戏引擎设计中学到一些东西!

如同所有高阶的游戏引擎系统,每个引擎采用的设计方式都有轻微的 (也有巨大的) 差别。可是,如前,每个游戏团队都会面对一些常见问题,而某些设计模式总会出现在几乎所有引擎里。本节会研究这些常见问题,以及它们的常见解决方案。谨记,一些游戏引擎有可能会使用非常规方案,此外,下文提及的方案未必能解决一些特殊游戏设计所产生的问题。

15.6.1 一个简单 (但不可行) 的方式

要更新一个游戏对象集合的状态,最简单的方法就是遍历那个集合,并调用每个对象的虚函数 (命名如 `Update` 之类[1])。通常这个遍历是在游戏主循环的一个迭代中执行一次,也就是每帧一次。游戏对象的类可提供自定义的 `Update()` 函数,该函数把类对象的状态更新至下一个离散时刻。调用更新函数时,可传入当前距离上一帧的时间差,使对象可以恰当地考虑已流逝的时间。因此,最简单的 `Update()` 函数原型可能如下:

```
virtual void Update(float dt);
```

为方便以下讨论,我们假设游戏引擎采用一个庞大的类继承体系,各游戏对象都是其中的某个类的实例。但是,我们也可以把这里的概念延伸至几近任何以对象为中心的设计。例如,要更新一个基于组件的对象模型,我们可以调用该对象的每个组件的 `Update()` 函数,或者可以对该对象的“枢纽”对象调用 `Update()`,让它更新认为适合的相关组件。我们也可以把这些概念延伸到基于属性的对象模型,每帧调用各个属性的 `Update()` 函数。

有人说:“魔鬼在细节里 (devil is in the details)”,所以我们将在此研究两个重要细节:第一,如何管理所有对象的集合;第二,`Update()` 函数应该负责什么事情。

15.6.1.1 管理所有活跃的对象集合

游戏引擎通常会利用一个单例 (singleton) 管理类管理所有活跃的游戏对象,这个类可能叫作 `GameWorld` 或 `GameObjectManager`。因为在游戏进行中可以生产或销毁对象,所以游戏对象集合一般是动态的。一个简单有效的方式是用链表,而链表的元素指向对象的指针、智能指针或句柄。有些游戏引擎不允许动态生产或销毁对象,这些引擎便可用固定大小的数组而

---

1 有些引擎把该函数命名为 `Tick`、`Simulate`、`Think` 等,然而如前文所述,不同引擎的做法不完全相同,这类函数的实际用途也有差异,必须注意。——译者注

不需要链表。以下可以看到，大部分引擎会采用比链表更复杂的数据结构管理游戏对象。但到目前，为简单起见，我们可以把这个数据结构想象为链表。

15.6.1.2 Update() 函数的责任

一个游戏对象的 Update() 函数主要负责从它之前的状态 $\boldsymbol{S}_i(t-\Delta t)$ 决定它当前离散时间的状态 $\boldsymbol{S}_i(t)$。这可能牵涉运行该对象的刚体动力学模拟、对动画采样、回应在该时步 (time step) 里产生的事件等。

大多数游戏对象会和一个或多个引擎子系统互动。这些游戏对象可能要播放动画、渲染图形、发出粒子特效、播放音效、侦测与其他对象/静态几何体是否碰撞等。这些系统都必须按时更新内部状态，一般每帧或数帧更新一次。很简单直观的想法是在游戏对象的 Update() 函数里更新这些子系统。例如，考虑以下这个 Tank 类的虚构更新函数：

```
virtual void Tank::Update(float dt)
{
    // 更新坦克本身的状态
    MoveTank(dt); //移动
    DeflectTurret(dt); // 偏转炮塔
    FireIfNecessary(); // 按需发炮

    // 现在更新低阶的引擎子系统(这不是一个好方法,见下文)
    m_pAnimationComponent->Update(dt);
    m_pCollisionComponent->Update(dt);
    m_pPhysicsComponent->Update(dt);
    m_pAudioComponent->Update(dt);
    m_pRenderingComponent->Draw();
}
```

如果 Update() 函数如此构成，游戏循环差不多只需要更新游戏对象：

```
while (true)
{
    PollJoypad();

    float dt = g_gameClock.CalculateDeltaTime();

    for (each gameObject)
    {
```

```
        // 此虚构的Update()函数更新所有引擎子系统!
        gameObject.Update(dt);
    }

    g_renderingEngine.SwapBuffers();
}
```

以上游戏更新方式看上去不管有多简单, 也不是一个商业级引擎的可行方案。以下几节会探讨这个简单方法所产生的问题, 并研究解决这些问题的常用方法。

15.6.2 性能限制及批次式更新

大部分低阶引擎系统都有极严峻的性能限制。它们需要处理大量数据, 并且要在每帧里尽快完成大量运算。因此, 大多数引擎能受惠于*批次式更新* (batched update)。例如, 相对于逐个对象更新动画及交错进行其他无关运算 (如碰撞侦测、物理模拟及渲染等), 把动画组成一个批次更新更高效。

在大多数商业游戏引擎中, 主游戏循环会直接或间接更新引擎子系统, 而非在每个游戏对象的 `Update()` 函数里, 以对象为单位更新引擎子系统。当游戏对象需要某个引擎子系统的服务时, 游戏对象会通过引擎子系统分配该子系统需要的状态。例如, 一个游戏对象希望被渲染为一个三角形网格, 它要求渲染子系统分配一个*网格实例* (mesh instance) 以供使用。(如在第 10.1.1.5 节所述, 一个网格实例为三角形网格的单个实例, 拥有该实例在世界空间的位置、方位、缩放、材质数据及其他实例相关的信息。) 渲染引擎能使用对它来说最高效的方式[1]管理网格实例的集合。游戏对象可改变网格实例的属性控制其渲染效果, 但它并不直接控制渲染的过程。取而代之, 当所有游戏对象完成更新后, 渲染引擎就能高效地批次渲染所有可见的网格实例了。

使用了批次式更新的游戏对象 (如我们虚构的 `Tank`), 其 `Update()` 函数会像下面这样:

```
virtual void Tank::Update(float dt)
{
    // 更新坦克本身的状态
    MoveTank(dt);
    DeflectTurret(dt);
```

1 渲染引擎可能使用 10.2.8.4 节中介绍的数据结构来管理这些实例, 如四叉树、八叉树、包围球树、BSP 树等。——译者注

```
    FireIfNecessary();

    // 改变游戏子系统组件的属性,但不在此更新它们
    if (justExploded)
    {
        m_pAnimationComponent->PlayAnimation("explode");
    }
    if (isVisible)
    {
        m_pCollisionComponent->Activate();
        m_pRenderingComponent->Show();
    }
    else
    {
        m_pCollisionComponent->Deactivate();
        m_pRenderingComponent->Hide();
    }
    // 等等
}
```

游戏循环就变成这样:

```
while (true)
{
    PollJoypad();

    float dt = g_gameClock.CalculateDeltaTime();

    for (each gameObject)
    {
        gameObject.Update(dt);
    }

    g_animationEngine.Update(dt);
    g_physicsEngine.Simulate(dt);
    g_collisionEngine.DetectAndResolveCollisions(dt);
    g_audioEngine.Update(dt);
    g_renderingEngine.RenderFrameAndSwapBuffers();
}
```

批次式更新带来很多性能效益, 包括但不限于如下所述。

- *最高的缓存一致性*: 批次式更新加强了游戏引擎子系统内的缓存一致性, 因为子系统能把各对象的所需数据分配到一个连续的内存区里。
- *最少的重复运算*: 可以先执行整体的运算, 之后在各对象更新中重用, 无须每次在对象中重新计算。
- *减少资源再分配*: 游戏子系统经常要在更新期间分配及管理内存及/或其他资源。若某个子系统的更新与其他子系统的更新交错执行, 处理每个对象时便需释放及再分配这些资源。若更新是批次式的, 则只需每帧为批次中的所有对象分配一次这些资源。
- *高效的流水线*: 很多引擎子系统对游戏世界中的每个对象执行近似的运算。当更新以批次式执行时, 就可以做一些优化及利用硬件特设的资源。例如, PlayStation 3 提供数个[1]称为 SPU 的高速微处理器, 每个处理器有其私有高速内存。但批次处理动画时, 在计算一个角色姿势的同时, 可以用 DMA 将下一个角色的数据传输到 SPU 内存。如果对象是独立更新的, 这种并行就不能实现。

性能优势并不是使用批次式更新的唯一原因。一些引擎子系统从根本上不能以对象为单位进行更新。例如, 若一个动力学系统里有多个刚体, 进行碰撞决议 (collision resolution) 时, 孤立地逐一考虑对象, 一般不能找到满意的解。对象间的相互穿透 (interpenetration) 一定要分组决议, 可使用迭代法或对线性系统求解。

15.6.3 对象及子系统的相互依赖

即使我们不关注性能, 当游戏对象*依赖*其他对象时, 简单地逐个对象更新仍不可行。例如, 一个人物角色怀里抱着一只猫, 为计算猫的骨骼的世界坐标姿势, 必须先计算该人物的世界坐标姿势。这意味着, 要正确运行游戏, 游戏对象更新的*次序*是十分重要的。

引擎*子系统*依赖另一个子系统是一个相关问题。例如, 布娃娃 (ragdoll) 物理模拟系统必须与动画系统协同更新。通常, 动画系统会先产生局部空间骨骼姿势 (local space skeletal pose), 这些关节转换 (joint transform) 会变换到世界空间, 然后物理系统会把它们设定为一个和骨骼相似的相连刚体系统。物理系统随时间模拟这些刚体, 刚体的模拟结果会反过来设定骨骼的关

[1] PS3 的 Cell 芯片上有 8 个物理 SPE, 其中一个会在测试过程中锁掉以提高生产效率, 一个预留给操作系统使用, 所以实际上游戏代码中可使用 6 个 SPE。每个 SPE 由 SPU 和记忆流控制器组成。http://en.wikipedia.org/wiki/Cell_(microprocessor)。——译者注

节。最后, 动画计算最终的世界空间姿势及蒙皮矩阵表 (skinning matrix palette)。简而言之, 更新动画及物理系统需特定的更新次序, 以获得正确的结果。在游戏引擎设计中, 子系统间的相互依赖是司空见惯的。

15.6.3.1 分阶段更新

要叙述子系统间的相互依赖, 可以在游戏主循环中明确地编写代码以说明正确的子系统更新次序。例如, 动画系统和布娃娃系统相互作用的代码可编写成:

```
while (true) // 游戏主循环
{
    // …
    g_animationEngine.CalculateIntermediatePoses(dt);
    g_ragdollSystem.ApplySkeletonsToRagDolls();
    g_physicsEngine.Simulate(dt); // 包括布娃娃模拟
    g_collisionEngine.DetectAndResolveCollisions(dt);
    g_ragdollSystem.ApplyRagDollsToSkeletons();
    g_animationEngine.FinalizePoseAndMatrixPalette();
    // …
}
```

在游戏主循环中, 要慎选时机更新游戏对象状态。通常不能简化成每帧每对象调用一次 `Update()` 函数。游戏对象可能需要使用多个引擎子系统的中间结果。例如, 游戏对象必须在动画系统更新前请求播放动画。然而, 该对象也可能希望先用程序方式调整动画系统产生的中间姿势, 之后再把调整后的姿势送到布娃娃物理系统中去, 甚至该对象也可能希望在最终姿势及蒙皮矩阵表生成前对姿势做出最后调整。这意味着, 每个游戏对象可能需要多次更新, 例如, 在动画系统生成中间结果的前后、最终姿势生成前等。

很多游戏引擎允许游戏对象在 1 帧中的多个时机进行逻辑更新。例如, 顽皮狗引擎 (《最后生还者》、《神秘海域》) 会更新对象 3 次, 一次在动画混合前, 一次在动画混合后, 一次在最终姿势生成前。一个游戏对象类可以编写 3 个虚函数作为“挂钩”, 以达到此目的。这种系统的游戏循环可能会是这样的:

```
while (true) //主游戏循环
{
    // …

    for (each gameObject)
```

```
    {
        gameObject.PreAnimUpdate(dt);
    }

    g_animationEngine.CalculateIntermediatePoses(dt);

    for (each gameObject)
    {
        gameObject.PostAnimUpdate(dt);
    }

    g_ragdollSystem.ApplySkeletonsToRagDolls();
    g_physicsEngine.Simulate(dt); // 包括布娃娃模拟
    g_collisionEngine.DetectAndResolveCollisions(dt);
    g_ragdollSystem.ApplyRagDollsToSkeletons();
    g_animationEngine.FinalizePoseAndMatrixPalette();

    for (each gameObject)
    {
        gameObject.FinalUpdate(dt);
    }

    // …
}
```

游戏对象可按需增加更多更新阶段。但要小心, 因为每次遍历所有游戏对象并调用各对象的虚函数, 其开销可能很高。而且, 不是所有游戏对象都需要所有更新阶段, 遍历不需要某个阶段的对象纯粹浪费 CPU 时钟周期。一个降低遍历成本的办法是管理多个游戏对象链表, 每个链表代表一个更新阶段。一个对象如需在某个阶段中更新, 就加到相应的链表中, 以此避免遍历不关注某个更新阶段的对象。

实际上, 上述例子不是完全真实的。直接遍历所有游戏对象去调用它们的 `PreAnimUpdate()`、`PostAnimUpdate()` 和 `FinalUpdate()` 挂钩函数, 十分低效, 因为只有很小比例的对象实际需要在每个挂钩里执行逻辑。这也是弹性不足的设计, 因为它只支持游戏对象——若我们希望在动画后更新一个粒子系统, 就要倒霉了。这种设计还会导致底层引擎系统与游戏对象系统存在不需要的耦合。†

通用的回调系统是更好的设计之选。在这种设计中, 动画系统可提供一个设施, 让任何使

用方代码 (游戏对象或其他引擎系统) 可为每个更新阶段 (动画前、动画后及最终阶段) 登记一个回调函数。动画系统只遍历所有已登记的回调, 并调用它们, 而无须了解游戏对象的“知识”本身。这种设计能使性能最优化, 因为它只需在每帧调用实际需要的使用者。它也能使弹性最大化, 并去除了游戏对象系统和其他引擎子系统之间非必要的耦合, 因为任何使用方都能登记回调, 而不仅限于游戏对象。†

15.6.3.2 桶式更新

当存在对象间的依赖时, 便要轻微调整上述的阶段式更新技巧。因为对象间的依赖性可能与更新次序的规则有冲突。例如, 想象对象 A 手持着对象 B。假设完全更新 (包括产生最终世界空间姿势及蒙皮矩阵表) 对象 A 之后才能更新对象 B, 这就与动画系统批次更新所有游戏对象动画以达到最高吞吐量的原则相冲突。

对象间的依赖可以想象为多个依赖树 (dependency tree) 组成的树林 (forest)。没有父的游戏对象 (即没有其他游戏对象依赖它) 被视为树林中的一棵树的根。直接依赖根对象的游戏对象, 就成为树林中第 1 阶度的子节点; 直接依赖第 1 阶度子节点的对象, 就成为第 2 阶度的子节点; 以此类推, 如图 15.14 所示。

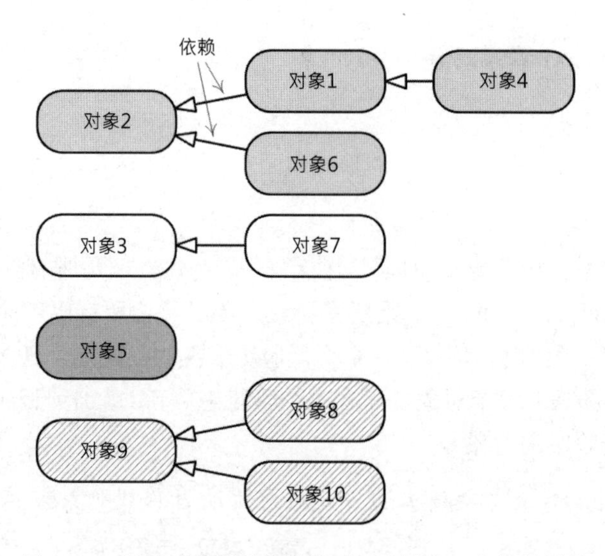

图 15.14 游戏对象间的依赖关系可以视为一个依赖树林

为了解决更新次序的冲突问题, 一个可行方案就是把对象编集成独立的群组。因为没有更好的术语, 笔者称这些群组为桶 (bucket)。第 1 个桶由各个根对象所构成; 第 2 个桶由第 1 阶度子节点的对象所构成; 第 3 个桶由第 2 阶度子节点的对象所构成; 以此类推。先为第 1 个桶执行完整的游戏对象及引擎子系统更新，其中包含所有更新阶段。之后再执行下一个桶的完整更新，直至所有桶都更新了。

理论上，依赖树林中的树深度是无限的。但实践上，深度一般很浅。例如，某游戏的游戏角色可以手持武器，而这些角色又可能站在移动平台或坐在载具上。在这种情况下，依赖树林只需要 3 层，也就是说只需要 3 个桶，分别对应移动平台/载具、角色、手持的武器。一个游戏引擎可以明确地为依赖树林的深度设限，可以用固定数目的桶 (假设使用桶式更新，当然也可以用其他方式架构游戏循环)。

以下是一个桶式、阶段式、批次式的更新循环示例:

```
enum Bucket {
    kBucketVehiclesAndPlatforms,
    kBucketCharacters,
    kBucketAttachedObjects,
    kBucketCount
};

void UpdateBucket(Bucket bucket)
{
    // …

    for (each gameObject in bucket)
    {
        gameObject.PreAnimUpdate(dt);
    }

    g_animationEngine.CalculateIntermediatePoses(bucket, dt);

    for (each gameObject in bucket)
    {
        gameObject.PostAnimUpdate(dt);
    }

    g_ragdollSystem.ApplySkeletonsToRagDolls(bucket);
    g_physicsEngine.Simulate(bucket, dt); // 布娃娃等
    g_collisionEngine.DetectAndResolveCollisions(bucket, dt);
```

```
    g_ragdollSystem.ApplyRagDollsToSkeletons(bucket);
    g_animationEngine.FinalizePoseAndMatrixPalette(bucket);

    for (each gameObject in bucket)
    {
        gameObject.FinalUpdate(dt);
    }
    // …
}

void RunGameLoop()
{
    while (true)
    {
        // …
        UpdateBucket(kBucketVehiclesAndPlatforms);
        UpdateBucket(kBucketCharacters);
        UpdateBucket(kBucketAttachedObjects);
        // …

        g_renderingEngine.RenderSceneAndSwapBuffers();
    }
}
```

在实践中, 有时候事情会比这个更复杂。例如, 一些物理引擎可能不支持“桶”这个概念, 可能是因为它们是第三方 SDK, 或是因为它们不能以桶式更新。可是, 桶式更新对我们很重要, 在顽皮狗公司, 它被应用于《神秘海域》系列的所有游戏以及《最后生还者》中。这是一个获证实行之有效的方法。

15.6.3.3 不一致的对象状态及“差一帧”延迟

现在再重温一下游戏对象更新, 但这次改用游戏对象的个别时间来表达。15.6 节定义了 $\boldsymbol{S}_i(t)$ 状态矢量为游戏对象 i 在时间 t 的状态。当更新对象 i 时, 就会将之前的状态矢量 $\boldsymbol{S}_i(t_1)$ 转换为新的状态矢量 $\boldsymbol{S}_i(t_2)$ (这里设 $t_2 = t_1 + \Delta t$)。

在理论上, 所有游戏对象的状态是瞬间及并行地从时间 t_1 更新至时间 t_2 的, 如图 15.15 所示。然而, 在实践中, 只会逐个对象进行更新, 比如遍历游戏对象并逐一调用它们的更新函数。若在更新中途暂停下来，有部分游戏对象的状态已更新至 $\boldsymbol{S}_i(t_2)$，而另一些对象可能还处在前一个状态 $\boldsymbol{S}_i(t_1)$。这意味着，在更新循环里的某时刻，询问两个对象当前的时间，结果可能会不同。更甚者，若在更新循环的某时刻中断下来，有些对象可能在部分更新的状态。例如，某个对象可能已执行姿势动画混合，却未计算物理及碰撞决议。这可导出一个规则：

所有游戏对象的状态在更新循环**之前**和**之后**是一致的，但在更新**途中**可能是不一致的。

图 15.16 阐明了这一规则。

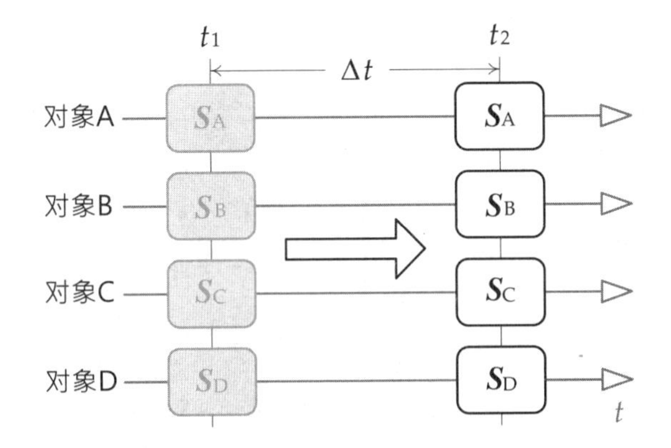

图 15.15　理论上在每个游戏循环迭代中，所有游戏对象的状态是瞬间及并行地进行更新的

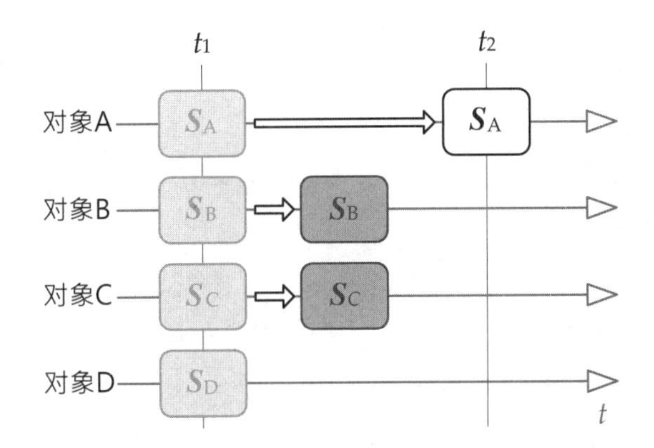

图 15.16　在实践中，游戏对象是逐一更新状态的。这意味着，在更新循环的某些时刻，一些对象 (如 A) 认为时间是 t_2 而其他对象 (如 D) 则认为仍是 t_1。一些对象 (如 B、C) 可能只更新了一部分，所以它们的状态是内部不一致的。这些对象的状态位于 t_1 和 t_2 之间

在更新循环中，游戏对象的不一致状态是混淆和 bug 的主要来源，即使对于游戏业界从业人员来说也是如此。更新一个游戏对象时，若它要查询其他对象的状态，就必须解决这个问题。例如，对象 B 要根据对象 A 的速度来决定自己在时间 t 时的速度。那么，程序员必须清楚

他/她需要的是对象 A 的之前状态 $\boldsymbol{S}_{\mathrm{A}}(t_1)$，还是新状态 $\boldsymbol{S}_{\mathrm{A}}(t_2)$。若需要新状态，而对象 A 未被更新，那么这是一个更新次序问题，会导致一类称为“*差一帧*”*延迟*的 bug。在这类 bug 中，一些对象的状态会延后其他对象 1 帧，从屏幕上看就是对象之间不同步。

15.6.3.4 对象状态缓存

如 15.6.3.2 节所述，解决这个问题的方案之一是把游戏对象按桶分类。简单的桶式更新稍微专横地限制了游戏对象能询问哪些对象的状态。如果游戏对象 A 希望取得对象 B 的*已更新*状态矢量 $\boldsymbol{S}_{\mathrm{B}}(t_2)$，那么对象 B 一定要置于*之前已更新*的桶里。同样，如果对象 A 希望取得对象 B*之前*的状态矢量 $\boldsymbol{S}_{\mathrm{B}}(t_1)$，那对象 B 一定要置于*之后才更新*的桶里。对象 A 不应查询与自己同属一桶的对象的状态矢量，否则会违反前面介绍的规则，因为那些状态矢量可能只进行了部分更新。或者充其量，你不清楚正在访问的其他对象的状态是 t_1 的还是 t_2 的。

一个能改善一致性的办法如下。更新时，不要就地*覆写*新的状态到原来的矢量，而是保留之前的状态矢量 $\boldsymbol{S}_i(t_1)$，并把新的状态写到另一个矢量 $\boldsymbol{S}_i(t_2)$ 中。这将带来两个益处：第一，任何对象都可安全地查询其他对象的之前状态，不受对象更新次序影响；第二，就算是在更新的过程中，它保证永远有一个完全一致的状态 $\boldsymbol{S}_i(t_1)$。以笔者所知，现在该技术并无标准术语，这里称它为*状态缓存* (state caching)。[1]

状态缓存还有一个好处就是，可以通过线性地向前后两个状态插值，得出该时间段任何时刻的状态近似值。Havok 物理引擎就是纯粹为了这个原因而保存每个刚体的前后状态的。

该项技术的缺点是比就地更新状态多耗 1 倍内存。而且该项技术也只能解决一部分问题。虽然之前的状态在 t_1 是完全一致的，但在 t_2 的新状态依然可能不一致。然而，有选择地使用这一技术还是很有帮助的。

此项技术是*函数式编程* (functional programming) 的核心。函数式编程是一种范式，其所有操作是由带有清晰输入和输出的函数运行的，而且所有数据被当作常数及不变的 (immutable) (见 15.8.2 节)。

15.6.3.5 加上时间戳

为改善游戏对象状态的一致性，一个简单、低成本的方法就是为对象加上时间戳 (time stamp)，这样就能轻易分辨游戏对象的状态是在之前还是当前时间。任何查询其他对象的代码，

1 译者认为，用缓冲 (buffer) 会比缓存 (cache) 恰当。因为缓存是利用局部性做优化的，而这里是为了存储两个不同时间的数据。可参考维基百科条目 `http://en.wikipedia.org/wiki/Cache` 中的 The difference between buffer and cache 一节。——译者注

应用断言 (assertion) 或明确地检查对方的时间戳, 以确保取得的状态信息是恰当的。

加上时间戳并不能解决同一桶内对象的不一致问题, 但我们可以设一个全局或静态变量反映目前正在更新哪一个桶。假设每个游戏对象都知道它们置于哪个桶, 那么, 就可以断言查询对象不应置于当前正在更新的桶, 以防查询到不一致的状态。(当然, 这项技术仅当像更新循环在单线程运行时才有效。)

15.6.4 为并行设计

7.6 节介绍了多种并行 (parallelism) 处理方式, 使游戏引擎能受惠于近来有并行处理能力的常见游戏硬件。那么并行性是否影响游戏对象更新的方式呢?

15.6.4.1 使游戏对象模型本身并行

众所周知, 使游戏对象模型并行是很困难的, 其中有几个原因。通常, 游戏对象间会大量相互依赖, 游戏对象也可能和多个引擎子系统所产生的数据互相依赖。此外, 游戏对象会与其他游戏对象交流 (communicate), 有时候在更新循环中会多次交流, 而交流的模式 (pattern) 是不可预期且易受玩家输入所影响的。这使游戏对象在并发形式 (用多个线程或多个 CPU 核心) 下更新变得困难, 因为对象间通信必须使用线程同步机制, 在效能角度上这通常是不允许的。并且, 如常地直接读取其他对象的状态矢量, 不能传送游戏对象到协同处理器 (如 PlayStation 3 的 SPU) 的隔离内存去更新。

话虽如此, 理论上仍然可以并行更新游戏对象。为使它更符合实践, 我们应谨慎设计整个对象模型, 保证对象不能直接查看其他游戏对象的状态矢量。所有对象交流必须使用消息传递 (message-passing)。我们需要一个高效的系统传递消息, 无论对象是分隔在不同的内存还是不同的 CPU 物理核。有些研究采用分布式 (distributed) 编程语言 (如爱立信公司的 Erlang[1]) 编写游戏对象模型。这些语言提供内置的并行及消息传递功能, 能比 C/C++ 之类的语言更高效地处理线程的上下文切换 (context switching), 这些语言的编程惯用法 (idioms) 也可以协助防止程序员 "打破规则", 使并发式 (concurrent)、分布式、多代理 (multiple agent) 的设计恰当及高效。

多线程游戏对象更新也是可使用*状态缓存* (见第 15.6.3.4 节) 技术的情境。没有状态缓存, 每当对象要直接读取其他对象的状态数据时, 便需要锁定互斥锁或临界区域。因为当我们尝试读取其他对象的状态矢量时, 它可能正在另一线程中被更新, 造成难以调试的 bug。但在有状

1 http://www.erlang.org

态缓存的情况下, 我们可以访问其他对象的上一个状态矢量而无须锁定, 因为上一个状态矢量能保证在此更新中维持不变。†

15.6.4.2 与并发的引擎子系统对接

显然, 引擎中对性能最重要的部分, 如渲染、动画、音频和物理, 最能从并行处理中获益。因此, 无论我们的游戏对象模型是在单线程还是多核中更新, 它都需要与多线程的底层引擎系统对接。这意味着, 程序员要相应地改变思维, 避免一些过去在并行处理时代之前行之有效的编程范式, 并采用新的范式。

最重要的思想改变, 可能是程序员要使用*异步* (asynchronous) 的思维。如 7.6.5 节所提及, 若游戏对象要执行耗时的操作, 它应避免使用*阻塞型* (blocking)*函数*, 这种函数直接在调用方的线程上下文中工作, 即暂停了调用方的线程运行直至工作完成。取而代之, 请求执行巨大或昂贵的工作时, 应尽量调用*非阻塞型* (non-blocking)*函数*, 这种函数把工作请求发送至其他线程、核心或处理器去执行, 发送请求后这种函数立即返回至调用方, 不用等待工作完成。主游戏循环可以继续处理其他不相关的工作, 包括更新其他游戏对象, 而原来的对象就继续等待。在这帧稍后时刻或下一帧, 该对象才会获得刚才请求工作的结果, 并利用它来继续处理。

另一个游戏程序员要改变的思维是批处理 (batching)。如 15.6.2 节提及, 把相近的任务集合成批次集中处理, 会比独立地逐个任务执行更高效。批处理也能应用在游戏对象状态更新中。例如, 若一个游戏对象因为不同原因, 要投射 100 条光线到碰撞世界, 最好能把这些光线排成队, 再批次执行。若一个现有引擎要为并行翻新, 便可能要重写代码把单独的请求改为批次式请求。

要把同步非批次代码改为异步批次形式, 最棘手的是在游戏循环中决定 (a) *何时启动*请求及 (b) *何时等待*并使用请求的结果。为此, 程序员可问自己以下问题。

- *请求能在多早启动?* 越早启动请求, 就越有机会在实际需要结果时完成工作。这样, 主线程就不会闲着等待异步请求的结果, 以优化 CPU 的使用率。因此, 我们应该分析每个请求, 找出能有足够信息启动它的帧内最早时刻, 并在那一刻启动它。
- *在需要请求的结果前可以等多久?* 或许我们可以等到更新循环稍后的地方继续执行下半部分。或许我们可以容忍 1 帧的滞后, 并使用上一帧的结果更新本帧的对象状态。(有些子系统如人工智能, 甚至能容忍更长的滞后时间, 因为它们只需要每隔几秒更新一次。) 在很多情况下, 只要一些思考、一点代码重构及一些额外的中间数据缓存, 就能把请求结果的时机推迟至帧内稍后的时间。

15.7 事件与消息泵

游戏本质上就是事件驱动的。事件 (event) 是游戏过程中发生的、希望被关注的事情。发生爆炸、玩家被敌人看见、拾取补血包等都是事件。游戏通常需要一些方法做两件事——当事件发生时通知关注该事件的对象, 以及安排那些对象回应所关注的事件, 后者称为事件处理 (event handling)。不同类型的游戏对象会以不同方式回应事件。个别类型的游戏对象处理事件的方式是其行为的关键特征, 重要性如同对象在没有外来输入时的状态改变方式。例如,《乓》中球的行为可分为几部分, 一部分受其速度所支配, 一部分通过回应球撞到墙/球拍的事件而令球反弹, 还有一部分需回应一方玩家的失球事件。

15.7.1 静态类型的函数绑定带来的问题

为了通知游戏对象一个事件已发生, 最简单的方法是调用该对象的方法 (成员函数)。例如, 当爆炸发生时, 我们可以对游戏世界进行查询, 找出爆炸半径范围内的所有对象, 并对这些对象调用名为 `OnExplosion()` 的虚函数。以下的伪代码说明了这种处理方式。

```
void Explosion::Update()
{
    // …
    if (ExplosionJustWentOff())
    {
        GameObjectCollection damagedObjects;
        g_world.QueryObjectsInSphere(GetDamageSphere(),
                                     damagedObjects);

        for (each object in damagedObjects)
        {
            object.OnExplosion(*this);
        }
    }
    // …
}
```

对 `OnExplosion()` 的调用是静态函数类型的后期绑定 (late binding) 的例子。函数绑定是指调用函数时会运行哪个函数实现, 换言之, 就是调用绑定到函数实现。如 `OnExplosion()`

等虚函数, 被称之为*后期绑定*。这是指编译器在编译期并不知道将会运行哪个函数实现, 只有在运行时得知目标对象的类型后, 才能运行适当的实现。我们称虚函数是*静态类型*, 因为给定一个对象类型, 编译器能知道应调用哪个实现。例如, 编译器知道, 若目标对象是 `Tank` 类, 就应该运行 `Tank::OnExplosion()`; 若目标对象是 `Crate` 类, 就应该运行 `Crate::OnExplosion()`。

静态函数类型绑定带来的问题在于, 它在某种程度上降低了实现的弹性。首先, `OnExplosion()` 函数需要所有游戏对象继承自同一个基类。此外, 基类必须*声明*该虚函数, 即使不是所有游戏对象都能对爆炸做出回应。实际上, 使用静态类型的虚函数作为事件处理程序, 会导致 `GameObject` 基类需要声明游戏中*所有可能出现的事件*! 这样做会令创建新事件变得困难, 也阻止了以数据驱动方式产生事件, 例如用世界编辑工具产生事件。这种方式也无法让某些类或某几个实例仅登记自己希望关注的事件, 而不登记其他事件。结果是, 游戏中每个对象都知道所有可能发生的事件, 即使它对一些事件的回应是不做任何事情的 (例如, 实现空的、不做任何事情的事件处理程序)。

我们真正想要的事件处理程序, 是*动态函数类型的后期绑定*。有些程序语言原生支持这种功能 (例如 C# 中的 delegate)。在其他语言中, 工程师必须自行实现这种绑定。有许多方案可以解决此问题, 但其中部分方案归结到数据驱动方法。换言之, 我们把函数调用封装成对象, 并把对象传递至运行时的对象, 以实现后期绑定的动态类型函数调用。

15.7.2 把事件封装成对象

事件实质上由两个部分组成: *类型* (爆炸、朋友受伤、玩家被发现、拾起补血包等) 以及*参数* (argument)。参数为事件提供细节 (爆炸会造成多少点伤害? 哪个朋友受伤? 玩家在哪里被发现? 血包能补多少点血?), 我们可以把这两个部分封装成对象, 颇为过分简化的伪代码如下所示:

```
struct Event
{
    const U32 MAX_ARGS = 8;

    EventType   m_type;
    U32         m_numArgs;
    EventArg    m_aArgs[MAX_ARGS];
};
```

有些游戏引擎称这些为*消息* (message) 或*命令* (command), 而不称为事件。这些名称强调,本质上, 把事件通知给对象等于向对象发送消息或命令。

在实践上, 事件对象通常不是这么简单的。例如, 我们可能会从一个事件根类派生不同的事件类型。而参数也可能实现为链表或动态分配的数组, 以容纳任意数量的参数, 并且参数可以是不同的数据类型。

把事件 (或消息) 封装为对象有许多好处。

- 单个事件处理函数: 由于事件对象把其类型以内部方式编码, 任何数量的事件类型都可以表示为单个类 (或是继承层次中的根类) 的实例。这意味着我们仅需要单个虚函数就可处理所有事件类型 (如 `virtual void OnEvent(Event& event);`)。
- 持久性 (persistence): 事件对象有一点和函数调用不一样, 函数的参数在调用返回后就离开了作用域, 但事件对象把其类型及参数存储为数据。因此, 事件对象含有持久性, 可存储于队列, 稍后才做处理, 也可以复制及广播至多个接收者等。
- 盲目地转发事件: 对象可以将它收到的事件转发至另一对象, 而不需要知道事件的内容。例如, 若载具收到一个“下车”事件, 它可以将事件转发至所有乘客, 令他们下车, 而载具本身可能完全不了解“下车”的意思。

把事件/消息/命令封装为对象的想法, 在计算机科学其他领域中也是寻常事。这种做法不仅在游戏引擎中会使用, 也可见于图形用户界面、分布式通信系统中等。著名的“四人组”设计模式著作[17] 称这种做法为命令设计模式 (command design pattern)。

15.7.3 事件类型

我们有多种方法分辨不同的事件类型。在 C/C++ 中最简单的方法是使用一个全局的枚举 (enum), 把每个事件类型映射至一个唯一整数。

```
enum EventType
{
    EVENT_TYPE_LEVEL_STARTED,
    EVENT_TYPE_PLAYER_SPAWNED,
    EVENT_TYPE_ENEMY_SPOTTED,
    EVENT_TYPE_EXPLOSION,
    EVENT_TYPE_BULLET_HIT,
    // …
};
```

此方法的优点在于简单及高效 (因为整数通常能极快地读/写及比较)。然而, 它也有 3 个弊病。首先, 游戏中所有事件类型都要集中在一起, 这可视为破坏封装的一种形式 (是好是坏, 见仁见智)。第二, 事件类型是硬编码的, 意味着新的事件类型不能通过数据驱动的方式来定义。第三, 枚举仅是索引, 它们是次序相关的。若某人意外地在列表的中间加入新的事件类型, 其后的事件标识符都会改变, 这对于存储在磁盘上数据文件中的事件标识符会造成问题。因此, 基于枚举的事件类型系统能在小演示及原型程序中运作良好, 却不太可以扩展至真正的游戏规模。

另一个事件类型编码方法是使用字符串。此方法是完全自由形式的, 只要想一个名字就能加入新的事件类型。但它有几个问题, 包括很有可能产生事件名称冲突, 也有机会因拼错字而导致不能正常运作, 字符串所消耗的内存也较多, 而且比较字符串与整数相比速度较慢。为了减少内存需求和提高性能, 可以用字符串散列标识符来代替原始字符串, 但这仍然解决不了名称冲突及拼错字的问题。虽然如此, 基于字符串或字符串标识符的事件系统具有高弹性, 而且它们本质上支持数据驱动, 所以有许多游戏团队都会觉得可承担使用它的风险, 包括顽皮狗。

实现工具时, 可以用一些方法降低用字符串表示事件所带来的风险。例如, 可以使用一个中央数据库管理所有事件类型的名称, 用户通过一个界面将新的事件加入数据库。那么, 当加入新名称时就可以自动地检测是否会造成名称冲突, 可禁止用户加入重复的事件类型。当用户要输入一个已有的事件类型时, 可以使用下拉组合框列出已排序的事件类型, 而不需要用户记住名称并手工键入。事件数据库也可以存储每个事件类型的元数据, 包括用途及正确用法的文档, 也可以包含事件所支持的参数数量及类型。这种方法可以非常有效, 但我们不应该忘记设置及维护这种系统所需的成本, 因为此成本并非微不足道的。

15.7.4　事件参数

事件的参数通常与函数的参数很相似, 都是用来提供可能对接收者有用的事件相关信息的。事件参数可以用多种方式实现。

我们可以为每种事件类型从 Event 基类派生一个独立的类。那么就可以使用硬编码方式将事件参数作为这些类的数据成员。例如:

```
class ExplosionEvent : public Event
{
    float       m_damage;
    Point       m_center;
    float       m_radius;
};
```

另一种方法是把事件参数存储为 variant 的集合。variant 是一种数据对象, 可存储多于一种数据类型。variant 通常会存储当前的数据类型以及数据本身。在事件系统中, 我们可能希望参数是整数、浮点数、布尔值或字符串散列标识符。因此在 C/C++ 中, 可以定义一个类似下面的 Variant 类:

```
struct Variant
{
    enum Type
    {
        TYPE_INTEGER,
        TYPE_FLOAT,
        TYPE_BOOL,
        TYPE_STRING_ID,
        TYPE_COUNT  // 类型总数
    };

    Type        m_type;
    union
    {
        I32     m_asInteger;
        F32     m_asFloat;
        bool    m_asBool;
        U32     m_asStringId;
    };
};
```

Event 中的 variant 的集合可以实现为尺寸小、设固定最大长度 (如 4、8、16 个元素) 的数组。这样限制了事件可以传递的参数数目, 但可以避开为每个事件动态分配内存的消耗。这种做法在内存有限的游戏机上是一个巨大优势。

variant 的集合也可以实现为动态改变大小的数据结构, 如动态数组 (如 std::vector) 或链表 (如 std::list)。这样可以提供比固定大小的实现更大的弹性, 但会产生动态内存分配的成本。假定每个 Variant 都占同样的空间, 我们可以在此利用池分配器。

15.7.4.1 以键值对作为事件参数

事件参数采用以索引为基础的集合, 其中一个根本问题是这些参数的意义取决于存储的次序。发送方及接收方都必须理解事件是以什么次序存储参数的。这可能会导致混淆及产生 bug。

例如, 我们可能意外地遗漏了一个参数, 或是多加了一个。

若我们采用键值对 (key-value pair) 来实现事件参数, 就可以避免这个问题。每个参数都以唯一的键来标识, 因此参数能以任何次序存储, 也可以忽略可选的参数。参数集合可以实现为闭合或开放式散列表, 使用键来做散列; 也可实现为键值对的数组、链表或二叉搜寻树。表 15.1 说明了此做法。我们有许多选择, 但具体采用哪一个方案并不是很重要, 只要该方案能在功能上及性能上满足游戏的需求即可。

表 15.1 事件对象的参数可以实现为键值对的集合。使用键可避免依赖次序的问题, 因为每个事件参数都能用其键来独一无二地识别

键	值	
	类型	
"event"	stringid	"explosion"
"radius"	float	10.3
"damage"	int	25
"grenade"	bool	true

15.7.5 事件处理器

当游戏对象接收到一个事件/消息/命令时, 它需要以某种方式做出回应, 此过程称为事件处理 (event handling), 并通常实现成称为事件处理器 (event handler) 的函数或脚本段落。(我们稍后会再谈及脚本。)

事件处理器通常是一个原生的虚函数或脚本函数, 它能处理所有类型的事件 (如函数 `virtual void OnEvent (Event& event)`)。在此情况下, 函数通常包含某种 `switch` 语句或一串 if/else-if 语句, 以处理不同类型的、可能接收到的事件。典型的事件处理器函数大概是这样子的:

```
virtual void SomeObject::OnEvent(Event& event)
{
    switch (event.GetType())
    {
    case SID('EVENT_ATTACK'):
        ResponseToAttack(event.GetAttackInfo());
        break;
```

```
    case SID('EVENT_HEALTH_PACK'):
        AddHealth(event.GetHealthPack().GetHealth());
        break;

    //
    default:
        // 未认出的事件
        break;
    }
}
```

另一种方法,是实现一系列处理器函数,每个函数负责一种事件 (如 `OnThis()`、`OnThat()` ……)。然而,如前所述,这种不断增加事件处理器函数的方法可能会造成麻烦。

Microsoft Foundation Class(MFC)是一个 Windows GUI 工具集,它含有一个著名的消息映射 (message map),可以在运行时把 Windows 消息绑定至任何非虚或虚函数。这种做法避免了在单个根类中声明所有可能的 Windows 消息处理器,同时也能避免使用一个巨大的 switch 语句 (在非 MFC 的 Windows 消息处理函数中通常会这么做)。但可能不值得实现这种系统,使用 switch 语句的方式既能良好运作且又简单又清晰。[1]

15.7.6 取出事件参数

以上的例子掩盖了一个重要的细节 —— 如何从事件的参数表中以类型安全的方法取出参数。例如,我们可能假设 `event.GetHealthPack()` 会传回一个 `HealthPack` 游戏对象,而该对象提供一个 `GetHealth()` 的成员函数。这意味着,根 `Event` 类知道补血包的接口 (扩展下去,即它也知道游戏中所有的事件参数类型),这大概是一个不切实际的设计。在真实的引擎中,`Event` 的派生类可能提供像 `GetHealthPack()` 这样的 API,以便存取数据。第二种方式是处理器手工地取出数据,并把它们转化为合适的类型。第二种方式会引起类型安全问题,但从实践上来说,这通常不会造成大问题,因为在取出参数之前我们必然会先知道事件的类型。

15.7.7 职责链

游戏对象几乎总是依赖于另一些游戏对象。例如,游戏对象通常处于一个变换层次关系之

1 C/C++ 编译器会使用 branch table 等技巧优化 switch-case 语句。详情请参见 `http://en.wikipedia.org/wiki/Branch_table`。——译者注

中, 这样做可以令一个对象停在另一个对象之上, 或是把对象绑定至角色的手中。游戏对象也可能由多个互动的组件所组成, 形成以组件对象所组成的星状拓扑或松散连接的“云”。体育类游戏可能会为每队维护其队员的列表。总而言之, 我们可以把游戏对象之间的关系想象为一个或多个关系图 (relationship graph) (回想表和树都是图的特例)。图 15.17 展示了一些关系图的例子。

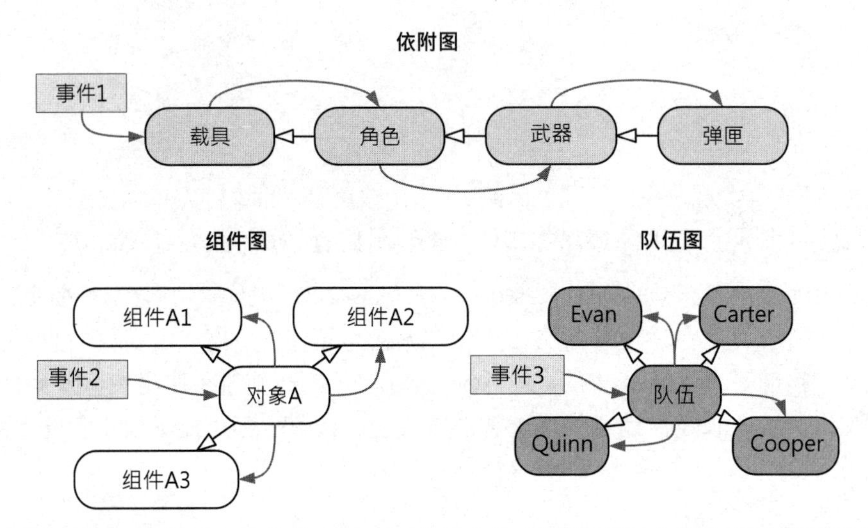

图 15.17 游戏对象以多种形式互相关联。我们可以把这些关系绘制成图。这种图可以用作事件的分派通道

在这些关系图中, 把事件从一个对象传递到另一对象, 很多时候是说得通的。例如, 当载具接收到一个事件时, 它可以把该事件传递至所有乘客, 而那些乘客可能希望把事件再传递给他们的装备。当一个多组件对象收到事件时, 该对象或许也需要把事件传递至它的各个组件, 令每个组件都有机会处理该事件。在体育类游戏中, 角色收到事件后, 也可能要把它传递至他的队员。

在对象关系图中转发事件, 乃面向对象、事件驱动编程中一种常见的设计模式, 有时称为*职责链* (chain of responsibility)[17]。通常, 事件传递的次序是预先由工程师决定的。事件首先传递至链的首个对象, 然后该对象返回一个布尔值或枚举值, 以表示该对象是否认识并处理该事件。若事件被接收者消化了, 事件转发就告一段落; 否则, 事件就再转发至链中下一个接收者。支持职责链的事件处理器大概是这个样子的:

```
virtual bool SomeObject::OnEvent(Event& event)
{
    // 先调用基类的处理器
    if (BaseClass::OnEvent(event))
```

```
    {
        return true;
    }

    // 现在试图自己处理事件
    switch (event.GetType())
    {
    case SID('EVENT_ATTACK'):
        ResponseToAttack(event.GetAttackInfo());
        return false; // 可以转发事件给其他对象

    case SID('EVENT_HEALTH_PACK'):
        AddHealth(event.GetHealthPack().GetHealth());
        return true; // 我消化了事件,不再转发

    //
    default:
        return false; // 我认不出这个事件
    }
}
```

当派生类覆盖一个事件处理器时, 若它只是想修改而不是取代原来的回应, 那么派生类的处理器可调用基类的实现。在其他情况下, 派生类可以完全取代基类的回应, 那么就不需要调用基类的处理器了。这是另一种职责链。

事件转发也有其他用途。例如, 我们可能想把事件多播 (multicast) 至某半径范围内的所有对象 (如爆炸)。要实现此功能, 可以利用游戏世界的对象查询机制找出对应球体内的所有对象, 然后把事件转发给查询结果中的每个对象。

15.7.8 登记对事件的关注

可以很稳妥地说, 游戏中大部分对象都不需要接收所有可能的事件。大部分游戏对象类型只会 "关注 (interest)" 很小的事件集合。那么多播或广播事件就是很低效的事情, 因为我们需要对一组对象进行迭代, 并逐一调用其事件处理器, 即使其中一些对象并不关注某些事件。

为了提高事件处理的效率, 我们可以允许对象登记它们所关注的事件。例如, 每个事件类型维护一个链表, 内含关注该事件类型的对象; 或每个游戏对象维护一个位数组 (bit array), 其

中每一位代表该对象是否关注某种事件。这样做可以避免调用一些不关注该事件的对象。调用虚函数会带来一些不可忽视的性能损耗, 特别是在内存缓存较原始的游戏机上, 因此按对事件的关注情况来过滤对象, 可以改善事件多播或广播的效能。

更好的做法是, 对于要多播的事件, 我们限定游戏对象查询只包含关注该事件的游戏对象。例如, 当爆炸发生时, 我们向碰撞系统查询, 找出影响半径范围内并且能回应爆炸事件的对象。整体而言, 此做法可以节省一些时间, 因为对于不关注发送事件的对象, 避免了对它们进行迭代。但这种做法是否能带来净收益, 要视查询机制是如何实现的, 并要比较在查询中过滤和多播迭代时过滤的相对成本。[1]

15.7.9 要排队还是不要排队

多数游戏引擎都会提供一种机制立即处理刚发出的事件。除此以外, 有些引擎也允许把事件排队, 留待未来某时刻再进行处理。将事件排队有一些很吸引人的好处, 但也会显著增加事件系统的复杂度并造成一些独有的问题。以下数小节将探讨事件排队的优缺点, 并在过程中学习如何实现这些系统。

15.7.9.1 事件排队的好处

控制事件处理的时机 我们之前已看到, 必须小心以某特定次序更新引擎子系统和游戏对象, 才能确保有正确的行为及最大化运行时效率。在同等意义上, 有些事件类型对于它应该在游戏循环的哪个时机被处理非常敏感。若所有事件都在发出后被立即处理, 那么事件处理器函数最终会在游戏循环中不确定且难以控制的时机被调用。使用事件队列延后处理事件, 工程师就可以采取措施确保事件在安全及合适的时机获得处理。

往未来投递事件的能力 当发出一个事件时, 发送者通常可以设置一个送递时间。例如, 我们可能希望该事件在同一帧的稍后时间、次帧或投递后数秒才做处理。此功能等于我们可以往未来投递事件, 它有许多有趣的用途。通过往未来投递事件, 我们可以实现一个简单闹钟。一些周期性任务 (例如, 每 2 秒令灯闪一闪) 可以实现为投递一个未来事件, 其处理器执行了任务后再往未来一个时间周期后投递相同类型的事件。

为了实现往未来投递事件的功能, 要在每个事件进入队列前为其指定一个所需的送达时间。仅当目前的游戏时钟等于或超过事件的送达时间时, 该事件才会被处理。实现此功能的简

---

1 此功能在分布式互动仿真 (distributed interactive simulation) 中又称为兴趣管理 (interest management)。——译者注

单方法是把队列中的事件按送达时间排序。[1]那么在每帧中，先检查队列中首个事件的送达时间。若还未到送达时间，可立即中止处理，因为我们能肯定之后的事件也是未到时间的。我们将处理时间已到的事件，直至无合乎条件的事件。以下的伪代码展示了此过程:

```
// 至少每帧调用此函数一次
// 它的任务是分派所有投递时间为现在或过去的事件
void EventQueue::DispatchEvents(F32 currentTime)
{
    // 取得队列中的下一个事件,但不从队列中移除它
    Event* pEvent = PeekNextEvent();

    while (pEvent &&
            pEvent->GetDeliveryTime() <= currentTime)
    {
        // OK,现在从队列中移除该事件
        RemoveNextEvent();

        // 把事件分派至接收者的事件处理器
        pEvent->Dispatch();

        // 取得队列中下一个事件(同样不移除它)
        pEvent = PeekNextEvent();
    }
}
```

事件的优先次序 就算事件按送达时间在事件队列中排序，若两个或以上的事件有相同的送达时间，这些事件的处理顺序仍然是有歧义的。这种情况的出现机会可能超出读者所想，因为事件的送达时间通常会量化为整数帧。例如，两个发送者请求事件在“本帧”、“次帧”或“7 帧以后”被调度，那么那些事件便可能会有相同的送达时间。

消除这种歧义的方法之一是为事件设置优先次序 (priority)。当两个事件的送达时间相同时，先处理优先次序较高的一个。实现时只需要在排序时先比较送达时间，若相同再比较优先次序。

若以 32 位整数表示优先次序，就能得出约 40 亿个不同的优先级。也可以限制只有两三个不同的优先级 (如低、中、高)。每个游戏引擎的优先级只要达到消除真实歧义的数量下限即

1 也可使用优先队列 (priority queue) 来实现。——译者注

可。通常越接近这个下限越好。若有大量的优先级, 要了解各种情况哪一个事件先处理, 就变得困难了。然而, 每个游戏的事件处理系统的需求都不同, 需要读者自行决定。

15.7.9.2 事件排队带来的问题

增加了事件系统的复杂度 为了实现事件排队系统, 相对于即时处理的事件系统, 我们需要更多代码、额外的数据结构、更复杂的算法。复杂度的增长, 在游戏开发过程中通常会转化成更长的开发时间、更高的维护及扩展成本。

深度复制事件及其参数 使用即时处理事件的方法时, 事件参数所存的数据只需要在事件处理函数 (及其所调用的函数) 中持续。即事件及其参数可以存于任何内存空间, 包括调用堆栈。例如, 我们可以编写这种函数:

```
void SendExplosionEventToObject(GameObject& receiver)
{
    // 在堆栈中分配事件参数
    Point   centerPoint(-2.0f, 31.5f, 10.0f);
    F32     damage = 5.0f;
    F32     radius = 2.0f;

    // 在堆栈中分配事件
    Event event("Explosion");
    event.SetArgFloat("Damage", damage);
    event.SetArgPoint("Center", &centerPoint);
    event.SetArgFloat("Radius", radius);

    // 传送事件。这会立即调用接收者的事件处理器
    event.Send(receiver);
    //{
    //    receiver.OnEvent(event);
    //}
}
```

然而, 当事件需要排队时, 其参数就需要持续至发送者函数作用域之外。这意味着我们必须将整个事件对象复制至队列。我们必须使用深度复制 (deep-copy), 即不仅要复制事件对象本身, 还要复制事件所装载的参数, 包括这些参数所持有的对象。深度复制确保不会有仅对发送者作用域数据的悬垂引用 (dangling reference), 并且允许事件无限期存储。上面的投寄函

数例子改为使用排队事件系统后，基本上是差不多的，但读者可以注意下面代码中的斜体部分,Event::Queue() 函数的实现会比 Send() 更复杂一点。

```
void SendExplosionEventToObject(GameObejct& receiver)
{
    // 仍然在调用堆栈中分配事件参数
    Point    centerPoint(-2.0f, 31.5f, 10.0f);
    F32      damage = 5.0f;
    F32      radius = 2.0f;

    // 在堆栈中分配事件还是可行的
    Event event("Explosion");
    event.SetArgFloat("Damage", damage);
    event.SetArgPoint("Center", &centerPoint);
    event.SetArgFloat("Radius", radius);

    // 把事件存储在接收者的队列中,供接收者在未来处理
    // 注意,事件必须被深度复制,才能加到队列里
    // 因为原来的事件存于堆栈中,在此函数返回后就离开作用域了
    event.Queue(receiver);
    //{
    //    Event* pEventCopy = DeepCopy(event);
    //    receiver.EnqueueEvent(pEventCopy);
    //}
}
```

为队列中的事件做动态内存分配 深度复制事件对象意味着需要动态内存分配。如之前多次提及的，游戏引擎并不欢迎动态内存分配，因为它除了有潜在的成本外，还会造成空间碎片。然而，若使用排队事件，我们便需要动态分配事件对象。

如同游戏引擎中所有的动态分配，我们最好能选择一个快速且不会造成碎片的分配器。可以选择池分配器，但这仅当所有事件对象是相同大小而且其参数也是由相同数量、相同大小的元素类型所组成时。有些情况的确是这样的，例如，每个参数都使用上面所说的 Variant 类型。若事件对象及/或其参数的大小是可变的,小型内存分配器便可能适用。(记住，小型内存分配器维护多个池，每个池有预先指定的分配大小范围。) 当设计一个排队事件系统时，记得要

细心考虑其动态分配需求。[1]

当然, 还有其他可行的设计。例如, 在顽皮狗, 我们以可重定位的内存块来分配队列中的事件。关于可重定位内存可参考第 5.2.2.2 节。[†]

调试困难 使用排队事件时, 事件处理器并不是由发送者直接调用的。因此, 与即时事件处理不同, 调用堆栈不能告诉我们事件从何而来。我们不能在调试器的调用堆栈中往上检查发送者的状态, 甚至该事件发送时的环境情况。因此, 调试这些延时事件会比较棘手, 若事件会被对象转发的话就更为困难。

有些引擎会存储一些调试信息, 表示事件在系统中传递的轨迹, 但无论这些信息有多细致, 调试没有排队的事件通常都简单得多。

排队事件也会导致一些有趣又难追踪的竞态条件 (race condition) bug。我们可能需要在游戏循环中各处散布事件调度, 以保证事件的处理不会导致讨厌的 1 帧延迟, 仍能保持在该帧内以适当次序更新对象。例如, 在更新动画时, 我们可能检测到某个动画已播完。这可能会发出一个事件, 令处理器可以播放新动画。显然, 我们不希望在之前和之后的动画间有 1 帧的延迟。为了避开这个问题, 可以先更新动画的时钟 (那么就能在这时候检测到动画放完并发出事件), 然后进行事件调度 (那么处理器就有机会请求播放新动画), 最终才开始动画混合 (那么就能够处理和显示新动画的首帧)。以下的代码片段说明了这个方法。

```
while (true) // 主游戏循环
{
    // …
    // 更新(多个)动画时钟。这可能会检测到片段完结,
    // 并发出EndOfAnimation事件
    g_animationEngine.UpdateLocalClocks(dt);

    // 然后分派事件
    // 若有需要,事件处理器可以在此帧开展一个新的动画
    g_eventSystem.DispatchEvents();

    // 最后,混合所有当前在播放的动画
```

1 若事件系统不支持送达时间和优先次序, 也即事件总是遵从 FIFO, 那么有一个简单的方法可避免动态内存分配及深度复制, 这就是建立一个循环队列 (circular queue) 存储事件对象及其参数, 直接在队列上分配空间及写入数据。若需要支持送达时间和优先次序, 可考虑只支持能重定位 (relocation) 的事件参数类型, 如数字、字符串/散列字符串和句柄, 那么每个事件总是表示为循环队列中的内存块, 若循环队列因碎片而溢出, 就可以把每个事件的内存块搬移, 重新成为连续内存 (此过程通常称为夯实, compact)。——译者注

```
    // (包括本帧早前播放的新动画)
    g_animationEngine.StartAnimationBlending();

    // …
}
```

15.7.10 即时传递事件带来的问题

即时传递事件也有其问题。例如, 即时事件处理器可能引致非常深的调用堆栈。对象 A 向对象 B 传递一个事件, 然后 B 的事件处理器又发出另一个事件, 如此下去。支持即时传递事件的游戏引擎可能常会见到如下这种调用堆栈:

```
...
ShoulderAngle::OnEvent()
Event::Send()
Character::OnEvent()
Event::Send()
Car::OnEvent()
Event::Send()
HandleSoundEffect()
AnimationEngine::PlayAnimation()
Event::Send()
Character::OnEvent()
Event::Send()
Character::OnEvent()
Event::Send()
Character::OnEvent()
Event::Send()
Car::OnEvent()
Event::Send()
Car::OnEvent()
Event::Send()
Car::Update()
GameWorld::UpdateObjectsInBucket()
Engine::GameLoop()
main()
```

在极端情况下, 这么深的调用堆栈有可能会用尽程序的堆栈空间 (尤其造成无限循环的事件发送), 但此问题的症结在于, 每个事件处理器都必须实现为完全可重入 (re-entrant) 函数。这就是说, 以递归方式调用事件处理器并不会有任何不良副作用。作为一个人为例子, 想象有一个函数, 它会把全局变量的值加 1。若该全局变量在每帧只能加 1, 那么这个函数是不可重入的, 因为多次的递归调用会导致多次使变量加 1。[1]

15.7.11 数据驱动事件/消息传递系统

事件系统给予游戏程序员很大弹性, 远远超越 C/C++ 之类的语言所提供的静态函数类型调用机制所要做的事情。然而, 我们可以做得更好。在之前的讨论中, 收发事件的逻辑仍然是硬编码的, 因此这些逻辑是由工程师独家控制的。若我们令事件系统变成数据驱动的, 就要把权力交到游戏设计师手中。

有很多方法可以把事件系统变成数据驱动的。从完全硬编码 (非数据驱动) 的事件系统开始, 我们可以提供一些简单的数据驱动配置能力。例如, 允许设计师对个别对象或某类的所有对象进行配置, 决定它们能否回应特定事件。在世界编辑器中, 我们可以选取一个对象, 然后从弹出的所有事件列表中选择该对象能接收的事件。对于每个接收事件, 设计师能在下拉组合列表框中选择一个或多个硬编码、预先定义好的对象反应方式。例如, 对于 “PlayerSpotted (玩家被发现)” 事件, 该人工智能控制的角色可以设置以下动作: 逃跑、攻击, 或不理会此事件。许多真实商用游戏引擎的事件系统本质上都采用这种实现方式。

引擎的另一种做法是向游戏设计师提供简单的脚本语言 (15.8 节会探讨此题目)。在这种情况下, 设计师可以编写真正的代码来定义某类对象应该如何回应某种事件。在脚本模型中, 设计师实质上等同于程序员 (但脚本相比工程师用的语言, 功能较有限、较容易学习, 也有望较不易出错), 因此一切皆可能实现。设计师可以任意定义新的事件类型、发送事件、接收事件、处理事件。我们在顽皮狗用的就是此方法。

简单、可配置事件系统的问题在于, 它限制了游戏设计师在没有程序员帮忙下所能做的事情。另一方面, 全脚本的方案也有其问题: 许多游戏设计师并没有经过专业软件工程师的培训, 因此有些设计师对学习及使用脚本语言望而却步。相对于工程师, 设计师也可能更易写出 bug, 除非他们对写脚本或编程已实践过很长一段日子。使用这种系统可能会在 alpha 版本遇见一些意料之外的问题。

1 另一个常见的问题是, 事件处理器在处理事件期间, 改变了一些状态, 中间若触发另一些事件, 那些事件处理器所取得的状态可能是不完整的。这类问题没有通解, 但可以用防御式编程去发现问题。——译者注

因此，有些游戏引擎会寻找一些折中方案。它们可以使用高级的图形用户界面以提供大量弹性，而又不需要提供完整的、自由形式的脚本语言。其中一种方法是使用流程图风格的编程语言。这种系统背后的理念在于，提供一组受控的原子操作供用户选择，并让用户把操作按自己所想的方式自由地连接起来。例如，为了回应“PlayerSpotted”事件，设计师可以连接一个流程图，令角色退到最近的掩护点，然后播放一个动画，等 5 秒再进行攻击。图形用户界面还可以提供错误检测及校验，以确保不会造成粗心大意的 bug。虚幻的 Kismet 是这种系统的例子，详见下面一节。

15.7.11.1 数据路径通信系统

把函数调用形式的事件系统转化为数据驱动，难点之一在于不同的事件类型会造成兼容问题。例如，假设在一个游戏中，玩家持有电磁脉冲枪 (electromagnetic pulse gun, EMP gun)，它发出的脉冲会关掉电灯和电子设备、吓跑小动物，并造成冲击波 (shock wave) 令附近的植物摆动。上述的对象类型可能已经会各自回应一种事件，并做出反应表现所想的行为。小动物对“吓跑 (scare)”事件的回应方式可能是迅速逃跑。电子设备对“关掉 (turn off)”事件的回应方式可能是关掉自己。植物对“风 (wind)”事件的回应方式可能是摆动。问题是，EMP 枪本身并不和这些对象的事件处理器兼容，因此，我们要实现一个新的事件类型，也许称为“EMP”事件，并在每种游戏对象类型中撰写特定的事件处理器，来回应这种事件。

此问题的一个解决方案是去掉事件类型，而仅考虑游戏对象将*数据流传送*至其他对象。在这种系统中，每个对象含一个至多个*输入/输出端口* (port)，输出端口可以用数据流连接至其他对象的输入端口，用来传送数据。如果我们有方法连接这些端口，例如在图形用户界面中用连线方式连接端口，那么就能创建任意复杂的行为。继续刚才的例子，EMP 枪会有一个输出端口，此端口可能命名为“射击”，它会输出一个布尔值。在大部分时间里，此端口输出 0 值 (即 false)，但当用枪射击时，该端口就会产生一个短暂 (1 帧) 的、值为 1 (true) 的脉冲。世界中其他游戏对象也会有一些布尔输入端口，用来触发不同的反应。动物有“吓跑”端口，电子设备有“开启”端口，植物有“摆动”端口。当我们把 EMP 的“射击”端口连接至这些游戏对象的输入端口时，就可以用枪击来触发所需的行为。(注意，我们需要把“射击”输出先通过一个节点来反转信号，然后再连接到电子设备的“开启”端口。这是由于我们希望射击时关掉这些电子设备。) 图 15.18 展示了此例子的连线图。

程序员可以制定每种游戏对象有什么端口。设计师可使用图形用户界面，借着自由地连接这些端口来建立游戏所需的行为。程序员也会提供其他节点，例如，一个反转输入的节点、产生正弦波的节点、输出游戏时间 (以秒为单位) 的节点等。

数据路径也可以传输多种类型的数据。有些端口可能会产生或接收布尔数据，另一些可能

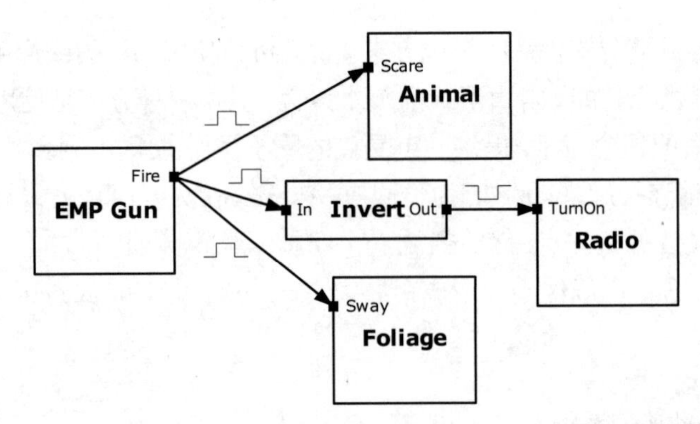

图 15.18 当电磁脉冲枪开枪时, 它在“射击”端口产生 1 的脉冲。此端口可连接至其他接收布尔值的输入端口, 用来触发相关行为

会产生或接收单个浮点数。还有一些可能会是三维矢量、颜色、整数等。这种系统必须要确保连接的端口采用兼容的数据类型, 或是必须提供一些机制为连接不同类型的端口时自动转型。例如, 把单个浮点数输出连接至布尔输入时, 可以把小于 0.5 的值转换为 false, 大于或等于 0.5 的值转换为 true。这些就是基于图形用户接口事件系统的精髓, 图 15.19 所示的是虚幻引擎 4 的 Kismet系统。

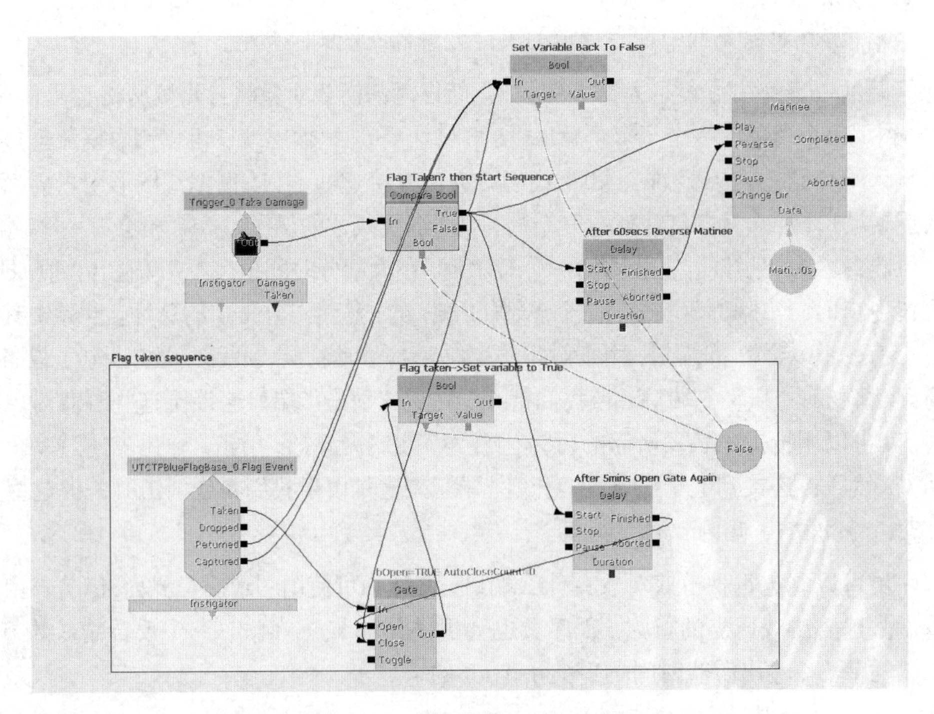

图 15.19 虚幻引擎 4 的 Kismet

15.7.11.2 视觉化编程的优缺点

图形用户接口相比文本式脚本语言, 优势十分明显: 容易使用, 工具中的帮助和提示可以引导用户渐进学习, 有大量的错误检测。然而, 流程图式的图形用户接口也有一些缺点, 包括: 开发、调试、维护这种系统的成本高, 增加了复杂性, 这些复杂性可能会引致麻烦甚至产生影响进度的 bug, 而设计师的工作也会受工具所限。文本式编程语言有超越图形式编程语言的优点, 包括: 相对简单 (意味着更难出错), 能简单地在代码中进行文字搜寻及替换, 用户能自由选择喜爱的编辑器。

15.8 脚 本

脚本语言 (scripting language) 可定义为一种编程语言, 其主要目的在于让用户控制及定制应用软件程序的行为。例如, Visual Basic 语言可用于定制 Excel 的行为, MEL和 Python 可用于定制 Maya的行为。在游戏引擎的语境中,*脚本语言*是高级、相对容易使用的编程语言, 可供用户方便地使用引擎经常用到的功能。因此, 脚本语言可供程序员和非程序员开发新游戏, 或是定制 (或称为 mod) 一个现存的游戏。

15.8.1 运行时与数据定义的对比

我们应谨慎地画一条重要的分界线。游戏脚本语言通常有两种。

- *数据定义语言* (data-definition language): 数据定义语言的主要功能在于让用户创建及填充数据结构, 这些数据将会供引擎读取。这些语言通常是声明式的 (见后文), 当数据载入内存时会在线下或运行时被执行或解析。
- *运行时脚本语言* (runtime scripting language): 运行时脚本语言在运行时的引擎上下文中执行。这些语言通常用于扩展或定制引擎的游戏对象模型及/或其他引擎系统的硬编码功能。

在本节, 我们将集中讨论使用脚本语言扩展或定制游戏对象模型来实现游戏性功能。

15.8.2 编程语言特性

讨论脚本语言时, 先讨论编程语言的术语会对学习者有所帮助。世界上有许多种编程语言, 但可以根据几个准则来将它们进行分类。下面我们看看这些准则。

- *直译式* (interpreted) *与编译式* (compiled) *语言*: 编译式语言的源码由编译器翻译成为机器码, 然后这些机器码直接在 CPU 上执行。而直译式语言的源码, 可以在运行时直接解析, 或是先编译为平台无关的*字节码* (byte code), 然后这些字节码在*虚拟机* (virtual machine, VM) 中执行。虚拟机如同一个假想 CPU 的模拟, 而字节码就如同此虚拟 CPU 可执行的机器码。虚拟机的好处在于它比较容易移植至几乎所有硬件平台, 并可以嵌入一个宿主应用程序 (如游戏引擎)。此弹性带来的最大代价是运行速度, 虚拟机执行字节码的速度通常比原生 CPU 执行机器码要慢得多。
- *命令式* (imperative) *语言*: 在命令式语言中, 程序是由指令序列组成的, 每个指令执行一个操作或是读/写内存中的数据。C/C++ 是命令式语言。
- *声明式* (declarative) *语言*: 声明式语言描述要做什么但不指明*如何*取得结果。如何执行取决于语言实现。Prolog是声明式语言的例子。标记语言 (markup language), 如 HTML和 TeX, 也可归类为声明式语言。
- *函数式* (functional) *语言*: 函数式语言在技术上可算是声明式语言的子集, 其目的是完全避免使用状态。在函数式语言中, 程序由一组函数定义。每个函数在不产生副作用的情况下输出结果 (即除了输出数据外不会对系统产生可观察的改动)。程序的构建方法是由一个函数传递输入参数至另一函数, 直至取得所需的结果。这些语言适合实现一些数据处理管道。它们在实现多线程应用中也有许多明显优势, 因为没有可变状态, 函数式语言不需要锁定互斥量。Ocaml、Haskell、F# 是函数式语言的例子。
- *过程式* (procedural) *与面向对象* (object-oriented) *语言* : 在过程式语言中, 程序构建的主要原子是*程序* (procedure), 或是*函数* (function)。这些程序和函数执行操作、计算结果及/或改变内存中数据结构的状态。相比之下, 面向对象语言的主要构建单位是*类* (class), 它是一种数据结构, 与一组程序/函数紧密耦合, 这些程序/函数 "懂得" 如何管理及操作该数据结构中的数据。
- *反射式* (reflective) *语言*: 在反射式语言中, 数据类型、数据成员布局、函数、类层次结构关系等信息可以在运行时在系统中取得。在非反射式语言中, 大部分这些元信息只能在编译时获取, 只有非常少的部分能供运行时取用。C# 是反射式语言的例子, 而 C/C++ 是非反射式语言的例子。

15.8.2.1 游戏脚本语言的典型特性

游戏脚本语言相对于原生编程语言的主要特性包括如下几个。

- *直译式*: 多数游戏脚本语言都是由虚拟机直译的, 而非编译的。此选择是基于弹性、可移植性、快速迭代 (见下文) 的考虑。当把代码表示为平台无关的字节码时, 引擎就可以把这些代码当作数据处理。这些代码可以如同其他资产般载入内存, 而不需要操作系统的帮忙 (例如, PC 平台上的 DLL 或 PS3 中的 PRX, 都需涉及操作系统)。因为这些代码由虚拟机执行而非直接由 CPU 执行, 所以游戏引擎可以有很大的弹性决定如何及何时执行这些脚本代码。
- *轻量*: 多数游戏脚本语言都是为嵌入式系统设计的。因此, 它们的虚拟机比较简单, 而且内存消耗也比较少。
- *支持快速迭代*: 每当更改原生源程序代码时, 我们必须重新编译及链接程序; 游戏也需要先关掉再重启, 才能看到改动后的效果 (除非你的开发环境支持某种形式的 "编辑代码并继续 (edit-and-continue)" 功能)。另一方面, 脚本代码改动后, 我们通常可以非常快速地看到改动的效果。有些游戏引擎允许即时重新载入脚本, 而无须关掉游戏。有一些引擎可能需要关掉再重启。但无论是哪一种方式, 修改脚本至看到改动效果的时间, 通常比更改原生语言源程序要短得多。
- *方便易用*: 脚本语言通常会根据具体游戏的需求来定制。我们可以提供一些功能令常见的任务变得简单、直观及较难出错。例如, 游戏脚本语言可以提供一些功能或自定义语法, 如以名字搜寻对象、发送及处理事件、暂停或控制时间、等待直至指定的时间、实现有限状态机、对游戏编辑器暴露可调参数供游戏设计师使用, 或是为多人游戏处理网络复制。

15.8.3 一些常见的游戏脚本语言

当实现运行时游戏脚本系统时, 我们有一个最基本的抉择: 应选用第三方的商业或开源语言并定制成我们所需, 还是自行从无到有设计及实现一门定制语言呢?

从零开始创造一门语言, 其麻烦程度和在整个项目周期的维护成本通常是得不偿失的。聘请游戏设计师和程序员时, 要求他们已熟识我们定制的内部语言, 也是很困难或根本不可能的事情, 因此通常还需要一些培训成本。然而, 创造一门语言显然是最富弹性和定制性的方法, 而那些弹性可能是值得投资的。

对于大多数工作室而言, 更合适的方法是选择一门知名且成熟的脚本语言, 并针对具体的游戏引擎扩展其功能。坊间有许多第三方的脚本语言可供选择, 许多都是成熟和健壮的, 并曾成功应用在游戏行业内外许多项目之中。

在以下数小节中, 我们会介绍一些定制游戏脚本语言, 以及一些常用于游戏引擎但本身和游戏无关的脚本语言。

15.8.3.1 QuakeC

id Software 公司的 John Carmack 为《雷神之锤》(*Quake*) 实现了一门自定义脚本语言，称为QuakeC (QC)。此语言本质上是 C 编程语言的简化版本，并直接整合至雷神之锤引擎中。此语言不支持指针或定义任意的 struct，但它可以方便地操控实体 (entity，雷神之锤引擎中游戏对象的名称)，并可以用于收发游戏事件。QuakeC 是直译式、命令式、过程式语言。

把 QuakeC 交给游戏玩家之后，就产生了 mod 社区。通过脚本语言及其他形式的数据驱动定制功能，玩家可以把许多商用游戏转化为各式各样的游戏体验，由原先题材轻微修改至完全新的游戏皆有可能。

15.8.3.2 UnrealScript

最知名的完全定制脚本语言或许就是虚幻引擎的 UnrealScript 了。此语言基于 C++ 语法风格，并支持许多 C/C++ 程序员习惯的概念，包括类、局部变量、循环、以数组及 struct 组织数据、字符串、散列字符串 (虚幻中称为 `FName`)、对象参考 (但不是自由形式的指针) 等。此外，UnrealScript 还提供了一些极为强大的游戏专用功能，以下我们将就这些功能进行简单探讨。UnrealScript 是直译式、命令式、面向对象的语言。

扩展类层次结构的能力 这点也许是 UnrealScript 最著名的地方。Unreal 对象模型本质上是单一的类层次结构，加上组件提供各引擎系统的接口。层次结构的根是一些原生类 (native class)，因为它们是用原生 C++ 语言实现的。但 UnrealScript 真正强大的地方在于，它能够纯粹用脚本实现新的派生类。

听上去这好像不是什么了不起的事情，除非读者亲身试过实现同样的东西！实际上，UnrealScript 重新定义并扩展了 C++ 的原生对象模型，这是令人吃惊的事情。对于原生的 Unreal 类，UnrealScript 的源文件 (其一般扩展名为.uc) 取代了 C++ 的头文件 (.h 文件) 定义类，实际上 UnrealScript 编译器会从.uc 文件生成C++ 的.h 文件，而程序员只需在.cpp 源文件中实现这些类。这么做，UnrealScript 编译器就能为每个 Unreal 类加入一些额外的功能，而这些功能令新的脚本类可以派生自原生类或脚本类。

latent 函数 latent 函数可以跨越多个游戏性的帧去执行。latent 函数可以执行一些指令，然后“睡眠”，等待一个事件或一段时间。等相应的事件发生或到达指定时间，引擎就会令函数“苏醒”，在之前停下来的地方继续执行。对于依赖时间流逝的游戏，此功能对管理这种游戏内的行为非常有用。

方便与 UnrealEd 联系 基于 UnrealScript 的类数据成员都可以被加入一个简单的注

释, 用来表示该数据成员如何在 Unreal 的世界编辑器——UnrealEd——中显示及编辑。这无须 GUI 编程。此功能使设计数据驱动的游戏非常容易 (只要 UnrealEd 内置的数据成员编辑 GUI 能满足所需)。

多人游戏的网络复制 UnrealScript 中的每个数据元素都可以标记为需要复制 (replication) 的。在虚幻网络游戏中, 每个游戏对象在某个机器上有完整的表示, 但其他机器只有一个轻量的对象版本, 此版本称为*远程代理* (remote proxy)。当一个数据成员被标示为需要复制时, 引擎就会自动把对象主版本的这些数据复制至所有远程代理处。此功能令程序员或设计师可以容易地控制网络上应该传播哪些数据, 也间接地控制了游戏所需的网络流量。

15.8.3.3 Lua

Lua 是著名且流行的脚本语言, 它能容易地整合至应用软件中, 包括游戏引擎。Lua 官网[1]称 Lua 是"游戏界脚本语言之首"。

根据 Lua 官网上的介绍, Lua 的关键优点包括如下几项。

- *健壮及成熟*: Lua 已应用于许多商用产品, 包括 Adobe 的 Photoshop Lightroom, 以及许多游戏, 例如《魔兽世界》。
- *优良的文档*: Lua 的参考手册[21] 是完整、易理解的文档, 提供了线上和书本格式。市场上也有许多关于 Lua 的书籍, 例如参考文献 [22] 和 [45]。
- *卓越的运行时性能*: Lua 执行其字节码的速度要比许多其他脚本语言快及高效。
- *可移植性*: 无须修改, Lua 就可以运行不同版本的 Windows 和 UNIX、手提设备、嵌入式微处理器等。Lua 本身以可移植的方法编写, 令它能很容易地适配新的硬件平台。
- *为嵌入设备而设计*: Lua 占用非常少的内存 (其直译器及所有程序库大约只占 350KiB)。
- *简单、强大、可扩展*: Lua 语言的核心是非常细小及简单的, 但 Lua 设计了一些元机制 (meta-mechanism) 无限扩展它的核心功能。例如, Lua 本身并不是面向对象的语言, 但我们可以通过元机制加入 OOP 的支持。
- *免费*: Lua 是开源的, 而且以非常自由的 MIT 许可证方式发布。

Lua 是动态类型语言, 意味着变量没有类型, 只有值才有类型 (每个值带有类型信息)。Lua 的基本数据结构是*表* (table), 也就是关联数组 (associative array)。表本质上是一个键值对的列表, 优化了以值索引的能力。

1 http://www.lua.org/about.html

Lua 提供了一个 C 语言的方便接口, 令 Lua 虚拟机可以调用及操作用 C 编写的函数, 如同 Lua 本身提供的一些函数。

Lua 把代码段 (称为chunk) 当作第一类对象, Lua 程序也可以处理这些代码段。代码可以用源码方式执行, 也可以预编译为字节码格式。所以虚拟机可以执行一个含 Lua 代码的字符串, 如同该代码被编译进原来的程序中。Lua 支持强大且高级的编程功能, 包括*协程* (coroutine)。这是合作式多任务 (cooperative multitasking) 的一种简单形式, 每个线程必须明确地交出 CPU 供其他线程执行 (而不像抢占式多任务系统以时间片进行调度)。

Lua 也有一些隐患。例如, 其极富弹性的函数绑定机制令我们可以 (且很容易) 重新定义一些重要的全局函数 (如 `sin()`) 去执行完全不同的任务 (而不是我们原来所想要的)。但总的来说, Lua 证明了自己是游戏脚本语言的卓越之选。

15.8.3.4 Python

Python 是过程式、面向对象、动态类型脚本语言, 为易于使用、与其他程序语言整合、高度弹性而设计。和 Lua 相似, Python 也常用作游戏脚本语言。根据 Python 官网[1]上的介绍, Python 的最优功能包括如下几项。

- *清晰可读的语法*: Python 代码容易阅读, 部分原因是其语法强制使用一种专门的缩进方式。(Python 根据解析空白来决定每行代码的作用域。)
- *反射性语言*: Python 包含强大的运行时自省能力。Python 中的类是第一类对象, 意味着我们可以在运行时对类进行操作及查询, 如同其他对象一样。
- *面向对象*: Python 优于 Lua 的一点是, Python 把 OOP 功能建于其语言核心之内, 这样更容易把 Python 整合至游戏的对象模型。
- *模块化*: Python 支持层次结构式程序包, 鼓励清晰的系统设计及良好的封装。
- *基于异常的错误处理*: 相比非基于异常的语言, Python 的异常简化了错误处理代码, 也令那些代码变得更优雅、更局部化。
- *包罗万象的标准库及第三方模块*: Python 程序库几乎覆盖任何可想象得到的任务。(真的!)
- *可嵌入*: Python 比较容易嵌入应用软件中, 如游戏引擎。
- *详尽的文档*: 市场中有许多 Python 的文档及教材, 线上和书本形式的都有。Python 官网是一个好的出发点。

1 `http://www.python.org`

Python 的语法在多方面会令人想起 C 语言 (例如, 它使用 = 运算符作为赋值操作符, 以及用 == 做相等测试)。然而,代码缩进 (indentation) 是在 Python 中定义作用域的唯一方法 (而不是采用 C 语言的花括号)。Python 的主要数据结构是list和dictionary, 前者是线性可索引的序列, 后者则是键值对的表。这两种数据结构都能存储原子值或是其他 list/dictionary, 所以我们可以很轻易地建立任意复杂的数据结构。除此以外,类 (数据元素和函数的统一集合) 也建立在该语言之内。

Python 支持鸭子类型 (duck typing), 它是指一种动态类型风格, 其中函数接口决定了对象的类型 (而不是用静态的继承关系来决定的)。换言之, 任何类只要提供某个接口 (即一组指定签名的函数), 就能替换其他支持相同接口的类。这是一个强大的范式, 其效果是 Python 支持多态 (polymorphism) 而无须使用继承。鸭子类型在某些方面和 C++ 的模板元编程相似, 鸭子类型大概是更富弹性的, 因为调用者和被调用者的绑定是动态在运行时形成的。鸭子类型之名来自著名的谚语 (出自 James Whitcomb Riley): "若它像鸭子般走路, 也叫得像鸭子, 那么我会称它为鸭子。(If it walks like a duck and quacks like a duck, I would call it a duck.)"。关于鸭子类型的更多信息, 可参阅维基百科。[1]

总而言之, Python 易用易学, 容易嵌入游戏引擎, 能良好地整合游戏对象模型, 可以是一个游戏脚本语言的卓越强大之选。

15.8.3.5 Pawn/Small/Small-C

Pawn 是一个轻量、动态类型、类 C 的脚本语言, 由 Marc Peter 所创。此语言之前被称为 *Small*, 而 Small 本身演化自一个更早的 C 语言子集语言 *Small-C*, Small-C 是由 Ron Cain 和 James Hendrix 编写的。Pawn 是一个直译式语言, 它的源码先编译成字节码 (称为 P 代码), 然后再由运行时的虚拟机直译。

Pawn 的设计尽量占用少量的内存, 并且能快速地执行字节码。和 C 不一样, Pawn 的变量是动态类型的。Pawn 也支持有限状态机, 包括状态内的局部变量。此独特功能令它非常适合很多游戏应用。网上有优良的 Pawn 文档。[2] Pawn 是开源的, 而且可以在 Zlib/libpng 许可证下免费使用。[3]

Pawn 的语法近似 C, 令 C/C++ 程序员很容易学习, 并且它能容易地被整合至以 C 编写的游戏引擎中。它对有限状态机的支持对游戏编程十分有用, 它曾成功地应用在许多游戏项目中, 包括 Midway 的《疯狂飞行员》(*Freaky Flyers*)。Pawn 证明了自己是切实可行的游戏脚本语言。

---

1 http://en.wikipedia.org/wiki/Duck_typing

2 http://www.compuphase.com/pawn/pawn.htm

3 http://www.opensource.org/licenses/zlib-license.php

15.8.4 脚本所需的架构

脚本代码在游戏引擎中可以扮演许多不同的角色。有许多架构可供考虑, 从用简单的脚本代码片段去代表一个对象或引擎系统执行一些简单功能, 到用高层的脚本去管理游戏的操作, 都是可能的。以下是几种可能的架构。

- *回调脚本*: 在此架构下, 引擎的主要功能大部分都是以原生编程语言硬编码的, 只有某些关键的小功能被设计成可定制的。这些部分通常实现为*钩子函数* (hook function), 或称为*回调* (callback), 是指用户提供一个函数供引擎调用, 借以做出定制。钩子函数可以用原生语言编写, 当然它们也能用脚本语言编写。例如, 当在游戏循环里更新游戏对象时, 引擎可能会调用一个可选的回调函数, 此函数可以用脚本编写。这样做能令用户有机会定制游戏对象更新的方式。
- *事件处理器脚本*: 事件处理器其实只是一种特殊的钩子函数, 其作用是令游戏对象回应游戏世界中发生的相关事件 (例如对爆炸做出反应), 或是回应引擎本身的事件 (如内存不足)。许多游戏引擎允许以脚本或原生语言编写事件处理器。
- *以脚本扩展游戏对象类型或定义新类型*: 有些脚本语言可以用脚本扩展原来由原生语言实现的游戏对象类型。事实上, 回调和事件处理器也是这种方式的小型例子, 但此概念可以扩展至完全由脚本定义新的游戏对象类型。我们可以使用*继承* (即自一个由原生语言编写的类派生一个由脚本语言编写的类), 又或是采用*组合/聚合*方式 (例如把脚本类的实例绑定至原生的游戏对象)。
- *组件或属性脚本*: 在基于组件或基于属性的游戏对象模型中, 只有允许用脚本或部分脚本创建新组件或属性对象, 这样才有意义。Gas Powered Games 的《末日危城》(*Dungeon Siege*) 采用的就是这种方式。[1]其游戏对象模型是基于属性的, 它们允许属性用 C++ 或 Gas Powered Games 的定制脚本语言Skrit[2]来编写。在项目结束时它们大概有 148 个脚本属性类型和 21 个原生 C++ 属性类型。
- *脚本驱动的引擎*: 脚本可能用于驱动整个引擎系统。例如, 我们可以想象游戏对象模型完全由脚本编写, 仅当需要一些底层的引擎组件时才调用原生的引擎代码。
- *脚本驱动的游戏*: 有些游戏引擎完全颠倒原生语言和脚本语言的关系。在这些引擎中, 脚本代码是游戏运行的主体, 原生引擎代码仅作为程序库, 用来调用一些高速的引擎部

1 http://www.drizzle.com/~scottb/gdc/game-objects.ppt
2 http://ds.heavengames.com/library/dstk/skrit/skrit

分。Panda3D 引擎[1]就是这种架构的例子。Panda3D 的游戏完全使用 Python 语言编写，而其原生引擎 (以 C++ 实现) 仅作为被脚本调用的库。(Panda3D 的游戏也可以完全用 C++ 编写。)

15.8.5 运行时游戏脚本语言的功能

许多游戏脚本语言的主要目的是实现游戏性功能，而达到此目的的方法通常是修改及定制游戏的对象模型。本节会探讨这些脚本系统的一些常见需求及功能。

15.8.5.1 对原生编程语言的接口

为了令脚本语言有所作为，不能让它闭门造车。游戏引擎必须要能执行脚本代码，同样重要的是，脚本代码也需要发起引擎中的操作。

运行时脚本语言的虚拟机 (VM) 通常是嵌入游戏引擎中的。引擎启动虚拟机，需要时执行脚本代码，并管理脚本的执行情况。执行的单位根据具体语言和游戏实现有所不同。

- 在函数式脚本语言中，函数通常是执行的主要单位。为了调用一个脚本函数，我们需要按函数名称找到对应的字节码，然后生成一个虚拟机去执行该函数 (或命令一个现存的虚拟机去执行)。
- 在面向对象脚本的语言中，类通常是执行的主要单位。这种系统可以创建和销毁对象，以及对个别实例调用其方法 (成员函数)。

在脚本语言和原生代码之间，允许双向通信是十分有益的。因此，多数脚本语言也允许在脚本中调用原生代码。其调用方法细节与语言和实现相关，但是最基本的方法是允许一些脚本函数用原生语言去实现，而不是用脚本语言。要调用一个引擎函数，脚本代码只需简单地进行一个正常的函数调用。然后虚拟机会检测到该函数有原生实现，它查找对应原生函数的地址 (可能用名字或其他唯一函数标识符)，并调用它。例如，在 Python 的类或模块中，部分或全部成员函数可以用 C 函数实现。Python 维护了一个数据结构，称为*方法表* (method table)，用来把每个 Python 函数的名字 (以字符串表示) 映射至对应的 C 函数地址。

个案研究：顽皮狗的 DC 语言 以下我们以顽皮狗的运行时脚本语言 DC 为例，看看它是如何被整合至引擎中的。

DC 是 Scheme 语言的变种 (Scheme 是 Lisp 的变种)。DC 中的执行代码段称为*脚本 lam-*

---

1 `http://www.panda3d.org`

bda, 大约等于 Lisp 语言家族里的函数或代码块。DC 程序员编写脚本 lambda, 并为它们用全局唯一名字命名。DC 编译器把这些脚本 lambda 编译成字节码, 然后这些字节码块就能在游戏运行时载入内存, 并可用一个简单的 C++ 函数接口以名字查找所需的脚本 lambda。

当引擎取得脚本 lambda 的指针时, 就能调用一个引擎的"虚拟机执行"函数并把该字节码指针传入, 以执行代码。该函数的实现特别简单, 只是做一个循环, 逐一读取字节码指令, 并执行这些指令。当所有指令都执行完毕后, 函数就能返回。

在 DC 的虚拟机里有一组寄存器 (register), 用来存储脚本可能需要的任何数据。我们使用了variant数据类型, 即所有数据类型的联合体 (可参考 15.7.4 节的相关讨论)。有些指令会令数据载入寄存器, 另一些指令可以查找寄存器并读取数据。指令中包含执行语言中的所有数学运算, 还有执行条件检查的指令, 例如为 DC 中 `(if...)`、`(when...)` 及 `(cond...)` 等实现的指令。

虚拟机也支持*函数调用堆栈* (function call stack)。DC 中的脚本 lambda 是脚本程序员使用 DC 的 `(defun...)` 语法定义的。脚本 lambda 可以调用其他脚本 lambda。如同任何过程式编程语言, 我们需要一个堆栈去记录寄存器的状态及函数的返回地址。在 DC 的虚拟机里, 调用堆栈实质上是寄存器组 (register bank) 的堆栈, 即每个新函数调用拥有一个私有的寄存器组。这种做法令我们无须先备份寄存器, 调用函数, 然后在函数结束时再恢复寄存器状态。DC 虚拟机的做法是, 遇到调用另一脚本 lambda 的字节码时, 首先用名字查找该脚本 lambda, 然后把一个新的寄存器组压入栈, 之后就可以继续执行该脚本 lambda 的首个指令。而当虚拟机遇到返回指令时, 只需简单地把寄存器组出栈, 其中已包含返回"地址"(返回的"地址"其实只是原来调用方在调用指令之后的字节码指令的索引)。

以下的伪代码能让读者领略一下 DC 虚拟机的核心指令处理方式:

```
void DcExecuteScript(DCByteCode* pCode)
{
    DCStackFrame* pCurStackFrame = DcPushStackFrame(pCode);

    // 继续直至再没有堆栈帧(即顶层的脚本lambda"函数"返回)
    while (pCurStackFrame ! = NULL)
    {
        // 取得下一指令。永远不会取不到指令,因为返回指令总是最后一个,
        // 并且返回指令会弹出堆栈帧
        DCInstruction& instr = pCurStackFrame->GetNextInstruction();

        // 执行指令
```

```
switch (instr.GetOperation())
{
case DC_LOAD_REGISTER_IMMEDIATE:
    {
        // 载入此指令的立即值
        Variant& data = instr.GetImmediateValue();

        // 并判断要存入哪个寄存器
        U32 iReg = instr.GetDestRegisterIndex();

        // 从堆栈帧取得寄存器
        Variant& reg = pCurStackFrame->GetRegister(iReg);

        // 存储立即值至该寄存器
        reg = data;
    }
    break;

// 其他载入及存储寄存器指令……

case DC_ADD_REGISTERS:
    {
        // 判断哪两个寄存器相加
        // 结果会存于寄存器A
        U32 iRegA = instr.GetDestRegisterIndex();
        U32 iRegB = instr.GetSrcRegisterIndex();

        // 从堆栈取得两个寄存器variant
        Variant& dataA = pCurStackFrame->GetRegister(iRegA);
        Variant& dataB = pCurStackFrame->GetRegister(iRegB);

        // 把两个寄存器相加，存入寄存器A
        dataA = dataA + dataB;
    }
    break;

// 其他数学指令……
```

```
        case DC_CALL_SCRIPT_LAMBDA:
            {
                // 判断脚本lambda的名字存储在哪个寄存器
                // (假设之前已用载入指令把名字载入该寄存器)
                U32 iReg = instr.GetSrcRegisterIndex();

                // 取得该寄存器,它内含要调用的lambda名字
                Variant& lambda = pCurStackFrame->GetRegister(iReg);

                // 按名字查找lambda的字节码
                DCByteCode* pCalledCode =
                    DcLookUpByteCode(lambda.AsStringId());

                // 现在通过压入新的堆栈帧来"调用" lambda
                if (pCalledCode)
                {
                    pCurStackFrame = DcPushStackFrame(pCalledCode);
                }
            }
            break;

        case DC_RETURN:
            {
                // 简单地弹出堆栈帧。若我们在顶层lambda,
                // 此函数会返回NULL,然后循环会被终止
                pCurStackFrame = DcPopStackFrame();
            }
            break;

        // 其他指令……
        // …
        } // switch结束
    } // while结束
}
```

在以上例子中，我们假设了全局函数 DcPushStackFrame() 和 DcPopStackFrame()

会以合适的方法管理寄存器组的堆栈，而全局函数 DcLookUpByteCode() 则可以用名字查找所需的脚本 lambda。这里不会展示所有这些函数，因为此例子的目的仅用于示范一个脚本虚拟机的内部循环如何运作，而不是提供一个完整可运行的实现。

DC 脚本 lambda 也可以调用原生函数，这些原生函数是用 C++ 编写的全局函数，并作为钩子使用引擎的功能。当虚拟机遇到要调用原生函数的指令时，它会通过一个由引擎程序员硬编码的全局表，按名字查找出 C++ 函数的地址。当虚拟机找到合适的 C++ 函数时，就会提取当前堆栈中的寄存器参数，然后调用该函数。这意味着 C++ 函数的参数总是 Variant 类型的。当 C++ 函数传回一个值时，那个值也必须是一个 Variant，然后该值就会被存储至当前堆栈帧的一个寄存器中，以供后续的指令使用。

全局函数表可能是这样的:

```
typedef Variant DcNativeFunction (U32 argCount, Variant* aArgs);

struct DcNativeFunctionEntry
{
    StringId            m_name;
    DcNativeFunction*   m_pFunc;
};
DcNativeFunctionEntry g_aNativeFunctionLookupTable [] = {
    { SID('get-object-pos'), DcGetObjectPos },
    { SID('animate-obejct'), DcAnimateObject },
    // 等等
    // …
}
```

以下展示了一个原生 DC 函数实现的大概样子。注意，其中 Variant 参数是以数组的形式传递的。函数必须要核实参数的数量是否合乎预期，也需要核实每个参数的类型是否合乎预期，并要准备处理 DC 脚本程序员错误调用函数的情况。

```
VariantDcGetObjectPos(U32 argCount, Variant* aArgs)
{
    // 设定默认的返回值
    Variant result;
    result.SetAsVector(Vector(0.0f, 0.0f, 0.0f));

    if (argCount ! = 1)
    {
```

```
        DcErrorMessage("get-object-pos: Invalid arg count.\n");
        return result;
    }

    if (aArgs[0].GetType() ! = Variant::TYPE_STRING_ID)
    {
        DcErrorMessage("get-object-pos: Expected string id.\n");
        return result;
    }

    StringIdobjectName = aArgs[0].AsStringId();

    GameObject*pObject = GameObject::LookUpByName(objectName);

    if (pObject == NULL)
    {
        DcErrorMessage("get-object-pos: Object '%s' not found.\n",
            objectName.ToDebugString());
        return result;
    }

    result.SetAsVector(pObject->GetPosition());
    return result;
}
```

注意, StringId::ToDebugString() 函数会进行反向查找, 把字符串标识符转换为原来的字符串。这需要游戏引擎维护某种数据库, 把字符串标识符映射至原来的字符串。在开发时期这种数据库能帮上大忙, 但由于它占用许多内存, 应从最终发行版中剥离数据库。(函数名称 To*Debug*String() 提示我们, 这种反向转换字符串标识符至字符串的功能应该只能为调试而用, 游戏本身永不应依赖此功能!) †

15.8.5.2 游戏对象引用

脚本函数通常需要与游戏对象互动, 而游戏对象本身可能是部分或全部由引擎原生语言所实现的。原生语言的对象引用机制 (如 C++ 的指针和参考) 未必能用于脚本语言。(例如, 脚本语言可能完全不支持指针。) 因此, 我们需要一个可靠的方法让脚本引用游戏对象。

有很多方法可达到此目的。其中一种方法是在脚本中以不透明的数值型句柄 (handle) 来引用对象。脚本对象可以用多种方法取得对象句柄。句柄可能是由引擎传递过来的, 也可以通过一些查询取得, 例如, 查询玩家某半径范围内的所有对象句柄, 或是以特定的对象名字查找其句柄。那么脚本就能把句柄作为参数用来调用原生函数, 借以对该对象进行一些操作。在原生语言方面, 句柄会被转换为指向原生对象的指针, 然后适当地处理该对象。

数值型句柄的优点是简单, 能容易地应用于支持整数数据的脚本语言。然而, 数值型句柄用起来可能有点不够直观。另一选择是采用对象的名字, 以字符串取代句柄。相对于数值型句柄, 这种做法有一些有趣的优点。首先, 字符串是人类可读而且能很直观地使用的。这些字符串也能直接对应到游戏世界编辑器中对象的名字。此外, 我们可以选择保留一些特殊的对象名字, 并给予这些名字一些“魔法”意义。例如, 在顽皮狗的脚本语言中, 保留名字“self”总是代表执行中脚本当前绑定到的对象。那么游戏设计师就能写一个脚本, 并把它绑定到游戏中的一个对象, 然后简单地写 `(animate 'self 动画名称)` 来播放某动画。

当然, 使用字符串作为对象句柄也有一些缺点。字符串通常比整数标识符占用更多的内存空间。而且字符串的长度是可变的, 所以需要动态内存分配来复制它们。比较两个字符串也是较慢的操作。脚本程序员很容易拼错对象的名字而产生 bug。此外, 若有人在游戏世界编辑器中修改对象的名字, 而又忘记更新脚本中的对象名字, 就会令脚本不能正常运作。

字符串散列标识符可以克服以上大部分问题, 它把字符串 (无论任何长度) 转换为整数。理论上, 字符串散列标识符能取两者之长, 既能像字符串那样供用户阅读, 又能有整数的运行时性能特征。然而, 要令这种方法可行, 脚本语言需要用某种方式支持字符串散列标识符。理想地, 我们希望脚本编译器能把字符串转换为字符串散列标识符。那么运行时代码就完全不需要处理字符串, 而只需使用字符串散列标识符 (除了在调试时, 我们希望能看到字符串散列标识符对应的字符串)。然而, 不是所有脚本语言都能这么做。另一种方法是在脚本中使用字符串, 当运行时需要调用原生函数时, 就把字符串转换为字符串散列标识符。

顽皮狗的 DC 脚本语言引入了“符号”的概念, 它是 Scheme 编程语言的原生功能, 可编码字符串标识符。在 DC/Scheme 中写 `'foo` 或更累赘的 `(quote foo)` 对应于 C++ 中的字符串标识符 `SID('foo')`。†

15.8.5.3 在脚本中接收及处理事件

在多数游戏引擎中, 事件是无处不在的通信机制。只要允许用脚本编写事件处理函数, 就能对定制游戏中的硬编码行为开启一扇强大之门。

事件通常被发送到个别对象, 并在该对象的上下文中进行处理。因此脚本化的事件处理器需要用某方式关联至一个对象。有些引擎利用游戏对象类型系统实现此功能, 就是令脚本化的事件处理器可以用类为单位的形式进行绑定。那么不同类型的对象可以用不同方式回应相同的事件，但确保了同类型的所有实例能一致地、统一地回应事件。事件处理函数本身可以是简单的脚本函数，若脚本语言是面向对象的，那么事件处理器也可以是一个子类。无论是哪一种方式，我们通常会把事件接收方的对象句柄传入事件处理器，如同调用 C++ 成员函数时会传入 `this` 指针一样。

在另一些引擎中，脚本处理器关联至个别对象，而不是关联至对象类型。那么相同类型的不同实例就能以不同方式回应相同的事件。

当然，我们还有许多其他选择。例如，在顽皮狗引擎 (用于《神秘海域》系列及《最后生还者》) 中，脚本本身就是对象。它们能关联至个别游戏对象，也可以绑定至区域 (用来触发事件的凸空间)，或是作为游戏世界中的独立对象。每个脚本可以有多个状态 (即顽皮狗引擎中的脚本是有限状态机)，而每个状态下可以有一个至多个事件处理代码块。当游戏对象接收到一个事件时，它可选择用原生 C++ 的方式处理该事件，也可选择检查该对象有没有绑定脚本对象，若有，则可以把事件发送到该脚本的当前状态。若该状态含有对应该事件的处理器，就会调用它。否则，那个脚本会忽略该事件。

15.8.5.4 发送事件

允许脚本处理引擎产生的游戏事件，无疑是一项强大的功能。另一更强大的功能是，从脚本代码产生事件，并把事件发送至引擎或其他脚本。

理想地，我们希望脚本不仅能发送预先定义的事件类型，而且还可以用脚本定义全新的事件类型。如果事件仅仅是字符串或字符串标识符的话，那就更简单不过了。要定义一个新的事件类型，脚本程序员只需在代码中加入新事件的名字。这可以成为一种非常富弹性的脚本间通信方法。脚本 A 可以定义一个新的事件类型并发送至脚本 B。若脚本 B 定义了此事件类型的事件处理器，我们就能实现脚本 A 向脚本 B“传话”了。在一些游戏引擎中，事件或消息传递是用脚本实现对象间通信的唯一方式。此方式可以成为优雅、强大及弹性的方案。

15.8.5.5 面向对象的脚本语言

有些脚本语言本质上是面向对象的。另一些语言不直接支持对象，但提供一些机制可用于实现类和对象。在许多引擎中，游戏性是通过某种形式的面向对象游戏对象模型来实现的。因此，允许在脚本中使用某些形式的面向对象编程是很合理的。

在脚本中定义类 类其实只是一些数据及其相关的函数。因此，任何脚本只要可以定义新的数据结构，并提供一些方法存储及处理函数，就可以用来实现类。例如，在 Lua 中，可以用表来建立类, 把数据成员和成员函数存储于表中。

脚本中的继承 面向对象的语言并非必须要支持继承。然而, 若支持这个功能, 就可能发挥极大作用, 如同原生编程语言, 如 C++ 中的继承。

在游戏脚本语言的上下文中, 存在两种继承方式: 从脚本类派生另一脚本类、从原生类派生脚本类。若脚本语言是面向对象的, 那么前一种通常都会直接支持。然而, 即使脚本语言支持继承, 后一种也难以实现。问题在于, 要整合两种语言及两种底层对象模型。我们在此不深入探究如何实现这种继承, 因为这种实现是与需要整合的两种具体语言相关的。能无缝地从原生类派生脚本类的脚本语言, 笔者只曾见过 UnrealScript。

脚本中的合成/聚合 我们不需要依赖继承扩展类层次结构, 可以用合成 (composition) 或聚合 (aggregation) 做到相同的效果。在脚本中, 我们所要做的, 就是定义一些类, 并把这些类关联至原生编程语言所定义的类。例如, 游戏对象可持有指针或引用, 指向一个可选的组件, 而该组件完全由脚本编写。若那些组件存在, 我们就把某些关键功能委派给脚本组件。脚本组件也可以有 `Update()` 函数, 每当游戏对象更新时就会调用它。此外, 脚本组件可以登记一些函数/方法作为事件处理器。当事件发送至游戏对象时, 游戏对象就会调用脚本组件中的合适事件处理器, 让脚本程序员有机会修改或扩展原生实现游戏对象的行为。

15.8.5.6 有限状态机脚本

游戏编程中的许多问题可以用有限状态机 (finite state machine, FSM) 来解决。因此, 有些引擎把 FSM 的概念建立在核心游戏对象模型中。在这些引擎中, 每个游戏对象可以有一个至多个状态, 并且每个状态 (而不是每个游戏对象本身) 都会含有更新函数、事件处理函数等。简单的游戏对象可能只会被定义一个状态, 但复杂的游戏对象可自由地定义多个状态, 每个状态各有不同的更新及事件处理行为。

若引擎支持状态驱动游戏对象模型, 那么在脚本中提供 FSM 的支持就很有意义了。当然, 即使核心游戏对象模型不直接支持 FSM, 我们仍然可以在脚本中使用 FSM 来提供状态驱动行为。任何编程语言都可以使用类表示状态来实现 FSM, 但一些脚本语言可以提供一些专门的工具来实现 FSM。面向对象脚本语言可以提供自制的语法, 使一个类能包含多个状态, 并且可以提供一些工具帮助脚本程序员把状态对象聚合为一个中央枢纽对象, 然后直观地把更新及事件处理函数委托给它。然而, 即使脚本语言没有提供这些功能, 仍然总是能根据一些惯例在每个脚本中实现 FSM。

15.8.5.7 多线程脚本

并行执行多个脚本的能力一般是很有用的，特别对现今高度并行的硬件架构而言尤其重要。若多个脚本能同时执行，我们实质上要提供在脚本代码中并行执行的线程，如同大多数多任务操作系统所提供的线程。当然，脚本实际上可能不是并行的，若脚本在单 CPU 上运行，CPU 必须轮流执行。然而，从脚本程序员的角度来看，这是一种并行多线程的范式。

多数脚本系统通过*合作式多任务* (cooperative multitasking) 来提供并行性。这是指脚本会一直执行，直至它主动交出执行权。相反,*抢占式多任务* (preemptive multitasking) 可以在任何时候中断正在执行的脚本，令其他脚本得以执行。

要在脚本中实现合作式多任务，一个简单方法是允许脚本主动休眠，然后等待某些相关的事情发生。脚本可能会等待指定的秒数，或是等待接收到某个事件。脚本也可以等待另一线程到达一个预定义的同步点。无论是哪一种原因，当脚本进入休眠状态时，它都会被置于休眠脚本线程列表中，并告诉虚拟机可以执行其他合乎条件的脚本。系统会一直检查唤醒脚本线程的条件，当其中一个条件成立就会唤醒等待该条件的脚本，并允许该脚本继续执行。

为了展示实际上该工作是如何运作的，我们可以看一个多线程脚本的例子。此脚本负责管理两个角色和一道门的动画。两个角色被命令走到门前，每个角色到达门前的时间是不同的，也不可预知。当脚本在等待角色到达门前时，我们使脚本进入休眠状态。当两个角色都到达后，其中一个角色会开门，这时该角色要播放“开门”动画。注意，我们不希望在脚本中硬编码动画播放的持续时间。这么做，若动画师修改该动画，我们便不得不回去改脚本代码。因此我们使线程再度休眠，等待动画结束。以下是达到目的的脚本，它采用了简单的类 C 伪代码语法。

```
function DoorCinematic
{
    thread Guy1
    {
        // 要求guy1走到门前
        CharacterWalkToPoint(guy1, doorPosition);
        WaitUntil(CHARACTER_ARRIVAL); // 休眠直至他到达那里

        // 他已到达,用信号通知其他线程
        RaiseSignal("Guy1Arrived");

        // 等待另一人也到达
        WaitUntil(SIGNAL, "Guy2Arrived");
```

```
        // 现在叫guy1播放"开门"动画
        CharacterAnimate(guy1, "OpenDoor");
        WaitUntil(ANIMATION_DONE);

        // OK,门已开启,告诉另一线程
        RaiseSignal("DoorOpen");

        // 现在走过门
        CharacterWalkToPoint(guy1, beyondDoorPosition);
    }

    thread Guy2
    {
        // 要求guy2走到门前
        CharacterWalkToPoint(guy2, doorPosition);
        WaitUntil(CHARACTER_ARRIVAL); // 休眠直至他到达那里

        // 他已到达,用信号通知其他线程
        RaiseSignal("Guy2Arrived");

        // 等待另一人也到达
        WaitUntil(SIGNAL, "Guy1Arrived");

        // 等待guy1为我开门
        WaitUntil(SIGNAL, "DoorOpen");

        // 现在走过门
        CharacterWalkToPoint(guy2, beyondDoorPosition);
    }
}
```

在上面的代码中，我们假设这假想的脚本语言提供了简单的语法，用来在单个函数中定义线程。在此定义了 Guy1 和 Guy2 两个线程。

Guy1 线程告诉角色走到门前，到达后就休眠。这里我们省略了一些细节，但假设脚本语言可以魔法般地使线程进入睡眠，等待游戏中的角色走到指定的目标地点。在现实中，我们可能需要令角色回传一个事件至脚本，然后脚本收到事件后就会苏醒过来。

当 Guy1 到达门前, 其线程会做两件事 (稍后再解释)。首先, 它树立 (raise) 一个"Guy1-Arrived"信号 (signal)。然后, 它继续休眠等待另一个"Guy2Arrived"信号。若我们观察 Guy2 的线程, 读者会发现相似的模式, 只是反转而已。树立一个信号后等待另一个信号, 此模式的目的在于同步两个线程。

在我们的假想脚本语言中, 信号只是一个具名的布尔旗标。旗标的初始值为 `false`, 但当一个线程调用 `RaiseSignal(`*name*`)` 时, 该名字的旗标就变为 `true`。其他线程可以进入休眠, 等待某个具名信号变成 `true`。当信号变成 `true` 时, 就会唤醒那些线程并令它们继续执行。在此例子中, 两个线程使用"Guy1Arrived"及"Guy2Arrived"信号互相同步。每个线程树立自己的信号并等待另一线程的信号。先树立哪个信号并不重要, 只有当两个信号都被树立后, 两个脚本才会苏醒。当它们苏醒时, 它们就完美地同步了。图 15.20 展示了两种可能的情况, 一个是 Guy1 先到达, 另一个是 Guy2 先到达。但如图 15.20 所示, 哪个信号先树立无所谓, 当两个信号都被树立后, 两个线程最终总是同步的。

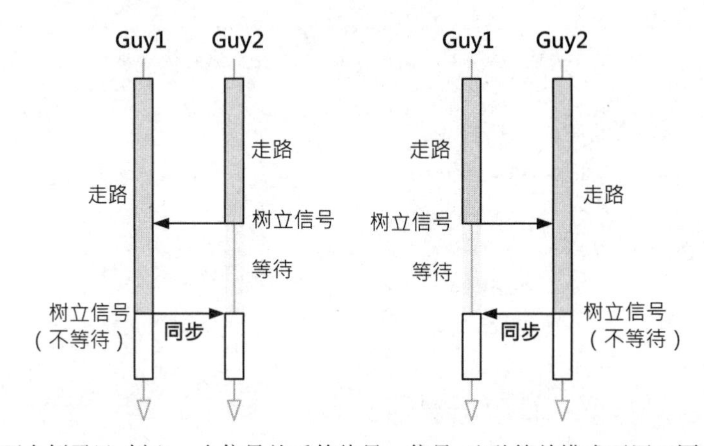

图 15.20 在这两个例子里, 树立一个信号然后等待另一信号, 这种简单模式可用于同步两个脚本线程

15.9 高层次的游戏流程

游戏对象模型提供了一个基础, 我们可以在此基础上实现丰富有趣的游戏对象类型, 用以填充我们的游戏世界。然而, 游戏对象模型本身只允许我们定义游戏世界中可存在的对象类型, 以及它们各自的行为。游戏对象模型并没有说明玩家的目标, 以及达到目标后会发生何事, 或是失败时什么命运会降临至玩家。

对于这些事情, 我们需要有一个系统控制高层次的游戏流程 (high-level game flow)。此系统通常可实现为有限状态机。每个状态代表单个玩家的目标或遭遇，每个目标或遭遇都关联到虚拟游戏世界中的某个地点。当玩家完成每个任务时，状态机就会前进到下一个状态，游戏会向玩家展示下一组目标。此状态机也定义了玩家失败时会发生什么事情。通常，失败时会把玩家传送回当前状态的起点，让玩家再次挑战。有时候经过足够的失败次数之后，玩家的“命数”归零，那么就会返回主菜单，让玩家重新开始游戏。整个游戏的流程，从菜单至第一个关卡再至通关，都可以由此高层次的有限状态机控制。

顽皮狗的《杰克与达斯特》和《神秘海域》系列的任务系统都是基于状态机的高层次游戏流程系统。该系统允许状态 (顽皮狗称之为任务) 为线性序列，也允许并行的任务，其中一个任务可能分支为两个或以上的并行任务，最终再合并为主任务序列。这个并行任务的功能令顽皮狗的任务图异于一般状态机，因为状态机在同一时间通常只能处于单个状态。

第 V 部分

总　　结

第 16 章　还有更多内容吗

恭喜! 你已经完满地通过游戏引擎架构的旅程 (希望仍然完好无损)。但愿你能从中学习到不少有关典型游戏引擎的主要组件。然而, 每个旅程的终点即是另一旅程的起点。在本书以外, 每个领域我们仍有许多可以学习的内容。由于技术与计算机硬件的不断进步, 游戏可以做的事情会越来越多, 也就是说, 我们需要研发更多的引擎系统支持这些事情。另一方面, 本书专注讲述游戏引擎本身, 还未开始讨论游戏性编程这个丰富的世界, 其内容或可填满许多卷书。

在以下几节中, 笔者会列出几个本书中没有足够篇幅去讨论的引擎及游戏性系统, 并为有兴趣学习这些内容的读者提供一些资源。

16.1　一些未谈及的引擎系统

16.1.1　影片播放器

许多游戏含有影片播放器以显示预渲染的影片, 这些影片也称作全动视频 (full-motion video, FMV)。影片播放器的基本组件包括文件流 I/O 系统的接口 (见 6.1.3 节)、用于解压视频流的解码器, 以及某种与音频系统音轨同步的机制。

市面上有许多不同的视频编码标准, 适合不同的应用所需。例如, VCD 和 DVD 分别采用 MPEG-1 和 MPEG-2(H.262) 编码。H.261 和 H.263 标准是主要为视频会议而设计的。游戏通常用如 MPEG-4 part 2(如 DivX)、MPEG-4 Part 10(H.264)、Windows Media Video(WMV) 或 Bink Video (由 Rad Game Tools 公司为游戏特制的标准)。要想了解更多视频编码的内容可参考维基百科[1]及 Bink Video[2] 提供的资料。

16.1.2 多人网络

虽然我们已谈及多人游戏架构及网络 (如 1.6.14 节、7.7 节及 15.8.3.2 节), 本书在这方面的介绍是远远不够全面的。关于多人网络游戏的论述可参阅参考文献 [3]。

16.2 游戏性系统

游戏当然不仅是只有引擎。在游戏性基础层之上 (第 15 章讨论的), 还有许多形形色色与游戏类型/个别游戏相关的游戏性系统。这些系统配合本书所谈及的许多游戏引擎技术, 凝聚成游戏的生命。

16.2.1 玩家机制

*玩家机制*当然是最重要的游戏性系统。玩家机制及游戏性的风格定义了每种游戏类型 (genre), 而游戏类型中的每个游戏也有其独特设计。因此, 玩家机制是一个庞大的主题, 它涉及人机界面设备 (HID) 系统、动作模拟、碰撞检测、动画、音频, 不用说当然还要与其他游戏性系统整合, 诸如游戏摄像机、武器、掩护点、专门的移动方式 (梯子、摆动的绳子等)、载具系统、谜题机制等。

显然玩家机制对不同游戏有许多区别, 所以不可能依靠某个资源就能学习所有的玩家机制。最佳的学习方式, 是每次学习单个游戏类型。玩游戏, 试图对其玩家机制做反向工程。然后尝试自己实现它们! 作为阅读的起点, 读者可参看参考文献 [7] 中的 4.11 节, 其中讨论了马里奥式平台游戏玩家机制。

16.2.2 摄像机

游戏的摄像机系统与玩家机制同样重要。事实上, 摄像机可以成就游戏体验, 也可以毁掉游戏体验。每个游戏类型往往有其摄像机控制风格, 虽然同类型的游戏会有少许区别 (也有些

---

1 http://en.wikipedia.org/wiki/Video_codec
2 http://www.radgametools.com/bnkmain.htm

有巨大区别)。参见参考文献 [6] 的 4.3 节, 可了解基本游戏摄像机控制技术。以下概要列出了一些三维游戏最流行的摄像机, 但请注意这远非一个完整的列表。

- 注视摄像机 (look-at camera): 这类摄像机围绕一个目标点旋转, 并能相对该点做前后移动。
- 跟随摄像机 (follow camera): 这类摄像机常用于平台游戏、第三人称游戏、基于载具的游戏。它的行为类似注视摄像机, 聚焦于玩家的角色/化身/载具, 但其运动通常是滞后于玩家的。跟随摄像机也包含高级的碰撞检测及回避逻辑, 并且令玩家可某种程度地控制摄像机相对化身的定向。
- 第一人称摄像机 (first-person camera): 随着玩家角色在游戏世界中的移动, 第一人称摄像机维持固定于角色的虚拟眼睛位置。玩家通常能通过鼠标或手柄完全控制摄像机的方向。摄像机注视的方向也会直接转化为玩家武器的瞄准方向。这通常显示为屏幕下方一双手臂握着武器, 以及画面中间的十字线。
- 即时战略摄像机 (RTS camera): 即时战略游戏及上帝模拟游戏通常会使用浮于地形上的摄像机, 以某角度朝向下。玩家可以控制摄像机在地形上水平移动 (pan), 但通常不能直接控制偏航角和俯仰角。
- 电影摄像机 (cinematic camera): 多数三维游戏中都或多或少有一些电影时段, 其中的摄像机会更类似电影中的运镜效果, 而不受游戏本身的约束。这些摄像机的移动通常由动画师控制。

16.2.3 人工智能

多数基于角色的游戏含有另一个重要组件——人工智能 (artificial intelligence, AI)。底层的 AI 系统技术通常包括路径搜寻 (path finding, 常使用著名的 A* 算法)、感知系统 (perception system, 视线感知、视锥感知、环境的理解等), 以及某种形式的记忆或知识。

在这些基础之上会实现一些角色控制逻辑。角色控制系统判断角色如何做出一些具体动作, 如角色运动 (character locomotion)、通过特殊的地形特征、使用武器、驾驶载具、掩护等。这些动作通常涉及引擎中的碰撞、物理、动画系统等复杂接口。11.11 节及 11.12 节详述了角色控制。

在角色控制层之上, AI 系统通常还包含目标设定、决策逻辑, 或许还有情感状态建模、群体行为 (协调, coordination; 包抄, flanking; 群众, crowd; 群集, flocking), 还可能含有一些高级功能, 如从过去错误中学习, 或是适应一个改变中的环境。

当然,“人工智能”一词可能是游戏业界中最不恰当的用词。游戏人工智能总是一个具欺骗成分的工作, 而不是真的尝试去模仿人类的智能。你的 AI 角色可能有各式各样复杂的内部情绪状态, 并可微调它对游戏世界的感知。但如果玩家不能感觉到角色的动机, 一切都是徒劳的。

人工智能编程是一个内容丰富的主题, 本书肯定没法详述, 建议读者参阅参考文献 [16]、参考文献 [6] 的第 3 部分、参考文献 [7] 的第 3 部分, 以及参考文献 [42] 的第 3 部分。另一个好为起点是 GDC 2002 中 Bungie 公司 Chris Butcher 和 Jaime Griesemer 的讲座 *The Illustion of Intelligence: The Integration of AI and Level Design in Halo*[1] 。当你在线时, 也可搜索“game AI programming”, 你能找到各种关于游戏人工智能的讲座、论文和书籍。还有两个网站[2,3]也提供了优质资源。

16.2.4 其他游戏性系统

除了玩家机制、摄像机、人工智能以外, 游戏显然还包含很多部分。有些游戏有可驾驶的载具, 实现了特殊类型的武器, 通过动力学物理模拟允许玩家破坏游戏中的环境, 让玩家创作自己的角色, 建立自定义的关卡, 需要玩家解谜……当然, 这些游戏类型或具体游戏相关的功能列表, 以及为实现它们而设计的专门软件系统, 都是永无止境的。游戏性系统如同游戏一样, 非常丰富且多元化。也许, 这里就是你作为游戏程序员新旅程的起点!

1 http://downloads.bungie.net/presentations/gdc02_jaime_griesemer.ppt
2 http://aigamedev.com
3 http://www.gameai.com

参 考 文 献

[1] Tomas Akenine-Moller, Eric Haines, and Naty Hoffman. *Real-Time Rendering (3rd Edition)*. Wellesley, MA: A K Peters, 2008. 中译本: Tomas Akenine-Moller, Eric Haines, Naty Hoffman. 普建涛译. 实时计算机图形学 (第 2 版) [M]. 北京: 北京大学出版社, 2004.

[2] Andrei Alexandrescu. *Modern C++ Design: Generic Programming and Design Patterns Applied*. Resding, MA: Addison-Wesley, 2001. 中译本: Andrei Alexandrescu. 侯捷, 於春景译. C++ 设计新思维: 泛型编程与设计模式之应用 [M]. 湖北: 华中科技大学出版社, 2003.

[3] Grenville Armitage, Mark Claypool and Philip Branch. *Networking and Online Games: Understanding and Engineering Multiplayer Internet Games*. New York, NY: John Wiley and Sons, 2006.

[4] James Arvo (editor). *Graphics Gems II*. San Diego, CA: Academic Press, 1991.

[5] Grady Booch, Robert A. Maksimchuk, Michael W. Engel, Bobbi J. Young, Jim Conallen, and Kelli A. Houston. *Object-Oriented Analysis and Design with Applications (3rd Edition)*. Reading, MA: Addison-Wesley, 2007. 中译本: Grady Booch, Robert A. Maksimchuk, Michael W. Engel, et al. 王海鹏, 潘加宇译. 面向对象分析与设计 (第 3 版) [M]. 北京: 电子工业出版社, 2012.

[6] Mark DeLoura (editor). *Game Programming Gems*. Hingham, MA: Charles River Media, 2000. 中译本: Mark DeLoura (editor). 王淑礼, 张磊译. 游戏编程精粹 1 [M]. 北京: 人民邮电出版社, 2004.

[7] Mark DeLoura (editor). *Game Programming Gems 2*. Hingham, MA: Charles River Media, 2001. 中译本: Mark DeLoura (editor). 袁国忠, 陈蔚译. 游戏编程精粹 2 [M]. 北京: 人民邮电出版社, 2003.

[8] Philip Dutré, Kavita Bala and Philippe Bekaert. *Advanced Global Illumination (2nd Edition)*. Wellesley, MA: A K Peters, 2006.

[9] David H. Eberly. *3D Game Engine Design: A Practical Approach to Real-Time Computer Graphics.* San Francisco, CA: Morgan Kaufmann, 2001. 影印版: David H. Eberly. 3D 游戏引擎设计: 实时计算机图形学的应用方法 (第 2 版) [M]. 北京: 人民邮电出版社, 2009.

[10] David H. Eberly. *3D Game Engine Architecture: Engineering Real-Time Applications with Wild Magic.* San Francisco, CA: Morgan Kaufmann, 2005.

[11] David H. Eberly. *Game Physics.* San Francisco, CA: Morgan Kaufmann, 2003.

[12] Christer Ericson. *Real-Time Collision Detection.* San Francisco, CA: Morgan Kaufmann, 2005. 中译本: Christer Ericson. 刘天慧译. 实时碰撞检测算法技术 [M]. 北京: 清华大学出版社, 2010.

[13] Randima Fernando (editor). *GPU Gems: Programming Techniques, Tips and Tricks for Real-Time Graphics.* Reading, MA: Addison-Wesley, 2004. 中译本: Randima Fernando (editor). 姚勇, 王小琴译. GPU 精粹——实时图形编程的技术、技巧和技艺 [M]. 北京: 人民邮电出版社, 2006.

[14] James D. Foley, Andries van Dam, Steven K. Feiner, and John F. Hughes. *Computer Graphics: Principles and Practice in C (2nd Edition).* Reading, MA: Addison-Wesley, 1995. 中译本: James D. Foley, Andries van Dam, Steven K. Feiner, et al. 唐泽圣, 董士海, 李华, 等译. 计算机图形学原理及实践 C 语言描述 [M]. 北京: 机械工业出版社, 2004.

[15] Grant R. Fowles and George L. Cassiday. *Analytical Mechanics (7th Edition).* Pacific Grove, CA: Brooks Cole, 2005.

[16] John David Funge. *AI for Games and Animation: A Cognitive Modeling Approach.* Wellesley, MA: A K Peters, 1999.

[17] Erich Gamma, Richard Helm, Ralph Johnson, and John M. Vlissiddes. *Design Patterns: Elements of Reusable Object-Oriented Software.* Reading, MA: Addison-Wesley, 1994. 中译本: Erich Gamma, Richard Helm, Ralph Johnson, et al. 李英军, 马晓星, 蔡敏, 等译. 设计模式: 可复用面向对象软件的基础 [M]. 北京: 机械工业出版社, 2005.

[18] Andrew S. Glassner (editor). *Graphics Gems I.* San Francisco, CA: Morgan Kaufmann, 1990.

[19] Paul S. Heckbert (editor). *Graphics Gems IV.* San Diego, CA: Academic Press, 1994.

[20] Maurice Herlihy, Nir Shavit. *The Art of Multiprocessor Programming.* San Francisco, CA: Morgan Kaufmann, 2008. 中译本: Maurice Herlihy, Nir Shavit. 金海, 胡侃译. 多处理器编程的艺术 [M]. 北京: 机械工业出版社, 2009.

[21] Roberto Ierusalimschy, Luiz Henrique de Figueiredo and Waldemar Celes. *Lua 5.1 Reference Manual.* Lua.org, 2006.

[22] Roberto Ierusalimschy. *Programming in Lua, 2nd Edition.* Lua.org, 2006. 中译本: Roberto Ierusalimschy. 周惟迪译. Lua 程序设计 (第 2 版) [M]. 北京: 电子工业出版社, 2008.

[23] Isaac Victor Kerlow. *The Art of 3-D Computer Animation and Imaging (2nd Edition).* New York, NY: John Wiley and Sons, 2000.

[24] David Kirk (editor). *Graphics Gems III.* San Francisco, CA: Morgan Kaufmann, 1994.

[25] Danny Kodicek. *Mathematics and Physics for Game Programmers.* Hingham, MA: Charles River Media, 2005.

[26] Raph Koster. *A Theory of Fun for Game Design.* Phoenix, AZ: Paraglyph, 2004. 中译本: Raph Koster. 姜文斌, 等译. 快乐之道: 游戏设计的黄金法则 [M]. 上海: 百家出版社, 2005.

[27] John Lakos. *Large-Scale C++ Software Design.* Reading, MA: Addison-Wesley, 1995. 中译本: John Lakos. 李师贤, 明仲, 曾新红, 等译. 大规模 C++ 程序设计 [M]. 北京: 中国电力出版社, 2003.

[28] Eric Lengyel. *Mathematics for 3D Game Programming and Computer Graphics (2nd Edition).* Hingham, MA: Charles River Media, 2003.

[29] Tuoc V. Luong, James S. H. Lok, David J. Taylor and Kevin Driscoll. *Internationalization: Developing Software for Global Markets.* New York, NY: John Wiley & Sons, 1995.

[30] Steve Maguire. *Writing Solid Code: Microsoft's Techniques for Developing Bug Free C Programs.* Bellevue, WA: Microsoft Press, 1993. 影印版: Steve Maguire. 编程精粹: 编写高质量 C 语言代码 [M]. 北京: 人民邮电出版社, 2009.

[31] Scott Meyers. *Effective C++: 55 Specific Ways to Improve Your Programs and Designs (3rd Edition).* Reading, MA: Addison-Wesley, 2005. 中译本: Scott Meyers. 侯捷译. Effective C++: 改善程序与设计的 55 个具体做法 (第 3 版) [M]. 北京: 电子工业出版社, 2011.

[32] Scott Meyers. *More Effective C++: 35 New Ways to Improve Your Programs and Designs.* Reading, MA: Addison-Wesley, 1996. 中译本: Scott Meyers. 侯捷译. More Effective C++: 35 个改善编程与设计的有效方法 (中文版) [M]. 北京: 电子工业出版社, 2011.

[33] Scott Meyers. *Effective STL: 50 Specific Ways to Improve Your Use of the Standard Template Library.* Reading, MA: Addison-Wesley, 2001. 中译本: Scott Meyers. 潘爱民, 陈铭, 邹开红译. Effective STL: 50 条有效使用 STL 的经验 [M]. 北京: 电子工业出版社, 2013.

[34] Ian Millington. *Game Physics Engine Development.* San Francisco, CA: Morgan Kaufmann, 2007.

[35] Hubert Nguyen (editor). *GPU Gems 3.* Reading, MA: Addison-Wesley, 2007. 中译本: Hubert Nguyen (editor). 杨柏林, 陈根浪, 王聪译. GPU 精粹 3 [M]. 北京: 清华大学出版社, 2010.

[36] Alan V. Oppenheim and Alan S. Willsky. *Signals and Systems.* Englewood Cliffs, NJ: Prentice-Hall, 1983. 中译本: Alan V. Oppenheim, Alan S. Willsky. 刘树棠译. 信号与系统 [M]. 陕西: 西安交通大学出版社, 1998。

[37] Alan W. Paeth (editor). *Graphics Gems V.* San Francisco, CA: Morgan Kaufmann, 1995.

[38] C. Michael Pilato, Ben Collins-Sussman, and Brian W. Fitzpatrick. *Version Control with Subversion (2nd Edition).* Sebastopol , CA: O'Reilly Media, 2008. (常被称作 The Subversion Book , 线上版本地址 `http://svnbook.red-bean.com`。) 影印版: C. Michael Pilato, Ben Collins-Sussman, Brian W. Fitzpatrick. 使用 Subversion 进行版本控制 [M]. 北京: 开明出版社, 2009.

[39] Matt Pharr (editor). *GPU Gems 2: Programming Techniques for High-Performance Graphics and General-Purpose Computation.* Reading, MA: Addison-Wesley, 2005. 中译本: Matt Pharr (editor). 龚敏敏译. GPU 精粹 2——高性能图形芯片和通用计算编程技巧 [M]. 北京: 清华大学出版社, 2007.

[40] Richard Stevens and Dave Raybould. *The Game Audio Tutorial: A Practical Guide to Sound and Music for Interactive Games.* Burlington, MA: Focal Press, 2011.

[41] Bjarne Stroustrup. *The C++ Programming Language, Special Edition (3rd Edition).* Reading, MA: Addison-Wesley, 2000. 中译本: Bjarne Stroustrup. 裘宗燕译. C++ 程序设计语言 (特别版) [M]. 北京: 机械工业出版社, 2010.

[42] Dante Treglia (editor). *Game Programming Gems 3.* Hingham, MA: Charles River Media, 2002. 中译本: Dante Treglia (editor). 张磊译. 游戏编程精粹 3 [M]. 北京: 人民邮电出版社, 2003.

[43] Gino van den Bergen. *Collision Detection in Interactive 3D Environments.* San Francisco, CA: Morgan Kaufmann, 2003.

[44] Alan Watt. *3D Computer Graphics (3rd Edition).* Reading, MA: Addison Wesley, 1999.

[45] James Whitehead II, Bryan McLemore and Matthew Orlando. *World of Warcraft Programming: A Guide and Reference for Creating WoW Addons.* New York, NY: John Wiley & Sons, 2008. 中译本: James Whitehead II, Bryan McLemore, Matthew Orlando. 杨柏林, 张卫星, 王聪译. 魔兽世界编程宝典:World of Warcraft Addons 完全参考手册 [M]. 北京: 清华大学出版社, 2010.

[46] Richard Williams. *The Animator's Survival Kit.* London, England: Faber & Faber, 2002. 中译本: Richard Williams. 邓晓娥译. 原动画基础教程: 动画人的生存手册 [M]. 北京: 中国青年出版社, 2006.

中文索引

C

D

E

F

G

H

I

J

K

L

M

N

O

P

Q

R

S

T

U

W

Y

Z

英文索引

B

C

E

G

H

I

J

M

N

O

P

Q

R

T

U

V